Elektronische Halbleiter

Eine Einführung in die Physik der Gleichrichter und Transistoren

Von

Dr. Eberhard Spenke

Abteilungsdirektor der Siemens-Schuckertwerke A. G.
Pretzfeld/Oberfranken

Zweite verbesserte und erweiterte Auflage

Mit 286 zum Teil farbigen Abbildungen

Springer-Verlag Berlin Heidelberg GmbH

1965

Alle Rechte, insbesondere das der Übersetzung in fremde Sprachen, vorbehalten
Ohne ausdrückliche Genehmigung des Verlages ist es auch nicht gestattet, dieses Buch oder Teile daraus auf photomechanischem Wege (Photokopie, Mikrokopie) oder auf andere Art zu vervielfältigen

ISBN 978-3-642-48245-8 ISBN 978-3-642-48244-1 (eBook)
DOI 10.1007/978-3-642-48244-1

Copyright 1955 by Springer-Verlag, Berlin/Göttingen/Heidelberg
© by Springer-Verlag, Berlin and Heidelberg 1956 and 1965

Ursprünglich erschienen bei Springer-Verlag Berlin Heidelberg New York 1965.

Library of Congress Catalog Card Number 65-23695

Die Wiedergabe von Gebrauchsnamen, Handelsnamen, Warenbezeichnungen usw. in diesem Buche berechtigt auch ohne besondere Kennzeichnung nicht zu der Annahme, daß solche Namen im Sinne der Warenzeichen- und Markenschutz-Gesetzgebung als frei zu betrachten wären und daher von jedermann benutzt werden dürften

Titel Nr. 0980

Für meine Frau

Vorwort zur zweiten Auflage

Gegenüber den vom Autor in der ersten Auflage dieses Buches verfolgten rein pädagogischen Zwecken hat sich auch in der vorliegenden zweiten Auflage nichts geändert. Inhaltlich geändert haben sich dagegen folgende Punkte:

In Kapitel II sind ein Paragraph über angeregte Zustände von Störstellen und ein weiterer über mehrfach ionisierbare Störstellen neu hinzugekommen (S. 51—57). Vorher ist auf den Seiten 48—51 den charakteristischen Schwierigkeiten bei Ionenkristallen etwas mehr Raum gewährt worden als bisher. Vor allem ist aber das Kapitel II in zwei Teile geteilt worden, von denen sich nur der erste (S. 32—76) mit den atomaren Störstellen beschäftigt, während der zweite (S. 77—93) den Kristallversetzungen gewidmet ist. Natürlich kann es sich dabei nur um einen allerersten Überblick handeln, für weitergehendes Interesse muß auf die Spezialliteratur verwiesen werden, z. B. auf das schöne Buch von W. T. READ: Dislocations in Crystals, New York/Toronto/London: McGraw-Hill 1953.

Die Kapitel IV und V über die Gleichrichter und Transistoren sind wesentlich erweitert worden. Daß dabei der Gesichtspunkt der Leistungselektronik gegenüber den nachrichtentechnischen Gesichtspunkten bevorzugt wird, hängt mit dem Arbeitsgebiet des Verfassers zusammen.

In Kapitel VII war es möglich, die Lösung von zwei Problemen zu erwähnen bzw. zu geben, die schon seit 30 Jahren das Gemüt als unerledigte Reste bedrückt hatten. Das ist einmal das lange Zeit so suspekte „Elektronenhüpfen" in den Oxyden der Übergangsmetalle, das 1958 endlich von YAMASHITA und KUROSAWA quantenmechanisch rehabilitiert wurde (s. S. 388). Weiter störte bisher der krasse Unterschied zwischen den Aussagen über die Wirkung einer zeitlich konstanten und einer zeitlich pulsierenden Kraft, der durch den Grenzübergang „Frequenz $\rightarrow 0$" nicht überwunden werden konnte (S. 335). Hier hilft die früher wohl nicht bemerkte, jedenfalls aber nicht benutzte Tatsache weiter, daß die HOUSTONsche Lösung des Beschleunigungsproblems (S. 308—318) nicht nur für zeitlich konstante, sondern auch für zeitlich pulsierende Kräfte gilt. Nachdem aber dieser weite Aktionsradius der HOUSTONschen Lösung einmal erkannt war, lag es nahe, die Wirkung einer statischen Kraft (ZENER-Effekt S. 325—334) und die Wirkung einer Wechselkraft (optische Übergänge S. 334—347) mit ein und demselben Rechenschema (gemeinsamer Ausgangspunkt: Gl. (VII 2.23)) zu behandeln. Deshalb wurde die in der ersten Auflage erfolgte Behandlung des ZENER-Effektes mit einer Art von WENTZEL-KRAMERS-BRILLOUIN-Näherung zu Gunsten der HOUSTON-Methode verlassen.

In Kapitel VIII ist eine bisher als Anhang III eingeordnete Grundlegung der FERMI-Statik jetzt als § 1 an die Spitze gestellt worden. Wichtiger ist wohl, daß auf S. 453—456 eine von der Thermodynamik ausgehende (dann allerdings doch statistische Methoden benutzende) Ableitung der Massenwirkungsgesetze gegeben wird. Es stellt sich dabei nämlich heraus, daß das Arbeiten mit „effektiven temperaturabhängigen Energieniveaus" eigentlich den Kern der Sache viel besser trifft als das gesonderte Aufführen von spinabhängigen Entropiegliedern. Erwähnenswert ist vielleicht noch ein neuer § 7 (S. 456), der die Komplikationen bei großen Störstellenkonzentrationen ganz kurz bespricht.

Völlig neu gestaltet wurde das Kapitel IX, das jetzt aus 2 Teilen besteht. Der erste Teil (S. 463—491) befaßt sich mit dem Rekombinationsmodell von HALL und von SHOCKLEY und READ. Der zweite Teil (S. 491—500) bringt die Überlegungen von VAN ROOSBROECK und SHOCKLEY über die Rekombination durch strahlende Übergänge.

Kapitel X (S. 501—547) blieb im wesentlichen unverändert, leider konnte auch die moderne Oberflächenphysik aus Zeitmangel nur kurz gestreift werden.

Ganz neu ist Kapitel XI (S. 548—587). Der Autor kann sich vorstellen, daß es manchmal doch ganz willkommen ist, den einfachsten Fall einer quantenmechanischen Theorie der Beweglichkeit ausführlich vorgerechnet zu bekommen, bevor man sich an eine so schöne, aber doch auch schon anspruchsvollere Darstellung wie die von ZIMAN in seinen „Electrons and Phonons" heranwagt.

Zu erwähnen ist vielleicht noch, daß in § 6 (S. 580—587) die NERNST-TOWNSEND-EINSTEIN-Gleichung $D = \mu\, \mathfrak{B}$ auf statistischem Wege durch Betrachtung eines Nichtgleichgewichts abgeleitet wird. Dadurch werden gewisse Unbehaglichkeiten vermieden, die entstehen, wenn man wie üblich von einem BOLTZMANN-Gleichgewicht ausgeht und dort gewonnene Erkenntnisse auf Nichtgleichgewichtsfälle überträgt.

In Kapitel XII (S. 588—622) sind eine Reihe von Einzelheiten zusammengestellt, die überwiegend mathematischer Natur sind.

Der schnelle Absatz der ersten Auflage und des berichtigten Neudrucks war ein sicheres Zeichen dafür, daß eine Darstellung, die sich nicht scheut, das Gegenteil von „high brow" zu sein, dringend benötigt wurde. Der Absatz der vorliegenden zweiten Auflage wird zeigen, ob dies heute auch noch gilt. Der Autor würde sich freuen, wenn er der studentischen Jugend, an die ja heute viel höhere Ansprüche gestellt werden als vor 40 Jahren, geholfen hätte.

Die Herren Dr. BENDA und Ing. PORST haben mir teils durch Diskussionen, teils durch redaktionelle Mitarbeit in einer Weise geholfen, die ohne den Gebrauch von Superlativen nicht gewürdigt werden kann. Ohne diese stete Bereitwilligkeit wäre es mir nicht möglich gewesen, neben meiner industriellen Tätigkeit auch noch die literarische Aufgabe einer zweiten Auflage zu bewältigen. Es ist mir eine angenehme Pflicht, ihnen auch an dieser Stelle für ihre aufopfernde Tätigkeit auf das herzlichste zu danken. Im Springer-Verlag war mein Buch wie immer in den allerbesten Händen. Auch ihm meinen verbindlichsten Dank.

Pretzfeld, im Mai 1965

Eberhard Spenke

Inhaltsverzeichnis

Der Leitungsmechanismus der elektronischen Halbleiter und die Physik der Gleichrichter und Transistoren

Seite

I. Der Leitungsmechanismus in elektronischen Halbleitern . 1

§ 1. Einleitung 1

§ 2. Das Bändermodell 4

a) Die Einelektronennäherungen der Festkörperphysik: Das atomistische Bild und das Bändermodell, S. 4 — b) Das Bändermodell, S. 6 — c) Die Aussagen des Bändermodells zu den Leitfähigkeitsproblemen, S. 10

§ 3. Bändermodell des Halbleiters 16

II. Störstellen und Versetzungen 31

§ 1. Substitutionsstörstellen in Valenzkristallen 32

§ 2. Substitutionsstörstellen in Ionenkristallen 39

§ 3. Gitterlücken und Zwischengitterplatzbesetzungen in Valenzkristallen 41

§ 4. Gitterlücken und Zwischengitterplatzbesetzungen in Ionenkristallen 44

§ 5. Angeregte Zustände von Störstellen 51

§ 6. Mehrfach ionisierbare Störstellen 54

§ 7. Störstellenreaktionen 57

§ 8. Berechnung der Gleichgewichtskonzentrationen mit Hilfe von Massenwirkungsgesetzen 66

§ 9. Grundsätzliches über das Auftreten atomarer Fehlordnungserscheinungen 74

§ 10. Kanten- und Schraubenversetzungen 78

§ 11. Experimenteller Nachweis von Versetzungen 82

§ 12. Versetzungen und plastische Verformung 86

§ 13. Versetzungen und Kristallwachstum 87

§ 14. Versetzungen und elektrische Eigenschaften der Halbleiter . . 89

III. Das Defektelektron 94

§ 1. Einleitung 94

§ 2. Die negativen Werte der effektiven Masse im oberen Teil eines Energiebandes 97

§ 3. Die Äquivalenz eines mit Elektronen fastgefüllten Valenzbandes mit einem Fermi-Gas von quasifreien Defektelektronen 100

§ 4. Der Defektelektronenbegriff bei Problemen mit Elektronenwechselwirkung 108

IV. Die Wirkungsweise von Kristallgleichrichtern 111

§ 1. Einleitung 111

§ 2. Stromloser Zustand eines Halbleiter-Metallkontaktes 115

§ 3. Der stromdurchflossene Halbleiter-Metallkontakt 124

Seite

§ 4. Kennlinienberechnung 126

a) Randschichtdicke klein gegen die freie Weglänge der Elektronen ⊖ („Diodentheorie"), S. 127 — b) Randschichtdicke groß gegen die freie Weglänge der Elektronen („Diffusionstheorie"), S. 130

§ 5. Die Konzentrationsverteilung in einer Randschicht 133
§ 6. Der stromlose Zustand eines *pn*Übergangs 136
§ 7. Der stromdurchflossene *pn*Übergang 140
§ 8. Der SHOCKLEYsche *pn*Übergang mit geringer Rekombination. Schwache Injektion 143
§ 9. Ergänzende Bemerkungen über *pn*Übergänge 151

a) Steile und flache Störstellenverteilungen innerhalb der Übergangszone, S. 151 — b) Unsymmetrische *pn*Übergänge, S. 153

§ 10. Lange, mittlere und kurze Bahngebiete. „Ideale" Elektroden . 155
§ 11. Starke Injektionen. Defektelektronenemission eines *p*Emitters. Modulation des Bahnwiderstandes 158
§ 12. Technische Gleichrichter und ihre Kennlinien 171
§ 13. Gesteuerte Gleichrichter (Thyristoren) 178

V. Die physikalische Wirkungsweise von Kristallverstärkern (Transistoren) 184

§ 1. Einleitung 184
§ 2. Der Fadentransistor 185

a) Zeiteffekte bei der Trägerinjektion, S. 185 — b) Der Fadentransistor, S. 188

§ 3. Der Spitzentransistor 190
§ 4. Der *npn*Transistor 191

a) Die räumliche Verteilung der Trägerkonzentrationen und der Verlauf des elektrostatischen Potentials, S. 192 — b) Die Stromspannungsgleichungen des *npn*Transistors, S. 196 — c) Transportfaktor β und Gehaltsfaktoren γ_e und γ_c beim *npn*Transistor, S. 198 — d) Stromverstärkung und Spannungsverstärkung beim *npn*Transistor, S. 200 — e) Der Idealfall $\beta = 1$, $\gamma_e = 1$, $\gamma_c = 1$, S. 202

§ 5. Reale Transistoren 203
§ 6. Die Stromabhängigkeit des Stromverstärkungsfaktors α_e . . . 204
§ 7. Trägervervielfachung in der Collectorjunction und rückläufige Kennlinien 209
§ 8. Die Verbreiterung der Raumladungsschicht des Collectors und der sogenannte punch through 220
§ 9. Der Unipolar- oder Feldeffekt-Transistor 229
§ 10. Anhang: Spannungs-, Strom- und Leistungsverstärkung eines sekundärseitig belasteten Übertragungselements 231

Grundlagen der Halbleiterphysik

VI. Näherungsmethoden in der Quantenmechanik des Wasserstoffmoleküls 236

§ 1. Einführung 237
§ 2. Das Näherungsverfahren nach HUND bzw. MULLIKEN 239
§ 3. Das ursprüngliche Verfahren von HEITLER-LONDON 242

Seite

§ 4. Erweiterung des HEITLER-LONDONschen Verfahrens durch Hinzunahme der polaren Zustände. Vergleich der Näherungen von HUND und MULLIKEN und von HEITLER-LONDON 243

VII. Das Bändermodell 247

§ 1. Einleitung 247

§ 2. Die BLOCHsche Näherung für stark gebundene Elektronen . . 250

a) Konstruktion einer Wellenfunktion, S. 250 — b) Bildliche Darstellung der Eigenfunktion, S. 252 — c) Normierung der Eigenfunktionen im Grundgebiet, S. 252 — d) Erfüllung der Periodizitätsforderung im Grundgebiet, S. 253 — e) Freie und reduzierte k-Werte, S. 254 — f) Die Auffassung von $\psi(x; k)$ als gitterperiodisch modulierte laufende Elektronenwelle. Die Sonderfälle der stehenden Wellen $\psi(x; 0)$ und $\psi\left(x; \pm\frac{\pi}{a}\right)$, S. 255 — g) Störungsrechnung, S. 257 — h) Physikalische Interpretation der Energieformel (VII 2.22), S. 262 — i) Bänderspektrum eines Kristalls, entartete Atomeigenwerte, Übertragung auf dreidimensionale Gitter, S. 264

§ 3. Die BRILLOUINsche Näherung für schwach gebundene Elektronen 267

a) Beugung einer dreidimensionalen Welle an einer linearen Punktreihe, S. 267 — b) Beugung einer dreidimensionalen ebenen Welle an einem flächenhaften Punktgitter, S. 269 — c) Beugung einer dreidimensionalen ebenen Welle an einem dreidimensionalen Punktgitter, S. 270 — d) Die Einteilung des $\mathfrak{k}$-Raumes in die BRILLOUINschen Zonen, S. 271 — e) Deutung des Beugungsphänomens als BRAGGsche Reflexion an einer Netzebenenschar, S. 276 — f) Die Ergebnisse der BRILLOUINschen Näherung für schwach gebundene Elektronen, S. 278 — g) Vergleich der BLOCHschen und der BRILLOUINschen Näherung. Reduzierter und freier Wellenzahlvektor, S. 283

§ 4. Allgemeine Aussagen über die Eigenfunktionen und das Energiespektrum eines Elektrons im periodischen Potentialfeld 284

a) Übereinstimmende Züge in den Ergebnissen von BLOCH und von BRILLOUIN, S. 284 — b) Die Zellularmethode von WIGNER und SEITZ, S. 287 — c) Die Methode der orthogonalisierten ebenen Wellen (Orthogonalized Plane Wave-Method = OPW-method), S. 287 — d) Die Methode des Repulsionspotentials, S. 291 — e) Weitere Methoden und abschließende Bemerkungen, S. 293 — f) Die Bänderstruktur des primitiven Bändermodells, S. 294 — g) Die Bänderstruktur des Siliziums, S. 295 — h) Die Bänderstruktur des Germaniums, S. 299 — i) Die Bänderstruktur der III-V-Verbindungen, S. 299

§ 5. Mittlerer Impuls, mittlere Geschwindigkeit und mittlerer Strom eines Kristallelektrons 301

§ 6. Die Wirkung eines äußeren Feldes auf ein Kristallelektron und die effektive Masse eines Kristallelektrons 308

a) Das freie Elektron unter der Wirkung einer äußeren Kraft, S. 308 — b) Das Kristallelektron unter der Wirkung einer äußeren Kraft $\mathfrak{F}(t)$, S. 312 — c) Die effektive Masse eines Kristallelektrons,

Seite

S. 318 — d) Zusammenfassung, S. 322 — e) Die Näherungsmethode der effektiven Masse („effective-mass-approximation"), S. 322.

§ 7. Die durch eine äußere Kraft F bewirkten Übergänge eines Elektrons vom Valenz- ins Leitungsband 325

§ 8. Die Wirkung eines optischen Wechselfeldes auf ein Kristallelektron 334

§ 9. Der Einfluß von atomaren Störstellen und von thermischen Gitterschwingungen auf die Bewegung eines Kristallelektrons . 347

a) Vier verschiedene Typen von Abweichungen von der idealen Gitterperiodizität, S. 347 — b) Stoßzeit τ, freie Weglänge l, Elektronenbeweglichkeit μ und Leitfähigkeit σ vom Standpunkt der klassischen Elektronentheorie, S. 348 — c) Streuung eines Kristallelektrons durch eine geladene Störstelle, S. 356 — d) Streuung eines Kristallelektrons durch thermische Gitterschwingungen, S. 358 — e) Das ZENERsche Pendeln und die freie Weglänge, S. 364

§ 10. Der Übergang zum Vielelektronenproblem und die Berechnung der Leitfähigkeit 365

a) Einleitung, S. 365 — b) Thermisches Gleichgewicht, S. 368 — c) Das thermische Rauschen, S. 369 — d) Berechnung der Leitfähigkeit durch Summierung der Beiträge der einzelnen Elektronen, S. 370 — e) Die Verzerrung der Gleichgewichtsverteilung der Elektronen und die Leitfähigkeitsberechnung, S. 373 — f) Abschließende und zusammenfassende Bemerkungen, S. 374

§ 11. Aussagen des Bändermodells über den Leitfähigkeitscharakter eines bestimmten Kristallgitters 375

VIII. FERMI-Statistik der Kristallelektronen 391

§ 1. Die allgemeine FERMI-Statistik und die Besetzungswahrscheinlichkeiten f_{Don} und f_{Akz} von Donatoren und Akzeptoren 392

a) Das normale Problem der FERMI-Statistik, S. 392 — b) Die Besetzung von Donatoren- und Akzeptorenniveaus ist ein anomales Problem, S. 392 — c) Wie viele verschiedene Realisierungsmöglichkeiten gibt es für eine bestimmte Verteilung der Elektronen längs der Energieskala? S. 394 — d) Dieselbe Frage wie unter c), diesmal aber mit Berücksichtigung der Donatoren, S. 395 — e) Ermittlung der wahrscheinlichsten Verteilung, S. 396 — f) Die Entropie S des Elektronengases, S. 398 — g) Die Einführung der Temperatur T des Elektronengases, S. 400 — h) Die Einführung des FERMI-Niveaus E_F. Neuformulierung der Endergebnisse, S. 402 — i) Das FERMI-Niveau E_F als chemisches Potential des Elektronengases, S. 404 — k) Die Besetzungswahrscheinlichkeit $f_{\text{Akz}}(E_A)$ von Akzeptorenniveaus E_A, S. 405 — l) Die Besetzungswahrscheinlichkeit der Niveaus von Doppeldonatoren, S. 407

§ 2. Das Elektronengas in einem Potentialtopf 413

§ 3. Die allgemeine Bedingung für thermisches Gleichgewicht: $E_F = \text{const}$ 418

§ 4. Die Bedeutung des FERMI-Niveaus $E_F = E_{\text{pot}}(x) + \zeta\left(\frac{n(x)}{N}\right)$ für Nichtgleichgewichtszustände 422

§ 5. FERMI-Statistik in Metallen und Isolatoren 426

a) Die Bändermodelle eines Metalls und eines Isolators bei der Temperatur $T = 0$, S. 427 — b) Das Bändermodell eines Metalls

Seite

bei Temperaturen $T > 0$, S. 428 — c) Das Bändermodell des Isolators bzw. des Eigenhalbleiters bei Temperaturen $T > 0$, S. 432

§ 6. FERMI-Statistik in Halbleitern 438

a) Halbleiter mit Donatoren: Überschußleiter, S. 438 — b) Halbleiter mit Akzeptoren: Defektleiter, S. 441 — c) Halbleiter mit Donatoren und Akzeptoren, S. 442 — d) Das Massenwirkungsgesetz, S. 448 — e) Thermodynamische Ableitung der Massenwirkungsgesetze, S. 453

§ 7. Komplikationen bei großen Störstellenkonzentrationen 456

IX. Rekombinationsmechanismen in elektronischen Halbleitern 459

§ 1. Reaktionen zwischen einer Donatorensorte D und den Leitungselektronen $\ominus$ 464

a) Der Wiedervereinigungskoeffizient r_D und der Wirkungsquerschnitt $\sigma_n(D^+)$, S. 464 — b) Der Emissionskoeffizient e_D, S. 466 — c) Verallgemeinerung des Massenwirkungsgesetzes, S. 467

§ 2. Reaktionen zwischen einer Störstellensorte und beiden Elektronenarten $\ominus$ und $\oplus$ 467

§ 3. Der Rekombinationsüberschuß im stationären Zustand 471

§ 4. Die „stationären" Lebensdauern τ_n und τ_p nach dem Modell von HALL und von SHOCKLEY und READ 473

§ 5. Die Relaxationszeiten τ_1 und τ_2 488

§ 6. Die Übertragung des Modells von HALL und von SHOCKLEY und READ auf die Oberfläche eines Halbleiters 489

§ 7. Die Zahl der Lichtquanten in einem Halbleiter der Temperatur T 492

§ 8. Die Verlustrate der Lichtquanten durch Absorptionsprozesse . . 496

§ 9. Die Berechnung der Lebensdauer 498

X. Randschichten in Halbleitern und der Kontakt Halbleiter-Metall 501

§ 1. Das elektrostatische Makropotential und die Energie eines Elektrons in einem Festkörper 501

§ 2. Thermisches Gleichgewicht zwischen 2 Metallen. Die GALVANI-Spannung 507

§ 3. Oberflächendoppelschichten. Die VOLTA-Spannung (= Kontaktpotential) 510

§ 4. Die Austrittsarbeit und die photoelektrische Aktivierungsenergie bei Metallen 512

§ 5. Die Austrittsarbeit und die photoelektrische Aktivierungsenergie bei Halbleitern 515

§ 6. Halbleiterrandschichten. Der Kontakt Metall-Halbleiter 518

§ 7. Halbleiterrandschichten. Die Austrittsarbeit Metall-Halbleiter und die Diffusionsspannung V_D 522

§ 8. Experimentelle Befunde über die Austrittsarbeit von Halbleitern und den Kontakt Halbleiter-Metall 528

a) Meßmethoden für VOLTA-Spannungen und Austrittsarbeiten, S. 531 — b) Oberflächenzustände, S. 537.

§ 9. Die elektrochemischen Potentiale $E_F^{(n)}$ und $E_F^{(p)}$ der Elektronen und Defektelektronen 540

Seite

XI. Der einfachste Fall einer quantenmechanischen Theorie der Beweglichkeit 548

§ 1. Einleitung 548

§ 2. Die Übergangswahrscheinlichkeit $P(\mathfrak{k}_{\mathfrak{n}}, \mathfrak{k}_{\mathfrak{s}})$ 549
a) Die Ermittlung des Störungspotentials, S. 550 — b) Durchführung einer DIRACschen Störungsrechnung und der Energiesatz, S. 551 — c) Die Durchführung der Summation über die WIGNER-SEITZ-Zellen $\mathfrak{g}$. Der „Impulssatz", S. 555

§ 3. Die Berechnung des Matrixelements 560

§ 4. Der Zusammenhang der Relaxationszeit τ mit der Ablenkungswahrscheinlichkeit $L(\mathfrak{E}_{\mathfrak{n}}, \Theta_{\mathfrak{s}})$ 566
a) Die Änderung der Besetzungswahrscheinlichkeit f durch die Zusammenstöße der Elektronen mit den Gitterschwingungen, S. 566 — b) Die Elektronenverteilung f unter der Wirkung eines elektrischen Feldes, S. 568 — c) Die Elektronenverteilung f unter der gleichzeitigen Wirkung eines elektrischen Feldes und der Gitterschwingungen, S. 569 — d) $\tau(E_{\mathfrak{s}})$ als Relaxationszeit der Besetzungswahrscheinlichkeit f nach Abschalten der „Störung $\mathfrak{E}$", S. 573

§ 5. Zusammenhang zwischen der Beweglichkeit μ und den Relaxationszeiten $\tau(E)$ 574

§ 6. Das Zusammenwirken eines Feld- und eines Diffusionsstroms vom statistischen Standpunkt aus 580
a) Die Verteilungsfunktion $f(\mathfrak{k})$ in Nicht-Gleichgewichtsfällen, S. 580 — b) Die MAXWELL-BOLTZMANNsche Stoßgleichung, S. 582 — c) Das Zusammenwirken eines Potential- und eines Konzentrationsgradienten, S. 584

XII. Mathematischer Anhang 588

§ 1. Einige Integrale über gitterperiodische Funktionen 588
a) Endliches Grundgebiet $-\frac{G}{2}a < x < +\frac{G}{2}a$, S. 588 — b) Unendliches Grundgebiet $-\infty < x < +\infty$, S. 591

§ 2. Die Funktion $\zeta(n/N)$ 592

§ 3. Maxima und Minima mit Nebenbedingungen. Die Methode der LAGRANGE-Faktoren 594

§ 4. Äquivalenz der SCHRÖDINGER-Gleichung mit einem Variationsproblem 596

§ 5. Anwendung des Verfahrens von RITZ auf das Variationsproblem der Wellenmechanik 604

§ 6. Die Zweibändertheorie von KANE 608

§ 7. Die Normierung der Eigenfunktion im Grundgebiet 614
a) Endliches Grundgebiet $-\frac{1}{2}Ga < x < +\frac{1}{2}Ga$, S. 614 — b) Unendliches Grundgebiet $-\infty < x < \infty$, S. 615

§ 8. Einige Eigenschaften der DIRACschen Deltafunktion 618

§ 9. Eine Beziehung zwischen dem räumlichen und dem zeitlichen Abklingen einer Welle in einem absorbierenden Medium 621

Tabellen 623

Autorenverzeichnis 631

Sachverzeichnis 636

Liste der Bezeichnungen

a	Gitterkonstante
a	Würfelkantenlänge (IX § 7)
a	Abstand (X § 7 und 8)
a_0	BOHRscher Radius
$\mathfrak{a}_1$, $\mathfrak{a}_2$, $\mathfrak{a}_3$	Achsenvektoren im Translationsgitter
$\mathfrak{a}_{\mathfrak{g}} = g_1\,\mathfrak{a}_1 + g_2\,\mathfrak{a}_2 + g_3\,\mathfrak{a}_3$:	Ort des „$\mathfrak{g}$-ten" Gitterpunktes
A	Symbol für Akzeptor
$A^{\times}$	Symbol für neutralen Akzeptor
A^{-}	Symbol für negativ geladenen Akzeptor
A	Transistorfläche (V § 4)
A	Austauschintegral (VII)
A	RICHARDSON-Konstante (X § 4)
A_N, A_{Nk}	Amplituden der Besetzungswahrscheinlichkeit (VII)
$\mathfrak{A}$	Vektorpotential
$\mathfrak{b}_1$, $\mathfrak{b}_2$, $\mathfrak{b}_3$	Achsenvektoren im reziproken Gitter
B	Betrag der magnetischen Induktion
$\mathfrak{B}$	Magnetische Induktion
c	Lichtgeschwindigkeit
c	Symbol für Collector
C	COULOMB-Integral (VII)
C	Symbol für Leitungsband
d	Siehe d_n, d_p
$d_{h_1^* h_2^* h_3^*}$	Abstand zweier MILLERscher Ebenen (VII § 3)
d_n, d_p	Dicke der Bahngebiete im *pn*Gleichrichter (IV § 10)
D	Symbol für Donator
$D^{\times}$	Symbol für neutralen Donator
D^{+}	Symbol für positiv geladenen Donator
D	Diffusionskonstante
D_n	Diffusionskonstante der Elektronen
D_p	Diffusionskonstante der Defektelektronen
D	Ätzgrubenabstand (II § 11)
D	Durchgriff (V § 3)
$D(E)$	Verteilung der Quantenzustände über die Energieskala

e	Elementarladung
e_D	Emissionskoeffizient eines Donators (II § 8, IX § 1)
e_{DC}	Emissionskoeffizient eines Donators zum Leitungsband (Elektronen) (IX § 2)
e_{DV}	Emissionskoeffizient eines Donators zum Valenzband (Defektelektronen) (IX § 2)
e_G	EMK eines Generators (V § 10)
e_{SC}, e_{SV}	Emissionskoeffizienten von Oberflächenstörstellen (IX § 6)
e	Basis der Exponentialfunktion
e	Symbol für Emitter
$\mathfrak{e}$	Einheitsvektor (IX § 7)
E	Kristallenergie eines Kristallelektrons (X § 1)
E	Energie einer Gittereigenschwingung (VII § 9)
E_A	Elektronenenergie auf dem Akzeptorenniveau
E_A^*	Elektronenenergie auf dem effektiven Akzeptorenniveau (VIII § 1 m)
E_{At}	Atomeigenwert (VII § 2)
E_C	Elektronenenergie an der unteren Kante des Leitungsbandes
E_D	Elektronenenergie auf dem Donatorenniveau
E_D^*	Elektronenenergie auf dem effektiven Donatorenniveau (VIII § 1 m)
E_F	Elektronenenergie an der FERMI-Kante
$E_F^{(n)}$	Chemisches (GIBBSsches) Potential der Elektronen
$E_F^{(p)}$	Chemisches (GIBBSsches) Potential der Defektelektronen
E_{Grenz}	Elektronenenergie an einer Bandkante (VII § 4a)
E_i	Elektronenenergie auf dem Inversionsniveau
E_j	Elektronenenergie auf dem j-ten besetzbaren Platz (VIII § 1)
E_{jk}	Abkürzung für $E_j - E_k$, z. B.
E_{CV}	Breite des verbotenen Bandes
E_{CD}	Ablösearbeit eines Donators
E_{AV}	Ablösearbeit eines Akzeptors
E_{kin}	Kinetische Energie
E_n	Kristallenergie eines Kristallelektrons (III)
E_p	Kristallenergie eines Defektelektrons (III)
E_{pot}	Kristallanteil der potentiellen Energie eines Elektrons
E_V	Elektronenenergie an der oberen Kante des Valenzbandes
$\mathbf{E}$	Gesamtenergie eines Kristallelektrons
$\mathbf{E}_F^{(n)}$	Elektrochemisches Potential (quasi FERMI level) der Elektronen
$\mathbf{E}_F^{(p)}$	Elektrochemisches Potential (quasi FERMI level) der Defektelektronen
$\mathbf{E}_{\mathrm{pot}}$	Gesamte potentielle Energie eines Kristallelektrons
$\mathfrak{E}$	Elektrische Feldstärke
$\mathfrak{E}_R$	Randfeldstärke in SCHOTTKY-Randschicht
$\mathfrak{E}_{\mathrm{krit}}$	Für ZENER-Effekt oder Stoßionisation ausreichende Feldstärke
f	Frequenz
$f(\mathfrak{k})$	Verteilungsfunktion im $\mathfrak{k}$-Raum, wobei
f_0	die Gleichgewichtsverteilung (FERMI-Verteilung) und
f_1	die Störung der Gleichgewichtsverteilung (XI)
$f(E)$	FERMI-Besetzungswahrscheinlichkeit, insbesondere
f_{Akz}	von Akzeptoren und
f_{Don}	von Donatoren
f_{Bose}	BOSE-Besetzungswahrscheinlichkeit (IX)
$f_{\mathfrak{y}}$	Ebene Elektronenwelle, zeitunabhängiger Faktor (VII § 4)

F Äußere Kraft, eindimensional
F Freie Energie (VIII)
$\mathfrak{F}$ Äußere Kraft

g Erdbeschleunigung
g Neuerzeugung (Paarerzeugung) pro Zeit- und Volumeneinheit, speziell
g_Z Neuerzeugung mit Hilfe von Rekombinationszentren (I § 3)
g_{DC}, g_{DV} Koeffizienten für Trägererzeugung durch Störstellenabsorption (IX § 2)
g_{11}, g_{12}, g_{21}, g_{22} Differentielle Leitwertgrößen eines Transistors
$\mathfrak{g}$ Beschleunigung
$\mathfrak{g} = \{g_1, g_2, g_3\}$: „Nummer" eines Gitterpunktes
G Zellenzahl eines Grundgebietes, insbesondere
G_1, G_2, G_3 Zellenzahl in den verschiedenen Kantenrichtungen
G Optische Paarerzeugung pro Zeit- und Volumeneinheit (IX § 2)
G, G_{ll}, G_{lr}, G_{rl}, G_{rr}, G_{lln}, G_{llp}, G_{lrn}, G_{rln}, G_{rrn}, G_{rrp} Gleichstromleitwerte eines Transistors (V § 4)
$G_{I\,II}$ GALVANI-Spannung zwischen den Körpern I und II (X § 2)

h PLANCKsche Konstante
$\hbar$ DIRACsche Konstante
$\mathfrak{h} = h_1\mathfrak{b}_1 + h_2\mathfrak{b}_2 + h_3\mathfrak{b}_3$: Vektor im reziproken Gitter
$\mathfrak{h}$ Einheitsvektor (nur IX § 7)
H_{Op} HAMILTON-Operator
$\mathfrak{H}$ Magnetische Feldstärke

i Stromdichte (eindimensional)
i_A Anodenstromschwankung in einer Vakuumröhre
i_b Basisstromschwankung
i_c Collectorstromschwankung
i_{cn} Elektronenanteil der Collectorstromschwankung
i_{Diff} Dichte des Diffusionsstromes
i_{Du} Stromdichte in Durchlaßrichtung
i_e Emitterstromschwankung
i_{en} Elektronenanteil der Emitterstromschwankung
i_{Feld} Dichte des Feldstromes
i_{ges} Dichte des Gesamtstromes

i_n	Dichte des von Elektronen getragenen Stromanteiles
i_p	Dichte des von Defektelektronen getragenen Stromanteiles
i_S	Dichte des Sättigungsstromes in der Gleichrichtertheorie
$i_{\text{sätt}}$	Dichte des Sättigungsstromes bei der Elektronenemission fester Körper
i_{Sp}	Stromdichte in Sperrichtung
i	Reduzierte Stromdichte (IV § 11)
$\mathfrak{i}$	Stromdichte
$\mathfrak{i}_{\text{einzel}}$	Beitrag eines Elektrons zur Stromdichte
I	Stromstärke
$I(k)$	Spezielles Integral (XII § 1)
I_A	Anodenstrom in einer Vakuumröhre
I_b	Basisstrom
I_c	Collectorstrom
I_{c0}	Spezieller Wert des Collectorstromes bei offenem Emitter und stark gesperrtem Collector
I_{cn}	Elektronenanteil des Collectorstromes
I_{cp}	Defektelektronenanteil des Collectorstromes
I_e	Emitterstrom
I_{en}	Elektronenanteil des Emitterstromes
I_{ep}	Defektelektronenanteil des Emitterstromes
I_{einzel}	Stromanteil eines Elektrons
$I_{\text{Stöße}}$	Änderung der Elektronenzahl pro Volumen-, $\mathfrak{k}$-Raum- und Zeiteinheit; besteht aus der Differenz von
I_{Gewinn}	Gewinn und
I_{Verlust}	Verlust
j	Imaginäre Einheit
k	BOLTZMANN-Konstante
k	Wellenzahl
$\mathfrak{k}$	Wellenzahlvektor (Elektron)
$\mathfrak{k}_{\text{Grenz}}$	Wellenzahlvektor an einer Bandkante
$\mathfrak{k}_{\text{Feld}}$	Wellenzahlvektor einer elektromagnetischen Welle
K_A	Abkürzung für K_{AV}
K_{AV}	Massenwirkungskonstante für das Gleichgewicht zwischen Akzeptoren und Valenzband
K_D	Abkürzung für K_{DC}
K_{DC}	Massenwirkungskonstante für das Gleichgewicht zwischen Donatoren und Leitungsband
K_{DV}	Massenwirkungskonstante für das Gleichgewicht zwischen Donatoren und Valenzband
K_{SC}	Massenwirkungskonstante für das Gleichgewicht zwischen Oberflächenzuständen und Leitungsband (IX § 6)
K_{SV}	Massenwirkungskonstante für das Gleichgewicht zwischen Oberflächenzuständen und Valenzband (IX § 6)
K	Wellenzahl akustischer Gitterschwingungen
$\mathfrak{K}$	Wellenzahlvektor akustischer Gitterschwingungen
l	Freie Weglänge
l	Randschichtdicke
l_{Pendel}	Pendellänge eines Elektrons bei konstanter äußerer Kraft
L	Länge (nur VII § 9)

L_n	Diffusionslänge der Elektronen
L_p	Diffusionslänge der Defektelektronen
$L(E_{\text{II}}, \Theta_\vartheta)$	Ablenkungswahrscheinlichkeit (XI § 3 und 4)
m	Elektronenmasse
m	Molekülmasse (nur IV § 2)
m_{eff}	Effektive Masse
m_n	Effektive Masse der Elektronen
m_p	Effektive Masse der Defektelektronen
m_r	Resultierende effektive Masse
M	Masse eines Gitterpunktes (VII § 9; XI § 3)
M	Multiplikationsfaktor des Stromes bei Stoßionisation
n	Hauptquantenzahl
n	Elektronenkonzentration
$n^{(0)}$	Gleichgewichtswert der Elektronenkonzentration
n	Luftmolekelkonzentration (nur IV § 2)
n	Brechungsindex
n_A	Gesamtkonzentration der Akzeptoren
$n_{A^\times}$	Konzentration der neutralen Akzeptoren
n_{A^-}	Konzentration der negativen Akzeptoren
n_D	Gesamtkonzentration der Donatoren
$n_{D^\times}$	Konzentration der neutralen Donatoren
n_{D^+}	Konzentration der positiven Donatoren
n_H	Neutralkonzentration der Elektronen im Halbleiterinneren
n_i	Inversionsdichte
n_I	Konzentration sämtlicher Verunreinigungen
n_n	Gleichgewichts-Elektronenkonzentration im nGebiet
n_p	Gleichgewichts-Elektronenkonzentration im pGebiet
n_R	Elektronenkonzentration an der Grenze eines Überschußleiters zu einem Metall
n_S	Gesamtdichte neutraler Oberflächenstörstellen pro Flächeneinheit
$n_{S^\times}$	Dichte neutraler Oberflächenstörstellen pro Flächeneinheit
n_{S^+}	Dichte positiv geladener Oberflächenstörstellen pro Flächeneinheit
$n_\ominus$	Elektronenkonzentration (nur II § 8)
$n_\oplus$	Defektelektronenkonzentration (nur II § 8)
$\mathfrak{n}_{A^-}$	Reduzierte Konzentration negativ geladener Akzeptoren (IV § 11)
N	Bandnummer
N	Gesamtzahl der Elektronen in einem Volumen (VII § 9)
N	Gesamtzahl der Elektronen pro Energieintervall (VIII § 1)
N	Versetzungsdichte (II § 14)
N_A	Gesamtzahl der Akzeptoren in einem Volumen (VIII § 1, k)
N_{A^-}	Zahl der negativen Akzeptoren in einem Volumen (VIII § 1, k)
N_D	Gesamtzahl der Donatoren in einem Volumen (VIII § 1, a bis i; entsprechende Größen für Doppeldonatoren: VIII § 1, l)
N_{D^+}	Zahl der positiven Donatoren in einem Volumen (VIII § 1, a bis i; entsprechende Größen für Doppeldonatoren: VIII § 1, l)
$N_{D^\times}$	Zahl der neutralen Donatoren in einem Volumen (VIII § 1, a bis i; entsprechende Größen für Doppeldonatoren: VIII § 1, l)
N_j	Zahl der Elektronen im j-ten Energieintervall
$\mathbf{N}$	Effektive Zustandsdichte im Potentialtopf
$\mathbf{N}_C$	Effektive Zustandsdichte im Leitungsband
$\mathbf{N}_V$	Effektive Zustandsdichte im Valenzband

p	Defektelektronenkonzentration
p	Druck (nur VIII § 1, g)
$p^{(0)}$	Gleichgewichtswert der Defektelektronenkonzentration
p_e	Defektelektronenkonzentration am emitterseitigen Basisrand
p_H	Neutralkonzentration der Defektelektronen im Halbleiterinneren
p_n	Gleichgewichts-Defektelektronenkonzentration im *n*Gebiet
p_p	Gleichgewichts-Defektelektronenkonzentration im *p*Gebiet
p_R	Defektelektronenkonzentration an der Grenze eines Defektleiters zu einem Metall
$\mathfrak{p}$	Mittlerer Impuls (VII § 5 und 6; XII § 6)
$\mathfrak{p}_{\mathrm{Op}}$	Impulsoperator
P	Gesamtzahl der Defektelektronen in einem Volumen (VIII § 5)
P	Gesamtpaarerzeugung pro Zeit- und Volumeneinheit (IX § 3)
$P(\mathfrak{k}_{\mathfrak{n}}, \mathfrak{k}_{\mathfrak{z}})$	Übergangswahrscheinlichkeit im $\mathfrak{k}$-Raum (XI)
q	Punktladung (VII § 6)
Q	Querschnitt (VII § 9)
r	Beliebige ganze Zahl (nur VII § 2)
r	Radialer Abstand
r	Rekombinationskoeffizient allgemein, insbesondere
r_Z	Rekombinationskoeffizient bei Anwesenheit von Rekombinationszentren (I § 3)
r_{11}, r_{12}, r_{21}, r_{22}	Differentielle Widerstandsgrößen eines Vierpols
r_D	„Rekombinationskoeffizient" eines Donators (II § 8, IX § 1)
r_{DC}	„Rekombinationskoeffizient" für Assoziation eines Leitungselektrons an einen Donator (IX § 2)
r_{DV}	„Rekombinationskoeffizient" für Assoziation eines Defektelektrons an einen Donator (IX § 2)
r_G	Innerer Generatorwiderstand (V § 10)
r_{SC}	„Rekombinationskoeffizient" für Assoziation eines Leitungselektrons an eine Oberflächenstörstelle (IX § 6)
r_{SV}	„Rekombinationskoeffizient" für Assoziation eines Defektelektrons an eine Oberflächenstörstelle (IX § 6)
$\mathfrak{r}$	Ortsvektor
R	Rekombinationsüberschuß, auch (mit anderer Dimension) für Oberflächenrekombination
R_0	Nullwiderstand eines Gleichrichters
R_b	Basisquerwiderstand eines Transistors
R_B	Bahnwiderstand eines Gleichrichters
R_e	Sekantenwiderstand des Emitters in einem Transistor
R_L	Lastwiderstand
R_n	Rekombinationsüberschuß der Elektronen, auch (mit anderer Dimension) für Oberflächenrekombination
R_p	Rekombinationsüberschuß der Defektelektronen, auch (mit anderer Dimension) für Oberflächenrekombination
s	Integrationsvariable gemäß (VII 7.32)
s	Teilchenstromdichte

s_{Diff}	Dichte des Diffusionsteilchenstroms
s_{Feld}	Dichte des Feldteilchenstroms
s_n	Teilchenstromdichte der Elektronen
$s_{\mathfrak{p}}$	Teilchenstromdichte der Defektelektronen
s_p	Symbol für schwach dotiertes Gebiet (IV § 12)
s_{SC}	Oberflächenrekombinationsgeschwindigkeit für Assoziation von Leitungselektronen an eine Oberflächenstörstelle (IX § 6)
s_{SV}	Oberflächenrekombinationsgeschwindigkeit für Assoziation von Defektelektronen an eine Oberflächenstörstelle (IX § 6)
S	Steilheit (V § 3)
S	Entropie (VIII § 1, f)
S	Symbol für Oberflächenstörstelle (IX § 6)
$S^{\times}$	Symbol für neutrale Oberflächenstörstelle (IX § 6)
S^{+}	Symbol für positiv geladene Oberflächenstörstelle (IX § 6)
$S_{\mathfrak{g}}(\mathfrak{r})$	Koeffizienten eines Störpotentials (XI § 2)
t	Zeit
t	Temperatur in °C
T	Absolute Temperatur in °K
T_{Relax}	Dielektrische Relaxationszeit (V § 2)
$u(\mathfrak{r})$	Ein-Elektronen-Funktion (VI § 1 und 2)
$u(\mathfrak{r}, \mathfrak{k})$	Ortsabhängige Amplitude einer Elektronenwelle
u	Spannungsschwankung
u_A	Schwankung der Anodenspannung in einer Vakuumröhre
u_{c}	Schwankung der Collectorspannung
u_{e}	Schwankung der Emitterspannung
u_G	Schwankung der Gitterspannung in einer Vakuumröhre
u_L	Schwankung der Spannung an einem Lastwiderstand
U	Gesamtenergie einer Elektronenverteilung (VIII § 1)
$U(\mathfrak{r})$	Gitterpotential
U	Von außen an ein Bauelement angelegte Spannung
U_0	Konstantes Potential (VII 6.02)
U_0	Ungestörtes Potential (XI 2.01)
U_A	Anodenspannung in einer Vakuumröhre
U_b	breakdown-Spannung
U_b^*	Spannung des Stromsteilanstieges im Transistor bei offener Basis (V § 7)
U_B	Bahnspannung in einem Gleichrichter
U_{c}	Collectorspannung
U_{ce}	Spannung zwischen Collector- und Emitterelektrode
U_{Du}	Durchlaßspannung
U_{Du}^*	Von außen gemessene Durchlaßspannung
U_{e}	Emitterspannung
U_G	Gitterspannung in einer Vakuumröhre
U_G	Gegenspannung zwischen Anode und Photokathode (X § 8)
$U_G^{(0)}$	Maximal zulässige Gegenspannung zwischen Anode und Photokathode (X § 8)
$U_G^{(s)}$	Sättigungsgegenspannung zwischen Anode und Photokathode (X § 8)
U_{ges}	Gesamtspannung an einem Gleichrichter (IV 11.51)
U_J	junction-Spannung
U_p	punch through-Spannung

U_P	Pseudopotential (VII § 4)
U_R	Repulsionspotential (VII § 4)
U_{Sp}	Sperrspannung
$U_{Stör}$	Störpotential
$\ddot{u}$	Zahl pro Zeiteinheit der Übertritte eines Elektrons in ein höheres Band (VII § 7)
$v(\mathfrak{r})$	Ein-Elektronen-Funktion (VI § 1 und 2)
v	Betrag der Geschwindigkeit
v	Phasengeschwindigkeit (IX § 7)
v_{Drift}	Betrag der Driftgeschwindigkeit
v_{long}	Longitudinale Schallgeschwindigkeit (XI § 3)
v_{th}	Betrag der thermischen Geschwindigkeit
$\mathfrak{v}$	Geschwindigkeit
$\mathfrak{v}_\mathfrak{g}$	Verschiebung eines Gitterpunktes (VII § 9; XI)
$\mathfrak{v}_{Zusatz}$	Zusätzliche Geschwindigkeit (VII § 9)
V	Volumen
V	Symbol für Valenzband
V	Elektrostatisches Potential
V_D	Diffusionsspannung
V_{Grund}	Volumen eines Kristallgrundgebietes
V_{Zelle}	Volumen einer Gitterzelle
$\mathfrak{V} = kT/e$	Spannungsäquivalent der Temperatur
$\mathfrak{V}$	Amplitude von $\mathfrak{v}_\mathfrak{g}$ (VII § 9; XI)
w	Zahl der Rekombinationsprozesse pro Zeit- und Volumeneinheit
W	Basisbreite in einem Transistor
W	Zahl der Realisierungsmöglichkeiten in der Statistik (VIII § 1)
x	Ortskoordinate
x_0	Debye-Länge, insbesondere
x_{0i}	im eigenleitenden Gebiet
x_{0n}	im n leitenden Gebiet
x_{0p}	im p leitenden Gebiet
x_{bl}, x_{br}, x_c, x_e	Bestimmte Werte der Ortskoordinaten im Transistor (s. Abb. V 4.3)
x_n, x_p	Bestimmte Werte der Ortskoordinaten im pnGleichrichter (siehe Abb. IV 8.1)
$\mathfrak{x}$	Ortsvektor
$X_{NN'}(\mathfrak{k})$	Matrixelement zwischen den Bändern N und N' gemäß Gl. (VII 7.01)
y	Ortskoordinate
z	Ortskoordinate
z	Integrationsvariable gemäß Gl. (VII 7.36)
Z	Kernladungszahl
Z_{eff}	Effektive Kernladungszahl
Z_j	Zahl der besetzbaren Plätze im j-ten Energieintervall (VIII § 1)
α	Absorptionskoeffizient
α	Lagrange-Faktor (VIII § 1)

α	Richtungscosinus (VII § 3)
α_b	Stromverstärkungsfaktor in Basisschaltung
α_e	Stromverstärkungsfaktor in Emitterschaltung
β	Transportfaktor in einem Transistor
β	LAGRANGE-Faktor (VIII § 1)
β	Richtungscosinus (VII § 3)
γ	Gehaltsfaktor eines Transistorstroms, insbesondere
γ_c	Gehaltsfaktor des Collectorstroms,
γ_e	Gehaltsfaktor des Emitterstroms, Emitterwirkungsgrad
γ	Richtungscosinus (VII § 3)
Δ	Maß für Stärke der Injektion (IX § 4)
ε	Dielektrizitätskonstante, insbesondere
ε_{Ge}	ihr Wert in Germanium und
ε_{Si}	in Silizium
ε_{opt}	Wert der Dielektrizitätskonstanten für schnelle Vorgänge
ε_{stat}	Wert der Dielektrizitätskonstanten für langsame Vorgänge
$\zeta\left(\frac{n}{N}\right)$	Spezielle Funktion (XII § 2)
Θ	Parameter gemäß Gl. (VII 7.35)
Θ	Winkel zwischen zwei Gitterorientierungen
Θ_n	HALL-Winkel der Elektronen
Θ_p	HALL-Winkel der Defektelektronen
Θ	Kugelkoordinate (XI § 3)
$\varkappa$	Absorptionsindex
λ	Wellenlänge
λ	LAGRANGE-Faktor (XII § 3)
λ	Störungsparameter (XII § 5)
μ	Beweglichkeit, insbesondere
μ_n	der Elektronen und
μ_p	der Defektelektronen
μ	Permeabilität
μ	LAGRANGE-Faktor (XII § 3)
μ	Chemisches (GIBBSsches) Potential, speziell
$\mu_{n\ominus}$	der Elektronen,
$\mu_{D^\times}$	neutraler Donatoren und
μ_{D^+}	positiv geladener Donatoren (VIII)
$\pi_{ns}^{(+)}$, $\pi_{ns}^{(-)}$	Optische Matrixelemente zwischen den Bändern n und s gemäß Gl. (VII 8.38 u. 8.39)
ϱ	Raumladungsdichte
ϱ	Massendichte (XI § 4)
ϱ_p	Spezifischer Widerstand eines pGebietes

σ	Leitfähigkeit
σ_i	Eigenleitfähigkeit
σ	Stoßquerschnitt, Wirkungsquerschnitt, insbesondere
$\sigma_n(D^+)$	für Assoziation eines Elektrons an einen Donator
σ	Integrationsvariable gemäß (VII 7.32)
$\tau_{ü}$	Zeit zwischen zwei Stößen. Ihr Mittelwert:
τ	„Stoßzeit"
τ	Relaxationszeiten für verschiedene Vorgänge
τ_1, τ_2, τ_{minor}	Speziell bei der Rekombination von Ladungsträgern: Relaxationszeiten bei der Gleichgewichtseinstellung der beiden Trägersorten bzw. der Minoritätsträger
τ	„Lebensdauer" der Ladungsträger bei stationären Vorgängen, insbesondere:
τ_i	im eigenleitenden Gebiet,
$\tau_i^{(0)}$	im eigenleitenden Gebiet in einem Sonderfall (IX § 9)
τ_n	der Elektronen in einem pGebiet,
$\tau^{(n0)}$	der Elektronen in einem pGebiet bei sehr starker Dotierung,
τ_p	der Defektelektronen in einem nGebiet,
$\tau^{(p0)}$	der Defektelektronen in einem nGebiet bei sehr starker Dotierung
$\varphi(x)$	SCHRÖDINGER-Funktion (XII § 4)
φ_l	Phase einer Elektronenwelle
φ_h	Winkel zwischen abgebeugtem Strahl und Punktgitterrichtung
Φ	Kugelkoordinate (XI § 3)
Φ_V	Pseudowellenfunktion (VII § 4)
$\chi_{\mathfrak{h}}$	Orthogonalisierte ebene Welle (VII § 4)
$\psi(\mathfrak{r};\mathfrak{k})$	Zeitunabhängige Eigenfunktion
$\psi(\mathfrak{r},t)$	Zeitabhängige Eigenfunktion
ψ_{At}	Atomare Eigenfunktion
ψ_n	Eigenfunktion der Elektronen (III § 3)
ψ_p	Eigenfunktion der Defektelektronen (III § 3)
ψ_N	Eigenfunktion für Elektronen im N-ten Band
ψ_+, ψ_-	Näherungsweise Eigenfunktionen des Zwei-Zentren-Problems; siehe (VI 2.01 u. 2.02)
$\psi_k^{(0)}$	Eigenfunktion des ungestörten HAMILTON-Operators (XII § 5)
ψ_0	Eigenfunktion des Grundzustandes (XII § 4)
ψ_1	Eigenfunktion des ersten angeregten Zustandes (XII § 4)
Ψ	Thermische Austrittsarbeit, insbesondere
Ψ_{Hbl}	für Halbleiter,
Ψ^*_{Hbl}	für Halbleiter bei spezieller Definition [Gl. (X 5.04)],
Ψ_{MetHbl}	vom Metall in angrenzenden Halbleiter,
$\Psi^{(n)}_{\text{MetHbl}}$	für Elektronen vom Metall in den Halbleiter,
$\Psi^{(p)}_{\text{MetHbl}}$	für Defektelektronen vom Metall in den Halbleiter,
$\Psi_{\text{MetVakuum}}$	vom Metall in das Vakuum
Ψ_z	Abkürzung gemäß (XI 3.12)
ω	Kreisfrequenz
ω	Statistisches Gewicht für Atomterme (VII § 11)

$\omega_{\mathfrak{cv}}$	Übergangsfrequenz für Übergänge zwischen Leitungs- und Valenz-Band
$\omega_{\mathfrak{nz}}$	Übergangsfrequenz für Übergänge innerhalb eines Bandes (XI § 2)
$\ominus$	Symbol für Leitungselektronen
$\oplus$	Symbol für Defektelektronen
● ( )	Symbol für Substitutionsstörstelle
○	Symbol für Zwischengitterplatz
□	Symbol für Gitterlücke
$\times$	Neutral
$\cdot$, $+$	Einfach positiv geladen
$\cdot\cdot$, $++$	Zweifach positiv geladen
$'$, $-$	Einfach negativ geladen
$''$, $=$	Zweifach negativ geladen

Der Leitungsmechanismus der elektronischen Halbleiter und die Physik der Gleichrichter und Transistoren

Kapitel I

Der Leitungsmechanismus in elektronischen Halbleitern

§ 1. Einleitung

Unter den kristallinen Festkörpern leiten — wie schon der Name besagt — die Halbleiter den elektrischen Strom schlechter als die Metalle, aber besser als die Isolatoren. Hiernach liegt die Leitfähigkeit eines Halbleiters bei Zimmertemperatur zwischen $10^{+4}\,\Omega^{-1}\,\text{cm}^{-1}$ und $10^{-12}\,\Omega^{-1}\,\text{cm}^{-1}$. Diese Grenzen sind einigermaßen willkürlich, und tatsächlich wird sich auch zeigen, daß zwischen *Isolatoren* und Halbleitern gar kein prinzipieller Unterschied besteht.

Zwischen *Metallen* und Halbleitern wird zur Unterscheidung häufig der negative Temperaturkoeffizient des elektrischen Widerstandes benutzt, also die Tatsache, daß viele Halbleiter bei hohen Temperaturen gut und bei tiefen Temperaturen schlecht leiten. Gegen dieses Vorgehen spricht die Existenz von Stoffen wie Niobhydrid und Niobnitrid, die keineswegs Heißleiter, sondern im Gegenteil so ausgeprägte Kaltleiter sind, daß sie Supraleitung zeigen, sogar mit erstaunlich hohen Sprungtemperaturen. Da auch Kupfersulfid und die Boride, Karbide und Nitride von Zirkon, Hafnium, Titan, Vanadium und Tantal in gewisser Weise hierher gehören, wird die Regel „Halbleiter = Heißleiter" von einer recht umfangreichen Stoffgruppe durchbrochen, falls man diese Verbindungen zu den Halbleitern rechnet.

Um die erwähnte Regel zu retten, betrachten manche Autoren diese Stoffe *nicht* als Halbleiter. Freilich wird man diese spröden Hartstoffe auch nicht gut als Metalle bezeichnen können. Man hilft sich dann mit dem Ausdruck „metallischer Leiter" oder spricht von „metallischem Verhalten".

Ebenso wie zwischen Isolatoren und Halbleitern gibt es also zwischen Halbleitern und Metallen mannigfache Übergänge, und so dürfte die Hauptbedeutung der Begriffe „Metall“, „Halbleiter“ und „Isolator“ weniger in scharfen Einteilungen als in der Kennzeichnung gewisser reiner Typenfälle liegen.

Unter diesen Vorbehalten ist eine charakteristische Eigenschaft vieler Halbleiter die außerordentlich starke Empfindlichkeit des elektrischen Widerstandes gegenüber einer Reihe von Faktoren, von denen wir an erster Stelle die „chemische Zusammensetzung“ der untersuchten Proben nennen wollen.

Die Bedeutung dieses Ausdrucks hat sich in der Halbleiterphysik gegenüber dem üblichen Sprachgebrauch erheblich verschärft. Wenn von dem chemischen Unterschied zwischen 2 Körpern die Rede ist, wird der nicht vorbelastete Leser an einen Unterschied wie beispielsweise zwischen Kupferoxyd (CuO) und Kupferoxydul (Cu_2O) denken. Der Halbleiterphysiker wählt aber beim Vergleich zweier Substanzen als Kriterium die Größe der elektrischen Leitfähigkeit, und dann werden schon Variationen des Sauerstoffgehalts um Bruchteile eines Prozents von entscheidender Bedeutung; denn minimale Abweichungen von der exakten stöchiometrischen Zusammensetzung (Größenordnung vielleicht nur 10^{-4}) können sich im elektrischen Widerstand mit sehr großen Faktoren (vielleicht 10^{+4}) auswirken[1]. Ebenso können geringste Fremdstoffgehalte eines Halbleiters, z. B. Chlorgehalte in der Größenordnung 10^{-4} in Selen[2], den elektrischen Widerstand entscheidend beeinflussen. Das ist der Grund dafür, daß man in der Halbleiterphysik den Unterschied beispielsweise zwischen einem Selen mit einem Chlorzusatz von 10^{-4} und einem Selen mit einem Chlorzusatz von 10^{-5} auch sprachlich so ernst nimmt, daß man von dem „chemischen Unterschied“ der beiden Proben spricht, obwohl es sich in beiden Fällen um Selen handelt und der ganze Unterschied nur in der Größe der minimalen Fremdstoffzusätze besteht.

Weitere Faktoren, die den Widerstand einer untersuchten Probe stärkstens zu beeinflussen vermögen, wollen wir hier nur stichwortartig aufzählen, wobei wir in einzelnen Punkten vielleicht nur demjenigen ganz verständlich sind, der auf dem Halbleitergebiet schon etwas zu Hause ist:

1. Die Vorgeschichte des Materials, insbesondere Temperaturbehandlungen in ausgewählten Atmosphären. — 2. Die fein- oder grob- oder einkristalline Natur des Materials sowie etwaige Vorzugsrichtungen und Texturen. — 3. Etwaige Abweichungen von der chemischen Homogeni-

[1] Das kann übrigens auch bei der optischen Absorption der Fall sein, so daß sich das Aussehen einer Substanz z. B. durch Tempern im Dampf einer Komponente völlig ändern kann. Beispiel: Kupferjodid, Alkalihalogenide.

[2] Also 1 Cl-Atom auf 10^4 Se-Atome.

tät des Materials, wobei „chemisch“ wieder im verschärften Sinne der Halbleiterphysik zu verstehen ist. Hier ist insbesondere die engere und auch weitere Nachbarschaft von Kristallitgrenzen gefährdet, wo eine gewisse Gitterauflockerung mit erleichterter Lückenbildung, erleichterter Zwischengitterbesetzung und erleichtertem Einbau von Fremdatomen eintreten kann[1]. — 4. Mikroskopische und kolloidale Abscheidungen von Fremdphasen können z. B. einerseits metallische Brücken, andererseits aber auch isolierende Häute bilden. — 5. Die Oberflächenbeschaffenheit der ganzen Probe oder der einzelnen Kristallite kann sich durch Bildung von Raumladungsrandschichten mit unipolaren Eigenschaften in starkem Maße auf den Widerstand der ganzen Probe auswirken. — 6. Die umgebende Atmosphäre kann bei hohen Temperaturen starken Einfluß haben. — 7. Der Widerstand eines Halbleiters ist häufig stark temperaturabhängig. — 8. Auch die Größenordnung der bei der Messung anliegenden Feldstärke ist in vielen Fällen nicht ohne Einfluß.

Man kann sich bei einer so großen Zahl von wirksamen Einflußfaktoren nicht wundern, daß die Halbleiterphysik durch eine verwirrende Vielfalt von Erscheinungen und von sich scheinbar widersprechenden Befunden gekennzeichnet ist. Lange Zeit mußte man sich auf dem Halbleitergebiet im wesentlichen damit begnügen, größenordnungsmäßige Effekte herauszupräparieren und zu deuten. Das ist eine Arbeitsweise, die nicht jedermann liegt, und so kam die Halbleiterphysik in den Ruf, eine „Physik der Dreckeffekte“ zu sein. Trotzdem ist das Interesse immer breiterer Kreise im Laufe der Jahre immer lebhafter geworden. Einmal liegt das an dem starken Impuls, den die ganze Festkörperphysik und damit auch die Physik der Halbleiter dadurch erhielt, daß man seit Ende der zwanziger Jahre die wellenmechanischen Methoden auch auf das Riesenmolekül des Kristalls anwandte. Weiter stieg die technische Bedeutung der Halbleiter laufend[2], und wirtschaftliche Gründe forderten eine intensive Bearbeitung[3]. Wir nennen hier als Beispiel:

Heißleiter (thermistors). — Elektrolytkondensatoren. — Gesteuerte und ungesteuerte Kristallgleichrichter. — Transistoren. — Oxydkathoden. — Hochspannungsableiter und Varistoren aus SiC. — Sperrschichtphotozellen.

Aber auch bei solchen technischen Problemen, die zunächst nichts mit elektrischer Leitung zu tun zu haben scheinen, erweisen sich die

[1] Siehe hierzu Kap. II.: Störstellen und Versetzungen.

[2] Siehe z. B. H. Schweickert: ETZ 7 (1955) 377.

[3] Allerdings soll man als treibendes Motiv den reinen Erkenntnisdrang oder — weniger pathetisch gesprochen — die Neugier nicht unterschätzen, die es nicht erträgt, daß Schaltelemente und Geräte in laufend steigender Zahl verwendet werden, ohne daß man ihr Funktionieren versteht.

Gesichtspunkte der Halbleiterphysik von entscheidender Bedeutung, wofür als Beispiele genannt seien:

Leuchtschirme für Kathoden- und für RÖNTGEN-Strahlen. — Der photographische Belichtungs- und Entwicklungsprozeß. — Der Oberflächenschutz von Metallen gegenüber Korrosion durch Atmosphären aller Art. — Zunderfeste Legierungen.

In den letzten Jahrzehnten schließlich hat sich in Gestalt des Germaniums eine Mustersubstanz gefunden, bei der man nicht mehr in den Komplikationen gewissermaßen erstickt, sondern bei der über die größenordnungsmäßigen Zusammenhänge hinaus nun auch eine Reihe von theoretisch abgeleiteten Gesetzmäßigkeiten quantitativ zu bestätigen ist. Das ist der Grund, daß auch wir in diesem und den folgenden Kapiteln immer wieder das Germanium und seine Eigenschaften in den Vordergrund stellen und ausgedehnte Forschungen an anderen Stoffklassen demgegenüber recht stiefmütterlich behandeln.

Überhaupt ist das ganze Gebiet so umfangreich geworden, daß für das Folgende eine Beschränkung unumgänglich ist. Wir werden keine Erscheinungen oder Körper behandeln, bei denen Ionenleitung wesentlich ist. Alle Kohäsionsfragen und die magnetischen Halbleiter, die sog. Ferrite, lassen wir außer acht. Auf optische Erscheinungen gehen wir kaum ein, womit das umfangreiche Spezialgebiet der Leuchtphosphore wegfällt. Behandelt wird vielmehr der *Leitungs*mechanismus *elektronischer* Halbleiter, und zwar im Rahmen des *Bändermodells* des Festkörpers, dem dieses erste Kapitel im besonderen gewidmet ist.

§ 2. Das Bändermodell

a) Die Einelektronennäherungen der Festkörperphysik: Das atomistische Bild und das Bändermodell[1]

Ein Kristall entsteht durch das Zusammenrücken von vielen Atomen zu einem einzigen Riesenmolekül, und so ist es nur natürlich, daß die beiden Modelle der Festkörpertheorie, das atomistische Bild einerseits und das Bändermodell andererseits, den beiden hauptsächlichen Näherungsverfahren der Molekülphysik entsprechen, nämlich dem „Verfahren der atomaren Eigenfunktionen" (HEITLER-LONDON) einerseits und der „kollektiven Behandlung" oder dem „Verfahren der Moleküleigenfunktionen" (HUND und MULLIKEN) andererseits. Das HEITLER-LONDONsche Verfahren geht vom Grenzfall weit entfernter kompletter Atome aus und berücksichtigt die gegenseitige Beeinflussung nur als Störung. Ein Elektron gehört nach dieser Auffassung zu einem ganz bestimmten Atomkern oder -rumpf, und sein Verhalten wird durch die Anwesenheit

---

[1] Siehe hierzu auch Kap. VI und VII.

des einen oder anderen Atoms nur modifiziert. Diesem Näherungsverfahren entspricht in der Festkörperphysik das atomistische Bild, bei dem die Elektronen den einzelnen Gitterbausteinen — den einzelnen Ionen, Atomen oder Molekülen also — zugeordnet werden (Abb. I 2.1 a). Ihr Verhalten wird dabei gegenüber dem Verhalten im isolierten Atom nur durch eine z. B. polarisierbare und daher mit einer Dielektrizitätskonstanten $\varepsilon \neq 1$ behaftete Umgebung modifiziert. Das atomistische Bild eignet sich besonders zur Behandlung von Fragen, bei denen es auf die Elektronen in den inneren Schalen der Gitterbausteine ankommt, also z. B. Emission und Absorption von RÖNTGEN-Strahlen. Aber auch in der Theorie des Ferro-Magnetismus und der Kohäsion ist das atomistische Bild unentbehrlich und für die Behandlung von ausgesprochenen Ionenkristallen wie den Alkalihalogeniden äußerst wertvoll. Dagegen gestattete es bisher[1] bei Leitfähigkeitsproblemen zwar sehr anschauliche, aber nur qualitative Aussagen und mußte das Feld der quantitativen mathematischen Behandlung dieser Frage dem Bändermodell überlassen. Dieses knüpft — wie schon gesagt — an das Näherungsverfahren von HUND und MULLIKEN in der Molekülphysik an. Hierbei wird von dem entgegengesetzten Grenzfall wie bei HEITLER-LONDON ausgegangen, nämlich von dem Grenzfall sehr eng benachbarter Atomkerne oder -rümpfe. In diesem Grenzfall ist es sinnlos, ein Elektron einem einzigen der Atomrümpfe zuordnen zu wollen, es befindet sich vielmehr dauernd im Kraftfeld sämtlicher Atomrümpfe. Als kleine Störung wird bei diesem Verfahren die gegenseitige Wechselwirkung der verschiedenen Elektronen aufgefaßt, die man außer in einer Störungsrechnung höherer Ordnung schon in der nullten Ordnung dadurch zu berücksichtigen sucht, daß man das auf das Aufelektron wirkende Feld der Atomkerne mit Abschirmungsfaktoren versieht, die man sich durch die Ladung der anderen Elektronen verursacht denkt. In

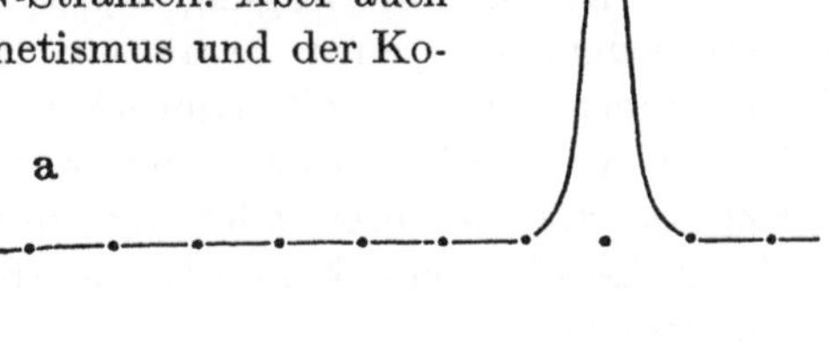

Abb. I 2.1 Die beiden Einelektronennäherungen der Festkörperphysik. Aufenthaltswahrscheinlichkeit eines Kristallelektrons (schematisch).
a) Nach dem atomistischen Bild;
b) nach dem Bändermodell.

[1] Das hat sich inzwischen geändert; s. J. YAMASHITA und T. KUROSAWA: J. Phys. Chem. Solids 5 (1958) 34, und S. H. GLARUM: Electron Mobilities in Organic Semiconductors: J. Phys. Chem. Solids 24 (1963) 1577—1583, sowie Kap. VII, § 11, S. 388 ff. Dort auch weitere moderne Zitate.

der Festkörperphysik entspricht diesem Vorgehen das Bändermodell, bei dem das gerade betrachtete Aufelektron in dem Felde nicht eines einzigen, sondern *aller* Gitterbausteine betrachtet wird (Abb. I 2.1 b). Die Wechselwirkung des Aufelektrons mit den anderen Elektronen wird beim Bändermodell nur in Form einer Modifikation des Potentials der Atomrümpfe durch die Ladung dieser anderen Elektronen berücksichtigt.

Genau wie bei dem atomistischen Bild handelt es sich aber um eine Einelektronennäherung, indem das Energietermschema eines einzigen herausgegriffenen Aufelektrons in einem fest vorgegebenen Kraftfeld ermittelt wird. Der Übergang zum Vielelektronenproblem besteht nicht in einer Berücksichtigung der Wechselwirkung der Elektronen, sondern lediglich in einer Besetzung dieses Energietermschemas des Einelektronenproblems mit sämtlichen in dem betreffenden Kristall unterzubringenden Elektronen, und zwar nach den Gesichtspunkten der Fermi-Statistik, wodurch allerdings doch eine gewisse grobe Rücksicht auf die Wechselwirkung der Elektronen nach dem Pauli-Prinzip genommen wird.

b) Das Bändermodell

Wenn wir jetzt nach dem Energietermschema fragen, das beim Bändermodell zugrunde gelegt wird, so nimmt der Name „*Bändermodell*" die Antwort eigentlich bereits vorweg: Das Termschema der stationär zulässigen Energiewerte zeigt eine bänderartige Einteilung in abwechselnd „erlaubte" und „verbotene" Energiebereiche. Das läßt sich verhältnismäßig einleuchtend auch mit rein überlegungsmäßigen Mitteln begründen:

Ein Kristallelektron[1] befindet sich nicht im Kraftfeld eines einzigen Atoms, sondern im periodischen[2] Potentialfeld vieler regelmäßig angeordneter Atome (s. Abb. I 2.2). Die diskreten Eigenwerte der Elektronenenergie[3] im Einzelatom sind beim räumlichen Zusammenführen vieler Atome zum Kristall vielfach entartet (s. Abb. I 2.3). Zu ein und demselben Atomeigenwert gehören nämlich zunächst viele wesentlich verschiedene Eigenfunktionen, die sich in immer gleicher Weise jeweils um einen anderen Gitterpunkt gruppieren. Durch Austauschwechselwirkung spaltet also jeder Atomeigenwert zu einer Vielzahl

---

[1] Wenn wir bei einem Elektron betonen wollen, daß es *nicht* frei ist, sondern den starken Gitterkräften unterliegt, die zu seiner mehr oder weniger festen Bindung im Kristall führen, so sprechen wir von einem „Kristallelektron".

[2] Das ist eine Hypothese! Siehe S. 248 oben.

[3] Wie üblich handelt es sich dabei um die Summe von kinetischer Energie und potentieller, vom Kraftfeld des Kerns herrührender Energie. Wir vermeiden das Wort „Gesamtenergie", weil wir im Kap. X sehen werden, daß bei Festkörperproblemen unter Umständen noch ein elektrostatischer Energieanteil berücksichtigt werden muß, der von einem elektrostatischen Makropotential herrührt, s. S. 501 ff.

quasikontinuierlich bänderartig angeordneter Energie-Eigenwerte auf, und zwar wird die Aufspaltung um so stärker sein, je dichter die Atome zusammengeführt werden und je größer infolgedessen die Austauschwechselwirkung ist.

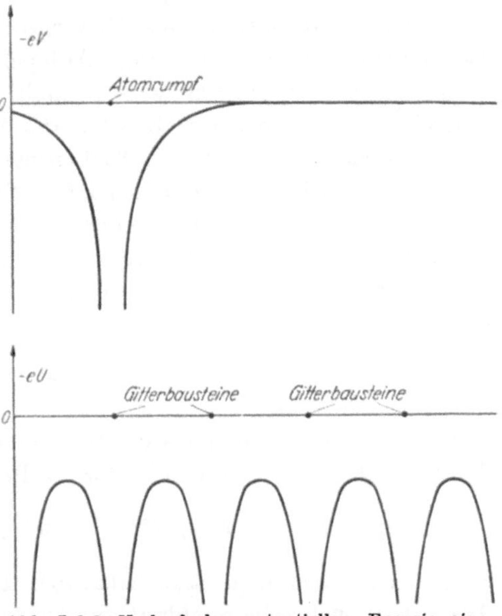

Abb. I 2.2 Verlauf der potentiellen Energie eines Elektrons. im einzelnen Atom (oben); im Gitter regelmäßig angeordneter Atome (unten).

Neben diesem von Bloch quantitativ durchgeführten[1] Weg zum Bänderspektrum eines Kristalls kann man mit Brillouin von der Wellennatur des Elektrons ausgehen[1]. Dann ist es verständlich, daß bei bestimmten Wellenlängen und Fortpflanzungsrichtungen die Elektronenwellen genau solche Bragg-Reflexionen wie Röntgen-Strahlen erleiden. Das heißt aber, daß zu bestimmten Elektronenwellen durch die Interferenz mit dem Gitter eine reflektierte Welle mit gleicher Wellenlänge und daher nach de Broglie mit gleicher Elektronenenergie entsteht, die also mit der einfallenden Welle entartet ist. Infolge der Wechselwirkung mit dem

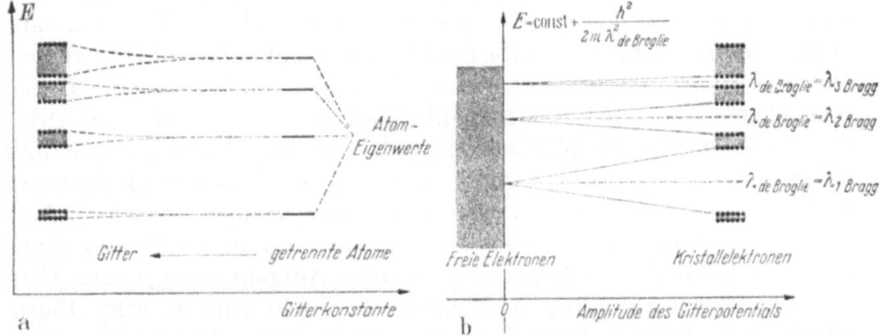

a) Das Aufspalten der *erlaubten* Bänder aus den Atomeigenwerten beim Zusammenführen anfänglich getrennter Atome (Blochsche Näherung);

b) das Aufspalten der *verbotenen* Bänder aus dem kontinuierlichen Spektrum freier Elektronen bei Steigerung der Amplitude des periodischen Gitterpotentials (Brillouinsche Näherung).

Abb. I 2.3 Das Bänderschema der Energieterme.

---

[1] Siehe Kap. VII, § 2 und 3.

räumlich periodisch schwankenden Gitterpotential wird die Entartung durch Aufspalten des gemeinsamen Energieeigenwertes aufgehoben, und zwar wird die Aufspaltung mit der Größe ihrer Ursache, also mit der Schwankungsamplitude des Gitterpotentials steigen. Die BLOCHsche Betrachtung macht also das Aufspalten der *erlaubten* Bänder aus dem diskreten Atomterm verständlich, die BRILLOUINsche dagegen das Aufspalten der *verbotenen* Bänder aus einem zunächst kontinuierlichen Energiespektrum von freien Elektronenwellen.

Hat ein Elektron eine scharf definierte Energie, die einem der geschilderten Niveaus des streng periodischen Idealgitters entspricht, so wird es durch eine Eigenfunktion repräsentiert, die eine gewisse Ähnlichkeit mit der Eigenfunktion eines freien Elektrons hat, mit einer ebenen Welle also

$$\psi(x;k) = A\, e^{jkx} \qquad k = \frac{2\pi}{\lambda} = \text{Wellenzahl}. \qquad \text{(I 2.01)}$$

Von dieser unterscheidet sich die Eigenfunktion des Kristallelektrons dadurch, daß die Amplitude der Welle gitterperiodisch schwankt:

$$\psi(x;k) = u(x;k)\, e^{jkx} \qquad u(x;k) = \text{gitterperiodisch}. \qquad \text{(I 2.02)}$$

Da das Absolutquadrat $|u(x;k)|^2$ der Wellenamplitude $u(x;k)$ die Aufenthaltswahrscheinlichkeit angibt, folgt daraus, daß bei scharf definierter Energie das Kristallelektron in jeder Gitterzelle die gleiche Aufenthaltswahrscheinlichkeit hat. Handelt es sich bei dem ohne jede Ungenauigkeit scharf vorgegebenen Energiewert des Elektrons um ein *tiefes*[1] Niveau (Abb. I 2.4), so ist die Aufenthaltswahrscheinlichkeit in der Nähe eines Gitterpunktes zwar wesentlich größer als zwischen zwei Gitterpunkten, aber diese Schwankungen wiederholen sich von Zelle zu Zelle durch das ganze Gitter hindurch periodisch, das Elektron kann nicht einem einzelnen Gitterpunkt bevorzugt zugeordnet werden. Handelt es sich um ein *hohes*[2] Niveau (Abb. I 2.5), so sind die Unterschiede der Aufenthaltswahrscheinlichkeit an gitterpunktnahen Orten und an Zwischengitterplätzen geringer, und das Elektron ist ziemlich gleichmäßig über das ganze Gitter „verschmiert". Natürlich kann durch Bildung von Wellenpaketen eine mehr oder weniger scharfe Lokalisierung des Elektrons erreicht werden, aber nur durch Heranziehung mehrerer benachbarter Niveaus, also unter Aufgabe der genauen Festlegung des Energiewertes. Aber auch dann geht eine wichtige Eigenschaft dieser Eigenfunktionen des Bändermodells nicht verloren: Diese Funktionen repräsentieren alle ein Elektron, das sich ungeschwächt und

---

[1] Es soll also zu einem Band gehören, das aus einem der tiefen Atomeigenwerte aufgespalten ist, zu dem eine der *inneren* Schalen des Atoms gehört.

[2] Dieses Niveau soll also der Außenschale eines Gitterbausteins entsprechen.

ungehindert durch den Kristall bewegt, so daß man in die Versuchung kommt, es als frei zu betrachten. Dies liegt um so näher, als wir ja bei der BRILLOUINschen Betrachtung sahen, daß nur bei gewissen Energiewerten das Elektron durch BRAGG-Reflexion an der Durchquerung des Gitters gehindert wurde, so daß man meinen möchte, daß bei Vermeidung dieser verbotenen Energiewerte das Elektron eben frei wäre. Daß dies aber doch nicht ganz zutrifft, wird am deutlichsten, wenn das Verhalten eines Kristallelektrons unter dem Einfluß einer äußeren Kraft $\mathfrak{F}$, z. B. eines elektrischen Feldes, untersucht wird[1].

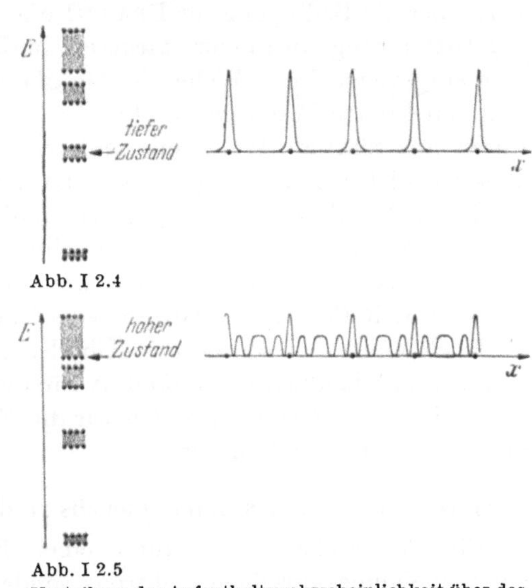

Abb. I 2.4

Abb. I 2.5
Verteilung der Aufenthaltswahrscheinlichkeit über das Gitter in tiefen und hohen Niveaus.

Man pflegt in diesem Zusammenhang eine effektive Masse m_{eff} durch die Gleichung

$$\mathfrak{F} = m_{\text{eff}} \frac{d\mathfrak{v}}{dt} \qquad \text{(I 2.03)}$$

zu definieren ($\mathfrak{v}$ = Geschwindigkeit des Kristallelektrons). Da in dieser Definitionsgleichung die starke Wechselwirkung zwischen Kristall und Elektron gänzlich unterschlagen wird, darf man sich nicht wundern, wenn die wirkliche Durchrechnung des Problems für m_{eff} recht merkwürdige Resultate ergibt. Daß m_{eff} in wenig aufgespaltenen, also schmalen Bändern viel größer als die Masse m des freien Elektrons ist, mag noch hingehen, erscheint im Gegenteil sogar plausibel; denn geringe Aufspaltung der schmalen Bänder bedeutet ja starke Bindung der Elektronen an die Gitterbausteine, und daß dies über eine große effektive Masse zu trägen, schwer beweglichen Elektronen führt, ist durchaus vernünftig. Daß der Wert von m_{eff} von der genauen energetischen Lage des Elektrons in seinem Energieband abhängt, ist schon unangenehmer. Das auf den ersten Blick Erstaunlichste ist aber die Tatsache, daß m_{eff} im oberen Teil eines Bandes *negativ* zu sein pflegt.

Wie dies durch die Wirkung der in der Definitionsgleichung (I 2.03) unterschlagenen Gitterkräfte zustande kommt, wird vielleicht durch folgende Überlegung etwas verständlicher. Wir gehen von einem Zustand

---

[1] Siehe Kap. VII § 6.

aus, in dem die Elektronengeschwindigkeit $\mathfrak{v}$ und die äußere Kraft $\mathfrak{F}$ gleichgerichtet sind, in dem also die äußere Kraft $\mathfrak{F}$ an dem Elektron Arbeit leistet und die Energie des Elektrons erhöht. Das Elektron wird dadurch in dem Bänderschema der Abb. I 2.3 gehoben und nähert sich schließlich dem oberen Rande desjenigen erlaubten Bandes, in dem es sich zu Anfang befand. Durch diese Annäherung an den Bandrand wird aber die Bedingung für BRAGG-Reflexion immer besser erfüllt, und das Gitter beugt in immer stärkerem Maße aus der einfallenden Welle eine entgegenlaufende Welle ab. Am oberen Bandrand sind einfallende und reflektierte Welle gleich stark geworden, das Elektron wird jetzt durch eine stehende Welle repräsentiert, und die Geschwindigkeit $\mathfrak{v}$ des Elektrons ist gleich Null geworden. Da während des ganzen Vorganges die Kraft $\mathfrak{F}$ und die Elektronengeschwindigkeit $\mathfrak{v}$ gleichgerichtet waren, wird die Abnahme der Elektronengeschwindigkeit auf Null formal durch eine negative Masse beschrieben, wenn man die eigentliche Ursache, die BRAGG-Reflexion des Gitters verschweigt.

Nachdem es uns durch diese Überlegung vielleicht gelungen ist, ein gewisses anschauliches Verständnis für die negativen Werte der effektiven Masse zu gewinnen, wollen wir die Folgerungen aus diesem eigenartigen Ergebnis entwickeln.

c) Die Aussagen des Bändermodells zu den Leitfähigkeitsproblemen

Ein elektrischer Strom durch einen Festkörper ist nicht die Angelegenheit eines einzelnen Elektrons, sondern wird von vielen Elektronen getragen. Zur Behandlung der Leitfähigkeitsfragen muß daher zunächst das im vorigen Abschnitt entwickelte Bänderschema der Energieterme mit den vielen Kristallelektronen aufgefüllt werden, wie es am Schluß von Abschn. a) bereits angekündigt wurde. Das PAULI-Prinzip verlangt dabei, daß jeder Energieterm nur mit 2 Elektronen entgegengesetzten Spins besetzt wird. Mit den zur Verfügung stehenden Kristallelektronen wird nach diesen Gesichtspunkten das Termschema bis zu einer gewissen Grenze hinauf dicht gefüllt; darüber bleibt das Termschema leer. Der Übergang von der dichten Besetzung aller Terme unterhalb der erwähnten Grenze zur völligen Leere aller Terme darüber vollzieht sich bei hohen Temperaturen allmählich, wird bei niedrigen Temperaturen immer abrupter, um im Grenzfall $T \to 0$ unstetig zu erfolgen. Im einzelnen regelt das die FERMI-Statistik, und daher wird die erwähnte Energiegrenze als „FERMI-Kante" bezeichnet.

Unterhalb der FERMI-Kante werden also ein oder mehrere Bänder völlig mit Elektronen gefüllt sein. Es zeigt sich nun, daß diese Bänder zum Strom nichts beitragen; denn im unteren Teil des Bandes, wo die effektive Masse positiv ist, werden die Elektronen *in* Richtung der äußeren Kraft beschleunigt, im oberen Teil des Bandes wegen der dort negativen effektiven Masse dagegen gerade in *entgegengesetzter* Richtung. Ihre Strombeiträge heben sich, wie die genauere Durchrechnung ergibt[1], exakt auf: *Ein vollgefülltes Band trägt zur Leitfähigkeit nichts bei.*

Nun sind es die *tief*liegenden, den inneren Elektronenschalen der freien Atome entsprechenden Bänder, die mit Elektronen vollgefüllt sind und daher zur Leitfähigkeit nichts beitragen. Von diesem Standpunkt aus führt das zunächst so anstößige Resultat von der negativen effektiven Masse im oberen Teil eines Bandes also auf ein recht vernünftiges Ergebnis: Die Elektronen der inneren Schalen spielen für den Leitungsprozeß keine Rolle. Man kann sie also als gebundene Elektronen betrachten, die in bezug auf die Leitfähigkeitsfragen mit ihrem Atomkern zusammen einen „Atomrumpf" bilden, dessen innerer Aufbau in *diesem* Zusammenhang ebensowenig interessiert wie etwa der Aufbau des Atomkerns aus den Nukleonen. Die Stromleitung und ähnliche Transportphänomene beruhen jedenfalls auf den äußeren Elektronen der Gitterbausteine.

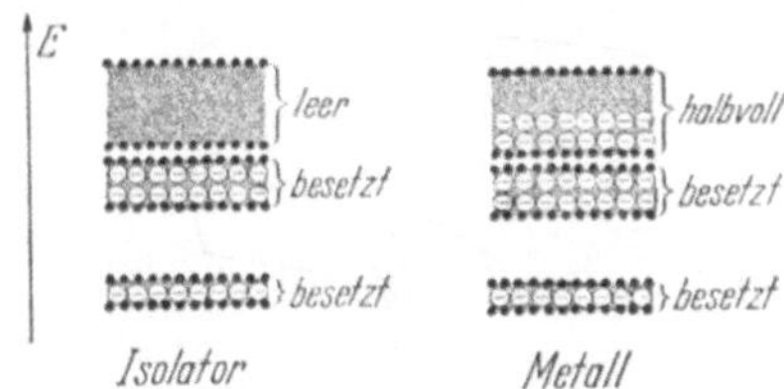

Abb. I 2.6 Bändermodelle eines Isolators und eines Metalls.

Damit kommen wir aber zwanglos zu einer Einteilung der Festkörper in Isolatoren und Metalle (Abb. I 2.6). Paßt nämlich die Anzahl der im Termschema unterzubringenden Elektronen und die Anzahl der dafür zur Verfügung stehenden Plätze gerade so zusammen, daß eine Reihe von tiefen Bändern exakt vollgefüllt wird und daß für das nächsthöhere und alle folgenden Bänder überhaupt keine Elektronen mehr übrigbleiben, so ist der betreffende Kristall ein Isolator; denn die sämtlichen vollgefüllten Bänder tragen ja zur Leitfähigkeit nichts bei. Ein Leiter, ein Metall also, kann nur dann vorliegen, wenn das oberste Band, in dem sich überhaupt noch Elektronen befinden, nur teilweise, also beispielsweise halb gefüllt ist[2].

Das Verhalten der *Leitungselektronen* in diesem nur teilweise gefüllten *Leitungsband* eines Metalls ist in Wirklichkeit außerordentlich kompliziert. Denn die effektive Masse ist nicht für alle Leitungselektronen dieselbe, sondern hängt stark von dem Platz innerhalb des Energiebandes ab, den das Elektron gerade besetzt. Außerdem hat in jedem Kristallsystem (auch in dem regulären) die effektive Masse im allgemeinen Tensorcharakter, so daß Kraft und Elektronenbeschleunigung im allgemeinen gar nicht in gleicher oder entgegengesetzter Richtung zeigen, sondern zueinander gewinkelt sind. Wenn das Kristallsystem nicht

---

[1] Siehe S. 369 und 370, S. 372 oben und S. 374.

[2] Die konkrete Anwendung dieser Kriterien auf reale Festkörper stößt auf erhebliche Schwierigkeiten. Siehe hierzu Kap. VII, § 11.

regulär ist, treten noch weitere Komplikationen ein. Alle diese Schwierigkeiten werden bei der theoretischen Behandlung der Leitfähigkeitsfragen zunächst recht robust dadurch beseitigt, daß bestimmte vereinfachende Annahmen über die Verteilung der Energieterme innerhalb des Leitungsbandes gemacht werden, auf Grund deren sich dann sofort ergibt, daß sich die Leitungselektronen wie ein freies FERMI-Gas mit einer potentiellen Energie benehmen, die der unteren Kante des Leitungsbandes entspricht[1].

Die Elektronen befinden sich in einem solchen Gas bekanntlich keineswegs in Ruhe. Die kinetische Theorie der Wärme lehrt vielmehr, daß jedes Elektron in einer unaufhörlichen, unregelmäßigen Zickzack-

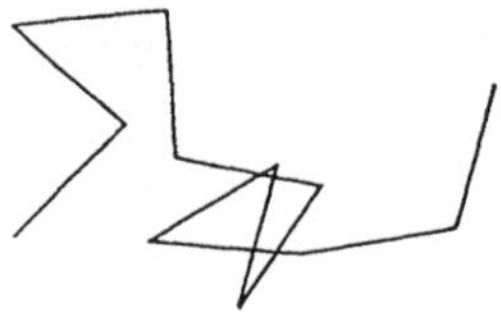

Abb. I 2.7 Bahn eines Elektrons unter der vereinfachenden Annahme einheitlicher freier Weglänge, *ohne* äußere Kraft.

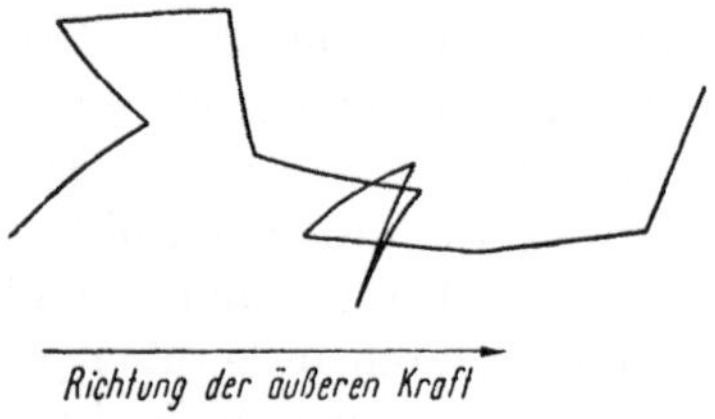

Richtung der äußeren Kraft

Abb. I 2.8 Wie Abb. I 2.7, aber *mit* äußerer Kraft.

bewegung begriffen ist (Abb. I 2.7). Die geradlinigen Stücke eines solchen Zickzackweges heißen „freie Weglängen l" und die Zeiten, die zu ihrer Zurücklegung gebraucht werden, werden „Stoßzeiten τ" genannt. Die Geschwindigkeiten, mit denen die freien Weglängen zurückgelegt werden bzw. die das Elektron während der einzelnen Stoßzeiten τ hat, sind statistisch um die „mittlere thermische Geschwindigkeit" verteilt. Am Ende eines Fluges über eine freie Weglänge steht ein Zusammenstoß eines Elektrons mit einem Stoßpartner, über den sogleich noch ausführlicher zu sprechen sein wird. Der Zusammenstoß ist ein gegenüber den Stoßzeiten τ sehr kurzzeitiger Prozeß[2], in dem die Geschwindigkeit des Elektrons quasi unstetig geändert wird. In bezug auf die Stoßpartner besteht gegenüber einem gewöhnlichen Gas von beispielsweise H_2-Molekülen ein charakteristischer Unterschied. In einem solchen Gas erfolgen die Stöße zwischen den H_2-Molekülen *unter-*

[1] Siehe S. 430 Mitte.

[2] Die Bezeichnung „Stoß"zeit für die Dauer des freien Fluges ist denkbar unglücklich. Man ist bei dieser Bezeichnungsweise doch versucht, unter τ fälschlich die äußerst kurze Dauer des Stoßprozesses zwischen zwei aufeinanderfolgenden relativ langen freien Flugzeiten zu verstehen. Das englische „mean free time" mit seiner Analogie zu „mean free path" ist in dieser Beziehung viel glücklicher. Man sollte vielleicht auch im Deutschen parallel zur „freien Weglänge" von der „freien Flugzeit" sprechen.

einander, in dem FERMI-Gas der Leitungselektronen stoßen die Elektronen dagegen mit *fremden* Stoßpartnern zusammen. Mit diesen Stoßpartnern hat es eine eigentümliche Bewandtnis. Wir sahen in dem Abschn. b) des vorliegenden § 2, daß ein Elektron infolge seiner Wellennatur in einem Gitter von idealer Regelmäßigkeit im allgemeinen[1] überhaupt keinen Widerstand erfährt, sondern beliebige Strecken ohne jede Störung, Streuung oder Ablenkung zurücklegen kann. Das hört aber auf, wenn die ideale Regelmäßigkeit des Gitters in irgendeiner Weise gestört wird, und bei endlichen Temperaturen ist das ja infolge der Wärmebewegung der Gitterbausteine unvermeidlich. So kann man also zunächst einmal sagen, daß die Leitungselektronen durch die thermischen Dilatationen und Kompressionen des Gitters gestreut werden. Diese thermischen Dichteänderungen des Gitters wird man bei einer rechnerischen Behandlung als Superposition von elastischen Eigenschwingungen des Gitters auffassen, und damit schält sich das Problem der Wechselwirkung eines Kristallelektrons mit einer Eigenschwingung des Gitters heraus.

Das so anschauliche Bild des „Stoßes“ verlangt allerdings als Stoßpartner ein Korpuskel. Tatsächlich können auch die Wechselwirkungen zwischen den Elektronen und den elastischen Schwingungen eines Festkörpers infolge der Quantengesetze als Zusammenstöße zwischen Elektronen und „Schallquanten“ gedeutet werden. Geläufiger als die „Schallquanten“ sind aber den meisten Physikern wahrscheinlich die „Lichtquanten“, und so haben wir in Abb. I 2.9 ein Begriffsschema gezeichnet, das die Konzeption der Schallquanten oder „Phononen“ in Parallele zu den entsprechenden Gedankengängen bei den Lichtquanten oder „Photonen“ setzt.

Wir sehen in diesem Schema, daß der Quantenansatz $n\,h\,\nu$ für die Energie eines Oszillators auf das PLANCKsche Strahlungsgesetz führt, wenn es sich bei den Oszillatoren um die elektromagnetischen Eigenschwingungen eines Hohlraumes mit vollkommen blanken Wänden handelt[2], und auf die EINSTEIN-DEBYEsche Theorie der spezifischen Wärme der festen Körper[3,4], wenn unter den Oszillatoren die elastischen Eigenschwingungen eines festen Körpers zu verstehen sind. Der nächste Schritt auf der „elektromagnetischen“ Seite des Schemas ist die Auffassung der Hohlraumstrahlung als Lichtquantengas[5,6]. Dem entspricht auf der „elastischen“ Seite des Begriffsschemas die Auffassung der

[1] Es sei denn, daß seine Wellenlänge zufällig einer BRAGG-Reflexion entspricht.
[2] DEBYE, P.: Ann. Phys., Lpz. 33 (1910) 1427.
[3] EINSTEIN, A.: Ann. Phys., Lpz. 22 (1907) 180.
[4] DEBYE, P.: Ann. Phys., Lpz. 39 (1912) 789.
[5] EINSTEIN, A.: Ann. Phys., Lpz. 17 (1905) 132.
[6] BOSE, S. N.: Z. Phys. 26 (1924) 178.

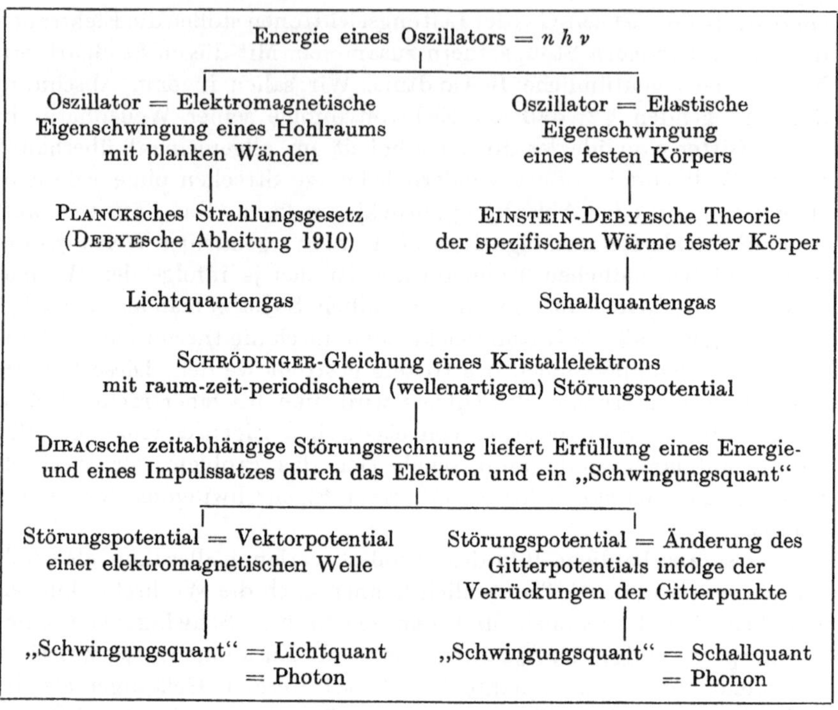

Abb. I 2.9 Schema zur historischen und sachlichen Entstehung des Begriffs „Schallquant" oder „Phonon".

thermischen Schwingungen des Festkörpers als „Schallquanten"gas[1] mit BOSE-Statistik.

Wenn nun die Wechselwirkung zwischen einem Kristallelektron und einer elektromagnetischen Welle durchgerechnet wird[2], so gilt für das Kristallelektron eine SCHRÖDINGER-Gleichung mit gitterperiodischem Kristallpotential, in der außerdem das klassisch angesetzte (Vektor-) Potential der Lichtwelle als Störung auftritt. Die Durchführung liefert Ergebnisse, die als Stoß zwischen dem Kristallelektron und einem Lichtquant gedeutet werden können, obwohl nur für das Elektron ein Quantenansatz (SCHRÖDINGER-Gleichung) gemacht worden ist, während die elektromagnetische Welle mit ihrem klassischen Vektorpotential in die SCHRÖDINGER-Gleichung eingesetzt wurde.

Entsprechend führt auch die rechnerische Behandlung der Wechselwirkung eines Kristallelektrons und einer elastischen Gitterwelle auf eine SCHRÖDINGER-Gleichung mit raumperiodischem Kristallpotential und

---

[1] NORDHEIM, L.: Ann. Phys., Lpz. 9 (1931) 607. — WILSON, A. H.: Proc. roy. Soc., Lond. 133 (1931) 458. — Siehe auch Kap. VII § 8, insbes. S. 345.

[2] Siehe z. B. Kap. VII, § 8.

einem raumzeitperiodischen Störungspotential der Gitterwelle[1,2]. Obwohl also auch hier der Ansatz für die Gitterwelle keine Quanteneigenschaften berücksichtigt, können die Ergebnisse auch wieder als Zusammenstoß des Kristallelektrons mit einem Schallquant gedeutet werden. Diese rein korpuskulare Deutung ist in beiden Fällen natürlich nur auf der historischen Grundlage möglich, die in den ersten Zeilen des Schemas angedeutet wurde.

Außer diesen thermisch bedingten Schallquanten enthält ein reales Gitter auch noch andere Abweichungen von der strengen Periodizität, die rein materiell bedingt sind. Zum Beispiel können Gitterbausteine fehlen, oder sie können an falschen Stellen eingebaut sein, oder sie können durch Fremdatome, die eigentlich gar nicht in das Gitter hineingehören, ersetzt werden. Alle derartigen atomaren „Störstellen“ werden ebenso wie die Schallquanten als Streuzentren oder Stoßpartner für die Leitungselektronen wirken.

Bisher haben wir das Verhalten des FERMI-Gases der Leitungselektronen im thermischen Gleichgewicht beschrieben. Zum Schluß wollen wir noch das FERMI-Gas unter der Wirkung eines äußeren elektrischen Feldes, also den Stromfall, betrachten. Die früher geradlinigen Bahnen zwischen je 2 Stoßprozessen werden jetzt durch die dauernde Wirkung des äußeren Kraftfeldes zu Parabeln verbogen (Abb. I 2.8). Alle Elektronen bekommen während jeder freien Weglänge Zusatzgeschwindigkeiten in Richtung der äußeren Kraft, und die ganze Wolke thermisch durcheinander wimmelnder Elektronen driftet langsam in dieser Richtung. Dadurch entsteht der elektrische Strom. Solange die von der äußeren Kraft erzeugten Driftgeschwindigkeiten klein gegen die mittlere thermische Geschwindigkeit bleiben, ergibt sich[3] Proportionalität zwischen der Driftgeschwindigkeit $\mathfrak{v}$ und der Feldstärke $\mathfrak{E}$:

$$\mathfrak{v} = \mu_n \, \mathfrak{E} . \tag{I 2.04}$$

Der Proportionalitätsfaktor μ_n heißt *Beweglichkeit* der *n*egativen Elektronen[4]. Es gilt dann auch das OHMsche Gesetz

$$\mathfrak{i} = \sigma \, \mathfrak{E} , \tag{I 2.05}$$

wobei sich für die Leitfähigkeit

$$\sigma = e \, \mu_n \, n \tag{I 2.06}$$

ergibt (n = Konzentration der negativen Elektronen).

---

[1] BLOCH, F.: Z. Phys. 52 (1929) 555, namentlich S. 578ff.

[2] Ein einfachster Fall des fraglichen quantenmechanischen Problems wird in Kap. XI durchgerechnet.

[3] Siehe z. B. S. 348 u. 349.

[4] Zum Unterschied von der entsprechenden Beweglichkeit μ_p der bald einzuführenden *p*ositiven Defektelektronen (s. S. 16 bis 18 u. S. 29).

Der entgegengesetzte Grenzfall liegt z. B. beim Strom Kathode-Anode in einer Vakuumdiode vor, wo infolge des Vakuums die Elektronen keine Stoßpartner vorfinden und den Potentialabgrund zur Anode in einem Zuge hinabstürzen, so daß die Bewegung für alle Elektronen im wesentlichen die gleiche ist. Von einem linearen, also OHMschen Zusammenhang zwischen Anodenstrom und Anodenspannung kann nicht die Rede sein. Es gelten vielmehr die Gesetzmäßigkeiten des Anlauf-, des Raumladungs- und des Sättigungsgebietes.

§ 3. Bändermodell des Halbleiters

Wir haben in § 2, Abschn. c), gesehen, daß ein vollbesetztes Band zur Leitfähigkeit nichts beiträgt und daß daher ein Kristall mit lauter vollbesetzten Bändern ein Isolator ist. Das Bändermodell eines Isolators zeigt also ein oberstes noch vollbesetztes Band, gefolgt von einem verbotenen Band, und darauf wieder ein erlaubtes, aber leeres Band. In aller Strenge ist eine derartige Elektronenverteilung auf das Bänderschema, selbst wenn die Zahl der unterzubringenden Elektronen und der zur Verfügung stehenden Plätze entsprechend zueinander paßt, nur bei der Temperatur $T = 0$ °K möglich. Prinzipiell wird bereits bei jeder endlichen Temperatur $T > 0$ ein gewisser Bruchteil der Elektronen aus dem letzten „voll" besetzten Band ins „leere" Band durch Temperaturanregung gehoben (Abb. I 3.1). Die ins leere Band gehobenen Elektronen bilden nach den Ausführungen des Abschn. c) des vorangegangenen § 2 das Gas[1] der Leitungselektronen und rufen eine gewisse Leitfähigkeit hervor. Ob dieser Effekt eine über das rein Prinzipielle hinausgehende reale und beobachtbare Bedeutung hat, das hängt natürlich einerseits von der Temperatur und andrerseits von der Breite des verbotenen Bandes ab. Je geringer die Breite des verbotenen Bandes und daher die bei der Temperaturanregung zu leistende Arbeit ist, bei um so niedrigerer Temperatur wird der Effekt schon beobachtbar werden. WILSON[2] hat weiter in der diesbezüglichen Arbeit darauf hingewiesen, daß durch die Temperaturanregung eines Bruchteils der Elektronen die Elektronenbesetzung des Bandes unter dem Leitungsband

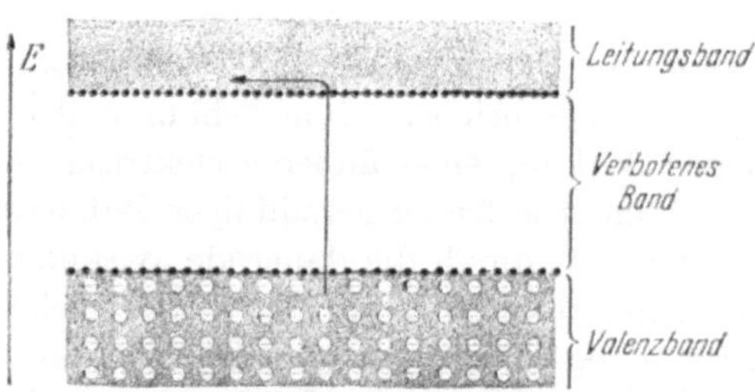

Abb. I 3.1 Temperaturanregung eines Valenzelektrons ins Leitungsband.

[1] Siehe S. 430 Mitte und 437 Mitte.
[2] WILSON, A. H.: Proc. roy. Soc., Lond. 133 (1931) 458.

nicht mehr komplett ist und daß infolgedessen die gegenseitige Kompensation der Strombeiträge der Elektronen dieses Bandes nicht mehr exakt ist. Die Elektronen dieses Bandes führen jetzt also insgesamt auch einen Strom, der sich zu dem Strom der Leitungselektronen addiert. Es hat sich weiter herausgestellt, daß dieser Strom des fast vollbesetzten Bandes genau so groß ist, als ob an Stelle der Löcher in der vollen Besetzung des Bandes positive Elektronen mit positiver effektiver Masse, sonst aber keine weiteren Stromträger vorhanden wären; man spricht deshalb von Löcher- oder Defektelektronenleitung. Diese Auffassung hat sich bei der Aufklärung der Vorzeichenfrage beim HALL-Effekt, bei der Thermospannung und beim Gleichrichtungssinn von Metall-Halbleiter-Kontakten bewährt.

Es ist noch lange Jahre nach den Arbeiten von WILSON unsicher gewesen, ob der geschilderte Leitungsmechanismus eines Halbleiters wirklich bei einem der bekannten Halbleiter realisiert ist. Erst gegen Ende des Krieges hat sich wohl ziemlich gleichzeitig in Deutschland[1] und in USA[2] herausgestellt, daß der Stromtransport im Germanium bei Temperaturen über etwa 150 °C von dem geschilderten Typus ist. Da es nun sowieso an der Zeit ist, die etwas abstrakten Ausführungen über das „letzte vollbesetzte Band“ und das „Leitungsband“ mit etwas konkreteren Vorstellungen zu erfüllen, wollen wir hierfür als Beispiel das Germanium heranziehen. Das Germaniumgitter ist vom Diamanttypus, in dem jedes Atom von 4 Nachbarn umgeben ist (Abb. I 3.2). Die Bindung mit diesen 4 Nachbarn geschieht durch 4 Elektronenpaarbrücken, wie wir sie von der homöopolaren Bindung des Wasserstoffmoleküls her kennen. Dafür werden auch gerade die 4 Valenzelektronen des betrachteten Germaniumatoms verbraucht; denn das jeweils zweite Elektron in den 4 Paarbrücken wird von dem jeweiligen Nachbaratom gestellt, zu dem die Brücke hinführt. Wir sehen also, daß auf den Diamantgitterplätzen Ge^{4+}-Ionen sitzen und daß die 4 Valenzelektronen pro Atom in den Paarbindungsbrücken zwischen den Ge^{4+}-Ionen untergebracht sind (Abb. I 3.3). Diese korpuskulare lokalisierte Darstellung ist die atomistische Ergänzung des Bändermodells, in dem beim Germanium die 4 Valenzelektronen gerade ein Band voll besetzen, das deshalb „Valenzband“ genannt wird. Daß das darüberliegende Leitungsband zunächst völlig leer ist, entspricht im atomistischen Bild eben der

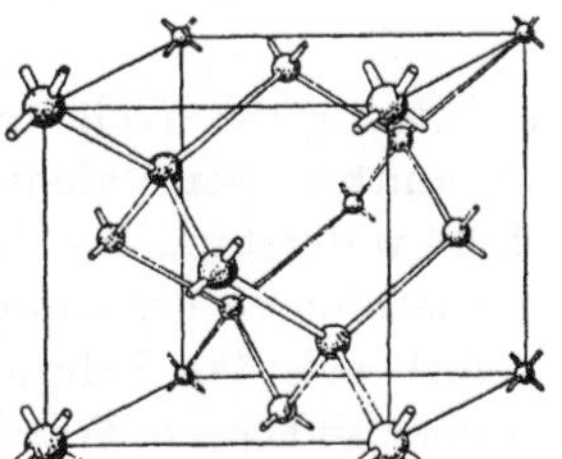

Abb. I 3.2 Das Germaniumgitter.

[1] STUKE, J.: Dissertation Göttingen.
[2] LARK-HOROVITZ, K., u. V. A. JOHNSON: Phys. Rev. 69 (1946) 258.

Tatsache, daß alle Valenzelektronen in den Paarbindungen festliegen und für einen Leitungsvorgang nicht zur Verfügung stehen. Bei Temperaturanregung wird das eine oder andere Valenzelektron aus einer solchen Paarbindung losgerissen werden und dann quasi frei durch das Gitter wandern können (Abb. I 3.4, oben links)[1]. Dem entspricht im Bändermodell die Temperaturanregung eines Valenzelektrons vom oberen Rand des Valenzbandes zum unteren Rande des Leitungsbandes (Abb. I 3.4, oben rechts), und nun tritt wieder die komplementäre Ergänzung der beiden Modelle — des atomistischen Bildes und des Bändermodells — in Kraft, indem das Bändermodell mit seiner Berücksichtigung der Wellennatur der Elektronen lehrt, daß das Loch in der Gesamtheit der Valenzelektronen als Defektelektron $(+m, +e)$ wirkt, d. h. widerstandslos durch das ungestörte Gitter wandern kann und deshalb einen größenordnungsmäßig gleichen Beitrag zur Leitfähigkeit liefert wie das befreite Elektron $(+m, -e)$ im Leitungsband. Dem widerstandslosen Wandern des Defektelektrons im Bändermodell entspricht im atomistischen Bild ein ohne Energieaufwand mögliches Nachrücken der Valenzelektronen in ein benachbartes Loch (s. Abb. I 3.4, linke Spalte).

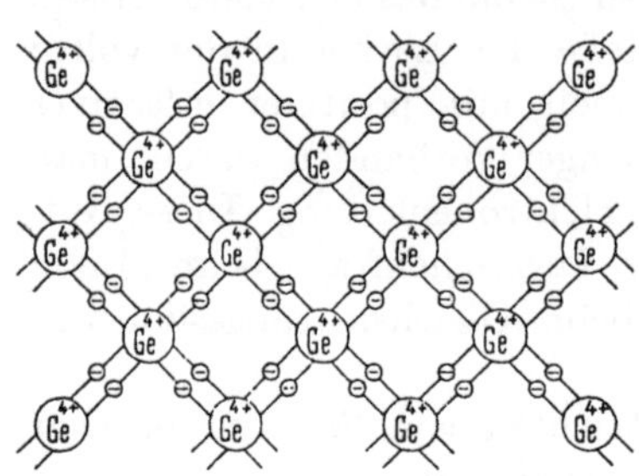

Abb. I 3.3 Ebene Veranschaulichung des Germaniumgitters.

Dieser Leitungsmechanismus wird Eigenleitung (intrinsic type) genannt. Der Gegensatz dazu ist die Störstellenleitung (extrinsic type), und deren Existenz ist es auch, die die Eigenleitung so lange verschleiert hat und bei den meisten Germaniumproben unterhalb 150 °C auch heute noch verdeckt. Wir haben im vorigen Paragraphen bereits die Störstelle als Stoßpartner der Leitungselektronen ganz kurz kennengelernt und kommen jetzt auf eine noch wichtigere Funktion dieser räumlich engbegrenzten Fehlordnungsstellen in den Kristallgittern zu sprechen. Das Germanium bietet auch hier wieder sehr anschauliche und übersichtliche Verhältnisse, indem im Germanium die sog. Substitutionsstörstellen durch Elemente der III. oder der V. Spalte des periodischen Systems gebildet werden können, wobei sich beispielsweise ein Arsenatom (As) mit 5 Außenelektronen auf den Platz eines Ge-

[1] Wenn wir auf der rechten Seite der Abb. I 3.4 das Fortwandern des Leitungselektrons auch im Bändermodell darstellen, so haben wir in dieser Abbildung bereits der Abszisse die Bedeutung einer Ortskoordinate x innerhalb des Festkörpers beigelegt, während in den Abb. I 2.6 und I 3.1 die Abszisse noch gar keine Bedeutung hatte. Weiteres hierzu auf S. 20 bis 22 bei Besprechung der Abb. I 3.6.

Atoms setzt (Abb. I 3.5). Im einzelnen tritt dabei an die Stelle des Ge^{4+}-Rumpfes der As^{5+}-Rumpf. Weiter werden 4 von den 5 Außenelektronen

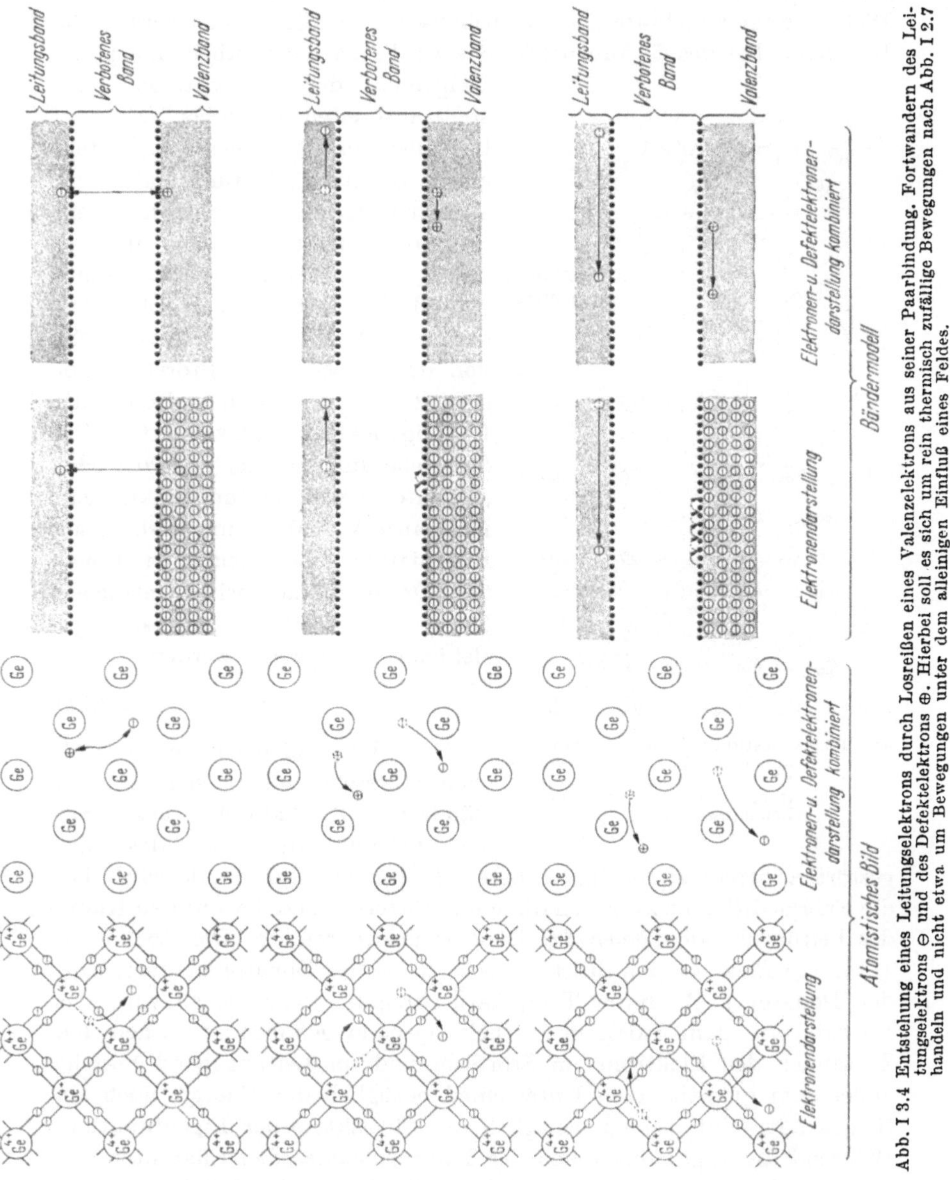

Abb. I 3.4 Entstehung eines Leitungselektrons durch Losreißen eines Valenzelektrons aus seiner Paarbindung. Fortwandern des Leitungselektrons ⊖ und des Defektelektrons ⊕. Hierbei soll es sich um rein thermisch zufällige Bewegungen nach Abb. I 2.7 handeln und nicht etwa um Bewegungen unter dem alleinigen Einfluß eines Feldes.

des As-Atoms in den 4 Paarbindungsbrücken zu den 4 Ge-Nachbarn untergebracht und kompensieren dadurch 4 positive Ladungen des As^{5+}-

Rumpfes, so daß für die Bindung des 5. Außenelektrons nur noch eine positive Ladung übrigbleibt. Deren Feld wird nun aber dadurch stark geschwächt, daß es sich in einem polarisierbaren und daher mit einer Dielektrizitätskonstante $\varepsilon \approx 16$ behafteten Medium erstreckt. Die Ladungswolke des 5. Außenelektrons wird sich daher über eine große Umgebung der betrachteten Störstelle ausbreiten. In grober Näherung liegt also ein Leuchtelektron im Feld einer positiven Ladung, also ein Wasserstoffatom vor, aber nicht im Vakuum, sondern in einem Medium mit der Dielektrizitätskonstante $\varepsilon \approx 16$. Das hat aber zur Folge, daß das 5. Außenelektron relativ leicht von der geschilderten Störstelle abgespalten werden kann und dann als Leitungselektron abwandert: Die Störstelle fungiert als Spender oder „Donator" von Leitungselektronen. Der ganze Vorgang kann deshalb als Dissoziation eines neutralen Donators $D^{\times}$ in einen positiv geladenen Donatorenrest D^{+} und ein Leitungselektron $\ominus$ aufgefaßt werden:

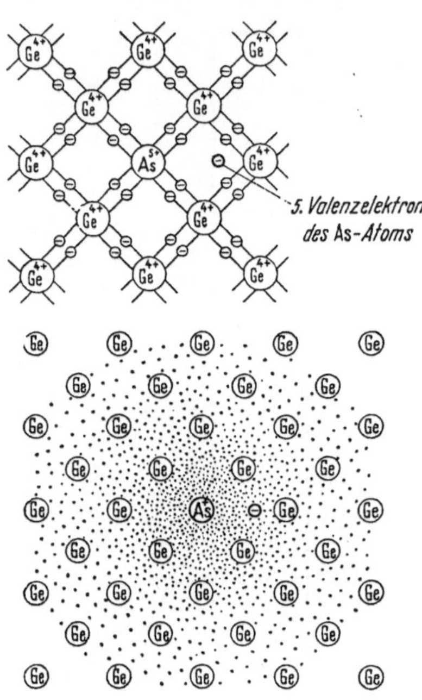

Abb. I 3.5 Substitution eines Ge-Atoms durch ein As-Atom. Lockere Bindung des 5. Valenzelektrons in einer ausgedehnten Ladungswolke.

$$D^{\times} \rightarrow D^{+} + \ominus. \qquad \text{(I 3.01)}$$

Das Vorhandensein einer solchen Störstelle äußert sich nun im Bändermodell dadurch, daß einer der Leitungsbandterme des ungestörten Gitters so weit ins verbotene Energieband abgesenkt wird, daß die Energiedifferenz zwischen diesem „Störterm" und der unteren Kante des Leitungsbandes gleich der Dissoziationsenergie des Donators wird. Wenn ein Elektron den Störterm besetzt, ist der Donator neutral; wird der Donator z. B. durch Temperaturanregung ionisiert, so wird das Elektron aus dem Störterm ins Leitungsband gehoben. Zwischen den Zuständen des Elektrons im Störterm und im Leitungsband besteht außer dem quantitativen Unterschied bezüglich der Energie noch ein tiefgehender Unterschied bezüglich des Charakters der Eigenfunktion. Während die Eigenfunktionen des Leitungsbandes den Charakter von fortlaufenden Wellen haben und die Aufenthaltswahrscheinlichkeit des Elektrons in einem solchen Zustand über alle Gitterzellen gleichmäßig verteilt ist (s. Abb. I 2.4 und I 2.5), ist die Eigenfunktion des Störterms wasserstoffähnlich um den Donator herum gruppiert. Auch bei völlig scharf festgelegter Energie ist also das an den Donator gebundene Elektron in starkem Maße lokalisiert, während bei einem Elektron im

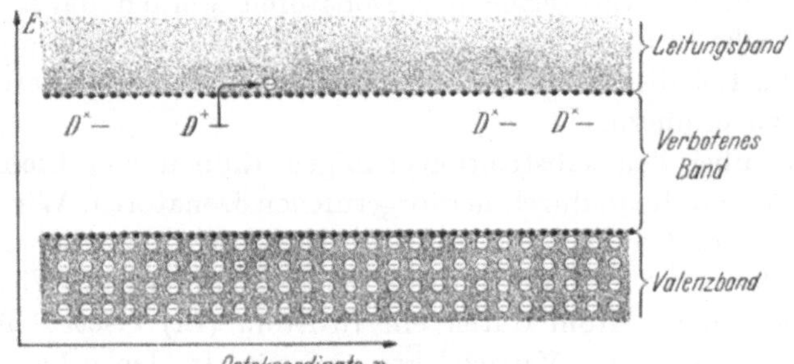

Abb. I 3.6 Bändermodell mit neutralen und ionisierten Donatoren.

Leitungsband eine Lokalisierung nur durch Aufgabe der scharfen Energiefixierung erkauft werden kann. Um diesen Unterschied auch schon im Termschema zum Ausdruck bringen zu können, wird jetzt

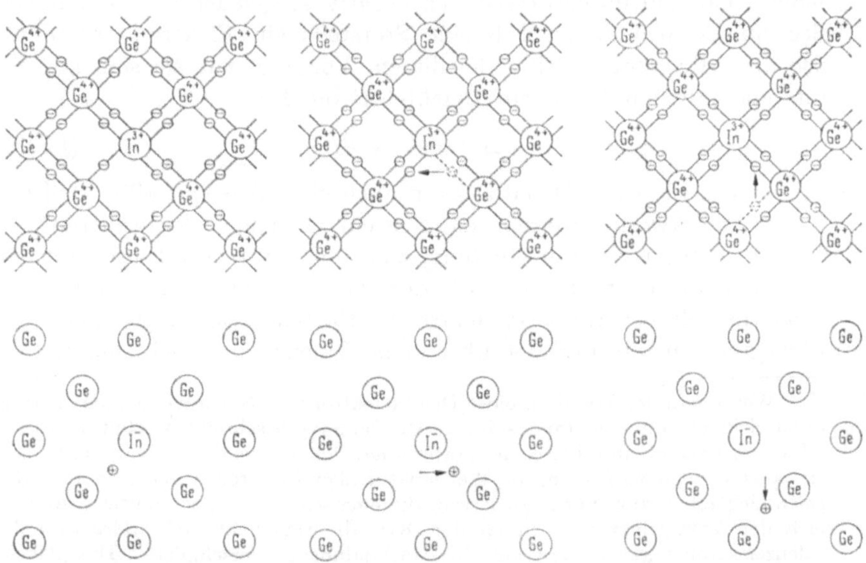

Abb. I 3.7 Substitution eines Ge-Atoms durch ein In-Atom. Es fehlt ein Valenzelektron. Andere Valenzelektronen können nachrücken (obere Darstellung). Dadurch wandert der Valenzelektronendefekt oder das „Defektelektron" (untere Darstellung).

in Abb. I 3.6 der Abszisse, die ja in einem Termschema zunächst einmal gar keine Bedeutung hat, die Bedeutung einer Ortskoordinate innerhalb des betrachteten Halbleiterkörpers beigelegt. Die Terme des ungestörten

Gitters werden dann quer durch den ganzen Körper gezeichnet, womit die gleichmäßige Verteilung der Aufenthaltswahrscheinlichkeit eines Elektrons in diesen Zuständen über alle Gitterzellen angedeutet werden soll. Die Störterme der Donatoren werden dagegen nur als kurze Striche in der Umgebung der betreffenden Störstelle gezeichnet, um an die Lokalisierung eines Elektrons bei Besetzung dieses Energieniveaus zu erinnern.

Soviel über den substitutionsmäßigen Einbau von Elementen der V. Gruppe und die dadurch hervorgerufenen Donatoren. Wir erwähnten aber schon, daß auch die Elemente der III. Gruppe des periodischen Systems leicht in das Germanium eingebaut werden. Wird dementsprechend ein Ge-Atom durch ein In-Atom (In) ersetzt (Abb. I 3.7), so bringt dieses nur 3 Valenzelektronen mit. In den 4 Paarbindungen zu den 4 Ge-Nachbarn fehlt jetzt ein Valenzelektron. Dieses Loch kann leicht durch ein Valenzelektron aus einer Nachbarbrücke aufgefüllt werden. Durch Nachrücken benachbarter Valenzelektronen kann das Loch, also das Defektelektron, weiter wandern[1]. Zurück bleibt das In-Atom, das gegenüber seinen normalen 3 Valenzelektronen jetzt deren 4 hat und infolgedessen sich negativ aufgeladen hat. Wir haben hier ein Beispiel dafür, daß eine Störstelle ein Elektron aufnimmt, also als „Akzeptor" wirkt. Bei diesem Vorgang lädt sie sich negativ auf[2] und gibt ein Loch, ein Defektelektron, frei:

$$A^{\times} \rightleftarrows A^{-} + \oplus . \qquad \text{(I 3.02)}$$

Ähnlich wie beim Donator kann auch ein „Wasserstoff"modell des Akzeptors entworfen werden, nämlich ein „Leucht-Defektelektron" im Feld einer negativen Punktladung, das Ganze in einem Raum mit der Dielektrizitätskonstante $\varepsilon \approx 16$ des Germaniums (Abb. I 3.8). Im Bändermodell bewirkt eine derartige Störstelle das Erscheinen eines ortsbegrenzten Störniveaus über dem Valenzband. Bei thermischer

[1] Wenn man das Wandern eines Defektelektrons als Nachrücken benachbarter Valenzelektronen in eine unvollständige Paarbindung beschreibt, so stellt man sich auf einen extrem atomistischen, korpuskular lokalisierenden Standpunkt. Das darf aber nicht dazu führen, die Wellennatur aller Elektronen und also auch der Valenzelektronen außer acht zu lassen, die einerseits ein ungehindertes Wandern auch der Valenzelektronen durch den Kristall ermöglicht und andrerseits die Valenzelektronen gleichmäßig auf alle Paarbindungen „verschmiert". Das „Nachrücken benachbarter Valenzelektronen" in ein bereits vorhandenes Loch erfordert also keinerlei Energieaufwand, insbesondere kein Aufbrechen einer Paarbindung. Ein solches Aufbrechen liegt nur dann vor, wenn das Valenzelektron nicht wieder in eine benachbarte Paarbindung eingebaut, sondern in ein Leitungselektron verwandelt wird. (Siehe hierzu auch S. 17 und 18 und Abb. I 3.4.)

[2] Ein Akzeptor ist also eine Störstelle, die *neutral* oder *negativ* geladen vorkommt, während ein Donator zwischen den beiden Ladungszuständen *positiv* und *neutral* hin und her wechselt.

Anregung eines neutralen Akzeptors wird ein Elektron vom oberen Rande des Valenzbandes in das Störniveau gehoben. In der Defektelektronensprache ist das die Ionisierung $A^\times \rightarrow A^- + \oplus$, bei der aus dem Störstellenniveau ein Defektelektron ins Valenzband herabgedrückt wird. Während also die Elektronen „von selbst" in tiefere Niveaus

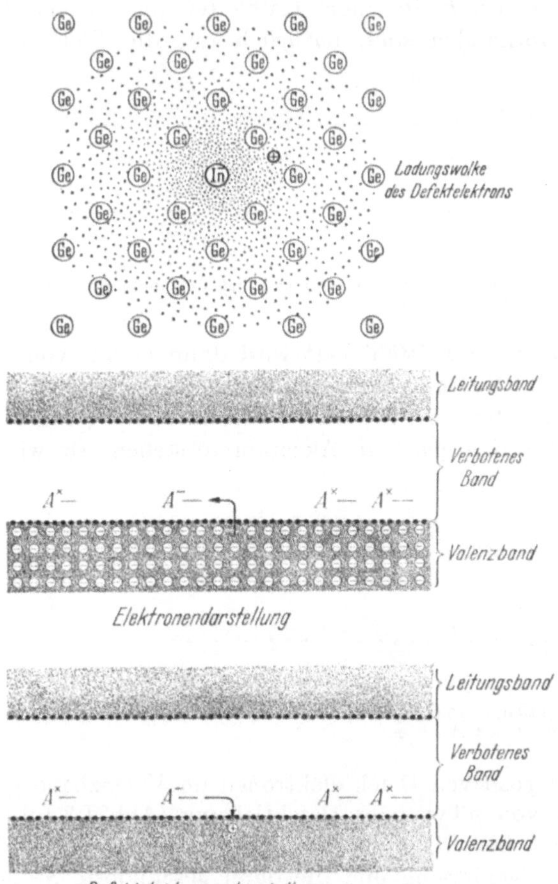

Abb. I 3.8 Die Ladungswolke eines Defektelektrons um ein substitutionsmäßig eingebautes In-Atom.
Ein Bändermodell mit neutralen und ionisierten Akzeptoren in Elektronen- und Defektelektronendarstellung.

fallen und in höhere durch Zufuhr von Energie — durch thermische oder Lichtquantenstöße z. B. — gehoben werden müssen, steigen die Defektelektronen im Bänderschema „von selbst" wie die Luftblasen im Wasser nach oben und müssen unter Arbeitsaufwand in tiefere

Niveaus herabgedrückt werden[1]. Jeder Vorgang innerhalb des Bänderschemas läßt sich entweder in der Elektronen- oder in der Defektelektronen-Sprache ausdrücken. Das Valenzband z. B. ist entweder „mit Elektronen annähernd voll besetzt" oder „von Defektelektronen annähernd leer". Welche von beiden Ausdrucksweisen man verwendet, ist lediglich eine Frage der Zweckmäßigkeit[2].

So wird man z. B. in einem Halbleiter, in dem als Störstellen nur Donatoren vorhanden sind, natürlich nur die Elektronendarstellung

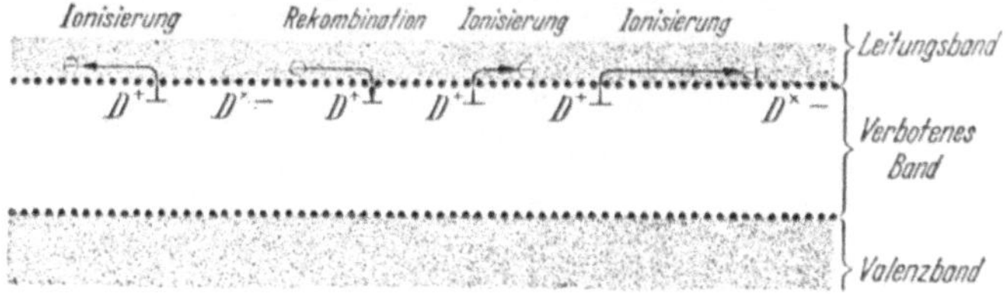

Abb. I 3.9 Überschußleiter. nTyp. Ionisierungs- und Rekombinationsgleichgewicht von Donatoren: $D^{\times} \rightleftarrows D^{+} + \ominus$.

benutzen; denn die Leitfähigkeit wird dann ja nur von den *n*egativen Elektronen im Leitungsband getragen. Man bezeichnet in diesem Fall den Halbleiter als nTyp oder Überschußleiter (Abb. I 3.9). Enthält der Halbleiter dagegen nur Akzeptorstörstellen, so wird der Strom

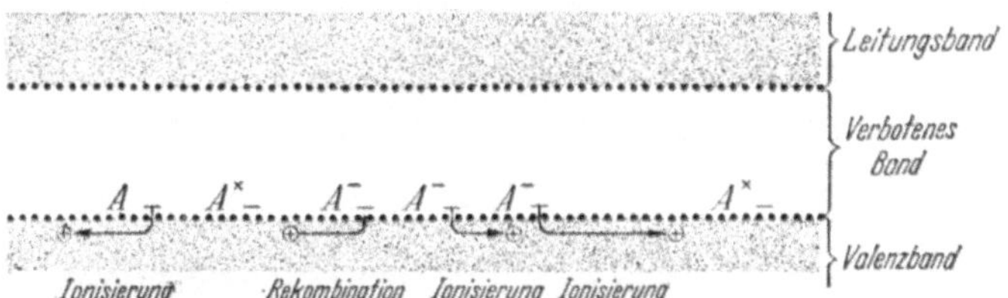

Abb. I 3.10 Defektleiter. pTyp. Ionisierungs- und Rekombinationsgleichgewicht von Akzeptoren: $A^{\times} \rightleftarrows A^{-} + \oplus$.

nur von den *p*ositiven Defektelektronen im Valenzband getragen, und man spricht von pTyp oder Defektleitung (Abb. I 3.10).

Nach dem Bisherigen hat es den Anschein, als ob die zunächst geschilderte Eigenleitung und die dann geschilderte Störstellenleitung krasse und sich gegenseitig ausschließende Gegensätze wären. Das trifft aber nur bis zu einem gewissen Grade zu. Wir sehen das ein, wenn wir überlegen, was in einem Halbleiter mit Donatorgehalt bei Temperatursteigerung passiert, wobei wir mit so tiefen Temperaturen beginnen, daß die thermische Energie nur in den seltensten Fällen ausreicht, einen Donator zu ionisieren. Die Leitfähigkeit wird dann wegen Mangel an Leitungselektronen nur gering sein; sie läßt sich aber durch

[1] Siehe auch S. 542 und 545.
[2] Siehe auch S. 105.

Temperatursteigerung verbessern, denn es ist eine Reserve von noch nicht ionisierten Donatoren vorhanden (Reservefall). Wird die Temperatur immer weiter gesteigert, so nähern wir uns dem Fall, in dem alle Donatoren ihr Elektron ins Leitungsband abgegeben haben. Weitere Temperatursteigerung wird die Leitfähigkeit nicht steigern, denn die Reserve an neutralen Donatoren ist erschöpft (Erschöpfungsfall). Wird nun die Temperatur immer weiter gesteigert, so setzt schließlich doch wieder ein sehr steiler Leitfähigkeitsanstieg ein, und zwar wird jetzt der Eigenleitungsmechanismus wirksam, bei dem durch Temperaturanregung Elektronen vom oberen Rand des Valenzbandes an den unteren

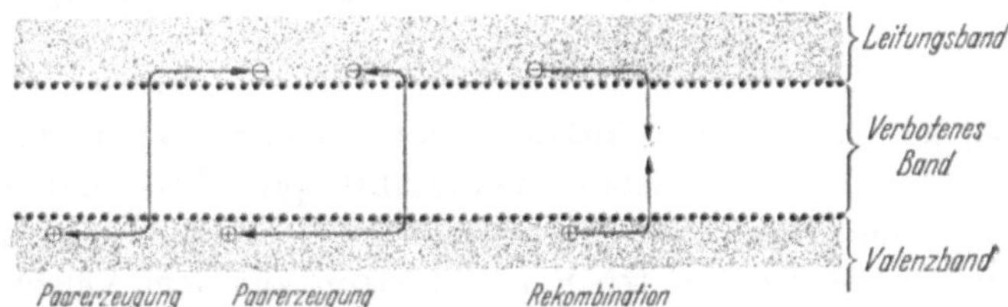

Abb. I 3.11 Eigenhalbleiter. Paarerzeugungs- und Rekombinationsgleichgewicht des halbleitereigenen Gitters: $0 \rightleftarrows \ominus + \oplus$.

Rand des Leitungsbandes gehoben werden, wobei jedesmal ein Elektronen-Defektelektronen-Paar erzeugt wird, weshalb man übrigens einen derartigen Prozeß auch „Paarerzeugung“ nennt. Störstellenleitung und Eigenhalbleitung schließen sich also gegenseitig nicht aus, sondern gehen nebeneinander her. Bei tiefen Temperaturen überwiegt aber die Störstellenleitung bei weitem, und es ist nur eine Frage der Breite des verbotenen Bandes und der Stärke der zu übertönenden Störstellenleitung (des Störstellengehalts des Halbleiters also), von welcher Temperatur ab die Eigenleitung die Störstellenleitung übertrifft. Freilich kann bei großer Breite des verbotenen Bandes oder größerem Störstellengehalt diese Temperatur jenseits des Schmelzpunktes des Kristallgitters liegen.

Wir erwähnten soeben den Prozeß der Paarerzeugung, die gleichzeitige Entstehung eines Elektronen-Defektelektronen-Paares aus dem Zustand des ungestörten Gitters durch Anhebung eines Valenzelektrons vom oberen Rande des Valenzbandes zum unteren Rande des Leitungsbandes (Abb. I 3.11). Zu einem derartigen mikroskopischen Elementarprozeß muß es auch einen Gegenprozeß geben, der im Gleichgewichtsfall dann ebenso häufig wie der betrachtete Elementarprozeß ist (Prinzip des „detaillierten Gleichgewichts“). Der Gegenprozeß zur Paarerzeugung ist die Rekombination eines Elektrons mit einem Defektelektron, bei dem ein Leitungselektron beim thermischen Herumvagabundieren im Leitungsband einem Defektelektron, einem Loch in der kompletten Besetzung des Valenzbandes, begegnet und aus dem Leitungsband ins

Valenzband zurückfällt. Ein solcher Prozeß wird um so häufiger sein, je öfter ein Leitungselektron ⊖ einem Defektelektron ⊕ begegnet, und das wird wiederum um so häufiger eintreten, je mehr Defektelektronen vorhanden sind. Die Zahl der Rekombinationen pro Zeit- und Volumeneinheit wird also der Konzentration p der *p*ositiven Defektelektronen proportional sein[1]. Genauso wird sie aber auch der Konzentration n der *n*egativen Elektronen proportional sein. Denn man kann die eben durchgeführte Überlegung, bei der das Elektron ⊖ bevorzugt wurde, genauso unter Bevorzugung des Defektelektrons ⊕ durchführen. Aus alldem folgt, daß die Zahl w der Wiedervereinigungen pro Zeit- und Volumeneinheit (die „Rekombination" also)

$$w = r\,n\,p \tag{I 3.03}$$

ist, wobei der „Rekombinationskoeffizient r" von n und p unabhängig ist.

Für die Zahl g der Neuerzeugungsakte pro Zeit- und Volumeneinheit (für die „Paar- oder Neuerzeugung" also) gelten folgende Überlegungen. Ob ein bestimmtes Valenzelektron aus dem Valenzband ins Leitungsband gehoben wird oder nicht, kann nicht von der Konzentration n der schon im Leitungsband vorhandenen Elektronen oder von der Konzentration p der im Valenzband vorhandenen Defektelektronen abhängen — jedenfalls nicht, solange im Leitungsband noch genügend viel freie Plätze als Endzustand des Elektronensprungs vorhanden sind und solange die Valenzelektronen voneinander statistisch unabhängig sind, solange also im Leitungs- und im Valenzband keine *Entartung*[2] vorliegt. Die Paarerzeugung g wird also nicht von n und p abhängen, sondern vielmehr durch die bei einem solchen Akt zu leistende Arbeit (also durch die Breite der verbotenen Zone) und durch die dafür im Mittel zur Verfügung stehende Energie (also die Temperatur) gegeben sein.

Im Gleichgewichtsfall muß — wie schon auf S. 25 mit dem *detaillierten* Gleichgewicht begründet — die Neuerzeugung g gleich der Rekombination w sein:

$$g = w = r\,n\,p. \tag{I 3.031}$$

Definieren wir eine „Inversionsdichte[3] n_i" durch die Gleichung

$$n_i^2 = \frac{g}{r}, \tag{I 3.032}$$

so ergibt sich aus (I 3.031)

$$n\,p = n_i^2. \tag{I 3.04}$$

---

[1] Jedenfalls werden bei genügender Verdünnung keine Glieder mit p^2, p^3, p^4 usw. auftreten.

[2] Zu diesem Begriff s. S. 417, 419, 448, 456 ff. u. 516 unten.

[3] Zur Motivierung des Namens „Inversionsdichte" s. S. 28 unten.

Hieraus folgt zunächst, daß das durch (I 3.032) definierte n_i die Dimension einer Konzentration hat. Die Bezeichnung Inversions*dichte* ist also berechtigt. Weiter folgt aus (I 3.032), das ebenso wie r und g auch n_i von den Trägerkonzentrationen n und p unabhängig ist. Während n und p also durch Dotierungsmaßnahmen um viele Zehnerpotenzen geändert werden können, ist n_i eine davon unberührte Eigenschaft des Grundgitters des jeweiligen Halbleiters, die allerdings sehr stark von der Temperatur abhängt[1]. Bei 300 °K beträgt n_i für Germanium[2] $2{,}4 \cdot 10^{13}\,\mathrm{cm}^{-3}$ und für Silizium[3] etwa $1{,}5 \cdot 10^{10}\,\mathrm{cm}^{-3}$.

Aus (I 3.04) folgt für die Neuerzeugung g übrigens ein zu (I 3.03) analoger Ausdruck

$$g = r\, n_i^2, \qquad \text{(I 3.05)}$$

und damit ergibt sich für den Überschuß der Wiedervereinigung w über die Neuerzeugung g, also für den sog. Rekombinationsüberschuß R

$$R = w - g = r(n\,p - n_i^2). \qquad \text{(I 3.06)}$$

In der Praxis wird der Rekombinationskoeffizient r übrigens meistens nicht benutzt, sondern es wird die experimentell zugängliche „Lebensdauer τ" verwendet, also die Zeitkonstante, mit der eine Störung des thermischen Gleichgewichts zwischen Elektronen und Defektelektronen abklingt. Auf die Beziehungen zwischen r und τ kommen wir auf S. 147 u. 188, vor allem aber in Kap. IX, S. 473, und § 4 und 5 zu sprechen.

Bisher haben wir nur *direkte* Elektronenübergänge zwischen Valenz- und Leitungsband betrachtet. In realen Halbleitern finden aber oft ganz andersartige Rekombinationsprozesse viel häufiger statt.[4] Bei der wichtigsten Gruppe dieser Prozesse erfolgt der Übergang vom Valenz- zum Leitungsband nicht in einem direkten Sprung, sondern das Elektron überwindet das verbotene Band in 2 Schritten, indem es zusätzliche lokalisierte Niveaus innerhalb des verbotenen Bandes benutzt, die ähnlich wie die Donatoren oder Akzeptoren durch Fremdatome oder andere Gitterstörungen, also durch „Rekombinationszentren", geschaffen werden.

Machen wir einmal die häufig sehr gut zutreffende Annahme, daß im gerade betrachteten Halbleiter die Neuerzeugung und die Rekombination kaum durch direkte Übergänge, sondern vorwiegend durch Rekombinationszentren beherrscht wird. Dann haben wir zunächst einmal eine Neuerzeugungsrate g_Z, die u. a. von

---

[1] Siehe auch Gl. (VIII 5.23) auf S. 436.

[2] Conwell, E. M.: Proc. Inst. Radio Engrs., N. Y. 46 (1958) 1281, Table III auf S. 1290.

[3] Herlet, A.: Z. f. angew. Phys. 9 (1957) 155. — Hoffmann, A., K. Reuschel u. H. Rupprecht: J. Phys. Chem. Solids 11 (1959) 284. — Benda, H.: Dissertation TH. Aachen, 1964; Solid State Electronics 8 (1965) 189.

[4] Siehe hierzu Kap. IX, S. 461.

der Häufigkeit der Zentren abhängt.[1] Im Gegensatz zum direkten Übergang läßt sich aber hier ohne rechnerische Analyse nichts über die Abhängigkeit von g_Z von n und p sagen. Wir müssen jedenfalls damit rechnen, daß g_Z von n und p abhängig ist. Weiter kann man analog zu (I 3.03) rein formal auch wieder einen Rekombinationskoeffizienten definieren:

$$w = r_Z\, n\, p. \tag{I 3.07}$$

Wieder wissen wir von vornherein über die Abhängigkeit von r_Z von n und p nichts. Wenn wir nun im thermischen Gleichgewicht wieder

$$g_Z = w = r_Z\, n\, p \tag{I 3.08}$$

setzen, so folgt zunächst nur

$$n\, p = \frac{g_Z}{r_Z}, \tag{I 3.09}$$

und die Unabhängigkeit des Produktes $n\,p$ von den Einzelwerten der Faktoren n und p ist jedenfalls nicht unmittelbar gegeben.

Nun finden aber in jedem Halbleiter neben anderen Übergängen auch direkte Übergänge in vielleicht sehr geringer, aber prinzipiell nicht verschwindender Menge statt. Nach dem Prinzip vom detaillierten Gleichgewicht muß dieses *direkte* Hin und Her zwischen Valenz- und Leitungsband *untereinander* im Gleichgewicht sein, ohne Mitwirkung der wahrscheinlich sehr viel zahlreicheren Übergänge über die Rekombinationszentren. Also lassen sich die Überlegungen (I 3.03) bis (I 3.04) auch für einen Halbleiter anstellen, in dem die direkten Übergänge gänzlich hinter irgendeinem anderen Mechanismus zurücktreten. Die Folgerung, daß das Produkt $n\,p$ der Konzentrationen immer den von den Einzelwerten der Faktoren unabhängigen Wert n_i^2 haben muß, gilt im thermischen Gleichgewicht unabhängig von dem speziell vorherrschenden Rekombinationsmechanismus.

Umgekehrt kann man nun aus dieser Tatsache und aus (I 3.09) schließen, daß

$$\frac{g_Z}{r_Z} = n_i^2$$

sein muß, daß also die Neuerzeugung g_Z und der Rekombinationskoeffizient r_Z in der gleichen Weise von n und p abhängen müssen, damit ihr Quotient wieder unabhängig von n und p gleich n_i^2 sein kann. Die spätere Analyse in Kap. IX wird auch tatsächlich für g_Z und für r_Z die gleiche Abhängigkeit von n und p liefern.

Nach (I 3.04) stellt sich die Inversionsdichte n_i als diejenige Konzentration heraus, die weder von n noch von p unterschritten werden kann, ohne daß im Gleichgewichtsfall jeweils die andere Konzentration p bzw. n diese Konzentration n_i überschreitet. Da der Übergang vom Fall $n \gg n_i$, $p \ll n_i$ zum Fall $p \gg n_i$, $n \ll n_i$ mit dem Übergang von nLeitung zu pLeitung, mit einer *Inversion* des Leitungstyps also verbunden ist, erklärt sich der für n_i gewählte Name wohl genügend deutlich.

---

[1] Wir führen hier die Größen g_Z und r_Z ein, um den Fall der direkten Band-Band-Übergänge von dem Fall der über die Zentren erfolgenden Übergänge möglichst scharf zu trennen. Später im Kap. IX werden wir in allen Fällen einfach g und r schreiben, unabhängig vom speziellen Mechanismus der betreffenden Wiedervereinigungs- und Paarerzeugungsprozesse.

In der englischen Literatur dagegen wird der Index i als Abkürzung für intrinsic empfunden. Man denkt dabei an die Tatsache, daß in einem Eigenleiter („intrinsic" semiconductor) wegen der Neutralitätsforderung

$$n = p = n_i \tag{I 3.10}$$

ist.

Um einen Halbleiter schon bei Zimmertemperatur zum Eigenleiter zu machen, muß die normalerweise vorherrschende Störstellenleitung durch möglichst weitgehende Säuberung[1] des Halbleiters von Störstellen zurückgedrängt werden. Es ist also plausibel, daß der Zustand der Eigenleitung der geringsten Leitfähigkeit entspricht, die bei der betreffenden Temperatur in dem betrachteten Halbleiter möglich ist.

Ganz genau trifft das freilich nicht zu. Für die Leitfähigkeit gilt in Erweiterung von Gl. (I 2.06)

$$\sigma = e(\mu_n n + \mu_p p), \tag{I 3.11}$$

und mit dem Massenwirkungsgesetz (I 3.04) wird

$$\sigma = e\left(\mu_n n + \mu_p \frac{n_i^2}{n}\right). \tag{I 3.12}$$

Man stellt unschwer fest, daß das Minimum der Leitfähigkeit

$$\sigma = 2e\sqrt{\mu_n \mu_p}\, n_i \tag{I 3.13}$$

ist und bei

$$n = n_i\sqrt{\frac{\mu_p}{\mu_n}} \qquad p = n_i\sqrt{\frac{\mu_n}{\mu_p}} \tag{I 3.14}$$

liegt. Da μ_n und μ_p nicht größenordnungsmäßig verschieden sind (bei Ge z. B.[2] $\mu_n = 3900 \frac{\text{cm}^2}{\text{Vs}}$, $\mu_p = 1900 \frac{\text{cm}^2}{\text{Vs}}$), liegt dieser Zustand mini-

---

[1] Welche gegenüber normalen chemischen Begriffen *extremen* Reinheitsgrade hierbei verlangt werden, geht vielleicht aus folgenden Zahlenangaben hervor. Die Inversionsdichte n_i ist in Germanium bei Zimmertemperatur etwa $2{,}4 \cdot 10^{13}\,\text{cm}^{-3}$. Damit der eigenleitende Zustand $n = p = n_i$ eintreten kann, müssen die Konzentrationen der Störstellen kleiner als $n_i \approx 2{,}4 \cdot 10^{13}\,\text{cm}^{-3}$ sein, da ja jede Störstelle ein Elektron oder Defektelektron liefert. Die Konzentration der Germaniumatome beträgt $4{,}52 \cdot 10^{22}\,\text{cm}^{-3}$. Also darf auf etwa $\frac{4{,}52 \cdot 10^{22}}{2{,}4 \cdot 10^{13}} = 1{,}9 \cdot 10^9$ Germaniumatome höchstens *ein* Fremdatom kommen. Das bedeutet im chemischen Sprachgebrauch eine „Reinheit von 9 · · · 10 Neunern"! Bei gradlinigem Fortschreiten durch das Germaniumgitter würde man erst nach $\sqrt[3]{1{,}9 \cdot 10^9} \approx 1{,}2 \cdot 10^3$ Germaniumatomen auf ein Fremdatom stoßen. Bezüglich des Wertes $4{,}52 \cdot 10^{22}\,\text{cm}^{-3}$ der Atomkonzentration s. W. Shockley: Electrons and Holes, New York: D. van Nostrand 1950, S. 6.

[2] Conwell, E. M.: Proc. Inst. Radio Engrs., N. Y. 46 (1958) 1281, namentlich S. 1284. — Prince, M. B.: Phys. Rev. 92 (1953) 681 bis 687.

maler Leitfähigkeit (I 3.13) nicht allzu weit entfernt vom Zustand der Eigenleitung

$$\sigma_i = e(\mu_n + \mu_p)\, n_i \qquad \text{(I 3.15)}$$

$$n = n_i \qquad p = n_i. \qquad \text{(I 3.10)}$$

Die betrachteten Prozesse der Paarerzeugung und der Rekombination können durch eine Reaktionsgleichung

$$0 \rightleftarrows \ominus + \oplus \qquad \text{(I 3.16)}$$

dargestellt werden, wobei die Null auf der linken Seite das völlig periodische Gitter bedeuten soll, das auch in bezug auf die Elektronenverteilung ungestört ist. Ähnlich wie wir eben für diese Reaktionsgleichung (I 3.16) das zugehörige Massenwirkungsgesetz (I 3.04) aufgestellt haben, könnten wir dies auch für die früheren Reaktionsgleichungen (I 3.01) bzw. (I 3.02) der Donatoren- bzw. Akzeptoren-Ionisierung tun, denn auch hier gibt es die Gegenprozesse der Donatoren- bzw. Akzeptorenrekombination, die wir übrigens in den Abb. I 3.9 und I 3.10 schon berücksichtigt haben.

Wir überlassen dies aber dem nächsten Kapitel über Störstellenreaktionen und Störstellengleichgewichte, wo wir auf diese Dinge sowieso ausführlicher eingehen müssen.

Kapitel II

Störstellen und Versetzungen

Das im vorigen Kapitel geschilderte Bändermodell ist im Zuge der Entwicklung der *Metall*theorie entstanden und von dort in die Halbleiterphysik übernommen worden. Der Begriff der atomaren Fehlordnung — der auf einen Gitterbaustein und seine nächste Umgebung beschränkten „Störstelle" — ist dagegen typisch für die Halbleiterphysik, und seine Konzeption kann gewissermaßen als Beginn der modernen Halbleiterphysik überhaupt betrachtet werden.

Von der Metallphysik wiederum kommt dagegen ein anderer Typ von Gitterstörungen: Die „Kristallversetzungen". Ihre theoretische Konzeption knüpft an die innere Reibung und elastische Hysterese[1] und an die Rekristallisationserscheinungen[2] an und wurde dann zum Verständnis der plastischen Verformbarkeit[3] der Metalle und der Kristalle überhaupt herangezogen. Weiter ist der Zusammenhang der Kristallversetzungen mit Verfestigungserscheinungen bei der Kaltbearbeitung von Kristallen, mit der Beeinflussung der Kristallfestigkeit durch Fremdatome, mit der Wirksamkeit von Anlaßprozessen, mit der Bildung von Kleinwinkelkorngrenzen und mit Wachstumserscheinungen sichergestellt[4]. In den letzten Jahren haben die Kristallversetzungen auch in der Halbleiterphysik Bedeutung gewonnen, da sich Einflüsse der Kristallversetzungen auf die elektrischen Eigenschaften der Kristalle herausgestellt haben[5].

---

[1] PRANDTL, L.: Z. angew. Math. Mech. 8 (1928) 85.

[2] DEHLINGER, U.: Ann. Phys., Lpz. (5) 2 (1929) 749.

[3] POLANYI, M.: Z. Phys. 89 (1934) 660. — OROWAN, E.: Z. Phys. 89 (1934) 605. — TAYLOR, G. I.: Proc. roy. Soc. 145 (1934) 362 u. 388.

[4] An zusammenhängenden Darstellungen seien genannt: READ, JR., W. T.: Dislocations in Crystals, New York/Toronto/London: McGraw-Hill 1953. — COTTRELL, A. H.: Dislocations and Plastic Flow in Crystals, Oxford: Clarendon Press 1953. — SEEGER, A.: Theorie der Gitterfehlstellen in S. FLÜGGE: Handbuch der Physik, Bd. VII, Teil 1, Berlin/Göttingen/Heidelberg: Springer 1955, S. 383.

[5] Eine zusammenfassende Darstellung geben P. HAASEN u. A. SEEGER: Plastische Verformung von Halbleitern und ihr Einfluß auf die elektrischen Eigenschaften, in „Halbleiterprobleme", Bd. IV, herausgegeben von W. SCHOTTKY, Braunschweig: Vieweg 1958.

Im folgenden beschäftigen wir uns im ersten Teil dieses Kapitels, nämlich in den §§ 1 bis 9, mit den atomaren Störstellen, die wir in Zukunft einfach Störstellen schlechthin nennen werden. Die §§ 10 bis 14 des zweiten Teiles handeln dagegen von den Kristallversetzungen.

1. Teil. Störstellen, Störstellenmodelle und Störstellenreaktionen

§ 1. Substitutionsstörstellen in Valenzkristallen

Es gibt kaum eine andere Störstellenart, deren Natur und Eigenschaften so einleuchtend sind, wie die Substitutionsstörstellen in den Valenzkristallen der IV. Gruppe des periodischen Systems. In diesen Gittern vom Diamanttyp (s. Abb. II 1.1, Darstellung a), beispielsweise im Germaniumgitter, ist jedes Ge-Atom mit 4 tetraederförmig angeordneten, gleichartigen Ge-Nachbarn durch 4 Elektronenpaarbindungen verbunden. Ein herausgegriffenes Germaniumatom bringt 4 Valenzelektronen mit, die in jeder der erwähnten 4 Paarbindungen jeweils das *eine* Elektron stellen, während das *andere* Elektron mit entgegengesetztem Spin derjenige Ge-Nachbar stellt, zu dem die betreffende Paarbindung gerade hinführt. Auf diese Weise sieht man, wie die selbstverständlich erforderliche Neutralität des Germaniumgitters als Ganzes zustande kommt.

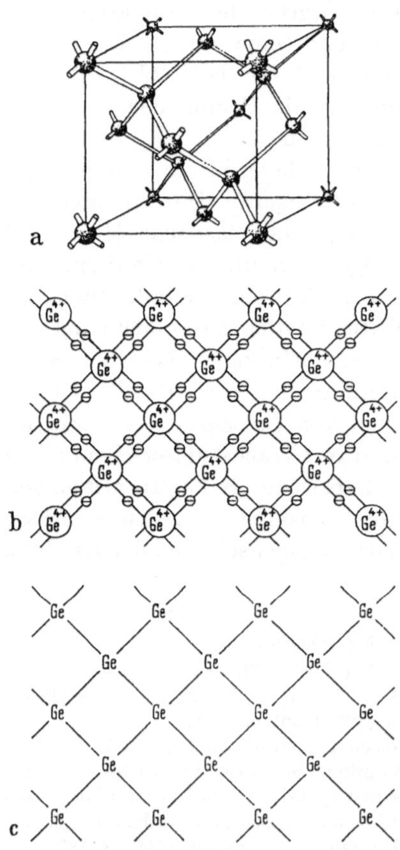

Abb. II 1.1 Das Germaniumgitter.
a) Darstellung der wirklichen räumlichen Verhältnisse;
b) und c) Ebene Schematisierungen.

In einer ebenen Schematisierung kann man nun entweder die vierfach positiv geladenen Ge-Rümpfe und die gesamten Valenzelektronen andeuten (Abb. II 1.1, Darstellung b). Häufig wird es aber auch zweckmäßig sein, die Neutralität dieses „Schauplatzes" für die in diesem Kap. II zu besprechenden Vorgänge und Prozesse dadurch anzudeuten, daß man die Darstellung c) in Abb. II 1.1 wählt, in der die Ge-Rümpfe ohne Betonung ihrer Ladung einfach als Ge bezeichnet sind und die einzelne Paarbindung ebenfalls ohne Betonung ihrer elektronischen Ladungen durch einen einfachen Strich angedeutet wird.

Legiert man in eine Ge-Probe geringe Mengen eines Elements aus der III. oder V. Gruppe des periodischen Systems hinzu, so zeigt es sich, daß diese Atome die Plätze von Ge-Atomen einnehmen, daß sie also ein Ge-Atom *substituieren* (siehe Abb. II 1.2 und II 1.3). Nun bringt beispielsweise ein As-Atom 5 Valenzelektronen in den Gitterverband des Germaniums mit. Nur 4 davon finden in den 4 Paarbindungen zu den 4 Ge-Nachbarn Platz (Abb. II 1.2a). Über den Verbleib des 5. Valenzelektrons werden wir sogleich ausführlich sprechen. Zunächst einmal aber stellen wir fest, daß der Ersatz eines Ge^{4+}-Rumpfes durch einen As^{5+}-Rumpf ein einfach positiv geladenes Störzentrum geschaffen hat, was in der Darstellung b) der Abbildung II 1.2 wohl am deutlichsten zum Ausdruck kommt.

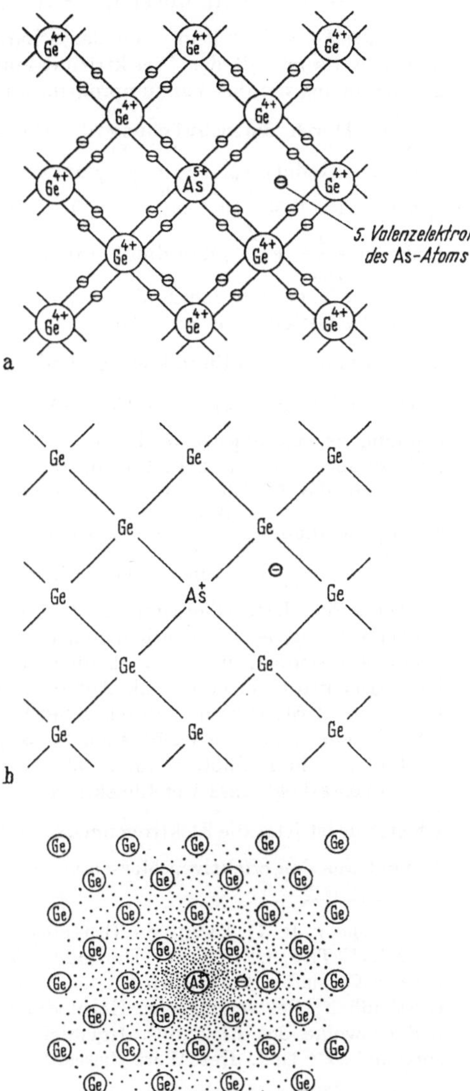

Abb. II 1.2 Substitution eines Ge-Atoms durch ein As-Atom. Lockere Bindung des 5. Valenzelektrons in einer ausgedehnten Ladungswolke.

Nun zum Schicksal des 5. Valenzelektrons. Es wird, falls es überhaupt beim As-Rumpf bleibt, nur noch äußerst locker gebunden sein. Die Stärke dieser Bindung läßt sich nach BETHE[1] folgendermaßen abschätzen:

Infolge der lockeren Bindung wird sich die Ladungswolke des 5. Valenzelektrons über relativ große

[1] BETHE, H. A.: R. L. Report No. 43—12, 1942. Siehe auch H. C. TORREY u. C. A. WHITMER: Crystal Rectifiers, New York/London: McGraw-Hill 1948, S. 65 u. 66. — Die entsprechende Näherung für Störstellen in Ionenkristallen findet sich schon vorher bei N. F. MOTT u. R. W. GURNEY: Electronic Processes in Ionic Crystals, Oxford: Clarendon Press 1940 u. 1948, S. 80—86. Schließlich ist das entsprechende Ergebnis für ein Elektron im Feld eines Defektelektrons, für ein „Exziton" also, schon von G. H. WANNIER: Phys. Rev. 52 (1937) 191 abgeleitet worden.

Gebiete erstrecken und daher viele Ge-Nachbarn des substituierenden Arsenrumpfes umfassen (s. Abb. II 1.2c). Diese Tatsache kann man näherungsweise dadurch berücksichtigen, daß man das COULOMB-Feld des einfach positiv geladenen Arsenrumpfes — ihm fehlt ja das 5. Valenzelektron — mit dem Faktor $\frac{1}{\varepsilon_{Ge}}$ schwächt, wobei $\varepsilon_{Ge} = 16$ die makroskopische Dielektrizitätskonstante des Ge ist. Es liegt dann das bekannte Wasserstoffproblem vor, allerdings in einem Raum mit der Dielektrizitätskonstante ε_{Ge}. Formal läuft das auf das gleiche hinaus wie das Vakuumproblem mit einer effektiven Kernladungszahl $Z_{eff} = \frac{1}{\varepsilon_{Ge}}$. Durch die Schwächung des COULOMB-Feldes vergrößert sich der erste BOHRsche Radius[1] $a_0 = \frac{1}{Z_{eff}} \frac{\hbar^2}{m\, e^2}$ um den Faktor $\frac{1}{Z_{eff}} = \varepsilon_{Ge} = 16$ und wird somit $a_0 = 16 \cdot 0{,}53 \cdot 10^{-8}$ cm $= 8{,}5 \cdot 10^{-8}$ cm. Weiter ergibt sich aus der $1s$-Eigenfunktion $\frac{1}{\sqrt{a_0^3}\,\pi}\, e^{-\frac{r}{a_0}}$, daß drei Viertel der Ladungswolke eines $1s$-Elektrons innerhalb einer Kugel mit dem Radius $2a_0 = 17 \cdot 10^{-8}$ cm liegen. Da der Elementarwürfel des Ge-Gitters eine Seitenlänge von $5{,}62 \cdot 10^{-8}$ cm hat und 8 Ge-Atome enthält, umfaßt die erwähnte kugelige Ladungswolke $4\,\frac{\pi}{3}\left(\frac{17 \cdot 10^{-8}}{5{,}62 \cdot 10^{-8}}\right)^3$ Elementarwürfel und $4\,\frac{\pi}{3}\,(3{,}02)^3 \cdot 8 \approx 925$ Ge-Atome. Bei dieser überraschend großen Ausdehnung der Ladungswolke des 5. Valenzelektrons dürfte die Rechnung mit der makroskopischen Dielektrizitätskonstante wohl gerechtfertigt sein. Als Ablösearbeit für das 5. Valenzelektron ergibt sich dann die mit e multiplizierte Ionisierungsspannung $\frac{2\pi^2\, m\, e^4\, Z_{eff}^2}{h^2}$ des Wasserstoffs, aber um den Faktor $Z_{eff}^2 = \frac{1}{(\varepsilon_{Ge})^2} = \frac{1}{(16)^2} = \frac{1}{256}$ verkleinert[1], also $13{,}59\,\frac{1}{25}\,e$Volt $= 0{,}05\; e$Volt.

Die geschilderte Überlegung gibt — wie nicht anders zu erwarten — nur die Größenordnung der Ablösearbeit richtig wieder. Sicher muß sie zunächst dadurch modifiziert werden, daß die Elektronenmasse durch die effektive Masse[2] m_n eines Leitungselektrons ersetzt wird. Auf die weitere Verfeinerung der Theorie durch KOSTER und SLATER[3] und durch KOHN[4] können wir in diesem Buch nicht eingehen. Siehe hierzu vielleicht auch S. 53 des folgenden § 5.

Für das in Fußnote 1 auf S. 33 erwähnte Exziton — ein Leitungselektron im COULOMB-Feld eines Defektelektrons — ergibt sich eine ähnliche Dissoziationsarbeit, nur ist jetzt die Elektronenmasse m durch die „reduzierte" Masse $\frac{m_n\, m_p}{m_n + m_p}$, gebildet aus den effektiven Massen m_n und m_p von Leitungs- und Defektelektron,

---

[1] Siehe z. B. H. BETHE in H. GEIGER u. K. SCHEEL: Handbuch der Physik, Bd. XXIV, Tl. 1, S. 273 u. 274. Die quadratische Abhängigkeit der Ionisierungsarbeit von der Kernladungszahl Z wird vielleicht durch folgende Überlegungen physikalisch verständlich: Bei verringerter Kernladung erweitert sich verständlicherweise die Ladungswolke des Elektrons. Irgendein mittlerer „Bahnradius" wird also proportional Z^{-1} sein. Der Wert dieses Bahnradius muß nun zur Ermittlung der Ionisierungsarbeit in den Nenner des Potentialausdrucks $\frac{Z\,e}{r}$ eingesetzt werden. Deshalb ergibt sich für die Ionisierungsarbeit eine Proportionalität mit Z^{+2}.

[2] Siehe S. 9.

[3] KOSTER, G. F., u. J. C. SLATER: Phys. Rev. 96 (1954) 1208.

[4] KOHN, W.: Phys. Rev. 105 (1957) 509; Phys. Rev. 110 (1958) 857.

zu ersetzen. Im Gegensatz zu der betrachteten As-Störstelle ist beim Exziton das Attraktionszentrum nicht unbeweglich und hat mit m_p eine annähernd ebenso große effektive Masse wie die effektive Elektronenmasse m_n. Die Kernmitbewegung muß also unbedingt berücksichtigt werden[1], und man schildert dementsprechend das Exziton besser ohne Bevorzugung des Elektrons symmetrisch als „Elektronenmühle", bei dem das Leitungs- und das Defektelektron um den gemeinsamen Schwerpunkt kreisen.

Nach diesem Exkurs über das Exziton wenden wir uns wieder den wasserstoffähnlichen Störstellen der V. Gruppe zu.

Gemessen an der Bindung des Leuchtelektrons des Wasserstoffatoms ist also die Bindung des 5. Valenzelektrons eines substituierenden As-Atoms an seinen As^+-Rumpf tatsächlich sehr locker.

Schon bei geringen Störungen thermischer oder sonstiger Natur wird demnach dieses 5. Valenzelektron abgegeben und der positiv geladene As^+-Rumpf zurückgelassen. Die geschilderte Substitutionsstörstelle wird als neutraler Elektronen„spender" oder „Donator" $D^\times$ wirken, der in einen positiven Donatorrest D^+ und ein negatives Elektron $\ominus$ dissoziieren kann: $D^\times \to D^+ + \ominus$.

Anders dagegen, wenn die Substitution eines Ge-Atoms durch ein Element der III. Gruppe des periodischen Systems, also beispielsweise durch ein Indium-Atom erfolgt (Abb. II 1.3a). Dieses bringt nur 3 Valenzelektronen in das Ge-Gitter mit. Eine der 4 Paarbindungen

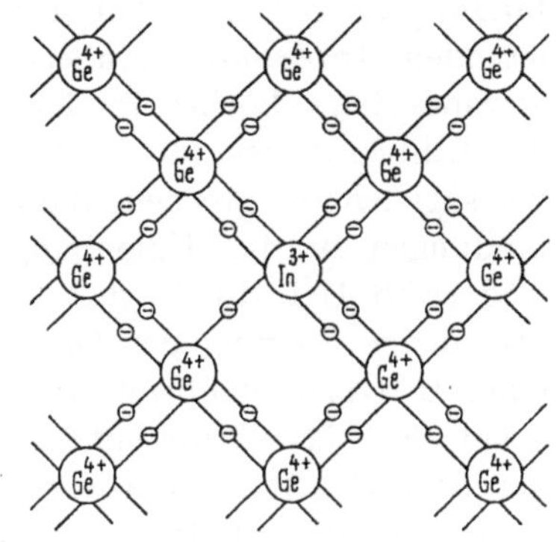

a

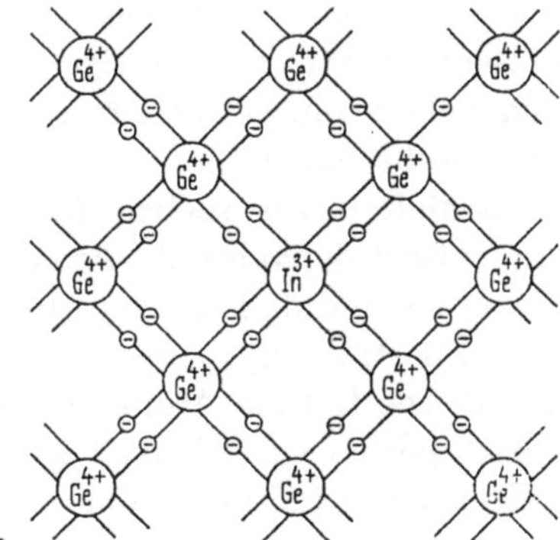

b

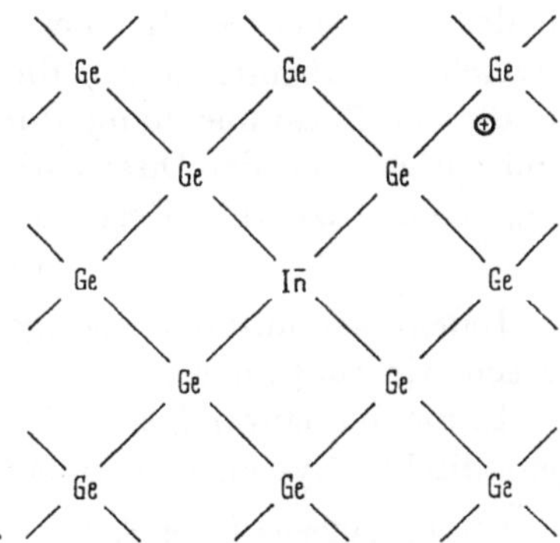

c

Abb. II 1.3 Substitutionsstörstelle: Ersatz eines Ge-Atoms durch ein In-Atom.

[1] Siehe z. B. W. Weizel: Lehrbuch der theoretischen Physik, Bd. II, Berlin/Göttingen/Heidelberg: Springer 1958, S. 856, Gl. (III 157).

vom Platz des In-Atoms zu den 4 Germaniumnachbarn ist also zunächst unvollständig. Sie kann auf Kosten einer anderen Paarbindung vervollständigt werden, indem ein Valenzelektron dieser anderen Paarbindung zu der zunächst unvollständigen Paarbindung des substituierenden In-Atoms herüberwechselt[1]. Auf das Schicksal des fortgewanderten „Loches in der Gesamtheit der Valenzelektronen", auf das Schicksal des fortgewanderten „Defektelektrons" also, kommen wir sogleich zu sprechen. Zunächst stellen wir fest, daß jetzt die Paarbindungen in der Umgebung des In^{3+}-Rumpfes wieder vollständig sind (Abb. II 1.3b), so daß — abgesehen von dem Defektelektron — als einzige Störung des Gitters der Ersatz des Ge^{4+}-Rumpfes durch einen In^{3+}-Rumpf übrigbleibt. An dieser Stelle ist also jetzt ein negativ geladenes Störzentrum entstanden, was am besten in der Darstellung c) der Abb. II 1.3c zum Ausdruck kommt.

Das positive Defektelektron bewegt sich nun im Kraftfeld dieser negativen In-Störstelle. Wir sehen, daß wieder ein Wasserstoffproblem vorliegt, wobei jetzt aber der Unterschied zum bekannten Vakuumproblem nicht nur in der veränderten Dielektrizitätskonstante des Schauplatzes liegt, sondern auch Kern und Leuchtelektron ihre Ladung vertauscht haben.

Erhielten wir soeben für die Bindung des 5. Valenzelektrons an ein substituierendes As-Atom die Aussage, daß diese Bindung sehr locker ist und daß das As-Atom als Elektronenspender wirkt, so liefert eine Übertragung dieses Ergebnisses auf den Einbau eines In-Atoms, daß dieses Indium-Atom nur sehr locker ein Defektelektron $\oplus$ bindet. Dieses positive Teilchen $\oplus$ wird also leicht abgegeben, und ein negativ aufgeladenes Indium-Atom, ein Ion In^- bleibt zurück. Da die Beschreibung des Vorganges in der Defektelektronensprache nur eine façon de parler ist und der wirkliche Vorgang in der *Aufnahme* eines Elektrons in das Kraftfeld des In^- besteht, wird diese Störstelle als *Akzeptor* A bezeichnet. Abgesehen von dieser Namensgebung bevorzugt man aber in diesem Zusammenhang durchaus die Defektelektronendarstellung[2] und spricht von der Dissoziation eines neutralen Akzeptors $A^\times$ in einen negativen Akzeptor-„Rest" A^- und ein positives Defektelektron $\oplus$

$$A^\times \rightarrow A^- + \oplus .$$

Indem wir unsere bisherigen Ausführungen etwas verallgemeinern, fassen wir zusammen:

In die diamantartigen Valenzgitter der Elemente der IV. Gruppe des periodischen Systems bauen sich chemische Zusätze von Elementen der

[1] Siehe Fußnote 1 auf S. 22.

[2] Siehe aber S. 40, wo im ZnO Akzeptoren Elektronen nicht aus dem *Valenz*band, sondern aus dem *Leitungs*band aufnehmen und die von Hause aus im ZnO vorhandene Überschußleitung vergiften.

III. und V. Gruppe *substitutionsmäßig* ein, d. h. die Fremdatome besetzen Gitterplätze des Wirtsgitters. Das führt bei Elementen der V. Gruppe zu Donatorenbildung und Abgabe von negativen Elektronen, bei Elementen der III. Gruppe zur Akzeptorenbildung und Aufnahme von Elektronen, was gleichbedeutend ist mit der Abgabe von Defektelektronen.

Es wird nun für das Folgende bequem sein, sich einer abkürzenden Bezeichnungsweise für die verschiedenen Störstellenarten zu bedienen. Wir entscheiden uns dabei mit K. HAUFFE, O. MADELUNG, O. STASIW und J. TELTOW für die von W. SCHOTTKY vorgeschlagene[1] Symbolik (Abb. II 4.2). Für die bis jetzt von uns lediglich besprochenen Substitutionsstörstellen in den Valenzgittern wäre hiernach zu schreiben

$$\mathrm{P}\bullet^{\cdot}(\mathrm{Ge}),\quad \mathrm{As}\bullet^{\cdot}(\mathrm{Ge}),\quad \mathrm{Sb}\bullet^{\cdot}(\mathrm{Ge}),$$

bzw.

$$\mathrm{Al}\bullet'(\mathrm{Ge}),\quad \mathrm{Ga}\bullet'(\mathrm{Ge}),\quad \mathrm{In}\bullet'(\mathrm{Ge}),$$

wobei also beispielsweise in dem ersten Symbol $\mathrm{P}\bullet^{\cdot}$ (Ge) mit P auf den Substituent Phosphor, mit (Ge) auf den Substitut Germanium und mit $\bullet$ auf den Substitutionscharakter der Störstelle im Gegensatz zu den später zu besprechenden Gitterleerstellen und Zwischengitterplatzbesetzungen hingewiesen wird. „˙" bzw. „′" bezeichnen schließlich den effektiven Ladungszustand[2] der ganzen Störstelle, also die Differenz gegenüber dem normal besetzten Gitter, und zwar „˙" einfach positive Ladung, „˙˙" zweifach positive Ladung, „′" einfach negative Ladung, „″" zweifach negative Ladung usw. usw.

Mit den oben beschriebenen Symbolen sind hiernach die fraglichen Substitutionsstörstellen in demjenigen Zustand gemeint, in dem sie ihr Elektron ⊖ bzw. Defektelektron ⊕ abgegeben haben. Wenn das nicht der Fall ist und das Elektron ⊖ z. B. auf der um $\varepsilon_{\mathrm{Ge}}$ vergrößerten ersten Wasserstoffbahn um den Substituenten P herumläuft, dann ist die Störstelle als Ganzes neutral. Das soll mit dem Zeichen „×" markiert werden. Im assoziierten Zustand sind die obigen Störstellen also mit

$$\mathrm{P}\bullet^{\times}(\mathrm{Ge}),\quad \mathrm{As}\bullet^{\times}(\mathrm{Ge}),\quad \mathrm{Sb}\bullet^{\times}(\mathrm{Ge}),$$

bzw.

$$\mathrm{Al}\bullet^{\times}(\mathrm{Ge}),\quad \mathrm{Ga}\bullet^{\times}(\mathrm{Ge}),\quad \mathrm{In}\bullet^{\times}(\mathrm{Ge})$$

---

[1] Siehe z. B. S. 80 in „Halbleiterprobleme", Bd. I, herausgegeben von W. SCHOTTKY, Braunschweig: Vieweg 1954. SCHOTTKY hat in Bd. IV der „Halbleiterprobleme" auf S. 235 noch einmal zur Frage der Störstellenbezeichnung Stellung genommen.

[2] Dabei soll die Entstehungsgeschichte dieses tatsächlich vorhandenen Ladungszustandes völlig außer acht gelassen werden. Diese Bemerkung wird von besonderer Bedeutung bei Ionenkristallen. Siehe S. 45, insbes. Fußnote 1.

zu bezeichnen. Die Dissoziations-Assoziations-Gleichgewichte zwischen einem Donator und einem Elektron bzw. einem Akzeptor und einem Defektelektron verlaufen dann nach folgenden Reaktionsgleichungen:

$$\mathrm{As} \bullet^{\times}(\mathrm{Ge}) \rightleftarrows \mathrm{As} \bullet^{\cdot}(\mathrm{Ge}) + \ominus$$
$$\mathrm{In} \bullet^{\times}(\mathrm{Ge}) \rightleftarrows \mathrm{In} \bullet'(\mathrm{Ge}) + \oplus .$$

Neben den Diamantgitterkristallen der Elemente Kohlenstoff, Silizium, Germanium und Zinn aus der IV. Gruppe des periodischen Systems gibt es noch eine ganze Reihe von Kristallen mit diamantartigem Gitteraufbau. Unter anderen trifft man hier die Verbindungen $A^{III}B^{V}$ zwischen den Elementen Bor, Aluminium, Gallium und Indium aus der III. Gruppe des periodischen Systems und den Elementen Stickstoff, Phosphor, Arsen und Antimon aus der V. Gruppe des periodischen Systems. Anschließend an eine grundlegende Publikation von WELKER[1] sind diese Stoffe in den letzten Jahren sehr intensiv bearbeitet worden[2], da die extrem hohen Trägerbeweglichkeitswerte, die in diesen Kristallen vorliegen (in InSb $\mu_n = 65000\ \mathrm{cm}^2/\mathrm{Volt\ sek}$), selbstverständlich großes Aufsehen erregten.

Auch in diesen diamantartigen Gittern werden Substitutionsstörstellen mit sehr gut verständlichen Eigenschaften beobachtet. Die Elemente der II. Gruppe des periodischen Systems substituieren das A^{III}-Element und führen *p*Leitung herbei[1,2], weil sie ein Valenzelektron weniger als das substituierte Atom mitbringen. Zusatz von Zn zu der Verbindung InAs liefert[3] z. B.

$$\mathrm{Zn} \bullet^{\times}(\mathrm{In}) \rightleftarrows \mathrm{Zn} \bullet'(\mathrm{In}) + \oplus .$$

Die Elemente der VI. Gruppe des periodischen Systems substituieren das B^{V}-Element und führen *n*Leitung herbei[1,2], weil sie ein Valenzelektron mehr als das substituierte Atom mitbringen. Zusatz von S zu der Verbindung InAs liefert[3] z. B.

$$\mathrm{S} \bullet^{\times}(\mathrm{As}) \rightleftarrows \mathrm{S} \bullet^{\cdot}(\mathrm{As}) + \ominus .$$

Die Elemente der IV. Gruppe substituieren[4] teilweise das A^{III}-Element und rufen dann *n*Leitung hervor. Zusatz von Ge zu InP liefert z. B.

$$\mathrm{Ge} \bullet^{\times}(\mathrm{In}) \rightleftarrows \mathrm{Ge} \bullet^{\cdot}(\mathrm{In}) + \ominus .$$

Teilweise substituieren[4] die Elemente der IV. Gruppe aber auch das B^{V}-Element und rufen dann *p*Leitung hervor. Zusatz von Ge zu

[1] WELKER, H.: Z. Naturforsch. 7a (1952) 744, insbesondere auch S. 748, rechts unten.

[2] Eine zusammenfassende Darstellung von H. WEISS u. H. WELKER findet sich z. B. in Bd. 3 der Reihe F. SEITZ u. D. TURNBULL: Solid State Physics, Advances in Research and Applications, New York: Academic Press, insbesondere S. 8, Zeile 8 von unten.

[3] SCHILLMANN, E.: Z. Naturforsch. 11a (1956) 463, insbesondere S. 466—469.

[4] FOLBERTH, O. G., u. E. SCHILLMANN: Z. Naturforsch. 12a (1957) 943.

GaSb liefert z. B.

$$\text{Ge}\bullet^{\times}(\text{Sb}) \rightleftarrows \text{Ge}\bullet'(\text{Sb}) + \oplus .$$

Welche dieser beiden Möglichkeiten durch das Element der IV. Gruppe gewählt wird, hängt hauptsächlich von der Ionengröße ab. Die Substitution von B^{V} scheint aber etwas bevorzugt zu sein.

§ 2. Substitutionsstörstellen in Ionenkristallen

In vielen Ionenkristallen erfolgt der Stromtransport ganz überwiegend durch die Bewegung von *Ionen*. Hier sind vor allem die Silber- und die Alkalihalogenide zu nennen. Es gibt aber auch Ionenkristalle, in denen die *Elektronen*leitung das beherrschende Phänomen ist, z. B. in den Metalloxyden, -sulfiden, -seleniden und -telluriden. Darüber hinaus tritt die Elektronenleitung in diesen „Metall-Chalkogeniden“ genau wie in den homöopolaren Kristallen in den beiden Formen der Überschuß- und der Defektleitung auf. Ob dabei freilich das Modell des periodischen Potentialfeldes die Bewegung der Elektronen und Defektelektronen in *jedem* Falle richtig beschreibt, wird mit den Jahren in immer breiteren Kreisen bezweifelt. Wir werden hierauf auf S. 386ff. eingehen. Nicht bezweifelt werden kann aber jedenfalls auch in diesen Ionenkristallen die Existenz und die Beweglichkeit von Überschuß- und Defektelektronen.

Wir beschränken uns in diesem Buch auch bei den Ionenkristallen auf *elektronen*leitende Substanzen. In den hier als Beispiele schon genannten Metall-Chalkogeniden sind seit einigen Jahren von mehreren Arbeitsgruppen, nämlich von C. Wagner[1] und Mitarbeitern, von K. Hauffe[2] und dessen Schülern und schließlich von E. J. W. Verwey, P. W. Haaymann und F. C. Romeyn[3] Substitutionsstörstellen planmäßig untersucht worden[4]. Zum Beispiel werden von K. Hauffe und

---

[1] Wagner, C.: J. chem. Phys. 18 (1950) 62.

[2] Hauffe, K.: Ann. Phys., Lpz. (6) 8 (1950) 201. — Hauffe, K., u. A. L. Vierk: Z. phys. Chem. 196 (1950) 160. — Hauffe, K., u. J. Block: Z. phys. Chem. 196 (1950) 438. — Hauffe, K., u. J. Block: Z. phys. Chem. 198 (1951) 232. — Hauffe, K., u. H. Grunewald: Z. phys. Chem. 198 (1951) 248.

[3] Verwey, E. J. W., P. W. Haaymann u. F. C. Romeyn: Chem. Weekbl. 44 (1948) 705; s. a. E. J. W. Verwey, P. W. Haaymann, F. C. Romeyn u. F. W. van Oosterhout: Philips Res. Rep. 5 (1950) 173.

[4] Die systematische Substitution von Ionen des Wirtsgitters wurde bei Kristallen mit überwiegender Ionenleitung schon früher als bei Kristallen mit überwiegender Elektronenleitung vorgenommen. Bei den Silberhalogeniden sind hier z. B. zu nennen: Koch, E., u. C. Wagner: Z. phys. Chem. (B) 38 (1937) 295. — Stasiw, O., u. J. Teltow: Ann. Phys., Lpz. (5) 40 (1941) 181; (6) 1 (1947) 261. — Stasiw, O.: Ann. Phys., Lpz. (6) 5 (1949) 151. — Teltow, J.: Ann. Phys., Lpz. (6) 5 (1949) 63 u. 71. — Teltow, J.: Z. phys. Chem. 195 (1950) 197 u. 213. — Bei den Alkalihalogeniden ist der Einbau mehrwertiger Ionen besonders von H. Pick: Ann. Phys., Lpz. (5) 35 (1939) 73 und von G. Heiland u. H. Kelting: Z. Phys. 126 (1949) 689, diskutiert worden.

A. L. VIERK[1] in einem aus Zn^{++} und O^{--}-Ionen aufgebauten ZnO-Gitter durch Zugabe von Al_2O_3 einzelne Zn^{++} durch Al^{+++} ersetzt. Gegenüber dem ungestörten Gitter ist die entstehende Störstelle einfach positiv geladen und muß also mit dem SCHOTTKYschen Symbol $Al\bullet^{\cdot}(Zn)$ bezeichnet werden. In dem COULOMB-Feld dieser positiven Ladung kann wieder ein negatives Elektron gefangen oder freigegeben werden, so daß diese Störstelle als Donator wirkt:

$$Al\bullet^{\times}(Zn) \rightleftarrows Al\bullet^{\cdot}(Zn) + \ominus .$$

Der Einbau höherwertiger Ionen erzeugt also Donatoren.

Man kann aber auch niederwertige Ionen einbauen und dadurch Akzeptoren hervorrufen. Nun ist ZnO von Haus aus ein Überschußleiter, und wir deuteten bereits in Fußnote 2 auf S. 36 an, daß in einem solchen Falle ein Akzeptor A sein Elektron nicht unter Arbeitsaufwand aus dem Valenzband, sondern unter Freisetzung von Energie aus dem Leitungsband aufnehmen wird:

$$A^{\times} \rightarrow A^{-} - \ominus .$$

Wegen der Fixierung („trapping") des vorher frei beweglichen Leitungselektrons $\ominus$ wird durch einen solchen Prozeß die Zahl der Stromträger um 1 vermindert und die Leitfähigkeit des ZnO geschwächt. SCHOTTKY spricht in derartig gelagerten Fällen sehr plastisch von der „Vergiftung" der Überschußleitung durch Einbau zusätzlicher Akzeptoren.

Wir stellen vielleicht noch einmal übersichtlich zusammen:

Zusatz von Al_2O_3 zu ZnO liefert[2] Donatoren $Al\bullet^{\times}(Zn) \rightleftarrows Al\bullet^{\cdot}(Zn) + \ominus$,
Zusatz von Li_2O zu ZnO liefert[2] Akzeptoren $Li\bullet^{\times}(Zn) \rightleftarrows Li\bullet'(Zn) - \ominus$.

Kurz vor diesen Versuchen von K. HAUFFE und A. L. VIERK[3] haben E. J. VERWEY, P. W. HAAYMANN und F. C. ROMEYN[4] mit einem anderen Wirtsgitter, nämlich mit dem defektleitenden NiO folgende Ergebnisse erzielt:

Zusatz von Cr_2O_3 zu NiO liefert[2] Donatoren $Cr\bullet^{\times}(Ni) \rightleftarrows Cr\bullet^{\cdot}(Ni) - \oplus$,
Zusatz von Li_2O zu NiO liefert[2] Akzeptoren $Li\bullet^{\times}(Ni) \rightleftarrows Li\bullet'(Ni) + \oplus$.

---

[1] HAUFFE, K., u. A. L. VIERK: Über die elektrische Leitfähigkeit von Zinkoxyd mit Fremdoxydzusätzen. Z. phys. Chem. 196 (1950) 160.

[2] Die Sauerstoffbilanz wird durch Austausch mit einer benachbarten Gasphase in Ordnung gebracht. Siehe S. 65.

[3] HAUFFE, K., u. A. L. VIERK: Über die elektrische Leitfähigkeit von Zinkoxyd mit Fremdoxydzusätzen. Z. phys. Chem. 196 (1950) 160.

[4] VERWEY, E. J. W., P. W. HAAYMANN u. F. C. ROMEYN: Chem. Weekbl. 44 (1948) 705; s. a. E. J. W. VERWEY, P. W. HAAYMANN, F. C. ROMEYN u. F. W. OOSTERHOUT: Philips Res. Rep. 5 (1950) 173. In diesen Arbeiten wird eine andere Störstellensymbolik als im vorliegenden Buch benutzt. Für einen Vergleich s. W. SCHOTTKY auf S. 135ff. in „Halbleiterprobleme", Bd. I, Braunschweig: Vieweg 1954; ferner auch in „Halbleiterprobleme", Bd. III, Braunschweig: Vieweg 1958, S. 269.

Die Wirkung auf die Leitfähigkeit des defektleitenden NiO ist gerade umgekehrt wie beim überschußleitenden ZnO. Jetzt wirkt der Einbau niederwertiger Ionen leitfähigkeitsfördernd durch Erzeugung zusätzlicher Akzeptoren. Der Einbau höherwertiger Ionen vergiftet dagegen die Defektleitung des NiO durch das Entstehen von Donatoren.

Zu einem vollen Verständnis des unterschiedlichen Verhaltens des ZnO und des NiO fehlt uns nun freilich noch eine Einsicht, weshalb denn „von Haus aus" ZnO ein Überschußleiter, NiO dagegen ein Defektleiter ist. Wir betreten eine neue und höhere Ebene der Erklärung, wenn wir darauf verweisen, daß in beiden Gittern auch schon ohne Fremdzusätze atomare Fehlordnungserscheinungen vorliegen, wobei es sich allerdings im ZnO und im NiO um zwei verschiedene Störstellentypen handelt. Beide Störstellentypen sind uns aber noch nicht bekannt, und wir wollen sie im nächsten § 3 auch zunächst wieder an den Valenzkristallen studieren.

§ 3. Gitterlücken und Zwischengitterplatzbesetzungen in Valenzkristallen

Wenn wir nach den möglichen *atomaren* Fehlordnungstypen fragen, die beispielsweise in einem Ge-Kristall ohne jeden Fremdatomzusatz vorhanden sein können, so ergeben sich zwei Möglichkeiten der Abweichung von der idealen Gitterplatzbesetzung:

a) An einem Gitterplatz kann das eigentlich hingehörende Ge-Atom fehlen. In der idealen Gitterplatzbesetzung ist eine „Gitterlücke" entstanden.

b) Ein Gitteratom befindet sich auf einem sog. „Zwischengitterplatz", d. h. zusätzlich an einer geeigneten Stelle zwischen den Atomen einer bereits kompletten Diamantgitterbesetzung. Hierfür ist gerade im Diamantgitter (s. Abb. II 3.1) relativ viel Platz.

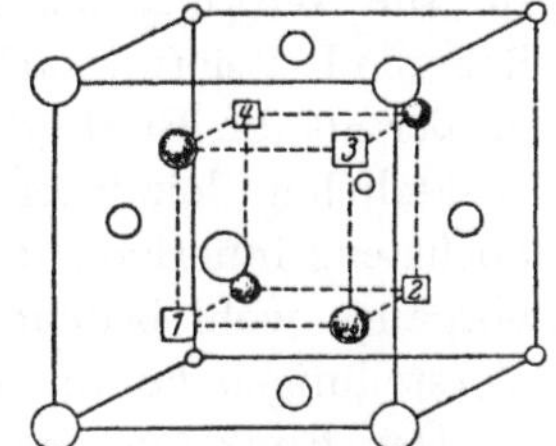

Abb. II 3.1 Die vier Zwischengitterplätze 1, 2, 3 und 4 im Diamantgitter.

Ähnlich wie die Substitutionsstörstellen wirken auch die Zwischengitterplatzbesetzungen und die Gitterlücken als Donatoren bzw. Akzeptoren. Bei einem Ge-Atom auf Zwischengitterplatz[1] ist das verhältnismäßig einfach einzusehen. Die Ionisierungsarbeit eines Ge-Atoms im Vakuum beträgt 8,13 *e*Volt. Das Ge-Atom auf dem Zwischengitterplatz wird sich ungefähr wie ein Ge-Atom in einem Medium mit der Dielektrizitätskonstante $\varepsilon_{\text{Germanium}} = 16$ verhalten. Seine Ionisierungs-

[1] SCHOTTKYsches Symbol: Ge $\bigcirc^{\times}$ oder Ge $\bigcirc^{\cdot}$ je nach Ladungszustand. Siehe Abb. II 4.2.

arbeit wird also um den Faktor $\frac{1}{(\varepsilon_{\text{Germanium}})^2} = \frac{1}{256}$ kleiner als die im Vakuum sein, also nur $\frac{1}{256} \cdot 8{,}13\, e\text{Volt} = 0{,}0318\, e\text{Volt}$ betragen. Wir sehen also, daß ein Ge-Atom auf Zwischengitterplatz mit einem geringen Arbeitsaufwand von 0,0318 *e*Volt ein Elektron abzugeben vermag, wobei es sich selbstverständlich positiv auflädt

$$\text{Ge}\bigcirc^{\times} \rightleftarrows \text{Ge}\bigcirc^{\cdot} + \ominus .$$

Die nächste Ionisierungsarbeit des Germaniums beträgt im Vakuum 16,0 *e*Volt. Wenn die Umrechnung mittels der makroskopischen Dielektrizitätskonstante $\varepsilon = 16$ auch für die doppelte Ionisierung des Ge-Atoms auf Zwischengitterplatz zulässig wäre, so würde sich $\frac{1}{256} \cdot 16{,}0\, e\text{Volt} = 0{,}0625\, e\text{Volt}$, also ein immer noch sehr kleiner Wert ergeben. Es ist aber doch fraglich, ob diese ε-Rechnung zulässig ist, denn das zweite aus dem Verbande des Ge-Atoms zu entfernende Elektron bewegt sich nach Entfernung des ersten Elektrons in dem Kraftfelde eines doppelt positiv geladenen Kerns, und seine Bahn wird daher erheblich enger als die des ersten „Leuchtelektrons" sein. James und Lark-Horovitz[1] plädieren bei Ge auf Zwischengitterplatz allerdings für die Wirkung als *zwei*fach ionisierbare Donatoren. Bei den noch höheren Ionisierungsarbeiten nehmen sie allerdings an, daß diese Arbeiten größer als die Breite des verbotenen Bandes werden und deshalb keine zusätzlichen lokalisierten Störniveaus im verbotenen Band, sondern höchstens innerhalb des Valenzbandes schaffen, was für die Leitungsvorgänge wohl bedeutungslos ist. Auf die weitere Entwicklung dieser Vorstellungen kommen wir auf S. 43 zu sprechen.

Das Funktionieren einer Gitterlücke als Akzeptor ist anschaulich nicht ohne weiteres zu verstehen. Es muß hierfür auf quantenmechanische Methoden der Termberechnung in Atomen und Molekülen zurückgegriffen werden[2].

Die Rolle von Gitterlücken und Zwischengitterplatzbesetzungen wurde in Valenzkristallen eigentlich erst klarer erkannt, nachdem Lark-Horovitz und Mitarbeiter[3] derartige Fehlstellen in Ge und Si durch

---

[1] James, H. M., u. K. Lark-Horovitz: Z. phys. Chem. 198 (1951) 107.

[2] Coulson, C. A., u. M. J. Kearsley: Proc. roy. Soc., Lond. A 241 (1957) 433. — Gourary, B. S., u. A. E. Fein: J. appl. Phys. Suppl. to Vol. 33, No. 1 (1962) 331.

[3] Lark-Horovitz, K.: In „Semiconducting Materials" (Reading Report), London: Butterworths 1951, S. 47. — Billington, D. S., u. J. H. Crawford: Radiation Demage in Solids, Princeton, New Jersey: Princeton University Press 1961.

Bombardement mit schnellen Teilchen aller Art in bequem dosierbarer Weise erzeugten. Dabei haben sich die Vorstellungen von LARK-HOROVITZ und JAMES im großen und ganzen bewährt. Das Niveauschema[1], das bis jetzt den Versuchsergebnissen in Germanium am besten angepaßt ist, zeigt für das Ge-Atom auf Zwischengitterplatz 3 Donatorenniveaus und für die Gitterlücke 4 Akzeptorenniveaus (s. Abb. II 3.2). Gitterlücken entstehen nicht nur durch Bombardement mit schnellen Teilchen. Sie wandern bei hohen Temperaturen teils von der Oberfläche des Kristalls, teils von „Kristallversetzungen“ (s. S. 77) aus

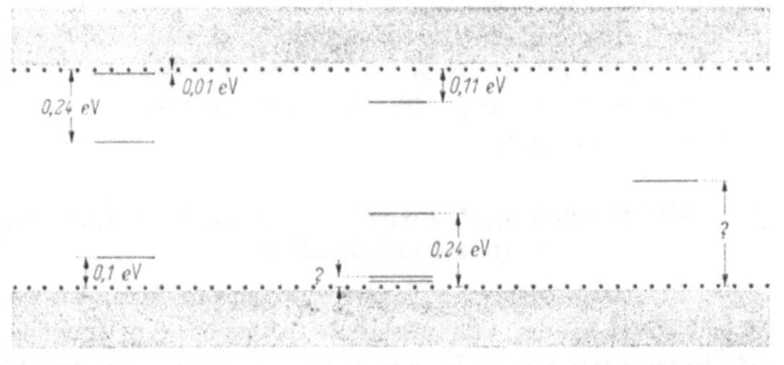

Zwischengitterplatzbesetzung Ge ○	Gitterlücke Ge □	Wolkenbildung?
Donator mit den Ladungszuständen	Akzeptor mit den Ladungszuständen	(Zusammenwirken mehrerer eng zusammenliegender Störstellen?)
D^{+++}, D^{++}, D^{+} und $D^{\times}$	A^{----}, A^{---}, A^{--}, A^{-} und $A^{\times}$	

Abb. II 3.2 Energieniveaus von Zwischengitterplatzbesetzungen und Gitterlücken in Germanium. Versuchsweise Zuordnung der beobachteten Terme. (Nach H. Y. FAN und K. LARK-HOROVITZ in „Halbleiter und Phosphore“ herausgegeben von M. SCHÖN und H. WELKER, Braunschweig: Vieweg 1958, S. 113, namentlich S. 121.)

in das Kristallvolumen hinein[2]. Da plastische Verformung eines Kristalls viele „Versetzungen“ erzeugt, ist neben dem Beschuß mit schnellen Teilchen das Verbiegen und gleichzeitige Tempern von Kristallen ein wirksames Mittel zur Erzeugung von Gitterlücken[3].

Auch reine Temperaturbehandlungen ohne gleichzeitige plastische Deformation können Gitterlücken (und Zwischengitterplatzbesetzungen?)

---

[1] FAN, H. Y., u. K. LARK-HOROVITZ in „Halbleiter und Phosphore“ herausgegeben von M. SCHÖN und H. WELKER, Braunschweig: Vieweg 1958, S. 113.

[2] FULLER, C. S., u. J. A. DITZENBERGER: J. appl. Phys. 28 (1957) 40, namentlich S. 42 und Fig. 9.

[3] ELLIS, W. C., u. E. S. GREINER: Phys. Rev. 92 (1953) 1061. — PEARSON, G. L., W. T. READ JR. u. F. J. MORIN: Phys. Rev. 93 (1954) 666. — TWEET, A. G., u. C. J. GALLAGHER: Phys. Rev. 103 (1956) 828. — FULLER, C. S., u. J. A. DITZENBERGER: J. appl. Phys. 28 (1957) 40.

erzeugen[1]. Allerdings müssen bei Wegfall der plastischen Deformation höhere Temperaturen und längere Behandlungsdauern angewendet werden. Vor allem muß aber bei derartigen Versuchen sehr sorgfältig darauf geachtet werden, daß die beobachteten Wirkungen auf die elektrische Leitfähigkeit wirklich von Gitterlücken und Zwischengitterplatzbesetzungen herrühren und nicht durch eindiffundiertes Cu verursacht werden (s. hierzu auch S. 63).

Immerhin scheint sich in letzter Zeit das Bild etwas zu klären, namentlich dadurch, daß Experimente über die Selbstdiffusion in Germanium[2], über die innere Reibung in Germanium[3] und über das Ausheilen von bombardierten Kristallen[4] zum Vergleich herangezogen wurden. Aus all dem hat sich wohl ergeben[3], daß die Bildungs- bzw. Aktivierungsenergie für Gitterlücken Ge□ etwa 2 eVolt, für die Diffusion der Ge□ etwa 1 eVolt und für die Selbstdiffusion etwa 3 eVolt [$= (2 + 1)$ eVolt] beträgt[5].

§ 4. Gitterlücken und Zwischengitterplatzbesetzungen in Ionenkristallen

Ähnliche Verständnisschwierigkeiten wie bei der Akzeptorenwirkung einer Gitterlücke in einem Valenzkristall treten bei den Ionenkristallen nicht auf. Betrachten wir z. B. das früher technisch so wichtige und deshalb intensiv untersuchte Kupferoxydul Cu_2O. Durch die Herstellungsbedingungen wurde in den untersuchten Proben stets ein Sauerstoffüberschuß hergestellt, den man allerdings besser als Metallunter-

---

[1] SCAFF, J. H., u. H. C. THEUERER: Trans. Amer. Inst. Min. metallurg. Engrs. 189 (1951) 59. — FULLER, C. S., H. C. THEUERER u. W. VAN ROOSBROECK: Phys. Rev. 85 (1952) 678. — FULLER, C. S., u. J. D. STRUTHERS: Phys. Rev. 87 (1952) 526. — SLICHTER, W. P., u. E. D. KOLB: Phys. Rev. 87 (1952) 527. — GOLDBERG, C.: Phys. Rev. 88 (1952) 921. — ESAKI, L.: Phys. Rev. 89 (1953) 1026. — SEILER, K., D. GEIST, K. KELLER u. K. BLANK: Naturwiss. 40 (1953) 56. — VAN DER MAESEN, F., P. PENNING u. A. VAN WIERINGEN: Philips Res. Rep. 8 (1953) 241. — FINN, G.: Phys. Rev. 91 (1953) 754. — VAN DER MAESEN, F., u. J. A. BRENKMAN: Philips Res. Rep. 9 (1954) 225. — LOGAN, R. A.: Phys. Rev. 91 (1953) 757. — MAYBURG, S., u. L. ROTONDI: Phys. Rev. 91 (1953) 1015. — MAYBURG, S.: Phys. Rev. 95 (1954) 38. — LOGAN, R. A.: Phys. Rev. 100 (1955) 615. — HOPKINS, R. L., u. E. N. CLARKE: Phys. Rev. 100 (1955) 1786. — LOGAN, R. A.: Phys. Rev. 101 (1956) 1455. — MAYBURG, S.: Phys. Rev. 103 (1956) 1130. — WOODBURY, H. H., u. W. W. TYLER: Phys. Rev. 105 (1957) 84, namentlich S. 91. — ALBERS, W.: J. Electronics Control 10 (1961) 197.

[2] LETAW, H., W. M. PORTNOY u. L. SLIFKIN: Phys. Rev. 102 (1956) 636. — VALENTA, M. W., u. C. RAMASASTRY: Phys. Rev. 106 (1957) 73.

[3] KESSLER, J. O.: Phys. Rev. 106 (1957) 646 u. 654.

[4] FLETCHER, R. C., u. W. L. BROWN: Phys. Rev. 92 (1953) 585. — WAITE, T. R.: Phys. Rev. 107 (1957) 463 u. 471.

[5] Siehe hierzu auch H. LETAW JR.: J. Phys. Chem. Solids 1 (1956) 100, und R. BÄUERLEIN: Z. Phys. 176 (1963) 498.

schuß bezeichnen sollte, denn die Abweichung vom stöchiometrischen Gleichgewicht wird durch Lücken im Gitter der Cu^+-Ionen hervorgerufen. Es kann nun kein Zweifel sein, daß eine solche Lücke elektrostatisch wie eine zusätzliche negative Ladung wirkt; denn an dem unbesetzten Gitterplatz ist ja eine positive Ladung zu wenig vorhanden. Von dem COULOMB-Feld der zusätzlichen negativen Ladung kann wieder ein positives Defektelektron eingefangen oder freigegeben werden. Ist das Defektelektron eingefangen, so ist die Störstelle als Ganzes neutral, im entgegengesetzten Fall dagegen negativ geladen. Die Lücke im Gitter der positiven Cu^+-Ionen, die in SCHOTTKYscher Symbolik mit $Cu\,\square'$ bezeichnet wird[1], wirkt also als Akzeptor gemäß der Reaktionsgleichung

$$Cu\,\square' + \oplus \rightleftarrows Cu\,\square^{\times}.$$

Während es sich also bei den maßgebenden Störstellen im Cu_2O um Lücken im *Kationen*gitter handelt, stellen die bekannten F-Zentren der POHLschen Schule[2] Leerstellen im *Anionen*gitter der Alkalihalogenide dar (Abb. II 4.1). Beispielsweise wirkt eine Lücke im Gitter der Cl^--Ionen des KCl wie ein positives Attraktionszentrum für negative Überschußelektronen:

$$Cl\,\square^{\cdot} + \ominus \rightleftarrows Cl\,\square^{\times}.$$

Als F-Zentrum wird dieser Donator im *assoziierten* Zustand (also die Störstelle $Cl\square^{\times}$) bezeichnet. Für die Modellvorstellung, die man sich von dieser Störstelle zu machen hat[3], ist es nicht unwichtig, daß das MOTT-GURNEYsche Wasserstoffanalogon mit dem niedrigen Ultrarotwert der Dielektrizitätskonstante angesetzt werden muß, der zwischen 1,74 und 3,80 liegt[4,5]. Der Vakuumwert $0{,}53 \cdot 10^{-8}$ cm des BOHRschen Radius vergrößert sich hier also nur auf $0{,}92 \cdots 2{,}01 \cdot 10^{-8}$ cm, und selbst wenn wir wie in § 1 (S. 34) wieder die doppelten Werte des BOHRschen Radius nehmen, weil wir dann mit einer solchen Kugel 76,2% der Ladungswolke des Leuchtelektrons erfassen, so kommen wir nur auf $1{,}84 \cdots 4{,}02 \cdot 10^{-8}$ cm. Die Gitterkonstanten[4] der Alkali-

---

[1] Unter $Cu\,\square'$ ist dabei definitionsgemäß eine Störstelle zu verstehen, wo gegenüber dem ungestörten Gitter lediglich ein Cu^+-Ion fehlt. Ob dabei zunächst ein neutrales Cu-Atom aus dem Gitter entfernt wurde und dann ein Defektelektron abgegeben wurde, oder ob bei der Lückenbildung ein Cu^+-Ion entfernt wurde, ist gänzlich belanglos. Mit dem Symbol „′" wird definitionsgemäß der tatsächliche Ladungszustand der Störstelle ohne Rücksicht auf seine Entstehungsgeschichte beschrieben.

[2] POHL, R. W.: Phys. Z. 39 (1938) 36.

[3] SCHOTTKY, W.: Z. phys. Chem. Abt. B 29 (1935) 335, namentlich S. 342 unten, und Wiss. Veröff. Siemens-Werke 14 (1935) H. 2, 1, namentlich S. 4 Mitte. — DE BOER, J. H.: Rec. Trav. chim. Pays-Bas 56 (1937) 301.

[4] MOTT, N. F., u. R. W. GURNEY: Electronic Processes in Ionic Crystals, Oxford: Clarendon Press 1948, S. 12, Tab. 5.

[5] HAUSSÜHL, S.: Z. Naturforsch. 12a (1957) 445.

halogenide liegen aber bei $2{,}07 \cdots 3{,}66 \cdot 10^{-8}$ cm. Wenn man also auch dem Wasserstoffmodell noch eine gewisse orientierende Bedeutung zubilligen mag, so dürfte es in den Einzelheiten jedenfalls bei den Alkalihalogeniden sehr viel schlechter zutreffen als bei Ge ($\varepsilon = 16$), Si ($\varepsilon = 11{,}7$) oder auch bei Cu_2O ($\varepsilon = 12$); denn die Ladungswolke des Leuchtelektrons gruppiert sich ziemlich eng um die Halogenlücken, und so liegt es nahe, das Elektron auf die sechs benachbarten positiven Metallionen statistisch zu verteilen. In diesem Sinne ist dann das Modell eines Farbzentrums eine Halogenlücke mit einem benachbarten neutralen Metallatom $K^{\times}$ (s. Abb. II 4.1)[1].

Eine weitere Folge der niedrigen Effektivwerte der Dielektrizitätskonstante für schnell verlaufende Vorgänge sind die hohen Dissoziationsarbeiten der F-Zentren in der Größenordnung von $2 \cdots 3$ eVolt. Thermische Abspaltung der eingefangenen Elektronen von der Cl-Lücke kommt also praktisch nicht in Frage. Bei dem Prozeß, der auch der Namensgebung zugrunde liegt (F-Zentren = Farbzentren), wird das Elektron zunächst durch Lichteinstrahlung in einen angeregten Zustand gehoben, aus dem es dann erst durch Temperaturanregung ins Leitungsband befördert wird[2]. Solche angeregten Störstellenzustände besprechen wir noch ausführlicher in § 5.

Die Wirkungsweise von Ionen auf Zwischengitterplätzen ist noch offensichtlicher. Zum Beispiel besetzt im Zinkoxyd, ZnO, wahrscheinlich

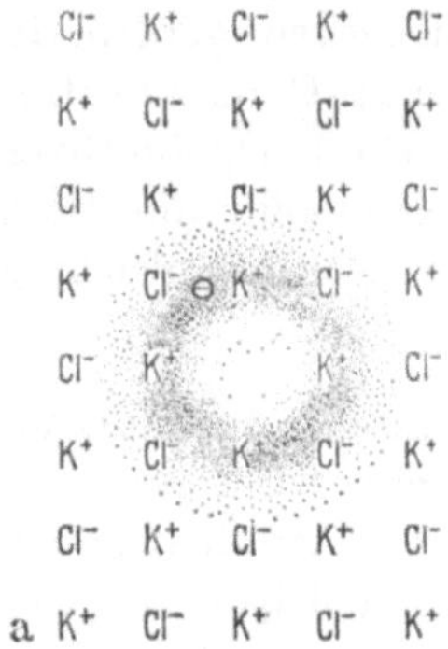

Cl⁻ K⁺ Cl⁻ K⁺ Cl⁻
K⁺ Cl⁻ K⁺ Cl⁻ K⁺
Cl⁻ K⁺ Cl⁻ K⁺ Cl⁻
K⁺ Cl⁻ ⊖ K⁺ Cl⁻ K⁺
Cl⁻ K⁺ K⁺ Cl⁻
K⁺ Cl⁻ K⁺ Cl⁻ K⁺
Cl⁻ K⁺ Cl⁻ K⁺ Cl⁻
a K⁺ Cl⁻ K⁺ Cl⁻ K⁺

Die Ladungswolke des Elektrons um die Cl^--Lücke ist nicht allzu ausgedehnt. Deshalb wird die folgende Darstellung möglich:

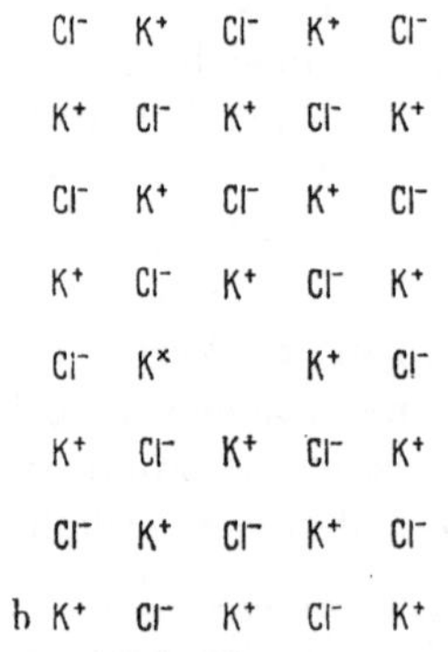

Cl⁻ K⁺ Cl⁻ K⁺ Cl⁻
K⁺ Cl⁻ K⁺ Cl⁻ K⁺
Cl⁻ K⁺ Cl⁻ K⁺ Cl⁻
K⁺ Cl⁻ K⁺ Cl⁻ K⁺
Cl⁻ K× K⁺ Cl⁻
K⁺ Cl⁻ K⁺ Cl⁻ K⁺
Cl⁻ K⁺ Cl⁻ K⁺ Cl⁻
b K⁺ Cl⁻ K⁺ Cl⁻ K⁺

Abb. II 4.1 Modell eines POHLschen F-Zentrums. a) Ladungswolke des Elektrons ⊖ um die Cl^--Lücke; b) neutrales K-Atom neben Cl^--Lücke.

[1] An zusammenfassenden Darstellungen der einzelnen Aspekte der Farbzentrenprobleme seien genannt: GOURARY, B. S., u. F. J. ADRIAN in „Solid State Physics", Bd. X, herausgegeben von F. SEITZ u. D. TURNBULL, New York: Acad. Press 1960, S. 127—247. — LÜTY, F. in „Halbleiterprobleme", Bd. VI, herausgegeben von F. SAUTER, Braunschweig: Vieweg 1961, S. 238. — VAN DOORN, C. Z.: Philips Res. Repts. Suppl. 1962, No. 4. — GOURARY, B. S., u. A. E. FEIN: J. appl. Phys. Suppl. to Vol. 33, No. 1 (1962) 331.

[2] Siehe MOTT, N. F., u. R. W. GURNEY: Electronic Processes in Ionic Crystals, Oxford: Clarendon Press 1948, S. 135. — HUANG, K., u. A. RHYS: Proc. roy. Soc., Lond. A 204 (1950) 406. — PEKAR, S. I.: Untersuchungen über die Elektronentheorie der Kristalle, Berlin: Akademie-Verlag 1954. — MEYER, H. J. G.: Halbleiterprobleme, Bd. III, Braunschweig: Vieweg 1956, S. 230.

überschüssiges Zn Zwischengitterplätze[1], die im Wurtzitgitter des ZnO in großer Anzahl zur Verfügung stehen[2]. Ein Zinkatom auf Zwischengitterplatz befindet sich gleichsam in einem Raum mit der Dielektrizitätskonstante $\varepsilon_{\text{Opt}} = 4$. Es kann also mit einer Ablösearbeit in der Größen-

● ( ) = Substitutionsstörstelle

Beispiel: Arsenatom auf Germaniumplatz im Germaniumgitter

$$\text{As} \bullet^{\times} (\text{Ge}) \rightleftarrows \text{As} \bullet^{\cdot} (\text{Ge}) + \ominus$$

○ = Zwischengitterplatzbesetzung („interstitial“)

Beispiel: Zinkatom auf Zwischengitterplatz im Zinkoxydgitter

$$\text{Zn} \circ^{\times} \rightleftarrows \text{Zn} \circ^{\cdot} + \ominus$$

□ = Lücke oder Gitterleerplatz („vacancy“)

Beispiel: Nickellücke im Nickeloxydgitter

$$\text{Ni} \square^{\times} \rightleftarrows \text{Ni} \square' + \oplus$$

Ladungszustand der Störstelle gegenüber dem ungestörten Gitter:

× = neutral
· = einfach positiv geladen
·· = zweifach positiv geladen
. . . .
′ = einfach negativ geladen
″ = zweifach negativ geladen
. . . .

Abb. II 4.2 Die Schottkysche Störstellensymbolik.

ordnung $\frac{1}{4^2} \cdot 13{,}59\, e\text{Volt} = 0{,}85\, e\text{Volt}$ ionisiert werden[3] und demnach als Donator wirken:

$$\text{Zn} \circ^{\times} \rightleftarrows \text{Zn} \circ^{\cdot} + \ominus .$$

Nun hat aber das Zn-Atom *zwei* Außenelektronen (s. Tab. 2 unter $Z = 30$). Deshalb ist auch die zweite Ionisation

$$\text{Zn} \circ^{\cdot} \rightleftarrows \text{Zn} \circ^{\cdot\cdot} + \ominus$$

zu erwarten, der wegen der 2fachen Ladung des $\text{Zn} \circ^{\cdot\cdot}$ eine 4fache Ionisierungsarbeit $4 \cdot 0{,}85\, e\text{Volt} = 3{,}4\, e\text{Volt}$ entspricht. Optische Messungen haben bei dieser Energie auch eine selektive Störstellenabsorption nachgewiesen.

---

1 Stöckmann, F.: Z. Phys. 127 (1950) 563. — Heiland, G., E. Mollwo u. F. Stöckmann in „Solid State Physics“, Bd. VIII, herausgegeben von F. Seitz u. D. Turnbull, New York: Acad. Press 1959, S. 191—323.

2 Das Wurtzitgitter hat große Verwandtschaft mit dem Diamantgitter. Für dieses wurden die Zwischengitterplätze in Abb. II 3.1 gezeigt.

3 Schottky, W., u. F. Stöckmann: Halbleiterprobleme, Bd. I, herausgegeben von W. Schottky, Braunschweig: Vieweg 1954, namentlich S. 101.

Als weitere Störstellenart haben wir im ZnO wahrscheinlich auch Anionenlücken[1], also Gitterplätze, in denen ein $O^{=}$ fehlt und die infolgedessen ein 2fach positiv geladenes Zentrum darstellen. Eine solche Sauerstofflücke kann also 1 oder 2 Elektronen binden oder abgeben, d. h. als einfacher oder doppelter Donator wirken:

$$O\square^{\times} \rightleftarrows O\square^{\cdot} + \ominus \rightleftarrows O\square^{\cdot\cdot} + 2\ominus.$$

Die Sauerstofflücke kann also in drei verschiedenen Ladungszuständen vorkommen: $O\square^{\times}$, $O\square^{\cdot}$ und $O\square^{\cdot\cdot}$, ähnlich übrigens wie Zink auf Zwischengitterplatz: $Zn\bigcirc^{\times}$, $Zn\bigcirc^{\cdot}$, $Zn\bigcirc^{\cdot\cdot}$. Auch die eingangs dieses § 4 besprochenen Anionenlücken in Alkalihalogeniden können in drei verschiedenen Ladungszuständen vorkommen, nämlich neben $Cl\square^{\times}$ und $Cl\square^{\cdot}$ auch noch als $Cl\square'$. Die als positives Attraktionszentrum wirkende Cl^{-}-Lücke kann nämlich nicht nur 1 Elektron einfangen (F-Zentrenbildung, $Cl\square^{\times}$). Sondern — ähnlich wie ein Wasserstoffkern nicht 1, sondern auch 2 Elektronen binden kann (Bildung von H^{-}-Ionen) — wird auch die Bildung von $Cl\square'$ (F'-Zentrum) beobachtet. Wir kommen auf all diese mehrfach ionisierbaren Störstellen ausführlicher in § 6 zu sprechen, während in § 5 die Möglichkeiten von angeregten Störstellenzuständen betrachtet werden.

Zuvor müssen wir aber noch auf einen Umstand eingehen, der für Ionenkristalle typisch ist und der dazu führt, daß man bei einem Ionenkristall schon dem Grundzustand einer Störstelle nicht 1, sondern 3 Energieniveaus zuordnen muß[2].

In einem Ionenkristall hat nämlich die Dielektrizitätskonstante für *langsam* und für *schnell* veränderliche elektrische Felder verschiedene Werte. Das kommt daher, daß ein erheblicher Anteil der dielektrischen Abschirmung eines elektrischen Feldes in einem Ionenkristall davon herrührt, daß die positiven und die negativen Ionen dem angelegten elektrischen Feld etwas nachgeben und daß durch diese räumliche Ionenverrückung aus den Normallagen heraus der Kristall polarisiert wird. Dieser Anteil der dielektrischen Abschirmung eines elektrischen Feldes verschwindet bei rasch veränderlichen elektrischen Feldern, weil dann die großen und deshalb trägen Ionen der Bewegung nicht mehr zu folgen vermögen. Es bleibt nur diejenige dielektrische Abschirmung übrig, die auf die interne Polarisation der Gitterbausteine selbst, also auf die Verschiebung der leicht beweglichen Elektronenhüllen gegenüber den schweren Ionenkernen zurückzuführen ist. Im NaCl haben wir beispielsweise gegenüber statischen Feldern $\varepsilon_{stat} = 5{,}62$,

---

[1] STÖCKMANN, F.: Z. Phys. 127 (1950) 563.

[2] SCHÖN, M.: Z. Naturforsch. 6a (1951) 287. — Zu den besonderen, bei Ionenkristallen auftretenden Fragen sei im übrigen auch verwiesen auf Proc. Int. Conf. Semicond. Phys. Prague 1960, New York: Academic Press.

für Wechselfelder über $5 \cdot 10^{12}$ Hz (also für optische Felder) dagegen $\varepsilon_{\text{opt}} = 2{,}25$.

Betrachten wir nun zunächst die Befreiung eines Elektrons aus einem Donator D durch Lichtquantenstoß. Vor dem Prozeß ist der Donator D neutral und polarisiert seine Umgebung gar nicht. Während der Abtrennung des Elektrons vom Donatorrumpf beginnt dieser positive Rumpf D^+ die Umgebung zu polarisieren. Das Ganze ist aber ein so schneller Vorgang, daß in der Umgebung nur die Elektronenhüllen reagieren können und für die Abschirmung nur ε_{opt} wirksam wird. Bei der Lichtquanten-*Absorption* verläßt das Elektron also einen Potentialtrichter

$$\frac{e}{\varepsilon_{\text{opt}}\, r} \quad \text{(s. Abb. II 4.3)}.$$

Nachdem aber das Elektron das Störzentrum verlassen hat, ist dieses nicht mehr neutral, sondern wird ungefähr wie eine positive Punktladung D^+ wirken und die Umgebung dementsprechend zu polarisieren versuchen. Nach einiger Zeit werden sich die Ionen der Nachbarschaft umgruppiert haben, und dann existiert um das Störzentrum ein Potentialtrichter

$$\frac{e}{\varepsilon_{\text{stat}}\, r}.$$

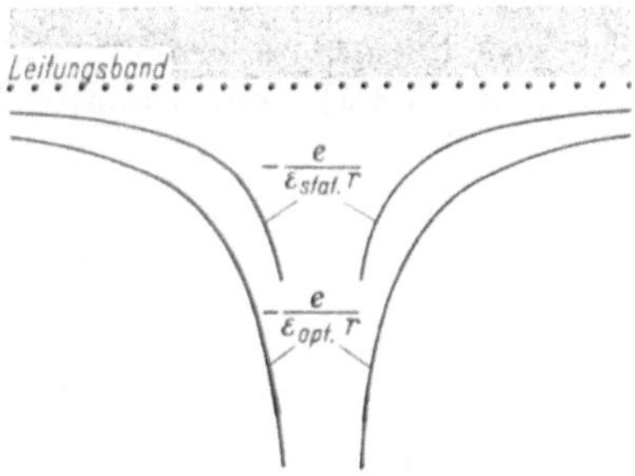

Leitungsband

$-\frac{e}{\varepsilon_{stat.}\, r}$

$-\frac{e}{\varepsilon_{opt.}\, r}$

Abb. II 4.3 Die beiden verschiedenen Potentialtrichter, die ein Elektron für Absorption und für Emission vorfindet. Bei Absorption wird es aus dem tiefen Trichter $\frac{e}{\varepsilon_{\text{opt}}\, r}$ herausgeschleudert, bei Emission fällt es in den flacheren Trichter $\frac{e}{\varepsilon_{\text{stat}}\, r}$ herein. Vor dem *Absorptions*akt ist nämlich die Ionenumgebung der neutralen Störstellen nicht polarisiert, und bei der Abschirmung der Zentralladung wirkt während des schnellen Fortfliegens des Elektrons nur die interne Polarisation der Gitterbausteine ($\varepsilon_{\text{eff}} = \varepsilon_{\text{opt}} < \varepsilon_{\text{stat}}$). Vor dem *Emissions*akt ist dagegen die Ionenumgebung des positiven Donators schon polarisiert, und bei diesem statischen Zustand wirkt auch die langsame Polarisation des Gitters durch Verrückung der schweren Ionen als Ganzes mit ($\varepsilon_{\text{eff}} = \varepsilon_{\text{stat}} > \varepsilon_{\text{opt}}$). Beim schnellen Hereinstürzen des Elektrons kann sich an diesem Zustand nichts mehr ändern.

Ein Leitungselektron, daß sich unter Lichtquantenemission mit dem positiven Donatorrest D^+ vereinigt, stürzt also in *diesen* Potentialtrichter hinein (s. Abb. II 4.3).

Bei Anwendung des Wasserstoffmodells würden sich die optischen Aktivierungsenergien für Absorption und Emission nach S. 34 umgekehrt wie die Quadrate der Dielektrizitätskonstante verhalten

$$\frac{\hbar\, \omega_{\text{Absorption}}}{\hbar\, \omega_{\text{Emission}}} = \left(\frac{1/\varepsilon_{\text{opt}}}{1/\varepsilon_{\text{stat}}}\right)^2 = \left(\frac{\varepsilon_{\text{stat}}}{\varepsilon_{\text{opt}}}\right)^2.$$

Auf S. 46 wurde aber schon darauf hingewiesen, daß das Wasserstoffmodell der in Ionenkristallen vorliegenden Situation nicht mehr recht entspricht. Hier ist es vielleicht angebracht, dem Störzentrum einen festen Radius R von der Größenordnung der Gitterkonstante zuzuschreiben[1], der bei einer Variation von ε nicht wie der Wasserstoffradius variiert. Dann würden sich die beiden optischen Aktivierungsenergien nur wie die erste Potenz der Dielektrizitätskonstante verhalten:

$$\frac{\hbar\,\omega_{\text{Absorption}}}{\hbar\,\omega_{\text{Emission}}} = \frac{\varepsilon_{\text{stat}}}{\varepsilon_{\text{opt}}}.$$

Sei dem, wie da wolle: Auf jeden Fall kann man in einem Termschema (s. Abb. II 4.4) dem Donator D eines *Ionen*kristalls gar nicht mehr *ein* Niveau zuschreiben, sondern muß für Lichtquanten-Absorption und -Emission je ein besonderes Niveau angeben.

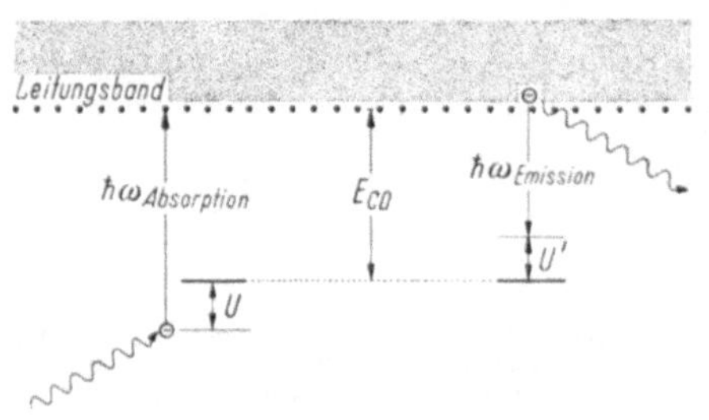

Abb. II 4.4 Thermischer Niveauunterschied E_{CD} und photoelektrische Energiequanten $\hbar\,\omega_{\text{Absorption}}$ und $\hbar\,\omega_{\text{Emission}}$.

Damit ist es aber noch nicht getan. Weiter unten in § 8 werden wir an die im Schluß vom Kapitel I angekündigte Aufgabe herangehen, die sich im thermischen Gleichgewicht einstellenden Konzentrationen der Reaktionspartner $D^{\times}$, D^{+} und $\ominus$ zu berechnen, wobei besonders die Elektronenkonzentration $n_{\ominus}$ wegen der elektrischen Leitfähigkeit $\sigma = e\mu_n n_{\ominus}$ interessiert. Es wird sich in § 8 zeigen, daß hierfür Massenwirkungsgesetze maßgebend sind und daß die entscheidende Größe eine Ablösearbeit E_{CD} ist, die bei der Ablösung des Elektrons vom Donatorrumpf D^{+} und Beförderung ins Leitungsband C geleistet werden muß bzw. bei der Vereinigung eines Leitungselektrons mit dem Donatorrumpf D^{+} gewonnen wird.

Nach dem weiter oben auf S. 48 bis 50 Gesagten ist klar, daß diese Definition für einen Ionenkristall hinfällig wird. Bei schnellen optischen Vorgängen sind die genannten beiden Arbeiten nicht mehr identisch, und so erhebt sich die Frage, ob E_{CD} mit $\hbar\,\omega_{\text{Absorption}}$ oder mit $\hbar\,\omega_{\text{Emission}}$ identisch ist oder ob E_{CD} überhaupt einen ganz anderen Wert hat.

Da die Massenwirkungsgesetze thermisches Gleichgewicht voraussetzen, ist es plausibel, daß E_{CD} sich als die Energiedifferenz[2] zweier *Gleichgewichts*zustände berechnet. Nach der Absorption von $\hbar\,\omega_{\text{Absorption}}$

[1] Siehe hierzu auch das „Teilchen im Kasten-Modell" von E. Mollwo, Nachr. Wiss. Ges., Göttingen, Math.-Phys. Kl. 1931, S. 97.

[2] In Kap. VIII, § 6 Abschn. e), S. 453, werden wir sehen, daß zu den Energien dieser Gleichgewichtszustände noch spinabhängige Entropieglieder hinzutreten. Genau gesagt, sind die Niveaus, zwischen denen die Differenz gebildet werden muß, die konzentrationsunabhängigen Anteile der chemischen Potentiale der betreffenden Störstellen (s. S. 455 Gl. (VIII 6. 62)).

und Beförderung des Elektrons ins Leitungsband ist das System aber noch nicht im Gleichgewicht. Die Ionen gruppieren sich unter dem Einfluß des Feldes von D^+ um und suchen einen Zustand niederer Energie auf. Die freiwerdende Energie U wandert in Form von Gitterschwingungen in das Gitter ab. Für den Energiezuwachs E_{CD} der verbleibenden Konfiguration $D^+ + \ominus$ gegenüber der ursprünglichen Konfiguration $D^\times$ bleibt von $\hbar\,\omega_{\text{Absorption}}$ nur der Rest übrig:

$$E_{CD} = \hbar\,\omega_{\text{Absorption}} - U.$$

Entsprechend wandert auch nach einem Emissionsakt ein Energiebetrag U' ins Gitter ab, und der ganze Energiegewinn E_{CD} kann nicht dem Lichtquant allein zugute kommen:

$$E_{CD} = \hbar\,\omega_{\text{Emission}} + U'.$$

Wir sehen also, daß für die Gleichgewichtsdichte und damit für die Massenwirkungsgesetze ein drittes Niveau E_{CD} zwischen den beiden optischen Niveaus maßgebend ist (s. Abb. II 4.4).

Auf den Umstand, daß bei einem Elektronenübergang Ionenbewegungen zunächst unterbleiben und erst nach dem Elektronenübergang erfolgen und daß deshalb die optischen Aktivierungsenergien für Emission und Absorption verschieden sein können, wird zuerst bei Franck[1] und bei Condon[2] hingewiesen. Man pflegt sich seitdem bei derartigen Überlegungen auf das „Franck-Condon-Prinzip" zu berufen.

§ 5. Angeregte Zustände von Störstellen

Auf S. 33 und 34 wurde die Dissoziationsarbeit eines in einem Germaniumgitter eingebauten Arsenatoms dadurch abgeschätzt, daß man diesen in Wirklichkeit von lauter Ge-Atomen umgebenen Donator wie ein vereinzeltes Wasserstoffatom in einem Raum mit der Dielektrizitätskonstante ε_{Ge} behandelte bzw. wie ein Wasserstoffatom im Vakuum, aber mit der Kernladungsziffer $Z = 1/\varepsilon_{\text{Ge}}$. Da die veränderte Kernladungsziffer nur eine Division der Energiewerte mit $\varepsilon_{\text{Ge}}^2$ und eine Multiplikation der linearen Abmessungen mit ε_{Ge} zur Folge hat, ergibt sich schließlich eine enge Analogie zwischen Störstellen, die in einen Halbleiter eingebaut sind, und Atomen, die sich im Vakuum befinden. Diese Analogie soll uns im folgenden leiten, wenn wir in diesem Paragraphen angeregte Zustände von Störstellen und im nächsten Paragraphen mehrfach ionisierte Störstellen kennenlernen wollen.

[1] Franck, J.: Trans. Faraday Soc. 21 (1925) 536, Part 3; Z. phys. Chem. 120 (1926) 144.

[2] Condon, E. U.: Phys. Rev. (2) 28 (1926) 1182; 32 (1928) 858.

Das Leuchtelektron eines Wasserstoffatoms kann ja nicht nur in einer $1s$-Funktion um den Kern herumgruppiert sein[1]. Es sind auch Zustände mit höherer Energie möglich, von denen die s-Zustände $2s$, $3s$, $4s$, ... zentral-symmetrische Eigenfunktionen haben, während die Eigenfunktionen der p-Zustände ($2p$, $3p$, $4p$, ...) und die der d-Zustände ($3d$, $4d$, ...) und so fort geringere Symmetrie aufweisen. Das Schema der zugehörigen Energieniveaus zeigt die Abb. II 5.1.

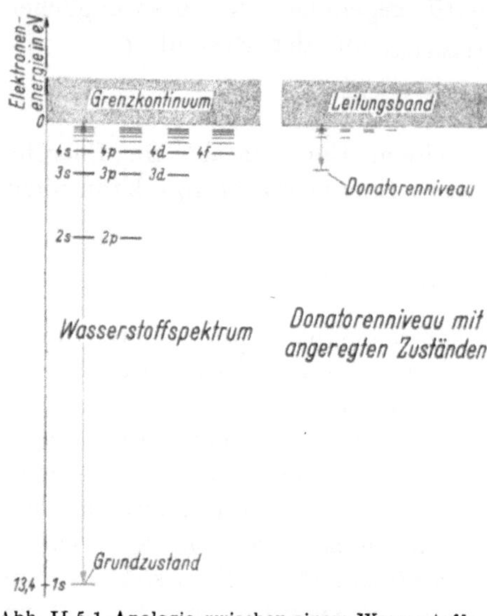

Abb. II 5.1 Analogie zwischen einem Wasserstoffatom und einem Donator.

Bei der Übertragung unserer Kenntnisse vom Wasserstoffproblem auf die Störstellen in Valenzkristallen entspricht das Grenzkontinuum des Atoms dem Kontinuum der Energiezustände im Leitungsband des Halbleiters. Daneben wurde in der Störstelle bis jetzt meist nur das Analogon zum Grundzustand des Atoms betrachtet. Insbesondere wurde bei der Störstelle die Dissoziationsarbeit berechnet, also das Analogon zu der in Abb. II 5.1 rot gekennzeichneten Ionisierungsarbeit des freien Atoms. Dabei ergaben sich recht kleine Werte.

Diese niedrige Dissoziationsarbeit hat aber zur Folge, daß bei Zimmertemperatur $T = 300$ °K völlige Störstellenerschöpfung vorliegt (s. S. 25), d. h. praktisch alle Störstellen der betrachteten Sorte sind ionisiert. Dann können aber die angeregten Zustände genausowenig beobachtet werden wie die angeregten Zustände irgendeiner Atomsorte in einem hochionisierten Gasentladungsplasma oder in einer völlig ionisierten Fixsternmaterie. Nun ist aber in neuerer Zeit die optische Absorption von Silizium bei der Temperatur des flüssigen Heliums untersucht worden, und hier sind tatsächlich angeregte Zustände der eingebauten Phosphor-, Arsen- und Antimon-Atome zu beobachten[2]. Entsprechend wurden die Absorptionsspektren der in

---

[1] Siehe z. B. W. Weizel: Lehrbuch der theoretischen Physik, Bd. II, 2. Aufl., Berlin/Göttingen/Heidelberg: Springer 1958, S. 849ff.

[2] Picus, G., E. Burstein u. B. Henvis: J. Phys. Chem. Solids 1 (1956) 75. — Hrostowski, H. J., u. R. H. Kaiser: J. Phys. Chem. Solids 7 (1958) 236; dort auch weitere Literatur.

Silizium eingebauten Akzeptoren Bor, Aluminium, Gallium und Indium aufgenommen[1].

Bei der Diskussion dieser Meßergebnisse genügt das einfache Wasserstoffanalogon nicht mehr. Es muß vielmehr eine Theorie zugrunde gelegt werden, die die Bewegung von Elektronen in periodischen Potentialfeldern unter dem Einfluß von schwachen Störungen behandelt und die auf WANNIER[2], auf SLATER[3] und auf KOSTER und SLATER[4] zurückgeht und in neuerer Zeit nochmals von W. KOHN[5] begründet wurde. Wird hier als schwache Störung ein COULOMB-Potential angesetzt, so ergibt sich eine verfeinerte Theorie der Störstellen in Ge und Si[6-8]. Die in den letzten Jahren ermittelten Besonderheiten der Bänder des Germanium- und des Siliziumgitters[9] spielen dabei eine wesentliche Rolle, und so stellt die Ausmessung der optischen Absorptionsspektren eine erneute Überprüfung der Vorstellungen über die Bänderstrukturen des Germaniums und des Siliziums dar. Diese Vorstellungen scheinen sich dabei recht gut zu bewähren[10].

Darüber hinaus zeigen sich aber namentlich im Silizium — und da besonders zwischen den einzelnen Akzeptoren Bor, Aluminium, Gallium und Indium — charakteristische Unterschiede. Sie sind darauf zurückzuführen, daß zwar für alle Akzeptoren Bor, Aluminium, Gallium und Indium das Potential in größerer Entfernung COULOMB-Charakter hat. Aber dicht am Störatom selbst werden sich individuelle Besonderheiten der vier einzelnen Akzeptoren durchsetzen. Nun haben die s-Funktionen des Leuchtdefektelektrons im Nullpunkt *große* Amplituden im Gegensatz zu seinen p-Funktionen. Deshalb treten die Unterschiede zwischen den 4 Akzeptoren bei den jeweiligen *Grundzuständen* und damit auch bei den Abtrennarbeiten[11] und nicht bei den angeregten p-Zuständen auf. Höhere s-Zustände und d-Zustände konnten bisher nicht beobachtet werden[12].

---

[1] BURSTEIN, E., G. PICUS, B. HENVIS u. R. WALLIS: J. Phys. Chem. Solids 1 (1956) 65.

[2] WANNIER, G. H.: Phys. Rev. 52 (1937) 191.

[3] SLATER, J. C.: Phys. Rev. 76 (1949) 1592.

[4] KOSTER, G. F., u. J. C. SLATER: Phys. Rev. 96 (1954) 1208.

[5] KOHN, W.: Phys. Rev. 105 (1957) 509.

[6] KOHN, W., u. L. M. LUTTINGER: Phys. Rev. 97 (1955) 1721; 98 (1955) 915; 98 (1955) 1178 (Donatoren in Si).

[7] KLEINER, W. H.: Phys. Rev. 97 (1955) 1722.

[8] KOHN, W., u. D. SCHECHTER: Phys. Rev. 99 (1955) 1903 (Akzeptoren in Ge).

[9] Siehe Kap. VII, § 4, S. 295···300.

[10] KOHN, W.: Phys. Rev. 98 (1955) 1856.

[11] Weiteres zum Problem der verschiedenen Abtrennarbeiten s. bei R. S. SHULMAN: J. Phys. Chem. Solids 2 (1957) 115.

[12] Bei dem auf S. 34 beschriebenen Exziton sind dagegen höhere s-Zustände beobachtet worden. Siehe hierüber und überhaupt über die Physik des Exzitons H. HAKEN in „Halbleiterprobleme", Bd. IV, S. 1, namentlich S. 17 u. 34 (§ 11), Braunschweig: Vieweg 1958.

Während man zur Beobachtung angeregter Störstellenzustände die Valenzhalbleiter auf Heliumtemperaturen bringen muß, genügt bei Ionenkristallen schon Zimmertemperatur. Das liegt daran, daß in den Ionenkristallen Störstellen vorkommen, deren Ablösearbeiten nach S. 46 sehr viel größer sind als die der üblichen Donatoren und Akzeptoren in den Valenzkristallen. Bei Zimmertemperatur ist also ein großer Teil dieser Störstellen noch assoziiert und steht deshalb einfallenden Lichtquanten für Anregungsprozesse zur Verfügung. Diese Prozesse brauchen das Leuchtelektron keinesfalls immer sofort ins Leitungsband zu befördern. Es sind bei den Farbzentren der Alkalihalogenide im Gegenteil Absorptionen beobachtet worden[1], bei denen das Leuchtelektron offensichtlich nur in einen angeregten Zustand befördert wird, in dem es also noch an die Störstelle gebunden bleibt. Bei den genannten Absorptionsprozessen wird nämlich keine Erhöhung der elektrischen Leitfähigkeit beobachtet, jedenfalls nicht unterhalb —150 °C. Oberhalb dieser Temperatur setzt dann freilich sehr schnell Weiterbeförderung aus dem angeregten Zustand ins Leitungsband durch thermische Anregung und die damit verbundene Steigerung der Leitfähigkeit ein.

Anstatt auf die Originalarbeiten verweisen wir auf die zusammenfassenden Darstellungen von Mott und Gurney[1], von Pekar[2], von Bube[3], von Lüty[4] und von van Doorn[5].

§ 6. Mehrfach ionisierbare Störstellen

Die physikalischen Eigenschaften des Germaniums und des Siliziums sind vergleichsweise viel einfacher und durchsichtiger als die anderer Halbleiter. Daher rührt zweifellos die überragende technische Bedeutung dieser beiden Materialien, und diese hat wiederum die weitere physikalische Erforschung dieser Eigenschaften ungemein gefördert. So hat man sich bei den genannten beiden Halbleitern natürlich nicht mit der Zugabe von Elementen aus der III. und V. Gruppe des periodischen Systems begnügt, sondern noch manche anderen Elemente des periodischen Systems auf ihre Störstellenwirkung in den Diamantgittern des Ge und des Si untersucht

---

[1] Mott, N. F., u. R. W. Gurney: Electronic Processes in Ionic Crystals, Oxford: Clarendon Press 1948, S. 133ff.

[2] Pekar, S. I.: Untersuchungen über die Elektronentheorie der Kristalle, Berlin: Akademie-Verlag 1954.

[3] Bube, R. H.: Photoconductivity of Solids, New York/London: J. Wiley 1960.

[4] Lüty, F.: In „Halbleiterprobleme", Bd. VI, herausgegeben von F. Sauter, Braunschweig: Vieweg 1961, S. 238.

[5] van Doorn, C. Z.: Philips Res. Repts. Suppl. 1962, No. 4.

Die Verhältnisse werden dann sofort komplizierter. Am einfachsten von den nun in Frage kommenden Elementen verhalten sich noch Zn und Cd aus der II. Gruppe. Diese Elemente bauen sich ebenso wie Elemente aus der III. und V. Gruppe *substitutionsmäßig* ein[1].

Nun besteht ein Zinkatom aus einem doppelt positiv geladenen Rumpf Zn^{2+} und 2 Außenelektronen[2]. Die Substitution des Ge^{4+}-Rumpfes durch einen Zn^{2+}-Rumpf schafft also[3] an dieser Stelle des Gitters ein 2faches Defizit an positiver Ladung. Es ist also ein doppelt negativ geladenes Störzentrum entstanden (s. Abb. II 6.1), das 2 Defektelektronen binden oder auch freigeben kann. Wir haben einen Akzeptor vor uns, der nicht nur einfach, sondern auch zweifach ionisiert werden kann:

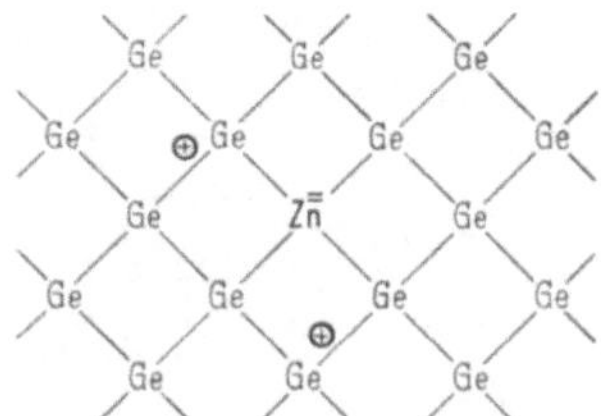

Abb. II 6.1 Substitutionsmäßig eingebautes Zn als Doppelakzeptor Zn $\bullet^{\times}$(Ge).

$$\mathrm{Zn}\,\bullet^{\times}(\mathrm{Ge}) \rightleftarrows \mathrm{Zn}\,\bullet'(\mathrm{Ge}) + \oplus \rightleftarrows \mathrm{Zn}\,\bullet''(\mathrm{Ge}) + 2\oplus .$$

Aus den ein- und zweifachen Ionisierungsarbeiten 24,47 und 54,12 *e*Volt des He ergeben sich durch Division mit $\varepsilon_{\mathrm{Ge}}^2 = (16)^2 = 256$ die Ablösearbeiten 0,0956 und 0,2114 *e*Volt. Die experimentellen Werte sind 0,03 und 0,09 *e*Volt. Hier liefert das Wasserstoff- bzw. besser das Helium-Analogon also eigentlich auch schon die Größenordnung nicht mehr richtig. Für eine quantitative Theorie dieser Störstelle wird also das Zurückgreifen auf die verfeinerte Theorie von KOSTER und SLATER[4] und von KOHN[5] erforderlich.

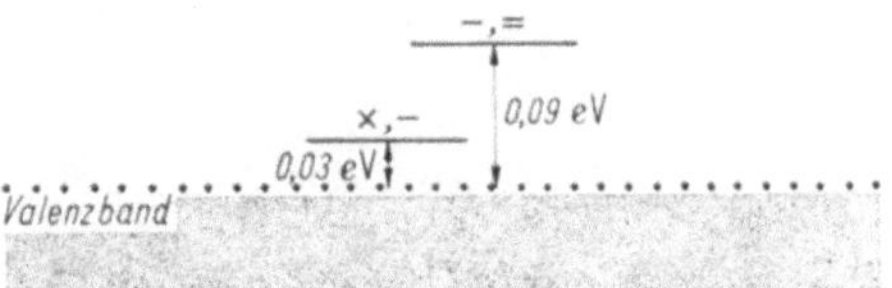

Abb. II 6.2 Die beiden Niveaus des Doppelakzeptors Zn $\bullet$ (Ge).

Auf jeden Fall haben wir aber in Zn $\bullet$ (Ge) eine Störstelle vor uns, die nicht nur in den 2 Ladungszuständen $\times$ und $-$, sondern auch noch in einem dritten, doppelt ionisierten Zustand $=$ vorkommt. Zur Veranschaulichung der beiden Ablösearbeiten 0,03 *e*Volt und 0,09 *e*Volt

---

[1] WOODBURY, H. H., u. W. W. TYLER: Phys. Rev. 100 (1955) 1259 (Zn in Ge). — WOODBURY, H. H., u. W. W. TYLER: Bull. Amer. phys. Soc. Ser. II Vol. 1 (1956) 127 (Cd in Ge). — FULLER, C. S., u. F. J. MORIN: Phys. Rev. 105 (1957) 379 (Zn in Si). — TYLER, W. W.: J. Phys. Chem. Solids 8 (1958) 59.

[2] Siehe S. 624, Tab. 2; Ordnungszahl $Z = 30$.

[3] Siehe die analogen Überlegungen beim Einbau von In, die auf S. 35 und 36 ausführlicher wiedergegeben sind.

[4] KOSTER, F. G., u. J. C. SLATER: Phys. Rev. 96 (1954) 1208.

[5] KOHN, W.: Phys. Rev. 105 (1957) 509.

für das erste und für das zweite Defektelektron muß man nun in das verbotene Band des Bändermodells 2 Niveaus einzeichnen (s. Abb. II 6.2). Durch die über den Reaktionspfeil eingezeichneten Symbole (×, −) bzw. (−, =) soll angedeutet werden, zwischen welchen Ladungszuständen die Störstelle bei der betreffenden Reaktion hin und her wechselt. Der Vollständigkeit halber zeigen wir in Abb. II 6.3 auch die Niveaus für einen doppelt ionisierbaren Donator, für den als konkretes Beispiel wahrscheinlich das Tellur (Te) in Frage kommt[1].

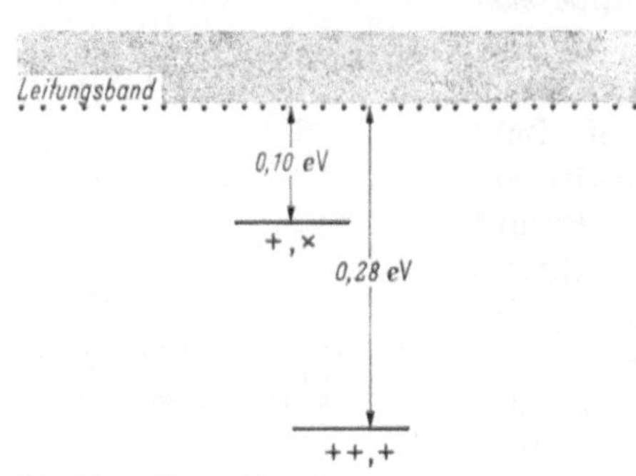

Abb. II 6.3 Die beiden Niveaus des Doppeldonators Te ● (Ge).

Angeregte Zustände solcher Mehrfachstörstellen sind noch nicht untersucht worden. Damit aber der Leser nicht die zu einer mehrfach ionisierbaren Störstelle gehörigen mehreren Niveaus der Abb. II 6.2 und II 6.3 mit den mehreren Anregungsniveaus eines Leuchtelektrons in der Abb. II 5.1 verwechselt, sei nun auch noch das vollständige

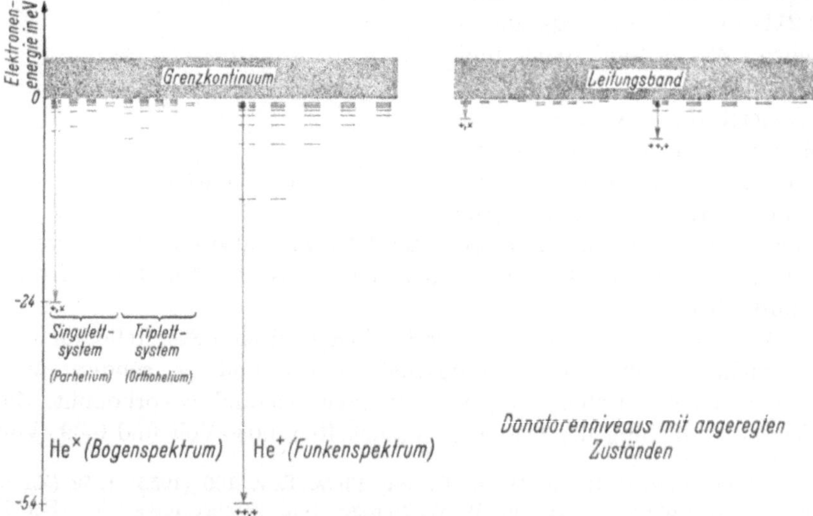

Abb. II 6.4 Analogie zwischen einem Heliumatom und einem Doppeldonator.

Analogon zu Abb. II 5.1, also das vollständige Termschema eines 2fach ionisierbaren Donators, eines He-Analogons also in Abb. II 6.4

[1] Armstrong, J. A., W. W. Tyler u. H. H. Woodbury: Bull Amer. phys. Soc. Ser. II Vol. 2 (1957) 265.

wiedergegeben. In Abb. II 6.3 werden davon nur die beiden in Abb. II 6.4 rot und grün eingezeichneten Ionisierungsarbeiten des ersten und des zweiten Leuchtelektrons gezeigt.

Eine besonders interessante Substitutionsstörstelle[1] bildet Gold (Au) in Ge. Das Gold besteht aus einem Au^+-Rumpf und 1 Außenelektron[2]. Die Substitution des Ge^{4+}-Rumpfes durch einen Au^+-Rumpf schafft also ein

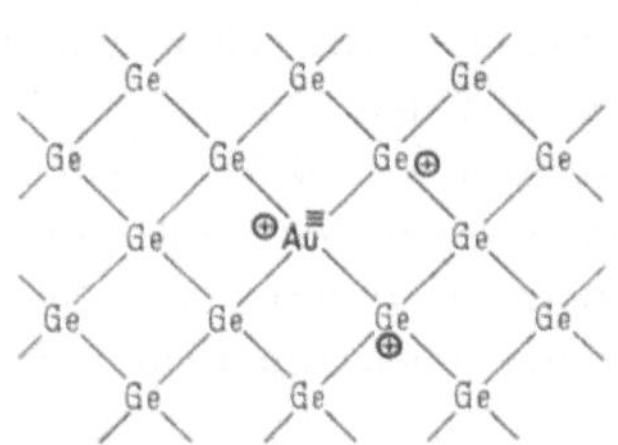

Abb. II 6.5 Substitutionsmäßig eingebautes Au als Dreifachakzeptor $\mathrm{Au}\,\bullet^{\times}(\mathrm{Ge})$.

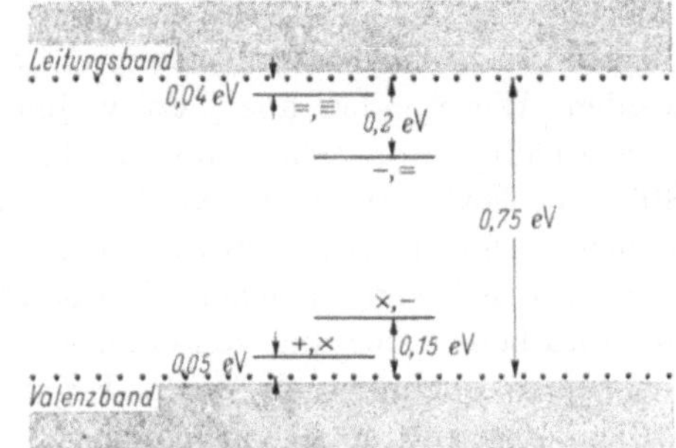

Abb. II 6.6 Die drei Akzeptorniveaus und das eine Donatorniveau des $\mathrm{Au}\,\bullet(\mathrm{Ge})$.

3fach negativ geladenes Störzentrum (s. Abb. II 6.5), also einen Dreifachakzeptor:

$$\mathrm{Au}\,\bullet^{\times}(\mathrm{Ge}) \rightleftarrows \mathrm{Au}\,\bullet'(\mathrm{Ge}) + \oplus \rightleftarrows \mathrm{Au}\,\bullet''(\mathrm{Ge}) + 2\oplus \rightleftarrows \mathrm{Au}\,\bullet'''(\mathrm{Ge}) + 3\oplus .$$

Außerdem hat sich aber gezeigt, daß das 3fach negativ geladene Störzentrum $\mathrm{Au}\,\bullet'''$ (Ge) nicht nur 3, sondern unter Umständen sogar 4 positive Defektelektronen binden kann, ähnlich wie ein Wasserstoffkern nicht nur 1, sondern sogar 2 Elektronen zu binden vermag (Bildung eines H^--Ions). Natürlich ist die Bindung des vierten Defektelektrons an das neutrale $\mathrm{Au}\,\bullet^{\times}$ (Ge)-Zentrum sehr locker, so daß die Reaktion

$$\mathrm{Au}\,\bullet^{\times}(\mathrm{Ge}) + \oplus \rightleftarrows \mathrm{Au}\,\bullet^{\cdot}(\mathrm{Ge})$$

mit einer sehr geringen Energietönung vor sich geht. Das entsprechende Niveau liegt also sehr dicht, nämlich 0,05 eVolt über dem Valenzband. Da es einem Wechsel zwischen den Zuständen $\times$ und $+$ entspricht, ist es ein Donatorniveau (s. Abb. II 6.6).

§ 7. Störstellenreaktionen

In den bisherigen §§ 1 bis 6 haben wir die verschiedenen Typen von Störstellen und die verschiedenen Zustände besprochen, in denen sich diese Störstellen befinden können. Dabei wurde aber stets die

[1] WOODBURY, A. H., u. W. W. TYLER: Phys. Rev. 105 (1957) 84.

[2] Siehe S. 625, Tab. 2; Ordnungszahl $Z = 79$.

einzelne Störstelle als Individuum behandelt und ihre Existenz als gegeben hingenommen.

Auch in den folgenden beiden §§ 7 und 8 werden wir uns auf individuelle Störstellen beschränken. Die Effekte, die durch Zusammenlagerung von einzelnen Störstellen entstehen, durch die Bildung von Störstellenkomplexen also, bleiben in diesem Buche außer Betracht[1]. Aber die mehr oder weniger zahlreiche Existenz einer bestimmten Störstellensorte soll im folgenden nicht mehr als gegeben hingenommen werden. Wir wenden uns jetzt vielmehr der Frage zu, nach welchen Gesetzmäßigkeiten sich denn die Konzentrationen der verschiedenen Störstellensorten in einem Kristall einstellen. Mit dem Ausdruck „Einstellen“ nehmen wir in gewisser Weise schon voraus, daß diese Konzentrationen bei verschiedenen Temperaturen verschieden sein können und daß beim Übergang von einer Temperatur zur anderen Störstellenreaktionen ablaufen, als deren Ergebnis dann eben die neuen Störstellenkonzentrationen erscheinen.

Damit bei einer chemischen Reaktion Dissoziationen oder Assoziationen stattfinden können, muß mindestens einer der Reaktionspartner beweglich sein, denn letzten Endes handelt es sich hierbei ja um *räumliche* Trennungen oder Vereinigungen. Diese Beweglichkeit ist uns bei Elektronen $\ominus$ bzw. bei Defektelektronen $\oplus$ ohne weiteres geläufig, und deshalb bilden die Störstellenreaktionen, die wir bisher erwähnt haben, nichts Überraschendes. Sie laufen nämlich auf das Dissoziations-Assoziations-Gleichgewicht eines Donators

$$D^{\times} \rightleftarrows D^{+} + \ominus$$

bzw. eines Akzeptors

$$A^{\times} \rightleftarrows A^{-} + \oplus$$

hinaus.

Nun zeigt aber die Ionenleitfähigkeit vieler Kristalle, weiter die Festkörperdiffusion und überhaupt der Ablauf von chemischen Reaktionen in festen Körpern, daß Materialwanderungen in den scheinbar so festgefügten und undurchdringlichen „festen“ Körpern doch möglich sind. Spielen hierbei auch z. T. gröbere Baufehler wie Risse oder Spalten eine Rolle (Korngrenzendiffusion z. B.), so hat sich doch in den letzten vierzig Jahren immer deutlicher herausgestellt, daß auch innerhalb eines Kristallits Materialwanderungen stattfinden können. Dies ist nur denkbar, wenn sich die Gitteratome nicht dauernd an den vorgeschrie-

---

[1] Siehe hierzu vielleicht: TELTOW, J.: Halbleiterprobleme, Bd. III, S. 26; Bd. IV, S. 365 u. Bd. V, S. 340, herausgegeben von W. SCHOTTKY, Braunschweig: Vieweg 1956, u. auch H. REISS, C. S. FULLER u. F. J. MORIN: Bell Syst. techn. J. 35 (1956) 535, F.J. MORIN u. H. REISS: Phys. Rev. 105 (1957) 384. — FULLER, C. S., u. F. J. MORIN: Phys. Rev. 105 (1957) 379. — VINK, H. J.: Festkörperprobleme, Bd. I, herausgegeben von F. SAUTER, Braunschweig: Vieweg 1962, S. 1—19.

benen Gitterplätzen befinden, sondern wenn Abweichungen von der idealen Gitterplatzbesetzung auftreten. Lediglich die Tatsache der atomaren Fehlordnung, d. h. die Existenz von atomaren Störstellen ermöglicht Wanderungsvorgänge mit Materialtransport auch innerhalb eines Kristallits. Nicht nur Elektronen $\ominus$ bzw. Defektelektronen $\oplus$ sind innerhalb des Kristallgitters beweglich, sondern beispielsweise eine Gitterlücke Ge □ in einem Ge-Gitter hat auch eine Beweglichkeit, die allerdings, verglichen mit den elektronischen Beweglichkeiten $\mu_{\oplus}$ und $\mu_{\ominus}$, um Größenordnungen kleiner ist. Gerade bei einer Gitterlücke ist diese Beweglichkeit anschaulich am ehesten verständlich. Macht nämlich eines der Nachbaratome bei einer Wärmeschwingung eine ganz ungewöhnlich große Amplitude in Richtung auf den Leerplatz, so schnappt es gewissermaßen in die neue Gleichgewichtslage über (Abbildung II 7.1). Das Ge-Atom ist dabei um einen Atomabstand beispielsweise nach links gewandert, die Lücke um einen Atomabstand nach rechts. Wiederholt sich dieser Prozeß, so wird man nur noch von der Wanderung der Lücke sprechen, da ja immer neue Atome an dem Vorgang beteiligt sind und man deshalb nicht von der Wanderung eines Atoms sprechen kann. Im Endeffekt entspricht freilich dem Wandern einer Gitterlücke von links nach rechts durch den Kristall der Transport der Ladung und der Materie eines Atoms von rechts nach links durch den Kristall.

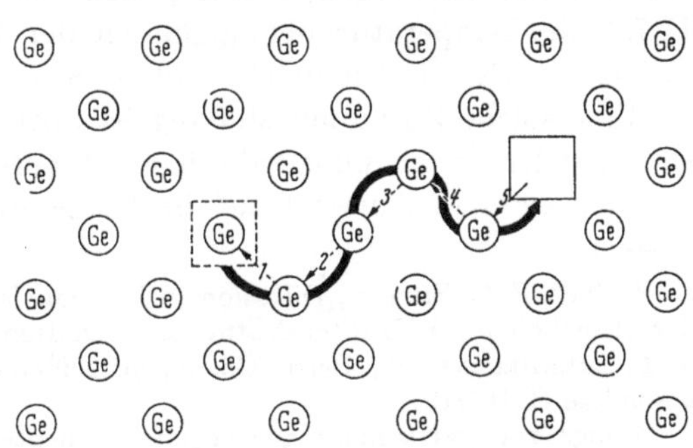

Abb. II 7.1 Wanderung einer Gitterlücke Ge □ von links nach rechts durch aufeinanderfolgende Sprünge 1, 2, 3, 4 und 5 von Nachbaratomen von rechts nach links.

Daß auch ein Ge-Atom auf Zwischengitterplatz bei dem vielen Platz, der in einem Ge-Gitter ist (s. Abb. II 3.1), von Zwischengitterplatz zu Zwischengitterplatz überschnappen und deshalb wandern kann, ist gleichfalls recht plausibel[1]. Schließlich ist an einer Beweglichkeit von

[1] Die Selbstdiffusion in Ge scheint allerdings durch das Wandern von Gitterlücken beherrscht zu werden [Letaw, H., W. M. Portnoy u. L. Slifkin: Phys. Rev. 102 (1956) 636. — Valenta, W. M., u. C. Ramasastry: Phys. Rev. 106 (1957) 73]. Beim Ausheilen von bombardierten Diamantgittern wird z. T. auch nur das Wandern der Gitterlücken in Erwägung gezogen [Fletcher, R. C., u. W. L. Brown: Phys. Rev. 92 (1953) 585. — Waite, T. R.: Phys. Rev. 107 (1957) 463 u. 471]. H. Y. Fan u. K. L. Lark-Horovitz diskutieren aber auch das Wandern von Zwischengitterplatzbesetzungen in „Halbleiter und Phosphore", herausgegeben von M. Schön und H. Welker, Braunschweig, Vieweg 1958, S. 113.

Substitutionsstörstellen und überhaupt von Störstellen aller Arten sowohl in Valenz- wie in Ionenkristallen auf Grund der experimentellen Befunde nicht mehr zu zweifeln.

Vielmehr gehört die Kenntnis der Diffusionskoeffizienten einer ganzen Reihe von Störstellen heutzutage schon zum Handwerkszeug des Ingenieurs, der Gleichrichter und Transistoren entwerfen und bauen soll. Ohne irgendwelchen Ansprüchen auf Vollständigkeit genügen zu wollen und ohne auf die manchmal vorliegende Kompliziertheit der Wanderungsvorgänge einzugehen, sind in den Abb. II 7.2 und II 7.3 die Temperaturabhängigkeiten der Diffusionskoeffizienten einer Reihe von Störstellen in Ge und in Si dargestellt[1].

Eine solche Zusammenstellung ist aber nicht nur technisch bedeutsam, sondern auch physikalisch recht aufschlußreich. Sie verhilft uns nämlich zu einer Antwort auf die Frage, ob es auch Fremdatome gibt,

---

[1] Nach F. M. Smits: „Diffusion in homöopolaren Halbleitern", in Bd. XXXI der „Ergebnisse der Exakten Naturwissenschaften", herausgegeben von S. Flügge u. F. Trendelenburg, Berlin/Göttingen/Heidelberg: Springer 1959, S. 167, insbesondere S. 186/187.

Einige von Smits nicht angegebene Elemente entnehmen wir für Abb. II 7.3 folgenden Autoren:

Newman, R. C., u. J. Wakefield: J. Phys. Chem. Solids 19 (1961) 230, (Kohlenstoff C in Si). — Aalberts, J. H., u. M. L. Verheijke: Appl. Phys. Lett. 1 (1962) 19, (Nickel Ni in Si). — Carlson, R. O., R. N. Hall u. E. M. Pell: J. Phys. Chem. Solids 8 (1959) 81, (Schwefel S in Si).

Die bei Smits behandelten Stoffe sind zum Teil noch später von weiteren Autoren untersucht worden, was manchmal zu etwas abweichenden Ergebnissen geführt hat. Speziell zur Diffusion in Silizium siehe:

Au: Wilcox, W. R., u. T. J. La Chapelle: J. appl. Phys. 35 (1964) 240. Sehr komplizierte Verhältnisse durch Wechsel zwischen Gitter- und Zwischengitterplätzen.

B: Howard, B. T.: J. electrochem. Soc. 105 (1958) 254 C. — Kurtz, A. D., u. R. Yee: J. appl. Phys. 31 (1960) 303. — Yamaguchi, J., S. Horiuchi, K. Matsamura u. Y. Ogino: J. phys. Soc. Japan 15 (1960) 1541. — Williams, E. L.: J. electrochem. Soc. 108 (1961) 795.

Ga: Kurtz, A. D., u. C. L. Gravel: J. appl. Phys. 29 (1958) 1456.

Li: Pell, E. M.: Bull. Amer. Phys. Soc. Ser. II 4 (1959) 320 u. 410. — Pell, E.M.: Phys. Rev. 119 (1960) 1014 u. 1222. — Shaskov, Y. M., u. I. P. Akimchencko: Soviet Phys. Doklady 4 (1960) 1115.

O: Logan, R. A., u. A. J. Peters: J. appl. Phys. 30 (1959) 1627. — Haas, C.: J. Phys. Chem. Solids 15 (1960) 108.

P: Mackintosh, I. M.: 1960 Spring Mtg. Electrochem. Soc. — Tannenbaum, E.: Solid State Electronics 2 (1961) 123. — Greig, W. J., u. J. C. Sarace: J. electrochem. Soc. 108 (1961) 175 C. — Mackintosh, I. M.: J. electrochem. Soc. 109 (1962) 392.

Sb: Rohan, J. J., J. K. Kennedy u. N. E. Pickering: J. electrochem. Soc. 105 (1958) 48 C. — La Rocque, A., R. Yatsko u. A. Quade: J. electrochem. Soc. 105 (1958) 254 C. — Rohan, J. J., J. K. Kennedy u. N. E. Pickering: J. electrochem. Soc. 106 (1959) 705.

die Zwischengitterplätze im Ge- oder Si-Gitter besetzen. Bei substitutionsmäßigem Einbau des Fremdatoms wird nämlich die Bindung an den jeweiligen Ort ähnlich fest wie die der Germaniumatome selbst sein. Die Diffusionskoeffizienten solcher Fremdatome werden also in

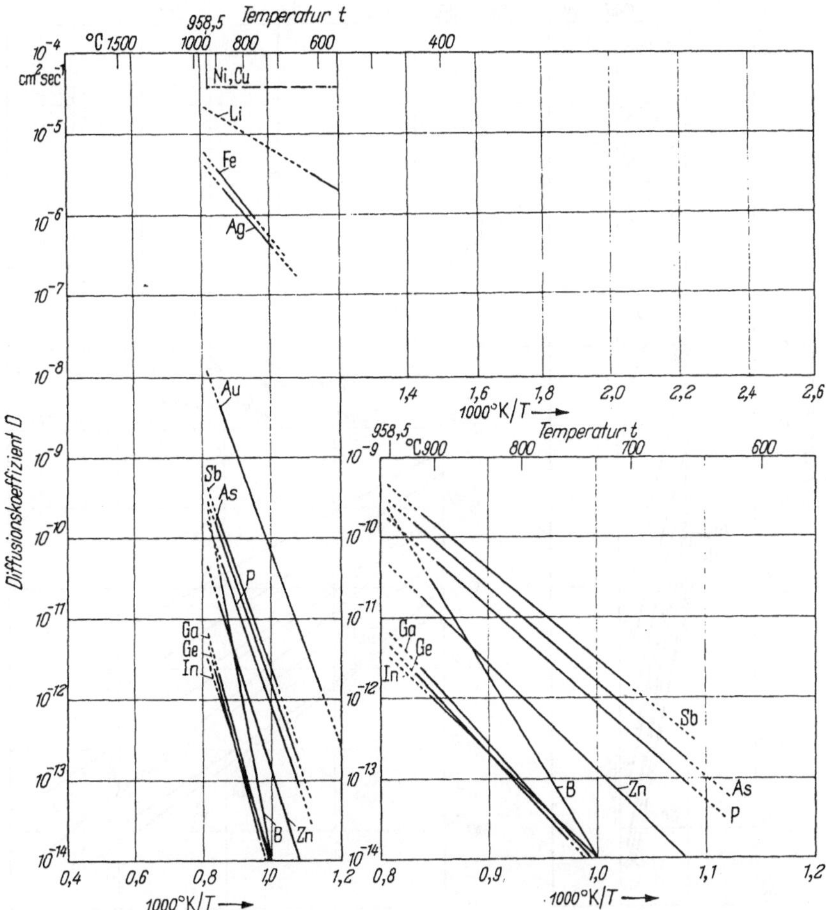

Abb. II 7.2 Diffusionskoeffizienten von Fremdatomen in Germanium. [Nach F. M. SMITS (siehe Fußnote 1 auf S. 60).]

der Größenordnung der Selbstdiffusion des Ge liegen. Bei Einbau auf Zwischengitterplatz dürfte aber die Bindung des Fremdatoms an seinen jeweiligen Ort sehr viel lockerer sein; denn bei dem vielen Platz, der im Diamantgitter ist (s. Abb. II 3.1), wird der Übergang von Zwischengitterplatz zu Zwischengitterplatz nicht schwer sein, zumal feste Paarbindungen bei einem solchen Übergang nicht aufgebrochen werden müssen.

In Umkehrung dieser Überlegungen wird man aus niedrigen Werten des Diffusionskoeffizienten auf substitutionsmäßigen Einbau und aus relativ hohen Werten des Diffusionskoeffizienten auf Zwischengitter-

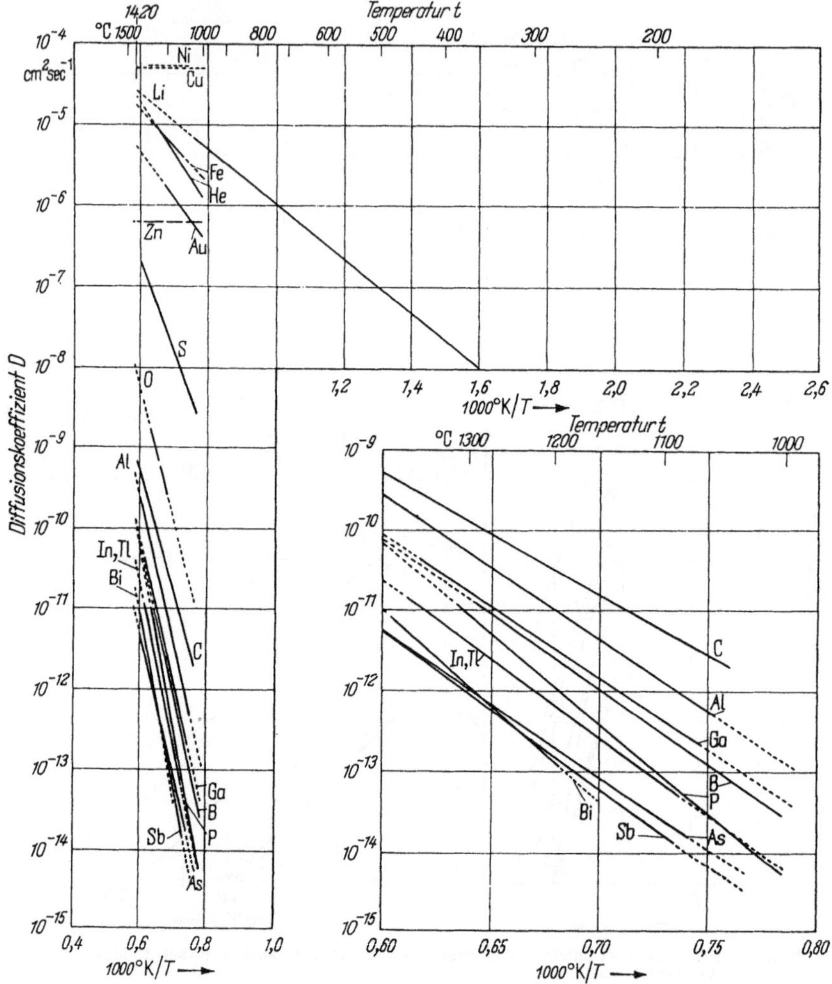

Abb. II 7.3 Diffusionskoeffizienten von Fremdatomen in Silizium. [Nach F. M. Smits und anderen Autoren (s. Fußnote 1 auf S. 60).]

platzbesetzung durch das Fremdatom schließen. In den Abb. II 7.2 und II 7.3 fallen nun die außerordentlich hohen Diffusionskoeffizienten des Ni, Cu und Li auf. Beschäftigen wir uns zunächst mit dem Li.

Wenn Li auf Zwischengitterplatz eingebaut wird, ergibt sich ein Störstellenmodell nach Abb. II 7.4, also Abschirmung der Coulomb-

Attraktion eines Li^+-Störzentrums durch die Dielektrizitätskonstante ε_{Ge} bzw. ε_{Si} und Bindung des $2s$-Elektrons des Li-Atoms auf einer weiten Wasserstoffbahn. Das Li $\bigcirc^\times$ (Ge) muß also als Donator mit sehr geringer Ablösearbeit wirken, und tatsächlich ist dieses Verhalten auch beobachtet worden mit Ablösearbeiten von 0,01 *e*Volt in Ge[1] und 0,033 *e*Volt in Si[2].

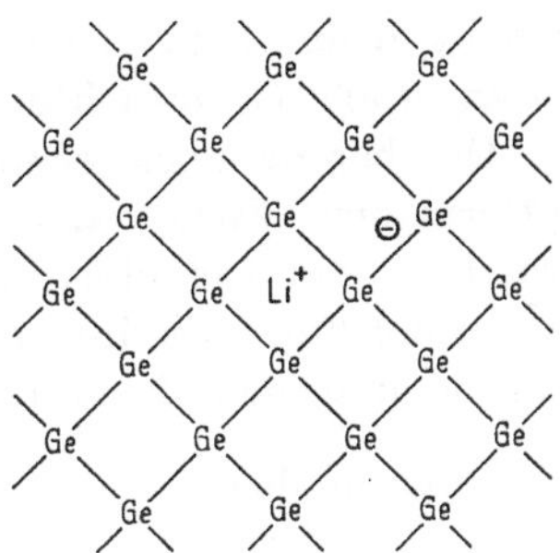

Abb. II 7.4 Einbau von Li auf Zwischengitterplatz in Ge: Der Donator Li $\bigcirc^\times$ (Ge).

Das Verhalten des Cu in Ge war lange Zeit recht rätselhaft. Der extrem hohe Diffusionskoeffizient deutet auf Zwischengitterplatzbesetzung hin. Der Umstand, daß Cu in Ge als Dreifachakzeptor wirkt, ist dagegen nur durch ein Modell nach Abb. II 7.5 zu verstehen. Fuller und Ditzenberger[3] konnten schließlich zeigen, daß Cu zwar von Zwischengitterplatz zu Zwischengitterplatz diffundiert, sich dann aber in Lücken (Ge □) des Germaniumgitters einbaut und so schließlich zur Substitutionsstörstelle Cu ● (Ge) wird, die als Dreifachakzeptor wirkt.

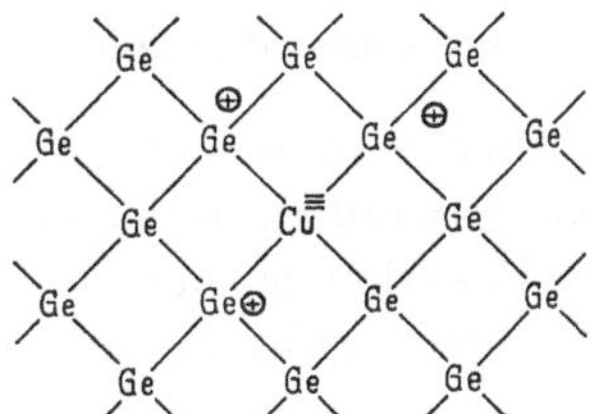

Abb. II 7.5 Substitutionsmäßiger Einbau von Cu in Ge. Wirkung als Dreifach-Akzeptor Cu $\bullet^\times$ (Ge).

Da die Wirkung des Cu auf diese Weise mit der Konzentration der Germaniumlücken Ge □ gekoppelt ist, da diese wiederum nicht nur temperaturabhängig ist, sondern sich auf ihre temperaturabhängigen Gleichgewichtswerte ganz verschieden schnell einstellt je nach Entfernung von der Oberfläche und je nach der „Versetzungs"dichte[4] in den betreffenden Kristallen, so wird verständlich, daß bei der Wirkung des Cu in Ge mannigfache Zeitverzögerungen, Tempereffekte[5] und Abhängigkeiten von plastischen Verformungen[6] zu beobachten sind.

Noch komplizierter wird die Situation dadurch, daß neben einem bekannten und kontrollierten Cu-Gehalt auch Ni vorhanden sein kann. Schon geringe Ni-Konzentrationen können merklichen Einfluß auf die

---

[1] Fuller, C. S., u. J. A. Ditzenberger: Phys. Rev. 91 (1953) 193.

[2] Morin, F. J., J. P. Maita, R. G. Shulman u. N. B. Hannay nach J. A. Burton: Physica XX (1954) 854.

[3] Fuller, C. S., u. J. A. Ditzenberger: J. appl. Phys. 28 (1957) 40.

[4] Siehe hierzu S. 77ff.

[5] Siehe hierzu die Bemerkungen auf S. 44 und die in der dortigen Fußnote 1 angegebene Literatur.

[6] Fuller, C. S., u. J. A. Ditzenberger: J. appl. Phys. 28 (1957) 40.

Experimente haben[1]. Auf ein derartiges Zusammenwirken von *zwei* Fremdelementen wollen wir aber erst auf S. 73f. (und auch dann nur flüchtig) eingehen.

Vielmehr wollen wir als erstes Beispiel für eine Störstellenreaktion, die sich in einem Festkörper abspielen kann, die Reaktion zwischen Zinkoxyd und einer benachbarten Sauerstoffphase bei hohen Temperaturen >500 °C betrachten.

Die bereits oben erwähnten (s. S. 47) Zinkionen auf Zwischengitterplätzen $Zn\,\bigcirc^{\cdot}$ oder auch $Zn\,\bigcirc^{\times}$ können zur Kristalloberfläche wandern und sich dort mit dem Sauerstoff der Gasphase zu neuen Gittermolekülen vereinigen. Eine derartige Reaktion spielt also zwischen folgenden beiden Zuständen:

ursprünglicher Kristall + Zinkstörstellen + Sauerstoffgasphase

$$\rightleftarrows$$

ursprünglicher Kristall + zusätzliche Gittermoleküle

+ Sauerstoffgasphase — Sauerstoffmoleküle.

Hier kann der „Schauplatz" des Geschehens, nämlich der ursprüngliche Kristall zusammen mit der Sauerstoffgasphase, auf beiden Seiten des Reaktionszeichens $\rightleftarrows$ weggelassen werden. Eine quantitative Verschärfung ergibt weiter

$$2\,Zn\,\bigcirc^{\times} \rightleftarrows 2\,ZnO - O_2^{(Gas)}.$$

Bei den hohen Temperaturen werden allerdings die neutralen Zwischengitterplatzbesetzungen $Zn\,\bigcirc^{\times}$ mindestens ein Elektron $\ominus$ freigegeben haben

$$Zn\,\bigcirc^{\times} \rightarrow Zn\,\bigcirc^{\cdot} + \ominus,$$

worauf dann die endgültige Reaktionsgleichung

$$2\,Zn\,\bigcirc^{\cdot} + 2\,\ominus + O_2^{(Gas)} \rightleftarrows 2\,ZnO \qquad \text{(II 7.01)}$$

lautet.

Als weiteres Beispiel erwähnen wir die Reaktion zwischen einem NiO-Kristall und einer angrenzenden $O_2^{(Gas)}$-Phase. Auch hier können an der Kristalloberfläche neue Kristallmoleküle NiO gebildet werden und auch hier erfolgt der dazu erforderliche Transport von Ni aus dem Kristallinnern an die Oberfläche durch Wanderung der Störstellen des NiO. Diese sind aber im Gegensatz zum ZnO nicht Metallionen auf Zwischengitterplätzen, sondern negativ geladene oder neutrale Nickel-

---

[1] PENNING, P.: Philips Res. Repts. 13 (1958) 17.

lücken[1] Ni □'' oder Ni □' oder Ni □$^{\times}$. Damit ein Nickeltransport aus dem Innern zur Oberfläche resultiert, müssen die Nickellücken Ni □$^{\times}$ von der Oberfläche ins Innere wandern. Die Reaktionsgleichung lautet also

ursprünglicher Kristall + Sauerstoffgasphase

$$\rightleftarrows$$

ursprünglicher Kristall + zusätzliche Gittermoleküle

+ Nickellücken + Sauerstoffgasphase — Sauerstoffmoleküle

oder quantitativ verschärft:

$$0 \rightleftarrows 2\,\mathrm{NiO} + 2\,\mathrm{Ni}\,\square^{\times} - \mathrm{O}_2^{(\mathrm{Gas})}.$$

Die bei hohen Temperaturen wahrscheinliche Freigabe eines Defektelektrons ⊕ durch die neutrale Nickellücke Ni □$^{\times}$ führt dann auf die Reaktionsgleichung:

$$\mathrm{O}_2^{(\mathrm{Gas})} \rightleftarrows 2\,\mathrm{NiO} + 2\,\mathrm{Ni}\,\square' + 2\,\oplus.$$

Als weitere Beispiele für Reaktionsgleichungen führen wir die folgenden 4 Gleichungen an, die den auf S. 40 behandelten Einbau von höher- und niederwertigen Ionen in die beiden Wirtsgitter ZnO und NiO beschreiben[2]:

$$\mathrm{Al}_2\mathrm{O}_3 \rightleftarrows 2\,\mathrm{Al}\bullet^{\cdot}(\mathrm{Zn}) + 2\,\ominus + 2\,\mathrm{ZnO} + \tfrac{1}{2}\,\mathrm{O}_2^{(\mathrm{Gas})}$$

$$\mathrm{Li}_2\mathrm{O} \rightleftarrows 2\,\mathrm{Li}\bullet'(\mathrm{Zn}) - 2\,\ominus + 2\,\mathrm{ZnO} - \tfrac{1}{2}\,\mathrm{O}_2^{(\mathrm{Gas})}$$

$$\mathrm{Li}_2\mathrm{O} \rightleftarrows 2\,\mathrm{Li}\bullet'(\mathrm{Ni}) + 2\,\oplus + 2\,\mathrm{NiO} - \tfrac{1}{2}\,\mathrm{O}_2^{(\mathrm{Gas})}$$

$$\mathrm{Cr}_2\mathrm{O}_3 \rightleftarrows 2\,\mathrm{Cr}\bullet^{\cdot}(\mathrm{Ni}) - 2\,\oplus + 2\,\mathrm{NiO} + \tfrac{1}{2}\,\mathrm{O}_2^{(\mathrm{Gas})}.$$

Aus diesen Gleichungen geht die leitfähigkeitserhöhende oder vergiftende Wirkung der Fremdionen und der Sauerstoffausgleich mit der benachbarten Gasphase hervor. Daß der Gang der Leitfähigkeit mit

---

[1] Ob in einem Gitter überwiegend Zwischengitterplatzbesetzungen oder Lückenbildung oder beides zusammen auftritt, ob es sich dabei um die Kationen oder die Anionen handelt, dies alles hängt von dem Arbeitsaufwand ab, der zur Schaffung einer Störstelle des betreffenden Typs erforderlich ist. Bezüglich der Berechnung derartiger Aktivierungsenergien in polaren Kristallen s. W. JOST: Trans. Faraday Soc. 34 (1938) II, 860. — JOST, W.: Diffusion und chemische Reaktion in festen Stoffen, Dresden/Leipzig: Theodor Steinkopff 1937. — MOTT, N. F., u. M. J. LITTLETON: Trans. Faraday Soc. 34 (1938) 485. — RITTNER, E. S., R. A. HUTNER u. F. K. DU PRÉ: J. chem. Physics 17 (1949) 198 u. 204; 18 (1950) 379. — BRAUER, P.: Z. Naturforsch. 7a (1952) 372; 8a (1953) 273; 12a (1957) 233.

[2] In „Halbleiterprobleme", Bd. 1, Braunschweig: Vieweg 1954, zeigt SCHOTTKY auf S. 137 am Beispiel des Einbaus von Li-Ionen in NiO, wie sich die hier benutzte Schreibweise derartiger Reaktionsgleichungen aus der von VERWEY und Mitarbeitern benutzten Störstellensymbolik ergibt. Siehe hierzu auch W. SCHOTTKY auf S. 269 in „Halbleiterprobleme", Bd. IV, Braunschweig: Vieweg 1958.

dem Sauerstoffpartialdruck in der Nachbarphase auf Grund solcher Reaktionsgleichungen berechnet werden kann, zeigen wir auf S. 72 u. 73, allerdings nur an einfacheren Beispielen.

§ 8. Berechnung der Gleichgewichtskonzentrationen mit Hilfe von Massenwirkungsgesetzen

Die Bedeutung dieser Reaktionsgleichungen, von denen wir jetzt einige Beispiele kennengelernt haben, geht über die eines reinen Orientierungsmittels aber weit hinaus. Sie sind vielmehr die Grundlage für die Berechnung der Gleichgewichtskonzentrationen der Reaktionspartner. Wir wollen das zunächst wieder einmal an einer der einfachsten Reaktionen demonstrieren, nämlich an der Dissoziation und Assoziation eines Donators:

$$D^\times \rightleftarrows D^+ + \ominus .$$

Die Konzentrationen der an einer solchen Reaktion beteiligten Partner befolgen das sog. Massenwirkungsgesetz[1]

$$K_D\, n_{D^\times} = n_{D^+} \cdot n_\ominus .$$

Dieses Gesetz wird durch folgende Überlegungen vielleicht verständlich[2]. Die Anzahl der Dissoziationsprozesse in der Zeit- und Volumeneinheit ist proportional der Konzentration $n_{D^\times}$ und dem Emissionskoeffizienten e_D der undissoziierten Donatoren:

$$\frac{\text{Dissoziationsprozesse}}{\text{cm}^3\,\text{sec}} = e_D\, n_{D^\times} . \qquad \text{(II 8.01)}$$

Die Anzahl der Assoziationsprozesse in der Zeit- und Volumeneinheit ist proportional den Konzentrationen der beiden Reaktionspartner, da eine Assoziation nur erfolgen kann, wenn sich 2 Reaktionspartner D^+ und $\ominus$ räumlich begegnen, und das wird um so häufiger passieren, je mehr Individuen von beiden Sorten vorhanden sind:

$$\frac{\text{Assoziationsprozesse}}{\text{cm}^3\,\text{sec}} = r_D\, n_{D^+} \cdot n_\ominus \quad \text{(s. Fußnote 3)}. \qquad \text{(II 8.02)}$$

---

[1] Im folgenden werden noch die Konzentrationen von mannigfachen anderen „Teilchen" auftreten, z. B. die von positiv geladenen Natriumlücken $\text{Na}\,\square^{\cdot}$. Wir schreiben für diese Größen immer n mit dem SCHOTTKYschen Symbol als tiefgestelltem Index, also im angezogenen Beispiel $n_{\text{Na}\square^{\cdot}}$. Entsprechend wird in diesem Kapitel für die Konzentration der Elektronen und der Defektelektronen nicht n und p, sondern $n_\ominus$ und $n_\oplus$ geschrieben.

[2] Die oben skizzierte kinetische Begründung für das Massenwirkungsgesetz wird ausführlicher auf S. 464—467 gebracht. Eine Begründung auf statistischer Basis s. S. 448—453 und eine thermodynamische Begründung s. S. 453—455.

[3] Daß hier keine weiteren Summanden $n_{D^+}^2\, n_\ominus^1$, $n_{D^+}^3\, n_\ominus^1, \ldots, n_{D^+}^1\, n_\ominus^2$, $n_{D^+}^1\, n_\ominus^3, \ldots$ usw. usw. angesetzt werden, ist darauf zurückzuführen, daß wir uns auf den Fall „genügender" Verdünnung der Reaktionspartner beschränken.

Hierbei ist r_D der Wiedervereinigungskoeffizient für die Rekombination von D^+ und $\ominus$. Im Gleichgewicht muß die Anzahl der Dissoziations- und der Assoziationsprozesse gleich sein:

$$e_D\, n_{D^\times} = r_D\, n_{D^+} \cdot n_\ominus . \tag{II 8.03}$$

Es folgt das Massenwirkungsgesetz

$$K_D\, n_{D^\times} = n_{D^+} \cdot n_\ominus \tag{II 8.04}$$

mit der Massenwirkungskonstante

$$K_D = \frac{e_D}{r_D}. \tag{II 8.05}$$

Wenn die Temperatur T des Kristalls hoch ist, wird ein thermischer Stoß häufig genügend Energie haben, um einen assoziierten Donator zu spalten. Der Emissionskoeffizient e_D der assoziierten Donatoren und die Massenwirkungskonstante $K_D = \frac{e_D}{r_D}$ werden dann groß sein. Die Statistik lehrt im einzelnen[1], daß

$$K_D = \frac{1}{2} N_C\, e^{-\frac{E_{CD}}{kT}} \tag{II 8.06}$$

ist, wobei N_C die sog. effektive Zustandsdichte[2] im Leitungsband $2{,}5 \cdot 10^{19}\,\text{cm}^{-3} \times \left(\frac{m_{\text{eff}}}{m}\right)^{3/2} \left(\frac{T}{300\,°\text{K}}\right)^{3/2}$ und E_{CD} die Dissoziationsarbeit eines Donators ist.

Durch das Massenwirkungsgesetz sind nun die Konzentrationen $n_{D^\times}$, n_{D^+} und $n_\ominus$ der Reaktionspartner noch nicht bestimmt. Dazu sind weitere Gleichungen notwendig, die von den Versuchsbedingungen abhängen. Bei Versuchen genügend weit unter dem Schmelzpunkt des Kristalls wird die Gesamtzahl n_D der Donatoren in der Volumeneinheit des Kristalls temperaturunabhängig gegeben sein[3]:

$$n_{D^\times} + n_{D^+} = n_D . \tag{II 8.07}$$

Aus dieser Gesamtbilanz (II 8.07) der Donatoren und aus dem Massenwirkungsgesetz (II 8.04) ergibt sich

$$n_{D^\times} = n_D \frac{1}{1 + \frac{K_D}{n_\ominus}} \tag{II 8.08}$$

$$n_{D^+} = n_D \frac{1}{1 + \frac{n_\ominus}{K_D}}, \tag{II 8.09}$$

und man sieht jetzt, daß es für den Ladungszustand der Donatoren auf die Elektronenkonzentration $n_\ominus$ ankommt, für deren Fixierung dem Experimentator noch weitere Versuchsbedingungen zur Verfügung

[1] Siehe Gl. (VIII 6.21) auf S. 449.

[2] Siehe Gl. (VIII 5.04) auf S. 430 und (VIII 5.17) auf S. 435.

[3] Bei Temperaturen weit unter dem Schmelzpunkt des Kristalls sind Platzwechselvorgänge von Atomen oder Ionen sehr selten. Ein bei höheren Temperaturen eingestellter Fehlordnungsgrad friert also bei tieferen Temperaturen ein. Weiteres s. S. 76.

stehen. Lassen wir das noch dahingestellt und diskutieren wir zunächst die Gln. (II 8.08) und (II 8.09).

Wir können hier die beiden folgenden Fälle unterscheiden:

$$n_\ominus \gg K_D \qquad n_{D^\times} \approx n_D \qquad n_{D^+} \approx n_D \frac{K_D}{n_\ominus} \ll n_D \tag{II 8.10}$$

Fall der Donatoren*reserve*.

$$n_\ominus \ll K_D \qquad n_{D^\times} \approx n_D \frac{n_\ominus}{K_D} \ll n_D \qquad n_{D^+} \approx n_D \tag{II 8.11}$$

Fall der Donatoren*erschöpfung*,

Bei Elektronenreichtum ($n_\ominus \gg K_D$) stehen den Donatoren viele Rekombinationspartner $\ominus$ zur Verfügung. Die meisten Donatoren werden also im assoziierten Zustand vorliegen. Das ist der Fall der Donatoren*reserve* ($n_{D^+} \ll n_D$). Bei Elektronenarmut ($n_\ominus \ll K_D$) dagegen finden die meisten Donatoren keinen Rekombinationspartner, und fast alle liegen im dissoziierten Zustand D^+ vor ($n_{D^+} \approx n_D$). Bei weiterer Absenkung der Elektronenkonzentration $n_\ominus$ kann sich daran nicht viel mehr ändern; denn die Gesamtmenge n_D der Donatoren ist ja bereits erschöpft. Wir haben den Fall der Donatoren*erschöpfung* ($n_{D^+} \approx n_D$).

Welche Mittel stehen denn nun dem Experimentator zur Verfügung, um die Elektronenkonzentration $n_\ominus$ zu beeinflussen? Scheinbar liegt hier mit der Gesamtzahl n_D der eingebauten Donatoren schon alles fest, denn wegen der für einen Kristall zu fordernden[1] Neutralität muß ja die Zahl der positiven Donatoren D^+ gleich der der negativen Elektronen $\ominus$ sein:

$$n_{D^+} = n_\ominus, \tag{II 8.12}$$

und daraus folgt zusammen mit (II 8.09)

$$n_{D^+} = n_\ominus = K_D\left[-\frac{1}{2} + \sqrt{\frac{1}{4} + \frac{n_D}{K_D}}\right]. \tag{II 8.13}$$

Trotzdem kann der Experimentator auch hier den Zustand der Reserve und der Erschöpfung (wenigstens prinzipiell) willkürlich herstellen, und zwar durch Temperaturveränderung. Bei tiefen Temperaturen

$$T \ll \frac{1}{\mathrm{k}} E_{CD} \frac{1}{\ln \frac{N_C}{2 n_D}} \tag{II 8.14}$$

ist wegen (II 8.06) die Massenwirkungskonstante

$$K_D = \tfrac{1}{2} N_C \,\mathrm{e}^{-\frac{E_{CD}}{\mathrm{k}T}} \ll n_D,$$

[1] Abgesehen von den Randschichteffekten.

und aus (II 8.13) ergibt sich als Grenzgesetz

$$n_{D^+} = n_\ominus \approx K_D \sqrt{\frac{n_D}{K_D}} \gg K_D,$$

also nach (II 8.10) Störstellenreserve. Im übrigen folgt dann

$$n_\ominus \approx \sqrt{n_D K_D} = \sqrt{\tfrac{1}{2} n_D N_C}\, e^{-\frac{\frac{1}{2} E_{CD}}{kT}}. \tag{II 8.15}$$

Der Temperaturgang der Elektronenkonzentration und damit im wesentlichen auch der der Leitfähigkeit wird also in diesem Fall durch die *halbe* Ablösearbeit E_{CD} der Donatoren geliefert (s. die Abb. II 8.1 u. II 8.2). Dagegen wird bei hohen Temperaturen[1]

$$T \gg \frac{1}{k} E_{CD} \frac{1}{\ln \frac{N_C}{2 n_D}} \tag{II 8.16}$$

wegen (II 8.06) die Massenwirkungskonstante

$$K_D = \tfrac{1}{2} N_C\, e^{-\frac{E_{CD}}{kT}} \gg n_D,$$

und aus (II 8.13) folgt jetzt das Grenzgesetz

$$\begin{aligned} n_{D^+} = n_\ominus &= K_D \left[-\frac{1}{2} + \frac{1}{2}\left(1 + \frac{1}{2} 4 \frac{n_D}{K_D}\right)\right] \\ &= K_D \left[-\frac{1}{2} + \frac{1}{2} + \frac{n_D}{K_D}\right] \\ n_{D^+} = n_\ominus &= n_D (\ll K_D), \end{aligned} \tag{II 8.17}$$

also nach (II 8.11) Störstellenerschöpfung; alle Donatoren sind dissoziiert. Die Zahl der Leitungselektronen $n_\ominus$ ist temperaturunabhängig

[1] Die Bedingung für Donatorenerschöpfung lautet also nicht

$$kT \gg E_{CD},$$

wie manchmal vermutet wird, sondern ist um den Divisor $\ln N_C/2 n_D$ milder. Da bei den vorliegenden Betrachtungen das Massenwirkungsgesetz angewendet wird, ist stillschweigend „genügende" Verdünnung des Elektronengases vorausgesetzt, also nach Gl. (VIII 5.19)

$$n_\ominus \ll N_C.$$

Weiter ist bei Donatorenerschöpfung nach (II 8.17)

$$n_\ominus \approx n_D.$$

(II 8.16) darf also nur unter der Bedingung

$$n_D \ll N_C$$

angewendet werden. Dann ist aber der Divisor

$$\ln N_C/2 n_D \gg 1$$

und bewirkt daher tatsächlich eine Milderung gegenüber

$$kT \gg E_{CD}.$$

gleich der Donatorengesamtkonzentration n_D. Die Leitfähigkeit zeigt im wesentlichen keinen Temperaturgang bis auf die Temperaturabhängigkeit der Beweglichkeit bzw. der freien Weglänge (s. die Abb. II 8.1 u. II 8.2). Diese Abhängigkeiten haben im allgemeinen[1] den Charakter

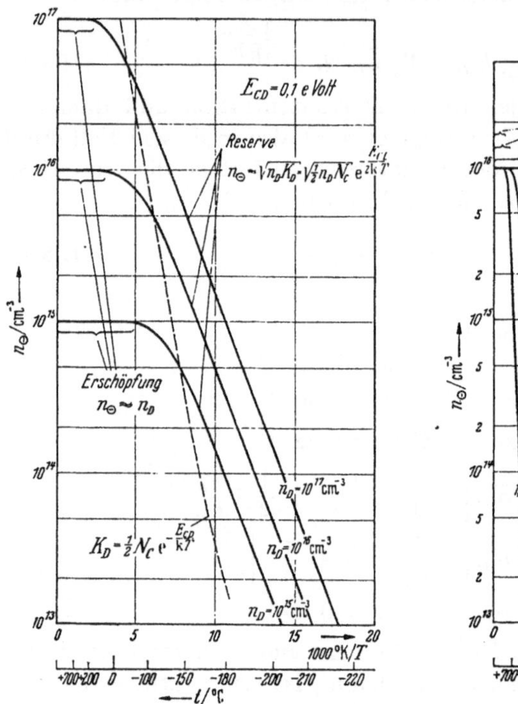

Abb. II 8.1 Konzentration $n_\ominus$ der Leitungselektronen in Abhängigkeit von der Temperatur bei verschiedenen Donatorenkonzentrationen n_D.

Abb. II 8.2 Konzentration $n_\ominus$ der Leitungselektronen in Abhängigkeit von der Temperatur bei verschiedenen Donatorenablösearbeiten E_{CD}.

$T^{-1,5} \ldots T^{-2,5}$; sie sind also im Vergleich zu den exponentiellen Temperaturgängen der Trägerkonzentration im Reservegebiet weniger wichtig.

Die Probleme, die entstehen können, wenn durch Anwendung der Massenwirkungsgesetze auf die Gänge der Leitfähigkeit eines Stoffes mit der Dotierung und der Temperatur geschlossen werden soll, werden im Kap. VIII, § 7, noch näher besprochen (S. 456).

Auch bei mehrfach ionisierbaren Störstellen gelten Massenwirkungsgesetze. Für Doppeldonatoren z. B. entnimmt man den Reaktionsgleichungen

$$D^{++} + \ominus \rightleftarrows D^{+} \quad \text{(II 8.18)}$$

$$D^{+} + \ominus \rightleftarrows D^{\times} \quad \text{(II 8.19)}$$

[1] Für Germanium und Silizium s. z. B. E. M. Conwell: Proc. IRE 46 (1958) 1281, besonders Table II auf S. 1284.

die beiden Massenwirkungsgesetze

$$n_{D^{++}} \cdot n_{\ominus} = K_{D^{++}C}\, n_{D^{+}} \tag{II 8.20}$$

$$n_{D^{+}} \cdot n_{\ominus} = K_{D^{+}C}\, n_{D^{\times}}. \tag{II 8.21}$$

Hierzu kommt eine „Störstellenbilanz“

$$n_{D^{++}} + n_{D^{+}} + n_{D^{\times}} = n_{D}, \tag{II 8.22}$$

die besagt, daß die Summe der doppelt- und der einfach-ionisierten und der neutralen Donatoren gleich der fest vorgegebenen Gesamtzahl n_D der Doppeldonatoren D sein muß. Ist keine weitere Störstellensorte vorhanden, so lautet schließlich die Neutralitätsbedingung

$$2 n_{D^{++}} + n_{D^{+}} = n_{\ominus}. \tag{II 8.23}$$

Durch die 4 Gln. (II 8.20) bis (II 8.23) sind die 4 Unbekannten $n_{D^{++}}$, $n_{D^{+}}$, $n_{D^{\times}}$ und $n_{\ominus}$ „bestimmt“, d. h. auf die Materialkonstanten $K_{D^{++}C}$ und $K_{D^{+}C}$ und auf die Gesamtzahl n_D der eingebauten Störstellen zurückgeführt. Die Abhängigkeiten von der Temperatur kommen über die Massenwirkungskonstanten herein, für die die Statistik die Beziehung

$$K_{D^{++}C} = \tfrac{1}{2}\, N_C\, e^{-\frac{1}{kT}(E_C - E_{D^{++}})} \tag{II 8.24}$$

und

$$K_{D^{+}C} = 2\, N_C\, e^{-\frac{1}{kT}(E_C - E_{D^{+}})} \tag{II 8.25}$$

liefert[1]. $E_C - E_{D^{+}}$ und $E_C - E_{D^{++}}$ sind hierbei die Ionisierungsarbeiten eines Elektrons von einem einfach geladenen Donator D^{+} bzw. von einem doppelt geladenen Donator D^{++} aus ins Leitungsband.

Recht häufig in der Praxis sind Fälle, in denen nicht nur eine Störstellensorte die Verhältnisse im Kristall maßgeblich beeinflußt, sondern in denen z. B. neben Donatoren D auch noch Akzeptoren A vorhanden sind, die sich durch Aufnahme eines Elektrons negativ aufladen[2].

Wir haben dann 3 Massenwirkungsgesetze[3]

$$n_{D^{+}}\, n_{\ominus} = K_D\, n_{D^{\times}} \tag{II 8.04}$$

$$n_{A^{-}}\, n_{\oplus} = K_A\, n_{A^{\times}} \tag{II 8.26}$$

$$n_{\oplus}\, n_{\ominus} = n_i^2. \tag{I 3.04}$$

Dazu kommen 2 Störstellenbilanzen

$$n_{D^{\times}} + n_{D^{+}} = n_D \tag{II 8.07}$$

$$n_{A^{\times}} + n_{A^{-}} = n_A \tag{II 8.27}$$

und schließlich eine Neutralitätsbedingung

$$n_{A^{-}} + n_{\ominus} = n_{D^{+}} + n_{\oplus}. \tag{II 8.28}$$

---

[1] Siehe Gl. (VIII 6.36) bzw. (VIII 6.39).

[2] Siehe z. B. A. Hoffmann in Bd. VI der „Halbleiterprobleme“, herausgegeben von F. Sauter, Braunschweig: Vieweg 1961, namentlich Abb. 19 von Morin u. Burton auf S. 175.

[3] Bezüglich der Bezeichnung $n_{\oplus}$ an Stelle des sonst in diesem Buche verwendeten p für die Defektelektronenkonzentration s. Fußnote 1, S. 66.

Dies sind 6 Gleichungen für die 6 Unbekannten $n_\ominus$, $n_\oplus$, n_{D^+}, $n_{D^\times}$, n_{A^-} und $n_{A^\times}$, die dadurch „bestimmt", d. h. auf die Materialkonstanten K_D, K_A, n_i und auf die Gesamtstörstellengehalte n_D und n_A zurückgeführt werden. Für die Massenwirkungskonstanten K_D und K_A gelten Gleichung (II 8.06) bzw.[1]

$$K_A = \tfrac{1}{2} N_V e^{-\frac{1}{kT}(E_A - E_V)} = \tfrac{1}{2} N_V e^{-\frac{1}{kT} E_{AV}}. \qquad \text{(II 8.29)}$$

Bisher haben wir in diesem § 8 solche Reaktionen betrachtet, bei denen sich nur Elektronen oder Defektelektronen bewegten. Die Gesamtzahlen n_D bzw. n_A der jeweils vorliegenden Störstellensorten wurden als fest und unveränderlich vorgegeben behandelt. Wir haben aber in § 7 gezeigt, daß dies keineswegs immer so zu sein braucht und daß sich auch die Störstellen selbst im Verlaufe von Reaktionen miteinander oder mit einer benachbarten Gasphase zu bewegen und verändern vermögen. Auch in solchen Fällen, z. B. auch für die Reaktionsgleichung

$$2\,\mathrm{Zn}\,\bigcirc^{\cdot} + 2\ominus + \mathrm{O}_2^{(\mathrm{Gas})} \rightleftarrows 2\,\mathrm{ZnO}, \qquad \text{(II 7.01)}$$

gilt bei genügender „Verdünnung" der einzelnen Reaktionspartner ein Massenwirkungsgesetz. Auch hier können wir die von links nach rechts verlaufende Reaktion als *Assoziation* von 2 Zn-Ionen auf Zwischengitterplätzen $\mathrm{Zn}\,\bigcirc^{\cdot}$, von zwei quasi freien Elektronen $\ominus$ und eines Sauerstoffmoleküls $\mathrm{O}_2^{(\mathrm{Gas})}$ der Gasatmosphäre auffassen. Die Häufigkeit einer derartigen Assoziation wird wieder dabei gleich dem Produkt der Konzentrationen jedes einzelnen der Reaktionspartner gesetzt. Gehören *zwei* Reaktionspartner zur selben Sorte, so tritt die Konzentration dieser Sorte *zwei*mal als Faktor auf. Die Koeffizienten in der Reaktionsgleichung erscheinen also im Massenwirkungsgesetz als Exponenten der Konzentrationen:

$$n^2_{\mathrm{Zn}\,\bigcirc^{\cdot}}\, n^2_\ominus\, n_{\mathrm{O}_2^{(\mathrm{Gas})}} = K_1\, n^2_{\mathrm{ZnO}}\,.$$

Nun ist die Konzentration der Gittermoleküle ZnO so unvergleichlich viel größer als die aller Reaktionspartner, daß sie sich bei keiner Umsetzung praktisch ändert. Sie wird deshalb mit in die Konstante hineingenommen, und das Massenwirkungsgesetz nimmt die Form

$$n^2_{\mathrm{Zn}\,\bigcirc^{\cdot}}\, n^2_\ominus = K_2\, n^{-1}_{\mathrm{O}_2^{(\mathrm{Gas})}} = K_3\, p^{-1}_{\mathrm{O}_2^{(\mathrm{Gas})}} \qquad \text{(II 8.30)}$$

an, wobei statt der Konzentration $n_{\mathrm{O}_2^{(\mathrm{Gas})}}$ der Sauerstoffmoleküle in der Gasphase der Sauerstoffpartialdruck als die experimentell unmittelbar gegebene Größe eingeführt worden ist.

Sind in dem untersuchten ZnO die $\mathrm{Zn}\,\bigcirc^{\cdot}$ die einzigen Störstellen, so fordert die Quasineutralitätsbedingung

$$n_\ominus = n_{\mathrm{Zn}\,\bigcirc^{\cdot}},$$

[1] Gl. (VIII 6.33) auf S. 451.

und aus (II 8.30) folgt

$$n_{\ominus} = K_3^{\frac{1}{4}} \, p_{O_2^{(Gas)}}^{-\frac{1}{4}}.$$

Das Experiment[1] liefert eine Leitfähigkeit proportional $p_{O_2^{(Gas)}}^{-\frac{1}{4,3}}$.

Die Elektronenzahl und damit die Leitfähigkeit nimmt hiernach übrigens mit wachsendem Sauerstoffpartialdruck in der benachbarten Gasphase ab: ZnO ist ein ,,Reduktionshalbleiter''.

Stellt man die entsprechenden Überlegungen für das auf S. 64 und 65 ebenfalls diskutierte Gleichgewicht zwischen einem NiO-Kristall und einer benachbarten Sauerstoffgasphase bei höheren Temperaturen an, so ergibt sich

$$n_{\oplus} = K_3^{\frac{1}{4}} \, p_{O_2^{(Gas)}}^{+\frac{1}{4}}.$$

Auch dieses Gesetz ist experimentell einigermaßen bestätigt worden[2]. NiO zeigt sich als ,,Oxydationshalbleiter'', dessen Leitfähigkeit mit wachsendem Sauerstoffpartialdruck steigt.

Wir sehen an den beiden Beispielen, daß dieser Unterschied mit der Elektronenleitung im ZnO einerseits und mit der Defektelektronenleitung im NiO andrerseits ursächlich verbunden ist. Auf diese Weise haben wir die Regel kennengelernt:

Elektronenleiter sind Reduktionshalbleiter.

Defektelektronenleiter sind Oxydationshalbleiter.

Diese Bezeichnungsweise knüpft übrigens an den verallgemeinernden Sprachgebrauch der Chemie an, in der ,,Oxydation eines Stoffes'' nicht etwa nur dessen Verbindung mit Sauerstoff bedeutet, sondern auf einen Vorgang angewendet wird, bei dem dem betreffenden Stoffe Elektronen entzogen werden. Steigt aber bei ,,Oxydation'', also bei Elektronenentzug, die Leitfähigkeit eines Halbleiters, so muß seine Leitfähigkeit durch Defektelektronen verursacht sein: Oxydations-Halbleiter sind also Defektleiter.

Schließlich sind in diesem Zusammenhang auch noch sehr eindrucksvolle Experimente von Reiss, Fuller und Morin[3-5] und von Pell[6] zu erwähnen, die das Zusammenwirken des Donators Li ○ (Si) und des Akzeptors B ● (Si) in Silizium behandeln. Die mit Bor (B) verschieden stark dotierten Siliziumkristalle wurden hierbei in ein Bad von geschmolzenem Zinn (Sn) getaucht, das eine geringe Menge von Lithium

[1] v. Baumbach, H. H., u. C. Wagner: Z. phys. Chem. Abt. B 22 (1933) 199.
[2] v. Baumbach, H. H., u. C. Wagner: Z. phys. Chem. Abt. B 24 (1934) 59.
[3] Reiss, H., u. C. S. Fuller: J. Met. 8 (1956) 276.
[4] Reiss, H., C. S. Fuller u. F. J. Morin: Bell Syst. techn. J. 35 (1956) 535.
[5] Reiss, H.: J. Chem. Phys. 25 (1956) 400 u. 408.
[6] Pell, E. M.: J. appl. Phys. 31 (1960) 1675.

(Li) enthielt. Das Lithium diffundiert ja sehr rasch in das Silizium hinein (s. Abb. II 7.3), und so konnte die Einstellung des Gleichgewichts abgewartet, also die Löslichkeit des Li im Si gemessen werden. Diese Löslichkeit ist nun in weiten Grenzen von der Dotierung des Siliziums abhängig. Das wird verständlich, wenn man bedenkt, daß jetzt in den auf S. 71 zusammengestellten Gleichungen der Donatorengehalt n_D nicht mehr als gegeben betrachtet werden kann; n_D wird vielmehr durch das thermische Gleichgewicht zwischen Siliziumkristall und Zinnbad bestimmt. Die Vermehrung der Unbekannten um n_D wird also durch das Hinzutreten eines Massenwirkungsgesetzes für die Reaktion

$$\mathrm{Li}\,\bigcirc^{\times}(\mathrm{Si}) \rightleftarrows \mathrm{Li}\,(\mathrm{Sn\text{-}Bad})$$

wieder ausgeglichen. Die Durchrechnung des Problems zeigt dann in bester Übereinstimmung mit den Experimenten, daß die Löslichkeit des Lithium im Silizium durch dessen Bordotierung um 3 Zehnerpotenzen geändertwerden konnte. Es zeigt sich ferner, daß der Temperaturgang der Lithiumlöslichkeit bei verschiedenen Bordotierungen des Siliziums sein Vorzeichen wechseln kann. Ob also bei Abkühlung das eingewanderte Lithium ausfällt oder nicht, das hängt sehr stark von der Bordotierung des Siliziums ab.

Um zu einer so weit gehenden quantitativen Beherrschung der Vorgänge zu gelangen, wie es Reiss, Fuller und Morin[1] berichten, war es natürlich nötig, daß für die Experimente ein besonders günstiges Beispiel ausgesucht wurde (große Diffusionsgeschwindigkeit des Li; demgegenüber praktisch fehlende Diffusion des B usw. usw.). Die auf diese Weise an einem Prinzipbeispiel demonstrierte Abhängigkeit zwischen 2 Störstellensorten ist ein Hinweis darauf, was alles in einem solchen Fall wie Cu in Ge passieren kann, wenn man bedenkt, daß Cu als Cu ○ (Ge) und Cu ● (Ge) vorkommt, daß Cu ● (Ge) *mehrfach* ionisierbar ist, daß Gitterlücken Ge □ und damit auch Oberflächen und Versetzungen sowie deren Wanderungsgeschwindigkeiten eine Rolle spielen und daß zu allem Überfluß auch noch Cu und schon geringe Mengen des schwer entfernbaren Ni zusammenwirken[2].

§ 9. Grundsätzliches über das Auftreten atomarer Fehlordnungserscheinungen

Ein unbefangener Leser, der zum erstenmal mit den in diesem Kapitel geschilderten atomaren Fehlordnungserscheinungen bekannt gemacht wird, kann leicht zu einer Einstellung kommen, die sich folgendermaßen kennzeichnen läßt: „Diese Fehlordnungserscheinun-

---

[1] Reiss, H., C. S. Fuller u. F. J. Morin: Bell Syst. techn. J. 35 (1956) 535.

[2] Penning, P.: Philips Res. Repts. 13 (1958) 17.

gen rufen sicher recht interessante Effekte hervor. Letzten Endes handelt es sich aber bei alledem doch nur um ‚Dreckeffekte'. Wichtiger als deren Untersuchung wäre die Lösung der Aufgabe, Kristalle mit idealer Gitterplatzbesetzung herzustellen, an denen dann die Eigenschaften idealer Kristalle studiert werden könnten.“

Es ist wohl nicht überflüssig, nachzuweisen, daß eine solche Flucht aus dem Tohuwabohu der Unordnungserscheinungen in die Reinheit der idealen Gitterplatzbesetzung aus *prinzipiellen* Gründen nicht möglich ist. Es wird hoffentlich zum mindesten plausibel werden, daß außer am absoluten Nullpunkt ein gewisses Maß von atomarer Unordnung grundsätzlich unvermeidbar ist, und daß bei endlichen Temperaturen die ideale Gitterplatzbesetzung ein ähnlich unwahrscheinlicher und völlig anomaler Ausnahmefall ist wie ein Gas, in dem sich alle Moleküle mit exakt gleicher Geschwindigkeit bewegen.

Ein exakter Beweis dieser Tatsache erfordert umfangreiche Hilfsmittel aus der allgemeinen Statistik. Wir müssen uns hier mit Plausibilitätsbetrachtungen begnügen, die wir am Beispiel des NaCl durchführen wollen. Der Stoff soll in völliger chemischer Reinheit vorliegen. Auf Grund dieser Voraussetzung, gegen die vielleicht praktische, aber keine grundsätzlichen Einwände zu erheben sind, fallen Substitutionsstörstellen weg, und es können als Störstellen nur Gitterlücken oder Zwischengitterplatzbesetzungen auftreten[1]. Zwischen diesen Störstellenarten können sich nun folgende Reaktionen abspielen:

$$\mathrm{Na}\,\bigcirc^{\cdot} + \mathrm{Na}\,\square' \rightleftarrows 0, \tag{II 9.01}$$

$$\mathrm{Cl}\,\bigcirc' + \mathrm{Cl}\,\square^{\cdot} \rightleftarrows 0, \tag{II 9.02}$$

$$\mathrm{Na}\,\bigcirc^{\cdot} + \mathrm{Cl}\,\bigcirc' \rightleftarrows \mathrm{NaCl}. \tag{II 9.03}$$

Weitere Reaktionen, wie z. B.

$$\mathrm{NaCl} + \mathrm{Na}\,\square' + \mathrm{Cl}\,\square^{\cdot} \rightleftarrows 0$$

lassen sich aus (II 9.01) bis (II 9.03) zusammensetzen — im angeführten Beispiel durch Subtraktion der beiden ersten Gln. (II 9.01) und (II 9.02) von der dritten Gl. (II 9.03).

Aus den zu (II 9.01) bis (II 9.03) gehörenden Massenwirkungsgesetzen

$$n_{\mathrm{Na}\,\bigcirc^{\cdot}} \cdot n_{\mathrm{Na}\,\square'} = a, \tag{II 9.04}$$

$$n_{\mathrm{Cl}\,\bigcirc'} \cdot n_{\mathrm{Cl}\,\square^{\cdot}} = b, \tag{II 9.05}$$

$$n_{\mathrm{Na}\,\bigcirc^{\cdot}} \cdot n_{\mathrm{Cl}\,\bigcirc'} = c \quad \text{(siehe Fußnote 2)} \tag{II 9.06}$$

[1] Daß nämlich im NaCl-Gitter ein Cl-Atom oder -Ion auf einem Na-Platz sitzt oder ein Na-Atom oder -Ion auf einem Cl-Platz, ist aus energetischen Gründen so unwahrscheinlich, daß wir diese Fehlordnungen nicht in Betracht zu ziehen brauchen.

[2] Die Konzentration n_{NaCl} der Gittermoleküle wird wieder als unveränderlich mit in die Konstante c des Massenwirkungsgesetzes genommen.

folgt nun aber schon, daß alle Störstellenkonzentrationen nur dann gleich Null sein könnten, wenn alle 3 Massenwirkungskonstanten a, b und c gleich Null wären. Das ist aber nur bei der Temperatur $T = 0$ der Fall; denn für die Konstanten von Massenwirkungsgesetzen gelten ganz allgemein Beziehungen folgender Art[1]:

$$a = \text{const} \cdot e^{-\frac{E_a}{kT}}.$$

Wir fassen zusammen: Nur bei der Temperatur $T = 0$ können alle Fehlordnungskonzentrationen verschwinden, kann also die ideale Gitterplatzbesetzung vorliegen. Bei jeder endlichen Temperatur $T > 0$ gehört zum thermischen *Gleichgewicht* eine gewisse atomare Fehlordnung, und die ideale Gitterplatzbesetzung bekommt den Charakter eines Sonderfalls, der nur auf eine einzige Weise realisiert werden kann und der deshalb im Verlaufe von Schwankungsvorgängen um den Gleichgewichtszustand mit so ungeheurer Seltenheit eintritt, daß er als praktisch ausgeschlossen zu gelten hat.

Die eben erwähnten Schwankungsvorgänge erfordern zu ihrem Ablauf, daß Gitterbausteine ihre Plätze ändern. Bei derartigen Platzwechselvorgängen müssen von den Gitterbausteinen Energieschwellen auf Grund thermischer Stöße überwunden werden. Bei niedrigen Temperaturen erfolgen thermische Stöße genügender Intensität nur sehr selten. Die Platzwechselvorgänge und die Schwankungen frieren bei niedrigen Temperaturen infolgedessen ein. Das hat aber zur Folge, daß der dem thermischen Gleichgewichtszustand entsprechende Grad von Fehlordnung sich nur bei höheren Temperaturen einstellt und daß bei Abkühlung auf tiefere Temperaturen ein zu hoher Fehlordnungsgrad einfriert; das ist natürlich nur ein anderer Ausdruck dafür, daß die Einstellung des der tiefen Temperatur entsprechenden Gleichgewichtszustandes Zeiträume erfordern würde, die undiskutabel lang sind.

Wir sehen also, daß selbst der prinzipiell unvermeidbare Fehlordnungsgrad des thermischen Gleichgewichtszustandes in der Praxis schon erhebliche Vorsichtsmaßnahmen wie langsames Abkühlen usw. zu seiner Realisierung erfordert. Während dieser Fehlordnungsgrad aber durch die Kunst des Experimentators noch mehr oder weniger gut erzielt werden kann, ist seine Unterschreitung und gar die Herstellung der idealen Gitterplatzbesetzung prinzipiell unmöglich.

---

[1] Siehe z. B. W. Jost: Diffusion und chemische Reaktion in festen Stoffen, Dresden/Leipzig: Theodor Steinkopff 1937, insbesondere S. 61, Gl. (33) bis (35). Bezüglich der Definition der Gitterkonzentrationen s. bei Jost, S. 58 u. 53.

2. Teil. Kristallversetzungen

Die Physik der Kristallversetzungen hat seit ihrem Beginn[1] vor etwa 35 Jahren einen solchen Umfang angenommen, daß selbst diejenigen Lehrbücher, die sich nur auf dieses Gebiet der Festkörperphysik beschränken, den Gegenstand nicht mehr erschöpfend behandeln können. Es können und sollen also die folgenden fünf §§ 10 bis 14 über die Kristallversetzungen lediglich in dem Umfang berichten, wie es für den Halbleiterphysiker notwendig ist, obwohl diese interessanten Dinge, die Anschauliches mit Abstrakterem so reizvoll verbinden, zu Abschweifungen verlocken.

In § 10 wird möglichst einfach und anschaulich ein Begriff davon gegeben, was eine Versetzung eigentlich ist. § 11 zeigt, daß dieser seiner Zeit rein spekulativ konzipierte Fehlordnungstyp im letzten Jahrzehnt durch die „Ätzgruben“- und durch die „Dekorations“-Technik der Anschauung unmittelbar zugänglich gemacht werden konnte. § 12 beschäftigt sich mit der Frage, warum Kristallversetzungen überhaupt auftreten. Im Gegensatz zu den atomaren Störstellen ist nämlich die thermische Gleichgewichtsdichte von Kristallversetzungen gleich Null[2]. Wie kommen also in den realen Kristallen die Versetzungen zustande? § 12 zeigt als eine Ursache hierfür plastische Verformungen, die bei Entstehung eines Kristalls meistens nicht vermieden werden

---

[1] Siehe die Fußnoten 1, 2 und 3 auf S. 31.

[2] Die Tatsache, daß es W. C. Dash gelungen ist, Siliziumeinkristalle ohne jegliche Versetzungen zu züchten, könnte vielleicht als experimenteller „Beweis“ für diese Behauptung betrachtet werden. [Siehe W. C. Dash: J. appl. Phys. 29 (1958) 736; 30 (1959) 459; 31 (1960) 736.] Im übrigen ist das Verschwinden der Gleichgewichtsdichte von Versetzungen nicht ganz unverständlich. Wenn man — ausgehend von einem völlig geordneten Gitter — irgendeine Versetzung aufbaut, so entsteht infolge der damit verbundenen elastischen und plastischen Verformungen ein erheblicher positiver Energieanteil U. Wenn weiter der so erzeugte Zustand „idealer Kristall mit irgendeiner Versetzung“ trotzdem häufiger realisiert sein soll als der völlig geordnete Kristall ohne Versetzung, so muß dieser positive Energieanteil U bei der Bildung der freien Energie $(U - TS)$ überkompensiert werden durch das Entropieglied $(-TS)$. Nun bleibt aber die Temperatur T naturgemäß auf Werte unterhalb des Schmelzpunktes beschränkt. Weiter weist eine Kristallversetzung trotz der Abweichung von der völligen Ordnung des ungestörten Gitters immer noch einen so hohen Grad von Regelmäßigkeit auf, daß die Zahl der Realisierungsmöglichkeiten und damit die Entropie S nicht allzu groß wird. Jedenfalls reicht das Entropieglied $(-TS)$ nicht aus, um die freie Energie negativ zu machen. Eine wirklich quantitative Diskussion dieser Frage findet man bei A. H. Cottrell: Dislocations and Plastic Flow in Crystals, Oxford: Clarendon Press 1953, S. 39. Aber auch in versetzungsfreien Kristallen sind noch Störungen denkbar und auch tatsächlich vorhanden, die über das Ausmaß von Punktversetzungen weit hinausgehen, z. B. Leerstellenwolken [s. A. G. Tweet: J. appl. Phys. 29 (1958) 1520] oder Stapelfehler [s. W. T. Read Jr.: Dislocations in Crystals, New York/Toronto/London: McGraw Hill 1953, S. 94].

können. Aber abgesehen von den bei der Herstellung eines Kristalls unvermeidbaren plastischen Verformungen knüpfen die Wachstumsprozesse mit Vorliebe an Kristallversetzungen an (§ 13), was ein weiterer Grund für das Vorhandensein von Kristallversetzungen in realen Kristallen ist. Wie sich diese Kristallversetzungen schließlich auf die elektrischen Eigenschaften halbleitender Kristalle auswirken, wird in § 14 besprochen.

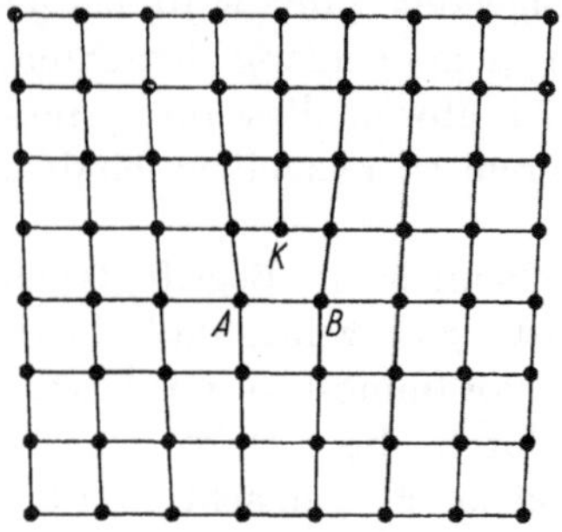

Abb. II 10.1 Kantenversetzung. In dieser Abbildung kommt es neben der gegenseitigen Lage der Atome auf ihre Bindungsverhältnisse untereinander an. Deshalb werden die Atome durch Kugeln dargestellt, die durch die Striche aneinander gebunden sind. Das Gleiche gilt für die nächsten drei Abbildungen im Gegensatz zu Abb. II 10.6 bis 10.8.

§ 10. Kanten- und Schraubenversetzungen

Die Abb. II 10.1 zeigt eine sog. Kantenversetzung in einem kubisch primitiven Gitter. Theoretisch kann man sich diese Fehlordnung dadurch entstanden denken, daß in ein in Ordnung befindliches Gitter zusätzlich eine Gitterhalbebene kantenartig von oben her hereingezwängt wurde. Das in der Zeichenebene liegende unterste Atom K dieser Extraebene hat keinen gegenüberliegenden nächsten Nachbarn, sondern ist von den Atomen A und B gleich weit entfernt.

Es ist nun anschaulich verständlich (s. Abb. II 10.2), daß mit relativ kleinen Lageänderungen von relativ wenigen Atomen das Atom K in eine Bindung zu B hinüberschnappen kann, während der

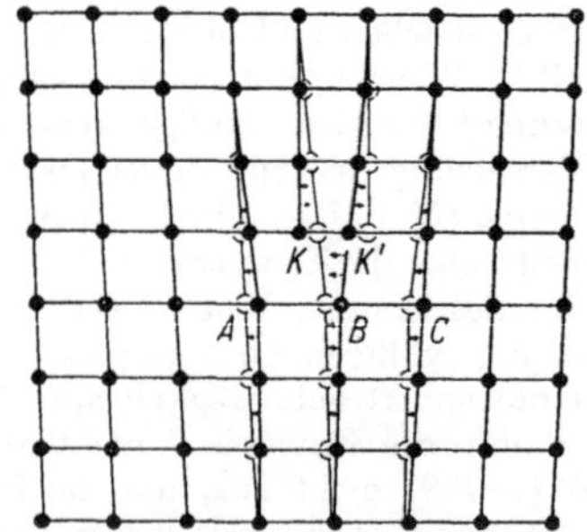

Abb. II 10.2 Hinüberschnappen des Kantenatoms K in eine Bindung mit B, die von dem neuen Kantenatom K' abgerissen ist.

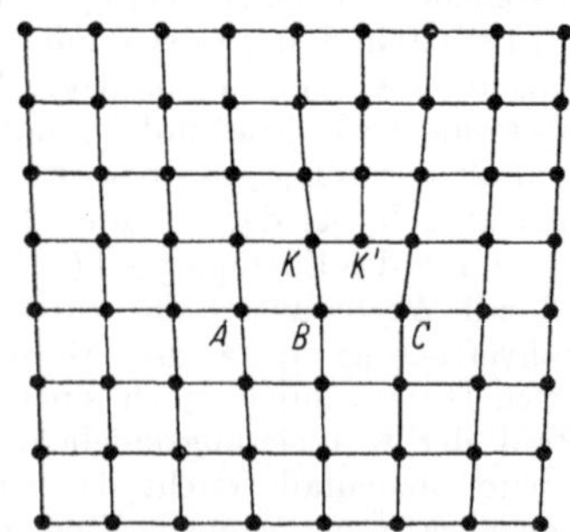

Abb. II 10.3 Die Versetzung ist um eine Gitterkonstante nach rechts gewandert.

rechte Nachbar von K, das Atom K', jetzt in eine Zwischenlage zwischen B und C hineingeschnappt ist (Abb. II 10.3). Vergleicht man Abb. II 10.1

mit Abb. II 10.3, so sieht man, daß die gegenseitige Anordnung der Atome, ihre Konfiguration, daß die „Kantenversetzung" also um eine Gitterkonstante nach rechts gewandert ist, obwohl die einzelnen Atome nur relativ geringfügige Bewegungen gemacht haben.

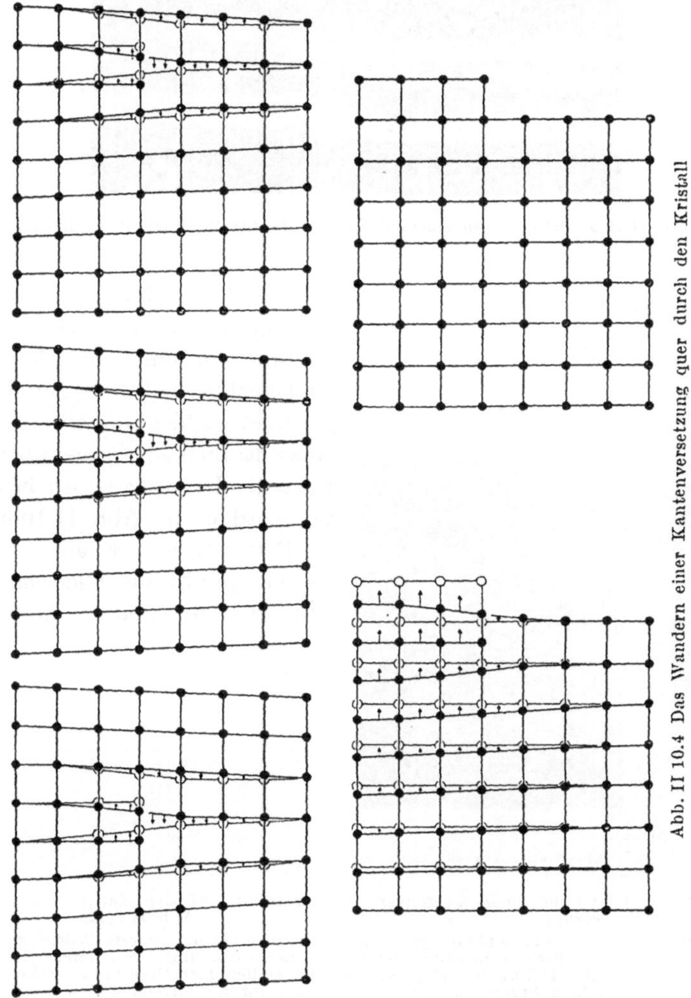

Abb. II 10.4 Das Wandern einer Kantenversetzung quer durch den Kristall

Stellen wir uns allerdings vor, daß die Kantenversetzung noch weitere derartige Schritte nach rechts macht und schließlich bis an die rechte Oberfläche des Kristalls durchläuft (Abb. II 10.4), so sehen wir, daß sich die geringfügigen Bewegungen der einzelnen Atome durch die oftmalige Wiederholung des Sprunges der Kantenversetzung doch zu einem merkbaren Effekt aufsummiert haben. Der obere rechte

Quadrant des Kristalls ist nämlich jetzt gegenüber dem unteren rechten Quadranten um eine Gitterkonstante versetzt oder verschoben. Er ist

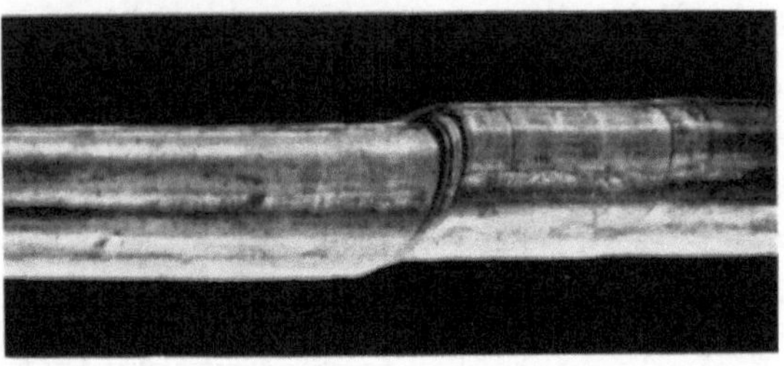

Abb. II 10.5 Gleitebene in einem Cadmium-Einkristall. (Nach B. A. BILBY.)[1]

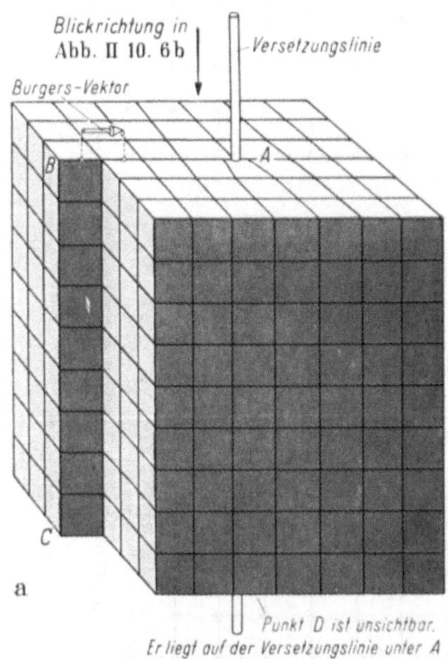

infolge der vielmals wiederholten Sprünge der Kantenversetzung insgesamt um eine Gitterkonstante nach rechts geglitten. Ein derartiges irreversibles Gleiten von Teilen eines Einkristalls gegenüber dem Rest des Kristalls ist oft beobachtet worden[2] (s. Abb. II 10.5).

Betrachten wir unter diesem Gesichtspunkt des Gleitens die in Abb. II 10.6a und b dargestellte

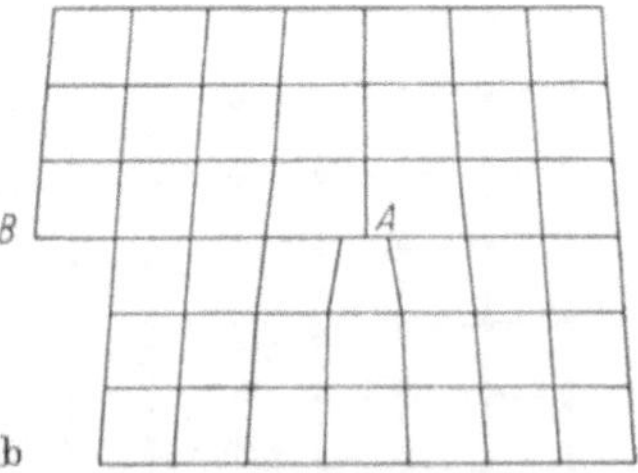

a) Räumliche Darstellung einer Kantenversetzung; b) Aufsicht auf die Kantenversetzung der Abb. II 10.6a.

Abb. II 10.6a u. b In diesen Abbildungen sind die Atome als deformierte Würfel gezeichnet. Die Striche bedeuten jetzt also nicht Bindungen wie seiner Zeit in den Abb. II 10.1 bis 10.4, sondern sie stellen hier Grenzen zwischen den einzelnen Atomen dar. Das Gleiche gilt für die folgenden beiden Abb. II 10.7 und II 10.8.

---

[1] Der Autor dankt Herrn COTTRELL und dem Verlag The Clarendon Press für die Erlaubnis, diese Aufnahme dem Buche „Dislocations and Plastic Flow in Crystals" von A. H. COTTRELL (Oxford: Clarendon Press 1953) entnehmen zu dürfen.

[2] Im übrigen handelt es sich eigentlich um eine alltägliche Erfahrung; denn die technisch so bedeutungsvolle Verformbarkeit der Metalle durch Hämmern, Schmieden und Walzen beruht auf verwandten Prozessen.

Kantenversetzung, so können wir sie uns dadurch entstanden denken, daß unter dem Einfluß einer Scherbeanspruchung der linke vordere Teil des Kristalls gegenüber dem Rest um eine Gitterkonstante geglitten ist. Die Gleitung erfolgte dabei auf einer Ebene *ABCD*. In dieser Ebene ist das Material links von der Geraden *AD* geglitten und rechts davon dagegen nicht geglitten. Die „Versetzungslinie" *AD* trennt also auf einer Gleitfläche geglittenes und nicht geglittenes Material. Richtung und Betrag der Gleitung wird durch den Burgers-Vektor angegeben (s. Abb. II 10.6)[1]. Im vorliegenden Fall ist er senkrecht zur Versetzungslinie *AD* gerichtet.

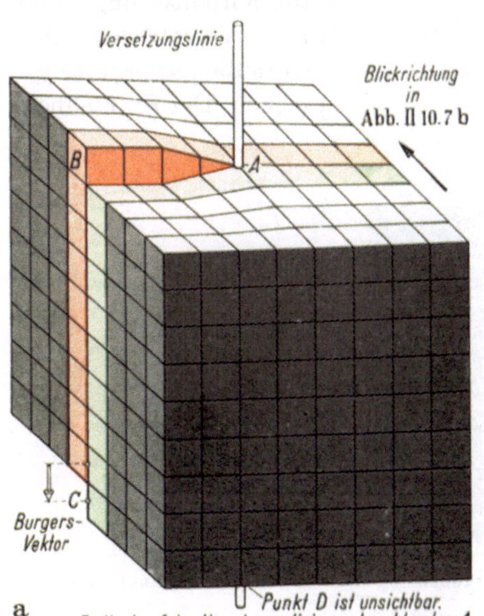

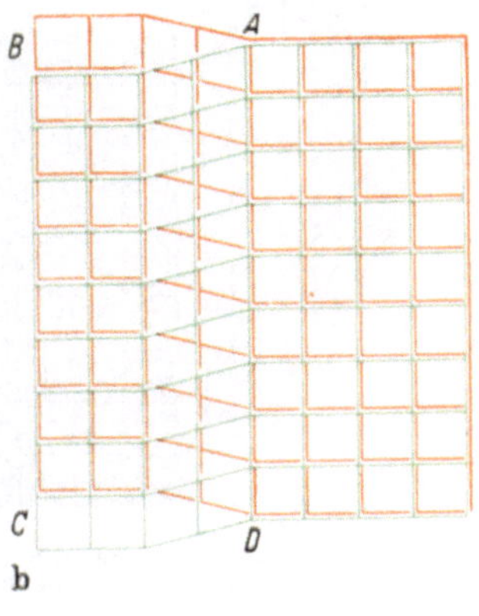

Abb. II 10.7 a) Schraubenversetzung; b) Ansicht der Gleitebene *ABCD*

Das braucht nun keineswegs immer so zu sein. In Abb. II 10.7a und b ist eine Versetzung dargestellt, bei der die Gleitung parallel zur Versetzungslinie *AD* erfolgt. Wegen der dabei entstehenden wendeltreppenartigen Anordnung der Atome nennt man eine derartige Versetzung „Schraubenversetzung".

Die Abb. II 10.8a und b zeigt weiter, daß zwischen einer Kantenversetzung und einer Schraubenversetzung mannigfache Übergänge möglich sind. Hier ist nämlich auf der Gleitebene *ABC* das geglittene und das nicht geglittene Material nicht durch eine Gerade *AD* wie in Abb. II 10.7b getrennt, sondern durch eine gekrümmte Kurve *AC* (s. Abb. II 10.8b). Diese gekrümmte Versetzungslinie verläuft in der

[1] Wir begnügen uns mit dieser etwas laxen Einführung des Burgers-Vektors. Für eine exakte Behandlung s. J. M. Burgers: Proc. Kon. Ned. Akad. V. Wet. Amst. 42 (1939) 293, 315 u. 378, oder auch F. C. Frank: Phil. Mag. 42 (1951) 809.

Nähe von A parallel zur Gleitung, und deshalb hat die Versetzung dort Schraubencharakter. Dann biegt sie aber von der Gleitrichtung ab und verläuft zum Schluß bei C senkrecht zur Gleitrichtung. Infolgedessen hat sie dort Kantencharakter bekommen.

Man sollte also eigentlich nicht zwischen einer Kantenversetzung und einer Schraubenversetzung unterscheiden, sondern korrekter nur von einer Versetzung mit Kantenorientierung und einer Versetzung mit Schraubenorientierung sprechen. Der Einfachheit halber werden aber die Ausdrücke Kanten- und Schraubenversetzung laufend verwendet.

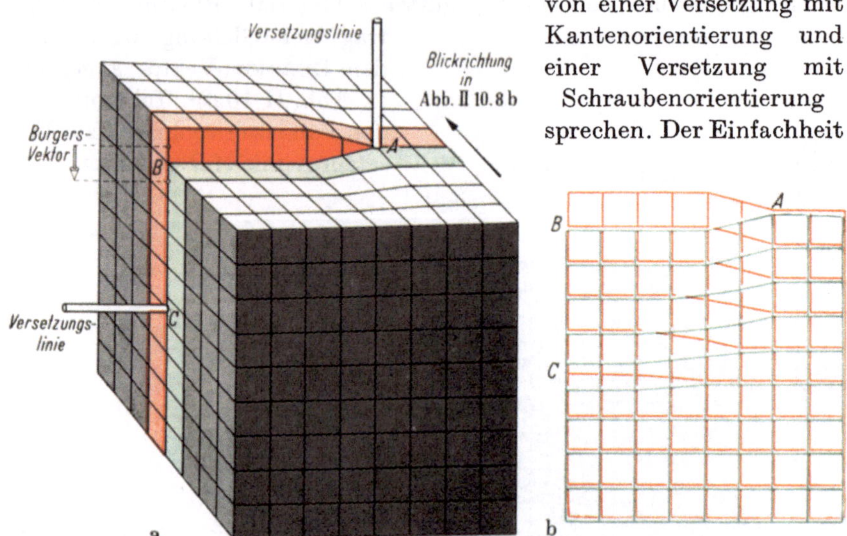

Abb. II 10.8 a) Eine Versetzung, die von Schrauben- zu Kantenorientierung hinüberwechselt b) Ansicht der Gleitebene ABC.

§ 11. Experimenteller Nachweis von Versetzungen

In einer Kristallversetzung sind die Bindungsverhältnisse einer ganzen Reihe von Atomen gestört. Bei der Kantenversetzung nach Abb. II 10.1 hat das Atom K — und die ganze darunterliegende Reihe von Atomen übrigens auch — keine Bindung zu einem direkt gegenüberliegenden nächsten Nachbarn. Bei der Schraubenversetzung nach Abb. II 10.7 enthält die horizontale Deckfläche eine Stufe. Bei einem Atom dieser Stufe fehlt das Atom davor und das Atom darüber. Es hat nur vier nächste Nachbarn. Es ist infolgedessen lockerer gebunden als ein von sechs nächsten Nachbarn umgebenes Atom im Innern.

Es ist also nicht unverständlich, daß Prozesse, die das Gitter aufzulösen versuchen, bevorzugt an Versetzungen angreifen. Neben der Verdampfung ist hier besonders wichtig die Wirkung von chemischen

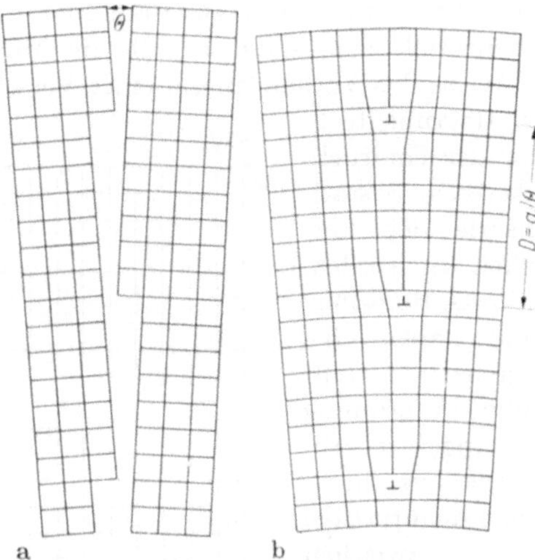

Abb. II 11.1 Aufbau einer Kleinwinkel-Korngrenze durch regelmäßig angeordnete Kantenversetzungen. (Nach J. M. BURGERS, W. G. BURGERS, W. L. BRAGG.)[1].

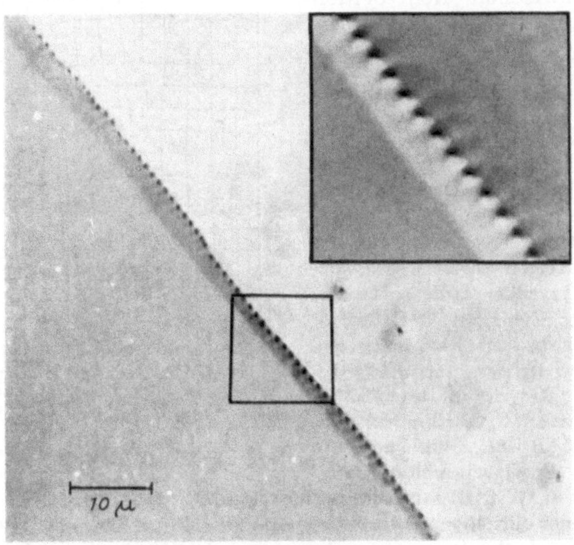

Abb. II 11.2 Feinkorngrenze in einem Germanium-Einkristall[2]. [Nach F. L. VOGEL, W. G. PFANN, H. E. COREY und E. E. THOMAS, Phys. Rev. 90 (1953) 498.]

---

[1] Der Autor dankt Herrn READ und der McGraw-Hill Book Co. für die Erlaubnis, diese Abbildung aus dem Buch „Dislocations in Crystals" (1953) entnehmen zu dürfen.

[2] Der Autor dankt Herrn PFANN und dem Physical Review für die Erlaubnis, diese Aufnahme dem Physical Review entnehmen zu dürfen.

Ätzmitteln; um das Ende einer Versetzung auf einer Kristalloberfläche bildet sich gegebenenfalls eine Ätzgrube, die im Mikroskop sichtbar ist und auf diese Weise das Vorhandensein einer Versetzung erkennbar macht[1]. Mit der Ätzgrubentechnik ist nun eine der eindrucksvollsten, quantitativen Bestätigungen der Theorie der Versetzungen möglich geworden. J. M. BURGERS[2], W. G. BURGERS[3] und W. L. BRAGG[4] haben eine Kleinwinkelkorngrenze aufgefaßt als eine regelmäßige Anordnung von Kantenversetzungen (s. Abbildung II 11.1). Die aus dieser Auffassung folgende quantitative Beziehung $D = a/\Theta$ zwischen Gitterkonstante a, Ätzgrubenabstand D und Winkelunterschied Θ zwischen den beiden Gitterorientierungen ist von VOGEL, PFANN, COREY und THOMAS quantitativ durch Kombination von Ätzgrubenbildern (s. Abb. II 11.2) und RÖNTGEN-Strahlbeugung bestätigt worden[5].

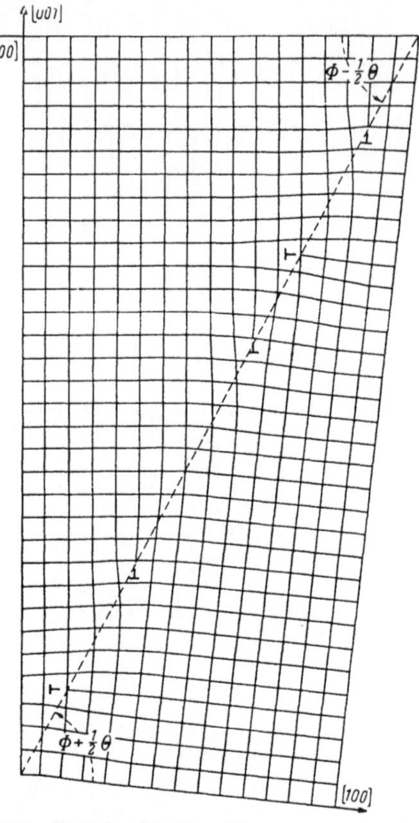

Abb. II 11.3 Dieselbe Korngrenze wie in Abb. II 11.1. Jetzt bildet aber die Korngrenzenebene einen willkürlichen Winkel Φ mit der mittleren (001-Ebene der beiden Körner. In Abbildung II 11.1 lag der Spezialfall $\Phi = 90°$ vor.[6]

[1] Die Ätzbilder von Aluminiumeinkristallen zeigen „Adern", die sich in einzelne Ätzgruben auflösen lassen. Die diesbezüglichen von P. LACOMBE und Mitarbeitern seit 1945 erzielten Ergebnisse werden zusammenhängend diskutiert in „Report of the Conference on Defects in Crystalline Solids". University of Bristol. Published by the Physical Society London 1955. W. SHOCKLEY u. W. T. READ vermuteten erstmals, daß eine solche Ätzgrube am Endpunkt einer einzelnen Versetzung entsteht [Phys. Rev. 75 (1949) 692].

[2] BURGERS, J. M.: Proc. phys. Soc., Lond. 52 (1940) 23. — Proc. Kon. Ned. Akad. V. Wet. Amst. 42 (1939) 293, 315 u. 378.

[3] BURGERS, W. G.: Proc. Kon. Ned. Akad. V. Wet. Amst. 50 (1947) 595.

[4] BRAGG, W. L.: Proc. phys. Soc. Lond. 52 (1940) 54.

[5] VOGEL, F. L., W. G. PFANN, H. E. COREY u. E. E. THOMAS: Phys. Rev. 90 (1953) 498.

[6] Der Autor dankt Herrn READ und der McGraw-Hill Book Co. für die Erlaubnis, diese Abbildung aus dem Buch „Dislocations in Crystals" (1953) entnehmen zu dürfen.

Auch allgemeinere Korngrenzen lassen sich als Anhäufung von Versetzungen auffassen (s. Abb. II 11.3). Von dieser Auffassung ausgehend hat sich eine quantitative Theorie der Korngrenzen und ihrer Bewegungen entwickelt, auf die im Rahmen dieses Halbleiterbuches natürlich nicht eingegangen werden kann[1].

Außer der Ätzgrubentechnik entwickelt sich seit neuestem die sog. Dekorationstechnik zum Sichtbarmachen von Versetzungen. Die Gitterauflockerung in der Umgebung einer Kristallversetzung erleichtert den

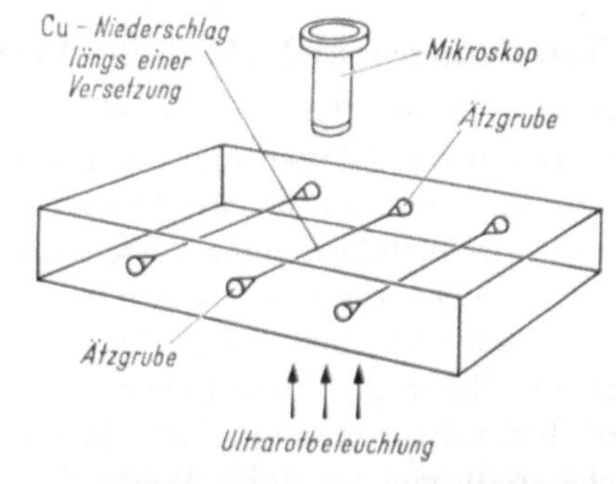

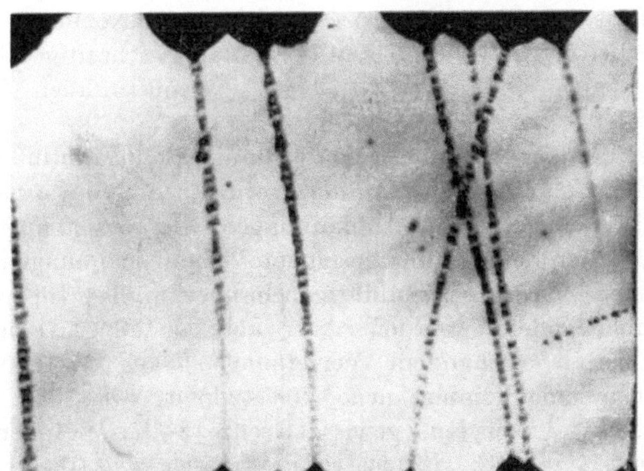

Abb. II 11.4 a u. b Ultrarotaufnahme von Versetzungen, die mit Cu dekoriert sind.[2] [Nach W. C. DASH: J. appl. Phys. 27 (1956) 1193.]

Einbau von Fremdatomen. Man hat nun bei erhöhter Temperatur Cu in Si eindiffundieren lassen, das dann bei Abkühlung bevorzugt an Versetzungen ausfällt. Wird eine derartige Siliziumprobe mit Ultrarot durchleuchtet, so wird der Verlauf der Versetzungen sichtbar. Bei gleichzeitiger Ätzung der Oberfläche kann man sehen, inwieweit

[1] Siehe z. B. W. T. READ JR.: Dislocations in Crystals, New York/Toronto/London: McGraw-Hill 1953, Kap. 11 bis 14.

[2] Der Autor dankt Herrn W. C. DASH und dem Verlag des Journal of Applied Physics für die Erlaubnis, diese Aufnahme reproduzieren zu dürfen.

die Versetzungen in Ätzgruben enden[1] (Abb. II 11.4). Auf diese Weise ist ein Anschluß der Dekorationstechnik an die Ätzgrubentechnik möglich geworden. Bei Germanium ist eine Ultrarotdurchleuchtung nicht möglich. Hier haben Tyler und Dash die Versetzungen mit Lithium dekoriert und die Lithium-Niederschläge wieder durch besondere Ätzmethoden sichtbar gemacht[2].

§ 12. Versetzungen und plastische Verformung

Als wir in § 10 zu erläutern hatten, was eine Versetzung eigentlich ist, kamen wir sofort auf das Gleiten eines Kristalls und das *Wandern* einer Versetzung zu sprechen. Es ist anschaulich evident, daß das in den Abb. II 10.4 gezeigte Wandern einer Versetzung unter dem Einfluß geeigneter Schubspannungen eintreten wird[3] und damit dem Kristall ein relativ leichtes Nachgeben gegenüber der anliegenden Scherbeanspruchung ermöglicht. Einer der historischen Ausgangspunkte für die Beschäftigung mit Kristallversetzungen war ja anfangs der dreißiger Jahre die Tatsache, daß viel zu hohe Werte für die „Fließgrenze", für das Einsetzen der Gleitprozesse also, herauskommen, wenn man sich den Gleitprozeß eines Kristalls als das gleichzeitige Gleiten aller Atome des einen Ufers der Gleitebene gegenüber allen Atomen des anderen Ufers vorstellt.

Einerseits wandern also Versetzungen unter dem Einfluß von Schubspannungen. Andererseits sind die Korngrenzen von Kristallen, wie wir in § 11 gesehen haben, Anhäufungen von Versetzungen. Daraus folgt, daß unter dem Einfluß geeigneter Schubspannungen zahlreiche Versetzungen von den Kristallitgrenzen her in das Innere der Kristallite hineinwandern werden. Aber auch im Innern eines Kristalls erzeugen bereits vorhandene Versetzungen nach dem sog. Frank-Read-Mechanismus[4] immer neue Versetzungen, wenn der Einkristall spannungsmäßig über eine gewisse Grenze hinaus beansprucht wird. Aus alledem ergibt sich, daß plastische Verformungen das ganze Innere eines Kristalls mit Versetzungen unvermeidlich verseuchen. Tatsächlich

---

[1] Dash, W. C.: J. appl. Phys. 27 (1956) 1193.

[2] Tyler, W. W., u. W. C. Dash: J. appl. Phys. 28 (1957) 1221.

[3] Es ist hier eine ganze Dynamik der Kristallversetzungen entstanden mit einer Kraft, die von den Schubspannungen des Kristalls auf ein Linienelement einer Versetzung ausgeübt wird, mit einer Linienspannung, die eine Versetzungslinie in sich zu verkürzen sucht, mit einer kinetischen Energie, die bei einer sich bewegenden Versetzung zu ihrer potentiellen Energie hinzukommt und mit einer Beweglichkeit μ, die bei kleinen Geschwindigkeiten die Wirkung einer Wärme und Schall erzeugenden Reibungskraft wiedergibt. Für alle diese Dinge muß der interessierte Leser auf die Literatur verwiesen werden (s. z. B. W. T. Read Jr.: Dislocations in Crystals, New York/Toronto/London: McGraw-Hill 1953).

[4] Siehe z. B. W. T. Read, loc. cit., Kap. 6.

verformt man auch einen Kristall plastisch — durch Biegeprozesse z. B. —, wenn man in ihn zu Untersuchungszwecken Versetzungen in definierter Menge und Anordnung hineinbringen will. Häufig wird auch schon das Wachsen eines Kristalls bei erhöhter Temperatur vor sich gehen und in der Natur dann von tektonischen, im Laboratorium von thermisch bedingten Spannungen begleitet sein. Auf jeden Fall werden bei der Abkühlung thermische Spannungen unvermeidbar sein und als Ursache für das Einwandern von Versetzungen wirken.

§ 13. Versetzungen und Kristallwachstum

Darüber hinaus hat sich aber gezeigt, daß die Versetzungen beim Kristallwachstum auch schon *ohne* den Umweg über thermisch bedingte Spannungen eine ganz entscheidende Rolle spielen. Ein auf eine kom-

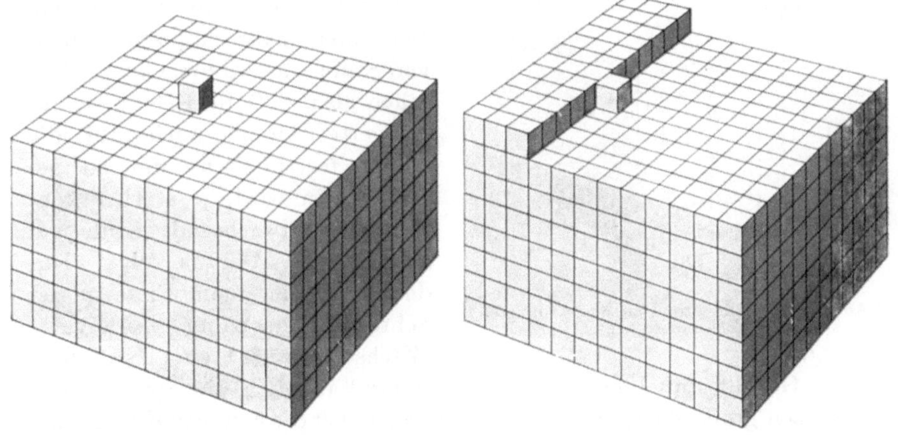

Abb. II 13.1 Ein Atom auf einer kompletten Gitterebene.

Abb. II 13.2 Ein Atom an einer Stufe zwischen zwei Gitterebenen.

plette Kristallebene aufgesetztes Atom (s. Abb. II 13.1) hat nur einen einzigen nächsten Nachbarn (nämlich direkt unter sich) und wird deshalb auf dieser Oberfläche leicht beweglich herumrutschen können. Kommt es bei diesen ziellosen Zickzackbewegungen zufällig an eine von einer inkompletten Kristallebene gebildeten Stufe (s. Abb. II 13.2), so wird es jetzt von einem zweiten nächsten Nachbarn (nämlich horizontal neben sich) zusätzlich gebunden. Es wird diese Stufe also nicht mehr verlassen, sondern längs dieser Stufe hin und herrutschen. Kommt es dabei schließlich an eine „innere" Ecke (s. Abb. II 13.3), so wird es durch die zusätzliche Bindung an einen dritten nächsten Nachbarn (nämlich horizontal hinter sich) endgültig festgelegt.

Wir sehen also, daß das Weiterwachsen eines Kristalls bevorzugt an Stufen und Ecken inkompletter Kristallebenen angreifen wird und daß jedesmal nach Vollendung einer Kristallebene quasi ein kritischer Punkt im Wachstumsprozeß eintritt, bei dem der Beginn einer neuen Ebene um so unwahrscheinlicher ist, je vollkommener die eben abgeschlossene Ebene ist. Diese ganze Problematik tritt nun aber gar nicht erst ein, wenn die Kristalloberfläche von Schraubenversetzungen durchstoßen ist. Dann ist nach Abb. II 10.7 der Kristall ja gar nicht durch aufeinanderfolgende Kristallebenen, die in sich geschlossen sind, aufgebaut. Der Kristall stellt vielmehr eine sehr flache Wendeltreppe dar. Er besteht nur aus einer einzigen Schraubenfläche, die unbegrenzt weiterwachsen kann, wobei sie sich um die Versetzungslinie herum aufwindet.

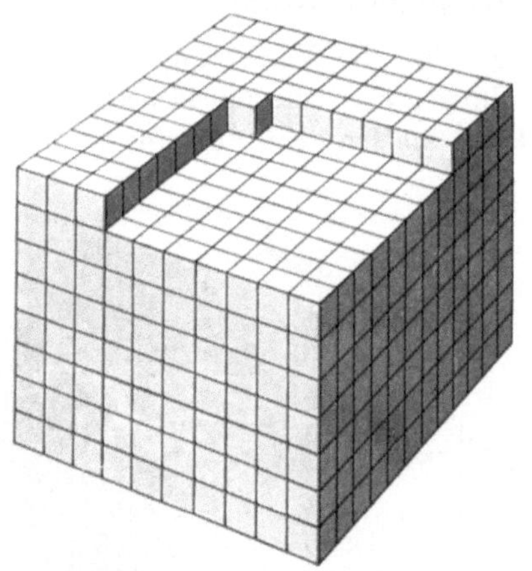

Abb. II 13.3 Ein Atom an einer „inneren" Ecke zweier Stufen.

Eine makroskopisch konvexe Stufe enthält nun im Mittel mehr „äußere" als „innere" Ecken. Bei einer makroskopisch konkaven Stufe wäre es umgekehrt. Wir sehen also, daß die Fähigkeit, angelagerte Atome auch auf die Dauer festzuhalten, um so geringer sein wird, je stärker konvex die aufwachsende Stufe gekrümmt ist. Daraus folgt aber, daß eine mit einem Ende in der Schraubenversetzung verankerte Wachstumsstufe eine spiralförmige Gestalt annehmen muß. Außen muß nämlich die Spirale beim Wachsen große Wege zurücklegen. Dort ist aber die konvexe Krümmung auch gering und die Wachstumsgeschwindigkeit deshalb groß. Innen in der Nähe der Schraubenversetzung ist die Krümmung groß und das Wachstum infolgedessen langsam. Man sieht, daß sich ein Zustand herausbilden kann und deshalb bei genügend ungestörtem Ablauf des Prozesses auch herausbilden wird, bei dem die Spirale ohne Änderung ihrer Form um die Schraubenversetzung herum rotieren wird. Derartige Wachstumsspiralen sind in den letzten Jahren tatsächlich beobachtet worden (s. Abb. II 13.4)[1].

Zusammenfassend bleibt also festzustellen, daß reale Kristalle infolge von plastischen Verformungen, die wahrscheinlich schon bei

---

[1] Andere Formen von Wachstumsstufen entstehen, wenn 2 Schraubenversetzungen entgegengesetzten Schraubungssinnes zusammen eine sog. Frank-Read-Quelle bilden. Siehe hierzu W. T. Read Jr.: Dislocations in Crystals, New York/Toronto/London: McGraw-Hill 1953, Kap. 10.4, S. 147 u. 148. Siehe auch W. C. Dash: J. appl. Phys. 27 (1956) 1387 und Umschlagbild von Heft 11.

ihrer Entstehung unvermeidlich gewesen sind, mit Versetzungen verseucht sind. Außerdem wachsen Kristalle mit Schraubenversetzungen schneller als Kristalle ohne Schraubenversetzungen, ein weiterer Grund dafür, daß unter den realen Kristallen solche mit Versetzungen bei

Abb. II 13.4 Wachstumsspiralen auf Siliziumkarbid.[1] (Nach A. R. VERMA: Crystal Growth and Dislocations, London: Butterworths 1953.)

weitem überwiegen müssen. Um eine quantitative Angabe zu machen: Technische Siliziumkristalle haben im allgemeinen Versetzungsdichten von $10^3 \cdots 10^5\,\mathrm{cm}^{-2}$, d. h, jeder Quadratzentimeter des Kristallquerschnitts wird im Mittel von $10^3 \cdots 10^5$ Versetzungslinien durchstoßen.

§ 14. Versetzungen und elektrische Eigenschaften der Halbleiter

Das Vorhandensein einer mehr oder weniger großen Anzahl von Versetzungen wirkt sich auf die elektrischen Eigenschaften eines Halbleiterkristalls wahrscheinlich durch verschiedene Effekte aus, die unmittelbar nichts miteinander zu tun haben. Gerade wegen dieses

[1] Der Autor dankt Herrn A. R. VERMA und dem Verlag Butterworths Scientific Publications für die Erlaubnis, diese Aufnahme dem Buche „Crystal Growth and Dislocations“ von A. R. VERMA entnehmen zu dürfen.

Durcheinanders mehrerer Effekte, die sich nicht ohne weiteres trennen lassen, sind die experimentellen Ergebnisse häufig verworren und widerspruchsvoll. Das ist für ein so junges[1] Forschungsgebiet typisch und nicht weiter verwunderlich. Es ist aber für uns Anlaß genug, auf eine systematische Behandlung zu verzichten und lieber mit denjenigen Effekten zu beginnen, die experimentell deutlich belegt werden konnten.

Als erstes ist hier der Zusammenhang zwischen der Versetzungsdichte N und der sog. Lebensdauer τ der Minoritätsträger in Germaniumeinkristallen zu erwähnen. In Abb. II 14.1 sind die diesbezüglichen Ergebnisse von OKADA[2], von McKELVEY[3], von WERTHEIM und PEARSON[4] und schließlich von KURTZ, KULIN und AVERBACH[5] aufgetragen. Alle 4 Autoren bzw. Autorengruppen erhalten eine umgekehrte Proportionalität zwischen Lebensdauer und Versetzungsdichte. Die Proportionalitätsfaktoren sind bei OKADA, bei McKELVEY und bei WERTHEIM-PEARSON annähernd die gleichen. Die Meßkurve von KURTZ, KULIN und AVERBACH liegt dagegen um zwei 10er Potenzen höher. Man nimmt heute an, daß sich KURTZ, KULIN und AVERBACH geirrt haben, und zwar in der Beurteilung der Versetzungsdichte ihrer Kristalle.

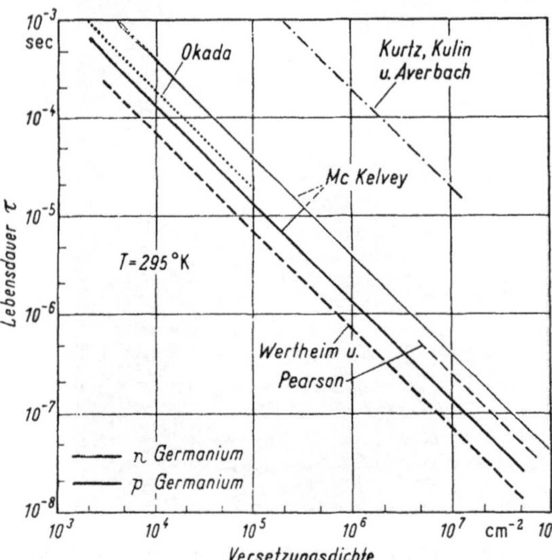

Abb. II 14.1 Die Lebensdauer von Minoritätsträgern in n- und in pGermanium in Abhängigkeit von der Versetzungsdichte.

[1] Die Lehre von den Versetzungen selbst ist zwar 35 Jahre alt, also keineswegs mehr ganz jung (siehe Fußnoten 1, 2 und 3 auf S. 31). Aber der Zusammenhang zwischen Versetzungen und Halbleitereigenschaften wird erst seit wenigen Jahren erforscht. Siehe hierzu P. HAASEN u. A. SEEGER in Bd. IV der „Halbleiterprobleme“, S. 68, herausgegeben von W. SCHOTTKY, Braunschweig: Vieweg 1958; W. BARDSLEY in „Progr. in Semiconductors“, Bd. 4, S. 155, New York/London: J. Wiley 1960; H.-J. QUEISSER in Bd. II der „Festkörperprobleme“, S. 162, herausgegeben von F. SAUTER, Braunschweig: Vieweg 1963.

[2] OKADA, J.: Phys. Soc. Jap. 10 (1955) 1110.

[3] McKELVEY, J. P.: Phys. Rev. 106 (1957) 910.

[4] WERTHEIM, G. K.. u. G. L. PEARSON: Phys. Rev. 107 (1957) 694.

[5] KURTZ, A. D., S. A. KULIN u. B. L. AVERBACH: Phys. Rev. 101 (1956) 1285.

Daß aber bereits die bloße Messung dieser Fundamentalgröße bei derartigen Experimenten noch mit solch größenordnungsmäßigen Abweichungen behaftet sein kann, zeigt deutlich, auf wie unsicherem Boden man sich hier bewegt.

Es ist verständlich, daß der Zusammenhang zwischen τ und N wirklich gut nur bei größeren Versetzungsdichten N und entsprechend kleinerem τ-Wert ausgeprägt ist. Dann sind eben die vielen Versetzungen diejenigen Kristallstörungen, die den Rekombinationsvorgang beherrschen. Bei Kristallen mit wenig Versetzungen tritt ihr Einfluß beispielsweise gegenüber dem von Fremdatomen zurück. Diese Bemerkung gilt wahrscheinlich für Silizium in noch stärkerem Maße als für Germanium. Bei dem in der Halbleitertechnik verwendeten Silizium mit großen Lebensdauerwerten ist jedenfalls kein Zusammenhang zwischen τ und N zu erkennen. Im Bereich kleiner τ und großer N dürfte dieser Zusammenhang aber wohl auch bei Silizium vorhanden sein.

Eine weitere durch Experimente gut belegte Wirkung der Versetzungen auf die elektrischen Eigenschaften von Halbleiterkristallen beruht auf einem gewissermaßen indirekten Mechanismus. Das Gittergefüge ist in der Umgebung einer Versetzung gelockert. Das führt dazu, daß gewisse Fremdatome bevorzugt in der nächsten Nähe von Versetzungen abgeschieden werden. Diese ,,Dekoration" der Versetzungen mit Cu (in Silizium) bzw. mit Li (in Germanium) haben ja Dash[1] bzw. Tyler und Dash[2] zur Sichtbarmachung der Versetzungen benutzt (s. S. 85f.). In bezug auf die elektrischen Eigenschaften ist aber besonders folgenschwer, daß die abgeschiedenen Fremdatome als Akzeptoren (Cu in Si) bzw. als Donatoren (Li in Ge) wirken. Es wurde bereits auf S. 63 erwähnt, daß auf diese Weise die Wirkung von Cu in Ge z. B. in starkem Maße davon abhängt, ob bei derartigen Versuchen Germaniumkristalle mit großer oder kleiner Versetzungsdichte verwendet werden.

Der geschilderte Effekt ist bei Versuchen schwer von einem anderen zu trennen, der im Prinzip auch vorhanden sein muß. Wir haben oben bei der ,,Dekoration" von Versetzungen mit Fremdelementen etwas unbestimmt von einer gewissen ,,Gitterauflockerung" in unmittelbarer Nähe der Versetzungen gesprochen, die den Einbau der Fremdatome begünstigt. Wahrscheinlich handelt es sich dabei aber um folgendes. In jedem Gitter gehört zu einer bestimmten Temperatur eine gewisse thermische Gleichgewichtskonzentration von Gitterlücken, die bei höheren Temperaturen größer als bei niedrigen ist.

Wenn nun ein Kristall erwärmt wird, so kann sich diese erhöhte Gleichgewichtskonzentration an Gitterlücken dadurch einstellen, daß

---

[1] Dash, W. C.: J. appl. Phys. 27 (1956) 1193.

[2] Tyler, W. W., u. W. C. Dash: J. appl. Phys. 28 (1957) 1221.

Atome ins Zwischengitter gehen. Dann entstehen also gleichzeitig gleich viele Gitterlücken und Zwischengitterplatzbesetzungen (FRENKEL-Fehlordnung). Häufig werden aber auch Gitterlücken von der Oberfläche einwandern. Es hat sich nun gezeigt, daß auch Versetzungen als eine Art innere Oberfläche wirken und daß auch sie als Quelle von zusätzlichen Gitterlücken wirken. Ist die Erwärmung des Kristalls zeitlich begrenzt, so wird unter Umständen die Einwanderung der zusätzlichen Gitterlücken vorzeitig unterbrochen. Die Versetzungslinien sind dann mit einer Röhre umgeben, in der eine erhöhte Gitterlückenkonzentration eingefroren ist. In solche Gitterlücken können sich also nun Fremdatome bevorzugt einbauen, z. B. Cu-Atome, die durch das Zwischengitter schnell herbeidiffundiert sind. Die Akzeptorwirkung solcher aus dem Zwischengitter auf richtige Gitterplätze hinübergewechselter Cu-Atome haben wir ja auf S. 63 besprochen. Experimentell schwer davon zu trennen sind nun die Effekte, die von den nicht mit Cu aufgefüllten Gitterlücken herrühren. Solche Gitterlücken wirken ja höchstwahrscheinlich auch als Akzeptoren (s. § 3). Da sich aber geringste Cu-Spuren schwer vermeiden lassen und wegen der schnellen Diffusion im Zwischengitter sehr schnell wirksam werden, ist man bei den entsprechenden Biegungs- und Temperungsversuchen häufig nicht sicher, ob die beobachteten Akzeptoren wirklich Gitterlücken oder substitutionsmäßig eingebautes Cu sind.

Ähnliches gilt für eine eventuelle Akzeptorwirkung der Versetzungslinie selbst. An der Kante der Extraebene von Atomen in einer Kantenversetzung (s. Abb. II 10.1) sitzt ja eine Reihe von Atomen, deren Bindungen zu nächsten Nachbarn wegen des Fehlens eines Teils solcher Nachbarn nicht voll abgesättigt sind. Insbesondere in den Diamantgittern müßte eine solche nicht abgesättigte Bindung in einem einsamen Elektron bestehen, so daß hier ein günstiger Platz für ein zusätzliches, die Spinabsättigung bewirkendes Elektron vorhanden sein sollte. Die Theorie besagt allerdings, daß alle die mit einer solchen Akzeptorreihe verknüpften Effekte erst bei tiefen Temperaturen bemerkbar werden könnten, weil bei höheren Temperaturen eine solche Akzeptorreihe nur sehr spärlich besetzt sein kann. Die gegenseitige starke COULOMB-Abstoßung macht ja eine Vollbesetzung energetisch nicht sehr günstig.

Wir bewegen uns hier schon ganz auf dem Gebiet der Hypothesen und Vermutungen, die sicher durch theoretische Überlegungen wohl fundiert sind[1]. Von einer experimentellen Bestätigung kann aber —

[1] READ JR., W. T.: Phil. Mag. 45 (1954) 775 u. 1119; 46 (1955) 111. — READ JR., W. T., u. G. L. PEARSON: Report Conf. Defects Solids. The Physical Society, London 1955, S. 143.

jedenfalls im Augenblick der Niederschrift dieser Zeilen — noch keine Rede sein[1]. Trotzdem erschien es unumgänglich notwendig, über die Zusammenhänge zwischen elektrischen Eigenschaften und Versetzungen auch in dieser für Anfänger und Fortgeschrittenere bestimmten Darstellung etwas zu sagen; denn auf Tagungen und in der Fachliteratur wird man recht oft auf diese Fragestellungen stoßen.

[1] Siehe auch R. M. BROUDY: Advances in Physics 12 (1963) 135.

Kapitel III

Das Defektelektron

§ 1. Einleitung

Bei der Untersuchung des Leitfähigkeitsmechanismus eines bestimmten Körpers ist eine Messung seines HALL-Effektes eine sehr wichtige Informationsquelle; denn sie gibt Aufschluß über Beweglichkeit und Vorzeichen der am Stromtransport beteiligten Ladungsträger. Der Versuch besteht darin, daß ein Quader des zu untersuchenden Materials in der x-Richtung von einer Stromdichte $\mathfrak{i}$ durchflossen wird, während in der z-Richtung ein Magnetfeld mit einer Induktion $\mathfrak{B}$ aufrechterhalten wird. Aus Abb. III 1.1 geht hervor, daß dann zu Beginn des Vorgangs die LORENTZ-Kraft $\frac{\pm e}{c}[\mathfrak{v}, \mathfrak{B}] = \frac{\pm e}{c}\left[\frac{\mathfrak{i}}{\pm e n}, \mathfrak{B}\right] = \left[\frac{\mathfrak{i}}{n c}, \mathfrak{B}\right]$ die Ladungsträger in die negative y-Richtung ablenkt, unabhängig davon, ob es sich um positiv oder negativ geladene Teilchen handelt. Dadurch lädt sich die vordere Quaderseite je nach dem Vorzeichen der Träger positiv oder negativ gegenüber der hinteren Quaderseite so lange auf, bis das entstehende elektrische Querfeld $\mathfrak{E}_y$ die vom Magnetfeld hervorgerufene Querkraft $\left[\pm \frac{e}{c}\mathfrak{v}, \mathfrak{B}\right]$ gerade kompensiert. Im stationären Zustand ist also die Feldstärke $\mathfrak{E}$ aus der x-Achse um einen Winkel Θ herausgedreht, der sich unter Benutzung von Gl. (I 2.04) aus

$$\operatorname{tg}\Theta_p = \frac{\mathfrak{E}_y}{\mathfrak{E}_x} = \frac{+\frac{1}{c} v B}{+\frac{1}{\mu_p} v} = \frac{1}{c}\mu_p B$$

bzw.

$$\operatorname{tg}\Theta_n = \frac{\mathfrak{E}_y}{\mathfrak{E}_x} = \frac{-\frac{1}{c} v B}{+\frac{1}{\mu_n} v} = -\frac{1}{c}\mu_n B$$

berechnet und der infolgedessen für Defektelektronen positiv, dagegen für Elektronen negativ ist. Aus dem Richtungssinn der Verdrehung der Feldstärke $\mathfrak{E}$ ist also ein Schluß auf das Vorzeichen der Ladungsträger möglich. In den Metallen wird der Strom durch die negativ geladenen Elektronen getragen. Das sich dann ergebende negative Vorzeichen des HALL-Winkels Θ_n bezeichnet man als normalen HALL-Effekt.

Wenn nun in einem konkreten Fall der HALL-Effekt anomal ist und dementsprechend *positive* Ladungsträger ergibt, so wird man zunächst an Ionenleitung durch positiv geladene Ionen denken. Dann müßte aber der Stromtransport mit einer Materialwanderung verbunden sein,

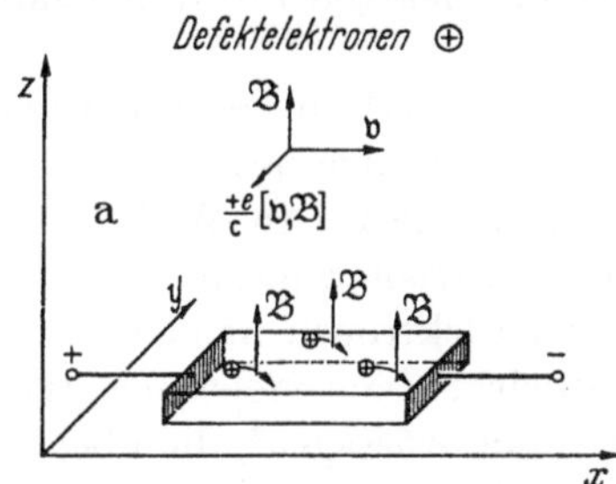

Beginn des Vorgangs: Ablenkung der ⊕ in die negative y-Richtung durch die LORENTZ-Kraft $\frac{+e}{c}[\mathfrak{v}, \mathfrak{B}]$.

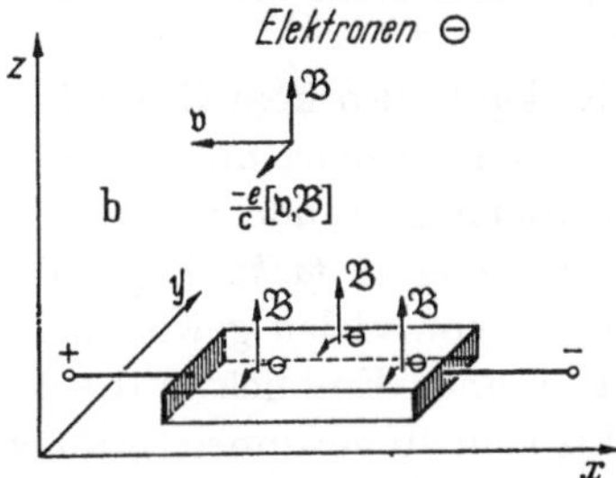

Beginn des Vorgangs: Ablenkung der ⊖ in die negative y-Richtung durch die LORENTZ-Kraft $\frac{-e}{c}[\mathfrak{v}, \mathfrak{B}]$.

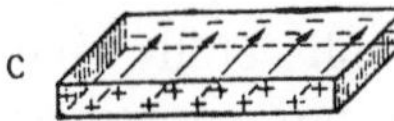

Stationärer Zustand: Die Aufladung der Flanken des Quaders und das elektrische Querfeld $\mathfrak{E}_y > 0$.

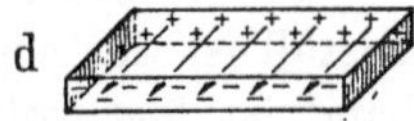

Stationärer Zustand: Die Aufladung der Flanken des Quaders und das elektrische Querfeld $\mathfrak{E}_y < 0$.

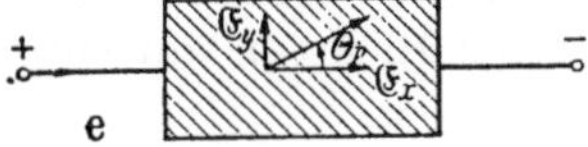

Stationärer Zustand: Die Verdrehung der Feldstärke um den HALL-Winkel $\Theta_p \approx \frac{1}{c}\, \mu_p\, \mathfrak{B}_z > 0$.

Stationärer Zustand: Die Verdrehung der Feldstärke um den HALL-Winkel $\Theta_n \approx \frac{1}{c}\, \mu_n\, \mathfrak{B}_z < 0$.

Abb. III 1.1 Der HALL-Effekt

ganz abgesehen davon, daß Ionenleitung in festen Körpern immer nur sehr geringfügige Leitfähigkeiten von höchstens $10^{-7}\,\Omega^{-1}\,\text{cm}^{-1}$ zu erzeugen pflegt. Bei einer Reihe von Metallen — Mo, Zn, Cd, Pb, Ni — und bei einer großen Reihe von Halbleitern — z. B. Se und Cu_2O — liegt nun eindeutig keine Ionenleitung vor, und trotzdem ist der HALL-Effekt anomal, spricht also für positive Ladungsträger.

Es ist von vornherein sicher, daß es sich hierbei nicht etwa um Positronen handeln kann. Denn Positronen haben in Gegenwart von Elektronen eine äußerst geringe Lebensdauer. Neben der großen Elektronenkonzentration in einem Festkörper könnte sich also eine beträchtliche Positronenkonzentration nur dann halten, wenn dauernd eine sehr große

Neuerzeugung von Positronen stattfinden würde. Die Erzeugung eines Elektron-Positron-Paares erfordert aber mindestens eine Energie von etwa 10^6 *e*Volt; denn nach der bekannten EINSTEINschen Beziehung ist schon die Ruheenergie von 2 Teilchen, von denen jedes die Elektronenmasse $m = 9 \cdot 10^{-28}$ g hat, gleich $2mc^2 = 1{,}6 \cdot 10^{-6}$ erg $= 1 \cdot 10^6$ *e*Volt. In einem Festkörper steht aber zunächst einmal nur die thermische Energie $kT \approx 2{,}5 \cdot 10^{-2}$ *e*Volt (bei Zimmertemperatur) zur Verfügung. Sie reicht bei weitem nicht zur Erzeugung eines Elektron-Positron-Paares aus.

Es kann also kein Zweifel darüber bestehen, daß im Se, Cu_2O usw. der Stromtransport nur *scheinbar* durch relativ wenige positiv geladene Elektronen zustande kommt und daß es sich hierbei in Wirklichkeit nur um das *einfache* Ergebnis einer *komplizierten* Superposition der Beiträge von vielen gewöhnlichen negativen Elektronen handeln kann.

Um einen Einblick in dieses Zusammenwirken von vielen negativen Elektronen zu gewinnen, erinnern wir an einige Aussagen[1], die über das Verhalten eines Kristallelektrons im periodischen Potentialfeld des Gitters zu machen sind:

1. Das Energiespektrum eines Kristalls zeigt die bekannte Bänderstruktur (s. die Abb. I 2.3, I 2.6, I 3.6 u. I 3.8)[2]. In einem halbleitenden Kristall ist das sog. Valenzband fast voll gefüllt, und das sog. Leitungsband ist fast völlig leer und enthält nur an seinem unteren Rande die „freien" Leitungselektronen[3].

2. Das PAULI-Prinzip muß auf alle Elektronen eines Kristalls angewendet werden. Jedes Elektron befindet sich daher in einem Quantenzustand, der höchstens noch von einem zweiten Elektron mit entgegengesetztem Spin besetzt wird.

3. Wirkt auf ein Kristallelektron außer den Gitterkräften noch eine weitere Zusatzkraft — z. B. ein an den ganzen Kristall gelegtes elektrisches Feld —, so ist die Reaktion des Kristallelektrons in starkem Maße davon abhängig, in welchem Quantenzustand innerhalb des Bänderspektrums es sich befindet. Für die Beschleunigung eines Kristallelektrons durch eine äußere Zusatzkraft ist eine „effektive Masse" maßgebend, die für Elektronen im unteren Teil eines Bandes positive Werte hat, für Elektronen im oberen Teil eines Bandes dagegen negative[4].

Der Strom durch einen Kristall setzt sich infolgedessen nicht aus vielen gleichen Beiträgen zusammen, sondern die Beiträge der einzelnen Elektronen werden im allgemeinen recht unterschiedlich sein. Insbesondere ist es verständlich, daß die Elektronen der oberen Hälfte

---

[1] Siehe auch Kap. I.
[2] Siehe auch Kap. VII, § 2 bis 4.
[3] Siehe auch Kap. VIII, § 5 und 6.
[4] Siehe auch Kap. VII, § 6.

des Valenzbandes [$m_{\text{eff}} < 0$] die Beiträge der Elektronen aus der unteren Hälfte des Valenzbandes [$m_{\text{eff}} > 0$] kompensieren. Es läßt sich zeigen, daß bei einem exakt vollgefüllten Valenzband auch die Kompensation gerade exakt ist. Ein vollgefülltes Band trägt deshalb zur Leitfähigkeit nichts bei.

Bei einem Band, in dem zur vollen Besetzung einige Elektronen fehlen, tritt also keine vollständige Kompensation ein, und ein solches *fast* vollbesetztes Band liefert *doch* einen Strombeitrag. HEISENBERG[1] hat nun nachgewiesen, daß dieser Strombeitrag gerade so groß ist, als ob die wenigen leeren Terme des fast vollbesetzten Bandes mit Elektronen positiver Ladung besetzt wären. Die Masse dieser fiktiven Teilchen muß dabei dem Betrage nach gleich der effektiven Masse eines gewöhnlichen Elektrons in dem betreffenden leeren Kristallterm gewählt werden, aber von entgegengesetztem Vorzeichen sein. Da die Löcher am oberen Rande des Valenzbandes konzentriert sind (s. S. 23 u. 437) und da dort die effektive Elektronenmasse negativ ist, ist die effektive Masse der Löcher, der „Defektelektronen", nach der aufgestellten Regel positiv zu wählen.

Es hat sich nun herausgestellt, daß diese Äquivalenz zwischen den wenigen Defektelektronen und der unvollständigen Gesamtheit der zahlreichen Valenzelektronen auch ohne Rechnung nachgewiesen werden kann, und wir wollen diesen Weg im folgenden beschreiten. Da hierfür der Begriff der effektiven Masse und insbesondere ihre negativen Werte in der oberen Hälfte eines Energiebandes von entscheidender Wichtigkeit sind, wird in § 2 zunächst einmal das Verhalten eines Kristallelektrons unter der Wirkung einer äußeren Kraft betrachtet. In § 3 beweisen wir die gesuchte Äquivalenz eines unvollständig, also nur mit $N - M$ Elektronen besetzten Bandes mit M Defektelektronen. Daß es sich aber bei der ganzen Konzeption des Defektelektrons und der Defektleitung nur um eine einfache „als ob"-Beschreibung eines in Wirklichkeit recht komplizierten Tatbestandes handelt, wird in § 4 besonders deutlich. Hier diskutieren wir nämlich die Gültigkeit der erwähnten Äquivalenz in solchen Fällen, in denen die Wechselwirkung der Elektronen untereinander ins Spiel kommt.

§ 2. Die negativen Werte der effektiven Masse im oberen Teil eines Energiebandes

Wenn sich ein Elektron in einem Kraftfeld bewegt, so ändert sich im allgemeinen seine Energie. Sind beispielsweise die Kraft $\mathfrak{F}$ und die Elektronengeschwindigkeit $\mathfrak{v}$ gleichgerichtet, so leistet die Kraft Arbeit

[1] HEISENBERG, W.: Ann. Phys., Lpz. 10 (1931) 888.

an dem Elektron und erhöht seine Energie. Sind Kraft $\mathfrak{F}$ und die Elektronengeschwindigkeit $\mathfrak{v}$ entgegengesetzt gerichtet, so wird das Elektron abgebremst und seine kinetische Energie vermindert. Handelt es sich nun nicht um ein freies Elektron, sondern um ein Kristallelektron, so erfährt das Elektron in ganz überwiegendem Maße starke Wirkungen durch das Gitterpotential, denen gegenüber die Wirkungen selbst der größten Kräfte, die man praktisch von außen auf die Kristallelektronen wirken lassen kann, gering sind. Selbst Feldstärken von der Größenordnung der Durchschlagsfeldstärken, also von 10^5 Volt cm^{-1} leisten über eine Gitterkonstante $3 \cdot 10^{-8}$ cm hinweg nur eine Arbeit von $3 \cdot 10^{-3}$ eVolt, während das Gitterpotential selbst innerhalb einer Gitterkonstanten um mehrere Volt schwankt. Infolgedessen wird es erlaubt sein, das für einen kräftefreien Kristall geltende Bänderspektrum heranzuziehen, wenn man das Verhalten des Kristallelektrons unter der Wirkung einer äußeren Kraft beschreiben will. Im einzelnen ergibt sich dabei etwa folgendes Bild:

Das Elektron befindet sich zunächst beispielsweise in einem Quantenzustand in der Mitte eines Bandes. Seine Eigenfunktion ist dann im wesentlichen eine *fortschreitende* Welle, und das Elektron transportiert Ladung, stellt also einen Strom dar. Wirkt jetzt eine Kraft in Fortpflanzungsrichtung der Welle, so wird die Energie des Elektrons erhöht, und es muß zu höheren Quantenzuständen übergehen. Nach einiger Zeit wird es gerade den höchsten Quantenzustand in diesem Band, den oberen Bandrand besetzen. In diesem Zustand erfüllt aber seine Wellenlänge gerade die Braggsche Reflexionsbedingung an einer bestimmten Netzebenenschar, und durch phasenrichtige Superposition der von den einzelnen Gitterpunkten abgebeugten Kugelwellen ist zu der ursprünglich fortschreitenden Welle eine in entgegengesetzter Richtung fortschreitende Welle gleicher Intensität hinzugekommen, so daß in diesem Quantenzustand das Elektron gerade durch eine *stehende* Welle repräsentiert wird. In diesem Zustand transportiert das Elektron keine Ladung und stellt also keinen Strom dar. Trotz der Energieerhöhung ist infolge der Mitwirkung des Gitters die Transportwirkung des Elektrons, also seine Geschwindigkeit, verlorengegangen. Das Elektron ist abgebremst worden, obwohl Kraft und Fortpflanzungsrichtung der Welle, also Kraft und Elektronengeschwindigkeit, gleichgerichtet waren.

Man vergleicht nun dieses Verhalten des den Gittereinwirkungen unterworfenen Kristallelektrons mit dem Verhalten eines „quasifreien“, keinen Gitterkräften unterworfenen Elektrons, indem man den geschilderten Vorgang das eine Mal durch die Gleichung

$$\mathfrak{F} + \textit{Gitterkräfte} = m \frac{d\mathfrak{v}}{dt} \qquad \text{(III 2.01)}$$

und das andere Mal durch die Gleichung

$$\mathfrak{F} = m_{\text{eff}} \frac{d\mathfrak{v}}{dt} \tag{III 2.02}$$

beschreibt. Dann wird sich auf Grund von (III 2.02) nur dann der richtige Wert der Beschleunigung $d\mathfrak{v}/dt$ ergeben, wenn die effektive

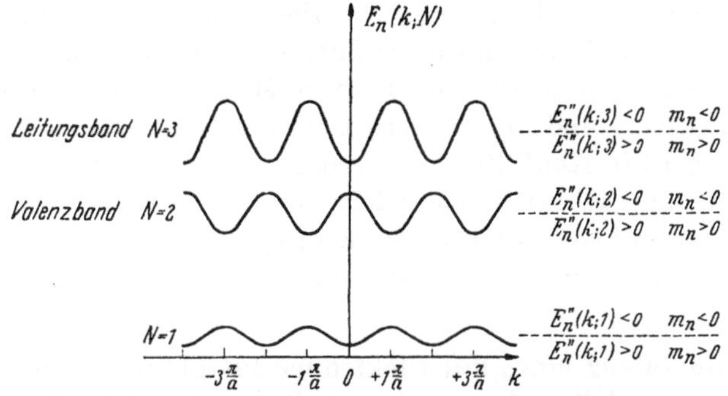

Abb. III 2.1 Elektronenenergie E_n als Funktion der Wellenzahl k. In den unteren Teilen der Bänder ist m_n jeweils positiv, in den oberen Teilen jeweils negativ.

$$\left[E_n''(k;N) = -\frac{\partial^2}{\partial k^2} E_n(k;N)\right].$$

Masse m_{eff} des quasifreien Elektrons einen von dem wirklichen Wert m abweichenden Wert m_n hat.[1] In dem geschilderten Fall muß er sogar negativ sein.

Im allgemeinen wird für m_n folgender Wert gefunden[2]

$$m_n = \frac{\hbar^2}{E_n''(k,N)}. \tag{III 2.03}$$

Hierbei ist E_n die Energie des *n*egativen Elektrons. Da diese von dem Quantenzustand abhängt, in dem sich das Elektron befindet, ist E_n eine Funktion der Wellenzahl $k = 2\pi/\lambda$ des Elektrons (λ = de Broglie-Wellenlänge). Wegen der Bänderstruktur ist aber E_n eine vieldeutige Funktion von k (s. Abb. III 2.1). Die einzelnen Zweige oder eben „Bänder" werden durch die Bandnummer N gekennzeichnet. „″" bedeutet Differentiation nach der Wellenzahl k.

Im oberen Teil des Bandes benimmt sich also das Elektron wie ein freies Elektron mit einer negativen Masse. Diese Behauptung bereitet zunächst erfahrungsgemäß einige Verständnisschwierigkeiten. Ich hoffe zu deren Überwindung beigetragen zu haben, indem ich möglichst deutlich herausstellte, daß in der Definition der „effektiven" Masse die

[1] Zum Unterschied von der später einzuführenden effektiven Masse m_p der positiven Defektelektronen.

[2] Siehe hierzu Kap. VII, § 5 und 6, insbesondere Gl. (VII 6.28) und D. Pfirsch u. E. Spenke: Z. Phys. 137 (1954) 309–312.

starke Gittereinwirkung auf das Elektron gänzlich unterschlagen und nur die geringe äußere Kraft $\mathfrak{F}$ berücksichtigt wird. Bei einem solchen Vorgehen kann man sich nicht wundern, wenn der Proportionalitätsfaktor zwischen Kraft und Beschleunigung die merkwürdigsten Werte annimmt — z. B. negativ wird.

Es ist aber für viele Betrachtungen natürlich sehr angenehm, eine Elektronengesamtheit als ein Gas *freier* Elektronen behandeln zu dürfen. Wenn man diesen Vorteil mit einer Substitution des wirklichen Wertes der Elektronenmasse durch eine effektive Masse erzielt, so nimmt man den abgeänderten und im oberen Teil des Bandes sogar negativen Massenwert gern in Kauf. Zur Erinnerung daran, daß es sich aber nicht um wirklich freie Elektronen handelt, sondern daß die sogar überaus starken Gittereinflüsse durch einen Kunstgriff nur scheinbar beseitigt sind, spricht man häufig auch von *quasi*freien Elektronen.

§ 3. Die Äquivalenz eines mit Elektronen fastgefüllten Valenzbandes mit einem Fermi-Gas von quasifreien Defektelektronen

Wir wollen nun an den Nachweis der Äquivalenz einer unvollständigen Valenzelektronengesamtheit mit einem Fermi-Gas quasifreier Defektelektronen herangehen. Hierfür liegt es nahe, folgende beiden Teilchenmengen miteinander zu vergleichen:

1. $N - M$ Elektronen, die also von den N Plätzen eines Valenzbandes M Plätze frei lassen. Abkürzend werden wir von dieser Teilchenmenge als dem „realen, fast vollbesetzten Valenzband" sprechen.

2. M fiktive positive Ladungen $(+e)$ zusammen mit N gewöhnlichen negativen Elektronen $(-e)$, die die N Plätze eines Valenzbandes gerade exakt vollfüllen[1]. Abkürzend werden wir von dieser Teilchenmenge als dem „vollbesetzten Valenzband mit fiktiven positiven Zusatzladungen" sprechen.

Betrachten wir zunächst die Wirkung eines äußeren elektrischen Feldes $\mathfrak{E}$ auf unsere beiden zu vergleichenden Teilchenmengen. Der erzeugte Strom wird in beiden Fällen derselbe sein, wenn es gelingt, den M fiktiven positiven Ladungen $+e$ solche Eigenschaften beizulegen, daß sie sich unter der Wirkung des äußeren elektrischen Feldes (und der Gitterkräfte) genauso bewegen, wie diejenigen M Elektronen des vollbesetzten Valenzbandes, die in den M Quantenzuständen sind, die im realen Valenzband gerade unbesetzt sind. Dieser raumzeitliche Gleichlauf zwischen den bezeichneten M Elektronen und den M fiktiven positiven Ladungen läßt sich nun einfach dadurch erzielen, daß man

[1] Mit e wird immer in diesem Buch der Absolutbetrag $+1{,}6 \cdot 10^{-19}$ Coulomb der Elementarladung bezeichnet, so daß die Ladung des negativen Elektrons $-e$ und die des positiven Defektelektrons $+e$ wird.

den positiven Ladungen die Masse $-m$ zuschreibt. Sowohl das äußere Feld $\mathfrak{E}$ wie das Gitterpotential übt nämlich wegen der umgekehrten Ladung auf unsere positiven Zusatzladungen genau die entgegengesetzten Kräfte aus wie auf die zu begleitenden Elektronen. Es kommen dann trotzdem die gleichen Bewegungen heraus, wenn auch das Vorzeichen der Masse umgekehrt wird.

Vom wellenmechanischen Standpunkt aus läßt sich der Gleichlauf von begleitetem Elektron $(-e, +m)$ und begleitender positiver Zusatzladung $(+e, -m)$ vielleicht folgendermaßen begründen. Die Wahrscheinlichkeitsamplitude ψ_n des *n*egativen Elektrons genügt der SCHRÖDINGER-Gleichung

$$-\frac{\hbar^2}{2m}\Delta\psi_n - e\,U(\mathfrak{r})\,\psi_n = +j\,\hbar\frac{\partial\psi_n}{\partial t} \qquad U(\mathfrak{r}) = \text{Gitterpotential.} \qquad \text{(III 3.01)}$$

Die Wahrscheinlichkeitsamplitude ψ_p der fiktiven positiven Zusatzladung genügt der SCHRÖDINGER-Gleichung

$$+\frac{\hbar^2}{2m}\Delta\psi_p + e\,U(\mathfrak{r})\,\psi_p = +j\,\hbar\frac{\partial\psi_p}{\partial t}. \qquad \text{(III 3.02)}$$

Ein Vergleich ergibt, daß die Wahrscheinlichkeitsamplituden ψ_n und ψ_p zwar nicht einander direkt gleich sind, wohl aber liegt „konjugiert komplexe Gleichheit" vor:

$$\psi_n(x; k, N) = \psi_p^*(x; k, N) \qquad \text{(III 3.03)}$$

k = Wellenzahl; N = Bandnummer.

Das genügt aber dafür, daß die Aufenthaltswahrscheinlichkeiten $\psi_n\,\psi_n^*$ bzw. $\psi_p\,\psi_p^*$ in ihrem raumzeitlichen Verlauf genau übereinstimmen, daß also die positive Zusatzladung das Elektron dauernd begleitet. Geht man übrigens zu den stationären SCHRÖDINGER-Gleichungen

$$-\frac{\hbar^2}{2m}\Delta\psi_n - e\,U(\mathfrak{r})\,\psi_n = E_n\,\psi_n \qquad \text{(III 3.04)}$$

$$+\frac{\hbar^2}{2m}\Delta\psi_p + e\,U(\mathfrak{r})\,\psi_p = E_p\,\psi_p \qquad \text{(III 3.05)}$$

bzw.

$$+\frac{\hbar^2}{2m}\Delta\psi_p^* + e\,U(\mathfrak{r})\,\psi_p^* = E_p\,\psi_p^* \qquad \text{(III 3.06)}$$

über, so sieht man mit Hilfe von (III 3.03), daß

$$E_n(k, N) = -E_p(k, N) = E(k, N) \qquad \text{(III 3.07)}$$

sein muß. Diese Beziehung wird uns weiter unten noch von Nutzen sein.

Das Feld $\mathfrak{E}$ erzeugt also den gleichen Strom einerseits in dem realen, fast vollbesetzten Valenzband und andrerseits in dem vollbesetzten Valenzband mit fiktiven positiven Zusatzladungen mit der Masse $-m$.

Berechnen wir diesen gleichen Strom an Hand der letztgenannten Teilchenmenge, so fällt der Anteil des vollbesetzten Valenzbandes weg; denn wir wiesen ja schon in der Einleitung darauf hin, daß sich in einem exakt vollbesetzten Band die Stromanteile der Elektronen im unteren Teil des Bandes mit den positiven effektiven Massen und die Stromanteile der Elektronen im oberen Teil des Bandes mit den negativen effektiven Massen gerade gegenseitig exakt kompensieren. Es bleibt also nur der Stromanteil der M positiven Zusatzladungen, der „Defektelektronen" mit der Ladung $+e$ und der Masse $-m$ übrig.

Ähnlich wie wir das in § 2 für Elektronen getan haben, können wir jetzt auch von Defektelektronen, die den Gitterkräften unterliegen (von „*Kristall*defektelektronen" also), zu *quasifreien* Defektelektronen übergehen, indem wir die Wirkung der Gitterkräfte durch den Übergang von $-m$ zu einem effektiven Massenwert m_p berücksichtigen. Analog zu Gl. (III 2.03) ergibt sich

$$m_p = \frac{\hbar^2}{E_p''(k;N)}, \tag{III 3.08}$$

und mit Hilfe von (III 3.07) folgt

$$m_p(k,N) = -m_n(k;N). \tag{III 3.09}$$

Die Eigenschaften der Elektronen und Defektelektronen sind in Abb. III 3.1 noch einmal zusammengestellt.

Die Verteilung der M Defektelektronen auf die einzelnen Quantenzustände des Valenzbandes regelt sich in den bisherigen Betrachtungen nach folgender Vorschrift: In jedem Quantenzustand, der im realen,

	Elektronen	Defektelektronen
Ladung	$-e$	$+e$
Masse	$+m$	$-m$
effektive Masse am *oberen* Rand des *Valenz*bandes	$m_n = \frac{\hbar^2}{E''(k,\,\text{Valenz})} < 0$	$m_p = -\frac{\hbar^2}{E''(k,\,\text{Valenz})} > 0$
effektive Masse am *unteren* Rand des *Leitungs*bandes	$m_n = \frac{\hbar^2}{E''(k,\,\text{Leitung})} > 0$	$m_p = -\frac{\hbar^2}{E''(k,\,\text{Leitung})} < 0$

Abb. III 3.1 Eigenschaften der Elektronen und der Defektelektronen.
E (k, Bandnummer) = E_n (k, . . .) = Energie der *Elektronen*.

fast voll besetzten Valenzband nicht besetzt ist, ist im vollbesetzten Valenzband mit fiktiven positiven Zusatzladungen ein Defektelektron unterzubringen. Diese Vorschrift läßt sich nun durch eine Anweisung ersetzen, die keinen Bezug mehr auf die Verteilung der Elektronen nimmt und in der nur noch von Defektelektronen gesprochen wird. Im einzelnen geht das folgendermaßen vor sich:

Die Wahrscheinlichkeit, daß ein Quantenzustand mit der Elektronenenergie E_n von einem Elektron besetzt ist, wird durch die FERMIsche Verteilungsfunktion

$$f(E_n) = \frac{1}{e^{\frac{E_n - E_F}{kT}} + 1}$$

angegeben. Die Wahrscheinlichkeit, daß dieser Zustand *nicht* mit einem Elektron besetzt ist, ist also

$$1 - f(E_n) = \frac{e^{\frac{E_n - E_F}{kT}} + 1 - 1}{e^{\frac{E_n - E_F}{kT}} + 1} = \frac{e^{\frac{E_n - E_F}{kT}}}{e^{\frac{E_n - E_F}{kT}} + 1} = \frac{1}{1 + e^{-\frac{E_n - E_F}{kT}}}$$

$$= \frac{1}{e^{\frac{(-E_n) - (-E_F)}{kT}} + 1} = \frac{1}{e^{\frac{E_p - (-E_F)}{kT}} + 1} = f(E_p).$$

Hierbei ist zum Schluß $-E_n = E_p$ gesetzt worden. Außerdem wechselt die Energie der FERMI-Kante natürlich wie alle Energiewerte *auch* das Vorzeichen. E_p ist dann die Energie des positiven Defektelektrons; denn im potentiellen, nämlich elektrostatischen Teil der Energie steht als Faktor die Ladung und im kinetischen Teil als Faktor die Masse. Beide Faktoren wechseln aber beim Übergang vom Elektron zum Defektelektron das Vorzeichen[1].

Die ursprüngliche Vorschrift liefert nun für die Besetzung eines Quantenzustandes mit einem Defektelektron die Wahrscheinlichkeit $1 - f(E_n)$. Ohne auf die Elektronen noch Bezug zu nehmen, kommen wir auf dieselbe Besetzungswahrscheinlichkeit, wenn wir für die Defektelektronen FERMI-Statistik postulieren. Dann ist nämlich für einen Quantenzustand als Besetzungswahrscheinlichkeit $f(E_p)$ einzusetzen, und das ist nach der oben durchgeführten Rechnung ebenfalls gleich $1 - f(E_n)$.

Zusammenfassend sehen wir also, daß der Strombeitrag des realen mit $(N - M)$ Elektronen fast gefüllten Valenzbandes genauso groß ist wie der eines FERMI-Gases von M quasifreien Defektelektronen mit der Ladung $+e$ und der effektiven Masse $m_p = -\frac{\hbar^2}{E''(k, \text{Valenz})} > 0$.

Die geschilderte Beweisführung läßt sich nun sicher auch auf diejenigen Transportphänomene ausdehnen, bei denen magnetische Felder mit der Induktion $\mathfrak{B}$ auf die Elektronen einwirken. Auch in der LORENTZ-Kraft $-\frac{e}{c}[\mathfrak{v}, \mathfrak{B}]$ auf ein mit der Geschwindigkeit $\mathfrak{v}$ bewegtes Elektron

[1] $(-E_n) = E_p$ hatte sich auch aus dem Vergleich der beiden SCHRÖDINGER-Gleichungen für Elektron und Defektelektron ergeben. Siehe Gl. (III 3.07).

kommt die Ladung als Proportionalitätsfaktor vor. Auch hier muß also den positiven fiktiven Zusatzladungen die Masse $-m$ erteilt werden, um den Vorzeichenwechsel bei der Ladung zu kompensieren, worauf auch die weiteren Schlüsse wie im Falle der elektrischen Felder verlaufen.

Transportphänomene brauchen aber nicht immer durch elektrische oder magnetische Felder, sie können auch durch Konzentrations- oder Temperaturgradienten ausgelöst werden. Die einschlägigen Gesetzmäßigkeiten ergeben sich aus der Statistik der beteiligten Stromträger. Wir konnten nun aber soeben zeigen, daß die Statistik der negativen Elektronen zu denselben Ergebnissen führt wie eine FERMI-Statistik der positiven Defektelektronen, und so wird man die Defektelektronendarstellung auch auf Transportphänomene anwenden dürfen, die von Konzentrations- oder Temperaturgradienten herrühren.

Schließlich werden bei Beschleunigung oder Abbremsung eines Leiters die Elektronen innerhalb des Leiters durch Trägheitskräfte in Bewegung gesetzt, ähnlich wie die Suppe in einem unvorsichtig bewegten Teller über„schwappt".

Wird ein Koordinatensystem beispielsweise in der positiven x-Richtung beschleunigt, so bleibt eine Masse M, auf die keine weiteren Kräfte wirken, gegenüber diesem Koordinatensystem zurück. Für den mitbewegten Beobachter wirkt also auf diese Masse M scheinbar eine Kraft in Richtung der negativen x-Achse. Wirken auf die Masse M auch noch andere Kräfte (beispielsweise gespannte Federn) und führt die Masse M unter der Wirkung dieser Federkräfte im ruhenden Bezugssystem irgendwelche Bewegungen aus, so ändern sich im beschleunigten Bezugssystem für den mitbewegten Beobachter diese Bewegungen so, als ob auf die Masse M außer den Federkräften noch eine zusätzliche Trägheitskraft in Richtung der negativen x-Achse wirken würde.

Wir wollen diese allgemein bekannten Zusammenhänge auf den im TOLMAN-Versuch beschleunigten Festkörper und seine Leitungselektronen anwenden: Erfährt der Leiter eine Beschleunigung $+\mathfrak{g}$, so wirkt auf seine Elektronen scheinbar eine Kraft $\mathfrak{F} = -m\,\mathfrak{g}$. Diese Trägheitskraft kann durch ein elektrisches Feld $\mathfrak{E} = +\frac{m}{e}\,\mathfrak{g}$ ersetzt werden; denn auch dieses würde auf die Elektronen mit ihrer negativen Ladung $-e$ eine Kraft $\mathfrak{F} = -e\,\mathfrak{E} = -m\,\mathfrak{g}$ ausüben. Das äquivalente Feld $\mathfrak{E}$ würde nun aber einen Strom $\mathfrak{i} = \sigma\,\mathfrak{E}$ hervorbringen. Also muß sich auch bei der Beschleunigung $+\mathfrak{g}$ des Leiters durch das Auftreten der Trägheitskraft $-m\,\mathfrak{g}$ eine Stromdichte $\mathfrak{i} = +\frac{m}{e}\,\sigma\,\mathfrak{g}$ ergeben, die in Versuchen von TOLMAN und anderen tatsächlich beobachtet wurde.

Auch für derartige durch Trägheitskräfte ausgelöste Transportphänomene kann die Elektronen- oder die Defektelektronen-Darstellung wahlweise verwendet werden. Wir sahen soeben, daß sich die Beschleunigung oder Abbremsung des Leiters für einen mitbewegten Beobachter in einem zusätzlichen Gravitationsfeld $-\mathfrak{g}$ auswirkt. Ähnlich wie man aus einem elektrischen Feld $\mathfrak{E}$ die auf ein Elektron ausgeübte Kraft durch Multiplikation mit der Ladung $(-e)$ errechnet, errechnet sich die von dem Gravitationsfeld $-\mathfrak{g}$ auf das Elektron ausgeübte Trägheitskraft durch Multiplikation mit der wirklichen Masse $(+m)$; denn von den Gitterkräften ist ja bei der Berechnung der Trägheitskraft überhaupt nicht die Rede. Sie können deshalb in diesem Zusammenhang auch gar nicht unterschlagen werden, und m_{eff} kann gar nicht ins Spiel kommen. Entsprechend errechnet sich bei Defektelektronen die Trägheitskraft aus dem Gravitationsfeld $-\mathfrak{g}$ durch Multiplikation mit deren „wirklicher" Masse $-m$. Auf die Elektronen übt das Gravitationsfeld also die Trägheitskraft $(+m)(-\mathfrak{g}) = -m\,\mathfrak{g}$ aus, auf die Defektelektronen die Trägheitskraft $(-m)(-\mathfrak{g}) = +m\,\mathfrak{g}$.

Wenn jetzt aus der Kraft die Beschleunigung errechnet werden soll, so müssen auch die Gitterkräfte berücksichtigt werden, und dies geschieht, indem als Proportionalitätsfaktor zwischen Kraft und Beschleunigung nicht die wirklichen, sondern die effektiven Massen benutzt werden (s. S. 9, 98 u. 99). Diese haben für ein Elektron und ein Defektelektron im selben Quantenzustand entgegengesetztes Vorzeichen (s. Abb. III 3.1). Die Beschleunigung wird also für beide Teilchen wieder dieselbe, da sowohl die Trägheitskraft wie die effektive Masse ihr Vorzeichen wechseln. So ist auch in diesem Falle das dauernde räumliche Zusammenbleiben eines Elektrons und eines Defektelektrons gesichert. Die Defektelektronendarstellung muß demnach auch beim Wirken von Gravitations- und Trägheitskräften zulässig sein.

Damit haben wir gezeigt, daß bei Transportphänomenen, die durch elektrische oder magnetische Felder oder durch Temperatur- oder Konzentrationsgradienten oder durch Trägheits- oder Gravitationskräfte erzeugt werden, sowohl die Elektronen- wie die Defektelektronendarstellung zulässig ist. Man wird im Einzelfall diejenige wählen, die zu möglichst kleinen Trägerzahlen führt, weil man dann mit dem MAXWELL-BOLTZMANN-Grenzfall der FERMI-DIRAC-Statistik auszukommen hoffen kann.

Im Falle eines schwach besetzten Leitungsbandes wird man also die Elektronendarstellung bevorzugen und hat dann ein MAXWELL-BOLTZMANN-Gas quasifreier negativer Elektronen mit positiver effektiver Masse m_{eff} vor sich, denn $m_{\ominus\text{eff}} = \frac{\hbar^2}{E''(k,\ {}^{\text{unt. Rand}}_{\text{Leitungsb.}})} = m_n > 0$ ist im unteren Teil des Leitungsbandes positiv.

Im Falle eines fast voll besetzten Valenzbandes dagegen wird man die Defektelektronendarstellung wählen und hat dann ein MAXWELL-BOLTZMANN-Gas von quasifreien positiven Defektelektronen mit positiver effektiver Masse $m_{\oplus\text{eff}} = -\frac{\hbar^2}{E''(k,\ {}^{\text{ob. Rand}}_{\text{Valenzb.}})} = m_p > 0$ vor sich; denn $E''(k, \text{Valenz})$ ist am oberen Rande des Valenzbandes negativ (s. Abb. III 2.1).

Zum Schluß dieses § 3 vielleicht noch eine kurze Abschweifung. Es wird manchmal darüber diskutiert, ob bei einem bestimmten Versuch die Unterscheidung zwischen Defekt- und Überschußleitung möglich ist oder nicht. Dazu sei bemerkt, daß es ein relativ einfaches Mittel gibt, um diese Frage zu entscheiden. Man führe in der Endformel für das Ergebnis des betreffenden Versuchs alle Größen auf e, m, m_n und m_p zurück[1], soweit das möglich ist. Dann geht man vom Fall der Defektelektronenleitung (p) zum Fall der Überschußleitung (n) durch folgende Substitution[2] über

$$\begin{aligned} p &\to n \\ +e &\to -e \\ -m &\to +m \\ +m_p &\to +m_n . \end{aligned}$$

Bei diesem Übergang $p \to n$ ändert entweder das Versuchsergebnis sein Vorzeichen oder nicht. Dementsprechend gestattet der Versuch eine Unterscheidung zwischen Defekt- und Überschußleitung oder nicht. Einige Beispiele werden das Verfahren erläutern.

1. Versuch: *Elektrischer Strom, hervorgerufen durch elektrisches Feld.*

Versuchsergebnis: $\mathfrak{i} = \sigma\,\mathfrak{E}$,

Zurückführung auf e, m, m_n, m_p: $\mathfrak{i} = e\,\mu_p\,p\,\mathfrak{E} = \frac{e^2}{m_p}\,p\,\tau\,\mathfrak{E}$,

Übergang $p \to n$: $\mathfrak{i} = \frac{(-e)^2}{(+m_n)}\,n\,\tau\,\mathfrak{E} = \frac{e^2}{m_n}\,n\,\tau\,\mathfrak{E}$.

Kein Vorzeichenwechsel! Keine Entscheidungsmöglichkeit zwischen p- und nTyp.

2. Versuch: *Hall-Effekt.*

Versuchsergebnis: $\Theta_p \approx \frac{1}{c}\,\mu_p\,B$,

---

[1] Hierbei wird häufig die Gleichung $\mu = \frac{e}{m_{\text{eff}}}\,\tau$ für die Trägerbeweglichkeit μ gebraucht. Siehe Gl. (VII 9.35) auf S. 363.

[2] An der Richtigkeit der ersten 3 Substitutionen kann kein Zweifel bestehen. Bei der vierten Substitution muß man sich aber klar machen, daß es sich *nicht* um die wahlweise Beschreibung ein und desselben Falles — beispielsweise Elektronen am unteren Rande des Leitungsbandes — in der Elektronen- oder der Defektelektronensprache handelt. Hierbei würde die *Gleichung*

$$m_{\oplus\text{eff}}^{\left(\substack{\text{unt. Rand}\\ \text{Leitungsb.}}\right)} = -\,m_{\ominus\text{eff}}^{\left(\substack{\text{unt. Rand}\\ \text{Leitungsb.}}\right)}$$

gelten. Es handelt sich vielmehr um den Übergang zwischen zwei verschiedenen Fällen, nämlich um den Übergang von Defektelektronen am oberen Rande des Valenzbandes zu Elektronen am unteren Rande des Leitungsbandes. Hierfür gilt die *Substitution*

$$m_{\oplus\text{eff}}^{\left(\substack{\text{ob. Rand}\\ \text{Valenzb.}}\right)} = m_p \to m_{\ominus\text{eff}}^{\left(\substack{\text{unt. Rand}\\ \text{Leitungsb.}}\right)} = m_n .$$

Zurückführung auf e, m, m_n, m_p: $\Theta_p \approx \frac{1}{c} \frac{e}{m_p} \tau B$,

Übergang $p \to n$: $\Theta_n \approx \frac{1}{c} \frac{(-e)}{(+m_n)} \tau B = -\frac{1}{c} \frac{e}{m_n} \tau B$.

Vorzeichenwechsel! Entscheidung zwischen p- und nTyp möglich.

3. Versuch: *TOLMAN-Versuch.*

Versuchsergebnis: $\mathfrak{i} = \frac{m}{e} \sigma \mathfrak{g}$,

Zurückführung auf e, m, m_n, m_p: $\mathfrak{i} = \frac{m}{e} e \mu_p p \mathfrak{g} = m p \frac{e}{m_p} \tau \mathfrak{g}$,

Übergang $p \to n$: $\mathfrak{i} = (-m) n \frac{(-e)}{(+m_n)} \tau \mathfrak{g} = m n \frac{e}{m_n} \tau \mathfrak{g}$.

Kein Vorzeichenwechsel! Keine Entscheidungsmöglichkeit zwischen p- und nTyp.

Obwohl C. G. DARWIN[1] schon frühzeitig betont hatte, daß man mit einem TOLMAN-Versuch nichts über die effektive Masse der Elektronen

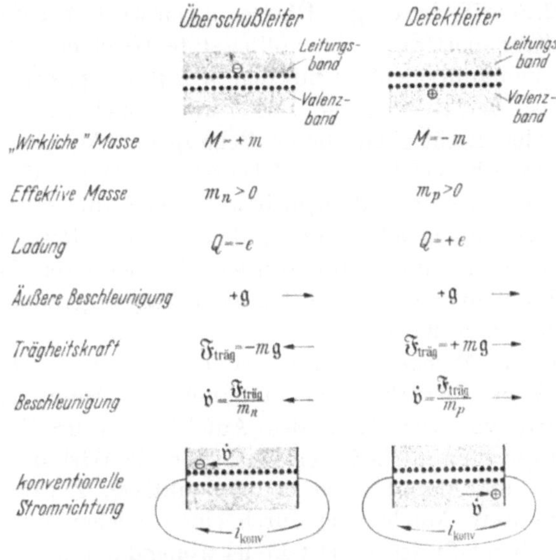

Abb. III 3.2 Der TOLMAN-Versuch.

in Erfahrung bringen kann, ist gelegentlich das Gegenteil angenommen worden[2]. Deshalb stellen wir über die vielleicht etwas formale Substitutionsmethode von S. 107 hinaus den TOLMAN-Versuch für einen Überschuß- und einen Defektleiter in Abb. III 3.2 zeichnerisch-tabellarisch dar.

[1] DARWIN, C. G.: Proc. roy. Soc., Lond. A 154 (1936) 61.

[2] BROWN, S., u. S. J. BARNETT: Phys. Rev. 87 (1952) 601.

§ 4. Der Defektelektronenbegriff bei Problemen mit Elektronenwechselwirkung

Nach den Ausführungen des § 3 könnte es so scheinen, als ob die Darstellung mit Defektelektronen nicht nur in den Fällen fast gefüllter Bänder besonders zweckmäßig, sondern sogar in allen Fällen möglich und in allen Fällen völlig korrekt sei. In bezug auf den letzten Punkt, die völlige Korrektheit, kann aber eine kritische Betrachtung der Gedankengänge des § 3 Zweifel auslösen, und zwar liegt das an der Wechselwirkung zwischen den Elektronen. Der erste Schritt der Überlegungen in § 3 bestand ja in dem Ersatz eines Bandes von $(N - M)$ Elektronen und M leeren Plätzen durch ein vollbesetztes Band mit N Elektronen und M fiktiven positiven Ladungen mit negativen Massen. Die in diesem ersten Schritt aufgestellte Behauptung, daß sich die $N - M$ auch schon ursprünglich vorhandenen Elektronen in beiden Fällen in gleicher Weise bewegen, dürfte auch bei Berücksichtigung der Wechselwirkung zwischen den Elektronen richtig sein[1].

Bei dem 2. Schritt der obigen Überlegungen wird aber weiter behauptet, daß bei Transportfragen das vollbesetzte Band plus M zusätzliche Defektelektronen äquivalent ist mit den M fiktiven positiven Ladungen *allein*, daß also der Beitrag der N Elektronen sich gegenseitig gerade aufhebt. An der Richtigkeit dieser Behauptung können bei Berücksichtigung der Wechselwirkung Zweifel entstehen. Durch die *An*wesenheit der M fiktiven positiven Ladungen bewegen sich die N Elektronen des vollbesetzten Bandes ja jetzt anders, als sie es bei *Ab*wesenheit der M positiven fiktiven Ladungen tun würden. Im letzteren Fall kompensieren sich ihre Beiträge bei den Transportfragen gerade. Tun sie das aber auch im ersten Fall?

Nun wird die Wechselwirkung der Elektronen im Bändermodell in gewisser Weise berücksichtigt, nämlich als Anteil des fest vorgegebenen und von der Lage des Aufelektrons unabhängigen self consistent-Gitterpotentials[2]. Soweit sich aber die Wirkung der anderen Elektronen — und damit auch die der fiktiven Zusatzladungen — auf das betrachtete Aufelektron durch einen solchen *festen* Potentialanteil wiedergeben läßt, ist die Defektelektronendarstellung wieder äquivalent der Elektronendarstellung. Diese Äquivalenz wurde ja für feste,

---

[1] Im übrigen gestattet die nähere Betrachtung der Wechselwirkung nun das Wort „fiktiv" näher zu erläutern. Damit soll nämlich angedeutet werden, daß jede einzelne dieser positiven Ladungen mit dem „begleiteten" Elektron keine Wechselwirkung haben soll. Diese würde ja unendlich groß sein. Der negative Wert $-m$, der der *wahren* Masse dieser positiven Ladungen auf S. 101 zugeschrieben wurde, deutet freilich auch schon auf den fiktiven Charakter dieser zusätzlichen positiven Ladungen hin.

[2] Siehe S. 247 und 248.

d. h. von dem betrachteten Aufelektron *un*abhängige elektrische und magnetische Felder im vorigen § 3 bewiesen. Man kann also abschließend sagen: Soweit die Elektronenbeschreibung der Festkörpervorgänge im Rahmen eines self consistent-Potentials möglich ist, ist eine Defektelektronendarstellung völlig äquivalent und in vielen Fällen bequemer.

Diese theoretischen Aussagen werden durch die Tatsache bestätigt, daß sich der Defektelektronenbegriff bei den Erscheinungen der Gitterionisation und des Lawinendurchbruchs in Ge und Si bestens bewährt hat. Insbesondere haben McKay und McAfee[1] gezeigt, daß Defektelektronen bei Stoßprozessen qualitativ genauso ionisieren wie Elektronen, also bei Prozessen mit extrem starker Wechselwirkung zwischen dem stoßenden Teilchen und dem gestoßenen Valenzelektron. Wegen seines bedeutsamen Erkenntniswertes sei der diesbezügliche Versuch von McKay und McAfee[1] ein wenig genauer geschildert.

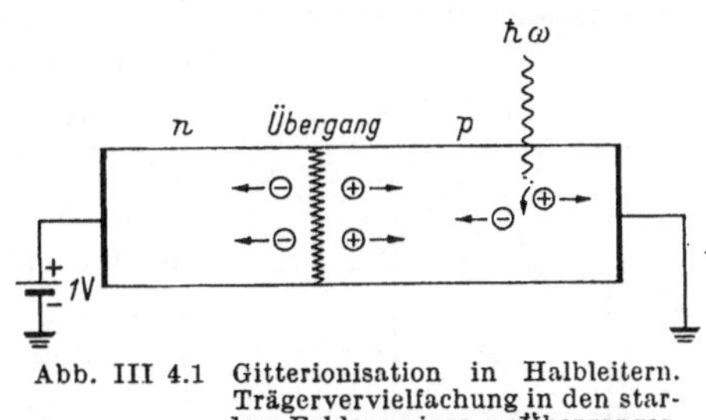

Abb. III 4.1 Gitterionisation in Halbleitern. Trägervervielfachung in den starken Feldern eines *np*Überganges.

An einen *np*Übergang[2] wird eine Sperrspannung von 1 Volt gelegt (Abb. III 4.1), so daß die Defektelektronen nach rechts und die Elektronen nach links herausgezogen werden. Der Gesamtstrom ist gleich der Trägerneuerzeugung in einem gewissen Volumen um die Übergangszone herum. Schon bei geringen Sperrspannungen (etwa $3 \cdots 4\,\mathrm{k}T/e = 75 \cdots 100$ mV) wird die gesamte Trägerneuerzeugung abtransportiert. Die Stromergiebigkeit des *np*Übergangs ist dann erschöpft. Werden jetzt im *p*Teil rechts vom *np*Übergang durch einen Lichtfleck zusätzliche Trägerpaare erzeugt, so werden die neu erzeugten Defektelektronen nach rechts hin abgesaugt werden, während die neu erzeugten Elektronen auf den *np*Übergang zu geschwemmt werden. Je nach der Entfernung gehen unterwegs durch Rekombination mehr oder weniger viele Elektronen verloren. Diejenigen aber, die am *np*Übergang ankommen, erhöhen die minimale Stromergiebigkeit des in Sperrichtung gepolten *np*Übergangs und bewirken gemäß ihrer Anzahl eine mehr oder weniger kräftige Erhöhung des Sperrstroms. Tragen wir diese Sperrstromerhöhung ΔI in Abhängigkeit von der Lage des Lichtflecks auf, so erhalten wir also mit steigender Annäherung des Lichtflecks von rechts her an den *np*Übergang eine monoton steigende Erhöhung des Sperrstroms (Abb. III 4.2, untere Kurve, rechter Teil).

---

[1] McKay, K. G., u. K. B. McAfee: Phys. Rev. 91 (1953) 1079.

[2] Siehe Kap. IV, § 6 bis 9, S. 136ff.

Das gleiche ist festzustellen, wenn wir von links her den Lichtfleck an den *np*Übergang heranführen (Abb. III 4.2, untere Kurve, linker Teil). Nur spielen diesmal die entscheidende Rolle die Defektelektronen, die nach rechts in den *np*Übergang hineingeschwemmt werden, in die gewissermaßen hochohmigsten Stellen der ganzen Anordnung, wo über den fließenden Strom entschieden wird.

Wenn der ganze Versuch jetzt wiederholt wird, aber mit 33 Volt Sperrspannung statt mit 1 Volt, dann ist die Wirkung eines rechts befindlichen Lichtflecks viel größer als vorher (Abb. III 4.2, obere Kurve, rechter Teil). Der Lichtfleck erzeugt zwar genauso viele Elektronen wie vorher. Auch den Weg bis in das entscheidende Volumen hinein überstehen genauso viele Elektronen wie vorher. Dort sind aber jetzt die Felder viel größer als früher und reichen jetzt für Stoßionisation aus. Die ankommenden Elektronen lösen eine Lawine aus und vervielfachen sich also. Um den gleichen Faktor ist die Wirkung ΔI auf den Sperrstrom der ganzen Anordnung größer.

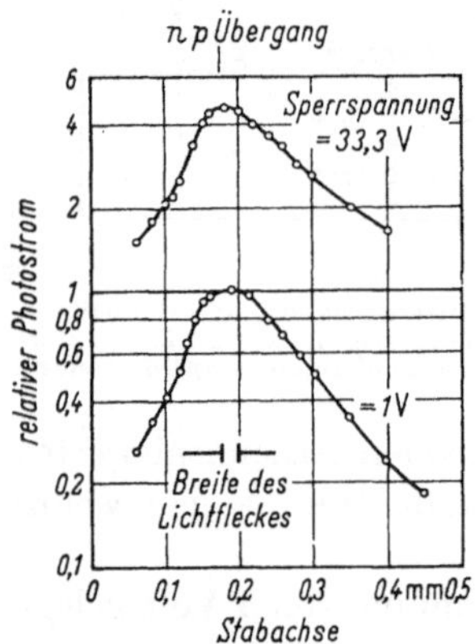

Abb. III 4.2 Sperrstromerhöhung (Photostrom) in Abhängigkeit von der Lage des Lichtflecks.

Das Entscheidende ist nun, daß das gleiche auch für einen Lichtfleck links vom *np*Übergang gilt (Abb. III 4.2, obere Kurve, linker Teil), obwohl es jetzt die fiktiven Defektelektronen sind, die in die hohen Felder des *np*Übergangs hineingeschwemmt werden. Wären die Defektelektronen unfähig zur Stoßionisation, so müßte die 33 Volt-Kurve links mit der 1 Volt-Kurve zusammenfallen. Tatsächlich liegt sie aber auch links vom *np*Übergang um annähernd den gleichen Faktor höher wie rechts. Also vervielfachen sich in genügend starken Feldern auch die Defektelektronen durch Stoßionisation. Aus diesem Versuch geht klar hervor, daß sich auch bei dieser krassen Wechselwirkung mit Valenzelektronen der Defektelektronenbegriff bewährt.

Kapitel IV

Die Wirkungsweise von Kristallgleichrichtern

§ 1. Einleitung

Unsere Vorstellungen vom Aufbau und von der Wirkungsweise der technischen Kristallgleichrichter haben sich in den letzten Jahren geändert. Dabei mitgewirkt zum mindesten hat die Tatsache, daß W. SHOCKLEY im Jahre 1949 in einer sehr eindrucksvollen Arbeit[1] auf die Gleichrichterwirkung eines sog. *pn*Übergangs hingewiesen hat[2] und daß sich in den folgenden Jahren die Transistorphysik mit ihren *pn*Effekten theoretisch und experimentell in stürmischem Tempo entwickelte.

Ein *pn*Übergang liegt vor, wenn in einem Einkristall eine *p*Dotierung in eine *n*Dotierung übergeht[3]. Es kommen auch durchaus Fälle vor, in denen ein *p*leitender Halbleiter (beispielsweise polykristallines Selen) an einen anderen Halbleiter grenzt, der *n*leitet (beispielsweise Cadmiumselenid). Es kann auch in einem polykristallinen Germanium ein *p*leitender Kristallit an einen *n*leitenden Kristalliten angrenzen. In solchen Fällen spricht man besser von einer *pnGrenze*. Charakteristisch für den *pnÜbergang* ist also das einheitliche Wirtsgitter, das nur links und rechts verschiedene Dotierungen trägt.

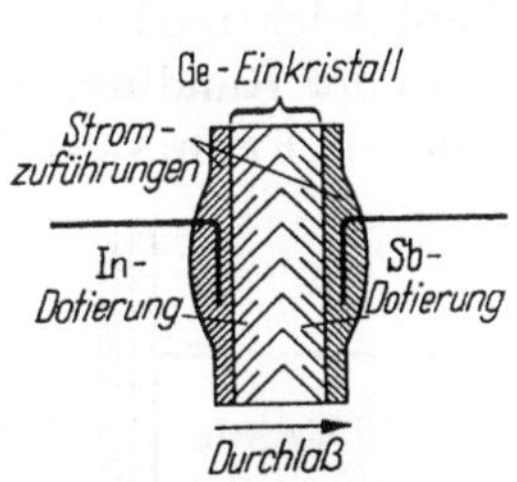

Abb. IV 1.1 *pn*Gleichrichter. Ausführungsform auf In-Ge-Sb-Basis.

Wenn wir uns also einen Germaniumeinkristall vorstellen (s. Abb. IV 1.1), in den links eine Indium- und rechts eine Antimondotierung eingebracht worden ist und der außerdem rechts und links mit Stromzuführungen versehen ist, so hat eine solche Anordnung ausgeprägte Gleichrichtereigenschaften. Die Stromspannungskennlinie (s. Abb. IV 1.2) zeigt nämlich, daß in der Richtung vom Indium zum

[1] SHOCKLEY, W.: Bell Syst. techn. J. 28 (1949) 435.

[2] Das hatte aber B. DAVYDOV im Jahre 1938 auch schon getan: Techn. Phys. UdSSR 5 (1938) 87—95.

[3] Siehe hierzu S. 18 bis 24.

Antimon große Ströme unter nur kleinem Spannungsverlust durchgelassen werden, während in der umgekehrten Richtung trotz großer Spannungen der Stromfluß bis auf einen kleinen Rest, den „Leckstrom", gesperrt ist.

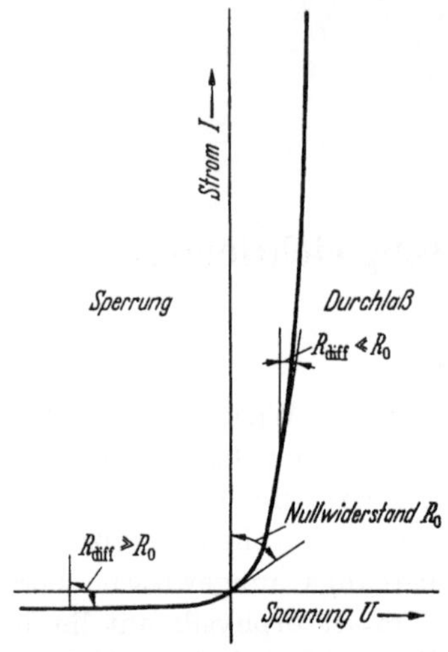

Abb. IV 1.2 Gleichrichter-Kennlinien.

Wie sahen demgegenüber die älteren Gleichrichtertypen aus? Der Selengleichrichter nach E. PRESSER[1] besteht aus einer Grundelektrode aus Eisen (Fe) oder aus Aluminium (Al) (s. Abb. IV 1.3). Darauf ist eine kristalline Selenschicht (Se) aufgebracht, die wiederum mit einer Deckelektrode aus Zinn-Cadmium (SnCd) bedeckt ist. Die Durchlaßrichtung zeigt von der Grund- zur Deckelektrode.

Der Vorgänger des Selengleichrichters, der Kupferoxydulgleichrichter von L. O. GRONDAHL[2] besteht aus einer anoxydierten Kupferplatte (Cu) (siehe Abb. IV 1.4). Die Kupferoxydulschicht ist mit einer Graphit- oder mit einer Silberelektrode versehen. Die Durchlaßrichtung zeigt von der Graphitelektrode oder Silberelektrode zum Mutterkupfer.

In der Rundfunktechnik hat der 1874 von dem Straßburger Physikprofessor FERDINAND BRAUN[3] entdeckte Kristalldetektor in den Jahren

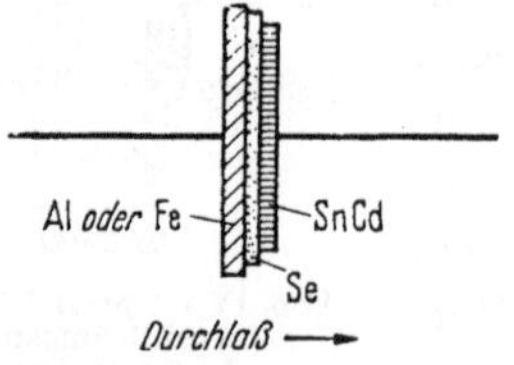

Abb. IV 1.3 Selen-Gleichrichter.

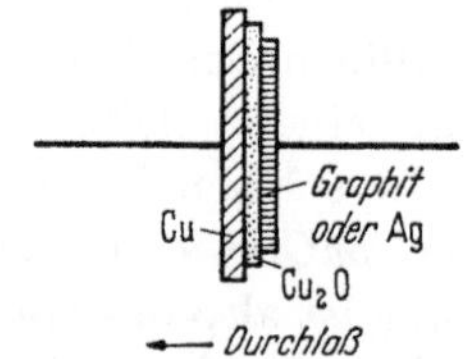

Abb. IV 1.4 Kupferoxydul-Gleichrichter.

von 1920 bis 1930 weite Verbreitung gefunden. Er wurde dann fast vollständig von der Vakuumröhre verdrängt, erlebte aber etwa 10 Jahre später in der Mikrowellentechnik ein glanzvolles come back, und zwar in Gestalt der sog. Germanium- und Silizium-Richtleiter. In diesen Gleichrichtern (s. Abb. IV 1.5) sitzt eine federnde Metallspitze unter

[1] PRESSER, E.: Funkbastler 1925, S. 558; ETZ 53 (1932) 339.

[2] GRONDAHL, L. O.: Science, New York 36 (1926) 306; J. Amer. Inst. electr. Engng. 46 (1927) 215.

[3] BRAUN, F.: Pogg. Ann. 153 (1874) 556; Wied. Ann. 1 (1877) 95; 4 (1878) 476; 19 (1883) 340.

leichtem Druck auf einem Germanium- (Ge-) bzw. Silizium- (Si-) Kristall, der sperrfrei und großflächig Kontakt mit seiner Metallfassung hat. In den Germaniumdioden pflegt der Durchlaß bei positiver Polung der Spitze, in den Siliziumdioden umgekehrt bei negativer Polung der Spitze einzutreten.

Die physikalischen Vorgänge, die der Gleichrichtung zugrunde liegen, sind nicht über das ganze Volumen des kristallinen Halbleitermaterials verteilt. Man weiß vielmehr schon seit langem, daß diese Vorgänge auf eine „Sperrschicht" im Halbleiter von etwa $10^{-4} \cdots 10^{-5}$ cm Stärke[1] konzentriert sind. Im Selengleichrichter liegt die Sperrschicht an der Oberfläche des Selens gegenüber dem Zinn-Cadmium, im Kupferoxydulgleichrichter an der Grenze gegen das Mutterkupfer und in den Detektoren an der Grenze des Kristalls gegen das Metall der aufgesetzten Drahtspitze.

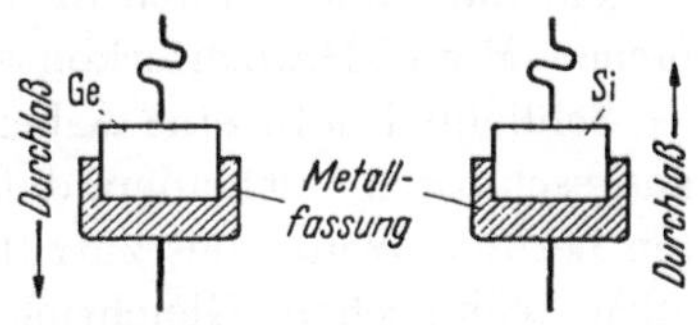

Abb. IV 1.5 Germanium- und Silizium-Detektoren.

Bei allen diesen Gleichrichtern schien also die Unipolarität durch ein Zusammenwirken von *Metall und Halbleiter* zustande zu kommen, und der *pn*Gleichrichter schien demgegenüber mit seinem Gleichrichtereffekt zwischen antimon- und indiumhaltigen Germanium etwas gänzlich Neues zu sein. Allerdings hat B. Davydov[2] schon ziemlich frühzeitig, nämlich 1938, darauf hingewiesen, daß an der Übergangsstelle zwischen einem Defekt- und einem Überschußhalbleiter starke unipolare Effekte zu erwarten sind. Tatsächlich hat sich auch in den letzten Jahren immer deutlicher gezeigt, daß in dem geschilderten Selengleichrichter in Wirklichkeit die Sperrschicht nicht an der Grenze Zinn-Cadmium gegen Selen sitzt. Durch chemische Reaktion entsteht vielmehr bei der Herstellung der Gleichrichter zwischen der Zinn-Cadmium-Elektrode und dem Selen eine Cadmiumselenidschicht von vielleicht nur 10^{-5} cm Stärke[3] (s. Abb. IV 1.6). Poganski[4] einerseits und Hoffmann und Rose[5] andrerseits konnten ein-

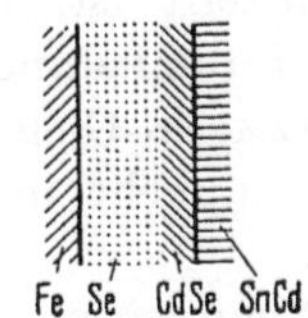

Abb. IV 1.6 CdSe-Schicht im Selengleichrichter. Die CdSe-Schicht ist der Deutlichkeit halber im Vergleich zur Se-Schicht viel zu dick gezeichnet.

[1] Schottky, W., u. W. Deutschmann: Physik. Z. 30 (1929) 839.

[2] Davýdov, B.: Techn. Phys. UdSSR. 5 (1938) 87—95.

[3] Siehe z. B. Lamm, U.: Asea-J. (engl.) 16 (1939) 114. — Koch, W., u. S. Poganski: Fiat Final Report Nr. 706 (1946) 18. — Tomura, M.: Bull. chem. Soc. Japan 22 (1949) 82; J. phys. Soc. Japan 5 (1950) 349. — Poganski, S.: Dissertation Techn. Universität Berlin 1949, vgl. ETZ 72 (1951) 533; Z. Elektrochem. 56 (1952) 193.

[4] Poganski, S.: Z. Phys. 134 (1953) 469.

[5] Hoffmann, A., u. F. Rose: Z. Phys. 136 (1953) 152.

wandfrei zeigen, daß sich die Sperrschicht an der Grenze zwischen den beiden Halbleitern Cadmiumselenid und Selen befindet und nicht etwa an der Grenze zwischen dem Metall Zinn-Cadmium und dem Halbleiter Cadmiumselenid. Ähnliches gilt mit großer Wahrscheinlichkeit auch für die Spitzendetektoren aus Germanium oder Silizium. Jedenfalls sind zur Erzeugung guter Gleichrichterwirkungen besondere Oberflächenbehandlungen und „Formierprozesse"[1] erforderlich, die deutlich zeigen, daß es sich auch in den Spitzendetektoren nicht um einen einfachen Metall-Halbleiterkontakt handelt[2].

Schließlich läßt eine Arbeit von MÜSER und SCHILLING[3] es als nicht ausgeschlossen erscheinen, daß auch der Cu_2O-Gleichrichter auf *pn*Effekten beruht. Wenn dies zutrifft, dann handelte es sich schon immer bei allen technischen Gleichrichtern um mehr oder weniger verkappte *pn*Wirkungen, die nun endlich in den Stoffen Germanium und Silizium in ihrer reinen Form herauspräpariert worden sind.

Trotzdem können auch an einem Metall-Halbleiterkontakt Gleichrichtereffekte auftreten[4]. Dies ist aber nicht der Grund dafür, daß wir uns im ersten Teil des Kapitels (§§ 1 bis 5) mit der Physik eines Metall-Halbleiterkontaktes beschäftigen. Wir tun dies nämlich in einer so vereinfachten Form, daß die Anwendung auf reale Metall-Halbleiterkontakte zum mindesten fraglich sein dürfte. Der Grund für eine so umfangreiche Beschäftigung mit einer Theorie, deren reale Bedeutung zweifelhaft ist, liegt vielmehr darin, daß dabei die Erscheinungen der Raumladungs-Randschicht, der Konzentrationsverwehung, des BOLTZMANN-Gleichgewichts zwischen Diffusions- und Feldstrom und anderes mehr in verhältnismäßig einfacher Form zur Sprache kommen.

Wenn wir im zweiten Teil dieses Kapitels, nämlich in den §§ 6 bis 10, die Gleichrichtereffekte an einer Grenze Halbleiter-Halbleiter besprechen, werden uns dieselben Erscheinungen — wenn auch in komplizierteren Kombinationen — wieder begegnen, und gerade darin dürfte

---

[1] Das sind elektrische Überlastungen mit Fluß- oder Sperrstrom oder auch mit Wechselstrom. Trotz gewisser Ansätze handelt es sich hierbei wie auch bei den Oberflächenbehandlungen im wesentlichen immer noch um kunstvolle Empirie; denn die Physik der Spitzenkontakte ist noch keineswegs geklärt.

[2] THEDIECK, R.: Phys. Verh. 3 (1952) 31: 3 (1952) 212; Z. angew. Phys. 5 (1953) 165. — VALDES, L. B.: Proc. Inst. Radio Engrs., N. Y. 40 (1952) 445.

[3] MÜSER, H., u. H. SCHILLING: Z. Naturforsch. 7a (1952) 211.

[4] SCHOTTKY, W.: Naturwiss. 26 (1938) 843; Z. Phys. 113 (1939) 367; Z. Phys. 118 (1942) 539. Die experimentelle Untersuchung von Gleichrichtereffekten an zwischenschichtfreien Metall-Halbleiterkontakten verdanken wir S. POGANSKI: Z. Phys. 134 (1953) 469 und R. J. ARCHER u. M. M. ATALLA: Ann. New York Acad. Sciences 101, Art. 3 (1963) 697—708.

heute[1] die Bedeutung der ursprünglichen SCHOTTKYschen Randschichttheorie[2] liegen.

Die §§ 11 bis 13 behandeln schließlich Fragen, die für technische Gleichrichter, insbesondere Starkstromgleichrichter von Bedeutung sind.

1. Teil. Der Kontakt zwischen einem Metall und einem Halbleiter mit großer Bandbreite

§ 2. Stromloser Zustand eines Halbleiter-Metallkontaktes

Die SCHOTTKYsche Randschichttheorie ist eine „Einträgertheorie", d. h., sie setzt voraus, daß die Bandbreite des betrachteten Halbleiters so groß ist, daß seine Minoritätsträger gegenüber seinen Majoritätsträgern gar keine Rolle spielen. Auch nicht in der Randzone. Dort

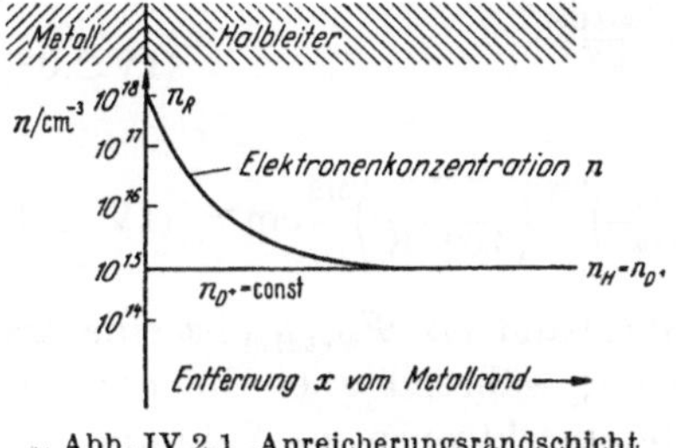

Abb. IV 2.1 Anreicherungsrandschicht ($n_R > n_H = n_{D+}$).

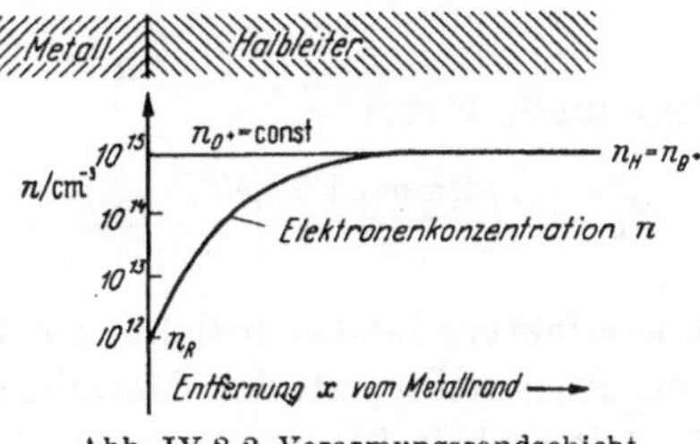

Abb. IV 2.2 Verarmungsrandschicht ($n_R < n_H = n_{D+}$).

herrschen nämlich — und diese Erkenntnis ist der entscheidende Fortschritt der SCHOTTKYschen Theorie gegenüber allen Vorgängern — besondere Konzentrations- und Potentialverhältnisse, die im einzelnen von der Strombelastung des Kontakts abhängen.

Wir stellen uns beispielsweise einen Überschußhalbleiter mit einer ortsunabhängigen Donatorengesamtkonzentration n_D vor (s. Abb. IV 2.1 und IV 2.2). Diese Konzentration n_D der Donatoren und ihre Dissoziationsarbeit E_{CD} sei so klein[3], daß bei Normaltemperatur alle Donatoren ihr Elektron ⊖ abgegeben haben (Störstellenerschöpfung). Dann ist die Konzentration n_{D^+} der positiv geladenen Donatoren eine ortsunab-

[1] In neuester Zeit haben SCHOTTKY-Randschichten aber auch Bedeutung für höchste Frequenzen bekommen. Siehe hierzu: KAHNG, D.: Bell Syst. techn. J. 43 (1964) 215. — KAHNG, D., u. L. A. D'ASARO: Bell Syst. techn. J. 43 (1964) 225. — KAHNG, D.: Solid-State Electr. 6 (1963) 281—295. — ATALLA, M. M., u. R. W. SOSHEA: Solid-State Electr. 6 (1963) 245—250.

[2] Siehe Fußnote 4 auf S. 114.

[3] Über die Bedingung für Störstellenerschöpfung s. S. 68 bis 69.

hängige Konstante

$$n_{D^+} = n_D = \text{const}, \tag{IV 2.01}$$

und im Innern des Halbleiters fordert die Neutralitätsbedingung für die Elektronenkonzentration n

$$n = n_H = n_{D^+}. \tag{IV 2.02}$$

An der Grenze des Halbleiters zum Metall wird dagegen die Elektronenkonzentration n durch eine ganz andere Forderung als die Neutralitätsbedingung festgelegt, nämlich durch die Forderung des thermischen Gleichgewichts mit dem Metall. Wir betrachten ja vorläufig den Fall der Stromlosigkeit, und da muß die Anzahl der Elektronen, die pro Zeit- und Flächeneinheit infolge ihrer thermischen Wimmelbewegung die Grenze Metall-Halbleiter von links nach rechts passieren, gleich der Anzahl der entgegengesetzt fliegenden Elektronen sein. Bei gegebener Temperatur verlangt diese Forderung eine ganz bestimmte Elektronenkonzentration n_R am Halbleiterrand, und wir wollen ohne Beweis[1] hier angeben, daß

$$n_R = N_C \, e^{-\frac{\Psi_{\text{Met Hbl}}}{kT}} \tag{IV 2.03}$$

sein muß, wobei

$$N_C = 2\left(\frac{2\pi m_{\text{eff}} kT}{h^2}\right)^{3/2} = 2{,}5 \cdot 10^{19} \left(\frac{m_{\text{eff}}}{m}\right)^{3/2} \left(\frac{T}{300\,°\text{K}}\right)^{3/2} \text{cm}^{-3} \tag{IV 2.04}$$

eine effektive Zustandsdichte im Leitungsband ist. $\Psi_{\text{Met Hbl}}$ ist eine Art von Austrittsarbeit der Metallelektronen; während aber die normale Austrittsarbeit für den Austritt der Metallelektronen ins Vakuum gilt, ist $\Psi_{\text{Met Hbl}}$ die entsprechende Größe für den Austritt der Metallelektronen in das Halbleitergitter.

An der Gl. (IV 2.03) interessiert uns vorläufig am meisten, daß n_R durch die Austrittsarbeit $\Psi_{\text{Met Hbl}}$ bestimmt wird, während für die Konzentration n_H tief im Innern des Halbleiters die Konzentration n_{D^+} maßgebend ist [s. Gl. (IV 2.02)]. Die Austrittsarbeit $\Psi_{\text{Met Hbl}}$ und die Donatorendichte $n_D = n_{D^+}$ sind aber völlig unabhängig voneinander, also auch die Werte n_R und n_H.

An und für sich ist diese Tatsache nicht weiter überraschend; denn die Dichte n_H tief im Innern des Halbleiters muß von der stofflichen Eigenart der weit entfernten Metallelektrode — Cu oder Sn beispielsweise — unabhängig sein. Die Randdichte n_R dagegen wird auf das stärkste von dem benachbarten Metall beeinflußt werden. Wir sehen also, daß im allgemeinen n_R und n_H verschieden sein werden und daß $n_R = n_H$ ein recht unwahrscheinlicher Zufall wäre.

---

[1] Einen Beweis findet der Leser auf S. 524 Gl. (X 7.01). N_C wird in Kap. VIII, § 2 und 5, eingeführt. Siehe Gl. (VIII 2.04) und (VIII 5.04).

Damit ergibt sich aber die Unterscheidung von 2 Fällen:

Anreicherungsrandschichten $n_R > n_H = n_{D^+}$ s. Abb. IV 2.1,

Verarmungsrandschichten $n_R < n_H = n_{D^+}$ s. Abb. IV 2.2.

Zu physikalisch beobachtbaren Effekten wird es nur in dem zweiten Fall einer Verarmungsrandschicht (s. Abb. IV 2.2) kommen. Hier wird nämlich die Trägerverarmung die Randschicht hochohmig machen, und wenn der ganze Effekt genügend stark ausgebildet ist, wird auch eine relativ dünne hochohmige Schicht mit ihrem hohen Widerstand die ganze Hintereinanderschaltung Metall-Randschicht-Halbleiterkörper beherrschen können. Das *Herab*setzen des Widerstandes einer dünnen Schicht im entgegengesetzten Fall der Anreicherungsrandschicht verschwindet dagegen neben dem konstant bleibenden viel größeren Widerstand des ganzen Halbleiterkörpers. Anreicherungsschichten sind also nur für die Frage der *sperrfreien* Kontaktierung eines Halbleiterkörpers von Interesse, während der Kontakt Halbleiter-Metall beim Vorliegen einer Verarmungsrandschicht Gleichrichtereigenschaften bekommt.

Bevor wir dies im einzelnen durch Betrachtung von Fällen mit Stromdurchgang nachweisen werden, müssen wir noch einiges über den Verlauf des elektrostatischen Makropotentials[1] V innerhalb der Randschicht sagen. Diese Schicht ist nicht mehr neutral wie das Halbleiterinnere, denn zur ladungsmäßigen Kompensation der positiven Donatoren D^+ fehlt es ja bei $n < n_{D^+}$ an negativen Elektronen $\ominus$. In der Randschicht ist also eine positive Raumladungsdichte $\varrho(x)$ vorhanden.

Der in dieser Randschicht insgesamt vorhandenen Ladung $\int\limits_{\text{Randschicht}} \varrho(x)\, dx$ steht nun die gleiche Ladungsmenge — aber mit entgegengesetztem Vorzeichen und als Flächenladung — auf der Metalloberfläche gegenüber (s. Abb. IV 2.3). Das folgt nämlich daraus, daß die Grenze Metall-Halbleiter als Ganzes neutral sein muß. Man kann sie sich ja durch Zusammenführen des neutralen Metalls und des neutralen Halbleiters entstanden denken. Im Moment der Berührung geht dann eine bestimmte Menge von Elektronen aus dem Halbleiter in das Metall über (im Fall der Verarmungsrandschicht!), und zwar deshalb, weil in diesem Fall die chemischen Bindungskräfte des Metalls stärker als die des Halbleiters sind[2]. Die aus dem Volumen der Randschicht abgewanderten

[1] Bezüglich dieses Begriffs s. S. 501 f.

[2] Auf S. 524 Mitte wird gezeigt, daß die Austrittsarbeit $\Psi^{(n)}_{\text{Met Hbl}}$ z. T. durch die Konkurrenz der Bindungskräfte des Metalls und des Halbleiters bestimmt wird, und zwar in dem Sinne, daß immer stärkere Bindungsfähigkeit des Metalls die Austrittsarbeit $\Psi^{(n)}_{\text{Met Hbl}}$ vergrößert. Nach (IV 2.03) wird dann n_R kleiner, und der Fall der Verarmungsrandschicht tritt ein.

Elektronen sammeln sich als Flächenladung auf der Oberfläche des Metalls, weil ja im Metall wegen der im Vergleich zum Halbleiter riesengroßen Leitfähigkeit keine Volumenladungen möglich sind.

Die in Abb. IV 2.3 dargestellte Situation erinnert an einen Plattenkondensator, nur ist die positive Ladung nicht flächenhaft konzentriert, sondern diffus über das Volumen der Randschicht verteilt. Die Dichte der Feldlinien ist also nicht konstant wie im Plattenkondensator, sondern nimmt nach rechts hin ab. Dementsprechend ergibt sich nicht

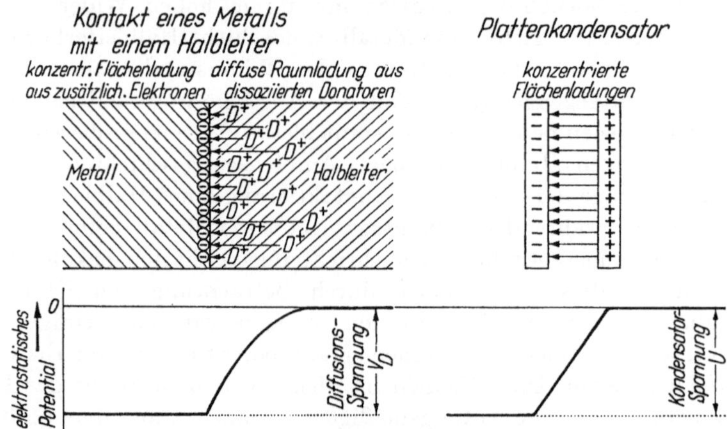

Abb. IV 2.3 Die Diffusionsspannung in einer Halbleiterrandschicht. Vergleich mit einem Plattenkondensator.

ein geradliniger, sondern ein gekrümmter Potentialanstieg, der eine Potentialstufe, die sog. „Diffusionsspannung V_D“ aufbaut.

Dieser Potentialunterschied im Innern eines *stromlosen* Leiters ist erfahrungsgemäß eine erhebliche Verständnisschwierigkeit. Wir wollen zunächst einmal nur daran erinnern, daß Stromlosigkeit keineswegs immer und unter allen Umständen mit fehlenden Potentialunterschieden gekoppelt ist. Zum Beispiel bildet sich zwischen dem *inneren* Potential von 2 Leitern verschiedener stofflicher Zusammensetzung die sog. GALVANI-Spannung[1] aus, wenn diese Leiter stromlos sind; im gleichen Fall besteht zwischen den *Oberflächen*potentialen die sog. VOLTA-Spannung oder das Kontaktpotential[2], wie das ja insbesondere von der Berechnung der Gittervorspannung in einer Vakuumröhre her bekannt ist. Bezüglich dieser Dinge und bezüglich des Zusammenhangs mit der Diffusionsspannung V_D müssen wir den ausführlicher interessierten Leser auf Kap. X verweisen.

---

[1] Siehe S. 507 bis 510.

[2] Siehe S. 510 und 512.

Es ist aber nützlich, sich klar zu machen, daß die Diffusionsspannung V_D zur Erzwingung der Stromlosigkeit sogar notwendig ist; denn in dem starken Konzentrationsgefälle von n_H auf n_R muß ja ein starker Diffusionsstrom von Elektronen von rechts nach links fließen. Die Stromlosigkeit kommt nur dadurch zustande, daß der elektrische Potentialunterschied V_D die negativ geladenen Elektronen von links nach rechts treibt und den vom Konzentrationsgefälle ausgelösten Diffusionsstrom kompensiert.

Diese Überlegungen lassen sich quantitativ verschärfen, indem für die Diffusionsstromdichte nach dem FICKschen Gesetz mit Hilfe eines Diffusionskoeffizienten der Ansatz

$$s_{\mathrm{Diff}} = -D_n\, n'(x) \tag{IV 2.05}$$

gemacht wird. Für die vom elektrischen Potentialgefälle hervorgerufene Feldstromdichte wird mit Hilfe der Elektronenbeweglichkeit μ_n nach dem OHMschen Gesetz (I 2.05) u. (I 2.06)

$$s_{\mathrm{Feld}} = +\mu_n\, n(x)\, V'(x) \tag{IV 2.06}$$

angesetzt. Bei Stromlosigkeit müssen sich beide Ströme kompensieren[1]:

$$-D_n\, n'(x) + \mu_n\, n(x)\, V'(x) = 0 \tag{IV 2.07}$$

oder

$$V'(x) = \frac{D_n}{\mu_n}\,\frac{n'(x)}{n(x)} = \frac{D_n}{\mu_n}\,\frac{d}{dx}\ln n(x) \tag{IV 2.08}$$

bzw. integriert

$$V(x) = \frac{D_n}{\mu_n}\ln\frac{n(x)}{n_H}. \tag{IV 2.09}$$

Bei der Integration wurde die Integrationskonstante gleich so festgelegt, daß ganz rechts im Halbleiter, wo $n(x) = n_H$ wird, das Potential V den Wert Null annimmt, wie wir das ja in Abb. IV 2.3 festgelegt haben. Die Beweglichkeit μ_n und der Diffusionskoeffizient D_n sind nun nicht unabhängig voneinander. Zwischen ihnen besteht vielmehr die NERNST-TOWNSEND-EINSTEINsche Beziehung[2]

$$D_n = \mu_n\,\mathfrak{B} = \mu_n\frac{\mathrm{k}T}{e}, \tag{IV 2.10}$$

wobei T die Temperatur des Halbleiters, k die BOLTZMANNsche Konstante und e die Elektronenladung ist.

In der Beziehung (IV 2.10) taucht zum ersten Male das sog. Voltäquivalent der Halbleitertemperatur T auf:

$$\mathfrak{B} = \frac{\mathrm{k}T}{e}. \tag{IV 2.11}$$

---

[1] Zur Superposition des Diffusionsstromes (IV 2.05) und des Feldstromes (IV 2.06) s. vielleicht auch Kap. XI, § 6, und R. BECKER: Theorie der Wärme, Berlin/Göttingen/Heidelberg: Springer 1955, S. 263.

[2] Siehe Gl. (VIII 4.10) auf S. 424.

Es wird sich zeigen, daß diese Größe bei Gleichrichtern und Transistoren und überhaupt bei allen Halbleitervorrichtungen und -schaltelementen eine ganz entscheidende Rolle spielt. Man errechnet dafür mit $\mathrm{k} = 1{,}3807 \cdot 10^{-23}$ Watt sek Grad^{-1} und $e = 1{,}6 \cdot 10^{-19}$ Coulomb

$$\frac{\mathrm{k}\,T}{e} = \mathfrak{B} = 25{,}9\ \mathrm{mVolt}\left(\frac{T}{300\ {}^\circ\mathrm{K}}\right). \tag{IV 2.12}$$

Mit (IV 2.10) wird aus (IV 2.09)

$$V(x) = \mathfrak{B} \ln \frac{n(x)}{n_H} = \frac{\mathrm{k}\,T}{e} \ln \frac{n(x)}{n_H}, \tag{IV 2.13}$$

oder

$$n(x) = n_H\, \mathrm{e}^{+\frac{V(x)}{\mathfrak{B}}} = n_H\, \mathrm{e}^{+\frac{e}{\mathrm{k}T} V(x)} = n_H\, \mathrm{e}^{-\frac{1}{\mathrm{k}T}[-e\,V(x)]}. \tag{IV 2.14}$$

Diese Gleichung erinnert an die bekannte Barometerformel für die Konzentrationsverteilung der Luftmoleküle in der Erdatmosphäre

$$n(x) = n(0)\, \mathrm{e}^{-\frac{m g x}{\mathrm{k}T}}. \tag{IV 2.15}$$

Hierbei ist

m die Masse eines Moleküls,	T die absolute Temperatur,
g die Erdbeschleunigung,	x eine Höhenkoordinate.
k die Boltzmannsche Konstante,	

Die Analogie zwischen (IV 2.14) und (IV 2.15) ist nicht zufällig. Auch in der Erdatmosphäre kann nämlich das Fehlen einer vertikalen Luftbewegung als die gegenseitige Kompensation zweier Strömungen aufgefaßt werden, von denen die eine von oben nach unten gerichtet ist und von der Erdanziehung ausgelöst wird, während die andere aus den unteren dichten Luftschichten in die obere verdünnte Atmosphäre fließt, und zwar auf Grund des Druckunterschiedes zwischen oben und unten.

Nun gilt für die potentielle Energie E_{pot} des Elektrons [Ladung $-e$] im Potential $V(x)$

$$E_{\mathrm{pot}} = -e\, V(x) \tag{IV 2.16}$$

und für die eines Luftmoleküls mit der Masse m im Gravitationspotential $g\,x$

$$E_{\mathrm{pot}} = m\, g\, x. \tag{IV 2.17}$$

Hiermit lassen sich die beiden Gl. (IV 2.14) und (IV 2.15) zusammenfassen:

$$\text{Konzentration} \sim \exp(-E_{\mathrm{pot}}/\mathrm{k}T). \tag{IV 2.18}$$

Es zeigt sich demnach, daß diese Gleichungen Sonderfälle der Konzentrationsverteilung eines Boltzmann-Gases in einem Raum mit örtlich variierender potentieller Energie sind. Man spricht daher von Boltz-

MANN-Verteilungen und nennt die zugrunde liegende Kompensation zweier entgegengesetzter Teilchenströmungen BOLTZMANN-Gleichgewicht.

Mit Hilfe von (IV 2.13) können wir jetzt die Diffusionsspannung V_D der Randschicht berechnen, indem wir diese Gleichung auf den Halbleiterrand $[x = 0,\ n = n_R,\ V = -V_D]$ anwenden:

$$-V_D = V(0) = \mathfrak{B} \ln \frac{n_R}{n_H}$$

$$V_D = \mathfrak{B} \ln \frac{n_H}{n_R} = \frac{\mathrm{k}T}{e} \ln \frac{n_H}{n_R}. \qquad \text{(IV 2.19)}$$

Eine Konzentrationsabsenkung um sieben Zehnerpotenzen [z. B. $n_H = 2{,}4 \cdot 10^{20}\,\mathrm{cm}^{-3}$, $n_R = 2{,}4 \cdot 10^{13}\,\mathrm{cm}^{-3}$] würde also beispielsweise eine Diffusionsspannung

$$V_D = 25{,}9\ \mathrm{mVolt} \cdot 16{,}12 = 0{,}418\ \mathrm{Volt}$$

hervorrufen. Die Gl. (IV 2.19) brauchen wir häufig in der nach der Randkonzentration n_R aufgelösten Form

$$n_R = n_H\, \mathrm{e}^{-\frac{V_D}{\mathfrak{B}}} = n_H\, \mathrm{e}^{-\frac{e V_D}{\mathrm{k}T}}. \qquad \text{(IV 2.20)}$$

Die Beziehung (IV 2.13) hat noch eine weitere sehr wichtige Folge. Tragen wir in Abb. IV 2.3 das Potential linear, in Abb. IV 2.2 die Konzentration n dagegen logarithmisch auf, so führt das wegen der Gl. (IV 2.13) dazu, daß die $V(x)$- und die $n(x)$-Kurve bei Wahl geeigneter Maßstäbe kongruent werden. Es ist manchmal recht nützlich, aus dem Vorliegen eines BOLTZMANN-Gleichgewichts auf die dann zwangsläufig eintretende Kongruenz der (in der geschilderten Weise aufgetragenen) Konzentrations- und Potentialkurve schließen zu können.

Um die gemeinsame Form dieser Kurven zu ermitteln, steht zunächst einmal die POISSONsche Gleichung

$$\frac{d^2}{dx^2} V(x) = -\frac{4\pi}{\varepsilon}\, \varrho(x) \qquad \text{(IV 2.21)}$$

zur Verfügung. Hierin ist ε die Dielektrizitätskonstante und $\varrho(x)$ die Dichte der Raumladung. Diese entsteht durch das Gegeneinanderwirken der Donatoren und der Elektronen:

$$\varrho(x) = +e[n_{D^+} - n(x)]. \qquad \text{(IV 2.22)}$$

Es ist nun üblich, nach dem Vorbild von W. SCHOTTKY[1] hier die Konzentration $n(x)$ der Elektronen zu vernachlässigen, weil sie im wesentlichen Teil der Raumladungszone um Zehnerpotenzen kleiner als die Donatoren-

[1] SCHOTTKY, W.: Z. Phys. 118 (1942) 539.

konzentration n_{D+} ist. Es folgt dann also aus (IV 2.21) und (IV 2.22)

$$\frac{d^2 V}{d x^2} = -\frac{4\pi e n_{D+}}{\varepsilon}$$

mit der Lösung[1]

$$V(x) = -\frac{\mathfrak{B}}{2}\left[\frac{l-x}{x_{0n}}\right]^2. \tag{IV 2.23}$$

Hierbei ist[1]

$$x_{0n} = \sqrt{\frac{\varepsilon\,\mathfrak{B}}{4\pi e n_{D+}}} \tag{IV 2.24}$$

die sog. DEBYE-Länge des Halbleiters[2]. Die Länge l der Raumladungszone berechnet sich aus der Diffusionsspannung V_D folgendermaßen[3]:

$$l = x_{0n}\sqrt{2\frac{V_D}{\mathfrak{B}}}. \tag{IV 2.25}$$

Rechnen wir wieder — wie schon oben in dem Zahlenbeispiel zu (IV 2.19) — mit der sehr starken Konzentrationsabsenkung um sieben Zehnerpotenzen, so wird $V_D \approx 16\,\mathfrak{B}$ und

$$l \approx 6 x_{0n}.$$

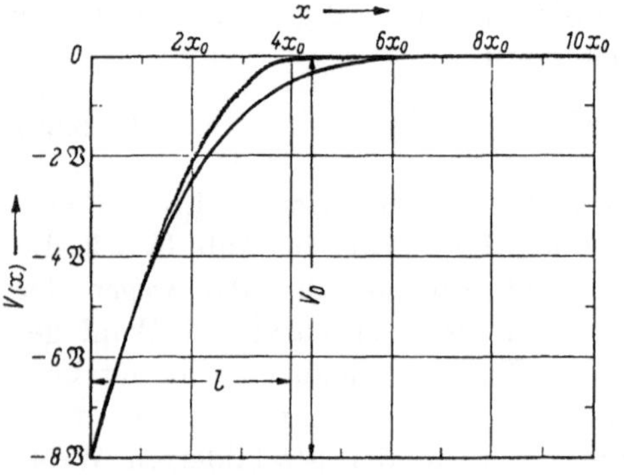

Die Lösung (IV 2.23) ist in Abb. IV 2.4 dargestellt. Ihr liegt — wie schon teilweise gesagt — die vereinfachende Annahme zugrunde, daß raumladungsmäßig von $x = 0$ bis $x = +l$ gar keine Elektronen vorhanden sind, dagegen jenseits der „Raumladungsgrenze $x = +l$" gerade soviel Elektronen, um die positive Raumladung der Donatoren exakt zu kompensieren. Die ohne diese Vereinfachung berechnete Potentialkurve zeigt Abb. IV 2.4 ebenfalls. Man sieht, daß die SCHOTTKY-

Abb. IV 2.4 Der Potentialverlauf in der Verarmungsrandschicht eines nLeiters und die SCHOTTKYsche Parabelnäherung (rot).

[1] Siehe Fußnote 1, S. 121.

[2] Die Bezeichnung DEBYE-Länge erinnert an die Ähnlichkeit zwischen x_{0n} und der charakteristischen Länge in der DEBYE-HÜCKELschen Theorie der starken Elektrolyte.

[3] Die drei Gln. (IV 2.23) bis (IV 2.25) enthalten über das Voltäquivalent $\mathfrak{B} = \frac{kT}{e}$ scheinbar die Temperatur T. Das kommt aber nur daher, daß wir in (IV 2.23) das Potential $V(x)$ in der temperaturabhängigen Einheit $\mathfrak{B}$ messen — aus Gründen, die auf S. 120 oben dargestellt wurden. Aus (IV 2.23) bis (IV 2.25) hebt sich aber natürlich $\mathfrak{B}$ immer heraus, weil ja das durch die POISSONsche Gleichung (IV 2.21) beherrschte Raumladungsproblem mit der Temperatur gar nichts zu tun hat.

sche Näherung das Gebiet der wirklich beträchtlichen Konzentrationsabsenkung recht gut wiedergibt.

Um uns wenigstens größenordnungsweise über die räumlichen Abmessungen der Randschichten zu unterrichten, schreiben wir (IV 2.24) als zugeschnittene Größengleichung

$$\frac{x_{0n}}{\text{cm}} = \sqrt{\frac{\varepsilon\,(\mathfrak{B}/\text{Volt})}{1{,}81 \cdot 10^{-6}\,(n_{D^+}/\text{cm}^{-3})}}\,. \qquad \text{(IV 2.26)}$$

Für Germanium ($\varepsilon = 16$) ergibt sich bei 300 °K ($\mathfrak{B} = 25{,}9$ mVolt)

$$\frac{x_{0n}}{\text{cm}} = 4{,}78 \cdot 10^{+2}\,(n_{D^+}/\text{cm}^{-3})^{-1/2}. \qquad \text{(IV 2.27)}$$

In der Praxis bewegen sich die Dotierungskonzentrationen n_{D^+} zwischen der Eigenleitungskonzentration $2{,}4 \cdot 10^{13}$ und $2{,}4 \cdot 10^{20}$ cm^{-3}, und damit liegen die Debye-Längen zwischen $\approx 1 \cdot 10^{-4}$ cm und $\approx 3 \cdot 10^{-8}$ cm.

Sie sind also außerordentlich klein, und da wir in dem Zahlenbeispiel zu (IV 2.25) gesehen haben, daß eine stromlose Randschicht nur wenige Debye-Längen dick ist, erreichen also stromlose oder durchlaßbelastete Randschichten eine Dicke von höchstens einigen[1] μ. In sperrbelasteten Randschichten tritt aber — wie wir in § 3 sehen werden — an die Stelle von V_D die Summe $V_D + U_{\text{Sp}}$, und aus (IV 2.25) wird

$$l = x_{0n}\sqrt{2\,\frac{V_D + U_{\text{Sp}}}{\mathfrak{B}}} \qquad \text{(IV 2.28)}$$

Da U_{Sp} um 2 bis 3 Größenordnungen größer als V_D sein kann, werden damit die Randschichtabmessungen 10 bis 30mal größer, und so können wir in Gleichrichtern oder Transistoren aus hochohmigem Material Randschichten von etwa 100 μ antreffen. Das führt dann zu den Erscheinungen des Early-Effektes und des sog. punch through (s. hierzu Kap. V, § 8).

Bei Silizium[2] ist $\varepsilon = 11{,}7$, und deshalb kommt für die Debye-Länge bei 300 °K ($\mathfrak{B} = 25{,}9$ mVolt) an Stelle von (IV 2.27)

$$\frac{x_{0n}}{\text{cm}} = 4{,}09 \cdot 10^{+2}\,(n_{D^+}/\text{cm}^{-3})^{-1/2}. \qquad \text{(IV 2.29)}$$

Damit beenden wir die Besprechung des stromlosen Falles und werden im nächsten § 3 sehen, welche Strömungen entstehen, wenn der Potentialunterschied V_D des stromlosen Zustandes durch von außen angelegte Spannungen U geändert wird.

---

[1] $1\,\mu = 10^{-4}$ cm.

[2] Dunlap, W. C., u. R. L. Watters: Phys. Rev. 92 (1953) 1396.

§ 3. Der stromdurchflossene Halbleiter-Metallkontakt

Wir denken uns also zunächst die Metallelektrode in ihrem Potential um die Spannung U_{Du} angehoben, während das Potential auf der Halbleiterseite ganz rechts festgehalten wird (s. Abb. IV 3.3). Dann beträgt also der Potentialabfall über der Randschicht nicht mehr V_D, sondern nur noch $V_D - U_{\mathrm{Du}}$.

Genauer muß man zwischen einer Spannung U^*_{Du} zwischen den Klemmen des Gleichrichters und einem auf die Randschicht selbst anfallenden Anteil U_{Du} dieser Gesamtspannung U^*_{Du} unterscheiden. Denn die neutrale, an die Randschicht in Abb. IV 3.2 anschließende „Bahn" hat ja auch einen Widerstand, den „Bahnwiderstand R_B", und der Durchgang des Stromes I durch die Bahn fordert demgemäß einen Spannungsabfall $R_B\, I$, der mit der Randschichtspannung U_{Du} in Reihe liegt:

$$U^*_{\mathrm{Du}} = U_{\mathrm{Du}} + R_B\, I.$$

Aus der Kennlinie der Randschicht

$$I = f(U_{\mathrm{Du}})$$

erhält man also durch „Scherung" mit dem Bahnwiderstand R_B die Kennlinie

$$I = g(U^*_{\mathrm{Du}})$$

Abb. IV 3.1 Scherung der Randschichtkennlinie $I = f(U_{\mathrm{Du}})$ mit dem Bahnwiderstand R_B.

des gesamten Gleichrichters (s. Abb. IV 3.1). Wir brauchen uns also im folgenden nur mit der Kennlinie $I = f(U_{\mathrm{Du}})$ der Randschicht zu beschäftigen.

Damit nur die verkleinerte Potentialschwelle $V_D - U_{\mathrm{Du}}$ aufgebaut wird, muß auch die erzeugende Raumladung verkleinert werden. Die Dichte ϱ dieser Raumladung ist nun im wesentlichen durch die un-

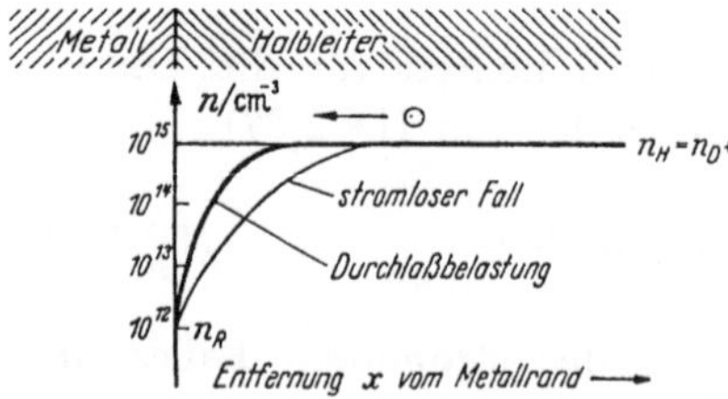

Abb. IV 3.2 Elektronenkonzentration n bei Belastung in Durchlaßrichtung.

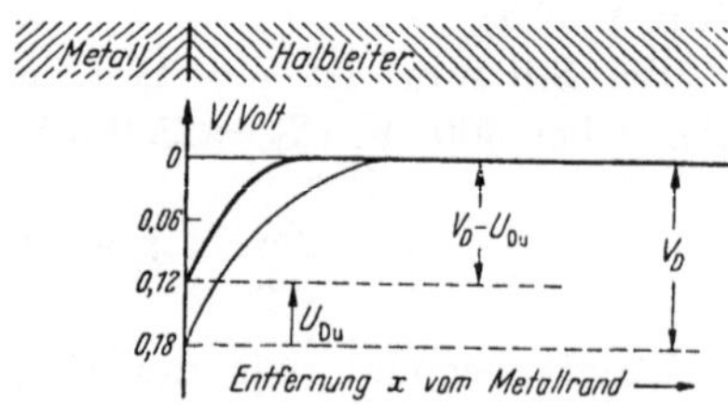

Abb. IV 3.3 Potentialverlauf $V(x)$ bei Belastung in Durchlaßrichtung.

veränderliche Konzentration n_{D^+} der unbeweglichen Donatoren D^+ gegeben, da die veränderliche und daher beeinflußbare Konzentration n der beweglichen Elektronen $\ominus$ in dem wesentlichen Teil der Raumladungsrandschicht keine Rolle neben n_{D^+} spielt[1]. Die Verkleinerung der für die Potentialschwelle verantwortlichen Raumladung ist also nur dadurch möglich, daß die Breite der ganzen Raumladung verkleinert wird. Die Neutralkonzentration n_H muß also vom Halbleiterinnern her weiter nach links hin beibehalten werden als vorher im stromlosen Zustand (s. Abb. IV 3.2). Gewissermaßen als mnemotechnisches Hilfsmittel[2] kann man die Vorstellung entwickeln, daß die Elektronen, die ja aus dem Halbleiterinnern auf die positiv vorgespannte Elektrode zu fließen, dabei ihre hohe Konzentration n_H ein Stück weit in die trägerverarmte Randzone hineinschleppen. Jedenfalls ist die Trägerverarmung bei dieser Polung weniger intensiv als vorher im stromlosen Zustand, und es ist nicht unplausibel, daß dies auch mit einer Verminderung des differentiellen Widerstandes verbunden ist. Wir haben also in dieser Polung die *Du*rchlaßrichtung des Gleichrichters vor uns. Daher auch der Index Du an der Spannung U_{Du}.

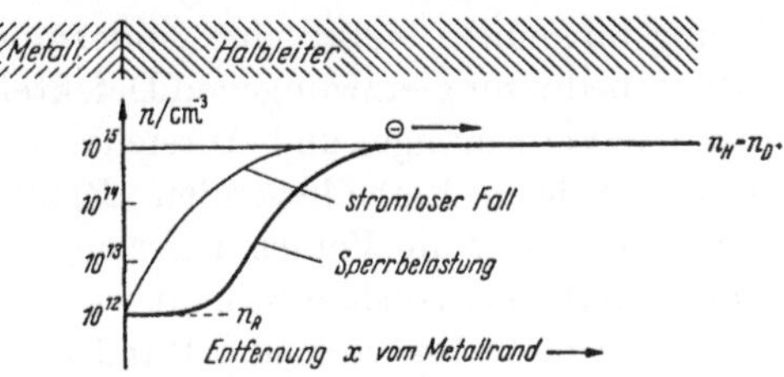

Abb. IV 3.4 Elektronenkonzentration n bei Belastung in Sperrichtung.

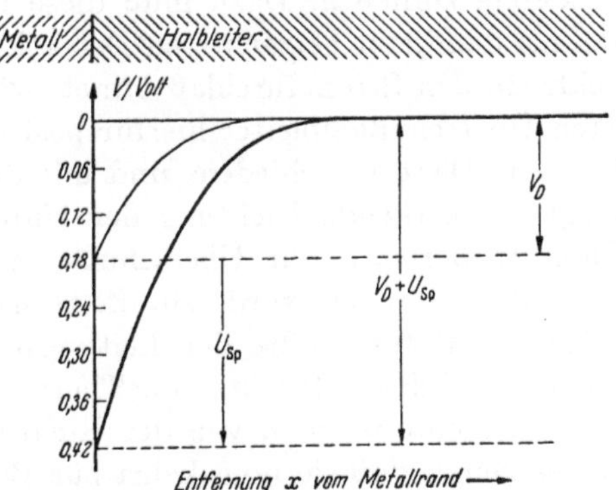

Abb. IV 3.5 Potentialverlauf $V(x)$ bei Belastung in Sperrichtung.

Wir betrachten jetzt die umgekehrte Polung, bei der also die Metallelektrode negativ um U_{Sp} gegenüber dem stromlosen Zustand vorgespannt wird, während das Potential auf der Halbleiterseite ganz rechts wieder festgehalten wird. Jetzt wird die Potentialschwelle also von V_D auf $V_D + U_{\mathrm{Sp}}$ vergrößert (s. Abb. IV 3.5), und dafür muß die Raumladung vergrößert werden. Das kann nur durch Verbreiterung der Trägerverarmungsschicht am Rande geschehen (s. Abb. IV 3.4), was wiederum zu einer Vergrößerung des differentiellen Widerstandes führen dürfte. Es liegt also die *Sp*errichtung vor, was auch durch den Index Sp an der Spannung U_{Sp} angedeutet ist. Die Elektronen ⊖ fließen dabei von der negativ vorgespannten Metallelektrode weg in

[1] SCHOTTKYsche Parabelnäherung! Siehe S. 121—123.

[2] Und *nur* als solches, nicht als physikalische Begründung!

den Halbleiter hinein. Dabei scheinen also die niedrigen Konzentrationswerte des Randes ein Stück weit in den Halbleiter hinein „verweht" zu sein.

Die quantitative Auswertung der bisher geschilderten Gedankengänge zu einer Kennlinienberechnung wird in den nächsten beiden §§ 4 und 5 erfolgen. Im vorliegenden § 3 müssen wir aber noch die Frage klären, was sich an dem Bisherigen ändert, wenn nicht ein Überschuß-, sondern ein Defektleiter vorliegt. Auch hier wird die Folge der Kontaktierung mit einem Metall eine Änderung der im Innern durch die Neutralitätsbedingung erzwungenen Defektelektronenkonzentration p_H sein. Von den Verarmungs- und Anreicherungsrandschichten können wiederum wegen des in Reihe liegenden „Bahnwiderstandes" der ganzen Halbleiterschicht nur die Verarmungsrandschichten beobachtet werden. Der Widerstand einer solchen Schicht ist belastungsabhängig, und zwar wird auch jetzt die trägerverarmte Randzone zugeweht und damit der differentielle Gleichrichterwiderstand vermindert werden, wenn die positiven Defektelektronen $\oplus$ aus dem Innern des Halbleiters auf die metallische Elektrode zufließen. Dazu muß diese negativ vorgespannt werden, so daß bei dem jetzt betrachteten Defektleiter negative Polung der Metallelektrode den Stromdurchlaß öffnet, während bei dem vorher betrachteten Überschußhalbleiter hierfür positive Polung des Metalls erforderlich war. Diese verschiedene und mit der Trägerverwehungsvorstellung leicht zu merkende Richtung der Unipolarität wurde von SCHOTTKY[1] schon 1935 richtig für Überschuß- und Defektleiter vorausgesagt. In den Jahren danach wurde sie öfters nachgeprüft und immer bestätigt gefunden. Dafür mußte der Leitungstyp des betreffenden Halbleiters entweder mit HALL-Effekts- oder Thermospannungsmessungen festgestellt werden. Heute ist man von der Richtigkeit der SCHOTTKYschen Regel so überzeugt, daß sie umgekehrt zur Bestimmung des Überschuß- oder Defektcharakters des betreffenden Halbleiters verwendet wird, was gewöhnlich viel bequemer als HALL-Effekts- oder Thermospannungsmessungen ist und vor allem in inhomogenen Proben den örtlichen Wechsel von *n*- in *p*Leitung zu kontrollieren gestattet, weil als Metallelektroden dabei federnde *Spitzen*kontakte verwendet werden können.

§ 4. Kennlinienberechnung

Wir haben schon bei der Besprechung des stromlosen Falles gesehen, daß man die Stromlosigkeit als das Ergebnis der exakten Kompensation zweier in entgegengesetzter Richtung fließender Ströme betrachten kann. Dementsprechend wird auch im allgemeinen Belastungsfall der beob-

---

[1] SCHOTTKY, W.: Diskussionsbemerkung zum Vortrag STÖRMER, Z. techn. Phys. 16 (1935) 512.

achtete Strom aus einer Kompensation zweier gegeneinander fließender Ströme zu ermitteln sein. Diese Kompensation ist jetzt freilich nicht mehr exakt, sondern nur unvollständig. Die analytischen Ausdrücke, die für die beiden Gegenströmungen anzusetzen sind, sind verschieden, je nachdem ob die Dicke der Randverarmungsschicht klein oder groß gegen die freie Weglänge der Träger ist. Wir betrachten zunächst den ersten Fall.

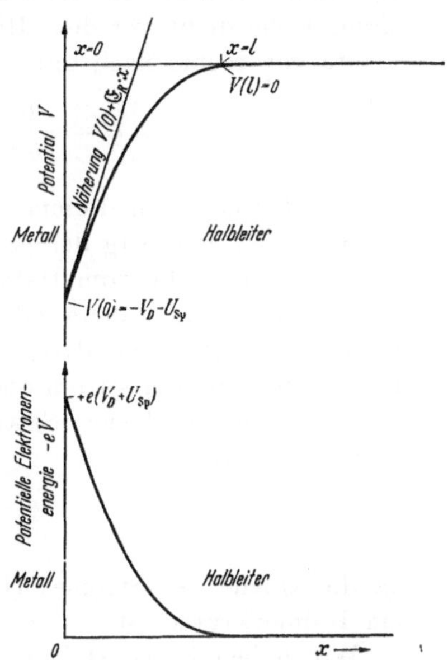

Abb. IV 4.1 Berg der potentiellen Elektronenenergie in einer Randschicht. Oben: Lineare Näherung des Potentialverlaufs am metallseitigen Ende der Randschicht.

a) Randschichtdicke klein gegen die freie Weglänge der Elektronen ⊖ („Diodentheorie")

Dann können Abbremsungen der Elektronen durch Zusammenstöße mit Schallquanten[1] oder mit Störstellen innerhalb der Randschicht vernachlässigt werden. Die Zahl der aus dem Halbleiterinnern kommenden Elektronen ist am halbleiterseitigen Rand $x = l$ der Randschicht (s. Abb. IV 4.1) pro cm² und sek. gleich der einseitigen thermischen Stromdichte[2] $\frac{1}{\sqrt{6\pi}} v_{\text{th}}\, n_H$ der dortigen

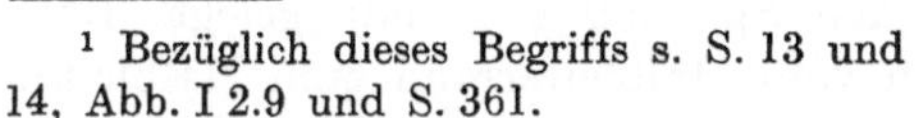

[1] Bezüglich dieses Begriffs s. S. 13 und 14, Abb. I 2.9 und S. 361.

[2] Die einseitige thermische Stromdichte in einem BOLTZMANN-Gas der Konzentration n_H berechnet sich zu

$$s_{\text{th}}(n_H) = \left|\int v_x\, dn\right| = \left|\int\limits_{v_x=-\infty}^{v_x=0} v_x\, n_H \frac{1}{\sqrt{\pi}} \exp\left[-\left(\frac{v_x}{\sqrt{\frac{2\,\mathrm{k}T}{m_{\text{eff}}}}}\right)^2\right] d\left(\frac{v_x}{\sqrt{\frac{2\,\mathrm{k}T}{m_{\text{eff}}}}}\right)\right|$$

$$s_{\text{th}}(n_H) = \frac{1}{\sqrt{\pi}}\, n_H \sqrt{\frac{2\,\mathrm{k}T}{m_{\text{eff}}}} \int\limits_{u=0}^{\infty} u\, e^{-u^2} du = \frac{1}{\sqrt{\pi}}\, n_H \sqrt{\frac{2\,\mathrm{k}T}{m_{\text{eff}}}}\, \frac{1}{2}.$$

Als „mittlere thermische Geschwindigkeit v_{th}" wird in diesem Buche entsprechend dem Gleichverteilungssatz

$$\frac{m_{\text{eff}}}{2} v_{\text{th}}^2 = \frac{3}{2}\,\mathrm{k}T$$

die Größe

$$v_{\text{th}} = \sqrt{\frac{3\,\mathrm{k}T}{m_{\text{eff}}}} \tag{VII 9.32}$$

benutzt (S. 363 und 437). Mit ihr ergibt sich für die einseitige thermische Stromdichte

$$s_{\text{th}}(n_H) = \frac{1}{\sqrt{6\pi}}\, n_H\, v_{\text{th}}.$$

Elektronenkonzentration n_H. Nur der Bruchteil $\exp\left[-\left(\frac{e(V_D+U_{\mathrm{Sp}})}{\mathrm{k}T}\right)\right]$ dieser Elektronen hat aber die nötige kinetische Energie, um den Gipfel $+e(V_D+U_{\mathrm{Sp}})$ des Berges der potentiellen Elektronenenergie und damit den Halbleiterrand zu erreichen[1]. Wir haben also an einer Trennfläche dicht vor dem Halbleiterrand $x=0$ eine Teilchen-Stromdichte von rechts nach links

$$\overleftarrow{s}=\frac{1}{\sqrt{6\pi}}\,v_{\mathrm{th}}\,n_H\,\mathrm{e}^{-\frac{e(V_D+U_{\mathrm{Sp}})}{\mathrm{k}T}}. \qquad \text{(IV 4.01)}$$

Im Gegensatz zu diesem „Anlaufstrom“, der aus dem Halbleiterinnern gegen den Berg der potentiellen Energie anläuft, ist der Strom der Elektronen, die vom Halbleiterrand her in das Innere fließen, ein „Sättigungsstrom“; denn er wird durch die vorhandene Potentialverteilung nicht gehindert, sondern im Gegenteil gefördert. Diese Förderung kann den Strom aber nicht über den durch die Ergiebigkeit seiner Quelle gegebenen Sättigungswert hinaus steigern, und dieser Sättigungswert ist

$$\overrightarrow{s}=\frac{1}{\sqrt{6\pi}}\,v_{\mathrm{th}}\,n_R, \qquad \text{(IV 4.02)}$$

da die Quelle des Stromes (IV 4.02) die Elektronenkonzentration n_R am Halbleiterrand ist.

Wir haben in Gl. (IV 4.01) den Sperrfall zugrunde gelegt. Dann strömen nach § 3 die Elektronen vom Halbleiterrand zum Halbleiterinnern. Für ihre Teilchenstromdichte s ergibt sich also durch Differenzbildung $s=\overrightarrow{s}-\overleftarrow{s}$

$$s=\frac{1}{\sqrt{6\pi}}\,v_{\mathrm{th}}\left(n_R-n_H\,\mathrm{e}^{-\frac{e}{\mathrm{k}T}V_D}\,\mathrm{e}^{-\frac{e}{\mathrm{k}T}U_{\mathrm{Sp}}}\right). \qquad \text{(IV 4.03)}$$

Hier benutzen wir die Gl. (IV 2.20) von S. 121 und erhalten

$$s=\frac{1}{\sqrt{6\pi}}\,v_{\mathrm{th}}\,n_R\left(1-\mathrm{e}^{-\frac{e}{\mathrm{k}T}U_{\mathrm{Sp}}}\right). \qquad \text{(IV 4.04)}$$

Multiplikation mit der Elementarladung e ergibt einen in konventioneller Definition von rechts nach links fließenden Sperrstrom

$$i_{\mathrm{Sp}}=\frac{1}{\sqrt{6\pi}}\,e\,v_{\mathrm{th}}\,n_R\left(1-\mathrm{e}^{-\frac{e}{\mathrm{k}T}U_{\mathrm{Sp}}}\right)$$

[1] Bei der Berechnung des oben auf dem Berg ankommenden Elektronenanteils darf also nicht wie in Fußnote 2 auf S. 127 bis $v_x=0$, sondern nur bis $v_x=-\sqrt{\frac{2e(V_D+U_{\mathrm{Sp}})}{m_{\mathrm{eff}}}}$ integriert werden.

oder

$$i_{\mathrm{Sp}} = i_S \left(1 - \mathrm{e}^{-\frac{e}{\mathrm{k}T} U_{\mathrm{Sp}}}\right). \qquad \text{(IV 4.05)}$$

In Durchlaßrichtung ist i_{Sp} durch $-i_{\mathrm{Du}}$ und U_{Sp} durch $-U_{\mathrm{Du}}$ zu ersetzen:

$$i_{\mathrm{Du}} = i_S \left(\mathrm{e}^{+\frac{e}{\mathrm{k}T} U_{\mathrm{Du}}} - 1\right). \qquad \text{(IV 4.06)}$$

Eine derartige Exponentialkennlinie mit Sättigungscharakter hat C. WAGNER schon im Jahre 1931 publiziert[1]. Man sieht in den Abb. IV 4.2

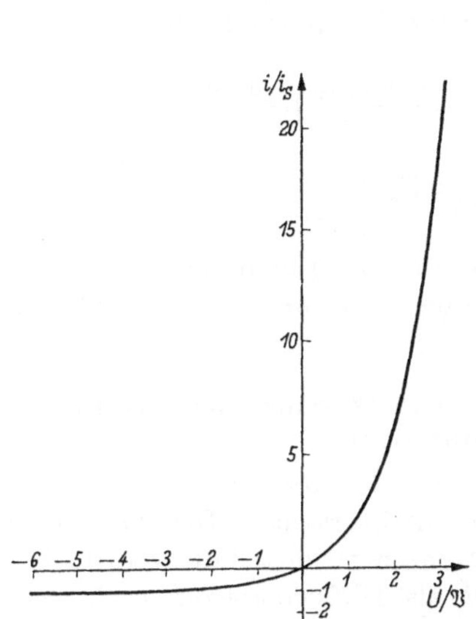

Abb. IV 4.2 Kennlinie eines *pn*Gleichrichters. Lineare Auftragung.

Abb. IV 4.3 Durchlaßkennlinie. Einfachlogarithmische Auftragung.

und IV 4.3, daß für etwas größere Durchlaßspannungen $U_{\mathrm{Du}} \gg \frac{\mathrm{k}T}{e}$ der Durchlaßstrom (IV 4.06) exponentiell ansteigt, während sich der Sperrstrom (IV 4.05) für etwas größere Sperrspannungen $U_{\mathrm{Sp}} \gg \frac{\mathrm{k}T}{e}$ sättigt, da dann das Exponentialglied in (IV 4.05) neben der 1 verschwindet. Der Sättigungswert ist

$$i_S = \frac{1}{\sqrt{6\pi}}\, e\, v_{\mathrm{th}}\, n_R. \qquad \text{(IV 4.07)}$$

In diesem Belastungszustand der dünnen Randschicht werden also die von rechts nach links fliegenden Elektronen durch die immer höher gewordene Sperrspannung vollständig abgebremst, und übrig bleiben

[1] WAGNER, C.: Phys. Z. 32 (1931) 641.

bloß die von links nach rechts fliegenden Elektronen, also die einseitige thermische Stromdichte (IV 4.02) der Randkonzentration n_R. In (IV 4.07) kann man noch nach Gl. (X 7.01) für die Randdichte n_R mit Hilfe der Austrittsarbeit $\Psi_{\text{Met Hbl}}$

$$n_R = N_C\, \mathrm{e}^{-\frac{\Psi_{\text{Met Hbl}}}{\mathrm{k}T}} \tag{X 7.01}$$

schreiben und hat dann

$$i_S = \frac{1}{\sqrt{6\pi}}\, e\, v_{\text{th}}\, N_C\, \mathrm{e}^{-\frac{\Psi_{\text{Met Hbl}}}{\mathrm{k}T}}. \tag{IV 4.08}$$

Setzt man hier $e = 1{,}6 \cdot 10^{-19}$ Coul, v_{th} nach Gl. (VII 9.32) und N_C nach Gl. (VIII 5.04) ein und entnimmt $\mathrm{k}T$ der Gl. (IV 2.12) von S. 120, so erhalten wir

$$\begin{aligned} i_S &= 1{,}08 \cdot 10^7\, \frac{\text{Amp}}{\text{cm}^2} \left(\frac{m_{\text{eff}}}{m}\right) \left(\frac{T}{300\,^\circ\text{K}}\right)^2 \mathrm{e}^{-38{,}6\left(\frac{\Psi_{\text{Met Hbl}}}{e\,\text{Volt}}\right)\left(\frac{300\,^\circ\text{K}}{T}\right)} \\ &= 120\, \frac{\text{Amp}}{\text{cm}^2} \left(\frac{m_{\text{eff}}}{m}\right) \left(\frac{T}{^\circ\text{K}}\right)^2 \mathrm{e}^{-\left(\frac{\Psi_{\text{Met Hbl}}}{e\,\text{Volt}}\right)\left(\frac{11\,580\,^\circ\text{K}}{T}\right)}. \end{aligned} \tag{IV 4.09}$$

Mit den Gln. (IV 4.05) und (IV 4.06) ist die Kennlinie für den Fall der dünnen Randschicht ermittelt worden. Wir wenden uns jetzt dem entgegengesetzten Grenzfall zu:

b) Randschichtdicke groß gegen die freie Weglänge der Elektronen („Diffusionstheorie“)

Dann erleidet ein Elektron innerhalb der Randschicht viele Zusammenstöße mit Schallquanten oder mit Störstellen. Der von rechts nach links fließende und durch das Konzentrationsgefälle verursachte Elektronenstrom berechnet sich jetzt als Diffusionsstrom nach dem Fickschen Gesetz:

$$\overleftarrow{s} = D_n\, n'(x), \tag{IV 4.10}$$

(D_n = Diffusionskonstante der Elektronen).

Der von links nach rechts fließende Elektronenstrom, der wegen der negativen Ladung seiner Träger das Potentialgefälle hinaufläuft, ist dagegen als Feldstrom nach dem Ohmschen Gesetz:

$$\overrightarrow{s} = \mu_n\, n\, V'(x) \tag{IV 4.11}$$

anzusetzen. Die Diffusionskonstante D_n und die Beweglichkeit μ_n der Elektronen sind dabei durch die Nernst-Townsend-Einsteinsche Beziehung (VIII 4.10) von S. 424

$$D_n = \mu_n \frac{\mathrm{k}T}{e} \tag{IV 4.12}$$

miteinander verknüpft, so daß insgesamt für den divergenzfreien und daher ortsunabhängigen Gesamtstrom von links nach rechts

$$s = \overrightarrow{s} - \overleftarrow{s} = \mu_n\, n\, V'(x) - \mu_n \frac{\mathrm{k}T}{e} n'(x) \tag{IV 4.13}$$

kommt. Nach § 3 entspricht diese Teilchenstromrichtung vom Rand in das Innere dem Sperrfall. Durch Multiplikation mit der Elementarladung e ergibt sich also für die *Sperr*stromdichte

$$i_{\text{Sp}} = e\,\mu_n\,n(x)\,V'(x) - \mu_n\,\mathrm{k}T\,n'(x). \qquad \text{(IV 4.14)}$$

Dies ist eine lineare Differentialgleichung erster Ordnung für die Konzentrationsverteilung $n(x)$. Die Lösung ist

$$n(x) = n_H\,\mathrm{e}^{+\frac{e}{\mathrm{k}T}V(x)} + \frac{i_{\text{Sp}}}{\mu_n\,\mathrm{k}T}\int\limits_{\xi=x}^{\xi=l} \mathrm{e}^{+\frac{e}{\mathrm{k}T}[V(x)-V(\xi)]}\,d\xi, \qquad \text{(IV 4.15)}$$

wie man durch Einsetzen in (IV 4.14) verifizieren kann. In (IV 4.15) ist die einzige bei der Lösung der Differentialgleichung erster Ordnung auftretende Integrationskonstante schon so festgelegt, daß sich für das halbleiterseitige Ende $x = l$ der Randschicht die Neutralkonzentration n_H des Halbleiterinnern ergibt[1].

Wenden wir andrerseits (IV 4.15) auf das metallseitige Ende $x = 0$ der Randschicht an, so ist nach den qualitativen Überlegungen und Bildern des § 3

$$n(0) = n_R \qquad \text{(IV 4.16)}$$

und

$$V(0) = -V_D - U_{\text{Sp}} \qquad \text{(IV 4.17)}$$

zu setzen:

$$n_R = n_H\,\mathrm{e}^{-\frac{e}{\mathrm{k}T}V_D}\,\mathrm{e}^{-\frac{e}{\mathrm{k}T}U_{\text{Sp}}} + \frac{i_{\text{Sp}}}{\mu_n\,\mathrm{k}T}\int\limits_{\xi=0}^{\xi=l} \mathrm{e}^{+\frac{e}{\mathrm{k}T}[V(0)-V(\xi)]}\,d\xi. \qquad \text{(IV 4.18)}$$

Mit Benutzung der Gl. (IV 2.20) von S. 121

$$n_H\,\mathrm{e}^{-\frac{e}{\mathrm{k}T}V_D} = n_R \qquad \text{(IV 2.20)}$$

ergibt sich dann für die Sperrstromdichte

$$i_{\text{Sp}} = e\,\mu_n\,n_R\,\frac{\mathrm{k}T}{e}\;\frac{1-\mathrm{e}^{-\frac{e}{\mathrm{k}T}U_{\text{Sp}}}}{\int\limits_{\xi=0}^{\xi=l}\mathrm{e}^{+\frac{e}{\mathrm{k}T}[V(0)-V(\xi)]}\,d\xi}. \qquad \text{(IV 4.19)}$$

Bei bekanntem Potentialverlauf $V(x)$ kann das Integral im Nenner im Prinzip wenigstens ausgewertet werden, und (IV 4.19) stellt insofern schon eine Kennliniengleichung $i_{\text{Sp}} = f(U_{\text{Sp}})$ dar. Häufig[2] gewinnt

[1] Der Potentialwert $V(l)$ ist dort nämlich gleich Null gesetzt worden (siehe Abb. IV 4.1).

[2] Aber nicht immer! Der Fall der Randschicht, in der Störstellenreserve herrscht, läßt sich hiermit nicht korrekt behandeln.

man eine ausreichende Näherung auf Grund folgender Überlegung: Der Exponent $\frac{e}{\mathrm{k}T}[V(0) - V(\xi)]$ des Integrals ist im Integrationsbereich $0 < \xi < l$ immer negativ (s. Abb. IV 4.1). Die wesentlichen Beiträge werden also in der Umgebung von $\xi = 0$ geliefert, wo wiederum die Näherung

$$V(0) - V(\xi) = -\mathfrak{E}_R\,\xi \tag{IV 4.20}$$

zulässig ist. [$\mathfrak{E}_R$ = Betrag der Randfeldstärke, s. Abb. IV 4.1.] Dann wird das Nennerintegral

$$\int\limits_{\xi=0}^{\xi=l} \mathrm{e}^{\frac{e}{\mathrm{k}T}[V(0)-V(\xi)]}\,d\xi \approx \int\limits_{\xi=0}^{\xi=l} \mathrm{e}^{-\frac{e\mathfrak{E}_R}{\mathrm{k}T}\xi}\,d\xi = \frac{\mathrm{k}T}{e\,\mathfrak{E}_R}\left[\mathrm{e}^{-\frac{e\mathfrak{E}_R}{\mathrm{k}T}\xi}\right]_{\xi=l}^{\xi=0}. \tag{IV 4.21}$$

Im Sinne der vorgenommenen Näherung muß der Term mit $\xi = l$ weggelassen werden. Wir haben dann also einfach

$$\int\limits_{\xi=0}^{\xi=l} \ldots d\xi \approx \frac{\mathrm{k}T}{e\,\mathfrak{E}_R} \tag{IV 4.22}$$

und erhalten aus (IV 4.19) die Kennliniengleichung

$$i_{\mathrm{Sp}} \approx e_n\,\mu\,n_R\,\mathfrak{E}_R\left(1 - \mathrm{e}^{-\frac{e}{\mathrm{k}T}U_{\mathrm{Sp}}}\right). \tag{IV 4.23}$$

In Durchlaßrichtung folgt durch die Substitution $i_{\mathrm{Sp}} \to -i_{\mathrm{Du}}$ und $U_{\mathrm{Sp}} \to -U_{\mathrm{Du}}$

$$i_{\mathrm{Du}} \approx e\,\mu_n\,n_R\,\mathfrak{E}_R\left(\mathrm{e}^{+\frac{e}{\mathrm{k}T}U_{\mathrm{Du}}} - 1\right). \tag{IV 4.24}$$

Der Vergleich mit der Kennliniengleichung (IV 4.05) und (IV 4.06) der Diodentheorie zeigt große Ähnlichkeit zwischen den Ergebnissen beider Theorien. An die Stelle des Sättigungsstroms

$$i_S = \frac{1}{\sqrt{6\pi}}\,e\,v_{\mathrm{th}}\,n_R \tag{IV 4.07}$$

der Randkonzentration n_R tritt jetzt der zu dieser Konzentration gehörige Feldstrom

$$i_{\mathrm{Feld}} = e\,\mu_n\,n_R\,\mathfrak{E}_R. \tag{IV 4.25}$$

Er ist im Gegensatz zu dem erwähnten Sättigungsstrom noch von der angelegten Spannung über die Randfeldstärke $\mathfrak{E}_R$ abhängig. Im Vergleich zu dem Exponentialglied in (IV 4.23) bzw. (IV 4.24) ist diese Abhängigkeit unbedeutend. Näheres hierüber findet der interessierte Leser in der Literatur[1].

[1] Schottky, W.: Z. Phys. 118 (1942) 539. — Spenke, E.: Z. Phys. 126 (1949) 67; Z. Naturforsch. 4a (1949) 37.

§ 5. Die Konzentrationsverteilung in einer Randschicht

Auch im Belastungsfall befolgt die Konzentrationsverteilung $n(x)$ in großen Teilen der Randschicht das BOLTZMANN-Gesetz (IV 2.14) von S. 120

$$n(x) = n_H \, \mathrm{e}^{+\frac{e\,V(x)}{\mathrm{k}T}} . \qquad \text{(IV 2.14)}$$

Nur ganz vorn am metallseitigen Ende ist gegenüber dieser BOLTZMANN-Verteilung die Konzentration im Sperrfall angehoben, im Durchlaßfall

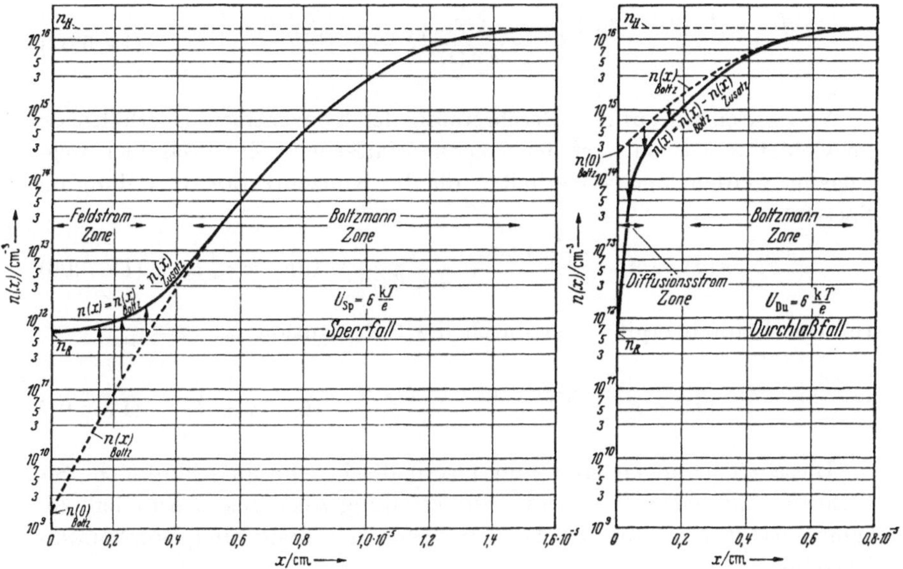

Abb. IV 5.1 Der Konzentrationsverlauf $n(x)$ setzt sich aus einer BOLTZMANN-Verteilung $n_{\text{Boltz}}(x)$ und einer Zusatzkonzentration $n_{\text{Zusatz}}(x)$ additiv zusammen. Der Zeichnung liegen die Werte $n_H = 1{,}3 \cdot 10^{16}\ \mathrm{cm}^{-3}$ und $V_D = 10\,\frac{\mathrm{k}T}{e} = 0{,}259$ Volt zugrunde. Bezüglich der weiteren Annahmen und Vereinfachungen siehe: E. SPENKE: Z. Phys. 126 (1949) S. 67.

abgesenkt (s. Abb. IV 5.1). Dadurch wird im Sperrfall der Diffusionsstrom so stark geschwächt, daß i_{Sp} in diesen metallnahen Randschichtpartien fast ausschließlich als reiner Feldstrom geführt wird. Im Durchlaßfall wird der Diffusionsstrom dadurch umgekehrt so verstärkt, daß i_{Du} in diesen metallnahen Randschichtpartien fast ausschließlich als reiner Diffusionsstrom geführt wird.

Für die Konzentrationsverteilung hatte sich die Gl. (IV 4.15) ergeben:

$$n(x) = n_H \, \mathrm{e}^{+\frac{e}{\mathrm{k}T} V(x)} + \frac{i_{\text{Sp}}}{\mu_n \mathrm{k}T} \int\limits_{\xi = x}^{\xi = l} \mathrm{e}^{+\frac{e}{\mathrm{k}T}[V(x) - V(\xi)]} \, d\xi . \qquad \text{(IV 4.15)}$$

Sie läßt sich vereinfachen, indem wir ähnlich wie auf S. 132 bei der Kennlinienberechnung auf den negativen Charakter des Exponenten im Integral hinweisen und daraus folgern, daß wesentliche Beiträge nur in der Nähe von $\xi = x$ geliefert werden, wo

$$V(x) - V(\xi) \approx -\mathfrak{E}(x)(\xi - x) \text{ mit } \mathfrak{E}(x) > 0 \quad \text{(IV 5.01)}$$

gesetzt werden darf.

Dann erhalten wir für das Integral

$$\int\limits_{\xi=x}^{\xi=l} \mathrm{e}^{+\frac{e}{\mathrm{k}T}[V(x)-V(\xi)]} d\xi \approx \frac{\mathrm{k}T}{e\,\mathfrak{E}(x)}\left[1 - \mathrm{e}^{-\frac{e\,\mathfrak{E}(x)}{\mathrm{k}T}(l-x)}\right]. \quad \text{(IV 5.02)}$$

Verzichten wir auf eine Beschreibung der Konzentrationsverhältnisse im Gebiet $x \approx l$, so darf der Exponentialterm in der Klammer weggelassen werden, und wir erhalten für die Konzentrationsverteilung im Sperrfall

$$n(x) \approx n_H\,\mathrm{e}^{+\frac{e}{\mathrm{k}T}V(x)} + \frac{i_{\mathrm{Sp}}}{e\,\mu_n\,\mathfrak{E}(x)} \quad \text{für} \quad x < l. \quad \text{(IV 5.03)}$$

Im Durchlaßfall ergibt sich durch die Substitution $i_{\mathrm{Sp}} \to -i_{\mathrm{Du}}$

$$n(x) \approx n_H\,\mathrm{e}^{+\frac{e}{\mathrm{k}T}V(x)} - \frac{i_{\mathrm{Du}}}{e\,\mu_n\,\mathfrak{E}(x)} \quad \text{für} \quad x < l. \quad \text{(IV 5.04)}$$

Diese Gleichungen sind nun physikalisch sehr aufschlußreich. Sie besagen, daß sich die Elektronenverteilung $n(x)$ aus 2 Anteilen zusammensetzt (s. Abb. IV 5.1), von denen der erste eine Boltzmann-Verteilung

$$n_{\mathrm{Boltz}}(x) = n_H\,\mathrm{e}^{+\frac{e}{\mathrm{k}T}V(x)} \quad \text{(IV 5.05)}$$

darstellt und infolgedessen für sich allein gar keinen Stromfluß ergeben würde, da sich Feld- und Diffusionsstrom gegenseitig gerade exakt kompensieren.

Der Boltzmann-Anteil $n_{\mathrm{Boltz}}(x)$ hat aber [(IV 4.17) und (IV 2.20)] im Sperrfall einen um den Faktor $\mathrm{e}^{-\frac{e}{\mathrm{k}T}U_{\mathrm{Sp}}}$ zu kleinen Randwert

$$n_{\mathrm{Boltz}}(0) = n_H\,\mathrm{e}^{+\frac{e}{\mathrm{k}T}V(0)} = n_H\,\mathrm{e}^{-\frac{e}{\mathrm{k}T}V_D}\,\mathrm{e}^{-\frac{e}{\mathrm{k}T}U_{\mathrm{Sp}}} = n_R\,\mathrm{e}^{-\frac{e}{\mathrm{k}T}U_{\mathrm{Sp}}}, \quad \text{(IV 5.06)}$$

und im Durchlaßfall einen um den Faktor $\mathrm{e}^{+\frac{e}{\mathrm{k}T}U_{\mathrm{Du}}}$ zu großen Randwert

$$n_{\mathrm{Boltz}}(0) = n_R\,\mathrm{e}^{+\frac{e}{\mathrm{k}T}U_{\mathrm{Du}}}. \quad \text{(IV 5.07)}$$

Der richtige Randwert n_R stellt sich nun dadurch ein, daß nach (IV 5.03) bzw. (IV 5.04) eine Zusatzkonzentration

$$n_{\text{Zusatz}}(x) = \frac{|i|}{e\,\mu_n\,\mathfrak{E}(x)} \tag{IV 5.08}$$

im Sperrfall addiert, im Durchlaßfall subtrahiert wird.

Das beeinflußt aber nicht nur die Konzentration $n(x)$ selbst, sondern auch das Konzentrationsgefälle $n'(x)$ (s. Abb. IV 5.1). Gegenüber dem reinen BOLTZMANN-Anteil $n_{\text{Boltz}}(x)$ mit seiner exakten Kompensation von Feld- und Diffusionsstrom wird im Sperrfall das Konzentrationsgefälle und damit der Diffusionsstrom enorm geschwächt. Es bleibt praktisch der Feldstrom allein übrig, und tatsächlich wird ja auch der Feldstrom $i_{\text{Feld}} = e\,\mu_n\,n(x)\,\mathfrak{E}(x)$ wegen $n_{\text{Boltz}} \ll n_{\text{Zusatz}}$ einfach

$$i_{\text{Feld}} \approx e\,\mu_n\,n_{\text{Zusatz}}\,\mathfrak{E}(x), \tag{IV 5.09}$$

was mit (IV 5.08) auf

$$i_{\text{Feld}} \approx i_{\text{Sp}} \tag{IV 5.10}$$

führt.

Im Durchlaßfall wird dagegen das Konzentrationsgefälle gegenüber dem reinen BOLTZMANN-Anteil verstärkt (s. Abb. IV 5.1). Der Diffusionsstrom überwiegt dann den Feldstrom bei weitem, und der ganze Durchlaßstrom i_{Du} wird praktisch als Diffusionsstrom geführt.

Aus Abb. IV 5.1 geht aber hervor, daß sich der Einfluß von n_{Zusatz} nur am metallseitigen Ende der Randschicht bemerkbar macht. Weiter zum Halbleiterinnern zu ist

$$n_{\text{Boltz}} \gg n_{\text{Zusatz}},$$

und die Verteilung ist nicht nur im stromlosen, sondern auch im Sperr- und im Durchlaßfall praktisch eine BOLTZMANN-Verteilung. Das ist auch wieder sehr gut verständlich. Nehmen wir z. B. den Sperrfall und gehen wir in Abb. IV 5.1 von links nach rechts durch die Randschicht. Ganz links haben wir die Feldstromzone, wo die Dichte gerade so ansteigt, daß sie mit der abnehmenden Feldstärke den geforderten Gesamtstrom als Feldstrom führen kann. Bei diesem Anstieg werden aber die Konzentrationsgradienten größer[1]. Dadurch wird der entgegengesetzt

---

[1] Bei der Beurteilung der Konzentrationsgradienten ist zu beachten, daß nicht $n(x)$ selbst, sondern $\ln n(x)$ aufgetragen ist. Der Konzentrationsgradient $\frac{dn}{dx}$ geht deshalb aus dem Kurvengradienten $\frac{d\ln n}{dx}$ durch Multiplikation mit der Konzentration $n(x)$ selbst hervor:

$$\frac{dn}{dx} = n(x)\,\frac{d\ln n}{dx}.$$

Nun steigt von links nach rechts der Kurvengradient $\frac{d\ln n}{dx}$ etwas. Viel stärker steigt aber der Faktor $n(x)$, so daß der Konzentrationsgradient $\frac{dn}{dx}$ sehr stark von links nach rechts ansteigt.

fließende Diffusionsstrom auch stärker, was zunächst noch nichts ausmacht. Weiter rechts aber kommt der entgegengesetzt fließende Diffusionsstrom allmählich in dieselbe Größenordnung wie der Feldstrom, und dann müssen beide groß gegen den Gesamtstrom i_{Sp} geworden sein, damit trotz der annähernden gegenseitigen Kompensation noch i_{Sp} übrig bleibt. Wir haben dann die linke Feldstromzone verlassen und befinden uns in der rechten BOLTZMANN-Zone.

Im halbleiterseitigen Teil der Randschicht herrscht also nicht nur im stromlosen Fall, sondern auch im Belastungsfall mit großer Annäherung BOLTZMANN-Verteilung, und deshalb werden dort auch im Belastungsfall die logarithmisch aufgetragene Konzentrationsverteilung $n(x)$ und der Potential-Verlauf $V(x)$ kongruent, wie das für den stromlosen Fall auf S. 121 besprochen wurde.

2. Teil. Der *pn* Gleichrichter

§ 6. Der stromlose Zustand eines *pn*Übergangs

Wir haben uns in den ersten 5 Paragraphen dieses Kapitels mit den Eigenschaften eines Halbleiter-Metall-Kontaktes beschäftigt und müßten uns bei systematischem Vorgehen jetzt mit einem Kontakt zwischen zwei verschiedenen Halbleitern befassen. Die Mannigfaltigkeit der dabei möglichen Erscheinungen zwingt uns aber zu einer Auswahl, und da legt es die technische Bedeutung nahe, uns auf die sog. *pnÜbergänge* zu beschränken. Bei einem *pn*Übergang handelt es sich *nicht* um den Kontakt zwischen zwei völlig verschiedenen Halbleitern wie beispielsweise Selen und Cadmiumselenid; das Wort „Übergang" soll vielmehr darauf hinweisen, daß nur ein einziges Wirtsgitter vorliegt und daß eine Defektelektronen erzeugende Dotierung mit Akzeptoren in eine Überschußelektronen erzeugende Dotierung mit Donatoren *übergeht.*

Indem wir an das in dem einleitenden § 1 besprochene Beispiel anknüpfen, denken wir uns also — s. Abb. IV 1.1 und IV 6.1 —, daß in einen Germaniumeinkristall von links her Indium (In) eindiffundiert, wodurch Akzeptor-Störstellen A^- und Defektelektronen $\oplus$ entstehen. Das Germanium wird links also zu *p*Germanium. Von rechts her lassen wir in den Kristall Antimon (Sb) eindiffundieren, wodurch Donatorstörstellen D^+ und Überschußelektronen $\ominus$ entstehen. Das Germanium wird rechts also zu *n*Germanium. Wir betrachten zunächst einen Spezialfall, nämlich den symmetrischen *pn*Übergang. Die Störstellenkonzentration wollen wir dabei beispielsweise mit $10^{16}\,\mathrm{cm}^{-3}$ ansetzen[1]:

$$n_{A^-} = n_{D^+} = 10^{16}\,\mathrm{cm}^{-3}. \qquad \text{(IV 6.01)}$$

Der mittlere Abstand zweier Störstellen ist dann $\sqrt[3]{\dfrac{4{,}52 \cdot 10^{22}\,\mathrm{cm}^{-3}}{10^{16}\,\mathrm{cm}^{-3}}} = 165$ Germanium-Atomabstände, da die Konzentration der Germaniumatome

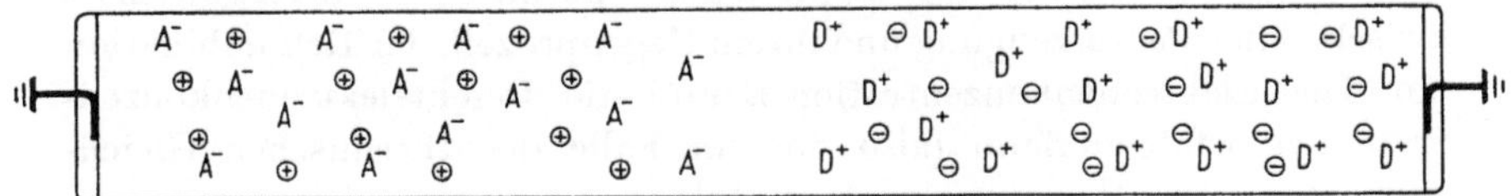

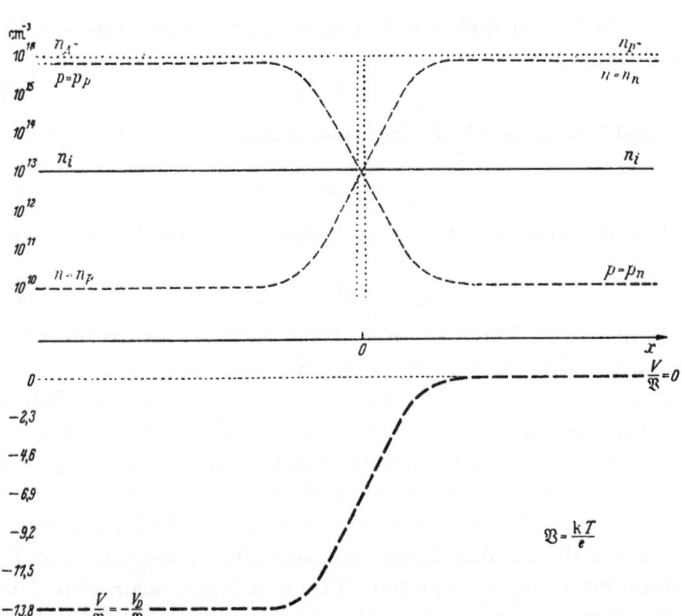

Abb. IV 6.1 Potentialverlauf und Konzentrationsverteilungen in einem pnGleichrichter. Stromloser Fall. Die Potentialstufe ist vorhanden, obwohl der Germaniumkristall an beiden Stromzuführungen geerdet ist! Siehe hierzu S. 118 und 119 und S. 525 bis 526.

$4{,}52 \cdot 10^{22}\,\mathrm{cm}^{-3}$ ist. Aus Gründen der Neutralität muß links im pGermanium eine Defektelektronenkonzentration

$$p_p = 10^{16}\,\mathrm{cm}^{-3} \qquad \text{(IV 6.02)}$$

und rechts im nGermanium eine Elektronenkonzentration

$$n_n = 10^{16}\,\mathrm{cm}^{-3} \qquad \text{(IV 6.03)}$$

vorhanden sein.

---

[1] Bei diesen Konzentrationen sind die betrachteten Substitutionsstörstellen im Germanium außer bei ganz tiefen Temperaturen alle dissoziiert.

Außerdem entstehen aber durch die sog. thermische Paarerzeugung (s. S. 25ff.) überall im Germanium Paare von Elektronen und Defektelektronen, so daß auch im pGermanium eine gewisse Elektronenkonzentration n_p und im nGermanium eine gewisse Defektelektronenkonzentration p_n vorhanden sein muß. Im stromlosen Fall stellen sich diese Konzentrationen auf Grund eines thermischen Gleichgewichtes zwischen der Paarerzeugung und ihrem Gegenprozeß, der Rekombination ein. Die Elektronenkonzentration n und die Defektelektronenkonzentration p befolgen dann (also nur im Falle des thermischen Gleichgewichtes!) ein Massenwirkungsgesetz[1]

$$n\,p = n_i^2. \tag{IV 6.04}$$

Die sog. Inversionsdichte n_i hat dabei für Germanium und Zimmertemperatur ungefähr den Wert[2]

$$n_i \approx 10^{13}\,\mathrm{cm}^{-3}. \tag{IV 6.05}$$

Daraus ergibt sich also links im pGermanium eine Elektronenkonzentration

$$n_p = 10^{10}\,\mathrm{cm}^{-3} \tag{IV 6.06}$$

und rechts im nGermanium eine Defektelektronenkonzentration von ebenfalls

$$p_n = 10^{10}\,\mathrm{cm}^{-3}. \tag{IV 6.07}$$

Raumladungsmäßig können diese 10^6mal kleineren Konzentrationen natürlich gegenüber n_n und p_p vernachlässigt werden.

Wir machen nun im folgenden die in Wirklichkeit natürlich nicht realisierbare, aber das Wesentliche nicht verfälschende und bequeme Annahme, daß die Störstellenkonzentrationen n_{A^-} und n_{D^+} räumlich konstant ihren Wert $10^{16}\,\mathrm{cm}^{-3}$ von links bzw. rechts her jeweils bis zur Mitte $x = 0$ hin beibehalten und dort abrupt auf Null absinken. In der Mitte ist unter diesen Annahmen ein schroffer Übergang von Indium- zu Antimondotierung vorhanden. Einen solchen schroffen Übergang machen die Konzentrationen p und n der *beweglichen* Defekt- und Überschußelektronen natürlich nicht mit. Die Konzentrationen p und n müssen auch schon deshalb einen anderen räumlichen Verlauf als die Störstellenkonzentrationen n_{A^-} und n_{D^+} zeigen, weil sie von ihren Neutralwerten p_p bzw. n_n jenseits der Mitte $x = 0$ nicht auf Null, sondern auf die durch das Massenwirkungsgesetz (IV 6.04) vorgeschriebenen Gleichgewichtswerte $p_n = \frac{n_i^2}{n_n}$ bzw. $n_p = \frac{n_i^2}{p_p}$ abfallen. Wir wollen im vorliegenden § 6 den p- und den nVerlauf im Falle des thermischen Gleichgewichtes, also im stromlosen Fall verfolgen.

[1] Siehe S. 26 und S. 436.

[2] Genauer $2{,}4 \cdot 10^{13}\,\mathrm{cm}^{-3}$. Siehe E. M. Conwell: Proc. Inst. Radio Engrs., N. Y. 46 (1958) 1281 Table III auf S. 1290.

Der Übergang von p_p auf p_n bzw. von n_n auf n_p wird sich in Form einer verschliffenen Kurve vollziehen (s. Abb. IV 6.1). Für $x < 0$ sind dann also zuwenig positive Defektelektronen da, um die Raumladung der negativen Akzeptoren vollständig zu kompensieren. Es bleibt dort eine negative Raumladungsdichte $\varrho(x) < 0$ übrig. Entsprechend erzeugen für $x > 0$ unkompensierte Donatoren eine positive Raumladungsdichte $\varrho(x) > 0$. Links und rechts von $x = 0$ stehen sich also zwei diffuse Raumladungen entgegengesetzter Polarität gegenüber, eine Situation, die an einen geladenen Plattenkondensator erinnert, bei dem allerdings die entgegengesetzten Ladungen nicht diffus, sondern auf den beiden Platten als Flächenladungen konzentriert sind (Abb. IV 6.2).

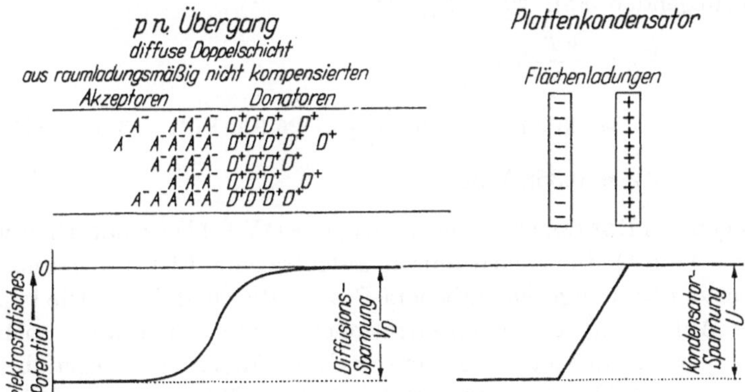

Abb. IV 6.2 Die Diffusionsspannung in einem *pn*Übergang. Vergleich mit einem Plattenkondensator.

Ähnlich wie in diesem Kondensator entsteht auch in der diffusen Raumladung des *pn*Übergangs eine Potentialstufe, die sog. „Diffusionsspannung V_D“. Die positive Raumladungsdichte im Gebiet $x > 0$ krümmt nämlich gemäß der POISSONschen Gleichung

$$V''(x) = -\frac{4\pi}{\varepsilon}\varrho(x) < 0 \quad \text{für} \quad x > 0 \tag{IV 6.08}$$

das elektrostatische Potential $V(x)$ nach unten hin ab (s. Abb. IV 6.1), die links anschließende negative Raumladungsdichte biegt den Potentialverlauf $V(x)$ wieder in die Waagerechte zurück:

$$V''(x) = -\frac{4\pi}{\varepsilon}\varrho(x) > 0 \quad \text{für} \quad x < 0. \tag{IV 6.09}$$

Im ganzen ist — ähnlich wie in der Randschicht eines Metall-Halbleiterkontaktes (s. S. 118 bis 122) — eine Potentialstufe[1] entstanden,

[1] Die Potentialstufe ist vorhanden, obwohl der Germaniumkristall an beiden Stromzuführungen geerdet ist! Siehe hierzu S. 118, 119 und S. 525 bis 526.

innerhalb deren sich eine BOLTZMANN-Verteilung

$$p(x) = p_n \, \mathrm{e}^{-\frac{e}{\mathrm{k}T} V(x)} \tag{IV 6.10}$$

$$n(x) = n_n \, \mathrm{e}^{+\frac{e}{\mathrm{k}T} V(x)} \tag{IV 6.11}$$

einstellt. Die Höhe der Stufe, die Diffusionsspannung V_D, berechnet sich also dadurch, daß man diese Gleichungen für $x \to +\infty$ und $x \to -\infty$ auswertet und dabei $V(+\infty) = 0$ und $V(-\infty) = -V_D$ beachtet:

$$\frac{p_p}{p_n} = \frac{n_n}{n_p} = \mathrm{e}^{+\frac{e}{\mathrm{k}T} V_D}. \tag{IV 6.12}$$

Im vorliegenden Fall wäre V_D also

$$V_D = \frac{\mathrm{k}T}{e} \ln \frac{n_n}{n_p}$$

$$\approx 25{,}9\,\mathrm{mVolt} \cdot \ln \frac{10^{16}}{10^{10}} = 25{,}9\,\mathrm{mVolt} \cdot 13{,}8 \tag{IV 6.13}$$

$$V_D \approx 0{,}358\ \mathrm{Volt}.$$

Wegen des BOLTZMANN-Gleichgewichtes (IV 6.11) ist natürlich wieder (in Abb. IV 6.1) die logarithmisch aufgetragene Elektronenkonzentrationskurve $n(x)$ kongruent mit dem Potentialverlauf $V(x)$. Die logarithmische Auftragung der Konzentrationen n und p hat aber noch eine weitere Folge, die jetzt bei den *pn*Übergängen neu gegenüber den SCHOTTKYschen Randschichten mit nur *einer* Trägersorte auftritt. Das Massenwirkungsgesetz (IV 6.04) fordert, daß in Abb. IV 6.1 die n- und die *p*Kurven symmetrisch zur Horizontalen n_i verlaufen. An Hand dieses Kriteriums werden wir im folgenden das Überwiegen der Neuerzeugung bzw. der Rekombination in den Nichtgleichgewichtsfällen, also in den Fällen mit Stromdurchgang, bequem feststellen können.

§ 7. Der stromdurchflossene *pn*Übergang

Was ändert sich nun an den geschilderten Verhältnissen, wenn beispielsweise an den linken *p*Teil des Gleichrichters eine positive Spannung $+U_{\mathrm{Du}}$ gelegt wird, während das Potential des rechten n-Teils beispielsweise durch Erdung festgehalten wird? Die Potentialstufe beträgt jetzt nicht mehr V_D, sondern nur noch $V_D - U_{\mathrm{Du}}$ (s. Abb. IV 7.1). Zum Aufbau dieser erniedrigten Stufe gehört aber eine diffuse Doppelschicht mit geringeren Raumladungen als vorher. Die Konzentrationen p und n müssen also[1] ihre Neutralwerte $p_p \approx n_A$- und $n_n \approx n_D$, weiter zur Mitte hin beibehalten als vorher im stromlosen

[1] Die Begründung muß eigentlich noch verschärft werden, ähnlich wie auf S. 124 u. 125.

Zustand (s. Abb. IV 7.1). Die Konzentrationen p und n sind jetzt nicht mehr symmetrisch zur Inversionsdichte n_i, und zwar ist ihr Produkt $p\,n > n_i^2$. Diese Abweichung vom Massenwirkungsgesetz (IV 6.04) bedeutet, daß überall in der Übergangszone die Rekombination die Paarerzeugung überwiegt[1]. Das kommt folgendermaßen zustande: Die

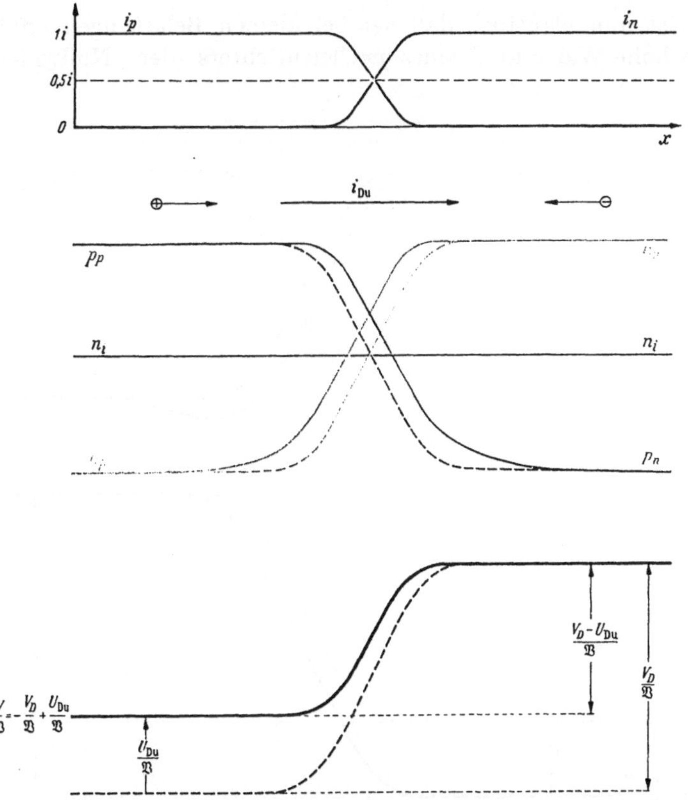

Abb. IV 7.1 Stromaufteilung, Potentialverlauf und Konzentrationsverteilungen in einem *pn*Gleichrichter. Fall der Flußbelastung.

Potentialerhöhung am linken Ende des Gleichrichters treibt die positiven Defektelektronen des *p*Teils von links nach rechts, also auf die Übergangszone zu. Die negativen Elektronen des rechten *n*Teils werden von der linken positiven Elektrode angezogen und fließen also auch auf die Übergangszone zu. Beide Konzentrationen n und p steigen in der Übergangszone an, und das Produkt $n\,p$ wird größer als sein stationärer Wert n_i^2. Dadurch wird dort auch die Rekombinationsrate $r\,n\,p$ größer als die Neuerzeugung $r\,n_i^2$. Ein neuer stationärer Zustand stellt sich

[1] Siehe S. 27.

erst ein, wenn der Überschuß der Rekombination über die Neuerzeugung durch die Einströmungen in die Übergangszone von beiden Seiten her gerade gedeckt wird. Im übrigen geht aus dem Gesagten hervor, daß der Gesamtstrom i_{Du} links als reiner Defektelektronenstrom i_p und rechts als reiner Elektronenstrom i_n geführt wird (s. Abb. IV 7.1, oben).

Es ist nun plausibel, daß der bei kleinen Belastungen erfahrungsgemäß hohe Widerstand eines pnGleichrichters (der „Nullwiderstand"

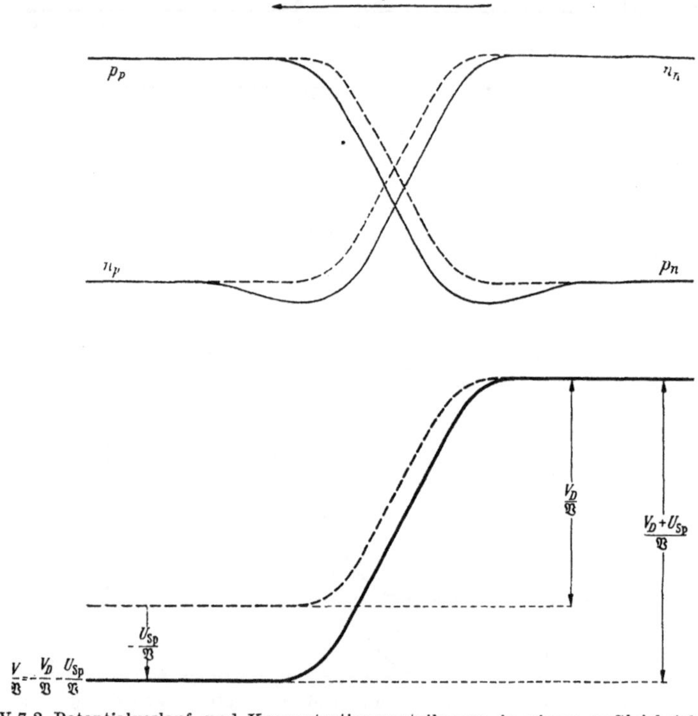

Abb. IV 7.2 Potentialverlauf und Konzentrationsverteilungen in einem pnGleichrichter. Fall der Sperrbelastung.

in Abb. IV 1.2) auf die Trägerverarmung in der Übergangszone zurückzuführen ist. Die Trägerdichten p und n sinken dort auf die Inversionsdichte n_i herunter, und dieser Zustand der Eigenleitung entspricht ja, wie wir am Schluß des ersten Kapitels (S. 29) sahen, den höchsten spezifischen Widerständen, die in einem Halbleiter zu erzielen sind. Diese Ursache für den großen Nullwiderstand des pnGleichrichters ist durch das Anlegen einer positiven Spannung an das linke pEnde des Gleichrichters abgeschwächt worden. Die hohen Trägerdichten des p- und nTeils werden, wie wir soeben sahen, bei dieser Polung von den auf die Übergangszone zufließenden Defekt- und Leitungselektronenströmen quasi mitgeschleppt und so links und rechts in die trägerverarmte Übergangszone gewissermaßen hineingeweht. Die dadurch hervorgerufene Widerstandsverminderung der Übergangszone und damit des *pn*Gleichrichters zeigt, daß diese Polung und diese Richtung des konventionellen Stromes von links nach rechts durch den Gleichrichter die Flußrichtung ist.

Beim Nachweis, daß die umgekehrte Richtung des konventionellen Stromes die Sperrichtung ist, können wir uns wohl jetzt einigermaßen kurz fassen (s. Abb. IV 7.2). Um den konventionellen Strom von rechts nach links durch den Gleichrichter zu treiben, müssen wir an das linke Ende ein negatives Potential $-U_{\mathrm{Sp}}$ anlegen. Die Potentialstufe in der Übergangszone vergrößert sich auf $V_D + U_{\mathrm{Sp}}$ und erfordert demgemäß zu ihrem Aufbau stärkere Raumladungen. Diese können nur durch Verbreiterung der trägerverarmten Übergangszone erzielt werden. Die Verbreiterung der hochohmigen Übergangszone erhöht den Gleichrichterwiderstand, es liegt der Sperrfall vor.

§ 8. Der Shockleysche *pn*Übergang mit geringer Rekombination. Schwache Injektion

SHOCKLEY[1] hat darauf hingewiesen, daß die Verwendung von Kristallen mit möglichst geringer Rekombinationsrate zu ganz besonderen Eigenschaften der *pn*Gleichrichter führt. Wir betrachten wieder den Flußfall, also die in Abb. IV 7.1 dargestellte Polung. Wir hatten weiter oben auch schon geschildert, daß der Strom hier ganz links im Gleichrichter als Defektelektronenstrom geführt wird, ganz rechts dagegen durch einen entgegenkommenden Elektronenstrom und daß in der Übergangszone die Übernahme des Defektelektronenstromes durch den entgegenkommenden Elektronenstrom infolge überwiegender Rekombination erfolgt. Wenn nun nach dem Vorschlag von SHOCKLEY durch ganz bestimmte Maßnahmen, auf die wir auf S. 151 noch zu sprechen kommen, die Rekombination erheblich reduziert wird, so werden die Defektelektronen tief in den *n*Teil und die Elektronen tief in den *p*Teil hineingeweht werden (s. Abb. IV 8.1). Die Übernahme des ⊕-Stromes durch den entgegenkommenden ⊖-Strom muß dann schon lange vor der Raumladungszone, also schon tief im Innern des neutralen *p*Teiles beginnen, damit sie in der Mitte bereits zu 50% erfolgt ist[2]. Das Verhältnis $i_p : i_n$ ist am Beginn $x = x_p$ der Raumladungszone beispielsweise gleich 0,49, in der Mitte $x = 0$ gleich 0,5 und am Ende $x = x_n$ der

[1] SHOCKLEY, W.: Bell. Syst. techn. J. 28 (1949) 435.

[2] Es wird nach wie vor der völlig symmetrische Übergang vorausgesetzt.

Raumladungszone beispielsweise gleich 0,51. Die restliche Übernahme von i_p durch i_n erfordert noch weite Strecken des nTeiles.

Vernachlässigen wir schließlich die Rekombination innerhalb der Raumladungszone völlig, so führen im Punkt x_p die vielen Defektelektronen und die wenigen Elektronen den gleichen Strom, nämlich

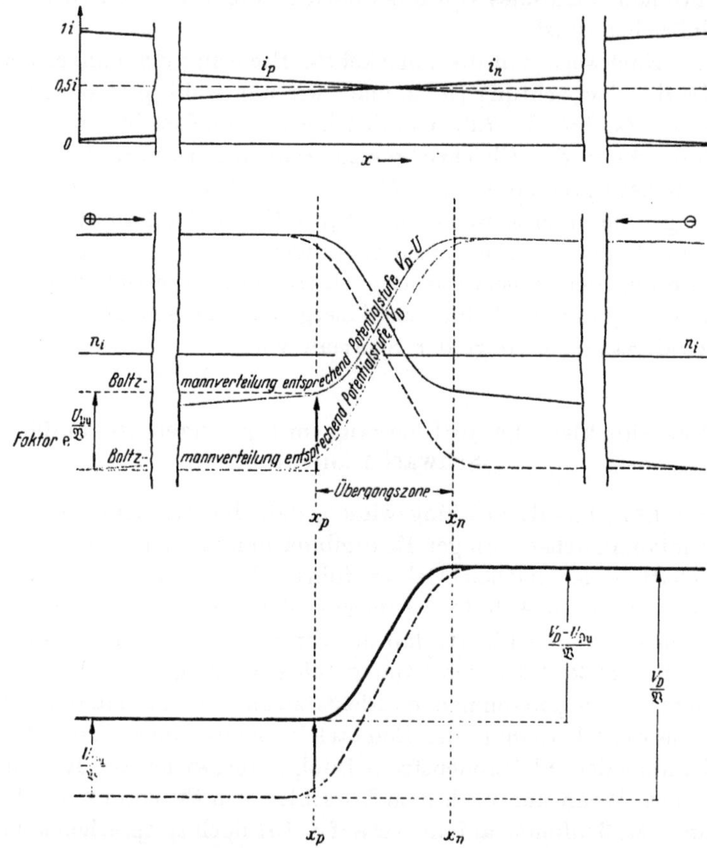

Abb. IV 8.1 pnGleichrichter mit geringer Rekombination. Fall der Flußbelastung. Links von x_p und rechts von x_n verläuft im Flußfall das Potential strenggenommen nicht horizontal, sondern von links nach rechts abfallend. In diesen „Bahnpartien" herrschen eben schwache Bahnfeldstärken, die sich aber wegen ihrer Kleinheit der zeichnerischen Darstellung entziehen.

je die Hälfte des Gesamtstromes i_{Du}. Wie kommt das zustande? Grob gesagt dadurch, daß die vielen Defektelektronen durch eine sehr schwache Bahnfeldstärke[1] $\mathfrak{E}(x)$ angetrieben werden, während die wenigen Elektronen infolge eines relativ großen Konzentrationsgradienten auf denselben Stromanteil $\frac{1}{2}\, i_{\mathrm{Du}}$ kommen. Der Feldanteil des Elektronen-

[1] Siehe hierzu auch die Unterschrift in Abb. IV 8.1.

stromes ist praktisch völlig zu vernachlässigen, weil das schwache Feld $\mathfrak{E}(x)$ nur mit den vielen Defektelektronen p_p auf Ströme der Größenordnung i_{Du} kommt, mit den wenigen Elektronen n aber nur Strombeiträge von der Ordnung $\frac{n}{p_p}\,\frac{1}{2}\,i_{\mathrm{Du}} \approx \frac{1}{2}\cdot 10^{-4} i_{\mathrm{Du}}$ (beispielsweise!) zustande bringt.

Im einzelnen liegen die Dinge etwas verwickelter. Im „Bahngebiet“ $x < x_p$ herrscht Neutralität, was genaugenommen nicht $p = n_{A^-}$, sondern

$$p(x) = n_{A^-} + n(x) \tag{IV 8.01}$$

erfordert. Der Summand $n(x)$ ist für den Betrag von p recht unwesentlich, aber für den Gradienten von p folgt aus (IV 8.01)

$$p'(x) = n'(x). \tag{IV 8.02}$$

Dann sind aber die Diffusionsstromdichten

$$i_{p_{\mathrm{Diff}}} = (+e)\,[-D_p\, p'(x)] \quad \text{und} \quad i_{n_{\mathrm{Diff}}} = (-e)\,[-D_n\, n'(x)]$$

der Defektelektronen und der Elektronen entgegengesetzt gleich; denn wegen der Nernst-Townsend-Einstein-Beziehung (VIII 4.10) auf S. 424 werden bei gleicher Beweglichkeit $\mu_n = \mu_p$ auch die Diffusionskoeffizienten D_n und D_p einander gleich. In der Bilanz der Gesamtstromdichte

$$i_{\mathrm{Du}} = i_{p_{\mathrm{Feld}}} + i_{p_{\mathrm{Diff}}} + i_{n_{\mathrm{Feld}}} + i_{n_{\mathrm{Diff}}} \tag{IV 8.03}$$

kompensieren sich also die Diffusionsanteile gegenseitig, und es bleibt

$$i_{\mathrm{Du}} = i_{p_{\mathrm{Feld}}} + i_{n_{\mathrm{Feld}}} = e\mu[p(x) + n(x)]\,\mathfrak{E}(x). \tag{IV 8.04}$$

Nun ist im *p*Gebiet trotz der Anhebung der Minoritätsträgerkonzentration

$$n(x) \ll p(x). \tag{IV 8.05}$$

Deshalb folgt aus (IV 8.04)

$$i_{p_{\mathrm{Feld}}} \approx +i_{\mathrm{Du}} \tag{IV 8.06}$$

$$i_{n_{\mathrm{Feld}}} \ll i_{\mathrm{Du}}. \tag{IV 8.07}$$

An der Stelle $x = x_p$ soll aber die Elektronenstromdichte den halben Gesamtstrom führen:

$$i_{n_{\mathrm{Feld}}} + i_{n_{\mathrm{Diff}}} = +\tfrac{1}{2} i_{\mathrm{Du}}. \tag{IV 8.08}$$

Aus (IV 8.07 und 8.08) folgt

$$i_{n_{\mathrm{Diff}}} \approx +\tfrac{1}{2} i_{\mathrm{Du}}. \tag{IV 8.09}$$

Dies ist die Gleichung, die wir für das Weitere brauchen. Nur der Übersicht halber stellen wir alle 4 Stromanteile noch einmal zusammen, wobei wir davon Gebrauch machen, daß wir nach Gl. (IV 8.02) festgestellt haben, daß die Diffusionsströme der Elektronen und der Defektelektronen entgegengesetzt gleich sind:

$$\begin{array}{ll} i_{p_{\mathrm{Feld}}} = +\,i_{\mathrm{Du}} & i_{n_{\mathrm{Feld}}} \ll i_{\mathrm{Du}} \\ \underline{i_{p_{\mathrm{Diff}}} = -\,\tfrac{1}{2}\,i_{\mathrm{Du}}} & \underline{i_{n_{\mathrm{Diff}}} = +\,\tfrac{1}{2}\,i_{\mathrm{Du}}} \\ i_p \quad = +\,\tfrac{1}{2}\,i_{\mathrm{Du}} & i_n \quad = +\,\tfrac{1}{2}\,i_{\mathrm{Du}} \end{array} \tag{IV 8.10}$$

Die in der vorstehenden Überlegung benutzten Argumente — der größenordnungsmäßige Unterschied zwischen $p(x)$ und $n(x)$ und die Gleichheit von i_p und i_n — gelten nun nicht nur im Punkt x_p, sondern im ganzen[1] pGebiet $x < x_p$. Deshalb gilt auch das erzielte Ergebnis — der Diffusionscharakter des Elektronenstromes i_n — im ganzen pGebiet $x < x_p$. Dieser Diffusionsstrom der hereingeschleppten Elektronen ist aber räumlich nicht konstant, sondern versickert bei immer tieferem Eindringen von rechts nach links in das pGebiet immer mehr, und zwar infolge des Überwiegens der Rekombination $w = r\,n\,p$ über die Neuerzeugung $g = r\,n_i^2$ [s. (I 3.03) und (I 3.05) auf S. 26 u. 27].

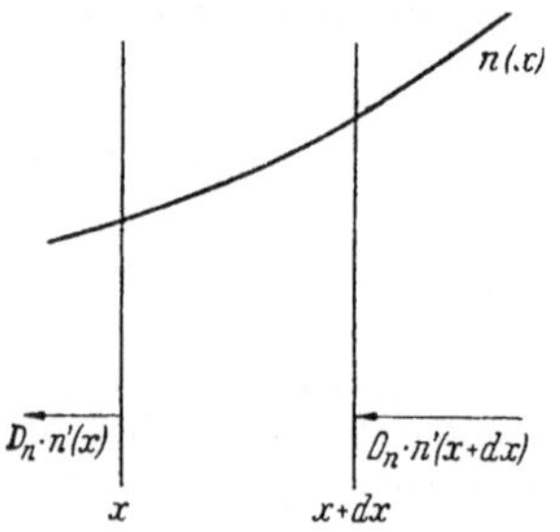

Abb. IV 8.2 Zur Aufstellung der Diffusionsgleichung.

Für 2 Trennflächen bei x und $x + dx$ (s. Abb. IV 8.2) ergibt sich also

$$D_n\, n'(x + dx) - D_n\, n'(x) = (w - g)\, dx$$

bzw.

$$D_n\, n''(x) = w - g = R. \quad \text{(IV 8.11)}$$

Den Rekombinationsüberschuß

$$R = w - g = r\, n(x)\, p(x) - r\, n_i^2 = r[n(x)\, p(x) - n_i^2] \quad \text{(IV 8.12)}$$

formen wir um, indem wir zunächst das Massenwirkungsgesetz (IV 6.04) auf die Gleichgewichtsdichten p_p und n_p des pGebietes anwenden:

$$n_i^2 = n_p\, p_p, \quad \text{(IV 6.04)}$$

was in (IV 8.12) auf

$$R = r[n(x)\, p(x) - n_p\, p_p] \quad \text{(IV 8.13)}$$

führt. Weiter fordert die Neutralität des pGebietes, daß bei einer Erhöhung $n(x) - n_p$ der Elektronendichte $n(x)$ über ihren Gleichgewichtswert n_p hinaus auch die Defektelektronenkonzentration $p(x)$ um den gleichen Betrag über ihren Gleichgewichtswert p_p hinaus angehoben werden muß:

$$p(x) = p_p + n(x) - n_p. \quad \text{(IV 8.14)}$$

Dies in (IV 8.13) eingesetzt, führt zu

$$R = r[p_p + n(x)]\,[n(x) - n_p]. \quad \text{(IV 8.15)}$$

Wir vernachlässigen jetzt $n(x)$ gegenüber p_p:

$$n(x) \ll p_p. \quad \text{(IV 8.16)}$$

---

[1] Das zweite Argument — die Gleichheit von i_p und i_n — gilt natürlich nur an der Grenze x_p „exakt". Für $x < x_p$ hat i_n nur dieselbe *Größenordnung* wie i_p. Für die obige Argumentation kommt es aber nur darauf an, daß i_n wesentliche und nicht etwa nur verschwindend kleine Bruchteile des Gesamtstromes i_{Du} beträgt.

Im neutralen pGebiet soll also trotz aller Injektion die Elektronenkonzentration $n(x)$ immer klein gegen die ursprüngliche Majoritätsträgerkonzentration p_p bleiben. Das beschränkt die folgenden Rechnungen auf nicht zu starke Durchlaßbelastungen, auf den „Fall der schwachen Injektion" also.

Außerdem führt man an Stelle des Rekombinationskoeffizienten r die

$$\text{„Lebensdauer[1] der Elektronen im } p\text{Gebiet"} = \tau_n = \frac{1}{r\, p_p} \qquad \text{(IV 8.17)}$$

ein. Mit (IV 8.16) und (IV 8.17) vereinfacht sich (IV 8.15) zu

$$R = \frac{1}{\tau_n}\,[n(x) - n_p]\,. \qquad \text{(IV 8.18)}$$

Dies in (IV 8.11) eingesetzt, führt auf

$$n''(x) = \frac{d^2}{d\,x^2}\,[n(x) - n_p] = \frac{1}{D_n\,\tau_n}\,[n(x) - n_p]\,.$$

Mit der

$$\text{„Diffusionslänge der Elektronen im } p\text{Gebiet"} = L_n = \sqrt{D_n\,\tau_n} = \sqrt{\frac{D_n}{r\,p_p}} \qquad \text{(IV 8.19)}$$

kommt schließlich

$$\frac{d^2}{d\,x^2}\,[n(x) - n_p] = \frac{1}{L_n^2}\,[n(x) - n_p]\,. \qquad \text{(IV. 8.20)}$$

Diejenige Lösung dieser Differentialgleichung, die für den nach $x = -\infty$ hin versickernden Elektronenstrom paßt, lautet

$$n(x) = n_p + C\,\mathrm{e}^{\frac{x - x_p}{L_n}} \qquad \text{(IV 8.21)}$$

Für den in Abb. IV 8.1 aufgetragenen Logarithmus der Konzentration ergibt sich also ein gradliniger Abfall nach $-\infty$ hin, solange $n(x)$ groß gegen den Gleichgewichtswert n_p ist. Für die Neigung dieser Geraden ist die Diffusionslänge L_n maßgebend, und zwar derart, daß die Konzentration $n(x)$ auf eine Länge L_n um eine e-Potenz abnimmt.

Wir wollen jetzt den von diesem Diffusionsschwanz geführten Strom berechnen; aus (IV 8.21) ergibt sich

$$D_n\,n'(x) = \frac{D_n}{L_n}\,C\,\mathrm{e}^{+\frac{x - x_p}{L_n}} = \frac{D_n}{L_n}\,[n(x) - n_p]\,. \qquad \text{(IV 8.22)}$$

Wir haben also am Punkte $x = x_p$ für den von Elektronen getragenen Anteil i_n des Gesamtstromes i_{Du}

$$i_n(x_p) = \frac{e\,D_n}{L_n}\,[n(x_p) - n_p]\,. \qquad \text{(IV 8.23)}$$

[1] Diese Definition wird im nächsten Kap. V auf S. 188 erläutert. Im übrigen muß auf die Lebensdauerprobleme ausführlich im IX. Kap. eingegangen werden [s. Gl. (IX 4.19)].

Zur Kennlinienberechnung müssen wir die Konzentrationsanhebung $n(x_p) - n_p$ am Anfang $x = x_p$ des linken elektronischen Diffusionsschwanzes (s. Abb. IV 8.1) als Funktion der an den *pn*Übergang gelegten Spannung U_{Du} ermitteln. Das gelingt dadurch, daß man die SHOCKLEYsche Voraussetzung der „geringen" Rekombination präzisiert. Geringe Rekombination bedeutet einen kleinen Wiedervereinigungskoeffizienten und damit nach (IV 8.17) große Lebensdauer τ_n und nach (IV 8.19) große Diffusionslänge L_n. Die Forderung der „geringen" Rekombination läuft nun darauf hinaus, daß die Diffusionslänge L_n groß gegen die Breite $x_n - x_p$ der Raumladungszone sein soll. Für deren Abmessungen sind aber die DEBYE-Längen x_{0n} und x_{0p} des n- und des pGebietes maßgebend, so daß schließlich die Bedingungen für das Zurücktreten der Rekombination (für den SHOCKLEYschen Charakter des betreffenden *pn*Übergangs also)

$$L_n \gg x_{0n} \qquad L_n \gg x_{0p}$$
$$L_p \gg x_{0n} \qquad L_p \gg x_{0p} \tag{IV 8.24}$$

lauten. Die so präzisierte Forderung nach „geringer" Rekombination hat sehr einschneidende Folgen. Innerhalb der schmalen Raumladungszone $x_n - x_p$ fällt die Elektronenkonzentration um *mehrere* bzw. viele e-Potenzen, innerhalb einer großen Diffusionslänge L_n des Diffusionsschwanzes dagegen nur um *eine* e-Potenz. Der Konzentrationsgradient und damit der Diffusionsstrom muß also beim Übergang vom Diffusionsschwanz zur Raumladungszone enorm ansteigen. Da sich aber der von Elektronen getragene Stromanteil i_n dabei praktisch nicht ändert, ist das nur möglich, wenn der in der Raumladungszone viel zu große Diffusionsstrom durch einen annähernd gleich großen Feldstrom kompensiert wird. Das bedeutet aber, daß in der Raumladungszone annäherndes BOLTZMANN-Gleichgewicht herrscht. Daraus folgt wieder[1], daß innerhalb der Raumladungszone der Potentialverlauf $V(x)$ und die logarithmisch aufgetragene Elektronenkonzentration $n(x)$ kongruent werden. Da dies auch schon vorher im stromlosen Zustand galt, ergibt sich nach Abb. IV 8.1, daß die Anhebung der Potentialkurve $V(x)$ im p Teil um die Durchlaßspannung U_{Du} mit einer Anhebung der Konzentrationskurve $n(x)$ im Punkte $x = x_p$ um den Faktor $e^{+U_{Du}/\mathfrak{B}}$ verknüpft ist:

$$n(x_p) = n_p \, e^{+U_{Du}/\mathfrak{B}}. \tag{IV 8.25}$$

Das ist aber die auf S. 148 oben gesuchte Beziehung zwischen der Spannung U_{Du} und der Konzentration $n(x_p)$ am Anfang $x = x_p$ des elektronischen Diffusionsschwanzes.

---

[1] Siehe S. 140, Ende des § 6.

Die Kennliniengleichung $i_{\mathrm{Du}} = f(U_{\mathrm{Du}})$ des pnÜbergangs ergibt sich nun ohne große Mühe. Zunächst wird (IV 8.25) mit (IV 8.23) kombiniert:

$$i_n(x_p) = \frac{e\,D_n}{L_n}\,n_p\left(e^{+U_{\mathrm{Du}}/\mathfrak{B}} - 1\right). \tag{IV 8.26}$$

Um zum totalen Durchlaßstrom i_{Du} zu kommen, muß noch der von Defektelektronen $\oplus$ getragene Stromanteil $i_p(x_p)$ zu (IV 8.26) addiert werden:

$$i_{\mathrm{Du}} = i_n(x_p) + i_p(x_p). \tag{IV 8.27}$$

Dieser Stromanteil i_p hat aber im Punkte $x = x_p$ im wesentlichen denselben Wert wie im Punkte $x = x_n$, da ja die Rekombination innerhalb der Übergangszone zu vernachlässigen sein soll:

$$i_p(x_p) \approx i_p(x_n). \tag{IV 8.28}$$

Analog zu (IV 8.26) gilt aber

$$i_p(x_n) = \frac{e\,D_p}{L_p}\,p_n\left(e^{+U_{\mathrm{Du}}/\mathfrak{B}} - 1\right). \tag{IV 8.29}$$

(IV 8.27) zusammen mit (IV 8.26), (IV 8.28) und (IV 8.29) ergibt dann die Kennliniengleichung

$$i_{\mathrm{Du}} = e\left(\frac{D_n n_p}{L_n} + \frac{D_p p_n}{L_p}\right)\left(e^{+U_{\mathrm{Du}}/\mathfrak{B}} - 1\right)$$

bzw. in Sperrichtung (IV 8.30)

$$i_{\mathrm{Sp}} = e\left(\frac{D_n n_p}{L_n} + \frac{D_p p_n}{L_p}\right)\left(1 - e^{-U_{\mathrm{Sp}}/\mathfrak{B}}\right).$$

Wir erhalten also für den SHOCKLEYschen pnÜbergang mit geringer Rekombination dieselbe Exponentialkennlinie, wie sie durch die Diodentheorie für den Halbleiter-Metallkontakt geliefert wird[1] [s. Gl. (IV 4.06), Abb. IV 4.2 u. IV 4.3]. Der Sättigungsstrom errechnet sich jetzt aber zu

$$i_S = e\left(\frac{D_n n_p}{L_n} + \frac{D_p p_n}{L_p}\right). \tag{IV 8.31}$$

Mit (IV 8.19) kann hierfür auch geschrieben werden

$$i_S = e\left(\frac{D_n}{L_n^2}\,n_p\,L_n + \frac{D_p}{L_p^2}\,p_n\,L_p\right) = e\left(r\,p_p\,n_p\,L_n + r\,n_n\,p_n\,L_p\right)$$

und mit (IV 6.04) schließlich

$$i_S = e\,r\,n_i^2\left(L_n + L_p\right). \tag{IV 8.32}$$

Der bei starker Polung in Sperrichtung fließende Sättigungsstrom i_S entsteht also dadurch, daß die Neuerzeugung[2] $g \approx r\,n_i^2$ rechts und links

[1] Diese Formel hat C. WAGNER schon im Jahre 1931 publiziert. Siehe Phys. Z. 32 (1931) 641.

[2] Siehe (I 3.05) auf S. 27.

von der Übergangszone bis zu einer Tiefe L_n bzw. L_p abtransportiert wird.

Aus unseren Ausführungen ist hoffentlich hervorgegangen, daß der physikalische Grund für die Unipolarität eines *pn*Gleichrichters mit großer Diffusionslänge jetzt nicht mehr in den Verwehungseffekten der Trägerkonzentration innerhalb der Übergangszone zu suchen ist. Die eigentliche Übergangszone, in der die Trägerdichte ungefähr gleich der Inversionsdichte n_i ist, ist ja für die Größe des wirklich fließenden Stromes gar nicht mehr entscheidend, sondern schafft diese Ströme mühelos durch geringfügige Abweichungen vom Boltzmann-Gleichgewicht[1]. Entscheidend ist vielmehr die Stromergiebigkeit der Diffusionsschwänze der Minderheitsträger. Die Stromergiebigkeit eines Diffusionsschwanzes ist aber für die beiden Stromrichtungen kraß verschieden (s. Abbildung IV 8.3). In der einen Richtung sind die erforderlichen Konzentrationsanhebungen unbegrenzt möglich, und es können infolgedessen beliebig große Ströme geführt werden. Die für die andere Stromrichtung erforderliche Konzentrationsabsenkung hat aber sehr schnell eine Grenze in der einfachen Tatsache, daß die Konzentration am Anfang des Diffusionsschwanzes nicht weiter als bis

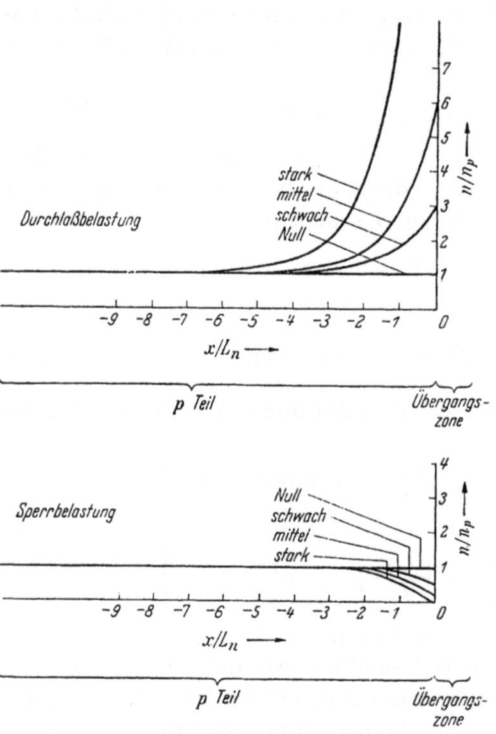

Abb. IV 8.3 Konzentrationsverlauf der Elektronen im Diffusionsschwanz innerhalb des *p*Teils. Lineare Auftragung!

[1] Das gilt für die Sperrichtung allerdings nur bis ungefähr $U_{Sp} < \mathfrak{B} \ln\left(\frac{L}{x_0}\sqrt{\frac{2}{\pi}}\right)$, wobei $\mathfrak{B} = \frac{\mathrm{k}T}{e} = 25{,}9\ \mathrm{mV}\left(\frac{T}{300\,°\mathrm{K}}\right)$, $L = L_n$ bzw. L_p eine der beiden Diffusionslängen und $x_0 = \sqrt{\frac{\varepsilon\,\mathfrak{B}}{4\pi\,e\,n_{D+}}}$ bzw. $\sqrt{\frac{\varepsilon\,\mathfrak{B}}{4\pi\,e\,n_{A-}}}$ die Debye-Länge des Halbleiters ist (s. S. 122). Diese Angabe wurde von Herlet für den Fall der räumlich konstanten und daher abrupt aneinandergrenzenden Dotierungen n_{A-} und n_{D+} errechnet.

auf den Wert Null abgesenkt werden kann. So wird die Absättigung des Stromes bei Polung in Sperrichtung wohl auch anschaulich verständlich.

Abschließend kommen wir kurz auf die praktischen Maßnahmen zu sprechen, mit denen man in einem *pn*Übergang die Rekombination so stark vermindert, daß die Diffusionslängen groß gegen die DEBYE-Längen werden [s. (IV 8.24)]. Hierzu müssen zunächst einmal die Kristalle, aus denen die *pn*Übergänge gemacht werden, möglichst störungsfrei sein. Die Rekombination findet nämlich vorwiegend an Oberflächen und Kristallbaufehlern statt[1]. Es müssen also nicht etwa nur Einkristalle, sondern besonders hochwertige Einkristalle mit wenig Versetzungen und ohne Mosaikstrukturen verwendet werden. Weiter muß beim Herstellen der Gleichrichter aus den hochwertigen Einkristallen genügend Vorsicht walten. Insbesondere dürfen bei diesbezüglichen Diffusions- oder Legierungsprozessen die Temperaturen nicht zu schnell wechseln, und es muß sehr sauber gearbeitet werden.

§ 9. Ergänzende Bemerkungen über *pn*Übergänge

a) Steile und flache Störstellenverteilungen innerhalb der Übergangszone

Wir haben bisher die ziemlich unnatürliche Annahme gemacht, daß die Störstellenkonzentrationen n_{A^-} und n_{D^+} ihre ortsunabhängigen Werte jeweils bis zur Mitte $x = 0$ des *pn*Übergangs beibehalten und

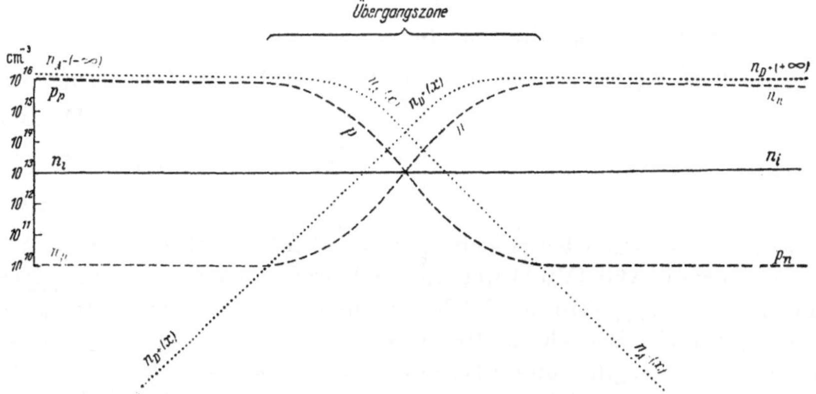

Abb. IV 9.1 *pn*Übergang mit ortsveränderlichen Störstellendichten.

dann dort schroff auf den Wert Null abfallen. Wenn wir unsere bisherigen Überlegungen einschließlich der des vorigen § 8 überprüfen, so stellt sich heraus, daß diese unnatürliche Annahme für die Ergebnisse gar nicht wesentlich ist. Nehmen wir z. B. $n_{A^-}(x)$- und $n_{D^+}(x)$-Kurven nach Abb. IV 9.1 an, so wird sich genau wie in dem bisher betrachteten

[1] Siehe hierzu ausführlich Kap. IX über die besondere Eignung von Si und Ge siehe S. 345—347.

Fall (Abb. IV 6.1) links eine Defektelektronenkonzentration

$$p_p = n_{A^-}(-\infty) + n_p = n_{A^-}(-\infty) + \frac{n_i^2}{p_p} \approx n_{A^-}(-\infty) \qquad \text{(IV 9.01)}$$

und rechts eine Elektronenkonzentration

$$n_n = n_{D^+}(+\infty) + p_n = n_{D^+}(+\infty) + \frac{n_i^2}{n_n} \approx n_{D^+}(+\infty) \qquad \text{(IV 9.02)}$$

aus Neutralitätsgründen einstellen. Wieder geht z. B. die Elektronendichte n in einer Übergangszone von dem Wert n_n auf den Wert n_p hinunter, und wieder muß in dieser Übergangszone im stromlosen Fall eine Diffusionsspannung

$$V_D = \frac{\mathrm{k}\,T}{e} \ln \frac{n_n}{n_p} \qquad \text{(IV 9.03)}$$

entstehen, damit der im Konzentrationsgefälle $n_n \to n_p$ fließende Diffusionsstrom durch einen entgegengesetzten Feldstrom kompensiert wird. Zum Aufbau dieser Potentialstufe V_D sind die Raumladungen einer diffusen Doppelschicht erforderlich. Quer durch die ganze Übergangszone hindurch können also n und p nicht immer die durch die Neutralitätsbedingung

$$n + n_{A^-} = p + n_{D^+} \qquad \text{(IV 9.04)}$$

und durch das Massenwirkungsgesetz

$$n\,p = n_i^2 \qquad \text{(IV 9.05)}$$

vorgeschriebenen Neutralitätswerte

$$n_{\text{Neutral}}(x) = +\tfrac{1}{2}[n_{D^+}(x) - n_{A^-}(x)] + \sqrt{\tfrac{1}{4}[n_{D^+}(x) - n_{A^-}(x)]^2 + n_i^2} \qquad \text{(IV 9.06)}$$

$$p_{\text{Neutral}}(x) = -\tfrac{1}{2}[n_{D^+}(x) - n_{A^-}(x)] + \sqrt{\tfrac{1}{4}[n_{D^+}(x) - n_{A^-}(x)]^2 + n_i^2} \qquad \text{(IV 9.07)}$$

haben. Bei *schroffen* Übergängen der Störstellenkonzentrationen n_{A^-} und n_{D^+} (Grenzfall: Abb. IV 6.1) werden die Abweichungen $p(x) - p_{\text{Neutral}}(x)$ und $n(x) - n_{\text{Neutral}}(x)$ in der Größenordnung der Störstellendichte $n_{A^-}(x)$ bzw. $n_{D^+}(x)$ sein. Bei sehr sanften Übergängen werden diese Abweichungen $p(x) - p_{\text{Neutral}}(x)$ und $n(x) - n_{\text{Neutral}}(x)$ dagegen klein gegen die Störstellendichte $n_{A^-}(x)$ bzw. $n_{D^+}(x)$ sein. Aber in beiden Fällen muß dieselbe durch (IV 9.03) vorgeschriebene Diffusionsspannung V_D in einer Doppelschicht aufgebaut werden — das eine Mal in einer relativ schmalen Schicht mit Raumladungsdichten $\varrho(x) \approx -e\,n_{A^-}(x)$ bzw. $\approx +e\,n_{D^+}(x)$, das andere Mal in einer breiten Schicht mit Raumladungsdichten $|\varrho(x)| \ll +e\,n_{A^-}(x)$ bzw. $\ll +e\,n_{D^+}(x)$.

Das sind aber (zunächst einmal wenigstens) Einzelheiten, die nicht verhindern, daß man im Belastungsfalle zwischen einer Übergangszone und den beiderseitigen Diffusionsschwänzen unterscheiden kann. In der

Übergangszone herrscht auch im Belastungsfall annäherndes BOLTZMANN-Gleichgewicht und in den anschließenden Partien führt die in der Minderzahl befindliche Trägersorte (die „Minderheitsträger“) ihren Stromanteil als reinen Diffusionsstrom. Für den Stromanteil der Elektronen jenseits der Übergangszone gilt also wieder Gl. (IV 8.23). Der Konzentrationswert am Beginn des Diffusionsschwanzes wird wieder vermittels der BOLTZMANN-Verteilung in der anschließenden Übergangszone ermittelt [Gl. (IV 8.25)]. So ergibt sich wieder (IV 8.26) als Stromanteil i_n der Elektronen und schließlich (IV 8.30) als Gesamtstrom.

Die Erkenntnis, daß für die Gültigkeit der Kennliniengleichung (IV 8.30) lediglich das Aneinandergrenzen von einer BOLTZMANN-Zone und von 2 Diffusionsschwänzen wichtig ist, daß es aber auf die Konzentrationsverläufe speziell innerhalb der BOLTZMANN-Zone nicht weiter ankommt, diese Erkenntnis wird fruchtbar, wenn wir später unsymmetrische *pn*Übergänge betrachten. Zuvor wollen wir nur noch darauf hinweisen, daß die maximale Feldstärke innerhalb einer schmalen Übergangszone natürlich erheblich größer als in einer breiten Übergangszone ist, da ja die Höhe der Potentialstufe stets durch $V_D + U_{\mathrm{Sp}}$ unabhängig von der Breite vorgegeben ist, wobei gleich der in diesem Zusammenhang kritische Sperrfall zugrunde gelegt wird.

Das weiter unten in § 12 zu beschreibende Versagen der Gleichrichter oberhalb einer gewissen Sperrspannung steht in Zusammenhang mit dem Überschreiten gewisser Feldstärkewerte (etwa $2 \cdots 6 \cdot 10^5$ Volt cm^{-1}), und insofern können wir aus dem Gesagten die Lehre entnehmen, daß man zur Erzielung möglichst hoher Sperrspannungen den Störstellenübergang möglichst sanft machen muß[1]. Man ist in dieser Beziehung nur durch die Bedingung begrenzt, daß die Übergangszone schmal gegen die Diffusionslänge bleiben muß, weshalb man wieder bestrebt sein wird, diese Diffusionslänge möglichst groß zu machen. Das erfordert aber die Verwendung möglichst störungsfreier Einkristalle, wie schon oben erwähnt.

b) Unsymmetrische *pn*Übergänge

Wir erwähnten bereits, daß die Kennliniengleichung (IV 8.30) lediglich auf dem Aneinandergrenzen von einer BOLTZMANN-Zone und von 2 Diffusionsschwänzen beruht und daß die Einzelheiten der Konzen-

---

[1] HALL, R. N., u. W. C. DUNLAP: Phys. Rev. 80 (1950) 467. Wir möchten übrigens vorschlagen, die Bezeichnung *pnÜbergang* auch beim Vorliegen steiler Störstellenverteilungen, also bei schroffen Übergängen vom *p*- zum *n*Germanium anzuwenden. Als Kriterium des *Übergangs* gegenüber dem *Kontakt* oder der *Grenze* möchten wir das einheitliche Gitter betrachten und glauben, daß auch W. SHOCKLEY den Ausdruck „Junction“ so verwendet wissen will, denn in seiner ursprünglichen Arbeit [Bell Syst. techn. J. 28 (1949) 444] hat er unter anderem auch abrupte Störstellenverteilungen diskutiert.

trationsverläufe speziell innerhalb der BOLTZMANN-Zone unwichtig sind. Das ermöglicht es aber, die Kennliniengleichung (IV 8.30) auch ohne weiteres auf den Fall des unsymmetrischen *pn*Übergangs anzuwenden.

Wir dotieren beispielsweise die *p*Seite mit 10^{18} Akzeptoren/cm^{+3}, die *n*Seite dagegen nur mit 10^{15} Donatoren/cm^{+3}. Dann ist

$$p_p = 10^{18}\,\mathrm{cm}^{-3} \gg n_n = 10^{15}\,\mathrm{cm}^{-3}$$

und

$$\frac{n_i^2}{p_p} = n_p \ll p_n = \frac{n_i^2}{n_n},$$

und der erste von den Elektronen herrührende Summand in dem Ausdruck (IV 8.31) für den Sättigungsstrom verschwindet praktisch neben dem Defektelektronenanteil. Da dieser Sättigungsstrom aber nicht nur in der Sperrichtung maßgebend ist, sondern die *ganze* Kennlinie (IV 8.30) beherrscht, besteht dann auch der Flußstrom im wesentlichen aus Defektelektronen, die aus dem *p*Germanium in das *n*Germanium hineinströmen. Der in Flußrichtung gepolte *pn*Übergang mit stark dotiertem *p* und schwach dotiertem *n*Material wirkt also als guter „emitter" von Defektelektronen in das *n*Material, was in der Transistorphysik von Bedeutung werden wird.

In diesem Zusammenhang sei auch noch auf einen Umstand hingewiesen, der *nicht* an eine Unsymmetrie des *pn*Übergangs gebunden ist, aber ebenfalls für die Wirkungsweise eines *pnp*Transistors wichtig ist. Die Kleinheit des Sperrstroms eines *pn*Übergangs ist ja durch die schwache Stromergiebigkeit der Diffusionsschwänze bei Polung in Sperrichtung bedingt. Werden also in einem in Sperrichtung gepolten *pn*Übergang Trägerpaare auf andere als die normale *thermische* Weise erzeugt, beispielsweise durch Lichteinstrahlung (innerer Photoeffekt) oder durch höhere Feldstärken (ZENER-Effekt), so wird der Sperrstrom darauf sehr empfindlich reagieren. Das gleiche wird der Fall sein, wenn dem Trägermangel durch Injektion von Trägern von einer fremden Trägerquelle her abgeholfen wird. Das heißt also, daß ein in Sperrichtung gepolter *pn*Übergang als guter „collector" wirken wird.

Auf diese Dinge kommen wir im nächsten Kap. V, das sich ausschließlich mit Transistoren befaßt, natürlich wieder zu sprechen. Aber schon hier wollen wir einen Begriff quantitativ einführen, der dann eine gewisse Rolle spielen wird, nämlich den sog. Emitterwirkungsgrad γ_e. In dem soeben beschriebenen Beispiel, bei dem aus einem hochdotierten *p*Gebiet Defektelektronen in das angrenzende schwachdotierte *n*Gebiet injiziert werden sollen, gibt der Emitterwirkungsgrad γ_e das Verhältnis

des erwünschten Defektelektronenanteils[1] $e\,D_p\,\frac{p_n}{L_p}\,[\exp(U/\mathfrak{B})-1]$

zum gesamten Emitterstrom $e\left(D_p\,\frac{p_n}{L_p}+D_n\,\frac{n_p}{L_n}\right)[\exp(U/\mathfrak{B})-1]$

an:

$$\gamma_e=\frac{D_p\,\frac{p_n}{L_p}}{D_p\,\frac{p_n}{L_p}+D_n\,\frac{n_p}{L_n}}. \tag{IV 9.08}$$

Häufig gelingt es, γ_e dicht an seinen Idealwert 1 heranzubringen. Dann ist die Angabe des Defizits

$$1-\gamma_e=\frac{D_n\,\frac{n_p}{L_n}}{D_p\,\frac{p_n}{L_p}+D_n\,\frac{n_p}{L_n}}\approx\frac{D_n}{D_p}\,\frac{n_p}{p_n}\,\frac{L_p}{L_n} \tag{IV 9.09}$$

interessanter. Im übrigen ist nach (IV 9.08) und (IV 9.09) der Emitterwirkungsgrad γ_e eine allein durch Materialkonstanten gegebene und daher belastungsunabhängige Größe. Daß dies nur zutrifft, solange wir uns auf den Fall „schwacher Injektion“ beschränken, solange also die Belastung des *pn*Übergangs klein bleibt, das werden wir in § 11 sehen.

§ 10. Lange, mittlere und kurze Bahngebiete. „Ideale“ Elektroden

In der Theorie des § 8 ist von den Metallkontakten am linken Ende des *p*Gebietes und am rechten Ende des *n*Gebietes explizit kaum die Rede gewesen. Ein kontaktierendes Metall stört nun aber in dem kontaktierten Halbleiter, wie wir in den §§ 2 bis 4 gesehen haben, die Trägerkonzentrationen. Es entsteht eine Anreicherungs- oder eine Verarmungsrandschicht. Einen zusätzlichen Widerstand ruft zwar nur die Verarmungsrandschicht hervor. Konzentrationsverwehungen bei Stromdurchgang entstehen aber in beiden Fällen. Diese überlagern sich im Prinzip mit den Konzentrationsanhebungen oder -absenkungen, die vom *pn*Übergang herrühren, und es entstehen unübersichtliche Verhältnisse. In vernünftigen technischen Einrichtungen überwiegen aber die vom *pn*Übergang herrührenden Effekte bei weitem, und schon deshalb empfiehlt sich ein theoretisches Modell, in dem die vom *pn*Übergang erzielten Effekte nicht durch Einflüsse der Metallkontakte modifiziert werden.

Wenn also von den Elektroden keine Verwehungseffekte ausgelöst werden sollen, dürfen die Elektroden den Bahngebieten keine „falschen“ Randkonzentrationen aufzwingen. Die Austrittsarbeit Metall-*p*Gebiet

[1] Siehe hierzu (IV 8.29) und (IV 8.30).

z. B. muß so groß sein, daß sich als Randwerte zufällig gerade $p_R = p_p$ und damit auch $n_R = n_p$ einstellen. Werden nun diese Werte auch bei Stromdurchgang beibehalten, so erzeugt der Metallkontakt keine zusätzlichen Konzentrationsverwehungen. Die Beibehaltung der Randwerte $p_R = p_p$ und $n_R = n_p$ auch bei Stromdurchgang ist aber gesichert, wenn wir annehmen, daß an der Grenze Metall-pGebiet die Rekombinationsrate unendlich groß ist. Bei der außerordentlich starken Störung des Halbleitergitters, die an dieser Grenze anzunehmen ist, ist die Annahme unendlich großer Rekombinationsrate wahrscheinlich sogar recht realistisch[1].

Rechnet man das geschilderte theoretische Modell durch, so ist nach dem Gesagten an der linken Elektrode, also am linken Ende $x = x_p - d_p$ des pGebietes [Dicke $= d_p$]

$$p(x_p - d_p) = p_p \qquad \text{(IV 10.01)}$$

$$n(x_p - d_p) = n_p \qquad \text{(IV 10.02)}$$

zu setzen, während am rechten Ende $x = x_p$ nach (IV 8.25)

$$n(x_p) = n_p\, e^{+U/\mathfrak{B}} \qquad \text{(IV 10.03)}$$

ist. Als Lösung der Diffusionsgleichung (IV 8.20) darf dann nicht (IV 8.21), sondern muß

$$n(x) = n_p \left\{1 + (e^{U/\mathfrak{B}} - 1) \sinh\left(\frac{x - x_p + d_p}{L_n}\right) \Big/ \sinh\frac{d_p}{L_n}\right\} \qquad \text{(IV 10.04)}$$

gewählt werden, womit sowohl die Randbedingungen (IV 10.02) und (IV 10.03) wie die Diffusionsgleichung (IV 8.20) befriedigt sind, was man durch Verifikation bestätigt.

Aus (IV 10.04) berechnet sich der Diffusionsstrom der Elektronen

$$i_n = e\, D_n\, n'(x_p) = e\, D_n \frac{n_p}{L_n} (e^{U/\mathfrak{B}} - 1) \coth\left(\frac{x - x_p + d_p}{L_n}\right) \Big/ \sinh\frac{d_p}{L_n}\bigg|_{x = x_p} \qquad \text{(IV 10.05)}$$

$$i_n = e\, D_n \frac{n_p}{d_p} \frac{d_p}{L_n} \coth\frac{d_p}{L_n} (e^{U/\mathfrak{B}} - 1). \qquad \text{(IV 10.06)}$$

An die Stelle von (IV 8.30) tritt also schließlich als Endergebnis

$$i = e\left(\frac{D_n n_p}{d_p} \frac{d_p}{L_n} \coth\frac{d_p}{L_n} + \frac{D_p p_n}{d_n} \frac{d_n}{L_p} \coth\frac{d_n}{L_p}\right) (e^{U/\mathfrak{B}} - 1). \qquad \text{(IV 10.07)}$$

Wir betrachten jetzt noch die beiden Grenzfälle kurzer und langer Bahngebiete. Bei kurzen Bahngebieten

$$d_p \ll L_n \qquad d_n \ll L_p \qquad \text{(IV 10.08)}$$

[1] Im Gegensatz zu der Annahme $p_R = p_p$, $n_R = n_p$, die zunächst nur als theoretisches Modell zur Herauspräparierung der reinen Effekte des pnÜbergangs gerechtfertigt ist. Freilich überwiegen — wie schon oben gesagt — in vernünftigen technischen Vorrichtungen tatsächlich die Effekte des pnÜbergangs, und deshalb hat das theoretische Modell doch auch für die Praxis eine gewisse Bedeutung.

wird

$$\coth \frac{d_p}{L_n} \approx \frac{L_n}{d_p} \quad \text{und} \quad \coth \frac{d_n}{L_p} \approx \frac{L_p}{d_n} \tag{IV 10.09}$$

und

$$i = e\left(\frac{D_n n_p}{d_p} + \frac{D_p p_n}{d_n}\right)(e^{U/\mathfrak{B}} - 1). \tag{IV 10.10}$$

An die Stelle der Diffusionslängen L_n und L_p in (IV 8.30) treten also einfach die Bahngebietsdicken d_p und d_n. Das ist dadurch zu verstehen, daß bei Gültigkeit der Bedingung (IV 10.08) die exponentiellen Konzentrationsabfälle in den Diffusionsschwänzen zu linearen Abfällen werden, wie man sieht, wenn man im Konzentrationsverlauf (IV 10.04) die sinh durch ihre linearen Annäherungen für kleines Argument ersetzt.

Ein gradliniger Konzentrationsverlauf ergibt aber einen ortsunabhängigen Diffusionsstrom. Der Strom der in das *n*Gebiet injizierten Defektelektronen versickert also in dem betrachteten Grenzfall überhaupt nicht. Dafür ist das *n*Gebiet zu dünn. Der Defektelektronenstrom fließt vielmehr in unverminderter Stärke ohne Rekombination bis zur rechten Metallelektrode, wo er nun allerdings schlagartig mit entgegenkommenden Metallelektronen rekombiniert. Da der Defektelektronenstrom im *n*Gebiet konstant ist, muß dort auch der Elektronenstrom räumlich konstant sein. Sowohl der Minoritäts- wie der Majoritätsträgerstrom sind also in dem dünnen *n*Gebiet ortsunabhängig, und diese ortsunabhängige Aufteilung der Gesamtstromdichte i in eine Defektelektronenstromdichte i_p und eine Elektronenstromdichte i_n gilt natürlich auch im *p*Gebiet. Weiter muß das Verhältnis $i_p : i_n$ in beiden Gebieten denselben Wert haben. Keine der beiden Strömungen i_p und i_n kann sich ja beim Durchqueren der Raumladungszone ändern, da diese noch viel dünner als die bereits rekombinationsfreien Bahngebiete ist.

Für einen völlig symmetrischen Gleichrichter mit „kurzen“ Bahngebieten ist natürlich quer durch den ganzen Gleichrichter hindurch

$$i_p = i_n = \frac{1}{2} i. \tag{IV 10.11}$$

Damit beenden wir die Betrachtung kurzer Bahngebiete und wenden uns dem entgegengesetzten Grenzfall langer Bahngebiete zu. Für

$$d_p \gg L_n \qquad d_n \gg L_p \tag{IV 10.12}$$

ist

$$\coth \frac{d_p}{L_n} \approx 1 \qquad \coth \frac{d_n}{L_p} \approx 1, \tag{IV 10.13}$$

und aus (IV 10.07) wird wieder die alte Kennlinienformel (IV 8.30). Nachträglich stellen sich also die Ausführungen des vorigen § 8 als eine Theorie mit unendlich dicken Bahngebieten heraus.

Freilich müßte bei „unendlich dicken" Bahngebieten der Spannungsabfall über diesen Gebieten berücksichtigt werden. Das läuft wieder auf eine Scherung mit einem konstanten Bahnwiderstand hinaus, wie wir das in § 3 (namentlich Abb. IV 3.1) besprochen haben.

Strenggenommen bleibt aber der Bahnwiderstand bei immer stärkerer Strombelastung nicht konstant. Auf die hierfür verantwortliche Erscheinung der „starken Injektion" gehen wir im nächsten § 11 ein.

§ 11. Starke Injektionen. Defektelektronenemission eines *p*Emitters. Modulation des Bahnwiderstandes

Im § 8 haben wir zweimal — nämlich als Gl. (IV 8.05) und als Gl. (IV 8.16) — die Voraussetzung benutzt, daß die Minoritätsträgerdichte klein gegen die Majoritätsträgerdichte bleiben soll:

$$n(x) \ll p_p. \qquad \text{(IV 11.01)}$$

Da aber mit wachsender Durchlaßspannung die Minoritätsträgerdichte an der Grenze zum Raumladungsgebiet hin exponentiell angehoben wird, da also nach (IV 8.25)

$$n(x_p) = n_p\, \mathrm{e}^{U/\mathfrak{B}} \qquad \text{(IV 11.02)}$$

ist, muß schließlich die Bedingung (IV 11.01) verletzt werden, und zwar dann, wenn sich die Spannung U dem Wert $\mathfrak{B} \ln p_p/n_p$ nähert. Diese kritische Spannung fällt nach (IV 6.13) mit der Diffusionsspannung V_D zusammen, wenn es sich um einen symmetrischen *pn*Übergang handelt $[p_p = n_n]$. Anschaulicher sind jedoch die Vorgänge in einem stark unsymmetrischen *pn*Übergang. Abb. IV 11.1 zeigt einen *pn*Übergang, dessen *p*Seite stark (10^{18} cm^{-3}) und dessen *n*Seite schwach (10^{15} cm^{-3}) dotiert ist und der deshalb nach S. 154 und 155 als guter Emitter für Defektelektronen in das *n*Gebiet dienen kann. Oben in Abb. IV 11.1 ist der aus § 8 vom symmetrischen *pn*Übergang her bekannte Fall der schwachen Injektionen auf den jetzt betrachteten unsymmetrischen *pn*Übergang übertragen. In der Darstellung darunter ist die Spannung gerade so weit gesteigert und dadurch die rot gezeichnete Defektelektronenkonzentration p gerade so weit angehoben worden, daß sie jetzt an der Grenze x_n zwischen Raumladungs- und *n*Gebiet die dortige Dotierung n_{D^+} erreicht. Dadurch ist jetzt an dieser Stelle x_n eine positive Ladungsdichte $p(x_n) + n_{D^+} = 2n_{D^+}$ vorhanden. Die Elektronen können nur dadurch die Neutralität herstellen, daß sich ihre Konzentration gegenüber dem Wert n_n verdoppelt. In der logarithmischen Darstellung der Abb. IV 11.1 macht das allerdings wenig aus. Das gilt in noch viel stärkerem Maße in der untersten Darstellung der Abb. IV 11.1, in der die Verhältnisse bei nochmaliger Spannungssteigerung gezeigt werden. Wegen der Neutralität muß rechts im

nGebiet zwischen n und p eine Differenz $n_{D^+} = 10^{15}\,\mathrm{cm}^{-3}$ bestehen. Unmittelbar neben der Raumladungszone ist diese Differenz in der logarithmischen Darstellung aber nicht zu erkennen, denn beide Konzentrationen n und p sind hier auf $1{,}01 \cdot 10^{17}$ bzw. $1{,}00 \cdot 10^{17}\,\mathrm{cm}^{-3}$ angehoben. Sie sind also zwei Zehnerpotenzen größer als die Dotierung

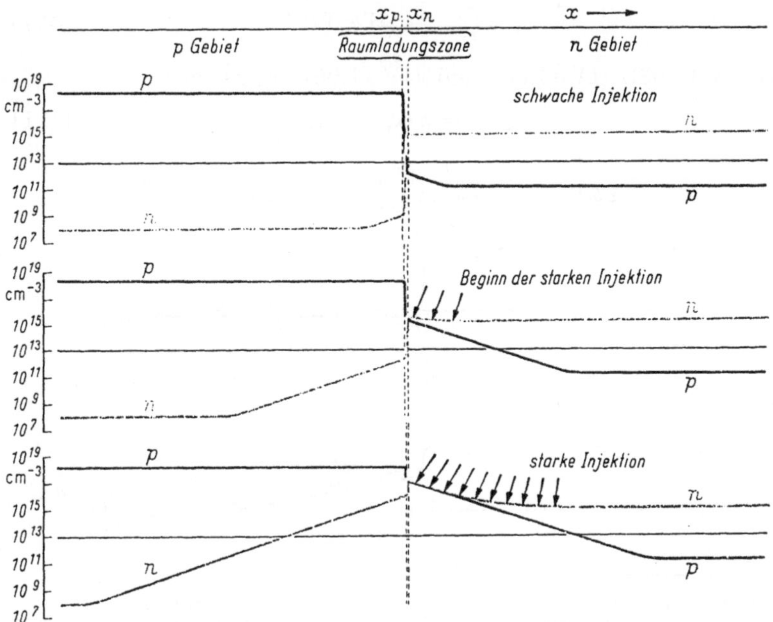

Abb. IV 11.1 Verschieden starke Injektionen in einem unsymmetrischen pnÜbergang.

n_{D^+}. Die Injektion im nGebiet ist „stark", während links im pGebiet die Elektronenkonzentration $n \approx 10^{16}\,\mathrm{cm}^{-3}$ immer noch kleiner als die dortige Dotierung $n_{A^-} = 10^{18}\,\mathrm{cm}^{-3}$ ist, also immer noch „schwache" Injektion vorliegt.

Wenn man die Emitterwirkung eines solchen unsymmetrischen pnÜbergangs quantitativ verfolgen will, so erfaßt man die für „starke Injektionen" typischen Erscheinungen und Gesetzmäßigkeiten ohne ablenkende rechnerische Komplikationen, wenn man in dem schwachdotierten Gebiet, in das hinein die Injektion erfolgt, die Dotierung überhaupt vernachlässigt. Die Neutralitätsbedingung nimmt dann dort (s. Abb. IV 11.2) die Form an

$$p(x) \equiv n(x) \quad \text{für} \quad x_n < x < +\infty, \qquad \text{(IV 11.03)}$$

speziell im stromlosen Zustand

$$p(x) \equiv n(x) \equiv n_i \quad \text{für} \quad x_n < x < +\infty. \qquad \text{(IV 11.04)}$$

Für das BOLTZMANN-Gleichgewicht der Defektelektronen in der Raumladungszone $x_p < x < x_n$ gilt also im stromlosen Zustand

$$\frac{p_p}{n_i} = e^{V_D/\mathfrak{V}} \qquad \text{(IV 11.05)}$$

und bei anliegender Spannung

$$\frac{p_p}{p(x_n)} = e^{[V_D - U_J]/\mathfrak{V}}. \qquad \text{(IV 11.06)}$$

Aus (IV 11.03), (IV 11.05) und (IV 11.06) ergibt sich

$$p(x_n) = n(x_n) = n_i\, e^{U_J/\mathfrak{V}}. \qquad \text{(IV 11.07)}$$

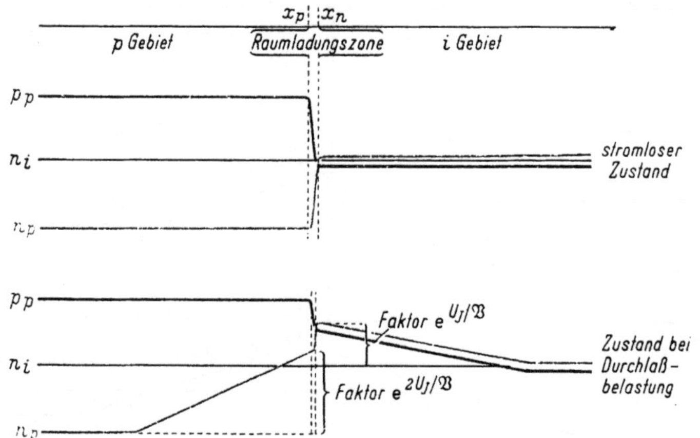

Abb. IV 11.2 *pi*Übergang als Modell für einen stark *p*dotierten Emitter. Da der *pi*Übergang nur als Modell für einen *pn*Übergang mit sehr stark dotiertem *p*Gebiet und sehr schwach dotiertem *n*Gebiet benutzt wird, ist im „*n*"Gebiet die grüne Kurve der Elektronenkonzentration *n* *über* der roten *p*Kurve gezeichnet worden, so daß die Analogie zu Abb. IV 11.1 gewahrt bleibt. Wäre das rechte Gebiet ein echtes *i*Gebiet, also tatsächlich undotiert, so muß die grüne *n*Kurve sich der roten *p*Kurve von unten her nähern. Der negativen Raumladung n_A- der unkompensierten Akzeptoren links muß nämlich rechts eine positive Raumladung gegenüberstehen. In einem echten *i*Gebiet ist das aber nur mit $p > n$ möglich.

Aus dem BOLTZMANN-Gleichgewicht der Elektronen zwischen x_p und x_n folgt im stromlosen Zustand (Abb. IV 11.2)

$$\frac{n_i}{n_p} = e^{V_D/\mathfrak{V}} \qquad \text{(IV 11.08)}$$

und bei Belastung

$$\frac{n(x_n)}{n(x_p)} = e^{(V_D - U_J)/\mathfrak{V}}. \qquad \text{(IV 11.09)}$$

Mit (IV 11.07) bis (IV 11.09) folgt

$$n(x_p) = n_i\, e^{-V_D/\mathfrak{V}}\, e^{+2U_J/\mathfrak{V}} = n_p\, e^{2U_J/\mathfrak{V}}. \qquad \text{(IV 11.10)}$$

Dieser Randwert der Elektronenkonzentration ist also jetzt um $e^{2U_J/\mathfrak{V}}$ und nicht wie bei schwacher Injektion nur um $e^{U_J/\mathfrak{V}}$ angehoben

(s. Abb. IV 11.2). Nach links erstreckt sich ein Diffusionsschwanz

$$n(x) = n_p + C\,e^{\frac{x-x_p}{L_n}} = n_p(e^{2U_J/\mathfrak{B}} - 1)\,e^{\frac{(x-x_p)}{L_n}} + n_p$$

$$\text{für} \quad -\infty < x < x_p. \qquad \text{(IV 11.11)}$$

Das führt zu einer positiven Stromdichte

$$i_n(x_p) = (-e)\cdot D_n \cdot [-n'(x_p)] = +e\,D_n \frac{n_p}{L_n}(e^{2U_J/\mathfrak{B}} - 1), \qquad \text{(IV 11.12)}$$

die von negativen Leitungselektronen getragen wird, die nach links in das hochdotierte Gebiet hineinfließen.

Für die Verhältnisse rechts im *i*Gebiet ($x_n < x < \infty$) dürfen wir aber nicht mehr mit reinen Diffusionsströmen rechnen. Es wird sich vielmehr zeigen, daß Feldanteile eine ebenso wichtige Rolle spielen wie die Diffusionsanteile. Für die Teilchenstromdichten $s_p(x)$ und $s_n(x)$ sind also die vollen Ansätze (IV 4.10) und (IV 4.11)

$$s_p(x) = -D_p \frac{dp}{dx} + \mu_p\, p(x)\, \mathfrak{E}(x) \qquad \text{(IV 11.13)}$$

$$s_n(x) = -D_n \frac{dn}{dx} - \mu_n\, n(x)\, \mathfrak{E}(x) \qquad \text{(IV 11.14)}$$

zu machen. In Verallgemeinerung der Ausführungen auf S. 146 muß die Divergenz dieser Teilchenstromdichten gleich dem Überschuß der Neuerzeugung über die Rekombination — gleich dem negativen Rekombinationsüberschuß R von S. 27 also — sein:

$$\frac{d s_p}{dx} = \frac{d}{dx}\left[-D_p \frac{dp}{dx} + \mu_p\, p(x)\, \mathfrak{E}(x)\right] = -R \qquad \text{(IV 11.15)}$$

$$\frac{d s_n}{dx} = \frac{d}{dx}\left[-D_n \frac{dn}{dx} - \mu_n\, n(x)\, \mathfrak{E}(x)\right] = -R. \qquad \text{(IV 11.16)}$$

Wegen der grundsätzlichen Bedeutung dieser Gleichungen wiederholen wir sie noch einmal mit vernünftigen Vorzeichen und unter der meist gemachten Voraussetzung, daß die Beweglichkeiten μ und damit auch die Diffusionskoeffizienten[1] $D = \mu\,\mathfrak{B}$ konzentrations- und ortsunabhängig sind:

$$\frac{d}{dx}\left[+D_p \frac{dp}{dx} - \mu_p\, p(x)\, \mathfrak{E}(x)\right] = \mu_p \left[\mathfrak{B}\frac{d^2 p}{dx^2} - \frac{d}{dx}(p\,\mathfrak{E})\right] = +R \qquad \text{(IV 11.17)}$$

$$\frac{d}{dx}\left[+D_n \frac{dn}{dx} + \mu_n\, n(x)\, \mathfrak{E}(x)\right] = \mu_n \left[\mathfrak{B}\frac{d^2 n}{dx^2} + \frac{d}{dx}(n\,\mathfrak{E})\right] = +R. \qquad \text{(IV 11.18)}$$

---

[1] Zur NERNST-TOWNSEND-EINSTEINschen Gleichung s. S. 424, Gl. (VIII 4.10).

Als dritte Fundamentalgleichung kommt die POISSONsche Gleichung (IV 2.21) hinzu, die wir hier in der Form

$$\frac{d\mathfrak{E}}{dx} = \frac{4\pi e}{\varepsilon}(p - n + n_{D^+} - n_{A^-}) \tag{IV 11.19}$$

schreiben, wobei $\mathfrak{E} = -dV/dx$ eingesetzt wurde und der Aufbau einer eventuellen Raumladung ϱ durch die Teilchenkonzentrationen p und n und die Dotierungen n_{D^+} und n_{A^-} berücksichtigt ist. Die Beziehungen (IV 11.17) bis (IV 11.19) sind die 3 Fundamentalgleichungen, die die Strömungsvorgänge in einem Halbleiter beherrschen und die die Bestimmung der 3 Unbekannten $p(x)$, $n(x)$ und $\mathfrak{E}(x)$ gestatten (wenigstens im Prinzip!).

Die Form der Gln. (IV 11.17) und (IV 11.18) legt natürlich Differenzbildung und einmalige Integration nahe:

$$+D_p\frac{dp}{dx} - D_n\frac{dn}{dx} - [\mu_p\, p(x) + \mu_n\, n(x)]\,\mathfrak{E}(x) = \text{const.} \tag{IV 11.20}$$

Diese Gleichung stellt sich nach Multiplikation mit der Elektronenladung $(-e)$ als die Zusammensetzung der Gesamtstromdichte i aus den Diffusions- und Feldströmen der beiden Trägersorten heraus

$$-e\,D_p\frac{dp}{dx} + e\,D_n\frac{dn}{dx} + [e\,\mu_p\, p(x) + e\,\mu_n\, n(x)]\,\mathfrak{E}(x) = i. \tag{IV 11.21}$$

Zur Behandlung eigenleitender Gebiete eignet sich besonders eine Gleichung, die durch Addition der mit μ_p bzw. μ_n dividierten Gleichungen (IV 11.17) und (IV 11.18) entsteht:

$$\mathfrak{B}\frac{d^2}{dx^2}(p+n) - \frac{d}{dx}[(p-n)\,\mathfrak{E}] = \left(\frac{1}{\mu_p} + \frac{1}{\mu_n}\right)R. \tag{IV 11.22}$$

(IV 11.21) und (IV 11.22) bilden mit der POISSON-Gleichung (IV 11.19) wiederum ein Gleichungstripel für die 3 Unbekannten p, n und $\mathfrak{E}$.

(IV 11.22) eignet sich nun besonders für ein eigenleitendes Gebiet, weil dort wegen $p = n$ [s. (IV 11.03)] der zweite Term auf der linken Seite verschwindet und mit einer „ambipolaren" Diffusionskonstante

$$D = 2\frac{\mu_p\,\mu_n}{\mu_p + \mu_n}\,\mathfrak{B} \tag{IV 11.23}$$

einfach

$$\frac{d^2p}{dx^2} = \frac{d^2n}{dx^2} = \frac{1}{D}R \tag{IV 11.24}$$

kommt.

Für den Rekombinationsüberschuß wird fast ausnahmslos mit mehr oder weniger Berechtigung[1] ein linearer Ansatz

$$R = \frac{n - n_i}{\tau_i} = \frac{p - n_i}{\tau_i} \tag{IV 11.25}$$

---

[1] Siehe hierzu A. HERLET u. E. SPENKE: Z. angew. Phys. 7 (1955) 99, 149 u. 195, namentlich S. 152.

gemacht, wobei τ_i die „Lebensdauer" einer quasineutralen Konzentrationsstörung in einem eigenleitenden Gebiet ist.

Mit einer ambipolaren Diffusionslänge

$$L = \sqrt{D\,\tau_i} \tag{IV 11.26}$$

wird dann aus (IV 11.24)

$$\frac{d^2 p}{dx^2} = \frac{1}{L^2}(p - n_i), \tag{IV 11.27}$$

und man erhält für das eigenleitende Gebiet:

$$p(x) = [p(x_n) - n_i]\,\mathrm{e}^{-\frac{x - x_n}{L}} + n_i \tag{IV 11.28}$$

bzw. mit (IV 11.07)

$$n(x) = p(x) = n_i\left[(\mathrm{e}^{U_J/\mathfrak{B}} - 1)\,\mathrm{e}^{-\frac{x - x_n}{L}} + 1\right]. \tag{IV 11.29}$$

Die dritte Unbekannte $\mathfrak{E}(x)$ ermitteln wir einfach aus (IV 11.21) mit (IV 11.03)

$$\mathfrak{E}(x) = \frac{1}{e(\mu_p + \mu_n)\,p(x)}\left\{i + e\,\mathfrak{B}(\mu_p - \mu_n)\frac{d\,p(x)}{dx}\right\}. \tag{IV 11.30}$$

Eine vollständige Behandlung des *pi*Übergangs würde erfordern, daß jetzt (IV 11.29) in (IV 11.30) eingesetzt wird und daß vor allem nachgeprüft wird, ob die mit dem Neutralitätsansatz (IV 11.03) gemachte Hypothese überhaupt mit der Poisson-Gleichung vereinbar ist. Streng ist das selbstverständlich nicht der Fall, denn eine ortsveränderliche Feldstärke $\mathfrak{E}(x)$ bedingt unweigerlich Raumladungen $\varrho(x)$, die in einem undotierten Halbleiterstück nur durch eine Differenz $p - n \neq 0$ der beiden Trägerkonzentrationen p und n aufgebracht werden können. Man wird aber den quasineutralen Ansatz $p = n$ als Approximation in dem Maße betrachten dürfen, in dem die aus $\frac{d\mathfrak{E}}{dx} = \frac{4\pi e}{\varepsilon}(p - n)$ resultierende Differenz $(p - n)$ klein gegen die Einzelwerte p und n bleibt. Für die Durchführung einer derartigen Probe sei der Leser auf die Literatur verwiesen[1]. Hier nur so viel, daß unser Vorgehen mit dem quasineutralen Ansatz $p = n$ in dem Maße gerechtfertigt ist, in dem die Debye-Länge $x_{0i} = \sqrt{\varepsilon\,\mathfrak{B}/4\pi\,e\,n_i}$ des eigenleitenden Gebietes klein gegen die ambipolare Diffusionslänge $L = \sqrt{D\,\tau_i}$ ist.

In der Lösung (IV 11.29) und (IV 11.30) ist bisher die Integrationskonstante i noch nicht „bestimmt" worden bzw. — um denselben Sachverhalt nicht mathematisch, sondern physikalisch zu formulieren — es ist noch nicht der Zusammenhang zwischen der Stromdichte i und der Junctionspannung U_J ermittelt worden. Um dies zu bewerkstelligen, müssen wir die Elektronenstromdichte $i_n(x)$ im *i*Gebiet ermitteln und für einen stetigen Anschluß an den Wert (IV 11.12) sorgen:

Einsetzen von (IV 11.30) in (IV 11.14) und Benutzung von (IV 11.29) gibt nach einiger Rechnung

$$i_n(x) = -e\,s_n(x) = \frac{\mu_n}{\mu_p + \mu_n}\,i - e\,D\,\frac{n_i}{L}(\mathrm{e}^{U_J/\mathfrak{B}} - 1)\,\mathrm{e}^{-\frac{x - x_n}{L}}. \tag{IV 11.31}$$

[1] Ein Beispiel für eine derartige Kontrolle findet sich bei A. Herlet u. E. Spenke: Z. angew. Phys. 7 (1955) 99, 149 u. 195, namentlich S. 161.

Da in der Raumladungszone die Rekombination vernachlässigt werden soll, muß

$$i_n(x_p) = i_n(x_n) \tag{IV 11.32}$$

sein, und diese Bedingung liefert mit (IV 11.12) und (IV 11.31)

$$e D_n \frac{n_p}{L_n} (e^{2U_J/\mathfrak{B}} - 1) = \frac{\mu_n}{\mu_p + \mu_n} i - e D \frac{n_i}{L} (e^{U_J/\mathfrak{B}} - 1). \tag{IV 11.33}$$

Mit etwas Zwischenrechnung ergibt sich hieraus

$$i = e \frac{\mu_p + \mu_n}{\mu_n} (e^{U_J/\mathfrak{B}} - 1) \left\{ D \frac{n_i}{L} + D_n \frac{n_p}{L_n} (e^{U_J/\mathfrak{B}} + 1) \right\}. \tag{IV 11.34}$$

Jetzt sind wir endlich in der Lage, den gesuchten Emitterwirkungsgrad[1] γ_e bzw. sein Defizit $1 - \gamma_e$ auszurechnen; mit (IV 11.12) und (IV 11.34) folgt

$$1 - \gamma_e = \frac{i_n(x_p)}{i} = \frac{\mu_n}{\mu_p + \mu_n} \frac{D_n \frac{n_p}{L_n} (e^{U_J/\mathfrak{B}} + 1)}{D \frac{n_i}{L} + D_n \frac{n_p}{L_n} (e^{U_J/\mathfrak{B}} + 1)}. \tag{IV 11.35}$$

Um einen Überblick zu gewinnen, machen wir einmal die Voraussetzungen $\mu_n \approx \mu_p$, $D_n \approx D$, $L_n \approx L$ und vernachlässigen die 1 neben der Exponentialfunktion. Dann wird aus (IV 11.35)

$$1 - \gamma_e \approx \frac{1}{2} \frac{n_p e^{U_J/\mathfrak{B}}}{n_i + n_p e^{U_J/\mathfrak{B}}} \tag{IV 11.36}$$

und weiter mit der aus (IV 6.04) folgenden Beziehung $n_p = n_i^2/p_p$

$$1 - \gamma_e \approx \frac{1}{2} \frac{n_i e^{U_J/\mathfrak{B}}}{p_p + n_i e^{U_J/\mathfrak{B}}} \tag{IV 11.37}$$

und schließlich mit (IV 11.07)

$$1 - \gamma_e \approx \frac{1}{2} \frac{p(x_n)}{p_p + p(x_n)}. \tag{IV 11.38}$$

Solange also die Randkonzentration $p(x_n)$ im rechten eigenleitenden Gebiet noch nicht stark angehoben ist, also immer noch klein gegen die Dotierungskonzentration p_p der linken stark dotierten Seite geblieben ist, ist das Defizit $1 - \gamma_e$ noch sehr klein und $\gamma_e \approx 1$. Erst wenn sich $p(x_n)$ der Dotierung p_p nähert, steigt das Defizit $1 - \gamma_e$ auf Beträge, die ins Gewicht fallen. Der Emitterwirkungsgrad γ_e wird dann spürbar kleiner.

Freilich versagt unsere Rechnung für $p(x_n) \gtrsim p_p$, denn dann beginnt auch im stark dotierten linken Gebiet die Injektion „stark" zu werden und der für das linke hochdotierte Gebiet in (IV 11.06) gemachte Ansatz $p(x_p) = p_p$ und der reine Diffusionsansatz (IV 11.11) sind nicht mehr zulässig. Deshalb sind auch die für $p(x_n) = p_p$ aus (IV 11.38) folgenden Werte $1 - \gamma_e = \frac{1}{4}$ und $\gamma_e = \frac{3}{4}$ schon nicht mehr reell.

[1] Siehe hierzu S. 154 u. 155

Wir dürfen zum Abschluß der obigen Rechnungen, die wir am piÜbergang als Modellfall durchgeführt haben, noch einmal das Charakteristische an Methoden und Ergebnissen zusammenstellen:

Methodisch ist bemerkenswert:

Die völlige Vernachlässigung der Dotierung im schwachdotierten Gebiet, also der Ersatz des schwachdotierten Gebietes durch ein eigenleitendes iGebiet.

Die damit erzielten charakteristischen Ergebnisse sind:

1. Bei starker Injektion sind die Ströme nicht mehr reine Diffusionsströme. Die Feldströme sind vielmehr von gleicher Größenordnung wie die Diffusionsströme. Das erinnert übrigens an die Majoritätsträgerströme in stark dotierten Gebieten (s. den Kleindruck auf S. 145).

2. Der erwünschte injizierte Strom steigt nur mit $e^{U_J/\mathfrak{B}}$, der schädliche Anteil des Diffusionsschwanzes der Minoritätsträger im starkdotierten Emitter dagegen mit $e^{2\,U_J/\mathfrak{B}}$. Der Emitterwirkungsgrad γ_e sinkt also mit steigender Belastung.

Das gewählte Beispiel — der beiderseits unbegrenzte piÜbergang als Modell für einen stark $p$dotierten Emitter von Defektelektronen — kann jedoch mehrere andere, für starke Injektionen ebenfalls typische Ergebnisse nicht liefern. Es sind dies

1. Die Sättigung der Junctionspannung U_J, die auch bei stärkster Belastung den Wert V_D der Diffusionsspannung nicht überschreiten kann. Diese Erscheinung ergibt sich nämlich erst dann aus der Durchrechnung, wenn auch in dem hochdotierten Gebiet starke Injektionen (Minoritätsträgerkonzentrationen größer als die Dotierungskonzentration) angenommen werden.

2. Die „Modulation“, d. h. die Abnahme des Bahnwiderstandes mit steigender Strombelastung. Diese Erscheinung behandelt man zweckmäßigerweise an einem Modell mit endlichen Bahngebieten, also nicht an einem beiderseitig unendlich ausgedehnten Übergang.

3. Die Stärke der Injektion wird nicht durch irgendwelche Dotierungen begrenzt. Die starke Injektion aus einem hochdotierten pGebiet in ein schwach dotiertes nGebiet ist anschaulich ohne weiteres verständlich (s. Abb. IV 11.1), aber gerade anschaulich kann sich das Mißverständnis einschleichen, daß die injizierte Defektelektronendichte ihre Dichte p_p im stark dotierten Emitter nicht überschreiten kann. Daß dies im Gegenteil sehr wohl möglich ist, wollen wir jetzt an einem symmetrischen pnÜbergang zeigen.

Um unnötige rechnerische Komplikationen zu vermeiden, machen wir aber nicht nur die Annahme der Symmetrie, sondern beschränken uns darüber hinaus auf einen pnÜbergang mit „kurzen“ Bahngebieten und mit Elektroden, die im Sinne von § 10 ideal sind, d. h. erstens die

Gleichgewichtskonzentrationen im angrenzenden Halbleiter nicht stören und zweitens infolge unendlich starker Rekombination diese Gleichgewichtswerte auch bei Stromdurchgang zwangsweise aufrechterhalten.

Wir haben am Schluß von § 10 gesehen, daß sowohl in der p- wie in der nBahn eines solchen Gleichrichters und natürlich erst recht in der dazwischenliegenden Raumladungszone die Gesamtstromdichte i zur einen Hälfte von Elektronen und zur anderen Hälfte von Defektelektronen getragen wird. Quer durch die ganze Halbleiterschicht gilt dann also z. B. für die Elektronen

$$i_n = i_{n_{\text{Diff}}}(x) + i_{n_{\text{Feld}}}(x) = \tfrac{1}{2} i. \qquad \text{(IV 11.39)}$$

Mit den üblichen Ansätzen (IV 4.10) und (IV 4.11) für die Diffusions- und die Feldstromdichte und mit der NERNST-TOWNSEND-EINSTEIN-Beziehung (VIII 4.10) ergibt sich

$$e\,\mu\,\mathfrak{B}\,n'(x) + e\,\mu\,n(x)\,\mathfrak{E}(x) = \tfrac{1}{2} i. \qquad \text{(IV 11.40)}$$

Durch entsprechende Überlegungen folgt für die Defektelektronen

$$-e\,\mu\,\mathfrak{B}\,p'(x) + e\,\mu\,p(x)\,\mathfrak{E}(x) = \tfrac{1}{2} i. \qquad \text{(IV 11.41)}$$

Zu diesen beiden Differentialgleichungen für die 3 Unbekannten $n(x)$, $p(x)$ und $\mathfrak{E}(x)$ tritt als dritte Gleichung die Neutralitätsbedingung, also z. B. in der linken Bahn

$$p(x) - n(x) = n_{A^-}. \qquad \text{(IV 11.42)}$$

Die Neutralitätsbedingung gilt natürlich auch für die Gleichgewichtskonzentrationen p_p und n_p:

$$p_p - n_p = n_{A^-}. \qquad \text{(IV 11.43)}$$

Als Lösungen der 3 Gln. (IV 11.40) bis (IV 11.42) bestätigt man durch Verifikation

$$n(x) = \frac{1}{2}(p_p + n_p)\left[\sqrt{1 + 2\mathrm{i}\,\mathrm{n}_{A^-}\left(\frac{x - x_p}{d} + 1\right)} - \mathrm{n}_{A^-}\right] \qquad \text{(IV 11.44)}$$

$$p(x) = \frac{1}{2}(p_p + n_p)\left[\sqrt{1 + 2\mathrm{i}\,\mathrm{n}_{A^-}\left(\frac{x - x_p}{d} + 1\right)} + \mathrm{n}_{A^-}\right] \qquad \text{(IV 11.45)}$$

$$\mathfrak{E}(x) = \frac{\mathfrak{B}}{d}\,\mathrm{i}\Big/\sqrt{1 + 2\mathrm{i}\,\mathrm{n}_{A^-}\left(\frac{x - x_p}{d} + 1\right)}. \qquad \text{(IV 11.46)}$$

Hierbei ist ein dimensionsloses Maß i für die Stromdichte i eingeführt worden

$$\mathrm{i} = i\Big/e\,\mu\,\frac{\mathfrak{B}}{d}(p_p + n_p) \qquad \text{(IV 11.47)}$$

und weiter unter Beachtung von (IV 11.43) ein dimensionsloses Maß n_{A^-} für die Dotierung n_{A^-}

$$\mathrm{n}_{A^-} = \frac{n_{A^-}}{p_p + n_p} = \frac{p_p - n_p}{p_p + n_p} \approx 1. \qquad \text{(IV 11.48)}$$

Die Näherung $n_{A^-} \approx 1$ ergibt sich dadurch, daß im Gleichgewicht die Minoritätsträgerdichte n_p klein gegen die Majoritätsträgerdichte p_p ist. Die Lösungen (IV 11.44) bis (IV 11.46) sind so ausgewählt, daß die Konzentrationen an der linken Elektrode $x = x_p - d$ die richtigen Werte p_p und n_p annehmen[1]:

$$n(x_p - d) = \frac{1}{2}(p_p + n_p)\left[1 - \frac{p_p - n_p}{p_p + n_p}\right] = \frac{1}{2}[p_p + n_p - p_p + n_p] = n_p \tag{IV 11.49}$$

und entsprechend

$$p(x_p - d) = \tfrac{1}{2}[p_p + n_p + p_p - n_p] = p_p. \tag{IV 11.50}$$

Die Konzentrationen (IV 11.44) und (IV 11.45) sind in Abb. IV 11.3 für den Fall $\mathrm{i} = 20$, d. h. also für $i = 20 e\,\mu(\mathfrak{V}/d)\,(p_p + n_p)$ dargestellt. Diese Abbildung zeigt wohl recht drastisch, daß Situationen, in denen *beide* Trägerdichten erheblich größer als die Dotierungskonzentration sind, keineswegs auf das Hinüberfließen von Ladungsträgern aus einem starkdotierten in ein schwachdotiertes Gebiet wie in Abb. IV 11.1 beschränkt sind. Vielmehr führt auch in dem behandelten symmetrischen *pn*Übergang das einander Entgegenfließen von immer größeren Ladungsträgermengen dazu, daß die Rekombination diese Mengen nicht mehr bewältigt, ohne daß Stauungen eintreten bzw. ohne daß sich von beiden Seiten her die Konzentrationen gleichsam auftürmen.

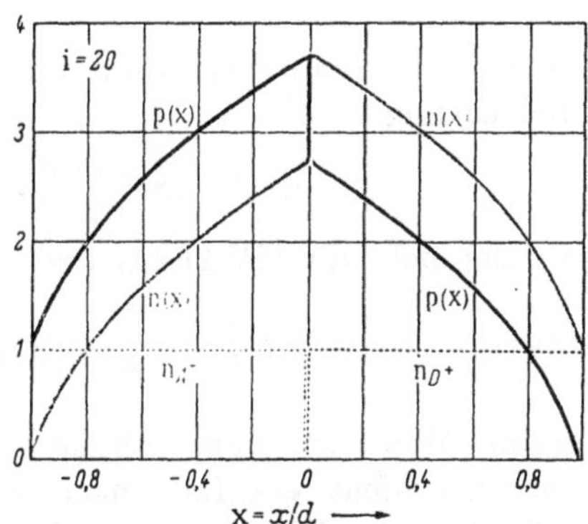

Abb. IV 11.3 Räumlicher Verlauf der Konzentrationen $\mathrm{p}(\mathrm{x}) = \dfrac{p(x)}{p_p + n_p}$ und $\mathrm{n}(\mathrm{x}) = \dfrac{n(x)}{p_p + n_p}$ im Falle $\dfrac{i}{e\,\mu\,\dfrac{\mathfrak{V}}{d}\,(p_p + n_p)} = \mathrm{i} = 20.$

Diese Erkenntnis darf nun aber wohl auch ohne weitere Rechnung dahingehend erweitert werden, daß auch in dem eingangs behandelten kraß unsymmetrischen *pi*Übergang die Anhebung der Konzentrationen nicht in der Dotierungskonzentration p_p des linken *p*Teiles ein Ende findet, sondern daß im Prinzip wenigstens bei immer weiter gesteigerter Strombelastung auch *dort* die Injektion stark wird. Damit haben wir aber die als Punkt 3 auf S. 165 angekündigte Erkenntnis gewonnen.

Um auch die dortigen Punkte 1 und 2 zu erledigen, müssen wir die Stromspannungskennlinien des symmetrischen *pn*Übergangs berechnen.

[1] Diese Werte p_p und n_p und ihre Beibehaltung auch bei Stromdurchgang sind ja nach § 10 charakteristisch für eine ideale Elektrode.

Die Gesamtspannung U setzt sich aus der Spannung U_J über der eigentlichen Junction — über der Raumladungszone also — zusammen und aus den Bahnspannungen, die über der p- und der nBahn abfallen:

$$U_{\text{ges}} = U_J + 2\,U_B. \qquad \text{(IV 11.51)}$$

Diese Gleichung ist ja die Grundlage für die Scherungskonstruktion der Abb. IV 3.1.

Die Junctionspannung U_J berechnet sich nun auf Grund der Tatsache, daß in der Raumladungszone trotz der großen Strombelastung nach wie vor BOLTZMANN-Gleichgewicht herrscht[1]. Der Potentialunterschied $V_D - U_J$ steht also mit den Randkonzentrationen in folgender Beziehung:

$$\frac{n(x_n)}{n(x_p)} = e^{(V_D - U_J)/\mathfrak{B}}. \qquad \text{(IV 11.52)}$$

Wegen der Symmetrie kann für $n(x_n)$ auch $p(x_p)$ eingesetzt werden, und es folgt

$$U_J = V_D - \mathfrak{B} \ln \frac{p(x_p)}{n(x_p)}, \qquad \text{(IV 11.53)}$$

woraus sich mit (IV 11.44) und (IV 11.45)

$$U_J = V_D - \mathfrak{B} \ln \frac{\sqrt{1 + 2\,\mathrm{i}\,\mathrm{n}_{A^-}} + \mathrm{n}_{A^-}}{\sqrt{1 + 2\,\mathrm{i}\,\mathrm{n}_{A^-}} - \mathrm{n}_{A^-}} \qquad \text{(IV 11.54)}$$

ergibt. Man sieht nun, daß für sehr große Ströme ($\mathrm{i} \to \infty$) die Spannung U_J nicht ebenfalls nach ∞ geht, wie es bei unbeschränkter Gültigkeit der WAGNERschen Kennlinienformel (IV 8.30) folgen würde. U_J nähert sich vielmehr asymptotisch der Diffusionsspannung V_D.

Im einzelnen ergibt sich aus (IV 11.54) durch eine Näherungsrechnung für $\mathrm{i} \gg \frac{1}{2\,\mathrm{n}_{A^-}} \approx \frac{1}{2}$

$$\frac{V_D - U_J}{\mathfrak{B}} \approx \ln \frac{\sqrt{2\,\mathrm{i}\,\mathrm{n}_{A^-}} + \mathrm{n}_{A^-}}{\sqrt{2\,\mathrm{i}\,\mathrm{n}_{A^-}} - \mathrm{n}_{A^-}} = \ln \frac{1 + \sqrt{\mathrm{n}_{A^-}/2\mathrm{i}}}{1 - \sqrt{\mathrm{n}_{A^-}/2\mathrm{i}}} \approx 2 \sqrt{\frac{\mathrm{n}_{A^-}}{2\mathrm{i}}} \qquad \text{(IV 11.55)}$$

$$\frac{i}{e\,\mu\,\frac{\mathfrak{B}}{d}\,(p_p + n_p)} = \mathrm{i} = 2\,\frac{p_p - n_p}{p_p + n_p} \left[\frac{V_D - U_J}{\mathfrak{B}}\right]^{-2} \approx \frac{2}{\left[\frac{V_D}{\mathfrak{B}} - \frac{U_J}{\mathfrak{B}}\right]^2}. \qquad \text{(IV 11.56)}$$

[1] Bei ganz großen Strombelastungen, wie sie praktisch allerdings wohl kaum in Frage kommen, treten dann doch Abweichungen vom BOLTZMANN-Gleichgewicht auf. Siehe hierzu A. HERLET: Z. Naturforsch. 11a (1956) S. 498—510, namentlich S. 506, 507 u. 510 Schluß. Im Gegensatz zu diesen Abweichungen vom BOLTZMANN-Gleichgewicht, die durch sehr hohe Durchlaßbelastungen verursacht werden, haben die mit wachsender Sperrbelastung eintretenden Abweichungen durchaus praktische Bedeutung. Hierfür genügt nämlich nach Fußnote 1 auf S. 150 u. U. schon eine Sperrspannung von weniger als 1 Volt.

Für kleine Ströme $\left(\mathrm{i} \ll \frac{1}{2\,\mathrm{n}_{A^-}}\right)$ liefert eine Näherungsrechnung natürlich wieder die WAGNERsche Kennlinienformel:

$$\frac{U_J}{\mathfrak{B}} \approx \frac{V_D}{\mathfrak{B}} - \ln \frac{1 + \mathrm{i}\,\mathrm{n}_{A^-} + \mathrm{n}_{A^-}}{1 + \mathrm{i}\,\mathrm{n}_{A^-} - \mathrm{n}_{A^-}} \approx \frac{V_D}{\mathfrak{B}} - \ln \frac{1 + \mathrm{n}_{A^-}}{1 - \mathrm{n}_{A^-}} - \ln \frac{1 + [\mathrm{i}\,\mathrm{n}_{A^-}/(1 + \mathrm{n}_{A^-})]}{1 + [\mathrm{i}\,\mathrm{n}_{A^-}/(1 - \mathrm{n}_{A^-})]} \tag{IV 11.57}$$

Durch Berücksichtigung der vorausgesetzten Symmetrie $n_n = p_p$ wird aus der Definitionsgleichung (IV 6.13) der Diffusionsspannung V_D jetzt

$$V_D = \mathfrak{B} \ln \frac{p_p}{n_p}. \tag{IV 11.58}$$

Wir setzten dies für den ersten Summanden rechts in (IV 11.57) ein. Im zweiten Summanden berücksichtigen wir (IV 11.48). Im Zähler des dritten Summanden beachten wir schließlich

$$\mathrm{n}_{A^-} \approx 1 \tag{IV 11.48}$$

und berücksichtigen die Voraussetzung $\mathrm{i} \ll \frac{1}{2}$ der ganzen Näherungsrechnung

$$\frac{U_J}{\mathfrak{B}} = \ln \frac{p_p}{n_p} - \ln \frac{p_p + n_p + p_p - n_p}{p_p + n_p - p_p + n_p} - \ln \frac{1}{1 + \mathrm{i}\,\mathrm{n}_{A^-}/1 - \mathrm{n}_{A^-}}$$

$$= + \ln\left(1 + \frac{\mathrm{i}\,\mathrm{n}_{A^-}}{1 - \mathrm{n}_{A^-}}\right). \tag{IV 11.59}$$

$$e^{\frac{U_J}{\mathfrak{B}}} \approx 1 + \mathrm{i}\,\frac{p_p - n_p}{p_p + n_p - p_p + n_p} \approx 1 + \mathrm{i}\,\frac{p_p}{2\,n_p}. \tag{IV 11.60}$$

$$\mathrm{i} \approx 2\,\frac{n_p}{p_p}\left(e^{\frac{U_J}{\mathfrak{B}}} - 1\right). \tag{IV 11.61}$$

Das ist aber die WAGNERsche Kennlinienformel (IV 8.30). Bei diesem Vergleich muß man (IV 11.47) und $n_p \ll p_p$ beachten und weiter die Symmetrie $p_n = n_p$ und die „Kürze" der Bahngebiete — die Diffusionslänge L wird nach § 10 durch die Bahnlänge d ersetzt — berücksichtigen.

Die Abhängigkeit (IV 11.54) der Junctionspannung U_J von der Stromdichte i ist in Abbildung IV 11.4 dargestellt. Um das Abbiegen von der WAGNERschen Kennlinienformel gut sichtbar zu machen, ist die Stromdichte logarithmisch aufgetragen worden. Aus dem gleichen Grunde wurde für die Diffusionsspannung V_D der verhältnismäßig große Wert 36,8 $\mathfrak{B}$ gewählt.

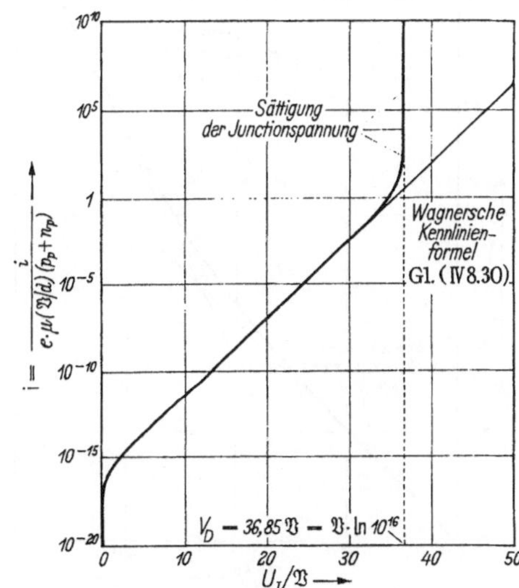

Abb. IV 11.4 Zusammenhang zwischen Stromdichte i und Junctionspannung U_J (einfachlogarithmische Auftragung).

Mit dem soeben erbrachten Nachweis von

$$U_J \to V_D \quad \text{für} \quad i \to \infty \tag{IV 11.62}$$

haben wir auch die als Punkt 1 auf S. 165 formulierte Erkenntnis gewonnen. Als letztes fehlt uns noch Punkt 2, die Modulation des Bahnwiderstandes.

Die in der pBahn abfallende Spannung U_B erhält man durch Integration der Bahnfeldstärke (IV 11.46):

$$U_B = \int\limits_{x=x_p-d}^{x=x_p} \mathfrak{E}(x)\,dx = \mathrm{i}\,\mathfrak{B} \int\limits_{x-x_p=-d}^{x-x_p=0} \frac{1}{\sqrt{1+2\mathrm{i}\,\mathrm{n}_{A^-}\left(\frac{x-x_p}{d}+1\right)}}\, d\left(\frac{x-x_p}{d}\right)$$

$$= \mathrm{i}\,\mathfrak{B} \int\limits_{\mathrm{x}=-1}^{\mathrm{x}=0} \frac{1}{\sqrt{1+2\mathrm{i}\,\mathrm{n}_{A^-}(\mathrm{x}+1)}}\, d\mathrm{x} \qquad \text{(IV 11.63)}$$

$$\frac{U_B}{\mathfrak{B}} = \frac{1}{\mathrm{n}_{A^-}}\left[\sqrt{1+2\mathrm{i}\,\mathrm{n}_{A^-}} - 1\right]. \qquad \text{(IV 11.64)}$$

Für kleine Stromdichten $\mathrm{i} \ll \frac{1}{2\mathrm{n}_{A^-}} \approx \frac{1}{2}$ ergibt sich

$$\frac{U_B}{\mathfrak{B}} = \mathrm{i} = \frac{i}{e\mu\frac{\mathfrak{B}}{d}(p_p+n_p)}, \qquad \text{(IV 11.65)}$$

also der unmodulierte Bahnwiderstand des Einheitsquerschnittes:

$$\frac{U_B}{i} = \frac{d}{e\mu(p_p+n_p)}. \qquad \text{(IV 11.66)}$$

Für große Stromdichten $\mathrm{i} \gg \frac{1}{2\mathrm{n}_{A^-}}$ erhält man dagegen einen Spannungsanstieg nicht mit i, sondern nur mit $\sqrt{\mathrm{i}}$, weil die Injektion fortlaufend stärker wird und der Widerstand daher laufend abnimmt:

$$\frac{U_B}{\mathfrak{B}} \approx \sqrt{\frac{2\mathrm{i}}{\mathrm{n}_{A^-}}}$$

$$\text{für}\quad \mathrm{i} \gg \frac{1}{2\mathrm{n}_{A^-}} \approx \frac{1}{2}. \qquad \text{(IV 11.67)}$$

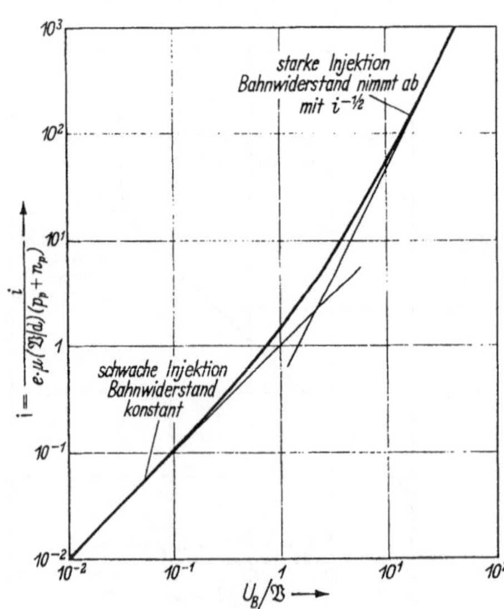

Abb. IV 11.5 Zusammenhang zwischen Stromdichte i und Bahnspannung U_B (doppeltlogarithmische Auftragung).

Den Zusammenhang (IV 11.64) zwischen Bahnspannung U_B und Stromdichte i zeigt Abbildung IV 11.5. Um die anfänglich lineare Bahncharakteristik gut sichtbar zu machen, tragen wir jetzt nicht nur die Stromdichte i, sondern auch die Spannung U_B logarithmisch auf. In Abb. IV 11.6 wird schließlich gemäß (IV 11.51) die Gesamtspannung $U_{\text{ges}} = U_J + 2\,U_B$ für den Fall $V_D = 36{,}8$ $\mathfrak{B}$ gezeigt, und zwar links in einfach logarithmischer und rechts in linearer Auftragung.

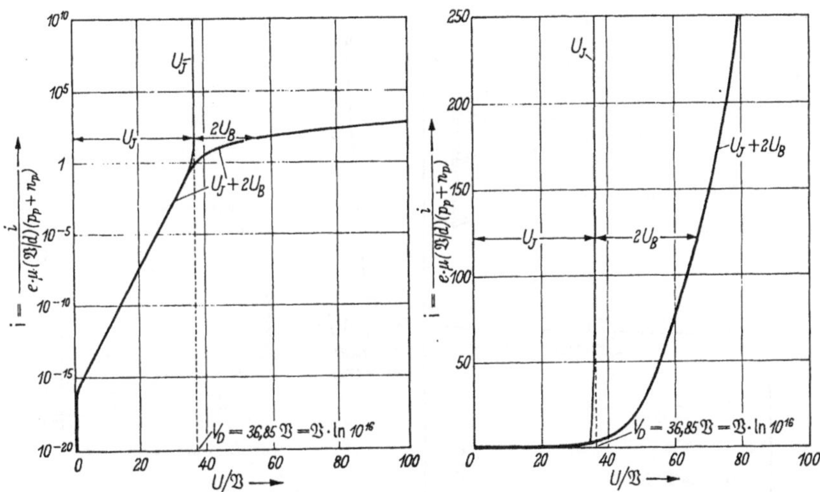

Abb. IV 11.6 Zusammenhang zwischen Stromdichte i und Gesamtspannung $U_J + 2\,U_B$ im Falle $V_D = 36{,}85$ $\mathfrak{B} = \mathfrak{B}\cdot\ln 10^{16}$ (links: einfachlogarithmische, rechts: lineare Auftragung).

§ 12. Technische Gleichrichter und ihre Kennlinien

Die WAGNERsche Kennliniengleichung (IV 4.06) und (IV 8.30)

$$i = i_S(e^{U/\mathfrak{B}} - 1) \qquad \text{(IV 12.01)}$$

liefert in Sperrichtung ($U < 0$) einen praktisch spannungsunabhängigen Sperrstrom

$$i = -i_S. \qquad \text{(IV 12.02)}$$

Die Aussage gilt natürlich nicht bis zu beliebig großen Sperrspannungen, denn bei Feldstärken von $10^6 \cdots 10^7$ Vcm^{-1} würde ja das Kristallgitter des Halbleiters zerstört werden. Schon vor einem solchen irreversiblen Durchschlag werden aber bei Feldstärken von etwa $10^5 \cdots 10^6$ Vcm^{-1} durch sog. ZENER-Effekte[1] oder durch Stoßionisation des Gitters zusätzliche Trägerpaare über die thermische Neuerzeugung hinaus produziert. Diese zusätzliche Paarerzeugung wird — genau wie die thermisch erzeugten Paare — durch die Polung in Sperrichtung nach rechts und links hin abgesaugt (s. S. 149 unten) und erhöht daher den Sperrstrom.

[1] Siehe Kap. VII, § 7.

Die erwähnten ZENER- und Stoßionisationseffekte erreichen erst bei Feldstärkewerten $\mathfrak{E}_{krit} \approx 10^5 \cdots 10^6$ Vcm^{-1} dieselbe Größenordnung wie die thermische Neuerzeugung. Sie steigen dann aber bei weiterer Feldstärkesteigerung extrem rasch an. Bei einer gewissen Sperrspannung U_b erreicht nun der Potentialgradient in der Mitte der Raumladungszone

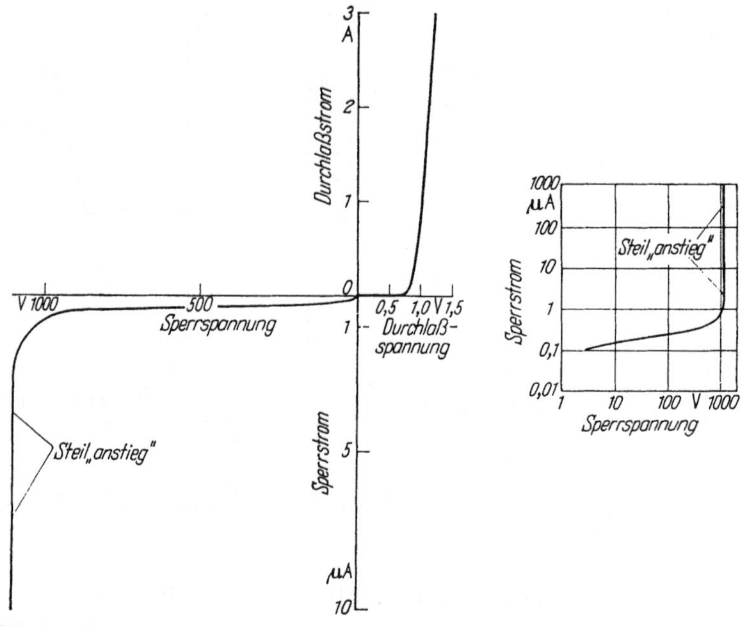

Abb. IV 12.1 Kennlinie eines Siliziumgleichrichters. Steilanstieg des Sperrstroms (links: lineare Auftragung, rechts: doppeltlogarithmische Auftragung).

den kritischen Wert $\mathfrak{E}_{krit}$. Vorher machen sich die ZENER- und Stoßionisationseffekte kaum bemerkbar, bei U_b führen sie aber zu einem zusammenbruchsähnlichen Steilanstieg des Sperrstroms. Aber nur zusammenbruchs*ähnlich*: Wenn nämlich durch genügende Kühlung die entstehende, beträchtliche Verlustwärme an einer Überhitzung des Gleichrichters gehindert wird, kann dieser Steilanstieg der Sperrkennlinie (s. Abb. IV 12.1) ohne Zerstörung des Halbleitergitters reversibel durchlaufen werden. Auf jeden Fall versagt aber von dieser „breakdown voltage U_b" ab die Sperrfähigkeit des Gleichrichters.

Wenn der Potentialverlauf stark gekrümmt ist (s. Abb. IV 12.2, links), dann baut die kritische Feldstärke nur eine relativ niedrige breakdown voltage U_b auf. Umgekehrt (s. Abb. IV 12.2, rechts) führt ein nur schwach gekrümmter Potentialverlauf mit dem gleichen kritischen Wert des maximalen Gradienten zu einer großen Sperrfähigkeit U_b. Schwache Krümmung d^2V/dx^2 des Potentialverlaufs $V(x)$

bedeutet aber nach der POISSONschen Gleichung

$$\frac{d^2 V}{d x^2} = -\frac{4\pi}{\varepsilon}\,\varrho(x) \tag{IV 12.03}$$

geringe Raumladungsdichte ϱ, die wiederum durch die örtliche Dotierung gegeben ist. So führt also der Wunsch nach einer großen Sperrfähig-

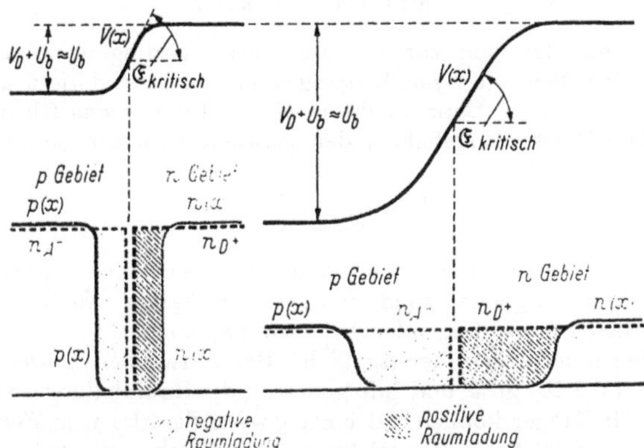

Abb. IV 12.2 **pnGleichrichter. Sperrfähigkeit U_b und Stärke der Dotierung n_{A^-} bzw. n_{D^+}.**

keit U_b auf die Forderung nach möglichst schwachen Dotierungen n_{A^-} und n_{D^+} des p- und nGebietes.

Quantitativ lassen sich diese Zusammenhänge folgendermaßen fassen. Aus (IV 2.23) folgt einerseits für den Potentialabfall rechts im nGebiet

$$V(l) - V(0) = \frac{\mathfrak{B}}{2}\left(\frac{l}{x_{0n}}\right)^2, \tag{IV 12.04}$$

und andererseits für den maximalen Gradienten bei $x = 0$

$$V'(0) = \frac{\mathfrak{B}}{x_{0n}}\,\frac{l}{x_{0n}}. \tag{IV 12.05}$$

Durch Elimination von l ergibt sich

$$V(l) - V(0) = \frac{1}{2}\,\frac{x_{0n}^2}{\mathfrak{B}}\,[V'(0)]^2. \tag{IV 12.06}$$

Entsprechend folgt für das pGebiet

$$V(0) - V(-l) = \frac{1}{2}\,\frac{x_{0p}^2}{\mathfrak{B}}\,[V'(0)]^2 \tag{IV 12.07}$$

und deshalb für den ganzen Potentialabfall über der Junction

$$V(+l) - V(-l) = \frac{1}{2}\,\frac{x_{0n}^2 + x_{0p}^2}{\mathfrak{B}}\,[V'(0)]^2. \tag{IV 12.08}$$

Bei fortgesetzter Spannungssteigerung wird schließlich bei $x = 0$ die kritische Feldstärke erreicht

$$|V'(0)| = \mathfrak{E}_{\text{krit}}. \tag{IV 12.09}$$

Dann hört die Sperrfähigkeit des Gleichrichters auf, und der Spannungsabfall über der Junction ist gleich Diffusionsspannung V_D plus breakdown voltage U_b:

$$V(l) - V(-l) = V_D + U_b \approx U_b, \tag{IV 12.10}$$

so daß (IV 12.08), (IV 12.09) und (IV 12.10) zusammen

$$U_b \approx \frac{1}{2} \frac{x_{0n}^2 + x_{0p}^2}{\mathfrak{V}} \mathfrak{E}_{\mathrm{krit}}^2 \tag{IV 12.11}$$

ergeben. Mit (IV 2.24) wird daraus

$$U_b \approx \frac{\varepsilon}{8\pi e} \left(\frac{1}{n_{D+}} + \frac{1}{n_{A-}} \right) \mathfrak{E}_{\mathrm{krit}}^2. \tag{IV 12.12}$$

Bei Experimenten, die man zur Prüfung dieser Bedingung angestellt hat, ist meistens die eine Seite des *pn*Überganges viel stärker dotiert als die andere, beispielsweise $n_{A-} \gg n_{D+}$. Dann bleibt in (IV 12.12) nur das Glied mit n_{D+}, allgemein mit dem Störstellengehalt n_I der schwach dotierten Seite[1] übrig:

$$U_b \approx \frac{\varepsilon}{8\pi e} \frac{1}{n_I} \mathfrak{E}_{\mathrm{krit}}^2. \tag{IV 12.13}$$

Die Versuche von MILLER haben nun weder bei Germanium[2] noch bei Silizium[3] einen Gang mit n_I^{-1} ergeben, sondern in beiden Fällen *schwächere* Gänge. $\mathfrak{E}_{\mathrm{krit}}$ nimmt also offenbar mit steigender Dotierung n_I zu.

Das ist folgendermaßen verständlich. Bei schwacher Dotierung n_I ist die DEBYE-Länge (IV 2.24) groß und infolgedessen die Raumladungszone des *pn*Überganges breit. Die Träger können auf einer *großen* Strecke vom Feld beschleunigt werden. Schon mit relativ *kleinen* Feldern $\mathfrak{E}_{\mathrm{krit}}$ erreichen die Träger die zur Stoßionisation erforderliche Energie. Umgekehrt müssen bei starker Dotierung n_I die Träger schon in einer schmalen Raumladungszone die zur Stoßionisation erforderliche Energie angesammelt haben, was nur bei großem $\mathfrak{E}_{\mathrm{krit}}$ möglich ist.

Bei dieser Argumentation setzen wir voraus, daß die Ursache des Sperrstromsteilanstiegs Stoßionisation des Gitters ist. Das trifft aber tatsächlich für die allermeisten *pn*Übergänge zu. Nur in sehr hochdotierten Übergängen, in denen infolgedessen die Raumladungszone sehr schmal ist, kann der Steilanstieg durch ZENER-Effekte bedingt sein[4,12]. Die Kennlinien zeigen dann aber keinen scharf einsetzenden Steilanstieg, sondern sind ziemlich verwaschen, was nach CHYNOWETH und MCKAY[12] nicht unverständlich ist.

Über diese Fragen ist naturgemäß viel gearbeitet worden[4-24], denn für die technische Brauchbarkeit eines Gleichrichters ist ja seine Sperr-

---

[1] n_I = Konzentration n der *I*mpurities.

[2] MILLER, S. L.: Phys. Rev. 99 (1955) 1234, insbesondere Abb. 6 auf S. 1238.

[3] MILLER, S. L.: Phys. Rev. 105 (1957) 1246, insbesondere Abb. 2 auf S. 1248.

[4] MCAFEE, K. B., E. J. RYDER, W. SHOCKLEY u. M. SPARKS: Phys. Rev. 83 (1951) 650. In Gl. (1) dieser Arbeit ist allerdings der Exponent um einen Faktor 2 zu groß. Es handelt sich dabei anscheinend aber nur um einen Druckfehler, denn in der Zahlenwertgleichung (3) loc. cit. hat der Exponent wieder die richtige Größe.

[5] MCKAY, K. G., u. K. B. MCAFEE: Phys. Rev. 91 (1953) 1079.

[6] MCKAY, K. G.: Phys. Rev. 94 (1954) 877.

[7] WOLFF, P. A.: Phys. Rev. 95 (1954) 1415.

[8] MILLER, S. L.: Phys. Rev. 99 (1955) 1234, insbesondere Abb. 6 auf S. 1238.

[9] NEWMAN, R.: Phys. Rev. 100 (1955) 700.

[10] CHYNOWETH, A. G., u. K. G. MCKAY: Phys. Rev. 102 (1956) 369.

[11] MILLER, S. L.: Phys. Rev. 105 (1957) 1246, insbesondere Abb. 2 auf S. 1248.

[12] CHYNOWETH, A. G., u. K. G. MCKAY: Phys. Rev. 106 (1957) 418, insbesondere der Abschnitt „Softness of Reverse Characteristic“ auf S. 424.

fähigkeit U_b ganz entscheidend. In allen theoretischen und experimentellen Arbeiten hat sich immer wieder bestätigt, daß zur Erzielung großer Sperrfähigkeit U_b die Dotierung schwach gemacht werden muß. Schwache Dotierungen liefern aber einen großen Bahnwiderstand R_B (s. Abb. IV 3.1 auf S. 124) und verderben dadurch die Durchlaßkennlinien. Somit kann der einfache *pn*Gleichrichter große Sperrfestigkeit und gute Durchlaßeigenschaften nicht miteinander vereinigen.

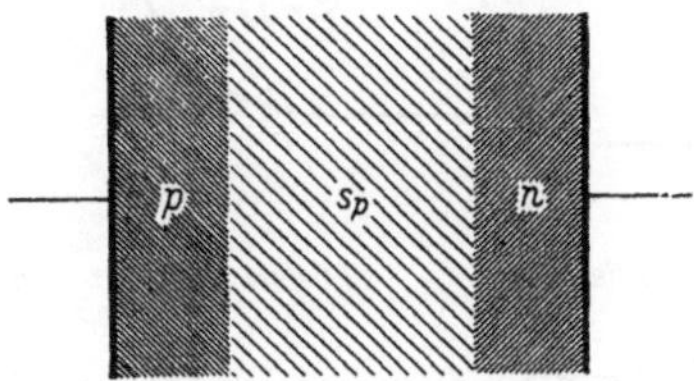

Abb. IV 12.3 *psn*Gleichrichter.

Einen Ausweg aus diesem Dilemma haben R. N. HALL und W. C. DUNLAP mit dem *psn*Gleichrichter gezeigt[1,2] (s. Abb. IV 12.3). Zwischen den stark dotierten *p*- und *n*Gebieten ist ein schwach dotiertes Mittelgebiet angeordnet, beispielsweise ein schwach *p*leitendes Gebiet s_p. Für die Sperrfähigkeit ist dann der $s_p n$Übergang maßgebend. Hier ist wenigstens auf der linken Seite die Dotierung und damit auch die Potentialkrümmung schwach. Deshalb entsteht hier ein großer Beitrag zur Sperrfähigkeit U_b (s. Abb. IV 12.4).

In Durchlaßrichtung hat aber die schwache Dotierung des Mittelgebietes keine nachteiligen Folgen. Das Mittelgebiet wird dann nämlich von beiden Seiten her mit Trägern überschwemmt. Deshalb kann hier nicht mehr ein großer Spannungsabfall entstehen. Damit diese wohltätige Trägerinjektion das ganze Mittelgebiet erfaßt, darf das Mittelgebiet nicht merklich dicker als 2 Diffusionslängen sein[3].

---

[13] CHYNOWETH, A. G., u. G. L. PEARSON: J. appl. Phys. 29 (1958) 1103.

[14] HERLET, A., u. H. PATALONG: Z. Naturforsch. 10a (1955) 584.

[15] EMEIS, R., u. A. HERLET: Z. Naturforsch. 12a (1957) 1018.

[16] EMEIS, R., u. A. HERLET: Proc. IRE 46 (1958) 1216.

[17] KNOTT, R. D., I. D. COLSON u. M. R. P. YOUNG: Proc. phys. Soc., Lond. (B) 68 (1955) 182.

[18] SHOTOW, A. P.: Avalanche Breakdown of pnJunctions in Germanium. Žurnal techničeskoj Fiziki 26 (1956) 1634.

[19] VUL, B. M.: Breakdown of Transition Layers in Semiconductors. Žurnal techničeskoj Fiziki 26 (1956) 2403.

[20] MUSS, D. R., u. R. F. GREENE: Reverse Breakdown in In-Ge Alloy Junctions. J. appl. Phys. 29 (1958) 1534.

[21] CHYNOWETH, A. G.: Phys. Rev. 109 (1958) 1537.

[22] CHYNOWETH, A. G.: J. appl. Phys. 31 (1960) 1161.

[23] BARAFF, G. A.: Phys. Rev. 128 (1962) 2507.

[24] LEE, C. A., R. A. LOGAN, R. L. BATDORF, J. J. KLEIMACK u. W. WIEGMANN: Phys. Rev. 134 (1964) A 761.

[1] HALL, R. N.: Proc. IRE 40 (1952) 1512.

[2] HALL, R. N., u. W. C. DUNLAP: Phys. Rev. 80 (1950) 467.

[3] HERLET, A.: Z. Phys. 141 (1955) 335.

Die Kennlinien derartiger *psn*Strukturen sind verschiedentlich durchgerechnet[1, 2, 3] und mit dem Experiment verglichen worden[3, 4]. Dabei hat sich für Silizium eine interessante Besonderheit gezeigt. In den §§ 8 bis 11 wurde die Annahme gemacht, daß die Rekombination bzw. Neuerzeugung in der Raumladungszone gegenüber der Rekombination bzw. Neuerzeugung in den Diffusionsschwänzen der hochdotierten Bahngebiete und des schwach dotierten Mittelgebietes vernachlässigt werden darf. Diese Annahme ist in Siliziumgleichrichtern bei *schwachen* Durchlaß- und bei *allen* Sperrbelastungen nicht mehr zutreffend[5, 6, 7, 8], sondern umgekehrt beherrschen hier die Vorgänge in der Raumladungszone das Bild. Das hat für die Gestalt der *Sperr*kennlinie einschneidende Folgen. In der sperrbelasteten Raumladungszone sind beide Trägerkonzentrationen n und p stark abgesenkt:

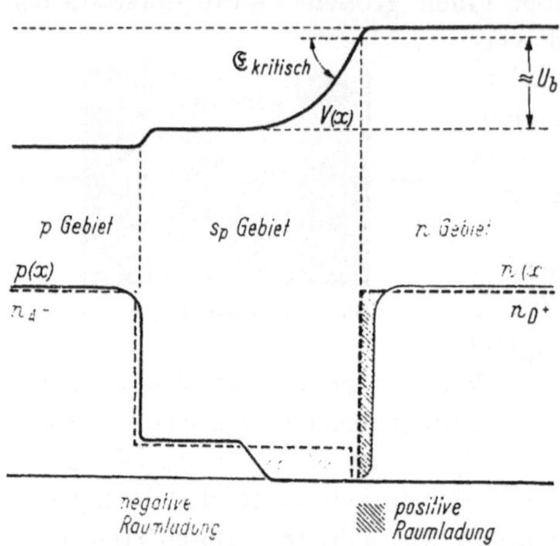

Abb. IV 12.4 ps_pnGleichrichter. Sperrfähigkeit und Stärke der Dotierung des Mittelgebietes.

$$n \ll n_i \qquad \text{(IV 12.14)}$$

$$p \ll n_i. \qquad \text{(IV 12.15)}$$

Nach der HALL-SHOCKLEY-READ-Formel (IX 3.19) für den Rekombinationsüberschuß ergibt sich dann eine konzentrations- und daher auch ortsunabhängige Neuerzeugung pro Volumeneinheit. Die Neu-

---

1 Siehe Fußnote 1 auf S. 175.

2 HERLET, A., u. E. SPENKE: Z. angew. Phys. 7 (1955) 99, 149 u. 195.

3 SHIELDS, J.: Proc. IEE 106 B (1959) 342 u. 368.

4 HERLET, A.: Z. angew. Phys. 9 (1957) 155.

5 Diese Erkenntnis hat wohl zuerst MCAFEE gehabt. Siehe K. G. MCKAY u. K. B. MCAFEE: Phys. Rev. 91 (1953) 1079, rechts unten. Siehe weiter G. L. PEARSON u. B. SAWYER: Proc. IRE 40 (1952) 1348, namentlich S. 1349, links unten.

6 KLEINKNECHT, H., u. K. SEILER: Z. Phys. 139 (1954) 599, insbesondere S. 610, unten.

7 SAH, C. T., R. N. NOYCE u. W. SHOCKLEY: Proc. IRE 45 (1957) 1228.

8 BERNARD, M.: J. Electronics 2 (1957) 579—596. In dieser Arbeit wird gezeigt, daß bei Temperaturen unterhalb von 60 °C auch in Germaniumgleichrichtern die Rekombination in der Raumladungsschicht gegenüber der Rekombination in den Diffusionsschwänzen überwiegt.

erzeugung in der ganzen Raumladungszone wächst also proportional mit der Länge der Raumladungszone und daher[1] proportional mit $U^{1/2}$, wenn es sich um einen steilen *pn*Übergang handelt. Da die Sperrstromdichte i durch den Abtransport der gesamten Neuerzeugung entsteht (s. S. 149, unten), steigt i mit $U^{1/2}$, anstatt einen von U unabhängigen Sättigungswert i_S anzunehmen, wie es beim Überwiegen der Neuerzeugung in den Diffusionsschwänzen nach (IV 8.30) der Fall wäre. Bei technischen Gleichrichtern, namentlich bei hochsperrenden Gleichrichtern, beherrschen allerdings häufig Oberflächeneffekte die Sperrkennlinien, deren Verlauf deshalb von Exemplar zu Exemplar erheblich schwankt und von der Oberflächenbehandlung stark abhängt.

Auch bei niedrigen *Durchlaß*belastungen beherrscht die Rekombination in der Raumladungszone noch das Verhalten der Siliziumgleichrichter, während die Rekombination im Mittelgebiet demgegenüber noch immer zurücktritt. Erst bei mittleren und starken Durchlaßbelastungen spielt die Rekombination im Mittelgebiet die entscheidende Rolle. Das ist nicht nur durch Kennliniendiskussionen quasi experimentell nachgewiesen worden[2,3], sondern auch aus dem sog. trap-Modell[4,5] der Rekombination verständlich. Wir kommen hierauf im Kap. IX zu sprechen.

Hier wollen wir noch darauf hinweisen, daß die mit zunehmender Durchlaßbelastung von der Raumladungszone auf die Diffusionsschwänze übergehende Rekombination für die auf S. 154 geschilderte Emitterwirkung eines durchlaßgepolten Silizium-*pn*Überganges eine schwerwiegende Folge hat. Die im *p*Gebiet auf die Junction zufließenden Defektelektronen enden zum überwiegenden Teil schon innerhalb der Raumladungszone und werden nicht mehr tief in das *n*Gebiet hineingeweht, solange die Durchlaßbelastung noch klein ist. Die Emitterwirkung ist also noch gering, und erst mit steigender Durchlaßbelastung endet der im *p*Gebiet auf die Junction zufließende Defektelektronenstrom nicht schon in der Raumladungszone, sondern versickert erst in einem tief ins *n*Gebiet hineinreichenden Diffusionsschwanz. Die Emitterwirkung ist dann stark geworden. Diese mit der Belastung ansteigende Emitterwirkung eines Silizium-*pn*Überganges ist in den „gesteuerten Gleichrichtern" von großer technischer Bedeutung geworden (s. § 13).

Die Kennlinien im mittleren und hohen *Durchlaß*gebiet sind physikalisch recht aufschlußreich von A. HERLET diskutiert worden[6]. Wegen

---

[1] Siehe (IV 2.25). Diese Formel muß allerdings noch vom stromlosen Fall auf den Fall der Sperrbelastung erweitert werden. Der Potentialabfall über der Raumladungszone ist dann nicht mehr V_D, sondern $V_D + U_{Sp}$, was zu $l \sim (V_D + U_{Sp})^{1/2}$ und bei großen Sperrspannungen schließlich zu $l \sim U_{Sp}^{1/2}$ führt.

[2] KLEINKNECHT, H., u. K. SEILER: Z. Phys. 139 (1954) 599, insbesondere S. 610, unten.

[3] SAH, C. T., R. N. NOYCE u. W. SHOCKLEY: Proc. IRE 45 (1957) 1228.

[4] HALL, R. N.: Phys. Rev. 87 (1952) 387.

[5] SHOCKLEY, W., u. W. T. READ Jr.: Phys. Rev. 87 (1952) 835.

[6] HERLET, A.: Z. angew. Phys. 9 (1957) 155.

Gleichberechtigung des *pi*- und des *in*Übergangs erwartet[1] man, daß sich die Durchlaßspannung U auf diese beiden Übergänge gleichmäßig verteilt und daß infolgedessen ein Stromanstieg proportional $e^{\frac{1}{2}U/\mathfrak{B}} = e^{U/2\mathfrak{B}}$ ergibt. Das ist auch im großen und ganzen der Fall. Die Abweichungen von dem genauen $e^{U/2\mathfrak{B}}$-Gang konnte HERLET überzeugend durch die Abhängigkeit der Rekombination von den Konzentrationen n und p deuten, wobei ihm auch eine Bestimmung der Inversionsdichte n_i des Siliziums gelang, was ja durch direkte Messungen mangels genügend sauberer Proben gar nicht so einfach ist (s. aber HOFFMANN, REUSCHEL u. RUPPRECHT[2]).

§ 13. Gesteuerte Gleichrichter (Thyristoren)

In der Starkstromtechnik ist der Gebrauch von gasgefüllten Glühkathodenröhren (Thyratrons) oder gittergesteuerten Quecksilberdampfgleichrichtern weit verbreitet. Diese Schaltelemente sperren den Strom in einer Richtung auf jeden Fall. In der anderen Richtung sperren sie zunächst auch, es sei denn, daß sie durch einen kurz dauernden Spannungsimpuls an einer Steuerelektrode ,,gezündet" werden. Einmal gezündet, bleiben Thyratrons und Quecksilberdampfgleichrichter auch nach dem Aufhören des Zündimpulses stromdurchlässig, bis die äußere Spannung ihr Vorzeichen umkehrt. Durch Verschieben des Zündimpulses können von der einen Halbwelle des Wechselstroms mehr oder weniger große Teile durchgelassen werden (Abb. IV 13.1). Das Resultat ist ein ,,zerhackter" Gleichstrom, genauer gesagt, die Aufeinanderfolge von kürzer und länger dauernden Stromimpulsen in immer derselben Richtung, was als Gleichstrom mit überlagerten Wechselkomponenten aufgefaßt werden kann (Abb. IV 13.2). Werden die Wechselkomponenten durch Siebmittel abgetrennt, so bleibt der Gleichstrommittelwert übrig, dessen Größe zwischen $\frac{1}{\pi}I$ und 0 durch die Phasenlage der leistungsschwachen Zündimpulse steuerbar ist.

Glühkathodenröhren und Quecksilberdampfgleichrichter sind in den letzten 30 Jahren immer mehr von den verschiedenen Kristallgleichrichtern zurückgedrängt worden. Diese Entwicklung hat seit dem Erscheinen der modernen Germanium- und Siliziumgleichrichter ein noch schnelleres Tempo angenommen. Einer der wesentlichen Vorzüge, mit denen Thyratrons und Quecksilberdampfgleichrichter

---

[1] Bei extrem niedriger Dotierung $n_{A^-} \ll n_i$ geht der ganze *psn*Gleichrichter in den *pin*Gleichrichter über. Für große Flußbelastungen, bei denen das Mittelgebiet stark injiziert ist, bei denen also $p \approx n \gg n_{A^-}$ ist, spielt diese schwache Dotierung keine Rolle mehr, und der *psn*Gleichrichter benimmt sich wie ein *pin*Gleichrichter.

[2] HOFFMANN, A., K. REUSCHEL u. H. RUPPRECHT: J. Phys. Chem. Solids 11 (1959) 284.

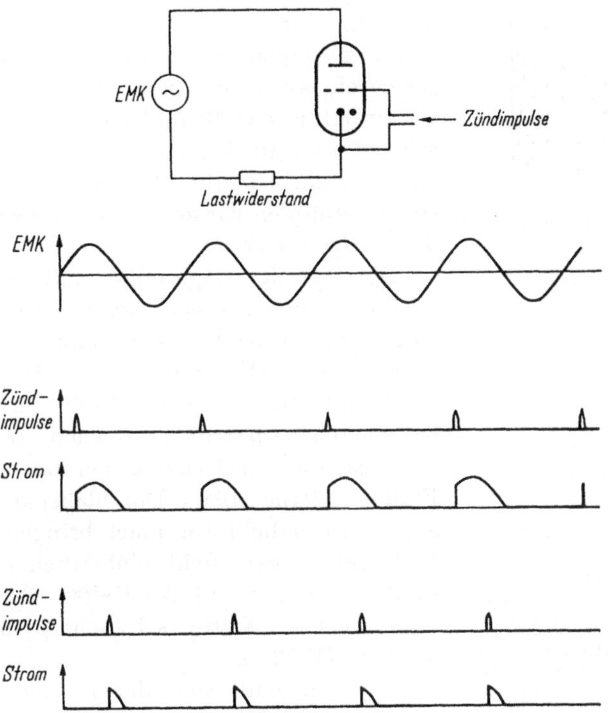

Abb. IV 13.1 Stromkurven eines Thyratrons bei verschiedener Phasenlage der Zündimpulse.

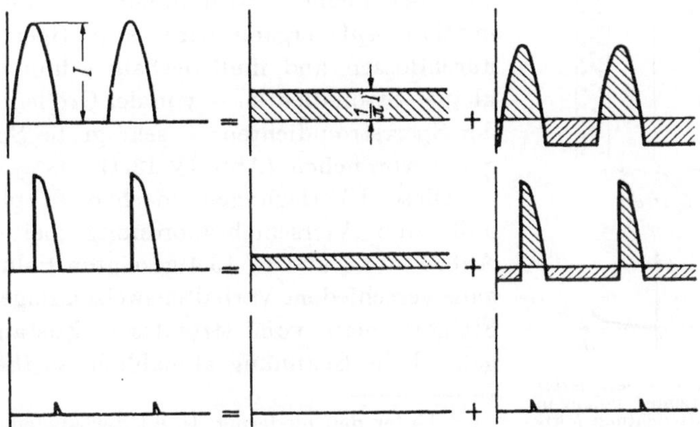

Abb. IV 13.2 Zerlegung von zerhacktem Gleichstrom in reine Gleich- und Wechselanteile.

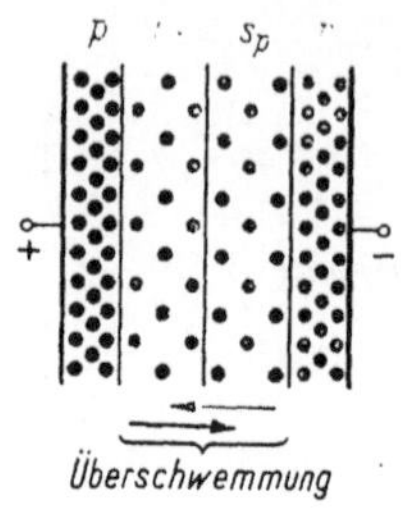

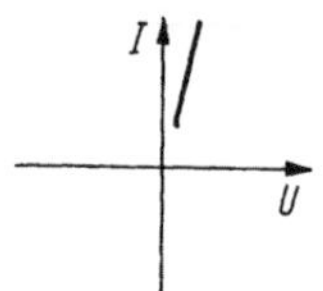

• positive Defektelektronen oder „Löcher"

∘ negative Überschuß-elektronen oder „Elektronen"

Abb. IV 13.3 Gesteuerter Gleichrichter. Polung in Vorwärtsrichtung. Mittlerer *np*Übergang ist überschwemmt und daher unwirksam. Der gesteuerte Gleichrichter läßt durch (ist „gezündet").

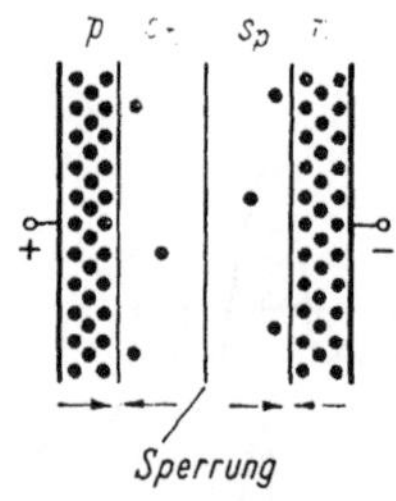

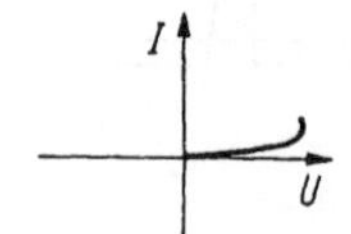

Abb. IV 13.4 Gesteuerter Gleichrichter. Polung in Vorwärtsrichtung. Mittlerer *np*Übergang ist nicht überschwemmt und sperrt daher. Trotz Polung in Vorwärtsrichtung sperrt der gesteuerte Gleichrichter.

sich gegen diese Entwicklung bisher wehren konnten, war die Steuerbarkeit[1]. Natürlich ist aber der Ehrgeiz der Festkörperphysiker darauf gerichtet, auch in dieser Beziehung mit den Gasentladungsgefäßen gleich zu ziehen. Dies scheint nun in Form von *pnpn*Anordnungen zu gelingen. Um ihre Funktionsweise zu verstehen, knüpfen wir an die letzten Bemerkungen des vorigen § 12 an.

Dort wurde festgestellt[2], daß bei größeren Flußbelastungen einer *psn*Struktur und entsprechend starker Überschwemmung des Mittelgebietes die Dotierung dieses Mittelgebietes gar keine entscheidende Rolle für das Verhalten der *psn*Struktur spielen kann. Dann wird es aber auch keine Veränderung dieses Flußverhaltens (kleine Durchlaßspannung trotz großer Stromdichte) mit sich bringen, wenn das Mittelgebiet gar nicht einheitlich dotiert ist, sondern wenn seine linke Hälfte schwach *n* und seine rechte Hälfte schwach *p* dotiert ist (s. Abb. IV 13.3).

Dagegen muß sich der in der Mitte der nunmehrigen *Vierschichtanordnung* befindliche *np*Übergang außerdordentlich stark auswirken, solange noch keine Überschwemmung vorliegt, also bei kleinen Stromdichten; denn dieser mittlere *np*Übergang wird ja in Sperrichtung durchflossen und muß deshalb schon bei sehr kleinen Stromdichten — von der Größenordnung der Sperrstromdichten — sehr große Spannungen verbrauchen (Abb. IV 13.4).

Diese Überlegungen machen es plausibel, daß eine Vierschichtanordnung bei der in Abb. IV 13.3 und IV 13.4 gezeigten Polung zwei ganz verschiedene Verhaltensweisen zeigen kann. Steigert man vom stromlosen Zustand ausgehend die Spannung allmählich, so fließen —

---

[1] Unter den modernen Halbleiterbauelementen ist zwar der Transistor ebenfalls steuerbar; er kommt aber für die Leistungen der Starkstromtechnik nicht in Frage.

[2] Nämlich in der Fußnote 1 auf S. 178.

bei richtiger Bemessung — zunächst nur minimale Ströme: die Anordnung sperrt. Oberhalb einer gewissen Spannung bricht dieser Zustand — wiederum bei richtiger Bemessung — zusammen, und es fließen bei kleinen Spannungen große Ströme: Die Anordnung läßt durch. Die Strom-Spannungs-Kennlinie hat also eine Form nach Abb. IV 13.5. Rechnet man eine solche Vierschichtstruktur mit den Mitteln der SHOCKLEYschen Diodentheorie durch[1], so ergeben sich nur die beiden Fälle, daß die Vierschichtanordnung entweder bei allen Spannungen sperrt (Fall a), oder daß die Anordnung bei allen Spannungen immer und von vornherein durchläßt (Fall b). Welcher von beiden Fällen vorliegt, das hängt u. a. von der Emissionsfähigkeit des linken und des rechten *pn*Übergangs ab, und zwar wird bei schwacher Emissionsfähigkeit dieser Übergänge die Sperrwirkung des mittleren *np*Übergangs nicht überwunden werden können und der Fall der Sperrung vorliegen, während genügend starke Emissionsfähigkeit des linken und des rechten *pn*Übergangs den mittleren *np*Übergang überschwemmt[2] und seine Sperrfähigkeit zunichte macht.

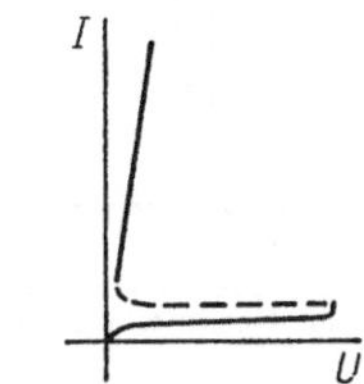

Abb. IV 13.5 Gesteuerter Gleichrichter. Vorwärtskennlinie.

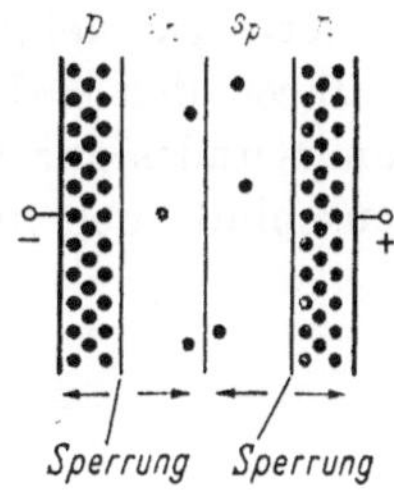

Abb. IV 13.6 Gesteuerter Gleichrichter. Polung in Rückwärtsrichtung. Die beiden äußeren *pn*Übergänge sperren. Deshalb ist der gesteuerte Gleichrichter in dieser Polung nicht durchlässig.

Auf S. 177 haben wir nun gezeigt, daß die Emissionsfähigkeit von Silizium-*pn*Übergängen mit steigender Durchlaßbelastung steigt. Das führt dazu, daß in einer richtig dimensionierten Vierschichtanordnung aus Silizium bei genügend kleinen Durchlaßbelastungen der Fall a) realisiert ist, daß dieser aber bei steigender Durchlaßbelastung schließlich in den Fall b) umschlägt.

Während bei Silizium-*pn*Übergängen das Wachsen der Emissionsfähigkeit mit steigender Durchlaßbelastung immer und ohne besondere Maßnahme beobachtet wird, ist das bei Germanium keineswegs der

[1] MOLL, J. L., M. TANENBAUM, J. M. GOLDEY u. N. HOLONYAK: Proc. IRE 44 (1956) 1174. — JONSCHER, A. K.: J. Electronics and Control 3 (1957) 573. Siehe auch ALDRICH, R. W., u. N. HOLONYAK Jr.: Proc. IRE 46 (1958) 1236 u. I. M. MACKINTOSH: Proc. IRE 46 (1958) 1229.

[2] Die Rechnungen zeigen, daß dafür prinzipiell noch keineswegs starke Injektionen im Sinne von § 11 vorzuliegen brauchen. In der Praxis fällt das Umschlagen von Sperrung in Durchlaßverhalten aber meistens mit dem Einsetzen der starken Injektion zusammen.

Fall. Anstatt in den sehr empfindlichen Rekombinationsmechanismus des Materials mit Dotierungsmaßnahmen eingreifen zu wollen, kann man ein relativ primitives Mittel wählen, um die Emissionsfähigkeit eines *pn*Übergangs mit steigender Belastung wachsen zu lassen. Es besteht in der Parallelschaltung eines Ohmschen Widerstandes, der klein gegen den Nullwiderstand des *pn*Übergangs ist ($\approx {}^1/_{10}$ Nullwiderstand). Bei kleinen Belastungen ist dieser Nebenschluß wirksam. Ein großer Anteil des scheinbaren Emitterstroms geht durch den Ohmschen Nebenschluß und führt deshalb zu keiner Emission. Bei großen Belastungen ist der Durchlaßwiderstand des *pn*Übergangs aber um *mehrere* Größenordnungen gegenüber dem Nullwiderstand gesunken. Der Ohmsche Nebenschluß ($\approx {}^1/_{10}$ Nullwiderstand) spielt jetzt gar keine Rolle mehr. Praktisch der gesamte Emitterstrom geht durch den *pn*Übergang und trägt nach Maßgabe des Emitterwirkungsgrades zur Emission bei. So erzielt man mit diesem Ohmschen Nebenschluß auch in Germanium einen Emitter, dessen Emission mit

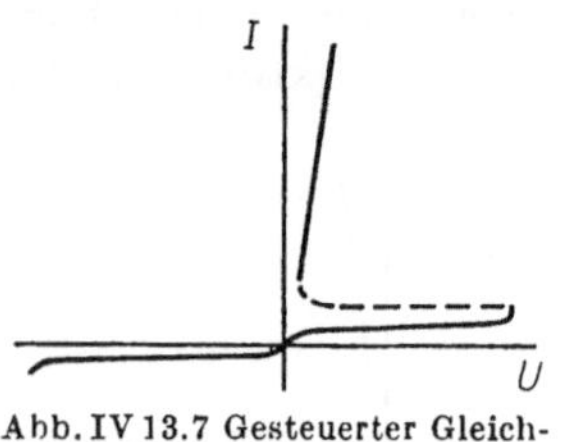

Abb. IV 13.7 Gesteuerter Gleichrichter. Gesamte Kennlinie.

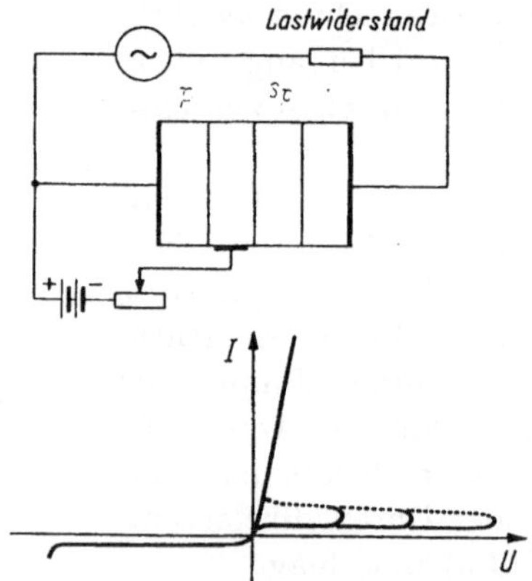

Abb. IV 13.8 Steuerung eines Thyristors durch Variation des Zündstroms.

steigender Belastung steigt. Die Wirkung der Germanium-Dynistoren und -Thyristoren beruht vielleicht auf solchen, allerdings verschleierten Effekten.

Die in Abb. IV 13.5 gezeigten Durchlaßkennlinien sind in Sperrrichtung durch eine Sperrkennlinie zu ergänzen (Abb. IV 13.6). Denn in dieser Richtung sperren ja die beiden äußeren *pn*Übergänge. Es liegt also bei dieser Gesamtkennlinie (Abb. IV 13.7) und bei diesem „Zünden" nach Überschreiten einer gewissen Durchlaßspannung eine starke Analogie zum Gasentladungs-Thyratron oder Stromtor vor, was teilweise in den Namensgebungen zum Ausdruck kommt (*pnpn*-switch, fourlayer diode, dynistor, thyristor[1] und Halbleiterstromtor).

Bringt man an einer der beiden mittleren Schichten eine dritte Elektrode sperrfrei an (Abb. IV 13.8), so kann man starke Emission des betreffenden Emitters erzwingen und damit den sperrenden mittleren *np*Übergang überschwemmen und dadurch schließlich den „Thyristor" zünden. Die entsprechende Kennlinienschar mit dem Zündstrom als Parameter zeigt Abb. IV 13.8 ebenfalls.

---

[1] Diese Bezeichnung hat sich inzwischen international für gesteuerte Gleichrichter durchgesetzt.

Kapitel V

Die physikalische Wirkungsweise von Kristallverstärkern (Transistoren)

§ 1. Einleitung

Der Transistor ist eine Vorrichtung zum Verstärken elektrischer Signale, und so ist es vielleicht nicht ganz abwegig, bei einer Diskussion seiner Wirkungsweise an die in dieser Beziehung älteste und wohl auch einfachste Vorrichtung anzuknüpfen, nämlich an das elektromagnetische Telegraphenrelais (s. Abb. V 1.1). Bei diesem betätigt ein von fern her über lange Leitungen kommender und daher schwacher Strom einen Schalter, der dem Strom einer starken örtlichen Stromquelle den Weg freigibt oder sperrt. Etwas abstrahierend kann man das Wesentliche des Vorgangs darin erblicken, daß durch das Signal ein Leitwert im Strompfad der örtlichen Stromquelle variiert wird, und zwar geschieht das im vorliegenden Falle durch Veränderung seines Querschnittes an einer bestimmten Stelle.

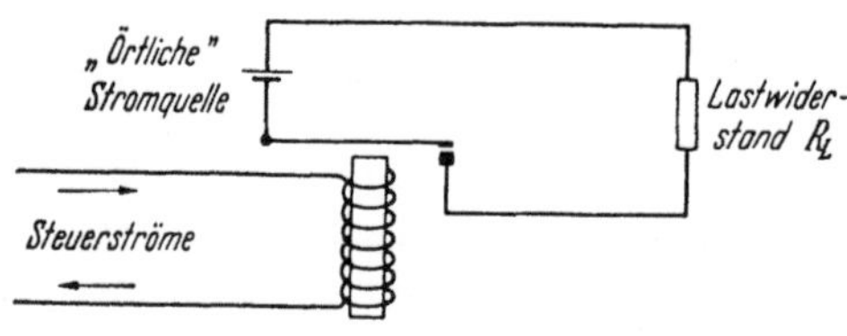

Abb. V 1.1 Verstärkung durch ein Telegraphenrelais.

Außer einer solchen Modifikation der geometrischen Abmessungen des Strompfades könnte man aber auch an eine Beeinflussung seiner spezifischen Leitfähigkeit denken, beispielsweise durch Variation der Trägerzahl. Das geschieht nun auch tatsächlich bei einer Reihe von Transistorentypen, und zwar durch mehr oder weniger intensive Injektion zusätzlicher Ladungsträger. Innerhalb dieses gemeinsamen Merkmals unterscheiden sich die einzelnen Typen durch die Natur des beeinflußten Strompfades.

Bei dem Begriff „Strompfad" denkt man wohl zunächst an einen Ohmschen Leiter, und deshalb besprechen wir als erstes den Fadentransistor (filament transistor § 2), bei dem die Injektion tatsächlich in einen solchen Ohmschen Leiter erfolgt. Entdeckt wurden die Injektionseffekte allerdings beim Spitzentransistor (§ 3), bei dem der beeinflußte Strompfad die Randschicht eines metallischen Spitzenkontaktes ist. Technische Bedeutung hat heute aber ausschließlich der *npn*- oder der *pnp*Transistor, bei dem ein *pn*Übergang durch injizierte Träger beeinflußt wird. Mit diesem flächenhaften „junction Transistor“ beschäftigen wir uns deshalb in den §§ 4 bis 8 ausführlicher.

Den Steuervorgang bei dem letzten zu besprechenden Transistortyp, beim Feldeffekttransistor, kann man wieder wie beim Relais als eine allerdings kontinuierliche Variation der geometrischen Abmessungen des Strompfades auffassen (§ 9). Man kann hier aber auch wieder wie bei den anderen Transistortypen von einer Variation der Trägerkonzentration sprechen, die freilich zum Unterschied von anderen Typen nur auf mehr oder weniger große Randpartien des Stromquerschnitts beschränkt ist und vor allem die Majoritätsträger und nicht die Minoritätsträger betrifft.

§ 2. Der Fadentransistor

Wie schon in der einleitenden Übersicht angekündigt, werden bei diesem Transistortyp zusätzliche Ladungsträger in einen Ohmschen Leiter injiziert. Wir haben bisher von einer solchen Injektion wie von einer Selbstverständlichkeit gesprochen. Wie unzutreffend das ist, geht schon aus der Tatsache hervor, daß wirkungsvolle Trägerinjektionen nur in einen Halbleiter, nicht aber in ein Metall möglich sind. Wir müssen also zunächst die Trägerinjektion und die dabei auftretenden Zeiteffekte besprechen.

a) Zeiteffekte bei der Trägerinjektion

Als Beispiel betrachten wir einen geerdeten Germaniumkristall, der mit $n_{D^+} = 10^{16}$ Arsenatomen pro cm^3 dotiert[1] und dadurch zum Überschußhalbleiter gemacht worden ist. Die Neutralitätsbedingung fordert nämlich in diesem Falle eine Elektronenkonzentration n

$$n = n_{D^+} = 10^{+16}\,\mathrm{cm}^{-3}. \qquad \text{(V 2.01)}$$

Diese Konzentration n wollen wir nun durch Elektronenbeschuß z. B. um $\delta n = 10^{15}\,\mathrm{cm}^{-3}$ auf $n + \delta n = 1{,}1 \cdot 10^{16}\,\mathrm{cm}^{-3}$ erhöhen. Das gelingt aber nur für verschwindend kurze Zeit. Die zusätzlich eingebrachten Elektronen stoßen sich nämlich gegenseitig ab und werden daher zur Erde abfließen. Genauer gesagt wird durch die Einbringung von $\delta n = 10^{+15}$ Elektronen pro cm^3 die Neutralität des Leiters gestört, und die entstehende Raumladung ϱ ruft ein elektrisches Feld hervor, das

[1] Bei den Substitutionsstörstellen des Germaniums darf — außer bei extrem tiefen Temperaturen und sehr starken Dotierungen — Erschöpfung angenommen und deshalb $n_D = n_{D^+}$ gesetzt werden.

die ganze Elektronenkonzentration $n + \delta n$ in Bewegung setzt. Die erzeugten Ströme bauen die zusätzliche Konzentration wieder ab. An diesem Abbau sind also nicht nur die wenigen zusätzlichen δn Elektronen selbst beteiligt, sondern in überwiegendem Maße wird dieser Prozeß durch die bereits vor der Störung vorhandene Elektronenkonzentration $n (\gg \delta n)$ getragen. Die Störung wird infolgedessen schnell abgebaut, sie kann sich nur ganz kurzzeitig halten.

Bei einer quantitativen Behandlung des zeitlichen Abklingens einer Raumladung $\varrho(t)$ geht man von der Kontinuitätsgleichung aus:

$$\frac{\partial \varrho}{\partial t} = -\operatorname{div} \mathfrak{i}. \tag{V 2.02}$$

Mit

$$\mathfrak{i} = \sigma \, \mathfrak{E} = -\sigma \operatorname{grad} V \tag{V 2.03}$$

wird daraus[1]

$$\frac{\partial \varrho}{\partial t} = +\sigma \cdot \Delta V. \tag{V 2.04}$$

Kombination mit der POISSONschen Gleichung

$$\Delta V = -\frac{4\pi}{\varepsilon} \varrho \tag{V 2.05}$$

gibt

$$\frac{\partial \varrho}{\partial t} = -\frac{4\pi \sigma}{\varepsilon} \varrho \tag{V 2.06}$$

oder

$$\varrho(t) = \varrho(0) \, e^{-\frac{t}{T_{\text{Relax}}}}, \tag{V 2.07}$$

wobei die Relaxationszeit

$$T_{\text{Relax}} = \frac{\varepsilon}{4\pi \sigma} \tag{V 2.08}$$

ist. Das eingangs erwähnte Germanium mit 10^{16} cm^{-3} Elektronen dürfte eine Leitfähigkeit von

$$\begin{aligned} \sigma &= e \, \mu_n \, n \\ &= 1{,}6 \cdot 10^{-19} \,\text{Coul} \cdot 3{,}9 \cdot 10^{+3} \frac{\text{cm}^2}{\text{Volt sek}} 10^{+16} \,\text{cm}^{-3} = 6{,}24 \,\Omega^{-1} \,\text{cm}^{-1} \\ &= 6{,}24 \cdot 9 \cdot 10^{+11} \,\text{sek}^{-1} = 5{,}62 \cdot 10^{+12} \,\text{sek}^{-1} \end{aligned} \tag{V 2.09}$$

haben. Mit $\varepsilon_{\text{Ge}} = 16$ errechnet sich also aus (V 2.08) im vorliegenden Fall

$$T_{\text{Relax}} = 2{,}27 \cdot 10^{-13} \,\text{sek}. \tag{V 2.10}$$

Aus (V 2.08) und (V 2.09) geht hervor, daß die Relaxationszeit

$$T_{\text{Relax}} = \frac{\varepsilon}{4\pi \, e \, \mu_n \, n} \tag{V 2.11}$$

---

[1] Mit $\Delta = \operatorname{div} \operatorname{grad} = \frac{\partial^2}{\partial x^2} + \frac{\partial^2}{\partial y^2} + \frac{\partial^2}{\partial z^2}$.

und damit die Geschwindigkeit des Abbauprozesses durch die ungestörte Konzentration n und nicht etwa nur durch die Störung δn bedingt ist. Wegen der Größe von n wird T_{Relax} sehr klein. Schießt man also in einen nLeiter Elektronen hinein, so hält sich die Konzentrationsänderung nur $10^{-12} \cdots 10^{-13}$ sek lang.

Die Verhältnisse liegen aber völlig anders, wenn es gelingt, $\delta p = 10^{15}$ *Defekt*elektronen pro cm^3 zusätzlich in das betrachtete nGermanium hineinzubringen. Auch diese zusätzlichen Defektelektronen stoßen sich zwar untereinander ab, aber für den Abbau ihrer Konzentrationserhöhung δp würde ihnen bloß die eigene geringe Konzentration $\delta p = 10^{15}\,cm^{-3}$ zur Verfügung stehen. Es kommt infolgedessen gar nicht zum Ablauf dieses langsamen Abbauprozesses. Lange vorher haben nämlich die Elektronen ihre Konzentration $n = 10^{16}\,cm^{-3}$ um $\delta n = 10^{15}\,cm^{-3}$ auf $1{,}1 \cdot 10^{16}\,cm^{-3}$ erhöht, da ihnen für diesen Aufbauprozeß ihre eigene große Konzentration $10^{16}\,cm^{-3}$ zur Verfügung steht und der Prozeß infolgedessen rasch verläuft. Nachdem aber die Elektronen ihre Konzentration $1{,}0 \cdot 10^{16}\,cm^{-3}$ auf $1{,}1 \cdot 10^{16}\,cm^{-3}$ erhöht haben, ist wieder Neutralität hergestellt, und es gibt gar keine Felder mehr, die irgendwelche Elektronen oder Defektelektronen zum Abfließen bringen könnten.

Trotzdem hält sich auch dieser Zustand nicht unbegrenzt lange. Wir haben ja in Kap. I, § 3, auf S. 25 bis 28 gezeigt, daß in jedem Halbleiter eine thermisch bedingte Trägerneuerzeugung $g = r\,n_i^2$ und eine durch Rekombination bedingte Trägervernichtung $w = r\,n\,p$ dauernd gegeneinander wirken. Zeitliche Veränderungen der Trägerkonzentrationen $n(t)$ und $p(t)$ müssen also das Gesetz

$$\frac{d\,n(t)}{d\,t} = \frac{d\,p(t)}{d\,t} = g - w = r[n_i^2 - n(t)\,p(t)] \qquad \text{(V 2.12)}$$

befolgen[1].

Die in diesem Gesetz auftretende Inversionsdichte n_i hat in Germanium bei Zimmertemperatur etwa[2] den Wert $10^{13}\,cm^{-3}$. Im Gleichgewichtsfall muß dann neben der Elektronenkonzentration $n = 10^{16}\,cm^{-3}$ eine Defektelektronenkonzentration $p = 10^{10}\,cm^{-3}$ vorhanden sein[3], weil aus (V 2.12) für die zeitunabhängigen Gleichgewichtskonzentrationen n und p

$$0 = r(n_i^2 - n\,p) \qquad \text{(V 2.13)}$$

---

[1] Falls nicht Konzentrationsveränderungen noch durch andere Ursachen erzwungen werden, z. B. durch Divergenz einer Trägerströmung.

[2] E. M. CONWELL gibt $n_i = 2{,}4 \cdot 10^{13}\,cm^{-3}$ bei 300 °K an. Proc. Inst. Radio Engrs., N. Y. 46 (1958) 1281, besonders Tab. III auf S. 1290.

[3] Für die Neutralitätsbedingung spielt $p = 10^{10}\,cm^{-3}$ neben $n = 10^{16}\,cm^{-3}$ und $n_{D^+} = 10^{16}\,cm^{-3}$ praktisch keine Rolle. Auch bei der Frage des Auseinanderfließens von $\delta p = 10^{15}\,cm^{-3}$ injizierten Defektelektronen brauchte die bereits vorhandene Gleichgewichtsdichte $p = 10^{10}\,cm^{-3}$ praktisch nicht berücksichtigt zu werden.

folgt. Die zeitabhängigen Störungen $\delta n(t) = \delta p(t) \approx 10^{15}\,\mathrm{cm}^{-3}$ liefern dagegen beim Einsetzen in (V 2.12) und in Verbindung mit (V 2.13)

$$\frac{d}{dt}\delta n = \frac{d}{dt}\delta p = r[n_i^2 - (n + \delta n)(p + \delta p)]$$

$$= -r(n\,\delta p + p\,\delta n + \delta n\,\delta p).$$

Unter Berücksichtigung der Größenverhältnisse $n = 10^{16}\,\mathrm{cm}^{-3}$, $p = 10^{10}\,\mathrm{cm}^{-3}$, $\delta n = \delta p \approx 10^{15}\,\mathrm{cm}^{-3}$ folgt demnach

$$\frac{d}{dt}\delta n = \frac{d}{dt}\delta p = -r\,n\,\delta p = -\frac{\delta n}{\tau_p} \tag{V 2.14}$$

$$\delta n = \delta p \sim \mathrm{e}^{-\frac{t}{\tau_p}}. \tag{V 2.15}$$

Wir sehen also, daß sich auch eine *neutrale* Abweichung $\delta n = \delta p$ vom thermischen Gleichgewicht $[n = 10^{16}\,\mathrm{cm}^{-3},\ p = 10^{10}\,\mathrm{cm}^{-3}]$ nicht beliebig lange halten kann, sondern exponentiell mit einer „Lebensdauer $\tau_p = \frac{1}{r\,n}$ der Defektelektronen im nLeiter“ abklingt. Diese Lebensdauer τ_p oder auch die Lebensdauer $\tau_n = \frac{1}{r\,p}$ der Elektronen in einem pLeiter ist über den Wiedervereinigungskoeffizienten r stark von der Fehlerlosigkeit des betreffenden Kristallgitters abhängig[1]. In besonders guten Kristallen kommt man auf Lebensdauern von etwa 10^{-3} s, und selbst in schlechten Einkristallen sind die Lebensdauern kaum kleiner als 10^{-7} s. Die Lebensdauern τ_p und τ_n sind also viel größer als die Relaxationszeiten T_{Relax}.

Zusammenfassend und verallgemeinernd dürfen wir also feststellen: Die Elektronen in nHalbleitern und die Defektelektronen in pHalbleitern, diejenige Trägersorte also, die in dem betrachteten Halbleiter in der Mehrheit ist, mit anderen Worten, die „Majoritätsträger“ beseitigen Störungen der Quasineutralität in einem Halbleiter innerhalb äußerst kurzer Zeiten $T_{\mathrm{Relax}} \approx 10^{-13}$ s. Dabei ist es gleichgültig, wie die Neutralitätsstörung zustande gekommen ist. Kommt sie z. B. durch Injektionen von „Minoritätsträgern“ zustande, so wird sie also auch innerhalb derartig kurzer Zeiten T_{Relax} durch Erhöhung der Majoritätsträgerkonzentration neutralisiert. Beide Konzentrationen klingen dann gemeinsam exponentiell ab, und zwar mit der Lebensdauer τ_{minor} als Zeitkonstante, also sehr langsam gegenüber den Relaxationszeiten T_{Relax}.

b) Der Fadentransistor

Aus den bisherigen Ausführungen geht hervor, daß es keinen Sinn hat, zum Zwecke der Leitwertsbeeinflussung eines Strompfades Majoritätsträger zu injizieren. Die zusätzlichen Trägerkonzentrationen klingen

---

[1] Siehe hierzu Kap. IX.

innerhalb viel zu kurzer Zeiten T_{Relax} ab, bzw. innerhalb viel zu kurzer Strecken $v_{\text{Drift}} \cdot T_{\text{Relax}}$, falls eine Strömung mit der Driftgeschwindigkeit v_{Drift} die injizierten Träger mit sich fortführt.

Bei der Injektion von Minoritätsträgern dagegen wird innerhalb von wenigen Relaxationszeiten T_{Relax} durch Ausgleichsströmungen der Majoritätsträger die Neutralität wieder hergestellt und dadurch das Raumladungsfeld mit seiner Dissipationstendenz beseitigt. Der Leitwert des betreffenden Strompfades ist dann durch die zusätzlichen Minoritätsträger und außerdem durch die neutralisierende Konzentrationserhöhung der Majoritätsträger erhöht.

Es fragt sich nun, wie man die Injektion von Minoritätsträgern bewerkstelligen kann. Das Hineinschießen von außen erfordert Vakuum, höhere Spannungen und elektronenoptische Vorrichtungen und ist daher recht umständlich. Es läßt sich außerdem nur mit Elektronen bewerkstelligen und wäre daher nur bei einem Defekthalbleiter möglich. Viel eleganter sind folgende beiden Methoden. Man kann einmal die Paarerzeugung über ihren thermisch bedingten Wert durch Lichteinstrahlung erhöhen, wobei übrigens wegen der *paar*weisen Trägerentstehung von vornherein gar keine Abweichungen von der Neutralität entstehen. Dieser Effekt wird in den sog. Phototransistoren ausgenutzt. Man kann auch die aus der Gleichrichtertheorie bekannten Verwehungseffekte benutzen und z. B. Defektelektronen aus einem Defekthalbleiter in einen *n*Halbleiter hinüber „wehen“. Das ist die auf S. 154 erwähnte Emitterwirkung eines in Flußrichtung gepolten *pn*Übergangs. Schließlich hat sich empirisch gezeigt, daß der Flußstrom von metallischen Spitzenkontakten auf Germanium zum großen Teil — wenn nicht sogar vollständig — aus Minoritätsträgern besteht. Man neigt heute weitgehend zu der Annahme, daß auch diese Erscheinung in Wirklichkeit eine verkappte *pn*Wirkung ist.

Wie dem auch sei, man hat jedenfalls für die Injektion von Minoritätsträgern in der Form von durchlaßbelasteten *pn*Übergängen oder von metallischen Spitzenkontakten, die in Flußrichtung gepolt werden, einfach zu handhabende „Emitter“ zur Verfügung.

Zusammen mit den einleitenden Überlegungen des § 1 ergibt sich dann folgende Vorrichtung als Kristallverstärker (s. Abb. V 2.1). Ein stab- oder fadenförmiger Einkristall aus *n*Germanium ist an den beiden Enden mit *großflächigen* Elektroden versehen, um die Sperrfreiheit dieser Stromzuführungen auf jeden Fall zu gewährleisten. Die linke „Basiselektrode“ ist geerdet, die rechte „Collector-Elektrode“ dagegen negativ vorgespannt $\left[|U_c| \gg \mathfrak{B} = +\frac{kT}{e}\right]$. In der Nähe der Basis ist ein Emitter auf den Stab aufgesetzt, der gegenüber der Basis eine positive Spannung $U_e > 0$ haben muß, um als Emitter zu wirken. Der aus dem Emitter in den Germaniumstab fließende Strom I_e besteht nun zu einem Bruchteil γ aus Defektelektronen (γ = „Gehaltsfaktor" = Gehalt des Emitterstroms an Minderheitsträgern). Diese Defektelektronen werden nach ihrem Eintritt in das *n*Germanium von der

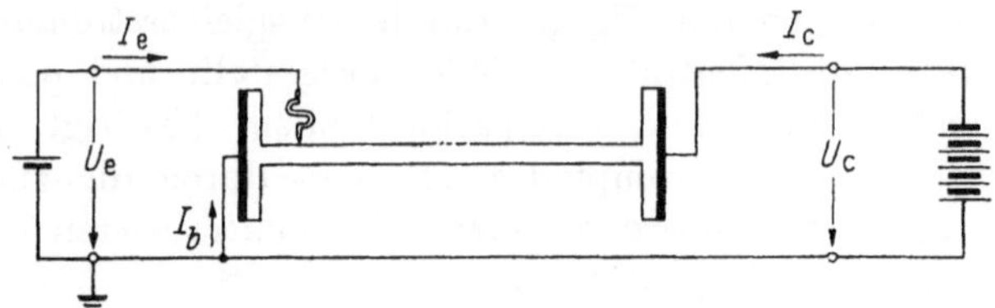

Abb. V 2.1 Der Fadentransistor.
Die Strompfeile geben nicht die Richtung der tatsächlich fließenden Ströme an, sondern diejenige Richtung, in der der betreffende Strom positiv gerechnet wird. Entsprechend geben die Spannungspfeile nicht die Richtung des tatsächlich vorhandenen Potentialgefälles an, sondern diejenige Richtung, in der das betreffende Potentialgefälle (Spannung) positiv gerechnet wird.

negativen Collectorelektrode gesammelt und modulieren nun je nach ihrer Menge den Leitwert des Ohmschen Strompfades zwischen Emitter- und Collectorelektrode mehr oder weniger stark. Es muß also möglich sein, durch Variation der Emitterspannung U_e die im Collectorkreis von der dortigen Batterie abgegebene Leistung zu steuern.

§ 3. Der Spitzentransistor

Der Spitzentransistor entsteht aus dem Fadentransistor dadurch, daß als beeinflußter Strompfad nicht ein Ohmsches Leitungsstück, sondern die Randschicht eines Spitzenkontaktes fungiert (s. Abb. V 3.1). Historisch ist der Weg allerdings umgekehrt begangen worden. Der historisch erste Transistor ist der in Abb. V 3.2 noch einmal dargestellte sog. Typ A-Transistor von Bardeen und Brattain[1], während der Fadentransistor erst im Anschluß an diese Entdeckung bei einem Versuch entstand, die im Typ A-Transistor zwar entscheidenden, aber doch mit Nebensächlichem eng verquickten Injektionseffekte klar, übersichtlich und quantitativ erfaßbar herauszupräparieren.

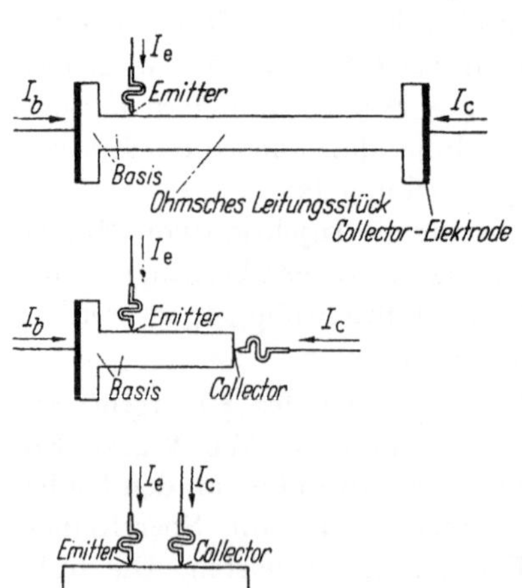

Abb. V 3.1 Die Entstehung des Spitzentransistors aus dem Fadentransistor.

[1] Bardeen, J., u. W. H. Brattain: Phys. Rev. 74 (1948) 230, 231; 75 (1949) 1208.

Für eine qualitative Beschreibung der Wirkungsweise des Spitzentransistors legen wir einen Transistor aus *n*Germanium zugrunde. Aus dem mit einer positiven Vorspannung U_e (z. B. $+0{,}15$ Volt) versehenen Emitter tritt ein Strom I_e (z. B. 0,75 mA) in das *n*Germanium. Ein kleiner Bruchteil $1 - \gamma$ dieses Stromes besteht aus Elektronen, die von der großflächigen und sperrfreien Basiselektrode herkommend quer durch den Germaniumblock in den Emitter hineinfließen. Der Hauptteil γI_e des Emitterstroms besteht dagegen aus Defektelektronen, auf die naturgemäß der nahe benachbarte und mit einer starken negativen Vorspannung $U_c < 0$ (z. B. -20 Volt) versehene Collector eine erhebliche Anziehungskraft ausübt. Der Hauptteil β des Defektelektronenstroms γI_e wird also vom Collector eingefangen und modifiziert nun den Leitwert der Collectorrandschicht, die ja wegen der Polung in Sperrichtung an Trägermangel leidet. So kann mit einer kleinen Leistung im Emitterkreis der über die Collectorrandschicht führende Strompfad der Batterie im Collectorkreis gesteuert werden.

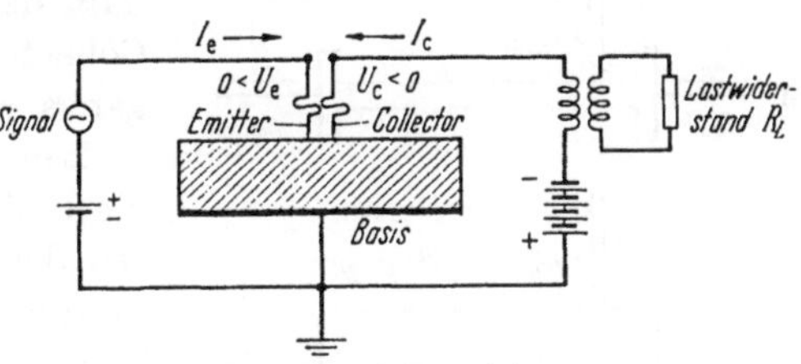

Abb. V 3.2 Typ A-Transistor.

§ 4. Der *npn*Transistor

Wir haben in der Einleitung als gemeinsames Prinzip bei der Wirkungsweise einiger Transistortypen den Umstand hervorgehoben, daß der Leitwert eines Strompfades, in dem eine starke „örtliche" Stromquelle liegt, durch die schwache Steuerleistung eines von „fern" herkommenden Stromes beeinflußt wird. Beim Fadentransistor ist der beeinflußte Strompfad ein Ohmsches Leiterstück, bei dem jetzt zu besprechenden *npn*Transistor[1] dagegen ein in Sperrichtung gepolter *pn*Übergang (s. Abb. V 4.1). Die Ursache der Sperrwirkung eines solchen *pn*Übergangs ist das Versagen der Stromergiebigkeit der Diffusionsschwänze der Minoritätsträger[2]. Indem dieser Trägermangel durch Injektion von Minoritätsträgern mehr oder weniger behoben wird, muß sich eine Steuerwirkung ergeben. Als Injektor oder Emitter wird im *npn*Transistor nicht ein in Flußrichtung gepolter Spitzenkontakt, sondern auch wieder ein *pn*Übergang verwendet, im Gegensatz zum Collector aber in Durchlaßrichtung belastet[3]. So ergibt sich schließlich

---

[1] Shockley, W.: Bell. Syst. techn. J. 28 (1949) 435. — Shockley, W., M. Sparks u. G. K. Teal: Phys. Rev. 83 (1951) 151.

[2] Siehe S. 150—151 und 154.

[3] Siehe S. 154.

der in Abb. V 4.1 an letzter Stelle gezeigte *npn*Transistor. Seine Wirkungsweise beruht also in groben Zügen darauf, daß der linke in Flußrichtung gepolte *np*Übergang Elektronen in die mittlere *p*Schicht emittiert, daß diese Elektronen von dem in Sperrichtung gepolten rechten *pn*Übergang eingesammelt werden und daß der Sperrwiderstand dieses als Collector wirkenden rechten *pn*Übergangs auf die Menge der eingesammelten Elektronen empfindlich reagiert. Wesentlich für das Funktionieren des *npn*Transistors sind also die in ihm fließenden *Elektronen*ströme. Trotzdem wird es notwendig sein, bei der nun folgenden quantitativen Behandlung auch auf die Defektelektronenanteile des Emitter- und des Collectorstroms einzugehen.

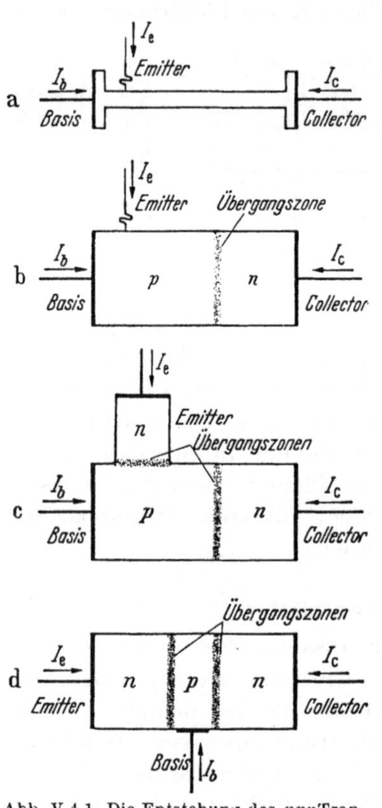

Abb. V 4.1 Die Entstehung des *npn*Transistors aus dem Fadentransistor.

a) Die räumliche Verteilung der Trägerkonzentrationen und der Verlauf des elektrostatischen Potentials

Um die Wirkungsweise eines *npn*Transistors eingehend zu studieren, beginnen wir mit einer Darstellung der Konzentrationsverteilungen und des Potentialverlaufs, und zwar zunächst im stromlosen Zustand (s. Abb. V 4.2). Bei den Konzentrationsverteilungen ist die Inversionsdichte[1] $n_i \approx 10^{13}\,\mathrm{cm}^{-3}$ ein Leitfaden, da sie im ganzen Kristall konstant ist und also quer durch die ganze Abbildung in gleicher Höhe verläuft. Wir nehmen beispielsweise an (s. Abb. V 4.2 oben), daß der linke *n*Teil mit $n_{Dl} = 10^{16}$ und der rechte *n*Teil mit $n_{Dr} = 10^{14}$ Antimonatomen pro cm³ dotiert sei[2], während der mittlere *p*Teil $n_A = 10^{15}$ In-Atome pro cm³ enthalte. Dann ergeben sich die in Abb. V 4.2 Mitte gezeichneten *p*- und *n*Verteilungen, die wegen der vorausgesetzten Stromlosigkeit und des deshalb herrschenden thermischen

---

[1] Für Germanium und Zimmertemperatur gibt E. M. Conwell genauer $n_i = 2{,}4 \cdot 10^{13}\,\mathrm{cm}^{-3}$ an. Siehe Proc. Inst. Radio Engrs. 46 (1958) 1281, besonders Tab. III auf S. 1290.

[2] Die Indizes l und r in n_{Dl} und n_{Dr} bedeuten links und rechts.

Gleichgewichts symmetrisch zur Inversionsdichte $n_i \approx 10^{13}\,\mathrm{cm}^{-3}$ sind. Der darunter gezeichnete Potentialverlauf V ist wegen des BOLTZMANN-Prinzips (IV 6.11), wegen der *logarithmischen* Auftragung der Elektronenkonzentration n und der *linearen* Auftragung des Potentials V und

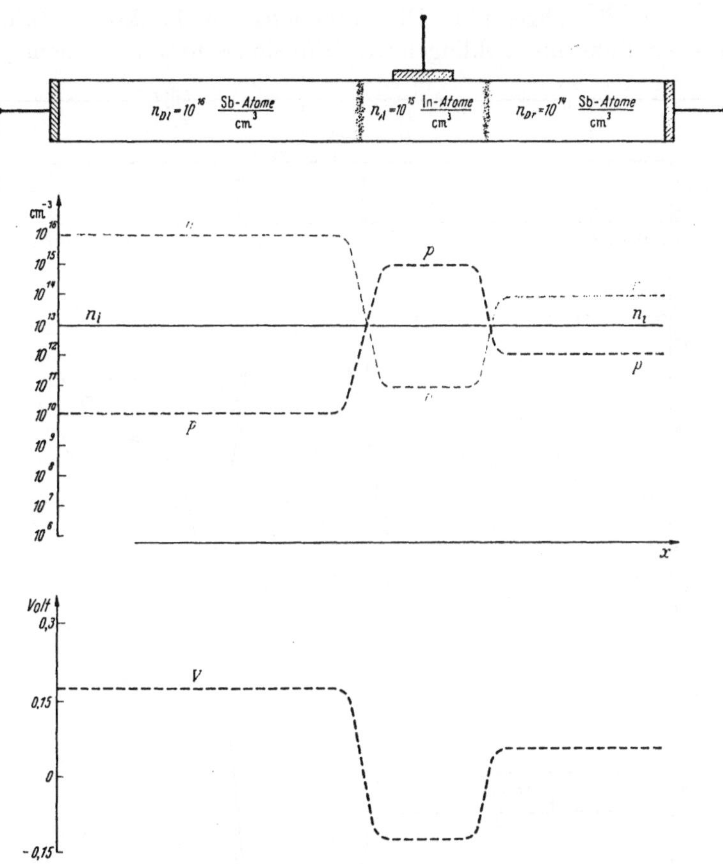

Abb. V 4.2 *npn*Transistor. Konzentrationsverteilungen und Potentialverlauf. Stromloser Zustand.

schließlich infolge der Wahl geeigneter Maßstäbe kongruent mit der Elektronenverteilung n.

Abb. V 4.3 zeigt die Veränderungen, die eintreten, wenn der linke *np*Übergang dadurch zum Emitter gemacht wird, daß an ihn eine Flußspannung $U_e = -0{,}078\ \text{Volt} \approx -3\,\frac{\mathrm{k}\,T}{e} = -3\,\mathfrak{V}$ gelegt wird, während der rechte *pn*Übergang als Collector durch Anlegen von $U_c = +0{,}3$ Volt Sperrspannung geschaltet wird. Innerhalb der Übergangszonen beider *pn*Übergänge haben die Konzentrationsverteilungen mit großer Annäherung trotz des Stromdurchgangs BOLTZMANN-Charakter[1].

Die Defektelektronenkonzentration p ist also im Punkte x_e um den Faktor $e^{\frac{e|U_e|}{kT}} = e^{-\frac{U_e}{\mathfrak{B}}}$ angehoben und im Punkte x_c um den Faktor $e^{-\frac{e|U_c|}{kT}} = e^{-\frac{U_c}{\mathfrak{B}}}$ abgesenkt. Die Anhebung im Punkte x_e führt zu einem nach links hin abklingenden Diffusionsschwanz, in dem p um

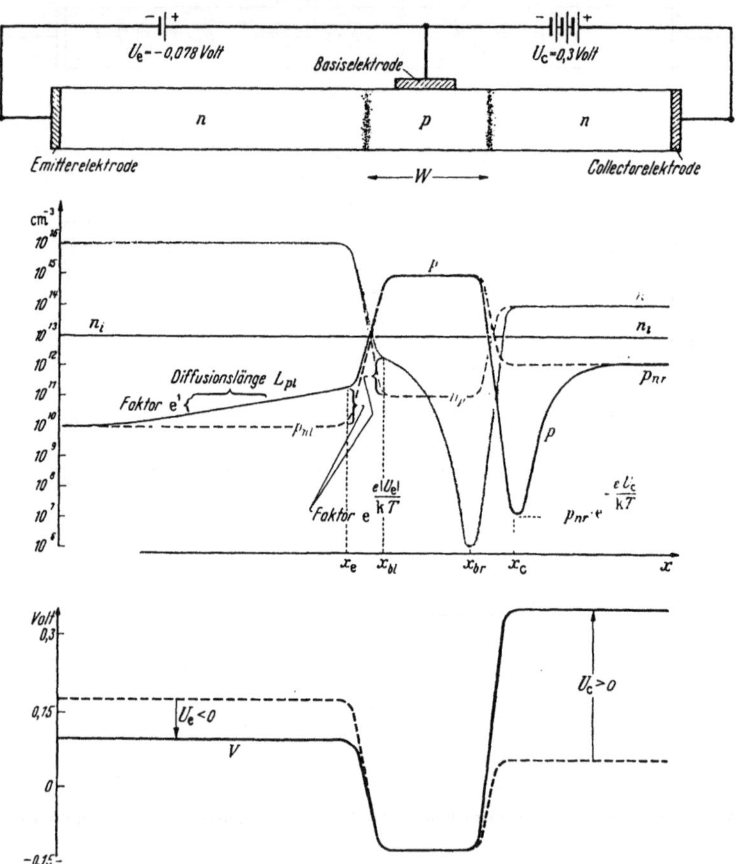

Abb. V 4.3 *npn*Transistor. Konzentrationsverteilungen und Potentialverlauf. Betriebszustand.

jeweils eine e-Potenz beim Durchlauf einer Diffusionslänge L_{pl} sinkt[2] und der den Defektelektronenanteil des Emitterstroms bestimmt. Bei Beurteilung der Absenkung im Punkte x_c muß man die logarithmische

[1] Siehe S. 148 und Abb. IV 8.1.

[2] Siehe S. 147. Im übrigen bedeuten wieder die Indizes l und r in L_{pl} und L_{pr} „links“ und „rechts“.

Auftragung von p im Auge behalten. Es handelt sich um einen Konzentrationsabfall von dem Wert p_{nr} auf einen Wert $p_{nr}\,e^{-\frac{e U_C}{kT}}$, der in diesem Zusammenhang praktisch gleich Null zu setzen ist. Dieser Abfall von rechts nach links vollzieht sich im wesentlichen[1] innerhalb von $1 \cdots 2$ Diffusionslängen L_{pr} und bestimmt den Defektelektronenanteil des Collectorstroms.

Die Anhebung der Elektronenkonzentration n im Punkte x_{bl} führt zu einem nach rechts hin abklingenden Diffusionsschwanz, der sich

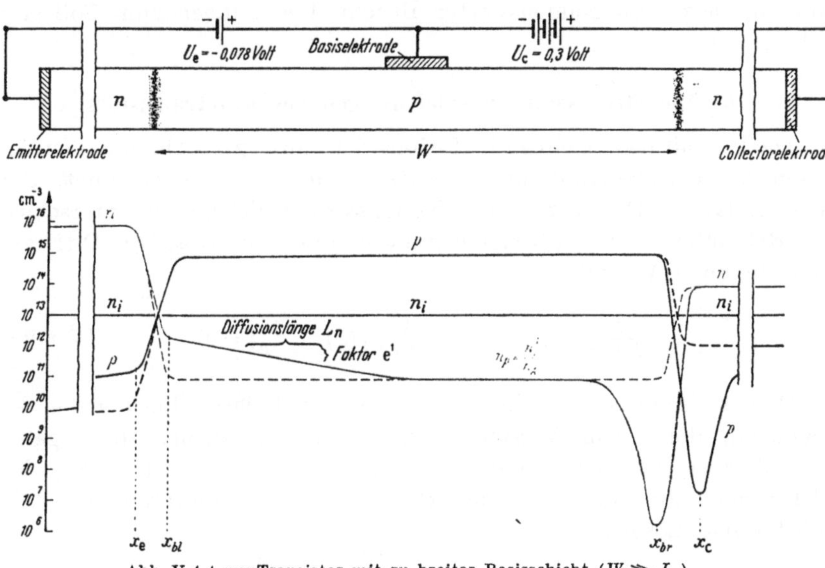

Abb. V 4.4 *npn*Transistor mit zu breiter Basisschicht ($W \gg L_n$).

eigentlich über einige Diffusionslängen L_n erstreckt. Der rechts anschließende Konzentrationsabfall von der Gleichgewichtsdichte $n_p = n_i^2/n_A$ im Innern des pTeils auf praktisch Null im Punkte x_{br} braucht eigentlich auch einige Diffusionslängen L_n. In Abb. V 4.3 haben wir im Gegensatz zu Abb. V 4.4 die Voraussetzung gemacht, daß die Breite W der pSchicht kleiner oder gleich der Diffusionslänge L_n ist, und so überlappen sich der linke Diffusionsschwanz und der rechte Diffusionsabfall, und Elektronen werden in einem einzigen Diffusionsvorgang vom Emitter links zum Collector rechts transportiert. Dann wird die auf den niedrigen Sättigungsstromwert beschränkte Elektronennachlieferung aus der pSchicht durch Injektion vom Emitter her aufgebessert bzw. gesteuert. Wir sehen aber jetzt schon, daß dies nur unter der Bedingung $W \leqq L_n$ möglich ist. Wird die pSchicht zu breit ($W \gg L_n$, Abb. V 4.4), so klingt

[1] Siehe Abb. IV 8.3, unten.

der linke Diffusionsschwanz ab, die Elektronenkonzentration n verläuft eine Strecke lang horizontal auf ihrem thermischen Gleichgewichtswert $n_p = n_i^2/n_{A^-}$, und dann erst setzt der Diffusionsabfall vor der Übergangszone zum Collector hin ein. In dem Teil der pSchicht, wo n jetzt horizontal verläuft, fließt praktisch ein reiner Defektelektronenstrom; denn die Elektronen mit ihrer niedrigen Konzentration könnten nennenswerte Beiträge zum Strom nur auf Grund eines in diesem Falle eben nicht vorhandenen Konzentrationsgefälles liefern. Die vom Emitter injizierten Elektronen sind längst durch Rekombination aufgezehrt worden, bevor ein nennenswerter Bruchteil von ihnen zum Collector gelangt ist.

b) Die Stromspannungsgleichungen des *npn*Transistors

Die Verhältnisse in einem Diffusions-Schwanz bzw. -Abfall haben wir schon bei der Behandlung der *pn*Gleichrichter durchgerechnet. Der Ansatz, daß die Divergenz des Diffusionsstroms gleich dem Unterschied von Rekombination und Neuerzeugung sein muß, führt auf die Differentialgleichung (IV 8.20)

$$\frac{d^2}{dx^2}\left[n(x) - n_p\right] - \frac{1}{L_n^2}\left[n(x) - n_p\right] = 0. \qquad \text{(IV 8.20)}$$

Damals konnten wir uns mit einer partikulären Lösung $\boldsymbol{A}\, e^{+\frac{x}{L_n}}$ begnügen, die einem Versickern des Elektronenstroms im negativ Unendlichen entspricht. Jetzt brauchen wir zur Beschreibung der Elektronenkonzentration in der pSchicht unseres *npn*Transistors die vollständige Lösung

$$n(x) - n_p = \boldsymbol{A}\, e^{+\frac{x}{L_n}} + \boldsymbol{B}\, e^{-\frac{x}{L_n}}. \qquad \text{(V 4.01)}$$

Die Integrationskonstanten $\boldsymbol{A}$ und $\boldsymbol{B}$ werden durch die Forderungen

$$n(x_{bl}) = n_p\, e^{-\frac{U_e}{\mathfrak{B}}} \qquad \text{(V 4.02)}$$

$$n(x_{br}) = n_p\, e^{-\frac{U_c}{\mathfrak{B}}} \qquad \text{(V 4.03)}$$

bestimmt. Es ergibt sich mit $x_{br} - x_{bl} \approx W$

$$n(x) = n_p\left[1 + \left(e^{-\frac{U_e}{\mathfrak{B}}} - 1\right)\frac{\sinh\frac{x_{br} - x}{L_n}}{\sinh\frac{W}{L_n}} + \left(e^{-\frac{U_c}{\mathfrak{B}}} - 1\right)\frac{\sinh\frac{x - x_{bl}}{L_n}}{\sinh\frac{W}{L_n}}\right]. \qquad \text{(V 4.04)}$$

Der Elektronenanteil I_{en} des Emitterstroms I_e berechnet sich als Diffusionsstrom im Punkte x_{bl}:

$$I_{en} = (-e)\, D_n \cdot [-n'(x_{bl})]\, A \tag{V 4.05}$$

$$= +e \frac{D_n}{L_n} n_p \left[-\left(e^{-\frac{U_e}{\mathfrak{B}}} - 1\right) \coth \frac{W}{L_n} + \left(e^{-\frac{U_c}{\mathfrak{B}}} - 1\right) \frac{1}{\sinh \frac{W}{L_n}} \right] A. \tag{V 4.06}$$

A bedeutet hierbei den Querschnitt („Area") des *npn*Transistors.

Benutzen wir in (V 4.06) die Nernst-Townsend-Einstein-Beziehung[1] $D_n = \mu_n \frac{\mathrm{k}T}{e} = \mu_n \mathfrak{B}$ und definieren wir folgende Leitwerte

$$e\, \mu_n\, n_p \frac{A}{L_n} \coth \frac{W}{L_n} = G_{lln} \tag{V 4.07}$$

$$e\, \mu_n\, n_p \frac{A}{L_n} \frac{1}{\sinh \frac{W}{L_n}} = G_{lrn}, \tag{V 4.08}$$

dann ergibt sich für den Elektronenanteil I_{en} des Emitterstroms I_e

$$I_{en} = -G_{lln}\, \mathfrak{B} \left(e^{-\frac{U_e}{\mathfrak{B}}} - 1\right) + G_{lrn}\, \mathfrak{B} \left(e^{-\frac{U_c}{\mathfrak{B}}} - 1\right). \tag{V 4.09}$$

Hier kommt noch ein Defektelektronenanteil I_{ep} hinzu; denn in den linken *n*Teil erstreckt sich ja ein Diffusionsschwanz

$$p(x) = p_{nl} + p_{nl} \left(e^{-\frac{U_e}{\mathfrak{B}}} - 1\right) e^{\frac{x - x_e}{L_{pl}}} \tag{V 4.10}$$

von Defektelektronen hinein, an dessen Anfang $x = x_e$ der Diffusionsstrom

$$I_{ep} = (+e)\, D_p \cdot [-p'(x_e)]\, A = -e\, \mu_p\, p_{nl} \frac{A}{L_{pl}} \mathfrak{B} \left(e^{-\frac{U_e}{\mathfrak{B}}} - 1\right) \tag{V 4.11}$$

oder

$$I_{ep} = -G_{llp}\, \mathfrak{B} \left(e^{-\frac{U_e}{\mathfrak{B}}} - 1\right) \tag{V 4.12}$$

fließt. Hierbei ist der „Leitwert"

$$G_{llp} = e\, \mu_p\, p_{nl} \frac{A}{L_{pl}} \tag{V 4.13}$$

eingeführt worden. Im ganzen folgt also für den Emitterstrom $I_e = I_{en} + I_{ep}$ mit Hilfe der Gl. (V 4.09) und (V 4.12)

$$I_e = +G_{ll}\, \mathfrak{B} \left(1 - e^{-\frac{U_e}{\mathfrak{B}}}\right) - G_{lr}\, \mathfrak{B} \left(1 - e^{-\frac{U_c}{\mathfrak{B}}}\right) \tag{V 4.14}$$

---

[1] Siehe Gl. (VIII 4.10) auf S. 424 und auch auf S. 119 und 120 die Gln. (IV 2.10), (IV 2.11) und (IV 2.12).

und entsprechend für den Collectorstrom

$$I_c = -G_{rl}\,\mathfrak{V}\left(1 - e^{-\frac{U_e}{\mathfrak{V}}}\right) + G_{rr}\,\mathfrak{V}\left(1 - e^{-\frac{U_c}{\mathfrak{V}}}\right) \tag{V 4.15}$$

mit den Leitwerten

$$G_{ll} = G_{lln} + G_{llp} = +e\,\mu_n\,n_p\,\frac{A}{L_n}\coth\frac{W}{L_n} + e\,\mu_p\,p_{nl}\,\frac{A}{L_{pl}} \tag{V 4.16}$$

$$G_{lr} = G_{lrn} \qquad = +e\,\mu_n\,n_p\,\frac{A}{L_n}\,\frac{1}{\sinh\frac{W}{L_n}} \tag{V 4.17}$$

$$G_{rl} = G_{rln} \qquad = +e\,\mu_n\,n_p\,\frac{A}{L_n}\,\frac{1}{\sinh\frac{W}{L_n}} \tag{V 4.18}$$

$$G_{rr} = G_{rrn} + G_{rrp} = +e\,\mu_n\,n_p\,\frac{A}{L_n}\coth\frac{W}{L_n} + e\,\mu_p\,p_{nr}\,\frac{A}{L_{pr}}. \tag{V 4.19}$$

Ersetzen wir in (V 4.14) und (V 4.15) I_e durch $I_e + i_e$, I_c durch $I_c + i_c$, U_e durch $U_e + u_e$ und U_c durch $U_c + u_c$, entwickeln wir weiter auf der rechten Seite nach den kleinen[1] Größen u_e und u_c und berücksichtigen schließlich (V 4.14) und (V 4.15), so ergeben sich für die kleinen Schwankungen i_e, u_e, ... um die Ruhelage I_e, U_e, ... die Gleichungen

$$i_e = +G_{ll}\,e^{-\frac{U_e}{\mathfrak{V}}}\,u_e - G_{lr}\,e^{-\frac{U_c}{\mathfrak{V}}}\,u_c = +g_{11}\,u_e - g_{12}\,u_c \tag{V 4.20}$$

$$i_c = -G_{rl}\,e^{-\frac{U_e}{\mathfrak{V}}}\,u_e + G_{rr}\,e^{-\frac{U_c}{\mathfrak{V}}}\,u_c = -g_{21}\,u_e + g_{22}\,u_c. \tag{V 4.21}$$

c) Transportfaktor β und Gehaltsfaktoren γ_e und γ_c beim *npn*Transistor

Die entwickelten Gleichungen geben uns die Möglichkeit, unsere qualitativen Vorstellungen von der Wirkungsweise des *npn*Transistors quantitativ zu verschärfen. Der Emitter hat die Aufgabe, nach Maßgabe einer Emitterspannungsschwankung u_e eine Elektronenmenge zum Collector hin zu emittieren. Dieser Aufgabe wird er um so besser gerecht, je mehr *Elektronen* der von u_e allein veranlaßte Emitterstrom

$$[i_e]_{u_c=0} = g_{11}\,u_e = (G_{lln} + G_{llp})\,e^{-\frac{U_c}{\mathfrak{V}}}\,u_e$$

enthält. Ein Maß für die Güte des Emitters ist also der „Gehaltsfaktor oder Emitterwirkungsgrad γ_e"

$$\gamma_e = \frac{[i_{en}]_{u_c=0}}{[i_e]_{u_c=0}} = \frac{G_{lln}}{G_{lln} + G_{llp}} = \frac{G_{lln}}{G_{ll}} < 1. \tag{V 4.22}$$

[1] Für die Zulässigkeit dieser Entwicklung müssen nicht etwa die Bedingungen $u_e \ll U_e$ und $u_c \ll U_c$ erfüllt werden, sondern entscheidend sind die Forderungen $u_e \ll \mathfrak{V}$, $u_c \ll \mathfrak{V}$.

Es wird sich später als zweckmäßig erweisen, einen entsprechenden Gehaltsfaktor

$$\gamma_c = \frac{G_{rrn}}{G_{rr}} < 1 \tag{V 4.23}$$

auch für den Collector einzuführen [Collectorwirkungsgrad].

Die Wirksamkeit des Emitters ist durch einen genügenden Gehalt an Elektronen noch keineswegs gesichert. Die emittierten Elektronen müssen vielmehr auch vom Collector eingefangen werden und dürfen nicht vorher durch Rekombination verlorengehen. Ein Maß für das richtige Funktionieren des Transistors in diesem Zusammenhang ist also der Quotient des am Collector ankommenden Elektronenstroms[1] $[-i_{cn}]_{u_c=0}$ und des vom Emitter emittierten Elektronenstroms $[i_{en}]_{u_c=0}$. Der „Einfang- oder Transportfaktor β" ist also durch

$$\beta = \frac{[-i_{cn}]_{u_c=0}}{[i_{en}]_{u_c=0}} = \frac{+G_{rln}}{G_{lln}} = \frac{1}{\cosh\frac{W}{L_n}} \tag{V 4.24}$$

gegeben.

Wir sehen, daß

$$\beta = \frac{1}{\cosh\frac{W}{L_n}} \leqq 1 \tag{V 4.25}$$

ist und daß der optimale Wert 1 an $W \ll L_n$ gebunden ist, wie wir dies weiter oben auf S. 195 und 196 schon in qualitativer Weise ermittelt haben.

Mit dem Transportfaktor β und den Gehaltsfaktoren γ_e und γ_c lassen sich die Stromspannungsgleichungen des *npn*Transistors noch etwas umformen. Aus (V 4.22) folgt zunächst

$$G_{ll} = \frac{1}{\gamma_e} G_{lln} \tag{V 4.26}$$

und daraus weiter mit (V 4.07)

$$G_{ll} = \frac{1}{\gamma_e} e\,\mu_n\,n_p \frac{A}{L_n} \coth\frac{W}{L_n} = \frac{1}{\gamma_e} \cosh\frac{W}{L_n}\, e\,\mu_n\,n_p \frac{A}{L_n} \frac{1}{\sinh\frac{W}{L_n}}. \tag{V 4.27}$$

Mit der Definition

$$G = e\,\mu_n\,n_p \frac{A}{L_n} \frac{1}{\sinh\frac{W}{L_n}} \tag{V 4.28}$$

und mit dem Transportfaktor (V 4.24) kommt schließlich

$$G_{ll} = \frac{1}{\beta\,\gamma_e} G. \tag{V 4.29}$$

[1] Das Minuszeichen wird dadurch nötig, daß für i_c die entgegengesetzte Richtung wie für i_e positiv definiert ist.

Entsprechend ergibt sich

$$G_{rr} = \frac{1}{\beta \gamma_c} G, \tag{V 4.30}$$

während (V 4.17) und (V 4.18) zusammen mit (V 4.28)

$$G_{lr} = G_{rl} = G \tag{V 4.31}$$

liefern. Die Stromspannungsgleichungen (V 4.14) und (V 4.15) bzw. (V 4.20) und (V 4.21) werden dann

$$I_e = +\frac{1}{\beta \gamma_e} G \mathfrak{B}\left(1 - e^{-\frac{U_e}{\mathfrak{B}}}\right) - G \mathfrak{B}\left(1 - e^{-\frac{U_c}{\mathfrak{B}}}\right) \tag{V 4.32}$$

$$I_c = - G \mathfrak{B}\left(1 - e^{-\frac{U_e}{\mathfrak{B}}}\right) + \frac{1}{\beta \gamma_c} G \mathfrak{B}\left(1 - e^{-\frac{U_c}{\mathfrak{B}}}\right) \tag{V 4.33}$$

bzw.

$$i_e = +\frac{1}{\beta \gamma_e} G e^{-\frac{U_e}{\mathfrak{B}}} u_e - G e^{-\frac{U_c}{\mathfrak{B}}} u_c \tag{V 4.34}$$

$$i_c = - G e^{-\frac{U_e}{\mathfrak{B}}} u_e + \frac{1}{\beta \gamma_c} G e^{-\frac{U_c}{\mathfrak{B}}} u_c. \tag{V 4.35}$$

d) Stromverstärkung und Spannungsverstärkung beim *npn*Transistor[1]

Weiteren Einblick in die Wirkungsweise des *npn*Transistors erhalten wir, wenn wir aus den Stromspannungsgleichungen (V 4.34) und (V 4.35) die Stromverstärkung α_b der in Abb. V 4.5 gezeichneten Basisschaltung berechnen. Bei sekundärseitigem Kurzschluß ($u_c = 0$) ergibt sich für das Verhältnis der Stromamplituden i_c und i_e

$$\alpha_b = \left(\frac{-i_c}{i_e}\right)_{u_c=0} = \beta \gamma_e. \tag{V 4.36}$$

Diese Strom„verstärkung" α_b kann höchstens den Wert 1 erreichen, nämlich, wenn Transportfaktor β und Emitterwirkungsgrad γ_e ihre optimalen Werte 1 haben. Das kann aber niemals exakt erreicht werden, und deshalb liefert der *npn*Transistor in der Basisschaltung der Abb. V 4.5 eigentlich keine Strom*verstärkung*. Dagegen ist die Spannungsverstärkung groß. Bei collectorseitigem Leerlauf ($i_c = 0$) berechnet man aus (V 4.35) für das Verhältnis der Spannungsamplituden u_c und u_e

$$\left(\frac{u_c}{u_e}\right)_{i_c=0} = +\beta \gamma_c e^{+\frac{1}{\mathfrak{B}}(U_c - U_e)}. \tag{V 4.37}$$

Nun ist $U_c > 0$ und $U_e < 0$; im ganzen ist $U_c - U_e \gg \mathfrak{B} = 26\,\text{mV} > 0$, so daß der Exponentialfaktor groß gegen 1 ist. Selbst wenn β und γ_c

[1] Siehe hierzu auch § 7.

nicht ihre optimalen Werte 1 haben, ergeben sich immer noch große Spannungsverstärkungen, so daß bei nicht allzu schlechter Strom-„verstärkung“ α_b immer noch Leistungsverstärkung eintritt. Immerhin ist es eine wesentliche Aufgabe für den Hersteller von Transistoren, dafür zu sorgen, daß die Stromverstärkung α_b ihrem optimalen Wert 1 möglichst nahe kommt.

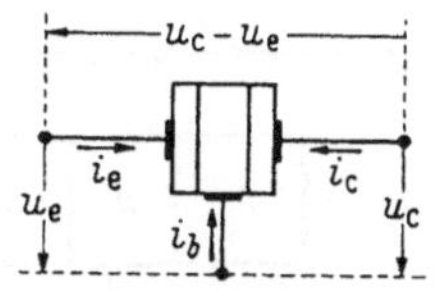

Außer der Basisschaltung kann auch noch die Emitter- und die Collectorschaltung gewählt werden (Abb. V 4.5). In der Emitterschaltung wird mit dem Basisstrom i_b gesteuert, und als Stromverstärkung α_e hat man demnach

$$\alpha_e = \left(\frac{i_c}{i_b}\right)_{u_c=0} \tag{V 4.38}$$

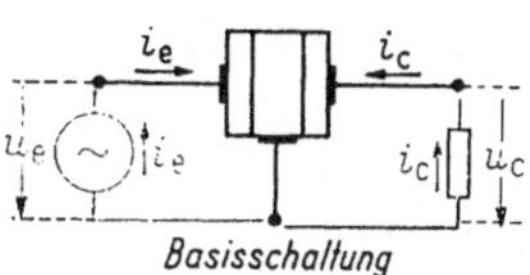

Basisschaltung

zu definieren[1]. Benutzt man in der KIRCHHOFFschen Knotengleichung

$$i_b + i_e + i_c = 0 \tag{V 4.39}$$

die Gl. (V 4.36), so erhält man

$$i_b + \left(-\frac{1}{\alpha_b} + 1\right) i_c = 0, \tag{V 4.40}$$

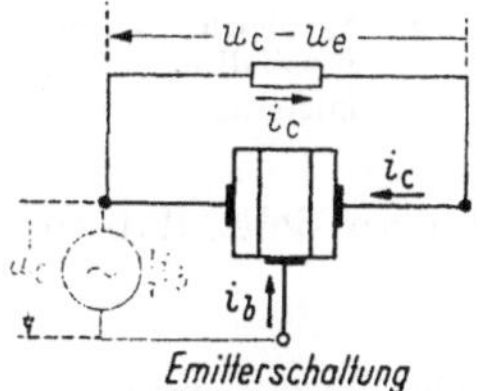

Emitterschaltung

und zwischen α_b und α_e ergibt sich folgender Zusammenhang

$$\left(\frac{i_c}{i_b}\right)_{u_c=0} = \alpha_e = \frac{\alpha_b}{1-\alpha_b}. \tag{V4.41}$$

Wegen $\alpha_b \approx 1$ wird $\alpha_e \ll 1$.

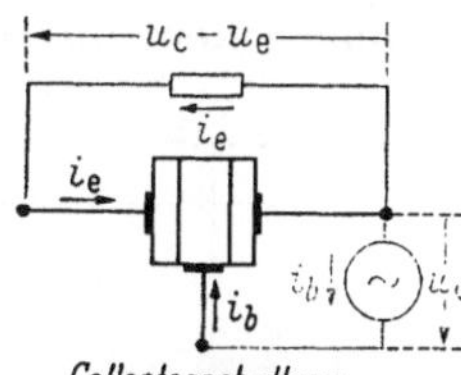

Collectorschaltung

Abb. V 4.5 Die verschiedenen Transistorschaltungen. Grün: Eingangs- oder Signalkreis. Rot: Ausgangs- oder Lastkreis.

Als Spannungsverstärkung ist jetzt $\frac{u_c - u_e}{u_e}$ zu berechnen. Wegen $|u_e| \ll |u_c|$ ändert sich aber hier gegenüber der Spannungsverstärkung u_c/u_e der Basisschaltung nicht viel. In Emitterschaltung zeigt der *npn*Transistor daher sowohl große Spannungs- wie große Stromverstärkung. Man wird aber vermuten, daß dieser Vorteil der Emitterschaltung gegenüber der Basisschaltung mit irgendeinem Nachteil erkauft werden muß, und tatsächlich ist auch die Grenzfrequenz in Emitterschaltung um so viel niedriger als in Basisschaltung, daß das Produkt Leistungsverstärkung mal Grenzfrequenz in beiden Schaltungen denselben Wert hat. Da wir uns in diesem Buch aber mit Frequenzfragen überhaupt nicht beschäftigen können, müssen wir hier abbrechen.

[1] Man könnte hier darauf hinweisen, daß die Wechselspannung am Ausgang der Emitterschaltung $u_c - u_e$ und nicht mehr u_c wie bei der Basisschaltung ist und daß infolgedessen in der Definition (V 4.38) sinngemäß die Nebenbedingung $u_c - u_e = 0$ und nicht $u_c = 0$ zu stellen wäre. Eine Durchrechnung beider Definitionen zeigt aber, daß der Unterschied völlig zu vernachlässigen ist. Vorausgesetzt werden dabei die normalen Werte $U_c \gg \mathfrak{B} > 0$ und $U_e < 0$ für die Gleichvorspannungen, so daß in extremem Maße $\exp[-(U_c - U_e)/\mathfrak{B}] \ll 1$ ist.

e) Der Idealfall $\beta = 1, \quad \gamma_e = 1, \quad \gamma_c = 1$

Zwischen der Wirkungsweise eines Transistors und einer Vakuumröhre besteht eine nicht nur äußerliche Analogie. Wir erkennen sie am besten, wenn wir beim Transistor den Idealfall

$$\beta = 1, \qquad \gamma_e = 1, \qquad \gamma_c = 1$$

betrachten.

Abb. V 4.6 Vergleich des *npn*Transistors im Idealfall $\gamma_c = 1$, $\gamma_e = 1$, $\beta = 1$ mit einer Vakuumröhre.

Die Stromspannungsgleichungen (V 4.34) und (V 4.35) nehmen dann die Gestalt an

$$i_e = \quad G e^{-\frac{U_e}{\mathfrak{B}}} u_e - G e^{-\frac{U_c}{\mathfrak{B}}} u_c \tag{V 4.42}$$

$$i_c = - G e^{-\frac{U_e}{\mathfrak{B}}} u_e + G e^{-\frac{U_c}{\mathfrak{B}}} u_c, \tag{V 4.43}$$

und man sieht, daß die Basis unabhängig von u_e und u_c stromlos wird:

$$i_b = -(i_e + i_c) \equiv 0. \tag{V 4.44}$$

Der jetzt betrachtete Sonderfall zeigt eine gewisse Analogie zwischen *npn*Transistor und Vakuumröhre, und zwar entspricht wegen der Stromlosigkeit die Basis dem Steuergitter, wegen der Emission der

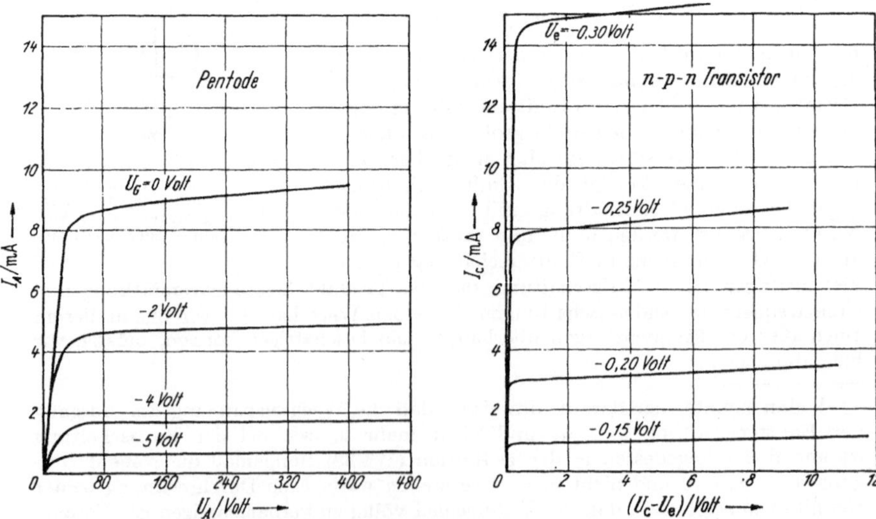

Abb. V 4.7 Vergleich des Kennlinienfeldes einer Pentode mit dem Kennlinienfeld eines *npn*Transistors.

Emitter der Kathode und wegen des Einfangens der Collector der Anode (s. Abb. V 4.6).

Schreiben wir (V 4.43) in der Form

$$i_c = G\left[e^{-\frac{U_e}{\mathfrak{B}}} - e^{-\frac{U_c}{\mathfrak{B}}}\right]\left\{(-u_e) + \frac{e^{-\frac{U_c}{\mathfrak{B}}}}{e^{-\frac{U_e}{\mathfrak{B}}} - e^{-\frac{U_c}{\mathfrak{B}}}}(u_c - u_e)\right\},$$

so sehen wir an Hand von Abb. V 4.6 und durch Vergleich mit der Röhrengleichung[1]

$$i_A = S\{u_G + D\,u_A\},$$

daß der „Durchgriff"

$$D = \frac{1}{e^{\frac{1}{\mathfrak{B}}(U_c - U_e)} - 1} \approx e^{-\frac{1}{\mathfrak{B}}(U_c - U_e)} \ll 1$$

ist. Wegen dieses außerordentlich kleinen Durchgriffs ist in bezug auf die Kennlinie eine starke Ähnlichkeit mit einer Pentode vorhanden. Diese Ähnlichkeit besteht übrigens unabhängig von dem eben behandelten Sonderfall (s. Abb. V 4.7) und beruht auf dem Sättigungscharakter des Collectorstroms[2].

§ 5. Reale Transistoren

Wenn man die Eigenschaften realer Transistoren mit der im vorigen § 4 gegebenen Theorie vergleicht, so bemerkt man neben einer allgemeinen qualitativen Übereinstimmung doch einige sehr auffällige quantitative Unterschiede. Als erstes nennen wir eine ausgeprägte Stromabhängigkeit des Verstärkungsfaktors α_e, über deren Ursachen wir in § 6 berichten wollen. Weiter zeigen die Collector-Sperrkennlinien $I_c = f(U_{ce})$ nicht nur zusammenbruchartige Steilanstiege, was man ja bei Überschreiten gewisser Spannungswerte erwartet, sondern die (I_c, U_{ce})-Kennlinien haben darüber hinaus häufig rückläufigen Charakter. Beides kann mit der auf S. 171 und 172 erwähnten Lawinenbildung in der Collectorsperrschicht zusammenhängen (§ 7, S. 209). Es muß in diesem Zusammenhang aber auch darauf geachtet werden, daß in Transistoren zur Erzielung einer hohen Stromverstärkung die Basis meist recht dünn gemacht wird und daß deshalb die Dicke der Collectorsperrschicht nicht mehr in allen Fällen vernachlässigt werden darf. Sie vermag im Gegenteil mit steigender Sperrspannung größere und immer größere

---

[1] I_A = Anodenstrom, U_A = Anodenspannung, U_G = Gitterspannung, S = Steilheit, D = Durchgriff. i_A, u_A und u_G sind die Wechselanteile von I_A, U_A und U_G.

[2] Bezüglich des Vergleichs *npn*Transistor einerseits und Vakuumröhre andererseits s. auch L. J. GIACOLETTO: Proc. Inst. Radio Engrs. 40 (1952) 1490. Von dort sind auch die Angaben entnommen, die der Abb. V 4.7 zugrunde liegen.

Teile der Basis auszufüllen, bis sie schließlich die Emitterraumladungsschicht berührt (punch through), was ähnlich wie die Lawinenbildung zu Steilanstiegen des Collectorstroms führt[1]. Eine Gegenmaßnahme ist die Konstruktion der sog. *pnip*Transistoren nach J. M. EARLY[2] (§ 8).

§ 6. Die Stromabhängigkeit des Stromverstärkungsfaktors α_e

In Abb. V 6.1 sehen wir, daß der Stromverstärkungsfaktor α_e eines *npn*Leistungstransistors aus Silizium in Abhängigkeit vom Emitterstrom I_e ein ausgesprochenes Maximum zeigt. Das steht in Widerspruch zu der in § 4 vorgetragenen Theorie. Nach (V 4.25) ist nämlich der Transportfaktor β stromunabhängig, und das gleiche gilt nach (V 4.22), (V 4.07) und (V 4.16) auch für den Emitterwirkungsgrad γ_e. Dann dürfte aber das Produkt $\alpha_b = \beta\,\gamma_e$ und schließlich $\alpha_e = \alpha_b/(1-\alpha_b)$ auch keine Variation mit dem Emitterstrom I_e zeigen. Wenn das nach Abb. V 6.1 doch der Fall ist, so liegt das daran, daß reale Transistoren eine Reihe von Voraussetzungen nicht erfüllen, die in § 4 gemacht worden sind.

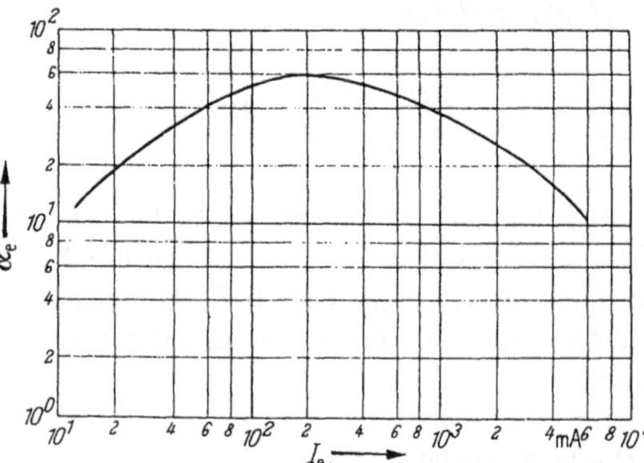

Abb. V 6.1 Abhängigkeit der Stromverstärkung α_e vom Emitterstrom I_e. Siliziumtransistor.

Als erstes ist hier anzuführen[3], daß in *pn*Übergängen aus Silizium bei schwacher Belastung die in § 4 völlig vernachlässigte Rekombination in der Raumladungszone die Rekombination in den Diffusionsschwänzen überwiegt. Auf den vorliegenden *npn*Transistor angewendet, bedeutet das, daß der Elektronenstrom aus dem hochdotierten *n*Emitter schon zu einem beträchtlichen Anteil in der Raumladungszone zwischen Emitter und Basis versickert, ohne überhaupt in die Basis, geschweige denn bis zum Collector vorzudringen. Der wirklich in die Basis emittierte Anteil des Emitterstroms ist relativ gering. Der Emitterwirkungsgrad γ_e ist schlecht, und die Stromverstärkung $\alpha_b = \beta\,\gamma_e$ ist *erheblich* kleiner als 1, und dementsprechend sind die Werte $\alpha_e = \alpha_b/(1-\alpha_b)$ relativ

[1] EARLY, J. M.: Proc. IRE 40 (1953) 1401.
[2] EARLY, J. M.: Bell Syst. Techn. J. 32 (1954) 517.
[3] Siehe C. T. SAH, R. N. NOYCE u. W. SHOCKLEY: Proc. IRE 45 (1957) 1228, namentlich S. 1235.

niedrig. Mit steigendem Emitterstrom I_e verschwindet aber diese Erscheinung[1], und α_e steigt.

Dann aber erreichen mit noch weiter steigendem I_e die Trägerkonzentrationen in der Basis Werte von $n = p \approx 10^{15}\,\text{cm}^{-3}$. Genaue Analysen von Gleichrichterkennlinien haben gezeigt[2], daß bei solchen Konzentrationswerten die Volumenrekombination zu wachsen beginnt, was sich in einer Abnahme der ambipolaren Diffusionslänge L ausdrückt. Nach (V 4.25) nimmt dann der Transportfaktor β ab, und $\alpha_b = \beta\,\gamma_e$ sinkt wieder.

Hieran ist bei der oben betrachteten Transistortype aus Silizium wirklich nur β und nicht γ_e Schuld. Die Dotierung des Emitters beträgt nämlich $3 \cdots 5 \cdot 10^{19}\,\text{cm}^{-3}$. Solche hohen Werte erreichen die Konzentrationen $p \approx n$ in der Basis niemals. Auch bei den stärksten in der Praxis vorkommenden Strombelastungen ist die Injektion in die Basis dazu nicht stark genug. Solange aber die Konzentration am emitterseitigen Rand der Basis noch klein gegen die Dotierungskonzentration im Emitter ist, bleibt nach S. 164 der Emitterwirkungsgrad $\gamma_e \approx 1$. Das Absinken der Stromverstärkungen α_b und α_e bei großen Emitterströmen I_e ist also bei dem vorliegenden Siliziumtransistor allein eine Folge der verstärkten Volumenrekombination und des daraus resultierenden Absinkens des Transportfaktors β.

Bei dem der Abb. V 6.2 zugrunde liegenden Germaniumtransistor[3] ist das anders. Hier ist die Emitterdotierung so schwach, daß sie bei großen Strombelastungen von den Basiskonzentrationen erreicht wird und daß dann nach S. 164 der Emitterwirkungsgrad γ_e sinkt. Es hat sich gezeigt[3], daß man mit gallium- und aluminiumhaltigem Indium größere Emitterdotierungen erzielt als mit reinem Indium. Das Absinken von γ_e und damit auch von α_b und α_e tritt dann erst bei größeren Strömen ein und hat auch nur ein geringeres Ausmaß (s. Abb. V 6.3). Ein Absinken der Lebensdauer τ (oder der Diffusionslänge L) infolge zunehmender Volumenrekombination bei starken Injektionen wurde bei diesen Germaniumtransistoren nicht beobachtet[4]. Die Abnahme von γ_e ist hier also allein die Ursache für das Absinken der Stromverstärkun-

---

[1] Die Auswirkung dieses Effektes auf die Sperrkennlinien von Gleichrichtern haben wir auf den S. 176 und 177 besprochen.

[2] Herlet, A.: Z. angew. Phys. 9 (1957) 155, namentlich Abb. 6.

[3] Armstrong, L. D., C. D. Carlson u. M. Bentivegna: RCA Review 17 (1956) 37. Siehe auch in dem Sammelband „Transistors I", RCA Laboratories, Princeton, N. J. 1956, S. 144.

[4] Siehe Armstrong et alii: Fig. 3. In diesen Transistoren aus Germanium steigt die Lebensdauer τ sogar mit steigender Injektion, um bei starken Injektionen einen hohen Wert konstant beizubehalten. Das kann aber bei einer anderen Herstellungsweise und bei Silizium schon wieder ganz anders aussehen. Vgl. z. B. Abb. 6 und Abb. 3 bei A. Herlet: Z. angew. Phys. 9 (1957) 155.

gen α_b und α_e, gerade umgekehrt wie bei dem oben betrachteten Siliziumtransistor, bei dem γ_e konstant blieb und β mit steigendem I_e abnahm.

Der anfängliche Anstieg von α_b und α_e bei *kleinen* I_e-Werten wird bei den betrachteten *pnp*Germaniumtransistoren folgendermaßen

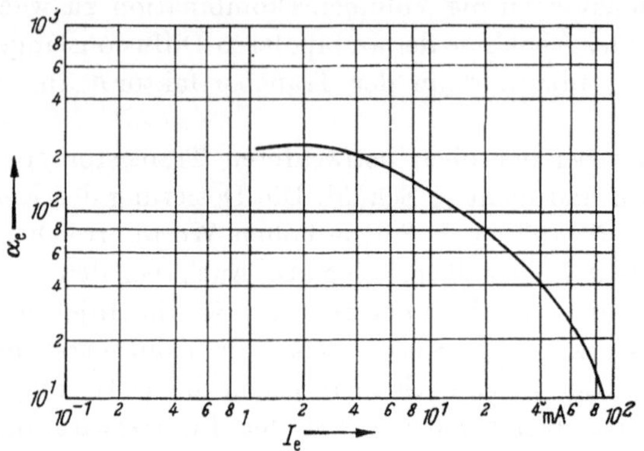

Abb. V 6.2 Abhängigkeit der Stromverstärkung α_e vom Emitterstrom I_e. Germaniumtransistor.

erklärt[1,2]. Die Rekombination in der Basis ist proportional der Abweichung $p - p_n$ der Minoritätsträgerkonzentration p von ihrem Gleichgewichtswert p_n. Die Abweichungen $p - p_n$ sind am Emitter viel stärker als am Collector, wo p ja nicht stärker als bis auf den Wert Null abgesenkt werden kann, während am emitterseitigen Rand der

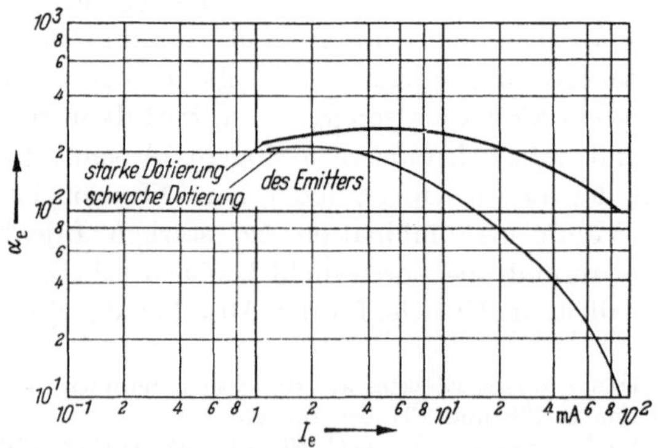

Abb. V 6.3 Abhängigkeit der Stromverstärkung α_e vom Emitterstrom I_e. Germaniumtransistor mit stärker dotiertem Emitter. Zum Vergleich die Kurve aus Abb. V 6.2.

Basis theoretisch beliebig große Werte $p_e \gg p_n$ möglich sind. Es ist also wohl verständlich, daß genauere Rechnungen im *wesentlichen*

---

[1] Webster, W. M.: Proc. IRE 42 (1954) 914.

[2] Matz, A. W.: Proc. IRE 46 (1958) 616. Dort auch weitere Literatur.

ergeben, daß der durch Rekombination verlorengehende Stromanteil I_R proportional p_e ist. Freilich steigt unter diesen Annahmen auch der Emitterstrom I_e proportional p_e, und deshalb ist der Quotient I_R/I_e, also das Defizit $1 - \beta$ des Transportfaktors β, zunächst unabhängig von p_e. Der Proportionalitätsfaktor zwischen I_e und p_e nimmt aber beim Übergang von schwachen zu starken Injektionen um einen Faktor 2 zu (s. den folgenden Kleindruck), um den dann

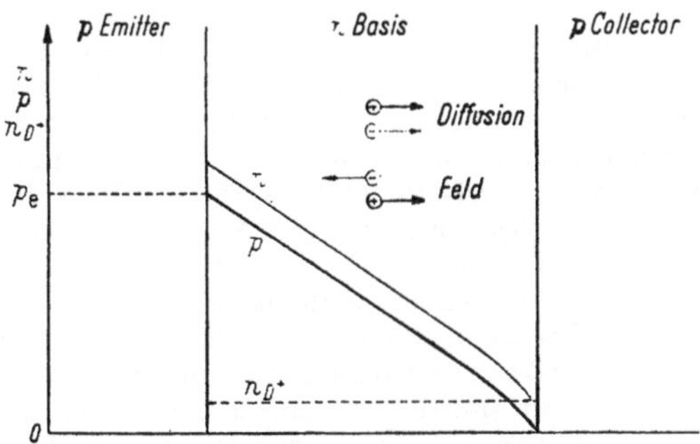

Abb. V 6.4 *pnp*Transistor. Diffusions- und Feldströme bei starker Injektion.

der Quotient I_R/I_e, also das Defizit $1 - \beta$ abnimmt, so daß β selbst zunimmt. Auf dieses Ansteigen des Transportfaktors beim Übergang zu starken Injektionen wird das anfängliche Steigen von α_b und α_e zurückgeführt[1].

Daß bei gleichem p_e die Emitterstromdichte I_e doppelt so groß wird, wenn die Injektion von „schwach" zu „stark" übergeht, liegt daran, daß bei starker Injektion der Emitterstrom nicht mehr als reiner Diffusionsstrom geführt wird, sondern daß in der Basis ein schwaches elektrisches Feld noch einmal den gleichen Stromanteil wie die Diffusion liefert. Im einzelnen sieht man das folgendermaßen ein.

In der Basis eines *pnp*Transistors fällt die Defektelektronendichte vom Wert p_e am Emitter auf einen Wert ≈ 0 am Collector ab (s. Abb. V 6.4). In diesem Konzentrationsgefälle

$$p'(x) < 0 \qquad \text{(V 6.01)}$$

fließt durch Diffusion von links nach rechts eine Defektelektronenstromdichte

$$i_{p_{\text{Diff}}} = +e\,D_p \cdot [-p'(x)] = -e\,D_p\,p'(x) > 0. \qquad \text{(V 6.02)}$$

Wegen der Quasineutralität

$$n(x) = p(x) + n_{D^+} \qquad \text{(V 6.03)}$$

[1] Bei WEBSTER wird in diesem Zusammenhang immer nur von der — bei schwachen Strombelastungen allerdings beherrschenden — Oberflächenrekombination gesprochen. Daß die gleiche Argumentation aber auch für die Volumenrekombination genauso gilt, hat E. R. HAURI erkannt [s. Technische Mitteilungen PTT, herausgegeben von der Schweizerischen Post-, Telegraphen- und Telephonverwaltung 34 (1958) 441, namentlich S. 449 Gln. (49) u. (50)].

hat die Elektronenkonzentration $n(x)$ das gleiche Konzentrationsgefälle von links nach rechts

$$n'(x) = p'(x) < 0. \tag{V 6.04}$$

Durch Diffusion fließen deshalb auch Elektronen nach rechts und erzeugen dabei mit ihrer negativen Ladung $-e$ eine negative Elektronenstromdichte

$$i_{n_{\text{Diff}}} = (-e)\, D_n \cdot [-n'(x)] = +e\, D_n\, n'(x) < 0 \tag{V 6.05}$$

oder mit (V 6.04)

$$i_{n_{\text{Diff}}} = +e\, D_n\, p'(x) < 0. \tag{V 6.06}$$

In der Basis eines guten *pnp*Transistors überragt aber das Strömen der Defektelektronen vom Emitter zum Collector alle anderen Vorgänge. Insbesondere sind etwaige Elektronenströmungen an den Übergängen Basis-Emitter und Basis-Collector zu vernachlässigen, denn Emitter- und Collectorwirkungsgrad γ_e und γ_c dürfen ja in einem guten Transistor nur wenig hinter ihrem Idealwert 1 zurückbleiben. Trotzdem könnten Elektronen in großer Menge durch die dritte Elektrode — durch den eigentlichen Basiskontakt also — strömen, wenn nämlich innerhalb des Basisgebietes viele Elektronen pro Zeiteinheit durch Rekombination verloren gingen. In einem guten Transistor soll aber nach S. 195, 196 und 199[1] auch diese letzte Ursache für eine Elektronenströmung zur und innerhalb der Basis zu vernachlässigen sein. Will man also das *wesentliche* Geschehen in einem Transistor herausarbeiten, so setzt man zweckmäßigerweise den Elektronenstrom gleich Null:

$$i_n = 0 \text{ für alle Punkte } x \text{ in der Basis } 0 < x < W. \tag{V 6.07}$$

Aus (V 6.06) und (V 6.07) folgt also, daß der Diffusionsstrom (V 6.06) durch einen positiven Feldstrom

$$i_{n_{\text{Feld}}} = e\, \mu_n\, n(x)\, \mathfrak{E}(x) \tag{V 6.08}$$

gerade kompensiert werden muß:

$$-i_{n_{\text{Diff}}} = -e\, D_n\, p'(x) = +i_{n_{\text{Feld}}} = e\, \mu_n\, n(x)\, \mathfrak{E}(x). \tag{V 6.09}$$

Dazu muß also durch minimale Abweichungen von der Neutralität (V 6.03) eine Feldstärke

$$\mathfrak{E}(x) = -\frac{D_n\, p'(x)}{\mu_n\, n(x)} > 0 \tag{V 6.10}$$

aufgebaut werden, die dann aber nicht nur mit $n(x)$, sondern auch mit der Defektelektronenkonzentration $p(x)$ einen Feldstrom erzeugt:

$$i_{p_{\text{Feld}}} = e\, \mu_p\, p(x)\, \mathfrak{E}(x). \tag{V 6.11}$$

Benutzt man nun in (V 6.10) die NERNST-TOWNSEND-EINSTEIN-Gleichung $D_n = \mu_n \mathfrak{B}$ für die Elektronen[2] und setzt dann $\mathfrak{E}(x)$ in (V 6.11) ein, so kommt

$$i_{p_{\text{Feld}}} = -e\, \mu_p\, p(x)\, \mathfrak{B}\, \frac{p'(x)}{n(x)} \tag{V 6.12}$$

und mit abermaliger Benutzung der NERNST-TOWNSEND-EINSTEIN-Formel — diesmal aber für die Defektelektronen — und mit (V 6.02)

$$i_{p_{\text{Feld}}} = -e\, D_p\, p'(x)\, \frac{p(x)}{n(x)} = i_{p_{\text{Diff}}}\, \frac{p(x)}{n(x)}. \tag{V 6.13}$$

---

[1] Dort wurde allerdings von einem *npn*Transistor gesprochen, während wir hier einen *pnp*Transistor zugrunde gelegt haben!

[2] Gl. (VIII 4.10) auf S. 424.

Für die gesamte Defektelektronenstromdichte

$$i_p = i_{p_{\text{Diff}}} + i_{p_{\text{Feld}}} \tag{V 6.14}$$

kommt dann

$$i_p = \left[1 + \frac{p(x)}{n(x)}\right] i_{p_{\text{Diff}}} \tag{V 6.15}$$

und mit der Quasineutralitätsgleichung (V 6.03)

$$i_p = \frac{n_{D^+} + 2p(x)}{n_{D^+} + p(x)} i_{p_{\text{Diff}}}. \tag{V 6.16}$$

Man sieht nun, daß für schwache Injektionen

$$p(x) \ll n_{D^+} \tag{V 6.17}$$

$$i_p \approx i_{p_{\text{Diff}}} \tag{V 6.18}$$

gilt, dagegen für starke Injektionen

$$p(x) \gg n_{D^+} \tag{V 6.19}$$

$$i_p \approx 2 i_{p_{\text{Diff}}}. \tag{V 6.20}$$

Damit ist die Verdoppelung des Defektelektronenstroms beim Übergang von schwacher zu starker Injektion bewiesen.

Zusammenfassend bleibt festzustellen, daß für die Stromabhängigkeit von α_b und α_e mehrere Effekte verantwortlich sind:

1. Bei kleinen Strömen kann die Rekombination in der Raumladungszone der Emitterjunction wesentlichen Einfluß haben. Sie verdirbt den Emitterwirkungsgrad. Diese Erscheinung liegt bei schwach belasteten Siliziumtransistoren vor.

2. Bei Übergang von schwacher zu starker Injektion tritt in der Basis ein elektrisches Feld auf, das die Diffusion in der Basis unterstützt, so daß für den gleichen Emitterstrom nur die halbe Konzentration gebraucht wird. Das verringert die Rekombination und verbessert den Transportfaktor. Diese Erscheinung ergibt in schwach belasteten Germaniumtransistoren den anfänglichen α-Anstieg mit steigendem Emitterstrom.

3. Bei starken Injektionen kann die Volumenrekombination überproportional ansteigen und den Transportfaktor β verderben. Diese Erscheinung liegt bei stark belasteten Siliziumtransistoren vor.

4. Bei starken Injektionen kann der Emitterwirkungsgrad absinken. Diese Erscheinung tritt bei stark belasteten Germaniumtransistoren auf.

§ 7. Trägervervielfachung in der Collectorjunction und rückläufige Kennlinien

In Abb. V 7.1 sehen wir die Kennlinien eines Leistungstransistors in Emitterschaltung. Diese Kennlinien zeigen für steigende Werte der Spannung U_{ce} zwischen Collector und Emitter sehr bald Sättigungscharakter. Das ist nicht weiter überraschend, denn man ist geneigt, diese Kennlinien als modifizierte Sperrkennlinien der Collectorjunction aufzufassen. So kommt es gleichfalls nicht unerwartet, wenn bei großen

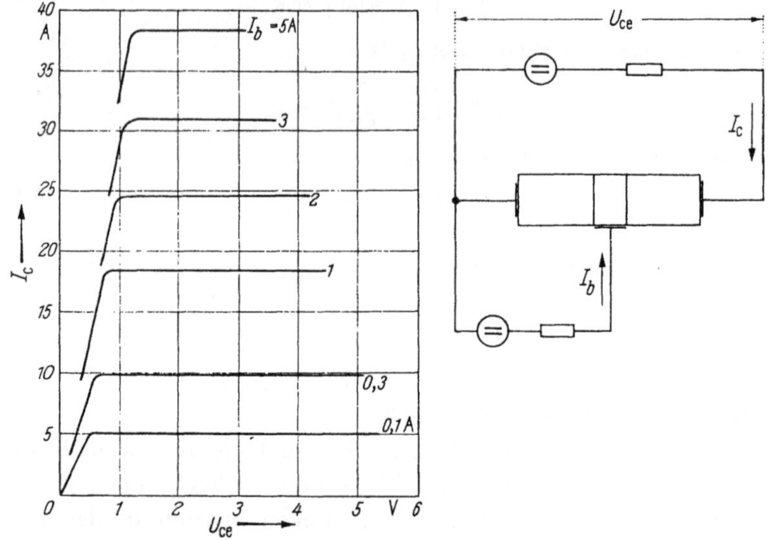

Abb. V 7.1 Sättigungsverhalten der Transistorkennlinien in Emitterschaltung.

Werten von U_{ce} schließlich die Sperrfähigkeit der Collectorjunction versagt und der Collectorstrom I_c einen Steilanstieg zeigt (Abb. V 7.2).

Daß diese ganze Auffassung aber doch recht oberflächlich ist, zeigt sich sofort, wenn wir auf *rückläufige* Transistorkennlinien wie in Abb. V 7.3 stoßen. Zu ihrem Verständnis ist zunächst vollständigeres Ausschöpfen der in § 4 gegebenen Theorie erforderlich. Das genügt aber noch nicht, vielmehr muß der Rahmen der in § 4 gegebenen Theorie durch Hinzunahme der Trägervervielfachung in der Collector-Raumladungsschicht erweitert werden. Außerdem ist die Wirkung von unbeabsichtigten Nebenschlüssen zwischen Emitter und Basis — hervorgerufen durch eine unsaubere Transistoroberfläche — zu berücksichtigen[1].

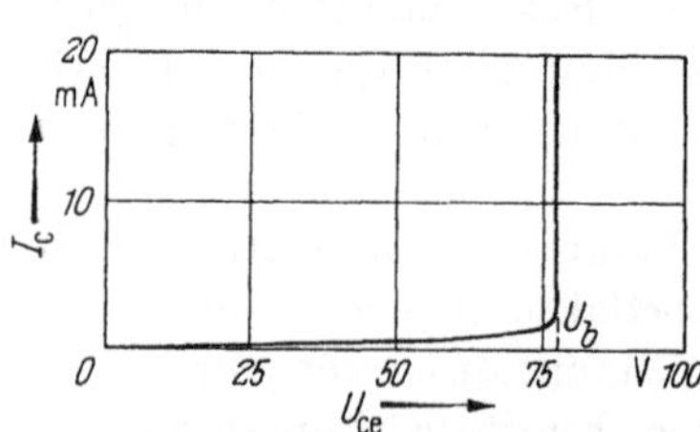

Abb. V 7.2 Aufhören der Sperrfähigkeit des Collectors infolge Stoßionisation in der Junction.

[1] Einen anderen Mechanismus, der zu rückläufigen Kennlinien führen kann, werden wir im nächsten § 8 kennenlernen, und zwar in Gestalt der Raumladungsverbreiterung [EARLY, J. M.: Proc. IRE 40 (1952) 1401].

Versuchen wir zunächst, die eingangs zitierte oberflächliche Auffassung der Transistorkennlinien als Sperrkennlinien des Collectors

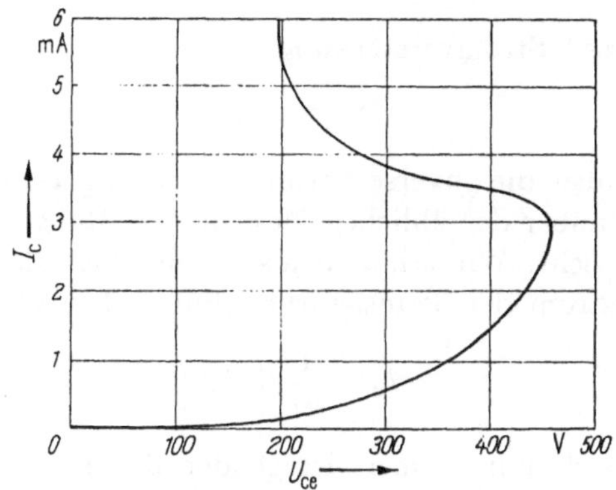

Abb. V 7.3 Rückläufige Transistorkennlinie.

quantitativ zu erfassen. Dann werden wir geneigt sein (Abb. V 7.4), den Collector eines *npn*Transistors als *pn*Übergang mit langem *n*- und „kurzem" *p*Gebiet aufzufassen, wobei als Länge des *p*Gebietes wohl die Breite W der Basis einzusetzen wäre.

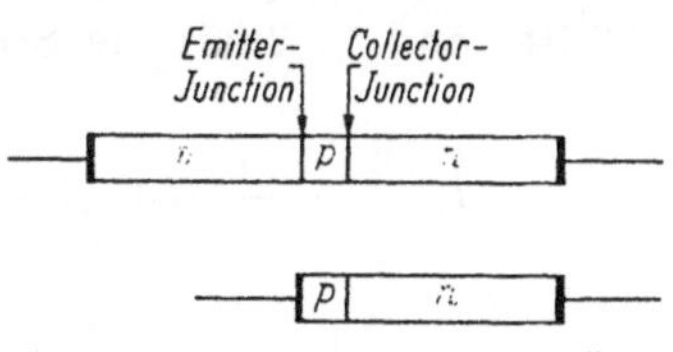

Abb. V 7.4 *npn*Transistor und *pn*Übergang mit „kurzem" *p*Gebiet.

Aus (IV 10.07) mit $d_p = W$ und $d_n \gg L_p$ würde dann unter Berücksichtigung der TOWNSEND-NERNST-EINSTEIN-Beziehung (VIII 4.10) mit einem Transistorquerschnitt A für den Sättigungswert des Sperrstroms die Gleichung

$$A\, i_S = \left\{ e\, \mu_n\, n_p \frac{A}{L_n} \coth \frac{W}{L_n} + e\, \mu_p\, p_n \frac{A}{L_p} \right\} \mathfrak{B} \qquad \text{(V 7.01)}$$

folgen. Durch Vergleich mit (V 4.19) erkennen wir die Leitwertanteile G_{rrn} und G_{rrp} des Collectors wieder und können mit dem Collectorwirkungsgrad γ_c nach (V 4.23)

$$A\, i_S = \frac{1}{\gamma_c} G_{rrn}\, \mathfrak{B} = \frac{1}{\gamma_c}\, e\, \mu_n\, n_p \frac{A}{L_n} \frac{1}{\sinh \frac{W}{L_n}} \cosh \frac{W}{L_n}\, \mathfrak{B} \qquad \text{(V 7.02)}$$

schreiben. Mit Einführung des Transportfaktors β nach (V 4.25) und des Leitwertes G nach (V 4.28) ergibt sich weiter

$$A\, i_S = \frac{1}{\beta\, \gamma_c} G\, \mathfrak{B}\,. \qquad \text{(V 7.03)}$$

Es wird für das Folgende vorteilhaft sein, die „normale“ Stromverstärkung (V 4.36)

$$\alpha_N = \beta\,\gamma_e \tag{V 7.04}$$

und die „inverse“ Stromverstärkung

$$\alpha_I = \beta\,\gamma_c \tag{V 7.05}$$

einzuführen, wobei die inverse Stromverstärkung α_I gemessen würde, wenn man gegenüber der üblichen Messung die Rolle von Emitter und Collector vertauscht. Wir erhalten also schließlich als Vermutung für den Sättigungsstrom der Transistorkennlinien den Wert

$$I_c = \frac{1}{\alpha_I}\,G\,\mathfrak{B}\,. \tag{V 7.06}$$

Freilich stellt sich nun immer dringender die Frage, unter welchen Bedingungen am Emitter man diesen Wert für den Sättigungsstrom des Collectors eigentlich erwarten kann, und da liegt wiederum die Vermutung nahe: Bei nicht emittierendem Emitter, also bei $I_e = 0$.

Wir wollen alle diese Vermutungen nun aber einer exakten Prüfung unterwerfen, indem wir aus den Gln. (V 4.32) und (V 4.33) den Sättigungswert von I_c bei $I_e = 0$ ausrechnen. Zunächst führen wir nach (V 7.04) und (V 7.05) die Stromverstärkungen α_N und α_I ein:

$$I_e = +\frac{1}{\alpha_N}\,G\,\mathfrak{B}\left(1 - e^{-\frac{U_e}{\mathfrak{B}}}\right) - \quad G\,\mathfrak{B}\left(1 - e^{-\frac{U_c}{\mathfrak{B}}}\right) \tag{V 7.07}$$

$$I_c = - \quad G\,\mathfrak{B}\left(1 - e^{-\frac{U_e}{\mathfrak{B}}}\right) + \frac{1}{\alpha_I}\,G\,\mathfrak{B}\left(1 - e^{-\frac{U_c}{\mathfrak{B}}}\right). \tag{V 7.08}$$

Durch Elimination von $[1 - e^{-U_e/\mathfrak{B}}]$ folgt

$$I_c = -\alpha_N\,I_e + \left(\frac{1}{\alpha_I} - \alpha_N\right) G\,\mathfrak{B}\left(1 - e^{-\frac{U_c}{\mathfrak{B}}}\right) \tag{V 7.09}$$

und damit für $I_e = 0$ und $U_c \gg \mathfrak{B}$

$$I_c = +\left(\frac{1}{\alpha_I} - \alpha_N\right) G\,\mathfrak{B} = I_{c0}\,. \tag{V 7.10}$$

Gegenüber unserer Vermutung (V 7.06) ergibt sich also ein erheblich kleinerer Wert, besonders wenn man berücksichtigt, daß beide α-Werte nahe bei 1 liegen dürften.

Die Aufklärung ergibt sich, wenn man aus (V 7.07) entnimmt, daß die Bedingung $I_e = 0$ nur dadurch erfüllt werden kann, daß

$$U_e = \mathfrak{B}\ln\frac{1}{1-\alpha_N} \gg \mathfrak{B} \tag{V 7.11}$$

gemacht wird, daß also der Emitter stark in *Sperr*-Richtung gepolt wird. Physikalisch wird das verständlich, wenn wir in Abb. V 7.5 die n- und pVerläufe quer durch den Transistor zeichnen. Wir sehen dann, daß das Verschwinden des Emitterstroms I_e dadurch zustande kommt, daß am Emitter Defektelektronen und Elektronen in gleicher Zahl nach rechts in die Basis hineinfließen, und zwar die Defektelektronen

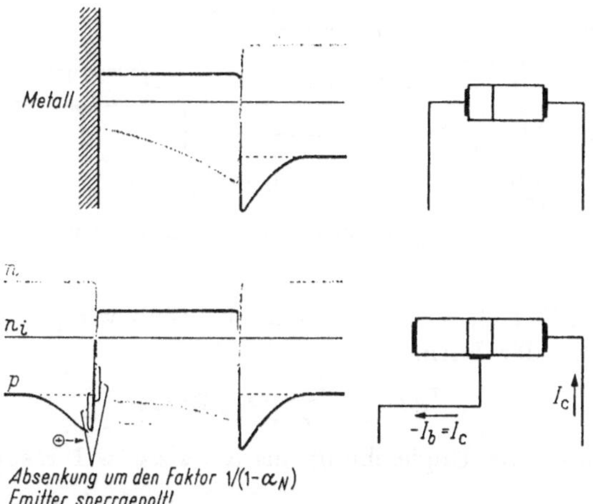

Abb. V 7.5 Konzentrationsverläufe quer durch einen Transistor mit offenem Emitter ($I_e = 0$). Die Bedingung $I_e = 0$ kann nur dadurch erfüllt werden, daß sich am Emitter „von selbst" (floating potential) eine Sperrspannung $U_e = \mathfrak{B} \ln 1/(1-\alpha_N) > 0$ einstellt und dadurch Elektronen ⊖ und Defektelektronen ⊕ in *gleicher* Zahl nach rechts fließen, was zusammen $I_e = 0$ ergibt. Darüber zum Vergleich ein pnGleichrichter mit „kurzem" pGebiet und „idealer" Elektrode.

wegen der Sperrpolung $U_e > 0$ des Emitters, die Elektronen wegen des Konzentrationsgefälles innerhalb der Basis zum noch stärker sperrgepolten Collector.

In einem pnÜbergang mit „kurzem" pGebiet[1] und „idealer" Elektrode[1] wäre aber dieses Diffusionsgefälle der Elektronen viel steiler, weil die Elektronendichte links in der Entfernung W vom Collector aus (wo also jetzt der Emitter ist) ihren Gleichgewichtswert n_p hätte und nicht so stark abgesenkt wäre wie jetzt. Deshalb ist also der für den Collectorstrom wegen $\gamma_c \approx 1$ entscheidende Elektronenanteil viel kleiner als bei einem sperrgepolten pnÜbergang mit kurzem pGebiet und idealer Elektrode.

Aus diesen Ausführungen geht aber zugleich hervor, daß die Vermutung (V 7.06) zutreffen müßte, wenn wir eine Änderung der Potential- und Konzentrationsverhältnisse am Emitter gegenüber der Gleichgewichtssituation verhindern, wenn wir also $U_e = 0$ durch einen

[1] Siehe Kap. IV, § 10 und Abb. V 7.5, oben.

Kurzschluß zwischen Emitter und Basis erzwingen (s. Abb. V 7.6). Tatsächlich ergibt sich nun auch aus (V 7.08) für $U_e = 0$ und $U_c \gg \mathfrak{B}$

$$I_c = \frac{1}{\alpha_I} G \mathfrak{B}, \tag{V 7.12}$$

also die Bestätigung der Vermutung (V 7.06). Daß jetzt der Collectorsättigungsstrom erheblich größer als im zunächst betrachteten Fall

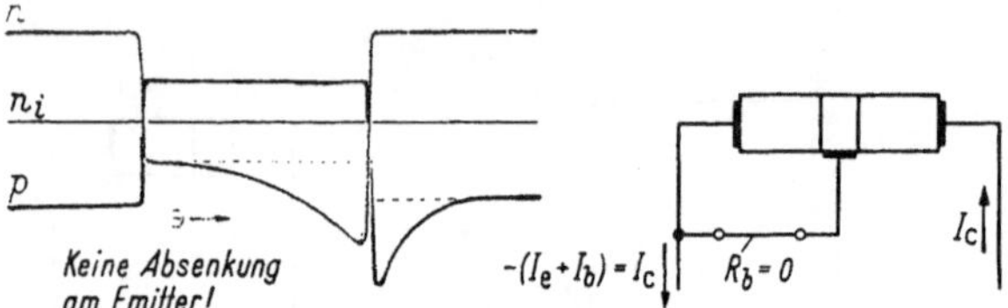

Abb. V 7.6 Konzentrationsverläufe quer durch einen Transistor mit kurzgeschlossener Strecke Emitter-Basis ($U_e = 0$).

$I_e = 0$ ist, ergibt sich besonders deutlich, wenn wir (V 7.12) mit Hilfe von (V 7.10) in der Form

$$I_c = \frac{1}{1 - \alpha_I \alpha_N} I_{c0} \gg I_{c0} \tag{V 7.13}$$

schreiben, wobei die Ungleichung aus $\alpha_I \approx \alpha_N \approx 1$ resultiert.

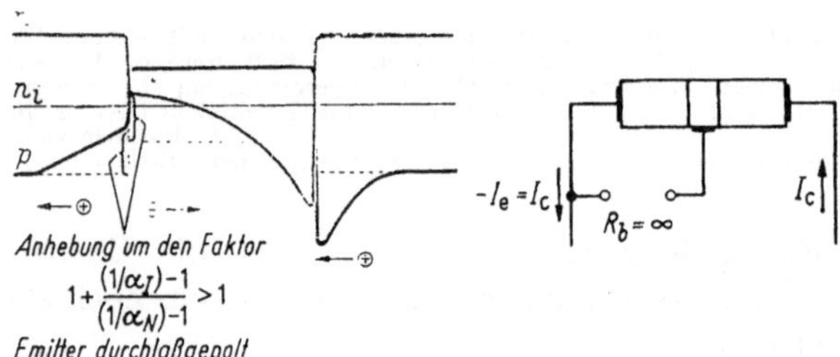

Abb. V 7.7 Konzentrationsverläufe quer durch einen Transistor mit offener Basis ($I_b = 0$ und deshalb $I_e = -I_c$).

Der oben betrachtete Kurzschluß des Emitters ($U_e = 0$) verlangt, daß ein etwa in der Verbindung Emitter-Basis liegender Widerstand R_b klein ist bzw. verschwinden muß (s. Abb. V 7.6, rechts): $R_b = 0$.

Es liegt nahe, nun auch den entgegengesetzten Grenzfall $R_b = \infty$ zu betrachten (s. Abb. V 7.7, rechts). Das heißt aber, daß jetzt der Basisanschluß offenbleibt, daß also der Basisstrom

$$I_b = 0 \tag{V 7.14}$$

sein muß. Das hat aber wegen der Knotenregel

$$I_e + I_b + I_c = 0 \tag{V 7.15}$$

$$I_e = -I_c \tag{V 7.16}$$

zur Folge. Aus (V 7.07) und (V 7.08) ergibt sich für diesen Fall

$$e^{-\frac{U_e}{\mathfrak{B}}} = 1 + \frac{\frac{1}{\alpha_I} - 1}{\frac{1}{\alpha_N} - 1}\left(1 - e^{-\frac{U_c}{\mathfrak{B}}}\right) > 1, \qquad \text{(V 7.17)}$$

also wegen $U_c \gg \mathfrak{B}$

$$-U_e > 0 \qquad \text{(V 7.18)}$$

und

$$I_c = \frac{1}{1-\alpha_N}\left(\frac{1}{\alpha_I} - \alpha_N\right) G\,\mathfrak{B} \qquad \text{(V 7.19)}$$

oder mit (V 7.10)

$$I_c = \frac{1}{1-\alpha_N} I_{c0} \gg I_{c0}. \qquad \text{(V 7.20)}$$

Der Emitter ist nach (V 7.18) jetzt also in Durchlaßrichtung gepolt. Der physikalische Grund dafür ist offensichtlich: Bei offener Basis kann der Collectorsperrstrom nur vom Emitter her kommen, und dieser liefert den Strom nur bei Durchlaßpolung in der gewünschten Richtung. Aus Abb. V 7.7 geht beim Vergleich der Konzentrationsverläufe mit Abb. V 7.6 hervor, daß jetzt das Diffusionsgefälle der entscheidenden Elektronen noch steiler geworden ist, daß jetzt der Collectorstrom I_c noch größer geworden sein muß. Tatsächlich bestätigt das auch ein Vergleich von (V 7.20) und (V 7.13), und zwar wegen $\alpha_I < 1$.

Die bisherigen Ausführungen sagen nichts über Steilanstiege bzw. über rückläufige Teile der Transistorkennlinien aus. Sie sind nur eine Vorbereitung für eine Behandlung dieser Erscheinungen. Außerdem — und das entschuldigt vielleicht ihre ungebührliche Länge — kommt in ihnen das innerste Wesen des Transistors eindringlich klar zum Ausdruck: Die durch die enge Nachbarschaft absichtlich geschaffene untrennbare gegenseitige Abhängigkeit von Emitter und Collector. Es kann gar nicht mehr von *der* Collectorkennlinie gesprochen werden. Das Geschehen auf der Collectorseite kann sich *größenordnungs*mäßig ändern, je nachdem, was auf der Emitterseite vorgenommen wird.

Das wird von entscheidender Bedeutung, wenn wir jetzt endlich zur Frage der Steilanstiege und damit auch der rückläufigen Kennlinienteile kommen. Hierfür muß — wie schon in der Einleitung erwähnt — der Rahmen der Theorie des § 4 erweitert werden, und zwar um die Erscheinung der Trägervervielfachung in der Collectorjunction.

Dabei handelt es sich um folgendes: Elektronen und auch Defektelektronen können in den starken Feldern der Junction so stark beschleunigt werden, daß sie ein Valenzelektron aus seiner Paarbindung zwischen 2 Atomrümpfen herausschlagen, worauf es frei im Gitter herumvagabundieren kann. Es ist also zum Leitungselektron geworden, während das zurückbleibende Loch in der Gesamtheit der Valenzelektronen bekanntlich als Defektelektron ebenfalls die Rolle eines Ladungsträgers spielt. Das auf diese Weise neu geschaffene Ladungsträger*paar* Elektron — Defektelektron wird nun in dem starken Feld der Junction genau wie der „primäre" Ladungsträger beschleunigt (Elektron und Defektelektron natürlich in entgegengesetzten Richtungen), und ein oder auch beide Partner können eventuell — bei genügend langen freien Wegen, bei günstigem Auftreffen usw. den Prozeß erneuern. Als Ergebnis stellt sich heraus, daß der Strom, der in die Junction von außen eintritt oder der innerhalb der Junction schon ohne Berücksichtigung dieses Effektes entstehen würde, daß also der Sättigungsstrom I_c der sperrgepolten Junction durch die Stoßionisation des Gitters um einen „Multiplikationsfaktor M" vervielfacht wird. Der Wert von M hängt verständlicherweise von der Größe der Felder innerhalb der Junction ab, dann aber auch von der Ausdehnung des Gebietes, innerhalb dessen die Feldstärke die nötige Größe hat, kurz, vom gesamten Feldverlauf. Für eine gegebene Störstellenverteilung quer durch die Junction hindurch — z. B. abrupte Störstellenverteilung in legierten *pn*Übergängen oder allmählicher, linearer Konzentrationsverlauf von n_{A^-} und n_{D^+} in diffundierten *pn*Übergängen — ist M aber dann lediglich eine Funktion der an der Junction liegenden Sperrspannung, im Transistor also eine Funktion von U_c.

Auf Grund der Tatsache, daß jeder Partner des bei einem Stoßprozeß erzeugten Ladungsträgerpaares wieder beschleunigt wird und wieder das Gitter ionisieren kann, wodurch unter günstigen Umständen vier neue Ladungsträger entstehen, die wieder beschleunigt werden usw., auf Grund dieser Tatsachen ist es verständlich, daß unter günstigen Umständen der Prozeß lawinenartig über alle Grenzen anschwellen kann, daß also $M = \infty$ werden kann. Die Spannung, bei der das geschieht, ist die breakdown-Spannung U_b.

Die auf S. 215 noch einmal besonders betonte intensive gegenseitige Beeinflussung von Collector und Emitter bringt es nun aber mit sich, daß der Collectorstrom I_c schon bei viel kleinerer Spannung als U_b über alle Grenzen wachsen kann. Zunächst wollen wir freilich die beiden Fälle besprechen, in denen dies nicht zutrifft, nämlich den Fall $I_e = 0$ [Emitter offen] und $U_e = 0$ [Emitter kurzgeschlossen].

Dazu müssen die Gln. (V 7.07) und (V 7.08) so erweitert werden, daß sie den Prozeß der Trägervervielfachung durch Stoßionisation mit umfassen. Das gelingt sehr einfach auf Grund der Überlegung, daß der in (V 7.08) angegebene Strom ja aus den aus der Basis in die Collectorjunction von links her eintretenden Elektronen und aus den aus dem rechten Diffusionsschwanz von rechts her in die

Collectorjunction eintretenden Defektelektronen besteht (s. z. B. Abb. V 7.6). Beide Ströme werden nun um den Faktor M vervielfacht. Versteht man also unter I_c wieder den tatsächlichen, eben auf Grund der Gitterionisation stark vervielfachten Collectorstrom (und nicht den noch nicht vervielfachten Strom der den Collector noch nicht passiert habenden Elektronen und Defektelektronen zusammen), so muß in (V 7.08) die rechte Seite mit M vervielfacht oder links I_c durch $\frac{1}{M} I_c$ ersetzt werden. Dagegen ändert sich an (V 7.07) nichts. I_e hängt ja nur vom Verlauf der Minoritätsträgerkonzentrationen innerhalb der Basis und innerhalb des hochdotierten Emittergebietes ab. Diese Konzentrationsverteilungen liegen aber in ihrem räumlichen Verlauf — bei gegebenen Werten von U_e und U_c — fest, ganz gleichgültig, ob in der Raumladungszone des Collectors Trägervervielfachung stattfindet oder nicht.

An die Stelle von (V 7.07) und (V 7.08) treten also die Gleichungen

$$I_e = +\frac{1}{\alpha_N} G \mathfrak{B}\left(1 - e^{-\frac{U_e}{\mathfrak{B}}}\right) - G \mathfrak{B}\left(1 - e^{-\frac{U_c}{\mathfrak{B}}}\right) \qquad \text{(V 7.21)}$$

$$\frac{1}{M} I_c = - G \mathfrak{B}\left(1 - e^{-\frac{U_e}{\mathfrak{B}}}\right) + \frac{1}{\alpha_I} G \mathfrak{B}\left(1 - e^{-\frac{U_c}{\mathfrak{B}}}\right). \qquad \text{(V 7.22)}$$

Multiplikation von (V 7.21) mit α_N, Addition von (V 7.22) und Benutzung von (V 7.10) führt für $U_c \gg \mathfrak{B}$ auf die häufig gebrauchte Form

$$I_c = M[I_{c0} - \alpha_N I_e]. \qquad \text{(V 7.23)}$$

Diese Gleichung ist physikalisch gut verständlich: Der Sättigungsstrom I_c eines sperrgepolten Collectors besteht zunächst einmal aus einem Anteil I_{c0}, der im Collector selbst, also ohne Injektion entsteht, also bei $I_e = 0$. Dazu kommt derjenige Anteil $\alpha_N I_e$ des Emitterstroms, der den Collector auch tatsächlich erreicht. Das Minuszeichen in diesem Anteil rührt einfach von der entgegengesetzten Zählweise von Emitter- und Collectorstrom her, die beide als positiv gezählt werden, wenn sie *in* den Transistor hineinfließen. Die Summe $\alpha_N(-I_e) + I_{c0}$ stellt schließlich nur den von außen in die Collectorjunction hineinfließenden bzw. dort entstehenden Strom dar und muß deshalb wegen der dortigen Trägervervielfachung noch mit M multipliziert werden.

Mit Hilfe von (V 7.23), (V 7.21) und (V 7.10) lassen sich nun wieder die 3 Fälle $U_e = 0$, $I_e = 0$ und $I_b = 0$ (bzw. $I_e = -I_c$) erledigen. $I_e = 0$ ergibt aus (V 7.23) unmittelbar

$$\underline{I_c = M I_{c0} \quad \text{für} \quad I_e = 0 \quad \text{Emitter offen.}} \qquad \text{(V 7.24)}$$

$U_e = 0$ und $U_c \gg \mathfrak{B}$ ergibt aus (V 7.21) und (V 7.10)

$$I_e = -G\,\mathfrak{B} = -\frac{\alpha_I}{1-\alpha_I\,\alpha_N}\,I_{c0} \tag{V 7.25}$$

und weiter mit (V 7.23)

$$I_c = \frac{M}{1-\alpha_I\,\alpha_N}\,I_{c0} \quad \text{für} \quad U_e = 0 \qquad \text{Emitter-Basis kurzgeschlossen.} \tag{V 7.26}$$

$I_b = 0$ bzw. $I_e = -I_c$ liefert schließlich mit (V 7.23)

$$I_c = M\,I_{c0} + M\,\alpha_N\,I_c, \tag{V 7.27}$$

also

$$I_c = \frac{M}{1-M\,\alpha_N}\,I_{c0} \quad \text{für} \quad I_b = 0 \qquad \text{Basis offen.} \tag{V 7.28}$$

Jetzt sind wir so weit, nach der Lage des Steilanstiegs fragen zu können. Aus (V 7.24) und (V 7.26) ersieht man, daß bei offenem Emitter oder

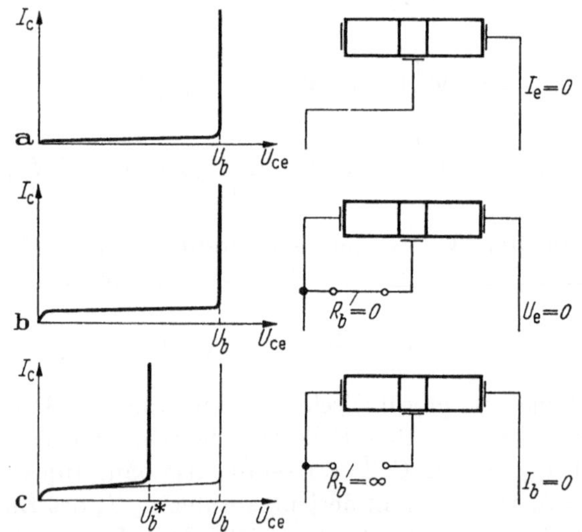

Abb. V 7.8 Transistorkennlinien in den Fällen $I_e = 0$, $U_e = 0$, $I_b = 0$.

bei kurzgeschlossener Strecke Emitter-Basis ein Steilanstieg $I_c \to \infty$ nur dadurch eintreten kann, daß der Multiplikationsfaktor $M \to \infty$ geht. Die Collectorspannung U_c muß hierzu also den Wert U_b erreichen (s. Abb. V 7.8a und b). Im Falle der offenen Basis aber genügt nach (V 7.28) für $I_c \to \infty$ schon $1 - M\,\alpha_N = 0$ oder

$$M = \frac{1}{\alpha_N}. \tag{V 7.29}$$

Bei offener Basis braucht also der Multiplikationsfaktor M von seinem ursprünglichen Wert 1 nur relativ wenig zu steigen, damit $I_c \to \infty$

geht ($1/\alpha_N$ ist ja wegen $\alpha_N \approx 1$ nur wenig größer als 1). Der Steilanstieg liegt also schon bei einer Spannung U_b^*, die wesentlich kleiner als die eigentliche breakdown-Spannung U_b ist (s. Abb. V 7.8c).

Rückläufige Kennlinien kommen nun in vielen Fällen dadurch zustande, daß eine Transistorkennlinie nur scheinbar mit offener Basis, also nur scheinbar mit einem Widerstand $R_b = \infty$ zwischen Basis und Emitter aufgenommen wird. In Wirklichkeit ist in solchen Fällen der *pn*Übergang zwischen Emitter und Basis durch eine Oberflächenschicht überbrückt, deren Widerstand zunächst klein gegen den Sekantenwiderstand der Emitterkennlinien ist. Zunächst — also bei kleiner Strombelastung — wird der Emitter durch diese Oberflächenschicht kurzgeschlossen, und es liegt in Wirklichkeit nicht der Fall der Abb. V 7.8c, sondern der nach Abb. V 7.8b vor, und I_c steigt erst bei U_b an, dann aber sehr schnell. Bei diesen größeren Strombelastungen nimmt aber nun der Sekantenwiderstand der Emitterkennlinie sehr schnell viel kleinere

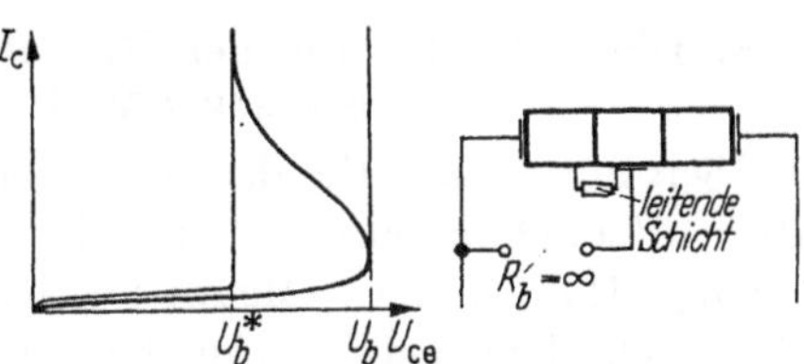

Abb. V 7.9 Transistorkennlinie bei offener Basis, aber leitender Oberflächenschicht zwischen Basis und Emitter.

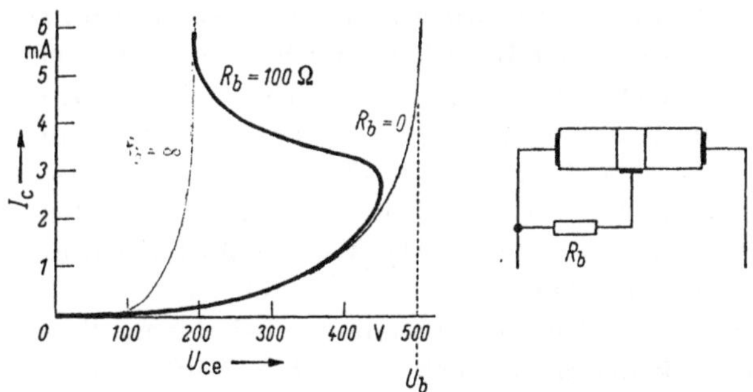

Abb. V 7.10 Transistorkennlinie mit OHMschem Parallelwiderstand R_b zur Strecke Emitter-Basis.

Werte an und wird infolgedessen viel kleiner als der Widerstand der Oberflächenschicht. Erst jetzt nähert sich die ganze Situation dem eigentlich von Anfang an beabsichtigten Fall $R_b = \infty$ (Abb. V 7.8c), und der Steilanstieg verlagert sich von U_b allmählich nach U_b^*. Auf diese Weise ergibt sich eine rückläufige Kennlinie (Abb. V 7.9). Der Effekt kann übrigens künstlich dadurch erzeugt werden, daß zwischen Emitter und Basis ein OHMscher Widerstand geeigneter Größe gelegt wird (Abb. V 7.10).

Es gibt aber noch andere Mechanismen, auf Grund deren eine rückläufige Transistorkennlinie zustande kommen kann. Die Verbreiterung der Collectorraumladungsschicht und die Annäherung an den Zustand des sog. „punch through" spielt auch in diesem Zusammenhang eine Rolle. Mit dieser Erscheinung werden wir uns im nächsten § 8 beschäftigen.

§ 8. Die Verbreiterung der Raumladungsschicht des Collectors und der sogenannte punch through

Seit SCHOTTKYS Randschichttheorie der Kristallgleichrichter gehören die „Verwehungseffekte" in den Raumladungsschichten an einer Grenze Halbleiter — Metall zu denjenigen typischen Erscheinungen, die auch dem Fernerstehenden plastisch in der Erinnerung bleiben (s. S. 125 u. 126). Auch in *pn*Übergängen ist die Breite der Raumladungsschicht spannungsabhängig (s. S. 143, oben). In der SHOCKLEYschen Theorie eines *pn*Übergangs mit geringer Rekombination (s. S. 143) tritt dieses Phänomen an Bedeutung für die quantitativen Zusammenhänge zwar hinter dem Geschehen in den quasi-neutralen Bahngebieten mit ihren Diffusionsschwänzen zurück. In den Transistoren wird aber die Verbreiterung der Raumladungsschicht des Collectors mit steigender Sperrspannung U_c von erheblicher Bedeutung, worauf zuerst J. M. EARLY[1] hingewiesen hat.

Bereits auf S. 123 haben wir gesehen, daß bei großen Sperrspannungen U_{Sp} die Breite l einer Raumladungsschicht die Größenordnung von $10 \cdots 100\,\mu$ erreichen kann. In dieser Größenordnung liegen aber die Basisbreiten W realer Transistoren, so daß bei steigender Collectorsperrspannung die wirksame Breite $W - l$ der Basis zwischen Emitter und Collector empfindlich vermindert wird und schließlich sogar ganz verschwinden kann (s. Abb. V 8.1). Welche Wirkungen auf die Kennlinien hat dieser Effekt?

Wir betrachten Collectorspannungen, bei denen die Trägermultiplikation noch keine Rolle spielt. Mit $M = 1$ wird dann aus (V 7.23)

$$I_c = I_{c0} - \alpha_b I_e, \qquad \text{(V 8.01)}$$

wobei wir für die „normale" Stromverstärkung α_N in Basisschaltung wieder α_b geschrieben haben (V 7.04) und (V 4.36).

Mit Hilfe der Knotenregel (V 7.15) gehen wir hierin vom Emitterstrom I_e zum Basisstrom I_b über:

$$I_e = -(I_c + I_b) \qquad \text{(V 8.02)}$$

$$I_c = I_{c0} + \alpha_b I_c + \alpha_b I_b \qquad \text{(V 8.03)}$$

$$I_c = \frac{1}{1-\alpha_b} I_{c0} + \frac{\alpha_b}{1-\alpha_b} I_b. \qquad \text{(V 8.04)}$$

---

[1] EARLY, J. M.: Proc. IRE 40 (1952) 1401.

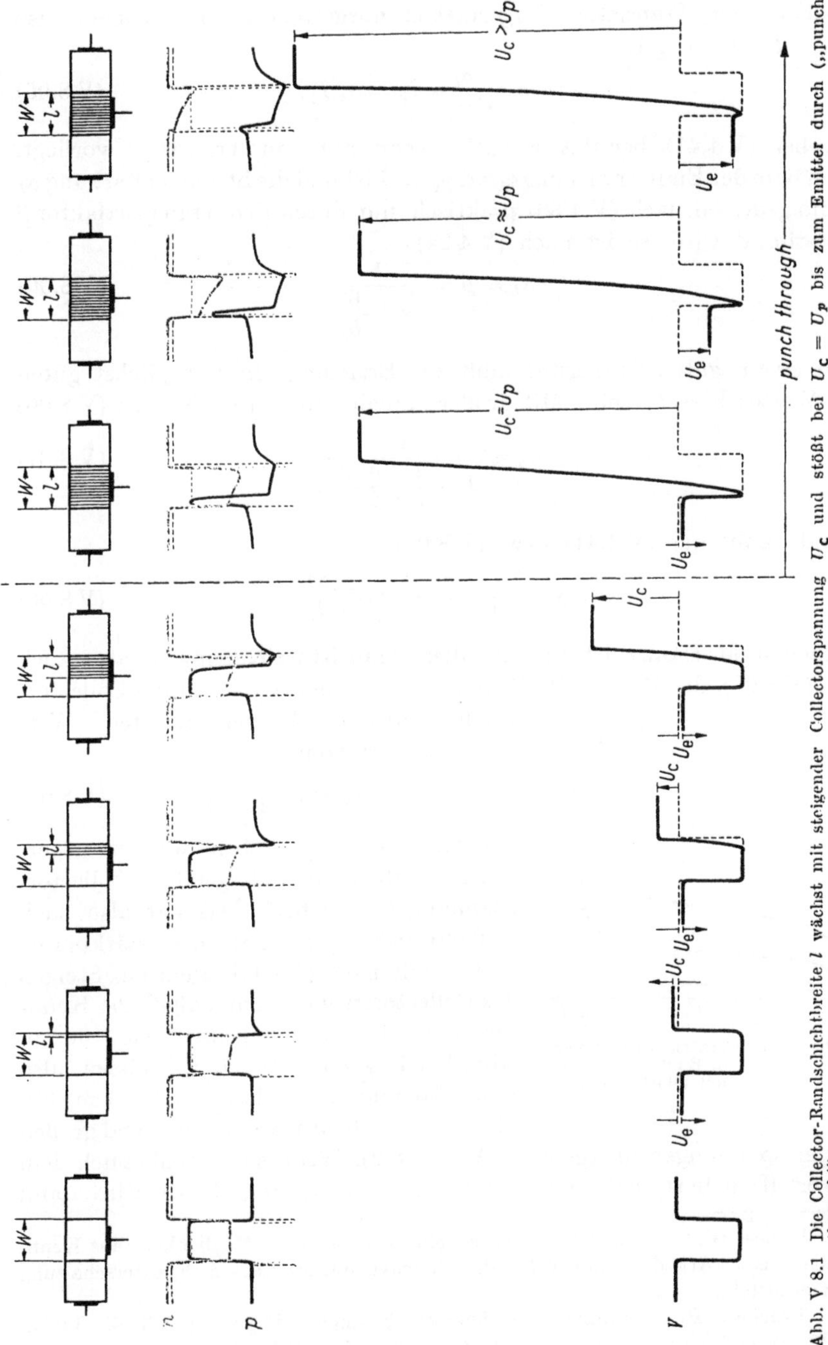

Abb. V 8.1 Die Collector-Randschichtbreite l wächst mit steigender Collectorspannung U_c und stößt bei $U_c = U_p$ bis zum Emitter durch („punch through“).

Sobald der Transistor einigermaßen ausgesteuert wird, sobald also $I_b \gg I_{c0}$ wird, gilt

$$I_c \approx \frac{\alpha_b}{1-\alpha_b} I_b = \alpha_e I_b, \qquad \text{(V 8.05)}$$

wobei (V 4.41) benutzt wurde[1]. Wenn nun ein Transistor vorliegt, bei dem der Emitterwirkungsgrad $\gamma_e \approx 1$ ist und die Stromverstärkung α_b infolgedessen nach (V 4.36) praktisch nur durch den Transportfaktor β bestimmt wird, so ist nach (V 4.24)

$$\alpha_b \approx \beta = \frac{1}{\cosh \frac{W}{L_n}}. \qquad \text{(V 8.06)}$$

In einem guten Transistor muß zur Erzielung eines möglichst guten α-Wertes $W \ll L_n$ sein. Mit großer Annäherung wird also aus (V 8.06)

$$\alpha_b \approx \frac{1}{1+\frac{1}{2}\left(\frac{W}{L_n}\right)^2} \qquad \text{(V 8.07)}$$

und damit aus (V 4.41) bzw. (V 8.05)

$$\alpha_e = \frac{\alpha_b}{1-\alpha_b} \approx 2\left(\frac{L_n}{W}\right)^2. \qquad \text{(V 8.08)}$$

Nach J. M. EARLY ist nun in allen Transistorgleichungen, also auch in (V 8.08), die Basisbreite W durch ihren effektiven, um die Collectorrandschichtbreite l verminderten Wert $W - l$ zu ersetzen:

$$\alpha_e = 2\left(\frac{L_n}{W-l}\right)^2. \qquad \text{(V 8.09)}$$

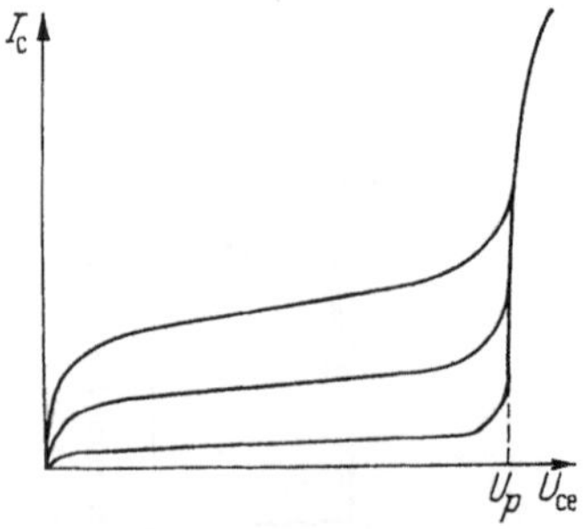

Abb. V 8.2 Transistorkennlinien in Emitterschaltung mit punch through.

Eingangs dieses § haben wir daran erinnert, daß l mit steigender Collectorspannung U_c wächst[2]. Das hat also nach (V 8.09) ein Steigen der Stromverstärkung α_e und damit nach (V 8.05) auch ein Steigen des Collectorstroms I_c zur Folge. Die Kennlinien in Emitterschaltung, wie sie in Abb. V 7.1 gezeichnet sind, müssen also vom Sättigungsverhalten nach oben hin abweichen, sobald man zu genügend großen Sperrspannungen übergeht (s. Abb. V 8.2). Wenn sich l schließlich dem Wert W nähert, geht nach (V 8.09) $\alpha_e \to \infty$, und damit wird dann

[1] Diese Gl. (V 8.05) ergibt übrigens eine sehr bequeme Möglichkeit, aus Kennlinien nach Art der Abb. V 7.1 die Stromverstärkung α_e in Emitterschaltung zu ermitteln.

[2] Siehe z. B. A. HERLET u. E. SPENKE: Z. angew. Phys. 7 (1955) 99, 149 u. 195, namentlich Gl. (274) und Abb. 31 u. 32 auf S. 210.

aus dem allmählichen Ansteigen des Collectorstroms ein Steilanstieg bei einer „punch through-Spannung U_p“. Der Name erklärt sich aus der Tatsache, daß bei dieser Spannung die Collectorraumladung bis zum Emitter „durchgestoßen“ ist (s. Abb. V 8.1).

Etwas weniger formal wird die Erklärung des Steilanstiegs, wenn man darauf hinweist, daß die Raumladungsschicht des Collectors nach ihrem Durchstoßen bis zum Emitter nicht mehr weiter verbreitert werden kann. Sie kann also keine weitere Spannung aufnehmen. Eine etwaige Steigerung der Spannung U_{ce} zwischen Collector und Emitter muß jetzt von der Spannung U_e zwischen Emitter und Basis aufgenommen werden und führt dort wegen der Polung in Durchlaßrichtung sofort zu extremen Stromanstiegen (s. Abb. V 8.1: Übergang von der dritten zur zweiten Darstellung von rechts).

Aber auch diese Beschreibung ist noch recht schematisch. Wenn nämlich die Strecke zwischen Emitter- und Collectorraumladung wegen $l \to W$ sehr schmal geworden ist, dann ist die Überbrückung dieser schmalen Strecke durch Diffusion gar nicht mehr der wesentliche Vorgang. Das Geschehen wird dann vielmehr beherrscht von der Bewegung der Ladungsträger quer durch die breite Raumladungsschicht vor dem Collector. Hier erfolgt der Stromtransport als Feldstrom[1]. Noch wichtiger ist aber, daß infolge der entstehenden großen Ströme die Bedingungen der „starken Injektionen“ vorzuliegen beginnen, daß also die Raumladung der beweglichen Ladungsträger nicht mehr zu vernachlässigen ist, sondern im Gegenteil groß und schließlich sogar beherrschend gegenüber der Raumladung der ortsfesten Akzeptoren wird (s. Abb. V 8.1: Übergang zwischen den beiden letzten Darstellungen ganz rechts). Auf diese Weise kann mit steigendem I_c doch auf der ganzen Breite W mehr Raumladung und damit mehr Spannungsabfall U_{ce} untergebracht werden, so daß die punch through Spannung U_p nicht eine unüberwindbare obere Spannungsgrenze darstellt. Vielmehr kann U_{ce} durchaus U_p überschreiten, was dann allerdings von einem schnellen Anwachsen des Stromes nach einem Gesetz

$$I_c \sim U_{ce}^2 \tag{V 8.10}$$

begleitet ist[2]. Auf jeden Fall haben wir in der Raumladungsverbreiterung mit schließlichem Durchstoßen bis zum Emitter (punch through) eine Erscheinung vor uns, die ähnlich wie die Stoßionisation des Gitters (breakdown) einen Steilanstieg von I_c hervorruft[3].

---

[1] siehe Fußnote 2, S. 222.

[2] SHOCKLEY, W., u. R. C. PRIM: Phys. Rev. 90 (1953) 753.

[3] SCHENKEL, H., u. H. STATZ: Proceedings of the National Electronics Conference 10 (1954) 614.

Für den an einer quantitativen Verfolgung dieser Dinge interessierten Leser erinnern wir an die SCHOTTKYsche Parabelnäherung einer Metall-Halbleiter-Randschicht (s. Kap. IV, § 2 und Abb. IV 2.4 und V 8.3). In einem symmetrischen

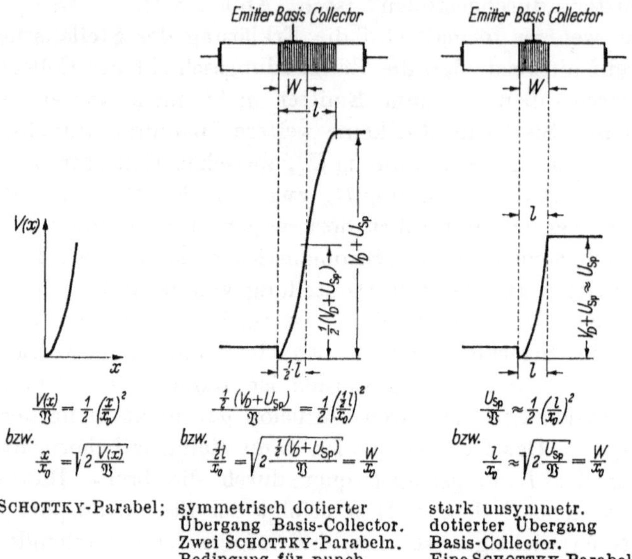

SCHOTTKY-Parabel; symmetrisch dotierter Übergang Basis-Collector. Zwei SCHOTTKY-Parabeln. Bedingung für punch through: $\frac{1}{2}l = W$; stark unsymmetr. dotierter Übergang Basis-Collector. Eine SCHOTTKY-Parabel. Bedingung für punch through: $l = W$.

Abb. V 8.3 Potentialverteilungen im *pn*Übergang Basis-Collector.

Übergang kann man die Potentialverteilung in der Raumladungsschicht durch Aneinanderreihen zweier SCHOTTKY-Parabeln gut wiedergeben, was auf

$$\frac{\frac{1}{2}l}{x_0} = \sqrt{2\,\frac{\frac{1}{2}(V_D + U_{Sp})}{\mathfrak{B}}} \tag{V 8.11}$$

$$l = 2\,x_0\sqrt{\frac{(V_D + U_{Sp})}{\mathfrak{B}}} \tag{V 8.12}$$

führt. Hierbei ist x_0 die wegen der symmetrischen Dotierung rechts und links gleiche DEBYE-Länge

$$x_0 = \sqrt{\frac{\varepsilon\,\mathfrak{B}}{4\pi\,e\,n_{D+}}} = \sqrt{\frac{\varepsilon\,\mathfrak{B}}{4\pi\,e\,n_{A-}}}\,. \tag{V 8.13}$$

Bei Steigerung von U_{Sp} wächst die Raumladungsschicht zur Hälfte in den Collector und zur Hälfte in die Basis hinein. Deshalb lautet jetzt die Bedingung für punch through

$$\tfrac{1}{2}l = W\,, \tag{V 8.14}$$

was mit (V 8.12) und (V 8.13) auf

$$V_D + U_p \approx U_p = \mathfrak{B}\left(\frac{W}{x_0}\right)^2 \tag{V 8.15}$$

$$U_p \approx \frac{4\pi}{\varepsilon}\,e\,n_{A-}\,W^2 \tag{V 8.16}$$

führt.

In der Praxis wird freilich meist die Basis sehr viel schwächer dotiert sein als der Collector. Dann zeigt sich[1], daß der ganze Spannungsabfall U_{Sp} durch eine Raumladungsschicht in der schwach dotierten Basis aufgenommen wird, in der aber wieder die SCHOTTKYsche Parabelnäherung recht gut gilt (Abb. V 8.3 c). Das ergibt

$$l = x_{0p} \sqrt{2 \frac{U_{\mathrm{Sp}}}{\mathfrak{B}}} \tag{V 8.17}$$

mit der DEBYE-Länge

$$x_{0p} = \sqrt{\frac{\varepsilon \mathfrak{B}}{4\pi e n_{A^-}}} \tag{V 8.18}$$

der schwach dotierten Basis.

Die Bedingung für punch through ist in diesem Fall

$$l = W, \tag{V 8.19}$$

was mit (V 8.17) und (V 8.18) zusammen

$$U_p \approx \frac{2\pi}{\varepsilon} e n_{A^-} W^2 \tag{V 8.20}$$

ergibt.

Eine genauere Diskussion der Potentialverhältnisse in unsymmetrisch dotierten *pn*Übergängen zeigt, daß (V 8.17) und damit (V 8.20) schon mit ziemlicher Genauigkeit gilt, sobald der Unterschied in der Dotierung mehr als eine Zehnerpotenz beträgt. Das dürfte in der Praxis meist der Fall sein. Deshalb soll allein (V 8.20) auf diejenige Form gebracht werden, die für einen Vergleich mit experimentellen Ergebnissen geeignet ist. Hierfür pflegt man ja die Dotierung n_{A^-} des Materials durch seinen spezifischen Widerstand auszudrücken

$$e n_{A^-} = \frac{1}{\mu_p \varrho_p}, \tag{V 8.21}$$

womit aus (V 8.20)

$$U_p \approx \frac{2\pi}{\varepsilon \mu_p} \varrho_p^{-1} W^2 \quad \text{(punch through)} \tag{V 8.22}$$

wird. Zur Gegenüberstellung bringen wir den Zusammenhang $U_b(\varrho)$, der sich in Silizium bei breakdown einstellt[2] und der unter anderem auch von MILLER[3] physikalisch gedeutet worden ist:

$$U_b \sim \varrho_p^{3/4} \quad \text{(breakdown).} \tag{V 8.23}$$

Die beiden Gesetzmäßigkeiten (V 8.22) und (V 8.23) wurden von EMEIS und HERLET an vielen Transistoren mit ausgezeichneter Genauigkeit bestätigt bzw. gemessen[2] (Abb. V 8.4).

In bezug auf die Rückläufigkeit von Transistorkennlinien bringt die Raumladungsverbreiterung der Collectorrandschicht noch ein besonderes Moment mit sich. Wir haben in Abb. V 7.9 und in dem dazu

---

[1] HERLET, A., u. E. SPENKE: Z. angew. Physik 7 (1955) 99, 149 u. 195, namentlich S. 210, Gl. (274) und Abb. 31 und 32.

[2] EMEIS, R., u. A. HERLET: Proc. IRE 46 (1958) 1216, namentlich S. 1217, Gl. (3) und Fußnote 10.

[3] MILLER, S. L.: Phys. Rev. 105 (1957) 1246, insbesondere Abb. 2 auf S. 1248. Siehe auch die ganze auf S. 174 u. 175 in den Fußnoten 2 bis 24 angegebene Literatur.

gehörigen Text auf S. 219 gezeigt, daß eine leitende Oberflächenschicht auf der Emitterjunction einen Übergang zwischen dem Fall $R_b = 0$ und $R_b = \infty$ hervorrufen kann, obwohl schaltungsmäßig keine Verbindung zwischen Emitter- und Basisanschluß besteht, also scheinbar bei allen Werten von I_c der Fall $R_b = \infty$ realisiert ist.

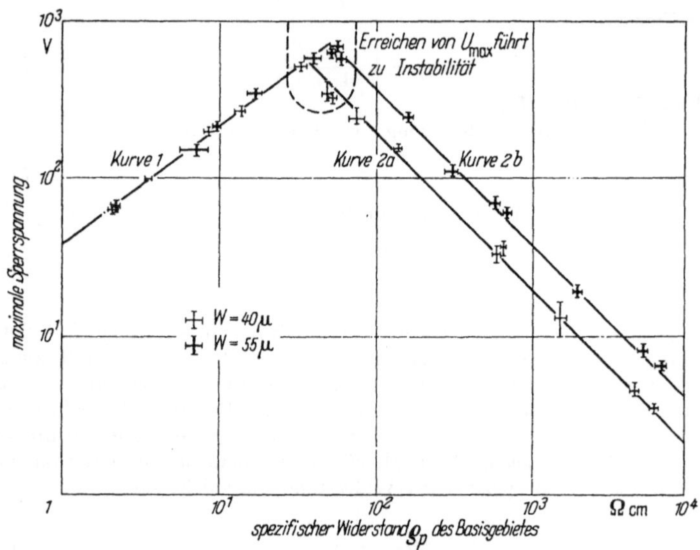

Abb. V 8.4 Maximale Sperrspannung von legierten Silizium-*npn*Transistoren (20° C)
+ Streubereiche der experimentellen Werte.

Kurve *1*: $\left(\frac{U_b}{V}\right) = 40\left(\frac{\varrho_p}{\Omega\,\text{cm}}\right)^{3/4}$,

Kurven *2*: $\left(\frac{U_p}{V}\right) = 5{,}65 \cdot 10^4 \cdot \frac{1}{\varepsilon}\left(\frac{\mu_p}{\text{cm}^2/V\,s}\right)^{-1} \cdot \left(\frac{\varrho_p}{\Omega\,\text{cm}}\right)^{-1} \cdot \left(\frac{W}{10^{-4}\,\text{cm}}\right)^2$

$\varepsilon = 11{,}7, \quad \mu_p = 400\,\frac{\text{cm}^2}{V \cdot s}$,

Kurve *2a*: $w = 40\,\mu$,
Kurve *2b*: $w = 55\,\mu$.

Umgekehrt kann der Fall $R_b \approx \infty$ im Innern des Transistors erzwungen werden, obwohl in der äußeren Schaltung Emitter- und Basisanschluß kurzgeschlossen sind, scheinbar also bei allen Belastungen der Fall $R_b = 0$ realisiert ist. Die Raumladungsverbreiterung der Collectorrandschicht kann nämlich bei größeren Sperrspannungen die mit beweglichen Ladungsträgern angefüllte Basisschicht so stark einengen, daß durch die Steigerung von U_{ce} ein relativ hoher „innerer“ Basiswiderstand R_{bi} entsteht und daß damit die Situation von Abb. V 7.8b zu V 7.8c hinüberwechselt (s. Abb. V 8.5a—c). Zum Schluß — Abb. V 8.5c — ist zwar der „innere“ Bahnwiderstand R_{bi} wieder kleiner geworden, weil ja die Spannung und damit die Raumladungsverbreiterung zurückgegangen sind. Aber der Sekantenwiderstand R_e des Emitters hat jetzt bei den großen Strömen wegen der Durchlaßcharakteristik des Emitters so viel stärker als R_{bi} abgenommen, daß schon der frühere Wert von R_{bi} genügt, um immer noch die Situation $R_b = \infty$ weitgehend anzunähern.

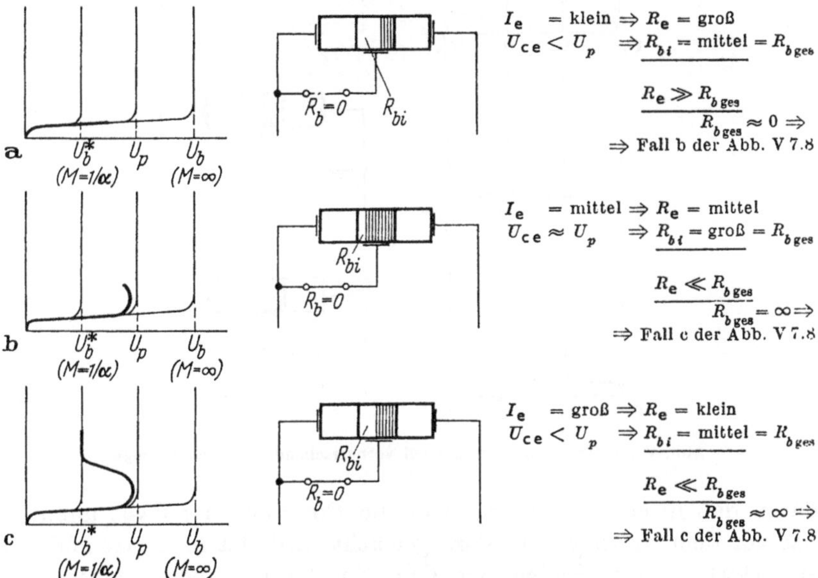

Abb. V 8.5 Entstehung rückläufiger Kennlinien durch Zusammenwirken von breakdown und punch through. Wegen $R_b = 0$ ist in allen drei Fällen $R_{b\,ges} = R_{bi}$.

Um Mißverständnisse zu vermeiden, sei betont, daß es in dem geschilderten Fall aber gar nicht zum eigentlichen punch through kommt. Der Steilanstieg ist hier nach wie vor durch Trägervervielfachung in der Collectorjunction, also durch breakdown bedingt.

Erst in einem Transistor, für den

$$U_p < U_b^*$$

gilt, für den also das Analogon zu Abb. V 8.5 so aussieht wie in Abb. V 8.6 dargestellt, in einem solchen Transistor wird der Steilanstieg von I_c nicht mehr durch breakdown, sondern durch das Durchstoßen der Collectorraumladung zum Emitter hervorgerufen. Solche Transistoren liegen in dem Emeis-Herlet-Diagramm der Abb. V 8.4 ganz rechts.

Early hat nun eine Transistorkonstruktion angegeben[1], durch die von einer gewissen Spannung ab die weitere Verbreiterung der Collector-

[1] Early, J. M.: Bell Syst. Techn. J. 33 (1954) 519.

raumladungsschicht und damit auch der endgültige punch through mit allen[1] seinen Folgen vermieden wird. Diese Konstruktion besteht

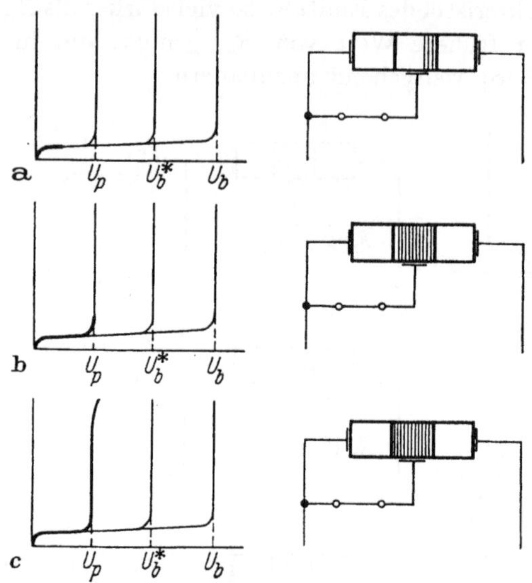

Abb. V 8.6 Transistorkennlinie bei vorherrschendem punch through.

darin, daß in einem *npn*Transistor die Dotierung der Basis unmittelbar vor dem Emitter sehr *stark* gemacht wird. Ist im Extremfall nur eine stark dotierte Schicht vor dem Emitter vorhanden, dagegen die

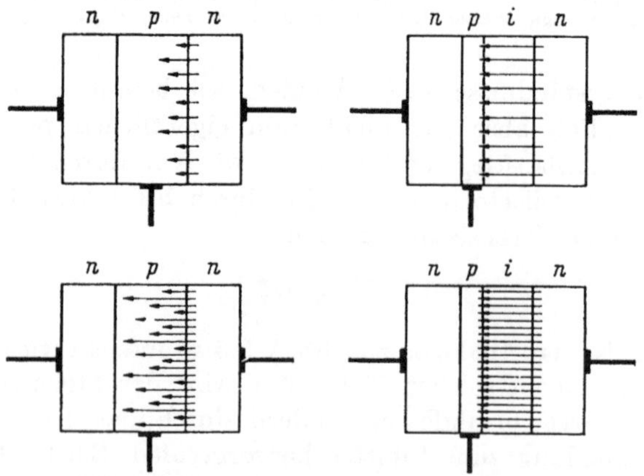

Abb. V 8.7 *npn*- und *npin*Transistor. Oben: bei mittlerer Collectorsperrspannung. Unten: bei hoher Collectorsperrspannung. (Die Pfeile bedeuten hier Feldlinien.)

[1] Die Erscheinung der Raumladungsverbreiterung hat auch für die nachrichtentechnischen Anwendungen des Transistors mannigfache Konsequenzen, was in der Originalarbeit von Early in Proc. IRE 40 (1952) 1401 dargestellt ist.

übrige Basis gar nicht dotiert, also eigenleitend (*i*), so entsteht der *npin*Transistor (s. Abb. V 8.7), in dem die Collectorraumladungsschicht schon von relativ geringen Collectorsperrspannungen ab durch die *i*Schicht hindurchstößt und sich dann aber kaum noch weiter verbreitert, weil nun in der starken Dotierung der *p*Schicht vor dem Emitter sofort genügende Ladungen freigesetzt werden, sobald auch nur eine ganz dünne Oberflächenschicht dieses stark dotierten *p*Gebietes von Defektelektronen entblößt wird. Die Collectorsperrspannung fällt also über dem *i*Gebiet ab und kann dadurch immer weiter gesteigert werden, daß das elektrische Feld quer durch das *i*Gebiet immer größer wird. Eine am Emitter anstoßende Verbreiterung der Raumladung tritt dabei nicht auf. Deshalb werden auch keine wesentlichen Teile der Sperrspannung an den Emitter verlagert, wo sie Steilanstiege des injizierten Stromes I_e hervorrufen könnten. Auch ein großer „innerer" Basiswiderstand R_b wird vermieden, da die hochdotierte *p*Schicht stets für genügende Querleitfähigkeit innerhalb der Basis sorgt. Im übrigen hört die Sperrfähigkeit des *npin*Transistors erst auf, wenn das homogene Feld quer durch die *i*Schicht den für Gitterionisation erforderlichen Grenzwert erreicht.

Die modernen Nachrichtentransistoren werden meist dadurch hergestellt, daß man in einen *n*dotierten Kristall eine *p*Basis eindiffundiert und in diese wiederum durch einen zweiten Diffusions- oder auch Legierungsprozeß den *n*Emitter einbringt[1]. Durch das Diffusionsgefälle der die Basis dotierenden Akzeptoren ergibt sich automatisch vor dem Emitter eine hochdotierte Schicht und damit eine ähnliche Anordnung wie der *npin*Transistor von Early. Im ganzen ist dabei aber noch mehr die von Krömer[2] angegebene Form des Drifttransistors realisiert, in dem innerhalb der Basis absichtlich ein Störstellengefälle angeordnet ist.

§ 9. Der Unipolar- oder Feldeffekt-Transistor

Im Gegensatz zu den bisher besprochenen 3 Transistortypen spielt beim Unipolartransistor die Injektion von *Minoritäts*trägern keine Rolle, sondern es werden die Verwehungseffekte der *Majoritäts*träger in den Übergangszonen von *pn*Übergängen ausgenutzt. Es darf daran erinnert werden, daß innerhalb eines *pn*Übergangs schon im stromlosen Zustand eine Potentialstufe V_D vorhanden ist (s. Abb. IV 6.1). Zum Aufbau dieser Stufe sind Raumladungen erforderlich, die dadurch

---

[1] Einen Überblick über solche Verfahren geben R. Dahlberg in Nachrichtentechn. Fachberichte 18 (1960) 31, P. Kaufmann: SCIENTIA ELECTRICA V (1959) 19. und zuletzt C. Moerder: Grundlagen der Transistortechnik, Akad. Verlagsgesellschaft Frankfurt/Main 1964, S. 113–126.

[2] Krömer, H.: AEÜ 8 (1954) 223, 363 u. 499.

entstehen, daß auf den beiden Seiten der Übergangszone die jeweilige Mehrheitsträgerkonzentration kleiner als die betreffende Störstellendichte ist. Wird die Potentialstufe durch Anlegen einer Sperrspannung U auf $V_D + U$ vergrößert, so müssen sich die trägerverarmten Raumladungszonen verbreitern (s. Abb. IV 7.2). Dies alles wurde schon in Kap. IV, § 6 und 7, im Zusammenhang mit der Gleichrichterwirkung eines *pn*Übergangs ausführlich besprochen.

Im Unipolartransistor wird nun von der Mehrheitsträgerverarmung in der Raumladungszone eines *pn*Übergangs folgender Gebrauch gemacht. Ein beispielsweise *p*leitender Kanal wird an zwei gegenüberliegenden Ufern durch *pn*Übergänge begrenzt (s. Abb. V 9.1). Durch Variation der Spannung zwischen dem *p*Kanal und den angrenzenden *n*Ufern wird die Breite der Raumladungszonen gesteuert und auf beiden Seiten ein mehr oder weniger breiter Randstreifen des *p*Kanals trägerfrei gemacht. Dieser Randstreifen fällt also als Leiterquerschnitt aus, wenn man jetzt einen Strom in der *Längsrichtung* des Kanals fließen läßt. Im Grenzfall kann durch genügend große Sperrspannungen zwischen dem *p*Kanal und den *n*Ufern die ganze Kanalbreite trägerfrei gemacht werden. Dann ist der Kanal scheinbar „abgekniffen" worden, und der Längsstrom ist gesperrt.

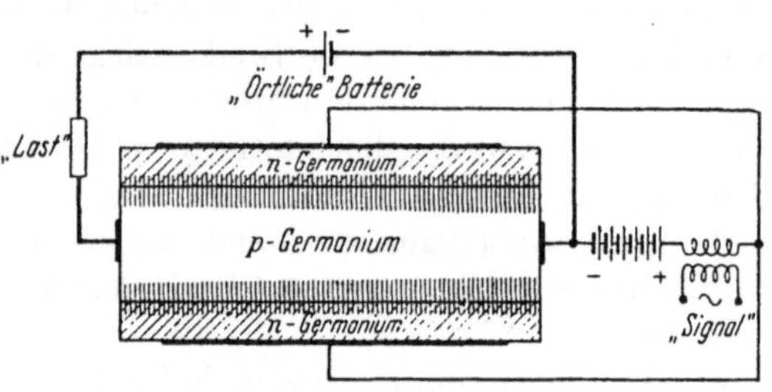

Abb. V 9.1. Prinzip des Feldeffekt-Transistors.

Im ganzen wird also durch die Sperrspannung zwischen dem Kanal und seinen Ufern die Breite des Kanals und damit sein Leitwert für den Längsstrom gesteuert. Für die Steuerung sind nur schwache Leistungen erforderlich, weil die Steuerspannungen in Sperrichtung gepolt sind und die Sperrströme bei *pn*Übergängen extrem klein sind.

Dieses Prinzip[1] des unipolaren „field effect" Transistors (oder der „Sperrschichtblende"[2]) ist in der Hoffnung verfolgt worden[3,4], die Frequenzgrenze weiter hinausschieben zu können, als das mit dem

---

[1] Shockley, W.: Proc. IRE 40 (1952) 1365. Übrigens weicht die Wirkungsweise des Unipolartransistors so grundsätzlich von den Injektionseffekten des eigentlichen Transistors ab, daß man den Unipolartransistor besser gar nicht als Transistor bezeichnen sollte.

[2] Rose, F., E. Spenke u. E. Waldkötter: Deutsches Bundespatent 973 206, USA-Patent 2648805.

[3] Pearson, G. L.: Phys. Rev. 90 (1953) 336.

[4] Dacey, G. C., u. I. M. Ross: Proc. IRE 41 (1953) 970.

*pn*Flächentransistor möglich ist. Bis heute ist aber noch der klassische Flächentransistor Sieger geblieben, und zwar in Form des sog. „mesa-Transistors“[1,2], bei dem die erforderliche Kleinheit der Dimensionen durch eine sehr ausgereifte Kombination von Diffusions-, Legierungs- und Maskierungstechnik erreicht wird. Das Prinzip des Unipolartransistors könnte aber wieder für Werkstoffe wie die III-V-Verbindungen[3] interessant werden, bei denen der eigentliche Transistoreffekt, nämlich die Injektion von Minoritätsträgern über weite Distanzen, nicht richtig funktioniert, weil die direkte Rekombination zwischen Valenz- und Leitungsband im Gegensatz zu Germanium und Silizium erlaubt ist und infolgedessen die Lebensdauern τ der Minoritätsträger sehr klein sind[4,5].

Als Strombegrenzer kann das Prinzip der Sperrschichtblende aber auch mit Germanium und Silizium Bedeutung gewinnen[6,7].

§ 10. Anhang: Spannungs-, Strom- und Leistungsverstärkung eines sekundärseitig belasteten Übertragungselements

Für die Behandlung dieser Fragen gehen wir von den linearisierten Stromspannungsbeziehungen[8] aus:

$$u_e = r_{11}\, i_e + r_{12}\, i_c \qquad \text{(V 10.01)}$$

$$u_c = r_{21}\, i_e + r_{22}\, i_c. \qquad \text{(V 10.02)}$$

Hier ist nach Abb. V 10.1

$$u_c = -u_L = -R_L\, i_c \qquad \text{(V 10.03)}$$

zu setzen, wobei R_L der Lastwiderstand im Sekundärkreis ist:

$$0 = r_{21}\, i_e + (r_{22} + R_L)\, i_c. \qquad \text{(V 10.04)}$$

Für die Stromverstärkung erhalten wir hieraus sofort

$$\frac{i_c}{i_e} = -\frac{r_{21}}{r_{22}}\,\frac{r_{22}}{r_{22}+R_L}. \qquad \text{(V 10.05)}$$

---

[1] Lee, C. A.: Bell Syst. techn. J. 35 (1956) 23.

[2] Warner Jr., R. M., J. M. Early u. G. T. Loman: IRE Trans. ED-5 (1958) 127.

[3] Welker, H.: Z. Naturforsch. 7a (1952) 744; Z. Naturforsch. 8a (1953) 248; Ergebn. exakt. Naturwiss. 29 (1956) 275. — Welker, H., u. H. Weiss: Solid State Physics, herausgegeben von F. Seitz u. D. Turnbull, New York: Academic Press, Vol. 3 (1956) S. 1.

[4] Siehe Kap. IX.

[5] Wallmark, J. T.: IEEE Spectrum März 1964, S. 182.

[6] Rose, F., u. E. Spenke: Deutsches Bundespatent 974 050

[7] Warner Jr., R. M., W. H. Jackson, E. L. Doucette u. H. A. Stone Jr.: Proc. IRE 47 (1959) 44.

[8] In der „Widerstandsform“ im Gegensatz zur „Leitwertsform“ (V 4.34) und (V 4.35).

Für die Spannungsverstärkung[1] ergibt sich mit (V 10.05), (V 10.03) und (V 10.01)

$$\frac{u_L}{u_e} = -\frac{r_{21}}{r_{11}} \frac{R_L}{r_{22}+R_L} \frac{1}{1-\dfrac{r_{21}}{r_{11}}\dfrac{r_{12}}{r_{22}+R_L}}. \qquad \text{(V 10.06)}$$

(V 10.06) und (V 10.05) zusammen geben die Leistungsverstärkung[2]

$$\frac{u_L i_c}{u_e i_e} = \frac{r_{21}^2}{r_{11} r_{22}} \frac{r_{22} R_L}{(r_{22}+R_L)^2} \frac{1}{1-\dfrac{r_{21}}{r_{11}}\dfrac{r_{12}}{r_{22}+R_L}}. \qquad \text{(V 10.07)}$$

In diesen Gleichungen geben die jeweils zweiten Faktoren $\frac{r_{22}}{r_{22}+R_L}$, $\frac{R_L}{r_{22}+R_L}$ und $\frac{r_{22} R_L}{(r_{22}+R_L)^2}$ die Wirkung der Spannungsteilung zwischen

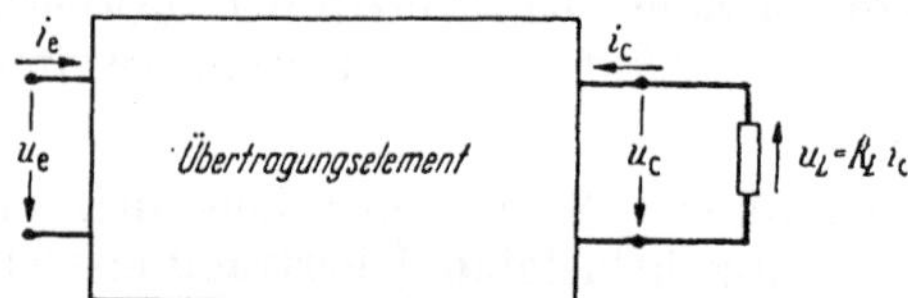

Abb. V 10.1 Übertragungselement mit Lastwiderstand auf der Sekundärseite.

dem Schaltelement und dem Lastwiderstand auf der Sekundärseite wieder[3]. Das physikalisch Wesentliche erhalten wir durch die Stromverstärkung im Kurzschlußfall $R_L = 0$

$$\left[\frac{i_c}{i_e}\right]_{\text{Kurzschluß}} = -\frac{r_{21}}{r_{22}} \qquad \text{(V 10.08)}$$

---

[1] Wir definieren als Spannungsverstärkung das Verhältnis der sekundären Klemmenspannung u_c zur primären Klemmenspannung u_e. Häufig wird statt u_e als Bezugsgröße die maximale Spannung genommen, die die primäre Spannungsquelle ohne Anwendung des Übertragungselements liefern könnte. Das wäre also die EMK e_G des primären *Generators*. Wir müßten dann in Abb. V 10.1 noch einen inneren Widerstand r_G des Generators berücksichtigen und zwischen der EMK e_G und der Klemmenspannung u_e unterscheiden. Für unsere auf das physikalisch Wesentliche gerichteten Betrachtungen können wir auf diese feineren Unterschiede verzichten.

[2] Wir nehmen also bei der Definition der Leistungsverstärkung als Bezugsgröße die von der primären Spannungsquelle in den Vierpol hinein gelieferte Leistung $u_e\, i_e$. Häufig wird statt dessen als Bezugsgröße die Leistung $\frac{1}{4}\,(e_G/r_G)$ genommen, die aus dem primären Generator e_G, r_G ohne Anwendung des Übertragungselements maximal entnommen werden könnte.

[3] Bei dieser Gelegenheit darf vielleicht auf die an und für sich triviale Tatsache hingewiesen werden, daß bei wechselstrommäßigem Kurzschluß ($R_L = 0$) die Spannungsverstärkung und bei wechselstrommäßigem Leerlauf ($R_L = \infty$) die Stromverstärkung Null wird. Ob und unter welchen Umständen ein Schaltelement vorwiegend Strom- oder vorwiegend Spannungsverstärkung zeigt, hängt also zum mindesten *auch* sehr stark von der Bemessung des äußeren Lastwiderstandes ab und sollte deshalb nicht zur Charakterisierung des physikalischen Mechanismus des betreffenden Schaltelements verwendet werden.

und die Spannungsverstärkung im Leerlauf $R_L = \infty$

$$\left[\frac{u_L}{u_e}\right]_{\text{Leerlauf}} = -\frac{r_{21}}{r_{11}} \qquad \text{(V 10.09)}$$

und die Leistungsverstärkung im Falle der Anpassung[1] $R_L = r_{22}$

$$\left[\frac{u_L\, i_c}{u_e\, i_e}\right]_{\text{Anpassung}} = \frac{1}{4}\,\frac{r_{21}^2}{r_{11}\, r_{22}}\;\frac{1}{1-\dfrac{1}{2}\,\dfrac{r_{21}\, r_{12}}{r_{11}\, r_{22}}}\,. \qquad \text{(V 10.10)}$$

Bemerkenswert ist der rechte Faktor in (V 10.10). Er zeigt nämlich die rückkoppelnde Wirkung des Widerstandes r_{12} und die dadurch hervorgerufene Neigung zur Instabilität, indem bei geeigneter Größe von r_{12} der Nenner dieses Faktors verschwinden und die Leistungsverstärkung ∞ werden kann, was natürlich zur Zerstörung des Übertragungselements führt. Sosehr an und für sich eine Erhöhung der Leistungsverstärkung anzustreben ist, so ist doch der Weg über die Rückkopplung r_{12} wegen der drohenden Instabilität riskant, und man sucht im allgemeinen r_{12} so klein wie möglich zu machen[2].

---

[1] Wenn wir $R_L = r_{22}$ als ,,Anpassung" bezeichnen, nehmen wir auf den Rückkopplungswiderstand r_{12} und seine Wirkung auf den sekundärseitigen Eingangswiderstand $r_{22} - \dfrac{r_{12}\, r_{21}}{r_{11} + r_G}$ keine Rücksicht. Auch dies ist für unsere auf das Prinzipielle gerichtete Betrachtungen nicht wesentlich.

[2] Im Gegensatz zum Rückkopplungswiderstand r_{12} darf natürlich der Kopplungswiderstand r_{21} keineswegs zum Verschwinden gebracht werden. Mit $r_{21} = 0$ würde ja der Sekundärkreis vom Primärkreis überhaupt nicht beeinflußt werden, geschweige denn die primären Signale *verstärkt* wiedergegeben.

Grundlagen der Halbleiterphysik

In den vorangegangenen 5 Kapiteln haben wir im Interesse des hauptsächlich an den Anwendungen interessierten Lesers darauf verzichtet, in jedem einzelnen Fall die benutzten Begriffe und Lehrsätze wirklich von den Grundlagen der Halbleiterphysik aus zu entwickeln. Der Physiker, der sich auf längere Sicht dem Halbleitergebiet verschreibt, wird aber doch wissen wollen, was in der modernen Festkörperphysik zwangsläufig aus physikalischen Grundgesetzen folgt und was darüber hinaus auf Hypothesen und vereinfachenden Annahmen beruht. Die folgenden Grundlagenkapitel VI bis XI sollen in dieser Beziehung eine Hilfe sein.

Ein Festkörper mit seinen ungeheuer vielen Atomkernen und Elektronen stellt ein Vielkörperproblem dar, an dessen exakte Behandlung nicht zu denken ist. Da ein Kristall gewissermaßen ein einziges Riesenmolekül ist, liegt es nahe, die bei den Molekülen erprobten Näherungsverfahren auf die Kristalle zu übertragen. Dies ist auch tatsächlich geschehen. Das eine Näherungsverfahren, nämlich das von HEITLER und LONDON, ist durch HEISENBERG[1] auf die Theorie des Ferromagnetismus und durch HYLLERAAS[2] und durch LANDSHOFF[3] auf die Theorie der Kohäsionskräfte in Ionenkristallen angewendet worden. Es ergibt sich auf diese Weise eine wellenmechanische Begründung für das namentlich von Kristall- und Physikochemikern angewendete *atomistische Bild*, das vorzugsweise bei Isolatoren und Ionenkristallen angebracht ist. Es hat in den letzten Jahrzehnten zu Unrecht etwas den Stempel eines veralteten, zu sehr korpuskular gefärbten Standpunktes getragen.

Das Bändermodell knüpft auf dem Gebiet des Molekülbaus an die Methoden von HUND und MULLIKEN an, und um die Gleichberechtigung[4] von Bändermodell und atomistischem Bild klar hervortreten zu lassen, erscheint es angebracht, im Kap. VI an dem einfachsten Molekül, dem Wasserstoffmolekül, die Methoden von LONDON-HEITLER einerseits und von HUND und MULLIKEN andererseits einander gegenüberzustellen. Im Kap. VII werden wir dann das Bändermodell ausführlich besprechen.

---

[1] HEISENBERG, W.: Z. Phys. 49 (1928) 619.

[2] HYLLERAAS, E. A.: Z. Phys. 63 (1930) 771.

[3] LANDSHOFF, R.: Z. Phys. 102 (1936) 201; Phys. Rev. 52 (1937) 246.

[4] Siehe hierzu F. STÖCKMANN: Z. phys. Chem. 198 (1951) 215.

In gleicher Breite kann hier auf das atomistische Bild nicht eingegangen werden; denn quantitative Folgerungen sind aus dem atomistischen Bild nur für die Theorie des Ferromagnetismus und für die Theorie der Kohäsionskräfte in Ionenkristallen gezogen worden, und diese Themen liegen uns in diesem Buch zu fern[1].

Kap. VIII bringt vielmehr quantitative Folgerungen aus der FERMI-Statistik der Kristallelektronen im Rahmen des Bändermodells. Wir kommen dabei auf das schon im II. Kapitel benutzte Begriffsschema der Störstellenreaktionen und der Massenwirkungsgesetze zurück. Im Kap. II wurde zwar darauf hingewiesen, daß diese Betrachtungsweise nur bei „genügender" Verdünnung der Reaktionspartner zulässig ist. Eine quantitative Präzisierung dieser Voraussetzung wird aber erst in Kap. VIII mit Hilfe der FERMI-Statistik möglich. Diese liefert dann auch eine Begründung für den Wert der Massenwirkungskonstante, der im Kap. II nur ohne Beweis angegeben werden konnte.

Noch einmal — und zwar vom kinetischen Standpunkt aus — wird das für die Halbleiterphysik so wichtige Massenwirkungsgesetz im Kap. IX beleuchtet. Dabei ergeben sich Zusammenhänge zwischen der Massenwirkungskonstante, dem sog. Wiedervereinigungskoeffizienten (bzw. dem Wirkungsquerschnitt) und der Lebensdauer. Diese Dinge sind wichtig in der Theorie der Leuchtstoffe und können von Bedeutung sein beim Hochfrequenzverhalten von Gleichrichtern und Detektoren. Vor allem aber bringt Kap. IX die bei technischen Halbleitern so wichtige Rekombination durch strahlungslose Übergänge über das Niveau von speziellen Rekombinationszentren.

Im Kap. X werden die Erscheinungen besprochen, die eintreten, wenn zwei verschiedene Festkörper in Kontakt gebracht werden. Es ergibt sich dabei eine Darstellung der Begriffe GALVANI-Spannung, VOLTA-Spannung (= Kontaktpotential), Austrittsarbeit, photoelektrische Aktivierungsenergie und Diffusionsspannung.

In diesem Zusammenhang werden wir auch auf die Oberflächenzustände zu sprechen kommen und den möglichen Einfluß, den diese unter Umständen auf den Kontakt zweier Festkörper haben.

In Kap. XI wird die quantenmechanische Theorie der Beweglichkeit dargestellt, und zwar in dem Fall, in dem die Elektronen durch die akustischen Gitterwellen gestreut werden, während andere Streumechanismen außer Betracht bleiben. Kap. XII bringt schließlich verschiedene mathematische Ergänzungen.

---

[1] Allerdings entsteht in neuester Zeit auch eine Theorie der *Leitfähigkeit* auf der Grundlage des atomistischen Bildes. Siehe hierzu die Zitate auf S. 388.

Kapitel VI

Näherungsmethoden in der Quantenmechanik des Wasserstoffmoleküls

Die Näherungsmethoden bei der Behandlung eines Festkörpers knüpfen zweckmäßigerweise an anschauliche Tatbestände an, die auf experimentellem Wege, z. B. durch RÖNTGEN-Strukturuntersuchungen ermittelt worden sind.

Ein solcher Tatbestand ist die Existenz von Ionenkristallen, also z. B. der Aufbau eines Kochsalzkristalls aus den Ionen Na^+ und Cl^-, die beide abgeschlossene Achterschalen haben. Bei der theoretischen Behandlung dieser Kristalle ist es naheliegend, jedes Elektron einem ganz bestimmten individuellen Ion zuzuordnen und durch eine um den Gitterplatz dieses Ions zentrierte, also lokalisierte ψ-Funktion darzustellen. Die energetischen Verhältnisse eines solchen lokalisierten Elektrons wird man in erster grober Näherung dadurch beurteilen, daß man die Ionisierungsarbeiten des isolierten Ions betrachtet. Diese Schlußweise und insbesondere die Lokalisierung der Elektronen bei bestimmten individuellen Gitterbausteinen ist in der Physik der Alkalihalogenide, der Metalloxyde und der Kristallphosphore lange Zeit bevorzugt worden und wird als atomistisches Bild bezeichnet.

Ein anderer anschaulicher Tatbestand, an den die Behandlung eines Festkörpers anknüpfen kann, ist die Existenz der Metalle mit dem Gas ihrer frei beweglichen Leitungselektronen. Hier ist es offensichtlich nicht angebracht, ein solches Leitungselektron einem ganz bestimmten individuellen Atomrumpf zuzuordnen. Vielmehr wird man ein Leitungselektron von vornherein im Felde aller Atomrümpfe zu betrachten haben, was auf das sog. Bändermodell führt.

Beide Betrachtungsweisen haben ihre Entsprechungen in den Näherungsmethoden, die bei der Behandlung der Moleküle angewendet werden, und zwar entspricht das atomistische Bild der Methode von HEITLER und LONDON, während das Bändermodell zu dem Verfahren von HUND und von MULLIKEN gehört. Beide Betrachtungsweisen haben also ihre quantenmechanischen Begründungen und müssen nebeneinander und sich ergänzend benutzt werden.

Ein Gegensatz ergibt sich eigentlich nur bei der Frage der elektronischen Leitfähigkeit, die freilich überall im Mittelpunkt des Interesses steht. Während hier das Bändermodell mit seiner Vorstellung der den ganzen Kristall durchstreifenden Elektronenwelle eine Befreiung von den Freien-Weglängen-Schwierigkeiten der DRUDEschen Elektronentheorie der Metalle brachte (s. S. 355), liefert das atomistische Bild ein Hüpfen der Elektronen von Gitterpunkt zu Gitterpunkt bzw. von Störstelle zu Störstelle, eine Form des Leitungsvorgangs, die durch die experimentellen Ergebnisse bei den Oxyden der Übergangsmetalle (bei den sog. Offenbandhalbleitern[1]) und bei der Tief-Temperaturleitfähigkeit stark dotierter Germaniumkristalle[2] schon seit langem suggeriert wurde. Allerdings fehlte bis vor einigen Jahren eine Theorie dieses Elektronenhüpfens, so daß eine derartige Auffassung von Leitungsprozessen lange Zeit mit dem Verdikt „altmodisch und wellenmechanisch verboten" belegt zu werden drohte, was dann wieder auf das damit in geistiger Verwandtschaft stehende atomistische Bild abzufärben schien. Seit einer Arbeit von YAMASHITA und KUROSAWA, an die sich eine ganze Reihe anderer Publikationen anschloß[1], ist nun aber auch das Elektronenhüpfen gesellschaftsfähig geworden. Trotzdem wollen wir in Kap. VI an einem Überblick über die Quantenmechanik des Wasserstoffmoleküls zeigen, daß auch das atomistische Bild in der HEITLER-LONDON-Näherung seine volle quantenmechanische Begründung hat.

§ 1. Einführung

Wenn wir uns im folgenden mit der Theorie des Wasserstoffmoleküls befassen, so geschieht das also nicht als Selbstzweck. Es liegt uns vielmehr nur daran, an den bei diesem Zwei-Elektronenproblem angewendeten Näherungsmethoden diejenigen charakteristischen Züge kennenzulernen, die wir auch bei dem Vielelektronenproblem des Festkörpers wieder antreffen werden[3]. In einem solchen Näherungsverfahren[4] wird

[1] Siehe S. 386 bis 389.

[2] Siehe S. 457.

[3] Deshalb brauchen wir auch nicht auf die verfeinerten Näherungsmethoden von S. C. WANG: Phys. Rev. 31 (1928) 579, oder von E. HYLLERAAS: Z. Phys. 71 (1931) 739, oder von H. M. JAMES u. A. S. COOLIDGE: J. Chem. Phys. 1 (1933) 825, einzugehen.

[4] Es handelt sich hier nicht mehr um das ursprüngliche SCHRÖDINGERsche Störungsverfahren, bei dem sich das behandelte Problem von einem streng lösbaren Problem nur um eine kleine Störung unterscheidet und die Lösung des gestörten Problems nach den Eigenfunktionen des ungestörten Problems entwickelt wird. Dies ist ein im Prinzip unendliches Verfahren, das wenigstens theoretisch einer beliebigen Verfeinerung fähig ist und im Fall der Konvergenz beliebig genaue Resultate liefern würde. Die oben zu schildernden Verfahren sind vielmehr

für die SCHRÖDINGER-Funktion $\psi(\mathfrak{r}_1, \mathfrak{r}_2)$ des Gesamtmoleküls, die also die Ortsvektoren $\mathfrak{r}_1$ bzw. $\mathfrak{r}_2$ *beider* Elektronen 1 bzw. 2 enthält, zunächst ein Produktansatz von 2 Funktionen $u(\mathfrak{r}_1)$ und $v(\mathfrak{r}_2)$ gemacht, die jede nur den Ortsvektor *eines* Elektrons enthält:

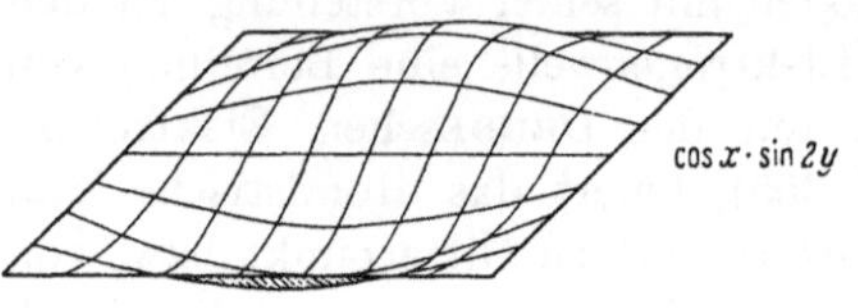

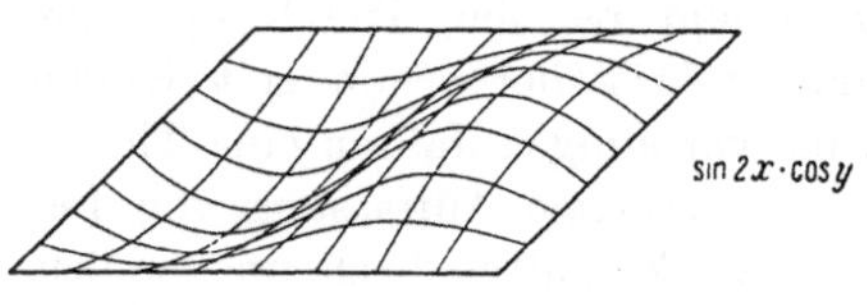

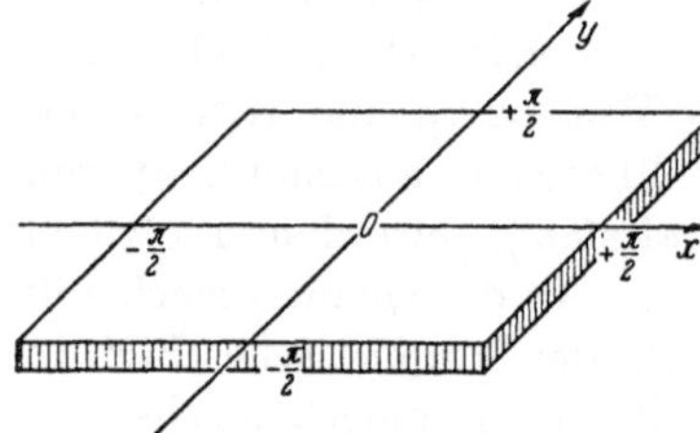

Abb. VI 1.1 Zwei entartete Eigenschwingungen der quadratischen Membran mit fester Randeinspannung.

$$\psi(\mathfrak{r}_1, \mathfrak{r}_2) = u(\mathfrak{r}_1)\, v(\mathfrak{r}_2). \quad \text{(VI 1.01)}$$

Eine nicht identische[1] Eigenfunktion mit gleicher Gesamtenergie wäre diejenige, bei der die Elektronen 1 und 2 ihre Rolle vertauscht haben

$$\psi(\mathfrak{r}_1, \mathfrak{r}_2) = v(\mathfrak{r}_1)\, u(\mathfrak{r}_2); \quad \text{(VI 1.02)}$$

denn für eine meßbare Größe wie die Energie kann es ja nicht darauf ankommen, welches Elektron mit 1 und welches mit 2 bezeichnet wird. Die beiden Funktionen (VI 1.01) und (VI 1.02) sind also entartet, und dementsprechend wird im allgemeinen keine von beiden schon die richtige Eigenfunktion sein, sondern eine lineare Kombination von beiden:

$$\psi(\mathfrak{r}_1, \mathfrak{r}_2) = c\, u(\mathfrak{r}_1)\, v(\mathfrak{r}_2) + d\, v(\mathfrak{r}_1)\, u(\mathfrak{r}_2). \quad \text{(VI 1.03)}$$

Die Werte der Koeffizienten c bzw. d und der Gesamtenergie E ergeben sich dann aus einer Rechnung, deren Sinn es ist, ein die SCHRÖDINGERsche Differentialgleichung ersetzendes Variationsproblem so gut zu lösen, wie es bei der Beschränkung der zur Konkurrenz zugelassenen

---

spezielle Durchführungen einer endlichen Prozedur. Der historische Ausgangspunkt dafür ist die sogleich zu besprechende Behandlung des Wasserstoffmoleküls von W. HEITLER u. F. LONDON: Z. Phys. 44 (1927) 455. Das allgemeine Schema wurde von J. C. SLATER: Phys. Rev. 38 (1931) 1109 angegeben und wird in diesem Buch in Kap. XII, § 5, S. 604ff. dargestellt.

[1] Ein Beispiel dafür, wie durch die Vertauschung von 2 Koordinaten oder Freiheitsgraden eine nicht identische Eigenfunktion mit gleicher Schwingungszahl entstehen kann, sind die Eigenfunktionen

$$\cos x \sin 2y$$

$$\sin 2x \cos y$$

der quadratischen Membran mit fester Randeinspannung. Siehe Abb. VI 1.1.

Funktionen auf die Mannigfaltigkeit (VI 1.03) möglich ist. Wir brauchen in diesem Zusammenhange darauf nicht näher einzugehen[1]. Wesentlich ist für uns zunächst, daß die Durchführung des Verfahrens als richtige Eigenfunktionen

$$\psi(\mathfrak{r}_1, \mathfrak{r}_2) = u(\mathfrak{r}_1)\, v(\mathfrak{r}_2) - v(\mathfrak{r}_1)\, u(\mathfrak{r}_2) \qquad \text{(VI 1.04)}$$

$$\psi(\mathfrak{r}_1, \mathfrak{r}_2) = u(\mathfrak{r}_1)\, v(\mathfrak{r}_2) + v(\mathfrak{r}_1)\, u(\mathfrak{r}_2) \qquad \text{(VI 1.05)}$$

ergibt. Die „symmetrische" Eigenfunktion (VI 1.05) ändert sich bei Vertauschung der beiden Elektronen 1 und 2 überhaupt nicht, die „antisymmetrische" Eigenfunktion (VI 1.04) nur ihr Vorzeichen[2]. Dies Ergebnis war von vornherein zu erwarten; denn die Werte der aus der SCHRÖDINGER-Funktion abzuleitenden meßbaren Größen, wie Energie, Aufenthaltswahrscheinlichkeiten usw., dürfen ja nicht von der Indizierung der Elektronen abhängen. Andererseits geht in diese Größen die SCHRÖDINGER-Funktion immer nur quadratisch ein; deshalb ist ein Vorzeichenwechsel von ψ bei Vertauschung der Elektronen 1 und 2 noch zulässig.

Die im folgenden zu besprechenden Näherungsverfahren von HUND und MULLIKEN einerseits und HEITLER-LONDON andererseits unterscheiden sich *zunächst* einmal durch die für die Ein-Elektronen-Funktionen $u(\mathfrak{r})$ und $v(\mathfrak{r})$ gemachten Ansätze.

§ 2. Das Näherungsverfahren nach Hund[3] bzw. Mulliken[4]

Hier wird von dem Fall dicht benachbarter Wasserstoffkerne ausgegangen, in dem eine Unterscheidung gegenstandslos wird, ob sich das Elektron im Felde des einen Kerns a oder im Felde des anderen Kerns b befindet, da sich die Felder beider Kerne weitgehend decken. Als günstiger Ansatz für $u(\mathfrak{r})$ bzw. $v(\mathfrak{r})$ müssen von diesem Standpunkt aus die Eigenfunktionen *eines* Elektrons im Felde zweier Kerne a und b, also die Eigenfunktionen des Wasserstoffmolekülions, erscheinen (s. Abb. VI 2.1). Die Durchrechnung dieses Ein-Elektronen-Zwei-

[1] Der interessierte Leser wird auf F. HUND in GEIGER/SCHEEL: Handbuch der Physik, Bd. XXIV, Tl. 1, Berlin: Springer 1933, S. 572f., verwiesen.

[2] Daß hier die in den *Orts*koordinaten der Elektronen *symmetrische* Eigenfunktion beibehalten wird und nicht aus der Betrachtung ausgeschieden wird, ist nur scheinbar ein Verstoß gegen das PAULI-Prinzip. Die von diesem geforderte Beschränkung auf die in den Elektronenkoordinaten antisymmetrische Eigenfunktion erfordert die Mitberücksichtigung des Elektronenspins, was wenigstens formal durch Einführung von Spinvariablen σ und Spinfunktionen $\alpha(\sigma)$ und $\beta(\sigma)$ geschehen kann. Siehe hierzu H. A. BETHE in GEIGER/SCHEEL: Handbuch der Physik, Bd. XXIV, Tl. 2, Berlin: Springer 1933, S. 587—598.

[3] HUND, F.: Z. Phys. 51 (1928) 759; 63 (1930) 719.

[4] MULLIKEN, R. S.: Phys. Rev. 32 (1928) 186, 761; 33 (1928) 730.

Zentren-Problems ist bei Benutzung elliptischer Koordinaten streng möglich. Die Benutzung der sich dabei ergebenden exakten Eigenfunktionen des Wasserstoffmolekülions in dem HUND-MULLIKEN-Verfahren ist aber zu umständlich. Wir begnügen uns daher mit Nähe-

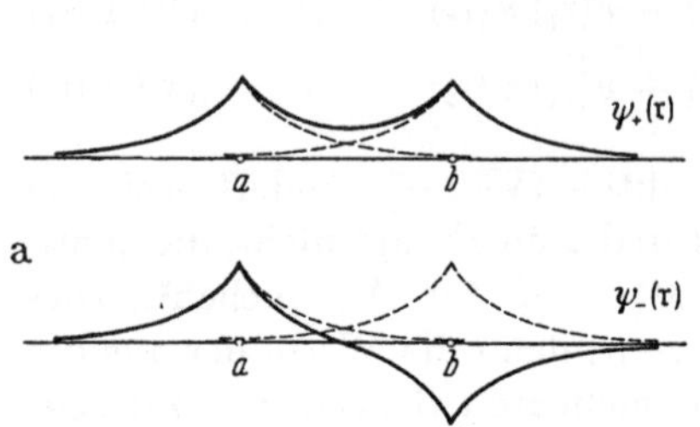

a) HUND und MULLIKEN: Als Ein-Elektronen-Funktionen werden die Eigenfunktionen $\psi_+(\mathfrak{r})$ und $\psi_-(\mathfrak{r})$ des Molekül-Ions H_2^+ gewählt.

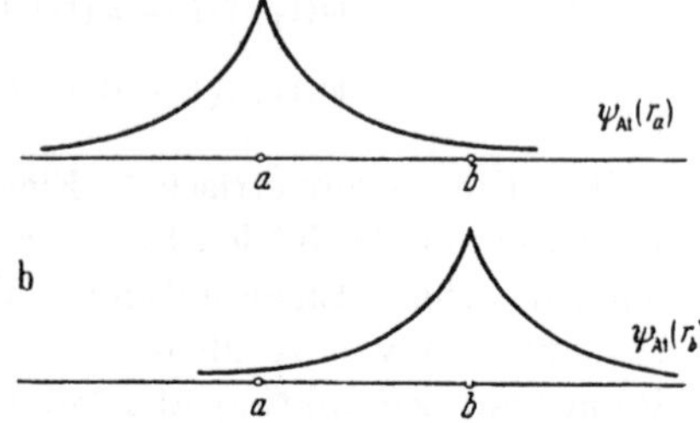

b) HEITLER-LONDON: Als Ein-Elektronen-Funktionen werden die Atom-Eigenfunktionen $\psi_{\mathrm{At}}(r_a)$ und $\psi_{\mathrm{At}}(r_b)$ gewählt.

Abb. VI 2.1 Die Ausgangspunkte der Verfahren von HUND und MULLIKEN und von HEITLER-LONDON.

rungsausdrücken, die sich für die Eigenfunktion eines Elektrons im Felde der beiden Kerne a und b ergeben, wenn die Entfernung $a\,b$ relativ groß[1] ist:

$$\psi_+(\mathfrak{r}) = \psi_{\mathrm{At}}(r_a) + \psi_{\mathrm{At}}(r_b) \qquad \text{(VI 2.01)}$$

$$\psi_-(\mathfrak{r}) = \psi_{\mathrm{At}}(r_a) - \psi_{\mathrm{At}}(r_b). \qquad \text{(VI 2.02)}$$

Hierbei ist $\mathfrak{r}$ nach Abb. VI 2.2 der Ortsvektor des Elektrons von irgendeinem willkürlichen Koordinatenursprung aus gerechnet. r_a bzw. r_b sind die Entfernungen des Elektrons von dem Kern a bzw. b, und infolgedessen gruppiert sich die Atomeigenfunktion[2]

$$\psi_{\mathrm{At}}(r_a) = \frac{1}{\sqrt{\pi\, a_0^3}}\, e^{-\frac{r_a}{a_0}} \qquad \text{(VI 2.03)}$$

um den Kern a. Entsprechendes gilt natürlich für $\psi_{\mathrm{At}}(r_b)$. a_0 ist der Radius der ersten BOHRschen Bahn

$$a_0 = \frac{h^2}{4\pi^2\, m\, e^2} = 0{,}5281 \cdot 10^{-8}\ \mathrm{cm}. \qquad \text{(VI 2.04)}$$

---

[1] Das ist zweifellos eine gedankliche Härte in unserem Vorgehen; denn eingangs wurde ja festgestellt, daß die HUND-MULLIKENsche Näherung gerade dem Fall dicht benachbarter Kerne entsprechen soll. Nun ergibt sich aber in diesem Grenzfall für die Eigenfunktion des Molekülions kein einfacher Zusammenhang mit den atomaren Eigenfunktionen $\psi_{\mathrm{At}}(r_a)$ bzw. $\psi_{\mathrm{At}}(r_b)$, und dieser Zusammenhang ist uns hier wegen des beabsichtigten Vergleiches mit den Ergebnissen von HEITLER-LONDON wichtiger als die Erzielung numerisch möglichst genauer Ergebnisse. Deshalb greifen wir auf den für großen Kernabstand geltenden Näherungsausdruck (VI 2.01) bzw. (VI 2.02) für die Eigenfunktion des Molekülions zurück.

[2] Grundzustand des Wasserstoffatoms!

Die in den Kernen a und b symmetrische Eigenfunktion (VI 2.01) gehört zum Grundzustand des Wasserstoffmolekülions; zu der in den Kernen antisymmetrischen Eigenfunktion (VI 2.02) gehört bereits eine höhere[1] Energie des Elektrons im Felde der beiden Kerne a und b. Infolgedessen werden wir, wenn wir das Schema des § 1 nunmehr mit den Funktionen (VI 2.01) bzw. (VI 2.02) durchführen, zur Beschreibung des *Grundzustandes* des H_2-Moleküls *beide* Elektronen 1 und 2 mit möglichst niedriger Energie unterbringen und demgemäß sowohl

$$u(\mathfrak{r}) = \psi_+(\mathfrak{r})$$

wie auch

$$v(\mathfrak{r}) = \psi_+(\mathfrak{r})$$

ansetzen. Wegen $u \equiv v$ bleibt dann für den Grundzustand des Wasserstoffmoleküls nur die in den Elektronen 1 und 2 symmetrische Eigenfunktion (VI 1.05), während die antisymmetrische Eigenfunktion (VI 1.04) identisch verschwindet. Mit (VI 2.01) folgt dann[2]

Abb. VI 2.2 Zwei Elektronen 1 und 2 im Felde zweier Wasserstoffkerne a und b.

$$\psi(\mathfrak{r}_1, \mathfrak{r}_2) = \psi_+(\mathfrak{r}_1)\,\psi_+(\mathfrak{r}_2) = [\psi_{\mathrm{At}}(r_{a1}) + \psi_{\mathrm{At}}(r_{b1})]\,[\psi_{\mathrm{At}}(r_{a2}) + \psi_{\mathrm{At}}(r_{b2})].$$

Mit den leicht verständlichen Abkürzungen $a\,1$, $b\,1$, $a\,2$, $b\,2$ für die atomaren Eigenfunktionen $\psi_{\mathrm{At}}(r_{a1})$, $\psi_{\mathrm{At}}(r_{b1})$, $\psi_{\mathrm{At}}(r_{a2})$, $\psi_{\mathrm{At}}(r_{b2})$, erhalten wir also für die Eigenfunktion des Grundzustandes

$$[a\,1 + b\,1]\,[a\,2 + b\,2] = (a\,1 \cdot a\,2 + b\,1 \cdot b\,2) + (a\,1 \cdot b\,2 + b\,1 \cdot a\,2). \quad \text{(VI 2.05)}$$

Wenn wir jetzt einen angeregten Zustand des Wasserstoffmoleküls erfassen wollen, so werden wir nicht mehr beide, sondern nur noch ein

[1] Dies ist auch schon ohne Rechnung anschaulich verständlich. Die Symmetrieebene zwischen beiden Kernen ist ein Gebiet (verhältnismäßig) hohen Potentials. Beim Vorliegen der antisymmetrischen Eigenfunktion ist die Aufenthaltswahrscheinlichkeit des Elektrons auf der Symmetrieebene selbst gleich Null (wegen $r_{a1} = r_{b1}$) und in der Umgebung der Symmetrieebene gering. Die in diesen Gebieten bei der symmetrischen Eigenfunktion entstehenden großen negativen Beiträge zur potentiellen Energie fallen also bei der antisymmetrischen Eigenfunktion aus, und die Gesamtenergie wird weniger stark abgesenkt. Deshalb gehört zur symmetrischen Eigenfunktion der Grundzustand mit der tieferen Energie und zur antisymmetrischen Eigenfunktion bereits ein angeregter Zustand mit höherer (also weniger negativer) Energie. Die symmetrische Eigenfunktion (VI 2.01) stellt also einen „bindenden Zustand" und die antisymmetrische Eigenfunktion (VI 2.02) einen „lockernden Zustand" dar.

[2] Den aus (VI 1.04) für $u \equiv v = \psi_+$ eigentlich folgenden Faktor 2 vor der ganzen Eigenfunktion lassen wir weg, da er sich bei Durchführung der Normierungsvorschriften doch wieder ändern würde.

Elektron mit möglichst niedriger Energie unterbringen und dementsprechend in dem Schema des § 1

$$u(\mathfrak{r}) = \psi_+(\mathfrak{r})$$
$$v(\mathfrak{r}) = \psi_-(\mathfrak{r})$$

setzen. Dann ergeben[1] sich nach (VI 1.04) und (VI 1.05)

$$\psi_+(\mathfrak{r}_1)\,\psi_-(\mathfrak{r}_2) - \psi_-(\mathfrak{r}_1)\,\psi_+(\mathfrak{r}_2) = [a\,1 + b\,1]\,[a\,2 - b\,2] - \\ - [a\,1 - b\,1]\,[a\,2 + b\,2] \sim (a\,1\cdot b\,2 - b\,1\cdot a\,2) \qquad \text{(VI 2.06)}$$

$$\psi_+(\mathfrak{r}_1)\,\psi_-(\mathfrak{r}_2) + \psi_-(\mathfrak{r}_1)\,\psi_+(\mathfrak{r}_2) = [a\,1 + b\,1]\,[a\,2 - b\,2] + \\ + [a\,1 - b\,1]\,[a\,2 + b\,2] \sim (a\,1\cdot a\,2 - b\,1\cdot b\,2) \qquad \text{(VI 2.07)}$$

als 2 Molekül-Eigenfunktionen von zwei angeregten Zuständen.

Schließlich würde die Unterbringung aller beiden Elektronen 1 und 2 in dem antisymmetrischen Zustand (VI 2.02) und demgemäß die Durchführung des Schemas des § 1 mit

$$u(\mathfrak{r}) = \psi_-(\mathfrak{r})$$
$$v(\mathfrak{r}) = \psi_-(\mathfrak{r})$$

wieder wie für den Grundzustand nur *eine* (in den Elektronen symmetrische) Molekülfunktion

$$\psi_-(r_1)\,\psi_-(r_2) = [a\,1 - b\,1]\,[a\,2 - b\,2] \\ = (a\,1\cdot a\,2 + b\,1\cdot b\,2) - (a\,1\cdot b\,2 + b\,1\cdot a\,2) \qquad \text{(VI 2.08)}$$

ergeben.

Im ganzen liefert also das Hund-Mulliken-Verfahren folgende 4 Eigenfunktionen

Grundzustand:	$(a\,1\cdot a\,2 + b\,1\cdot b\,2) + (a\,1\cdot b\,2 + b\,1\cdot a\,2)$	(VI 2.05)
Angeregte Zustände:	$(a\,1\cdot b\,2 - b\,1\cdot a\,2)$	(VI 2.06)
	$(a\,1\cdot a\,2 - b\,1\cdot b\,2)$	(VI 2.07)
	$(a\,1\cdot a\,2 + b\,1\cdot b\,2) - (a\,1\cdot b\,2 + b\,1\cdot a\,2)$.	(VI 2.08)

§ 3. Das ursprüngliche Verfahren von Heitler-London

Hier wird im Gegensatz zu Hund und Mulliken von dem Fall weit entfernter Wasserstoffkerne ausgegangen. Man sieht sofort, daß der Zustand neutraler H-Atome energetisch viel günstiger ist als der Zustand $H^+ + H^-$. Ausgehend vom Zustand zweier neutraler H-Atome würde man nämlich zum Zustand $H^+ + H^-$ durch Ionisation des einen

[1] Hier werden zum Schluß Faktoren -2 bzw. $+2$ vor den Funktionen weggelassen.

Wasserstoffatoms (Energieaufwand 13,54 *e*Volt)[1] und Anlagerung des freigemachten Elektrons an das andere neutrale H-Atom (Energiegewinn 0,76 *e*Volt)[2] gelangen. Dies würde also den erheblichen Energieaufwand von (13,54 — 0,76) *e*Volt = 12,78 *e*Volt erfordern. Es liegt also von diesem Standpunkt aus nahe, sich zum mindesten dem *Grund*zustand des H_2-Moleküls dadurch anzunähern, daß man das eine Elektron an den einen Kern und das andere Elektron an den anderen Kern gebunden denkt und dementsprechend in dem Schema in § 1

$$u(\mathfrak{r}) = \psi_{\mathrm{At}}(r_a) = \frac{1}{\sqrt{\pi a_0^3}} e^{-\frac{r_a}{a_0}}$$

$$v(\mathfrak{r}) = \psi_{\mathrm{At}}(r_b) = \frac{1}{\sqrt{\pi a_0^3}} e^{-\frac{r_b}{a_0}}$$

setzt. Nach (VI 1.04) und (VI 1.05) erhält man dann als Eigenfunktionen

$$\psi_{\mathrm{At}}(r_{a1})\,\psi_{\mathrm{At}}(r_{b2}) - \psi_{\mathrm{At}}(r_{b1})\,\psi_{\mathrm{At}}(r_{a2}) = a\,1 \cdot b\,2 - b\,1 \cdot a\,2$$

$$\psi_{\mathrm{At}}(r_{a1})\,\psi_{\mathrm{At}}(r_{b2}) + \psi_{\mathrm{At}}(r_{b1})\,\psi_{\mathrm{At}}(r_{a2}) = a\,1 \cdot b\,2 + b\,1 \cdot a\,2.$$

Zu welcher von beiden Funktionen die niedrigere Energie gehört und welche von beiden daher den Grundzustand darstellt, hängt vom Vorzeichen des sog. Austauschintegrals ab. Bei den meisten Molekülen und auch beim Wasserstoffmolekül ist dieses negativ, und der Grundzustand wird durch die in den Ortskoordinaten der Elektronen symmetrische Eigenfunktion dargestellt[3]:

Grundzustand: $a\,1 \cdot b\,2 + b\,1 \cdot a\,2,$ (VI 3.01)

angeregter Zustand: $a\,1 \cdot b\,2 - b\,1 \cdot a\,2.$ (VI 3.02)

§ 4. Erweiterung des Heitler-Londonschen Verfahrens durch Hinzunahme der polaren Zustände. Vergleich der Näherungen von Hund und Mulliken und von Heitler-London

Bei einem Vergleich der Ergebnisse (VI 3.01) und (VI 3.02) des ursprünglichen HEITLER-LONDONschen Verfahrens und der Ergebnisse des Verfahrens von HUND und MULLIKEN stört, daß in dem HEITLER-LONDONschen Verfahren die polaren Zustände H^- und H^+ weggelassen sind und infolgedessen die Produkte $a\,1 \cdot a\,2$ und $b\,1 \cdot b\,2$ gar nicht

[1] Siehe J. D'ANS u. E. LAX: Taschenbuch für Chemiker u. Physiker, Berlin: Springer 1943, S. 113.

[2] Siehe J. D'ANS u. E. LAX: Taschenbuch für Chemiker u. Physiker, Berlin: Springer 1943, S. 116.

[3] Siehe z. B. H. A. BETHE in H. GEIGER u. K. SCHEEL: Handbuch der Physik, Bd. XXIV, Tl. 2, Berlin: Springer 1933, S. 592.

auftreten können. Außerdem könnte sich bei einer Übertragung des ursprünglichen HEITLER-LONDONschen Verfahrens auf einen Kristall niemals eine Leitfähigkeit ergeben, da ja eine Wanderung eines Elektrons von einem Atom a zu einem Atom b stets von einer kompensierenden Wanderung eines anderen Elektrons vom Atom b zum Atom a begleitet sein muß, solange nur Zustände betrachtet werden, bei denen dauernd jedes Atom ein Elektron, aber auch *nur* ein Elektron bei sich hat. Wir müssen also das Ergebnis (VI 3.01), (VI 3.02) des ursprünglichen HEITLER-LONDON-Verfahrens durch zwei weitere angeregte Zustände $a\,1 \cdot a\,2 - b\,1 \cdot b\,2$ und $a\,1 \cdot a\,2 + b\,1 \cdot b\,2$ ergänzen, so daß jetzt also der Vergleich lautet

HEITLER-LONDON

Grundzustand: $$a\,1 \cdot b\,2 + b\,1 \cdot a\,2, \quad \text{(VI 4.01)}$$

angeregte Zustände:
$$a\,1 \cdot b\,2 - b\,1 \cdot a\,2, \quad \text{(VI 4.02)}$$
$$a\,1 \cdot a\,2 - b\,1 \cdot b\,2, \quad \text{(VI 4.03)}$$
$$a\,1 \cdot a\,2 + b\,1 \cdot b\,2. \quad \text{(VI 4.04)}$$

HUND und MULLIKEN

Grundzustand: $$(a\,1 \cdot a\,2 + b\,1 \cdot b\,2) + (a\,1 \cdot b\,2 + b\,1 \cdot a\,2), \quad \text{(VI 4.05)}$$

angeregte Zustände:
$$a\,1 \cdot 2\,b - b\,1 \cdot a\,2, \quad \text{(VI 4.06)}$$
$$a\,1 \cdot a\,2 - b\,1 \cdot b\,2, \quad \text{(VI 4.07)}$$
$$(a\,1 \cdot a\,2 + b\,1 \cdot b\,2) - (a\,1 \cdot b\,2 + b\,1 \cdot a\,2). \quad \text{(VI 4.08)}$$

Jetzt sehen wir, daß sich die beiden Verfahren in der Beurteilung des Grundzustandes und des (in diesem Zusammenhang) höchsten angeregten Zustandes unterscheiden, und zwar sind bei HUND-MULLIKEN diese beiden Zustände ganz bestimmte lineare Kombinationen der beiden entsprechenden Zustände nach LONDON-HEITLER. Nach HUND-MULLIKEN sind die heteropolaren Zustände $a\,1 \cdot a\,2$ und $b\,1 \cdot b\,2$ mit demselben Gewicht am Grundzustand beteiligt wie die homöopolaren Zustände $a\,1 \cdot b\,2$ und $b\,1 \cdot a\,2$. Anschaulich gesprochen sind nach HUND-MULLIKEN die beiden Elektronen 1 und 2 ebenso häufig zusammen bei ein und demselben Kern wie auf die beiden Kerne verteilt. Bei LONDON-HEITLER sind dagegen im Grundzustand die Elektronen immer auf die beiden Kerne verteilt und niemals zusammen an ein und demselben Kern.

Es ist nun anschaulich klar — und das ist ja auch der Ausgangspunkt der beiden Verfahren —, daß die wirklichen Verhältnisse nur im Grenzfall sehr weit voneinander getrennter Kerne durch die LONDON-HEITLERsche Betrachtung wiedergegeben werden und nur im entgegengesetzten Grenzfall sehr nahe benachbarter Kerne durch die HUND-MULLIKENsche.

Daraus ist der Schluß zu ziehen, daß keines der beiden Verfahren die wirklichen Verhältnisse im Fall mittlerer Kernabstände richtig schildert. Aus der obigen Gegenüberstellung der Ergebnisse der HUND-MULLIKEN-Näherung und der erweiterten HEITLER-LONDON-Näherung geht aber weiter hervor, wie die Näherung verbessert werden könnte, ohne kompliziertere Funktionen als die Atomeigenfunktion (VI 2.03) einzuführen. Man wird das Schema in § 1, genauer gesagt: die Mannigfaltigkeit der zur Konkurrenz zugelassenen Funktionen erweitern müssen und die SLATERsche Störungsrechnung mit einem Ansatz

$$\psi(\mathfrak{r}_1, \mathfrak{r}_2) = A[a\,1 \cdot b\,2 + b\,1 \cdot a\,2] + B[a\,1 \cdot b\,2 - b\,1 \cdot a\,2] + C[a\,1 \cdot a\,2 - b\,1 \cdot b\,2] + D[a\,1 \cdot a\,2 + b\,1 \cdot b\,2] \quad \text{(VI 4.09)}$$

durchzuführen haben.

Aus Symmetriebetrachtungen kann man schließen, daß 3 Typen von Eigenfunktionen auftreten werden:

$a\,1 \cdot b\,2 - b\,1 \cdot a\,2$ Kerne anti, Elektr. anti, (VI 4.10)

$a\,1 \cdot a\,2 - b\,1 \cdot b\,2$ Kerne anti, Elektr. sym., (VI 4.11)

$A[a\,1 \cdot b\,2 + b\,1 \cdot a\,2] + D[a\,1 \cdot a\,2 + b\,1 \cdot b\,2]$ Kerne sym., Elektr. sym. (VI 4.12)

Die Durchführung der Störungsrechnung ergibt tatsächlich auch für die beiden mittleren Zustände die Typen (VI 4.10) bzw. (VI 4.11) wie in dem HEITLER-LONDON-Schema [(VI 4.02) bzw. (VI 4.03)] und in dem HUND-MULLIKEN-Schema [(VI 4.06) bzw. (VI 4.07)]. Für den Grundzustand und den höchsten angeregten Zustand kommen aber im allgemeinen Eigenfunktionen des Typus (VI 4.12) heraus, und nur im Grenzfall weit entfernter Kerne fallen im Grundzustand die heteropolaren Anteile, im höchsten angeregten Zustand die homöopolaren Anteile gänzlich weg (HEITLER-LONDON). Entsprechend sind nur im Grenzfall sehr dicht benachbarter Kerne homöopolare und heteropolare Anteile im Grund- und im höchsten angeregten Zustand gleich stark beteiligt (HUND-MULLIKEN). Immerhin ist der heteropolare Anteil des Grundzustandes auch noch bei dem endlichen Kernabstandswert des wirklichen H_2-Moleküls erstaunlich groß. Die Wahrscheinlichkeit, beide Elektronen an einem Kern anzutreffen, beträgt 37%, während sie nach HUND und MULLIKEN 50%, nach HEITLER-LONDON 0% sein würde.[1]

Welche Folgerungen sind nun aus den geschilderten Zusammenhängen beim Wasserstoffmolekül für ein Riesenmolekül, für einen Kristall zu ziehen? Der HEITLER-LONDON-Näherung mit Hinzunahme der

[1] Siehe H. A. BETHE in GEIGER/SCHEEL: Handbuch der Physik, Bd. XXIV, Tl. 1, S. 541.

polaren Zustände entspricht in der Festkörperphysik das atomistische Bild, bei dem im Grundzustand jedes Elektron einem bestimmten Atom zugeteilt wird und in dem angeregte Zustände durch Ionenbildung (durch Bildung von „Zweiern“ und „Lücken“) geschaffen werden. Dieses Bild wird vorzugsweise von Physikochemikern benutzt und dann häufig etwas mißverständlich als korpuskulares Bild bezeichnet. Den HUND-MULLIKENschen Betrachtungen entspricht in der Festkörperphysik das Bändermodell, in dem jedes Elektron schon im Grundzustand über alle Atome des Kristalls verteilt ist und der Grundzustand des Gesamtsystems durch Verteilung der Elektronen auf die Zustände der Ein-Elektronen-Näherung nach den Gesichtspunkten der FERMI-Verteilung (pro Zustand Besetzung durch nur 2 Elektronen) erfolgt. Das Bändermodell wird fälschlicherweise häufig als der einzige mit wellenmechanischen Gesichtspunkten verträgliche Standpunkt betrachtet.

Von den Zusammenhängen beim Wasserstoffmolekül her schließen wir nun aber, daß dem atomistischen Bild die gänzliche Nichtberücksichtigung der polaren Zustände bei der Beschreibung des Grundzustandes vorzuwerfen ist, während das Bändermodell umgekehrt die Bedeutung der polaren Zustände übertreibt. Beide Bilder oder Modelle sind also gleich unvollkommen und mit gleicher Berechtigung, aber auch mit gleicher Vorsicht in wechselseitiger Ergänzung zu gebrauchen[1]. *Eine Analogie zu einer Störungsrechnung mit dem erweiterten Ansatz* (VI 4.09) *liegt für den Festkörper nicht vor.*

Da die angestellten Betrachtungen von dem homöopolaren Wasserstoffmolekül ausgehen, gelten sie verständlicherweise nur für Atomgitter mit metallischer oder Valenzbindung. Wenn man aber den Unterschied zwischen dem atomistischen Bild und dem Bändermodell so faßt, daß das atomistische Bild im Grundzustand allen Gitterbausteinen ausnahmslos den gleichen Ladungszustand zuschreibt, während das Bändermodell bei der Beschreibung des Grundzustandes die Bedeutung von Umladungen der Gitterbausteine übertreibt, ist die Übertragung auf Ionengitter naheliegend.

In einem Ionengitter schreibt das atomistische Bild allen Bausteinen eines Teilgitters im *Grundzustand* ausnahmslos ein und denselben Ladungszustand zu. Beispielsweise sind in einem NaCl-Kristall nach dem atomistischen Bild alle Na positiv, alle Cl negativ geladen, solange sich der Kristall im Grundzustand befindet. Jede Abweichung hiervon würde bereits einem angeregten Zustand des Kristalls entsprechen. Das Bändermodell wird dagegen auch im Grundzustand Abweichungen von dem Na^+Cl^--Schema berücksichtigen und wird sogar darin wieder viel zu weit gehen.

---

[1] Siehe hierzu F. STÖCKMANN: Z. phys. Chem. 198 (1951) 215.

Kapitel VII

Das Bändermodell

§ 1. Einleitung

Das Bändermodell entsteht auf Grund von Näherungsverfahren, die eine Übertragung der von HUND und von MULLIKEN für gewöhnliche Moleküle entwickelten Methode auf das Riesenmolekül des Kristalls darstellen. Strenggenommen handelt es sich bei einem Kristall, bestehend aus N Kernen mit je m Elektronen um ein $(N + N\,m)$-Körperproblem. Sieht man zunächst einmal von den Bewegungsmöglichkeiten der N Kerne ab, so reduziert sich die Aufgabe auf ein $N\,m$-Körperproblem, dessen Lösung nun wieder aus Kombinationen' der verschiedenen Lösungen eines Einelektronenproblems aufgebaut wird. Der gemeinsame charakteristische Zug des Verfahrens von HUND und von MULLIKEN einerseits und des Bändermodells andrerseits besteht in der Art des gewählten Einelektronenproblems und in der Art, wie die verschiedenen Lösungen dieses Einelektronenproblems kombiniert werden.

Würde in Analogie zum Verfahren von HEITLER-LONDON als Einelektronenproblem die Bewegung eines Elektrons im Felde *eines* Atomrumpfs gewählt, so erhielten wir das atomistische Bild[1]. Beim Bändermodell wird hingegen als Einelektronenproblem das Verhalten eines Elektrons im Felde *aller* Atomrümpfe und aller anderen Elektronen gewählt. Freilich werden nur die Kraftwirkungen der unbeweglich gedachten Atomrümpfe genauer berücksichtigt. Die Kraftwirkungen der $N\,m - 1$ anderen *beweglichen* Elektronen werden in höchst summarischer Weise nur dadurch berücksichtigt, daß man sich die Felder der Atomrümpfe durch die anderen Elektronen mehr oder weniger abgeschirmt denkt. Im übrigen spielen diese Einzelheiten erst bei Anwendung des Bändermodells auf *spezielle* Körper[2] eine Rolle. Für eine Reihe sehr wichtiger *allgemeiner* Aussagen wird nur die Annahme gebraucht, daß sich das betrachtete Elektron in einem *periodischen* Potential bewegt.

---

[1] Siehe Abb. VI 2.1.

[2] LONG, D.: J. appl. Phys. 33 (1962) 1682. — HARRISON, W. A., u. M. B. WEBB: The FERMI Surface, New York/London: J. Wiley 1960.

Es muß betont werden, daß es sich hier um eine Annahme handelt. Ein Teil der Kraftwirkungen auf das Elektron wird ja, wie schon gesagt, von den anderen Elektronen ausgeübt. Diese sind aber beweglich und werden in ihrem Verhalten durch das Aufelektron beeinflußt, wodurch sich wiederum ihre Kraftwirkungen auf das Aufelektron ändern.

Andrerseits liegt die gleiche Problematik bereits bei der Behandlung eines einzelnen Atoms mit mehreren oder gar vielen Elektronen vor, und hier hat die HARTREEsche Methode des self consistent field gezeigt, daß sich in schrittweisen Näherungen Potentialverläufe ermitteln lassen, die die Wechselwirkung der Elektronen trotz der Behandlung als Einelektronenproblem ganz gut berücksichtigen.

Beim Bändermodell wird jedenfalls die Bewegung eines Elektrons in einem festen periodischen Potentialfeld als Einelektronennäherung zugrunde gelegt.

Es sind also diejenigen Energieeigenwerte E der SCHRÖDINGER-Gleichung

$$\left[-\frac{\hbar^2}{2m}\left(\frac{\partial^2}{\partial x^2}+\frac{\partial^2}{\partial y^2}+\frac{\partial^2}{\partial z^2}\right)+(-e)\,U(x,y,z)\right]\psi(x,y,z)=E\,\psi(x,y,z) \tag{VII 1.01}$$

mit gitterperiodischem Potential $U(\mathfrak{r}+l_1\,\mathfrak{a}_1+l_2\,\mathfrak{a}_2+l_3\,\mathfrak{a}_3)\equiv U(\mathfrak{r})$ zu suchen, für die die Lösung $\psi(\mathfrak{r})$ im ganzen Kristallgitter endlich bleibt. Würde man aber als „ganzes" Kristallgitter einen Kristall mit endlichen makroskopischen Abmessungen ansetzen, so würde man die Lösung mit den Komplikationen belasten, die an der Kristalloberfläche naturgemäß auftreten und die mit dem Verhalten des Elektrons tief im Innern des Kristalls nichts zu tun haben. Um dieses Verhalten tief im Innern des Kristalls sauber heraus zu präparieren, wendet man einen auch sonst in der Theorie der Kristallgitter benutzten Kunstgriff an. Man legt einen unendlichen Kristall zugrunde und verlangt von ψ Periodizität in einem willkürlich gewählten Grundgebiet, das sehr viele, nämlich G Gitterzellen enthalten soll. Dieses Verfahren rechtfertigt sich dadurch, daß es möglich sein wird, eine große Reihe von Aussagen zu machen, in die die willkürliche Größe des Grundgebietes überhaupt nicht eingeht.

Es gibt für das periodische Potential $U(\mathfrak{r})$ einige spezielle Ansätze, für die eine exakte Lösung des skizzierten Problems möglich ist.[1] Physikalisch aufschlußreicher sind aber die Näherungsverfahren von BLOCH

---

[1] KRONIG, R. DE L., u. W. G. PENNEY: Proc. roy. Soc., Lond. 130 (1931) 499. — MORSE, P. M.: Phys. Rev. 35 (1930) 1310. — STRUTT, M. J. O.: LAMÉsche, MATHIEUsche und verwandte Funktionen in Physik und Technik. Ergebnisse der Mathematik und ihrer Grenzgebiete, 1. Bd., 3. Heft, Berlin: Springer 1932.

und von BRILLOUIN, die wir im folgenden zunächst besprechen wollen[1] (§ 2 und § 3).

In § 4 fassen wir die dabei gewonnenen allgemeinen, nicht an spezielle Näherungen gebundenen Züge des Einelektronenproblems mit periodischem Potentialfeld zusammen und kommen kurz auf die Methoden zu sprechen, mit denen in konkreten Einzelfällen — z. B. Si oder Ge oder GaAs — die Bänder berechnet werden.

Die folgenden §§ 5 bis 9 skizzieren weitere Eigenschaften der Ein-Elektronen-Näherung. In § 5 handelt es sich dabei um Impuls, Geschwindigkeit und Strombeitrag eines Elektrons. Die §§ 6 und 7 befassen sich mit der Wirkung einer äußeren Kraft auf ein Kristallelektron, wobei es sich um ein statisches Kraftfeld handelt, während in § 8 der Fall des optischen Wechselfeldes beschrieben wird. In § 9 wird schließlich der Einfluß der materiellen und thermischen Abweichungen eines realen Gitters von der idealen Gitterplatzbesetzung besprochen, was auf die Begriffe der freien Weglänge, der mittleren Stoßzeit und der Beweglichkeit führt.

Bis hierhin handelt es sich also immer noch um das Gewinnen und Kennenlernen einer Ein-Elektronen-Näherung. Erst in § 10 wird das Viel-Elektronen-Problem aufgegriffen — allerdings in der relativ primitiven Weise, wie es der im vorigen Kap. VI besprochenen HUND-MULLIKENschen Näherung entspricht. Dort wurde ja geschildert, wie die Mehr-Elektronen-Eigenfunktion als Summe von Produkten von Lösungen des Ein-Elektronen-Problems aufgebaut wird. Eine derartige Mehr-Elektronen-Eigenfunktion kann über ein einzelnes herausgegriffenes Elektron nicht mehr aussagen als diejenige Ein-Elektronen-Eigenfunktion, mit der das betreffende Elektron in der Mehr-Elektronen-Eigenfunktion auftritt. Die Mehr-Elektronen-Eigenfunktion hat auf dieser Stufe der Theorie eigentlich nur eine formale Bedeutung und kann durch Angaben darüber ersetzt werden, wie die vorhandenen Elektronen auf die Quantenzustände des Ein-Elektronen-Problems verteilt werden. So wird es verständlich, daß in vielen Darstellungen des Bändermodells der Festkörpertheorie die Mehr-Elektronen-Eigenfunktionen (die sog. SLATER-Determinanten[2]) gar nicht hingeschrieben werden, sondern daß lediglich die Elektronen auf das Bänderschema des Ein-Elektronen-Problems verteilt werden. Wir werden in § 10 dieser als Einführung gedachten Darstellung diesem Beispiel folgen.

[1] Die Dinge liegen ähnlich wie bei dem in § 1 des vorigen Kapitels besprochenen Zwei-Zentren-Ein-Elektronenproblem, das in dem speziellen Fall, daß es sich bei den zwei Zentren um Wasserstoffkerne mit rein COULOMBschem Potential handelt, streng gelöst werden kann. Trotzdem zogen wir es vor, eine Näherungslösung zu benutzen, weil dies für den Vergleich mit dem HEITLER-LONDON-Verfahren fruchtbarer war.

[2] SLATER, J. C.: Phys. Rev. 34 (1929) 1293.

In § 11 werden wir schließlich die Aussagen besprechen, die das Bändermodell zur Frage des Leitfähigkeitscharakters eines bestimmten Kristalls machen kann.

§ 2. Die Blochsche Näherung für stark gebundene Elektronen

a) Konstruktion einer Wellenfunktion

Bei der Methode von Bloch[1] wird eine Möglichkeit zur näherungsweisen Lösung des soeben skizzierten Ein-Elektronen-Problems (VII 1.01) dadurch gewonnen, daß der Fall der stark gebundenen Elektronen zugrunde gelegt wird. Damit ist folgendes gemeint. Die Energie des betrachteten Aufelektrons soll so niedrig sein, daß es energetisch gesehen tief unten in einem Trichter der potentiellen Energie liegt, den irgendein Atomrumpf des Gitters in seiner Umgebung für ein Elektron erzeugt. Beim Übergang zu einem benachbarten Atomrumpf hat also das Elektron einen hohen Potentialberg zu durchtunneln (s. Abb. VII 2.1). Ein solcher Übergang wird demnach relativ selten vorkommen. Unter diesen Umständen wird die ψ-Funktion des Elektrons in der Nähe des l-ten Atomrumpfs ungefähr dieselbe Gestalt haben, als wenn dieser Atomrumpf gänzlich isoliert wäre und es sich um das Leuchtelektron im Felde eines einzelnen Atomrumpfs handelte. Wenn wir jetzt darangehen, diesen Gedanken mathematisch zu fassen, so wollen wir uns auf ein eindimensionales Atomgitter beschränken. Die wesentlichen Zusammenhänge kommen dabei klarer zum Vorschein. Die Übertragung der Ergebnisse auf dreidimensionale Gitter wird keine Schwierigkeiten bereiten. Auf Molekülgitter kommen wir zum Schluß noch zu sprechen (s. S. 266).

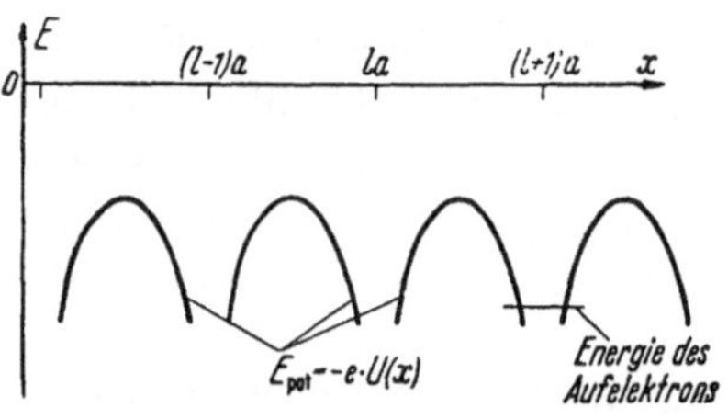

Abb. VII 2.1 Energetische Lage eines stark gebundenen Elektrons.

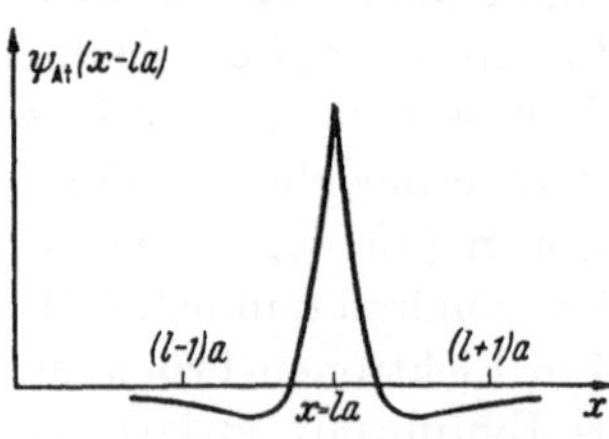

Abb. VII 2.2 Gruppierung einer atomaren Eigenfunktion ψ_{At} um den l-ten Gitterpunkt.

Für $x \approx l\,a$ mit $l = 0, \pm 1, \pm 2, \ldots$ und $a =$ Gitterkonstante wird also

$$\psi(x) \approx \psi_{At}(x - l\,a). \quad \text{(VII 2.01)}$$

Die hier auftretende „Atomeigenfunktion $\psi_{At}(x - l\,a)$" gruppiert sich um den l-ten Gitterpunkt und fällt mit zunehmender Entfernung von diesem Gitterpunkt schnell ab (s. Abb. VII 2.2 und VII 2.3).

[1] Bloch, F.: Z. Phys. 52 (1929) 555.

Die Beziehung (VII 2.01) wird aber nur in der Nähe des l-ten Gitterpunktes gelten und darf nicht auf den ganzen Raum ausgedehnt werden. In der Umgebung eines anderen Gitterpunktes muß vielmehr die ψ-Funktion des betrachteten Elektrons gleich der um diesen anderen Gitterpunkt herum gruppierten Eigenfunktion werden, und so wird man zu dem Ansatz

$$\psi(x) = \sum_{l=-\infty}^{l=+\infty} c_l \, \psi_{\mathrm{At}}(x - l\,a)$$

geführt. Es wird nun bereits auf Grund von *Symmetrie*betrachtungen möglich, das Wesentlichste über die Koeffizienten c_l zu erraten. Da in dem Gitter zwischen allen Atomen völlige Gleichberechtigung herrscht,

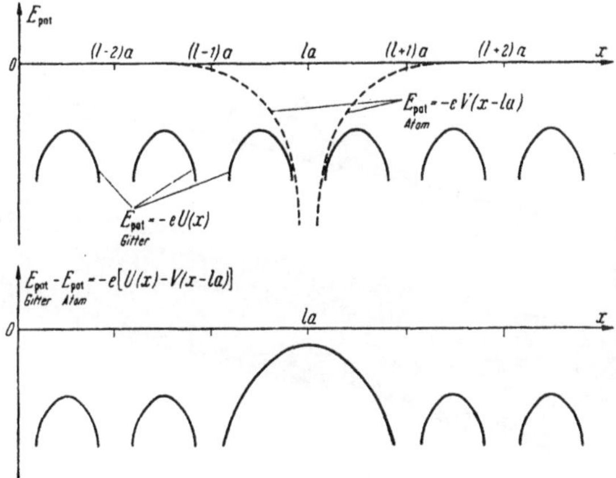

Abb. VII 2.3 Differenz der vom Gitter und der vom l-ten Atom gelieferten potentiellen Energie.

darf der Anteil einer bestimmten Atomeigenfunktion nicht größer oder kleiner als der einer anderen Eigenfunktion sein. Die Koeffizienten c_l müssen also alle den gleichen absoluten Betrag haben:

$$c_l = c\, e^{j\varphi_l}.$$

Ferner ist es wegen der räumlich regelmäßigen Anordnung der Gitterpunkte plausibel, daß der Phasenunterschied $\varphi_{l+1} - \varphi_l$ zwischen zwei benachbarten Atomeigenfunktionen $\psi_{\mathrm{At}}(x - (l+1)\,a)$ und $\psi_{\mathrm{At}}(x - l\,a)$ unabhängig davon ist, an welcher Stelle innerhalb der unendlich ausgedehnten linearen Atomkette die beiden herausgegriffenen Eigenfunktionen liegen. $\varphi_{l+1} - \varphi_l$ muß also einen von l unabhängigen Wert haben, den wir mit $k\,a$ bezeichnen wollen. Auf die anschauliche Bedeutung der Größe k, für die wir vorläufig alle reellen Werte zulassen wollen, kommen wir weiter unten zu sprechen. Bis jetzt haben wir also für

$\psi(x)$ folgende Gestalt ermittelt[1]:

$$\psi(x) = \psi(x;\, k) = c \sum_{l=-\infty}^{l=+\infty} e^{jkla}\, \psi_{\mathrm{At}}(x - l\,a)\,. \qquad \text{(VII 2.02)}$$

b) Bildliche Darstellung der Eigenfunktion

Eine bildliche Darstellung dieser Eigenfunktion gelingt, wenn wir in jedem Punkte x der linearen Atomkette eine GAUSSsche komplexe Zahlenebene senkrecht zur Richtung x errichtet denken und in diesen Ebenen jeweils $\Re\mathrm{e}\;\psi(x)$ und $\Im\mathrm{m}\;\psi(x)$ eintragen (s. Abb. VII 2.4). Man

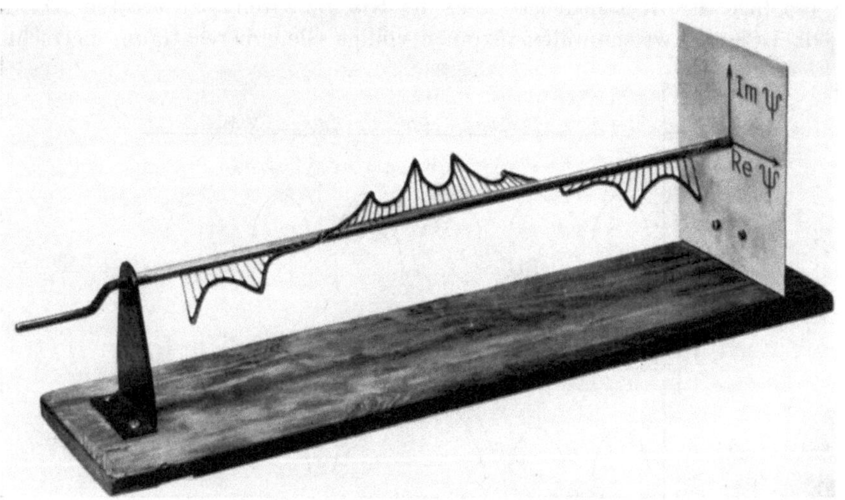

Abb. VII 2.4 Eigenfunktion eines Kristallelektrons.

sieht, wie die gesamte Eigenfunktion $\psi(x)$ in jeder Gitterzelle mit der Atomeigenfunktion übereinstimmt, wie diese aber von Gitterzelle zu Gitterzelle fortschreitend um den Phasenwinkel $k\,a$ weitergedreht ist. Der absolute Betrag von $\psi(x)$ ist also in jeder Gitterzelle derselbe, nämlich gleich dem absoluten Betrag der atomaren Eigenfunktion ψ_{At} [bis auf den vorläufig noch unbestimmten Faktor c in (VII 2.02)], und deshalb ist die Aufenthaltswahrscheinlichkeit des Elektrons in allen Gitterzellen gleich groß.

c) Normierung der Eigenfunktionen im Grundgebiet

Wir benutzen diese Bemerkung übrigens zu einer Festlegung des bisher unbestimmten Faktors c in (VII 2.02). Die Aufenthaltswahr-

[1] Die Richtigkeit von (VII 2.02) bzw. (VII 2.03) wird sich weiter unten noch bestätigen, s. S. 261 und 262.

scheinlichkeit in der l-ten Gitterzelle ist

$$c^2 \int\limits_{x=la-\frac{1}{2}a}^{x=la+\frac{1}{2}a} |\psi_{\mathrm{At}}(x-l\,a)|^2\,dx.$$

Nun drängt sich die atomare Eigenfunktion $\psi_{\mathrm{At}}(x-l\,a)$ in dem vorausgesetzten Fall der stark gebundenen Elektronen eng um den Punkt $x=l\,a$ zusammen. Man wird also die in den Gebieten $-\infty<x<l\,a-\frac{1}{2}\,a$ und $l\,a+\frac{1}{2}\,a<x<+\infty$ anfallenden Beiträge zum „atomaren" Normierungsintegral $\int\limits_{x=-\infty}^{x=+\infty}|\psi_{\mathrm{At}}(x-l\,a)|^2\,dx=1$ vernachlässigen und die Integrale $\int\limits_{x=-\infty}^{x=+\infty}|\psi_{\mathrm{At}}|^2\,dx$ und $\int\limits_{x=+la-\frac{1}{2}a}^{x=+la+\frac{1}{2}a}|\psi_{\mathrm{At}}|^2\,dx$ näherungsweise gleichsetzen dürfen. Dann wird die Aufenthaltswahrscheinlichkeit des Elektrons in der l-ten Gitterzelle $c^2\cdot 1$ und die Aufenthaltswahrscheinlichkeit in allen G Gitterzellen des Grundgebietes zusammen $G\,c^2$. Da $\psi(x)$ im Grundgebiet normiert sein soll, ist $G\,c^2=1$ zu setzen, und es folgt $c=\frac{1}{\sqrt{G}}$. Durch Einsetzen in (VII 2.02) kommt

$$\psi(x)=\psi(x;k)=\frac{1}{\sqrt{G}}\sum_{l=-\infty}^{l=+\infty} e^{jkla}\,\psi_{\mathrm{At}}(x-l\,a) \tag{VII 2.03}$$

bzw.

$$\psi(x)=\psi(x;k)=\frac{1}{\sqrt{G}}\sum_{l=-\infty}^{l=+\infty} e^{-jk(x-la)}\,\psi_{\mathrm{At}}(x-l\,a)\,e^{jkx}. \tag{VII 2.031}$$

Mit

$$u(x;k)=\sum_{l=-\infty}^{l=+\infty} e^{-jk(x-la)}\,\psi_{\mathrm{At}}(x-l\,a) \tag{VII 2.04}$$

erhalten wir hieraus

$$\psi(x)=\psi(x;k)=\frac{1}{\sqrt{G}}\,u(x;k)\,e^{+jkx}. \tag{VII 2.05}$$

Aus (VII 2.04) sieht man übrigens, daß $u(x;k)$ gitterperiodisch ist:

$$u(x+a;k)\equiv u(x;k). \tag{VII 2.06}$$

Man beweist dies durch Einsetzen der $u(x;k)$-Definition (VII 2.04) in (VII 2.06) und Einführung eines neuen Summationsindexes $l'=l-1$.

d) Erfüllung der Periodizitätsforderung im Grundgebiet

Außer der Normierungsforderung ist aber im Grundgebiet auch die Periodizitätsforderung von S. 248, die im eindimensionalen Fall die Form

$$\psi\left(-\frac{G}{2}a\right)=\psi\left(+\frac{G}{2}a\right) \tag{VII 2.07}$$

annimmt, zu erfüllen. Setzen wir hier nun (VII 2.03) ein, so ist wegen der engen Zusammendrängung der Atomeigenfunktionen um ihren Gitterpunkt auf der linken Seite nur das Glied mit $l = -\frac{G}{2}$ wichtig und auf der rechten Seite nur das Glied mit $l = +\frac{G}{2}$. (VII 2.07) reduziert sich also auf

$$\frac{1}{\sqrt{G}} e^{jk\left(-\frac{G}{2}\right)a} \psi_{\mathrm{At}}(0) = \frac{1}{\sqrt{G}} e^{jk\left(+\frac{G}{2}\right)a} \psi_{\mathrm{At}}(0)$$

oder

$$e^{jkGa} = 1,$$

was durch

$$k = \frac{2\pi}{a} \cdot \frac{n}{G} \qquad n = \pm \text{ ganzzahlig} \qquad \text{(VII 2.08)}$$

erfüllt wird. Auf der k-Skala beansprucht[1] also *ein* Quantenzustand eine Strecke $\frac{2\pi}{a} \frac{1}{G}$.

e) Freie und reduzierte *k*-Werte

Unter den mit der Periodizität im Grundgebiet verträglichen k-Werten (VII 2.08) hat den kleinsten absoluten Betrag der Wert $k = 0$. Für ihn ist die Eigenfunktion $\psi(x) = \psi(x; 0)$ rein reell, da die einzelnen Atomeigenfunktionen als reell vorausgesetzt werden dürfen und ohne jede Phasendrehung addiert werden, wenn $k = 0$ ist:

$$\psi(x; 0) = \frac{1}{\sqrt{G}} \{\cdots + \psi_{\mathrm{At}}(x + 2a) + \psi_{\mathrm{At}}(x + 1a) + \psi_{\mathrm{At}}(x) + \\ + \psi_{\mathrm{At}}(x - 1a) + \psi_{\mathrm{At}}(x - 2a) + \cdots\}. \qquad \text{(VII 2.09)}$$

Mit den nächsten k-Werten $\pm \frac{2\pi}{a} \frac{1}{G}$ ergeben sich bereits keine rein reellen ψ-Funktionen mehr; denn die einzelnen Atomeigenfunktionen werden jetzt bereits um den wegen der Größe von G zwar kleinen, aber doch endlichen Winkel $k\,a = \pm 2\pi \frac{1}{G}$ verdreht.

Mit den nächsten beiden k-Werten $\pm \frac{2\pi}{a} \frac{2}{G}$ ist die Verdrehung $k\,a = \pm 2\pi \frac{2}{G}$ bereits doppelt so groß, und es ergeben sich wieder keine rein reellen $\psi(x)$. Das ist erst wieder der Fall für das $(G/2)$-te

[1] Hier liegen typische Beispiele vor für solche Feststellungen, die *für sich allein genommen* keinerlei physikalische Bedeutung haben, da sie selbst die willkürliche Zellenzahl G des Grundgebietes enthalten. *In Verbindung* mit anderen Überlegungen werden sie aber zu Aussagen führen, in denen das willkürliche G nicht mehr vorkommt und die dann von sehr großer physikalischer Bedeutung sind. Siehe z. B. S. 263, Fußnote 1, oder S. 371 und 372, Gln. (VII 10.07) bis (VII 10.09), oder S. 414 und 415, Ableitung von Gl. (VIII 2.07).

Wertepaar $k = \pm \frac{2\pi}{a} \frac{G/2}{G} = \pm \frac{\pi}{a}$. Hier beträgt jetzt nämlich die Verdrehung $k\,a$ zwischen zwei aufeinanderfolgenden Atomeigenfunktionen gerade $\pm\pi$, was in den beiden Fällen $k = +\frac{\pi}{a}$ und $k = -\frac{\pi}{a}$ zu ein und derselben Eigenfunktion

$$\psi\left(x; \pm\frac{\pi}{a}\right) = \frac{1}{\sqrt{G}}\{\cdots + \psi_{At}(x+2a) - \psi_{At}(x+1a) + \psi_{At}(x) - \\ - \psi_{At}(x-1a) + \psi_{At}(x-2a) - \cdots\} \qquad \text{(VII 2.10)}$$

führt.

Im ganzen haben sich also in dem k-Intervall

$$-\frac{\pi}{a} < k \leqq +\frac{\pi}{a} \qquad \text{(VII 2.11)}$$

$1 + 2\left(\frac{G}{2} - 1\right) + 1 = 1 + G - 2 + 1 = G$ verschiedene Eigenfunktionen ergeben. Damit ist aber die Vielfalt der Eigenfunktionen bereits erschöpft. Das nächste mit (VII 2.08) verträgliche Wertepaar $k = \pm\left(\frac{\pi}{a} + \frac{2\pi}{a}\frac{1}{G}\right)$ liefert nämlich die Phasendrehungen $\pm\left(\pi + 2\pi\frac{1}{G}\right)$, und diese sind identisch mit $\pm\left(\pi + 2\pi\frac{1}{G} - 2\pi\right) = \mp\left(\pi - 2\pi\frac{1}{G}\right)$, da es ja bei einer Phasendrehung auf eine volle Drehung 2π mehr oder auf eine volle Drehung 2π weniger nicht ankommt. Die beiden Eigenfunktionen mit $k = \pm\left(\frac{\pi}{a} + \frac{2\pi}{a}\frac{1}{G}\right)$ werden also identisch mit den beiden für $k = \mp\left(\frac{\pi}{a} - \frac{2\pi}{a}\frac{1}{G}\right)$, und diese beiden Werte waren als vorletztes Paar vor $k = \pm\frac{\pi}{a}$ schon einmal vorgekommen. Man sieht auf diese Weise, daß man sich mit dem Intervall (VII 2.11) für die k-Werte begnügen kann und spricht in diesem Zusammenhang von dem Periodizitätsintervall für die k-Werte, weil sich außerhalb dieses Intervalls die Eigenfunktionen periodisch wiederholen. Für k und $k + \frac{2\pi}{a}h$ mit $h = \pm 1, \pm 2, \ldots$ ergeben sich also dieselben Eigenfunktionen. Beschränkt man k auf das Intervall (VII 2.11), so spricht man wohl auch von einem reduzierten k-Wert.

f) Die Auffassung von $\psi(x; k)$ als gitterperiodisch modulierte laufende Elektronenwelle. Die Sonderfälle der stehenden Wellen $\psi(x; 0)$ und $\psi\left(x; \pm\frac{\pi}{a}\right)$

Die rein reellen Sonderfälle (VII 2.09) und (VII 2.10) eignen sich natürlich besonders gut für eine zeichnerische Darstellung (s. Abb. VII 2.5). Beim Übergang zur zeitabhängigen SCHRÖDINGER-Funktion

$$\psi(x, t) = \psi(x)\, e^{-j\frac{E}{\hbar}t} \qquad \text{(VII 2.12)}$$

zeichnen sich diese reellen Sonderfälle übrigens dadurch aus, daß sich eine *stehende* Welle ergibt. Im allgemeinen ist die ψ-Funktion jedoch eine laufende Welle.

Mit (VII 2.05) wird nämlich aus (VII 2.12)

$$\psi(x, t) = \frac{1}{\sqrt{G}} u(x; k) \, e^{j(kx - \omega t)}, \qquad \text{(VII 2.13)}$$

wobei

$$\omega = \frac{E}{\hbar} \qquad \text{(VII 2.14)}$$

ist. Vergleichen wir (VII 2.13) mit den üblichen Darstellungen einer ebenen Welle

$$a \, e^{j(kx - \omega t)} = a \, e^{j2\pi\left(\frac{x}{\lambda} - ft\right)} = a \, e^{jk(x - ct)},$$

so sehen wir, daß die Elektronenwellen im periodischen Potentialfeld keine ortsunabhängige Amplitude haben.

Ihre Amplitude $\frac{1}{\sqrt{G}} u(x; k)$ ist vielmehr ähnlich wie ihre Phase $(k x - \omega t)$ eine Funktion des Ortes. Die Elektronenwellen sind also

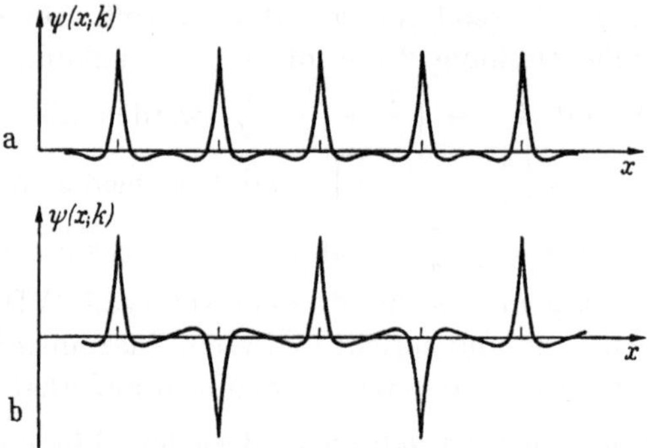

Abb. VII 2.5 Die Eigenfunktionen sind an den Bandgrenzen reell (im eindimensionalen Atomgitter).
a) $k = 0$ Zustand an der *unteren* Grenze eines Bandes, falls das Austauschintegral negativ ist; b) $k = \frac{\pi}{a}$ Zustand an der *oberen* Grenze eines Bandes, falls das Austauschintegral negativ ist.

„moduliert", und zwar sind sie gitterperiodisch moduliert, denn die Amplitude $\frac{1}{\sqrt{G}} u(x; k)$ ist nach (VII 2.06) eine gitterperiodische Funktion. Weiter sieht man, daß unsere bisher recht farblosen k-Werte die Bedeutung der *Wellenzahl* $k = \frac{2\pi}{\lambda}$ haben.

Auf S. 255 wurde nachgewiesen, daß sich für die beiden k-Werte k und $k + 2\pi \frac{h}{a}$ dieselbe Eigenfunktion $\psi(x)$ ergibt. Das ist nur möglich, wenn zwischen den gitterperiodischen Modulationsfaktoren $u(x;\,k)$ und $u\left(x;\,k+2\pi\frac{h}{a}\right)$ die Beziehung besteht

$$u\left(x;\,k+2\pi\frac{h}{a}\right)=u(x;\,k)\,\mathrm{e}^{-j\,2\pi\frac{h}{a}x}.$$

Eine Nachprüfung an Hand von (VII 2.04) bestätigt dies auch. Während also die Substitution $k \to k+2\pi\frac{h}{a}$ die Eigenfunktion selbst nicht ändert[1], gilt dies *nicht* mehr für den gitterperiodischen Modulationsfaktor $u(x;\,k)$ *allein*.

g) Störungsrechnung

Wir haben uns bisher ausführlich mit der Konstruktion und Diskussion einer Eigenfunktion für ein Elektron im periodischen Potentialfeld beschäftigt. Da wir die Eigenfunktion (VII 2.03) nur auf Grund von plausiblen Symmetriebetrachtungen gefunden haben, ist es nun aber hoch an der Zeit, diese Form (VII 2.03) durch eine Störungsrechnung zu bestätigen. Auch kann uns nur eine solche Störungsrechnung die zu den erratenen Eigenfunktionen gehörigen Energieeigenwerte liefern, und diese sind ja eigentlich bei einer quantenmechanischen Betrachtung stets das Wichtigste.

Das Verfahren, das wir zur näherungsweisen Lösung der SCHRÖDINGER-Gleichung (VII 1.01)

$$-\frac{\hbar^2}{2m}\frac{d^2}{dx^2}\psi-\big(E+e\,U(x)\big)\,\psi=0 \qquad \text{(VII 1.01)}$$

des Kristallelektrons einschlagen, wird deutlicher werden, wenn wir von den bisherigen Überlegungen zunächst absehen und gleichsam noch einmal von vorn anfangen.

Wir machen also für die unbekannte Eigenfunktion $\psi(x)$ des Kristallelektrons den Ansatz

$$\psi(x)=\sum_{l=-\infty}^{l=+\infty} c_l\,\psi_{\mathrm{At}}(x-l\,a)$$

und suchen die unbekannten Koeffizienten c_l zu bestimmen. Dabei gehen wir genauso vor, als ob es sich bei den um die einzelnen Gitterpunkte gruppierten atomaren Eigenfunktionen $\psi_{\mathrm{At}}(x-l\,a)$ um ein vollständiges Orthogonalsystem handeln würde bzw. um die Bestimmung von FOURIER-Koeffizienten einer FOURIER-Entwicklung[2]. Wir gehen

---

[1] und ebenso den Energieeigenwert E nicht ändert, wie wir auf S. 263, oben, aus Gl. (VII 2.22) folgern werden.

[2] Die tiefere Rechtfertigung dieses Vorgehens liegt darin, daß man auf diese Weise die im Sinne eines RITZschen Verfahrens *beste* Lösung eines Variationsproblems erhält, das mit der SCHRÖDINGER-Gleichung äquivalent ist. Siehe hierzu Kap. XII, § 5, S. 604.

also mit dem gemachten Reihenansatz in die SCHRÖDINGER-Gleichung (VII 1.01) ein:

$$\sum_{l=-\infty}^{l=+\infty} c_l \left\{ -\frac{\hbar^2}{2m}\frac{d^2}{dx^2}\psi_{\mathrm{At}}(x-l\,a) - \big(E + e\,U(x)\big)\,\psi_{\mathrm{At}}(x-l\,a)\right\} = 0. \qquad \text{(VII 2.15)}$$

Nun genügt die atomare Eigenfunktion $\psi_{\mathrm{At}}(x - l\,a)$ der SCHRÖDINGER-Gleichung des Einzelatoms mit dem Atomeigenwert E_{At} und dem Potential $V(x - l\,a)$ des l-ten Atomrumpfs

$$-\frac{\hbar^2}{2m}\frac{d^2}{dx^2}\psi_{\mathrm{At}}(x-l\,a) - \big(E_{\mathrm{At}} + e\,V(x-l\,a)\big)\,\psi_{\mathrm{At}}(x-l\,a) = 0. \qquad \text{(VII 2.16)}$$

Wird dies in (VII 2.15) berücksichtigt, so ergibt sich

$$\sum_{l=-\infty}^{l=+\infty} c_l \{(E - E_{\mathrm{At}})\,\psi_{\mathrm{At}}(x-l\,a) + e\big(U(x) - V(x-l\,a)\big)\,\psi_{\mathrm{At}}(x-l\,a)\} = 0.$$

Jetzt wird mit irgendeiner atomaren Eigenfunktion $\psi_{\mathrm{At}}(x - r\,a)$ multipliziert[1] und über das Grundgebiet $-\frac{G}{2}a < x < \frac{G}{2}a$ integriert:

$$\sum_{l=-\infty}^{l=+\infty} c_l \left\{ (E - E_{\mathrm{At}}) \int_{x=-\frac{G}{2}a}^{x=+\frac{G}{2}a} \psi_{\mathrm{At}}(x-r\,a)\,\psi_{\mathrm{At}}(x-l\,a)\,dx + {} \right.$$

$$\left. + e \int_{x=-\frac{G}{2}a}^{x=+\frac{G}{2}a} \psi_{\mathrm{At}}(x-r\,a)\,\big(U(x) - V(x-l\,a)\big)\,\psi_{\mathrm{At}}(x-l\,a)\,dx \right\} = 0. \qquad \text{(VII 2.17)}$$

BLOCH[2] setzt nun

$$\int_{x=-\frac{G}{2}a}^{x=+\frac{G}{2}a} \psi_{\mathrm{At}}(x-r\,a)\,\psi_{\mathrm{At}}(x-l\,a)\,dx \approx \delta_{rl} = \begin{cases} 1 & \text{für} \quad r = l \\ 0 & \text{für} \quad r \neq l, \end{cases} \qquad \text{(VII 2.18)}$$

weil sich nur für $r = l$ die beiden eng um die Punkte $x = r\,a$ bzw. $x = l\,a$ gruppierten Faktoren im Integranden decken und nur in diesen

[1] Nach dem in Kap. XII § 5, skizzierten allgemeinen Schema muß mit der konjugiert komplexen Funktion $\psi^*_{\mathrm{At}}\,(x - r\,a)$ multipliziert werden. Im vorliegenden Fall brauchen wir aber nicht zwischen ψ_{At} und ψ^*_{At} zu unterscheiden, da wir die ψ_{At} als reell voraussetzen dürfen. Siehe hierzu W. WEIZEL: Lehrbuch der theoretischen Physik, Bd. II, Springer, Berlin/Göttingen/Heidelberg: 1958, S. 849.

[2] BLOCH, F.: Z. Phys. 52 (1929) 555.

Fällen der Integrand wesentliche Werte erreichen kann. Für $r \neq l$ ist nämlich an jeder Stelle x einer der beiden Faktoren schon so stark abgesunken, daß keine wesentlichen Beiträge entstehen können. Andrerseits ist für $r = l$ das Integral praktisch[1] das Normierungsintegral der Atomeigenfunktion ψ_{At} und daher $= 1$. Bei dem zweiten Integraltypus

$$\int\limits_{x=-\frac{G}{2}a}^{x=+\frac{G}{2}a} \psi_{At}(x - r\,a)\,[U(x) - V(x - l\,a)]\,\psi_{At}(x - l\,a)\,dx \text{ in (VII 2.17)}$$

behält BLOCH die 3 Fälle $l = r + 1$, $l = r$ und $l = r - 1$ bei (s. Abbildung VII 2.6). Er begnügt sich hier nicht mit dem Fall $l = r$, weil

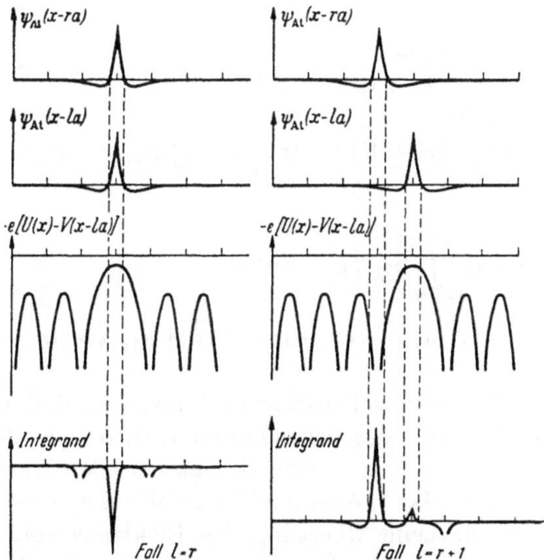

Abb. VII 2.6 Zur Berechnung der „COULOMBschen Energie“ und des „Austauschintegrals“.

sich bei diesem zwar die Faktoren $\psi_{At}(x - r\,a)$ und $\psi_{At}(x - l\,a)$ überdecken, andrerseits aber gerade in dem Gebiet $x \approx r\,a = l\,a$, in dem diese beiden Faktoren wesentliche Beiträge liefern, der mittlere Faktor $[U(x) - V(x - l\,a)]$ betragsmäßig sehr klein wird (s. auch Abb. VII 2.3). So sind neben dem Integral mit $l = r$ auch noch die Integrale $l = r + 1$ und $l = r - 1$ beizubehalten, weil in diesen beiden Fällen im Gebiete $x \approx r\,a$ wieder wenigstens 2 der 3 Faktoren in dem Integranden,

[1] In den gegenüber dem Normierungsintegral fehlenden Gebieten $-\infty < x < -\frac{G}{2}a$ und $+\frac{G}{2}a < x + \infty$ entstehen wegen des starken Abklingens von $\psi_{At}(x)$ keine wesentlichen Beiträge mehr.

nämlich jetzt $\psi_{\text{At}}(x - r\,a)$ und $[U(x) - V(x - l\,a)]$ wesentliche Beträge haben. Übrigens folgt aus der Symmetrie der Atomeigenfunktionen um „ihren“ Gitterpunkt und der Symmetrie der Potentialkurven U und V, daß die beiden Integrale $l = r + 1$ und $l = r - 1$ denselben Wert haben[1].

Wir setzen

$$-e \cdot \int_{x=-\frac{G}{2}a}^{x=+\frac{G}{2}a} \ldots dx \approx \int_{x=-\infty}^{x=+\infty} \psi_{\text{At}}(x - r\,a) \times \\ \times (-e)\,[U(x) - V(x - r\,a)]\,\psi_{\text{At}}(x - r\,a)\,dx = C \qquad \text{(VII 2.19)}$$

$$-e \cdot \int_{x=-\frac{G}{2}a}^{x=+\frac{G}{2}a} \ldots dx \approx \int_{x=-\infty}^{x=+\infty} \psi_{\text{At}}(x - r\,a) \times \\ \times (-e)\left[U(x) - V\big(x - (r+1)\,a\big)\right]\psi_{\text{At}}\big(x - (r+1)\,a\big)\,dx = A,$$

$$\text{(VII 2.20)}$$

$$-e \cdot \int_{x=-\frac{G}{2}a}^{x=+\frac{G}{2}a} \ldots dx \approx \int_{x=-\infty}^{x=+\infty} \psi_{\text{At}}(x - r\,a) \times \\ \times (-e)\left[U(x) - V\big(x - (r-1)\,a\big)\right]\psi_{\text{At}}\big(x - (r-1)\,a\big)\,dx = A.$$

Diese Bezeichnungen sollen darauf hinweisen, daß (VII 2.19) die „COULOMBsche Energie“ des betrachteten Elektrons in dem Felde des Störanteils $-e[U(x) - V(x - r\,a)]$ der potentiellen Energie darstellt, während (VII 2.20) das „Austauschintegral“ dieses Störanteils der potentiellen Energie beim Übergang des Elektrons von einem Atomrumpf zum Nachbarn ist. Wir kommen auf eine anschauliche Bedeutung dieses Austauschintegrals noch einmal unten (S. 262, Mitte) zu sprechen.

---

[1] In Abb. VII 2.6 ist die Schlußweise von BLOCH lediglich bildlich veranschaulicht. Ob die Verhältnisse in einem konkreten Fall so liegen, daß diese Schlußweise quantitativ gerechtfertigt ist, bleibe dahingestellt. Eine Prüfung dieser Frage führt auf die recht schwierige Untersuchung des Verlaufs des Gitterpotentials und müßte z. B. auch die Fälle unterscheiden, ob es sich bei dem Aufelektron um ein Valenzelektron der äußersten Schale oder um ein stark gebundenes Elektron der inneren Schalen handelt. Gerade bei dem letztgenannten Fall scheint es aber wieder fraglich, ob nicht an Stelle des HUND-MULLIKEN-Verfahrens besser eine HEITLER-LONDON-Näherung anzuwenden wäre.

Es muß an dieser Stelle betont werden, daß es sich bei der BLOCHschen Näherung um die historisch erste Behandlung von Kristallelektronen handelt, bei der viel mehr Wert auf die qualitativen Züge zu legen ist, während den Ergebnissen kaum eine quantitative Bedeutung beigelegt werden kann.

Mit (VII 2.18), (VII 2.19) und (VII 2.20) erhält man aus (VII 2.17)

$$\cdots + 0 + 0 \cdots + c_{r-1}\{(E - E_{\mathrm{At}})\, 0 - A\} + c_r\{(E - E_{\mathrm{At}})\, 1 - C\}$$
$$+ c_{r+1}\{(E - E_{\mathrm{At}})\, 0 - A\} + 0 + \cdots = 0$$

bzw.

$$-A\, c_{r-1} + \{E - (E_{\mathrm{At}} + C)\}\, c_r - A\, c_{r+1} = 0. \qquad \text{(VII 2.21)}$$

Hier kann man dem Index r jeden der Werte $0, \pm 1, \pm 2, \ldots$ beilegen und erhält so zur Bestimmung der unendlich vielen Unbekannten c_r unendlich viele lineare Gln. (VII 2.21).

Zu ihrer Lösung ist folgendes zu bemerken: Da keine Glieder vorkommen, die von den Unbekannten c_r frei sind, handelt es sich um ein *homogenes* Gleichungssystem. Eine nicht identisch verschwindende Lösung existiert also nur dann, wenn die Determinante dieses Gleichungssystems gleich Null ist. Das gibt eine Bestimmungsgleichung für den Energieparameter E. Ist E gleich einer der Wurzeln dieser Säkulargleichung, so wird eine *nicht* verschwindende Lösung möglich, die dann allerdings nur bis auf einen gemeinsamen Faktor bestimmt ist, der durch die Normierungsbedingung für $\psi(x) = \sum\limits_{l=-\infty}^{l=+\infty} c_l \psi_{\mathrm{At}}(x - l\,a)$ festgelegt wird. Wir führen nun aber keine systematische Auflösung der Gleichungen (VII 2.21) durch, sondern greifen auf die weiter oben (S. 251 und 253) erratenen Werte für die c_r, nämlich

$$c_r = \frac{1}{\sqrt{G}}\, \mathrm{e}^{j k r a}$$

zurück und verifizieren, daß damit das unendliche lineare Gleichungssystem (VII 2.21) gelöst wird, wenn der Energieparameter E den Wert

$$E = E_{\mathrm{At}} + C + 2A\cos k\,a \qquad \text{(VII 2.22)}$$

hat[1]; für die linke Seite von (VII 2.21) erhalten wir

$$-A\frac{1}{\sqrt{G}}\,\mathrm{e}^{jk(r-1)a} + \{2A\cos k\,a\}\frac{1}{\sqrt{G}}\,\mathrm{e}^{jkra} - A\frac{1}{\sqrt{G}}\,\mathrm{e}^{jk(r+1)a}$$
$$= \frac{A}{\sqrt{G}}\,\mathrm{e}^{jkra}[-\mathrm{e}^{-jka} + 2\cos k\,a - \mathrm{e}^{jka}],$$

[1] Das Entscheidende bei der Verifikation ist natürlich, daß in dem Wert (VII 2.22) die Gleichungsnummer r nicht mehr vorkommt, d. h. daß mit ein und demselben E-Wert *alle* Gleichungen des unendlichen Gleichungssystems (VII 2.21) durch das Wertesystem

$$c_r = \frac{1}{\sqrt{G}}\,\mathrm{e}^{jkra} \qquad r = 0, \pm 1, \pm 2, \ldots$$

befriedigt werden können.

und das ist wegen der eckigen Klammer tatsächlich unabhängig von der Gleichungsnummer r gleich Null.

Damit sind die früher erratenen Koeffizientenwerte und weiter die Form (VII 2.02) bzw. (VII 2.03) der Eigenfunktion $\psi(x)$ des Kristallelektrons bestätigt worden. Darüber hinaus ist aber in Gestalt von (VII 2.22) das Energiespektrum des Kristallelektrons ermittelt worden.

h) Physikalische Interpretation der Energieformel (VII 2.22)

Das Ergebnis (VII 2.22) ist physikalisch gut verständlich. Der Atomeigenwert E_{At} wird zunächst dadurch geändert, daß zu der potentiellen Energie $-e\,V(x - l\,a)$ eines *einzelnen* Atomrumpfs ein Störanteil $-[U(x) - V(x - l\,a)]$ hinzukommt. In der Gesamtenergie tritt entsprechend der mit der Aufenthaltswahrscheinlichkeit $|\psi_{\mathrm{At}}(x - r\,a)|^2$ gewogene Mittelwert C dieses Störanteils der potentiellen Energie auf. C ist negativ; denn im Integranden von (VII 2.19) ist der mittlere Faktor $-e[U(x) - V(x - r\,a)]$ negativ (s. Abb. VII 2.3), das Produkt $|\psi_{\mathrm{At}}(x - r\,a)|^2$ der beiden anderen Faktoren ist dagegen immer positiv. Der negative Anteil C in (VII 2.22) entspricht also der festeren Bindung des Aufelektrons im Felde vieler Atomrümpfe gegenüber der Bindung im Felde nur eines Atomrumpfs.

Der wichtigste Anteil in (VII 2.22) ist aber der dritte Term $2A\cos k\,a$. Diese Austauschenergie tritt auf, weil ja das Aufelektron keineswegs bei einem Atomrumpf bleibt, sondern den Potentialberg zum Nachbaratom von Zeit zu Zeit durchtunnelt und sich im Mittel bei jedem Atomrumpf gleich lang aufhält[1].

In dem Abschnitt „Freie und reduzierte k-Werte" (S. 254) hatten wir gesehen, daß es G verschiedene Eigenfunktionen

$$\psi(x) = \psi(x;\,k) = \frac{1}{\sqrt{G}} \sum_{l=-\infty}^{l=+\infty} \mathrm{e}^{j k l a}\, \psi_{\mathrm{At}}(x - l\,a) \qquad \text{(VII 2.03)}$$

gibt, die sich durch die verschiedenen Werte

$$k = \frac{2\pi}{a}\,\frac{n}{G} \qquad n = \pm \text{ ganzzahlig} \qquad \text{(VII 2.08)}$$

der Wellenzahl k unterscheiden. n brauchte zur Erfassung aller Eigenfunktionen nur das Intervall

$$-\frac{G}{2} < n \leqq +\frac{G}{2}$$

[1] Siehe hierzu beispielsweise S. Flügge u. H. Marschall: Rechenmethoden der Quantentheorie, Berlin/Göttingen/Heidelberg: Springer 1947, S. 162—164, oder auch H. A. Bethe in Geiger/Scheel: Handbuch der Physik, Bd. XXIV, Tl. 1, Berlin: Springer 1933, S. 335. Dort auch Näheres über die Bedeutung der Austauschenergie für die Platzwechselhäufigkeit.

zu durchlaufen, wobei k das Intervall

$$-\frac{\pi}{a} < k \leqq +\frac{\pi}{a} \qquad \text{(VII 2.11)}$$

der reduzierten Wellenzahlen durchläuft. Außerhalb dieses Intervalls traten dieselben Eigenfunktionen periodisch wieder auf. Entsprechend ist nun aus (VII 2.22) ersichtlich, daß außerhalb des Periodizitätsintervalls (VII 2.11) auch keine neuen Energieeigenwerte auftreten. Der atomare Eigenwert E_{At} spaltet also durch das Zusammenwirken der

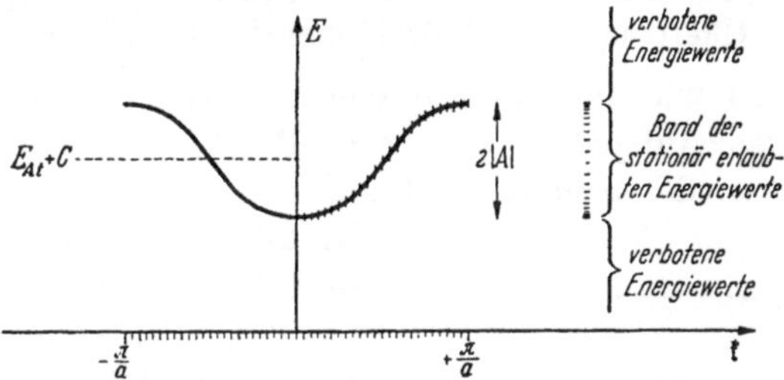

Abb. VII 2.7 Abhängigkeit des Energiewertes E von der Wellenzahl k (bei negativem Austauschintegral $A < 0$).
Daß die Dichte der Zustände in der Bandmitte am kleinsten ist und zu den Bandrändern hin ansteigt, ist eine Besonderheit des *linearen* Atomgitters. Bei den wirklichen dreidimensionalen Gittern ist es im allgemeinen umgekehrt.

G Atome des Grundgebietes in $G/2$ *zweifache* Eigenwerte (VII 2.22) auf, da zu $k = +\frac{2\pi}{a}\frac{n}{G}$ und zu $k = -\frac{2\pi}{a}\frac{n}{G}$ derselbe Eigenwert E gehört. Da nun G eine sehr große Zahl sein soll, entsteht also beim Zusammenführen von G getrennten Atomen aus dem atomaren Eigenwert E_{At} ein quasikontinuierliches *Band* aus $G/2$ *zweifachen* Eigenwerten oder G „Zuständen". [Siehe Abb. VII 2.7. Verzichten wir bei k auf die Beschränkung (VII 2.11), so entstehen die im nächsten § 3 gebrachten Abb. VII 3.11 oder VII 3.12. Diese Darstellung wird sich in den §§ 6 und 7 als vorteilhaft erweisen.] Jeder dieser Zustände kann nach dem PAULI-Prinzip mit 2 Elektronen mit entgegengesetztem Spin besetzt werden, so daß in dem gefundenen Band *Platz* für $2(2G/2) = 2G$ Elektronen oder *für 2 Elektronen pro Zelle bzw. pro Atom ist*[1]. Diese Bemerkung überschreitet aber schon den Rahmen dieses § 2, in dem es sich noch nicht um das Mehr-Elektronen-Problem[2], sondern nur um eine Näherungslösung des vorbereitenden Ein-Elektronen-Problems handelt.

Die Ränder des Bandes werden durch $k a = 0$ und $k a = \pm \pi$ gebildet. Diese beiden Wellenzahlenwerte spielten aber schon weiter

[1] In dieser Form ist die Aussage von der willkürlichen Zellenzahl G des Grundgebiets unabhängig und wird dadurch erst physikalisch bedeutungsvoll.

[2] Dies wird erst in § 10 angegriffen werden.

oben eine Sonderrolle, indem sie auf die *stehenden* Wellen der Abbildung VII 2.5 führten. Wir stellen also fest, daß bei dem betrachteten *linearen* Atomgitter zu den Bandgrenzen stehende Wellen gehören. An den Bandrändern gilt übrigens

$$\Delta E \sim (\Delta k)^2, \qquad \text{(VII 2.23)}$$

wie aus (VII 2.22) oder Abb. VII 2.7 hervorgeht.

i) Bänderspektrum eines Kristalls, entartete Atomeigenwerte, Übertragung auf dreidimensionale Gitter

Bisher haben wir uns nur mit einem einzigen Atomeigenwert E_{At} beschäftigt. Das Aufspalten zu einem Band von Eigenwerten beim Zusammenrücken der isolierten Atome zum Kristallverband gilt aber für alle Eigenwerte des Atoms in ähnlicher Weise. So entsteht also aus dem diskreten Spektrum des Atoms ein „Bänderspektrum“ des Kristalls, in dem Bänder von „erlaubten“ und „verbotenen“ Energiewerten einander abwechseln (s. Abb. VII 2.8).

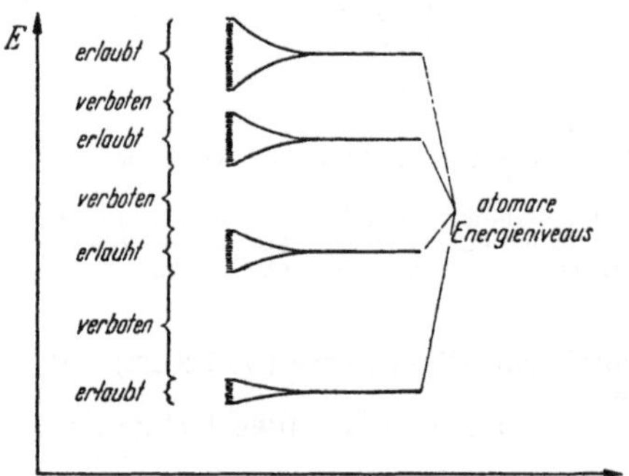

Abb. VII 2.8 Das Aufspalten des diskreten Atomspektrums zum Bänderspektrum des Kristalls.

Weiter muß darauf hingewiesen werden, daß bei den bisherigen Betrachtungen vorausgesetzt war, daß zu dem herausgegriffenen Atomeigenwert E_{At} nur eine Atomeigenfunktion $\psi_{\text{At}}(x)$ gehört, daß also der Atomeigenwert E_{At} nicht entartet ist. Nur unter dieser Voraussetzung wurde die Regel abgeleitet, daß in einem Band Platz für 2 Elektronen pro Gitterzelle ist. Dies wird für entartete Atomeigenwerte — und das ist ja eigentlich der Normalfall — schon anders. Wir wollen an dieser Stelle aber auf die Anzahl der in einem Band verfügbaren Plätze nicht weiter eingehen, da hier in dreidimensionalen Gittern recht verwickelte Verhältnisse eintreten können (s. aber § 11). Wir nehmen dies vielmehr als einen ersten Hinweis dafür, daß bei Übertragung von Einzelergebnissen auf dreidimensionale Gitter eine gewisse Vorsicht geboten ist.

So gehörten z. B. in dem behandelten linearen Atomgitter zu ein und demselben Eigenwert E zwei verschiedene Eigenfunktionen, nämlich eine nach rechts und eine nach links laufende Welle. Schon in zweidimensionalen, erst recht aber in dreidimensionalen Gittern gehören aber zu einem Eigenwert im allgemeinen viele nach den verschiedensten räumlichen Richtungen laufende Elektronenwellen. Auch brauchen nicht alle zur tiefsten und zur höchsten Energie, also zu den Band*grenzen* gehörenden Eigenfunktionen stehende Wellen zu sein. Beim kubisch flächenzentrierten Gitter ist das z. B. an der oberen Bandgrenze (bei negativem Austauschintegral) nicht der Fall. An dieser Grenze gilt dann auch die Beziehung (VII 2.23) nicht.

An die Stelle des Periodizitätsintervalls $-\frac{\pi}{a} < k \leqq +\frac{\pi}{a}$ der k-Skala im Falle des oben ausführlicher behandelten linearen Gitters

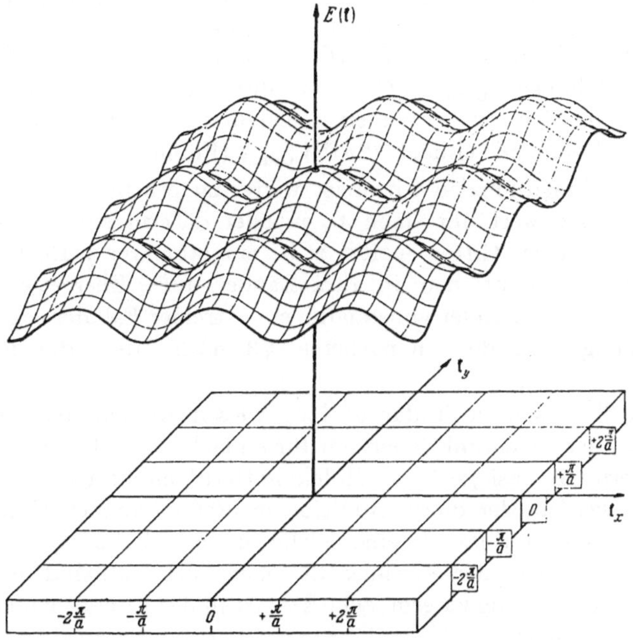

Abb. VII 2.9 Abhängigkeit der Energie E vom Wellenzahlvektor $\mathfrak{k}$ im zweidimensionalen Fall (quadratisches Punktgitter).

tritt im dreidimensionalen Fall ein Periodizitätspolyeder im $\mathfrak{k}$-Vektoren-Raum. Außerhalb dieses Polyeders wiederholen sich Eigenwerte und Eigenfunktionen periodisch. Zum Beispiel ergibt die BLOCHsche Näherung für ein quadratisches Punktgitter eine E-Fläche über einer in Periodizitätsquadrate eingeteilten $(\mathfrak{k}_x, \mathfrak{k}_y)$-Ebene gemäß Abb. VII 2.9. Wie schon gesagt, wird sich diese Auffassung der $E(k)$-Abhängigkeit in den §§ 6 und 7 als vorteilhaft erweisen. Dieses Periodizitätspolyeder wird fälschlicherweise meistens stillschweigend mit der sog. ersten BRILLOUINschen Zone des $\mathfrak{k}$-Zahlraums identifiziert, auf die wir im nächsten

§ 3 zu sprechen kommen. In § 11 werden wir im Diamantgitter einen Fall kennenlernen, in dem das BLOCHsche Periodizitätspolyeder und die erste BRILLOUINsche Zone verschieden sind (s. S. 383ff.). Für das BLOCHsche Periodizitätspolyeder wird in der Literatur meist der Ausdruck „reduzierte Zone" gebraucht[1].

Im eindimensionalen Fall stellten wir auf S. 254 fest, daß ein Quantenzustand die „Strecke" $\frac{2\pi}{a}\frac{1}{G}$ der k-Skala beansprucht.

Das Grundgebiet umfaßte dabei G Gitterzellen der Länge a. Betrachten wir im dreidimensionalen Fall ein Grundgebiet aus $G = G_1 G_2 G_3$ Gitterzellen mit dem Volumen $a_1\, a_2\, a_3$, so entfällt auf einen Quantenzustand ein „Volumen" $\frac{2\pi}{a_1}\frac{1}{G_1}\frac{2\pi}{a_2}\frac{1}{G_2}\frac{2\pi}{a_3}\frac{1}{G_3} = \frac{(2\pi)^3}{a_1 a_2 a_3}\frac{1}{G}$ des $\mathfrak{k}$-Raumes. Führen wir das Volumen $V_{\text{Grund}} = G\, a_1\, a_2\, a_3$ des betrachteten Grundgebietes ein, so ergibt sich für das von *einem* Quantenzustand im $\mathfrak{k}$-Raum beanspruchte „Volumen" einfach $(2\pi)^3/V_{\text{Grund}}$ (Fußnote [2]).

Im dreidimensionalen Gitter ist weiter zu beachten, ob es sich bei dem Atomeigenwert um einen s-, p- oder d-Term handelt. In einem einfach kubischen Gitter spaltet z. B. ein atomarer p-Eigenwert mit seinen drei p-Funktionen in drei Bänder auf[3]. Energetisch decken sich aber die drei Bänder vollständig, ein extremer Fall der sog. Bänderüberlappung, von der im nächsten § 3 noch öfters die Rede sein wird.

Schließlich soll noch darauf hingewiesen werden, daß die Form (VII 2.03) der Eigenfunktionen nur für einfache Translationsgitter[4] gilt. Bei Gittern mit Basis, z. B. bei Molekülgittern[4], muß für $\psi(x)$ ein Ansatz gemacht werden, der durch Addition mehrerer Summen (VII 2.02) — für jedes Teilgitter jeweils eine solche Summe (VII 2.02) — entsteht. Die Koeffizienten c der einzelnen Summen (VII 2.02) sind dann durch die Störungsrechnung zu ermitteln. Das ist in der Literatur nicht immer beachtet worden[5].

---

[1] In seinem Buch „Electrons and Phonons", Oxford 1962, bezeichnet J. M. ZIMAN auf S. 73 das, was wir BLOCHscher Periodizitätspolyeder oder reduzierte Zone nennen, als BRILLOUIN-Zone, und das, was im vorliegenden Buch als BRILLOUIN-Zone bezeichnet wird, als JONES-Zone.

[2] Wie bei der Verwendung dieser Aussage in Kap. VIII, § 2, das Volumen des willkürlichen Grundgebietes herausfällt, s. S. 414 und 415, Ableitung von Gleichung (VIII 2.07).

[3] Siehe z. B. H. A. BETHE in GEIGER/SCHEEL: Bd. XXIV, Tl. 2, S. 401—404.

[4] Näheres zu diesem Begriff s. S. 377 bis 378.

[5] H. A. BETHE gibt in GEIGER/SCHEEL, Bd. XXIV, Tl. 2, S. 397, eine Formel (12.17) für das Energiespektrum eines Gitters mit Basis an, bei der offenbar auf den oben erwähnten Umstand keine Rücksicht genommen worden ist.

§ 3. Die Brillouinsche Näherung für schwach gebundene Elektronen[1]

Wenn schon die in der BLOCHschen Näherung betrachteten starkgebundenen Elektronen (s. Abb. VII 2.1) wegen des Tunneleffekts nicht dauernd bei einem Atom bleiben, werden die in der BRILLOUINschen Näherung betrachteten Elektronen hoher Energie (s. Abb. VII 3.1)[2] annähernd wie freie Elektronen durch das ganze Gitter fliegen können. Ihre Eigenfunktionen werden also annähernd ebene Wellen $e^{j(\mathfrak{k}\mathfrak{r})}$ sein, und damit liegt ein ganz ähnliches Problem vor wie bei der Beschießung eines Kristalls mit RÖNTGEN- oder mit Kathodenstrahlen. Die dabei auftretenden Erscheinungen sind wohlbekannt[3], und wir wollen zunächst *darüber* referieren. Die Ergebnisse der von BRILLOUIN für schwach gebundene Elektronen durchgeführten Störungsrechnung werden dann physikalisch recht plausibel, so daß wir auf eine Wiedergabe der Störungsrechnung selbst verzichten können[4].

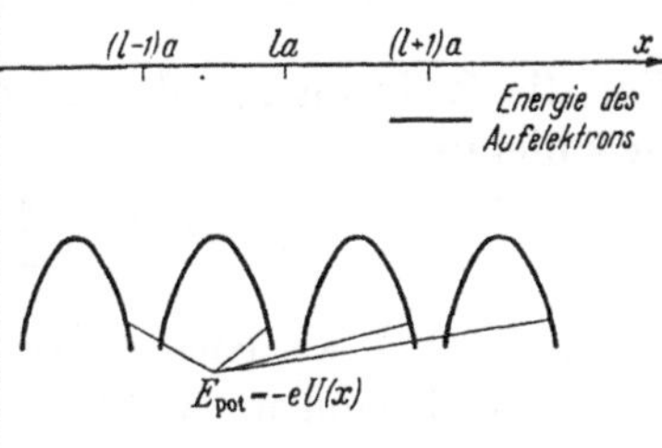

Abb. VII 3.1 Energetische Lage eines *quasifreien* Elektrons.

a) Beugung einer dreidimensionalen Welle an einer linearen Punktreihe

Wir beginnen mit der Beugungserscheinung, die eine lineare Punktreihe an einer ebenen Welle hervorruft, die aus einer Richtung einfällt, die mit der Richtung der Punktreihe einen Richtungscosinus $\alpha = \cos\varphi$ bildet (s. Abb. VII 3.2). Jeder Gitterpunkt löst eine Kugelwelle aus, und es existieren dann in der Zeichenebene eine Reihe von Richtungen, in denen sich diese abgebeugten Kugelwellen in unendlicher Entfernung mit Phasenunterschieden $\cdots -2\cdot 2\pi, -1\cdot 2\pi, 0, +1\cdot 2\pi, +2\ 2\pi \ldots$ superponieren und daher gegenseitig verstärken. In diesen Richtungen,

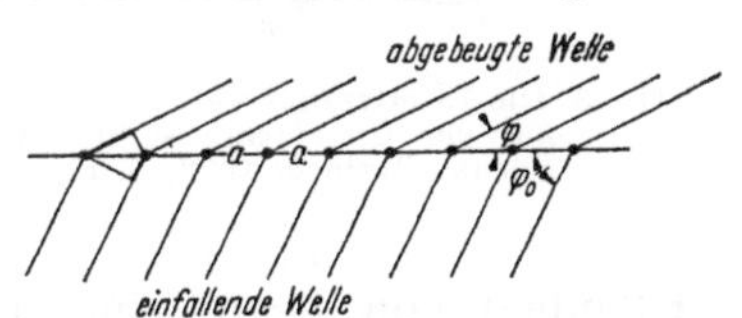

Abb. VII 3.2 Zur LAUEschen Interferenzbedingung $a(\alpha - \alpha_0) = h\,\lambda$.

[1] Siehe hierzu: BRILLOUIN, L.: Die Quantenstatistik, Berlin: Springer 1931, S. 281 ff. — PEIERLS, R.: Ann. d. Phys. 4 (1930) 121. — BETHE, H.: Ann. d. Phys. 87 (1928) 55.

[2] Siehe aber Fußnote 1 auf S. 278.

[3] Wir verweisen in diesem Zusammenhang auf die ausgezeichneten Darstellungen von P. P. EWALD: Kristalle und Röntgenstrahlen, Berlin: Springer 1923, und in GEIGER-SCHEEL: Handbuch der Physik, Bd. XXIII, Tl. 2.

[4] Sie führt im übrigen zu denselben Ergebnissen wie die Zwei-Bänder-Theorie von KANE, die in Kap. XII, § 6 dargestellt wird.

die mit der Punktreihe die Richtungscosinus $\alpha_{-2}, \alpha_{-1}, \alpha_0, \alpha_{+1}, \alpha_{+2}$ bilden, werden die abgebeugten Strahlen -2-ter, -1-ter, 0-ter, $+1$-ter, $+2$-ter Ordnung beobachtet. Aus der Abb. VII 3.2 entnimmt man die LAUEsche Interferenzbedingung

$$a(\alpha_{h_1} - \alpha) = h_1 \lambda \qquad h_1 = 0, \pm 1, \pm 2, \ldots \qquad \text{(VII 3.01)}$$

Für die Richtung α_{h_1} des abgebeugten Strahles h-ter Ordnung ergibt sich hieraus

$$\alpha_{h_1} = \alpha + h_1 \frac{\lambda}{a} \qquad h_1 = 0, \pm 1, \pm 2, \ldots \qquad \text{(VII 3.02)}$$

Da aber $|\alpha_{h_1}|$ als Richtungscosinus kleiner als 1 bleiben muß, sind nicht alle Lösungen (VII 3.02) physikalisch sinnvoll, sondern je nach

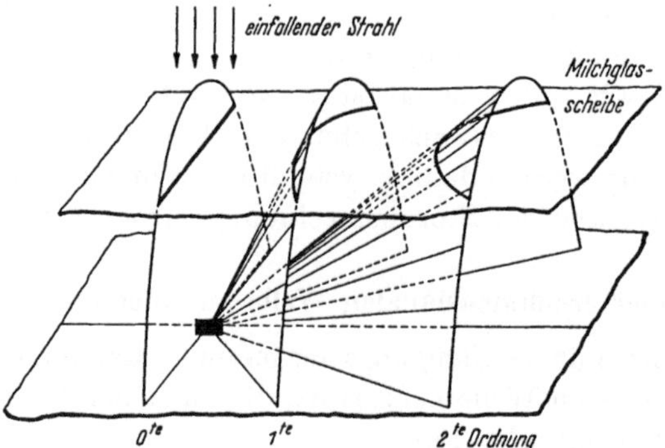

Abb. VII 3.3 Die Interferenzkegel des linearen Gitters, falls der einfallende Strahl senkrecht auf der Gitterachse steht. (Aus P. P. EWALD: Kristalle und Röntgenstrahlen, Berlin: Springer 1923, S. 43).

der Kleinheit von $\frac{\lambda}{a}$ nur eine endliche Anzahl bis zu einer gewissen positiven und einer gewissen negativen h_1-Grenze hinauf. Man sieht also, daß es bei einer beliebigen, aber nicht zu großen Wellenlänge eine endliche Anzahl von abgebeugten Strahlen gibt, solange man sich auf die Zeichenebene von Abb. VII 3.2, also auf die „Einfallsebene" beschränkt. Dazu besteht aber gar keine Veranlassung. Die Interferenzbedingung (VII 3.01) der phasengerechten Überlagerung der abgebeugten Kugelwellen läßt sich ebensogut für Richtungen erfüllen, die *nicht* in der Einfallsebene liegen. Es kommt hierfür nur auf den Winkel φ_{h_1} zwischen abgebeugtem Strahl und Richtung des linearen Punktgitters an. Man sieht also, daß alle abgebeugten Strahlen der gleichen, beispielsweise der 2. Ordnung[1], auf einem Kegelmantel mit dem halben Öffnungswinkel φ_2 liegen (Abb. VII 3.3).

[1] Also $h_1 = +2$.

Wir können demnach zusammenfassend feststellen, daß ein eindimensionales Punktgitter im dreidimensionalen Raum aus einer einfallenden ebenen Welle beliebiger Richtung und beliebiger, aber nicht zu großer Wellenlänge unendlich viele Strahlen abbeugt und daß die sämtlichen Strahlen einer bestimmten Ordnung jeweils auf einem Interferenzkegel liegen, dessen Achse mit der Richtung des linearen Punktgitters zusammenfällt.

b) Beugung einer dreidimensionalen ebenen Welle an einem flächenhaften Punktgitter

Wir gehen nun zu einem zweidimensionalen, beispielsweise quadratischen Punktgitter im dreidimensionalen Raum über. In Richtung eines abgebeugten Strahles müssen sich nun wieder die von *sämtlichen* Gitterpunkten abgebeugten Kugelwellen phasengerecht überlagern. Prüft man dies zunächst für das Zusammenwirken derjenigen Gitterpunkte, die in Richtung der x-Achse ein lineares Punktgitter bilden, so kommt man wieder auf die LAUEsche Bedingung (VII 3.01), wobei jetzt die α_{h_1} und α die Richtungscosinus gegenüber der x-Achse sind. Hiernach würden wieder von einer ebenen Welle beliebiger Einfallsrichtung und beliebiger, aber nicht zu großer Wellenlänge Richtungskegel 0-ter, $\pm$ 1-ter, ... Ordnung abgebeugt. Bei dieser Betrachtung ist aber keineswegs gesichert, daß sich die von verschiedenen parallelen Punktreihen 1, 2, 3 (s. Abb. VII 3.4) ausgehenden Wirkungen ebenfalls phasengerecht überlagern und daher verstärken.

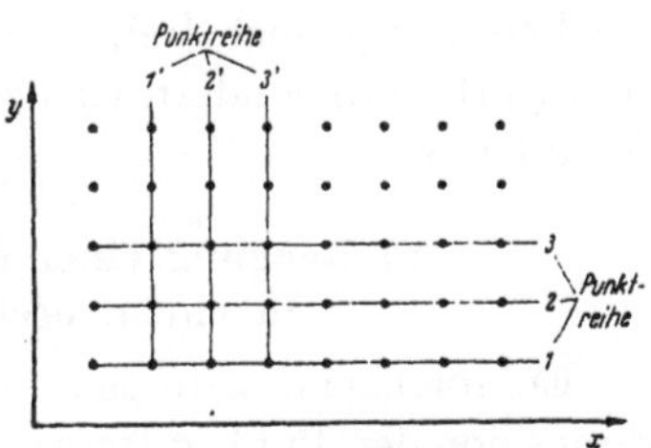

Abb. VII 3.4 Zum Beugungsproblem an einem quadratischen Punktgitter.

Wir können auch sagen, daß eine Zusammenfassung der Punkte des quadratischen Gitters in die Punktreihen 1', 2', 3' parallel zur y-Achse ebenso berechtigt ist wie die bisher betrachtete Zusammenfassung in die Punktreihen 1, 2, 3, ... parallel zur x-Achse, und daß sich bei dieser Betrachtungsweise Richtungskegel 0-ter, $\pm$ 1-ter, $\pm$ 2-ter, ... Ordnung um die y-Achse für die abgebeugten Strahlen ergeben, wenn eine LAUE-Bedingung

$$a(\beta_{h_2} - \beta) = h_2 \lambda \tag{VII 3.03}$$

für die Richtungscosinus β_{h_2} bzw. β gegen die y-Achse erfüllt ist.

Ein Zusammenwirken wirklich aller Gitterpunkte in einer bestimmten Richtung α_{h_1}, β_{h_2} wird nur dann stattfinden, wenn sowohl die Bedingung (VII 3.01) wie die Bedingung (VII 3.03) gleichzeitig erfüllt ist. Geometrisch gesehen bedeutet das, daß die Beugungsrichtung der Ordnung

h_1, h_2 sowohl auf dem h_1-ten Beugungskegel um die x-Achse wie auf dem h_2-ten Beugungskegel um die y-Achse liegen muß. Es bleiben also jetzt bei dem zweidimensionalen Punktgitter im dreidimensionalen Raum bei beliebig gegebener Richtung und Wellenlänge der einfallenden Wellen nur noch die beiden Schnittgeraden des h_1-ten Kegels um die x-Achse und des h_2-ten Kegels um die y-Achse als Beugungsrichtungen übrig. Algebraisch drückt sich dieser Tatbestand so aus, daß (VII 3.01) und (VII 3.03) 2 Gleichungen für die beiden Unbekannten α_{h_1} und β_{h_2} sind, die damit eindeutig bestimmt sind. Zur vollständigen Festlegung einer räumlichen Richtung sind allerdings 3 Richtungscosinus erforderlich; der dritte Richtungscosinus γ ergibt sich aus der für die Richtungscosinus bei orthogonalen Achsen[1] geltenden Gleichung

$$\alpha^2 + \beta^2 + \gamma^2 = 1. \qquad \text{(VII 3.04)}$$

Da hieraus nur ein Wert für γ^2, nicht für γ selbst folgt, ist das Vorzeichen von γ noch frei, und die beiden LAUE-Bedingungen (VII 3.01) und (VII 3.03) sondern also *zwei* Raumrichtungen für den abgebeugten Strahl aus.

c) Beugung einer dreidimensionalen ebenen Welle an einem dreidimensionalen Punktgitter

Entsprechend wird man von den abgebeugten Strahlen eines dreidimensionalen Punktgitters im dreidimensionalen Raum fordern müssen, daß sie die Schnittgeraden dreier Kegelmäntel beispielsweise um die x-, die y- und die z-Achse sind. Nun schneiden sich aber im allgemeinen 3 Kegelmäntel gar nicht in *einer* gemeinsamen Geraden, und so sehen wir, daß in einem dreidimensionalen Punktgitter im dreidimensionalen Raum eine einfallende Welle beliebiger Richtung und beliebiger Wellenlänge überhaupt keine abgebeugten Strahlen erzeugen wird.

Algebraisch drückt sich dieser Tatbestand so aus, daß zu (VII 3.01) und (VII 3.03) eine dritte LAUE-Bedingung

$$a(\gamma_{h_3} - \gamma) = h_3\,\lambda \qquad \text{(VII 3.05)}$$

hinzukommt, und daß (VII 3.01), (VII 3.03) und (VII 3.05) dann drei Gleichungen für die 3 Unbekannten α_{h_1}, β_{h_2}, γ_{h_3} darstellen. Diese haben an und für sich immer Lösungen. Diese Lösungen werden aber bei weitem nicht in allen, sondern nur in seltenen diskreten Fällen die für die Richtungscosinus bei orthogonalen Achsen[1] erforderliche Nebenbedingung

$$\alpha_{h_1}^2 + \beta_{h_2}^2 + \gamma_{h_3}^2 = 1 \qquad \text{(VII 3.06)}$$

erfüllen.

---

[1] Bei nichtorthogonalen Achsen würde statt der „auf Hauptachsen transformierten" Bedingung (VII 3.04) eine allgemeine Bedingung $a\,\alpha^2 + b\,\beta^2 + c\,\gamma^2 + 2d\,\alpha\,\beta + 2e\,\beta\,\gamma + 2f\,\gamma\,\alpha = 1$ treten.

Wir fassen also unseren bisherigen Überblick über die Beugungserscheinungen an Punktgittern dahingehend zusammen, daß ein eindimensionales Punktgitter im dreidimensionalen Raum bei beliebiger Richtung und beliebiger, aber nicht zu großer Wellenlänge der einfallenden Welle unendlich viele Strahlen einer bestimmten Ordnung abbeugt; das zweidimensionale Punktgitter im dreidimensionalen Raum erzeugt unter den gleichen Voraussetzungen nur noch zwei abgebeugte Strahlen; das dreidimensionale Punktgitter im dreidimensionalen Raum erzeugt im allgemeinen, d. h. bei beliebiger Richtung und beliebiger Wellenlänge der einfallenden Welle überhaupt keine abgebeugten Strahlen.

d) Die Einteilung des $\mathfrak{k}$-Raumes in die Brillouinschen Zonen

Die sog. BRILLOUINsche Zonenkonstruktion ist nun ein Mittel, um schnell zu übersehen, unter welchen Umständen, d. h. also für welche Einfallsrichtungen und welche Wellenlängen ein dreidimensionales Punktgitter doch einen abgebeugten Strahl erzeugt. Um diese Konstruktion zu entwickeln, schreiben wir zunächst die 3 LAUE-Bedingungen (VII 3.01), (VII 3.03) und (VII 3.05) in folgender Form

$$\frac{1}{2\pi}\left(\frac{2\pi}{\lambda}\alpha' - \frac{2\pi}{\lambda}\alpha\right) = h_1 \cdot \frac{1}{a_1} + h_2 \cdot 0 + h_3 \cdot 0, \qquad \text{(VII 3.07)}$$

$$\frac{1}{2\pi}\left(\frac{2\pi}{\lambda}\beta' - \frac{2\pi}{\lambda}\beta\right) = h_1 \cdot 0 + h_2 \cdot \frac{1}{a_2} + h_3 \cdot 0, \qquad \text{(VII 3.08)}$$

$$\frac{1}{2\pi}\left(\frac{2\pi}{\lambda}\gamma' - \frac{2\pi}{\lambda}\gamma\right) = h_1 \cdot 0 + h_2 \cdot 0 + h_3 \cdot \frac{1}{a_3}, \qquad \text{(VII 3.09)}$$

wobei wir jetzt die Richtungscosinus $\alpha_{h_1}\,\beta_{h_2}\,\gamma_{h_3}$ des abgebeugten Strahles einfach mit α', β', γ' bezeichnet haben. Weiter legen wir dem folgenden sofort den Fall des allgemeinen Translationsgitters mit drei schiefwinkligen Achsen $\mathfrak{a}_1$, $\mathfrak{a}_2$, $\mathfrak{a}_3$ zugrunde.

In (VII 3.07), (VII 3.08) und (VII 3.09) sind nun aber $\frac{2\pi}{\lambda}\alpha$, $\frac{2\pi}{\lambda}\beta$, $\frac{2\pi}{\lambda}\gamma$ die rechtwinkligen Projektionen des Wellenvektors $\mathfrak{k}$ der einfallenden Welle auf die 3 Translationsachsen $\mathfrak{a}_1$, $\mathfrak{a}_2$, $\mathfrak{a}_3$ des Gitters. Entsprechendes gilt für $\frac{2\pi}{\lambda}\alpha'$ ... in bezug auf den Wellenvektor $\mathfrak{k}'$ der abgebeugten Welle. Weiter führen wir jetzt im Hinblick auf die rechte Seite der Gln. (VII 3.07) bis (VII 3.09) drei Vektoren $\mathfrak{b}_1$, $\mathfrak{b}_2$, $\mathfrak{b}_3$ durch die Forderungen ein, daß beispielsweise die rechtwinkligen Projektionen des Vektors $\mathfrak{b}_1$ in bezug auf die 3 Translationsachsen $\mathfrak{a}_1$, $\mathfrak{a}_2$, $\mathfrak{a}_3$ gleich $\frac{1}{a_1}$, 0, 0 sein sollen[1]. Es muß also $\mathfrak{b}_1$ den 3 Gleichungen

$$\left(\mathfrak{b}_1 \frac{\mathfrak{a}_1}{a_1}\right) = \frac{1}{a_1} \qquad \left(\mathfrak{b}_1 \frac{\mathfrak{a}_2}{a_2}\right) = 0 \qquad \left(\mathfrak{b}_1 \frac{\mathfrak{a}_3}{a_3}\right) = 0$$

[1] $\mathfrak{b}_1$, $\mathfrak{b}_2$ und $\mathfrak{b}_3$ spannen das sog. „reziproke" Gitter auf.

oder

$$(\mathfrak{b}_1\,\mathfrak{a}_1) = 1 \qquad (\mathfrak{b}_1\,\mathfrak{a}_2) = 0 \qquad (\mathfrak{b}_1\,\mathfrak{a}_3) = 0 \tag{VII 3.10}$$

genügen. Entsprechend soll für $\mathfrak{b}_2$ und $\mathfrak{b}_3$ gelten

$$(\mathfrak{b}_2\,\mathfrak{a}_1) = 0 \qquad (\mathfrak{b}_2\,\mathfrak{a}_2) = 1 \qquad (\mathfrak{b}_2\,\mathfrak{a}_3) = 0 \tag{VII 3.11}$$

$$(\mathfrak{b}_3\,\mathfrak{a}_1) = 0 \qquad (\mathfrak{b}_3\,\mathfrak{a}_2) = 0 \qquad (\mathfrak{b}_3\,\mathfrak{a}_3) = 1\,. \tag{VII 3.12}$$

Die Faktoren von h_1 in (VII 3.07), (VII 3.08) und (VII 3.09) sind also die rechtwinkligen Projektionen von $\mathfrak{b}_1$ auf die 3 Achsen $\mathfrak{a}_1, \mathfrak{a}_2, \mathfrak{a}_3$. Entsprechendes gilt für die Faktoren von h_2 und h_3 in bezug auf die Vektoren $\mathfrak{b}_2$ und $\mathfrak{b}_3$. Wir können also die 3 Laue-Bedingungen in der Vektorgleichung

$$\frac{1}{2\pi}(\mathfrak{k}' - \mathfrak{k}) = h_1\,\mathfrak{b}_1 + h_2\,\mathfrak{b}_2 + h_3\,\mathfrak{b}_3 = \mathfrak{h} \qquad \begin{aligned} h_1 &= 0, \pm 1, \pm 2, \ldots \\ h_2 &= 0, \pm 1, \pm 2, \ldots \\ h_3 &= 0, \pm 1, \pm 2, \ldots \end{aligned} \tag{VII 3.13}$$

zusammenfassen[1]. Diese vektorielle Laue-Bedingung hat zwar für beliebiges $\mathfrak{k}$ eine Lösung

$$\frac{1}{2\pi}\mathfrak{k}' = \frac{1}{2\pi}\mathfrak{k} + \mathfrak{h}, \tag{VII 3.14}$$

aber damit $\mathfrak{k}'$ wirklich der Wellenvektor einer abgebeugten Welle sein kann, muß der absolute Betrag $|\mathfrak{k}'| = \frac{2\pi}{\lambda}$ mit dem absoluten Betrag $|\mathfrak{k}| = \frac{2\pi}{\lambda}$ übereinstimmen, denn die abgebeugte Welle muß ja die gleiche Wellenlänge wie die einfallende Welle haben. Zu (VII 3.14) kommt also entsprechend der früheren Nebenbedingung (VII 3.04) die Bedingung

$$|\mathfrak{k}'| = |\mathfrak{k}| \tag{VII 3.15}$$

hinzu. Nur bei gleichzeitiger Erfüllung der *beiden* Gleichungen (VII 3.14) und (VII 3.15) für die *eine* Unbekannte $\mathfrak{k}'$ tritt wirklich eine abgebeugte Welle der Ordnung h_1, h_2, h_3 auf.

Wir wollen jetzt die Frage von S. 271, nämlich für welche Einfallsrichtungen und für welche Wellenlängen ein dreidimensionales Punktgitter einen abgebeugten Strahl erzeugt, zunächst in der verschärften Form stellen, unter welchen Umständen ein Strahl einer ganz bestimmten Ordnung h_1, h_2, h_3 entsteht. Dann liegt der Vektor $\mathfrak{h}$ in der Laue-Bedingung (VII 3.13) fest. Das Hinzutreten der Nebenbedingung (VII 3.15) fordert nun aber, daß $\frac{1}{2\pi}\mathfrak{k}'$ und $\frac{1}{2\pi}\mathfrak{k}$ mit dem Vektor $\mathfrak{h}$ ein

[1] $\mathfrak{h}$ ist also ein Vektor des reziproken Gitters.

gleichschenkliges Dreieck bilden (s. Abb. VII 3.5a und b). Daraus folgt (s. Abb. VII 3.5c), daß bei wechselnder Einfallsrichtung die durch $|\mathfrak{k}| = \frac{2\pi}{\lambda}$ bestimmte Wellenlänge so variieren muß, daß der Endpunkt von $\mathfrak{k}$ immer auf der Normalebene durch die Spitze des Vektors $-(1/2)\,\mathfrak{h}$ liegen muß.

Damit ist schon die verschärfte Frage, welche ebenen Wellen $e^{j\mathfrak{k}\cdot\mathfrak{r}}$ zu einem abgebeugten Strahl der Ordnung $h_1\, h_2\, h_3$ führen, beantwortet:

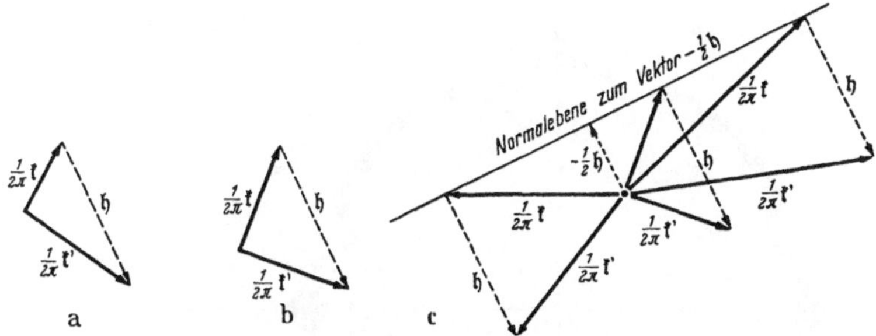

Abb. VII 3.5 Zur Ableitung der BRILLOUINschen Zonenkonstruktion.
a) Alleinige Berücksichtigung der LAUEschen Interferenzbedingung $\frac{1}{2\pi}\mathfrak{k}' = \frac{1}{2\pi}\mathfrak{k} + \mathfrak{h}$; b) Zusätzliche Berücksichtigung der Nebenbedingungen $|\mathfrak{k}'| = |\mathfrak{k}|$; c) Der Endpunkt von $\frac{1}{2\pi}\mathfrak{k}$ muß auf der Normalebene zum Vektor $-\frac{1}{2}\mathfrak{h}$ liegen, wenn Beugung eintreten soll.

Es sind dies alle diejenigen Wellen, deren durch 2π dividierte Wellenvektoren auf der Normalebene durch die Spitze des Vektors $-(1/2)\,\mathfrak{h}$ enden.

Kehren wir nun wieder zu der allgemeineren Frage auf S. 271, zurück, unter welchen Umständen eine ebene Welle $e^{j\mathfrak{k}\cdot\mathfrak{r}}$ überhaupt einen abgebeugten Strahl, gleichgültig welcher Ordnung, erzeugt, so ist zu bedenken, daß der Vektor $-\mathfrak{h}$ genau wie der Vektor $+\mathfrak{h}$ ein Vektor des reziproken Gitters ist. Denn der Vektor $\mathfrak{h}$ wurde in (VII 3.13) folgendermaßen definiert:

$$\mathfrak{h} = h_1\,\mathfrak{b}_1 + h_2\,\mathfrak{b}_2 + h_3\,\mathfrak{b}_3 \qquad \left.\begin{matrix} h_1 \\ h_2 \\ h_3 \end{matrix}\right\} = 0, \pm 1, \pm 2, \pm 3, \ldots \qquad \text{(VII 3.16)}$$

Wenn man also das reziproke Gitter zu dem in Rede stehenden Translationsgitter zeichnet und zu *jedem* Gittervektor des reziproken Gitters die halbierende Normalebene konstruiert, so tritt eine abgebeugte Welle $e^{j\mathfrak{k}\cdot\mathfrak{r}}$ dann und nur dann auf, wenn die Spitze von $\frac{1}{2\pi}\mathfrak{k}$ auf irgendeiner dieser halbierenden Normalebenen liegt.

Die Konstruktion der halbierenden Normalebenen im reziproken Gitter wird als BRILLOUINsche Zonen-Konstruktion bezeichnet. Das einfachste Beispiel für die Durchführung dieser Konstruktion bietet natürlich das kubische Gitter. Hier sind die 3 Vektoren $\mathfrak{a}_1$, $\mathfrak{a}_2$ und $\mathfrak{a}_3$ orthogonal zueinander und alle drei gleich lang, nämlich gleich der Gitterkonstanten a. Der Vektor $\mathfrak{b}_1$ soll nach (VII 3.10) auf $\mathfrak{a}_2$ und $\mathfrak{a}_3$ senkrecht stehen und fällt also wieder in die Richtung von $\mathfrak{a}_1$. Seine

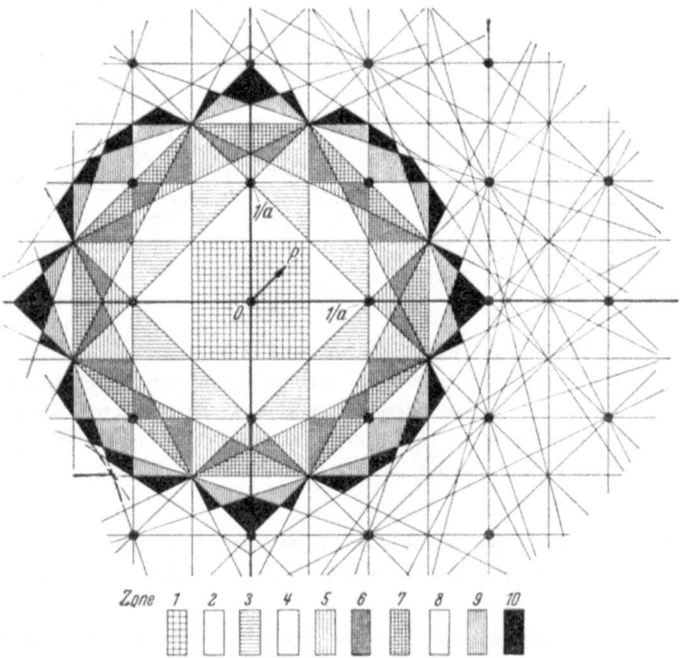

Abb. VII 3.6 BRILLOUINsche Zonen beim quadratischen Flächengitter. Liegt der Endpunkt von $\frac{1}{2\pi}\,\mathfrak{k}$ auf einer der ausgezogenen Linien, so tritt starke BRAGGsche Reflexion ein. (Nach L. BRILLOUIN: Quantenstatistik. Berlin: Springer 1931.)

Länge ist ebenfalls nach (VII 3.10) gleich $1/a$. Entsprechendes ergibt sich für $\mathfrak{b}_2$ und $\mathfrak{b}_3$, so daß das reziproke Gitter im vorliegenden Fall ein kubisches Gitter mit der Gitterkonstanten $1/a$ ist. Abb. VII 3.6 zeigt nun die $(\mathfrak{b}_1, \mathfrak{b}_2)$-Ebene dieses reziproken Gitters und die Durchführung der BRILLOUINschen Zonenkonstruktion innerhalb dieser Ebene. Die halbierenden Normalebenen der in dieser $(\mathfrak{b}_1, \mathfrak{b}_2)$-Ebene liegenden reziproken Gittervektoren $h_1\,\mathfrak{b}_1 + h_2\,\mathfrak{b}_2 + 0 \cdot \mathfrak{b}_3$ hinterlassen die dünn gezeichneten Geraden als Spuren in dieser $(\mathfrak{b}_1, \mathfrak{b}_2)$-Ebene, und man sieht, wie das reziproke Gitter in die *BRILLOUINschen Zonen* aufgeteilt wird.

Fällt nun aus irgendeiner Richtung eine ebene Welle mit dem Wellenvektor $\mathfrak{k}$ auf das kubische Punktgitter mit der Gitterkonstanten a, so ist $\frac{1}{2\pi}\mathfrak{k}$ in das reziproke Gitter einzuzeichnen. Bei großer Wellenlänge λ wird $\frac{1}{2\pi}\mathfrak{k}$ relativ kurz sein und sein Endpunkt innerhalb der 1. BRILLOUINschen Zone liegen. Es tritt dann keine abgebeugte Welle $\mathfrak{k}'$ auf. Wird die Wellenlänge λ verkleinert, so wächst $\frac{1}{2\pi}\mathfrak{k}$ und endet schließlich einmal auf der Grenze zwischen der 1. und 2. BRILLOUINschen Zone. Dann tritt eine abgebeugte Welle $\mathfrak{k}'$ auf. Bei weiterer Verkleinerung von λ und demgemäß weiterem Wachsen von $\frac{1}{2\pi}\mathfrak{k}$ liegt der Endpunkt von $\frac{1}{2\pi}\mathfrak{k}$ in der 2. BRILLOUINschen Zone[1], und es tritt wieder keine abgebeugte Welle $\mathfrak{k}'$ auf, bis bei weiterer Verkleinerung von λ der Vektor $\frac{1}{2\pi}\mathfrak{k}$ auf der Grenze zwischen 2. und 3. BRILLOUINscher Zone endet, was wieder das Auftreten einer abgebeugten Welle $\mathfrak{k}'$ zur Folge hat usf.

Für die praktische Durchführung der Konstruktion bei komplizierteren Gittern ist die Bemerkung wichtig, daß die Bestimmungsgleichungen (VII 3.10), (VII 3.11) und (VII 3.12) für die reziproken Achsen $\mathfrak{b}_1$, $\mathfrak{b}_2$, $\mathfrak{b}_3$ folgende Lösung haben:

$$\mathfrak{b}_1 = \frac{[\mathfrak{a}_2\,\mathfrak{a}_3]}{(\mathfrak{a}_1\,\mathfrak{a}_2\,\mathfrak{a}_3)} \qquad \mathfrak{b}_2 = \frac{[\mathfrak{a}_3\,\mathfrak{a}_1]}{(\mathfrak{a}_1\,\mathfrak{a}_2\,\mathfrak{a}_3)} \qquad \mathfrak{b}_3 = \frac{[\mathfrak{a}_1\,\mathfrak{a}_2]}{(\mathfrak{a}_1\,\mathfrak{a}_2\,\mathfrak{a}_3)}, \qquad \text{(VII 3.17)}$$

deren Richtigkeit sich sofort durch Einsetzen von (VII 3.17) in (VII 3.10) bzw. in (VII 3.11) bzw. in (VII 3.12) ergibt, wenn für den gemeinsamen Nenner von (VII 3.17) folgende Beziehungen beachtet werden:

$$(\mathfrak{a}_1\,\mathfrak{a}_2\,\mathfrak{a}_3) = \mathfrak{a}_1[\mathfrak{a}_2\,\mathfrak{a}_3] = \mathfrak{a}_2[\mathfrak{a}_3\,\mathfrak{a}_1] = \mathfrak{a}_3[\mathfrak{a}_1\,\mathfrak{a}_2]. \qquad \text{(VII 3.18)}$$

Als weiteres Beispiel behandeln wir das kubisch-flächenzentrierte Gitter mit der Gitterkonstante a. Es kann durch die 3 Vektoren

$$\mathfrak{a}_1 = \{0,\ 1,\ 1\}\frac{a}{2},$$

$$\mathfrak{a}_2 = \{1,\ 0,\ 1\}\frac{a}{2},$$

$$\mathfrak{a}_3 = \{1,\ 1,\ 0\}\frac{a}{2}$$

aufgespannt werden (s. Abb. VII 11.2 auf S. 378). Als reziproke Achsen errechnet man nach (VII 3.17)

$$\mathfrak{b}_1 = \{-1,\ +1,\ +1\}\frac{1}{a},$$

$$\mathfrak{b}_2 = \{+1,\ -1,\ +1\}\frac{1}{a},$$

$$\mathfrak{b}_3 = \{+1,\ +1,\ -1\}\frac{1}{a}.$$

[1] Oder in Sonderfällen in der 4. Zone.

Das dadurch aufgespannte reziproke Gitter ist ein kubisch-raumzentriertes Gitter mit der Gitterkonstante $2 \cdot 1/a$ (s. Abb. VII 11.3 auf S. 378). Die Durchführung der BRILLOUINschen Zonenkonstruktion ergibt als erste Zone ein Oktaeder mit abgeschnittenen Ecken (s. Abb. VII 11.9, oben; S. 384). In der [1,0,0]-Richtung liegt die Zonengrenze bei

$$\frac{1}{2\pi}|\mathfrak{k}| = \frac{1}{a} \quad \text{oder} \quad |\mathfrak{k}| = 2\frac{\pi}{a},$$

in der [1,1,1]-Richtung dagegen bei

$$\frac{1}{2\pi}|\mathfrak{k}| = \frac{1}{a}\sqrt{\left(\frac{1}{2}\right)^2 + \left(\frac{1}{2}\right)^2 + \left(\frac{1}{2}\right)^2} \quad \text{oder} \quad |\mathfrak{k}| = \sqrt{3}\,\frac{\pi}{a}.$$

e) Deutung des Beugungsphänomens als Braggsche Reflexion an einer Netzebenenschar

Für die anschauliche Deutung ist vielleicht noch die Bemerkung von Wert, daß die Normalebenen zu $\mathfrak{h}$ [und damit natürlich auch zu $-(1/2)\,\mathfrak{h}$] die Schar der Netzebenen mit den MILLERschen Indices h_1, h_2, h_3 sind.[1] Man sieht dies folgendermaßen. Eine der Netzebenen hat gemäß der Definition der MILLERschen Indices die Achsenabschnitte $\frac{1}{h_1}\mathfrak{a}_1$, $\frac{1}{h_2}\mathfrak{a}_2$, $\frac{1}{h_3}\mathfrak{a}_3$. Die Vektoren $\left(\frac{1}{h_1}\mathfrak{a}_1 - \frac{1}{h_2}\mathfrak{a}_2\right)$ und $\left(\frac{1}{h_1}\mathfrak{a}_1 - \frac{1}{h_3}\mathfrak{a}_3\right)$ liegen also *in* dieser Netzebene, und ihr äußeres Produkt steht senkrecht *auf* ihr. Für dieses äußere Produkt ermittelt man nun:

$$\begin{aligned}
&\left[\frac{1}{h_1}\mathfrak{a}_1 - \frac{1}{h_2}\mathfrak{a}_2,\ \frac{1}{h_1}\mathfrak{a}_1 - \frac{1}{h_3}\mathfrak{a}_3\right] \\
&\quad = \frac{1}{h_1^2}[\mathfrak{a}_1\,\mathfrak{a}_1] - \frac{1}{h_2 h_1}[\mathfrak{a}_2\,\mathfrak{a}_1] - \frac{1}{h_1 h_3}[\mathfrak{a}_1\,\mathfrak{a}_3] + \frac{1}{h_2 h_3}[\mathfrak{a}_2\,\mathfrak{a}_3] \\
&\quad = 0 + \frac{(\mathfrak{a}_1\,\mathfrak{a}_2\,\mathfrak{a}_3)}{h_1 h_2 h_3}\left\{+ h_3\frac{[\mathfrak{a}_1\,\mathfrak{a}_2]}{(\mathfrak{a}_1\,\mathfrak{a}_2\,\mathfrak{a}_3)} + h_2\frac{[\mathfrak{a}_3\,\mathfrak{a}_1]}{(\mathfrak{a}_1\,\mathfrak{a}_2\,\mathfrak{a}_3)} + h_1\frac{[\mathfrak{a}_2\,\mathfrak{a}_3]}{(\mathfrak{a}_1\,\mathfrak{a}_2\,\mathfrak{a}_3)}\right\} \\
&\quad = \frac{(\mathfrak{a}_1\,\mathfrak{a}_2\,\mathfrak{a}_3)}{h_1 h_2 h_3}\{h_1\,\mathfrak{b}_1 + h_2\,\mathfrak{b}_2 + h_3\,\mathfrak{b}_3\} \\
&\quad = \frac{(\mathfrak{a}_1\,\mathfrak{a}_2\,\mathfrak{a}_3)}{h_1 h_2 h_3}\,\mathfrak{h}.
\end{aligned}$$

Der auf der Netzebene $(h_1\,h_2\,h_3)$ senkrecht stehende Vektor $\left[\frac{1}{h_1}\mathfrak{a}_1 - \frac{1}{h_2}\mathfrak{a}_2,\ \frac{1}{h_1}\mathfrak{a}_1 - \frac{1}{h_3}\mathfrak{a}_3\right]$ ist also parallel $\mathfrak{h}$, d. h., die Normalebenen zu $\mathfrak{h}$ sind die Netzebenen mit den MILLERschen Indices $h_1\,h_2\,h_3$.

Wir erinnern in diesem Zusammenhang an die BRAGGsche Deutung des Beugungsvorgangs im Punktgitter. Nimmt man in den Abb. VII 3.5 eine Parallelverschiebung des abgebeugten Wellenvektors $\frac{1}{2\pi}\mathfrak{k}'$ vor,

[1] Eine sehr anschauliche Einführung der MILLERschen Indices gibt P. P. EWALD: Kristalle und Röntgenstrahlen, Berlin: Springer 1923, S. 20 u. 26.

so sieht man an Hand von Abb. VII 3.7, daß die einfallende Welle $\frac{1}{2\pi}\mathfrak{k}$ gewissermaßen an der MILLERschen Netzebene $(h_1\, h_2\, h_3)$ „reflektiert" wird. Die von den Gitterpunkten *einer* MILLERschen Ebene abgebeugten Kugelwellen wirken wegen der symmetrischen Lage von $\mathfrak{k}$ und $\mathfrak{k}'$ phasengleich zusammen und verstärken sich daher (s. Abb. VII 3.8). Daß die von zwei benachbarten MILLERschen Ebenen „reflektierten" Wellen sich nicht gegenseitig durch Interferenz vernichten, sondern sich im Gegenteil gegenseitig verstärken, ist durch die aus Abbildung VII 3.7 abzulesende Beziehung

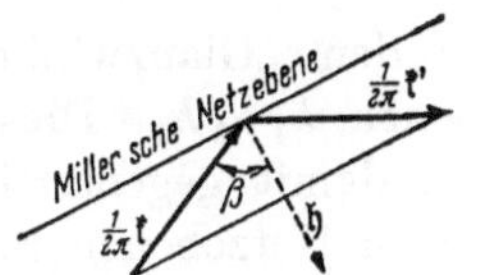

Abb. VII 3.7 „Reflexion" an der MILLERschen Netzebene $(h_1\, h_2\, h_3)$.

$$\cos\beta = \frac{\frac{1}{2}|\mathfrak{h}|}{\frac{1}{2\pi}|\mathfrak{k}|}$$

gesichert. Hieraus folgt nämlich wegen $|\mathfrak{k}| = \frac{2\pi}{\lambda}$

$$2\frac{1}{|\mathfrak{h}|}\cos\beta = \lambda. \qquad \text{(VII 3.19)}$$

Weiter ist

$$\frac{1}{|\mathfrak{h}|} = \frac{1}{n|\mathfrak{h}^*|} = \frac{1}{n}\, d_{h_1^* h_2^* h_3^*},$$

wobei n der größte gemeinsame Teiler der MILLERschen Indices $h_1 = n\, h_1^*$, $h_2 = n\, h_2^*$, $h_3 = n\, h_3^*$ ist und wobei der absolute Betrag des

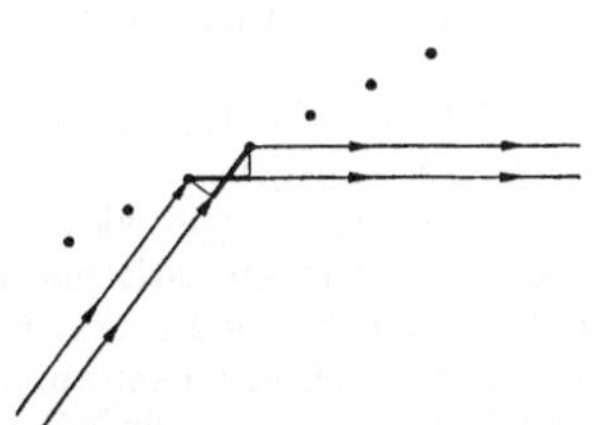
Abb. VII 3.8 Bei Reflexion an *einer* MILLERschen Ebene haben „benachbarte" Strahlen keinen Gangunterschied.

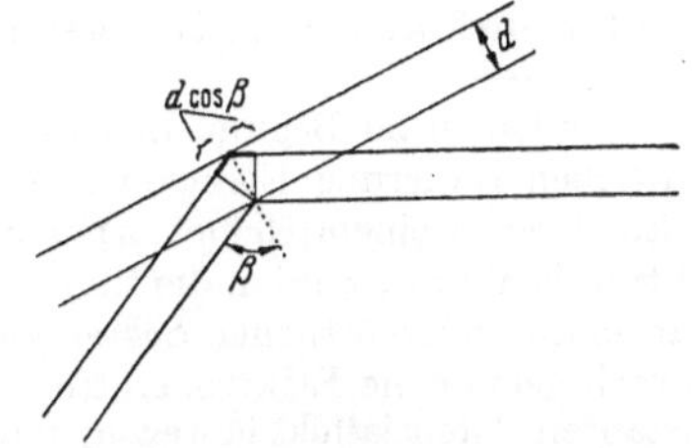

Abb. VII 3.9 Bei Reflexion an zwei benachbarten MILLERschen Ebenen entsteht der Gangunterschied $2d\cos\beta$.

mit den nunmehr teilerfremden MILLERschen Indices $h_1^*\, h_2^*\, h_3^*$ gebildeten Vektors $\mathfrak{h}^* = h_1^*\, \mathfrak{b}_1 + h_2^*\, \mathfrak{b}_2 + h_3^*\, \mathfrak{b}_3$ gleich dem reziproken Wert des Abstandes $d_{h_1^* h_2^* h_3^*}$ zweier benachbarter MILLERscher Ebenen ist[1].

[1] Beweis s. z. B. P. P. EWALD: Kristalle und Röntgenstrahlen, Berlin: Springer 1923, S. 249/250. Für einen von EWALD ohne Beweis benutzten zahlentheoretischen Satz s. z. B. B. L. VAN DER WAERDEN: Moderne Algebra, 1. Teil, Berlin: Springer 1937, S. 61, oder A. SCHOLZ: Einführung in die Zahlentheorie, Sammlung Göschen, Bd. 1131, 1939, S. 22.

Damit wird dann aus (VII 3.19) die bekannte BRAGGsche Reflexionsbedingung

$$2 d_{h_1^* h_2^* h_3^*} \cos\beta = n\,\lambda \qquad \text{(VII 3.20)}$$

für den „Glanzwinkel“ n-ter Ordnung an den MILLERschen Netzebenen $h_1\,h_2\,h_3$. Diese Bedingung sichert einen Gangunterschied $n\,\lambda$ und damit gegenseitige Verstärkung zwischen den an zwei benachbarten Netzebenen reflektierten Strahlen (s. Abb. VII 3.9).

f) Die Ergebnisse der Brillouinschen Näherung für schwach gebundene Elektronen

Wir haben ziemlich ausführlich die an einem dreidimensionalen Punktgitter auftretenden Beugungserscheinungen besprochen und wollen nun den dabei gefundenen Tatsachen die Ergebnisse der BRILLOUINschen Näherungsbetrachtung für schwach gebundene Elektronen[1] gegenüberstellen. BRILLOUIN findet:

1. Im allgemeinen ist die Eigenfunktion eines schwach gebundenen Elektrons praktisch eine ebene Welle $e^{j\mathfrak{k}\cdot\mathfrak{r}}$.

2. Die Energie $E(\mathfrak{k})$ hängt von dem Wellenvektor $\mathfrak{k}$ praktisch in derselben Weise ab, wie die eines freien Elektrons, also nach dem Gesetz[2]

$$E(\mathfrak{k}) = \frac{\hbar^2}{2m}|\mathfrak{k}|^2 = \frac{\hbar^2}{2m}(\mathfrak{k}_x^2 + \mathfrak{k}_y^2 + \mathfrak{k}_z^2),$$

s. Abb. VII 3.10a.

3. Die Störung durch den Wechselanteil der potentiellen Energie hat zur Folge, daß die ebene Welle $e^{j\mathfrak{k}\cdot\mathfrak{r}}$ mit einem gitterperiodischen Modulationsfaktor $u(\mathfrak{r};\,\mathfrak{k})$ versehen wird. Bei Verwendung des Wellen

---

[1] Wir haben zu Beginn dieses § 3 und in Abb. VII 3.1 als Objekte der BRILLOUINschen Näherung Elektronen hoher Gesamtenergie angegeben. Da sich aber ein Elektron in einem Gebiet ortsunabhängiger potentieller Energie wie ein freies Elektron benimmt, werden die für gebundene Elektronen charakteristischen Eigenschaften durch die örtlichen *Schwankungen* der potentiellen Energie hervorgerufen. Schwach gebundene Elektronen sind hiernach solche, die sich in einem annähernd konstanten Potentialfeld bewegen, und tatsächlich ist die entscheidende Näherungsannahme bei BRILLOUIN die, daß der *Wechsel*anteil der potentiellen Energie als kleine Störung betrachtet werden darf.

[2] Diese Abhängigkeit findet man sofort, wenn man mit dem Ansatz $\psi(x) = A\,e^{j\mathfrak{k}\mathfrak{r}}$ in die SCHRÖDINGER-Gleichung

$$-\frac{\hbar^2}{2m}\Delta\psi - E\psi = 0$$

des freien Elektrons eingeht:

$$-\frac{\hbar^2}{2m} j^2 (\mathfrak{k}_x^2 + \mathfrak{k}_y^2 + \mathfrak{k}_z^2)\,A\,e^{j\mathfrak{k}\cdot\mathfrak{r}} - E\,A\,e^{j\mathfrak{k}\cdot\mathfrak{r}} = 0$$

$$E = +\frac{\hbar^2}{2m}|\mathfrak{k}|^2 = \frac{\hbar^2}{2m}(\mathfrak{k}_x^2 + \mathfrak{k}_y^2 + \mathfrak{k}_z^2).$$

vektors $\mathfrak{k}$ des freien Elektrons[1] hat dieser Modulationsfaktor im allgemeinen kleine Amplituden, es sei denn, daß $\mathfrak{k}$ einen Wert hat, bei dem nach den wellenoptischen Überlegungen eine BRAGG-Reflexion eintritt. Bei derartigen $\mathfrak{k}$-Werten wird die Eigenfunktion nicht mehr durch eine ebene Welle $e^{j\mathfrak{k}\cdot\mathfrak{r}}$ allein, sondern durch Superposition der einfallenden und der abgebeugten oder „reflektierten" Welle dargestellt. Die Eigenfunktion nimmt dadurch in Richtung senkrecht zur reflektierenden Netzebene den Charakter einer stehenden Welle an. In dem

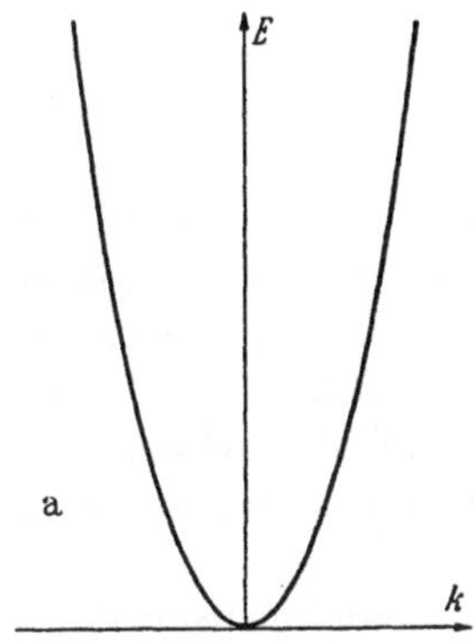

Abb. VII 3.10a Die Abhängigkeit der Energie von der Wellenzahl k beim freien Elektron.

Abb. VII 3.10b Das Aufspalten verbotener Energiebereiche infolge von BRAGG-Reflexionen.

Spezialfall, daß $\mathfrak{k}$ senkrecht auf der reflektierenden Netzebene steht, wird die Eigenfunktion überhaupt völlig zur stehenden Welle.

4. Im allgemeinen ist die Modifikation des $E(\mathfrak{k})$-Verlaufs durch den Wechselanteil der potentiellen Energie gering. Gegenüber der Abbildung VII 3.10a ändert sich wenig. Bei den zu einer BRAGG-Reflexion führenden $\mathfrak{k}$-Werten (also bei den BRILLOUINschen Zonengrenzen) treten aber Sprünge in dem sonst stetigen $E(\mathfrak{k})$-Verlauf auf (s. Abb. VII 3.10b). Das kommt daher, daß einfallende und reflektierte Wellen $e^{j\mathfrak{k}\cdot\mathfrak{r}}$ und $e^{j\mathfrak{k}'\cdot\mathfrak{r}}$ dieselbe Wellenlänge haben, daß deshalb $|\mathfrak{k}| = |\mathfrak{k}'|$ ist und daß infolgedessen die beiden ungestörten Energieeigenwerte $\frac{\hbar^2}{2m}|\mathfrak{k}|^2$ und

[1] Es ist natürlich aber auch zulässig, statt $\mathfrak{k}$ einen Wellenvektor $\mathfrak{k} + 2\pi\,\mathfrak{h}$ zu verwenden, wobei $\mathfrak{h}$ ein Vektor des reziproken Gitters ist [s. S. 271, insbesondere Fußnote 1, und S. 272, Gl. (VII 3.13)]; im eindimensionalen Fall läuft das auf den Übergang von k auf $k + 2\pi\frac{h}{a}$ mit $h = \pm 1, \pm 2, \ldots$ hinaus. Der Modulationsfaktor geht dann in einen Modulationsfaktor

$$u(\mathfrak{r}; \mathfrak{k} + 2\pi\,\mathfrak{h}) = u(\mathfrak{r}; \mathfrak{k})\, e^{-j2\pi\mathfrak{h}\cdot\mathfrak{r}}$$

über (s. hierzu auch S. 257 oben).

$\frac{\hbar^2}{2m} |\mathfrak{k}'|^2$ einander gleich sind. Einfallende und reflektierte Wellen sind also entartet, und der gemeinsame ungestörte Eigenwert spaltet bei Berücksichtigung der Störung durch den Wechselanteil der potentiellen Energie auf. In dem lückenlosen Kontinuum der ungestörten Energiewerte entsteht durch die Störung ein verbotenes Band. In bezug auf die Größe der Aufspaltung liefert die Durchführung der Rechnung folgendes. Das Gitterpotential $U(\mathfrak{r})$ läßt sich wegen seiner Periodizität mit der Gitterkonstanten a in eine FOURIER-Reihe

$$U(x) = \sum_{h=-\infty}^{h=+\infty} U_h \, e^{j 2\pi \frac{h}{a} x} \qquad \text{(VII 3.21)}$$

entwickeln. (Bei einem dreidimensionalen Gitter tritt an die Stelle von (VII 3.21) eine 3fache FOURIER-Entwicklung.) Die aufgespaltenen Energiewerte gruppieren sich symmetrisch um den ungestörten Energiewert in einer Distanz, die gleich $e\,|U_h|$ ist (s. Abb. VII 3.10b). Aus diesem Umstand wird besonders deutlich, daß die Abweichung des Kristallelektrons vom freien Elektron durch Wechselanteile des Gitterpotentials bedingt ist.

5. Führt man die BRILLOUINsche Näherung eindimensional, also für ein lineares Punktgitter mit der Gitterkonstanten a im eindimensionalen Raum durch, so treten die verbotenen Energiebereiche an den Stellen $k = \pm \frac{\pi}{a}, \pm 2\frac{\pi}{a} \ldots$ auf (s. Abb. VII 3.10b). Man kann in diesem eindimensionalen Fall ja auf Abb. VII 3.6 zurückgreifen, indem man sich auf die horizontale Achse dieser Figur und die vertikalen Zonengrenzen beschränkt. Da die Zonengrenzen bei $\pm \frac{1}{2}\frac{1}{a}, \pm 2\frac{1}{2}\frac{1}{a}, \pm 3\frac{1}{2}\frac{1}{a} \ldots$ liegen, treten BRAGG-Reflexionen ein, wenn

$$\frac{1}{2\pi} k = \pm h \frac{1}{2} \frac{1}{a}$$

oder

$$k = \pm h \frac{\pi}{a}$$

ist. Man sieht an diesem einfachen Beispiel besonders gut, daß es sich bei den BRILLOUINschen Zonen um eine lückenlose Einteilung des Variationsbereichs der *unabhängigen* Variablen k handelt, während der Ausdruck „Energiebänder“ die Aufmerksamkeit auf die mit verbotenen Bändern oder Lücken durchsetzte Struktur des Variationsbereichs der *abhängigen* Variablen E lenkt.

6. Wir erwähnten bereits in Fußnote 1, S. 279, daß statt der Wellenzahl k des freien Elektrons auch eine der äquivalenten Wellenzahlen

$k + 2\pi \frac{h}{a}$ mit $h = \pm 1, \pm 2, \ldots$ verwendet werden darf. Dabei verwandelt sich zwar der gitterperiodische Modulationsfaktor $u(x; k)$ in $u(x; k)\, e^{-j 2\pi \frac{h}{a} x}$, aber die Eigenfunktion $u(x; k)\, e^{jkx}$ selbst und der Eigenwert E bleiben erhalten. Infolgedessen darf der $E(k)$-Verlauf auch wie in Abb. VII 3.10c gezeichnet werden. Bei einer konsequenten Durchführung des in der Nähe einer BRILLOUINschen Zonengrenze notwendig werdenden entarteten Störungsverfahrens ist dies sogar das

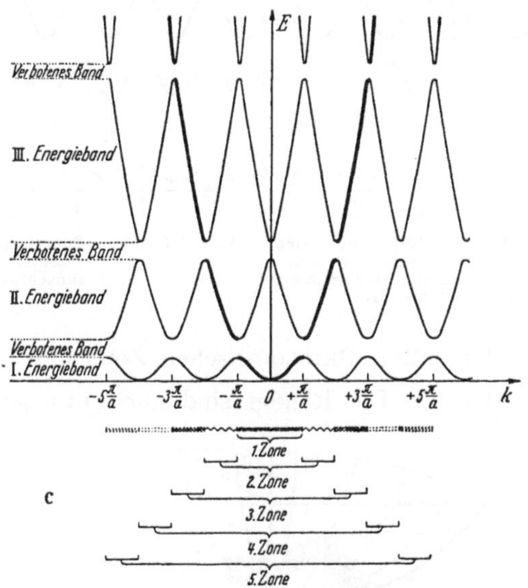

Abb. VII 3.10c Energiespektrum nach der BRILLOUINschen Näherung.

Natürliche.[1] Der weiter unten (S. 283) durchzuführende Vergleich mit der BLOCHschen Näherung läßt sich dann auch leichter durchführen.

Wenn wir jetzt noch einmal auf die BRILLOUINsche Näherung bei einem quadratischen Punktgitter eingehen, so geschieht das deshalb, weil wir das für die Theorie der zweiwertigen Metalle (s. § 11) so wichtige Phänomen der Bänderüberlappung schildern wollen. Wir wählen dieses zweidimensionale Beispiel, weil sich dann der $\mathfrak{k}$-„Raum“ in Abb. VII 3.13 als horizontale $(\mathfrak{k}_x, \mathfrak{k}_y)$-Ebene zeichnen läßt, über der senkrecht die Energie $E(\mathfrak{k}) = E(\mathfrak{k}_x, \mathfrak{k}_y)$ aufgetragen werden kann. In der horizontalen $\mathfrak{k}$-Ebene ist die erste BRILLOUINsche Zone

$$-\frac{\pi}{a} \leqq \mathfrak{k}_x \leqq +\frac{\pi}{a}, \quad -\frac{\pi}{a} \leqq \mathfrak{k}_y \leqq +\frac{\pi}{a}$$

[1] Um auf die Darstellung VII 3.10b zu kommen, muß man in diesem Störungsverfahren von zwei durch die Rechnung gelieferten Eigenwerten jeweils einen unterdrücken, wofür eigentlich gar keine Veranlassung besteht.

besonders hervorgehoben. Die $E(\mathfrak{k})$-Fläche eines freien Elektrons wäre ein Rotationsparaboloid

$$E(\mathfrak{k}) = \frac{\hbar^2}{2m} |\mathfrak{k}|^2 = \frac{\hbar^2}{2m} (\mathfrak{k}_x^2 + \mathfrak{k}_y^2).$$

Von diesem Paraboloid ist das linke hintere Viertel gezeichnet[1] bzw. es ist gleich angedeutet worden, wie längs der beiden Grenzen $\mathfrak{k}_x = -\frac{\pi}{a}$

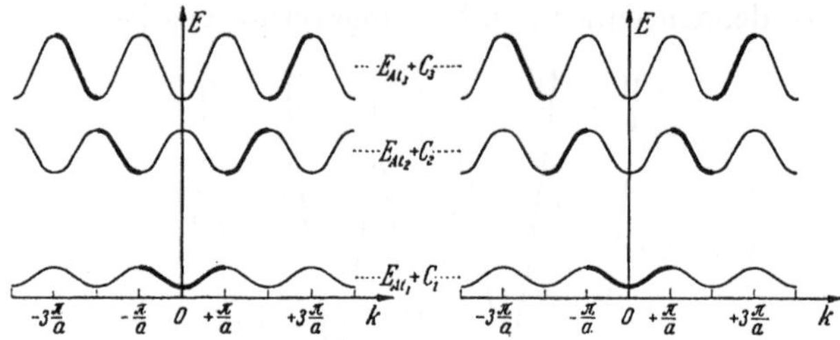

Abb. VII 3.11 Energiespektrum nach der BLOCHschen Näherung. Austauschintegrale abwechselnd positiv und negativ.

Abb. VII 3.12 Energiespektrum nach der BLOCHschen Näherung. Austauschintegrale alle negativ.

und $\mathfrak{k}_y = +\frac{\pi}{a}$ der ersten BRILLOUINschen Zone das Paraboloid aufgeschnitten worden ist. Die Ränder sind horizontal gebogen worden,

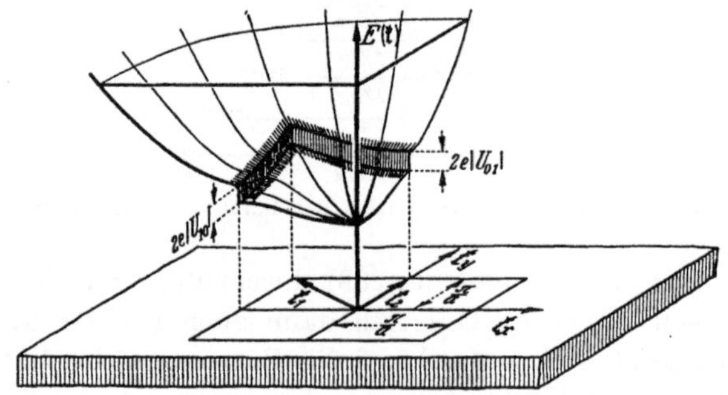

Abb. VII 3.13 Die $E(\mathfrak{k})$-Abhängigkeit für ein quadratisches Punktgitter.

so daß an der Schnittstelle eine Lücke von der zweifachen Größe des entsprechenden FOURIER-Koeffizienten des Gitterpotentials (s. hierzu S. 279 und 280, Punkt 4) klafft.

[1] Unsere räumliche Darstellung dieses zweidimensionalen Falles entspricht also der Abb. VII 3.10b des eindimensionalen Falles. Man darf sich aber dadurch nicht zu dem Irrtum verleiten lassen, daß die Möglichkeit der Darstellung VII 3.10c eine besondere Eigentümlichkeit des eindimensionalen Falles wäre. Bereits auf S. 265 und in Abb. VII 2.9 wurde darauf hingewiesen, daß auch in mehrdimensionalen Fällen der Übergang von dem Wellenvektor $\mathfrak{k}$ zu einem Wellenvektor $\mathfrak{k} + 2\pi\mathfrak{h}$ möglich ist, ohne daß sich Eigenfunktion und Eigenwert ändern.

Durch Herauszeichnen der $(\mathfrak{k}_x, E)$-Ebene $\mathfrak{k}_y = +\frac{\pi}{a}$ sind in Abb. VII 3.14 die beiden Schnittränder in der Energiefläche $E(\mathfrak{k})$ dargestellt. Man sieht nun, daß der höchste Wert des ersten Bandes bei nicht allzu großen $|U_{01}|$ höher als der tiefste Energiewert des zweiten Bandes liegt. Die Bänder überlappen sich. Freilich gehört nach Abbildung VII 3.13 zu dem höchsten Wert des ersten Bandes der Wellenvektor $\mathfrak{k}_1 = \left\{-\frac{\pi}{a}, +\frac{\pi}{a}\right\}$, dagegen zu dem tiefsten Wert des zweiten Bandes ein anderer Wellenvektor, nämlich $\mathfrak{k}_2 = \left\{0, +\frac{\pi}{a}\right\}$. Zu gleichen Energiewerten im zweiten und im ersten Band gehören im allgemeinen *verschiedene* Wellenvektoren, also verschiedene Richtungen der Elektronenwellen. Das Elektron kann also im Fall der Bänderüberlappung ohne Energieaufnahme von einem Energieband in das nächst höhere gelangen, muß dann aber seine Richtung ändern, was infolge thermischer Stöße aber sowieso sehr häufig erfolgt (s. Kap. VII, § 9).

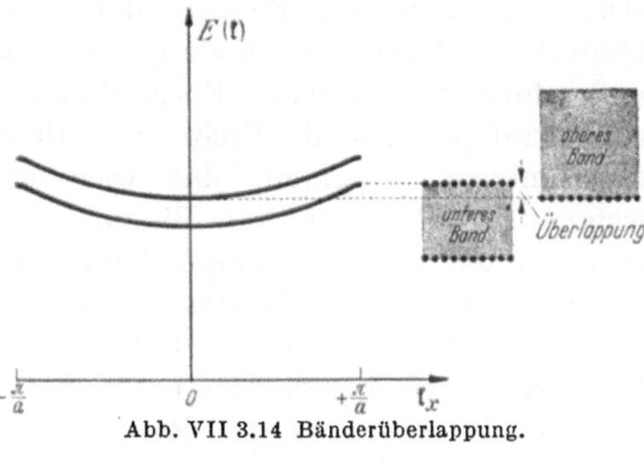

Abb. VII 3.14 Bänderüberlappung.

g) Vergleich der Blochschen und der Brillouinschen Näherung. Reduzierter und freier Wellenzahlvektor

Wir greifen auf die Abb. VII 2.7 zurück und geben sie hier in vervollständigter Form als Abb. VII 3.11 bzw. Abb. VII 3.12 noch einmal wieder. Wir reduzieren dabei die Wellenzahl k *nicht* auf das Intervall $-\frac{\pi}{a} < k < +\frac{\pi}{a}$ und zeichnen außerdem den $E(k)$-Verlauf für mehrere der aufeinanderfolgenden atomaren Energieeigenwerte E_{At}. Bei Abb. VII 3.11 wird angenommen, daß die zu den Eigenfunktionen der aufeinanderfolgenden Atomzustände gehörigen Austauschintegrale abwechselnd negativ und positiv sind. Unter diesen — übrigens recht künstlichen — Annahmen bekommt der $E(k)$-Verlauf nach BLOCH (Abbildung VII 3.11) eine gewisse Ähnlichkeit mit dem Ergebnis der BRILLOUINschen Näherung (Abb. VII 3.10c), während dies im Fall der Abbildung VII 3.12 — Austauschintegrale alle negativ — nicht der Fall ist. Unter gewissen Umständen (z. B. im Fall der Abb. VII 3.11) kann es also zweckmäßig sein, statt des auf die erste BRILLOUIN-Zone reduzierten Wellenvektors den unbeschränkt variierenden *freien Wellenvektor* einzuführen. Man bekommt dann, indem man von Abb. VII 3.10c auf VII 3.10b zurückgeht, eine Ordnung der erlaubten Zustände durch die Wellenzahl k allein, während bei Verwendung der *reduzierten* Wellenzahl noch ein weiterer Index zur Kennzeichnung der Bandnummer erforderlich ist. Bei einem Vergleich der Blochschen und der Brillouinschen Näherung zeigt sich, daß in beiden Näherungen Verstärkung der Bindung die erlaubten Bänder verschmälert und die verbotenen Energiebänder verbreitert. Lockerung der Bindung führt umgekehrt zu breiten erlaubten und schmalen verbotenen Energiebändern. In der Blochschen Näherung wird nämlich die Breite der erlaubten Bänder durch das Austauschintegral bestimmt, das wiederum betragsmäßig klein wird, wenn sich infolge starker Bindung die atomaren Eigenfunktionen sehr eng um die Atomrümpfe konzentrieren. In der Brillouinschen Näherung hängen die Breiten der verbotenen Energiebänder eng mit den Fourier-Amplituden des Potentials zusammen (s. S. 279, Punkt 4). Nun haben wir in Fußnote 1 auf S. 278 schon darauf hingewiesen, daß der *Wechsel*anteil des Potentials die Bindung der Elektronen bedingt. Starke Bindung verlangt also große Wechselamplituden des periodischen Potentials, und diese großen Fourier-Amplituden führen zu breiten verbotenen Bändern.

Ein Vergleich der Abb. VII 3.10c und VII 3.11 zeigt die Tatsache, daß die Blochsche und die Brillouinsche Näherung im eindimensionalen Fall beide auf dieselbe Einteilung der k-Achse führen. Das ist nun auch in vielen dreidimensionalen komplizierteren Gittern der Fall. Zum Beispiel sind auch beim kubisch-flächenzentrierten und beim kubisch-raumzentrierten Gitter der Blochsche Periodizitätspolyeder und die erste Brillouinsche Zone identisch. Wir werden aber später (§ 11) bei einem Gitter mit Basis, dem Diamantgitter, sehen, daß diese Identität keineswegs immer gilt. In der Literatur wird auch häufig der Ausdruck reduzierte Zone gebraucht, der mit dem Blochschen Periodizitätspolyeder zu identifizieren ist.[1]

§ 4. Allgemeine Aussagen über die Eigenfunktionen und das Energiespektrum eines Elektrons im periodischen Potentialfeld

a) Übereinstimmende Züge in den Ergebnissen von Bloch und von Brillouin

In den vorigen beiden Paragraphen haben wir mit Näherungsmethoden die Spezialfälle der stark gebundenen Elektronen und der quasi-freien Elektronen behandelt. Dabei zeigte sich trotz aller quantitativen Unterschiede eine Reihe von qualitativen Ergebnissen, die in beiden Fällen gemeinsam auftraten. Tatsächlich folgen die wichtigsten

[1] Siehe hierzu auch Fußnote 1 auf S. 266.

qualitativen Eigenschaften der Eigenfunktionen und des Energiespektrums allein schon aus der Periodizität der potentiellen Energie. Sie werden im folgenden zusammengestellt.

1. Die Lösungen $\psi(\mathfrak{r})$ der SCHRÖDINGER-Gleichung

$$H_{\mathrm{Op}}\,\psi(\mathfrak{r}) = \left[-\frac{\hbar^2}{2m}\Delta + (-e)\,U(\mathfrak{r})\right]\psi(\mathfrak{r}) = E\,\psi(\mathfrak{r}) \qquad \text{(VII 4.01)}$$

können bei gitterperiodischem Potential $U(\mathfrak{r})$ immer auf die Form

$$\psi(\mathfrak{r};\mathfrak{k}) = \frac{1}{\sqrt{G}}\,u(\mathfrak{r};\mathfrak{k})\,\mathrm{e}^{j\mathfrak{k}\cdot\mathfrak{r}} \qquad \text{(VII 4.02)}$$

gebracht werden, wobei die Funktion $u(\mathfrak{r};\mathfrak{k})$ gitterperiodisch ist.[1]

$u(\mathfrak{r};\mathfrak{k})$ kann demnach in eine FOURIER-Reihe entwickelt werden, die im eindimensionalen Fall

$$u(x;k) = \sum_{h=-\infty}^{h=+\infty} u_h(k)\,\mathrm{e}^{j2\pi\frac{h}{a}x}$$

und im dreidimensionalen Fall

$$u(\mathfrak{r};\mathfrak{k}) = \sum_{\mathfrak{h}} u_{\mathfrak{h}}(\mathfrak{k})\,\mathrm{e}^{j2\pi\mathfrak{h}\cdot\mathfrak{r}}$$

lautet, wobei im eindimensionalen Fall die Zahl h positiv und negativ ganzzahlig ist, während im dreidimensionalen Fall der Vektor $\mathfrak{h}$ die Vektoren $h_1\,\mathfrak{b}_1 + h_2\,\mathfrak{b}_2 + h_3\,\mathfrak{b}_3$ des reziproken Gitters durchläuft (s. S. 271 u. 272). Einsetzen der „dreidimensionalen" Amplitude $u(\mathfrak{r},\mathfrak{k})$ in (VII 4.02) gibt

$$\psi(\mathfrak{r};\mathfrak{k}) = \frac{1}{\sqrt{G}}\,\mathrm{e}^{j\mathfrak{k}\cdot\mathfrak{r}}\sum_{\mathfrak{h}} u_{\mathfrak{h}}(\mathfrak{k})\,\mathrm{e}^{j2\pi\mathfrak{h}\cdot\mathfrak{r}} \qquad \text{(VII 4.03)}$$

$$\psi(\mathfrak{r};\mathfrak{k}) = \frac{1}{\sqrt{G}}\sum_{\mathfrak{h}} u_{\mathfrak{h}}(\mathfrak{k})\,\mathrm{e}^{j(\mathfrak{k}+2\pi\mathfrak{h})\cdot\mathfrak{r}}. \qquad \text{(VII 4.04)}$$

Diese FOURIER-Entwicklung der Eigenfunktion $\psi(\mathfrak{r};\mathfrak{k})$ wird häufig auch als „Darstellung durch ebene Wellen" bezeichnet. Dabei setzen wir allerdings voraus, daß der Wellenvektor $\mathfrak{k}$ einen reellen Wert hat, was freilich nur in den erlaubten Energiebändern der Fall ist.

2. Die Energieskala zerfällt nämlich in eine Reihe von „erlaubten" Bändern, die durch „verbotene" Bänder getrennt sind. Liegt E in einem „erlaubten" Band, so hat das zugehörige ψ einen reellen $\mathfrak{k}$-Wert. ψ stellt dann eine ebene Welle mit gitterperiodisch modulierter Amplitude dar. $\mathfrak{k}$ bekommt die Bedeutung einer Wellenzahl, es gibt die Zahl der Wellenlängen λ auf der Strecke 2π an:

$$|\mathfrak{k}| = \frac{2\pi}{\lambda}. \qquad \text{(VII 4.05)}$$

[1] FLOQUET, G.: Ann. Ecole norm. 12 (1883) 47.

Liegt E in einem „verbotenen“ Band, so hat das zugehörige ψ einen komplexen $\mathfrak{k}$-Wert. ψ klingt dann exponentiell an oder ab. Die Erfüllung periodischer Randbedingungen ist nicht möglich.[1]

3. Ein Wellenvektor $\mathfrak{k} + 2\pi\,\mathfrak{h}$ führt auf dieselbe Eigenfunktion und damit denselben Energiewert E wie der Wellenvektor $\mathfrak{k}$. Dabei ist $\mathfrak{h}$ ein Vektor aus dem reziproken Gitter (s. S. 272 u. 271, Fußnote 1). Auf Grund dieser Tatsache ergibt sich eine Einteilung des $\mathfrak{k}$-Raumes (bzw. der $\mathfrak{k}$-Ebene oder der $\mathfrak{k}$-Achse bei zwei- oder eindimensionalen Problemen) in Zonen, innerhalb deren sich die Eigenfunktionen ψ und die Eigenwerte E periodisch wiederholen. (Siehe z. B. die Abb. VII 2.9, VII 3.10c, VII 3.11, VII 3.12.)

4. An der oberen und der unteren Grenze eines Energiebandes zeigt die Energie häufig, aber keineswegs immer eine Abhängigkeit der Art

$$E = E_{\text{Grenz}} \mp \text{const} \cdot |\mathfrak{k} - \mathfrak{k}_{\text{Grenz}}|^2. \qquad \text{(VII 4.06)}$$

5. Ein Energiewert E, der für eine bestimmte Fortpflanzungsrichtung $\mathfrak{k}$ verboten ist, kann unter Umständen für eine andere Fortpflanzungsrichtung $\mathfrak{k}'$ erlaubt sein. Wenn man von der Betrachtung einer bestimmten Fortpflanzungsrichtung zur Betrachtung *aller* Fortpflanzungsrichtungen übergeht, verringert sich also die Breite der verbotenen Bänder. Dieser Effekt kann so weit gehen, daß ein für eine bestimmte Fortpflanzungsrichtung verbotenes Energieband durch die Betrachtung aller Fortpflanzungsrichtungen überhaupt verschwindet. Man spricht dann von *Bänderüberlappung*.

6. Verstärkung der Bindung der Elektronen an die Atomrümpfe verbreitert die verbotenen und verschmälert die erlaubten Energiebänder. Schwächung der Bindung verbreitert umgekehrt die erlaubten und verschmälert die verbotenen Energiebänder.

Dies sind die Aussagen, die ganz allgemein schon aus dem gitterperiodischen Charakter der potentiellen Energie $-e\,U(\mathfrak{r})$ folgen. Es wäre natürlich wertvoll, wenn man für ein gegebenes $U(\mathfrak{r})$ diese allgemeinen Aussagen vervollständigen könnte, also z. B. in (VII 4.02) die Amplitudenmodulation $u(\mathfrak{r};\,\mathfrak{k})$ oder in (VII 4.06) die Werte von E_{Grenz} und von const explizit angeben könnte. Hierfür hat sich in den physikalisch interessanten Fällen weder die Blochsche noch die Brillouinsche Näherung als geeignet erwiesen. Die für die Leitfähigkeitserscheinungen maßgebenden Elektronen sind in den realen Festkörpern weder fest gebunden noch quasi-frei, sondern liegen gerade in der Mitte zwischen diesen beiden Fällen. Erfolgreich für die Gewinnung von *quantitativen* Aussagen hat sich zuerst die sog. Zellularmethode von Wigner und Seitz[2] erwiesen.

[1] Kramers, H. A.: Physica, Haag 2 (1935) 483.
[2] Wigner, E., u. F. Seitz: Phys. Rev. 43 (1933) 804.

b) Die Zellularmethode von Wigner und Seitz

Wigner und Seitz behandeln die Potentialfelder um die einzelnen Atomrümpfe als kugelsymmetrisch. Sie können auch eine Reihe von Gründen anführen, daß diese Annahme von der Wirklichkeit gar nicht sosehr abweicht. Dann teilen sie den Raum im Gitter in Polyederzellen um jeden Atomrumpf auf, indem sie auf den Verbindungslinien eines Atomrumpfs mit seinen nächsten Nachbarn und gegebenenfalls auch noch auf denen mit seinen übernächsten Nachbarn jeweils die halbierenden Normalebenen errichten. Innerhalb einer solchen Zelle wird nun der Potentialverlauf kugelsymmetrisch aus experimentellen Daten oder aus Hartree-Tabellen angesetzt, die Schrödinger-Gleichung in Kugelkoordinaten separiert und der radiale Anteil der Eigenfunktionen mit numerischen Verfahren ermittelt.

Im isolierten Atom ergeben sich die Grenzbedingungen durch die Forderung, daß sowohl im Kugelzentrum wie im unendlich Fernen die Eigenfunktion nicht unendlich werden darf. Beim Atom im Gitterverband bleibt nur die Grenzbedingung im Kugelzentrum in dieser Form erhalten. An die Stelle der Grenzbedingung im Unendlichen tritt die Forderung, daß die Eigenfunktion an der Zellengrenze stetig in die nächste Zelle übergehen muß. Der praktischen Durchführbarkeit des Verfahrens zuliebe wird diese Grenzbedingung nur an den Mittelpunkten der die Zellen begrenzenden Polyederflächen erfüllt.

Die Zellularmethode hat namentlich in einer Vervollkommnung von Slater[1] sehr schöne Erfolge bei einwertigen Metallen erzielt. Liegen mehrere Valenzelektronen pro Atom vor, so steigen die Schwierigkeiten rasch an. Hierfür sind Verfahren entwickelt worden, auf die wir im folgenden zu sprechen kommen.

c) Die Methode der orthogonalisierten ebenen Wellen (Orthogonalized Plane Wave-Method = OPW-method)

Ein weiteres wichtiges Verfahren zur Berechnung der Energiebänder von Metallen, Halbleitern und Isolatoren ist die Methode der „orthogonalisierten ebenen Wellen“[2]. Bei dieser Methode wird davon ausgegangen, daß man bei den Atomen, aus denen der Kristall aufgebaut ist, zwischen den Elektronen der inneren und der äußeren Schalen, also zwischen den Rumpfelektronen und den Valenzelektronen unterscheiden muß. Bei einem gedanklichen Zusammenführen (s. Abb. VII 4.1 und VII 4.2) weit voneinander entfernter und daher freier Atome zu dem betrachteten Kristallgitter werden die Rumpfelektronen weniger

[1] Slater, J. C.: Phys. Rev. 45 (1934) 794.

[2] Herring, C.: Phys. Rev. 57 (1940) 1169. — Herring, C., u. A. G. Hill: Phys. Rev. 58 (1940) 132.

beeinflußt, da ihre Eigenfunktionen ψ_{At} eng um die Kerne gruppiert sind und sich daher auch nach dem Zusammenführen der Kerne nicht überlappen. Die Eigenfunktion ψ_c der Rumpfelektronen (c = core =

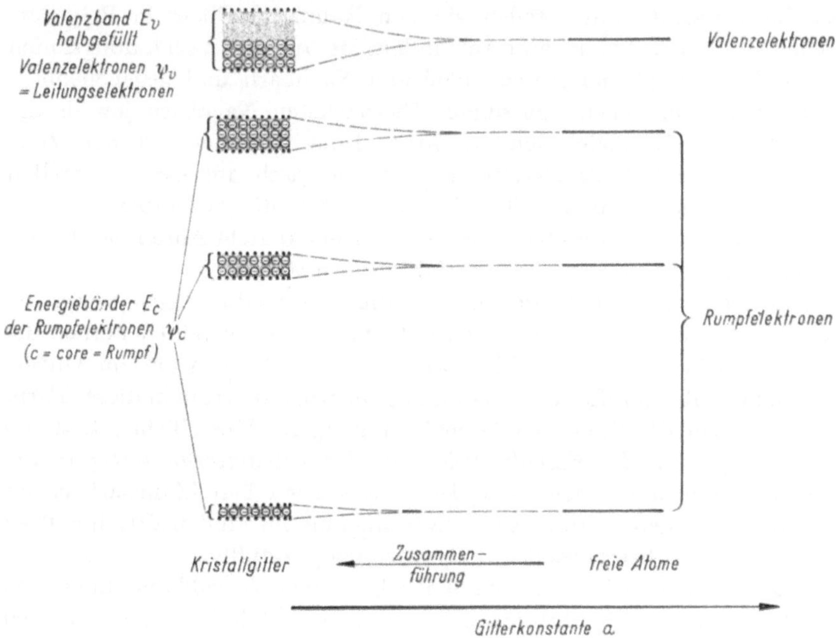

Abb. VII 4.1 Zugehörigkeit der Energiebänder zu Rumpf- und Valenzzuständen in einem Metall.

Rumpf) wird man im Kristall also nach den Gesichtspunkten der in § 2 behandelten BLOCHschen Näherung aus den atomaren Eigenfunktionen zusammensetzen dürfen.

Die Valenzelektronen der ursprünglich freien Atome werden nach dem Zusammenführen zum Kristallgitter im Falle eines Metalls (siehe Abb. VII 4.1) zu „Leitungselektronen" und benehmen sich dann gemäß den Erkenntnissen der Elektronentheorie der Metalle praktisch wie *freie* Elektronen. Ihre Eigenfunktion ψ_v müßte sich also durch ebene Wellen gut approximieren lassen. Das wird man auch bei Valenzhalbleitern wie Germanium und Silizium annehmen dürfen, da sich dort (s. Abb. VII 4.2) die Eigenschaften der Valenzelektronen auf die Defektelektronen übertragen[1], die sich ja auch wieder wie annähernd freie Teilchen verhalten. Man wird also hoffen dürfen, in einer FOURIER-

[1] Siehe Kap. III, insbesondere die Bemerkungen auf S. 97 über die effektive Masse der Valenz- und der Defektelektronen.

Entwicklung (VII 4.04) bereits mit *wenigen* Gliedern, für die

$$|\mathfrak{h}| < \mathrm{Max}\,|\mathfrak{h}| = |\mathfrak{h}|_{\mathrm{Max}} \tag{VII 4.07}$$

gilt, eine gute Näherung zu erzielen.

Das Näherungsverfahren, mit dem bei der Methode der orthogonalisierten ebenen Wellen das Eigenwertproblem (VII 4.01) behandelt

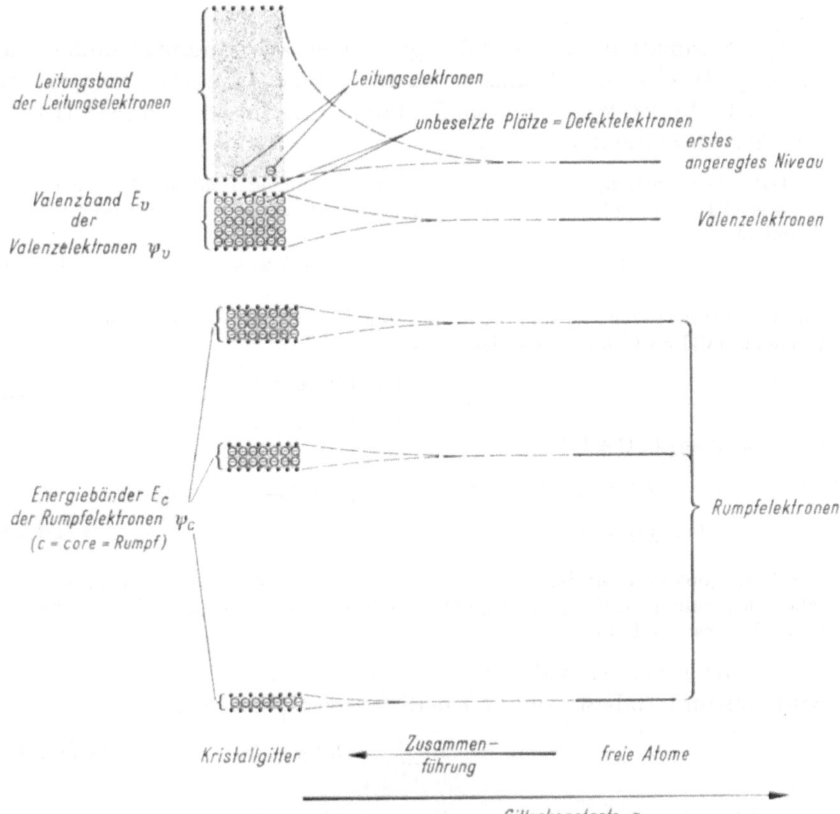

Abb. VII 4.2 Zugehörigkeit der Energiebänder zu Rumpf- und Valenzzuständen in einem Halbleiter.

wird, ist das RITZsche Variationsverfahren (s. Kap. XII, § 5). Damit sich als Minimum von $\int \psi^* H_{\mathrm{Op}}\, \psi\, dV$ nicht die tiefsten Rumpfzustände, sondern die Eigenwerte E_v des Valenzbandes ergeben, dürfen nach Kap. XII, § 4 Schluß, nur solche Funktionen ψ zur Konkurrenz zugelassen werden, die zu den Rumpfzuständen ψ_c orthogonal sind.

Noch vor Durchführung des RITZschen Verfahrens müssen also die ebenen Wellen

$$f_{\mathfrak{h}} = e^{j(\mathfrak{k} + 2\pi\mathfrak{h})\mathfrak{r}} \tag{VII 4.08}$$

der Entwicklung (VII 4.04) zu den Rumpfzuständen ψ_c „orthogonalisiert" werden. Das geschieht durch Hinzufügung von Termen $(\psi_{c'}, f_{\mathfrak{h}})\,\psi_{c'}$:

$$\chi_{\mathfrak{h}} = f_{\mathfrak{h}} - \sum_{c'} (\psi_{c'}, f_{\mathfrak{h}})\,\psi_{c'}, \qquad \text{(VII 4.09)}$$

wobei

$$(\psi_c, f_{\mathfrak{h}}) = \int\limits_{V_{\text{Grund}}} \psi_c^* f_{\mathfrak{h}}\, dV \qquad \text{(VII 4.10)}$$

ist.

Die Summation in (VII 4.09) geht über alle Rumpfzustände; das ist beispielsweise beim Diamant der $1s$-Zustand, beim Silizium dagegen sind es die $1s$, $2s$, $2p_x$, $2p_y$, $2p_z$-Zustände. Die Integration in (VII 4.10) geht über das Grundgebiet V_{Grund}.

Daß die $\chi_{\mathfrak{h}}$ orthogonal zu allen ψ_c sind, ist folgendermaßen ersichtlich: Aus (VII 4.09) folgt durch Multiplikation mit ψ_c^* und Integration über das Grundgebiet

$$(\psi_c, \chi_{\mathfrak{h}}) = (\psi_c, f_{\mathfrak{h}}) - \sum_{c'} (\psi_{c'}, f_{\mathfrak{h}})\,(\psi_c, \psi_{c'}). \qquad \text{(VII 4.11)}$$

Die Rumpffunktionen ψ_c sind aber in ihrer Eigenschaft als Eigenfunktion des Problems (VII 4.01) untereinander orthogonal

$$(\psi_c, \psi_{c'}) = \delta_{cc'} = \begin{cases} 0 & \text{für} \quad c \neq c' \\ 1 & \text{für} \quad c = c'. \end{cases} \qquad \text{(VII 4.12)}$$

Damit wird aus (VII 4.11)

$$(\psi_c, \chi\ ) = (\psi_c, f_{\mathfrak{h}}) - \sum_{c'} (\psi_{c'}, f_{\mathfrak{h}})\,\delta_{cc'} = (\psi_c, f_{\mathfrak{h}}) - (\psi_c, f_{\mathfrak{h}})$$
$$(\psi_c, \chi_{\mathfrak{h}}) = 0. \qquad \text{(VII 4.13)}$$

Die Orthogonalisierung ist also durch die Hinzufügung der Terme $(\psi_{c'}, f_{\mathfrak{h}})\,\psi_{c'}$ tatsächlich gelungen. Die $\chi_{\mathfrak{h}}$ sind „orthogonalisierte ebene Wellen" (Orthogonalized Plane Waves = OPW).

Für die gesuchten Valenzzustände des Eigenwertproblems (VII 4.01) wird nun mit unbestimmten Koeffizienten $C_{\mathfrak{h}}$ der Ansatz

$$\psi_v = \sum_{|\mathfrak{h}| < |\mathfrak{v}|_{\text{Max}}} C_{\mathfrak{h}}^{(v)}\,\chi_{\mathfrak{h}} \qquad \text{(VII 4.14)}$$

gemacht. Die unbestimmten Koeffizienten $C_{\mathfrak{h}}^{(v)}$ werden durch die Forderung bestimmt, daß der quantenmechanische Mittelwert des HAMILTON-Operators [s. (VII 4.01)] zu einem Minimum wird. Der Wert des Minimums ist nach Kap. XII, § 4, gleich dem gesuchten Eigenwert E_v. Nachdem die Koeffizienten $C_{\mathfrak{h}}^{(v)}$ ermittelt sind, berechnet sich die zugehörige Eigenfunktion ψ_v aus (VII 4.14).

Die tatsächliche Durchführung der OPW-Methode — z. B. im Falle der Diamantgitter[1] — ist ein außerordentlich verwickeltes Unter-

[1] HERMAN, F.: Phys. Rev. 88 (1952) 1210; 93 (1954) 1214. — HERMAN, F., u. J. CALLAWAY: Phys. Rev. 89 (1953) 518. — HERMAN, F.: Physica 20 (1954) 801. — HERMAN, F.: Phys. Rev. 95 (1954) 847.

nehmen. Die Kristallsymmetrie muß durch gruppentheoretische Methoden systematisch berücksichtigt werden. Die Rechenarbeit verringert sich dadurch zwar erheblich, ist aber trotzdem noch außerordentlich umfangreich. Ein anderes Problem stellt die Ermittlung des periodischen Kristallpotentials $U(\mathfrak{r})$ dar, das zu Beginn des eigentlichen OPW-Verfahrens vorliegen muß — möglichst in selbstconsistenter Weise. Ein tatsächlich selbstconsistentes Kristallpotential hat z. B. HEINE[1] bei der Ermittlung der Bänderstruktur des Al verwendet.

d) Die Methode des Repulsionspotentials

Setzt man die Ausdrücke (VII 4.09) in den Ansatz (VII 4.14) ein, so erhält man

$$\psi_v = \sum_{|\mathfrak{h}|<|\mathfrak{h}|_{\mathrm{Max}}} C_{\mathfrak{h}}^{(v)} f_{\mathfrak{h}} - \sum_{|\mathfrak{h}|<|\mathfrak{h}|_{\mathrm{Max}}} C_{\mathfrak{h}}^{(v)} \sum_{c'} (\psi_{c'}, f_{\mathfrak{h}})\, \psi_{c'}. \qquad \text{(VII 4.15)}$$

Vertauscht man im zweiten Summanden auf der rechten Seite die Reihenfolge der beiden Additionen und der Integration, so erhält man

$$\psi_v = \sum_{|\mathfrak{h}|<|\mathfrak{h}|_{\mathrm{Max}}} C_{\mathfrak{h}}^{(v)} f_{\mathfrak{h}} - \sum_{c'} \Bigl(\psi_{c'}, \sum_{|\mathfrak{h}|<|\mathfrak{h}|_{\mathrm{Max}}} C_{\mathfrak{h}}^{(v)} f_{\mathfrak{h}}\Bigr)\, \psi_{c'}. \qquad \text{(VII 4.16)}$$

Mit der Definition

$$\Phi_v = \sum_{|\mathfrak{h}|<|\mathfrak{h}|_{\mathrm{Max}}} C_{\mathfrak{h}}^{(v)} f_{\mathfrak{h}} \qquad \text{(VII 4.17)}$$

kommt

$$\psi_v = \Phi_v - \sum_{c'} (\psi_{c'}, \Phi_v)\, \psi_{c'}. \qquad \text{(VII 4.18)}$$

Gehen wir mit diesem Ansatz für ψ_v in die SCHRÖDINGER-Gleichung

$$H_{\mathrm{Op}}\, \psi_v = E_v\, \psi_v$$

ein, so erhalten wir

$$H_{\mathrm{Op}}\, \Phi_v - \sum_{c'} (\psi_{c'}, \Phi_v)\, H_{\mathrm{Op}}\, \psi_{c'} = E_v\, \Phi_v - \sum_{c'} (\psi_{c'}, \Phi_v)\, E_v\, \psi_{c'}. \qquad \text{(VII 4.19)}$$

Für die Rumpfzustände $\psi_{c'}$ gilt nun die SCHRÖDINGER-Gleichung

$$H_{\mathrm{Op}}\, \psi_{c'} = E_{c'}\, \psi_{c'}, \qquad \text{(VII 4.20)}$$

so daß aus (VII 4.19)

$$H_{\mathrm{Op}}\, \Phi_v + \sum_{c'} (E_v - E_{c'})\, (\psi_{c'}, \Phi_v)\, \psi_{c'} = E_v\, \Phi_v \qquad \text{(VII 4.21)}$$

wird. Jetzt wird ein „Repulsionspotential U_{R}" durch

$$(-e)\, U_{\mathrm{R}}\, \Phi_v = \sum_{c'} (E_v - E_{c'})\, (\psi_{c'}, \Phi_v)\, \psi_{c'} \qquad \text{(VII 4.22)}$$

---

[1] HEINE, V.: Proc. roy. Soc. A 220 (1957) 340, 354 u. 361.

definiert, womit sich aus (VII 4.21) die Wellengleichung

$$H_{\mathrm{Op}}\,\Phi_v + (-e)\,U_{\mathrm{R}}\,\Phi_v = E_v\,\Phi_v \qquad \text{(VII 4.23)}$$

für die „Pseudowellenfunktion Φ_v" ergibt. Von dem Potential U_{R} läßt sich zeigen[1], daß es negative Werte hat und daß es daher die Attraktion des positiven Kristallpotentials $U(\mathfrak{r})$ mehr oder weniger kompensiert. So erklärt sich die Namensgebung *Repulsions*potential.

Im übrigen ist aus (VII 4.22) ersichtlich, daß sich der Ausdruck $(-e)\,U_{\mathrm{R}}\,\Phi_v$ erheblich komplizierter berechnet, als wenn z. B. in $(-e)\,U(\mathfrak{r})\,\Phi_v(\mathfrak{r})$ die Pseudowellenfunktion $\Phi_v(\mathfrak{r})$ mit einer Ortsfunktion $(-e)\,U(\mathfrak{r})$ multipliziert wird. Im Gegensatz zum Kristallpotential $U(\mathfrak{r})$ handelt es sich bei U_{R} um ein *nicht lokales* Potential, und man spricht infolgedessen, wenn man $U(\mathfrak{r})$ und U_{R} zusammenfaßt, von einem „Pseudopotential"

$$U_{\mathrm{P}} = U(\mathfrak{r}) + U_{\mathrm{R}}. \qquad \text{(VII 4.24)}$$

Noch allgemeinere Pseudopotentiale als das durch (VII 4.22) und (VII 4.24) definierte U_{P} betrachten AUSTIN, HEINE und SHAM[2].

Diese ganzen Betrachtungen, die sich eng an eine Darstellung von COHEN und HEINE[1] anschließen, haben vorläufig einen rein formalen Charakter. Physikalische Bedeutung bekommen sie erst durch folgende Überlegungen. Die Valenzeigenfunktionen ψ_v bestehen — zum Teil! — gemäß (VII 4.18) aus häufig oszillierenden Rumpfeigenfunktionen $\psi_{c'}$, die allerdings eng um die Kerne gruppiert sind. Weit draußen zwischen den Kernen wird die Gestalt der ψ_v aber durch einen anderen Anteil, nämlich durch Φ_v beherrscht, der nach (VII 4.17) aus ebenen Wellen besteht. Das Pseudopotential U_{P}, das in der SCHRÖDINGER-Gleichung (VII 4.23) für die Φ_v steht, ist durch Kompensation des anziehenden Kristallpotentials $U(\mathfrak{r})$ und des Repulsionspotentials U_{R} räumlich nur schwach veränderlich. Gelingt es, das Pseudopotential U_{P} zu approximieren[3], so hat man in der aus (VII 4.23) und (VII 4.24) folgenden SCHRÖDINGER-Gleichung

$$\left(-\frac{\hbar^2}{2m}\Delta + (-e)\,U_{\mathrm{P}}\right)\Phi_v = E_v\,\Phi_v \qquad \text{(VII 4.25)}$$

ein Eigenwertproblem, das sich mit einem RITZschen Verfahren mit (verhältnismäßig!) geringem Rechenaufwand behandeln läßt, weil eben U_{P} räumlich schwach veränderlich ist und ein Ansatz (VII 4.17) von wenigen ebenen Wellen Erfolg verspricht. Auf diese Weise erhält man den Eigenwert E_v des Valenzzustandes.

---

[1] COHEN, M. H., u. V. HEINE: Phys. Rev. 122 (1961) 1821.

[2] AUSTIN, B. J., V. HEINE u. L. J. SHAM: Phys. Rev. 127 (1962) 276.

[3] PHILLIPS, J. C., u. L. KLEINMAN: Phys. Rev. 116 (1959) 287.

Wir können auf diese umfangreichen und komplizierten Dinge nicht weiter eingehen, sondern verweisen auf die Arbeiten von KLEINMAN und PHILLIPS, die mit der Methode des Repulsionspotentials Diamant, Bornitrid und Silizium behandelt haben[1,2].

e) Weitere Methoden und abschließende Bemerkungen

Für die Methode der „Erweiterten ebenen Wellen", für die Streumatrixmethode, die Quantendefektmethode und noch manche andere Verfahren verweisen wir auf zusammenfassende Darstellungen von STREITWOLF[3], von PINCHERLE[3] und von LÖWDIN[3]. Die Bedeutung all dieser Methoden und der mit ihnen durchgeführten Berechnungen liegt weniger im Quantitativen. In dieser Beziehung ist es schon ein großer Erfolg, wenn es z. B. KLEINMAN und PHILLIPS[4] mit der Methode des Repulsionspotentials gelang, die Breite des verbotenen Bandes beim Silizium mit 1,5 *e*Volt zu errechnen, während die Methode der orthogonalisierten ebenen Wellen vorher 4 *e*Volt geliefert hatte[5]. Der wahre experimentell ermittelte Wert liegt bekanntlich bei 1,1 *e*Volt. Die quantitative Genauigkeit der Bänderstrukturberechnungen ist also bis heute in vielen Fällen nur beschränkt. Die qualitativen Ergebnisse, die namentlich von HERMAN[6] Anfang der 50er Jahre bei der Behandlung der Diamantgitter erzielt wurden, beeinflußten dagegen den Gang der weiteren Entwicklung sehr stark. Trotz der Arbeiten von WIGNER und SEITZ[7], SLATER[8], SHOCKLEY[9], HERRING und HILL[10], VON DER LAGE und BETHE[11] und von vielen anderen waren die Vorstellungen bis dahin doch im wesentlichen von dem primitiven Bändermodell (*ein* Leitungs- und *ein* Valenzband mit $E(\mathfrak{k}) \sim |\mathfrak{k}|^2$) beherrscht, wie wir es z. B. im Abschnitt a) des vorliegenden § 4 geschildert haben. Die komplizierten Strukturen, die HERMAN für Diamant, Germanium und Silizium ermittelte, waren einerseits eine große Überraschung. Andererseits lieferten diese komplizierten Strukturen erst die Mög-

[1] Siehe Fußnote 3 auf S. 292.

[2] KLEINMAN, L., u. J. C. PHILLIPS: Phys. Rev. 116 (1959) 880; 117 (1960) 460; 118 (1960) 1153.

[3] STREITWOLF, H. W.: Phys. stat. sol. 2 (1962) 1595. — PINCHERLE, L.: Proc. Int. Conf. Semicond. Exeter 1962, S. 541. — LÖWDIN, P.: J. appl. Phys. Suppl. Vol. 33, No. 1 (1962) S. 251.

[4] KLEINMAN, L., u. J. C. PHILLIPS: Phys. Rev. 118 (1960) 1153.

[5] WOODRUFF, T. O.: Phys. Rev. 103 (1956) 1159.

[6] HERMAN, F.: Phys. Rev. 88 (1952) 1210; 93 (1954) 1214. — HERMAN, F., u. J. CALLAWAY: Phys. Rev. 89 (1953) 518. — HERMAN, F.: Physica 20 (1954) 801 — Phys. Rev. 95 (1954) 847.

[7] WIGNER, E., u. F. SEITZ: Phys. Rev. 43 (1933) 804.

[8] SLATER, J. C.: Phys. Rev. 45 (1934) 794.

[9] SHOCKLEY, W.: Phys. Rev. 50 (1936) 754.

[10] HERRING, C., u. A. G. HILL: Phys. Rev. 58 (1940) 132.

[11] VON DER LAGE, F. C., u. H. A. BETHE: Phys. Rev. 71 (1947) 612.

lichkeit, viele experimentelle Ergebnisse zu verstehen, die mit dem primitiven Bändermodell nicht zu vereinbaren waren. Das enorme Interesse, das Germanium als Transistorwerkstoff damals mit einem Male erregte, wirkte sich in einer Fülle von Untersuchungen über galvanomagnetische, thermoelektrische, photoelektrische, piezoelektrische und sonstige Effekte aus, deren Ziel häufig darin bestand, Details der Bänderstrukturen auch quantitativ festzulegen, nachdem dies rechnerisch bis heute nicht möglich gewesen ist. Die Ergebnisse solcher Arbeiten liegen unseren Ausführungen in den nächsten Abschnitten g) bis i) zugrunde. Eine ausführliche Zusammenstellung findet der Leser bei LONG[1].

f) Die Bänderstruktur des primitiven Bändermodells

Bevor wir auf die Bänderstrukturen des Germaniums und anderer realer Halbleiter eingehen, erinnern wir, um die Orientierung zu erleichtern, an das „primitive“ Bändermodell und machen für die Beziehung

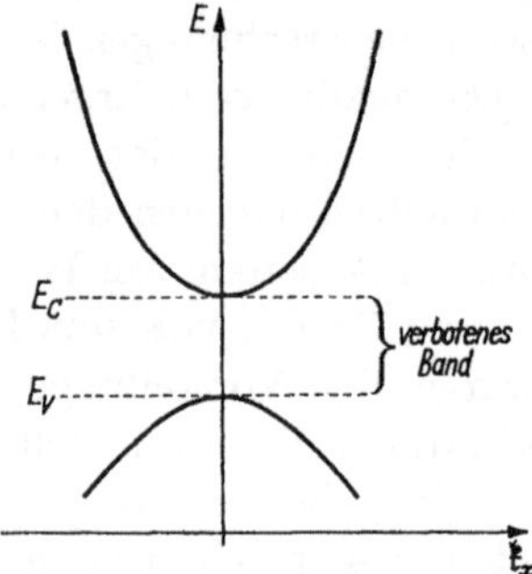

Abb. VII 4.3 Primitives Bändermodell. Die $E(\mathfrak{k})$-Abhängigkeit.

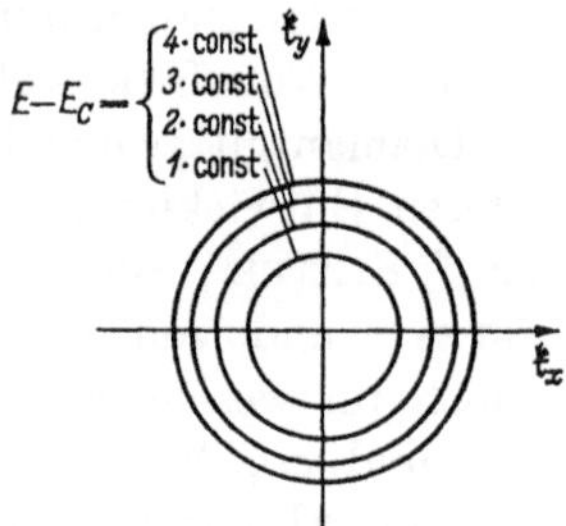

Abb. VII 4.4 Primitives Bändermodell. Schnitte der Flächen $E(\mathfrak{k}) = \text{const}$ mit der Ebene $\mathfrak{k}_z = 0$.

zwischen Elektronenenergie E und Wellenvektor $\{\mathfrak{k}_x\ \mathfrak{k}_y\ \mathfrak{k}_z\}$ nach (VII 4.06) einen parabolischen Ansatz

$$E = E_C + \frac{\hbar^2}{2m_n}(\mathfrak{k}_x^2 + \mathfrak{k}_y^2 + \mathfrak{k}_z^2) \text{ Leitungsband,} \qquad \text{(VII 4.26)}$$

$$E = E_V - \frac{\hbar^2}{2m_p}(\mathfrak{k}_x^2 + \mathfrak{k}_y^2 + \mathfrak{k}_z^2) \text{ Valenzband.} \qquad \text{(VII 4.27)}$$

m_n bzw. m_p ist hierbei die effektive Masse der Leitungs- bzw. der Defektelektronen. Für die Darstellung der „Bänderstruktur“, der $E(\mathfrak{k})$-Abhängigkeiten (VII 4.26) und (VII 4.27) also, gibt es zwei Wege (Abb. VII 4.3 und VII 4.4):

Die Abb. VII 4.3 zeigt den $E(\mathfrak{k})$-Verlauf für $\mathfrak{k}_y = 0$, $\mathfrak{k}_z = 0$, also für Elektronenwellen, die sich in [1,0,0]-Richtung fortpflanzen. Diese

[1] LONG, D.: J. appl. Phys. 33 (1962) 1682.

Darstellung sieht allerdings im Fall des primitiven Bändermodells (VII 4.26) und (VII 4.27) für jede andere Fortpflanzungsrichtung ebenso aus. Deshalb kann die Abszisse auch mit $|\mathfrak{k}|$ statt mit $\mathfrak{k}_x$ beschriftet werden.

In der anderen Darstellungsart interessiert man sich für die Flächen

$$E(\mathfrak{k}) = \text{const.} \qquad \text{(VII 4.28)}$$

Sie sind im Fall des primitiven Bändermodells (VII 4.26) und (VII 4.27) konzentrische Kugeln um den Nullpunkt des $\mathfrak{k}$-Raumes. Zur zeichnerischen Darstellung, die ja immer nur zweidimensional sein kann, benutzt man eine Ebene $\mathfrak{k}_z = 0$, mit der sich die konzentrischen Kugeln E = const in konzentrischen Kreisen schneiden (Abb. VII 4.4).

g) Die Bänderstruktur des Siliziums

Wenn eine Elektronenwelle einen Siliziumkristall in [1,0,0] Richtung durchläuft, begegnet das Elektron nach jeder Gitterkonstante a einem besetzten Gitterplatz, also einem Siliziumrumpf. Wenn die Welle

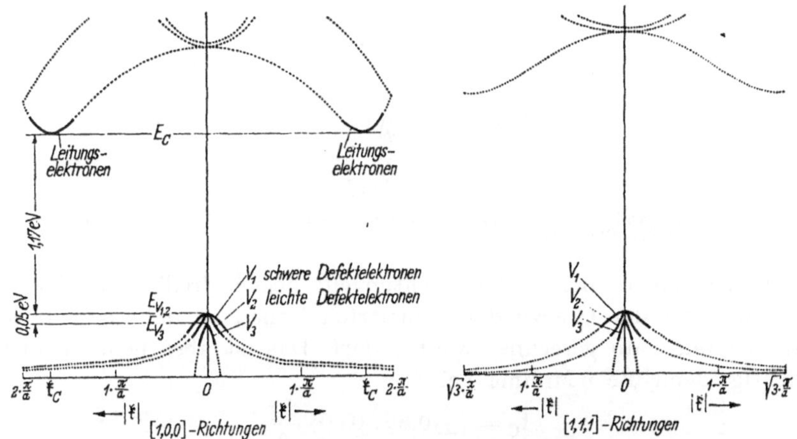

Abb. VII 4.5 Bänderstruktur des Siliziums. Die $E(\mathfrak{k})$-Abhängigkeiten in den [1, 0, 0]- und in den [1, 1, 1]-Richtungen. (Bezüglich der Zonengrenzen in diesen Richtungen siehe den Kleindruck auf S. 275 und 276.) Die Informationen, die bis heute über die gestrichelten Kurventeile vorliegen, haben nur qualitativen Charakter.

dagegen [1,1,1]-Richtung hat, so sind die Abstände zwischen den besetzten Gitterpunkten abwechselnd $\frac{1}{4}$ oder $\frac{3}{4}$ der Raumdiagonale $a\sqrt{3}$. Die beiden verglichenen Elektronen erleben also gleichsam verschiedene Potentialverläufe. Deshalb ist es verständlich, daß die $E(\mathfrak{k})$-Abhängigkeit für verschiedene $\mathfrak{k}$-Richtungen verschieden ist. Die der Abb. VII 4.3 entsprechende Darstellung müßte also für jede $\mathfrak{k}$-Richtung im Prinzip immer wieder neu gezeichnet werden. Tatsächlich beschränken wir uns auf die [1,0,0]- und die [1,1,1]-Richtung (Abb. VII 4.5). Man sieht zunächst, daß es nicht *ein* Leitungs- und *ein* Valenzband, sondern deren je *drei* gibt.

Die Leitungsbänder, mit denen wir uns zunächst beschäftigen wollen, haben 6 Minima, die in den [1,0,0]-Richtungen[1] liegen, und

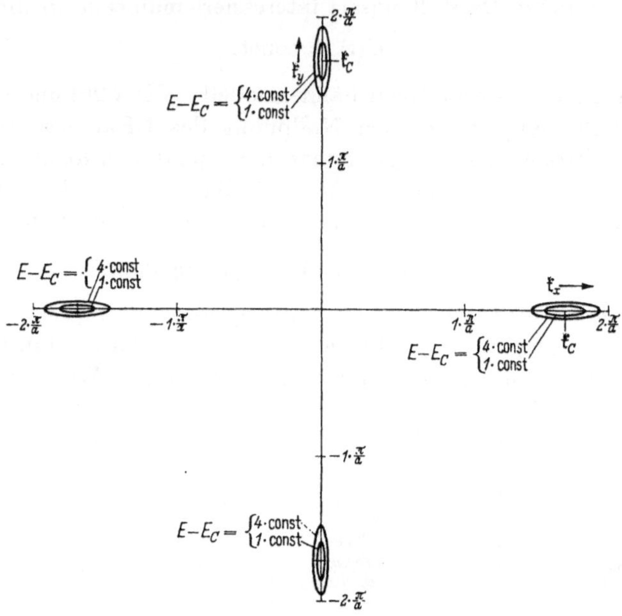

Abb. VII 4.6 Die Bänderstruktur des Siliziums. Leitungsband. Schnitte der Fläche $E(\mathfrak{k}) = \text{const}$ mit der Ebene $\mathfrak{k}_z = 0$.

8 Minima, die in den [1,1,1]-Richtungen[1] liegen, freilich jeweils unmittelbar an der Grenze der reduzierten Zone[2], so daß jedes dieser Minima nur halb gerechnet werden darf. Das ist aber beim Si nicht wichtig, denn die 6 Minima bei

$$\mathfrak{k}_C = \{\pm 0{,}85,\ 0,\ 0\}\,\frac{2\pi}{a}$$

$$\mathfrak{k}_C = \{0,\ \pm 0{,}85,\ 0\}\,\frac{2\pi}{a}$$

$$\mathfrak{k}_C = \{0,\ 0,\ \pm 0{,}85\}\,\frac{2\pi}{a}$$

[1] Mit der Schreibweise $-1 = \bar{1}$ sind die sechs [1,0,0]-Richtungen

$$[1,0,0]\ [0,1,0]\ [0,0,1]$$
$$[\bar{1},0,0]\ [0,\bar{1},0]\ [0,0,\bar{1}]$$

und die acht [1,1,1]-Richtungen

$$[1,1,1]\ [1,1,\bar{1}]\ [1,\bar{1},1]\ [\bar{1},1,1]$$
$$[\bar{1},\bar{1},\bar{1}]\ [\bar{1},\bar{1},1]\ [\bar{1},1,\bar{1}]\ [1,\bar{1},\bar{1}].$$

[2] Bezüglich der Grenzen der reduzierten Zone s. den Kleindruck auf S. 275 und S. 276.

sind erheblich tiefer als die 8 Halbminima in den [1,1,1]-Richtungen, so daß sich die Leitungselektronen ausschließlich in ihnen, also in den 6 Tälern („valleys") um die angeführten $\mathfrak{k}_C$-Werte herum sammeln. Weiter sind die Flächen konstanter Energie nicht Kugeln um diese Punkte $\mathfrak{k}_C$ herum, sondern gestreckte Rotationsellipsoide, deren verlängerte Achse in die jeweilige [1,0,0]-Richtung zeigt (s. Abb. VII 4.9, rechts oben). Die Schnitte der 4 Ellipsoide, die auf der $\mathfrak{k}_x$- und der $\mathfrak{k}_y$-Achse liegen, mit der Ebene $\mathfrak{k}_z = 0$ zeigt die Abb. VII 4.6, die also der Abb. VII 4.4 beim primitiven Bändermodell entspricht. Wegen der Abweichung von der Kugelgestalt haben die Flächen $E(\mathfrak{k}) = \text{const}$

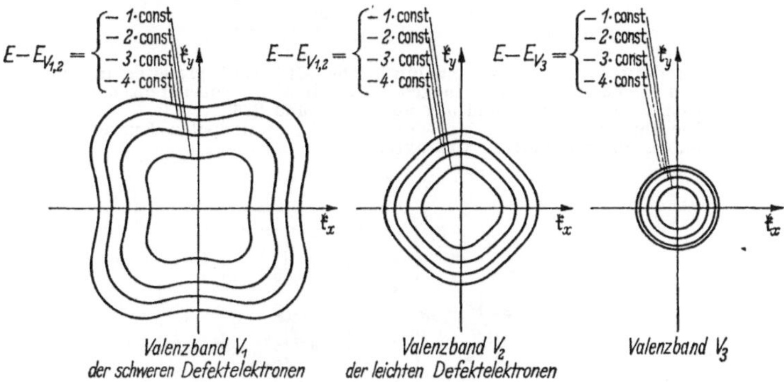

Abb. VII 4.7 Bänderstruktur des Siliziums. Valenzbänder V_1, V_2 und V_3. Schnitte der Flächen $E(\mathfrak{k}) = \text{const}$ mit der Ebene $\mathfrak{k}_z = 0$.

nicht überall die gleiche Krümmung. Die in § 6 einzuführende effektive Masse der Elektronen wird also für die verschiedenen $\mathfrak{k}$-Vektoren, also für die verschiedenen Bewegungsrichtungen der Elektronen, verschieden groß, und zwar ist

$$\text{die longitudinale Masse } m_{\parallel} = 0{,}90\, m$$
$$\text{und die transversale Masse } m_{\perp} = 0{,}192\, m\,,$$

wobei m die Masse der freien Elektronen ist.

Die Valenzbänder V_1, V_2 und V_3 haben ihre Maxima alle bei $\mathfrak{k} = 0$, wo sich also die Defektelektronen sammeln. Ihre Wellenvektoren $\mathfrak{k} \approx 0$ stimmen demnach mit den Wellenvektoren $\mathfrak{k} \approx \mathfrak{k}_C$ der Leitungselektronen gar nicht überein. Direkte Übergänge vom Valenz- ins Leitungsband unter Erhaltung des $\mathfrak{k}$-Vektors sind also im Silizium nicht möglich. Die Schnitte der Flächen $E(\mathfrak{k}) = \text{const}$ mit der Ebene $k_z = 0$, zeigt Abb. VII 4.7, die jetzt das Analogon zu Abb. VII 4.4 ist. Die Flächen $E_{\text{Valenz}}(\mathfrak{k}) = \text{const}$ sind ebenso wie die Leitungsbänder keine Kugeln, sondern gegenüber der Kugelgestalt deformiert (s. auch Abb. VII 4.9, unten). Ihre Krümmung ist also von $\mathfrak{k}$-Wert zu $\mathfrak{k}$-Wert

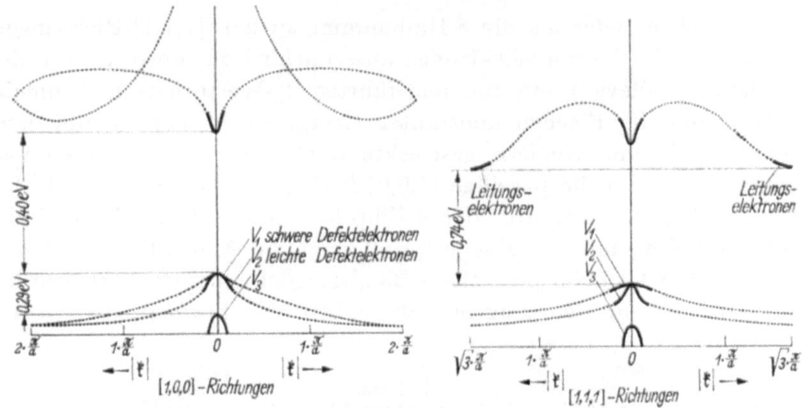

Abb. VII 4.8 Bänderstruktur des Germaniums. Die $E(\mathfrak{k})$-Abhängigkeiten in den [1, 0, 0]- und in den [1, 1, 1]-Richtungen. (Bezüglich der Zonengrenzen in diesen Richtungen siehe den Kleindruck auf S. 275 und 276.)
Die Informationen, die bis heute über die gestrichelten Kurventeile vorliegen, haben nur qualitativen Charakter.

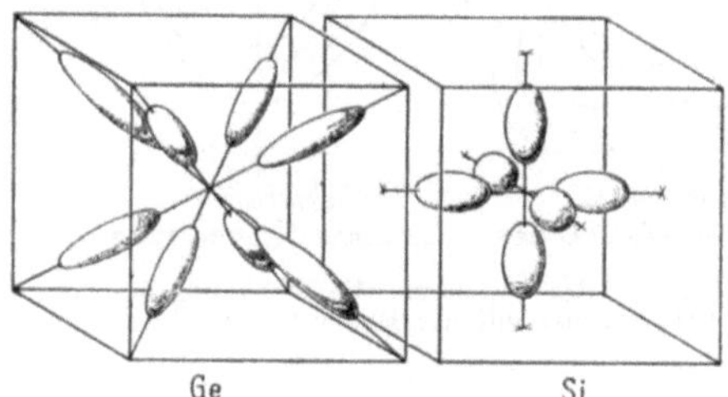

Ellipsoide konstanter Energie für Elektronen in Ge und Si.

Die meisten Autoren legen allerdings die Mittelpunkte der Ellipsoide des Ge-Leitungsbandes in die Zonengrenzen, so daß nur 8 halbe Ellipsoide vorliegen, die 4 vollen Ellipsoiden entsprechen (siehe Abb. VII 4.8, rechts oben.)

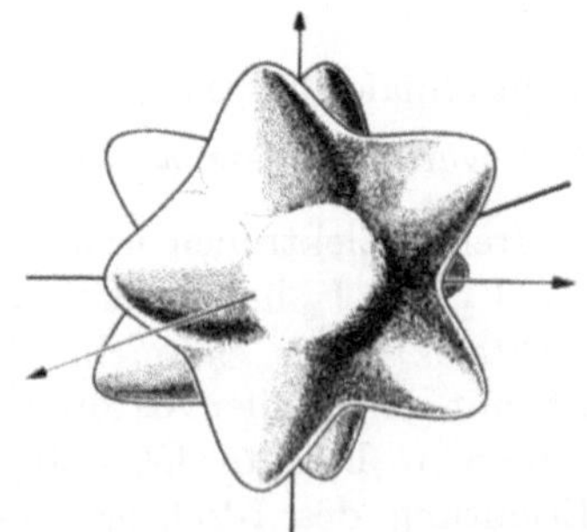

Flächen konstanter Energie für schwere Löcher in Si

Abb. VII 4.9 Flächen konstanter Energie bei Ge und Si nach ZIMAN[1].

[1] Der Autor dankt Herrn ZIMAN und der Clarendon-Press für die Erlaubnis, diese Abbildungen aus J. M. ZIMAN: Electrons and Phonons reproduzieren zu dürfen.

verschieden: Auch bei den Valenzelektronen hängt die effektive Masse vom $\mathfrak{k}$-Wert ab. Für viele Zwecke kommt es allerdings nur auf Mittelwerte der effektiven Massen an. Diese mittleren effektiven Massen werden für die beiden höchsten Valenzbänder V_1 und V_2 mit dem gemeinsamen Maximum verschieden sein, da die eine $E(\mathfrak{k})$-Kurve stärkere Krümmungen aufweist als die andere. Demgemäß enthält das eine Valenzband „leichte" und das andere „schwere" Defektelektronen.

h) Die Bänderstruktur des Germaniums

Die Abb. VII 4.8 zeigt für Germanium die $E(\mathfrak{k})$-Abhängigkeit in den [1,0,0]- und in den [1,1,1]-Richtungen, und zwar in Darstellungen, die der Abb. VII 4.3 entsprechen. Wie beim Silizium bemerken wir 6 Minima in den [1,0,0]-Richtungen und 8 Minima in den [1,1,1]-Richtungen, dazu kommt beim Germanium aber noch ein Minimum bei $\mathfrak{k} = 0$. Die tiefsten Minima sind jetzt die Minima in den [1,1,1]-Richtungen. Wie beim Silizium liegen sie an den Zonengrenzen und dürfen deshalb nur halb gerechnet werden. Die Leitungselektronen sammeln sich also beim Germanium in 4 Tälern, die um die Punkte

$$\mathfrak{k}_C = \{1,\ 1,\ 1\}\,\frac{2\pi}{a}$$

$$\mathfrak{k}_C = \{1,\ 1,\ \bar{1}\}\,\frac{2\pi}{a}$$

$$\mathfrak{k}_C = \{1,\ \bar{1},\ 1\}\,\frac{2\pi}{a}$$

$$\mathfrak{k}_C = \{\bar{1},\ 1,\ 1\}\,\frac{2\pi}{a}$$

herum gruppiert sind. Die Flächen konstanter Energie sind wieder gestreckte Rotationsellipsoide, und zwar ist

die longitudinale Masse $m_{\|} = 1{,}64\ m$

und die transversale Masse $m_{\perp} = 0{,}0819\ m$.

Die Valenzbänder haben wie beim Silizium nur ein Maximum bei $\mathfrak{k} = 0$. Auch hier sind die Energieflächen gegenüber der Kugelgestalt deformiert, ähnlich wie in Abb. VII 4.7, und auch hier enthält das eine Valenzband schwere und das andere Valenzband leichte Defektelektronen.

i) Die Bänderstruktur der III-V-Verbindungen

Große Beachtung haben seit 1952 die Arbeiten von Welker und Mitarbeitern[1] über die intermetallischen Verbindungen der Elemente

[1] Welker, H.: Z. Naturforsch. 7a (1952) 744. — Welker, H., u. H. Weiss: Z. Metallkde. 49 (1958) 563. — Welker, H., u. R. Gremmelmaier: Proc. IEE Vol. 106, Part B, Suppl. No. 17 (1959) S. 850.

der III. und der V. Spalte des periodischen Systems gefunden. Diese Verbindungen — also beispielsweise das Galliumarsenid GaAs — kristallisieren im sog. Zinkblendegitter. In dieser Struktur ist die räumliche Anordnung der besetzten Gitterpunkte die gleiche wie im „Diamantgitter" und damit auch wie im Silizium und im Germanium; im Gegensatz zu diesen elementaren Halbleitern sind aber benachbarte Gitterpunkte abwechselnd mit Atomrümpfen der einen und der anderen Verbindungskomponente, also beispielsweise mit Ga^{3+}- und As^{5+}-Rümpfen besetzt. Die Zahl der Valenzelektronen, die zusammen auf ein Ga-Atom und seinen As-Nachbarn entfallen, ist $3 + 5 = 8$ und damit ebenso groß wie bei zwei benachbarten Ge-Atomen ($4 + 4 = 8$). Die Valenzelektronen reichen also wie im Diamantgitter gerade aus, alle Paarbindungen zwischen benachbarten Rümpfen zu bilden.

Wegen der Ähnlichkeit des Gitteraufbaus weist die Bänderstruktur der III-V-Verbindungen große Ähnlichkeit mit den Bänderstrukturen von Silizium und Germanium auf. Der Hauptunterschied besteht darin, daß in fünf III-V-Verbindungen, und zwar in InP, InAs, InSb, GaAs und GaSb die tiefsten Punkte der Leitungsbänder nicht an irgendwelchen Punkten der [1,0,0]- oder [1,1,1]-Richtungen erreicht werden, sondern bei $\mathfrak{k} = 0$. In dem dort vorhandenen Tal der Leitungsbänder sammeln sich also die Leitungselektronen. Die Valenzbänder sind dagegen ähnlich wie bei Si und Ge gestaltet. Deshalb gruppieren sich die Defekt- und die Leitungselektronen in diesen Verbindungen um den gleichen Wellenvektor $\mathfrak{k} = 0$, und deshalb sind in den genannten III-V-Verbindungen direkte Rekombinationsprozesse möglich (s. auch Kap. IX, § 9, S. 500). Das war bei der Entwicklung der GaAs-Laser-Diode entscheidend wichtig.[1] In GaP sind dagegen die 6 Täler, die sich um Punkte der [1,0,0]-Richtungen gruppieren, tiefer als das Minimum bei $\mathfrak{k} = 0$. Hier ist die Situation also wieder ganz ähnlich wie beim Silizium. Beim AlSb ist die Frage wohl noch nicht völlig geklärt, obwohl auch hier erste Hinweise auf 6 Minima an Punkten der [1,0,0]-Richtungen vorhanden sind.

---

[1] Aus diesem Grunde wurde jedenfalls seiner Zeit bei dem Versuch, das Prinzip des Dioden-Lasers zu verwirklichen, GaAs als Werkstoff verwandt: BERNARD, M., u. G. DURAFFOURG: Physica Status Solidi 1 (1961) 699. — DUMKE, W. P.: Phys. Rev. 127 (1962) 1559. — HALL, R. N., G. E. FENNER, J. D. KINGSLEY, T. J. SOLTYS u. R. O. CARLSON: Phys. Rev. Letters 9 (1962) 366. — NATHAN, M. I., W. P. DUMKE, G. BURNS, F. H. DILL u. G. J. LASHER: Appl. Phys. Letters 1 (1962) 62. — QUIST, T. M., R. H. REDIKER, R. J. KEYES, W. E. KRAG, B. LAX, A. L. MCWHORTER u. H. J. ZEIGER: Appl. Phys. Letters 1 (1962) 91.

Inzwischen sind auch andere Ansichten über die Wichtigkeit der direkten Übergänge geäußert worden: LASHER, G. J., u. F. STERN: Bull. Amer. Soc. 8 (1963) 201. — CALLAWAY, J.: J. Phys. Chem. Solids 24 (1963) 1063.

§ 5. Mittlerer Impuls, mittlere Geschwindigkeit und mittlerer Strom eines Kristallelektrons

Die SCHRÖDINGER-Funktionen haben nach (VII 4.02) die Gestalt

$$\psi(\mathfrak{r};\,\mathfrak{k}) = \frac{1}{\sqrt{G}}\,u(\mathfrak{r};\,\mathfrak{k})\,e^{j\mathfrak{k}\cdot\mathfrak{r}}. \qquad \text{(VII 5.01)}$$

Sie sind Eigenfunktionen des Operators $-\frac{\hbar^2}{2m}\Delta + E_{\text{pot}}$ der Gesamtenergie und können also *nicht* Eigenfunktionen des Impulses sein[1], da der Impulsoperator

$$\mathfrak{p}_{\text{Op}} = \frac{\hbar}{j}\,\text{grad} = \frac{\hbar}{j}\left\{\frac{\partial}{\partial x},\,\frac{\partial}{\partial y},\,\frac{\partial}{\partial z}\right\}$$

im allgemeinen nicht mit dem Operator der Gesamtenergie vertauschbar ist. Ein durch (VII 5.01) repräsentiertes Elektron besitzt also eine scharf definierte Gesamtenergie $E(\mathfrak{k})$, aber keinen scharf definierten Impuls. Demnach ist nur die Angabe des quantenmechanischen Mittelwertes des Impulses möglich, dessen Berechnung nach der Regel

$$\mathfrak{p} = \int\limits_{V_{\text{Grund}}} \psi^*(\mathfrak{r};\,\mathfrak{k})\,\mathfrak{p}_{\text{Op}}\,\psi(\mathfrak{r};\,\mathfrak{k})\,dV = \frac{\hbar}{j}\int\limits_{V_{\text{Grund}}} \psi^*(\mathfrak{r};\,\mathfrak{k})\,\text{grad}\,\psi(\mathfrak{r};\,\mathfrak{k})\,dV \qquad \text{(VII 5.02)}$$

zu erfolgen hat.

Die Auswertung von (VII 5.02) würde eigentlich die explizite Kenntnis der Eigenfunktionen (VII 5.01) erfordern. Glücklicherweise ist aber eine Umformung von (VII 5.02) in

$$\mathfrak{p} = \frac{m}{\hbar}\,\text{grad}_{\mathfrak{k}} E(\mathfrak{k}) \qquad \text{(VII 5.03)}$$

oder

$$\mathfrak{p}_x = \frac{m}{\hbar}\frac{\partial}{\partial \mathfrak{k}_x}E(\mathfrak{k}_x,\,\mathfrak{k}_y,\,\mathfrak{k}_z); \qquad \mathfrak{p}_y = \frac{m}{\hbar}\frac{\partial}{\partial \mathfrak{k}_y}E(\mathfrak{k}_x,\,\mathfrak{k}_y,\,\mathfrak{k}_z);$$

$$\mathfrak{p}_z = \frac{m}{\hbar}\frac{\partial}{\partial \mathfrak{k}_z}E(\mathfrak{k}_x,\,\mathfrak{k}_y,\,\mathfrak{k}_z)$$

möglich, auf Grund deren zur Berechnung des mittleren Impulses nur die Abhängigkeit der Energie E von der Wellenzahl $\mathfrak{k}$ erforderlich ist.

[1] Als solche müßten sie ja reine Exponentialfunktionen $e^{j\mathfrak{k}\cdot\mathfrak{r}}$ sein. Der gitterperiodische Faktor $u(\mathfrak{r};\,\mathfrak{k})$ stört also in diesem Zusammenhang. Nur bei einem freien Elektron ist $u(\mathfrak{r};\,\mathfrak{k}) = \text{const} = A$ und $\psi(\mathfrak{r}) = A\,e^{j\mathfrak{k}\cdot\mathfrak{r}}$ sowohl Eigenfunktion der Gesamtenergie wie des Impulses. Das ist in diesem Sonderfall möglich, weil wegen $E_{\text{pot}} = \text{const}$ beim freien Elektron die Operatoren der Gesamtenergie und des Impulses vertauschbar sind. Beim freien Elektron ist also zufälligerweise ein Zustand scharf definierter Gesamtenergie auch ein Zustand scharf definierten Impulses. Siehe hierzu vielleicht E. FUES in WIEN/HARMS: Handbuch der Experimentalphysik, Ergänzungswerk, Leipzig: Akad. Verlagsges. 1935, S. 212, und H. A. KRAMERS: Die Grundlagen der Quantentheorie in EUCKEN-WOLF: Hand- und Jahrbuch der Chemischen Physik, Leipzig: Akad. Verlagsges. 1938, S. 138 u. 162.

Diese Abhängigkeit $E(\mathfrak{k})$ liegt aber wenigstens qualitativ fest (siehe z. B. die Abb. VII 3.10c, VII 3.11 und VII 3.12), so daß damit qualitative Aussagen über den zu einem Zustand (VII 5.01) gehörigen mittleren Impuls möglich werden.

Die Ableitung von (VII 5.03) aus (VII 5.02) erfordert leider einige Rechnung. Wir werden sie etwas allgemeiner führen, als für den momentanen Zweck nötig wäre[1]. Ausgangspunkt ist die SCHRÖDINGER-Gleichung (VII 1.01), die wir jetzt für eine Eigenfunktion $\psi_N(\mathfrak{r};\mathfrak{k})$ mit einem Eigenwert $E_N(\mathfrak{k})$ aus dem N. Band aufschreiben:

$$\left[-\frac{\hbar^2}{2m}\Delta - e\,U(\mathfrak{r}) - E_N(\mathfrak{k})\right]\psi_N(\mathfrak{r};\mathfrak{k}) = 0. \qquad \text{(VII 5.04)}$$

Es wird nach $\mathfrak{k}_x$ differenziert[2]:

$$\left[-0+0-\frac{\partial}{\partial \mathfrak{k}_x}E_N\right]\psi_N(\mathfrak{r};\mathfrak{k}) + \left[-\frac{\hbar^2}{2m}\Delta - e\,U(\mathfrak{r}) - E_N(\mathfrak{k})\right]\frac{\partial}{\partial \mathfrak{k}_x}\psi_N(\mathfrak{r};\mathfrak{k}) = 0.$$

Durch Verwendung von (VII 5.01) kommt

$$-\frac{\partial E_N}{\partial \mathfrak{k}_x}\psi_N(\mathfrak{r};\mathfrak{k}) + \left[-\frac{\hbar^2}{2m}\Delta - e\,U(\mathfrak{r}) - E_N(\mathfrak{k})\right]\times$$

$$\times\left[j\,x\frac{1}{\sqrt{G}}u_N(\mathfrak{r};\mathfrak{k})\,e^{j\mathfrak{k}\cdot\mathfrak{r}} + \frac{1}{\sqrt{G}}\frac{\partial u_N(\mathfrak{r};\mathfrak{k})}{\partial \mathfrak{k}_x}e^{j\mathfrak{k}\cdot\mathfrak{r}}\right] = 0.$$

Jetzt wird von links mit $\psi_M^*(\mathfrak{r};\mathfrak{k}')$ multipliziert[3] und über das Grundgebiet integriert:

$$-\frac{\partial E_N}{\partial \mathfrak{k}_x}\int\limits_{V_{\mathrm{Grund}}}\psi_M^*(\mathfrak{r};\mathfrak{k}')\,\psi_N(\mathfrak{r};\mathfrak{k})\,dV + \int\limits_{V_{\mathrm{Grund}}}\psi_M^*(\mathfrak{r};\mathfrak{k}')\left[-\frac{\hbar^2}{2m}\Delta - e\,U(\mathfrak{r}) - E_N(\mathfrak{k})\right]\times$$

$$\times\left[j\,x\,\psi_N(\mathfrak{r};\mathfrak{k}) + \frac{1}{\sqrt{G}}\frac{\partial u_N(\mathfrak{r};\mathfrak{k})}{\partial \mathfrak{k}_x}e^{j\mathfrak{k}\cdot\mathfrak{r}}\right]dV = 0.$$

---

[1] Die *allgemeine* Formel (VII 5.08) wird gebraucht z. B. bei W. V. HOUSTON: Phys. Rev. 57 (1940) 184, und zwar auf S. 186 ganz oben.

[2] Die folgenden Differentialquotienten sind zunächst nur als Differenzenquotienten aufzufassen und erst in den Endformeln ist zur Grenze $G \to \infty$ überzugehen. Um nämlich später die Definition (VII 5.07) für Matrixelemente des Impulses ansetzen zu dürfen, müssen die in (VII 5.07) verwendeten ψ-Funktionen in einem endlichen Grundgebiet mit G Gitterzellen auf 1 normiert sein. Dann haben aber nach Kap. XII, § 7, die Wellenzahlen $\mathfrak{k}_x$, $\mathfrak{k}_y$, $\mathfrak{k}_z$ diskrete Werte, und es können zunächst nur Differenzenquotienten zwischen benachbarten Werten gebild t werden.

[3] $\mathfrak{k}$ und $\mathfrak{k}'$ stehen natürlich *nicht* wie in § 3 im Verhältnis von einfallender und abgebeugter Welle, sondern sind *beliebige* Wellenvektoren. Zu einem beliebigen $\mathfrak{k}$ gibt es ja gar keine gebeugte Welle.

Im ersten Integral wird die Orthogonalität der Eigenfunktionen benutzt, das zweite Integral wird in 2 Integrale gespalten:

$$\left.\begin{aligned} & -\frac{\partial E_N}{\partial \mathfrak{k}_x}\,\delta_{\mathfrak{k}\mathfrak{k}'}\,\delta_{MN} \\ & + \int\limits_{V_{\text{Grund}}} \psi_M^*(\mathfrak{r};\mathfrak{k}')\left[-\frac{\hbar^2}{2m}\Delta - e\,U(\mathfrak{r}) - E_N(\mathfrak{k})\right] j\,x\,\psi_N(\mathfrak{r};\mathfrak{k})\,dV \\ & + \frac{1}{\sqrt{G}}\int\limits_{V_{\text{Grund}}} \psi_M^*(\mathfrak{r};\mathfrak{k}')\left[-\frac{\hbar^2}{2m}\Delta - e\,U(\mathfrak{r}) - E_N(\mathfrak{k})\right]\frac{\partial u_N(\mathfrak{r};\mathfrak{k})}{\partial \mathfrak{k}_x}\,e^{j\mathfrak{k}\cdot\mathfrak{r}}\,dV \end{aligned}\right\} = \left\{\begin{aligned} & \mathrm{I} \\ & +\mathrm{II} \\ & +\mathrm{III} \end{aligned}\right\} = 0. \qquad \text{(VII 5.05)}$$

Wir behandeln zunächst den dritten Summanden, in dem von der HERMITEizität des Operators der Gesamtenergie $\left[-\frac{\hbar^2}{2m}\Delta - e\,U(\mathfrak{r}) - E_N(\mathfrak{k})\right]$ Gebrauch gemacht werden darf, da sowohl $\psi_M^*(\mathfrak{r};\mathfrak{k})$ wie $\frac{\partial u_N(\mathfrak{r};\mathfrak{k})}{\partial \mathfrak{k}_x}\,e^{j\mathfrak{k}\cdot\mathfrak{r}}$ periodisch im Grundgebiet sind[1]:

$$\mathrm{III} = \frac{1}{\sqrt{G}}\int\limits_{V_{\text{Grund}}} \frac{\partial u_N(\mathfrak{r};\mathfrak{k})}{\partial \mathfrak{k}_x}\,e^{j\mathfrak{k}\cdot\mathfrak{r}}\left[-\frac{\hbar^2}{2m}\Delta - e\,U(\mathfrak{r}) - E_N(\mathfrak{k})\right]\psi_M^*(\mathfrak{r};\mathfrak{k}')\,dV.$$

Mit Benutzung der SCHRÖDINGER-Gleichung (VII 5.04), die wir uns für $\psi_M^*(\mathfrak{r};\mathfrak{k}')$ an Stelle von $\psi_N(\mathfrak{r};\mathfrak{k})$ angeschrieben denken, erhält man

$$\mathrm{III} = \frac{1}{\sqrt{G}}\int\limits_{V_{\text{Grund}}} \frac{\partial u_N(\mathfrak{r};\mathfrak{k})}{\partial \mathfrak{k}_x}\,e^{j\mathfrak{k}\cdot\mathfrak{r}}\left[E_M(\mathfrak{k}') - E(\mathfrak{k})\right]\psi_M^*(\mathfrak{r};\mathfrak{k}')\,dV$$

---

[1] Die Gültigkeit der Vertauschungsregel bei einem HERMITEschen Operator ist nämlich an gewisse Eigenschaften der vertauschten Funktionen gebunden, was nicht immer beachtet wird. Der Impulsoperator $\mathfrak{p}_{\mathrm{Op}} = \frac{\hbar}{j}\frac{d}{dx}$ beispielsweise ist zwar HERMITEsch. Die Beziehung

$$\int f^*\,\mathfrak{p}_{\mathrm{Op}}\,g\,dx = \int g\,\mathfrak{p}_{\mathrm{Op}}^*\,f^*\,dx$$

beruht aber auf einer partiellen Integration:

$$\int\limits_{x=x_1}^{x=x_2} f^*\,\frac{\hbar}{j}\,\frac{d}{dx}\,g\,dx = \frac{\hbar}{j}\,[f^*\,g]_{x=x_1}^{x=x_2} + \int\limits_{x=x_1}^{x=x_2} g\left(\frac{\hbar}{-j}\,\frac{d}{dx}\,f^*\right)dx.$$

Sie gilt in der benutzten einfachen Form nur, wenn $[f^*(x_2)\,g(x_2) - f^*(x_1)\,g(x_1)]$ verschwindet. Das ist bei den meisten quantenmechanischen Problemen der Fall, weil dort nur Funktionen f und g betrachtet werden, die an den Grenzen x_1 und x_2 verschwinden. Bei den Problemen des periodischen Potentialfeldes fällt diese Differenz aus einem andern Grund, nämlich wegen der Periodizität im Grundgebiet $x_1 = -\frac{G}{2}a$, $x_2 = +\frac{G}{2}a$ weg:

$$\begin{aligned} f(x_2) &= f\left(+\frac{G}{2}a\right) = f\left(-\frac{G}{2}a\right) &&= f(x_1) \\ g(x_2) &= g\left(+\frac{G}{2}a\right) = g\left(-\frac{G}{2}a\right) &&= g(x_1) \\ f^*(x_2)\,g(x_2) &- f^*(x_1)\,g(x_1) &&= 0. \end{aligned}$$

und weiter mit Gl. (VII 5.01), in der wieder $\mathfrak{k}$ durch $\mathfrak{k}'$ und N durch M ersetzt worden ist,

$$\mathrm{III} = \frac{1}{G} \int\limits_{V_{\text{Grund}}} \frac{\partial u_N(\mathfrak{r};\mathfrak{k})}{\partial \mathfrak{k}_x} e^{j\mathfrak{k}\cdot\mathfrak{r}} [E_M(\mathfrak{k}') - E_N(\mathfrak{k})]\, u_M^*(\mathfrak{r};\mathfrak{k}') e^{-j\mathfrak{k}'\cdot\mathfrak{r}}\, dV.$$

Mit (XII 1.19) und mit dem Volumen V_{Zelle} einer Gitterzelle kommt schließlich

$$\mathrm{III} = \delta_{\mathfrak{k}\mathfrak{k}'} [E_M(\mathfrak{k}') - E_N(\mathfrak{k})] \int\limits_{V_{\text{Zelle}}} u_M^*(\mathfrak{r};\mathfrak{k}') \frac{\partial u_N(\mathfrak{r};\mathfrak{k})}{\partial \mathfrak{k}_x}\, dV. \qquad \text{(VII 5.06)}$$

Jetzt wenden wir uns dem zweiten Summanden in (VII 5.05) zu. Da $j\,x\,\psi_N(\mathfrak{r};\mathfrak{k})$ *nicht* im Grundgebiet periodisch ist, darf von der HERMITEizität des Operators $\left[-\frac{\hbar^2}{2m}\Delta - e\,U(\mathfrak{r}) - E_N(\mathfrak{k})\right]$ *nicht* Gebrauch gemacht werden[1]. Wir bemerken vielmehr, daß $\Delta(x\,\psi_N(\mathfrak{r};\mathfrak{k})) = x\,\Delta\psi_N(\mathfrak{r};\mathfrak{k}) + 2\cdot 1\,\frac{\partial}{\partial x}\psi_N(\mathfrak{r};\mathfrak{k}) + 0$ und demgemäß

$$\begin{aligned}
&\left[-\frac{\hbar^2}{2m}\Delta - e\,U(\mathfrak{r}) - E_N(\mathfrak{k})\right] x\,\psi_N(\mathfrak{r};\mathfrak{k}) \\
&\quad = x\left[-\frac{\hbar^2}{2m}\Delta - e\,U(\mathfrak{r}) - E_N(\mathfrak{k})\right]\psi_N(\mathfrak{r};\mathfrak{k}) - \frac{\hbar^2}{2m}\cdot 2\,\frac{\partial}{\partial x}\psi_N(\mathfrak{r};\mathfrak{k}) \\
&\quad = x\cdot \qquad\qquad 0 \qquad\qquad - \frac{\hbar^2}{m}\frac{\partial}{\partial x}\psi_N(\mathfrak{r};\mathfrak{k})
\end{aligned}$$

ist — das letztere mit Hilfe von (VII 5.04). Benutzen wir diesen einfachen Ausdruck im Integranden von II, so kommt

$$\begin{aligned}
\mathrm{II} &= \int\limits_{V_{\text{Grund}}} \psi_M^*(\mathfrak{r};\mathfrak{k}')\, j\left(-\frac{\hbar^2}{m}\frac{\partial}{\partial x}\psi_N(\mathfrak{r};\mathfrak{k})\right) dV \\
&= \frac{\hbar}{m}\int\limits_{V_{\text{Grund}}} \psi_M^*(\mathfrak{r};\mathfrak{k}')\,\frac{\hbar}{j}\frac{\partial}{\partial x}\psi_N(\mathfrak{r};\mathfrak{k})\, dV \\
&= \frac{\hbar}{m}\int\limits_{V_{\text{Grund}}} \psi_M^*(\mathfrak{r};\mathfrak{k}')\,\mathfrak{p}_{x\,\text{Op}}\,\psi_N(\mathfrak{r};\mathfrak{k})\, dV = \frac{\hbar}{m}\,\mathfrak{p}_{x\,\mathfrak{k}'\mathfrak{k}\,MN},
\end{aligned} \qquad \text{(VII 5.07)}$$

wobei $\mathfrak{p}_{x\,\mathfrak{k}'\mathfrak{k}\,MN}$ das sog. Matrixelement der x-Komponente des Impulsoperators (VII 5.02) ist.

(VII 5.05), (VII 5.06) und (VII 5.07) geben zusammen

$$\begin{aligned}
&-\frac{\partial E_N}{\partial \mathfrak{k}_x}\,\delta_{\mathfrak{k}\mathfrak{k}'}\,\delta_{NM} + \\
&\quad + \frac{\hbar}{m}\,\mathfrak{p}_{x\,\mathfrak{k}'\mathfrak{k}\,MN} + \delta_{\mathfrak{k}\mathfrak{k}'}\,[E_M(\mathfrak{k}') - E_N(\mathfrak{k})] \int\limits_{V_{\text{Zelle}}} u_M^*(\mathfrak{r};\mathfrak{k}')\,\frac{\partial u_N(\mathfrak{r};\mathfrak{k})}{\partial \mathfrak{k}_x}\, dV = 0.
\end{aligned} \qquad \text{(VII 5.08)}$$

Als erstes Ergebnis erhalten wir hieraus

$$\mathfrak{p}_{x\,\mathfrak{k}'\mathfrak{k}\,MN} = 0 \quad \text{für} \quad \mathfrak{k} \neq \mathfrak{k}'. \qquad \text{(VII 5.081)}$$

Matrixelemente des Impulses verschwinden also immer, wenn sie nicht zwischen Zuständen mit gleichem Wellenzahlvektor $\mathfrak{k}$ gebildet werden.

[1] Siehe Fußnote 1 auf S. 303.

Für $\mathfrak{k} = \mathfrak{k}'$ dagegen kommt

$$-\frac{\partial E_N}{\partial \mathfrak{k}_x}\delta_{MN} + \frac{\hbar}{m}\mathfrak{p}_{x\mathfrak{k}\mathfrak{k}MN} + [E_M(\mathfrak{k}) - E_N(\mathfrak{k})]\int\limits_{V_{\text{Zelle}}} u_M^*(\mathfrak{r};\mathfrak{k})\frac{\partial u_N(\mathfrak{r};\mathfrak{k})}{\partial \mathfrak{k}_x}dV = 0.$$

Es ist also für $M \neq N$

$$\mathfrak{p}_{x\mathfrak{k}\mathfrak{k}MN} = -\frac{m}{\hbar}[E_M(\mathfrak{k}) - E_N(\mathfrak{k})]\int\limits_{V_{\text{Zelle}}} u_M^*(\mathfrak{r};\mathfrak{k})\frac{\partial u_N(\mathfrak{r};\mathfrak{k})}{\partial \mathfrak{k}_x}dV \qquad \text{(VII 5.082)}$$

und für $N = M$

$$\mathfrak{p}_{x\mathfrak{k}\mathfrak{k}MM} = +\frac{m}{\hbar}\frac{\partial E_M(\mathfrak{k})}{\partial \mathfrak{k}_x}. \qquad \text{(VII 5.083)}$$

Mit (VII 5.083) ist die wertvolle Beziehung (VII 5.03) bewiesen, zu deren physikalischer Auswertung wir nunmehr übergehen.

Im allgemeinen wird die Gesamtenergie E von einer Wellenzahlkomponente — z. B. von $\mathfrak{k}_x$ — in der Art der Abb. VII 3.10c bis 3.12 abhängen. Wir entnehmen dann (VII 5.03), daß an den Bandrändern der *Mittelwert* der entsprechenden Impulskomponente gleich Null ist[1]. Dem entspricht die in den Abb. VII 2.5 dargestellte Tatsache, daß in diesem Fall die Wellenfunktion zur stehenden Welle — wenigstens in der x-Richtung — wird.

Ungefähr in den Bandmitten zeigt die Energiekurve ihre stärksten Neigungen. Diese Zustände haben also nach (VII 5.03) betragsmäßig die größten Impulse.

Der mittlere Impuls $\mathfrak{p}$ ist nun mit der mittleren Geschwindigkeit $\mathfrak{v}$ durch die Beziehung

$$\mathfrak{v} = \frac{1}{m}\mathfrak{p} \qquad \text{(VII 5.09)}$$

verknüpft, da sich der Geschwindigkeitsoperator $\frac{\hbar}{j\,m}\,\text{grad}$ und der Impulsoperator $\frac{\hbar}{j}\,\text{grad}$ nur um den Faktor $\frac{1}{m}$ unterscheiden. Wir erhalten also aus (VII 5.03) für die mittlere Geschwindigkeit

$$\mathfrak{v} = \frac{1}{\hbar}\,\text{grad}_{\mathfrak{k}} E(\mathfrak{k}). \qquad \text{(VII 5.10)}$$

---

[1] Da es sich aber um den quantenmechanischen *Mittelwert* handelt, kann bei einer Einzelmessung der betreffenden Impulskomponente auch in einem Zustand an der Bandgrenze durchaus ein von Null verschiedener Wert herauskommen. Im Mittel müssen bei vielen Messungen aber gleich große positive und negative Werte gleich häufig anfallen. Der quantenmechanische Mittelwert der kinetischen Energie ist dagegen in einem Zustand an der Bandgrenze keineswegs Null. Bei *dieser* Mittelung werden nämlich Meßergebnisse $\mathfrak{p}_x^2$ gemittelt, während bei den Impulsmessungen $\mathfrak{p}_x$ selbst gemittelt wird und sich demgemäß positive und negative Werte kompensieren können. Diese Dinge hängen mit der Möglichkeit zusammen, die an der Bandgrenze zur stehenden Welle werdende ψ-Funktion durch Überlagerung von gleich vielen nach rechts und nach links laufenden ebenen Wellen darzustellen.

Eine gewisse Anschaulichkeit kommt in diese etwas abstrakten Ausführungen vielleicht wieder dadurch hinein, daß sich auf Grund von (VII 5.10) jetzt zeigen läßt, daß die mit einem Zustand (VII 5.01) verknüpfte mittlere Geschwindigkeit $\mathfrak{v}$ mit der Gruppengeschwindigkeit eines Wellenpakets identisch wird, das man sich aus Nachbarzuständen um den Zustand (VII 5.01) herum aufgebaut denkt. Zu einem Zustand (VII 5.01) gehört ja ein Zeitfaktor $e^{-j\frac{1}{\hbar}E(\mathfrak{k})t}$, so daß die Kreisfrequenz $\frac{1}{\hbar}E(\mathfrak{k})$ nicht mehr einfach proportional der Wellenzahl $\mathfrak{k}$ ist, also Dispersion vorliegt[1]. Die Gruppengeschwindigkeit ist dann in einem eindimensionalen Beispiel

$$\frac{\partial\omega}{\partial k} = \frac{1}{\hbar}\,\frac{d}{dk}\,E,$$

also nach (VII 5.10) identisch mit dem quantenmechanischen Mittelwert $\frac{1}{m}\,\mathfrak{p} = \frac{1}{m}\int\limits_{V_{\text{Grund}}} \psi^*(\mathfrak{r};\mathfrak{k})\,\frac{\hbar}{j}\operatorname{grad}\psi(\mathfrak{r};\mathfrak{k})\,dV$. Dies alles ist für die ebenen Wellen eines freien Elektrons wohlbekannt; die jetzt bewiesene Gültigkeit auch für die gittermodulierten Wellen eines Kristallelektrons ist keineswegs selbstverständlich.

Um schließlich einen Ausdruck für die von einem Kristallelektron $\psi(\mathfrak{r};\mathfrak{k}) = u(\mathfrak{r};\mathfrak{k})\,e^{j\mathfrak{k}\cdot\mathfrak{r}}$ erzeugte Stromdichte zu erhalten, gehen wir von dem bekannten Ausdruck[2]

$$\frac{\hbar}{2jm}\,(\psi^*\operatorname{grad}\psi - \psi\operatorname{grad}\psi^*)$$

für die Wahrscheinlichkeitsstromdichte eines Elektrons mit normierter Eigenfunktion ψ aus. Durch Multiplikation mit der Ladung $-e$ erhalten wir die Stromdichte

$$\frac{\hbar}{2j}\,\frac{e}{m}\,(\psi^*\operatorname{grad}\psi - \psi\operatorname{grad}\psi^*).$$

Da wir in diesen Ausdruck eine stationäre Lösung $\psi(\mathfrak{r};\mathfrak{k})$ mit zeitunabhängiger Wahrscheinlichkeitsdichte $\psi^*(\mathfrak{r};\mathfrak{k})\,\psi(\mathfrak{r};\mathfrak{k})$ einsetzen wollen, wird nach der Kontinuitätsgleichung[3] die Stromdichte divergenzfrei. In eindimensionalen Fällen muß sie also räumlich konstant sein. In zwei- oder dreidimensionalen Fällen kann noch ein Wirbelanteil hinzukommen, der dann allerdings gitterperiodisch sein muß, da die nicht

---

[1] SOMMERFELD, A.: Atombau und Spektrallinien, Bd. II, Braunschweig: Vieweg 1944, S. 8, Gl. (14). — Siehe auch W. SHOCKLEY: Electrons and Holes in Semiconductors, New York: D. van Nostrand Company 1950, S. 160, Fig. 6.2.

[2] Siehe z. B. E. FUES in WIEN-HARMS: Handbuch der Experim.-Physik. Ergänzungswerk, Leipzig: Akadem. Verlagsges. 1935, S. 150, Gl. (5.6).

[3] Siehe Gl. (5.5) auf S. 149 des in Fußnote 2 zitierten Werkes.

gitter- sondern grundgebietsperiodischen Wellenfaktoren $e^{+j\mathfrak{k}\cdot\mathfrak{r}}$ und $e^{-j\mathfrak{k}\cdot\mathfrak{r}}$ sich in dem obigen Ausdruck für die Stromdichte gegenseitig kompensieren. Derartige sich von Gitterzelle zu Gitterzelle wiederholende Wirbelanteile der Stromdichte rühren offenbar von Elektronenumläufen um die Atomrümpfe des Gitters her, falls sie überhaupt auftreten. Sie interessieren für die makroskopisch durch ein Kristallelektron erzeugte Stromdichte nicht, und wir bringen sie durch räumliche Mittelwertsbildung zum Verschwinden, so daß wir schließlich für die mittlere Stromdichte $\mathfrak{i}_{\text{einzel}}$ eines einzelnen Kristallelektrons

$$\mathfrak{i}_{\text{einzel}} = -\frac{\hbar}{2j}\frac{e}{m}\frac{1}{V_{\text{Grund}}}\int\limits_{V_{\text{Grund}}} (\psi^* \operatorname{grad}\psi - \psi \operatorname{grad}\psi^*)\, dV \qquad \text{(VII 5.11)}$$

erhalten. Durch Umformung ergibt sich

$$\mathfrak{i}_{\text{einzel}} = -\frac{e}{m}\frac{1}{V_{\text{Grund}}}\frac{1}{2}\int\limits_{V_{\text{Grund}}} \left(\psi^* \frac{\hbar}{j} \operatorname{grad}\psi + \psi \frac{\hbar}{-j} \operatorname{grad}\psi^*\right) dV$$

und weiter mit Benutzung des Impulsoperators und dessen HERMITEizität

$$\mathfrak{i}_{\text{einzel}} = -\frac{e}{m}\frac{1}{V_{\text{Grund}}}\frac{1}{2}\left[\int\limits_{V_{\text{Grund}}} \psi^* \mathfrak{p}_{\text{Op}}\, \psi\, dV + \int\limits_{V_{\text{Grund}}} \psi\, \mathfrak{p}^*_{\text{Op}}\, \psi^*\, dV\right]$$

$$\mathfrak{i}_{\text{einzel}} = -\frac{e}{m}\frac{1}{V_{\text{Grund}}}\int\limits_{V_{\text{Grund}}} \psi^* \mathfrak{p}_{\text{Op}}\, \psi\, dV.$$

Das Integral ist nach Gl. (VII 5.02) gleich dem quantenmechanischen Mittelwert $\mathfrak{p}$ des Impulses, so daß wir

$$\mathfrak{i}_{\text{einzel}} = -\frac{e}{m}\frac{1}{V_{\text{Grund}}}\mathfrak{p} \qquad \text{(VII 5.12)}$$

erhalten. Benutzen wir schließlich noch (VII 5.09) und (VII 5.10), so erhalten wir

$$\mathfrak{i}_{\text{einzel}} = -\frac{e}{V_{\text{Grund}}}\mathfrak{v} = -\frac{e}{V_{\text{Grund}}}\frac{1}{\hbar}\operatorname{grad}_{\mathfrak{k}} E(\mathfrak{k}). \qquad \text{(VII 5.13)}$$

Wenn wir bedenken, daß

$$\varrho = -\frac{e}{V_{\text{Grund}}}$$

die Ladungsdichte ist, die bei gleichmäßiger Verteilung der Elektronenladung $-e$ über das Volumen V_{Grund} des Grundgebietes entsteht, so ist volle Analogie mit der klassischen Formel

Stromdichte = Ladungsdichte · konvektive Geschwindigkeit

vorhanden.

Die gleiche Formel ließe sich auch durch Benutzung von Wellenpaketen ableiten, deren Schwerpunktsgeschwindigkeit gleich der Gruppengeschwindigkeit $\mathfrak{v}$ der $\psi(\mathfrak{r};\, \mathfrak{k})$-Wellen ist (s. S. 306, oben). Diese Art der Ableitung würde aber an korpuskulare Vorstellungen anklingen, und wir ziehen es statt dessen vor, in § 9, S. 350 und 351, eine von rein korpuskularen Gesichtspunkten ausgehende Ableitung der Gleichung

$$\mathfrak{i}_{\text{einzel}} = -\frac{e}{V}\,\mathfrak{v}$$

zu geben.

§ 6. Die Wirkung eines äußeren Feldes auf ein Kristallelektron und die effektive Masse eines Kristallelektrons

Für die Leitfähigkeitsfragen muß das Verhalten eines Kristallelektrons unter der Wirkung einer zusätzlichen äußeren Kraft geklärt werden[1]. Wir wollen diese Fragen zunächst für ein freies Elektron beantworten.

a) Das freie Elektron unter der Wirkung einer äußeren Kraft[2]

Wenn ein Elektron durch eine Kraft $\mathfrak{F}$ beschleunigt wird, so nimmt seine Energie E mit der Zeit t zu. Um das Beschleunigungsgesetz herzuleiten, nützt es also nichts, die stationären Zustände aus der zeitfreien Schrödinger-Gleichung mit Hilfe irgendwelcher Randbedingungen abzuleiten, wie es in der überwiegenden Mehrzahl der quantenmechanischen Probleme angebracht ist. Wir müssen vielmehr von der zeitabhängigen Schrödinger-Gleichung

$$-\frac{\hbar^2}{2m}\Delta\psi + E_{\text{pot}}\,\psi = j\,\hbar\,\frac{\partial\psi}{\partial t} \qquad \text{(VII 6.01)}$$

[1] Wir folgen dabei W. V. Houston in Phys. Rev. 57 (1940) 184. In diesem Zusammenhang sind noch zu nennen: Bloch, F.: Z. Phys. 52 (1928) 555. — Peierls, R.: Z. Phys. 53 (1929) 255. — Bethe, H. A., im Handbuch der Physik, Bd. XXIV, Tl. 2, S. 507. — Jones, H., u. C. Zener: Proc. roy. Soc., Lond. 144 (1934) 101—117. — Slater, J. C.: Rev. Modern Phys. 6 (1934) 209, namentlich S. 259. — Wilson, A. H.: The Theory of Metals, Cambridge: Univ. Press 1935. In den Büchern von Fröhlich, Seitz und Mott-Jones wird für (VII 6.12) ein sehr einfacher Beweis mit Hilfe eines Energiesatzes gegeben. Wir befürchten allerdings, daß bei diesem sehr einfachen Beweis ein sehr wichtiger Teil der zu beweisenden Tatsache — nämlich die dauernde Repräsentation des Kristallelektrons durch eine Lösung $\psi(\mathfrak{r};\, \mathfrak{k})$ der zusatzkraftfreien *stationären* Schrödinger-Gleichung — bereits in die Formulierung dieses Energiesatzes gesteckt wird und die weiteren dortigen Ausführungen nur die Art der Zeitabhängigkeit von $\mathfrak{k}$ präzisieren. Ein weiterer Einwand gegen diese Art der Beweisführung s. W. Shockley: Electrons and Holes in Semiconductors, New York: D. van Nostrand Co. 1950, S. 424 u. 425. Zu diesem ganzen Fragenkomplex s. auch D. Pfirsch u. E. Spenke: Z. Phys. 137 (1954) 309.

[2] Hierbei knüpft Houston an C. G. Darwin an [Proc. roy. Soc., Lond. A 154 (1936) 61].

ausgehen und tatsächlich die zeitliche Entwicklung $\psi(\mathfrak{r}, t)$ eines gegebenen Anfangszustandes $\psi(\mathfrak{r}, 0)$ verfolgen.

Unterliegt das freie Elektron keiner äußeren Kraft, so ist seine potentielle Energie räumlich konstant

$$E_{\text{pot}} = -e\,U_0 \tag{VII 6.02}$$

und (VII 6.01) wird durch die ebene Welle

$$\psi(\mathfrak{r}, t) = \psi(\mathfrak{r}; \mathfrak{k})\,e^{-\frac{j}{\hbar}Et} = A\,e^{j\left[\mathfrak{k}\cdot\mathfrak{r} - \frac{1}{\hbar}Et\right]} \tag{VII 6.03}$$

gelöst. Man überzeugt sich davon durch Einsetzen von (VII 6.03) in (VII 6.01) und findet dabei für die Abhängigkeit der Energie E von der Wellenzahl

$$E(\mathfrak{k}) = -e\,U_0 + \frac{\hbar^2}{2m}|\mathfrak{k}|^2. \tag{VII 6.04}$$

Jetzt möge das Elektron einer äußeren Kraft $\mathfrak{F}$ unterliegen. $\mathfrak{F}$ sei dabei zwar eine beliebige Funktion $\mathfrak{F}(t)$ der Zeit t, räumlich dagegen sei $\mathfrak{F}(t)$ konstant. $\mathfrak{F}(t)$ leitet sich daher als negativer räumlicher Gradient eines Potentials $-\mathfrak{F}(t)\,\mathfrak{r}$ ab[1], und für die potentielle Energie E_{pot} ist statt (VII 6.02)

$$E_{\text{pot}} = -e\,U_0 - \mathfrak{F}(t)\,\mathfrak{r} \tag{VII 6.05}$$

anzusetzen. (VII 6.01) nimmt also die Gestalt

$$-\frac{\hbar^2}{2m}\Delta\psi - e\,U_0\,\psi - \mathfrak{F}(t)\,\mathfrak{r}\,\psi = j\,\hbar\,\frac{\partial\psi}{\partial t} \tag{VII 6.06}$$

an.

Es wird sich auf S. 311 und 312 zeigen, daß sie durch folgenden Ansatz gelöst wird:

$$\begin{aligned}\psi(\mathfrak{r}, t) &= \psi\big(\mathfrak{r}; \mathfrak{k}(t)\big)\exp\left[-\frac{j}{\hbar}\int\limits_{\tau=\text{const}}^{\tau=t} E\big(\mathfrak{k}(\tau)\big)\,d\tau\right]\\ &= A\exp j\left[\mathfrak{k}(t)\,\mathfrak{r} - \frac{1}{\hbar}\int\limits_{\tau=\text{const}}^{\tau=t} E\big(\mathfrak{k}(\tau)\big)\,d\tau\right].\end{aligned} \tag{VII 6.07}$$

---

[1] Es ist nämlich in Komponenten-Schreibweise

$$\mathfrak{F}_x = -\frac{\partial}{\partial x}(-\mathfrak{F}_x x - \mathfrak{F}_y y - \mathfrak{F}_z z)$$

$$\mathfrak{F}_y = -\frac{\partial}{\partial y}(-\mathfrak{F}_x x - \mathfrak{F}_y y - \mathfrak{F}_z z)$$

$$\mathfrak{F}_z = -\frac{\partial}{\partial z}(-\mathfrak{F}_x x - \mathfrak{F}_y y - \mathfrak{F}_z z)$$

oder zusammengefaßt als Vektorgleichung

$$\mathfrak{F} = -\operatorname{grad}(-\mathfrak{F}\cdot\mathfrak{r}).$$

Das Auftreten der willkürlichen Konstante $\tau = \text{const}$ in der unteren Grenze des Integrals kann nicht überraschen. Es führt dazu, daß $\psi(\mathfrak{r}, t)$ nur bis auf einen willkürlichen Faktor vom Betrage 1 — nämlich $\exp\left[-\frac{j}{\hbar}\int\limits_{\tau=\text{const}}^{\tau=\tau_1} E(k(t))\,d\tau\right]$ — bestimmt ist. Genauer liegt eine Wellenfunktion aber niemals fest. Das folgt ja aus der Homogenität der SCHRÖDINGER-Gleichung (VII 6.06) und der quadratischen Natur aller Normierungsbedingungen.

Im übrigen soll in (VII 6.07) die Wellenzahl $\mathfrak{k}$ von der Zeit t in folgender Weise abhängen:

$$\mathfrak{k}(t) = \mathfrak{k}(0) + \frac{1}{\hbar}\int\limits_{\tau=0}^{\tau=t} \mathfrak{F}(\tau)\,d\tau \quad \text{bzw.} \quad \dot{\mathfrak{k}}(t) = \frac{1}{\hbar}\,\mathfrak{F}(t). \qquad \text{(VII 6.08)}$$

Um die Vorstellungen etwas zu konkretisieren, erwähnen wir zwei interessante Spezialfälle

a) $\mathfrak{F}$ nicht nur räumlich, sondern auch zeitlich konstant:

$$\mathfrak{F}(t) \equiv \mathfrak{F} = \text{const}. \qquad (6.081)$$

Dann ist

$$k(t) = k(0) + \frac{1}{\hbar}\,\mathfrak{F}\,t. \qquad (6.082)$$

b) $\mathfrak{F}$ zwar räumlich konstant, aber zeitlich periodisch veränderlich:

$$\mathfrak{F}(t) = \mathfrak{F}\cos\omega t. \qquad (6.083)$$

Dann ist

$$k(t) = k(0) + \frac{\mathfrak{F}}{\hbar\,\omega}\sin\omega t. \qquad (6.084)$$

Unter $E(\mathfrak{k}(t))$ soll per definitionem nach wie vor dieselbe funktionale Abhängigkeit der Energie von dem Wellenzahlvektor $\mathfrak{k}$ wie im kräftefreien Fall verstanden werden; die Gl. (VII 6.04)

$$E(\mathfrak{k}(t)) = -e\,U_0 + \frac{\hbar^2}{2m}\,|\mathfrak{k}(t)|^2, \qquad \text{(VII 6.04)}$$

soll also per definitionem auch für zeitveränderliches $\mathfrak{k}(t)$ weiter gelten. Wir werden diesen Ansatz (VII 6.07) durch Einsetzen in (VII 6.06) verifizieren.

Zuvor ist es jedoch vielleicht manchem Leser willkommen, die bisher rein mathematisch, also etwas abstrakt geschilderte physikalische Situation, die dem Ansatz (VII 6.05), (VII 6.06) und der Lösung (VII 6.07), (VII 6.08) zugrunde liegt, etwas konkreter zu beschreiben.

Wir haben die Kraft $\mathfrak{F}(t)$ als räumlich konstant angenommen, d. h. also, daß wir uns den ganzen unendlichen Raum von einem konstanten Kraftfeld $\mathfrak{F}(t)$ erfüllt denken. Eine Entstehung der Kraftlinien an irgendeiner Flächenladung und ein Enden der Kraftlinien an einer anderen

Flächenladung ist in diesem Bilde nicht enthalten. Ein konkretes Beispiel für ein derartiges Kraftfeld ist vielleicht das elektrische Wirbelfeld in dem Wirbelrohr einer Elektronenschleuder (eines „Betatrons"). Dieses Feld wird durch die zeitliche Änderung eines zentralen Magnetflusses erzeugt. Seine Kraftlinien sind daher Kreise, entstehen und enden also nicht an elektrischen Ladungen, sondern sind in sich geschlossen. Hat das Wirbelrohr einen sehr großen Radius, so kann von seiner Krümmung vielleicht abgesehen werden und wir haben einen zwar nicht unendlichen, aber unbegrenzten Raum vor uns, in dem überall — wenigstens in Richtung des Kraftfeldes — dieselbe Kraft $\mathfrak{F}(t)$ herrscht, sobald der zentrale Magnetfluß sich zu ändern begonnen hat. Laufen nun in dem Wirbelrohr bereits vor diesem „Einschalten" der Kraft $\mathfrak{F}(t)$ im Zeitmoment $t = 0$ Elektronen um, so werden sie durch eine Welle mit einer entsprechenden Wellenzahl $\mathfrak{k}$ repräsentiert (s. Abb. VII 6.1). Die Lösung (VII 6.07) besagt nun in Verbindung mit (VII 6.08), daß auch nach Einschalten der Kraft die im Wirbelrohr laufenden Elektronen durch eine unbegrenzte „ebene" Welle dargestellt werden, deren Wellenlänge nach wie vor *räumlich* konstant ist, aber im Laufe der Zeit an allen Orten gleichmäßig kleiner wird (s. Abb. VII 6.2).

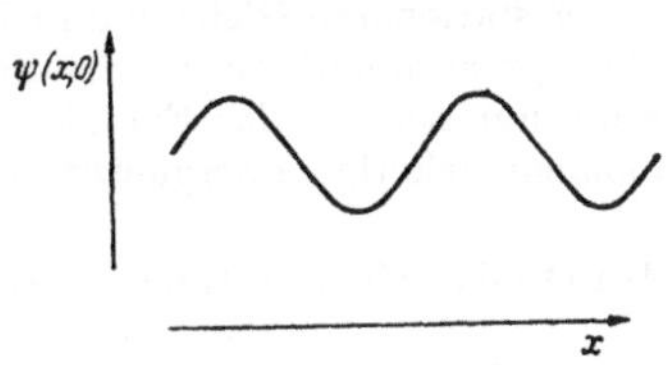

Abb. VII 6.1 Elektronenwelle zur Zeit $t = 0$.

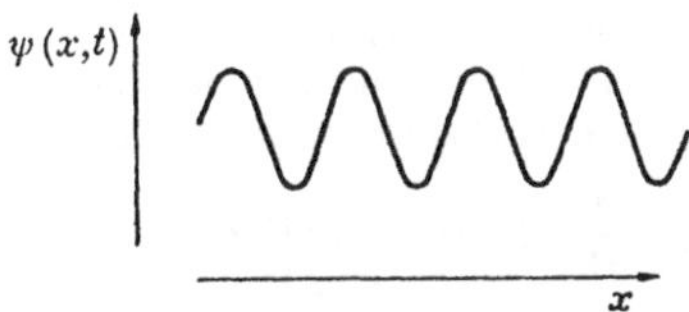

Abb. VII 6.2 Elektronenwelle zu einer späteren Zeit $t > 0$, nachdem seit $t = 0$ eine äußere Kraft $\mathfrak{F}$ gewirkt hat.

Wir gehen nun zur Verifikation der Lösung (VII 6.07), (VII 6.08) über und erhalten zunächst aus (VII 6.07) durch Differentiation

$$\frac{\partial}{\partial x}\psi(\mathfrak{r},t) = j\,\mathfrak{k}_x(t)\,\psi(\mathfrak{r},t)$$

$$\frac{\partial^2}{\partial x^2}\psi(\mathfrak{r},t) = -\mathfrak{k}_x^2(t)\,\psi(\mathfrak{r},t)$$

$$-\frac{\hbar^2}{2m}\Delta\psi(\mathfrak{r},t) = +\frac{\hbar^2}{2m}|\mathfrak{k}(t)|^2\,\psi(\mathfrak{r},t),$$

woraus mit Hilfe von (VII 6.04)

$$-\frac{\hbar^2}{2m}\Delta\psi(\mathfrak{r},t) = [E(\mathfrak{k}(t)) + e\,U_0]\,\psi(\mathfrak{r},t)$$

oder

$$-\frac{\hbar^2}{2m}\Delta\psi(\mathfrak{r},t) - e\,U_0\,\psi(\mathfrak{r},t) = E(\mathfrak{k}(t))\,\psi(\mathfrak{r},t) \qquad \text{(VII 6.09)}$$

folgt.

Die Gl. (VII 6.09) hätten wir übrigens auch unmittelbar ohne Rechnung hinschreiben können; denn $\psi(\mathfrak{r};\,\mathfrak{k}) = A\,e^{j\mathfrak{k}\cdot\mathfrak{r}}$ befriedigt eben definitionsgemäß die stationäre SCHRÖDINGER-Gleichung $-\frac{\hbar^2}{2m}\Delta\,\psi(\mathfrak{r};\,\mathfrak{k}) - e\,U_0\,\psi(\mathfrak{r};\,\mathfrak{k}) = E(\mathfrak{k})\,\psi(\mathfrak{r};\,\mathfrak{k})$ ohne äußere Kraft. Wenn $\mathfrak{k}$ dabei nicht konstant gelassen wird, sondern von einem in der stationären Gleichung nicht auftretenden Parameter — nämlich der Zeit — abhängt, so ändert das die Erfüllung der stationären SCHRÖDINGER-Gleichung nicht, wenn nur auch in der Energie $E(\mathfrak{k})$ jeweils der zu dem gerade betrachteten Zeitmoment gehörige Energiewert $E(\mathfrak{k}(t))$ eingesetzt wird. Die Hinzufügung des von den Ortskoordinaten freien Zeitfaktors $\exp\left[-\frac{j}{\hbar}\int\limits_{\tau=\mathrm{const}}^{\tau=t} E(\mathfrak{k}(\tau))\,d\tau\right]$ führt dann auf (VII 6.09). Wir erwähnen hier diese Argumentation so ausführlich, weil wir später auf S. 313 bei der Behandlung des Kristallelektrons auf sie angewiesen sind und die rechnerische Ermittlung der (VII 6.09) entsprechenden Gl. (VII 6.13) nicht möglich sein wird.

In Weiterführung der Verifikation von (VII 6.07) bilden wir aus (VII 6.07) mit Berücksichtigung von (VII 6.08)

$$j\hbar\frac{\partial}{\partial t}\psi(\mathfrak{r},t) = j\hbar j\left[\dot{\mathfrak{k}}(t)\,\mathfrak{r} - \frac{1}{\hbar}E(\mathfrak{k}(t))\right]\psi(\mathfrak{r},t) = -\hbar\left[\frac{1}{\hbar}\mathfrak{F}(t)\,\mathfrak{r} - \frac{1}{\hbar}E(\mathfrak{k}(t))\right]\psi(\mathfrak{r},t)$$
$$= -\left[\mathfrak{F}(t)\,\mathfrak{r} - E(\mathfrak{k}(t))\right]\psi(\mathfrak{r},t),$$

was auf der rechten Seite von (VII 6.06) eingesetzt wird. Auf der linken Seite von (VII 6.06) werden die beiden ersten Summanden gemäß (VII 6.09) substituiert. Es ergibt sich eine Identität, nämlich

$$E(\mathfrak{k}(t))\,\psi(\mathfrak{r},t) - \mathfrak{F}(t)\,\mathfrak{r}\,\psi(\mathfrak{r},t) = -\left[\mathfrak{F}(t)\,\mathfrak{r} - E(\mathfrak{k}(t))\right]\psi(\mathfrak{r},t),$$

womit die Erfüllung von (VII 6.06) durch den Ansatz (VII 6.07) und (VII 6.08) gezeigt ist.

b) Das Kristallelektron unter der Wirkung einer äußeren Kraft $\mathfrak{F}(t)$

Wir behaupten nun, daß das Verhalten eines Kristallelektrons unter der Wirkung einer äußeren Kraft ganz ähnlich wie das eines freien Elektrons dadurch beschrieben werden kann, daß in der Wellenfunktion $\psi(\mathfrak{r};\,\mathfrak{k}) = u(\mathfrak{r};\,\mathfrak{k})\,e^{j\mathfrak{k}\cdot\mathfrak{r}}$ *des ungestörten Problems die Wellenzahl* $\mathfrak{k}$ *zeitabhängig nach dem Gesetz* (VII 6.08) *gemacht wird.* Dies gilt nicht in aller Strenge, wie sich sofort bei einem einfachen Verifikationsversuch zeigen wird.

Die eben aufgestellte Behauptung läuft darauf hinaus, daß die zeitabhängige SCHRÖDINGER-Gleichung eines Kristallelektrons unter der Wirkung einer äußeren Kraft

$$-\frac{\hbar^2}{2m}\Delta\,\psi(\mathfrak{r},t) - \left(e\,U(\mathfrak{r}) + \mathfrak{F}(t)\,\mathfrak{r}\right)\psi(\mathfrak{r},t) = j\,\hbar\frac{\partial}{\partial t}\psi(\mathfrak{r},t) \qquad \text{(VII 6.10)}$$

die Lösung

$$\psi(\mathfrak{r},t) = \psi\left(\mathfrak{r};\,\mathfrak{k}(t)\right)\exp\left[-\frac{j}{\hbar}\int\limits_{\tau=\mathrm{const}}^{\tau=t} E\left(\mathfrak{k}(\tau)\right)d\tau\right]$$
$$= \frac{1}{\sqrt{G}}\,u\left(\mathfrak{r};\,\mathfrak{k}(t)\right)\exp j\left[\mathfrak{k}(t)\,\mathfrak{r} - \frac{1}{\hbar}\int\limits_{\tau=\mathrm{const}}^{\tau=t} E\left(\mathfrak{k}(\tau)\right)d\tau\right] \qquad \text{(VII 6.11)}$$

mit

$$\mathfrak{k}(t) = k(0) + \frac{1}{\hbar} \int\limits_{\tau=0}^{\tau=t} \mathfrak{F}(\tau)\, d\tau \quad \text{bzw.} \quad \dot{\mathfrak{k}}(t) = \frac{1}{\hbar} \mathfrak{F}(t) \qquad \text{(VII 6.12)}$$

hat.

Mit $\psi(\mathfrak{r}; \mathfrak{k}(t)) = \frac{1}{\sqrt{G}} u(\mathfrak{r}; \mathfrak{k}(t))\, e^{j\mathfrak{k}\cdot\mathfrak{r}}$ ist hierbei irgendeine Lösung der stationären SCHRÖDINGER-Gleichung $-\frac{\hbar^2}{2m} \Delta\psi - e\,U(\mathfrak{r})\,\psi = E\,\psi$ gemeint. Entsprechend soll die Energie E im Exponenten des Zeitfaktors von (VII 6.11) von dem zeitabhängigen Wellenvektor $\mathfrak{k}(t)$ in derselben Weise abhängen wie von der zeitlich konstanten Wellenzahl $\mathfrak{k}$ im Fall eines Kristallelektrons im Gitterpotential $U(\mathfrak{r})$ *ohne* äußere Kraft, also z. B. wie es die Abb. VII 2.9, VII 3.10c, VII 3.11 und VII 3.12 zeigen oder wie es z. B. die Gl. (VII 2.22) für die BLOCHsche Näherung angibt.

Aus dieser Bemerkung geht sofort[1] hervor, daß

$$-\frac{\hbar^2}{2m} \Delta\,\psi(\mathfrak{r}; \mathfrak{k}(t)) - e\,U(\mathfrak{r})\,\psi(\mathfrak{r}; \mathfrak{k}(t)) = E(\mathfrak{k}(t))\,\psi(\mathfrak{r}; \mathfrak{k}(t))$$

gilt und also nach Hinzufügung des Zeitfaktors $\exp\left[-\frac{j}{\hbar} \int\limits_{\tau=\text{const}}^{\tau=t} E(\mathfrak{k}(\tau))\, d\tau\right]$ auch

$$-\frac{\hbar^2}{2m} \Delta\,\psi(\mathfrak{r}, t) - e\,U(\mathfrak{r})\,\psi(\mathfrak{r}, t) = E(\mathfrak{k}(t))\,\psi(\mathfrak{r}, t) \qquad \text{(VII 6.13)}$$

ist. Das ist schon der erste Schritt für eine Verifikation von (VII 6.11), für deren weitere Durchführung wir

$$\frac{\partial}{\partial t}\psi(\mathfrak{r}, t) = \frac{1}{\sqrt{G}} \frac{\partial}{\partial t}\left\{u(\mathfrak{r}; \mathfrak{k}(t)) \exp j\left[\mathfrak{k}(t)\,\mathfrak{r} - \frac{1}{\hbar} \int\limits_{\tau=\text{const}}^{\tau=t} E(\mathfrak{k}(\tau))\, d\tau\right]\right\}$$

$$= j\left[\dot{\mathfrak{k}}(t)\,\mathfrak{r} - \frac{1}{\hbar} E(\mathfrak{k}(t))\right]\psi(\mathfrak{r}, t) + \frac{1}{\sqrt{G}}\left(\frac{\partial u(\mathfrak{r}; \mathfrak{k}(t))}{\partial \mathfrak{k}_x}\,\dot{\mathfrak{k}}_x(t) + \right.$$

$$\left. + \frac{\partial u(\mathfrak{r}; \mathfrak{k}(t))}{\partial \mathfrak{k}_y}\,\dot{\mathfrak{k}}_y(t) + \frac{\partial u(\mathfrak{r}; \mathfrak{k}(t))}{\partial \mathfrak{k}_z}\,\dot{\mathfrak{k}}_z(t)\right) \exp j[\ldots]$$

$$\frac{\partial}{\partial t}\psi(\mathfrak{r}, t) = j\left[\dot{\mathfrak{k}}(t)\,\mathfrak{r} - \frac{1}{\hbar} E(\mathfrak{k}(t))\right]\psi(\mathfrak{r}, t) + \frac{1}{\sqrt{G}} \operatorname{grad}_{\mathfrak{k}} u(\mathfrak{r}; \mathfrak{k}(t))\,\dot{\mathfrak{k}}(t) \times$$

$$\times \exp j\left[\mathfrak{k}(t)\,\mathfrak{r} - \frac{1}{\hbar} \int\limits_{\tau=\text{const}}^{\tau=t} E(\mathfrak{k}(\tau))\, d\tau\right]$$

---

[1] Die Begründung ist dieselbe wie die auf S. 312 gebrachte Begründung für Gl. (VII 6.09).

bilden müssen. Mit (VII 6.12) kommt dann

$$j\hbar\frac{\partial}{\partial t}\psi(\mathfrak{r},t) = -\left(\mathfrak{F}(t)\,\mathfrak{r}\right)\psi(\mathfrak{r},t) + E\left(\mathfrak{k}(t)\right)\psi(\mathfrak{r},t) +$$

$$+ j\frac{1}{\sqrt{G}}\,\mathfrak{F}(t)\,\mathrm{grad}_{\mathfrak{k}}\,u\left(\mathfrak{r};\,\mathfrak{k}(t)\right)\exp j\left[\mathfrak{k}(t)\,\mathfrak{r} - \frac{1}{\hbar}\int\limits_{\tau=\mathrm{const}}^{\tau=t} E\left(\mathfrak{k}(\tau)\right)d\tau\right]. \quad \text{(VII 6.14)}$$

Durch Kombination von (VII 6.13) und (VII 6.14) wird dann ersichtlich, daß der Ansatz (VII 6.11) die SCHRÖDINGER-Gleichung (VII 6.10) *fast* erfüllt. Allerdings bleibt das Glied $j\frac{1}{\sqrt{G}}\,\mathfrak{F}(t)\;\mathrm{grad}_{\mathfrak{k}}\,u\left(\mathfrak{r};\,\mathfrak{k}(t)\right)\,\exp j\,[\ldots]$ auf der rechten Seite von (VII 6.10) unkompensiert stehen.

Wir wollen nun zeigen, daß dieses Versagen des Ansatzes (VII 6.11) *darauf beruht, daß er die unter der Einwirkung der Zusatzkraft* $\mathfrak{F}(t)$ *möglichen Übergänge des Elektrons in höhere Bänder nicht berücksichtigt.* Zu diesem Zweck erweitern wir (VII 6.11) in folgender Weise:

$$\psi(x,t) = \sum_{N'=1}^{\infty}\int\limits_{k_0'=-\frac{\pi}{a}}^{+\frac{\pi}{a}} dk_0'\,A_{N'k_0'}\,\psi_{N'}\left(x;\,k(t,k_0')\right)\times$$

$$\times\exp\left[-\frac{j}{\hbar}\int\limits_{\tau=\mathrm{const}}^{\tau=t} E_{N'}\left(k(\tau,k_0')\right)d\tau\right]. \quad \text{(VII 6.15)}$$

An Stelle des einfachen Ausdrucks (VII 6.11) ist also eine Summe bzw. ein Integral solcher Ausdrücke mit vorläufig unbekannten Amplituden $A_{N'k_0'}$ angesetzt worden. Weiter haben wir an Stelle des einfachen $k(t)$ etwas ausführlicher $k(t,k_0')$ geschrieben, um die aus (VII 6.12) ersichtliche Abhängigkeit der zeitveränderlichen Wellenzahlen von ihrem Anfangswert $k(0) = k_0'$ zu betonen. Das ist nötig, weil in (VII 6.15) über diesen Anfangswert k_0' integriert wird. Weiter sind wir in (VII 6.15) der Einfachheit halber zu einem eindimensionalen Fall übergegangen. Infolgedessen erfüllen die Anfangswerte k_0' das Intervall (die erste BRILLOUIN-Zone)

$$-\frac{\pi}{a} < k_0' < +\frac{\pi}{a}$$

Die Integration in (VII 6.15) über k_0' erfaßt also die sämtlichen Eigenfunktionen eines Bandes, die Summation über N' die verschiedenen Bänder. Da $k(t,k_0')$ sich mit Ablauf der Zeit t *stetig* verändert, ist eine eigentliche Normierung der $\psi(x;\,k(t,k_0'))$ in einem endlichen Grundgebiet nicht möglich. Das würde ja zu den *diskreten* Werten (VII 2.08) führen. Wir müssen statt dessen auf die uneigentliche Normierung

(XII 7.12) zurückgreifen und entsprechend (XII 7.07)

$$\psi_N(x;\, k(t;\, k_0')) = \sqrt{\frac{a}{2\pi}}\, u_N(x;\, k(t,\, k_0'))\, \exp j\, k(t,\, k_0')\, x \quad \text{(VII 6.151)}$$

ansetzen[1]. Die gitterperiodischen Modulationsfaktoren u_N sind dann wieder in der Gitterzelle normiert (s. XII 7.09).

Es handelt sich bei (VII 6.15) um eine Verallgemeinerung einer der üblichen Entwicklungen

$$\psi(x,\, t) = \sum C_{N'}\, \psi_{N'}(x)\, e^{-j\frac{E_{N'}}{\hbar}t}, \quad \text{(VII 6.152)}$$

bei denen die Absolutquadrate $|C_{N'}|^2$ die Wahrscheinlichkeit bedeuten, mit der bei einer Messung der Energie in der durch $\psi(x,\, t)$ beschriebenen physikalischen Situation der Wert $E_{N'}$ herauskommt, mit der also „der Zustand N' realisiert ist". (VII 6.15) ist gegenüber (VII 6.152) dadurch erweitert, daß zu der diskreten Quantenzahl N' noch eine zweite kontinuierliche Quantenzahl k getreten ist. Diese Quantenzahl k entfernt sich aber im Verlauf der Zeit t von ihrem Anfangswert k_0' gemäß der Beziehung (VII 6.12), und darin liegt eine weitere, erheblich wichtigere Erweiterung gegenüber (VII 6.152). Trotzdem geben die Amplitudenquadrate $|A_{N'k_0'}|^2$ wieder die Wahrscheinlichkeit an, mit der in der durch $\psi(x,\, t)$ beschriebenen physikalischen Situation der Zustand N', k im Augenblick t realisiert ist, wobei eben jeweils $k = k(t, k_0')$ gemäß (VII 6.12) zu wählen ist.

Aber auch der erweiterte Ansatz (VII 6.15) führt zunächst nicht weiter, denn nun bleibt auf der rechten Seite von Gl. (VII 6.10) eben eine Summe von Gliedern

$$j\, A_{N'k_0'} \sqrt{\frac{a}{2\pi}}\, F(t)\, \frac{\partial}{\partial k}\, u_{N'}(x;\, k(t,\, k_0'))\, \exp j[\ldots]$$

unkompensiert stehen. Eine Möglichkeit zur Kompensation ergibt sich erst dann, wenn die Amplituden $A_{N'k_0'}$ zeitabhängig gemacht werden

$$A_{N'k_0'} = A_{N'k_0'}(t).$$

Dann treten nämlich beim Einsetzen von (VII 6.15) auf der rechten Seite von (VII 6.10) noch zusätzliche Glieder

$$j\,\hbar\, \dot{A}_{N'k_0'}(t)\, \psi_{N'}(x;\, k(t,\, k_0'))\, \exp\left[-\frac{j}{\hbar} \int\limits_{\tau=\mathrm{const}}^{\tau=t} E_{N'}(k(\tau,\, k_0'))\, d\tau\right]$$

[1] Das hätte aus dem gleichen Grund — kontinuierlich veränderliches $\mathfrak{k}$ — eigentlich schon in (VII 6.11) geschehen müssen.

auf, und die Erfüllung von (VII 6.10) führt auf die Forderung

$$0=\left\{\begin{aligned}&\sum_{N'=1}^{\infty}\int\limits_{k_0'=-\frac{\pi}{a}}^{k_0'=+\frac{\pi}{a}} dk_0'\, j\,\hbar\,\dot{A}_{N'k_0'}(t)\,\psi_{N'}\big(x;\,k(t,\,k_0')\big)\times\\&\times\exp\left[-\frac{j}{\hbar}\int\limits_{\tau=\mathrm{const}}^{\tau=t}E_{N'}\big(k(\tau,\,k_0')\big)\,d\tau\right]+\\&+\sum_{N'=1}^{\infty}\int\limits_{k_0'=-\frac{\pi}{a}}^{k_0'=+\frac{\pi}{a}} dk_0'\, j\,A_{N'k_0'}(t)\,F(t)\,\frac{\partial}{\partial k}\sqrt{\frac{a}{2\pi}}\,u_{N'}\big(x;\,k(t,\,k_0')\big)\times\\&\times\exp j\left[\big(k(t,\,k_0')\big)\,x-\frac{1}{\hbar}\int\limits_{\tau=\mathrm{const}}^{\tau=t}E_{N'}\big(k(\tau,\,k_0')\big)\,d\tau\right].\end{aligned}\right. \tag{VII 6.16}$$

Zur Ermittlung der im Prinzip unendlich vielen Unbekannten $A_{N'k_0'}$ multiplizieren wir (VII 6.16) mit

$$\psi_N^*\big(x;\,k(t,\,k_0)\big)\,\exp\left[+\frac{j}{\hbar}\int\limits_{\tau=\mathrm{const}}^{\tau=t}E_N\big(k(\tau,\,k_0)\big)\,d\tau\right]$$

und integrieren über x von $-\infty$ bis $+\infty$.

Wir beachten das Orthogonalitäts- und Normierungsintegral (XII 7.12) der $\psi_N\big(x;\,k(t,\,k_0)\big)$ und erhalten

$$0=\left\{\begin{aligned}&+\sum_{N'=1}^{\infty}\int\limits_{k_0'=-\frac{\pi}{a}}^{k_0'=+\frac{\pi}{a}} dk_0'\, j\,\hbar\,\dot{A}_{N'k_0'}(t)\,\delta_{NN'}\,\delta\,(k_0-k_0')\times\\&\times\exp\left[-\frac{j}{\hbar}\int\limits_{\tau=\mathrm{const}}^{\tau=t}\big[E_{N'}\big(k(\tau,\,k_0')\big)-E_N\big(k(\tau,k_0)\big)\big]\,d\tau\right]+\\&+\sum_{N'=1}^{\infty}\int\limits_{k_0'=-\frac{\pi}{a}}^{k_0'=+\frac{\pi}{a}} dk_0'\, j\,A_{N'k_0'}(t)\int\limits_{x=-\infty}^{x=+\infty}\sqrt{\frac{a}{2\pi}}\,u_N^*\big(x;\,k(t,\,k_0)\big)\times\\&\times F(t)\,\frac{\partial}{\partial k}\sqrt{\frac{a}{2\pi}}\,u_{N'}\big(x;\,k(t,\,k_0')\big)\times\\&\times\exp j\left[\big(k(t,\,k_0')\big)\,x-\frac{1}{\hbar}\int\limits_{\tau=\mathrm{const}}^{\tau=t}E_{N'}\big(k(\tau,\,k_0')\big)\,d\tau-\right.\\&\left.-\big(k(t,\,k_0)\big)\,x+\frac{1}{\hbar}\int\limits_{\tau=\mathrm{const}}^{\tau=t}E_N\big(k(\tau,\,k_0)\big)\,d\tau\right]dx.\end{aligned}\right.$$

Im ersten Term mit $A_{N'k'_0}(t)$ läßt sich wegen $\delta_{NN'}\,\delta(k_0 - k'_0)$ sowohl die Summenbildung wie die Integration durchführen. Im zweiten Term ist die aus (VII 6.12) folgende Beziehung

$$k(t, k'_0) - k(t, k_0) = k'_0 - k_0$$

zu berücksichtigen.

$$\dot{A}_{N k_0}(t) = -\sum_{N'=1}^{\infty} \int\limits_{k'_0=-\frac{\pi}{a}}^{k'_0=+\frac{\pi}{a}} d k'_0\, A_{N' k'_0} \frac{1}{\hbar} F(t) \frac{a}{2\pi} \int\limits_{x=-\infty}^{x=+\infty} u_N^*\big(x; k(t, k_0)\big) e^{j[k'_0 - k_0]x} \times$$

$$\times \frac{\partial}{\partial k} u_{N'}\big(x; k(t, k'_0)\big)\, dx \times$$

$$\times \exp\left\{+\frac{j}{\hbar} \int\limits_{\tau=\mathrm{const}}^{\tau=t} \left[E_N\big(k(\tau, k_0)\big) - E_{N'}\big(k(\tau, k'_0)\big)\right] d\tau\right\}.$$

Jetzt zeigt sich, daß die Integration über k'_0 in (VII 6.15) überflüssig ist. $u_N^*\big(x; k(t, k_0)\big) \frac{\partial}{\partial k} u_{N'}\big(x; k(t, k'_0)\big)$ ist nämlich in jedem beliebigen, aber festgehaltenen Zeitpunkt eine gitterperiodische Funktion, und es kann (XII 1.28) angewendet werden:

$$\dot{A}_{N k_0}(t) = -\frac{1}{\hbar} F(t) \sum_{N'=1}^{\infty} \int\limits_{k'_0=-\frac{\pi}{a}}^{k'_0=+\frac{\pi}{a}} d k'_0\, A_{N' k'_0} \times$$

$$\times \frac{a}{2\pi} \delta(k'_0 - k_0) \frac{2\pi}{a} \int\limits_{x=0}^{x=a} u_N^*\big(x; k(t, k_0)\big) \frac{\partial}{\partial k} u_{N'}\big(x; k(t, k'_0)\big)\, dx \times$$

$$\times \exp\left\{+\frac{j}{\hbar} \int\limits_{\tau=\mathrm{const}}^{\tau=t} \left[E_N\big(k(\tau, k_0)\big) - E_{N'}\big(k(\tau, k'_0)\big)\right] d\tau\right\}.$$

Ausführung der Integration über k'_0 ergibt

$$\dot{A}_{N k_0}(t) = -\frac{1}{\hbar} F(t) \sum_{N'=1}^{\infty} A_{N' k_0}(t) \int\limits_{x=0}^{x=a} u_N^*\big(x; k(t, k_0)\big) \frac{\partial}{\partial k} u_{N'}\big(x; k(t, k_0)\big)\, dx \times$$

$$\times \exp\left\{+\frac{j}{\hbar} \int\limits_{\tau=\mathrm{const}}^{\tau=t} \left[E_N\big(k(\tau, k_0)\big) - E_{N'}\big(k(\tau, k_0)\big)\right] d\tau\right\}. \qquad \text{(VII 6.17)}$$

Aus dem Wegfall der Integration über k'_0 geht also vor allem hervor, daß bei einem Elektron, das z. Z. $t = 0$ durch eine Funktion $\psi_N(x; k_0)$ repräsentiert wurde, gar keine fremden k'_0-Zahlen ins Spiel kommen oder genauer gesagt: Infolge des Wirkens der Zusatzkraft $F(t)$ verändert sich die Wellenzahl k nach dem Zeitgesetz (VII 6.12), und der einfache

Ansatz (VII 6.11) würde das Verhalten des Elektrons vollkommen richtig wiedergeben, wenn nicht im Laufe der Zeit auch Zustände mit gleichem $k(t) = k_0 + \frac{1}{\hbar} \int\limits_{\tau=0}^{\tau=t} F(\tau)\, d\tau$ in anderen Bändern $N' \neq N$ angeregt würden. (VII 6.17) lehrt eben, daß, wenn auch z. Z. $t = 0$ nur ein einziger Koeffizient $A_{N_0 k_0} \neq 0$ war und das Elektron demgemäß lediglich im N_0-ten Band den Zustand k_0 besetzte, nach Ablauf der Zeit t im Prinzip alle anderen Koeffizienten $A_{N'k_0}$ auch von Null verschieden geworden sind und die Zusatzkraft $F(t)$ demgemäß mit einer gewissen Wahrscheinlichkeit Übergänge des Elektrons in jedes andere Band $N' \neq N_0$ herbeiführt. Diese Wahrscheinlichkeit wird gemessen durch das Quadrat des absoluten Betrags von $A_{N'k_0}$ und bei einer weiteren Behandlung des Differentialgleichungssystems (VII 6.17) für die unendlich vielen Koeffizienten $A_{N'k_0}$ muß sich also ergeben, mit welcher Häufigkeit bei gegebener Größe der Kraft $F(t)$ Übergänge des Elektrons in ein anderes Band tatsächlich eintreten. Wir werden diese Frage im nächsten § 7 auf diesem Wege beantworten und dabei bemerken, daß erst außerordentlich große Kräfte imstande sind, Elektronenübergänge in ein fremdes Band mit merkbarer Häufigkeit zu bewirken. *Für Kräfte normaler Größenordnung können wir also einfach feststellen, daß das Elektron auch beim Wirken einer Zusatzkraft dauernd durch eine*[1] *Lösung* $\psi(\mathfrak{r}; \mathfrak{k})$ *der stationären* SCHRÖDINGER*-Gleichung ohne Zusatzkraft repräsentiert wird, wobei sich aber sein Wellenvektor nach dem Zeitgesetz*

$$\dot{\mathfrak{k}} = \frac{1}{\hbar} \mathfrak{F}(t) \qquad \text{(VII 6.12)}$$

ändert.

Diese Gl. (VII 6.12) hat nun sehr entscheidende physikalische Folgen, die wir jetzt besprechen wollen.

c) Die effektive Masse eines Kristallelektrons

Mit Hilfe von Gl. (VII 6.12) läßt sich nämlich durch Kombination mit Gl. (VII 5.10) ein Analogon zu der für ein freies Elektron geltenden Gleichung

$$\dot{\mathfrak{v}} = \frac{1}{m} \mathfrak{F} \qquad \text{(VII 6.18)}$$

angeben.

Wir gehen dabei zunächst der Einfachheit halber, und um uns einen Überblick zu verschaffen, von der an den Bandgrenzen häufig vorausgesetzten speziellen $E(\mathfrak{k})$-Abhängigkeit (VII 4.06) aus, die wir jetzt in

[1] Neuerdings hat sich aber gezeigt, daß für gewisse Fragestellungen (Zusammenhang mit dem EHRENFESTschen Theorem) auch schon bei schwachen Kräften die Übergänge in die höheren Bänder berücksichtigt werden müssen [s. D. PFIRSCH u. E. SPENKE: Z. Phys. 137 (1954) 309].

der Form

$$E = E_{\text{Grenz}} + \tfrac{1}{2} E''(|\mathfrak{k}_{\text{Grenz}}|)\,[(\mathfrak{k}_x - \mathfrak{k}_{x\,\text{Grenz}})^2 + \\ + (\mathfrak{k}_y - \mathfrak{k}_{y\,\text{Grenz}})^2 + (\mathfrak{k}_z - \mathfrak{k}_{z\,\text{Grenz}})^2] \tag{VII 6.19}$$

schreiben[1], wobei an die Stelle der zweifachen Ableitung $E''(|\mathfrak{k}_{\text{Grenz}}|)$ nach dem absoluten Betrag $|\mathfrak{k}|$ des Wellenvektors $\mathfrak{k}$ bei dieser speziellen $E(\mathfrak{k})$-Abhängigkeit ebensogut eine der zweifachen Ableitungen von E nach einer der Komponenten $\mathfrak{k}_x$, $\mathfrak{k}_y$ oder $\mathfrak{k}_z$ treten könnte.

Die Auswertung von (VII 5.10) ergibt in dem speziellen Fall (VII 6.19) eine Gleichung

$$\mathfrak{v} = \frac{1}{\hbar} E''(|\mathfrak{k}_{\text{Grenz}}|)\,(\mathfrak{k} - \mathfrak{k}_{\text{Grenz}}), \tag{VII 6.20}$$

woraus durch zeitliche Differentiation

$$\dot{\mathfrak{v}} = \frac{1}{\hbar} E''(|\mathfrak{k}_{\text{Grenz}}|)\,\dot{\mathfrak{k}} \tag{VII 6.21}$$

folgt, was wiederum mit (VII 6.12) zu

$$\dot{\mathfrak{v}} = \frac{1}{\hbar^2} E''(|\mathfrak{k}_{\text{Grenz}}|)\,\mathfrak{F} \tag{VII 6.22}$$

führt. Vergleich dieser für ein Kristallelektron gültigen Beziehung (VII 6.22) mit der für ein freies Elektron geltenden Gl. (VII 6.18) zeigt, daß beim Kristallelektron an die Stelle der Elektronenmasse bei Beschleunigungsvorgängen eine effektive Masse

$$m_{\text{eff}} = \frac{\hbar^2}{E''(|\mathfrak{k}_{\text{Grenz}}|)} \tag{VII 6.23}$$

tritt. Bevor wir uns den entscheidenden physikalischen Folgerungen aus dieser Gleichung zuwenden, wollen wir noch den Fall einer allgemeinen Abhängigkeit $E(\mathfrak{k})$ betrachten.

Wir differenzieren dazu z. B. die x-Komponente von (VII 5.10) nach der Zeit

$$\dot{\mathfrak{v}}_x = \frac{1}{\hbar}\frac{d}{dt}\left[\frac{\partial}{\partial \mathfrak{k}_x} E(\mathfrak{k}_x, \mathfrak{k}_y, \mathfrak{k}_z)\right] = \frac{1}{\hbar}\left[\frac{\partial^2 E}{\partial \mathfrak{k}_x^2}\dot{\mathfrak{k}}_x + \frac{\partial^2 E}{\partial \mathfrak{k}_x \partial \mathfrak{k}_y}\dot{\mathfrak{k}}_y + \frac{\partial^2 E}{\partial \mathfrak{k}_x \partial \mathfrak{k}_z}\dot{\mathfrak{k}}_z\right]$$

und fassen diese Gleichung mit den entsprechenden beiden andern für $\dot{\mathfrak{v}}_y$ und $\dot{\mathfrak{v}}_z$ zusammen in der Vektorgleichung

$$\dot{\mathfrak{v}} = \frac{1}{\hbar}\left(\frac{\partial^2 E}{\partial \mathfrak{k}_l \partial \mathfrak{k}_m}\right)\dot{\mathfrak{k}}, \tag{VII 6.24}$$

[1] Die Ersetzung des „const" der Gl. (VII 4.06) durch $\frac{1}{2} E''(|\mathfrak{k}_{\text{Grenz}}|)$ wird durch die TAYLOR-Entwicklung der Funktion $E(\mathfrak{k})$ an der Stelle $\mathfrak{k} = \mathfrak{k}_{\text{Grenz}}$ geliefert.

wobei mit dem Symbol $\frac{\partial^2 E}{\partial \mathfrak{k}_l \partial \mathfrak{k}_m}$ der Tensor

$$\left(\frac{\partial^2 E}{\partial \mathfrak{k}_l \partial \mathfrak{k}_m}\right) = \begin{Bmatrix} \frac{\partial^2 E}{\partial \mathfrak{k}_x^2} & \frac{\partial^2 E}{\partial \mathfrak{k}_x \partial \mathfrak{k}_y} & \frac{\partial^2 E}{\partial \mathfrak{k}_x \partial \mathfrak{k}_z} \\ \frac{\partial^2 E}{\partial \mathfrak{k}_y \partial \mathfrak{k}_x} & \frac{\partial^2 E}{\partial \mathfrak{k}_y^2} & \frac{\partial^2 E}{\partial \mathfrak{k}_y \partial \mathfrak{k}_z} \\ \frac{\partial^2 E}{\partial \mathfrak{k}_z \partial \mathfrak{k}_x} & \frac{\partial^2 E}{\partial \mathfrak{k}_z \partial \mathfrak{k}_y} & \frac{\partial^2 E}{\partial \mathfrak{k}_z^2} \end{Bmatrix} \tag{VII 6.25}$$

gemeint ist. Aus (VII 6.24) und (VII 6.12) erhalten wir jetzt als das gewünschte Analogon zu (VII 6.18) die Gleichung

$$\dot{\mathfrak{v}} = \frac{1}{\hbar^2}\left(\frac{\partial^2 E}{\partial \mathfrak{k}_l \partial \mathfrak{k}_m}\right)\mathfrak{F}. \tag{VII 6.26}$$

Wir sehen, daß im allgemeinen bei einem Kristallelektron die reziproke effektive Masse Tensorcharakter hat. Ein solcher Tensor kann durch Wahl geeigneter Achsenrichtungen x, y, z auf Hauptachsen transformiert werden, d. h., es können die nichtdiagonalen Glieder $\frac{\partial^2 E}{\partial \mathfrak{k}_x \partial \mathfrak{k}_y}$, $\frac{\partial^2 E}{\partial \mathfrak{k}_x \partial \mathfrak{k}_z}$ usw. zum Verschwinden gebracht werden. (VII 6.26) kann dann durch 3 Komponentengleichungen

$$\dot{\mathfrak{v}}_x = \frac{1}{\hbar^2}\frac{\partial^2 E}{\partial \mathfrak{k}_x^2}\mathfrak{F}_x \qquad \dot{\mathfrak{v}}_y = \frac{1}{\hbar^2}\frac{\partial^2 E}{\partial \mathfrak{k}_y^2}\mathfrak{F}_y \qquad \dot{\mathfrak{v}}_z = \frac{1}{\hbar^2}\frac{\partial^2 E}{\partial \mathfrak{k}_z^2}\mathfrak{F}_z$$

$$\dot{\mathfrak{v}}_x = \frac{1}{m_{x\,\mathrm{eff}}}\mathfrak{F}_x \qquad \dot{\mathfrak{v}}_y = \frac{1}{m_{y\,\mathrm{eff}}}\mathfrak{F}_y \qquad \dot{\mathfrak{v}}_z = \frac{1}{m_{z\,\mathrm{eff}}}\mathfrak{F}_z \tag{VII 6.27}$$

ersetzt werden. Man sieht, daß für die Beschleunigung in Richtung der 3 Hauptachsen drei effektive Massen

$$m_{x\,\mathrm{eff}} = \frac{\hbar^2}{\frac{\partial^2 E}{\partial \mathfrak{k}_x^2}} \qquad m_{y\,\mathrm{eff}} = \frac{\hbar^2}{\frac{\partial^2 E}{\partial \mathfrak{k}_y^2}} \qquad m_{z\,\mathrm{eff}} = \frac{\hbar^2}{\frac{\partial^2 E}{\partial \mathfrak{k}_z^2}} \tag{VII 6.28}$$

maßgebend sind. Bei einer in beliebiger Richtung zeigenden Kraft $\mathfrak{F}$ wird also die Beschleunigung $\dot{\mathfrak{v}}$ im allgemeinen nicht mehr dieselbe Richtung wie die Kraft $\mathfrak{F}$ haben.

Welche physikalischen Folgen haben nun die Gln. (VII 6.22) und (VII 6.23) bzw. (VII 6.26) und (VII 6.28)? Das zunächst Frappierendste an diesen Beziehungen ist vielleicht, daß am oberen Rande eines Bandes, wo $E(\mathfrak{k})$ ein Maximum hat[1] (s. Abb. VII 3.10 bis VII 3.12) und deshalb die zweite Ableitung der Energie nach der Wellenzahl negativ wird, die Gln. (VII 6.23) bzw. (VII 6.28) auf eine *negative* effektive Masse

[1] In dieser Allgemeinheit gilt diese scheinbar so selbstverständliche Aussage nicht. In dreidimensionalen Gittern können an den Bandgrenzen recht komplizierte Verhältnisse auftreten. Wir erwähnten das schon auf S. 265 oben unter Hinweis auf das kubisch-flächenzentrierte Gitter.

führen. Durch eine in Richtung der vorhandenen Bewegung wirkende Kraft wird ein energetisch am oberen Bandrand liegendes Elektron also abgebremst, nicht beschleunigt[1].

Diese Aussage verliert sofort ihren anstößigen Charakter, wenn man sich vergegenwärtigt, welches — man möchte fast sagen — absurde Vorgehen bei der Definition der effektiven Masse eingeschlagen wurde. Ein Kristallelektron unterliegt zunächst einmal sehr starken Kraftwirkungen vom Gitter. Kommt jetzt noch zusätzlich eine äußere Kraft $\mathfrak{F}$ hinzu, so tun wir bei der Definition der effektiven Masse durch die Gleichung $\dot{\mathfrak{v}} = \frac{1}{m_{\text{eff}}} \mathfrak{F}$ so, als ob die Gitterkräfte überhaupt nicht wirkten, sondern als ob die äußere Kraft $\mathfrak{F}$ allein vorhanden wäre. Man kann sich bei einem solchen Vorgehen wirklich nicht wundern, wenn sich für die effektive Masse die merkwürdigsten Werte ergeben, da sich in diesen anomalen Werten ja die Wirkung der in der Definitionsgleichung $\dot{\mathfrak{v}} = \frac{1}{m_{\text{eff}}} \mathfrak{F}$ unterschlagenen Gitterkräfte äußert. Speziell für ein energetisch dicht unter einer oberen Bandgrenze liegendes Elektron liegen die Verhältnisse so, daß von einer in der Bewegungsrichtung wirkenden Kraft die Energie weiter erhöht, das Elektron noch dichter an die Bandgrenze herangehoben wird. Dadurch wird seine Eigenfunktion aber noch stärker als vorher zu einer stehenden Welle, nämlich durch die verstärkte BRAGG-Reflexion des Gitters, und die mittlere Geschwindigkeit des Elektrons nimmt ab. Man sieht deutlich, wie die in der Definitionsgleichung $\dot{\mathfrak{v}} = \frac{1}{m_{\text{eff}}} \mathfrak{F}$ unterschlagenen Gitterwirkungen verantwortlich für das zunächst scheinbar so absonderliche Verhalten des Elektrons sind.

Weiter hatten wir auf S. 286 unter Punkt 6 festgestellt, daß starke Bindung der Elektronen an die Atomrümpfe zu schmalen erlaubten Energiebändern führt. Man sieht nun nach Abb. VII 6.3, daß bei schmalen Energiebändern $E''(k)$ klein und bei breiten Energiebändern $E''(k)$ groß ist. Die Gl. (VII 6.23) führt also im Falle starker Bindung

[1] Wir wollen darauf hinweisen, daß der Übergang von den positiven effektiven Massen im unteren Teil des Bandes zu den negativen Massen des oberen Teils des Bandes nicht über $m_{\text{eff}} = 0$, sondern über $m_{\text{eff}} = \infty$ geht. Man beachte aber, daß diese Aussage nur für jeweils eine Koordinatenrichtung, beispielsweise die x-Richtung gilt. Im dreidimensionalen Fall muß man berücksichtigen, daß ein Elektron mit der dazugehörigen speziellen Energie nur auf eine rein in x-Richtung wirkende Kraft wegen $m_{\text{eff}} = \infty$ nicht reagiert, dagegen im allgemeinen in der y- und z-Richtung endliche effektive Massen haben wird. Die obersten Elektronen eines „halbgefüllten" Bandes werden also niemals auf Kräfte beliebiger Richtung nicht reagieren, sondern diese Unfähigkeit zu Geschwindigkeitsänderungen tritt höchstens für spezielle Richtungen ein.

auf große und im Falle schwacher Bindung auf kleine effektive Massen, ein sehr plausibles Ergebnis.

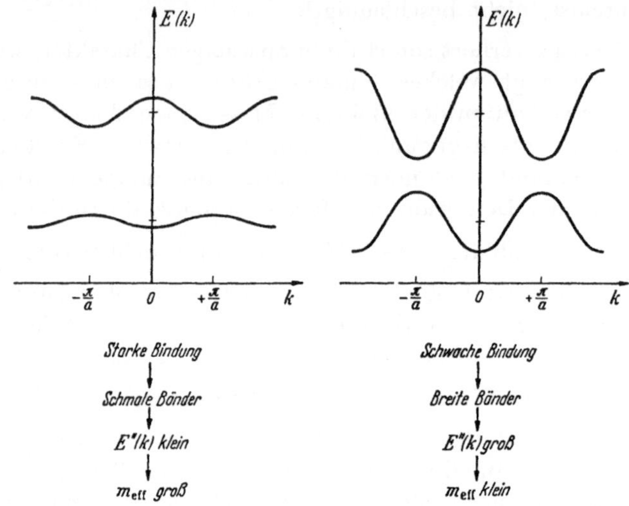

Abb. VII 6.3 Zusammenhang zwischen Bindung und m_{eff}.

d) Zusammenfassung

In der Zusammenstellung auf S. 323 wollen wir die in den letzten beiden Paragraphen gewonnenen Beziehungen zwischen mittlerem Impuls $\mathfrak{p}$, mittlerer Geschwindigkeit $\mathfrak{v}$, Wellenzahl $\mathfrak{k}$ und Kraft $\mathfrak{F}$ der Übersicht halber noch einmal zusammenstellen. Dabei werden die für den Grenzfall des freien Elektrons, wo die $E(\mathfrak{k})$-Abhängigkeit bekannt, nämlich

$$E(\mathfrak{k}) = \frac{\hbar^2}{2m} |\mathfrak{k}|^2 \quad \text{(s. Abb. VII 3.10a)} \qquad \text{(VII 6.29)}$$

ist, eintretenden Vereinfachungen auch angeführt (s. S. 323).

e) Die Näherungsmethode der effektiven Masse („effective-mass-approximation")

Der Begriff der effektiven Masse ist in Arbeiten von Kohn[1] und von Klein[2], denen Publikationen von Wannier[3], Mott[4], Bethe[5] und Slater[6] vorangegangen sind, in einer Weise bedeutungsvoll geworden, die über das Beschleunigungsgesetz (VII 6.12) bzw. (VII 6.27)

(Fortsetzung s. S. 324)

[1] Kohn, W.: Phys. Rev. 105 (1957) 509; 110 (1958) 857.

[2] Klein, A.: Phys. Rev. 115 (1959) 1136.

[3] Wannier, G. H.: Phys. Rev. 52 (1937) 191.

[4] Mott, N. F., u. R. W. Gurney: Electronic Processes in Ionic Crystals, Oxford: Clarendon Press 1940 u. 1948, S. 80—86.

[5] Bethe, H. A.: R. I. Report No. 43—12, 1942.

[6] Slater, J. C.: Handbuch d. Phys. 19 (1956) 1.

Zusammenstellung

Kristallelektron:	freies Elektron:
$\mathfrak{p} = m\,\mathfrak{v}$, (VII 5.09)	$\mathfrak{p} = m\,\mathfrak{v}$, (VII 5.09)
$\mathfrak{v} = \frac{1}{\hbar}\,\mathrm{grad}_{\mathfrak{k}} E(\mathfrak{k})$, (VII 5.10)	$\mathfrak{v} = \frac{\hbar\,\mathfrak{k}}{m}$ bzw. $v = \frac{h}{m\,\lambda}$, (VII 6.30)
$\mathfrak{p} = \frac{m}{\hbar}\,\mathrm{grad}_{\mathfrak{k}} E(\mathfrak{k})$, (VII 5.03)	$\mathfrak{p} = \hbar\,\mathfrak{k}$ bzw. $p = \frac{h}{\lambda}$ (DE BROGLIE), (VII 6.31)
$\mathfrak{F} = \hbar\,\dot{\mathfrak{k}}$, (VII 6.12)	$\mathfrak{F} = \hbar\,\dot{\mathfrak{k}} = \dot{\mathfrak{p}}$ (NEWTON), (VII 6.32)
$m_{x\,\mathrm{eff}} = \frac{\hbar^2}{\frac{\partial^2 E}{\partial \mathfrak{k}_x^2}}$, $m_{y\,\mathrm{eff}} = \frac{\hbar^2}{\frac{\partial^2 E}{\partial \mathfrak{k}_y^2}}$, $m_{z\,\mathrm{eff}} = \frac{\hbar^2}{\frac{\partial^2 E}{\partial \mathfrak{k}_z^2}}$, (VII 6.28)	$m_{\mathrm{eff}} = \frac{\hbar^2}{\frac{\hbar^2}{2m}\cdot 2} = m$, (VII 6.33)
$\dot{\mathfrak{v}}_x = \frac{1}{m_{x\,\mathrm{eff}}}\,\mathfrak{F}_x$, $\dot{\mathfrak{v}}_y = \frac{1}{m_{y\,\mathrm{eff}}}\,\mathfrak{F}_y$, $\dot{\mathfrak{v}}_z = \frac{1}{m_{z\,\mathrm{eff}}}\,\mathfrak{F}_z$, (VII 6.27)	$\dot{\mathfrak{v}} = \frac{1}{m}\,\mathfrak{F}$. (VII 6.34)

Kommentare: 1. Die Gl. (VII 5.09) gilt zunächst für die quantenmechanischen Mittelwerte $\mathfrak{p}$ und $\mathfrak{v}$ des Impulsoperators $\frac{\hbar}{j}$ grad und des Geschwindigkeitsoperators $\frac{\hbar}{j\,m}$ grad und ist also eine einfache Folge des Faktorenunterschiedes m dieser beiden Operatoren. Anschaulich ist es sowohl beim Kristallelektron wie beim freien Elektron nachträglich möglich, den quantenmechanischen Mittelwert $\mathfrak{v}$ des Geschwindigkeitsoperators mit der Gruppengeschwindigkeit zu identifizieren (s. S. 306).

2. Aus der Analogie der Gln. (VII 6.12) und (VII 6.32) sieht man, daß bei einem Kristallelektron der sog. „Kristallimpuls $\hbar\,\mathfrak{k}$" eine ähnliche Rolle spielt wie der gewöhnliche Impuls $\mathfrak{p}$ beim freien Elektron. Die Identität $\mathfrak{p} = \hbar\,\mathfrak{k}$ gilt aber nur für das freie Elektron.

3. Die Gln. (VII 6.27) und (VII 6.28) gelten in dieser einfachen Form nur, wenn der Tensor $\frac{\partial^2 E}{\partial \mathfrak{k}_l\,\partial \mathfrak{k}_m}$ [s. Gl. (VII 6.25)] schon auf Hauptachsen transformiert worden ist.

wesentlich hinausgeht. Vom Vielkörperproblem ausgehend konnten KOHN und KLEIN nämlich folgende Behauptungen unter voller Berücksichtigung der Elektronenwechselwirkung beweisen:

Gegeben sei ein Kristall mit festgehaltenen Atomrümpfen und mit einem vollen Valenz- und einem leeren Leitungsband. Ein zusätzlich eingebrachtes Leitungselektron gehorcht unter der Wirkung einer zusätzlichen Punktladung $+q$ einer SCHRÖDINGER-Gleichung

$$\left(-\frac{\hbar^2}{2m_{\text{eff}}}\Delta - \frac{e\,q}{\varepsilon|\mathfrak{r}|}\right)\psi(\mathfrak{r}) = E\,\psi(\mathfrak{r}). \qquad \text{(VII 6.35)}$$

Das Kristallelektron benimmt sich also wie ein *freies* Elektron; denn in dieser SCHRÖDINGER-Gleichung kommt ein periodisches Kristallpotential $U(\mathfrak{r})$ nicht mehr vor. Statt dessen ist die freie Elektronenmasse m durch die effektive Masse m_{eff} ersetzt worden, und die Punktladung $+q$ wird durch die gewöhnliche makroskopische Dielektrizitätskonstante ε des Kristalls abgeschirmt. Diese Aussagen gelten aber nur für Zustände $\psi(\mathfrak{r})$, bei denen das Elektron der Punktladung nicht zu nahe kommt, bei denen also die Aufenthaltswahrscheinlichkeit des Elektrons beträchtliche Werte nur in solchen Gitterzellen erreicht, die von der Punktladung $+q$ weiter entfernt sind.

Auch unter der Wirkung von zusätzlichen Stromdichten $\mathfrak{i}(\mathfrak{r}')$ kann näherungsweise eine SCHRÖDINGER-Gleichung verwendet werden, in der das periodische Kristallpotential $U(\mathfrak{r})$ nicht mehr vorkommt. In dieser Ersatzgleichung muß wieder die Elektronenmasse m durch m_{eff} ersetzt werden, und das Vektorpotential $\mathfrak{A}(\mathfrak{r})$ der zusätzlichen Stromdichten $\mathfrak{i}(\mathfrak{r}')$ muß mit der gewöhnlichen makroskopischen Permeabilität μ des Kristalls berechnet werden[1]:

$$-\frac{\hbar^2}{2m_{\text{eff}}}\Delta\psi - j\frac{e\hbar}{m_{\text{eff}}c}\mathfrak{A}\,\operatorname{grad}\psi = j\hbar\frac{\partial}{\partial t}\psi, \qquad \text{(VII 6.36)}$$

$$\mathfrak{A}(\mathfrak{r}) = \frac{\mu}{c}\int\frac{\mathfrak{i}(\mathfrak{r}')}{|\mathfrak{r}-\mathfrak{r}'|}\,dV'. \qquad \text{(VII 6.37)}$$

Voraussetzung ist hier, daß das elektromagnetische Feld räumlich und zeitlich nur langsam veränderlich ist; exakter gesprochen, müssen für die Komponenten $\mathfrak{A}_x$, $\mathfrak{A}_y$ und $\mathfrak{A}_z$ des Vektorpotentials $\mathfrak{A}$ die Bedin-

[1] Die elektrische Feldstärke $\mathfrak{E}$ und die magnetische Induktion $\mathfrak{B}$ berechnen sich aus dem Vektorpotential $\mathfrak{A}$ gemäß

$$\mathfrak{E} = -\frac{1}{c}\frac{\partial}{\partial t}\mathfrak{A},$$

$$\mathfrak{B} = \operatorname{rot}\mathfrak{A}.$$

gungen

$$\left|\frac{\partial \mathfrak{A}_\lambda}{\partial x_i}\Big/\mathfrak{A}_\lambda\right| \ll \frac{1}{a}; \qquad \left|\frac{\partial \mathfrak{A}_\lambda}{\partial t}\Big/\mathfrak{A}_\lambda\right| \ll \frac{E_{CV}}{\hbar}, \qquad \lambda = x, y, z, \qquad x_i = x, y, z \tag{VII 6.38}$$

gelten. Hierbei ist a die Gitterkonstante und E_{CV} die Bandbreite des betreffenden Halbleiters.

Es ist verständlich, daß diese Näherungsmethode („effective-mass-approximation") die Behandlung von Störstellenmodellen, von Transportproblemen und von Rekombinationserscheinungen enorm vereinfacht und infolgedessen in weitem Maße angewendet worden ist. Für einen Beweis der angeführten Sätze muß auf die zitierten Originalarbeiten verwiesen werden.

§ 7. Die durch eine äußere Kraft F bewirkten Übergänge eines Elektrons vom Valenz- ins Leitungsband[1]

Wir haben in Anschluß an (VII 6.17) bereits angekündigt, daß die Übergänge ins nächste Band schon außerordentlich starke Kräfte erfordern. Das wird a fortiori für Übergänge ins übernächste Band gelten, die wir deshalb unberücksichtigt lassen. Wir spezialisieren also das Gleichungssystem (VII 6.17) auf Übergänge zwischen dem Valenzband V und dem Leitungsband C. Von den unendlich vielen Gleichungen (VII 6.17) bleiben also nur zwei übrig, nämlich die eine für $N = V$ und die andere für $N = C$. Der Summationsindex N' durchläuft aber auch nur die beiden „Werte" V und C, so daß auf den rechten Seiten der beiden übrig gebliebenen Gleichungen von den unendlichen Summen nur 2 Glieder stehenbleiben. Führen wir außerdem die Bezeichnungen

$$X_{NN'}(k) = j \int_{x=0}^{x=a} u_N^*(x;k) \frac{\partial}{\partial k} u_{N'}(x;k)\, dx \tag{VII 7.01}$$

ein, so erhalten wir aus (VII 6.17) für $N = V$

$$\dot{A}_{Vk_0}(t) = -\frac{1}{j\hbar} F(t) \Big\{ A_{Vk_0}(t)\, X_{VV}\big(k(t,k_0)\big) + A_{Ck_0}(t)\, X_{VC}\big(k(t,k_0)\big) \exp\Big[\frac{j}{\hbar} \int_{\tau=\text{const}}^{\tau=t} \big[E_V\big(k(\tau,k_0)\big) - E_C\big(k(\tau,k_0)\big)\big]\, d\tau\Big]\Big\} \tag{VII 7.02}$$

[1] Diese Übergänge wurden zuerst behandelt von C. ZENER: Proc. roy. Soc., Lond. A 145 (1934) 523. Wir schließen uns im folgenden dem Vorgehen von HOUSTON an: W. V. HOUSTON: Phys. Rev. 57 (1940) 184. Siehe auch G. EILENBERGER: Z. Phys. 164 (1961) 59—77 und P. N. ARGYRES: Phys. Rev. 126 (1962) 1386—1393. Dort finden sich auch die Zitate der umfangreichen früheren Literatur.

und für $N = C$

$$\dot{A}_{C k_0}(t) = -\frac{1}{j\hbar} F(t) \Bigg\{ A_{V k_0}(t)\, X_{C V}\big(k(t, k_0)\big) \times$$

$$\times \exp\left[\frac{j}{\hbar} \int\limits_{\tau = \mathrm{const}}^{\tau = t} [E_C(k(\tau, k_0)) - E_V(k(\tau, k_0))]\, d\tau\right] + A_{C k_0}(t)\, X_{C C}\big(k(t, k_0)\big)\Bigg\}. \qquad \text{(VII 7.03)}$$

Für das Folgende brauchen wir einige Eigenschaften der Matrixelemente $X_{NN'}(k)$. Die Orthonormierung (XII 7.09) der $u_N(x; k)$

$$\int\limits_{x=0}^{x=a} u_N^*(x; k)\, u_{N'}(x; k)\, dx = \delta_{N N'} \qquad \text{(VII 7.04)}$$

gilt identisch in k; durch Differentiation nach k und Multiplikation mit j folgt

$$j \int\limits_{x=0}^{x=a} u_N^* \frac{\partial}{\partial k} u_{N'}\, dx - \left[-j \int\limits_{x=0}^{x=a} u_{N'} \frac{\partial}{\partial k} u_N^*\, dx\right] = \frac{\partial}{\partial k} \delta_{N N'} = 0. \qquad \text{(VII 7.05)}$$

Berücksichtigung der Definition (VII 7.01) liefert

$$X_{N N'} = X_{N' N}^*. \qquad \text{(VII 7.06)}$$

Hieraus folgt speziell für $N' = N$

$$\mathrm{Im}\, X_{N N} = 0 \qquad X_{N N} = \text{reell}. \qquad \text{(VII 7.07)}$$

Mit diesen Eigenschaften der $X_{NN'}$ leiten wir eine Beziehung für die A_V und A_C ab, die deren physikalische Bedeutung als Wahrscheinlichkeitsamplitude noch einmal bestätigt. Davon war ja schon im Anschluß an (VII 6.15) die Rede.

Durch Übergang zu den konjugiert komplexen Werten erhalten wir aus (VII 7.02) eine Gleichung für $\dot{A}_{V k_0}^*$, die wir mit $A_{V k_0}$ multiplizieren.

Dazu addieren wir (VII 7.03), nachdem diese Gleichung mit $A_{C k_0}^*$ multipliziert worden ist. Die Glieder mit exp[ ] heben sich wegen (VII 7.06) weg. Es ergibt sich

$$A_{V k_0} \dot{A}_{V k_0}^* + A_{C k_0}^* \dot{A}_{C k_0} = +\frac{1}{j\hbar} F(t) \{|A_{V k_0}|^2 X_{V V} + |A_{C k_0}|^2 X_{C C}\}. \qquad \text{(VII 7.08)}$$

Bilden wir hierzu die konjugiert komplexe Gleichung, so wechselt die rechte Seite wegen (VII 7.07) einfach ihr Vorzeichen und Addition der konjugiert komplexen Gleichung zu (VII 7.08) liefert

$$A_{V k_0} \dot{A}_{V k_0}^* + A_{V k_0}^* \dot{A}_{V k_0} + A_{C k_0}^* \dot{A}_{C k_0} + A_{C k_0} \dot{A}_{C k_0}^* = 0 \qquad \text{(VII 7.09)}$$

oder

$$\frac{d}{dt} \{A_{V k_0} A_{V k_0}^* + A_{C k_0} A_{C k_0}^*\} = 0. \qquad \text{(VII 7.10)}$$

Setzen wir zu irgendeiner Zeit, beispielsweise für $t = -\infty$

$$A_{V k_0}(-\infty) = 1 \qquad \text{(VII 7.11)}$$

und

$$A_{C k_0}(-\infty) = 0, \qquad \text{(VII 7.12)}$$

so folgt aus (VII 7.10) für *alle* Zeiten

$$|A_{Vk_0}(t)|^2 + |A_{Ck_0}(t)|^2 = 1 . \qquad \text{(VII 7.13)}$$

Dieses Resultat, nämlich daß die Summe der Aufenthaltswahrscheinlichkeiten des Elektrons im Valenz- und im Leitungsband dauernd gleich 1 ist, besagt, daß sich das Elektron dauernd entweder im Valenz- oder im Leitungsband befindet. Da wir Übergänge in höhere Bänder über dem Leitungsband ausgeschlossen haben, ist das Ergebnis eigentlich eine Trivialität. Es besagt aber doch, daß der Ausschluß der Übergänge in die nächsthöheren Bänder zu keinen inneren Widersprüchen geführt hat.

(VII 7.03) ist eine lineare inhomogene Differentialgleichung erster Ordnung für $A_{Ck_0}(t)$:

$$\dot{A}_{Ck_0}(t) - \frac{j}{\hbar} F(t) X_{CC}\big(k(t, k_0)\big) A_{Ck_0}(t) = -\frac{1}{j\hbar} F(t) A_{Vk_0}(t) X_{CV}\big(k(t, k_0)\big) \times$$
$$\times \exp\left[\frac{j}{\hbar} \int\limits_{\tau=\text{const}}^{\tau=t} \big[E_C\big(k(\tau, k_0)\big) - E_V\big(k(\tau, k_0)\big)\big] d\tau\right]. \qquad \text{(VII 7.14)}$$

Ihre Lösung ist[1] unter Berücksichtigung der Anfangsbedingung (VII 7.12)

$$A_{Ck_0}(t) = e^{+\frac{j}{\hbar}\int\limits_{\tau=\text{const}}^{\tau=t} F(\tau) X_{CC}(k(\tau, k_0)) d\tau} \int\limits_{t'=-\infty}^{t'=t} -\frac{1}{j\hbar} F(t') A_{Vk_0}(t') X_{CV}\big(k(t', k_0)\big) \times$$
$$\times e^{\frac{j}{\hbar}\int\limits_{\tau=\text{const}}^{\tau=t'} [E_C(k(\tau, k_0)) - E_V(k(\tau, k_0))] d\tau} \; e^{-\frac{j}{\hbar}\int\limits_{\tau=\text{const}}^{\tau=t} F(\tau) X_{CC}(k(\tau, k_0)) d\tau} dt'. \qquad \text{(VII 7.15)}$$

Wir führen jetzt ein

$$\mathrm{A}_{Ck_0}(t) = A_{Ck_0}(t)\, e^{-\frac{j}{\hbar}\int\limits_{\tau=\text{const}}^{\tau=t} F(\tau) X_{CC}(k(\tau, k_0)) d\tau}, \qquad \text{(VII 7.16)}$$

$$\mathrm{A}_{Vk_0}(t) = A_{Vk_0}(t)\, e^{-\frac{j}{\hbar}\int\limits_{\tau=\text{const}}^{\tau=t} F(\tau) X_{VV}(k(\tau, k_0)) d\tau}, \qquad \text{(VII 7.17)}$$

$$\mathrm{E}_C(k) = E_C(k) - F X_{CC}(k), \qquad \text{(VII 7.18)}$$

$$\mathrm{E}_V(k) = E_V(k) - F X_{VV}(k). \qquad \text{(VII 7.19)}$$

Hiermit[2] wird aus (VII 7.15)

$$\mathrm{A}_{Ck_0}(t) = -\frac{1}{j\hbar} \int\limits_{t'=-\infty}^{t'=t} F(t')\, \mathrm{A}_{Vk_0}(t') X_{CV}\big(k(t', k_0)\big) \times$$
$$\times e^{\frac{j}{\hbar}\int\limits_{\tau=\text{const}}^{\tau=t'} [\mathrm{E}_C(k(\tau, k_0)) - \mathrm{E}_V(k(\tau, k_0))] d\tau} dt'. \qquad \text{(VII 7.20)}$$

---

[1] Siehe z. B. E. KAMKE: Differentialgleichungen, Leipzig: Akadem. Verlagsges. 1942, S. 16.

[2] Aus (VII 7.16) folgt $|\mathrm{A}_C|^2 = |A_C|^2$. Das neue A_C gibt also ebenso wie das alte A_C die Aufenthaltswahrscheinlichkeit im Leitungsband an. Für A_V und A_V gilt natürlich das Entsprechende.

Andererseits wird aus unserem Lösungsansatz (VII 6.15) mit diesen 4 Definitionen (VII 7.16) bis (VII 7.19), weiter mit dem schon in § 6, S. 317 untere Hälfte, bewiesenen Wegfall der Integration über k_0' und Übrigbleiben eines einzigen k_0-Wertes und schließlich mit Beschränkung auf $N' = V$ und $N' = C$

$$\psi(x, t) = \mathrm{A}_{V k_0}(t)\, \psi_V(x; k(t, k_0))\, \mathrm{e}^{-\frac{j}{\hbar}\int\limits_{\tau=\mathrm{const}}^{\tau=t} \mathrm{E}_V(k(\tau, k_0))\, d\tau} +$$

$$+ \mathrm{A}_{C k_0}(t)\, \psi_C(x; k(t; k_0))\, \mathrm{e}^{-\frac{j}{\hbar}\int\limits_{\tau=\mathrm{const}}^{\tau=t} \mathrm{E}_C(k(\tau, k_0))\, d\tau} . \qquad \text{(VII 7.21)}$$

Wenn wir also von den ungestörten Energieeigenwerten E_C und E_V zu den in erster Näherung gestörten Eigenwerten E_C und E_V übergehen, müssen wir im Lösungsansatz (VII 6.15) laut (VII 7.21) von den A_C und A_V zu den A_C und A_V übergehen. Das ist aber vorteilhaft, denn für A_C haben wir die gegenüber (VII 7.15) wesentlich vereinfachte Beziehung (VII 7.20).

(VII 7.20) ist nun auch der geeignete Ausgangspunkt für eine Beantwortung der Frage nach den Übergängen ins Leitungsband, die durch eine zur Zeit $t = 0$ einsetzende Kraft F ausgelöst werden. Durch die Anfangsbedingungen (VII 7.11) und (VII 7.12) ist ja sichergestellt, daß sich das Elektron zunächst im Valenzband befindet. Wird nun für den zeitlichen Verlauf von $F(t)$

$$F(t) = \begin{cases} 0 & \text{für} \quad t < 0 \\ F(t) & \text{für} \quad t > 0 \end{cases} \qquad \text{(VII 7.22)}$$

angesetzt, so muß nach (VII 7.20) die Wahrscheinlichkeitsamplitude $\mathrm{A}_{Ck_0}(t)$ vom Zeitmoment $t = 0$ ab ihren für negative Zeiten t innegehabten Wert 0 verlassen. Der zeitliche Verlauf von $|\mathrm{A}_{Ck_0}(t)|^2$ gibt die durch das Einsetzen der Kraft F erzeugte Aufenthaltswahrscheinlichkeit im Leitungsband wieder.

Nun wurde schon mehrmals betont, daß auch durch recht große Kräfte F nur geringe Übergangswahrscheinlichkeiten ins Leitungsband erzeugt werden. Die zu Beginn des Vorgangs im Valenzband vorhandene Wahrscheinlichkeitsamplitude $\mathrm{A}_{Vk_0} = 1$ wird ihren Wert 1 also nur sehr schwach ändern. Im Sinne einer Störungsrechnung mit der Kraft F als störungsauslösendem Parameter setzen wir in (VII 7.20) also $\mathrm{A}_{Vk_0} = 1$ und erhalten mit (VII 7.22) speziell für eine ab $t = 0$ konstante Kraft F

$$\mathrm{A}_{C k_0}(t) = -\frac{1}{j\hbar} \int\limits_{t'=0}^{t'=t} F(t')\, X_{CV}(k(t', k_0)) \exp\left[j \int\limits_{\tau=\mathrm{const}}^{\tau=t'} \omega_{CV}(k(\tau, k_0))\, d\tau \right] dt'$$

$$= -\frac{1}{j\hbar} F \int\limits_{t'=0}^{t'=t} X_{CV}(k(t', k_0)) \exp\left[j \int\limits_{\tau=\mathrm{const}}^{\tau=t'} \omega_{CV}(k(\tau, k_0))\, d\tau \right] dt' . \qquad \text{(VII 7.23)}$$

Dabei ist zur Abkürzung die „optische" Übergangsfrequenz

$$\omega_{CV}(k) = \frac{1}{\hbar}\left[\mathrm{E}_C(k) - \mathrm{E}_V(k)\right] \tag{VII 7.24}$$

eingeführt worden.

Zur Auswertung von (VII 7.23) ist zunächst zu bemerken, daß wegen (VII 7.22) für die Zeitabhängigkeit der Wellenzahl k nach (VII 6.12)

$$k(t, k_0) = \begin{cases} k_0 & \text{für} \quad t < 0 \\ k_0 + \frac{1}{\hbar} F t & \text{für} \quad t > 0 \end{cases} \tag{VII 7.25}$$

gilt. Weiter müssen zur Auswertung von (VII 7.23) die funktionalen Abhängigkeiten $X_{CV}(k)$ und $\omega_{CV}(k)$ bekannt sein. Wir legen hierfür das KANEsche Zweibändermodell zugrunde und entnehmen Kap. XII, § 6, mit Hilfe der dortigen Beziehungen (XII 6.41) und (XII 6.42) sowie (XII 6.05) bis (XII 6.07) sowie (XII 6.45) sowie der Definitionsgleichungen (VII 7.01) und (VII 7.24) nach längeren, aber elementaren Rechnungen

$$X_{CC}(k) = 0, \tag{VII 7.26}$$

$$X_{VV}(k) = 0, \tag{VII 7.27}$$

und

$$X_{CV}(k) = -\frac{j}{2}\frac{\hbar}{m_r^{1/2}} E_{CV}^{3/2} \frac{1}{E_{CV}^2 + \frac{1}{m_r}(\hbar k)^2 E_{CV}}. \tag{VII 7.28}$$

m_r ist dabei eine „resultierende" effektive Masse, die sich aus den effektiven Massen m_n und m_p des Leitungs- und des Valenzbandes nach (XII 6.48) und (XII 6.49) folgendermaßen berechnet

$$\frac{1}{m_r} = \frac{1}{m_n} + \frac{1}{m_p}. \tag{VII 7.29}$$

Schließlich folgt aus den Definitionsgleichungen (VII 7.24), (VII 7.18) und (VII 7.19) sowie aus den Resultaten (VII 7.26) und (VII 7.27) mit Hilfe der Beziehungen (XII 6.43) bis (XII 6.45)

$$\omega_{CV} = \frac{1}{\hbar}\sqrt{E_{CV}^2 + \frac{1}{m_r}(\hbar k)^2 E_{CV}} \tag{VII 7.30}$$

(VII 7.28) und (VII 7.30) können nun endlich in (VII 7.23) eingesetzt werden; dabei wird dann als Integrationsvariable sofort $k(t, k_0)$ mit

Hilfe von (VII 7.25) eingeführt:

$$A_{C k_0}(t) = \frac{1}{2} \frac{\hbar}{m_r^{1/2}} E_{CV}^{3/2} \int\limits_{k=k_0}^{k=k(t,k_0)} \frac{1}{E_{CV}^2 + \frac{\hbar^2}{m_r} E_{CV} k^2} \times$$

$$\times \exp\left[j \int\limits_{\varkappa=\text{const}}^{\varkappa=k} \sqrt{E_{CV}^2 + \frac{\hbar^2}{m_r} E_{CV} \varkappa^2}\, \frac{1}{F}\, d\varkappa \right] dk. \qquad \text{(VII 7.31)}$$

Wir führen als neue Variable ein

$$s(t, k_0) = \frac{\hbar}{m_r^{1/2} E_{CV}^{1/2}} k(t, k_0), \qquad s_0 = \frac{\hbar}{m_r^{1/2} E_{CV}^{1/2}} k_0, \qquad \sigma = \frac{\hbar}{m_r^{1/2} E_{CV}^{1/2}} \varkappa. \qquad \text{(VII 7.32)}$$

Dann wird[1]

$$A_{C k_0}(t) = \frac{1}{2} \int\limits_{s=s_0}^{s=s(t,k_0)} \frac{1}{1+s^2} \exp\left[j 2\Theta \int\limits_{\sigma=0}^{\sigma=s} \sqrt{1+\sigma^2}\, d\sigma \right] ds, \qquad \text{(VII 7.33)}$$

mit

$$2\Theta = \frac{E_{CV}}{F} \frac{m_r^{1/2} E_{CV}^{1/2}}{\hbar} = \frac{m_r^{1/2} E_{CV}^{3/2}}{\hbar F} \qquad \text{(VII 7.34)}$$

oder

$$2\Theta = 362{,}5 \left(\frac{m_r}{m}\right)^{1/2} \frac{(E_{CV}/e\,\text{Volt})^{3/2}}{(F/10^5 e\,\text{Volt cm}^{-1})}. \qquad \text{(VII 7.35)}$$

Häufig wird das Resultat (VII 7.33) in einer Form aufgeschrieben, auf die man durch die Transformation

$$s_0 = \sinh z_0, \qquad \sigma = \sinh \zeta \qquad \text{(VII 7.36)}$$

kommt:

$$A_{C k_0}(t) = \frac{1}{2} \int\limits_{z=z_0}^{z=z(t,k_0)} \frac{dz}{\cosh z}\, e^{j\Theta(z + \sinh z \cosh z)}. \qquad \text{(VII 7.37)}$$

Aus (VII 7.35) ist ersichtlich, daß Θ selbst bei so hohen Feldern wie 10^5 Volt cm^{-1} immer noch so große Werte wie 100 bis 300 hat. Diese hohen Θ-Werte haben zur Folge, daß sich der Phasenfaktor $\exp[j\,\Theta(z + \sinh z \cosh z)]$ viele Male gedreht hat, wenn z nur um einen kleinen Betrag fortgeschritten und sich der Faktor $\frac{1}{\cosh z}$ demgemäß nur um wenig geändert hat. Dieses schnelle Drehen von $\exp[j\,\Theta(z + \sinh z \cosh z)]$ vernichtet also in der zweiten Hälfte eines

[1] Die willkürliche Konstante in der unteren Grenze des Integrals im Exponenten der Exponentialfunktion wird der Bequemlichkeit halber jetzt gleich Null gesetzt.

Umlaufs immer diejenigen Beiträge wieder, die während der ersten Hälfte gewonnen wurden. Das ist nur in der Nähe von $z = 0$ anders; $z = 0$ ist ein „Ort stationärer Phase". Wesentliche Beiträge zur Wahrscheinlichkeitsamplitude $A_{Ck_0}(t)$ entstehen also nur dort. Dann kann man sich die Auswertung von (VII 7.37) dadurch erleichtern, daß man die Grenzen des Integrals auf $z = -\infty$ und $z = +\infty$ legt und nun entweder die Sattelpunktmethode[1] oder andere Methoden zur Auswertung komplexer Integrale anwendet[2]. Man erhält dann für große Werte von Θ

$$A_C \approx \pi\, e^{-\frac{\pi}{2}\Theta}, \tag{VII 7.38}$$

$$|A_C|^2 \approx \pi^2\, e^{-\pi\Theta} = \pi^2\, e^{-\frac{\pi}{2}\frac{m_r^{1/2} E_{CV}^{3/2}}{\hbar F}}. \tag{VII 7.39}$$

Dies ist die Wahrscheinlichkeit, mit der ein an die obere Grenze des Valenzbandes stoßendes Elektron durch das verbotene Band hindurch in das Leitungsband übergeht. Denn aus (VII 7.36) und (VII 7.32) ersieht man, daß $z \approx 0$ auf $k(t, k_0) \approx 0$ führt. Mit $k \approx 0$ befindet sich aber das Elektron am Rande des Valenzbandes, während im Leitungsband $k \approx 0$ an der unteren Kante liegt [s. (XII 6.43) und (XII 6.44)]. Der vom Elektron zu bewältigende Sprung zum Zustand mit gleichem k im Leitungsband ist bei $z = 0$ also am kleinsten. So läuft die mathematische Aussage, daß wesentliche Beiträge zu A_{Ck_0} nur bei $z = 0$ entstehen, physikalisch darauf hinaus, daß das Elektron erst einmal an den oberen Bandrand des Valenzbandes gehoben werden muß, um eine wesentliche Übergangswahrscheinlichkeit zum Leitungsband zu haben.

Infolge der gleichmäßigen Veränderung (VII 7.25) der Wellenzahl k kommt aber das Elektron auch immer irgendwann einmal an den oberen Rand des Valenzbandes — ganz gleichgültig, von welchem k_0-Wert es beim Einschalten der Kraft F im Zeitmoment $t = 0$ gestartet ist. Wegen (VII 7.25) pendelt ja das Elektron, wie aus den Abb. VII 3.10c bis VII 3.12 hervorgeht, energetisch gesehen zwischen dem oberen und dem unteren Bandrand hin und her. Für einen vollen Zyklus vom oberen Bandrand zum unteren Bandrand und wieder zum oberen Bandrand zurück muß ein k-Intervall von $\frac{2\pi}{a}$ durchlaufen werden, wozu mit der Geschwindigkeit $\dot{k} = \frac{1}{\hbar} F$ die Zeit $\frac{2\pi}{a} \Big/ \frac{1}{\hbar} F = \frac{2\pi\hbar}{aF}$ gebraucht wird. Pro Zeiteinheit stößt also das Elektron $\frac{aF}{2\pi\hbar}$ mal an die obere Bandgrenze,

---

[1] SOMMERFELD, A.: Theoretische Physik, Bd. VI, Leipzig: Akad. Verlagsges. 1947, S. 100 ff.

[2] PFIRSCH, D.: Solid-State Electronics 7 (1964) 843.

und in einem durch die Wahrscheinlichkeit (VII 7.39) gegebenen Bruchteil aller Fälle geht es dabei ins Leitungsband über.

Pro Sekunde finden demnach

$$ü = \frac{a F}{2\pi\hbar}\pi^2 \exp\left[-\frac{\pi}{2}\,\frac{m_r^{1/2} E_{CV}^{3/2}}{\hbar F}\right] \qquad \text{(VII 7.40)}$$

Übertritte in das obere Band statt. In Abb. VII 7.1 ist diese Gleichung für $m_r = m$ und $E_{CV} = 0{,}1$, $0{,}5$ und $2e$ Volt ausgewertet worden. Man sieht, daß der Effekt bis zu einer bestimmten — und zwar recht hohen — Feldstärke $|\mathfrak{E}| = \frac{1}{e} F$ praktisch völlig zu vernachlässigen ist und dann allerdings sehr abrupt einsetzt. Damit bestätigt sich die im vorigen § 6 vorweggenommene Behauptung, daß für normale Feldstärken der ZENERsche[1] Übergang eines Gitterelektrons in das nächsthöhere Band völlig zu vernachlässigen ist.

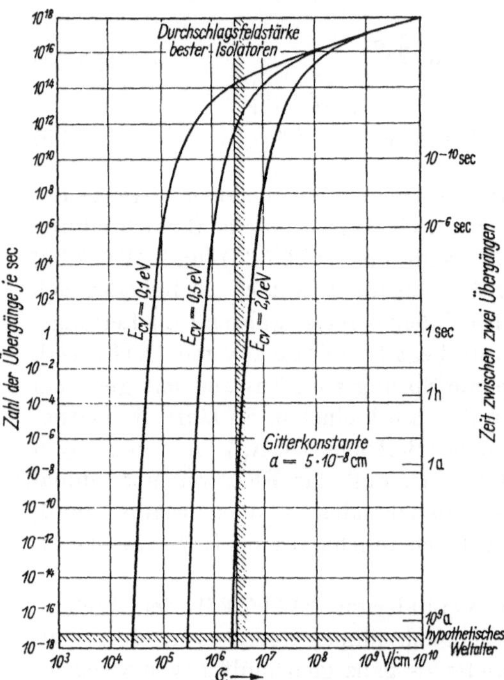

Abb. VII 7.1 Zahl der sekundlichen Übergänge eines Kristallelektrons in das nächste Band nach Gl. (VII 7.40). E_{CV} = Breite des verbotenen Bandes, $\mathfrak{E}$ = Feldstärke.

Ergänzend sei bemerkt, daß das energetische Pendeln des Elektrons mit einem räumlichen Pendeln verknüpft ist; denn zu den Zuständen mit $0 < k < +\frac{\pi}{a}$ gehören beispielsweise im untersten Band der Abb. VII 3.10c nach (VII 5.10) positive Geschwindigkeiten $v = \frac{1}{\hbar} E'(k)$, zu den Zuständen $+\frac{\pi}{a} < k < 2\frac{\pi}{a}$ dagegen negative Geschwindigkeiten usf. Für die Pendellänge ergibt sich also

$$l_{\text{Pendel}} = \int_{t_{\text{unten}}}^{t_{\text{oben}}} \mathfrak{v}\, dt = \int_{k=0}^{k=+\frac{\pi}{a}} \frac{1}{\hbar} E'(k) \frac{dt}{dk} dk$$

$$l_{\text{Pendel}} = \int_{k=0}^{k=+\frac{\pi}{a}} E'(k) \frac{dk}{\hbar \dot{k}}.$$

[1] ZENER, C.: Proc. roy. Soc., Lond. A 145 (1934) 523.

Mit (VII 6.12) folgt

$$l_{\text{Pendel}} = \int_{k=0}^{k=+\frac{\pi}{a}} E'(k) \frac{dk}{F}$$

und weiter wegen der zeitlichen und räumlichen Konstanz von F

$$l_{\text{Pendel}} = \frac{1}{F} \int_{k=0}^{k=+\frac{\pi}{a}} E'(k)\, dk = \frac{E_{\text{oben}} - E_{\text{unten}}}{F}. \tag{VII 7.41}$$

Wird die äußere Kraft F durch ein elektrisches Feld $\mathfrak{E}$ hervorgebracht, so ist

$$l_{\text{Pendel}} = \frac{\frac{1}{e}(E_{\text{oben}} - E_{\text{unten}})}{|\mathfrak{E}|}. \tag{VII 7.42}$$

Auf Grund dieser Gleichung werden wir auf S. 364 zeigen können, daß sich bei normalen Feldstärkewerten $\mathfrak{E}$ dieses Pendeln wegen der Zusammenstöße des Elektrons mit den Schallquanten und Störstellen gar nicht voll entfalten kann.

Der geschilderte Elektronenübergang vom Valenz- ins Leitungsband wird häufig als wellenmechanischer Tunneleffekt der Kristallelektronen bezeichnet. Damit wird an den Tunneleffekt freier Elektronen angeknüpft, bei dem ein Potentialberg U der Breite d von einem Elektron mit der Energie E mit einer gewissen Wahrscheinlichkeit durchdrungen werden kann, auch wenn seine Energie $E < U$ ist, also klassisch zum Überfliegen des Berges nicht ausreicht.

In der Theorie des Tunneleffektes freier Elektronen wird gezeigt, daß das Elektron vor dem Berg durch Wellen mit reeller Wellenzahl $k = \frac{1}{\hbar}\sqrt{2m\,E}$ repräsentiert wird und daher nicht gedämpft ist. Innerhalb des Berges wird die Wellenzahl $k = \frac{1}{\hbar}\sqrt{2m(E-U)}$ wegen $E < U$ imaginär, was eine gedämpfte Welle ergibt. Aber wenn auch gedämpft, so kommt aus der Austrittsflanke des Berges doch eine Welle mit endlicher Amplitude heraus, was einer endlichen Durchtrittswahrscheinlichkeit des Elektrons durch den Berg entspricht.

In ähnlicher Weise wird ein Kristallelektron im Valenzband durch eine Welle mit reeller Wellenzahl k repräsentiert. Durch die Wirkung der Kraft F wird seine Kristallenergie aber vergrößert, und es wird an den oberen Rand des Valenzbandes gehoben. Wenn das Elektron dort nicht reflektiert wird — und in einem gewissen Bruchteil der Fälle geschieht das nicht —, so wird seine Kristallenergie noch weiter vergrößert. Diese vergrößerten Werte liegen dann im verbotenen Band, und zu ihnen gehören nach S. 285 und 286, Punkt 2, komplexe Werte der Wellenzahl k. Wie im Fall des freien Elektrons erfolgt dadurch eine

Dämpfung der Elektronenwelle, bis schließlich das Elektron an den unteren Rand des Leitungsbandes gehoben worden ist und wieder durch eine ungedämpfte Elektronenwelle mit reellem k repräsentiert wird.

Der Tunneleffekt der Kristallelektronen ist zuerst auf Grund dieser Vorstellungen von ZENER durchgerechnet worden und wird deshalb häufig auch ZENER-Effekt genannt[1]. ZENER glaubte seiner Zeit, daß der in Rede stehende Effekt für den Durchschlag von Isolatoren wichtig wäre.

Wir haben auf S. 10ff. und 16 gesehen, daß in einem isolierenden Kristall ein vollbesetztes und daher nicht leitendes „Valenzband" und ein leeres „Leitungsband" vorliegt. (Siehe hierzu auch S. 369f. und S. 427.) Der isolierende Kristall kann nur dadurch leitend werden, daß Elektronen in das leere Leitungsband gebracht werden. Dies könnte durch den ZENER-Effekt von gewissen Feldstärken ab erfolgen. Da der Effekt mit wachsender Feldstärke sehr plötzlich einsetzt (Abb. VII 7.1), würde der Kristall oberhalb gewisser Feldstärken sehr plötzlich und in sehr starkem Maße leitend werden, d. h. das Phänomen des „Durchschlags" zeigen.

Man ist sich heute jedoch darüber klar, daß der Durchschlag von Isolatoren auf Grund anderer Effekte bereits bei kleineren Feldstärken einsetzt[2].

Auch das Versagen der technischen Gleichrichter bei hohen Sperrspannungen beruht in der überwiegenden Mehrzahl der Fälle nicht auf dem ZENER-Effekt, wie zeitweilig angenommen wurde[3], sondern auf Trägermultiplikation durch Stoßionisation des Gitters[4]. Wirkliche technische Bedeutung hat das ZENER-tunneln dagegen in den sog. Tunneldioden von LEO ESAKI[5] gefunden.

§ 8. Die Wirkung eines optischen Wechselfeldes auf ein Kristallelektron

Im § 7 haben wir die Wirkung einer sehr starken, aber zeitlich konstanten Zusatzkraft, also insbesondere eines elektrostatischen Feldes auf ein Kristallelektron untersucht. Es zeigte sich, daß das Kristallelektron nach dem Gesetz

$$\hbar\,\dot{\mathfrak{k}} = \mathfrak{F} \qquad \text{(VII 8.01)}$$

---

[1] ZENER, C.: Proc. roy. Soc., Lond. A 145 (1934) 523.

[2] FRANZ, W., in S. FLÜGGE: Handbuch der Physik, Bd. XVII, Berlin/Göttingen/Heidelberg: Springer 1956, S. 240, Schluß von Abschnitt α).

[3] Siehe z. B. K. B. MCAFEE, E. J. RYDER, W. SHOCKLEY, M. SPARKS: Phys. Rev. 83 (1951) 650. In Gl. (1) dieser Arbeit ist allerdings der Exponent um einen Faktor 2 zu groß. Es handelt sich dabei anscheinend aber nur um einen Druckfehler; denn in der Zahlenwertgleichung (3), loc. cit., hat der Exponent wieder die richtige Größe.

[4] Siehe hierzu Kap. IV, § 12, S. 171ff.

[5] ESAKI, L.: Phys. Rev. 109 (1958) 603.

beschleunigt wird[1] und daß Übergänge in das nächsthöhere Band nur bei sehr großen Feldstärken von der Größenordnung der Durchschlagsfeldstärke in Frage kommen. Das Elektron geht dann in denjenigen Zustand des nächsthöheren Bandes über, der den gleichen reduzierten Wellenvektor $\mathfrak{k}$ hat wie der Ausgangszustand. Für Feldstärken, die etwa eine Zehnerpotenz unter der Durchschlagsfeldstärke bleiben, sind derartige Übergänge aber völlig zu vernachlässigen. Der Beschleunigungsvorgang (VII 8.01) spielt sich dann gänzlich innerhalb desselben Energiebandes ab.

Wir behaupten nun, daß die Wirkung eines optischen Wechselfeldes gerade umgekehrt darin besteht, daß Übergänge des Elektrons in denjenigen Zustand des nächsthöheren Bandes angeregt werden, der den gleichen reduzierten Wellenvektor $\mathfrak{k}$ wie der Ausgangszustand hat, während Übergänge innerhalb desselben Bandes verboten sind.

Diese Behauptung ist auf den ersten Blick vielleicht etwas befremdend. Man würde doch eigentlich zunächst erwarten, daß die Wirkungen des elektrostatischen Feldes aus denen des elektromagnetischen Wechselfeldes durch den Grenzfall

$$\text{Kreisfrequenz} \to 0$$

hervorgehen. Zwischen den Aussagen: „Kontinuierliche Beschleunigung innerhalb eines Bandes und keine Übergänge in höhere Bänder" einerseits und „keine Übergänge innerhalb des gleichen Bandes, nur Übergänge zu höheren Bändern mit Erhaltung der Wellenzahl" andrerseits klafft aber ein scheinbar nicht zu überbrückender Gegensatz.

Der Gegensatz mildert sich freilich in der Weise, daß auch ein zeitunabhängiges Feld in Wirklichkeit Übergänge in höhere Bänder auslöst. Das muß nicht nur bei starken Feldern, also beim ZENER-Effekt beachtet werden, sondern z. B. auch dann, wenn die Rückwirkung des Gitters auf ein Kristallelektron nachgerechnet werden soll[2].

Vor allem aber liefert die Bemerkung, daß die DARWIN-HOUSTONsche Lösung (s. § 6) für eine beliebige Zeitabhängigkeit der Kraft $\mathfrak{F}(t)$ gilt, die Möglichkeit, die beiden Fälle

$$\mathfrak{F}(t) = \text{const} = \mathfrak{F} \tag{VII 8.02}$$

---

[1] Die Größe $\hbar\,\mathfrak{k}$ übernimmt also die Rolle eines verallgemeinerten Impulses, weshalb dafür auch in manchen Darstellungen der Name Kristallimpuls gewählt wird (W. SHOCKLEY: Electrons and Holes in Semiconductors, New York/Toronto/London: D. van Nostrand 1950, S. 143). Für ein freies Elektron wird der quantenmechanische Mittelwert $\mathfrak{p}$ des Impulses, für den wir ja die Formel $\mathfrak{p} = \frac{m}{\hbar}\,\text{grad}_{\mathfrak{k}} E(\mathfrak{k})$ abgeleitet haben, tatsächlich auch identisch mit der Größe $\hbar\,\mathfrak{k}$ [s. Gl. (VII 6.31)].

[2] PFIRSCH, D., u. E. SPENKE: Z. Phys. 137 (1954) 309.

und

$$\mathfrak{F}(t) = \text{periodisch} = \mathfrak{F} \cos \omega t \qquad \text{(VII 8.03)}$$

aus ein und demselben Ansatz heraus zu entwickeln. Das soll im folgenden zunächst geschehen. Die Wirkung einer elektromagnetischen Welle werden wir erst anschließend behandeln.

Der gemeinsame Ansatz für die beiden Fälle (VII 8.02) und (VII 8.03) ist die Beschleunigungsgleichung

$$\dot{k}(t) = \frac{1}{\hbar} F, \qquad \text{(VII 8.01)}$$

die wir in § 6 unter der Nummer (VII 6.12) abgeleitet haben und die hier schon auf den eindimensionalen Fall spezialisiert ist.

Mit dem Fall $F = \text{const}$ der zeitlich konstanten Kraft brauchen wir uns nicht noch einmal zu beschäftigen. Wir wiederholen nur das schon in § 7 abgeleitete Ergebnis:

1. Für $F = \text{const}$ (VII 8.04)

   liefert (VII 8.01) $$k(t) = k(0) + \frac{1}{\hbar} F t. \qquad \text{(VII 8.05)}$$

2. Übergänge vom Valenz- ins Leitungsband werden erst ab $\frac{1}{e} F = 10^6 \text{ Vcm}^{-1}$ merklich.

Neue Überlegungen erfordert dagegen der Fall der periodisch veränderlichen Kraft

$$F(t) = F \cos \omega t. \qquad \text{(VII 8.06)}$$

Hier liefert (VII 8.01)

$$k(t) = k(0) + \frac{F}{\hbar \omega} \sin \omega t. \qquad \text{(VII 8.07)}$$

Wir sehen jetzt, daß für genügend hohe Kreisfrequenz ω

$$k(t) \equiv k(0) = \text{const} = k \qquad \text{(VII 8.08)}$$

gilt.

Für eine Abschätzung muß man beachten, daß das Periodizitätsintervall $\left(-\frac{\pi}{a}, +\frac{\pi}{a}\right)$ von k die Breite $\frac{2\pi}{a}$ hat. Eine Änderung von k wird als klein zu betrachten sein, wenn sie klein gegen den 2π. Teil dieses Intervalls $\frac{2\pi}{a}$ ist[1], also klein gegen $\frac{1}{a}$:

$$\{\text{Amplitude von } k(t)\} = \frac{F}{\hbar \omega} \ll \frac{1}{a} \qquad \text{(VII 8.09)}$$

$$\hbar \omega \gg a F. \qquad \text{(VII 8.10)}$$

---

[1] Auch in der Wellenoptik handelt es sich immer darum, ob eine Entfernung groß oder klein gegenüber dem 2π. Teil $\frac{\lambda}{2\pi}$ der Wellenlänge λ ist (nicht gegenüber der *ganzen* Wellenlänge).

Genügend hoch für die Gültigkeit von (VII 8.08) ist also die Kreisfrequenz ω, wenn das „Lichtquant" $\hbar\,\omega$ bedeutend größer als die Arbeit ist, die die Kraftamplitude F auf einer Gitterkonstante a am Elektron leistet.

Für die Amplitude $A_C(t)$ der Besetzungswahrscheinlichkeit $|A_C(t)|^2$ des Zustandes $k(t)$ im Leitungsband C hatte sich in § 7 die Gleichung (VII 7.23)

$$A_C(t) = -\frac{1}{j\hbar}\int\limits_{t'=0}^{t'=t} F(t')\,X_{CV}\big(k(t')\big)\exp\left[j\int\limits_{\tau=0}^{\tau=t'}\omega_{CV}\big(k(\tau)\big)\,d\tau\right]dt' \quad \text{(VII 7.23)}$$

ergeben. Hier muß jetzt also mit (VII 8.06) und (VII 8.08) eingegangen werden:

$$A_C(t) = \frac{j}{\hbar}\int\limits_{t'=0}^{t'=t} F\cos\omega\,t'\,X_{CV}(k)\exp\left[j\int\limits_{\tau=0}^{\tau=t'}\omega_{CV}(k)\,d\tau\right]dt' \quad \text{(VII 8.11)}$$

$$A_C(t) = \frac{j}{\hbar}F\,X_{CV}(k)\int\limits_{t'=0}^{t'=t}\cos\omega\,t'\exp\left[j\,\omega_{CV}(k)\int\limits_{\tau=0}^{\tau=t'}d\tau\right]dt' \quad \text{(VII 8.12)}$$

$$A_C(t) = \frac{j}{\hbar}F\,X_{CV}(k)\int\limits_{t'=0}^{t'=t}\cos\omega\,t'\exp j\,[\omega_{CV}(k)\,t']\,dt' \quad \text{(VII 8.13)}$$

$$A_C(t) = \frac{j}{\hbar}F\,X_{CV}(k)\,\frac{1}{2}\left\{\int\limits_{t'=0}^{t'=t} e^{j[\omega_{CV}(k)+\omega]t'}dt' + \int\limits_{t'=0}^{t'=t} e^{j[\omega_{CV}(k)-\omega]t'}\,dt'\right\}. \quad \text{(VII 8.14)}$$

Durch Integrieren findet man

$$1.\ \text{Integral} = \frac{\exp\{j[\omega_{CV}(k)+\omega]\,t\}-1}{j\,[\omega_{CV}(k)+\omega]} = \frac{e^{+j\frac{1}{2}[\ldots]t}-e^{-j\frac{1}{2}[\ldots]t}}{2j\,\frac{1}{2}[\ldots]}\,e^{+j\frac{1}{2}[\ldots]t}$$

$$= \frac{\sin\frac{1}{2}[\omega_{CV}(k)+\omega]\,t}{\frac{1}{2}[\omega_{CV}(k)+\omega]}\,e^{+j\frac{1}{2}[\omega_{CV}(k)+\omega]t}. \quad \text{(VII 8.15)}$$

Mit einem entsprechenden Ausdruck für das 2. Integral ergibt sich

$$A_C(t) = \frac{j}{2\hbar}F\,X_{CV}(k)\left\{\frac{\sin\frac{1}{2}[\omega_{CV}(k)+\omega]\,t}{\frac{1}{2}[\omega_{CV}(k)+\omega]}\,e^{+j\frac{1}{2}[\omega_{CV}(k)+\omega]t} + \right.$$

$$\left. + \frac{\sin\frac{1}{2}[\omega_{CV}(k)-\omega]\,t}{\frac{1}{2}[\omega_{CV}(k)-\omega]}\,e^{+j\frac{1}{2}[\omega_{CV}(k)-\omega]t}\right\}. \quad \text{(VII 8.16)}$$

Wir wollen nun die absolute Größe der beiden Terme in der geschweiften Klammer miteinander vergleichen. In dieser Beziehung sind die beiden Exponentialfaktoren in beiden Termen belanglos, denn ihr Exponent ist rein imaginär, und die Faktoren haben daher den Charakter von reinen Drehfaktoren vom Betrage 1. Setzen wir

$$\omega = \omega_{CV}(k) + \delta\,\omega, \quad \text{(VII 8.17)}$$

so ist der zweite Term in der geschweiften Klammer

$$\frac{\sin\frac{1}{2}\,\delta\omega\, t}{\frac{1}{2}\,\delta\omega}$$

und der erste Term in der geschweiften Klammer

$$\frac{\sin(\omega_{CV} + \frac{1}{2}\,\delta\omega)\, t}{\omega_{CV} + \frac{1}{2}\,\delta\omega}.$$

Die Abb. VII 8.1 zeigt den Zeitverlauf beider Terme im Fall $\delta\omega = \frac{1}{5}\,\omega_{CV}$. Beide Faktoren steigen zunächst wie t^1. Nach kurzer

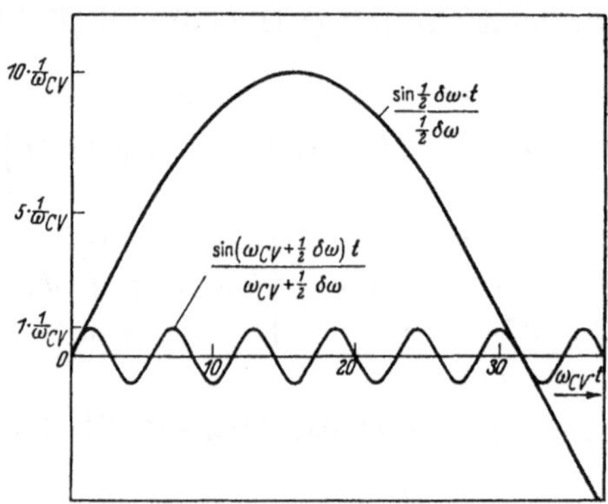

Abb. VII 8.1 Zur Diskussion der Gl. (VII 8.16).

Zeit biegt aber der erste Faktor ab, während der zweite zu beträchtlich größeren Werten ansteigt. Wir dürfen also den ersten Term in (VII 8.16) vernachlässigen und erhalten für die Besetzungswahrscheinlichkeit

$$|A_C(t)|^2 = A_C(t)\, A_C^*(t) \tag{VII 8.18}$$

des Zustandes k im Leitungsband C den Ausdruck

$$|A_C(t)|^2 = \frac{1}{\hbar^2}\, F^2\, |X_{CV}(k)|^2\, \frac{\sin^2[\omega_{CV}(k) - \omega]\frac{t}{2}}{[\omega_{CV}(k) - \omega]^2}. \tag{VII 8.19}$$

Durch Differentiation nach der Zeit t folgt

$$\frac{d}{dt}\,|A_C(t)|^2 =$$

$$= \frac{1}{\hbar^2}\, F^2\, |X_{CV}(k)|^2\, \frac{2\sin[\omega_{CV}(k) - \omega]\frac{t}{2}\cos[\omega_{CV}(k) - \omega]\frac{t}{2}\,\frac{1}{2}[\omega_{CV}(k) - \omega]}{[\omega_{CV}(k) - \omega]^2}$$

$$= \frac{1}{\hbar^2}\, F^2\, |X_{CV}(k)|^2\, \frac{1}{2}\, \frac{\sin[\omega_{CV}(k) - \omega]\, t}{[\omega_{CV}(k) - \omega]}. \tag{VII 8.20}$$

Für große t wird daraus mit (XII 8.01) eine Übergangswahrscheinlichkeit pro Zeiteinheit von

$$\frac{d}{dt}\,|A_C(t)|^2 = \frac{1}{\hbar^2}\, F^2\, |X_{CV}(k)|^2\, \frac{\pi}{2}\, \delta[\omega_{CV}(k) - \omega]. \tag{VII 8.21}$$

Als Ergebnis für den Fall (VII 8.03) der periodisch veränderlichen Kraft fassen wir zusammen:

Bei Erfüllung der Bedingung (VII 8.10) — also bei genügend hoher Frequenz ω — behält nach (VII 8.08) die Wellenzahl k ihren Wert praktisch bei. Übergänge zu anderen Zuständen desselben Bandes unterbleiben also.

Dagegen finden Übergänge ins Leitungsband statt, und zwar zu dem Zustand mit gleicher k-Zahl — allerdings nach (VII 8.21) nur dann, wenn

$$\omega_{CV}(k) = \omega \tag{VII 8.22}$$

ist. Nur dann ist nämlich die Deltafunktion $\delta[\omega_{CV}(k) - \omega]$ in (VII 8.21) von Null unterschieden. Diese Bedingung (VII 8.22) nimmt mit (VII 7.24) auch folgende Gestalt an:

$$E_C(k) - E_V(k) = \hbar\,\omega. \tag{VII 8.23}$$

Der Energiesatz muß also erfüllt sein; das Lichtquant $\hbar\,\omega$ muß die Energiedifferenz zwischen Anfangszustand $E_V(k)$ im Valenzband und Endzustand $E_C(k)$ im Leitungsband gerade decken.

Die in (VII 8.08) als notwendig bewiesene Erhaltung der k-Zahl kann in der Form

$$\hbar\,k_V = \hbar\,k_C \tag{VII 8.24}$$

geschrieben werden. Dies bekommt dann nach S. 323, Punkt 2, oder Fußnote 1 auf S. 335 die Bedeutung, daß beim Übergang vom Valenz- ins Leitungsband der „Kristallimpuls $\hbar\,k$" des Kristallelektrons erhalten bleiben muß. Dieser Impulssatz (VII 8.24) tritt gleichberechtigt neben den Energiesatz (VII 8.23).

Allerdings fällt beim Vergleich der beiden Sätze auf, daß im Energiesatz (VII 8.23) die Energie $\hbar\,\omega$ des Lichtquants erscheint, während im Impulssatz (VII 8.24) der Impuls $\hbar\,\omega/c$ des Lichtquants nicht auftritt. Das ist ein Schönheitsfehler, der zwar — wie wir auf S. 343 und 344 sehen werden — keine große praktische Bedeutung hat. Er zeigt aber, daß die bisherigen Betrachtungen noch unvollständig sind.

Tatsächlich fehlt ja bei dem Ansatz (VII 8.03) auch das magnetische Feld, das im Prinzip ein elektrisches Wechselfeld stets begleitet. Für zeitlich veränderliche Felder muß in der SCHRÖDINGER-Gleichung für das Elektron entsprechend ein Vektorpotential $\mathfrak{A}$ neben das einfache skalare Potential U treten. An Stelle von (VII 6.10) ist also

$$-\frac{\hbar^2}{2m}\Delta\psi - e\,U(\mathfrak{r})\,\psi - j\,\frac{e\,\hbar}{m\,c}\,\mathfrak{A}\,\operatorname{grad}\psi = +j\,\hbar\,\frac{\partial}{\partial t}\,\psi \tag{VII 8.25}$$

anzusetzen. Die elektromagnetischen Feldstärken $\mathfrak{E}$ und $\mathfrak{H}$ werden dabei aus dem Vektorpotential[1]

$$\left.\begin{aligned}\mathfrak{A} &= \{\mathfrak{A}_x, 0, 0\}\\ \mathfrak{A}_x &= -\frac{c F}{\omega e}\sin\frac{\omega}{c}(y - c t)\end{aligned}\right\} \qquad \text{(VII 8.26)}$$

vermittels der Gleichungen

$$\mathfrak{E} = -\frac{1}{c}\frac{\partial\mathfrak{A}}{\partial t} \qquad \text{(VII 8.27)}$$

$$\mathfrak{H} = \operatorname{rot}\mathfrak{A} \qquad \text{(VII 8.28)}$$

abgeleitet. Die Größe F hat dabei die Bedeutung einer Kraftamplitude. $\mathfrak{E}$ und $\mathfrak{H}$ ergeben sich nämlich zu

$$\mathfrak{E} = \{\mathfrak{E}_x, 0, 0\}$$

mit

$$\mathfrak{E}_x = -\frac{1}{e} F\cos\frac{\omega}{c}(y - c t) \qquad \text{(VII 8.29)}$$

und

$$\mathfrak{H} = \{0, 0, \mathfrak{H}_z\}$$

mit

$$\mathfrak{H}_z = +\frac{1}{e} F\cos\frac{\omega}{c}(y - c t). \qquad \text{(VII 8.30)}$$

Mit (VII 8.26) lautet die SCHRÖDINGER-Gleichung (VII 8.25)

$$-\frac{\hbar^2}{2m}\Delta\psi - e\,U(\mathfrak{r})\,\psi + {}$$

$$+\frac{F\hbar}{2m\omega}\left[e^{+j\frac{\omega}{c}(y-ct)} - e^{-j\frac{\omega}{c}(y-ct)}\right]\frac{\partial}{\partial x}\psi = +j\hbar\frac{\partial}{\partial t}\psi. \qquad \text{(VII 8.31)}$$

Zur Lösung wird nun der Ansatz

$$\psi(\mathfrak{r}, t) = \sum_l c_l(t)\,\psi_l(\mathfrak{r}, t) \qquad \text{(VII 8.32)}$$

gemacht, wobei die $\psi_l(\mathfrak{r}, t) = \psi_l(\mathfrak{r})\,e^{-\frac{j}{\hbar}E_l t}$ die sämtlichen Lösungen (aus allen Bändern) der ungestörten Gleichung, also von (VII 8.31) im Falle $F = 0$, sind.

Einsetzen von (VII 8.32) in (VII 8.31) und Berücksichtigung der Tatsache, daß die $\psi_l(\mathfrak{r}, t)$ die ungestörte Gleichung — also die Glei-

[1] Der Einfachheit halber wird im folgenden ein Kristall mit $\varepsilon = 1$ und $\mu = 1$ zugrunde gelegt. Andernfalls wäre in (VII 8.26) ein Brechungsexponent $n = \sqrt{\varepsilon\mu}$ zu berücksichtigen

$$\mathfrak{A}_x = -\frac{c F}{\omega e}\sin\omega\frac{n}{c}\left(y - \frac{c}{n}t\right),$$

und (VII 8.28) müßte $\mu\mathfrak{H} = \operatorname{rot}\mathfrak{A}$ lauten. Im übrigen ist c = Lichtgeschwindigkeit = $3\cdot 10^{10}$ cm sek^{-1}.

chung (VII 8.31) für den Fall $F = 0$ — erfüllen, führt auf

$$+\frac{F\hbar}{2m\omega}\sum_l c_l(t)\left[e^{+j\frac{\omega}{c}(y-ct)} - e^{-j\frac{\omega}{c}(y-ct)}\right]\frac{\partial}{\partial x}\psi_l(\mathfrak{r},t) = j\hbar\sum_l \dot{c}_l(t)\,\psi_l(\mathfrak{r},t). \tag{VII 8.33}$$

Zur Ermittlung der unendlich vielen unbekannten Koeffizienten $c_l(t)$ wird nun von links mit $\psi_n^*(\mathfrak{r},t)$ multipliziert und über das Grundgebiet integriert. Wir erhalten dann wegen der Orthogonalität der $\psi_n(\mathfrak{r})$, $\psi_l(\mathfrak{r})$

$$\int\limits_{V_{\text{Grund}}} \psi_n^*\,\psi_l\,dV = \delta_{nl} = \begin{cases} 1 & \text{für} \quad n = l \\ 0 & \text{für} \quad n \neq l \end{cases} \tag{VII 8.34}$$

$$+\frac{1}{j}\,\frac{F}{2m\omega}\sum_l c_l(t)\int\limits_{V_{\text{Grund}}}\psi_n^*(\mathfrak{r},t)\left[e^{+j\frac{\omega}{c}(y-ct)} - e^{-j\frac{\omega}{c}(y-ct)}\right]\frac{\partial}{\partial x}\psi_l(\mathfrak{r},t)\,dV$$

$$= \sum_l \dot{c}_l(t)\,\delta_{nl}. \tag{VII 8.35}$$

Wir berücksichtigen (VII 8.34) auf der rechten Seite von (VII 8.35). Auf der linken Seite benutzen wir $\psi_l(\mathfrak{r},t) = \psi_l(\mathfrak{r})\exp\left(-\frac{j}{\hbar}E_l\,t\right)$, ziehen die ortsunabhängigen Zeitfaktoren vor das Integral und erhalten schließlich

$$+\frac{F}{2m\hbar\omega}\sum_l c_l(t)\left[e^{+\frac{j}{\hbar}(E_n-E_l-\hbar\omega)t}\int\limits_{V_{\text{Grund}}}\psi_n^*(\mathfrak{r})\,e^{+j\frac{\omega}{c}y}\,\frac{\hbar}{j}\,\frac{\partial}{\partial x}\psi_l(\mathfrak{r})\,dV -\right.$$

$$\left. - e^{+\frac{j}{\hbar}(E_n-E_l+\hbar\omega)t}\int\limits_{V_{\text{Grund}}}\psi_n^*(\mathfrak{r})\,e^{-j\frac{\omega}{c}y}\,\frac{\hbar}{j}\,\frac{\partial}{\partial x}\psi_l(\mathfrak{r})\,dV\right] = \dot{c}_n(t). \tag{VII 8.36}$$

Gehen wir nun von einem Anfangszustand aus, in dem nur ein ganz bestimmter Zustand $l = s$ besetzt ist, so haben wir für $t = 0$

$$c_l(0) = \begin{cases} 1 & \text{für} \quad l = s \\ 0 & \text{für} \quad l \neq s \end{cases}$$

zu setzen und können, solange $c_s \approx 1$ und $c_{l\neq s}(t) \ll 1$ bleibt[1], näherungsweise

$$+\frac{F}{2m\hbar\omega}\left[\pi_{ns}^{(+)}\,e^{+j(\omega_{ns}-\omega)t} - \pi_{ns}^{(-)}\,e^{+j(\omega_{ns}+\omega)t}\right] = \dot{c}_n(t) \tag{VII 8.37}$$

---

[1] Das ist zu Beginn des Vorgangs bestimmt eine Zeitlang der Fall. Diese „Kleinheit der Störung“ bleibt um so länger erhalten, je kleiner die Kraftamplitude F ist.

schreiben, wobei wir die Abkürzungen

$$\pi_{ns}^{(+)} = \int\limits_{V_{\text{Grund}}} \psi_n^*(\mathfrak{r})\, e^{+j\frac{\omega}{c}y} \frac{\hbar}{j} \frac{\partial}{\partial x} \psi_s(\mathfrak{r})\, dV \tag{VII 8.38}$$

$$\pi_{ns}^{(-)} = \int\limits_{V_{\text{Grund}}} \psi_n^*(\mathfrak{r})\, e^{-j\frac{\omega}{c}y} \frac{\hbar}{j} \frac{\partial}{\partial x} \psi_s(\mathfrak{r})\, dV \tag{VII 8.39}$$

$$\omega_{ns} = \frac{1}{\hbar}(E_n - E_s) \tag{VII 8.40}$$

benutzt haben.

Mit ähnlichen Rechnungen und Überlegungen, wie sie von (VII 8.14) zu (VII 8.21) geführt haben, erhält man von (VII 8.37) ausgehend eine Übergangswahrscheinlichkeit

$$\frac{d}{dt}|c_n(t)|^2 = \frac{\pi}{2}\left(\frac{F}{m\hbar\omega}\right)^2 |\pi_{ns}^{(+)}|^2\, \delta[\omega_{ns} - \omega], \tag{VII 8.41}$$

wenn

$$\omega_{ns} > 0 \tag{VII 8.42}$$

bzw. nach (VII 8.40)

$$E_n > E_s \tag{VII 8.43}$$

ist. Diese Voraussetzung besagt also, daß die Energie des Elektrons nach dem Übergang $s \to n$ größer als vor dem Übergang ist. Es handelt sich also bei dem von der elektromagnetischen Welle ausgelösten Übergang um einen Absorptionsprozeß.

Damit sich eine von Null verschiedene Übergangswahrscheinlichkeit ergibt, muß in (VII 8.41) das Argument $\omega_{ns} - \omega$ der Deltafunktion gleich Null sein. Das führt aber wieder mit (VII 8.40) auf den Energiesatz

$$E_n = E_s + \hbar\omega. \tag{VII 8.44}$$

Außerdem muß aber in (VII 8.41) der Faktor $|\pi_{ns}^{(+)}|^2$ von Null verschieden sein. Nun war nach (VII 8.38)

$$\pi_{ns}^{(+)} = \int\limits_{V_{\text{Grund}}} \psi_n^*(\mathfrak{r})\, e^{+j\frac{\omega}{c}y} \frac{\hbar}{j} \frac{\partial}{\partial x} \psi_s(\mathfrak{r})\, dV. \tag{VII 8.38}$$

Benutzen wir hier die Form $u(\mathfrak{r};\mathfrak{k})\, e^{j\mathfrak{k}\cdot\mathfrak{r}}$ der Eigenfunktion $\psi(\mathfrak{r})$ des Kristallelektrons, so erhalten wir

$$\pi_{ns}^{(+)} = \hbar \int\limits_{V_{\text{Grund}}} u^*(\mathfrak{r};\mathfrak{k}_n)\left(\mathfrak{k}_{sx}\, u(\mathfrak{r};\mathfrak{k}_s) - j\frac{\partial}{\partial x} u(\mathfrak{r};\mathfrak{k}_s)\right) e^{j(\mathfrak{k}_{\text{Feld}} + \mathfrak{k}_s - \mathfrak{k}_n)\cdot\mathfrak{r}}\, dV. \tag{VII 8.45}$$

Hierbei ist

$$\mathfrak{k}_{\text{Feld}} = \left\{0, \frac{\omega}{c}, 0\right\} \tag{VII 8.46}$$

der Wellenzahlvektor der sich in y-Richtung fortpflanzenden elektromagnetischen Welle, so daß $\mathfrak{k}_{\text{Feld}} \cdot \mathfrak{r} = \frac{\omega}{c} y$ gilt.

Da die Modulationsfaktoren $u(\mathfrak{r};\mathfrak{k})$ gitterperiodisch sind, sind es auch ihre Ableitungen. Deshalb ist der ganze Faktor im Integranden vor der Exponentialfunktion ebenfalls gitterperiodisch. Wenn nun das Grundgebiet so gewählt wird, daß seine Kanten ganzzahlige Vielfache der Wellenlänge der elektromagnetischen Welle sind — und das ist wegen der Willkür in der Wahl des Grundgebietes möglich —, so ist der Exponentialfaktor des Integranden periodisch im Grundgebiet, und der Satz (XII 1.12) kann angewendet werden. Demnach verschwindet das Integral $\pi_{ns}^{(+)}$ und damit die Übergangswahrscheinlichkeit vom Zustand s in den Zustand n gänzlich, wenn nicht der Exponent

$$\mathfrak{k}_{\text{Feld}} + \mathfrak{k}_s - \mathfrak{k}_n = 0 \qquad \text{(VII 8.47)}$$

ist. Dies bedeutet aber, daß der Kristallimpuls $\hbar\,\mathfrak{k}_n$ des Elektrons *nach* dem Absorptionsprozeß gleich der Summe von Lichtquantenimpuls $\hbar\,\mathfrak{k}_{\text{Feld}}$ und Kristallimpuls des Elektrons *vor* dem Absorptionsprozeß ist:

$$\hbar\,\mathfrak{k}_n = \hbar\,\mathfrak{k}_{\text{Feld}} + \hbar\,\mathfrak{k}_s. \qquad \text{(VII 8.48)}$$

Außer dem Energiesatz (VII 8.44) muß also auch der Impulssatz (VII 8.47) bzw. (VII 8.48) erfüllt sein.

Bei Betrachtung eines Emissionsprozesses muß der Fall $E_n < E_s$ oder $\omega_{ns} < 0$ zugrunde gelegt werden. Dann folgt aus (VII 8.37) durch Überlegungen, die zum Übergang von (VII 8.14) zu (VII 8.21) analog sind

$$\frac{d}{dt}\,|c_n(t)|^2 = \frac{\pi}{2}\left(\frac{F}{m\,\hbar\,\omega}\right)^2 |\pi_{ns}^{(-)}|^2\,\delta(\omega_{ns} + \omega), \qquad \text{(VII 8.49)}$$

und aus der Forderung des Nichtverschwindens der Deltafunktion ergibt sich der Energiesatz in der Form

$$E_n = E_s - \hbar\,\omega.$$

Endenergie des Elektrons = Anfangsenergie des Elektrons minus Energie des emittierten Lichtquants.

Aus der Betrachtung des Koeffizienten $\pi_{ns}^{(-)}$ folgt der Impulssatz

$$\hbar\,\mathfrak{k}_n = \hbar\,\mathfrak{k}_s - \hbar\,\mathfrak{k}_{\text{Feld}}$$

Endwert des Kristallimpulses = Anfangswert des Kristallimpulses minus Impuls des emittierten Lichtquants.

Handelt es sich bei der elektromagnetischen Welle um eine Lichtwelle, so ist wegen der Größenordnung 10^{-5} cm der Lichtwellenlänge die Wellenzahl $\mathfrak{k}_{\text{Feld}}$ von der Größenordnung $10^{+5}\ \text{cm}^{-1}$. Gegenüber dem der Wellenzahl $\mathfrak{k}$ des Kristallelektrons zur Verfügung stehenden Intervall $\frac{2\pi}{a} \approx 2\cdot 10^{+8}\ \text{cm}^{-1}$ ist also eine Veränderung der Elektronenwellenzahl $\mathfrak{k}$ um die Lichtwellenzahl $\mathfrak{k}_{\text{Feld}}$ eine äußerst geringfügige

Veränderung[1]. Wenn sich der Übergang des Elektrons zwischen 2 Zuständen desselben Bandes vollziehen würde, so wäre dies also ein Übergang zwischen eng *benachbarten* Zuständen und Energie- und Impulssatz (VII 8.44) bzw. (VII 8.48) dürfte in der Form

$$\Delta E = \hbar\,\omega$$

$$\hbar\,|\Delta \mathfrak{k}| = \hbar\,|\mathfrak{k}_{\text{Feld}}| = \hbar\,\frac{\omega}{c}$$

geschrieben werden. Daraus würde durch Division beider Gleichungen

$$\frac{1}{\hbar}\,|\text{grad}_{\mathfrak{k}} E| = c$$

und weiter nach Gl. (VII 5.10)

$$|\mathfrak{v}| = c$$

für die Geschwindigkeit $\mathfrak{v}$ des Elektrons folgen. Die Geschwindigkeit des Elektrons in den beiden eng benachbarten Zuständen, zwischen denen es durch den Lichtquantenstoß übergehen würde, müßte also gleich der Lichtgeschwindigkeit c sein. Nun sind die Elektronen sowohl in Metallen wie in Halbleitern wesentlich langsamer[2] [s. Gl. (VIII 5.09) und Gl. (VIII 5.29)]. Bei diesen langsamen Elektronen kann also ein Zusammenstoß mit einem Lichtquant unmöglich zu einem Nachbarzustand im *selben* Band führen; das Elektron muß bei einem optischen Absorptionsprozeß vielmehr in ein anderes Band unter praktischer Erhaltung seiner Wellenzahl übergehen („direkter" Übergang).

Wir haben nun schon in den Abb. VII 3.11 und VII 3.12 gesehen, daß in zwei aufeinanderfolgenden Bändern das Minimum des höheren Bandes und das Maximum des niedrigeren Bandes keineswegs immer zur gleichen k-Zahl zu gehören brauchen (s. Abb. VII 8.2 und VII 8.3).

Für die Absorption eines Lichtquants durch ein Valenzelektron, das sich ja an der oberen Kante des Valenzbandes befindet, genügt also im Fall der Abb. VII 8.2, daß die Energie $\hbar\,\omega$ des Lichtquants gleich der Breite $E_C - E_V$ des verbotenen Bandes ist. Im Fall der Abb. VII 8.3 scheint die Grenzenergie $\hbar\,\omega$, bei der die sog. Grundgitterabsorption einsetzt („ultrarote Absorptionskante im Absorptionsspektrum", s. Abb. VII 8.4), größer als $E_C - E_V$ sein zu müssen; denn der direkte Übergang führt zu einer viel höheren Energie als E_C. Tatsächlich sind aber neben den „direkten" Übergängen mit Erhaltung

---

[1] Bei der Absorption von RÖNTGEN-Strahlen gilt das freilich wegen der kleinen Wellenlänge der RÖNTGEN-Strahlen nicht mehr.

[2] Außerdem würde bei Elektronengeschwindigkeiten in der Größenordnung der Lichtgeschwindigkeit die in den bisherigen Ausführungen benutzte einfache SCHRÖDINGER-Gleichung nicht mehr ausreichen. Alle abgeleiteten Beziehungen würden sich sowieso relativistisch modifizieren.

der k-Zahl auch „indirekte" Übergänge vom Maximum des Valenzbandes zum Minimum des Leitungsbandes möglich, wenn durch zu-

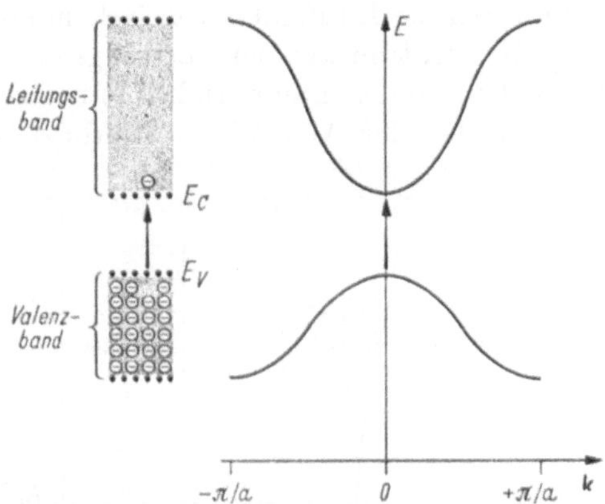

Abb. VII 8.2 Die Bandgrenzen gehören zur gleichen k-Zahl. Zur Absorptionskante $\hbar\omega = E_C - E_V$ gehört ein direkter Übergang.

sätzliche Absorption oder Emission eines Schallquants[1] der Gitterschwingungen (eines „Phonons") für die Befriedigung des Impulssatzes gesorgt wird.

Die quantenmechanisch erlaubten direkten Übergänge sind aber viel häufiger als die quantenmechanisch verbotenen und nur durch

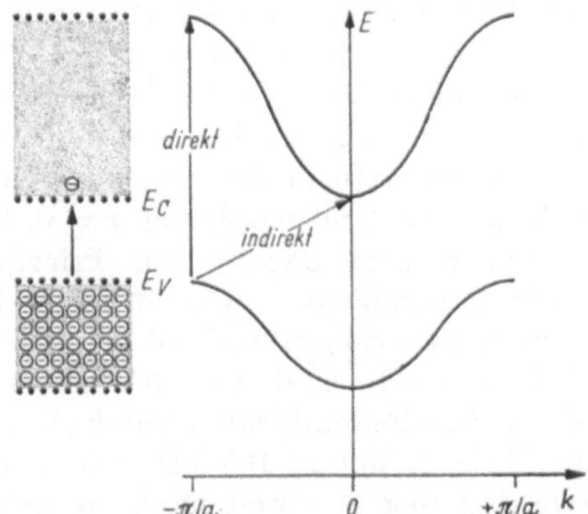

Abb. VII 8.3 Die Bandgrenzen gehören zu verschiedenen k-Zahlen. Zur Absorptionskante $\hbar\omega = E_C - E_V$ gehört ein indirekter Übergang.

Schallquantenmitwirkung möglich werdenden indirekten Übergänge. Dies ist — wie sich sogleich zeigen wird — der Grund dafür, daß die

[1] Siehe S. 13—15.

Trägerlebensdauern in Germanium und Silizium wesentlich größer sind als in den III-V-Verbindungen.

Im einzelnen hängt das folgendermaßen zusammen. Die Trägerlebensdauern τ sind durch die Häufigkeit von Rekombinationsprozessen bedingt, bei denen ein Elektron aus dem Leitungsband in ein Loch in der Besetzung des Valenzbandes hinunterfällt. Je nachdem, ob der Fall der Abb. VII 8.2 oder der der Abb. VII 8.3 vorliegt, handelt es sich

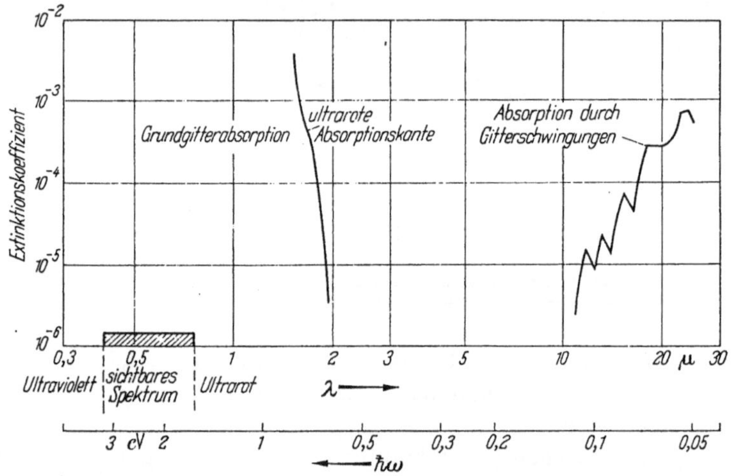

Abb. VII 8.4 Absorptionsspektrum von Germanium.

dabei um einen direkten oder indirekten Übergang. Wir haben in Kap. VII, § 4, Abschn. i) gesehen, daß in den III-V-Verbindungen die Verhältnisse im Prinzip wie in Abb. VII 8.2 liegen. Die Rekombination ist daher durch direkte Übergänge möglich und deshalb relativ häufig. Die Trägerlebensdauern, die man in der Praxis an diesen Materialien mißt[1], bewegen sich in der Größenordnung $\tau \approx 0,1 \ldots 1\ \mu$sek. In Germanium und Silizium liegt dagegen im Prinzip der Fall der Abb. VII 8.3 vor. Die Rekombination von Band zu Band kann nur durch indirekte Übergänge erfolgen und ist deshalb so selten, daß sich extrem lange Lebensdauern von 0,61 sek (Ge) und 4,6 h (Si) ergeben würden[2], wenn nicht andere Rekombinationsmechanismen (s. Kap. IX) die τ-Werte in die Größenordnung 100 bis 3000 μsek herabdrücken würden. Diese Werte sind aber — soweit bis heute bekannt[3] — immer

[1] MADELUNG, O.: Physics of III-V-Compounds, New York/London: J. Wiley 1964.

[2] Siehe R. N. HALL: Proc. I. E. E. (London) Vol. 106, Part B, Suppl. No. 17 (1959) S. 923, namentlich Table 2 auf S. 924. — Siehe auch Kap. IX, 2. Teil, insbesondere S. 499f.

[3] Siehe z. B. R. H. BUBE: Photoconductivity of Solids, New York/London: J. Wiley 1960, S. 319.

noch wesentlich größer als die Lebensdauern in allen anderen Halbleitern. Darauf beruht zu einem großen Teil die Bedeutung von Ge und Si für die Herstellung von technischen Gleichrichtern und Transistoren.

§ 9. Der Einfluß von atomaren Störstellen und von thermischen Gitterschwingungen auf die Bewegung eines Kristallelektrons

a) Vier verschiedene Typen von Abweichungen von der idealen Gitterperiodizität

Bei unseren bisherigen Ausführungen wurde für die potentielle Energie eines Kristallelektrons strenge Gitterperiodizität vorausgesetzt. Diese Voraussetzung würde nur zutreffen, wenn die Gitterplatzbesetzung in dem betrachteten Kristall ideal wäre. In realen Kristallen kann aber von einer solchen idealen Gitterplatzbesetzung nicht die Rede sein. Wir müssen mit Gitterleerplätzen und Zwischengitterbesetzungen und mit der Substitution von gittereigenen durch gitterfremde Atome rechnen. Genauer haben wir diese *atomaren Fehlordnungen*[1] *oder Störstellen* im Kapitel II besprochen.

Über diese atomaren Fehlordnungen hinaus sind in einem realen Kristall sog. Baufehler[1] z. B. *Mosaikstrukturen und Versetzungen* festzustellen. Weiter liegt häufig ein Material nur in polykristalliner Form vor. Dann ist der Gesamtkristall von einer Unzahl von *Kristallitgrenzen* durchzogen.

Außer diesen zeitlich unveränderlichen Störungen der idealen Gitterperiodizität muß aber auch in Betracht gezogen werden, daß die den Kristall aufbauenden Atome oder Ionen oder Moleküle, je nach der Temperatur des Kristalls mehr oder weniger große Schwingungen um ihre Ruhelagen ausführen. Auch diese *thermischen Gitterschwingungen* beeinflussen die Bewegung eines Kristallelektrons sehr stark.

Von den genannten Störungen der idealen Gitterperiodizität sind nun die zuerst und die zuletzt genannten genauer in ihrer Wirkung auf die Bewegung eines Kristallelektrons untersucht worden. Wir wollen aber im folgenden über die hierbei erzielten Ergebnisse eigentlich nicht einmal referieren, geschweige denn ihre Ableitung darstellen[2]. Dafür sind diese Dinge zu kompliziert — vom Standpunkt dieser als Einführung gedachten Darstellung aus gesehen. Uns liegt vielmehr daran, die in diesem Zusammenhang häufig gebrauchten Begriffe der Stoßzeit τ, der freien Weglänge l und der Elektronenbeweglichkeit μ zu erläutern.

---

[1] Siehe zu den Begriffen der „Fehlordnung" und der „Baufehler" H. G. F. Winkler: Struktur und Eigenschaften der Kristalle, Berlin/Göttingen/Heidelberg: Springer 1950.

[2] Siehe aber Kap. XI.

Diese Begriffe stammen aus der klassischen Elektronentheorie von RIECKE, DRUDE und H. A. LORENTZ vom Anfang dieses Jahrhunderts und wurden in die moderne Elektronentheorie übernommen, die in den Jahren um 1930 auf wellenmechanischer Basis entstand. Hierbei büßten die genannten Begriffe freilich viel von ihrer ursprünglichen anschaulichen Bedeutung ein, und es erscheint deshalb schon zum Verständnis der gewählten Bezeichnungen erforderlich, zunächst einmal die ursprünglichen klassischen Gedankengänge darzustellen. Im Anschluß daran soll berichtet werden, welche konkrete Bedeutung die Stoßzeit τ, die freie Weglänge l und die Elektronenbeweglichkeit μ vom heutigen quantenmechanischen Standpunkt haben.

b) Stoßzeit τ, freie Weglänge l, Elektronenbeweglichkeit μ und Leitfähigkeit σ vom Standpunkt der klassischen Elektronentheorie

Die klassische Elektronentheorie der Metalle geht von der Hypothese aus, daß in einem Metall viele Elektronen — größenordnungsweise 1 pro Atom — so frei beweglich sind, daß sie sich wie ein klassisches MAXWELL-BOLTZMANN-Gas benehmen. Das einzelne Elektron bewegt sich dann mit gleichbleibender Geschwindigkeit $\mathfrak{v}_1$ durch das Gitter, bis es nach Ablauf einer Zeitspanne $\tau_{ü_1}$ einen Zusammenstoß[1] erleidet und infolgedessen seine Geschwindigkeit sprunghaft in $\mathfrak{v}_2$ ändert.

Abb. VII 9.1.

Diese neue Geschwindigkeit behält es wiederum während einer Zeitspanne $\tau_{ü_2}$ bei, bis der nächste Zusammenstoß erfolgt und dadurch die Geschwindigkeit in $\mathfrak{v}_3$ verwandelt wird und so fort. Wir machen nun die grob vereinfachende Annahme:

Abb. VII 9.2 Bahn eines Elektrons ohne und mit äußerer Kraft unter der vereinfachenden Annahme einheitlicher freier Weglänge.

$$\tau_{ü_1} = \tau_{ü_2} = \tau_{ü_3} = \cdots = \tau_{ü} = \text{Stoßzeit}^2. \quad \text{(VII 9.01)}$$

[1] Als Stoßpartner dachte man damals naturgemäß an die Gitteratome und die anderen Elektronen. Zu welchen Schwierigkeiten das führte, werden wir später auf S. 355 sehen.

[2] Diese nun einmal leider eingebürgerte Bezeichnung ist eigentlich wenig glücklich. Es handelt sich ja um die *zwischen* 2 Stoßprozessen verstreichende Zeit für die Zurücklegung einer freien Weglänge und nicht um die Dauer des Stoßprozesses selbst. Eine Bezeichnung wie „freie Flugzeit" oder „mean free time" erscheint in dieser Beziehung wegen ihrer Parallelität zu „mean free path" sehr viel glücklicher.

Die Vorstellung von freien Weglängen, die am Anfang und am Ende durch je einen Stoßprozeß abgegrenzt sind, ist im übrigen nur sinnvoll, wenn die Dauer

Weiter soll sich bei einem Stoß nur die Richtung der Geschwindigkeit, nicht ihr Betrag ändern:

$$|\mathfrak{v}_1| = |\mathfrak{v}_2| = |\mathfrak{v}_3| = \cdots = v_{\text{th}}. \qquad \text{(VII 9.02)}$$

Dann legt das Elektron zwischen 2 Zusammenstößen stets die Strecke

$$\tau_{ü}\, v_{\text{th}} = l = \text{freie Weglänge} \qquad \text{(VII 9.03)}$$

zurück. Die Bahn eines Elektrons unter diesen Umständen zeigt Abb. VII 9.1.

Bisher betrachteten wir den kräftefreien Fall. Wir denken uns nun an den Kristall eine Spannung gelegt, so daß innerhalb des Kristalls ein elektrostatisches Feld $\mathfrak{E}$ entsteht. Dieses übt auf das Elektron eine Kraft $\mathfrak{F} = -e\,\mathfrak{E}$ aus.

Jeder der vorher geradlinigen Wege zwischen 2 Zusammenstößen wird jetzt zu einer Parabel verbogen (s. Abb. VII 9.2), weil die äußere Kraft eine Beschleunigung

$$\dot{\mathfrak{v}} = \frac{1}{m}\,\mathfrak{F} = -\frac{e}{m}\,\mathfrak{E} \qquad \text{(VII 9.04)}$$

und damit eine Zusatzgeschwindigkeit

$$\mathfrak{v}_{\text{Zusatz}} = -\frac{e}{m}\,\mathfrak{E}\,t \qquad \text{(VII 9.05)}$$

erzeugt. Solange

$$|\mathfrak{v}_{\text{Zusatz}}| \ll v, \qquad \text{(VII 9.06)}$$

während der ganzen Zeit zwischen 2 Zusammenstößen bleibt, ändert sich praktisch nichts an der Stoßzeit $\tau_{ü}$, und die Zusatzgeschwindigkeit (VII 9.05) wächst während eines freien Fluges von 0 auf den Wert $\frac{e}{m}\,\mathfrak{E}\,\tau_{ü}$, hat also im Mittel den Wert

$$\mathfrak{v}_{\text{Zusatz}} = -\frac{1}{2}\,\frac{e}{m}\,\mathfrak{E}\,\tau_{ü} = -\mu\,\mathfrak{E}. \qquad \text{(VII 9.07)}$$

Der Proportionalitätsfaktor

$$\left.\begin{aligned} \mu &= \frac{e}{m}\,\tau \quad \text{mit}^1 \quad \tau = \frac{1}{2}\,\tau_{ü} \\ \text{bzw.} \quad \left(\frac{\mu}{\frac{\text{cm}^2}{\text{Volt sek}}}\right) &= 1{,}76 \cdot 10^{15} \left(\frac{\tau}{\text{sek}}\right) \end{aligned}\right\} \qquad \text{(VII 9.08)}$$

---

jedes dieser beiden Stoßprozesse sehr klein gegen die dazwischenliegende freie Flugzeit ist. Es wird bei gewissen Halbleitern, die dem Verständnis bis jetzt erhebliche Schwierigkeiten bereiten, manchmal für möglich gehalten, daß diese Voraussetzung nicht mehr erfüllt ist. Siehe hierzu A. Joffé: J. Phys. Chem. Solids 8 (1959) 6, insbesondere S. 9, rechts unten. Weiter s. hierzu S. 386—389 und das dort zitierte Schrifttum.

[1] Die „mittlere" Stoßzeit τ wäre hiernach gleich dem *halben* arithmetischen Mittelwert der einzelnen Stoßzeiten $\tau_{ü_1}, \tau_{ü_2}, \tau_{ü_3}, \ldots, \tau_{ü_n}$. Ein derartiger im Rahmen

wird Elektronenbeweglichkeit genannt. Der Grund dafür wird sogleich auf S. 352 noch deutlicher werden. Seine Dimension $\frac{\text{cm}^2}{\text{Volt sek}}$ ergibt sich als Quotient von Geschwindigkeit cm sek^{-1} und Feldstärke Volt cm^{-1}.

Mit diesem Exkurs aus der klassischen Elektronentheorie könnten wir uns eigentlich schon begnügen; für manches Folgende wird es aber doch ganz angenehm sein, auch auf dieser klassischen Basis bis zur Leitfähigkeitsformel vorzudringen.

Zu diesem Zwecke wollen wir die Vorstellungen etwas konkretisieren (s. Abb. VII 9.3). Das betrachtete Kristallvolumen sei ein Quader vom Querschnitt Q und der Länge L. An die Endflächen des Quaders wird durch Großflächenelektroden eine Spannung U vermittels einer Batterie und eines metallischen Schließungskreises gelegt. Dadurch entsteht innerhalb des Kristalls eine Feldstärke

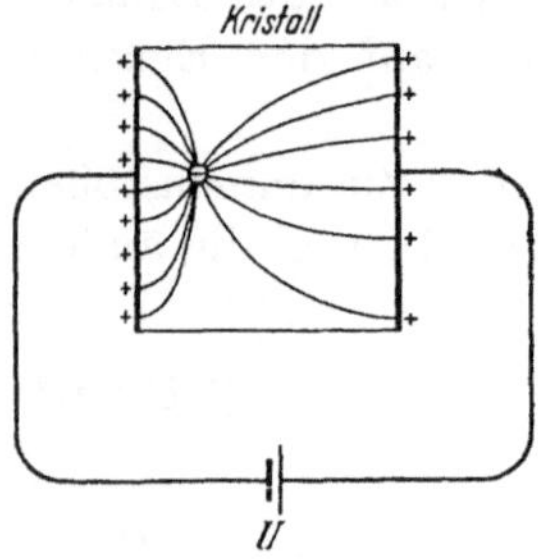

Abb. VII 9.3 Ein Elektron mit seinen Influenzladungen auf den Elektroden des Kristalls. Bei räumlicher Verrückung des Elektrons ändern sich diese Influenzladungen, und durch den äußeren Schließungskreis fließt ein entsprechender Strom.

$$\mathfrak{E} = \frac{U}{L}. \qquad \text{(VII 9.09)}$$

Die von einem beliebig herausgegriffenen Elektron ausgehenden Kraftlinien erzeugen auf den Elektroden an den Endflächen Influenzladungen. Verschiebt sich das Elektron um eine Strecke $\mathfrak{v}\,dt$, so verändern sich diese Influenzladungen. Die dafür erforderlichen Ladungen fließen durch den metallischen Schließungskreis zu oder ab. So entsteht bei jeder Bewegung $\mathfrak{v}\,dt$ eines einzelnen gerade herausgegriffenen Elektrons ein Strom I_{einzel} im äußeren Schließungskreis. Seine Größe ergibt sich sehr einfach aus dem Energiesatz. Das im Kristall herrschende Feld $\mathfrak{E}$ leistet an dem Aufelektron die Arbeit

$$\mathfrak{v}\,\mathfrak{F}\,dt = -e\,\mathfrak{v}\,\mathfrak{E}\,dt \qquad \text{(VII 9.10)}$$

und erhöht dadurch beispielsweise die kinetische Energie des Elektrons. Diese Arbeit muß letzten Endes von der Batterie aufgebracht werden, der beim Fließen eines Stromes I_{einzel} die Arbeit $U\,I_{\text{einzel}}\,dt$ entnommen wird. Es muß also sein

$$-e\,\mathfrak{v}\,\mathfrak{E}\,dt = U\,I_{\text{einzel}}\,dt \qquad \text{(VII 9.11)}$$

---

dieser rohen Betrachtung gewonnener Faktor $^1/_2$ ist aber nicht ernst zu nehmen. In Wirklichkeit sind viel kompliziertere Mittelbildungen vorzunehmen, bis von einer endgültigen *mittleren* Stoßzeit τ die Rede sein kann, und dabei ändern sich solche Zahlenfaktoren noch mannigfaltig. Für die folgenden skizzenhaften Bemerkungen genügt es, τ zunächst einfach mit dem arithmetischen Mittelwert τ_a zu identifizieren.

und also

$$I_{\text{einzel}} = -e\,\mathfrak{v}\,\frac{\mathfrak{E}}{U} \tag{VII 9.12}$$

oder bei der vorausgesetzten einfachen Geometrie nach (VII 9.09)

$$I_{\text{einzel}} = -e\,\mathfrak{v}_x\,\frac{1}{L},$$

wenn die x-Achse in die Längsrichtung des Kristalls gelegt wird. Die auf den Querschnitt Q des Kristalls bezogene mittlere Stromdichte ist

$$\mathfrak{i}_{\text{einzel}} = -e\,\mathfrak{v}_x\,\frac{1}{L}\,\frac{1}{Q} = -\frac{e}{V}\,\mathfrak{v}_x, \tag{VII 9.13}$$

womit die auf S. 307 gefundene Gl. (VII 5.13) auf korpuskularer Basis abgeleitet ist.

Es ist jetzt nur noch ein kleiner Schritt bis zur Grundformel für die Leitfähigkeit. Zum Leitvermögen eines Körpers tragen *alle* seine Leitungselektronen bei, und so wollen wir — wenigstens im Rahmen dieses Exkurses über die klassische Elektronentheorie — für einen kurzen Augenblick den bisher auch in diesem § 9 noch eingehaltenen Rahmen „Verhalten des *einzelnen* Elektrons" überschreiten und uns mit der *Gesamtheit* der Leitungselektronen befassen. Das Elektronengas stellt eine Wolke von Teilchen dar, die ohne äußeres Feld in gradlinigen Zickzackbahnen nach Abb. VII 9.1 durcheinander wimmeln. Hierbei sind gleich große positive und negative x-Komponenten der Geschwindigkeit im Mittel gleich häufig, und deshalb werden sich die Strombeiträge (VII 9.13) der einzelnen Elektronen gegenseitig im Mittel kompensieren. Es fließt kein Strom. Wird aber ein äußeres Feld angelegt, so setzen sich die Zickzackbahnen aus Parabelbogen nach Abb. VII 9.2 zusammen. Jedes Teilchen erhält im Mittel nach Gl. (VII 9.07) eine Zusatzgeschwindigkeit $-\mu\,\mathfrak{E}$, und da diese mittlere Zusatzgeschwindigkeit für alle Teilchen der Wolke dieselbe ist, driftet die Wolke als ganzes langsam mit der gemeinsamen Driftgeschwindigkeit

$$\mathfrak{v}_{\text{Drift}} = -\mu\,\mathfrak{E}. \tag{VII 9.07}$$

Hier kompensieren sich die Beiträge (VII 9.13) der einzelnen Elektronen nicht mehr, sondern setzen sich zu einer Gesamtstromdichte

$$\mathfrak{i} = N\left(-\frac{e}{V}\right)\mathfrak{v}_{\text{Drift}} = \left(-e\,\frac{N}{V}\right)(-\mu\,\mathfrak{E})$$

zusammen. Mit Einführung der räumlichen Konzentration

$$n = \frac{N}{V}$$

der Elektronen erhalten wir

$$\mathfrak{i} = e\,\mu\,n\,\mathfrak{E}. \tag{VII 9.14}$$

Durch Vergleich mit dem OHMschen Gesetz

$$\mathfrak{i} = \sigma\,\mathfrak{E}$$

erhalten wir für die Leitfähigkeit σ den Ausdruck

$$\left.\begin{aligned} &\sigma = e\,\mu\,n \\ \text{bzw.}\quad &\left(\frac{\sigma}{\Omega^{-1}\,\mathrm{cm}^{-1}}\right) = 1{,}6\cdot 10^{-19}\left(\frac{\mu}{\frac{\mathrm{cm}^2}{\mathrm{Volt\,sek}}}\right)\left(\frac{n}{\mathrm{cm}^{-3}}\right)\end{aligned}\right\} \quad \text{(VII 9.15)}$$

Die Bedeutung der Bezeichnung „Beweglichkeit" für den Proportionalitätsfaktor μ wird hier vielleicht besonders deutlich; denn man sieht aus (VII 9.15), daß die Leitfähigkeit σ des Kristalls um so größer wird, je „beweglicher" die n Leitungselektronen pro cm^3 des Kristalls sind. Für die Konzentration n der Leitungselektronen wird man bei Metallen im allgemeinen die Zahl der Valenzelektronen einsetzen dürfen, also annähernd $4\cdot 10^{22}\,\mathrm{cm}^{-3}$, was 1 pro Atom entspricht. Rechnet man weiter mit einer metallischen Leitfähigkeit von etwa $4\cdot 10^5\,\Omega^{-1}\,\mathrm{cm}^{-1}$, so kommt man auf Beweglichkeiten $\mu \approx 60\,\frac{\mathrm{cm}^2}{\mathrm{Volt\,sek}}$[1]. Aus dieser Beweglichkeit errechnet man mit Hilfe von (VII 9.08) eine Stoßzeit $\tau = 3{,}6\cdot 10^{-14}$ sek und erhält aus (VII 9.03) eine freie Weglänge $\tau_{\ddot{u}}\,v_{\mathrm{th}} = 2\tau\,v_{\mathrm{th}}$ von $7\cdot 10^{-6}$ cm, wenn man bei Metallen eine thermische Geschwindigkeit $v_{\mathrm{th}} = 10^8\,\mathrm{cm\,sek}^{-1}$ einsetzt[2]. Bei einer Gitterkonstanten $3\cdot 10^{-8}$ cm sind das freie Weglängen von 200 Gitterkonstanten! Auf die Schwierigkeiten, die der klassischen Theorie seinerzeit aus diesen großen Weglängenwerten erwuchsen, werden wir sogleich auf S. 355 eingehen.

Auf Grund der bisherigen Ausführungen können wir auch prüfen, von welchen Feldstärken ab das OHMsche Gesetz (VII 9.14) notwendigerweise versagen muß (soweit nicht schon bei kleineren Feldstärken experimentelle Unvollkommenheiten wie Übergangswiderstände zwischen einzelnen Kristalliten und ähnliches solche Abweichungen gewissermaßen nur vortäuschen). Sobald nämlich die Driftgeschwindigkeit (VII 9.07) vergleichbar mit der thermischen Geschwindigkeit v_{th} wird, wird die Bedingung (VII 9.06) durchbrochen, und für die freie Flugzeit eines Elektrons ist nicht mehr seine Anfangsgeschwindigkeit nach dem letzten Stoß maßgebend. Die einfache Proportionalität (VII 9.07) zwischen

---

[1] Die metallischen Beweglichkeiten liegen tatsächlich zwischen 10 und $100\cdot\frac{\mathrm{cm}^2}{\mathrm{Volt\,sek}}$. Siehe z. B. F. SEITZ: The Modern Theory of Solids, New York: McGraw-Hill 1940, S. 183.

[2] Zu diesem Wert s. Gl. (VIII 5.09).

mittlerer Zusatzgeschwindigkeit und Feldstärke geht dann verloren, und das OHMsche Gesetz gilt nicht mehr.

Die kritische Feldstärke errechnet sich also aus

$$|\mathfrak{v}_{\text{Drift}}| = \mu\,|\mathfrak{E}| \approx v_{\text{th}}$$

$$|\mathfrak{E}_{\text{krit}}| \approx \frac{v_{\text{th}}}{\mu}\,. \qquad \text{(VII 9.16)}$$

Die Bedingung $\mu\,\mathfrak{E} \ll v_{\text{th}}$ kann noch mit der Konzentration n multipliziert werden und besagt dann, daß die Feld(teilchen)stromdichte $\mu\,n\,\mathfrak{E}$ sehr klein gegen die Größenordnung der einseitigen thermischen Teilchenstromdichte $\frac{1}{\sqrt{6\pi}}\,v_{\text{th}}\cdot n$ sein soll. (Bezüglich des einseitigen thermischen Stromes s. S. 127, Fußnote 2.) Mit (VII 9.35), (VII 9.31) und (VII 9.32) kann diese Bedingung auch noch folgendermaßen umgeformt werden:

$$|\mathfrak{v}_{\text{Drift}}| = \mu|\mathfrak{E}| = \frac{e}{m_{\text{eff}}}\,\tau|\mathfrak{E}| = \frac{1}{m_{\text{eff}}\,v_{\text{th}}}\,\tau\,v_{\text{th}}\,e|\mathfrak{E}| = \frac{1}{m_{\text{eff}}\,v_{\text{th}}}\,l\,e|\mathfrak{E}| \ll v_{\text{th}}$$

$$l\,e|\mathfrak{E}| \ll m_{\text{eff}}\,v_{\text{th}}^2 = 3\,\mathrm{k}T\,. \qquad \text{(VII 9.161)}$$

Die am Elektron auf einer freien Weglänge l geleistete Arbeit $l\,e|\mathfrak{E}|$ muß also sehr klein gegen die Größenordnung $\mathrm{k}T$ bleiben.

Wir werden auf S. 431 f. und 437 plausibel machen, daß als thermische Geschwindigkeit größenordnungsweise bei Metallen 10^8 cm sek^{-1} (temperaturunabhängig!) und bei Halbleitern $10^7\,\text{cm sek}^{-1}\sqrt{\frac{T}{300\,°\text{K}}}$ einzusetzen ist (s. auch S. 363).

Mit den auf S. 352 abgeschätzten metallischen Beweglichkeiten[1] zwischen 10 und $100\cdot\frac{\text{cm}^2}{\text{Volt sek}}$ ergeben sich dann bei den Metallen kritische Feldstärken von 10^6 bis 10^7 Volt cm^{-1}. Das sind Werte, an deren experimentelle Realisierung natürlich überhaupt nicht zu denken ist.

Bei Halbleitern und Isolatoren streuen die Beweglichkeiten erheblich stärker. Hier wäre beispielsweise bei Germanium mit $\mu = 3{,}9\cdot 10^3\,\frac{\text{cm}^2}{\text{Volt sek}}$ die kritische Feldstärke bei Zimmertemperatur etwa $3\cdot 10^3$ Volt cm^{-1}. Tatsächlich treten schon bei $6\cdot 10^2$ Volt cm^{-1} echte Abweichungen vom OHMschen Gesetz bei Germanium auf[2]. Ein Verständnis für diese Erscheinungen ist nur bei sehr viel genauerem Eingehen auf die Stoßprozesse möglich[3].

Die bisherigen Ausführungen stellen ja auch im Rahmen der klassischen Theorie nur eine formale Grundlage dar, auf der eine eigentliche

---

[1] SEITZ, F.: The Modern Theory of Solids, New York/Toronto/London: McGraw-Hill 1940, S. 183.

[2] RYDER, E. J., u. W. SHOCKLEY: Phys. Rev. 81 (1951) 139/140.

[3] SHOCKLEY, W.: Bell Syst. techn. J. 30 (1951) 990.

Theorie erst aufgebaut werden muß. Hierzu ist vor allem eine Untersuchung der Stoßprozesse notwendig, und dies erfordert vor allem Aussagen über die Stoß*partner*. Wie schon in Fußnote 1 auf S. 348 erwähnt, mußte man hier vom klassischen Standpunkt aus vor allem an die Gitteratome selbst und die anderen Elektronen denken.

Mangels genauerer Vorstellungen vom Bau der Atome führte man also damals (1900 bis 1910) z. B. Untersuchungen des elastischen Stoßes von Elektronen an harten, unbeweglichen Kugeln durch. Bei diesem Stoßmodell ist der Betrag der Elektronengeschwindigkeit *nach* dem Stoß genauso groß wie *vor* dem Stoß und für die Richtung des Elektrons nach dem Stoß ist jede Richtung gleichwahrscheinlich — unabhängig davon, welche Richtung das Elektron vor dem Stoß hatte.

Richtungsmäßig gesehen hat das Elektron bei diesem Modell also keine „Erinnerung an seine Vergangenheit vor dem Stoß". Welche grundsätzlichen Einwände gegen dieses Stoßmodell einzuwenden sind, werden wir sogleich besprechen. Vorher wollen wir nur noch kurz eine Folgerung aus diesem Stoßmodell skizzieren, die für das folgende von Wichtigkeit ist.

Bei der im nächsten § 10 zu besprechenden Berechnung der elektrischen Leitfähigkeit muß die Frage beantwortet werden, wie viele Elektronen aus einer Gruppe einheitlicher Richtung und einheitlicher Geschwindigkeit im Verlauf einer Zeitspanne dt durch Stoßprozesse ausscheiden. Wenn zwischen 2 Zusammenstößen eines Elektrons im Mittel eine Zeitspanne τ verstreicht, fallen in das Zeitintervall dt im Mittel $\frac{dt}{\tau}$ solcher Zeitspannen. Ein Elektron erleidet also während der Zeit dt im Mittel $\frac{dt}{\tau}$ Zusammenstöße, N Elektronen $N\frac{dt}{\tau}$ Zusammenstöße, und aus der Gruppe einheitlicher Geschwindigkeit und Richtung scheiden durch die Zusammenstöße während der Zeit dt im Mittel

$$dN = N\frac{dt}{\tau} \qquad \text{(VII 9.17)}$$

Elektronen aus. Die Zahl N der Elektronen dieser einheitlichen Geschwindigkeitsgruppe nimmt also exponentiell mit der Zeit ab:

$$N = N(0)\,\mathrm{e}^{-\frac{t}{\tau}}. \qquad \text{(VII 9.18)}$$

Die zunächst als arithmetischer Mittelwert einer Reihe von freien Flugzeiten $\tau_{ü_1}, \tau_{ü_2}, \ldots, \tau_{ü_n}$ gedachte mittlere Stoßzeit τ bekommt hierbei also die Bedeutung einer „Relaxationszeit", die das zeitliche Abklingen einer Elektronengruppe einheitlicher Geschwindigkeit beherrscht. Es wird sich nun später (S. 357) als sehr wichtig erweisen, daß die mittlere Stoßzeit τ in die Leitfähigkeitsberechnung nicht in ihrer

Bedeutung als arithmetischer Mittelwert aufeinanderfolgender freier Flugzeiten, sondern als Relaxationszeit eingeht.

Wir kommen jetzt auf die bereits erwähnten grundsätzlichen Schwierigkeiten zu sprechen, die im Rahmen der klassischen Elektronentheorie aus folgendem Umstande entstehen. Wir haben auf S. 352 gesehen, daß die beobachteten Werte der metallischen Leitfähigkeiten auf freie Weglängen von etwa 10^2 Gitterkonstanten führen[1].

Da die klassische Elektronentheorie die Gitteratome selbst (und die anderen Elektronen) als Stoßpartner ansehen mußte, war es damals unverständlich, wie ein Elektron durch einige hundert *dicht gepackte* Stoßpartner frei hindurchfliegen sollte, ohne eine Richtungsänderung zu erleiden[2].

An *dieser* Sachlage änderte sich auch noch nichts, als zuerst W. PAULI[3] und dann A. SOMMERFELD[4] im Jahre 1927 auf das Gas der freien Leitungselektronen nicht die MAXWELL-BOLTZMANN-Statistik, sondern die FERMI-Statistik anwendeten und damit andere grundlegende Schwierigkeiten[5] der klassischen Elektronentheorie vermeiden konnten. Freilich forderte SOMMERFELD schon am Ende seiner ersten Mitteilung: „Zur Verfeinerung der Theorie wäre es nötig, die freie Weglänge mehr physikalisch einzuführen, etwa im Sinne der Wellenmechanik, indem man die Streuung der DE BROGLIE-Wellen im Gitter der Metallatome verfolgt und dabei die thermische Agitation dieses Gitters berücksichtigt."

Dies hat nun F. BLOCH[6] getan. Dabei wurde klar, daß ein ideales Gitter für Elektronen mit geeigneter Wellenzahl gar kein Hindernis darstellt und daß infolgedessen an den beobachteten freien Weglängen von Hunderten von Gitterkonstanten nichts Unerklärliches war. BLOCH führte weiter aus, daß die eigentlichen Hindernisse für die Elektronenbewegung die Abweichungen von der strengen Gitterperiodizität sind und betrachtete in dieser Beziehung insbesondere die thermischen Gitter-

[1] Beim Germanium sogar bis etwa 500 Gitterkonstanten.

[2] Wenn man hier einen Ausweg in *der* Form sucht, daß die Wirkungssphäre der Atome bei der Wechselwirkung mit ihren Nachbarn und daher bei den Gitterbindungsfragen viel größer ist als der Wirkungsquerschnitt gegenüber schnellen Leitungselektronen, so ist dies nur eine andere Formulierung des für klassische Vorstellungen unverständlichen Sachverhalts.

[3] PAULI, W.: Z. Phys. 41 (1927) 81.

[4] SOMMERFELD, A.: Naturwiss. 15 (1927) 825; 16 (1928) 374.

[5] PAULI machte die Temperaturunabhängigkeit und Schwäche des Paramagnetismus der Alkalien verständlich, SOMMERFELD den Ausfall der Leitungselektronen für die spezifische Wärme des Festkörpers (neben anderen Ergebnissen).

[6] BLOCH, F.: Z. Phys. 52 (1928) 555; 57 (1929) 545. Kurz vorher hatte der SOMMERFELD-Schüler W. V. HOUSTON die Streuung der Elektronenwellen analog zur DEBYEschen Streuung von RÖNTGEN-Strahlen durch die thermischen Dichteschwankungen im Kristall behandelt. Z. Phys. 48 (1928) 449.

schwingungen. Erheblich später untersuchten CONWELL und WEISSKOPF[1] die Wirkung eines anderen Typs von Abweichungen von der Gitterperiodizität, nämlich die Streuung der Elektronen durch geladene atomare Störstellen. Wir wollen auf die thermischen Gitterschwingungen erst später eingehen und zunächst die Störstellenstreuung betrachten, weil bei diesen räumlich begrenzten Stoßpartnern das Anknüpfen an die klassischen Vorstellungen natürlich noch eher möglich ist, als bei den räumlich unbegrenzten thermischen Gitterschwingungen.

c) Streuung eines Kristallelektrons durch eine geladene Störstelle

Es ist ja unser Bestreben, die zunächst auf klassischer korpuskularer Basis erläuterten Begriffe der Stoßzeit τ und der freien Weglänge l auf die heutigen wellenmechanischen Vorstellungen zu übertragen. Wir

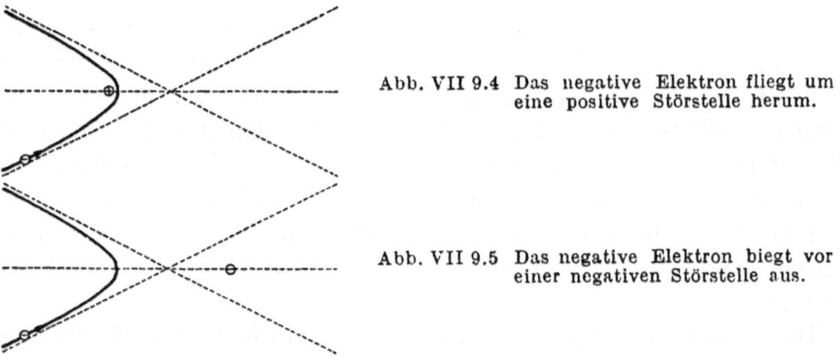

Abb. VII 9.4 Das negative Elektron fliegt um eine positive Störstelle herum.

Abb. VII 9.5 Das negative Elektron biegt vor einer negativen Störstelle aus.

werden also die Störstellenstreuung vorerst einmal klassisch korpuskular betrachten. Dann ist die Problemstellung dieselbe, wie bei der bekannten RUTHERFORD-Streuung von α-Teilchen an schweren Atomkernen. Das negative Elektron bewegt sich auf einer Hyperbelbahn um die beispielsweise positiv geladene Störstelle herum (s. Abb. VII 9.4) bzw. biegt vor der negativ geladenen Störstelle in einer Hyperbelbahn aus (s. Abb. VII 9.5).

Durch rechnerische Auswertung dieser Erkenntnisse ergeben sich die sog. Übergangswahrscheinlichkeiten, d. h. die Wahrscheinlichkeiten, mit denen ein Elektron nach dem „Zusammenstoß" mit der geladenen Störstelle die Geschwindigkeit $\mathfrak{v}'$ hat, wenn es vor dem Stoß die Geschwindigkeit $\mathfrak{v}$ hatte. Wir wollen hier wieder nicht auf Einzelheiten eingehen, sondern erwähnen nur, daß ganz anders als beim Stoß von Elektronen gegen harte Kugeln, wo nach dem Stoß alle Geschwindigkeitsrichtungen gleichwahrscheinlich waren, bei der RUTHERFORD-Streuung das Elektron nach dem Stoß keineswegs die Erinnerung an seine

[1] CONWELL, E. M., u. V. F. WEISSKOPF: Phys. Rev. 69 (1946) 258; 77 (1950) 388.

frühere Richtung vergessen hat, sondern nach wie vor seine alte Richtung bevorzugt. Abweichungen um kleine Winkel sind wahrscheinlicher als die um große Winkel. Das hat aber beim Übergang von dem arithmetischen Mittelwert aufeinanderfolgender freier Flugzeiten zu einer Relaxationszeit eine schwerwiegende Folge.

Definieren wir jetzt einmal eine Relaxationszeit durch das Abklingen eines Stromes, der anfänglich durch eine Gruppe von N-Elektronen mit einheitlicher Geschwindigkeit und einheitlicher Richtung getragen wurde, so ist dieses Abklingen des Stromes identisch mit dem Abklingen der Zahl N der Elektronen, solange die Stöße erinnerungslöschend sind. Denn dann sind die Geschwindigkeiten der aus der Gruppe durch Stöße herausgeworfenen Elektronen auf alle Richtungen im Mittel gleich verteilt und ergeben keinen Beitrag zum Strom. Sobald aber die ursprüngliche Richtung bei den Stößen bevorzugt (oder benachteiligt) ist, ergeben die aus der Gruppe herausgeworfenen Elektronen auch noch einen Strombeitrag und der Strom klingt langsamer (oder schneller) als die Zahl N der in der Gruppe verbliebenen Elektronen ab.

Man muß also jetzt zwischen der Relaxationszeit der Zahl N der Elektronen einheitlicher Geschwindigkeit und Richtung einerseits und der Relaxationszeit des von ihnen getragenen Stromes andererseits unterscheiden. Die Relaxationszeit der Zahl N ist nach wie vor mit dem arithmetischen Mittelwert τ aufeinanderfolgender freier Flugzeiten identisch, die Relaxationszeit des Strombeitrags ist es nicht, sobald die Stöße nicht erinnerungslöschend sind, also z. B. bei der Störstellenstreuung.

Für die Leitfähigkeitsberechnung ist nun diese Stromrelaxationszeit entscheidend. Sie pflegt trotzdem immer noch als mittlere Stoßzeit bezeichnet zu werden. Wir sehen, wie sich die ursprüngliche plastische und anschauliche Bedeutung als arithmetischer Mittelwert aufeinanderfolgender freier Flugzeiten allmählich verflüchtigt hat; wir sehen aber weiter, daß es für die Berechnung der mittleren Stoßzeit als Relaxationszeit eines Strombeitrags nur noch auf die Kenntnis gewisser Übergangswahrscheinlichkeiten zwischen einem Zustand vor dem „Stoß“ und den Zuständen nach dem „Stoß“ ankommt. Das ist deshalb wichtig, weil in der wellenmechanischen Behandlung der Streuprozesse das korpuskulare Bild der thermischen Zickzackbahn der Abb. VII 9.2 gar nicht mehr ohne weiteres gegeben ist.

Die Streuung eines Elektrons an einer geladenen Störstelle ist nämlich auch mit Hilfe der Schrödinger-Gleichung einer Punktladung behandelt worden[1]. Diese exakte Behandlung auf wellenmechanischer

[1] Gordon, W.: Z. Phys. 48 (1928) 180. — Mott, N. F.: Proc. roy. Soc., Lond. (A) 118 (1928) 542. — Temple, S.: Proc. roy. Soc., Lond. (A) 121 (1928) 673.

Grundlage hat nun für die Übergangswahrscheinlichkeiten dieselben Werte ergeben, wie die bisher beschriebene klassisch korpuskulare mit den Hyperbelbahnen einer Elektronenkorpuskel. Das ist nicht übermäßig überraschend, denn wir wissen ja aus der allgemeinen Quantenmechanik, daß man durch Bildung von Wellenpaketen die korpuskularen Züge des atomaren Geschehens soweit in Erscheinung treten lassen kann, wie es mit den Unbestimmtheitsrelationen vereinbar ist. Von der Möglichkeit, wellenmechanische Ergebnisse in der Partikelsprache zu veranschaulichen, werden wir von jetzt ab immer stärker Gebrauch machen.

d) Streuung eines Kristallelektrons durch thermische Gitterschwingungen[1]

Neben der Störstellenstreuung hat sich die moderne Festkörpertheorie besonders mit den thermischen Schwingungen der Gitterbausteine um ihre Ruhelagen als weiterem Hindernis für die Bewegung eines Kristallelektrons beschäftigt. Die Schwingungen der einzelnen Gitterbausteine sind durch die starken Kräfte, die zur Bildung des Gitters führen, miteinander gekoppelt. Niedrige Frequenzen können bei diesen Schwingungen also nur auftreten, wenn sich benachbarte Gitterbausteine annähernd gleichphasig bewegen. Es handelt sich dann um die akustischen Schwingungen. Bei hohen Frequenzen werden benachbarte Gitterbausteine gegenphasig schwingen. Sind die Nachbarn elektrisch entgegengesetzt geladen (heteropolare Ionengitter, z. B. NaCl), so entsteht bei einer solchen Schwingung ein hochfrequentes elektrisches Dipolmoment, und es wird eine elektromagnetische Welle ausgesendet. Man spricht daher in diesem Fall von optischen Schwingungen.

Betrachten wir zunächst die akustischen Schwingungen, bei denen die Wellenlänge λ zwischen ∞ und $2a$ variiert (s. Abb. VII 9.6). Die zugehörigen Wellenzahlen

$$K = \pm \frac{2\pi}{\lambda} \tag{VII 9.19}$$

liegen also in dem Intervall

$$-\frac{\pi}{a} < K < +\frac{\pi}{a}. \tag{VII 9.20}$$

Bei $K \to 0$ — bei sehr langen Wellen $\lambda \to \infty$ also — ist die relative Lage der Gitterbausteine gegeneinander kaum verändert. Die Rückstellkräfte sind gering, und es müssen sich niedrige Frequenzen $\omega \to 0$ ergeben. Tatsächlich pflanzen sich die akustischen Wellen ja auch mit

[1] Ausführliches über die Gitterschwingungen findet der Leser z. B. bei M. Born u. M. Göppert-Mayer in Geiger/Scheel: Handbuch der Physik Bd. 24, 2, 1933, S. 638, oder R. A. Smith: Wave Mechanics of Crystalline Solids, London: Chapman & Hall 1961, S. 55.

einer endlichen Schallgeschwindigkeit v fort, so daß

$$\omega = v\,K \tag{VII 9.21}$$

gilt und deshalb aus $K \to 0$ tatsächlich $\omega \to 0$ folgt (Abb. VII 9.7). Der akustische Zweig endet bei einer Schwingung, bei der die schweren

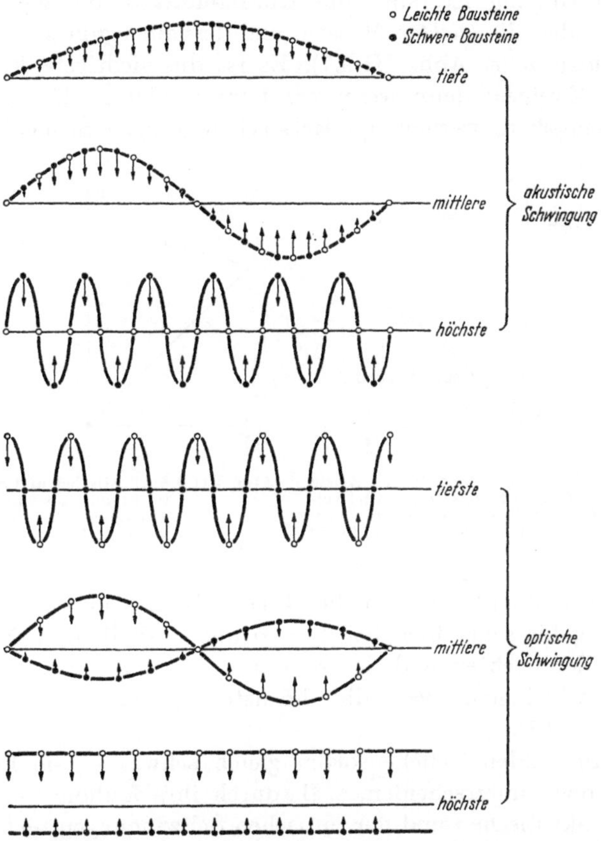

Abb. VII 9.6 Akustische und optische Schwingungen eines zweiatomigen Gitters. Massenverhältnis $m_{\bullet} : m_{\circ} = 2:1$.
Im Prinzip schwingen bei allen *akustischen* Schwingungen (also auch bei der tiefen und der mittleren Schwingung ganz oben) die schweren Massen mit größeren Amplituden als die leichten Massen. Dieser Effekt verschwindet exakt erst bei $\lambda = \infty$. Bei den oben zugrunde gelegten Wellenlängen $\lambda = 12\,a$ und $\lambda = 24\,a$ ist er aber zeichnerisch schon nicht mehr darstellbar. Ebenso hat bei der mittleren *optischen* Schwingung das Amplitudenverhältnis praktisch schon den Wert $-\frac{1}{2}$, der streng auch erst bei $\lambda = \infty$ erreicht wird.
$\frac{a}{2}$ = Gleichgewichtsabstand zwischen ○ und ● = halbe Gitterkonstante.

Bausteine allein schwingen, während die leichten ruhen (s. Abb. VII 9.6):

$$\lambda = 2a, \qquad K = \frac{\pi}{a}. \tag{VII 9.22}$$

Mit derselben Wellenlänge $\lambda = 2a$ und derselben Wellenzahl $K = \pi/a$ gibt es aber auch eine optische Schwingung, bei der die schweren Bausteine ruhen und die leichten Bausteine schwingen (s. Abb. VII 9.6). Da die relative Bewegung der leichten und der schweren Bausteine gegeneinander dieselbe wie bei der eben betrachteten höchsten akustischen Schwingung ist, sind die Rückstellkräfte die gleichen. Jetzt schwingen aber die *leichten* Massen, und deshalb ergibt sich eine höhere Kreisfrequenz ω (s. Abb. VII 9.7). Es ist die niedrigste Frequenz des optischen Zweiges; denn wenn wir jetzt wieder zu längeren Wellenlängen übergehen, werden die Relativbewegungen benachbarter Bau-

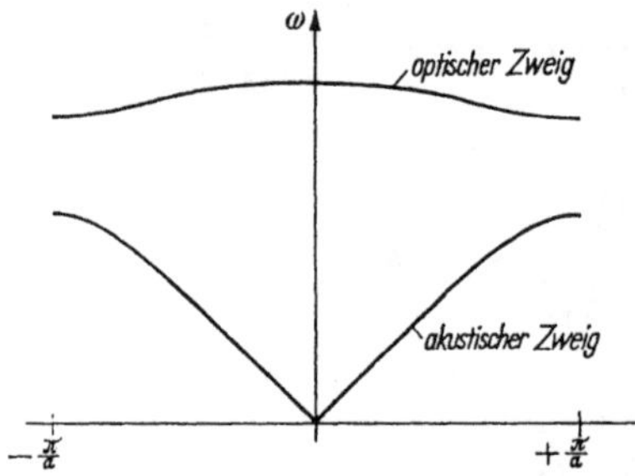

Abb. VII 9.7 Akustischer und optischer Zweig im Frequenz-Spektrum eines zweiatomigen linearen Gitters mit verschiedenen Massen. Schematisch!

Abb. VII 9.8 Akustischer und optischer Zweig im Frequenz-Spektrum eines zweiatomigen linearen Gitters mit gleichen Massen. Schematisch!

steine größer, damit wachsen die Rückstellkräfte und damit auch die Frequenzen, bis schließlich bei $\lambda = \infty$ und deshalb $K = 0$ die beiden Teilgitter der leichten und der schweren Bausteine unverzerrt gegeneinander schwingen, was die höchste optische Frequenz ergibt (s. Abb. VII 9.7).

Sind die beiden Teilchensorten gleich schwer — sie können sich trotzdem noch unterscheiden, z. B. durch ihre Ladung —, so ist der Zweig der akustischen und der optischen Schwingungen nicht getrennt. Die höchsten akustischen und die niedrigsten optischen Schwingungen sind vielmehr identisch und haben deshalb dieselbe Frequenz (s. Abb. VII 9.8).

Bei endlicher Temperatur sind nun alle diese Gitterschwingungen mehr oder weniger angeregt. Die strenge Gitterperiodizität ist gestört, und dem bisher allein berücksichtigten Gitterpotential $U(\mathfrak{r})$ überlagert sich ein Störungspotential, das zwar auch wieder periodisch ist, aber als Periode die Wellenlänge der betreffenden Gitterwelle aufweist. Je nachdem an welcher Stelle der Welle sich das Elektron befindet, ist seine potentielle Energie verschieden. In das Störungspotential gehen also die Koordinaten der Gitterbausteine und die Koordinaten des

Kristallelektrons ein. Das Störungspotential *koppelt* die Gitterwelle und die Elektronenwelle.

Bei der Behandlung dieses Störungsproblems zeigt sich nun ähnlich wie bei der Störung eines Kristallelektrons durch eine elektromagnetische Welle (§ 8), daß ein Kristallelektron mit der Wellenzahl $\mathfrak{k}$ zu Übergängen in einen anderen Zustand $\mathfrak{k}'$ angeregt wird. Genau wie dort müssen bei einem solchen Übergang auch der Energiesatz

$$E(\mathfrak{k}') = E(\mathfrak{k}) \pm \hbar\, \omega_{\text{Gitter}} \tag{VII 9.23}$$

und der „Impulssatz"

$$\mathfrak{k}' = \mathfrak{k} \pm \mathfrak{k}_{\text{Gitter}} \tag{VII 9.24}$$

erfüllt sein.

Aus den Gln. (VII 9.23) und (VII 9.24) folgt, daß man den Vorgang der Streuung einer Elektronenwelle durch eine Gitterwelle auch korpuskular beschreiben und sagen kann, daß ein Elektron mit einem „Schallquant"[1] zusammenstößt und die Energie und den Impuls des Schallquants absorbiert oder emittiert. Daß sich dann mit Hilfe der berechneten Übergangswahrscheinlichkeiten wieder eine mittlere Stoßzeit als Relaxationszeit errechnen läßt, dürfte verständlich sein.

Aus den Abb. VII 9.6 geht übrigens hervor, daß die thermischen Gitterschwingungen Wellenlängen bis zu 2 Gitterkonstanten herab haben. Die Wellenzahlen $2\pi/\lambda$ dieser Schwingungen durchlaufen also dasselbe Intervall $\left[-\frac{\pi}{a}, +\frac{\pi}{a}\right]$ wie die k-Zahlen der Elektronenwellen [s. Gl. (VII 2.11)]. Dies steht in striktem Gegensatz zu den Wellenzahlen $2\pi/\lambda$ der Lichtwellen, die wegen der relativen Langwelligkeit von sichtbarem Licht klein gegen π/a sind. Somit entfällt bei den thermischen Gitterschwingungen eine analoge Argumentation wie die von S. 344, aus der hervorging, daß Zusammenstöße mit Lichtquanten nur Elektronenübergänge ins nächsthöhere Band mit annähernder Erhaltung der k-Zahlen bewirken können. *Bei den Zusammenstößen mit Schallquanten sind also Übergänge zwischen Quantenzuständen desselben Bandes durchaus möglich. Übergänge ins nächsthöhere Band treten bei Schallquantenstößen dagegen im allgemeinen nicht auf.* Dazu reicht die Energie der thermischen Gitterschwingungen nicht aus — außer in dem Sonderfall des Eigenhalbleiters (s. S. 16—19).

Die wirkliche Durchführung dieser Betrachtungen wird unter einer ganzen Reihe von erleichternden Annahmen in Kap. XI als einfachster Typenfall durchgeführt. Von den Gitterschwingungen brauchen wir dabei nur folgende ganz pauschalen Aussagen:

1. Die Gitterschwingungen können durch Superposition von laufenden Wellen dargestellt werden. Die Verschiebung $\mathfrak{v}_g$ des Gitter-

[1] Siehe S. 13—15 und Abb. I 2.9.

punktes $\mathfrak{a}_{\mathfrak{g}} = g_1 \mathfrak{a}_1 + g_2 \mathfrak{a}_2 + g_3 \mathfrak{a}_3$ in einer dieser laufenden Wellen ist also

$$\mathfrak{v}_{\mathfrak{g}} = \mathfrak{B} \cos[\mathfrak{K}\, \mathfrak{a}_{\mathfrak{g}} - \omega t]. \qquad \text{(VII 9.25)}$$

Hierbei sind $\mathfrak{a}_1, \mathfrak{a}_2, \mathfrak{a}_3$ die 3 Translationsachsen des Gitters und g_1, g_2, g_3 drei ganze Zahlen, die zusammen die „Nummer"

$$\mathfrak{g} = \{g_1, g_2, g_3\}$$

des betreffenden Gitterpunktes bestimmen.

2. Um von den Besonderheiten einer Kristalloberfläche unabhängig zu sein, wird — ähnlich wie bei der Behandlung der Elektronen (siehe S. 248) — anstatt einer Randbedingung an den Kristalloberflächen die Periodizität in einem Grundgebiet gefordert. Die Wellenzahl K der Gitterwelle wird daher genau wie die Wellenzahl k der Elektronenwelle (s. VII 2.08) auf die Werte

$$K = \frac{2\pi}{a} \frac{\gamma}{G} \qquad \gamma = \text{ganzzahlig} \qquad \text{(VII 9.26)}$$

beschränkt (eindimensionaler Fall).

3. Die Schallquanten werden gemäß der BOSE-Statistik auf die einzelnen Freiheitsgrade des Gitters verteilt. Die auf eine Schwingung mit der Frequenz ω fallende Energie $E(\omega)$ ist also

$$E(\omega) = \text{Zahl der Schallquanten mal Energie eines Quants}$$

bzw.

$$E(\omega) = \frac{1}{e^{\hbar\omega/\mathrm{k}T} - 1} \hbar\omega. \qquad \text{(VII 9.27)}$$

Für höhere Temperaturen kommt einfach

$$E(\omega) = \frac{\mathrm{k}T}{\hbar\omega} \hbar\omega = \mathrm{k}T. \qquad \text{(VII 9.28)}$$

Das ist der im klassischen Fall geltende Gleichverteilungssatz der Energie.

Die Energie der Schwingung (VII 9.25) setzt sich andererseits aus der Schwingungsenergie der G Massenpunkte des Grundgebietes zusammen. Der Beitrag jedes Massenpunktes ist zeitunabhängig und kann daher im jeweiligen Durchgang durch die Ruhelage berechnet werden. In diesem Zeitpunkt ist die Energie des Massenpunktes aber rein kinetisch und deshalb gleich $\frac{1}{2} M \omega^2 |\mathfrak{B}|^2$, wobei M die Masse eines Gitterpunktes ist. Somit erhält man für die Bestimmung der Amplitude $|\mathfrak{B}|$ die Gleichung

$$G \tfrac{1}{2} M \omega^2 |\mathfrak{B}|^2 = \mathrm{k}T, \qquad \text{(VII 9.29)}$$

$$|\mathfrak{B}|^2 = \frac{2\mathrm{k}T}{G M \omega^2}. \qquad \text{(VII 9.30)}$$

Diese Aussagen über die Gitterschwingungen werden wir — wie schon auf S. 361, unten, angekündigt — im Kap. XI bei einer wellenmechanischen Theorie der Beweglichkeit brauchen.

In diesem § 9 kam es uns nur darauf an, ungefähr zu zeigen, in welcher Weise die Begriffe der mittleren Stoßzeit τ, der freien Weglänge l und der Elektronenbeweglichkeit μ mit ihren ursprünglich an korpuskulare Vorstellungen anknüpfenden Definitionen in die moderne wellenmechanische Theorie übernommen werden und daß andererseits die Ergebnisse strenger wellenmechanischer Rechnungen auch in korpuskularer Ausdrucksweise dargestellt werden können.

Die Ergebnisse werden dabei immer auf die klassische Form gebracht:

Freie Weglänge
$$l = v_{\text{th}}\,\tau, \tag{VII 9.31}$$

mittlere thermische Elektronengeschwindigkeit bei Halbleitern[1]
$$\left.\begin{aligned} v_{\text{th}} &= \sqrt{\frac{3kT}{m_{\text{eff}}}}, \\ \frac{v_{\text{th}}}{\text{cm sek}^{-1}} &= 1{,}168\cdot 10^{7}\sqrt{\frac{m}{m_{\text{eff}}}}\sqrt{\frac{T}{300\,{}^\circ\text{K}}}, \end{aligned}\right\} \tag{VII 9.32}$$

thermische Elektronengeschwindigkeit bei Metallen[2] (Geschwindigkeit an der FERMI-Kante)
$$\left.\begin{aligned} v_{\text{th}} &= \left(\frac{3}{8\pi}\right)^{1/3}\frac{h}{m_{\text{eff}}}\,n^{1/3} \quad \text{(temperaturunabhängig)}, \\ \left(\frac{v_{\text{th}}}{\text{cm sek}^{-1}}\right) &= 7{,}71\cdot 10^{7}\left(\frac{m}{m_{\text{eff}}}\right)\left(\frac{n}{10^{22}\ \text{cm}^{-3}}\right)^{1/3}, \end{aligned}\right\} \tag{VII 9.33}$$

Driftgeschwindigkeit
$$\mathfrak{v}_{\text{Drift}} = -\mu\,\mathfrak{E}, \tag{VII 9.34}$$

Elektronenbeweglichkeit
$$\left.\begin{aligned} \mu &= \frac{e}{m_{\text{eff}}}\,\tau, \\ \left(\frac{\mu}{\frac{\text{cm}^2}{\text{Volt sek}}}\right) &= 1{,}76\cdot 10^{15}\left(\frac{m}{m_{\text{eff}}}\right)\left(\frac{\tau}{\text{sek}}\right), \end{aligned}\right\} \tag{VII 9.35}$$

mittlere Stromdichte des einzelnen Elektrons
$$\mathfrak{i}_{\text{einzel}} = -\frac{e}{V_{\text{Grund}}}\,\mathfrak{v}_{\text{Drift}}, \tag{VII 9.36}$$

Leitfähigkeit
$$\left\{\begin{aligned} \sigma &= e\,\mu\,n \\ \left(\frac{\sigma}{\Omega^{-1}\,\text{cm}^{-1}}\right) &= 1{,}6\cdot 10^{-19}\left(\frac{\mu}{\frac{\text{cm}^2}{\text{Volt sek}}}\right)\left(\frac{n}{\text{cm}^{-3}}\right). \end{aligned}\right\} \tag{VII 9.37}$$

Die Durchführung der in diesem § 9 angedeuteten Gedankengänge gibt dann Auskunft darüber, wie bei einem bestimmten Modell — z. B. einem Metall oder einem Halbleiter mit bestimmter Störstellenkonzen-

[1] Begründung s. Gl. (VIII 5.29).
[2] Begründung s. Gl. (VIII 5.09).

tration — die Größen l, τ, v_{th}, n und μ mit der Temperatur und den Kristallparametern (z. B. mit den elastischen Konstanten des Kristalls, mit den sog. Deformationspotentialen[1] usw.) zusammenhängen.

e) Das Zenersche Pendeln und die freie Weglänge

Zum Schluß noch eine Bemerkung über das in § 7 beschriebene Pendeln der Elektronen in einem Energieband unter der Wirkung einer konstanten äußeren Kraft. Gemäß (VII 9.36) würde ja ein solches Pendeln mit dem Fließen eines Wechselstroms verbunden sein. Es ergäbe sich das merkwürdige Resultat, daß ein zeitlich konstantes *Gleich*feld $\mathfrak{E}$ einen *Wechsel*strom erzeugen würde. Das Pendeln eines Elektrons in seinem Energieband war nun die Folge der zeitlich unbegrenzten Gültigkeit des Beschleunigungsgesetzes[2] $\dot{\mathfrak{k}} = \frac{1}{\hbar}\mathfrak{F}$. Läßt man bei den klassischen Vorstellungen den Beschleunigungsvorgang beliebig lang andauern, so erzeugt ein konstantes Feld auch nicht einen konstanten Strom, sondern der Strom würde mit der Zeit unbegrenzt ansteigen. In Wirklichkeit verhindern das die Stöße und entsprechend ergibt sich auch, daß sich das Zenersche Pendeln wegen der Stöße gar nicht voll entfalten kann. Wir haben in §7, S. 332 und 333, gesehen, daß das Pendeln nicht nur im Energieband stattfindet, sondern daß dabei das Elektron auch räumlich auf einer Strecke $\dfrac{\frac{1}{e}(E_{\text{oben}} - E_{\text{unten}})}{|\mathfrak{E}|}$ hin und her oszillieren würde. Bei einer Breite des Energiebandes

$$E_{\text{oben}} - E_{\text{unten}} \approx 1\,e\text{Volt}$$

und einer Feldstärke von 1 Volt cm^{-1} wäre diese Strecke gleich 1 cm. Da die freien Weglängen von der Größenordnung $10^{-5} \cdots 10^{-6}$ cm sind, wird das Elektron durch einen Stoß längst abgelenkt, bevor es einen vollen Pendelzyklus durchlaufen kann. Nur bei Feldstärken $10^5 \cdots 10^6$ Volt cm^{-1} würde die Pendelstrecke kleiner als die freie Weglänge werden und könnte sich dementsprechend das Pendeln gegenüber der ungeordneten thermischen Bewegung durchsetzen. Bei derartigen Feldstärken steigt aber sehr rasch die Wahrscheinlichkeit dafür an, daß das Elektron sein Band verläßt und zum nächsthöheren Band übergeht (s. § 7). Selbst wenn also derartige Feldstärken experimentell realisierbar wären, würde ein Gleichfeld doch keinen Wechselstrom erzeugen. Es bleibt also bei der durch Abb. VII 9.2 in korpuskularer Darstellung beschrie-

[1] Shockley, W., u. J. Bardeen: Phys. Rev. 77 (1950) 407. — Shockley, W.: Electrons and Holes in Semiconductors, New York: D. van Nostrand 1950, S. 264ff.

[2] Gl. (VII 6.12).

benen Bewegungsform des Elektrons unter der gleichzeitigen Wirkung eines Feldes und der Zusammenstöße mit Schallquanten und Störstellen.

§ 10. Der Übergang zum Vielelektronenproblem und die Berechnung der Leitfähigkeit

a) Einleitung

Wir haben in der Einführung (S. 249) schon darauf hingewiesen, daß der Übergang von dem in den bisherigen Paragraphen behandelten Ein-Elektronen-Problem zu dem in Wirklichkeit vorliegenden Viel-Elektronen-Problem nicht notwendig in der Konstruktion geeigneter Viel-Elektronen-Eigenfunktionen zu bestehen braucht. Für viele Zwecke genügen Angaben darüber, wie sich die Elektronen des Festkörpers auf die Energieterme des Ein-Elektronen-Problems, also auf die Quantenzustände des Bändermodells verteilen.

Für diese Frage ist zunächst einmal das PAULI-Prinzip maßgebend, das ja besagt, daß ein Quantenzustand nur mit 2 Elektronen, die entgegengesetzten Spin haben müssen, besetzt werden kann. Der Zustand mit der geringsten Energie, also der Grundzustand des Kristalls liegt vor, wenn die Kristallelektronen das Termschema des Bänderspektrums von unten her mit jeweils *zwei* Elektronen pro Zustand besetzen. Freilich ist dieser Grundzustand nur bei der absoluten Temperatur Null realisiert. Bei endlichen Temperaturen wird im thermischen Gleichgewicht derjenige makroskopische Zustand angetroffen, für den die Anzahl der mikroskopischen Realisierungsmöglichkeiten ein Maximum ist. Die Abzählung der mikroskopischen Realisierungsmöglichkeiten und das Aufsuchen des Makrozustandes mit dem Maximum an Realisierungsmöglichkeiten, mit der größten Wahrscheinlichkeit also, ist eine Aufgabe der Statistik. Für eine Elektronenmannigfaltigkeit gilt bekanntlich — eben wegen des PAULI-Prinzips — die FERMI-Statistik. Sie lehrt, daß bei endlichen Temperaturen gegenüber dem Grundzustand, bei dem die Quantenzustände von unten her mit je 2 Elektronen besetzt sind, eine Auflockerung eintritt, die durch die Funktion

$$f(E) = \frac{1}{e^{\frac{E-E_F}{kT}} + 1} \qquad \text{(VII 10.01)}$$

beschrieben wird. Die Funktion $f(E)$ gibt die Wahrscheinlichkeit an, mit der ein Quantenzustand mit der Energie E besetzt ist. Aus[1] Abbil-

[1] Vielfach wird bei einer bildlichen Darstellung der Funktion $f(E)$ die Energie E als Abszisse und $f(E)$ als Ordinate aufgetragen. Da aber bei einer späteren Verwendung von $f(E)$ in dem Energietermschema die Energie stets auf der vertikalen Achse aufgetragen wird, wurde das hier bei der Darstellung von $f(E)$ auch gemacht. Wir kommen dann gleich zu der später so wichtig werdenden *waagerecht* verlaufenden „FERMI-Kante E_F".

dung VII 10.1 geht hervor, daß praktisch alle Zustände mit Energien *unterhalb* der „FERMI-Kante E_F“ besetzt, praktisch alle Zustände mit Energien *oberhalb* der „FERMI-Kante E_F“ unbesetzt sind. Der Übergang vollzieht sich innerhalb weniger Vielfacher von kT (k = BOLTZMANN-Konstante) und wird daher im Grenzfall $T \to 0$ abrupt. Quanten-

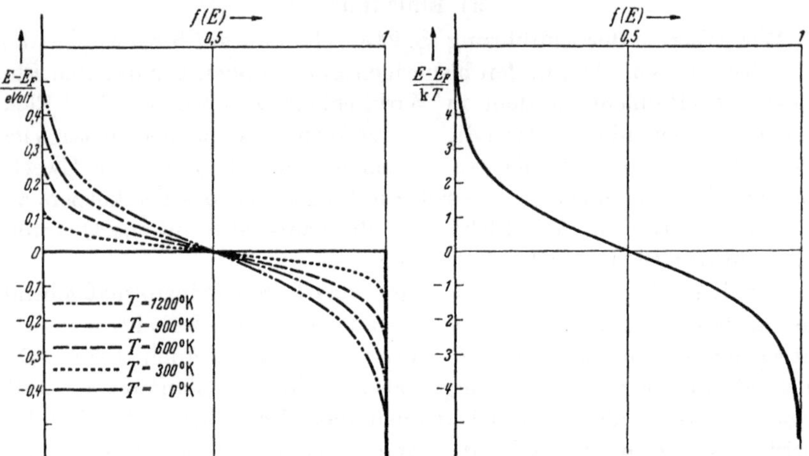

Abb. VII 10.1 Die FERMIsche Besetzungswahrscheinlichkeit

$$f(E) = \frac{1}{e^{\frac{E - E_F}{kT}} + 1}.$$

zustände, deren Energie E mit der FERMI-Kante E_F zusammenfällt, sind gerade zur Hälfte besetzt und zur Hälfte unbesetzt; denn es ist

$$f(E_F) = \frac{1}{e^0 + 1} = \frac{1}{1 + 1} = \frac{1}{2}. \qquad \text{(VII 10.02)}$$

Die Lage und die Temperaturabhängigkeit[1] der FERMI-Kante E_F hängt von der Verteilung der Quantenzustände über die Energieskala ab. E_F bestimmt sich nämlich durch die Forderung, daß die Gesamtzahl der unterzubringenden Elektronen gegeben, z. B. gleich N ist:

$$2 \int_{E=-\infty}^{E=\infty} D(E)\, f(E)\, dE = 2 \int_{E=-\infty}^{E=\infty} D(E) \frac{1}{e^{\frac{E-E_F}{kT}} + 1} dE = N. \qquad \text{(VII 10.03)}$$

[1] Auf der Ordinatenachse der linken Darstellung in Abb. VII 10.1 ist die Differenz $E - E_F$, nicht die Energie E selbst aufgetragen. Man darf sich also durch diese Darstellung nicht zu dem Mißverständnis verleiten lassen, daß die FERMI-Kante temperaturunabhängig wäre. Dies ist zwar bei Metallen annähernd, aber auch nicht streng der Fall. Bei Halbleitern dagegen ist das FERMI-Niveau im allgemeinen sogar stark temperaturabhängig.

Hierbei bedeutet $D(E)$ die Dichte der Quantenzustände, die in dem Energieintervall $[E, E + dE]$ vorhanden sind und die jeweils mit *zwei* Elektronen besetzt werden können. Die Gestalt der Funktion $D(E)$ hängt nun ganz von dem betrachteten Kristall bzw. dem zugrunde gelegten Modell ab.

Wir wollen die quantitative Behandlung einzelner Modelle auf die Paragraphen des nächsten Kap. VIII verschieben und im vorliegenden § 10 lediglich einige grundsätzliche Ergebnisse ableiten, die im wesentlichen auf der Tatsache beruhen, daß in (VII 10.01) nur die Energie E des betreffenden Quantenzustandes vorkommt, während sonstige auf den Quantenzustand bezügliche Parameter, insbesondere sein Wellenvektor $\mathfrak{k}$ nicht in (VII 10.01) auftreten.

Auf Grund dieser Tatsache wird sich zunächst einmal zeigen, daß der thermische Gleichgewichtszustand auf jeden Fall stromlos ist. Dieses Ergebnis hat natürlich nur den Charakter einer Prüfung der bisher entwickelten Vorstellungen und Modelle; denn in einem echten thermodynamischen Gleichgewicht ist nach dem Prinzip des detaillierten Gleichgewichts (principle of detailed balancing) jeder Mikroprozeß ebenso häufig wie sein Gegenprozeß, und jeder von einem Elektron hervorgerufene Stromanteil muß durch ein entgegengesetzt laufendes Elektron kompensiert werden (natürlich nur im Mittel!). Würden also die bisher entwickelten Modelle und Vorstellungen bereits für den thermischen Gleichgewichtszustand einen resultierenden Strom ergeben, so wäre einfach auf die Fehlerhaftigkeit dieser Modelle und Vorstellungen zu schließen.

Wir gehen dann zu einer kurzen Betrachtung der Schwankungen um den Gleichgewichtszustand herum über und erhalten hier einen ersten Beweis dafür, daß ein Kristall mit lauter vollbesetzten Bändern ein Isolator sein muß.

Zwei weitere Beweise für diese Behauptung erhalten wir, wenn wir im folgenden die Behandlung des thermischen Gleichgewichtszustandes verlassen und die Elektronengesamtheit unter der Wirkung einer äußeren Kraft betrachten. In diesem Fall kann ein Gesamtstrom fließen und zu seiner Berechnung können 2 Wege beschritten werden.

Einmal kann man die Strombeiträge der einzelnen Elektronen summieren. Das andere Mal kann man die Verteilung der einzelnen Elektronen auf die Quantenzustände des Kristalls im $\mathfrak{k}$-Raum betrachten. Diese ist im thermischen Gleichgewicht zentralsymmetrisch. Unter der Wirkung einer äußeren Kraft wird sie unsymmetrisch verzerrt. Aus der Verzerrung resultiert im allgemeinen ein Strom.

Beide Methoden geben im Fall des vollbesetzten Bandes den Strom Null und liefern so die schon erwähnten zwei weiteren Beweise für das Ausfallen eines vollbesetzten Bandes hinsichtlich der Leitfähigkeit. Die erste Methode wenden wir außerdem noch auf ein teilweise besetztes Band an. Sie liefert dann für die Leitfähigkeit die schon in Gl. (VII 9.37) im Rahmen der klassischen Elektronentheorie ermittelte Beziehung

$$\sigma = e\,\mu\,n.$$

b) Thermisches Gleichgewicht

In diesem Falle verteilen sich die Elektronen auf die einzelnen Quantenzustände gemäß der FERMIschen Besetzungswahrscheinlichkeit (VII 10.01). In ihr kommt nur die Energie E des betreffenden Quantenzustandes, nicht aber sein Wellenzahlvektor $\mathfrak{k}$ vor. Nun läßt sich zeigen, daß in jedem Kristall die Beziehung

$$E(\mathfrak{k}) = E(-\mathfrak{k}) \qquad \text{(VII 10.04)}$$

gelten muß.

Die Funktion $E(\mathfrak{k})$ soll also im $\mathfrak{k}$-Raum stets zentralsymmetrisch sein. Sie soll demnach in einem eindimensionalen Beispiel nicht gemäß Abb. VII 10.2, sondern

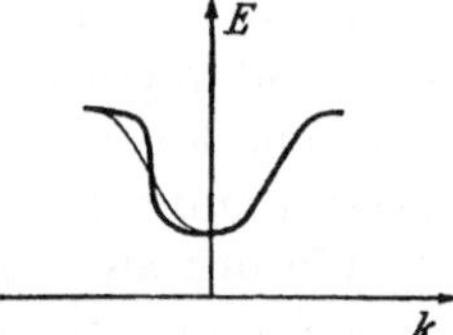

Abb. VII 10.2 Unsymmetrischer $E(k)$-Verlauf. Zu speziellen Eigenwerten E gehört zwar neben $+k$ auch der Wert $-k$. Allgemein ist dies aber nicht der Fall.

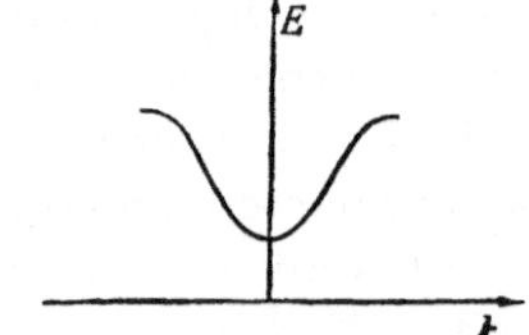

Abb. VII 10.3 Symmetrischer $E(k)$-Verlauf. Zu *jedem* beliebigen Eigenwert E gehört neben $+k$ auch der Wert $-k$.

nur nach Abb. VII 10.3 verlaufen dürfen. Zu einem bestimmten Eigenwert soll also neben $\psi(x; k)$ mit dem Wellenfaktor e^{+jkx} auf jeden Fall eine zweite Eigenfunktion mit dem Wellenfaktor e^{-jkx} gehören. Das folgt aber ganz allgemein aus der reellen Natur des HAMILTON-Operators $-\frac{\hbar^2}{2m}\Delta - e\,U(\mathfrak{r})$. Geht man nämlich von der normalen SCHRÖDINGER-Gleichung

$$(H_{\text{Op}} - E)\,\psi(\mathfrak{r};\,\mathfrak{k}) = 0$$

zur komplex-konjugierten Gleichung

$$(H^*_{\text{Op}} - E)\,\psi^*(\mathfrak{r};\,\mathfrak{k}) = (H_{\text{Op}} - E)\,\psi^*(\mathfrak{r};\,\mathfrak{k}) = 0$$

über, so sieht man, daß es zum selben Eigenwert E sowohl eine Eigenfunktion [nämlich $\psi(\mathfrak{r};\,\mathfrak{k})$] mit dem Wellenfaktor $e^{+j\mathfrak{k}\cdot\mathfrak{r}}$ wie auch eine Wellenfunktion [nämlich $\psi^*(\mathfrak{r};\,\mathfrak{k})$] mit dem Wellenfaktor $e^{-j\mathfrak{k}\cdot\mathfrak{r}} = e^{+j(-\mathfrak{k})\cdot\mathfrak{r}}$ gibt, was zu beweisen war.

Aus (VII 10.01) und (VII 10.04) folgt also, daß ein Zustand $+\mathfrak{k}$ und ein Zustand $-\mathfrak{k}$ im thermischen Gleichgewicht mit gleicher Wahrscheinlichkeit besetzt sind. Ihre Stromdichtebeiträge $-\frac{e}{V_{\text{Grund}}}\frac{1}{\hbar}\,\text{grad}_{\mathfrak{k}} E(\mathfrak{k})$ [s. Gl. (VII 5.13) auf S. 307] sind aber als weitere Folge der Zentralsymmetrie (VII 10.04) einander entgegengesetzt gleich. Im thermischen

Gleichgewicht treten also Strombeiträge entgegengesetzten Vorzeichens immer mit gleicher Wahrscheinlichkeit auf. *Deshalb fließt kein Strom.* In korpuskularer Ausdrucksweise kann man einfach sagen: im thermischen Gleichgewicht treten Elektronen mit gleicher, aber entgegengesetzt gerichteter Geschwindigkeit mit gleicher Häufigkeit auf und kompensieren sich daher strommäßig.

c) Das thermische Rauschen

Die oben benutzte Aussage, daß im thermischen Gleichgewicht die Wahrscheinlichkeit, ob ein Quantenzustand mit einem Elektron besetzt ist oder nicht, nur von seiner Energie E, nicht von seiner Wellenzahl $\mathfrak{k}$ abhängt, gilt allerdings nur im zeitlichen Mittel. Um diese mittlere Verteilung der Elektronen finden spontane Schwankungen statt, die das sog. thermische Rauschen von OHMschen Widerständen erzeugen.

Hier wird nun bereits die Unterscheidung zwischen 2 Fällen wichtig, die in der Folge eine große Rolle spielen wird.

Wenn wir im nächsten Kap. VIII die Verteilung der Elektronen auf die Quantenzustände des Ein-Elektronen-Problems genauer diskutieren werden, so werden wir sehen, daß einmal der Fall eintreten kann, in dem alle Plätze des obersten Energiebandes, in dem sich überhaupt noch Elektronen befinden, gerade voll besetzt sind. Das nächste erlaubte Band ist leer. In dem anderen Fall ist das oberste erlaubte Energieband, in dem überhaupt noch Elektronen anzutreffen sind, nur teilweise besetzt.

Da die Elektronen das Band, in dem sie sich befinden, nur unter dem Einfluß sehr starker Felder verlassen können (§ 7) oder unter dem Einfluß von Lichtquantenstößen (§ 8) und da wir vorläufig solche äußeren Kräfte ausgeschlossen haben, können die Elektronen bei den thermischen Schwankungen nur zu einem anderen Platz im selben Band übergehen. In einem vollbesetzten Band ist dieser Platz aber besetzt. Es ist nun gleichgültig, ob man sagt, daß in einem vollbesetzten Band die thermischen Schwankungen darin bestehen, daß jeweils 2 Elektronen ihre Plätze vertauschen oder ob man sagt, daß in einem vollbesetzten Band keine thermischen Schwankungen möglich sind. Vom Standpunkt der Quantentheorie sind die Elektronen ununterscheidbar. Es kommt lediglich darauf an, ob ein Zustand von *irgendeinem* Elektron besetzt ist oder nicht, und es ist gleichgültig, von *welchem* Elektron er gegebenenfalls besetzt ist[1]. *In einem vollbesetzten Band können also keine*

---

[1] Vertauschen 2 Elektronen ihre Plätze, so ändert die Eigenfunktion des Mehr-Elektronen-Problems (in nullter Näherung die sog. SLATER-Determinante) nur ihr Vorzeichen. Das bedeutet aber *nicht* eine Änderung der „physikalischen Situation", des Zustandes des Viel-Elektronen-Systems.

Das wellenmechanische Äquivalent der „korpuskularen" Behauptung von der Ununterscheidbarkeit der Elektronen ist das Axiom, daß von allen Lösungen der *thermischen Schwankungen auftreten.* Hat ein Kristall nur vollbesetzte Bänder und kein teilweise besetztes Band, so kann er kein thermisches Rauschen zeigen. Das auf das Frequenzband df entfallende mittlere Stromschwankungsquadrat $\mathfrak{J}^2$ in einem kurzgeschlossenen Leiter bei der Temperatur T ist andererseits nach dem bekannten Theorem von NYQUIST[1] mit dem OHMschen Widerstand R des Leiters durch die Gleichung

$$\overline{\mathfrak{J}^2} = \frac{4kT}{R} df \qquad \text{(VII 10.05)}$$

verbunden. Nach dieser Gleichung fällt das thermische Rauschen nur im Fall $R = \infty$, also bei einem Isolator weg. Wir haben hier einen ersten Hinweis darauf, daß *ein Kristall mit lauter vollbesetzten Bändern ein Isolator ist.* Dieser Hinweis wird sich bestätigen, wenn wir jetzt daran gehen, das Verhalten der Elektronengesamtheit eines Kristalls unter der Wirkung einer äußeren Kraft zu betrachten.

d) Berechnung der Leitfähigkeit durch Summierung der Beiträge der einzelnen Elektronen

Das elektrische Feld $\mathfrak{E}$ wirkt auf jedes Elektron mit der Kraft

$$\mathfrak{F} = -e\,\mathfrak{E}. \qquad \text{(VII 10.06)}$$

Wir haben auf S. 313, Gl. (VII 6.12), gesehen, daß dann die Elektronen ihren Zustand $\mathfrak{k}$ nach dem Gesetz

$$\hbar\,\dot{\mathfrak{k}} = \mathfrak{F} \qquad \text{(VII 6.12)}$$

ändern. Im vorigen § 9 haben wir das Schicksal eines einzelnen Elektrons unter der gleichzeitigen Wirkung der äußeren Kraft $\mathfrak{F}$ und der

SCHRÖDINGER-Gleichung eines Vielteilchen-Problems nur die symmetrische oder die antisymmetrische Lösung physikalische Realität haben und deshalb in Betracht gezogen zu werden brauchen. Daß sich von diesem Standpunkt aus die Abzählungsvorschriften der BOSE- und der FERMI-Statistik einfach als Abzählung der symmetrischen bzw. der antisymmetrischen Eigenfunktionen eines Viel-Elektronen-Problems darstellen, siehe z. B. bei L. NORDHEIM in MÜLLER-POUILLET: Lehrbuch der Physik, Bd. IV, Tl. 4, Braunschweig: Vieweg 1934, S. 251.

[1] NYQUIST, H.: Phys. Rev. 32 (1928) 110. Daß wir das mittlere *Strom*schwankungsquadrat $\overline{\mathfrak{J}^2}$ eines *kurz*geschlossenen Leiters heranziehen und nicht das mittlere *Spannungs*quadrat $\overline{u^2}$ an den Enden eines Leiters mit *offenen* Klemmen (Leerlauf), ist damit begründet, daß in letzterem Fall eine primäre spontane Schwankung ein elektrisches Feld in dem Leiter erzeugt. Es liegt dann nicht mehr der von uns betrachtete kräftefreie Fall vor.

Im übrigen ist für die folgende Argumentation wichtig, daß das Theorem von NYQUIST mit thermodynamischen Mitteln bewiesen wird, so daß es von modellmäßigen Voraussetzungen weitgehend frei ist. Es kann also mit *voller* Beweiskraft auf ein so spezielles Modell wie das Bändermodell eines Isolators angewendet werden.

Zusammenstöße mit Schallquanten und Störstellen verfolgt und seinen Stromdichtebeitrag festgestellt. Summieren wir jetzt über alle Elektronen, so muß sich die Gesamtstromdichte ergeben.

Bei der Durchführung dieser Summation beschränken wir uns zwecks Vermeidung von unnötigen mathematischen Komplikationen auf den „eindimensionalen" Fall. Für die Bewegung der Elektronen steht also nur ein Freiheitsgrad, nämlich die x-Achse, zur Verfügung. Die Feldstärke zeigt entsprechend auch in der x-Richtung, und das Gitterpotential $U = U(x)$ hängt auch nur von der x-Komponente ab. Um aber die Begriffe des Stromes I und der Stromdichte $\mathfrak{i}$ sauber trennen zu können, betrachten wir trotz der Beschränkung der Kraftrichtung und der Elektronenbewegungen auf die x-Achse einen Kristall, der quer zur x-Achse den Querschnitt Q hat, während er in der x-Richtung G Gitterkonstanten a zählt, so daß sein Volumen $Q\,G\,a$ ist. Dann erhalten wir mit Hilfe von (VII 9.36), (VII 9.34) und (VII 9.35)

$$\mathfrak{i}_{\text{einzel}} = \frac{1}{Q\,G\,a}\,\frac{e^2\,\tau}{m_{\text{eff}}(k)}\,\mathfrak{E}.$$

Jetzt folgt die Summation über die Einzelbeiträge, wobei vorausgesetzt wird, daß die Quantenzustände gerade bis zu einer k-Zahl k_{Grenz} aufgefüllt sind:

$$\mathfrak{i} = \int \mathfrak{i}_{\text{einzel}}\,dN = \int\limits_{k=-k_{\text{Grenz}}}^{k=+k_{\text{Grenz}}} \frac{1}{V_{\text{Grund}}}\,\frac{e^2\,\tau}{m_{\text{eff}}(k)}\,\mathfrak{E}\,\frac{dN}{dk}\,dk. \qquad \text{(VII 10.07)}$$

Die Anzahl dN der Elektronen, die in dem k-Intervall $[k, k + dk]$ untergebracht werden können, ist gleich der doppelten[1] Anzahl der in diesem Intervall vorhandenen Quantenzustände. Ein Quantenzustand beansprucht nach S. 254 auf der k-Achse das Intervall $\frac{2\pi}{a}\,\frac{1}{G}$. In dem Intervall $[k, k + dk]$ liegen also $\frac{dk}{2\pi/Ga}$ Quantenzustände und lassen sich demnach

$$dN = 2\,\frac{G\,a}{2\pi}\,dk \qquad \text{(VII 10.08)}$$

Elektronen unterbringen. Benutzen wir weiter in (VII 10.07) die Gl. (VII 6.28) für die effektive Masse, so erhalten wir

$$\mathfrak{i} = e^2\,\mathfrak{E}\,\tau \int\limits_{k=-k_{\text{Grenz}}}^{k=+k_{\text{Grenz}}} \frac{1}{\hbar^2}\,E''(k)\,\frac{1}{Q\,G\,a}\cdot 2\,\frac{G\,a}{2\pi}\,dk$$

$$= \frac{e^2\,\mathfrak{E}\,\tau}{Q}\,\frac{1}{\pi}\,\frac{1}{\hbar^2}\,[E'(+k_{\text{Grenz}}) - E'(-k_{\text{Grenz}})].$$

[1] *Ein* Quantenzustand kann wegen des Elektronenspins mit *zwei* Elektronen besetzt werden.

Wegen der allgemeinen Zentralsymmetrie (VII 10.04) von $E(\mathfrak{k})$ können wir weiter folgern

$$\mathfrak{i} = \frac{e^2 \mathfrak{E} \tau}{Q} \frac{1}{\pi} \frac{1}{\hbar^2} \cdot 2 E'(+k_{\text{Grenz}}). \tag{VII 10.09}$$

Betrachten wir zunächst den Fall des *vollbesetzten Bandes.* Da an einer Bandgrenze die $E(k)$-Kurve waagerecht verläuft (s. die Abb. VII 3.10c bis VII 3.12), so ist in diesem Fall $E'(k_{\text{Grenz}}) = 0$. Wir erhalten also das Resultat, daß das vollbesetzte Band nicht nur im thermischen Gleichgewicht, sondern auch unter der Wirkung eines elektrischen Feldes $\mathfrak{E}$ keinen Strom liefert. *Ein vollbesetztes Band trägt nichts zur Leitfähigkeit bei.*

Als nächstes Beispiel wollen wir ein sehr schwach besetztes Band betrachten. Dann sind nur die Zustände in der Nähe des unteren Bandrandes besetzt, und hier ist die Näherung

$$E = E_C + \frac{\hbar^2}{2 m_{\text{eff}}} k^2 \tag{VII 10.10}$$

erlaubt. Es ist dann

$$E'(k_{\text{Grenz}}) = \frac{\hbar^2}{m_{\text{eff}}} k_{\text{Grenz}}. \tag{VII 10.11}$$

Andererseits läßt sich k_{Grenz} mit Hilfe von (VII 10.08) durch die Gesamtzahl N der Elektronen im Volumen $V = Q\,G\,a$ des Kristalls ausdrücken:

$$N = \frac{1}{\pi} G\,a[(+k_{\text{Grenz}}) - (-k_{\text{Grenz}})] = \frac{2}{\pi} G\,a\,k_{\text{Grenz}}$$

oder

$$k_{\text{Grenz}} = \frac{\pi}{2} \frac{N}{G a}. \tag{VII 10.12}$$

Mit Hilfe von (VII 10.11) und (VII 10.12) wird dann aus (VII 10.09)

$$\mathfrak{i} = \frac{e^2 \mathfrak{E} \tau}{Q} \frac{1}{\pi} \frac{1}{\hbar^2} \cdot 2 \frac{\hbar^2}{m_{\text{eff}}} \frac{\pi}{2} \frac{N}{G a}$$

oder mit Einführung der räumlichen Konzentration $n = \frac{N}{Q G a}$ der Elektronen

$$\mathfrak{i} = e \frac{e}{m_{\text{eff}}} \tau\, n\, \mathfrak{E}. \tag{VII 10.13}$$

Die durch

$$\mathfrak{i} = \sigma\, \mathfrak{E} \tag{VII 10.14}$$

definierte Leitfähigkeit eines schwachbesetzten Bandes wird also

$$\sigma = e\,\mu\,n, \tag{VII 10.15}$$

wobei die Elektronenbeweglichkeit

$$\mu = \frac{e}{m_{\text{eff}}} \tau \tag{VII 9.35}$$

eingeführt worden ist, die nach Gl. (VII 9.07) oder (VII 9.34) als Proportionalitätsfaktor zwischen mittlerer Zusatzgeschwindigkeit eines Elektrons und der Feldstärke $\mathfrak{E}$ auftrat. Das leitet zum rein korpuskularen Standpunkt über. Wie sich von diesem aus die Leitfähigkeitsformel (VII 10.15) ergibt, wurde auf S. 350 bis 352 gezeigt.

e) Die Verzerrung der Gleichgewichtsverteilung der Elektronen und die Leitfähigkeitsberechnung

Wir hatten zu Beginn dieses § 10 festgestellt, daß wir ohne nähere Beschäftigung mit den Details der Elektronenverteilung auf die einzelnen Quantenzustände doch schon wichtige Ergebnisse gewinnen können, indem wir bloß ganz allgemeine Züge dieser Verteilung berücksichtigen. Als einen solchen Zug haben wir die Tatsache benutzt, daß im thermischen Gleichgewicht die Elektronen das zentralsymmetrische $E(\mathfrak{k})$-Schema symmetrisch besetzen (s. Abb. VII 10.4). Nun wird die Gleichgewichtsverteilung durch ein äußeres Feld gestört. *Alle* Elektronen bekommen ja einheitlich die Tendenz, gemäß der Gl. (VII 6.12)

$$\dot{\mathfrak{k}} = \frac{1}{\hbar}\,\mathfrak{F} \qquad \text{(VII 6.12)}$$

andere $\mathfrak{k}$-Vektoren, die mehr in Richtung von $\mathfrak{F}$ zeigen, zu besetzen. Da (VII 6.12) gar nicht den Quantenzustand $\mathfrak{k}$ selbst enthält, ergibt sich, daß die Gleichgewichtsverteilung der Elektronen im $\mathfrak{k}$-Raum ohne Änderung ihrer Gestalt[1] und Dichte mit gleichförmiger Geschwindigkeit zu wandern sucht.

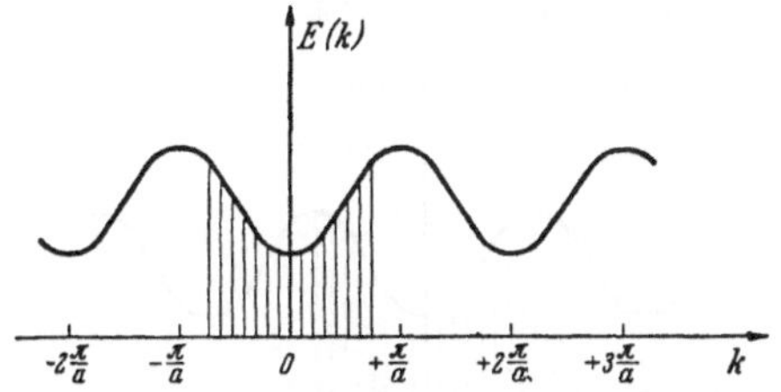

Abb. VII 10.4 Die Besetzung der $E(k)$-Zustände ist ohne äußere Kraft symmetrisch.

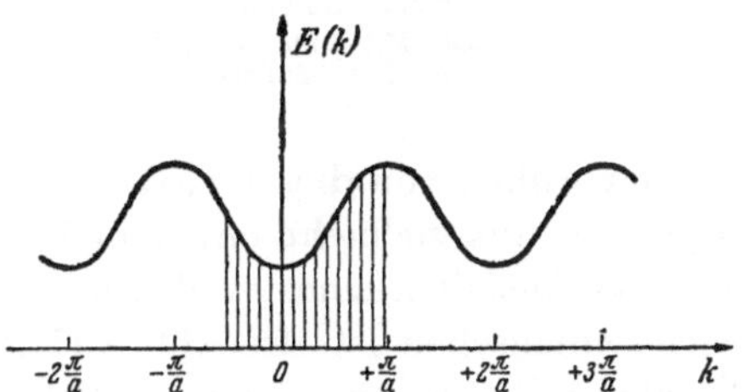

Abb. VII 10.5 Die Besetzung der $E(k)$-Zustände wird unter dem Einfluß einer äußeren Kraft unsymmetrisch.

Freilich haben wir schon auf S. 364 und 365 bei der Behandlung des „Pendelns" eines einzelnen Elektrons innerhalb eines Bandes gesehen, daß die Zusammenstöße mit den Schallquanten und den Störstellen eine wirkliche Entfaltung dieses Pendelns verhindern. Bei der Betrachtung der Elektronengesamtheit muß man entsprechend berücksichtigen, daß sich die thermische Gleichgewichtsverteilung ja gerade durch die

[1] Die „Gestalt" der $\mathfrak{k}$-Verteilung ist in dem eindimensionalen Beispiel der Abb. VII 10.4 einfach die Breite des besetzten k-Intervalls.

Zusammenstöße der Elektronen mit den Schallquanten und den Störstellen einstellt und daß bei einer Abweichung von der thermischen Gleichgewichtsverteilung die Stöße ein retardierendes Moment hervorrufen, das die gestörte Verteilung wieder in die Gleichgewichtsverteilung zurückzuverwandeln sucht.

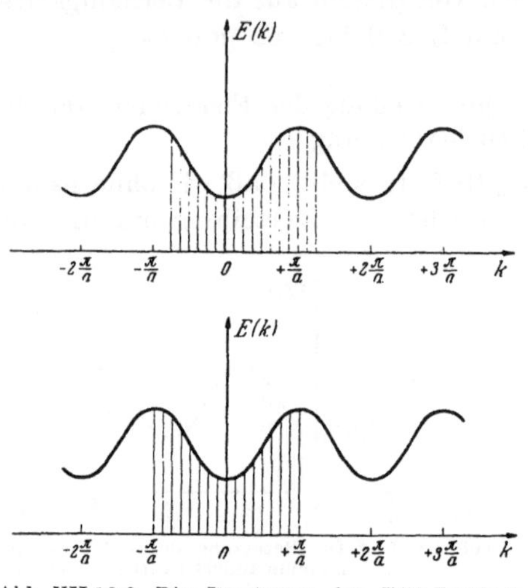

Abb. VII 10.6 Die Besetzung der $E(k)$-Zustände bei einem vollbesetzten Band. *Oben*: Mit äußerer Kraft; *unten*: Ohne äußere Kraft.

Man sieht also, daß sich beim Anlegen eines äußeren Feldes $\mathfrak{E}$ an den Kristall eine etwas gestörte Elektronenverteilung auf die einzelnen Quantenzustände einstellen wird, und zwar gerade so, daß sich die Gleichgewichtsverteilung etwas in Richtung größerer k-Zahlen aus der symmetrischen Lage verschieben wird (s. Abb. VII 10.5). Aus der Größe der Verschiebung wird sich der resultierende Strom und damit die Leitfähigkeit ergeben.

Wir wollen nun diesen Gedanken hier nicht weiter durchführen. Wir begnügen uns vielmehr mit dem Hinweis, daß von diesem Standpunkt aus das Ausfallen eines vollbesetzten Bandes für die Leitfähigkeit sehr leicht einzusehen ist. In Abb. VII 10.6 ist die Besetzung eines vollen Bandes mit und ohne äußeres Feld dargestellt. Da nun die Zustände in dem k-Intervall $+\frac{\pi}{a} < k < +\frac{3\pi}{a}$ völlig äquivalent den Zuständen in dem Intervall $-\frac{\pi}{a} < k < +\frac{\pi}{a}$ sind, werden die bei anliegendem Feld in dem Intervall $-\frac{\pi}{a} < k < +\frac{\pi}{a}$ fehlenden Zustände genau durch die im Intervall $+\frac{\pi}{a} < k < +\frac{3\pi}{a}$ hinzugekommenen Zustände kompensiert. An der Verteilung der Elektronen hat sich durch das Anlegen des Feldes in Wirklichkeit gar nichts geändert. *Genau wie ohne Feld fließt kein Strom.*

f) Abschließende und zusammenfassende Bemerkungen

Es muß immer wieder betont werden, daß die Ausführungen der §§ 9 und 10 nur eine ganz oberflächliche Skizzierung von Theorien sind, die in Wirklichkeit eine sehr komplizierte Materie darstellen. Zum Beispiel haben wir die Stoßzeit τ stillschweigend als unabhängig vom Quantenzustand $\mathfrak{k}$ behandelt, was in Wirklichkeit meist nicht zutrifft. Die statistische Streuung der einzelnen freien Flugzeiten und namentlich die Koppelung der Geschwindigkeiten vor und nach dem Stoß machen die exakte Durchführung der hier zuerst geschilderten Methode der Berechnung des Stromes aus den Beiträgen der einzelnen Elektronen zu einem recht schwierigen Unternehmen. Das hatte schon in der klassischen Elektronentheorie dazu geführt, daß diese von Riecke und Drude benutzte Methode von H. A. Lorentz verlassen und durch die Betrachtung der Abweichungen von der Gleichgewichtsverteilung ersetzt wurde. Letztere ist auch nicht so stark an das korpuskulare Bild gebunden und kann unmittelbar mit den Übergangswahrscheinlichkeiten bei einem Stoß arbeiten. Sie wird deshalb bei der exakteren wellenmechanischen Durchführung der in diesen §§ 9 und 10 skizzierten Gedankengänge eigentlich von allen Autoren verwendet.

§ 11. Aussagen des Bändermodells über den Leitfähigkeitscharakter eines bestimmten Kristallgitters

Bei der Lösung technischer Probleme werden öfters elektronische Festkörper mit ganz bestimmten Leitfähigkeitseigenschaften gesucht [Beispiele: 1. spezifischer Widerstand $\varrho = 10^1 \cdots 10^2\ \Omega$ cm, Temperaturkoeffizient möglichst klein oder — 2. spezifischer Widerstand möglichst klein, Temperaturkoeffizient möglichst groß oder — 3. spezifischer Widerstand möglichst groß, trotzdem Elektronenbeweglichkeit μ möglichst groß]. Daß es für die Beantwortung derartiger Fragestellungen wertvoll wäre, wenn eine Leitfähigkeitstheorie Voraussagen darüber gestatten würde, ob ein bestimmtes Element oder eine bestimmte Verbindung leitet oder isoliert, bedarf keiner weiteren Begründung. Den Fernerstehenden wird es aber erstaunen, daß derartige „Voraussagen“ der Theorie auch dann von großem Nutzen sind, wenn es sich darum handelt, die Leitfähigkeitseigenschaften einer mindestens laboratoriumsmäßig bereits vorliegenden chemischen Verbindung zu erforschen. Man sollte zunächst meinen, daß in einem solchen Fall eine Messung viel schneller und vor allem sicherer zum Ziele führt als eine Anwendung der Theorie.

Bei einem derartigen rein experimentellen Vorgehen können aber grobe Fehlschlüsse entstehen. Bei Leitfähigkeitsmessungen ergeben sich häufig schon dadurch Schwierigkeiten, daß die Kontakte normalerweise nicht sperrfrei sind. Hier hilft die Spannungsmessung mit stromlosen Sonden weiter, was allerdings genügend große Präparate voraussetzt. Die Hauptschwierigkeit liegt aber darin, daß die Leitfähigkeit der meisten Halbleiter und Isolatoren auf minimale Verunreinigungen oder

Struktur- oder Texturfehler äußerst empfindlich reagiert. Es ist also häufig fraglich, ob die durchgemessenen Proben wirklich diejenigen Leitfähigkeitseigenschaften des betreffenden Stoffes zeigen, die dieser Stoff haben würde, wenn er genügend sauber ausgebildet wäre.

Ein historisches Beispiel möge zeigen, daß diese Behauptung keineswegs an den Haaren herbeigezogen ist. Es war lange Zeit unentschieden, ob die Elemente Silizium und Germanium in reinster Ausbildung Metalle oder Isolatoren sind, und um 1930 entschieden sich namhafte Experimentatoren mit Nachdruck für den Metallcharakter. Erst als diese beiden Elemente ungefähr 10 Jahre später die bekannte technische Bedeutung als Detektorwerkstoffe bekamen, standen für die Messungen immer einwandfreiere Proben zur Verfügung, und es stellte sich genau das Gegenteil heraus. Heute gelten Silizium und Germanium sogar als *die* Prototypen von elektronischen Halbleitern.

Welche Möglichkeiten hat nun die Theorie zur Bestimmung des Leitfähigkeitscharakters eines Festkörpers? Der nächstliegende Anknüpfungspunkt ist hier natürlich die Aussage des Bändermodells, daß ein vollbesetztes Band zur Leitfähigkeit nichts beiträgt (s. S. 370, 372 und 374) und ein Festkörper nur dann ein metallischer Leiter sein kann, wenn sein Bändermodell unvollständig besetzte Bänder aufweist. Bei der Auswertung dieser Aussage liegt ein zwar sehr bequemes, aber — wie sich sehr schnell zeigen wird — häufig auch zu Fehlschlüssen führendes Vorgehen nahe. Man kann die Besetzung der einzelnen Elektronenterme in den das Gitter aufbauenden Atomen betrachten und aus der vollständigen oder unvollständigen Besetzung dieser Atomterme auf die Abgeschlossenheit oder Nichtabgeschlossenheit der „entsprechenden" Bänder in dem Kristallgitter schließen.

Von diesem Standpunkt aus ist es also zu erwarten, daß die Gitter der kondensierten Edelgase (Ne, Ar, Kr, X) mit den abgeschlossenen Achterschalen in den einzelnen Atomen isolieren. Dies trifft auch tatsächlich zu. Auch bei den alkalischen Metallen Li, Na, K, Rb und Cs bewährt sich diese primitive Überlegung. Wegen des einen s-Elektrons außerhalb einer abgeschlossenen Achterschale schließt man hier auf genau halbe Besetzung eines entsprechenden s-Bandes und damit auf metallische Leitfähigkeit. Daß man bei einem Ionengitter (NaCl z. B.) natürlich die vollständige oder unvollständige Besetzung der Schalen in den Ionen Na^+ und Cl^- und nicht in den neutralen Atomen Na und Cl zu betrachten hat, bedarf eigentlich kaum der Erwähnung. Jedenfalls wird man die Isolatornatur des NaCl-Gitters angesichts der Achterschalen des Na^+ und Cl^- ebenfalls als eine Bestätigung des primitiven Standpunktes buchen.

Die Erdalkalien Be, Mg, Ca, Sr und Ba haben in der äußersten Schale zwei s-Elektronen. Nach dem bisher eingenommenen primitiven Standpunkt müßte ihr Kristall ein vollbesetztes s-Band zeigen und deshalb Isolator sein. Bekanntlich ist das Gegenteil der Fall. Die Aufklärung dürfte darin zu suchen sein, daß bei diesen Atomen über dem vollbesetzten s-Term ein leerer p-Term liegt. Führt man die Atome zu einem Kristall zusammen, so spalten diese beiden Terme zu Bändern auf und überlappen sich offenbar, so daß sich die Isolatorlücke zwischen dem s- und dem p-Band schließt.

Ein weiteres Versagen des primitiven Standpunkts zeigt sich beim Gitter des festen Wasserstoffs. Das Wasserstoffatom hat nämlich genau wie die alkalischen Atome ein einzelnes s-Elektron. Trotzdem isoliert fester Wasserstoff im Gegensatz zu Li, Na, K, Rb und Cs. Wir werden sehen, daß die Aufklärung darin liegt, daß Wasserstoff nicht ein Atomgitter, sondern ein Molekülgitter bildet[1], nämlich eine hexagonal dichteste Kugelpakkung[2], in der die einzelnen Gitterpunkte einen Abstand von 3,75 Å haben und nicht mit H-Atomen, sondern mit H_2-Molekülen besetzt sind, innerhalb deren die beiden H-Atome bekanntlich[3] einen Abstand von 0,74 Å voneinander haben.

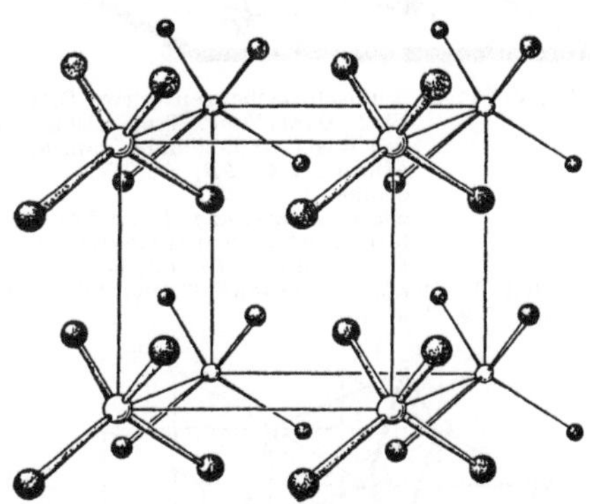

Abb. VII 11.1 Tetrajodmethan als Beispiel eines Molekülgitters. C-Atome: weiß, J-Atome: schwarz.

Bei einem Molekülgitter (s. z. B. Abb. VII 11.1) handelt es sich nicht mehr um ein „einfaches Translationsgitter" (häufig auch als „BRAVAISsches Gitter" bezeichnet), sondern ein „Translationsgitter mit Basis". Bei diesen Gittern erhält man nicht mehr sämtliche[4] Gitterpunkte, indem man in einer Gleichung für den Ortsvektor $\mathfrak{a}_\mathfrak{g}$ eines Gitterpunktes

$$\mathfrak{a}_\mathfrak{g} = g_1\,\mathfrak{a}_1 + g_2\,\mathfrak{a}_2 + g_3\,\mathfrak{a}_3 \qquad \text{(VII 11.01)}$$

den Komponenten g_1, g_2 und g_3 des Zahlentripels $\mathfrak{g} = \{g_1, g_2, g_3\}$ alle positiven und negativen ganzzahligen Werte beilegt; sondern man erhält auf diese Weise nur die Eckpunkte der einzelnen Elementarzellen und muß von diesen Eckpunkten aus in jeder Elementarzelle jedesmal wieder die „Basis" aufspannen, d. h. m Vektoren $\mathfrak{r}_1 \ldots \mathfrak{r}_m$, die vom Eckpunkt der Zellen zu den m Atomen in der betreffenden Elementarzelle hinführen. Ein Gitter läßt sich nun auf unendlich

[1] Siehe z. B. J. D'ANS u. E. LAX: Taschenbuch für Chemiker u. Physiker, Berlin: Springer 1943, S. 164 bzw. 178.

[2] Siehe z. B. P. P. EWALD: Kristalle u. Röntgenstrahlen, Berlin: Springer 1923, S. 150.

[3] S. 118 des in Fußnote 1 auf dieser Seite zitierten Taschenbuches.

[4] Genauer: alle und *nur* alle Gitterpunkte. Siehe hierzu die Ausführungen auf S. 378 über das Diamantgitter und die zugehörige Abb. VII 11.4.

viele Weisen beschreiben[1]. Es sind z. B. das kubisch-flächenzentrierte und kubisch-raumzentrierte Gitter (s. Abb. VII 11.2 und VII 11.3) bei Verwendung von orthogonalen Translationsachsen $\mathfrak{a}_1$, $\mathfrak{a}_2$, $\mathfrak{a}_3$ nicht einfache Translationsgitter, sondern Gitter mit einer Basis aus 4 bzw. 2 Atomen. Bei Verwendung schiefwinkeliger Translationsachsen $\mathfrak{a}_1$, $\mathfrak{a}_2$, $\mathfrak{a}_3$ können sie dagegen als einfache Translationsgitter dargestellt werden.

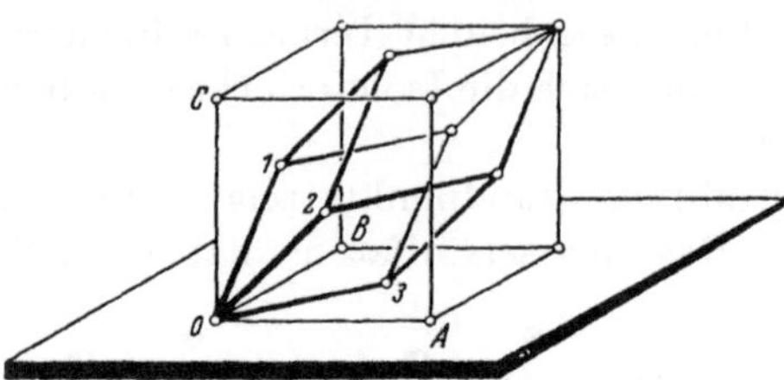

Abb. VII 11.2 Kubisch-flächenzentriertes Gitter. *Erste Darstellung:* Translationsgitter mit Basis. Orthogonale Translationsachsen: *0A*, *0B*, *0C*. Vier Basisatome: *0*, *1*, *2*, *3*. *Zweite Darstellung:* Einfaches Translationsgitter. Schiefwinklige Translationsachsen: *01*, *02*, *03*. (Nach P. P. Ewald in Geiger/Scheel: Bd. XXIII, Tl. 2, S. 239, Abb. 46.)

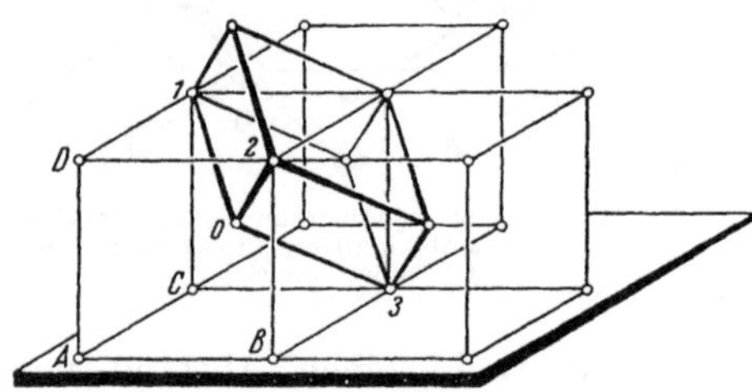

Abb. VII 11.3 Kubisch-raumzentriertes Gitter. *Erste Darstellung:* Translationsgitter mit Basis. Orthogonale Translationsachsen: *AB*, *AC*, *AD*. Zwei Basisatome: *A*, *0*. *Zweite Darstellung:* Einfaches Translationsgitter. Schiefwinklige Translationsachsen: *01*, *02*, *03*. (Nach P. P. Ewald in Geiger/Scheel: Bd. XXIII, Tl. 2, S. 239, Abb. 47.)

Bei einem Molekülgitter ist das dagegen auf keine Weise möglich, und zwar verhindern hier bereits die geometrischen Verhältnisse die Möglichkeit einer Darstellung als einfaches Translationsgitter (siehe Abb. VII 11.1). Dies ist übrigens nicht nur im Molekülgitter der Fall. Auch das Diamantgitter (s. Abb. VII 11.4) läßt sich nicht als einfaches Translationsgitter auffassen; es besteht nämlich aus zwei kubisch-flächenzentrierten Gittern, die um ein Viertel der Raumdiagonale versetzt sind. Es lassen sich zwar ohne weiteres Translationsachsen $\mathfrak{a}_1$, $\mathfrak{a}_2$, $\mathfrak{a}_3$ angeben, so daß jedes C-Atom einen Ortsvektor $g_1\,\mathfrak{a}_1 + g_2\,\mathfrak{a}_2 + g_3\,\mathfrak{a}_3$ mit ganzzahligen $g_1\,g_2\,g_3$ hat. Legt man aber den $g_1 g_2 g_3$ *alle* positiven und negativen ganzzahligen Werte bei, so kommt man auf zahlreiche Punkte, die nicht mit C-Atomen besetzt sind. Dies darf aber in einem einfachen Translationsgitter nicht vorkommen, in dessen Definition auf S. 377, unten, daher genauer nicht von „sämtlichen", sondern von „allen und *nur* allen" Gitterpunkten gesprochen werden muß (vgl. auch Fußnote 4 auf S. 377). Während bei dem Molekülgitter und bei dem Diamantgitter bereits rein geometrische Umstände die Darstellung als Bravaissches Translationsgitter verhindern, tritt bei Verbindungen wie bei NaCl der Fall ein, daß rein von der Geometrie her das Gitter ein Translationsgitter wäre, daß aber jetzt die Besetzung der Gitterpunkte mit verschiedenen Atom- oder Ionensorten die Auffassung als Translationsgitter mit Basis erzwingt (s. Abb. VII 11.5).

Eindimensionale Analoga eines Atom- und Molekülgitters sind in Abb. VII 11.6 einander gegenübergestellt. Diese linearen Anordnungen lassen sich rechnerisch leichter behandeln als die wirklichen dreidimensionalen Gitter, und in Abb. VII 11.7 wird das Ergebnis derartiger

---

[1] Ewald, P. P.: S. 272 des in Fußnote 2 auf S. 377 zitierten Werkes.

Rechnungen[1] gezeigt. In der linken Hälfte der Abbildung spaltet ein s-Term einer bestimmten Atomsorte in ein Band auf, wenn in einem linearen Atomgitter der zwischen allen benachbarten Potentialmulden

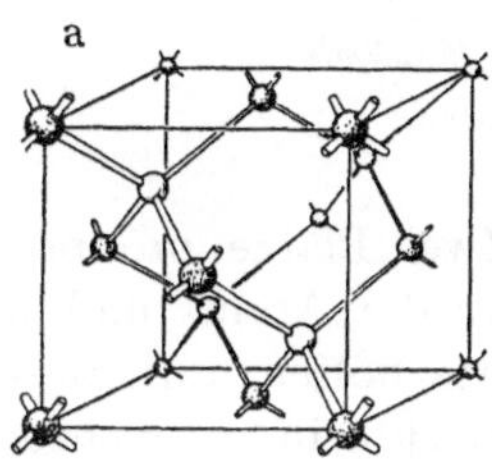

a) Jedes C-Atom hat 4 Nachbarn in Tetraederanordnung.

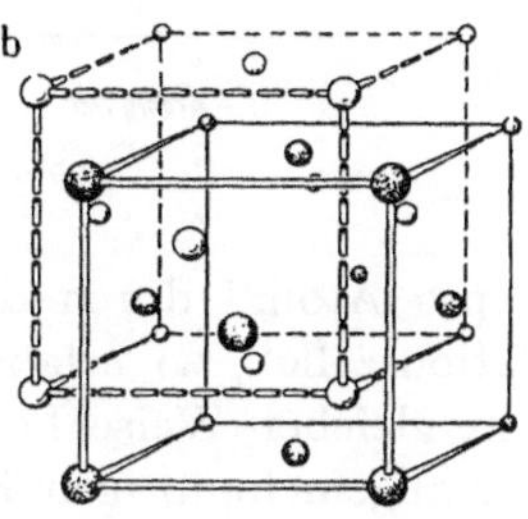

b) Aufbau des Diamantgitters durch zwei ineinandergestellte kubisch-flächenzentrierte Gitter.

Abb. VII 11.4 Diamantgitter: *alle* Atome C. Zinkblendegitter: schwarze Atome Zn, weiße Atome S.

gleiche Gitterabstand a von zunächst sehr großen Werten immer mehr verkleinert wird, und zwar auf einen Wert b. Das Band enthält 2 Plätze pro Atom (s. S. 263). In der rechten Bildhälfte werden die Atome wieder auseinandergeführt. Hierbei behalten aber die Atome paarweise den Abstand b bei, und nur der Abstand a zwischen den Mittelpunkten je zweier benachbarter Paare wird laufend gesteigert. In derselben rechten Bildhälfte wird also ein lineares Molekülgitter so lange dilatiert, bis praktisch getrennte Moleküle vorliegen. Man sieht, daß das einheitliche Energieband des Atomgitters in der Mitte aufspaltet und daß zwei getrennte Bänder mit je einem Platz pro Atom entstehen. Bei Belegung der Gitterpunkte in einem solchen linearen Molekülgitter mit Wasserstoffatomen werden also gerade alle Plätze des unteren Bandes mit Elektronen besetzt. Das obere Band bleibt leer, und es entsteht ein Isolator. Die Übertragung dieser Überlegungen auf das dreidimensionale H_2-Gitter wird sicher gestattet sein.

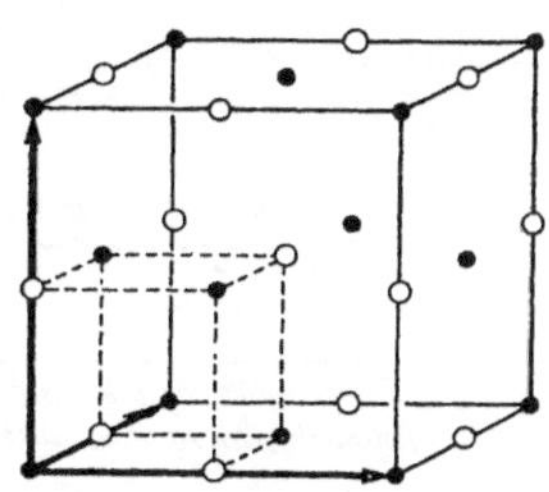

Abb. VII 11.5 Das NaCl-Gitter könnte als einfaches Translationsgitter mit drei orthogonalen Achsen $\frac{a}{2}$ aufgefaßt werden, wenn nicht die abwechselnde Besetzung der Gitterpunkte mit Na- und Cl-Atomen eine andere Darstellung erzwingen würde, z. B. die als Gitter mit drei orthogonalen Achsen a und einer Basis aus vier Na- und vier Cl-Atomen.

[1] Da es sich, wie immer beim Bändermodell, um eine Behandlung des *Ein*-Elektronen-Problems (im periodischen Potentialfeld) handelt, kann die Lösung im Grenzfall getrennter Moleküle auch nur mit den Eigenfunktionen des Molekülions verglichen werden, aus denen das HUND-MULLIKEN-Verfahren dann erst die Mehrelektronen-Eigenfunktionen des Moleküls durch Linearkombinationen aufbaut. Siehe im übrigen die Unterschrift zu Abb. VII 11.7.

In dem geschilderten Fall eines zweiatomigen Molekülgitters sind pro Gitterzelle 2 Atome vorhanden. Jedes der beiden Bänder enthält also pro *Zelle* wieder *zwei* Plätze. Ersetzt man die Aussage: „Zwei

Atomgitter Molekülgitter

Abb. VII 11.6 Lineare Ketten.

Plätze pro Atom" durch die Aussage: „Zwei Plätze pro primitivste Translationszelle", so erfaßt man scheinbar die Atom- und Molekülgitter in gleicher Weise korrekt und könnte hoffen, auf diese Weise zu einer allgemeingültigen Regel gekommen zu sein — eventuell nach

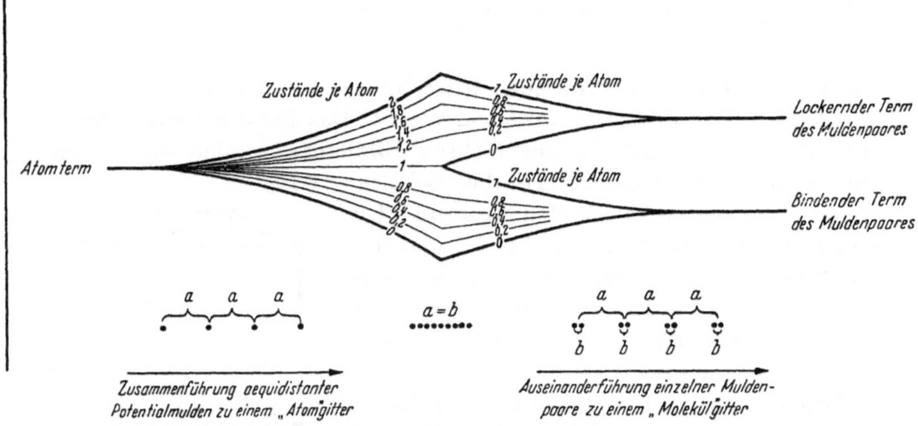

Abb. VII 11.7 Aufspalten eines Atomgitterbandes bei Molekülgitterbildung. Qualitative Darstellung.
Die dünnen Linien innerhalb des Bandes geben die Zahl der insgesamt im selben Band *darunter*liegenden Zustände an.
Zu dem unteren „Molekül"term gehört eine „bindende" Eigenfunktion $\psi_+(\mathfrak{r}) = \psi_{\mathrm{At}}(r_a) + \psi_{\mathrm{At}}(r_b)$.
Zu dem oberen „Molekül"term gehört eine „lockernde" Eigenfunktion $\psi_-(\mathfrak{r}) = \psi_{\mathrm{At}}(r_a) - \psi_{\mathrm{At}}(r_b)$.
Siehe hierzu die Gln. (VI 2.01) und (VI 2.02) auf S. 240 und Fußnote 1 auf S. 241.

Einführung eines statistischen Gewichtes ω für einen $(\omega - 1)$-fach entarteten Atomterm. Aber auch dies ist eine Täuschung. Eine Durchrechnung des geschilderten Falles — beispielsweise mit Hilfe der Blochschen Näherung — zeigt, daß die Aufspaltung zwischen den beiden Molekülbändern verschwindet, wenn die Abstände eines Atoms zu seinen beiden Nachbarn gerade gleich geworden sind (wir durchlaufen jetzt die Abb. VII 11.7 von rechts nach links). Daß nun die Regel: 2 Plätze pro primitivste Zelle trotzdem auch für das Atomgitter weiter gilt, ist daran gebunden, daß im Moment des Gleichwerdens der Abstände eines Atoms zu seinen beiden Nachbarn plötzlich eine halb so große Gitterzelle wie vorher im Molekülgitter auftritt, die Zahl der *primitivsten* Zellen sich also verdoppelt und dadurch die Verdoppelung der Plätze in *einem* Band, das sich durch die Schließung der Lücke zwischen den beiden Molekülbändern ergab, gerade wieder kompensiert wird.

Das Gleichwerden der Nachbardistanzen braucht nun aber keineswegs immer mit dem Auftreten einer kleineren Translationszelle verbunden zu sein, und trotzdem können 2 Molekülbänder sich zu einem einzigen Atomband vereinigen. Stellt man nämlich zwei kubisch-flächenzentrierte Gitter so ineinander, daß sie um einen kleinen Bruchteil der Raumdiagonale gegeneinander verschoben sind, so liegt ein Molekülgitter vor. Sind die Gitterpunkte mit Atomen mit einem s-Elektron besetzt, so werden wir also wieder 2 Molekülbänder mit je 2 Plätzen im Energieband pro primitivste Translationszelle (aufgebaut aus den Flächendiagonalen! Siehe Abb. VII 11.2) haben. Werden jetzt die beiden Gitter weiter auseinandergerückt, so wird bei einer Verschiebung um $^1/_4$ der Raumdiagonale die Diamantlage erreicht. Die Abstände eines Atoms von seinen 4 Nachbarn werden gleich. Die Molekülbänder schließen sich zu einem einzigen s-Band zusammen. Es tritt aber *keine* kleinere Translationszelle auf, und deshalb haben wir in einem solchen Gitter ein Band mit 4 Plätzen pro primitivste Translationszelle.

Das nunmehr zu besprechende instruktive Beispiel des realen Diamantgitters (Atom mit zwei $2s$- und zwei $2p$-Elektronen) zeigt überdies, daß die beim Zusammenführen der getrennten Atome aufspaltenden Atomterme sich ganz anders als im Atom gruppieren können, womit die Aufstellung einer gewissermaßen automatisch wirkenden Abzählungsvorschrift für die Plätze in den Bändern gänzlich unmöglich wird. Im einzelnen C-Atom ist der $2p$-Term nur mit 2 Elektronen besetzt, obwohl nach dem Pauli-Prinzip Platz für 6 Elektronen wäre. So möchte man von dem primitiven Standpunkt aus metallische Leitfähigkeit beim Diamanten erwarten. Diese Überlegung trifft aber die wirklichen Verhältnisse nur bei sehr weit voneinander entfernten C-Atomen, und eine Berechnung des Termschemas des Diamants ergibt Abb. VII 11.8[1]. Nur bei sehr großen Werten der Gitterkonstanten liegt ein $2s$-Band mit 2 Plätzen pro Atom und ein $2p$-Band mit 6 Plätzen pro Atom vor. Bei kontinuierlicher Verkleinerung der Gitterkonstanten unter Bei-

[1] Hund, F., u. B. Mrowka: Ber. d. Sächs. Akad. d. Wiss. math.-phys. Kl. 87 (1935) 185 u. 325, besonders S. 204. Diese Arbeit hat im übrigen heute nur noch Interesse für die eben betrachtete Frage nach der Veränderung des atomaren Termschemas bei allmählicher Zusammenführung der anfänglich getrennten Atome zu einem Diamantgitter. Eine moderne rechnerische Ermittlung des Bänderschemas des Diamants haben L. Kleinman u. J. C. Phillips: Phys. Rev. 116 (1959) 880, vorgenommen.

behaltung der tetraederartigen Anordnung der einzelnen C-Atome, also bei „ähnlicher" Verkleinerung des Gitters, überkreuzt sich der untere Rand des $2p$- und der obere Rand des $2s$-Bandes. Das Entscheidende ist nun, daß an der Überkreuzungsstelle ein Teilband von 2 Plätzen (pro Atom) das obere Band verläßt und sich mit dem darunterliegenden

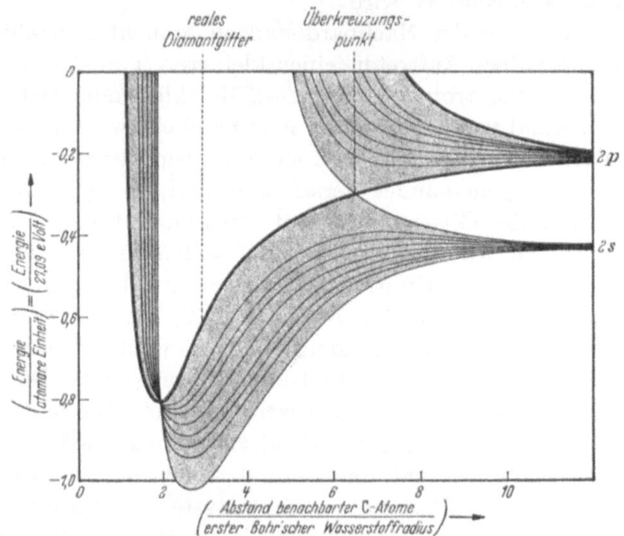

Abb. VII 11.8 Energiebänder des Diamants nach F. Hund und B. Mrowka. Bei großen Atomabständen enthält das $2s$-Band zwei Zustände pro Atom. Das $2p$-Band enthält 6 Zustände pro Atom, von denen aber in der vorliegenden Näherung nur das mittlere Drittel aufspaltet; das untere und das obere Drittel der $2p$-Zustände werden durch die dick gezeichneten Grenzen des $2p$-Bandes dargestellt. Bezüglich der Verhältnisse bei *kleineren* Atomabständen siehe den Text.

$2s$-Band vereinigt, so daß links von der Überkreuzungsstelle das untere Band 4 Plätze pro Atom und das darüberliegende Band ebenfalls nur noch 4 Plätze pro Atom enthält. Links von der Überkreuzungsstelle füllen also die 4 Elektronen der L-Schale des C-Atoms das untere Band gerade voll aus, dann kommt eine Isolatorlücke, und das darüberliegende Band mit abermals 4 Plätzen pro Atom bleibt leer.

Dieses eigenartige Verhalten der $2p$-Zustände hängt sicher damit zusammen, daß getrennte s- und p-Zustände kein zweckmäßiger Ausgangspunkt für die Darstellung der Tetraederbindung im Diamantgitter sind. Von der Valenztheorie des Kohlenstoffs her ist vielmehr bekannt, daß man für die Beschreibung der 4 Tetraedervalenzen des C-Atoms die sog. Hybridfunktionen verwenden muß, daß man also lineare Kombinationen der s- und der p-Funktionen zu bilden hat[1].

[1] Pauling, L.: The Nature of the Chemical Bond, 3. Aufl., Ithaca, N. Y.: Cornell University Press 1960, S. 111. — Wannier, G. H.: Elements of Solid State Theory, Cambridge University Press 1959, S. 243f.

Noch ein anderer Umstand fällt bei der Bändertheorie des Diamantgitters auf. Die BRILLOUINsche Näherung von freien Elektronen her führt auf einen Satz von Polyedern im $\mathfrak{k}$-Raum, die BRILLOUINschen Zonen (s. S. 274). Bei der BLOCHschen Näherung von gebundenen Elektronen her stößt man ebenfalls auf *ein* Polyeder im $\mathfrak{k}$-Raum, das Periodizitätspolyeder, außerhalb dessen sich die Energiewerte periodisch wiederholen (s. S. 265). Bei den kubischen, kubisch-flächenzentrierten und kubisch-raumzentrierten Gittern ist nun das BLOCHsche Periodizitätspolyeder und die erste BRILLOUINsche Zone identisch[1]. Dies ist beim Diamantgitter nicht mehr der Fall. Nach HUND und MROWKA[2] gilt für die BLOCHsche Näherung mit atomaren s-Funktionen im Diamantgitter

$$E = E^\circ + 4C \pm 2R\sqrt{1 + \cos\frac{a}{2}\mathfrak{k}_x\cos\frac{a}{2}\mathfrak{k}_y + \cos\frac{a}{2}\mathfrak{k}_y\cos\frac{a}{2}\mathfrak{k}_z + \cos\frac{a}{2}\mathfrak{k}_z\cos\frac{a}{2}\mathfrak{k}_x}, \tag{VII 11.02}$$

während im einfachen kubisch-flächenzentrierten Gitter

$$E = E^\circ + C + 4A\left(\cos\frac{a}{2}\mathfrak{k}_x\cos\frac{a}{2}\mathfrak{k}_y + \cos\frac{a}{2}\mathfrak{k}_y\cos\frac{a}{2}\mathfrak{k}_z + \cos\frac{a}{2}\mathfrak{k}_z\cos\frac{a}{2}\mathfrak{k}_x\right) \tag{VII 11.03}$$

gilt[3].

Die Abhängigkeit von den Komponenten $\mathfrak{k}_x\,\mathfrak{k}_y\,\mathfrak{k}_z$ des Wellenzahlvektors $\mathfrak{k}$ geht also bei beiden Gittern über denselben Ausdruck $\cos\frac{a}{2}\mathfrak{k}_x\cos\frac{a}{2}\mathfrak{k}_y + \cos\frac{a}{2}\mathfrak{k}_y \times \cos\frac{a}{2}\mathfrak{k}_z + \cos\frac{a}{2}\mathfrak{k}_z\cos\frac{a}{2}\mathfrak{k}_x$ ein. Beide Gitter haben deshalb dasselbe BLOCHsche Periodizitätspolyeder, und zwar das Oktaeder mit abgeschnittenen Spitzen der Abb. VII 11.9. Hierfür wird, wie schon erwähnt, in der Literatur meist der Ausdruck „reduzierte Zone" gebraucht.

Bezüglich der ersten BRILLOUINschen Zone des Diamantgitters steht nun von vornherein fest, daß sie mindestens ebenso groß wie die des kubisch-flächenzentrierten Gitters sein muß, da durch das Ineinanderstellen der beiden kubisch-flächenzentrierten Gitter, aus denen das Diamantgitter besteht (s. Abb. VII 11.4), keine neuen Strahlen durch BRAGG-Reflexionen hervorgerufen werden[4]. Wohl können aber Reflexionen ausfallen, da sich die von den beiden ineinandergestellten Gittern ausgelösten Strahlen gegenseitig infolge geeigneter Phasenverschiebung auslöschen können[5]. Beim Diamant fallen nun tatsächlich die die Oktaederspitzen

[1] In seinem Buch „Electrons and Phonons", Oxford 1962, bezeichnet J. M. ZIMAN auf S. 73 das, was wir BLOCHscher Periodizitätspolyeder nennen, als BRILLOUIN-Zone und das, was im vorliegenden Buch als BRILLOUIN-Zone bezeichnet wird, als JONES-Zone.

[2] Siehe F. HUND u. B. MROWKA: Ber. d. Sächs. Akad. d. Wiss. math.-phys. Kl. 87 (1935) 185 u. 325, besonders S. 192.

[3] Siehe z. B. Artikel A. SOMMERFELD u. H. A. BETHE in GEIGER/SCHEEL: Handbuch der Physik, Bd. XXIV, Tl. 2, Berlin: Springer 1933, S. 387, Gl. (12.15). Die Größen C und A haben die Bedeutung eines COULOMB- und eines Austauschintegrals. Siehe hierzu die Gln. (VII 2.19), (VII 2.20) und (VII 2.22) und die Erläuterungen auf S. 262 dazu.

[4] EWALD, P. P.: Kristalle und Röntgenstrahlen, Berlin: Springer 1923, S. 91.

[5] Die Bedingung dafür ist, daß der „Strukturfaktor" $S_{\mathfrak{h}} = \sum_{t=1}^{t=m} e^{-2\pi j(\mathfrak{h}\cdot\mathfrak{r}_t)}$ für die Reflexionen an der Ebenenschar $\mathfrak{h}$ verschwindet. Der Summationsindex $t = 1, 2, \ldots, m$ kennzeichnet in diesem Ausdruck die einzelnen Teilgitter; die m Vektoren $\mathfrak{r}_t$ spannen innerhalb einer Elementarzelle die Basis auf. Siehe z. B. P. P. EWALD, S. 279, des in Fußnote 4 zitierten Werkes.

abschneidenden Ebenen {200} weg, so daß die erste BRILLOUINsche Zone beim Diamant das volle Oktaeder {111} wird. Als zweite BRILLOUIN-Zone folgt ein Rhombendodekaeder, gebildet aus den Flächen {220} (s. Abb. VII 11.9)[1].

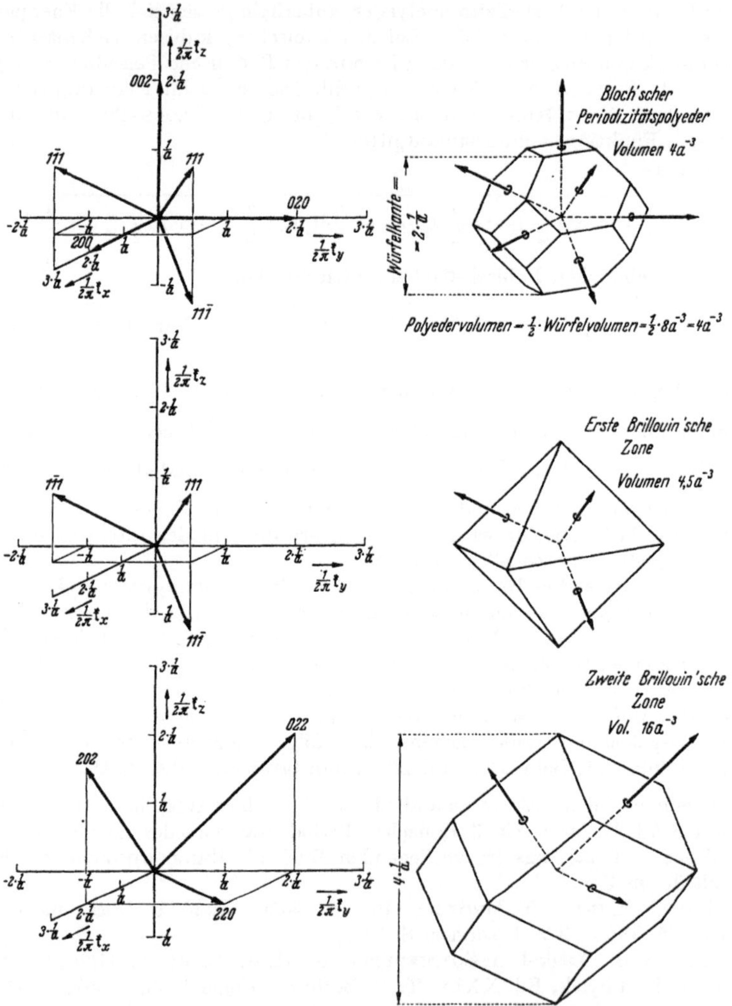

Abb. VII 11.9 Zur BLOCHschen und BRILLOUINschen Näherung beim Diamant.

In der BLOCHschen Näherung ändert sich gegenüber dem kubisch-flächenzentrierten Gitter insofern nichts, als sich auch ein s-Band mit 2 Plätzen pro Atom ergibt. Man sieht dies folgendermaßen ein: Das BLOCHsche Periodizitätspolyeder

[1] Siehe N. F. MOTT u. H. JONES: Properties of Metals and Alloys, Oxford: Clarendon Press 1936, S. 159.

nach Abb. VII 11.9 hat nach elementargeometrischen Überlegungen ein Volumen $4a^{-3}$. Ein $\mathfrak{k}$-Zustand beansprucht nach § 2, S. 266, ein Volumen $\frac{(2\pi)^3}{V_{\text{Grund}}}$ im $\mathfrak{k}$-Raum und ein Volumen $\frac{1}{V_{\text{Grund}}}$ in dem $\left(\frac{1}{2\pi}\mathfrak{k}\right)$-Raum, der in Abb. VII 11.9 gezeichnet wurde, weil ja auch bei der BRILLOUINschen Zonenkonstruktion gemäß den Abbildungen VII 3.5 und VII 3.6 der Vektor $\frac{1}{2\pi}\mathfrak{k}$ aufgetragen wird. In dem Periodizitätspolyeder mit dem Volumen $4a^{-3}$ lassen sich also $\frac{4a^{-3}}{1/V_{\text{Grund}}} = 4\,V_{\text{Grund}}\,a^{-3}$ verschiedene $\mathfrak{k}$-Zustände unterbringen. Andrerseits enthält das Grundgebiet V_{Grund}/a^3 Elementarwürfel mit der Kantenlänge a. Jeder Elementarwürfel umfaßt beim kubisch-flächenzentrierten Gitter 4 Atome. Also sind im Grundgebiet $4\,V_{\text{Grund}}\,a^{-3}$ Atome enthalten. Das Periodizitätspolyeder bietet also beim kubisch-flächenzentrierten Gitter $4\,V_{\text{Grund}}\,a^{-3}$ verschiedenen $\mathfrak{k}$-Zuständen pro $4\,V_{\text{Grund}}\,a^{-3}$ Atomen Platz oder *einem* $\mathfrak{k}$-Zustand pro Atom. Da nach (VII 11.03) zu jedem $\mathfrak{k}$-Zustand ein Energiewert im s-Band gehört, ergibt sich für das kubisch-flächenzentrierte Gitter ein s-Band mit einem, wegen des Spins doppelt besetzbaren Energiewert pro Atom oder 2 Plätze pro Atom.

Beim Diamantgitter sind im Elementarwürfel a^3 dagegen 8 Atome enthalten. Es scheint sich also zunächst ein s-Band mit nur 1 Platz pro Atom zu ergeben. Nun besteht aber beim Diamantgitter nach (VII 11.02) das s-Band wegen des doppelten Vorzeichens der Wurzel aus 2 Teilbändern; diese hängen zusammen, da der Radikand z. B. für $\frac{a}{2}\mathfrak{k}_x = \pi, \frac{a}{2}\mathfrak{k}_y = 0, \frac{a}{2}\mathfrak{k}_z = \frac{\pi}{2}$ verschwindet. Das von den beiden Teilbändern gebildete gesamte s-Band enthält also doppelt so viele Plätze wie beim kubisch-flächenzentrierten Gitter, wodurch die Verdoppelung der Atomzahl im Elementarwürfel kompensiert wird und sich wieder ein s-Band mit 2 Plätzen pro Atom ergibt. Dies entspricht offenbar den Verhältnissen bei einem Diamantgitter mit sehr großer Gitterkonstante, also dem Termschema rechts von dem Überkreuzungspunkt in Abb. VII 11.8.

Aus der BRILLOUINschen Näherung wäre folgendermaßen zu schließen: Da der Würfel mit der Kante a im kubisch-flächenzentrierten Gitter 4 Atome, im Diamantgitter dagegen 8 Atome enthält, ist die Zahl der Plätze pro Atom beim Diamant zunächst einmal halb so groß wie beim kubisch-flächenzentrierten Gitter. Hiernach würde sich also für den Diamant *ein* Platz pro Atom ergeben. Da nun im Diamantgitter die Oktaederspitzen nicht weggeschnitten werden, ergibt die genaue Nachrechnung 1,125 Plätze pro Atom, solange man sich mit der ersten BRILLOUIN-Zone begnügt. Erst die nächste BRILLOUIN-Zone, das Rhombendodekaeder {220} enthält einschließlich der ersten Zone wieder eine ganze Anzahl von Plätzen pro Atom, nämlich 4. Nehmen wir an, daß zwischen der ersten und zweiten Zone Bänderüberlappung eintritt, zwischen der zweiten und dritten Zone dagegen nicht, so erhalten wir ein Energieband, das von den 4 Valenzelektronen in der L-Schale des C-Atoms gerade vollständig gefüllt wäre. Dies entspricht offenbar den Verhältnissen bei einem Diamantgitter mit kleiner Gitterkonstanten, also dem Termschema in Abb. VII 11.8 links vom Überkreuzungspunkt. Hier wird also das Verhalten der Valenzelektronen einigermaßen durch die BRILLOUINsche Näherung erfaßt, während die beiden stark gebundenen $1s$-Elektronen zum Kern hinzugenommen werden müssen.

Wir sehen demnach, daß sich die Isolatornatur des Diamants nicht aus einer automatischen Abzählvorschrift ergibt, sondern daß mindestens die wellenmechanische Erklärung der Tetraedervalenzen des

C-Atoms (die Benutzung von Hybridfunktionen) und die Kenntnis der Gitterstruktur des Diamants hinzukommen muß. Die Kenntnis der Gitterstruktur (Molekulargitter statt Atomgitter) war ja für das Verständnis der Isolatornatur des festen Wasserstoffs ebenfalls Voraussetzung. Nimmt man nun noch die Möglichkeit der Bänderüberlappung hinzu, so sieht man, daß einfache Schlüsse von der Besetzung der Terme in den isolierten Atomen auf die Besetzungsverhältnisse in den Kristallbändern kaum möglich sind. Damit entfällt aber auch eine Prognose der Metall- oder Isolatornatur des betreffenden Stoffes.

In den bis jetzt geschilderten Fällen stellt sich allerdings bei Anwendung der in § 4 geschilderten Methoden heraus, daß das Bändermodell als solches noch zu mindestens qualitativ richtigen Aussagen führt. Wir haben aber schon auf S. 237 erwähnt, daß das auf die Oxyde der „Übergangsmetalle" nicht mehr zutrifft. Das einfache Beispiel hierfür sind Nickeloxyd und Cobaltoxyd.

NiO und CoO kristallisieren in Steinsalzgittern, deren Plätze mit Ni^{++}- bzw. Co^{++}- und O^{--}-Ionen besetzt sind[1]. Während die O^{--}-Ionen eine abgeschlossene Achterschale haben, ist bei den Ni^{++}-Ionen der $3d$-Term nur mit 8 Elektronen, bei den Co^{++}-Ionen nur mit 7 Elektronen besetzt, während er 10 Elektronen aufnehmen könnte. Wir erwarten also im Kristall ein nur teilweise besetztes $3d$-Band und demgemäß im Widerspruch zum Experiment metallische Leitfähigkeit. HUND[2] schlägt hier als Ausweg vor, daß das $3d$-Band so schmal und infolgedessen die effektive Masse der Elektronen so groß ist, daß sich sehr kleine Beweglichkeiten ergeben, was wiederum eine sehr geringe Leitfähigkeit zur Folge hat. So ließe sich „zur Not die Isolatornatur dieser Kristalle verstehen"[2].

Diese Vermutung von HUND wurde in neuerer Zeit von MORIN[3] durch Thermokraftmessungen am NiO bestätigt. Die von MORIN gefundene Beweglichkeit ist erstens extrem niedrig — bei Zimmertemperatur $4 \cdot 10^{-3}\,\mathrm{cm^2/Volt\,sek}$ — und zeigt zweitens eine ganz andere Temperaturabhängigkeit als die Beweglichkeiten in den Halbleitern mit Diamantgitter (s. Abb. VII 11.10). Diese Temperaturabhängigkeit befolgt ein $\exp(-E_A/kT)$-Gesetz mit einer Aktivierungsarbeit $E_A = 0{,}10\,e\mathrm{Volt}$. Nimmt man für die Stoßzeit τ Werte von etwa 10^{-12} sek wie bei Germanium und Silizium an, so liefert die Gl. (VII 9.35) mit dem Zimmertemperaturwert $4 \cdot 10^{-3}\,\mathrm{cm^2/Volt\,sek}$

[1] Siehe J. D'ANS u. E. LAX: Taschenbuch für Chemiker und Physiker, Berlin/Göttingen/Heidelberg: Springer 1949, S. 180.

[2] HUND, F.: Phys. Z. 36 (1935) 725, namentlich S. 728; auch abgedruckt in Z. techn. Phys. 16 (1935) 331, namentlich S. 334.

[3] MORIN, F. J.: Phys. Rev. 93 (1954) 1199; Bell Syst. techn. J. 37 (1958) 1047, namentlich S. 1076; siehe auch J. Phys. Chem. Sol. 8 (1959) 50.

einen Wert $m_{\text{eff}} \approx 4{,}4 \cdot 10^5\, m$ für die effektive Masse. Ein so extremer Wert ergibt aber nach (VII 9.32) eine sehr geringe thermische Geschwindigkeit von nur $1{,}76 \cdot 10^4$ cm sek^{-1}.

Innerhalb einer Stoßzeit $\tau = 10^{-12}$ sek werden dann als freie Weglänge nur $1{,}76 \cdot 10^{-8}$ cm zurückgelegt, also knapp die Hälfte der Gitterkonstante $4{,}17 \cdot 10^{-8}$ cm des NiO. Es kann nicht mehr die Rede davon

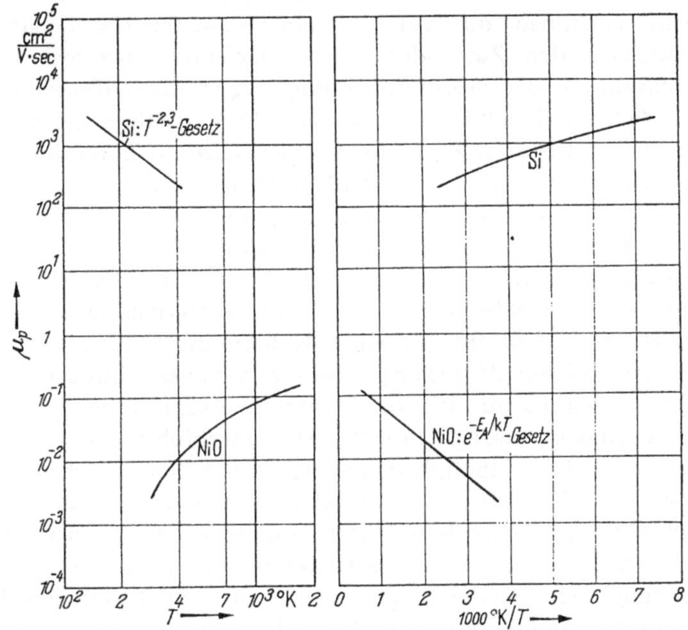

Abb. VII 11.10 Temperaturgang der Defektelektronen-Beweglichkeit in Si und in NiO. Auf der linken Seite ist eine doppeltlogarithmische Darstellung gewählt worden. Auf der Abszisse ist T aufgetragen. Auf diese Weise ist das Potenzgesetz $T^{-2,3}$ beim Silizium deutlich zu erkennen. Auf der rechten Seite sind dieselben Abhängigkeiten wie links noch einmal dargestellt. Jetzt ist aber die Abszisse linear eingeteilt, und es ist $1000\,°\text{K}/T$, also im wesentlichen die reziproke Temperatur aufgetragen. Auf diese Weise ist das Exponentialgesetz $\exp\left(-\frac{E_A}{kT}\right)$ beim NiO gut zu erkennen.

sein, daß eine Elektronenwelle störungsfrei *viele* Gitterzellen passiert. Bevor also das Elektron von der Periodizität des Gitters überhaupt „Kenntnis nehmen“ kann, wird es schon längst wieder durch einen Stoß abgelenkt[1]. Das Modell des periodischen Potentialfeldes erscheint für die Behandlung solcher Fälle wenig geeignet, während sich atomistische Vorstellungen geradezu aufdrängen[2].

[1] Wannier, G. H.: Elements of Solid State Theory, Cambridge University Press 1959, S. 169.

[2] de Boer, J. H., u. E. J. W. Verwey: Proc. phys. Soc., Lond. 49 (1935) 59. — Schottky, W.: Z. Elektrochem. 45 (1939) 33, namentlich S. 57. — Dressnandt, H.:

Quantitativ sind diese Vorstellungen von ZENER[1], von YAMASHITA und KUROSAWA[2], von SEWELL[3], von TOYOZAWA[4], von GLARUM[5], von HOLSTEIN[6] und von anderen[7] ausgestaltet worden. In der Bändertheorie der elektronischen Leitfähigkeit und der sonstigen elektronischen Transportphänomene werden die stationären Zustände eines Elektrons im periodischen Potentialfeld *vieler* Atomrümpfe als Lösungen oder Zustände nullter Ordnung betrachtet. Die Gitterschwingungen werden als Störung behandelt, durch die mit einer gewissen Häufigkeit Übergänge zwischen den Zuständen nullter Ordnung ausgelöst werden. Die Durchführung der Störungsrechnung ergibt diese Häufigkeit und damit die Zeit zwischen 2 Übergängen, also die Verweilzeit des Elektrons in einem der stationären Zustände des periodischen Potentialfelds.

Bei YAMASHITA und KUROSAWA[8] wird in nullter Näherung das System „Elektron im Feld *eines* Atomrumpfs plus Gitterschwingungen" betrachtet. Die Lösung nullter Ordnung stellt also das Elektron im Feld eines Atomrumpfs und die durch das Elektron hervorgerufene Verzerrung des benachbarten Gitters — die Gitterpolarisation also — dar. Als Störung wird nun in einer Näherungsrechnung 1. Ordnung das Feld der anderen Atomrümpfe hinzugenommen, durch das Übergänge des Elektrons zu den benachbarten Atomrümpfen mit einer gewissen Häufigkeit ausgelöst werden. Die Durchführung der Störungsrechnung ergibt diese Häufigkeit und damit die Zeit zwischen 2 Übergängen, also die Verweilzeit des Elektrons bei einem Atomrumpf.

GLARUM[9] hat zunächst diese Überlegungen der japanischen Autoren von der Spezialisierung auf polare Gitter befreit. Dann hat er sowohl in der Störungsrechnung der Bändertheorie wie in der Störungsrechnung von YAMASHITA und KUROSAWA[8] die Gültigkeitsgrenze der jeweiligen

---

Z. Phys. 115 (1940) 369. — WAGNER, C.: Phys. Z. 36 (1935) 721; auch abgedruckt in Z. techn. Phys. 16 (1935) 327. — WAGNER, C., u. E. KOCH: Z. Phys. Chem. Abt. B 32 (1936) 439. — PEIERLS, R.: Proc. phys. Soc., Lond. 49 (1937) 72. — JOFFÉ, A.: J. Phys. Chem. Solids 8 (1959) 6. — JOFFÉ, A.: Physik der Halbleiter, Berlin: Akademie-Verlag 1958.

[1] ZENER, C.: J. Phys. Chem. Solids 8 (1959) 26.

[2] YAMASHITA, J., u. T. KUROSAWA: J. Phys. Chem. Solids 5 (1958) 34; J. Phys. Soc. Japan 15 (1960) 802. — KUROSAWA, T.: J. Phys. Soc. Japan 15 (1960) 1211. — YAMASHITA, J.: J. appl. Phys. Suppl. to Vol. 32 No. 10 (1961) S. 2215.

[3] SEWELL, G. L.: Phil. Mag. 36 (1958) 1361.

[4] TOYOZAWA, Y.: J. appl. Phys. Suppl. to Vol. 33 No. 1 (1962) 340.

[5] GLARUM, S. H.: J. Phys. Chem. Solids 24 (1963) 1577—1583.

[6] HOLSTEIN, T.: Ann. Phys. N. Y. 8 (1959) 325—342 u. 343—389.

[7] Hier soll auch auf Arbeiten hingewiesen werden, die sich mit dem Elektronenhüpfen bei der Störleitung des Germaniums befassen. Siehe S. 457, Fußnoten 3 bis 6.

[8] YAMASHITA, J., u. T. KUROSAWA: J. Phys. Chem. Solids 5 (1958) 34.

[9] GLARUM, S. H.: J. Phys. Chem. Solids 24 (1963) 1577—1583.

Näherung untersucht. Er kommt auf diese Weise zu der Aussage, daß bei Beweglichkeiten über $1 \frac{\text{cm}^2}{\text{Volt sek}}$ die Bändervorstellung angebracht ist, während bei Beweglichkeiten unter $1 \frac{\text{cm}^2}{\text{Volt sek}}$ das atomistische Bild des von Gitterplatz zu Gitterplatz hüpfenden Elektrons die Verhältnisse besser wiedergibt[1]. In diesem Fall kann auch — aber muß nicht zwangsläufig — die Beweglichkeit nach einem $\exp(-E_A/kT)$-Gesetz mit der Temperatur ansteigen.

Ähnliche Verhältnisse wie bei NiO liegen bei den Oxyden der Elemente Chrom, Mangan, Eisen und Cobalt vor, bei denen allen der $3d$-Term der Kationen unvollständig aufgefüllt ist und bei denen man deshalb zunächst metallische Leitfähigkeit erwarten würde, während diese Verbindungen in Wirklichkeit Halbleiter mit z. T. sehr hohem spezifischem Widerstand sind. Auf das Vorhandensein dieser „Offenbandhalbleiter" ist zuerst von der holländischen Schule hingewiesen worden[2].

Abschließend wollen wir feststellen, daß die dargestellten Erscheinungen — Bänderüberlappung, Aufspalten eines Bandes bei der Molekülbildung, Abzweigen eines Teilbandes bei einer Bandgrenzenüberkreuzung und Möglichkeit sehr schmaler Bänder mit großen effektiven Massen und daher geringer Beweglichkeit der Leitungselektronen — einfache Schlüsse von der Besetzung der Terme in den isolierten Atomen oder Ionen auf die Besetzungsverhältnisse in den Kristallbändern und damit auf die Isolator- oder Metallnatur des betreffenden Gitters mit einer großen Unsicherheit versehen. Diese Unsicherheit kann nur vermindert werden, wenn in dem betreffenden Einzelfall eine Berechnung der Bänderstruktur vorgenommen wird.

Sollten sich bei solchen gewöhnlich recht umfangreichen Untersuchungen sehr schmale Bänder ergeben, so sind nach den auf S. 388 geschilderten neueren Erkenntnissen über die Offenbandhalbleiter NiO usw. thermisch angeregte Sprünge der Elektronen von Gitterplatz zu Gitterplatz viel häufiger als das wellenmechanische Tunneln. Eine Transporttheorie, die auf dem Bändermodell basiert, ist dann nur noch von zweifelhaftem Wert.

Für eine Prognose, ob ein bestimmter Kristall ein Leiter oder Isolator bzw. Eigenhalbleiter ist, kann das Bändermodell also nur gewisse Hin-

[1] Zur gleichen Grenze kommt J. YAMASHITA: J. appl. Phys. Suppl. to Vol. 32, No. 10 (1961) 2215.

[2] VERWEY, E. J. W.: Semiconducting Materials, herausgegeben von H. K. HENISCH, London: Butterworths 1951, S. 151. — KRÖGER, F. A., u. H. J. VINK: Solid State Physics, Bd. III, herausgegeben von F. SEITZ u. D. TURNBULL New York: Academic Press 1956, S. 307. — KRÖGER, F. A., u. H. J. VINK: Halbleiter und Phosphore, herausgegeben von M. SCHÖN u. H. WELKER, Braunschweig: Vieweg 1958, S. 17

weise geben. Man wird in diesem Zusammenhang vorteilhaft Methoden mit stark empirischem Einschlag heranziehen, z. B. Vergleiche mit Kristallen gleicher Struktur, aber anderer Zusammensetzung, Heranziehung der Gesetzmäßigkeiten des periodischen Systems der Elemente und Ähnliches.

Besonders erfolgreich ist die Betrachtung der *Bindungs*verhältnisse in einem Kristall geworden, eine Methode, die von WELKER und Mitarbeitern zunächst auf die III-V-Verbindungen, dann aber auch auf eine große Fülle von anderen Materialien mit bestem Erfolg angewandt worden ist[1]. Bei anderen Überlegungen werden die Überlappungsintegrale der Außenelektronen der betreffenden Gitterionen berechnet[2]. Eine ausführliche Zusammenstellung der Prognoseliteratur findet man bei SUCHET[3].

---

[1] WELKER, H.: Z. Naturforsch. 7a (1952) 744. — WELKER, H., u. H. WEISS: Z. Metallkde. 49 (1958) 563. — WELKER, H., u. R. GREMMELMAIER: Proc. IEE Vol. 106, Part B. Suppl. No. 17 (1959) 850. — FOLBERTH, O. G., u. H. WELKER: J. Phys. Chem. Solids 8 (1959) 14. — FOLBERTH, O. G.: Z. Naturforsch. 14a (1959) 94. — FOLBERTH, O. G.: Z. Naturforsch. 15a (1960) 425. — FOLBERTH, O. G.: Z. Naturforsch. 15a (1960) 432.

[2] MORIN, F. J.: J. appl. Phys. Suppl. to Vol. 32, No. 10 (1961) 2195.

[3] SUCHET, J. P.: J. Phys. Chem. Solids 12 (1959/60) 74.

Kapitel VIII

Fermi-Statistik der Kristallelektronen

Wie schon auf S. 367 angekündigt, soll im vorliegenden Kapitel der Zusammenhang zwischen der Lage des FERMI-Niveaus E_F und der Konzentration n der Elektronen für einige Modelle durchgerechnet werden. Diese Modelle werden sein:

In § 2 ein Elektronengas in einem Potentialtopf.

In § 3 ein Elektronengas in zwei benachbarten Potentialtöpfen bzw. allgemeiner in einem Raum mit ortsvariabler potentieller Energie.

In § 5 ein Elektronengas in einem störstellenfreien Kristall (Metall oder Isolator bzw. Eigenhalbleiter).

In § 6 ein Elektronengas in einem Kristall mit Donatorstörstellen (Überschußhalbleiter) oder in einem Kristall mit Akzeptoren (Defekthalbleiter) oder in einem Kristall mit Donatoren und Akzeptoren.

Aus dieser Übersicht geht hervor, daß wir die Besonderheiten der FERMI-Statistik, die beim Vorhandensein von Donatoren oder Akzeptoren auftreten, erst in § 6 brauchen. Trotzdem gehen wir hierauf schon in § 1 ein. Der Grund dafür ist, daß wir bei der Behandlung dieser Besonderheiten die *allgemeinen* Gedankengänge der FERMI-Statistik noch einmal durchlaufen müssen. Das wird uns Gelegenheit geben, auch die allgemeinen Ergebnisse in solcher Form darzustellen, wie sie namentlich in § 4 gebraucht werden, wo es sich um die Bedeutung des „FERMI-Niveaus E_F“ bzw. besser des „Elektrochemischen Potentials“ für Nichtgleichgewichtszustände handeln wird. Zunächst aber ergibt sich in § 3 der Satz, daß innerhalb eines Körpers bzw. innerhalb eines Systems von Körpern, die sich im thermischen Gleichgewicht befinden, das FERMI-Niveau E_F überall denselben Wert hat. Vielleicht etwas lax, aber auf jeden Fall prägnant wird dieser Satz häufig folgendermaßen formuliert: „Im thermischen Gleichgewicht verläuft die FERMI-Kante E_F waagerecht“. Die FERMI-Verteilung und das FERMI-Niveau E_F wird zunächst nur für thermische Gleichgewichtszustände definiert. Überträgt man aber die Beziehung zwischen Konzentration n und FERMI-Niveau E_F auf Nichtgleichgewichtszustände, so wird dadurch eine FERMI-Kante E_F definiert, deren Neigung für den Gesamtstrom maßgebend ist. Hierauf sowie auf die damit zusammenhängende Identität von dieser verallgemeinerten FERMI-Kante E_F und elektrochemischem Potential kommen wir in § 4 zu sprechen. In § 5 behandeln wir die FERMI-Statistik der Elektronen in Metallen und Isolatoren. In § 6 wird der einfachste Fall eines Störstellenhalbleiters untersucht. Unter den Hauptergebnissen dieser beiden letztgenannten Paragraphen befinden sich das Massenwirkungsgesetz (I 3.04) von S. 26 zwischen Elektronen und Defektelektronen und das Massenwirkungsgesetz (II 8.04) von S. 67 zwischen Donatoren und Leitungselektronen.

§ 7 schließlich behandelt die Komplikationen, die bei großen Störstellenkonzentrationen auftreten.

§ 1. Die allgemeine Fermi-Statistik und die Besetzungswahrscheinlichkeiten f_{Don} und f_{Akz} von Donatoren und Akzeptoren

a) Das normale Problem der Fermi-Statistik

Das Grundproblem der FERMI-Statistik lautet normalerweise: Von einem physikalischen System oder Modell (z. B. von dem in Kap. VII, §§ 2 bis 4, so gründlich behandelten periodischen Potentialfeld) ist die Verteilung $D(E)\,dE$ seiner Energieeigenwerte längs der Energieskala E bekannt. Jeder dieser Eigenwerte gehört zu einem Quantenzustand, der nach dem PAULI-Prinzip durch 2 Elektronen mit entgegengesetztem Spin besetzt werden kann. Wie verteilen sich N Elektronen auf die insgesamt vorhandenen $2\int D(E)\,dE$ Plätze, wenn thermisches Gleichgewicht herrscht?

Die FERMI-Statistik beantwortet — wie wir in Gl. (VIII 1.38) sehen werden — diese Frage mit Hilfe einer Besetzungswahrscheinlichkeit

$$f(E) = \frac{1}{e^{\frac{E-E_F}{kT}} + 1} \tag{VIII 1.01}$$

folgendermaßen: Die Zahl der Elektronen mit einer Energie zwischen E und $E + dE$ beträgt

$$N(E)\,dE = 2D(E)\,f(E)\,dE. \tag{VIII 1.02}$$

b) Die Besetzung von Donatoren- und Akzeptorenniveaus ist ein anomales Problem[1]

Wenn später in § 6 das Problem zu lösen sein wird, wie N Elektronen auf die Zustände des Leitungsbandes und auf N_D Donatoren zu verteilen sind, so lautet die Antwort nach Absatz a) scheinbar ganz einfach:

---

[1] Siehe hierzu N. F. MOTT u. R. W. GURNEY: Electronic Processes in Ionic Crystals, Oxford: Clarendon Press 1948, S. 157ff. — SHOCKLEY, W.: Electrons and Holes in Semiconductors, New York: D. van Nostrand 1950, S. 248, Problem 1, und S. 475, Problem 2. — LANDSBERG, P. T.: Proc. Phys. Soc. 65a (1952) 604. — GUGGENHEIM, E. A.: Proc. Phys. Soc., Lond. 66a (1953) 121. — LANDSBERG, P.T.: Proc. phys. Soc., Lond. 66a (1953) 662. — CRAWFORD, J. H., u. D. K. HOLMES: Proc. phys. Soc., Lond. 67a (1954) 294.

Ins Leitungsband geht eine Anzahl

$$N - N_{D^\times} = \int\limits_{E=E_C}^{\infty} 2D(E)\, f(E)\, dE = 2 \int\limits_{E=E_C}^{\infty} \frac{D(E)}{e^{\frac{E-E_F}{kT}}+1}\, dE \qquad \text{(VIII 1.03)}$$

und in die N_D Donatorenniveaus $E = E_D$ geht eine Anzahl

$$N_{D^\times} = N_D\, f(E_D) = N_D \frac{1}{e^{\frac{E_D-E_F}{kT}}+1}. \qquad \text{(VIII 1.04)}$$

Bei dieser Antwort werden die N_D Donatoren als N_D besetzbare Plätze betrachtet, und hierin liegt ein *Fehler*. An einen unbesetzten Donator kann ja wie an einen Wasserstoffkern ein Elektron mit *zwei* verschiedenen Spin-Orientierungen angelagert werden. Man könnte also zunächst glauben, daß der Fehler durch die Substitution $N_D \rightarrow 2N_D$ zu beheben wäre. Aber dabei wird außer acht gelassen, daß nach Anlagerung eines Elektrons an einen positiven Donatorrumpf dieser elektrisch neutral geworden ist und ein zweites Elektron mit entgegengesetztem Spin gar keine Potentialmulde mehr vorfindet, aus elektrostatischen Gründen also nicht mehr angelagert werden kann. Der Donatorrumpf bietet also *vor* Anlagerung eines Elektrons einem Elektron *zwei* besetzbare Plätze an, *nach* Anlagerung eines Elektrons aber nur *einen*, von dem angelagerten Elektron bereits besetzten Platz, und keinen weiteren. N_D Donatoren bieten also weder N_D besetzbare Plätze an, noch die doppelte Anzahl $2N_D$. Die Anzahl der besetzbaren Plätze hängt vielmehr von der tatsächlich vorhandenen Besetzung ab, sie ändert sich quasi während der Auffüllung.

Man sieht also, daß das Problem der Verteilung von N Elektronen auf das Leitungsband und auf N_D Donatorenniveaus *nicht* zu dem Aufgabentyp gehört, bei dem eine *feste* Zahl von besetzbaren Plätzen mit N Elektronen aufzufüllen ist[1]. Deshalb muß zur Lösung dieses anomalen Problems der übliche [bei den normalen Problemen auf die Besetzungswahrscheinlichkeit (VIII 1.01) führende] Gedankengang wieder von neuem durchlaufen werden.

---

[1] Die Besetzung des Leitungsbandes allein gehört übrigens zu dem *normalen* Aufgabentyp. Die Quantenzustände des Leitungsbandes resultieren ja aus einem Ein-Elektronen-Problem mit festem Potential, das man sich von vornherein derart gewählt denkt, daß es die elektrostatischen Wirkungen der vielen, später in diesen Quantenzuständen unterzubringenden Elektronen berücksichtigt (self consistent potential). Deshalb kann unten auf S. 414 und 429 die selbstverständlich auch bei Zuständen des Leitungsbandes vorhandene Möglichkeit der Spinumpolung einfach durch einen Faktor 2 vor der Zahl dieser Zustände berücksichtigt werden.

Die Abzählungsvorschriften lauten dabei:

1. Jeder Platz kann nur mit 0 oder 1 Elektron besetzt werden.
2. Die Elektronen sind ununterscheidbar.

Für die Begründung dieser Vorschriften wird in der Hauptsache auf die Literatur verwiesen[1]. Es sei nur daran erinnert, daß es sich nach S. 249 eigentlich um die Konstruktion einer Eigenfunktion 0. Ordnung handelt, die nach PAULI antisymmetrisch sein soll. Als Eigenfunktionen ergeben sich dann die sog. SLATER-Determinanten[2]. Sind weniger Plätze als Elektronen vorhanden, ist also mindestens ein Platz mit 2 Elektronen besetzt, so hat die SLATER-Determinante mindestens zwei identische Spalten und verschwindet deshalb; sie stellt also keine Eigenfunktion dar. Dies ist die Begründung für die obige Abzählungsvorschrift 1. Vertauschung der Rolle von 2 Elektronen bedeutet in der SLATER-Determinante nur Vertauschung von 2 Zeilen und führt deshalb nur zum Vorzeichenwechsel der Eigenfunktion und nicht zu einer *neuen* Eigenfunktion. Das ist die Begründung für die Abzählungsvorschrift 2.

c) Wie viele verschiedene Realisierungsmöglichkeiten gibt es für eine bestimmte Verteilung der Elektronen längs der Energieskala?

Wir teilen also die Energieskala in Intervalle $1, 2, \ldots, j, \ldots$ ein, die sich um die Werte $E_1, E_2, \ldots, E_j, \ldots$ gruppieren und $Z_1, Z_2, \ldots, Z_j, \ldots$ besetzbare Plätze enthalten. Eine Besetzung des j-ten Intervalls mit N_j Elektronen kann nun auf

$$\frac{Z_j!}{N_j!\,(Z_j - N_j)!} \qquad \text{(VIII 1.05)}$$

verschiedene Weisen realisiert werden. Das sieht man folgendermaßen ein:

Man numeriert die Z_j besetzbaren Plätze des betrachteten j-ten Intervalls von 1 bis Z_j durch und ordnet sie zunächst in dieser Reihenfolge an (s. Abb. VIII 1.1, oben). Dann besetzt man von links beginnend die N_j ersten Plätze und läßt die restlichen $(Z_j - N_j)$ Plätze unbesetzt. Eine neue Realisierung der Besetzung des j-ten Intervalls mit N_j Elektronen kann man erhalten, wenn man die Z_j besetzbaren Plätze in einer anderen Reihenfolge, in einer anderen *Permutation* anordnet und wieder die N_j links stehenden Plätze besetzt, während die $(Z_j - N_j)$ rechts stehenden frei bleiben (s. Abb. VIII 1.1, zweite Reihe). Dieses Ver-

[1] Siehe z. B. L. NORDHEIM in MÜLLER-POUILLET: Lehrbuch der Physik, Braunschweig: Vieweg 1933, Bd. IV, Tl. 4, S. 251, oder R. C. TOLMAN: The Principles of Statistical Mechanics (Oxford-University Press 1938) S. 364ff., oder W. WEIZEL: Lehrbuch der theoretischen Physik, Bd. II, 2. Aufl., S. 1134 (Berlin/Göttingen/Heidelberg: Springer 1958).

[2] SLATER, J. C.: Phys. Rev. 34 (1929) 1293.

fahren kann man $Z_j!$ mal wiederholen. Es führt aber nur dann auf neue Realisierungsmöglichkeiten, wenn bei der Permutation mindestens ein besetzter mit einem unbesetzten Platz vertauscht wird. Permutation der linken N_j besetzten Plätze untereinander (Abb. VIII 1.1: Übergang von der zweiten zur dritten Reihe) und Permutation der rechten $(Z_j - N_j)$

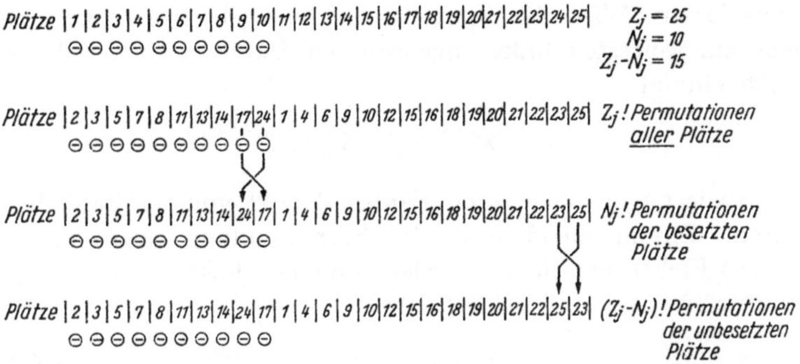

Abb. VIII 1.1 Verschiedene Besetzungen von $Z_j = 25$ Plätzen des j-ten Energieintervalls mit $N_j = 10$ Elektronen. Es sind $\frac{Z_j!}{N_j!(Z_j - N_j)!}$ verschiedene Besetzungen möglich.

unbesetzten Plätze untereinander (Abb. VIII 1.1: Übergang von der dritten zur vierten Reihe) führen zu *keiner* neuen Realisierung. Infolgedessen gibt es nicht $Z_j!$ Realisierungsmöglichkeiten, sondern nur

$$\frac{Z_j!}{N_j!(Z_j - N_j)!} \tag{VIII 1.06}$$

Realisierungsmöglichkeiten der Besetzung des j-ten Intervalls mit N_j Elektronen.

Eine Besetzung der ganzen Energieskala mit $N_1, N_2, \ldots, N_j, \ldots$ Elektronen läßt sich also auf

$$\prod_{j=1}^{\infty} \frac{Z_j!}{N_j!(Z_j - N_j)!} \tag{VIII 1.07}$$

verschiedene Weisen realisieren.

d) Dieselbe Frage wie unter c), diesmal aber mit Berücksichtigung der Donatoren

Wir haben diese aus der üblichen FERMI-Statistik wohlbekannten Gedankengänge deshalb so ausführlich wiederholt, weil mit derselben Überlegung jetzt sofort angegeben werden kann, daß $N_{D^\times}$ Elektronen auf die N_D Donatorenniveaus auf

$$\frac{N_D!}{N_{D^\times}!(N_D - N_{D^\times})!} \tag{VIII 1.08}$$

verschiedene Arten verteilt werden können, solange die Möglichkeiten dadurch eingeengt werden, daß beispielsweise nur Rechtsspin der Elektronen zugelassen wird. Dann ist ja das Problem völlig identisch mit der soeben ausführlich besprochenen Aufgabe, wie N_j Elektronen auf die Z_j besetzbaren Plätze des j-ten Intervalls verteilt werden können.

Nun ist aber bei der Besetzung der Donatoren keineswegs nur Rechtsspin zugelassen. Wird der Spin *eines* Donatorelektrons, beispielsweise an dem am weitesten links angeordneten Donator, umgepolt, so gibt das noch einmal

$$\frac{N_D!}{N_{D^\times}!(N_D - N_{D^\times})!}$$

neue Realisierungen oder einen Faktor $2 = 2^1$ vor der Zahl der Möglichkeiten. Entsprechend gibt die Spinumpolung aller $N_{D^\times}$ untergebrachten Elektronen für jedes Elektron einen Faktor 2, also im ganzen ein Faktor $2^{N_{D^\times}}$, so daß schließlich

$$2^{N_{D^\times}} \frac{N_D!}{N_{D^\times}!(N_D - N_{D^\times})!} \tag{VIII 1.09}$$

die Zahl der Möglichkeiten angibt, auf die $N_{D^\times}$ Elektronen in N_D Donatorenniveaus untergebracht werden können.

Im ganzen erhalten wir also mit Hilfe von (VIII 1.09) und (VIII 1.07) für die durch $N_{D^\times}, N_1, N_2, \ldots, N_j, \ldots$ gekennzeichnete Verteilung von

$$N_{D^\times} + \sum_{j=1}^{\infty} N_j = N \tag{VIII 1.10}$$

Elektronen auf N_D Donatorenniveaus und auf das Leitungsband

$$W = 2^{N_{D^\times}} \frac{N_D!}{N_{D^\times}!(N_D - N_{D^\times})!} \prod_{j=1}^{\infty} \frac{Z_j!}{N_j!(Z_j - N_j)!} \tag{VIII 1.11}$$

Möglichkeiten.

e) Ermittlung der wahrscheinlichsten Verteilung

Im Gleichgewicht wird sich die Verteilung mit der größten Zahl der Realisierungsmöglichkeiten einstellen. Die Besetzungszahlen $N_{D^\times}$, N_1, $N_2, \ldots, N_j, \ldots$ müssen so lange variiert werden, bis W bzw.

$$\ln W = \begin{cases} N_{D^\times} \ln 2 + \ln N_D! - \ln N_{D^\times}! - \ln(N_D - N_{D^\times})\,! \\ + \sum\limits_{j=1}^{\infty} \{\ln Z_j! - \ln N_j! - \ln(Z_j - N_j)!\} \end{cases} \tag{VIII 1.12}$$

ein Maximum ist, wobei aber außer der Nebenbedingung (VIII 1.10) noch eine weitere Nebenbedingung zu beachten ist, nämlich die, daß die Gesamtenergie

$$U = N_{D^\times} E_D + \sum_{j=1}^{\infty} N_j E_j \tag{VIII 1.13}$$

erhalten bleibt. Wir berücksichtigen die Nebenbedingungen (VIII 1.10) und (VIII 1.13) in bekannter Weise (s. Kap. XII, § 3) mit 2 LAGRANGE-Faktoren α und β, indem wir nicht $\ln W$, sondern

$$\ln W + \alpha\left(N - N_{D^\times} - \sum_{j=1}^{\infty} N_j\right) + \beta\left(U - N_{D^\times} E_D - \sum_{j=1}^{\infty} N_j E_j\right)$$

$$= \text{const} + N_{D^\times} \ln 2 - \ln N_{D^\times}! - \ln(N_D - N_{D^\times})! - \sum_{j=1}^{\infty}\{\ln N_j! + \ln(Z_j - N_j)!\}$$

$$+ \alpha N + \beta U - \alpha N_{D^\times} - \beta N_{D^\times} E_D - \sum_{j=1}^{\infty} \{\alpha N_j + \beta N_j E_j\} \quad \text{(VIII 1.14)}$$

nach den Variablen $N_1, N_2, \ldots, N_j, \ldots, N_{D^\times}$, α und β differenzieren und die Ableitungen gleich Null setzen; hierbei benutzen wir noch die

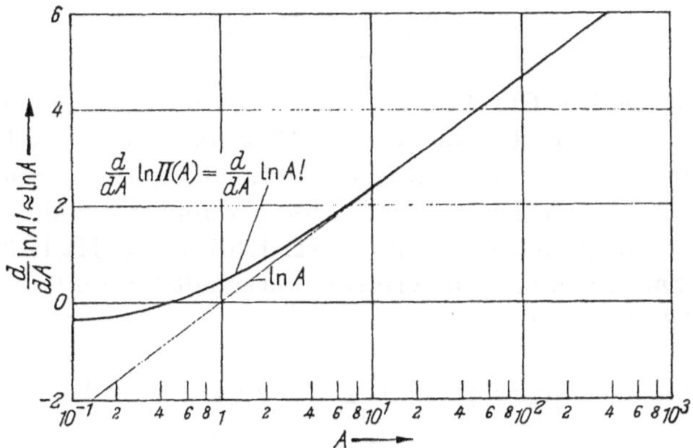

Abb. VIII 1.2 Die aus der STIRLINGschen Formel folgende Differentiationsvorschrift $\frac{d}{dA} \ln A! \approx \ln A$ für den natürlichen Logarithmus der verallgemeinerten Fakultät $\Pi(A) = A!$

aus der STIRLINGschen Formel

$$\ln A! \approx A \ln A - A \quad \text{(VIII 1.15)}$$

folgende Differenzierungsvorschrift (s. Abb. VIII 1.2)

$$\frac{d}{dA} \ln A! \approx 1 \ln A + A \frac{1}{A} - 1 = \ln A. \quad \text{(VIII 1.16)}$$

Zunächst erhalten wir durch Differentiation nach jeder der Variablen $N_1, N_2, \ldots, N_j, \ldots$ ein Gleichungssystem

$$-\ln N_j + \ln(Z_j - N_j) - (\alpha + \beta E_j) = 0. \qquad j = 1, 2, \ldots \quad \text{(VIII 1.17)}$$

Die Differentiation von (VIII 1.14) nach $N_{D^\times}$ gibt

$$+ \ln 2 - \ln N_{D^\times} + \ln(N_D - N_{D^\times}) - (\alpha + \beta E_D) = 0, \quad \text{(VIII 1.18)}$$

und die Differentiationen nach α und β liefern schließlich wieder die Nebenbedingungen

$$\sum_{j=1}^{\infty} N_j + N_{D^\times} = N \qquad \text{(VIII 1.10)}$$

$$\sum_{j=1}^{\infty} N_j E_j + N_{D^\times} E_D = U. \qquad \text{(VIII 1.13)}$$

Aus (VIII 1.17) folgt sofort die Besetzungswahrscheinlichkeit

$$\frac{N_j}{Z_j} = \frac{1}{e^{\alpha + \beta E_j} + 1} \qquad \text{(VIII 1.19)}$$

der Zustände im Leitungsband und aus (VIII 1.18) entsprechend die Besetzungswahrscheinlichkeit $\frac{N_{D^\times}}{N_D}$ der Donatorenniveaus:

$$\frac{N_{D^\times}}{N_D} = \frac{1}{\frac{1}{2} e^{\alpha + \beta E_D} + 1}. \qquad \text{(VIII 1.20)}$$

Mit diesen beiden Gleichungen wäre das zur Diskussion stehende Problem — die Verteilung von N Elektronen auf N_D Donatorenniveaus und auf die Zustände des Leitungsbandes — schon gelöst, wenn die Größe der LAGRANGE-Faktoren α und β bekannt wäre. Zu ihrer Bestimmung stehen die Gln. (VIII 1.10) und (VIII 1.13) zur Verfügung, die mit Benutzung der bisher schon erzielten Resultate (VIII 1.19) und (VIII 1.20) die Form

$$N_D \frac{1}{\frac{1}{2} e^{\alpha + \beta E_D} + 1} + \sum_{j=1}^{j=\infty} Z_j \frac{1}{e^{\alpha + \beta E_j} + 1} = N \qquad \text{(VIII 1.21)}$$

und

$$N_D E_D \frac{1}{\frac{1}{2} e^{\alpha + \beta E_D} + 1} + \sum_{j=1}^{j=\infty} Z_j E_j \frac{1}{e^{\alpha + \beta E_j} + 1} = U \qquad \text{(VIII 1.22)}$$

annehmen. Es handelt sich also um zwei transzendente Gleichungen für α und β, und ihre Auflösung ist nur mit Näherungsmethoden möglich. Wir kommen auf diese Gleichungen später wieder zurück (s. S. 402 und vor allem S. 404).

Aber die ganze Fragestellung, insbesondere die Verwendung der Gesamtenergie U des Elektronenensembles als unabhängig vorgegebener Variable ist einigermaßen unanschaulich und der physikalischen Praxis zuwiderlaufend. Das gegebene Mittel zur Beschreibung eines solchen Elektronengases sind die Begriffe der Thermodynamik, und an diese Anschluß zu gewinnen, muß jetzt unser dringendstes Anliegen sein.

f) Die Entropie S des Elektronengases

Das Bindeglied zwischen der Statistik und der Thermodynamik ist die BOLTZMANNsche Beziehung zwischen der Entropie S eines Zu standes und der Zahl W seiner Realisierungsmöglichkeiten:

$$S = \mathrm{k} \ln W. \tag{VIII 1.23}$$

Hierbei hat die BOLTZMANNsche Konstante k den Wert

$$\mathrm{k} = 1{,}3807 \cdot 10^{-16}\,\mathrm{cm^2\,g\,s^{-2}\,grad^{-1}}. \tag{VIII 1.231}$$

Der Zustand mit der größtmöglichen Zahl von Realisierungsmöglichkeiten wird nun derjenige sein, den man am häufigsten antrifft, wenn das System sich selbst überlassen bleibt. Ohne äußere Einwirkungen begibt sich aber das System in das thermische Gleichgewicht, und somit ist der Zustand mit der größtmöglichen Zahl von Realisierungsmöglichkeiten der thermische Gleichgewichtszustand. Wenn wir also die Entropie des *Gleichgewichts*zustandes ermitteln wollen, dürfen wir uns nicht damit begnügen, in Gestalt der Gln. (VIII 1.19) bis (VIII 1.22) nur den „Ort" des Maximums, nämlich die optimalen Werte der unabhängigen Variablen $N_{D^\times}$ und N_j zu bestimmen. Wir müssen vielmehr auch den Wert des Maximums selbst ermitteln, also die Zahl $W_{\max}$ der Realisierungsmöglichkeiten des wahrscheinlichsten Zustandes angeben. Das erfordert nun leider eine längere, aber elementare Zwischenrechnung. Zunächst wird in (VIII 1.12) die STIRLINGsche Formel (VIII 1.15) angewendet:

$$\ln W = \left\{ \begin{aligned} & N_{D^\times} \ln 2 + N_D \ln N_D - N_{D^\times} \ln N_{D^\times} - (N_D - N_{D^\times}) \ln (N_D - N_{D^\times}) \\ & \qquad - N_D \qquad + N_{D^\times} \qquad + (N_D - N_{D^\times}) \\ & + \sum_{j=1}^{j=\infty} \left[\begin{aligned} & + Z_j \ln Z_j - N_j \ln N_j - (Z_j - N_j) \ln (Z_j - N_j) \\ & - Z_j \qquad + N_j \qquad + (Z_j - N_j) \end{aligned} \right]. \end{aligned} \right. \tag{VIII 1.24}$$

Dann werden die optimalen Werte (VIII 1.19) und (VIII 1.20) von $N_{D^\times}$ und $N_1, N_2, \ldots, N_j, \ldots$ eingeführt, aber nur in den Numeri der ln:

$$\ln W_{\max} = \left\{ \begin{aligned} & + N_{D^\times} \ln 2 + N_D \ln N_D - N_{D^\times} \ln \left(N_D \frac{1}{\frac{1}{2} e^{\alpha + \beta E_D} + 1} \right) - \\ & \qquad - (N_D - N_{D^\times}) \ln \left(N_D \left(1 - \frac{1}{\frac{1}{2} e^{\alpha + \beta E_D} + 1} \right) \right) + \\ & \qquad + \sum_{j=1}^{\infty} \left[+ Z_j \ln Z_j - N_j \ln \left(Z_j \frac{1}{e^{\alpha + \beta E_j} + 1} \right) - \right. \\ & \qquad \left. - (Z_j - N_j) \ln \left(Z_j \left(1 - \frac{1}{e^{\alpha + \beta E_j} + 1} \right) \right) \right] \end{aligned} \right\}, \tag{VIII 1.25}$$

woraus

$$\ln W_{\max} = \left\{ \begin{array}{l} + N_{D^\times} \ln 2 + N_D \ln N_D - N_{D^\times} \ln N_D + \\ \qquad + N_{D^\times} \ln(\tfrac{1}{2} e^{\alpha + \beta E_D} + 1) - (N_D - N_{D^\times}) \ln N_D - \\ - (N_D - N_{D^\times}) \ln \tfrac{1}{2} e^{\alpha + \beta E_D} + \\ \qquad + (N_D - N_{D^\times}) \ln(\tfrac{1}{2} e^{\alpha + \beta E_D} + 1) + \\ + \sum\limits_{j=1}^{\infty} \left[\begin{array}{l} + Z_j \ln Z_j - N_j \ln Z_j + N_j \ln(e^{\alpha + \beta E_j} + 1) - \\ \qquad - (Z_j - N_j) \ln Z_j - \\ - (Z_j - N_j) \ln e^{\alpha + \beta E_j} + \\ \qquad + (Z_j - N_j) \ln(e^{\alpha + \beta E_j} + 1) \end{array} \right] \end{array} \right\}$$

und (VIII 1.26)

$$\ln W_{\max} = \left\{ \begin{array}{l} + N_{D^\times} \ln 2\, \tfrac{1}{2} e^{\alpha + \beta E_D} + N_D \ln \dfrac{\tfrac{1}{2} e^{\alpha + \beta E_D} + 1}{\tfrac{1}{2} e^{\alpha + \beta E_D}} + \\ + \sum\limits_{j=1}^{\infty} \left[+ N_j \ln e^{\alpha + \beta E_j} + Z_j \ln \dfrac{e^{\alpha + \beta E_j} + 1}{e^{\alpha + \beta E_j}} \right] \end{array} \right\} \qquad \text{(VIII 1.27)}$$

und

$$\ln W_{\max} = \left\{ \begin{array}{l} + N_{D^\times}(\alpha + \beta E_D) + N_D \ln(1 + 2 e^{-\alpha - \beta E_D}) \\ + \sum\limits_{j=1}^{\infty} [N_j(\alpha + \beta E_j) + Z_j \ln(1 + e^{-\alpha - \beta E_j})] \end{array} \right\} \qquad \text{(VIII 1.28)}$$

und schließlich

$$\ln W_{\max} = \alpha \left(N_{D^\times} + \sum_{j=1}^{\infty} N_j \right) + \beta \left(N_{D^\times} E_D + \sum_{j=1}^{\infty} N_j E_j \right) + \\ + N_D \ln(1 + 2 e^{-\alpha - \beta E_D}) + \sum_{j=1}^{\infty} Z_j \ln(1 + e^{-\alpha - \beta E_j}) \qquad \text{(VIII 1.29)}$$

folgt. Hier werden wieder die Nebenbedingungen (VIII 1.10) und (VIII 1.13) und die BOLTZMANN-Beziehung (VIII 1.23) benutzt:

$$\ln W_{\max} = \frac{1}{k} S = \alpha N + \beta U + N_D \ln(1 + 2 e^{-\alpha - \beta E_D}) + \\ + \sum_{j=1}^{\infty} Z_j \ln(1 + e^{-\alpha - \beta E_j}). \qquad \text{(VIII 1.30)}$$

g) Die Einführung der Temperatur T des Elektronengases

Der so gewonnene Ausdruck (VIII 1.30) für die Entropie S des Elektronengases ermöglicht die Anwendung des zweiten Hauptsatzes der Thermodynamik:

$$dU = T\, dS - p\, dV. \qquad \text{(VIII 1.31)}$$

Dieser Satz gibt die bei einem thermodynamischen Prozeß eintretende Änderung dU der Gesamtenergie U eines Systems an, das in einem Volumen V eingeschlossen ist und unter dem Druck p steht.

Die Bezeichnung des vorgenommenen Prozesses als *thermodynamisch* besagt, daß dem System nur Wärme ($T\,dS$) oder Arbeit ($p\,d\,V$) zugeführt worden ist. Materie soll dagegen die Wände des Volumens V bei dem vorgenommenen Prozeß, bei dem ja die Wände verschoben werden können, nicht durchquert haben.

Es wird nun für das Folgende bequem sein, wenn die Zahlen N_D und $Z_1, Z_2, \ldots, Z_j, \ldots$ konstant sind. Dann müssen wir uns auf Prozesse beschränken, bei denen $V = \text{const}$ bleibt. Denn die Zahlen N_D und $Z_1, Z_2, \ldots, Z_j, \ldots$ [bzw. $2D(E)\,dE$] der besetzbaren Plätze sind — nach (VIII 2.05) z. B. — proportional V.

Machen wir also die Annahme $V = \text{const}$, so reduziert sich (VIII 1.31) auf

$$d\,U = T\,dS. \tag{VIII 1.32}$$

Wenn weiter wegen der thermodynamischen Natur des Prozesses keine Materie die Wände des betrachteten Volumens passieren soll, so muß die Gesamtzahl N der Elektronen konstant sein. Aus (VIII 1.32) folgt also schließlich

$$\left(\frac{\partial S}{\partial U}\right)_{N=\text{const}} = \frac{1}{T}$$

bzw.

$$\left(\frac{\partial \frac{1}{\mathrm{k}} S}{\partial U}\right)_{N=\text{const}} = \frac{1}{\mathrm{k}\,T}. \tag{VIII 1.33}$$

Diese Gleichung betrachten wir jetzt als Definition der Temperatur T und wenden sie auf unseren konkreten Fall, also auf die betrachtete Elektronengesamtheit, noch besser auf Gl. (VIII 1.30) an. Dabei beachten wir, daß nach (VIII 1.21) und (VIII 1.22) die LAGRANGE-Faktoren α und β Funktionen von N und U sind. Es ergibt sich

$$\begin{aligned}
\left(\frac{\frac{1}{\mathrm{k}}\partial S}{\partial U}\right)_{N=\text{const}} &= N\left(\frac{\partial\alpha}{\partial U}\right)_{N=\text{const}} + \beta + U\left(\frac{\partial\beta}{\partial U}\right)_{N=\text{const}} + \\
&\quad + N_D \frac{2\mathrm{e}^{-(\alpha+\beta E_D)}}{1+2\mathrm{e}^{-(\alpha+\beta E_D)}}\left[-\left(\frac{\partial\alpha}{\partial U} + E_D\frac{\partial\beta}{\partial U}\right)_{N=\text{const}}\right] + \\
&\quad + \sum_{j=1}^{\infty} Z_j \frac{\mathrm{e}^{-(\alpha+\beta E_j)}}{1+\mathrm{e}^{-(\alpha+\beta E_j)}}\left[-\left(\frac{\partial\alpha}{\partial U} + E_j\frac{\partial\beta}{\partial U}\right)_{N=\text{const}}\right] \\
&= N\left(\frac{\partial\alpha}{\partial U}\right)_{N=\text{const}} + \beta + U\left(\frac{\partial\beta}{\partial U}\right)_{N=\text{const}} - \\
&\quad - \left(\frac{\partial\alpha}{\partial U}\right)_{N=\text{const}}\left[N_D\frac{1}{\frac{1}{2}\mathrm{e}^{+\alpha+\beta E_D}+1} + \sum_{j=1}^{\infty} Z_j\frac{1}{\mathrm{e}^{+\alpha+\beta E_j}+1}\right] - \\
&\quad - \left(\frac{\partial\beta}{\partial U}\right)_{N=\text{const}}\left[N_D E_D\frac{1}{\frac{1}{2}\mathrm{e}^{+\alpha+\beta E_D}+1} + \sum_{j=1}^{\infty} Z_j E_j\frac{1}{\mathrm{e}^{+\alpha+\beta E_j}+1}\right].
\end{aligned} \tag{VIII 1.34}$$

Auf Grund der Bestimmungsgleichung (VIII 1.21) für α und β hebt sich in dieser Gleichung der erste und der vierte Summand weg. Das Gleiche gilt auf Grund der zweiten Bestimmungsgleichung (VIII 1.22) für den dritten und fünften Summanden, und es bleibt einfach

$$\left(\frac{\frac{1}{\mathrm{k}}\,\partial S}{\partial U}\right)_{N=\mathrm{const}} = \beta \qquad \text{(VIII 1.35)}$$

und also nach (VIII 1.33)

$$\beta = \frac{1}{\mathrm{k}T}. \qquad \text{(VIII 1.36)}$$

h) Die Einführung des Fermi-Niveaus E_F. Neuformulierung der Endergebnisse

Die bisherigen Endergebnisse (VIII 1.19) bis (VIII 1.22) formulieren wir jetzt unter Benutzung von (VIII 1.36) noch einmal, wobei wir den LAGRANGE-Faktor α umbenennen:

$$\alpha = -\frac{E_F}{\mathrm{k}T}. \qquad \text{(VIII 1.37)}$$

Die Größe E_F wird sich bald als das sog. FERMI-Niveau herausstellen. Im nächsten Abschn. i) werden wir darüber hinaus dem FERMI-Niveau E_F eine thermodynamische Bedeutung, nämlich die des GIBBSschen chemischen Potentials erteilen. Beide LAGRANGE-Faktoren α und β haben sich dann als thermodynamisch bedeutsame Größen erwiesen.

Der Reihe nach wird nun also mit (VIII 1.36) und (VIII 1.37) aus den bisherigen Endergebnissen (VIII 1.19) bis (VIII 1.22)

$$\frac{N_j}{Z_j} = \frac{1}{e^{\frac{E_j - E_F}{\mathrm{k}T}} + 1} = f(E_j) \qquad \text{(VIII 1.38)}$$

$$\frac{N_{D^\times}}{N_D} = \frac{1}{\frac{1}{2}e^{\frac{E_D - E_F}{\mathrm{k}T}} + 1} = f_{\mathrm{Don}}(E_D) \qquad \text{(VIII 1.39)}$$

$$N_D\, f_{\mathrm{Don}}(E_D) + \sum_{j=1}^{j=\infty} Z_j\, f(E_j) = N, \qquad \text{(VIII 1.40)}$$

$$N_D\, E_D\, f_{\mathrm{Don}}(E_D) + \sum_{j=1}^{j=\infty} Z_j\, E_j\, f(E_j) = U. \qquad \text{(VIII 1.41)}$$

Zunächst bemerken wir, daß sich in Gl. (VIII 1.38) für den „normalen" Aufgabentyp (Besetzung von Z_j Plätzen mit dem Niveau E_j) die wohlbekannte FERMIsche Besetzungswahrscheinlichkeit (VIII 1.01) bzw. auch (VII 10.01) ergeben hat. Damit bekommt das FERMI-Niveau E_F, das durch die Umbenennung (VIII 1.37) des LAGRANGE-Faktors α

zunächst doch nur sehr formal eingeführt wurde, die bekannte anschauliche Bedeutung (s. Abb. VII 10.1):

Die Niveaus E_j unterhalb von E_F sind nahezu voll besetzt:

$$N_j \approx Z_j \quad \text{für} \quad E_j < E_F \quad \text{bzw. genauer} \quad (E_F - E_j) \gg \mathrm{k}T. \qquad \text{(VIII 1.42)}$$

Das Niveau $E_j = E_F$ ist gerade halb besetzt[1]:

$$N_j = \tfrac{1}{2} Z_j \quad \text{für} \quad E_j = E_F. \qquad \text{(VIII 1.43)}$$

Für Niveaus E_j oberhalb von E_F nimmt die Besetzungswahrscheinlichkeit sehr schnell exponentiell ab:

$$N_j \approx Z_j \, \mathrm{e}^{-\frac{1}{\mathrm{k}T}(E_j - E_F)} \quad \text{für} \quad E_j > E_F \quad \text{bzw. genauer} \quad (E_j - E_F) \gg + \mathrm{k}T. \qquad \text{(VIII 1.44)}$$

Weiter bemerken wir, daß die Besetzung des Donatorenniveaus E_D nicht durch die FERMIsche Verteilungsfunktion f, sondern durch eine etwas modifizierte Besetzungswahrscheinlichkeit $f_{\text{Don}}(E_D)$ geregelt wird, die sich nach (VIII 1.39) von der FERMIschen Verteilungsfunktion (VIII 1.38) durch den Faktor $\frac{1}{2}$ vor der Exponentialfunktion im Nenner unterscheidet:

Liegt das FERMI-Niveau E_F unterhalb des Donatorenniveaus, so ergibt sich nach (VIII 1.39)

$$N_{D^\times} = 2 N_D \, \mathrm{e}^{-\frac{1}{\mathrm{k}T}(E_D - E_F)} \ll 2 N_D \quad \text{für} \quad E_F < E_D$$
$$\text{bzw. genauer} \quad E_D - E_F \gg \mathrm{k}T. \qquad \text{(VIII 1.45)}$$

Sind also die meisten Donatoren unbesetzt („Erschöpfung" s. S. 68 und 69), so zeigt der Vergleich von (VIII 1.45) und (VIII 1.44), daß die N_D Donatoren $2N_D$ besetzbare Plätze anbieten.

Liegt aber das FERMI-Niveau E_F über dem Donatorenniveau E_D, so ergibt sich

$$N_{D^\times} \approx N_D \quad \text{für} \quad E_F > E_D \quad \text{bzw. genauer} \quad E_D - E_F \gg \mathrm{k}T. \qquad \text{(VIII 1.46)}$$

Sind also die meisten Donatoren besetzt („Reserve" s. S. 68 und 69), so stellen die N_D Donatoren doch nur N_D besetzbare Plätze zur Verfügung. Die Anzahl der besetzbaren Plätze ändert sich also während der Auffüllung (s. S. 392 und 393).

---

[1] Bei dieser Aussage wird stillschweigend vorausgesetzt, daß in der Höhe der FERMI-Kante E_F gerade ein erlaubtes besetzbares Niveau E_j vorhanden ist. Das braucht keineswegs immer der Fall zu sein und ist in einem störstellenfreien Eigenhalbleiter auch tatsächlich nicht der Fall (s. Abb. VIII 5.2 auf S. 427). Auch in einem Störstellen-Halbleiter ist es Zufall, wenn das FERMI-Niveau mit einem besetzbaren Störstellenniveau gerade coinzidiert. Wenn das doch der Fall ist, dann gilt freilich auch nicht die Gl. (VIII 1.43), sondern z. B. im Fall des Donators die Gl. (VIII 1.47).

Der Vollständigkeit halber sei noch bemerkt, daß für $E_F = E_D$ aus Gl. (VIII 1.39) folgt:

$$N_{D^\times} = \tfrac{2}{3} N_D. \qquad \text{(VIII 1.47)}$$

Schließlich wollen wir darauf hinweisen, daß die ursprüngliche Verteilung der vorkommenden Größen in unabhängige und abhängige Variable zweckmäßiger Weise etwas modifiziert wird. In Abschn. e) waren N und U als unabhängige Variable betrachtet worden, und die Gln. (VIII 1.21) und (VIII 1.22) wurden als Bestimmungsgleichungen für die Unbekannten α und β aufgefaßt. Nachdem sich in (VIII 1.36) β als Maß für die Temperatur T des Gases herausgestellt hat, ist es natürlicher, die Temperatur T (und also β) zu den unabhängigen Variablen zu rechnen und dafür die Gesamtenergie U des Elektronengases zu den erst zu ermittelnden Unbekannten zu zählen.

Dann werden also N und T in den Gln. (VIII 1.38) bis (VIII 1.41) als unabhängige Variable betrachtet, und die Gl. (VIII 1.40) ist die Bestimmungsgleichung für das Fermi-Niveau E_F in Funktion von N und T. Wenn $E_F = E_F(N, T)$ bekannt ist, sind die Verteilungsfunktionen $f(E_j)$ und $f_{\text{Don}}(E_D)$ durch (VIII 1.38) und (VIII 1.39) vollständig gegeben. Weiter dient Gl. (VIII 1.41) zur Ermittlung der Gesamtenergie $U(N, T)$ der N Elektronen, die sich auf der vorgegebenen Temperatur T befinden[1]. Schließlich ergibt sich aus (VIII 1.30), (VIII 1.37) und (VIII 1.36) eine entsprechende Gleichung für die Entropie $S(N, T)$:

$$\frac{1}{\mathrm{k}} S(N, T) = -N \frac{E_F}{\mathrm{k}T} + \frac{U}{\mathrm{k}T} + N_D \ln\left(1 + 2\mathrm{e}^{-\frac{E_D - E_F}{\mathrm{k}T}}\right) + $$

$$+ \sum_{j=1}^{j=\infty} Z_j \ln\left(1 + \mathrm{e}^{-\frac{E_j - E_F}{\mathrm{k}T}}\right). \qquad \text{(VIII 1.48)}$$

i) Das Fermi-Niveau E_F als chemisches Potential des Elektronengases

Die Form der Gl. (VIII 1.48) legt es nahe, die freie Energie

$$F = U - T S \qquad \text{(VIII 1.49)}$$

zu bilden:

$$F(N, T) = +N E_F(N, T) -$$

$$- \mathrm{k}T \left\{ N_D \ln\left(1 + 2\mathrm{e}^{-\frac{E_D - E_F}{\mathrm{k}T}}\right) + \sum_{j=1}^{j=\infty} Z_j \ln\left(1 + \mathrm{e}^{-\frac{E_j - E_F}{\mathrm{k}T}}\right)\right\}. \qquad \text{(VIII 1.50)}$$

---

[1] Von dieser Gleichung (VIII 1.41), in die natürlich $f(E_j)$ und $f_{\text{Don}}(E_D)$ gemäß (VIII 1.38) und (VIII 1.39) einzusetzen wären, müßte man ausgehen, wenn man den Anteil der Elektronen an der spezifischen Wärme des Kristalls untersuchen wollte. Das wird in diesem Buche aber nicht geschehen. Siehe hierzu vielleicht J. M. Ziman: Electrons and Phonons, Oxford: Clarendon Press 1962, S. 105 u. 114–127.

Die „natürlichen Variablen", bei denen die partiellen Ableitungen eine besonders einfache Bedeutung haben[1], sind bei der freien Energie die 3 Größen N, T und V. Hiervon tritt in (VIII 1.50) T teils explizit, teils über das FERMI-Niveau E_F auf, das ja vermittels (VIII 1.40) als Funktion von N und T ermittelt werden muß. Die zweite „natürliche Variable N" ist in (VIII 1.50) nur über das FERMI-Niveau $E_F(N, T)$ enthalten. Das Volumen V schließlich steckt als Proportionalitätskonstante in N_D und in den Z_j, wie wir schon auf S. 401 bemerkten.

Das chemische Potential μ berechnet sich nun[1] definitionsgemäß als partielle Ableitung der freien Energie F nach der Teilchenzahl N:

$$\mu = \left(\frac{\partial F}{\partial N}\right)_{\substack{T = \text{const} \\ V = \text{const}}}. \qquad \text{(VIII 1.51)}$$

Da bei der Differentiation das Volumen V konstant gehalten werden soll, sind N_D und die Z_j als Konstante zu behandeln. Differenzieren von (VIII 1.50) ergibt

$$\left(\frac{\partial F}{\partial N}\right)_{\substack{T = \text{const} \\ V = \text{const}}} = E_F + N\frac{\partial E_F}{\partial N} - \\ - \mathrm{k}T\left\{N_D \frac{2\mathrm{e}^{-\frac{E_D - E_F}{\mathrm{k}T}}}{1 + 2\mathrm{e}^{-\frac{E_D - E_F}{\mathrm{k}T}}} + \sum_{j=1}^{j=\infty} Z_j \frac{\mathrm{e}^{-\frac{E_j - E_F}{\mathrm{k}T}}}{1 + \mathrm{e}^{-\frac{E_j - E_F}{\mathrm{k}T}}}\right\} \frac{\partial}{\partial N}\left(\frac{1}{\mathrm{k}T} E_F\right). \qquad \text{(VIII 1.52)}$$

Wir berücksichtigen (VIII 1.51), (VIII 1.39) und (VIII 1.38):

$$\mu = E_F + \frac{\partial E_F}{\partial N}\left\{N - N_D f_{\text{Don}}(E_D) - \sum_{j=1}^{j=\infty} Z_j f(E_j)\right\}. \qquad \text{(VIII 1.53)}$$

Mit Hilfe von (VIII 1.40) folgt schließlich

$$\mu = E_F, \qquad \text{(VIII 1.54)}$$

womit sich das FERMI-Niveau E_F als das GIBBSsche Potential μ des Elektronengases herausgestellt hat. Diese Tatsache wird in den §§ 3 und 4 noch erhebliche anschauliche Bedeutung bekommen.

k) Die Besetzungswahrscheinlichkeit $f_{\text{Akz}}(E_A)$ von Akzeptorenniveaus E_A

Wir wollen jetzt noch kurz auf den Fall eingehen, in dem neben dem Leitungsband nicht N_D Donatorenniveaus, sondern N_A Akzeptorenniveaus zu besetzen sind. Durch die Besetzung mit einem Elektron wird ein Donatorenniveau aus einem D^+ zu einem $D^\times$, und die Zahl der in Donatorenniveaus untergebrachten Elektronen ist daher $N_{D^\times}$. Akzep-

[1] Siehe z. B. R. BECKER: Theorie der Wärme, Berlin/Göttingen/Heidelberg: Springer 1955, S. 50—52, insbesondere Gl. (19.5) u. Tab. 3.

torenniveaus verwandeln sich durch Besetzung mit einem Elektron von $A^{\times}$ in A^{-}, und die Zahl der in Akzeptorenniveaus untergebrachten Elektronen ist daher N_{A^-}. Die Zahl W der Realisierungsmöglichkeiten muß also in dem jetzigen Akzeptorfall aus der Gl. (VIII 1.11) durch die Substitutionen $N_{D^{\times}} \to N_{A^-}$ und $N_D \to N_A$ hervorgehen. Das gäbe zunächst einmal den Ausdruck

$$2^{N_{A^-}} \frac{N_A!}{N_{A^-}!\,(N_A - N_{A^-})!} \prod_{j=1}^{\infty} \frac{Z_j!}{N_j!\,(Z_j - N_j)!}\,.$$

Der Zweierfaktor vor diesem Ausdruck ist aber nicht korrekt. Hier wird eine über die genannten formalen Substitutionen hinausgehende

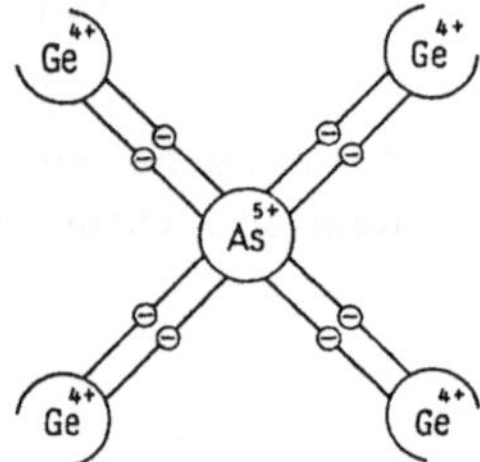

D^+ hat nur Elektronenpaare. Es kann kein Spin umgepolt werden.

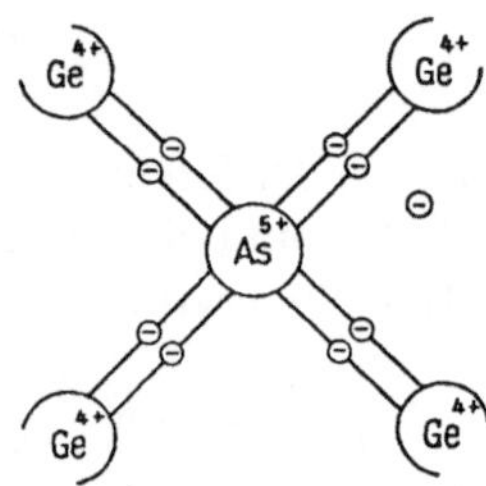

$D^{\times}$ hat ein einzelnes Elektron, dessen Spin umgepolt werden kann.

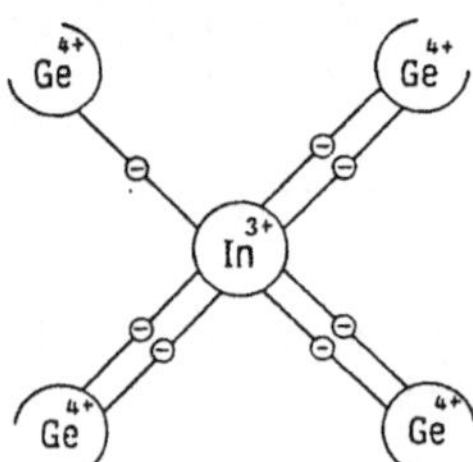

$A^{\times}$ hat eine unvollständige Paarbindung, in der der Spin des einsamen Valenzelektrons umgepolt werden kann.

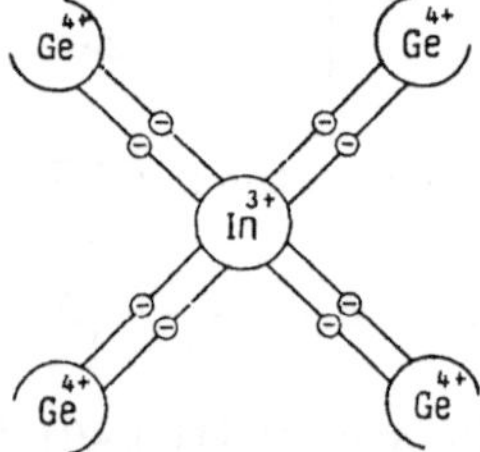

A^- hat nur Elektronenpaare. Es kann kein Spin umgepolt werden.

Abb. VIII 1.3 As ● (Ge) bzw. In ● (Ge) als Donator bzw. Akzeptor. Ein umpolbarer Spin ist bei $D^{\times}$ und bei $A^{\times}$ vorhanden, also bei Donatoren D im elektronenreicheren und bei Akzeptoren A im elektronenärmeren Zustand.

neue Überlegung notwendig. Bei denjenigen Donatorenniveaus, in denen ein Elektron zusätzlich untergebracht war, bei den $D^{\times}$ also, konnte der Spin eines einzelnen Elektrons umgepolt werden (s. Abb. VIII 1.3), und bei den leeren Donatorenniveaus, bei den D^+ also, war dies nicht der Fall. Die Umpolung der Spins bei den $N_{D^{\times}}$ besetzten Donatorenniveaus ergab dann in (VIII 1.11) den Faktor $2^{N_{D^{\times}}}$. Jetzt, bei den Akzeptorenniveaus, ist ein einsames Elektron mit umpolbarem Spin bei den „leeren" Akzeptoren $A^{\times}$ vorhanden und nicht bei den besetzten Niveaus, bei den A^- (s. Abb. VIII 1.3). Jetzt muß also der Faktor $2^{N_{A^{\times}}} = 2^{(N_A - N_{A^-})}$

angebracht werden, und wir erhalten für die Zahl W der Realisierungsmöglichkeiten

$$W = 2^{(N_A - N_{A^-})} \frac{N_A!}{N_{A^-}!\,(N_A - N_{A^-})!} \prod_{j=1}^{\infty} \frac{Z_j!}{N_j!\,(Z_j - N_j)!}. \quad \text{(VIII 1.55)}$$

Wird der oben mit (VIII 1.11) durchgeführte Gedankengang jetzt mit (VIII 1.55) von neuem durchgeführt, so ergeben sich im großen und ganzen Gleichungen, die aus den bisherigen durch die Substitutionen $D^\times \to A^-$, $D \to A$ hervorgehen. Nur der geänderte Exponent des Zweierfaktors führt in dem Analogon zu (VIII 1.12) auf den Term $(N_A - N_{A^-}) \ln 2$ an Stelle von $N_{D^\times} \ln 2$ und nach der Differentiation nach N_{A^-} in dem Analogon zu (VIII 1.18) auf den Term $-\ln 2$ an Stelle von $+\ln 2$. So ergibt sich schließlich an Stelle von (VIII 1.39)

$$f_{\text{Akz}}(E_A) = \frac{N_{A^-}}{N_A} = \frac{1}{2\,e^{\frac{1}{kT}(E_A - E_F)} + 1}. \quad \text{(VIII 1.56)}$$

Die Besetzungswahrscheinlichkeit eines Energieniveaus E ist also entweder nach (VIII 1.39)

$$\frac{1}{\frac{1}{2}\,e^{\frac{1}{kT}(E - E_F)} + 1} \quad \text{(VIII 1.57)}$$

oder nach (VIII 1.56)

$$\frac{1}{2\,e^{\frac{1}{kT}(E - E_F)} + 1}. \quad \text{(VIII 1.58)}$$

Die Verteilungsfunktion (VIII 1.57) ist anzuwenden, wenn die betreffende Störstelle im „besetzten" Zustand, also im elektronenreicheren Zustand einen umpolbaren Spin hat. Dagegen gilt (VIII 1.58), wenn ein umpolbarer Spin im elektronenärmeren Zustand vorhanden ist.

l) Die Besetzungswahrscheinlichkeit der Niveaus von Doppeldonatoren

In Kap. II, § 6, wurde auf die Existenz von mehrfach ionisierbaren Störstellen hingewiesen. Als Beispiel zeigen wir in Abb. VIII 1.4 ein Telluratom, das substitutionsmäßig in Germanium eingebaut ist. Der sechsfach positiv geladene Te-Rumpf tritt dabei an die Stelle eines nur vierfach positiv geladenen Ge-Rumpfes. Diese Stelle ist daher gegenüber dem Zustand im ungestörten Gitter zweifach positiv geladen. Sie kann deshalb in einer Helium-ähnlichen Konfiguration 2 Leuchtelektronen binden.

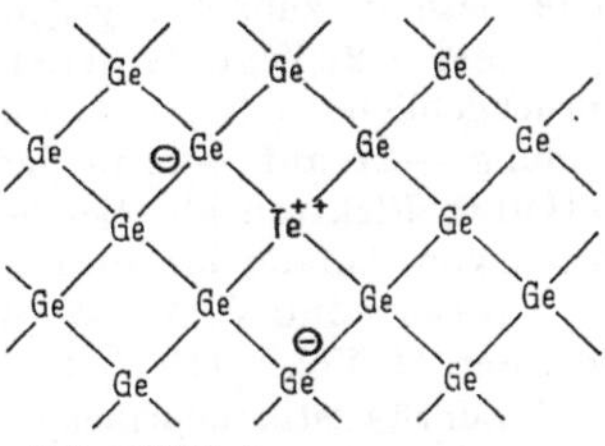

Abb. VIII 1.4 Substitutionsmäßig eingebautes Te als Doppel-Donator $Te^{\bullet\times}$(Ge).

Wird zunächst nur eines dieser beiden Leuchtelektronen abgetrennt, so ist dabei — also zur Ionisierung des neutralen Doppeldonators $D^{\times}$ — die Arbeit $E_C - E_{D^+} = 0{,}10\, e\text{Volt}$ zu leisten[1]. Das entweichende Elektron muß dabei die COULOMB-Anziehung einer Ladung $+e$ überwinden[2]. Wird nun auch noch das zweite Elektron abgetrennt, so ist dabei gegen die Attraktion von $+2e$ anzukämpfen. Deshalb ist die Ionisierungsarbeit $E_C - E_{D^{++}}$ des bereits einfach geladenen Doppeldonators D^+ größer als $E_C - E_{D^+}$. Sie beträgt $0{,}28\, e\text{Volt}$[3].

Von den N_D Doppeldonatoren eines Kristalls seien nun $N_{D^{++}}$ doppelt und N_{D^+} einfach ionisiert. $N_{D^{\times}}$ schließlich seien neutral. Dann gilt

$$N_{D^{++}} + N_{D^+} + N_{D^{\times}} = N_D. \tag{VIII 1.59}$$

Wenn an einigen der insgesamt N_D Doppeldonatoren jeweils nur ein Elektron untergebracht werden soll — das geschieht bei N_{D^+} Exemplaren —, so ist das auf

$$2^{N_{D^+}} \frac{N_D!}{N_{D^+}!\,(N_D - N_{D^+})!} \tag{VIII 1.60}$$

verschiedene Weisen möglich[4]. Die Problemstellung ist ja genau dieselbe wie bei der Besetzung von N_D Einfachdonatoren mit jeweils einem Elektron und deshalb kann auf (VIII 1.09) zurückgegriffen werden. An die restlichen $N_D - N_{D^+}$ Doppeldonatoren sind in $N_{D^{\times}}$ Fällen 2 Elektronen angelagert. Das ist auf

$$\frac{(N_D - N_{D^+})!}{N_{D^{\times}}!\,(N_D - N_{D^+} - N_{D^{\times}})!} \tag{VIII 1.61}$$

Weisen möglich. Man sieht das ein, indem man in (VIII 1.60) die Substitution $N_D \to N_D - N_{D^+}$ und $N_{D^+} \to N_{D^{\times}}$ vornimmt und den dadurch entstandenen Spinfaktor $2^{N_{D^{\times}}}$ wegläßt. Das letztere muß

---

[1] ARMSTRONG, J. A., W. W. TYLER u. H. H. WOODBURY: Bull. Amer. Phys. Soc. Ser. II Vol. 2 (1957) 265.

[2] Zu Beginn eines solchen Abtrennprozesses sind freilich die beiden Elektronen völlig gleichberechtigt. Wie aus der Theorie des Heliumatoms bekannt, schirmt jedes dieser beiden Elektronen die Ladung des doppelt positiv geladenen Kerns nur teilweise gegenüber dem andern Elektron ab. Das entweichende Elektron muß deshalb zunächst gegen eine COULOMB-Anziehung angehen, die zwischen $+1e$ und $+2e$ liegt. Je weiter es sich aber entfernt, desto enger gruppiert sich das zurückgebliebene Elektron um den Rumpf und um so mehr schirmt es dessen Ladung $+2e$ auf $+1e$ in der Wirkung auf das entweichende und schon weiter entfernte Elektron ab. Bei der Abtrennung des zweiten Leuchtelektrons ist dagegen von Anfang bis zu Ende die volle Attraktion $+2e$ zu überwinden.

[3] ARMSTRONG, J. A., W. W. TYLER u. H. H. WOODBURY: Bull. Amer. Phys. Soc. Ser. II Vol. 2 (1957) S. 265.

[4] Zur Statistik mehrfach ionisierbarer Störstellen siehe auch: LANDSBERG, P. T.: Proc. phys. Soc., Lond. A 65 (1952) 604. — CHAMPNESS, C. H.: Proc. phys., Lond. B 69 (1956) 1335. — SHOCKLEY, W., u. J. T. LAST: Phys. Rev. 107 (1957) 392.

geschehen, weil bei dem neutralen Doppeldonator $D^{\times}$ ja gar kein einsames Elektron mit umpolbarem Spin vorhanden ist (s. Abb. VIII 1.6).

Für die Unterbringung von insgesamt

$$N = N_{D^+} + 2N_{D^\times} + \sum_{j=1}^{\infty} N_j \tag{VIII 1.62}$$

Elektronen an einfach und an zweifach besetzten Doppeldonatoren (N_{D^+} und $N_{D^\times}$) und in den Plätzen des Leitungsbandes (N_j) gibt es also

$$W = 2^{N_{D^+}} \frac{N_D!}{N_{D^+}!\,(N_D - N_{D^+})!} \, \frac{(N_D - N_{D^+})!}{N_{D^\times}!\,(N_D - N_{D^+} - N_{D^\times})!} \prod_{j=1}^{\infty} \frac{Z_j!}{N_j!\,(Z_j - N_j)!} \tag{VIII 1.63}$$

Möglichkeiten. Die Gesamtenergie ist dabei

$$N_{D^+} E_{\mathrm{I}} + 2 N_{D^\times} E_{\mathrm{II}} + \sum_{j=1}^{\infty} N_j E_j = U, \tag{VIII 1.64}$$

wobei E_{I} die Energie des einsamen Elektrons an einem einfach geladenen Doppeldonator D^+ ist, $2E_{\mathrm{II}}$ dagegen die Energie des Elektronenpaares an einem neutralen Doppeldonator $D^{\times}$.

Die Rechnung verläuft nun in üblicher Weise. Die Nebenbedingungen (VIII 1.62) und (VIII 1.64) werden mit LAGRANGE-Faktoren α und β berücksichtigt und das Maximum von $\ln W$ in Funktion von N_j, $N_{D^\times}$ und N_{D^+} ermittelt. Differentiation nach N_{D^+} unter mehrfacher Verwendung von (VIII 1.16) und Nullsetzen ergibt

$$\frac{N_{D^+}}{N_D - N_{D^\times}} = \frac{1}{\frac{1}{2} e^{\frac{1}{kT}(E_{\mathrm{I}} - E_F)} + 1}, \tag{VIII 1.65}$$

während die Differentiation nach $N_{D^\times}$

$$\frac{N_{D^\times}}{N_D - N_{D^+}} = \frac{1}{e^{\frac{2}{kT}(E_{\mathrm{II}} - E_F)} + 1} \tag{VIII 1.66}$$

liefert[1].

Wir benutzen auf der linken Seite von (VIII 1.65) im Nenner die Gl. (VIII 1.59) und erhalten die Besetzungswahrscheinlichkeit der völlig ionisierten Doppeldonatoren D^{++} mit einem Elektron:

$$\frac{N_{D^+}}{N_{D^{++}} + N_{D^+}} = \frac{1}{\frac{1}{2} e^{\frac{1}{kT}(E_{\mathrm{I}} - E_F)} + 1}. \tag{VIII 1.67}$$

Die Besetzungswahrscheinlichkeit $N_{D^\times}/(N_{D^+} + N_{D^\times})$ der nur einfach ionisierten Doppeldonatoren D^+ erfordert ein klein wenig mehr Zwischen-

[1] Die 2 im Exponenten von (VIII 1.66) kommt daher, daß in den Nebenbedingungen (VIII 1.62) und (VIII 1.64) die Größe $N_{D^\times}$ immer mit einem Faktor 2 erscheint.

rechnung: (VIII 1.59) in die reziprok genommene Gl. (VIII 1.66) eingesetzt ergibt

$$\frac{N_{D^\times} + N_{D^{++}}}{N_{D^\times}} = 1 + \frac{N_{D^{++}}}{N_{D^\times}} = \mathrm{e}^{\frac{1}{\mathrm{k}T}(2E_{\mathrm{II}} - 2E_F)} + 1 \quad \text{(VIII 1.68)}$$

und weiter

$$\frac{N_{D^{++}}}{N_{D^\times}} = \mathrm{e}^{\frac{1}{\mathrm{k}T}(2E_{\mathrm{II}} - 2E_F)}. \quad \text{(VIII 1.69)}$$

Aus der reziprok genommenen Gl. (VIII 1.67) folgt

$$\frac{N_{D^{++}}}{N_{D^+}} = \frac{1}{2}\mathrm{e}^{\frac{1}{\mathrm{k}T}(E_{\mathrm{I}} - E_F)}. \quad \text{(VIII 1.70)}$$

Division von (VIII 1.69) durch (VIII 1.70) ergibt

$$\frac{N_{D^+}}{N_{D^\times}} = 2\mathrm{e}^{\frac{1}{\mathrm{k}T}(2E_{\mathrm{II}} - E_{\mathrm{I}} - E_F)}. \quad \text{(VIII 1.71)}$$

Hieraus folgt für die gewünschte Besetzungswahrscheinlichkeit der D^+ mit einem Elektron

$$\frac{N_{D^\times}}{N_{D^+} + N_{D^\times}} = \frac{1}{2\mathrm{e}^{\frac{1}{\mathrm{k}T}([2E_{\mathrm{II}} - E_{\mathrm{I}}] - E_F)} + 1}. \quad \text{(VIII 1.72)}$$

Wir vergleichen die Ergebnisse (VIII 1.67) und (VIII 1.72) mit (VIII 1.38), (VIII 1.39) und (VIII 1.56). Dann sehen wir, daß es sich bei der Besetzung

$$D^{++} + \ominus \rightarrow D^+ \quad \text{(VIII 1.73)}$$

eines zweifach ionisierten Doppeldonators D^{++} um die Besetzung eines Energieniveaus

$$E_{D^{++}} = E_{\mathrm{I}} \quad \text{(VIII 1.74)}$$

handelt und daß die zugehörige Besetzungswahrscheinlichkeit

$$\frac{N_{D^+}}{N_{D^{++}} + N_{D^+}} = f_{D^{++}}(E_{D^{++}}) = \frac{1}{\frac{1}{2}\mathrm{e}^{\frac{1}{\mathrm{k}T}(E_{D^{++}} - E_F)} + 1}, \quad \text{(VIII 1.75)}$$

ebenso von der „normalen" FERMI-Verteilung (VIII 1.38) abweicht, wie in (VIII 1.39) die Besetzungswahrscheinlichkeit f_{Don} des gewöhnlichen Einfachdonators. Das ist auch verständlich, denn bei der Reaktion (VIII 1.73) hat genau wie bei der Besetzung eines gewöhnlichen Donators der elektronen*reichere* Zustand D^+ einen umpolbaren Spin (s. S. 407 und Abb. VIII 1.5).

Bei der Besetzung

$$D^+ + \ominus \rightarrow D^\times \quad \text{(VIII 1.76)}$$

des nur einfach besetzten Doppeldonators D^+ handelt es sich nach (VIII 1.72) um die Besetzung eines Energieniveaus

$$E_{D^+} = 2E_{II} - E_I, \qquad \text{(VIII 1.77)}$$

und die zugehörige Besetzungswahrscheinlichkeit wird nach (VIII 1.72)

$$\frac{N_{D^\times}}{N_{D^+} + N_{D^\times}} = f_{D^+}(E_{D^+}) = \frac{1}{2e^{\frac{1}{kT}(E_{D^+} - E_F)}}. \qquad \text{(VIII 1.78)}$$

Von der „normalen" Besetzungswahrscheinlichkeit (VIII 1.38) weicht also $f_{D^+}(E_{D^+})$ genauso ab wie die Besetzungswahrscheinlichkeit f_{Akz}

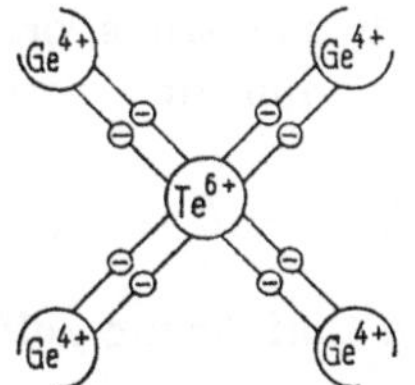

D^{++} hat nur Valenzelektronenpaare. Es kann kein Spin umgepolt werden.

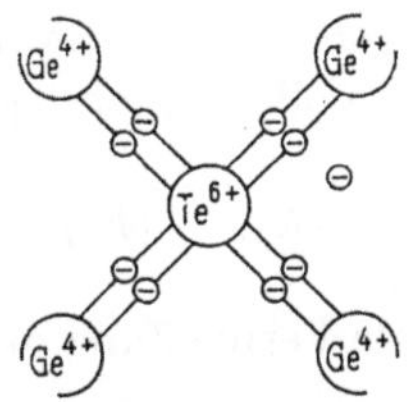

D^+ hat ein einzelnes Leuchtelektron, dessen Spin umgepolt werden kann.

Abb. VIII 1.5 Bei der Reaktion $D^{++} + \ominus \rightarrow D^+$ hat der elektronen*reichere* Zustand D^+ einen umpolbaren Spin.

eines gewöhnlichen Akzeptors [s. (VIII 1.56)]. Auch das ist verständlich, denn bei der Reaktion (VIII 1.76) hat der elektronen*ärmere* Zustand D^+ den umpolbaren Spin (s. S. 407 und Abb. VIII 1.6).

Die Gl. (VIII 1.77) für das bei der Reaktion (VIII 1.76) zu besetzende Energieniveau E_{D^+} ist auch verständlich. Der einfach ge-

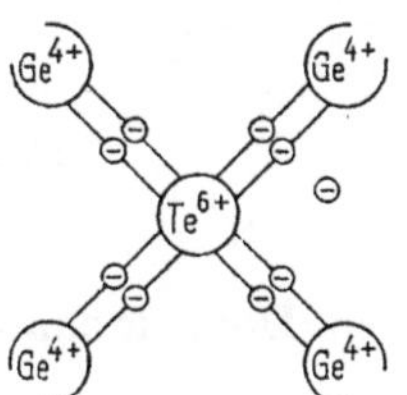

D^+ hat ein einzelnes Leuchtelektron, dessen Spin umgepolt werden kann.

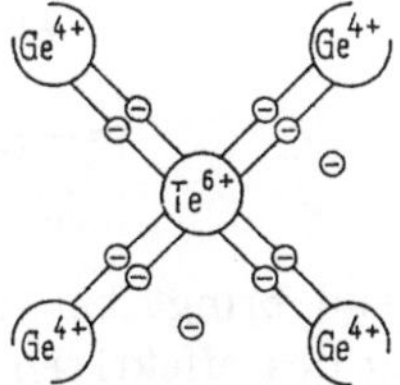

$D^\times$ hat nur Valenzelektronenpaare und ein Leuchtelektronenpaar. Es kann kein Spin umgepolt werden.

Abb. VIII 1.6 Bei der Reaktion $D^+ + \ominus \rightarrow D^\times$ hat der elektronen*ärmere* Zustand D^+ einen umpolbaren Spin.

ladene Doppeldonator D^+ hat bereits ein Leuchtelektron gebunden. Diese Anordnung hat die Energie E_I. Wird ein zweites Elektron angelagert, so wird eine Anordnung mit der Energie $2E_{II}$ hergestellt, aber eine Anordnung mit der Energie E_I zerstört. Der Energiegewinn ist also $2E_{II} - E_I$. Man kann auch dazu anschaulich bemerken, daß die Anlagerung des zweiten Elektrons (vom Nullniveau der Elektronenenergie aus) zunächst den Energiegewinn $-E_{II} > 0$ bringt. Von diesem Energiegewinn muß aber die Erhöhung der Energie des schon bei D^+ vorhandenen Leuchtelektrons von E_I auf E_{II} bestritten werden; denn nach Anlagerung des zweiten Elektrons befinden sich beide Elektronen im gleichen Zustand mit der Energie E_{II}. Während das erste Elektron vorher in einem COULOMB-Feld der Ladung $+2e$ kreist, schirmt nach dieser Anlagerung das zweite angelagerte Elektron die Rumpfladung $+2e$ auf einen Zwischenwert zwischen $+2e$ und $+1e$ ab, und das erste schon vorher gebunden gewesene Elektron rückt etwas weiter vom Rumpf ab, wofür die Energie $E_{II} - E_I > 0$ aufzubringen ist. Die Anlagerung des zweiten Elektrons bringt also nicht den vollen Energiegewinn $-E_{II}$, sondern nur den verringerten Gewinn

$$-E_{II} - (E_{II} - E_I) = -(2E_{II} - E_I) = -E_{D^+}. \qquad \text{(VIII 1.79)}$$

m) Formale Vermeidung der Spinfaktoren durch Einführung „effektiver“ Störstellenniveaus

Das Auftreten eines Spinfaktors $\frac{1}{2}$ in der Besetzungswahrscheinlichkeit (VIII 1.39) läßt sich formal dadurch vermeiden, daß man ein „effektives“ Donatorniveau E_D^* einführt

$$E_D^* = E_D - \mathrm{k}T \cdot \ln 2. \qquad \text{(VIII 1.80)}$$

Hiermit bekommt die Verteilungsfunktion (VIII 1.39) wieder die „normale“ Gestalt (VIII 1.38)

$$f_{\mathrm{Don}}(E_D) = \frac{1}{\frac{1}{2}\mathrm{e}^{\frac{E_D - E_F}{\mathrm{k}T}} + 1} = \frac{1}{\mathrm{e}^{\frac{E_D - \mathrm{k}T \cdot \ln 2 - E_F}{\mathrm{k}T}} + 1}$$

$$= \frac{1}{\mathrm{e}^{\frac{E_D^* - E_F}{\mathrm{k}T}} + 1} = f(E_D^*). \qquad \text{(VIII 1.81)}$$

Entsprechend bringt bei den doppelt ionisierten Doppeldonatoren die Einführung des effektiven Niveaus

$$E_{D^{++}}^* = E_{D^{++}} - \mathrm{k}T \ln 2 \qquad \text{(VIII 1.82)}$$

die Verteilungsfunktion (VIII 1.75) wieder auf die normale Gestalt (VIII 1.38).

Aus (VIII 1.56) und (VIII 1.78) ist dagegen ersichtlich, daß bei den Akzeptoren und bei den einfach ionisierten Doppeldonatoren

$$E_A^* = E_A + \mathrm{k}T \ln 2 \qquad \text{(VIII 1.83)}$$

bzw.

$$E_{D^+}^* = E_{D^+} + \mathrm{k}T \ln 2 \qquad \text{(VIII 1.84)}$$

eingeführt werden muß, um (VIII 1.56) bzw. (VIII 1.78) auf die normale Gestalt (VIII 1.38) zu bringen.

Daß die effektiven Niveaus E_D^*, E_A^*, E_{D+}^* und E_{D++}^* temperaturabhängig sind, erscheint zunächst als arger Schönheitsfehler. Wenn man aber bedenkt, daß schon die Bandbreite $E_C - E_V$ des ungestörten Gitters sich mit der Temperatur ändert, so wird man nicht erwarten dürfen, daß z. B. bei einem Donator die Ablösearbeit $E_C - E_D$ temperaturunabhängig ist. Das Donatorenniveau E_D verändert also mit der Temperatur sowieso schon seine Lage, und der bei E_D^* hinzukommende Term $(-kT \ln 2)$ bringt in dieser Beziehung nichts prinzipiell Neues.

§ 2. Das Elektronengas in einem Potentialtopf

Auf der S. 366f. bzw. auf S. 404 Mitte, wurde bereits das Verfahren skizziert, das den Zusammenhang zwischen E_F und n liefert. Das erste Modell, auf das wir dieses Verfahren anwenden, ist ein Elektronengas mit der Konzentration n, das in einem Topf dadurch eingesperrt ist, daß innerhalb des Topfes ein hohes positives Potential herrscht, so daß die potentielle Energie E_{pot} der Elektronen stark negativ ist, während sie außerhalb des Potentialtopfs Null sein soll (Abb. VIII 2.1). Die Gesamtenergie E eines Elektrons ist dann

$$E = E_{\text{pot}} + \frac{1}{2m} p^2. \qquad \text{(VIII 2.01)}$$

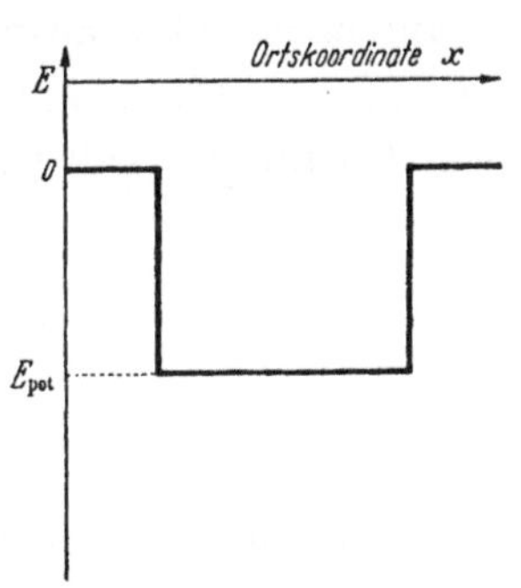

Abb. VIII 2.1 Potentialtopf.

Zur Ermittlung der Zustandsdichte $D(E)$ könnten wir die Eigenfunktionen und die Energieeigenwerte E eines Elektrons in dem betrachteten Potentialtopf ermitteln. Diese Betrachtung würde aber aus dem ganzen bisherigen Rahmen herausfallen und eine unmittelbare Übertragung der Ergebnisse auf das nächste zu besprechende Modell, nämlich einen Kristall mit metallischen Eigenschaften, unmöglich machen. Wir entschließen uns daher zu einem Vorgehen, das recht künstlich erscheinen muß, solange man nur das Modell des Elektronengases im Potentialtopf im Auge hat, das aber eine unmittelbare Übertragung der Ergebnisse auf Kristalle gestattet.

Dieses Vorgehen besteht darin, daß wir das konstante Potential innerhalb des Topfes als einen Spezialfall eines gitterperiodischen Potentials[1] betrachten und „Gitterzellen" willkürlicher Größe a einführen, von denen wir eine willkürliche Anzahl G in jeder Achsenrichtung zu einem „Grundgebiet" mit dem Volumen $V_{\text{Grund}} = (G\,a)^3$ zusammen-

[1] Nämlich als den Spezialfall: „Amplitude" des Potentials gleich Null.

fassen. Wir können dann auf das auf S. 266 gewonnene Ergebnis zurückgreifen:

„Ein Quantenzustand beansprucht ein „Volumen $\frac{(2\pi)^3}{V_{\text{Grund}}}$ im $\mathfrak{k}$-Raum“[1].

Welches Volumen im $\mathfrak{k}$-Raum gehört nun zu den Energien zwischen E und $E + dE$? Zur Beantwortung dieser Frage schreiben wir an Stelle von (VIII 2.01) mit Hilfe von (VII 6.04) S. 309

$$E = E_{\text{pot}} + \frac{\hbar^2}{2m} |\mathfrak{k}|^2 \qquad \mathfrak{k} = \text{Wellenvektor des Elektrons}$$

oder

$$|\mathfrak{k}| = k = \frac{\sqrt{2m}}{\hbar} (E - E_{\text{pot}})^{1/2}. \tag{VIII 2.02}$$

In dem Raum der Wellenvektoren $\mathfrak{k}$ begrenzen also die Flächen E = const Kugeln um den Nullpunkt, und durch die Bedingung

$$E < \text{Energie der zu zählenden Zustände} < E + dE$$

wird eine Kugelschale mit dem Volumen $4\pi k^2 dk$ ausgesondert. *Ein* Quantenzustand beansprucht nun nach S. 266 ein Volumen $\frac{(2\pi)^3}{V}$ im $\mathfrak{k}$-Raum, so daß sich für die Zahl $D(E)\,dE$ der Quantenzustände in dem Energieintervall $[E, E + dE]$ die Gleichung

$$D(E)\,dE = \frac{4\pi k^2 dk}{(2\pi)^3/V}$$

oder

$$D(E) = V \frac{1}{2\pi^2} k^2 \frac{dk}{dE}$$

ergibt. Benutzung von (VIII 2.02) liefert schließlich

$$D(E) = V \frac{1}{2\pi^2} \frac{2m}{\hbar^2} (E - E_{\text{pot}}) \frac{\sqrt{2m}}{\hbar} \frac{1}{2} (E - E_{\text{pot}})^{-1/2}.$$

Unter Berücksichtigung von $\hbar = \frac{1}{2\pi} h$ wird die Zahl der besetzbaren Elektronenplätze (gleich der *doppelten* Zahl der Quantenzustände)

$$2D(E)\,dE = V\, 4\pi \left(\frac{2m}{h^2}\right)^{3/2} (E - E_{\text{pot}})^{1/2}\, dE$$

$$2D(E)\,dE = V\, 2 \left(\frac{2\pi m \mathrm{k} T}{h^2}\right)^{3/2} \frac{2}{\sqrt{\pi}} \left(\frac{E - E_{\text{pot}}}{\mathrm{k}T}\right)^{1/2} d\left(\frac{E}{\mathrm{k}T}\right). \tag{VIII 2.03}$$

[1] Das Volumen V des willkürlichen Grundgebietes wird auf S. 415 wieder herausfallen, wenn die physikalisch entscheidende Dichte $n = N/V$ des Elektronengases eingeführt wird. Das Endergebnis (VIII 2.07) ist dann von der willkürlichen Größe V frei.

Wir führen eine „effektive Zustandsdichte N“ im Potentialtopf ein[1]:

$$N = 2\left(\frac{2\pi m \mathrm{k} T}{h^2}\right)^{3/2} = 2{,}5\cdot 10^{19}\left(\frac{T}{300\,°\mathrm{K}}\right)^{3/2}\mathrm{cm}^{-3}, \qquad \text{(VIII 2.04)}$$

und erhalten schließlich für die Zahl $2D(E)\,dE$ der im Energieintervall zwischen E und $E + dE$ besetzbaren Elektronenplätze (gleich der doppelten Zahl der dortigen Quantenzustände)

$$2D(E)\,dE = V\,N\frac{2}{\sqrt{\pi}}\left(\frac{E-E_{\mathrm{pot}}}{\mathrm{k}T}\right)^{1/2} d\left(\frac{E}{\mathrm{k}T}\right). \qquad \text{(VIII 2.05)}$$

Damit nimmt die auf S. 366 aufgestellte Forderung (VII 10.03) für das vorliegende Modell des Elektronengases im Potentialtopf die folgende Gestalt an

$$V\,N\frac{2}{\sqrt{\pi}}\int\limits_{E=E_{\mathrm{pot}}}^{E=\infty}\frac{1}{e^{\frac{E-E_F}{\mathrm{k}T}}+1}\left(\frac{E-E_{\mathrm{pot}}}{\mathrm{k}T}\right)^{1/2} d\left(\frac{E}{\mathrm{k}T}\right) = N.$$

Einführung der Integrationsvariablen

$$\eta = \frac{E-E_{\mathrm{pot}}}{\mathrm{k}T}$$

und der Konzentration des Elektronengases

$$n = \frac{N}{V} \qquad \text{(VIII 2.06)}$$

liefert schließlich als Bestimmungsgleichung von E_F:

$$\frac{2}{\sqrt{\pi}}\int\limits_{\eta=0}^{\eta=\infty}\frac{1}{e^{\eta-\frac{E_F-E_{\mathrm{pot}}}{\mathrm{k}T}}+1}\sqrt{\eta}\,d\eta = \frac{n}{N}. \qquad \text{(VIII 2.07)}$$

Ein Vergleich von (VIII 2.07) mit der Definitionsgleichung (XII 2.01) der im Kap. XII, § 2, behandelten Funktion $\zeta(n/N)$ zeigt, daß zur Befriedigung von (VII 10.03) bzw. (VIII 2.07) das FERMI-Niveau E_F folgendermaßen festgelegt werden muß:

$$E_F = E_{\mathrm{pot}} + \zeta\left(\frac{n}{N}\right). \qquad \text{(VIII 2.08)}$$

---

[1] Es muß hier darauf hingewiesen werden, daß N in anderem Sinne eine Zustands*dichte* ist als die Größe $D(E)$. $D(E)$ ist eine Anzahl von Zuständen pro Einheit der Energieskala und hat demgemäß die Dimension $(\text{Energie})^{-1} = \mathrm{cm}^{-2}\,\mathrm{g}^{-1}\,\mathrm{sek}^{+2}$. N hat dagegen die Dimension cm^{-3} und kann daher aufgefaßt werden als eine Zahl von Zuständen pro Einheit des Potentialtopf- (bzw. später des Kristall-)Volumens. Siehe hierzu Fußnote 1 auf S. 449.

Wir betrachten nun die beiden Grenzfälle kleiner und großer Konzentration:

Nach der Gl. (XII 2.02) auf S. 593 wird *für* $n \ll N$

$$E_F = E_{\text{pot}} + kT \ln \frac{n}{N}. \qquad \text{(VIII 2.09)}$$

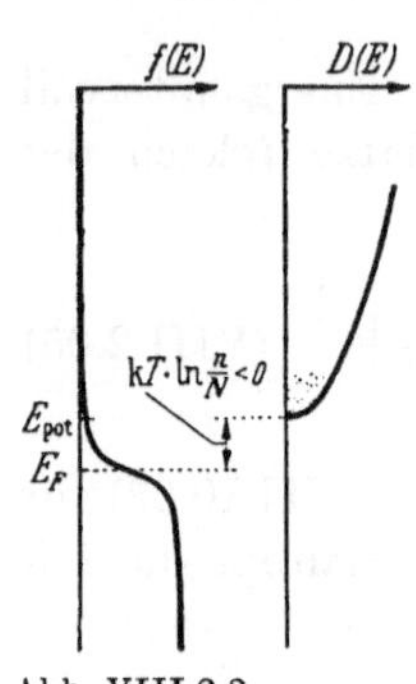

Abb. VIII 2.2 Wenig Elektronen im Potentialtopf. $n \ll N$: Keine Entartung. MAXWELL-Gas.

Wegen $n \ll N$ ist aber $\ln n/N < 0$ und deshalb

$$E_{\text{pot}} - E_F > 0.$$

Das FERMI-Niveau liegt demnach *unter* dem tiefsten besetzbaren Niveau E_{pot} (s. Abb. VIII 2.2). Für alle besetzbaren Niveaus $E > E_{\text{pot}}$, gilt a fortiori

$$E - E_F > 0.$$

Das Exponentialglied im Nenner der Besetzungswahrscheinlichkeit

$$\frac{1}{e^{\frac{E-E_F}{kT}} + 1}$$

hat also einen stark positiven Exponenten und ist daher sehr groß gegen den zweiten Summanden 1. Dieser kann deshalb vernachlässigt werden, und die für das betrachtete Modell noch allgemein gültige Formel

$$N(E)\,dE = 2D(E)\,f(E)\,dE$$

$$= V\,N \frac{2}{\sqrt{\pi}} \left(\frac{E - E_{\text{pot}}}{kT}\right)^{1/2} \frac{1}{e^{\frac{E-E_F}{kT}} + 1}\, d\left(\frac{E}{kT}\right) \qquad \text{(VIII 2.10)}$$

kann im Grenzfall kleiner Konzentration $n \ll N$ vereinfacht werden zu

$$N(E)\,dE = V\,N \frac{2}{\sqrt{\pi}} \left(\frac{E - E_{\text{pot}}}{kT}\right)^{\frac{1}{2}} e^{-\frac{E-E_F}{kT}}\, d\left(\frac{E}{kT}\right)$$

$$N(E)\,dE = V\,N\, e^{\frac{E_F - E_{\text{pot}}}{kT}} \frac{2}{\sqrt{\pi}} \left(\frac{E - E_{\text{pot}}}{kT}\right)^{\frac{1}{2}} e^{-\frac{E-E_{\text{pot}}}{kT}}\, d\left(\frac{E}{kT}\right). \qquad \text{(VIII 2.11)}$$

Benutzen wir (VIII 2.09) und (VIII 2.06), so erhalten wir schließlich

$$N(E)\,dE = N \frac{2}{\sqrt{\pi}} \left(\frac{E - E_{\text{pot}}}{kT}\right)^{\frac{1}{2}} e^{-\frac{E-E_{\text{pot}}}{kT}}\, d\left(\frac{E - E_{\text{pot}}}{kT}\right). \qquad \text{(VIII 2.12)}$$

Wir sehen, daß die effektive Zustandsdichte N, in deren Definition (VIII 2.04) die PLANCKsche Konstante h auftrat, gänzlich herausgefallen ist. Das Elektronengas zeigt die klassische MAXWELL-Verteilung. *Bei genügender Verdünnung benimmt sich das Elektronengas wie ein* M*AXWELL-Gas in einem Raum mit der potentiellen Energie* E_{pot}.

Im entgegengesetzten Grenzfall $n \gg N$ wird nach der Gl. (XII 2.03) auf S. 594

$$E_F = E_{\text{pot}} + \mathrm{k}T\left(\frac{3}{4}\right)^{2/3} \pi^{1/3} \left(\frac{n}{N}\right)^{2/3} \qquad \text{(VIII 2.13)}$$

oder mit Verwendung von (VIII 2.04)

$$E_F = E_{\text{pot}} + \frac{1}{2}\left(\frac{3}{8\pi}\right)^{2/3} \frac{h^2}{m} n^{2/3}.$$

Das FERMI-Niveau liegt jetzt also *über* dem tiefsten besetzbaren Niveau E_{pot} (s. Abb. VIII 2.3). In der energetischen Verteilung (VIII 2.10) der Elektronen können keine allgemeinen Vereinfachungen vorgenommen werden. Das Gas zeigt ein nichtklassisches Verhalten. Wir sprechen von einem *entarteten* oder einem *FERMI-Gas.* Die Konzentration, oberhalb deren Entartung eintritt, nennen wir Entartungskonzentration. Sie ist annähernd gleich der effektiven Zustandsdichte N.

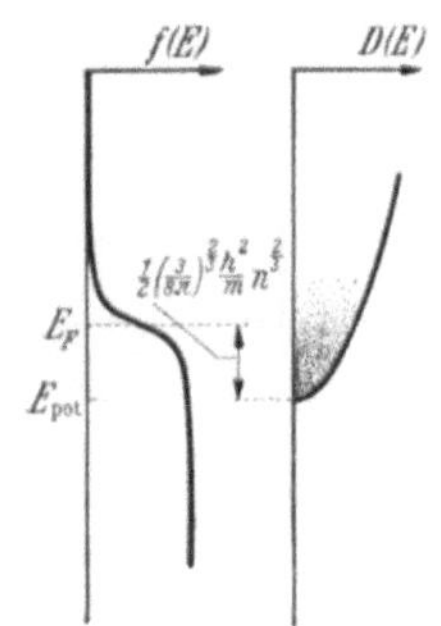

Abb. VIII 2.3 Viele Elektronen im Potentialtopf. $n \gg N$: Starke Entartung. FERMI-Gas.

Speziell für die hohen Elektronenenergien $E \gg E_F$ wird aber im Nenner der Besetzungswahrscheinlichkeit

$$\frac{1}{e^{\frac{E - E_F}{\mathrm{k}T}} + 1}$$

doch wieder das Exponentialglied vorherrschend, und wir bekommen für die Verteilung der energiereichen Elektronen gegenüber (VIII 2.10) die vereinfachte Gleichung

$$N(E)\,dE = V\,N \frac{2}{\sqrt{\pi}} \left(\frac{E - E_{\text{pot}}}{\mathrm{k}T}\right)^{\frac{1}{2}} e^{-\frac{E - E_F}{\mathrm{k}T}}\, d\left(\frac{E}{\mathrm{k}T}\right). \qquad \text{(VIII 2.14)}$$

Ein Vergleich mit (VIII 2.12) zeigt, daß dieser Ausläufer der Elektronenverteilung zu hohen Energien $E \gg E_F > E_{\text{pot}}$ hin fast einem MAXWELL-Gas auf der potentiellen Energie E_F und mit der Konzentration N entspricht („MAXWELL-Schwanz"). Die Analogie wäre vollständig, wenn statt des Faktors $\left(\frac{E - E_{\text{pot}}}{\mathrm{k}T}\right)^{1/2}$ der Faktor $\left(\frac{E - E_F}{\mathrm{k}T}\right)^{1/2}$ stünde. Dieser Unterschied ist aber bei den betrachteten hohen Energien unwesentlich.

Für die Überwindung von Potentialschwellen, z. B. für die Frage, wie viele Elektronen den Potentialtopf verlassen können, kommt es nun gerade auf die energiereichen Elektronen an. Bei *derartigen* Problemen kann also ein FERMI-Gas wie ein MAXWELL-Gas mit der Konzentration N und der potentiellen Energie E_F behandelt werden[1].

§ 3. Die allgemeine Bedingung für thermisches Gleichgewicht: $E_F = \text{const}$

Die letzte Bemerkung ermöglicht nun verhältnismäßig leicht die Behandlung folgender Frage. Zwei Potentialtöpfe I und II seien durch eine hohe Potentialschranke voneinander getrennt (s. Abb. VIII 3.1). Die in ihnen befindlichen Elektronenkonzentrationen werden sich nach genügend langer Zeit so einstellen, daß die Potentialschranke von links nach rechts in der Zeiteinheit von ebensoviel Elektronen überschritten bzw. durchtunnelt wird wie von rechts nach links. Die Konzentrationen n_{I} und n_{II} ändern sich dann nicht mehr. Es herrscht thermisches Gleichgewicht. In welchem Verhältnis stehen die Konzentrationen n_{I} und n_{II} in diesem stationären Endzustand?

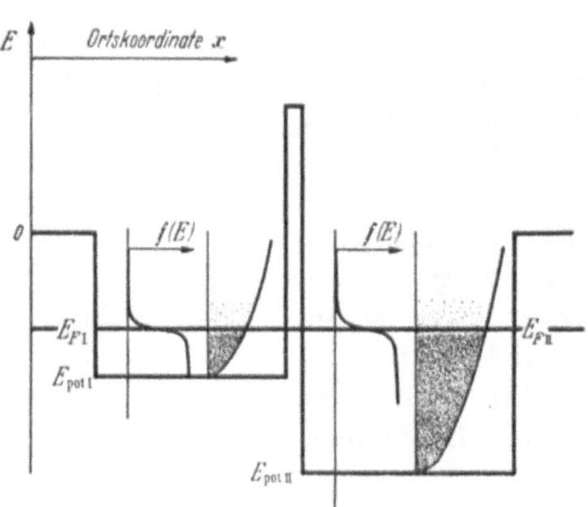

Abb. VIII 3.1 Zwei Potentialtöpfe im thermischen Gleichgewicht: $E_{F_I} = E_{F_{II}}$.

Wir haben eben gesehen, daß der aus Potentialtopf I austretende Elektronenstrom sich so berechnet, als ob in dem Potentialtopf ein MAXWELL-Gas von der Konzentration N mit der potentiellen Energie $E_{F_{\text{I}}}$ vorhanden wäre. Für die aus dem Topf II pro Zeiteinheit austretende Elektronenmenge gilt entsprechend, daß sie gleich dem Emissionsstrom ist, den ein MAXWELL-Gas *derselben* Konzentration N mit der potentiellen Energie $E_{F_{\text{II}}}$ hervorbringen würde. Die Emissionsströme können also

[1] So wird es verständlich, daß das Emissionsgesetz für ein FERMI-Gas aus dem RICHARDSONschen Emissionsgesetz für ein MAXWELL-Gas dadurch hervorgeht, daß man in die für das MAXWELL-Gas geltende Gleichung als Konzentration des Gases einfach den durch (VIII 2.04) definierten Wert N und als Tiefe des Potentialtopfes die Differenz zwischen der potentiellen Energie außen und dem FERMI-Niveau E_F einsetzt. Bezüglich des Emissionsgesetzes für ein FERMI-Gas siehe z. B. A. SOMMERFELD in GEIGER/SCHEEL: Handbuch der Physik, Bd. XXIV, Tl. 2, S. 350, Gl. (4.13). In dieser Gleichung ist $G = 2$ zu setzen (loc. cit., S. 337, Mitte). Bezüglich des RICHARDSONschen Emissionsgesetzes für ein MAXWELL-Gas siehe loc. cit., S. 351, Gl. (4.15).

nur gleich sein, wenn

$$E_{F_{\mathrm{I}}} = E_{F_{\mathrm{II}}} \qquad \text{(VIII 3.01)}$$

geworden ist.

Sind die Elektronenkonzentrationen in beiden Töpfen so niedrig, daß noch keine Entartung vorliegt und daß infolgedessen nach dem thermischen Gleichgewicht zwischen 2 *Maxwell-Gasen* mit verschiedener potentieller Energie gefragt ist, so berechnen sich die Fermi-Niveaus $E_{F_{\mathrm{I}}}$ und $E_{F_{\mathrm{II}}}$ nach (VIII 2.09), und aus (VIII 3.01) wird

$$E_{\mathrm{pot}_{\mathrm{I}}} + \mathrm{k}T \ln \frac{n_{\mathrm{I}}}{N} = E_{\mathrm{pot}_{\mathrm{II}}} + \mathrm{k}T \ln \frac{n_{\mathrm{II}}}{N}$$

$$n_{\mathrm{I}} = n_{\mathrm{II}}\, \mathrm{e}^{\frac{E_{\mathrm{pot}_{\mathrm{II}}} - E_{\mathrm{pot}_{\mathrm{I}}}}{\mathrm{k}T}}. \qquad \text{(VIII 3.02)}$$

Das ist aber das bekannte „Boltzmann-Gleichgewicht" zwischen 2 Maxwell-Gasen[1].

Sind die Elektronenkonzentrationen so hoch, daß Entartung vorliegt, so muß zur Auswertung der nach wie vor gültigen Gleichgewichtsbedingung (VIII 3.01) an Stelle von (VIII 2.09) natürlich (VIII 2.13) verwendet werden. Wir wollen dies aber nicht im einzelnen ausführen[2], sondern uns noch einmal der Bedingung (VIII 3.01) zuwenden.

Die Gültigkeit dieser Bedingung $E_F = \text{const}$ reicht weit über das vorliegende spezielle Beispiel hinaus. Um dies nachzuweisen, verzichten wir zunächst auf die hohe Potentialschranke zwischen den beiden Potentialtöpfen (s. Abb. VIII 3.2).

Außerdem erinnern wir uns an das Prinzip des detaillierten Gleichgewichts, nach dem jeder Mikroprozeß ebenso häufig wie sein Gegenprozeß ist, wenn es sich um ein echtes thermisches Gleichgewicht handelt. Dementsprechend müssen wir die Forderung nach der Gleichheit der beiderseitigen Elektronenströme dahingehend verschärfen, daß diese nicht nur für die *Total*ströme durch eine gedachte Trennfläche zwischen den beiden Räumen I und II gelten soll, sondern bereits innerhalb jeder beliebigen Geschwindigkeitsgruppe bestimmter Größe und Richtung.

Für die quantitative Durchführung gehen wir davon aus, daß eine Elektronengruppe mit Geschwindigkeiten zwischen $\{\mathfrak{v}_{x\mathrm{I}}, \mathfrak{v}_y, \mathfrak{v}_z\}$ und $\{\mathfrak{v}_{x\mathrm{I}} + d\mathfrak{v}_{x\mathrm{I}}, \mathfrak{v}_y + d\mathfrak{v}_y, \mathfrak{v}_z + d\mathfrak{v}_z\}$ im Geschwindigkeitsraum das Volumen $d\mathfrak{v}_{x\mathrm{I}}, d\mathfrak{v}_y, d\mathfrak{v}_z$ einnimmt. Die Wellenzahlen $\mathfrak{k}_x, \mathfrak{k}_y, \mathfrak{k}_z$ sind mit den Geschwindigkeiten nach (VII 6.31) und (VII 5.09) durch

$$\mathfrak{k}_x = \frac{1}{\hbar}\,\mathfrak{p}_x = \frac{m}{\hbar}\,\mathfrak{v}_x, \quad \mathfrak{k}_y = \frac{m}{\hbar}\,\mathfrak{v}_y, \quad \mathfrak{k}_z = \frac{m}{\hbar}\,\mathfrak{v}_z \qquad \text{(VIII 3.03)}$$

[1] Siehe hierzu die überaus instruktiven Darlegungen zur barometrischen Höhenformel von R. Becker: Vorstufe zur theoretischen Physik, Berlin/Göttingen/Heidelberg: Springer 1950, S. 137.

[2] Siehe aber Fußnote 1, S. 421.

verknüpft. Die betrachtete Elektronengruppe nimmt daher im $\mathfrak{k}$-Raum das Volumen $\left(\frac{m}{\hbar}\right)^3 d\mathfrak{v}_{x\mathrm{I}}\, d\mathfrak{v}_y\, d\mathfrak{v}_z$ ein und enthält deshalb[1]

$$\frac{\left(\frac{m}{\hbar}\right)^3 d\mathfrak{v}_{x\mathrm{I}}\, d\mathfrak{v}_y\, d\mathfrak{v}_z}{\frac{(2\pi)^3}{V}} = V\left(\frac{m}{h}\right)^3 d\mathfrak{v}_{x\mathrm{I}}\, d\mathfrak{v}_y\, d\mathfrak{v}_z \qquad \text{(VIII 3.04)}$$

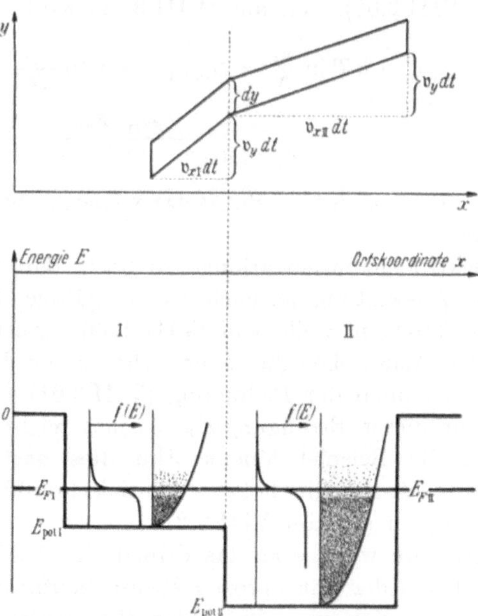

Abb. VIII 3.2 Thermisches Gleichgewicht zweier Räume I und II mit verschiedener potentieller Energie $E_{\mathrm{pot\,I}}$ und $E_{\mathrm{pot\,II}}$.

Quantenzustände und wegen des Spins doppelt so viele Elektronenplätze. Davon ist der Bruchteil

$$\frac{1}{e^{\frac{1}{kT}[E - E_{F\mathrm{I}}]} + 1}$$

besetzt. In dem Volumen V des gewöhnlichen Raumes haben wir also

$$2\left(\frac{m}{h}\right)^3 \frac{d\mathfrak{v}_{x\mathrm{I}}\, d\mathfrak{v}_y\, d\mathfrak{v}_z}{e^{\frac{1}{kT}\left[E_{\mathrm{pot\,I}} + \frac{m}{2}\left(\mathfrak{v}_{x\mathrm{I}}^2 + \mathfrak{v}_y^2 + \mathfrak{v}_z^2\right) - E_{F\mathrm{I}}\right]} + 1}\, V \qquad \text{(VIII 3.05)}$$

Elektronen der betrachteten Geschwindigkeitsgruppe.

Durch ein Flächenelement $dy\, dz$ einer gedachten Trennfläche zwischen den beiden Räumen I und II treten während der Zeit dt alle diejenigen Elektronen

[1] *Ein* Quantenzustand beansprucht nach S. 266 im $\mathfrak{k}$-Raum das Volumen $\frac{(2\pi)^3}{V}$.

der betrachteten Geschwindigkeitsgruppe, die sich innerhalb des in Abb. VIII 3.2 gezeichneten Zylinders befinden. Da dieser Zylinder das Volumen $dy\,dz\,\mathfrak{v}_{x\,\mathrm{I}}\,dt$ hat, sind dies unter Benutzung von (VIII 3.05)

$$2\left(\frac{m}{h}\right)^3 \frac{\mathfrak{v}_{x\,\mathrm{I}}\,d\mathfrak{v}_{x\,\mathrm{I}}\,d\mathfrak{v}_y\,d\mathfrak{v}_z}{e^{+\frac{1}{kT}\left[E_{\mathrm{pot\,I}}+\frac{m}{2}\left(\mathfrak{v}_{x\,\mathrm{I}}^2+\mathfrak{v}_y^2+\mathfrak{v}_z^2\right)-E_{F\,\mathrm{I}}\right]}+1}\,dy\,dz\,dt \qquad \text{(VIII 3.06)}$$

Elektronen.

Nach dem Eintritt in den Raum II haben diese Elektronen die Geschwindigkeit $\mathfrak{v}_{x\,\mathrm{II}}$, $\mathfrak{v}_y$, $\mathfrak{v}_z$, denn die tangentiellen Komponenten bleiben dabei ungeändert. Der Energiesatz besagt

$$E_{\mathrm{pot\,I}} + \frac{m}{2}\left(\mathfrak{v}_{x\,\mathrm{I}}^2 + \mathfrak{v}_y^2 + \mathfrak{v}_z^2\right) = E_{\mathrm{pot\,II}} + \frac{m}{2}\left(\mathfrak{v}_{x\,\mathrm{II}}^2 + \mathfrak{v}_y^2 + \mathfrak{v}_z^2\right), \qquad \text{(VIII 3.07)}$$

und daraus folgt durch Differentiation

$$\mathfrak{v}_{x\,\mathrm{I}}\,d\mathfrak{v}_{x\,\mathrm{I}} = \mathfrak{v}_{x\,\mathrm{II}}\,d\mathfrak{v}_{x\,\mathrm{II}}. \qquad \text{(VIII 3.08)}$$

Der mikroskopische Gegenprozeß zu dem Durchtritt eines Elektrons der Gruppe $\{\mathfrak{v}_{x\,\mathrm{I}}, \mathfrak{v}_y, \mathfrak{v}_z\}$ durch das Flächenelement $dy\,dz$ besteht in dem Durchtritt eines Elektrons der Gruppe $\{-\mathfrak{v}_{x\,\mathrm{II}}, -\mathfrak{v}_y, -\mathfrak{v}_z\}$ durch dasselbe Flächenelement $dy\,dz$. Analog zu (VIII 3.06) ergibt sich für die Häufigkeit dieses Gegenprozesses während der Zeit dt

$$2\left(\frac{m}{h}\right)^3 \frac{\mathfrak{v}_{x\,\mathrm{II}}\,d\mathfrak{v}_{x\,\mathrm{II}}\,d\mathfrak{v}_y\,d\mathfrak{v}_z}{e^{+\frac{1}{kT}\left[E_{\mathrm{pot\,II}}+\frac{m}{2}\left(\mathfrak{v}_{x\,\mathrm{II}}^2+\mathfrak{v}_y^2+\mathfrak{v}_z^2\right)-E_{F\,\mathrm{II}}\right]}+1}\,dy\,dz\,dt. \qquad \text{(VIII 3.09)}$$

Die detaillierte Natur des thermischen Gleichgewichtes fordert nun die Gleichheit von (VIII 3.06) und (VIII 3.09). Berücksichtigen wir dabei zunächst (VIII 3.08) und dann (VIII 3.07), so folgt

$$E_{F\,\mathrm{I}} = E_{F\,\mathrm{II}}. \qquad \text{(VIII 3.10)}$$

Damit ist gezeigt, daß die Bedingung

$$E_F = \text{const}$$

auch für den Fall zweier benachbarter Potentialtöpfe *ohne* hohe Trennschranke gilt und außerdem die erforderliche detaillierte Natur des thermischen Gleichgewichts sichert. Die Verallgemeinerungsfähigkeit dieses Resultats liegt auf der Hand, indem kontinuierliche $E_{\mathrm{pot}}(x)$-verläufe[1] näherungsweise durch treppenförmige Kurven ersetzt werden:

Ein Elektronengas, das einen Raum erfüllt, in dem die potentielle Energie E_{pot} eines Elektrons von Ort zu Ort verschieden ist, wird sich

[1] Wir denken hierbei zunächst einmal an die Ortsveränderlichkeit des elektrostatischen Makropotentials, wie wir sie in den Kap. IV und V in den Randschichten von Gleichrichtern und *pn*Übergängen kennengelernt haben.

Darüber hinaus haben Thomas und Fermi die Elektronenhülle eines schweren Atoms modellmäßig als hoch entartetes Elektronengas aufgefaßt, das sich in einem Potentialtopf befindet. Das ortsveränderliche Potential wird teils vom Atomkern, teils von der Elektronenhülle selbst gemäß der Poissonschen Gleichung im thermischen Gleichgewicht auf diesen Raum so verteilen, daß das FERMI-Niveau E_F ortsunabhängig wird:

$$E_F = \text{const.} \qquad \text{(VIII 3.12)}$$

Da sich das FERMI-Niveau E_F aus der potentiellen Energie $E_{\text{pot}}(x)$ und der Dichte $n(x)$ nach (VIII 2.08) berechnet, verknüpft die Forderung (VIII 3.12) gemäß

$$E_F = E_{\text{pot}}(x) + \zeta\left(\frac{n(x)}{N}\right) = \text{const} \qquad \text{(VIII 3.13)}$$

den Konzentrationsverlauf $n(x)$ und die räumliche Verteilung $E_{\text{pot}}(x)$ der potentiellen Energie eines Elektrons. Im Falle der genügenden Verdünnung

$$n(x) \ll N$$

wird mit Hilfe der Gl. (XII 2.02) aus der allgemeinen Gleichgewichtsbedingung (VIII 3.13) das bekannte BOLTZMANN-Prinzip

$$n(x) \sim e^{-\frac{1}{kT} E_{\text{pot}}(x)} \qquad \text{(VIII 3.14)}$$

des MAXWELL-Gases.

§ 4. Die Bedeutung des Fermi-Niveaus $E_F = E_{\text{pot}}(x) + \zeta\left(\frac{n(x)}{N}\right)$ für Nichtgleichgewichtszustände

Im vorigen Paragraphen haben wir gesehen, daß sich die Konzentration $n(x)$ eines Elektronengases[1] in einem Raum mit ortsveränderlicher potentieller Energie $E_{\text{pot}}(x)$ im thermischen Gleichgewicht so ein-

---

aufgebaut:

$$\Delta V = -4\pi\varrho = +4\pi e n.$$

Einen Zusammenhang zwischen örtlichem Potential $V(x)$ und Elektronenkonzentration $n(x)$ entnehmen nun THOMAS und FERMI aus der Bedingung, daß die FERMI-Kante $E_F = -e V + \zeta$ ortsunabhängig sein muß. Für ζ setzen sie dabei den im Grenzfall des hoch entarteten Gases geltenden Wert (VIII 5.07) [s. S. 431]

$$\zeta = \frac{1}{2}\left(\frac{3}{8\pi}\right)^{2/3} \frac{h^2}{m} n^{2/3}$$

ein und erhalten:

$$-e V(x) + \frac{1}{2}\left(\frac{3}{8\pi}\right)^{2/3} \frac{h^2}{m} n^{2/3} = \text{const.}$$

Weit außerhalb des Atoms ist die Elektronenkonzentration $n = 0$. Setzen wir dort auch den Potentialwert $V = 0$, so ist die Konstante dadurch auf den Wert Null festgelegt, und wir erhalten

$$n(x) = \frac{\pi}{3} \frac{8}{h^3} (2m e V(x))^{3/2}. \qquad \text{(VIII 3.11)}$$

Durch Einsetzen dieses Ausdrucks für n in die POISSONsche Gleichung entsteht die THOMAS-FERMI-Differentialgleichung. [Siehe SOMMERFELD: Atombau und Spektrallinien. Bd. II, S. 693, Gl. (14).] In der Beziehung (VIII 3.11) haben wir das genaue Gegenstück zum BOLTZMANN-Prinzip (VIII 3.14) vor uns.

[1] Die folgenden Ausführungen lassen sich mit einigen Vorzeichenänderungen auf Defektelektronen übertragen. Siehe S. 542 und 543.

stellt, daß die Bedingung

$$E_{\text{pot}}(x) + \zeta\left(\frac{n(x)}{N}\right) = E_F = \text{const} \qquad \text{(VIII 3.13)}$$

erfüllt ist. Wir nehmen jetzt an, daß die potentielle Energie E_{pot} von einem elektrostatischen Potential $V(x)$ mit einer Feldstärke $\mathfrak{E}(x) = -V'(x)$ erzeugt wird:

$$\frac{d}{dx} E_{\text{pot}}(x) = -e\, V'(x) = +e\, \mathfrak{E}(x). \qquad \text{(VIII 4.01)}$$

Differenzieren wir (VIII 3.13) nach x, berücksichtigen wir weiter (VIII 4.01) und multiplizieren wir schließlich mit der Elektronenbeweglichkeit μ_n und mit der Konzentration $n(x)$, so erhalten wir

$$+e\, \mu_n\, n(x)\, \mathfrak{E}(x) + \mu_n\, n(x) \frac{d\zeta}{dn} n'(x) = 0. \qquad \text{(VIII 4.02)}$$

Hiernach erscheint das thermische Gleichgewicht als Resultat der gegenseitigen Kompensation des Feldstroms $e\, \mu_n\, n(x)\, \mathfrak{E}(x)$ und eines Stromanteils $+\mu_n\, n(x) \frac{d\zeta}{dn} n'(x)$, dessen Ursache ein Konzentrationsgefälle $n'(x)$ ist und den man deshalb als einen verallgemeinerten Diffusionsstrom auffassen muß. Da die Größe ζ eine reine Funktion der Konzentration n ist (s. Abb. XII 2.1 auf S. 594), enthält der Ausdruck $\mu_n\, n(x) \frac{d\zeta}{dn} n'(x)$ überhaupt nicht die Feldstärke $\mathfrak{E}(x)$ und stellt daher auch in denjenigen Fällen den Diffusionsstrom dar, in denen das elektrische Feld nicht gerade die zur Kompensation des Diffusionsstroms erforderliche Größe hat. Auch in Nichtgleichgewichtsfällen hat man also für den Diffusionsstrom i_{Diff} die aus der Gleichgewichtsbedingung (VIII 4.02) entnommene Form

$$i_{\text{Diff}} = +\mu_n\, n(x) \frac{d\zeta}{dn} n'(x) = +\mu_n \frac{d\zeta}{d\ln n} n'(x) \qquad \text{(VIII 4.03)}$$

oder

$$\underline{i_{\text{Diff}} = +\mu_n\, n(x) \frac{d}{dx} \zeta} \qquad \text{(VIII 4.04)}$$

anzusetzen. Addiert man zu diesem verallgemeinerten Diffusionsstrom den Feldstrom $+e\, \mu_n\, n(x)\left(-\frac{dV}{dx}\right)$, so erhält man für den in einem Nichtgleichgewichtsfall fließenden Gesamtstrom

$$i_{\text{ges}} = \mu_n\, n(x) \frac{d}{dx} [-e V(x) + \zeta(x)] = \mu_n\, n(x) \frac{d}{dx} [E_{\text{pot}}(x) + \zeta(x)]$$

oder mit (VIII 2.08)

$$\underline{i_{\text{ges}} = +\mu_n\, n(x) \frac{d}{dx} E_F(x)}. \qquad \text{(VIII 4.05)}$$

Vergleichen wir (VIII 4.04) und (VIII 4.05) mit

$$i_{\text{Feld}} = e\,\mu_n\,n(x)\,\mathfrak{E}(x) = \mu_n\,n(x)\,(-e)\,V'(x),$$

also mit

$$i_{\text{Feld}} = +\mu_n\,n(x)\,\frac{d}{dx}\,E_{\text{pot}}(x), \tag{VIII 4.06}$$

so sehen wir:

Das FERMI-Niveau $E_F(x)$ spielt für den Gesamtstrom i_{ges} und die Funktion $\zeta(x)$ spielt für den Diffusionsstrom i_{Diff} dieselbe Rolle, wie die potentielle Energie $E_{\text{pot}} = -e\,V(x)$ für den Feldstrom i_{Feld}. Die Funktion $\zeta(x)$ wird daher als chemisches Potential und E_F als elektrochemisches Potential des Elektronengases bezeichnet[1].

Vergleichen wir die Form (VIII 4.03) für den Diffusionsstrom mit der üblichen Schreibweise

$$i_{\text{Diff}} = (-e)\big(-D\,n'(x)\big), \tag{VIII 4.07}$$

so erhält man für den Diffusionskoeffizienten die Beziehung

$$D = \frac{\mu_n}{e}\,\frac{d\zeta(n)}{d\ln n}\,. \tag{VIII 4.08}$$

Der Diffusionskoeffizient wird also im allgemeinen konzentrationsabhängig; z. B. wird sich im FERMIschen Grenzfall $n \gg N$ auf S. 431 für das chemische Potential die Gl. (VIII 5.07)

$$\zeta = \frac{1}{2}\left(\frac{3}{8\pi}\right)^{2/3} \frac{h^2}{m_{\text{eff}}}\,n^{2/3} \tag{VIII 5.07}$$

ergeben. Daraus folgt für den Diffusionskoeffizienten

$$D = \frac{1}{3}\,\frac{\mu_n}{e}\left(\frac{3}{8\pi}\right)^{2/3} \frac{h^2}{m_{\text{eff}}}\,n^{2/3} = \frac{2}{3}\,\frac{\mu_n}{e}\,\zeta(n)\,. \tag{VIII 4.09}$$

Im MAXWELLschen Grenzfall $n \ll N$ wird dagegen wegen $\zeta = \mathrm{k}T \ln \frac{n}{N}$ [s. Gl. (XII 2.02)] der Diffusionskoeffizient konzentrations*un*abhängig:

$$D = \mu_n\,\frac{\mathrm{k}T}{e}; \tag{VIII 4.10}$$

dies ist die bekannte NERNST-TOWNSEND-EINSTEINsche Beziehung[2].

[1] Es ist bei diesen Begriffen nicht üblich, zwischen „Potential" und „potentieller Energie" zu unterscheiden. In der Mechanik geschieht dies aber auch nicht, und so stellt das Vorgehen in der Elektrostatik gewissermaßen den Sonderfall dar. Im übrigen stammen die Begriffe chemisches und elektrochemisches Potential aus der Thermodynamik. Dort wird die Gleichgewichtsbedingung: elektrochemisches Potential = const aus dem zweiten Hauptsatz abgeleitet. Siehe hierzu W. SCHOTTKY u. H. ROTHE: Physik der Glühelektroden in WIEN-HARMS: Handbuch der Experimentalphysik, Bd. XIII, Tl. 2, Leipzig: Akad. Verlagsges. 1928, S. 18, Gl. (5).

[2] NERNST, W.: Z. phys. Chem. 2 (1888) 613, namentlich S. 615. — TOWNSEND, J. S.: Trans. roy. Soc., Lond. A 193 (1900) 129, namentlich S. 153. — EIN-

In den vorstehenden Betrachtungen wird die Elektronenbeweglichkeit μ_n verwendet, und der Ausdruck $e\,\mu_n\,n(x)\,\mathfrak{E}(x)$ wird als Feldstromdichte gedeutet. Das alles weist darauf hin, daß nur solche Zustände behandelt werden, die vom thermischen Gleichgewicht *wenig* abweichen. Damit der OHMsche Ansatz

Feldstromdichte = Leitfähigkeit mal Feldstärke

und weiter der Diffusionsansatz:

Diffusionsstromdichte

= Diffusionskoeffizient mal Konzentrationsgradient

zu Recht gemacht werden darf, muß immer die Bedingung gestellt werden, daß der Feld- bzw. Diffusionsstrom klein gegen den einseitigen thermischen Strom ist (s. S. 353). Diese Voraussetzung ist allerdings eigentlich schon in dem Wort Elektronen-„Gas" enthalten. Das typische Gegenbeispiel, die Elektronengesamtheit in einer Vakuumröhre, pflegt man ja bei ihrem gemeinsamen Sturz von der Kathode zur Anode nicht als Gas zu bezeichnen, sondern wählt in einem solchen Fall, wo die thermischen Geschwindigkeiten nicht groß, sondern im Gegenteil verschwindend klein gegen das gemeinsame Stürzen sind, die Ausdrücke „Elektronenlawine", „Elektronensturzbach" oder ähnliches. Wenn also irgendwo der Begriff des elektrochemischen Potentials in Nicht-Gleichgewichtsfällen verwendet werden soll, muß geprüft werden, ob die resultierende Strömung klein gegen den einseitigen thermischen Strom ist, ob also die Abweichung vom thermischen Gleichgewicht nur geringfügig ist.

STEIN, A.: Ann. Phys., Lpz. 17 (1905) 549, namentlich S. 554 u. 555.

Die Gedankengänge dieser Arbeiten verallgemeinert C. WAGNER in Z. phys. Chem. Abt. B 11 (1931) 139 und vor allem in Z. phys. Chem. Abt. B 21 (1933) 25, indem er die funktionale Abhängigkeit des chemischen Potentials ζ von der Konzentration offen läßt. Er erhält deshalb auch die Beziehung zwischen der Stromdichte (bzw. Wanderungsgeschwindigkeit) und dem Gradienten des elektrochemischen Potentials in *allgemeiner* Form [siehe Z. phys. Chem. Abt. B 21 (1933) 29, Gl. (6)]. Ebenfalls in allgemeiner Form hat W. SCHOTTKY in Wiss. Veröff. Siemens-Werke XIV (1935) Heft 2, S. 1 [insbesondere S. 4. Gln. (1), (1'), (2), (2') und S. 12, Gl. (15)] die Proportionalität zwischen der Stromdichte und dem Gradienten des elektrochemischen Potentials gefunden. Das gleiche gilt schließlich für C. HERRING und M. H. NICHOLS in Rev. of Modern Physics XXI (1949) 185 [insbesondere S. 196, Gl. (I 6.2)].

In Bell Syst. techn. J. 28 (1949) 435 behandelt W. SHOCKLEY den Fall des MAXWELL-Gases und führt hier die elektrochemischen Potentiale der Elektronen und Defektelektronen in Form der „quasi fermi levels" oder „imrefs" ein, wodurch er die Proportionalität des Gesamtstroms der betreffenden Teilchensorten mit dem Gradienten eines verallgemeinerten Potentials — eben des elektrochemischen Potentials — nachweisen kann (loc. cit., S. 451, Gl. (3.5)).

Man kann diese Voraussetzung auch so ausdrücken, daß an jeder Stelle x thermisches Gleichgewicht „am Ort" herrscht, so daß an jeder Stelle x ein elektrochemisches Potential $E_F(x)$ existiert[1]. Zwischen verschiedenen Stellen $x_1 \neq x_2$ herrscht aber kein thermisches Gleichgewicht, die jeweiligen Werte des elektrochemischen Potentials passen nicht zueinander. Es ist

$$E_F(x_1) \neq E_F(x_2).$$

§ 5. Fermi-Statistik in Metallen und Isolatoren

Nachdem wir als erstes Modell das Elektronengas im Potentialtopf behandelt und Betrachtungen über Gleichgewichts- und Nichtgleichgewichtszustände in Räumen mit ortsveränderlichem Potential ein-

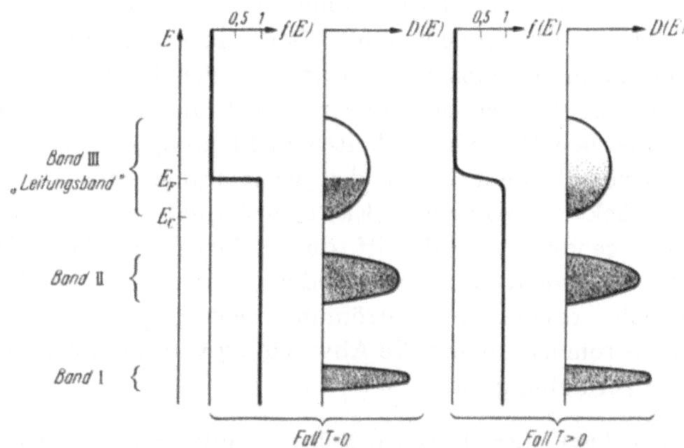

Abb. VIII 5.1 Bändermodell eines Metalls: $E_F > E_C$.

geschoben haben, wollen wir jetzt den Übergang vom Ein- zum Vielelektronenproblem, d. h. die Verteilung der Elektronen auf die Quantenzustände des Einelektronenproblems nach den Gesichtspunkten der FERMI-Statistik bei einem *Kristall* vornehmen. Hier hatten sich ja bänderartige Anordnungen der Quantenzustände ergeben (Kap. VII, §§ 2 bis 4), und wir müssen die beiden Fälle unterscheiden, ob bei der Temperatur $T = 0$ die FERMI-Kante in ein erlaubtes oder in ein verbotenes Band fällt (s. Abb. VIII 5.1 und VIII 5.2).

[1] Siehe hierzu auch J. S. BLAKEMORE: Semiconductor Statistics, Oxford/London/New York/Paris: Pergamon Press 1962, namentlich S. 187—189. Weiter siehe hierzu auch Kap. XI, § 6, des vorliegenden Buches.

a) Die Bändermodelle eines Metalls und eines Isolators bei der Temperatur $T = 0$

Wir hatten S. 370, 372 und 374 gesehen, daß ein vollbesetztes Band keinen Strom liefern kann, also für die Leitungsvorgänge ausfällt. Der Fall der Abb. VIII 5.1 mit der FERMI-Kante innerhalb eines erlaubten Bandes führt auf ein nur teilweise besetztes Band; hier entsteht also bei Anlegen eines äußeren Feldes ein Strom, es liegt ein Metall vor. Das teilweise besetzte Band wird „Leitungsband" genannt. Dagegen sind im Fall der Abb. VIII 5.2 mit der FERMI-Kante E_F *zwischen* zwei erlaubten

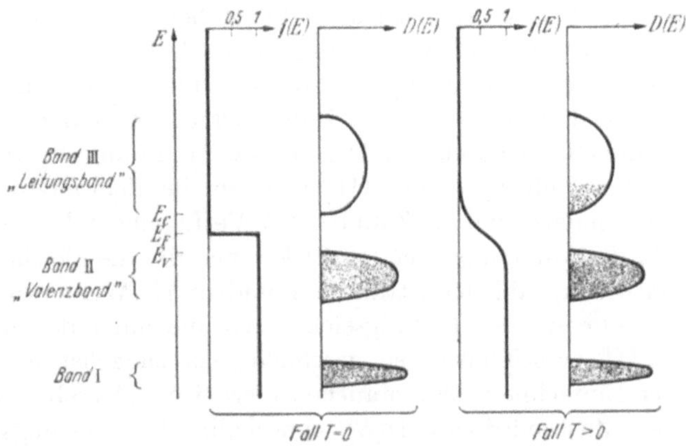

Abb. VIII 5.2 Bändermodell eines Isolators: $E_F \approx \frac{1}{2}(E_C + E_V)$.

Bändern die unterhalb der FERMI-Kante E_F liegenden Bänder vollständig besetzt und fallen für den Leitungsvorgang aus. Das oberhalb liegende Band, in dem Leitungsvorgänge stattfinden könnten, wenn dort Elektronen wären und das deshalb ebenfalls Leitungsband genannt wird, ist aber leer. Ein solcher Kristall führt auch beim Anlegen eines äußeren Feldes keinen Strom (wenigstens nicht bei $T = 0$), es handelt sich um einen Isolator bzw. um einen sog. „Eigenhalbleiter"[1].

In den letzten Jahren sind besonders die bei $T = 0$ isolierenden Gitter der IV. Gruppe des periodischen Systems — Kohlenstoff als Diamant, Silizium, Germanium und graues Zinn — in den Vordergrund der Betrachtung getreten. Hier sind es die 4 äußeren Valenzelektronen dieser Elemente, die das letzte Band unter der FERMI-Kante E_F gerade vollständig besetzen (bei $T = 0$). Deshalb wird dieses Band häufig

[1] Bezüglich dieses Begriffs s. S. 16—19.

auch als das „Valenzband" bezeichnet. Allgemeiner ist die Bezeichnung „Band der gebundenen Elektronen"[1].

Fragt man über diese allgemeinen Aussagen hinaus nach der genauen Lage der FERMI-Kante E_F in einem Metall oder einem Isolator, was z. B. für Austrittsarbeitsprobleme wichtig ist, wie wir weiter oben auf S. 417 u. 418 andeuteten, so sind Angaben über die Zustandsdichte $D(E)$ unerläßlich. Wir wollen bei Besprechung dieser Fragen gleich Temperaturen $T > 0$ berücksichtigen.

b) Das Bändermodell eines Metalls bei Temperaturen $T > 0$

In dem in der Abb. VIII 5.1 gezeichneten Fall sind nicht nur bei der Temperatur $T = 0$, sondern auch bei höheren Temperaturen die Bänder I und II praktisch vollständig besetzt[2]. Für die Berechnung der Lage der FERMI-Kante E_F gemäß der auf S. 366 aufgestellten Forderung (VII 10.03) kann man infolgedessen entweder mit allen Elektronen und allen 3 Bändern I, II und III oder nur mit den „Leitungselektronen" des „Leitungsbandes III" rechnen. Bei dem letztgenannten Vorgehen vermindert man die Zahl der zur Verfügung stehenden Plätze und die Zahl der unterzubringenden Elektronen um die gleiche Anzahl, nämlich um die Anzahl der Plätze in I und in II. Wenn wir uns für das Rechnen nur mit den Leitungselektronen und nur mit den Plätzen des Bandes III entschließen, so geschieht das zunächst einmal aus Gründen der Einfachheit. Wir brauchen hierbei nur Angaben über den Verlauf der Zustandsdichte $D(E)$ innerhalb des Leitungsbandes[3]. Darüber hinaus ist die Beschreibung des Verhaltens der fest gebundenen Elektronen in den tiefen Energieniveaus mit Hilfe des Bändermodells, also mit der HUND-MULLIKEN-Näherung, nach den Ausführungen in

---

[1] Wenn man das Ausfallen des „Valenzbandes" für die Leitungsvorgänge nicht mit den Überlegungen von S. 370, 372 und 374 begründet, sondern damit, daß die dieses Band besetzenden Elektronen in den homöopolaren Paarbindungen zu den 4 Nachbaratomen fest gebunden sind, so verläßt man mit dieser Begründung eigentlich das Begriffsschema des Bändermodells (der HUND-MULLIKEN-Näherung) und geht zum atomistischen Bild (HEITLER-LONDON-Näherung) über. Das gleiche gilt, wenn man beispielsweise die Isolatornatur eines NaCl-Kristalls mit der festen Bindung der Elektronen in der M-Schale des Cl-Ions begründet (die ebenfalls vollbesetzte L-Schale des Na^+ liegt tiefer, zu ihr gehört also nicht das *oberste* vollbesetzte Band. Siehe z. B. F. HUND: Z. techn. Phys. 16 (1935) 333, Abb. 3).

In einem solchen Schwanken zwischen dem Bändermodell und dem atomistischen Bild ist übrigens nichts Bedenkliches zu erblicken. Man wird im Gegenteil zu einer Aussage des einen Bildes dann besonderes Vertrauen haben dürfen, wenn sie auch durch das andere Bild geliefert wird, wie es hier eben mit dem Ausfall eines vollbesetzten Bandes für die Leitungsvorgänge der Fall ist.

[2] Bezüglich des Falles extrem hoher Temperaturen siehe weiter unten S. 430 f.

[3] Bezüglich des in Abb. VIII 5.1 nur schematisch angedeuteten $D(E)$-Verlaufs s. S. 430, Fußnote 1, und S. 434, Fußnote 1.

Kap. VI sowieso mit gewissen Bedenken verbunden. Es ist also auch aus prinzipiellen Gründen erwünscht, zu den das periodische Potential erzeugenden Atomrümpfen möglichst die inneren Elektronenschalen jedes Atoms hinzuzurechnen und nur die Elektronen der obersten Schalen mit dem Bändermodell zu erfassen.

In der Bestimmungsgleichung (VII 10.03) für E_F ist dann als untere Integrationsgrenze die Energie E_C des unteren Randes des Leitungsbandes (conduction band) einzusetzen:

$$2\int_{E=E_C}^{E=\infty} D(E)\frac{1}{e^{\frac{E-E_F}{kT}}+1}\,dE = N, \qquad \text{(VIII 5.01)}$$

wobei N jetzt die Anzahl der Leitungselektronen im Leitfähigkeitsband ist. An eine mehr oder weniger explizite Auswertung von (VIII 5.01) kann natürlich erst herangegangen werden, wenn Genaueres über die Verteilung der Termdichte $D(E)$ im Leitungsband bekannt ist. Hier wird häufig von dem Näherungsansatz (VII 4.06) bzw. (VII 6.19) ausgegangen, der mit Benutzung von $m_{\text{eff}} = \frac{\hbar^2}{E''(|\mathfrak{k}_C|)}$ (s. S. 319, Gl. (VII 6.23)) und mit $E_{\text{Grenz}} = E_C$ die Form

$$E = E_C + \frac{\hbar^2}{2\,m_{\text{eff}}}\,|\mathfrak{k} - \mathfrak{k}_C|^2 \qquad \text{(VIII 5.02)}$$

annimmt.

Es muß aber die Warnung von S. 265, oben, bzw. S. 286, Punkt 4, wiederholt werden, daß es sich bei (VII 2.23) bzw. (VII 4.06) bzw. (VIII 5.02) um eine vereinfachende Annahme handelt, die z. B. schon beim kubisch-flächenzentrierten Gitter an einer Bandgrenze (der oberen bei negativem Austauschintegral, der unteren bei positivem Austauschintegral) nicht erfüllt ist. Selbst wenn aber am Bandrand $\mathfrak{k} = \mathfrak{k}_C$ die Gl. (VIII 5.02) erfüllt ist, so dürfte weiter oben im Bande eigentlich nicht mehr mit demselben m_{eff} gerechnet werden.

Vergleichen wir die aus (VIII 5.02) folgende Gleichung

$$|\mathfrak{k} - \mathfrak{k}_C| = \frac{\sqrt{2\,m_{\text{eff}}}}{\hbar}\,(E - E_C)^{1/2}$$

mit (VIII 2.02), so können wir mit den Substitutionen $E_{\text{pot}} \to E_C$, $m \to m_{\text{eff}}$ und $\mathfrak{k} \to \mathfrak{k} - \mathfrak{k}_C$ die beim Potentialtopfmodell vorgenommene Berechnung der Zustandsdichte $D(E)$ genau wiederholen und erhalten demgemäß analog zu (VIII 2.05)

$$2\,D(E)\,dE = V\,\boldsymbol{N}_C\,\frac{2}{\sqrt{\pi}}\left(\frac{E - E_C}{kT}\right)^{1/2} d\left(\frac{E}{kT}\right), \qquad \text{(VIII 5.03)}$$

wobei an die Stelle der effektiven Zustandsdichte $\boldsymbol{N}$ im Potentialtopf die effektive Zustandsdichte $\boldsymbol{N}_C$ im Leitungsband (conduction band) getreten ist[1]. Die Definition von N_C geht entsprechend aus der von N [Gl. (VIII 2.04)] durch die Substitution $m \to m_{\text{eff}}$ hervor:

$$N_C = 2\left(\frac{2\pi\, m_{\text{eff}}\, \mathrm{k}\, T}{h^2}\right)^{3/2} = 2{,}5 \cdot 10^{19}\left(\frac{m_{\text{eff}}}{m}\right)^{3/2}\left(\frac{T}{300^\circ\,\mathrm{K}}\right)^{3/2} \mathrm{cm}^{-3}. \quad \text{(VIII 5.04)}$$

Einsetzen von (VIII 5.03) in (VIII 5.01) und Einführung der Integrationsvariablen $\eta = \frac{E - E_C}{\mathrm{k}T}$ sowie der Konzentration $n = \frac{N}{V}$ liefert als Bestimmungsgleichung von E_F:

$$\frac{2}{\sqrt{\pi}} \int\limits_{\eta=0}^{\eta=\infty} \frac{1}{e^{\eta - \frac{E_F - E_C}{\mathrm{k}T}} + 1} \sqrt{\eta}\, d\eta = \frac{n}{N_C}, \quad \text{(VIII 5.05)}$$

so daß durch Vergleich von (VIII 5.05) mit der Definitionsgleichung (XII 2.01) der auf S. 592 behandelten Funktion ζ

$$E_F = E_C + \zeta\left(\frac{n}{N_C}\right) \quad \text{(VIII 5.06)}$$

folgt.

Die Leitungselektronen verhalten sich also auf Grund der Annahme (VIII 5.02) *wie ein freies Elektronengas mit einer potentiellen Energie, die gleich der Gesamtenergie E_C der Elektronen an der unteren Grenze des Leitungsbandes ist. Als Masse der Elektronen ist dann die effektive Masse*

$$m_{\text{eff}} = \frac{\hbar^2}{E''(k_C)} \quad \text{(VII 6.23)}$$

einzusetzen.

Die ganze geschilderte Betrachtung mit der Nichtberücksichtigung des vollbesetzten Bandes unter dem Leitungsband und mit einer temperatur*un*abhängigen Leitungselektronenkonzentration n ist nur möglich, solange

$$n \gg N_C$$

bleibt[2]. Die Zahl der Leitungselektronen in den Metallen ist etwa 1 pro Atom, woraus $n \approx 10^{22}\,\mathrm{cm}^{-3}$ folgt. Damit N_C diese Größenordnung

[1] Aus (VIII 5.03) geht hervor, daß die Hypothese (VIII 5.02) zur Folge hat, daß am Bandrand $E = E_C$ die Zustandsdichte $D(E)$ verschwindet. Nur im linearen Fall trifft dies nicht zu, s. Abb. VII 2.7, S. 263.

[2] ζ ist dann nämlich positiv, und die FERMI-Kante $E_F = E_C + \zeta$ liegt bei allen in Frage kommenden Temperaturen innerhalb des Leitungsbandes. Das unter dem Leitungsband liegende Band liegt so tief unter der FERMI-Kante E_F, daß es auch dann noch mit außerordentlicher Genauigkeit voll besetzt bleibt, wenn der Abfall der FERMI-Verteilung infolge Übergangs zu höheren Temperaturen flacher wird und die Elektronen von Zuständen unterhalb E_F zu Zuständen oberhalb von E_F übergehen. Das Band unterhalb des Leitungsbandes liegt aber bei $n \gg N_C$ viel zu tief unter E_F, um von diesem Prozeß merkbar erfaßt zu werden.

erreicht, müßte

$$N_C = 2{,}5 \cdot 10^{19} \left(\frac{T}{300\,°\mathrm{K}}\right)^{3/2} \mathrm{cm}^{-3} \approx 10^{22}\,\mathrm{cm}^{-3}$$

oder

$$T \approx 300\,°\mathrm{K} \left(\frac{10^{22}}{2{,}5 \cdot 10^{19}}\right)^{2/3} \approx 300\,°\mathrm{K}\,(4 \cdot 10^2)^{2/3} = 300\,°\mathrm{K} \cdot 55 = 16500\,°\mathrm{K}$$

sein. Da bei solchen Temperaturen das Metall längst geschmolzen ist, ist der Fall $n \lesseqq N_C$ völlig gegenstandslos. Daraus folgt: *Das Elektronengas in den Metallen ist immer stark entartet.*

Für ζ kann demnach in (VIII 5.06) bei vielen Fragen der Grenzwert Gl. (XII 2.03) verwendet werden

$$\zeta = \mathrm{k}T \left(\frac{3}{4}\right)^{2/3} \pi^{1/3} \left(\frac{n}{N_C}\right)^{2/3}. \qquad \text{(XII 2.03)}$$

Mit (VIII 5.04) folgt daraus für ζ der temperaturunabhängige[1] Wert

$$\zeta = \frac{1}{2} \left(\frac{3}{8\pi}\right)^{2/3} \frac{h^2}{m_{\mathrm{eff}}}\, n^{2/3}. \qquad \text{(VIII 5.07)}$$

Mit dem Ansatz

$$E_F - E_C = \zeta = \frac{m_{\mathrm{eff}}}{2}\, v_{\mathrm{th}}^2 \qquad \text{(VIII 5.08)}$$

folgt daraus für die Geschwindigkeit v_{th} von solchen Elektronen, die energetisch gesehen an der FERMI-Kante E_F liegen

$$v_{\mathrm{th}} = \left(\frac{3}{8\pi}\right)^{1/3} \frac{h}{m_{\mathrm{eff}}}\, n^{1/3} = 7{,}71 \cdot 10^7\,\mathrm{cm\,sek}^{-1} \left(\frac{m}{m_{\mathrm{eff}}}\right) \left(\frac{n}{10^{22}\,\mathrm{cm}^{-3}}\right)^{1/3}. \qquad \text{(VIII 5.09)}$$

v_{th} *hat also die Größenordnung* $10^8\,\mathrm{cm\,sek}^{-1}$. Daß hier als thermische Geschwindigkeit v_{th} die Geschwindigkeit der Elektronen *an der FERMI-Kante* berechnet wird, dürfte plausibel sein, wenn man bedenkt, daß bei einem FERMI-Gas eine Energiezufuhr — sei es durch ein äußeres Feld oder in Form von Wärme — nur die energetische Verteilung der Elektronen um die FERMI-Kante herum verändert, während die Elektronen in den tieferen Energieniveaus quasi „nicht mitspielen[2]".

Man kann übrigens die Geschwindigkeit der für den Leitungsvorgang wichtigsten Elektronen an der FERMI-Kante ($\approx$ Bandmitte) auch noch nach zwei anderen Methoden abschätzen. Einmal kann man die aus Gl. (VII 5.10) durch Beschränkung auf einen eindimensionalen

---

[1] Wegen dieser Temperaturunabhängigkeit reicht die Näherung (XII 2.03) *nicht* aus bei Fragen der spezifischen Wärme des Elektronengases.

[2] Siehe hierzu auch S. 578, oben.

Fall entstehende Beziehung

$$v = \frac{1}{\hbar}\frac{dE}{dk} > \frac{1}{\hbar}\frac{\Delta E}{\Delta k}$$

direkt auswerten, indem man für ΔE die Bandbreite in der Größenordnung[1] von 10 eVolt $= 1{,}6 \cdot 10^{-11}$ cm² g sek⁻² und für Δk die Größenordnung $\pi/a \approx 1 \cdot 10^{+8}$ cm⁻¹ einsetzt. Es ergibt sich dann der nach Abb. VIII 5.3 eigentlich zu niedrige Wert

$$v \approx \frac{1}{1 \cdot 10^{-27}\,\text{cm}^2\text{g sek}^{-1}} \frac{1{,}6 \cdot 10^{-11}\,\text{cm}^2\text{g sek}^{-2}}{1 \cdot 10^{+8}\,\text{cm}^{-1}} = 1{,}6 \cdot 10^{8}\,\text{cm sek}^{-1}.$$

Das andere Mal kann man die Beziehung $v = \frac{1}{\hbar}\frac{dE}{dk}$ mit dem Näherungsansatz (VIII 5.02) auswerten und erhält dann

$$v = \frac{\hbar}{m_{\text{eff}}}\,k.$$

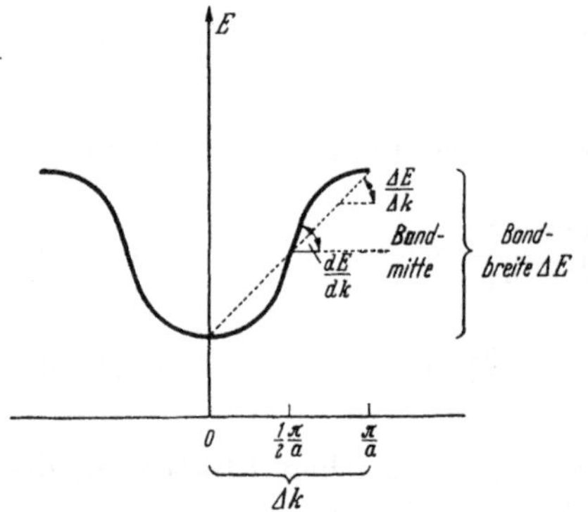

Abb. VIII 5.3 Zur Abschätzung der Elektronengeschwindigkeit in der Bandmitte.

Wird hier für m_{eff} die Elektronenmasse $9 \cdot 10^{-28}$ g eingesetzt und für k der Wert $\frac{1}{2}\,\pi/a \approx \frac{1}{2} \cdot 10^{8}\,\text{cm}^{-1}$ in der Bandmitte, so kommt

$$v = \frac{1 \cdot 10^{-27}\,\text{cm}^2\text{g sek}^{-1}}{9 \cdot 10^{-28}\,\text{g}} \frac{1}{2} 10^{+8}\,\text{cm}^{-1} \approx \frac{1}{2} 10^{+8}\,\text{cm sek}^{-1}.$$

Alle 3 Abschätzungen ergeben also dieselbe Größenordnung.

c) Das Bändermodell des Isolators bzw. des Eigenhalbleiters[2] bei Temperaturen $T > 0$

Aus der Abb. VIII 5.2 geht hervor, daß bei Temperaturen >0 °K das unter dem Leitungsband III liegende Valenzband II nicht mehr vollbesetzt bleibt[3]. Da nun bei allen Temperaturen die *Gesamtzahl* aller in dem Kristall vorhandenen Elektronen aus Neutralitätsgründen dieselbe bleiben muß, muß die Zahl der Elektronen im Leitungsband gleich der Zahl der Leerplätze oder „Löcher" im darunterliegenden Valenzband II sein[4]. Es geht also in dem Fall der Abb. VIII 5.2 nicht mehr

[1] Siehe z. B. F. HERMAN: Phys. Rev. 88 (1952) 1210, wo für das Valenzband des Diamants eine Breite von 22 eV errechnet wird.

[2] Bezüglich dieses Begriffs s. S. 16—19.

[3] Dies war zwar im soeben betrachteten Fall der Abb. VIII 5.1 im Prinzip auch schon der Fall. Die Zahl der unbesetzten Plätze oder „Löcher" im Valenzband II spielt dort aber praktisch gar keine Rolle gegenüber den Elektronenzahlen im Leitungsband III.

[4] Strenggenommen müßten auch die Löcher in der Elektronenbesetzung des Bandes I berücksichtigt werden. Ihre Anzahl ist aber wieder vernachlässigbar klein.

an, nur vom Leitungsband und der darin befindlichen Elektronenzahl zu reden. Denn diese Elektronenzahl ist gar nicht mehr bei allen Temperaturen dieselbe, sondern variiert stark mit der Temperatur. Die Vereinfachung, die in dem oben betrachteten Fall der Abb. VIII 5.1 im Fortlassen der Bänder I und II und in alleiniger Betrachtung des Bandes III bestand, muß in dem jetzt vorliegenden Fall der Abb. VIII 5.2 auf ein Fortlassen nur des Bandes I reduziert werden. Die Betrachtung muß die Bänder II und III und alle in diesen beiden Bändern unterzubringenden Elektronen, deren Zahl wieder mit guter Genauigkeit als temperaturunabhängig angesehen werden darf, umfassen.

Es wäre nun für die Tragweite der kommenden Überlegung sehr nachteilig, wenn dafür explizite Ausdrücke für die Zustandsdichte in dem ganzen Valenzbande II unterhalb des Leitungsbandes gebraucht würden. Glücklicherweise befreit uns ein Kunstgriff von dieser Notwendigkeit. Dieser Kunstgriff besteht darin, daß nicht die Verteilung der *Elektronen* über die Zustände des Valenzbandes II, sondern die Verteilung der *Leerplätze*, der „Löcher" oder der „Defektelektronen" betrachtet wird[1]. Wenn die Wahrscheinlichkeit, daß ein Energieterm E mit einem Elektron besetzt ist, nach (VII 10.01)

$$f(E) = \frac{1}{e^{\frac{E - E_F}{kT}} + 1} \qquad \text{(VII 10.01)}$$

ist, dann berechnet sich die Wahrscheinlichkeit, daß dieser Energieterm E *nicht* besetzt ist, zu

$$1 - f(E) = \frac{e^{\frac{E - E_F}{kT}} + 1 - 1}{e^{\frac{E - E_F}{kT}} + 1} = \frac{1}{1 + e^{\frac{E_F - E}{kT}}}. \qquad \text{(VIII 5.10)}$$

Andererseits wird für die Berechnung der Zustandsdichte $D(E)$ die der Gl. (VIII 5.02) entsprechende *Annahme*

$$E = E_V - \frac{\hbar^2}{2 m_p} |\mathfrak{k} - \mathfrak{k}_V|^2 \qquad \text{(VIII 5.11)}$$

(m_p = Betrag der effektiven Masse der Elektronen an der oberen Grenze des Valenzbandes[2])

gemacht, aus der

$$|\mathfrak{k} - \mathfrak{k}_V| = \frac{\sqrt{2 m_p}}{\hbar} (E_V - E)^{1/2}$$

[1] Die Zulässigkeit dieses Vorgehens ist keineswegs auf den Eigenhalbleiter beschränkt. Die im folgenden abgeleiteten Gleichungen gelten also ganz allgemein für Halbleiter — mit Ausnahme von (VIII 5.24), (VIII 5.25) und (VIII 5.26), wo der den Eigenhalbleiter definierende Ansatz $n = p$ (VIII 5.24) entscheidend eingeht.

[2] Die effektive Masse der Elektronen an der oberen Grenze des Valenzbandes ist negativ, also $-m_p$.

folgt. Vergleich mit (VIII 2.02) zeigt, daß wir die Substitutionen

$$E - E_{\text{pot}} \to E_V - E, \qquad m \to m_p \quad \text{und} \quad \mathfrak{k} \to \mathfrak{k} - \mathfrak{k}_V$$

vorzunehmen haben und infolgedessen jetzt für die Zahl der Elektronenplätze im Energieintervall $[E, E + dE]$ anstatt (VIII 2.05) den Ausdruck

$$2D(E)\,dE = V\,N_V \frac{2}{\sqrt{\pi}} \left(\frac{E_V - E}{\mathrm{k}T}\right)^{1/2} d\left(\frac{E}{\mathrm{k}T}\right) \qquad \text{(VIII 5.12)}$$

erhalten[1]. Dabei ist N_V die effektive Zustandsdichte im Valenzband

$$N_V = 2\left(\frac{2\pi\, m_p\, \mathrm{k}T}{h^2}\right)^{3/2} = 2{,}5 \cdot 10^{19} \left(\frac{m_p}{m}\right)^{3/2} \left(\frac{T}{300\,°\mathrm{K}}\right)^{3/2} \mathrm{cm}^{-3}. \qquad \text{(VIII 5.13)}$$

Führen wir die Zahl P oder die Konzentration $p = \frac{P}{V}$ der Leerplätze oder Löcher in der fast vollständigen Elektronenbesetzung an der oberen Grenze des Valenzbandes ein, so ergibt sich hierfür[2]

$$P = V\,p = 2 \int\limits_{E=-\infty}^{E=E_V} D(E)\,\bigl(1 - f(E)\bigr)\,dE$$

$$= V\,N_V \frac{2}{\sqrt{\pi}} \int\limits_{E=-\infty}^{E=E_V} \left(\frac{E_V - E}{\mathrm{k}T}\right)^{1/2} \frac{1}{e^{\frac{E_F - E}{\mathrm{k}T}} + 1}\, d\left(\frac{E}{\mathrm{k}T}\right)$$

oder mit

$$\frac{E_V - E}{\mathrm{k}T} = \eta$$

als Integrationsvariable

$$\frac{2}{\sqrt{\pi}} \int\limits_{\eta=0}^{\eta=\infty} \frac{1}{e^{\eta - \frac{E_V - E_F}{\mathrm{k}T}} + 1} \sqrt{\eta}\, d\eta = \frac{p}{N_V}. \qquad \text{(VIII 5.14)}$$

Wieder ist durch Vergleich mit der Definitionsgleichung (XII 2.01) der Funktion ζ zu schließen:

$$E_F = E_V - \zeta\left(\frac{p}{N_V}\right). \qquad \text{(VIII 5.15)}$$

Bei Betrachtung der Elektronenkonzentration n im Leitungsband erhalten wir auch in dem vorliegenden Fall des Isolators wie beim Metall gemäß (VIII 5.06)

$$E_F = E_C + \zeta\left(\frac{n}{N_C}\right), \qquad \text{(VIII 5.16)}$$

[1] Hierbei verschwindet natürlich am *oberen* Bandrand $E = E_V$ die Zustandsdichte $D(E)$. Siehe hierzu auch Fußnote 1 auf S. 430.

[2] Die untere Integrationsgrenze $E = -\infty$ ist unwesentlich, da nach (VIII 5.10) $1 - f(E)$ für $E \to -\infty$ sehr schnell gleich Null wird und keine wesentlichen Beiträge zum Integral mehr entstehen.

wobei wir in der Definition der effektiven Zustandsdichte N_C im Leitungsband

$$N_C = 2\left(\frac{2\pi m_n \mathrm{k} T}{h^2}\right)^{3/2} = 2{,}5 \cdot 10^{19}\left(\frac{m_n}{m}\right)^{3/2}\left(\frac{T}{300\,{}^\circ\mathrm{K}}\right)^{3/2} \mathrm{cm}^{-3} \qquad \text{(VIII 5.17)}$$

jetzt die effektive Masse der Leitungselektronen mit m_n bezeichnen, um völlige Analogie zu (VIII 5.13) herzustellen.

Aus den Gln. (VIII 5.15) und (VIII 5.16) läßt sich E_F eliminieren, und man sieht, daß unabhängig von der Lage E_F der FERMI-Kante immer

$$\zeta\left(\frac{n}{N_C}\right) + \zeta\left(\frac{p}{N_V}\right) = E_V - E_C (< 0) \qquad \text{(VIII 5.18)}$$

gelten muß. Diese Gleichung wird sich sogleich als die auch in Entartungsfällen geltende Verallgemeinerung des Massenwirkungsgesetzes[1] $n\,p = n_i^2$ zwischen Elektronen und Defektelektronen herausstellen.

Die effektiven Massen m_n und m_p der Elektronen an den Bandrändern des Leitungs- und des Valenzbandes werden nämlich größenordnungsmäßig nicht stark von der Masse m des freien Elektrons abweichen. Für nicht allzu tiefe Temperaturen sind also N_C und N_V sehr starke Konzentrationen, und es wird gelten[2]

$$p \ll N_V \quad \text{und} \quad n \ll N_C. \qquad \text{(VIII 5.19)}$$

Dann kann in (VIII 5.15), (VIII 5.16) und (VIII 5.18) das logarithmische Grenzgesetz (XII 2.02) für ζ benutzt werden, und wir erhalten

$$E_F = E_V - \mathrm{k} T \ln \frac{p}{N_V}, \qquad \text{(VIII 5.20)}$$

$$E_F = E_C + \mathrm{k} T \ln \frac{n}{N_C} \qquad \text{(VIII 5.21)}$$

und

$$\mathrm{k} T \ln \frac{n}{N_C} + \mathrm{k} T \ln \frac{p}{N_V} = -(E_C - E_V)$$

oder

$$n\,p = N_C\,N_V\,\mathrm{e}^{-\frac{E_C - E_V}{\mathrm{k} T}}. \qquad \text{(VIII 5.22)}$$

[1] Siehe Gl. (I 3.04).

[2] Wird beachtet, daß näherungsweise $m_n \approx m_p$, also $N_C \approx N_V$ gilt, so sieht man, daß das spätere Ergebnis (VIII 5.25) diese Annahmen auch für beliebig tiefe Temperaturen bestätigt. In dem hier behandelten Fall des Eigenhalbleiters nehmen die Konzentrationen n und p eben mit der Temperatur viel schneller als N_C und N_V ab.

Vorsichtshalber sei aber — ähnlich wie in Fußnote 1 auf S. 433 — noch einmal ausdrücklich darauf hingewiesen, daß auch die Gln. (VIII 5.20) bis (VIII 5.23) nicht etwa nur für den Eigenhalbleiter, sondern auch für Störstellenhalbleiter gelten, in denen ja bei nicht allzu starker Dotierung die Voraussetzung (VIII 5.19) der Nicht-Entartung auch erfüllt ist. Erst durch die Annahme (VIII 5.24) wird die Beschränkung auf den Fall der Eigenleitung vorgenommen.

Dies ist — wie soeben angekündigt — das wichtige Massenwirkungsgesetz

$$n\,p = n_i^2 \tag{I 3.04}$$

zwischen Elektronen und Defektelektronen. Für die „Inversionsdichte n_i" (s. S. 26) ergibt sich durch Vergleich mit (VIII 5.22)

$$\begin{aligned} n_i &= \sqrt{N_C\,N_V}\,\mathrm{e}^{-\frac{1}{2}\frac{E_C - E_V}{\mathrm{k}T}} \\ &= 2{,}5 \cdot 10^{19}\,\mathrm{cm}^{-3} \left(\frac{m_n}{m}\right)^{3/4} \left(\frac{m_p}{m}\right)^{3/4} \left(\frac{T}{300\,^\circ\mathrm{K}}\right)^{3/2} \mathrm{e}^{-\frac{1}{2}\frac{E_C - E_V}{\mathrm{k}T}}. \end{aligned} \tag{VIII 5.23}$$

Im vorliegenden Fall des Isolators oder Eigenhalbleiters hatten wir schon weiter oben (S. 432) festgestellt, daß die Zahl aller Elektronen im Valenz- und im Leitungsband zusammengenommen temperaturunabhängig sein muß, und daraus geschlossen, daß die Konzentration der Leitungselektronen im Leitungsband gleich der Konzentration der Löcher im Valenzband sein muß:

$$n = p. \tag{VIII 5.24}$$

Hieraus und aus (VIII 5.22) und (VIII 5.23) zusammen folgt

$$n = p = n_i = \sqrt{N_C\,N_V}\,\mathrm{e}^{-\frac{1}{2}\frac{E_C - E_V}{\mathrm{k}T}}. \tag{VIII 5.25}$$

Mit Hilfe dieser Ausdrücke kann aus (VIII 5.20) bzw. (VIII 5.21) die energetische Lage E_F der FERMI-Kante im Eigenhalbleiter errechnet werden:

$$\begin{aligned} E_F = E_i &= \frac{1}{2}(E_C + E_V) + \frac{1}{2}\mathrm{k}T \ln\frac{N_V}{N_C} \\ &= \frac{1}{2}(E_C + E_V) + \frac{3}{4}\mathrm{k}T \ln\frac{m_p}{m_n}. \end{aligned} \tag{VIII 5.26}$$

Hierbei ist noch von den Definitionen (VIII 5.13) und (VIII 5.17) der Zustandsdichten N_V und N_C Gebrauch gemacht worden. Man sieht also jetzt, daß *die FERMI-Kante E_F bei einem Eigenhalbleiter praktisch in die Mitte zwischen dem unteren Rand E_C des Leitungsbandes und dem oberen Rand E_V des Valenzbandes zu liegen kommt.* Bis auf eine kleine, durch etwaige Verschiedenheiten der effektiven Massen m_n und m_p bedingte Korrektur ist dieses Ergebnis *unabhängig von der Temperatur T.*

Aus der Symmetrie der Verteilungsfunktionen $f(E)$ und $1 - f(E)$ um die FERMI-Kante E_F (s. Abb. VII 10.1) hätte dieses Ergebnis übrigens schon ohne Rechnung erschlossen werden können. Denn infolge dieser Symmetrie wird die Forderung: „Konzentration n der Elektronen = Konzentration p der Leerplätze oder Löcher" gerade erfüllt, wenn die FERMI-Kante E_F in der Mitte zwischen E_C und E_V liegt.

Exakt kann dieses Ergebnis freilich nicht gelten. Denn wegen des Unterschiedes zwischen N_C und N_V steht im Leitungs- und im Valenzband nicht die gleiche Zahl von besetzbaren Plätzen zur Verfügung (s. hierzu Fußnote 1 auf S. 449). Nach (VIII 5.26) tritt an die Stelle der Bandmitte $\frac{1}{2}(E_C + E_V)$ vielmehr das sog. Inversionsniveau (intrinsic level):

$$E_i = \frac{1}{2}(E_C + E_V) + \frac{1}{2}\,\mathrm{k}T \ln \frac{N_V}{N_C} = \frac{1}{2}(E_C + E_V) + \frac{3}{4}\,\mathrm{k}T \ln \frac{m_p}{m_n}, \qquad \text{(VIII 5.26)}$$

das von der Bandmitte im allgemeinen aber nicht *sehr* verschieden sein wird.

Mit diesem Inversionsniveau E_i ergeben sich aus (VIII 5.25) durch Elimination von N_V bzw. N_C für die Inversionsdichte n_i 2 Formeln, die gelegentlich recht nützlich sind:

$$n_i = N_C\, \mathrm{e}^{-\frac{1}{\mathrm{k}T}(E_C - E_i)} \qquad \text{(VIII 5.27)}$$

$$n_i = N_V\, \mathrm{e}^{-\frac{1}{\mathrm{k}T}(E_i - E_V)}. \qquad \text{(VIII 5.28)}$$

Im ganzen erhalten wir für den Eigenhalbleiter bei Temperaturen $T > 0$ das Bild eines Elektronengases im Leitungsband und eines Gases von „Löchern" oder „Defektelektronen" im Valenzband. *Genauer gesagt, haben die Annahmen* (VIII 5.02) *bzw.* (VIII 5.11) *zur Folge, daß das Elektronengas scheinbar eine potentielle Energie* E_C *(untere Grenze des Leitungsbandes) und das Defektelektronengas scheinbar eine potentielle Energie* E_V *(obere Grenze des Valenzbandes) hat. Innerhalb dieser Potentialtöpfe mit der Tiefe* E_C *bzw.* E_V *ist das Elektronen- bzw. das Defektelektronengas „quasifrei"*[1]. Beide Gase haben sehr geringe Konzentrationen und verhalten sich völlig wie MAXWELL-Gase. Entsprechend ist die thermische Geschwindigkeit v_{th} der Elektronen aus der Gleichung

$$\frac{m_{\text{eff}}}{2} v_{\text{th}}^2 = \frac{3}{2}\,\mathrm{k}T$$

zu errechnen[2]

$$v_{\text{th}} = \sqrt{\frac{3\mathrm{k}T}{m_{\text{eff}}}} = 1{,}168 \cdot 10^7\ \text{cm sek}^{-1} \sqrt{\frac{T}{300\ {}^\circ\text{K}}} \sqrt{\frac{m}{m_{\text{eff}}}}. \qquad \text{(VIII 5.29)}$$

v_{th} ist also bei Isolatoren (und Halbleitern) von der Größenordnung 10^7 cm sek^{-1} (bei 300 °K).

---

[1] Einen über diese scheinbaren potentiellen Energien E_C und E_V noch hinaus gehenden Gittereinfluß enthalten die Substitutionen $m \to m_n$ und $m \to m_p$.

[2] Mittlere Energie pro Freiheitsgrad $= \frac{1}{2}\,\mathrm{k}T$ (Gleichverteilungssatz! Siehe hierzu vielleicht G. JOOS: Lehrbuch der theoretischen Physik, 6. Aufl., Leipzig: Akad. Verlagsges. 1945, S. 521).

§ 6. Fermi-Statistik in Halbleitern[1]

Wir haben im § 3 des I. Kapitels gesehen, daß ein Halbleiter bei der Temperatur $T = 0$ isoliert, weil in ihm keine freien Ladungsträger zur Verfügung stehen. Diese werden vielmehr erst bei Erhöhung der Temperatur befreit, und zwar können dabei erstens Elektronen aus Donatorstörstellen geliefert werden (Überschußleitung). Zweitens können Elektronen durch Temperaturanregung aus Valenzbindungen herausgeholt und an Akzeptorstörstellen angelagert werden. Die Löcher in der Valenzelektronengesamtheit stehen dann als Defektelektronen für den Stromtransport zur Verfügung (Defektleitung). Schließlich werden bei genügend hohen Temperaturen Elektronen aus dem Valenzband direkt ins Leitungsband gehoben, und der Stromtransport erfolgt dann durch gleiche Zahlen von Überschußelektronen im Leitungsband und von Defektelektronen im Valenzband.

Wir wollen die Berechnung der Lage der FERMI-Kante E_F zunächst in einem Überschußhalbleiter, dann in einem Defekthalbleiter und schließlich in einem Halbleiter mit Donatoren *und* Akzeptoren durchführen. Vom Standpunkt der FERMI-Statistik aus handelt es sich dabei (beispielsweise in einem Überschußhalbleiter) um die Verteilung einer gewissen Elektronengesamtheit auf die Donatorenniveaus und die Niveaus des Leitungsbandes. Im Kap. II sind die gleichen Fragen vom Standpunkt der Störstellenreaktionen und Massenwirkungsgesetze behandelt worden. Wenn man dort z. B. von einem „neutralen Donator $D^{\times}$“ sprach, so wird man jetzt den gleichen Tatbestand als ein „Elektron auf Donatorenniveau“ schildern. Wir kommen im übrigen am Schluß des vorliegenden § 6 wieder auf den früheren Standpunkt der Massenwirkungsgesetze zurück und leiten dabei diese Gesetze auf *statistischer* Grundlage ab. In einem letzten Abschnitt gehen wir auf die *thermodynamische* Ableitung der Massenwirkungsgesetze ein, wodurch auf die Natur der effektiven Störstellenniveaus E_D^*, E_A^*, ... von S. 412, 413 und 452 ein neues Licht fällt.

a) Halbleiter mit Donatoren: Überschußleiter

Ähnlich wie wir in den bisherigen Ausführungen über Metalle und Isolatoren die Elektronen der tiefen Bänder nicht explizit zu betrachten brauchten, können wir jetzt die tiefen Bänder einschließlich des Valenzbandes beiseite lassen und haben es dann nur mit dem Leitungsband und den darunterliegenden Donatorenniveaus zu tun (s. Abb. VIII 6.1). Für die Zustandsdichte im Leitungsband machen wir wieder den auf

[1] Siehe hierzu auch J. S. BLAKEMORE: Semiconductor Statistics, Oxford/London/New York/Paris: Pergamon Press 1962.

Sehr grundsätzliche Ausführungen zur Halbleiterstatistik macht W. SCHOTTKY in „Halbleiterprobleme“, Bd. I, Braunschweig: Vieweg 1954, S. 139–226.

der Annahme (VIII 5.02) beruhenden Ansatz (VIII 5.03), worauf sich wie früher bei Metallen und Isolatoren

$$E_F = E_C + \zeta\left(\frac{n}{N_C}\right), \tag{VIII 6.00}$$

also ein funktionaler Zusammenhang $E_F(n)$ bzw. $n(E_F)$ zwischen dem FERMI-Niveau E_F und der Konzentration n der Elektronen im Leitungs-

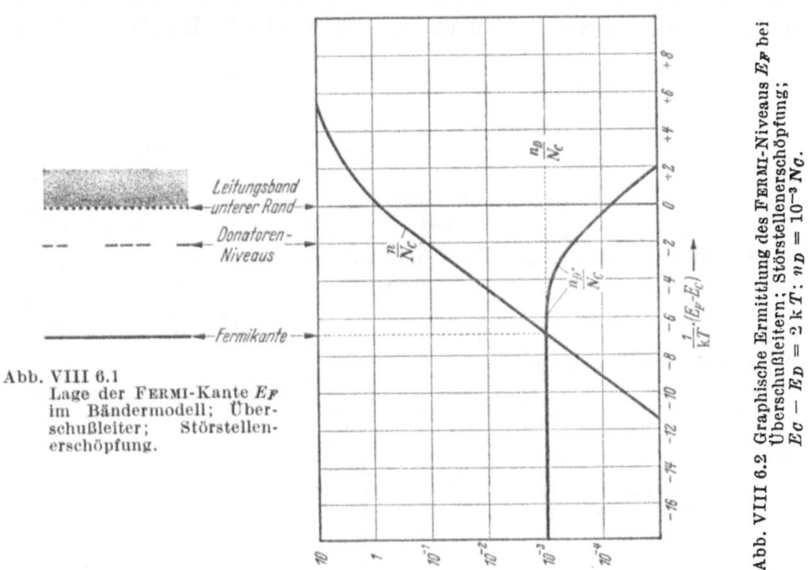

Abb. VIII 6.1 Lage der FERMI-Kante E_F im Bändermodell; Überschußleiter; Störstellenerschöpfung.

Abb. VIII 6.2 Graphische Ermittlung des FERMI-Niveaus E_F bei Überschußleitern; Störstellenerschöpfung; $E_C - E_D = 2\,kT$; $n_D = 10^{-3}\,N_C$.

band ergibt. Mit Hilfe von Abb. XII 2.1 auf S. 594 kann dieser Zusammenhang in Abb. VIII 6.2 dargestellt werden (Kurve n/N_C).

Die Wahrscheinlichkeit, mit der ein Donatorenniveau E_D von einem Elektron besetzt ist, ist gemäß Gl. (VIII 1.39)

$$f_{\mathrm{Don}}(E_D) = \frac{1}{\frac{1}{2}\mathrm{e}^{+\frac{1}{kT}(E_D - E_F)} + 1}. \tag{VIII 6.01}$$

Haben wir in der Volumeneinheit n_D Donatoren mit dem Energieniveau E_D, so sind davon also $n_D\, f_{\mathrm{Don}}(E_D)$ mit einem Elektron besetzt und somit neutral:

$$n_{D^{\times}} = n_D \frac{1}{\frac{1}{2}\mathrm{e}^{+\frac{1}{kT}(E_D - E_F)} + 1}. \tag{VIII 6.02}$$

Die Konzentration der positiv geladenen Donatoren ist demnach

$$
\begin{aligned}
n_{D^+} &= n_D - n_{D^\times} \\
&= n_D\left(1 - \frac{1}{\frac{1}{2}e^{+\frac{1}{kT}(E_D - E_F)} + 1}\right)
\end{aligned}
$$

$$
n_{D^+} = n_D \frac{1}{1 + 2e^{+\frac{1}{kT}(E_F - E_D)}}. \qquad \text{(VIII 6.03)}
$$

Die funktionale Abhängigkeit dieser positiven Ladungsdichte n_{D^+} von E_F liefert die zweite Kurve in Abb. VIII 6.2. Damit der Halb-

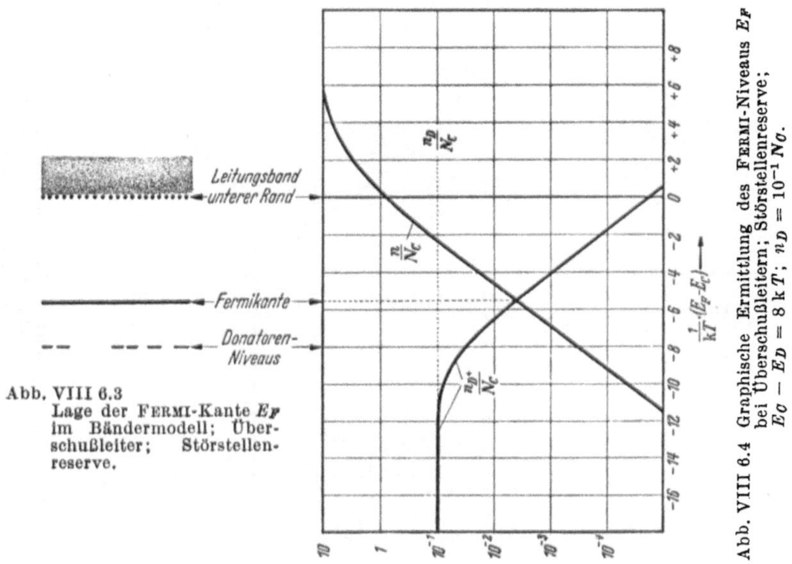

Abb. VIII 6.3 Lage der FERMI-Kante E_F im Bändermodell; Überschußleiter; Störstellenreserve.

Abb. VIII 6.4 Graphische Ermittlung des FERMI-Niveaus E_F bei Überschußleitern; Störstellenreserve; $E_C - E_D = 8\,kT$; $n_D = 10^{-1} N_C$.

leiter als ganzes neutral ist, muß die Konzentration n der negativen Elektronen gleich der Dichte n_{D^+} der positiven Donatorenreste sein. Der sich einstellende Wert E_F des FERMI-Niveaus, die *Lösung* der Gleichung

$$
n(E_F) = n_{D^+}(E_F) \qquad \text{(VIII 6.04)}
$$

wird durch den Schnittpunkt der beiden Kurven in Abb. VIII 6.2 geliefert. Bei den vorausgesetzten Werten von $E_C - E_D$ und n_D stellt sich ein Zustand ein, in dem

$$
n = n_{D^+} \approx n_D \qquad \text{(VIII 6.05)}
$$

ist, in dem also fast alle Donatoren dissoziiert sind. In diesem Zustand der „Donatorenerschöpfung“[1] liegt das FERMI-Niveau *unter* dem Dona-

[1] Siehe Kap. II, § 8, namentlich Abb. II 8.1 und II 8.2.

torenniveau [$E_F < E_D$], und die Donatorenniveaus sind eben deshalb größtenteils unbesetzt. Bei den in den Abb. VIII 6.3 und VIII 6.4 angenommenen ($E_C - E_D$)-Werten liegt dagegen „Störstellenreserve“

$$n = n_{D^+} \ll n_D \qquad \text{(VIII 6.06)}$$

vor. Die FERMI-Kante liegt *über* dem Donatorenniveau [$E_F > E_D$], und die Donatorenniveaus sind eben deshalb größtenteils besetzt.

b) Halbleiter mit Akzeptoren: Defektleiter

Hier ist die Verteilung der Elektronen auf das Valenzband und die darüberliegenden Akzeptorenniveaus zu untersuchen (s. Abb. VIII 6.5).

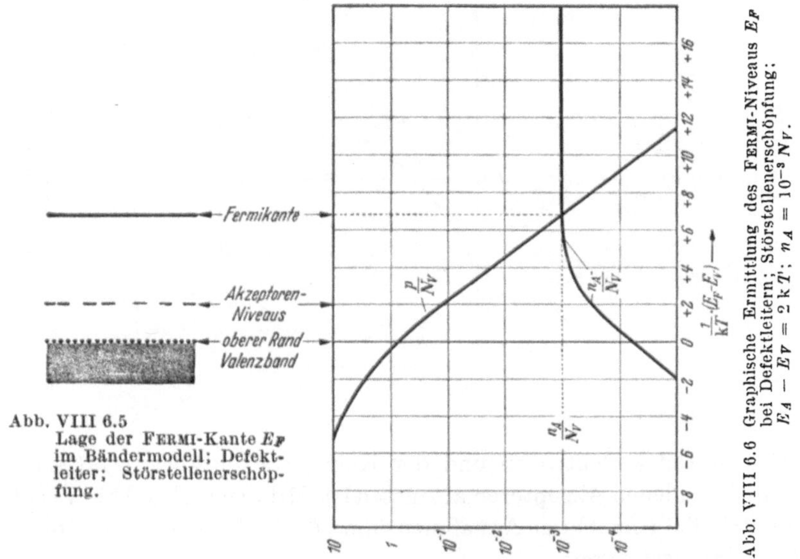

Abb. VIII 6.5 Lage der FERMI-Kante E_F im Bändermodell; Defektleiter; Störstellenerschöpfung.

Abb. VIII 6.6 Graphische Ermittlung des FERMI-Niveaus E_F bei Defektleitern; Störstellenerschöpfung: $E_A - E_V = 2\,kT$; $n_A = 10^{-3} N_V$.

Mit der Annahme (VIII 5.11) und der daraus folgenden Zustandsdichte (VIII 5.12) im Valenzband ergibt sich zwischen der Konzentration p der Defektelektronen im Valenzband und dem FERMI-Niveau E_F der funktionale Zusammenhang

$$E_F = E_V - \zeta\left(\frac{p}{N_V}\right), \qquad \text{(VIII 5.15)}$$

auf Grund dessen in Abb. VIII 6.6 die Kurve $p(E_F)$ mit Hilfe von Abb. XII 2.1 (s. S. 594) gezeichnet werden kann. Von den n_A Akzeptoren ist nach Gl. (VIII 1.56) der Bruchteil $f_{\mathrm{Akz}}(E_A)$ mit einem Elektron besetzt und daher negativ geladen:

$$n_{A^-} = n_A \frac{1}{2\,e^{+\frac{1}{kT}(E_A - E_F)} + 1}, \qquad \text{(VIII 6.07)}$$

was in Abb. VIII 6.6 die Kurve $n_{A}\text{-}(E_F)$ liefert. Wieder ist aus Neutralitätsgründen

$$p(E_F) = n_{A^-}(E_F) \qquad \text{(VIII 6.08)}$$

zu fordern, so daß das sich tatsächlich einstellende Fermi-Niveau in Abb. VIII 6.6 als Schnittpunkt der Konzentrationskurve $p(E_F)$ der

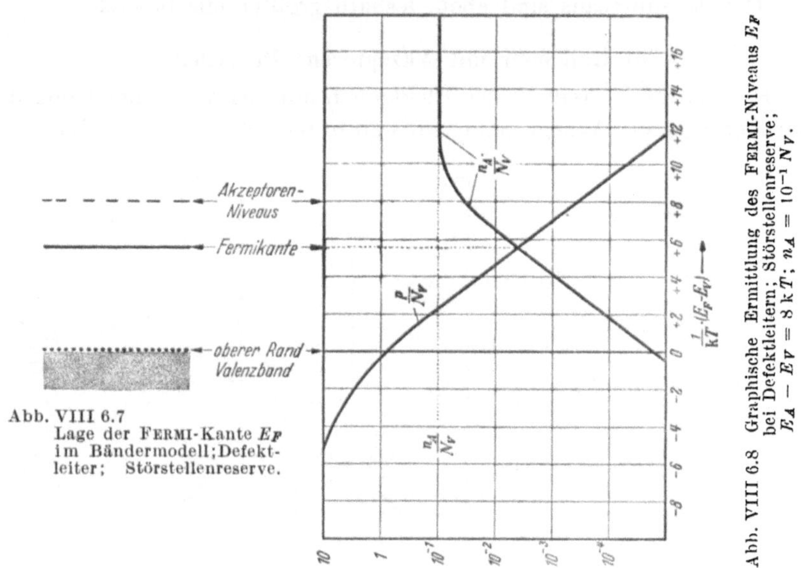

Abb. VIII 6.7 Lage der Fermi-Kante E_F im Bändermodell; Defektleiter; Störstellenreserve.

Abb. VIII 6.8 Graphische Ermittlung des Fermi-Niveaus E_F bei Defektleitern; Störstellenreserve; $E_A - E_V = 8\,kT$; $n_A = 10^{-1} N_V$.

positiven Defektelektronen und der Konzentrationskurve $n_{A^-}(E_F)$ der negativ geladenen Akzeptoren abzulesen ist. Mit den in den Abb. VIII 6.5 und VIII 6.6 gemachten Annahmen über $E_A - E_V$ und n_A ergibt sich *Störstellenerschöpfung:*

$$n_{A^-} \approx n_A, \qquad \text{(VIII 6.09)}$$

$$E_F > E_A,$$

in den Abb. VIII 6.7 und VIII 6.8 dagegen *Störstellenreserve:*

$$n_{A^-} \ll n_A, \qquad \text{(VIII 6.10)}$$

$$E_F < E_A.$$

c) Halbleiter mit Donatoren und Akzeptoren

Die Vergiftung eines Überschußleiters durch zugesetzte Akzeptoren bzw. eines Defektleiters durch zugesetzte Donatoren. Wird in einem Überschußhalbleiter die Donatorenkonzentration erhöht (s. Abb. VIII 6.9), so rückt der Schnittpunkt der n_{D^+}- und der n-Kurve immer weiter nach rechts oben, d. h., das FERMI-Niveau E_F und vor allem die Elektronenkonzentration n bekommen immer höhere Werte. Die Überschußleitfähigkeit des betrachteten Halbleiters steigt also mit der Donatorenkonzentration n_D, und zwar zunächst proportional $(n_D)^1$, solange man das Gebiet der Erschöpfung nicht verläßt. Im Reservegebiet liegt nur noch ein Gang mit $(n_D)^{\frac{1}{2}}$ vor[1]. [Siehe hierzu auch die Gln. (II 8.15) und (II 8.17).] Ganz entsprechend erhöht Zusatz von Akzeptoren zu einem Defektleiter die Defektelektronenkonzentration und damit die Defektleitung (s. Abb. VIII 6.10).

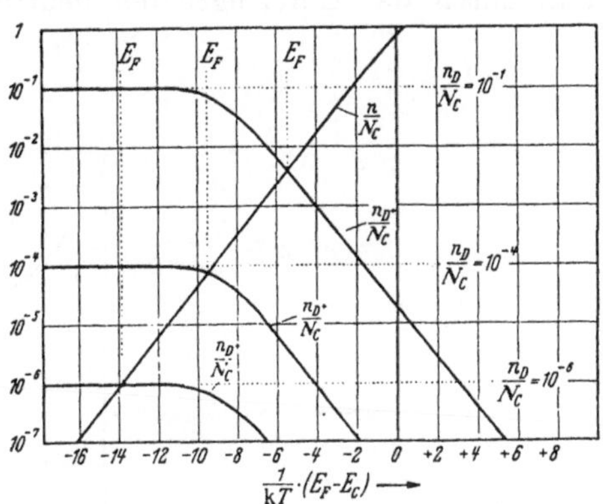

Abb. VIII 6.9 Gang des FERMI-Niveaus E_F und der Elektronendichte n mit dem Gesamtgehalt n_D an Donatoren ($E_C - E_D = 8\,kT$).

Diese Ergebnisse sind in keiner Weise überraschend. Schließlich macht ja erst der Donatorengehalt einen Halbleiter zum Überschußhalbleiter, und so liegt der Schluß nahe, daß eine Verstärkung des Donatorengehalts die Überschußleitfähigkeit steigert. Immerhin kann eine derartige Schlußweise zu der Ansicht verleiten, daß Zusatz von Akzeptoren zu einem Überschußleiter in diesem neben der Überschußleitung noch zusätzlich Defektleitung hervorruft und damit die Leitfähigkeit im ganzen verbessert. Tatsächlich tritt jedoch die umgekehrte Wirkung ein. Die Gesamtleitfähigkeit nimmt ab, da die Überschußleitfähigkeit durch die zusätzlichen Akzeptoren vergiftet wird. Eine zusätzliche Defektleitung wird nicht hervorgerufen.

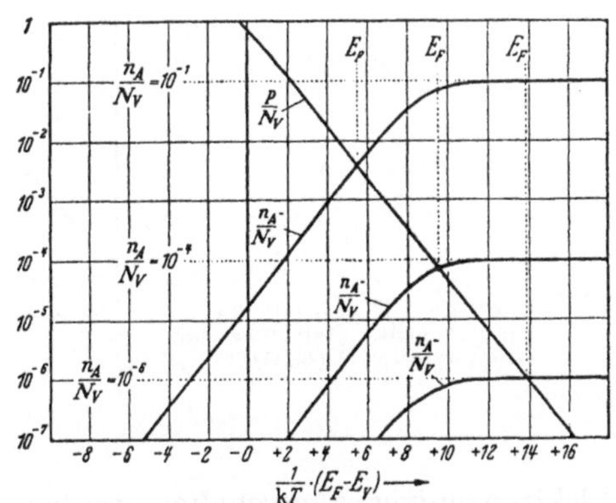

Abb. VIII 6.10 Gang des FERMI-Niveaus E_F und der Defektelektronendichte p mit dem Gesamtgehalt n_A an Akzeptoren ($E_A - E_V = 8\,kT$).

[1] Wenn die Elektronenkonzentration den Wert N_C überschreitet und Entartung eintritt, also bei ganz starken Dotierungen, ergeben sich eine Reihe von Komplikationen. Siehe hierzu Kap. VIII, § 7, S. 456.

Man kann diesen Effekt dadurch verständlich machen, daß man auf die Tendenz der Akzeptoren hinweist, Elektronen einzufangen. Durch Verhaftung („trapping") einer Reihe von Leitungselektronen wird die Zahl der freien Träger geschwächt. Man kann auch darauf hinweisen, daß durch das Einbringen der neutralen Akzeptoren zusätzliche *tiefe*

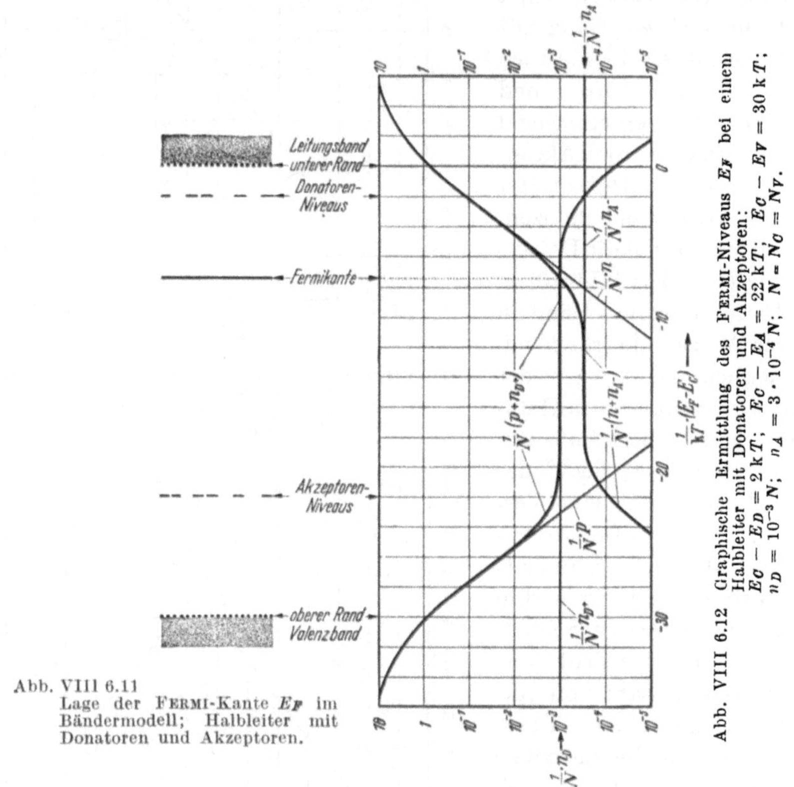

Abb. VIII 6.11
Lage der FERMI-Kante E_F im Bändermodell; Halbleiter mit Donatoren und Akzeptoren.

Abb. VIII 6.12 Graphische Ermittlung des FERMI-Niveaus E_F bei einem Halbleiter mit Donatoren und Akzeptoren; $E_C - E_D = 2\,kT$; $E_C - E_A = 22\,kT$; $E_C - E_V = 30\,kT$; $n_D = 10^{-3} N$; $n_A = 3 \cdot 10^{-4} N$; $N = N_C = N_V$.

Elektronenniveaus geschaffen werden, ohne daß die Gesamtzahl der unterzubringenden Elektronen vergrößert worden wäre. Die FERMI-Kante wird deshalb auf jeden Fall abgesenkt. Das hat aber eine schwächere Besetzung der Zustände im Leitungsband, also eine Verringerung der Leitungselektronenkonzentration zur Folge.

Ein volles Verständnis wird freilich auch erst wieder durch eine quantitative Behandlung möglich sein, und so sind in den Abb. VIII 6.11 und VIII 6.12 und VIII 6.13 und VIII 6.14 die Verhältnisse dargestellt, die sich ergeben, wenn in die Störstellenhalbleiter der Abb. VIII 6.1 bis VIII 6.4 noch Akzeptoren eingebracht werden, und zwar in Konzentrationen, die um eine halbe bzw. eine ganze Zehnerpotenz niedriger sind als die jeweilige Donatorenkonzentration. Die Neutralitätsforderung lautet dann

$$n_{A^-} + n = n_{D^+} + p. \qquad \text{(VIII 6.11)}$$

Aus den Abb. VIII 6.12 und VIII 6.14 sieht man, daß in beiden Fällen die Defektelektronendichte p praktisch gar keine Rolle spielt. Das FERMI-Niveau E_F liegt eben *so* hoch über den Zuständen des Valenzbandes, daß diese bis auf einen verschwindenden Rest alle besetzt sind

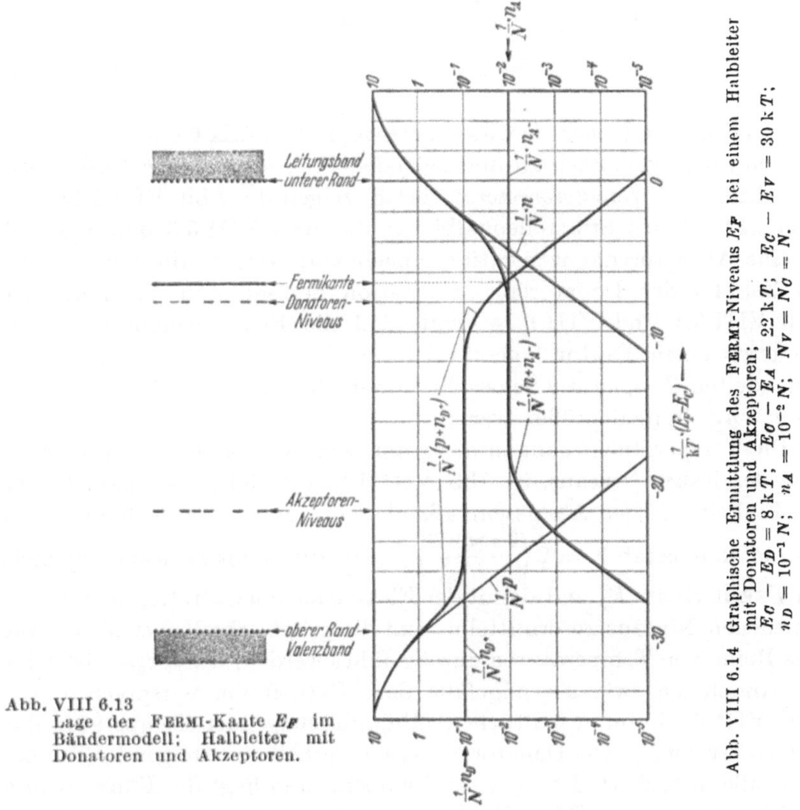

Abb. VIII 6.13
Lage der FERMI-Kante E_F im Bändermodell; Halbleiter mit Donatoren und Akzeptoren.

Abb. VIII 6.14 Graphische Ermittlung des FERMI-Niveaus E_F bei einem Halbleiter mit Donatoren und Akzeptoren; $E_C - E_D = 8\,kT$; $E_C - E_A = 22\,kT$; $E_C - E_V = 30\,kT$; $n_D = 10^{-1}N$; $n_A = 10^{-2}N$; $N_V = N_C = N$.

(s. Abb. VIII 6.11 bzw. VIII 6.13). Das gleiche gilt auch noch für die Akzeptoren, so daß für alle überhaupt in Frage kommenden Werte von E_F der Posten n_{A^-} in der Ladungsbilanz (VIII 6.11) konstant ist.

Wenn das Entsprechende auch für die Donatoren gilt, wenn also auch schon ohne Akzeptoren der Fall der *Donatorenerschöpfung* mit

$$n = n_{D^+} \approx n_D \quad \text{und mit} \quad E_F < E_D \qquad \text{(VIII 6.05)}$$

vorgelegen hat (Fall der Abb. VIII 6.1 und VIII 6.2, VIII 6.11 und VIII 6.12), dann ist die Giftwirkung der Akzeptoren auch quantitativ schnell zu übersehen. Der Akzeptorenzusatz schafft ja zusätzliche *tiefe* Niveaus, ruft deshalb auf jeden Fall eine Absenkung des FERMI-Niveaus hervor und verstärkt daher höchstens noch die Donatorenerschöpfung (s. S. 440, unten). Dann sind in der Ladungsbilanz (VIII 6.11) die beiden Posten n_{A^-} und n_{D^+} praktisch unabhängig von der Lage der FERMI-Kante E_F, und weiter ist der Posten p praktisch zu vernachlässigen. Es ergibt sich dann einfach

$$n = n_{D^+} - n_{A^-}$$

$$n \approx n_D - n_A \qquad \text{(VIII 6.12)}$$

an Stelle der einfachen Donatorenerschöpfung (VIII 6.05).

Den nicht so einfach zu übersehenden Fall, wo vor dem Einbringen der Akzeptoren *Donatorenreserve* vorlag, zeigen die Abb. VIII 6.13 und VIII 6.14; in den Störstellenhalbleiter der Abb. VIII 6.3 und VIII 6.4 ist eine Akzeptorenkonzentration eingebracht worden, die diesmal nur ein Zehntel der Donatorenkonzentration beträgt. Ein Vergleich der Abb. VIII 6.4 und VIII 6.14 zeigt, daß die Elektronenkonzentration um etwa einen Faktor 3 geschwächt wird, während bei dem vorher behandelten Beispiel die Schwächung nur $\frac{3}{2}$ betrug, obwohl das Verhältnis $n_A : n_D$ dreimal größer war.

Die Temperatur T geht in die graphische Konstruktion zur Ermittlung des FERMI-Niveaus, in Abb. VIII 6.12 beispielsweise, einmal über die Einheit $\mathrm{k}T$ des Abszissenmaßstabs ein, dann aber auch über den Ordinatenmaßstab $N = 2\left(\frac{2\pi m \mathrm{k} T}{h^2}\right)^{3/2}$. Um die Temperaturabhängigkeit der FERMI-Kante E_F und damit der Elektronenkonzentration in den verschiedenen Niveaus zu ermitteln, muß die graphische Konstruktion für eine Reihe von Temperaturen durchgeführt werden. Das Ergebnis[1] zeigt für Annahmen, wie sie ungefähr dem Germanium entsprechen, die Abb. VIII 6.15. Im wesentlichen fällt mit steigender Temperatur das FERMI-Niveau E_F. Die Donatoren werden deshalb mit steigender Temperatur alle dissoziiert. Bei höheren Temperaturen liegt die FERMI-Kante unabhängig von den Störstellenkonzentrationen n_D und n_A in der Bandmitte. Dies entspricht dem Zustand der Eigenleitung, der also bei genügend hohen Temperaturen in jedem Halbleiter eintritt, falls nicht

[1] Weitere derartige Untersuchungen siehe H. MÜSER: Z. Naturforsch. 5a (1950) 18. — SEILER, K.: Z. Naturforsch. 5a (1950) 393. — HUTNER, R. A., E. S. RITTNER u. F. K. DU PRÉ: Philips Res. Rep. 5 (1950) 188. — SHOCKLEY, W.: Electrons and Holes in Semiconductors, New York: D. van Nostrand 1950, S. 465ff.

vorher das Gitter schmilzt. [Siehe hierzu Gl. (VIII 5.25) und die Ausführungen S. 25.]

Zum Schluß dieses Abschnittes wollen wir noch einige Gleichungen zusammenstellen, die in der Theorie der Schaltelemente nützlich sind.

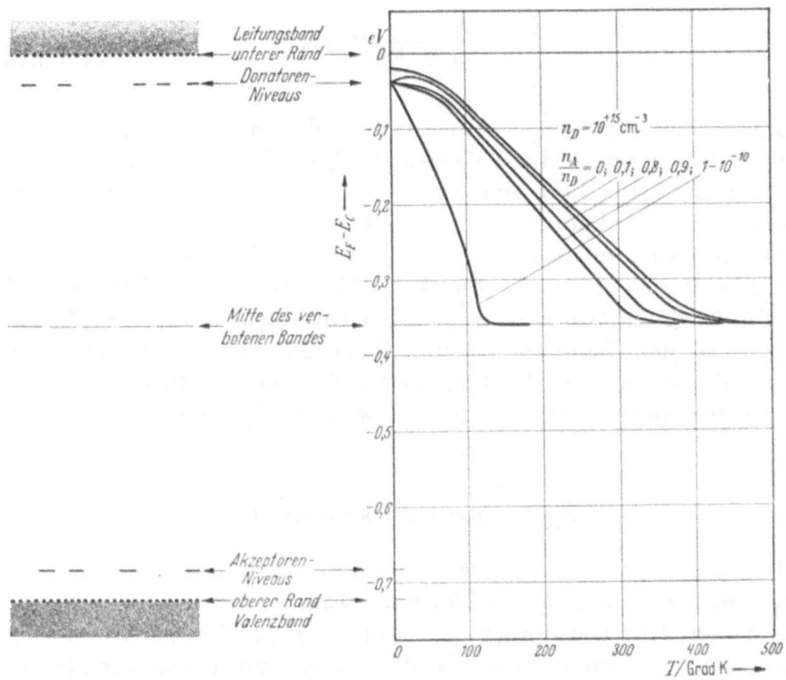

Abb. VIII 6.15 Temperaturabhängigkeit der Fermi-Kante E_F. Germanium mit 10^{15} Donatoren pro cm^3 und verschiedenem Akzeptorengehalt.

Ausgangspunkt sind die Beziehungen (VIII 5.20) und (VIII 5.21), aus denen

$$\ln \frac{n}{N_C} = -\frac{1}{kT}(E_C - E_F) \qquad \text{(VIII 6.13)}$$

$$\ln \frac{p}{N_V} = -\frac{1}{kT}(E_F - E_V) \qquad \text{(VIII 6.14)}$$

folgt. Die in kT gemessenen Abstände $E_C - E_F$ bzw. $E_F - E_V$ der Fermi-Kante E_F von den Bandrändern E_C bzw. E_V sind also ein logarithmisches Maß für die Konzentrationen n bzw. p. Häufig braucht man auch eine exponentielle Form dieser Beziehungen:

$$n = N_C \, e^{-\frac{1}{kT}(E_C - E_F)} \qquad \text{(VIII 6.131)}$$

$$p = N_V \, e^{-\frac{1}{kT}(E_F - E_V)} \qquad \text{(VIII 6.141)}$$

Allerdings schreibt man dann meistens unter Einführung des Inversionsniveaus E_i mit Hilfe von (VIII 5.27) bzw. (VIII 5.28)

$$n = n_i \, e^{+\frac{1}{kT}(E_F - E_i)} \qquad \text{(VIII 6.15)}$$

$$p = n_i \, e^{-\frac{1}{kT}(E_F - E_i)} . \qquad \text{(VIII 6.16)}$$

Liegt allerdings die FERMI-Kante nicht im verbotenen Gebiet, sondern beispielsweise im Valenzband ($E_F < E_V \rightarrow E_F - E_V < 0$), so würde aus (VIII 6.141) eine Defektelektronenkonzentration $p \geqq N_V$ folgen, und die Voraussetzung (VIII 5.19) für die Gültigkeit von (VIII 5.20) wäre nicht mehr erfüllt. Es liegt dann schon Entartung vor. Die Beziehungen (VIII 5.20), (VIII 5.21) bzw. (VIII 6.13) bis (VIII 6.16) gelten also nur mit größerer Genauigkeit, wenn die FERMI-Kante von den Bandrändern um einige kT entfernt bleibt. Dann können die Ergebnisse allerdings in die Sprache der Massenwirkungsgesetze übertragen werden, was gewisse Vorteile bietet.

d) Das Massenwirkungsgesetz

Die Berechnung der Konzentration der Leitungselektronen und damit zusammenhängend die Frage der Erschöpfung und der Reserve einer Störstellenart wurde ja schon im Kap. II, § 8, behandelt, und zwar mit den Hilfsmitteln der Reaktionsgleichungen und der Massenwirkungsgesetze.

Es mußte damals allerdings darauf hingewiesen werden, daß die Anwendung von Massenwirkungsgesetzen „genügende" Verdünnung des Elektronengases voraussetzt. Welche Verdünnung genügt, konnte quantitativ nicht präzisiert werden. Weiter konnte die angegebene Größe der Massenwirkungskonstanten nicht begründet werden.

Von dem gewonnenen Standpunkt ist zu den beiden Fragen folgendes zu sagen. Die Verdünnung des Elektronengases genügt für die Gültigkeit des Massenwirkungsgesetzes, sobald

$$n \ll N_C \qquad \text{(VIII 5.19)}$$

bleibt. Dann befinden wir uns nämlich in dem geradlinigen Teil des $n(E_F)$-Verlaufs der Abb. VIII 6.2, VIII 6.4, VIII 6.12 und VIII 6.14. Das bedeutet wegen der in diesen Abbildungen gewählten logarithmischen Auftragung von n die Gültigkeit der Näherung (VIII 5.21), die durch Auflösung nach der Konzentration n der Leitungselektronen

$$n = N_C\, e^{+\frac{1}{kT}(E_F - E_C)} \qquad \text{(VIII 6.17)}$$

ergibt[1].

Weiter entnehmen wir der Gl. (VIII 6.02)

$$\frac{n_D}{n_{D^\times}} = \frac{n_{D^+} + n_{D^\times}}{n_{D^\times}} = \frac{n_{D^+}}{n_{D^\times}} + 1 = \frac{1}{2}\, e^{\frac{1}{kT}(E_D - E_F)} + 1$$

bzw.

$$\frac{n_{D^+}}{n_{D^\times}} = \frac{1}{2}\, e^{\frac{1}{kT}(E_D - E_F)}. \qquad \text{(VIII 6.18)}$$

Multiplikation mit (VIII 6.17) ergibt

$$\frac{n_{D^+}\, n}{n_{D^\times}} = N_C\, e^{+\frac{1}{kT}(E_F - E_C)}\, \frac{1}{2}\, e^{-\frac{1}{kT}(E_D - E_F)}.$$

Hieraus folgt

$$\frac{n_{D^+}\, n}{n_{D^\times}} = \frac{1}{2}\, N_C\, e^{-\frac{1}{kT}E_{CD}} \qquad \text{(VIII 6.19)}$$

mit

$$E_{CD} = E_C - E_D > 0. \qquad \text{(VIII 6.20)}$$

Jetzt sehen wir, daß das von der Elektronenkonzentration n abhängige FERMI-Niveau E_F herausgefallen ist und daß mit einer konzentrationsunabhängigen Konstanten

$$K_{DC} = \tfrac{1}{2}\, N_C\, e^{-\frac{1}{kT}E_{CD}} \qquad \text{(VIII 6.21)}$$

das Massenwirkungsgesetz

$$n_{D^+}\, n = K_{DC}\, n_{D^\times} \qquad \text{(VIII 6.22)}$$

für die Reaktion

$$D^+ + \ominus \rightleftarrows D^\times \qquad \text{(VIII 6.23)}$$

gilt[2]. Die in dem Ausdruck (VIII 6.21) für die Massenwirkungskonstante K_{DC} auftretende „Ablösearbeit E_{CD} der Donatoren" ist diejenige Akti-

[1] Vergleichen wir (VIII 6.17) mit (VIII 1.44), so sehen wir, daß sich das Kontinuum der besetzbaren Zustände im Leitungsband effektiv verhält wie N_C Zustände pro cm³ mit einem einheitlichen Energieniveau E_C. Dies war für SHOCKLEY der Grund, für N_C die Bezeichnung „effektive Zustandsdichte" zu wählen. (Siehe W. SHOCKLEY: Electrons and Holes in Semiconductors, New York: D. van Nostrand 1950, S. 240.) Siehe hierzu auch Fußnote 1 auf S. 415.

[2] Außer diesem statistischen Beweis haben wir schon auf S. 66 einen kinetischen Beweis für das Massenwirkungsgesetz angedeutet, den wir im folgenden Kap. IX ausführlicher darstellen werden (s. S. 467). Schließlich kann das Massenwirkungsgesetz aus der allgemeinen Gleichgewichtsbedingung von Fußnote 1 auf S. 424

$$(\text{elektrochemisches Potential})_{\text{Phase I}} = (\text{elektrochemisches Potential})_{\text{Phase II}}$$

entnommen werden, wenn der in der Thermodynamik für das chemische Potential

vierungsenergie, die einem Elektron zugeführt werden muß, um es aus einem Donatorenniveau ins Leitungsband zu heben (s. Abb. VIII 6.16). Mit (VIII 5.19 und VIII 6.21) sind die auf S. 448 gestellten Fragen beantwortet worden.

Bei genügender Verdünnung des Defektelektronengases, also für

$$p \ll N_V, \tag{VIII 6.24}$$

können wir aus (VIII 5.20)

$$p = N_V \, e^{\frac{1}{kT}(E_V - E_F)} \tag{VIII 6.25}$$

entnehmen. Dividieren wir hier mit (VIII 6.18), so fällt wieder das FERMI-Niveau E_F heraus, und wir bekommen

$$\frac{n_{D^\times}}{n_{D^+}} p = K_{DV} = 2\, N_V \, e^{+\frac{1}{kT}(E_V - E_D)} = 2\, N_V \, e^{-\frac{1}{kT} E_{DV}} \tag{VIII 6.26}$$

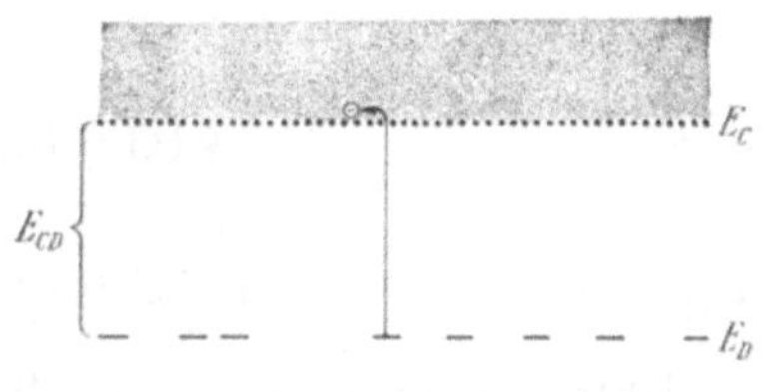

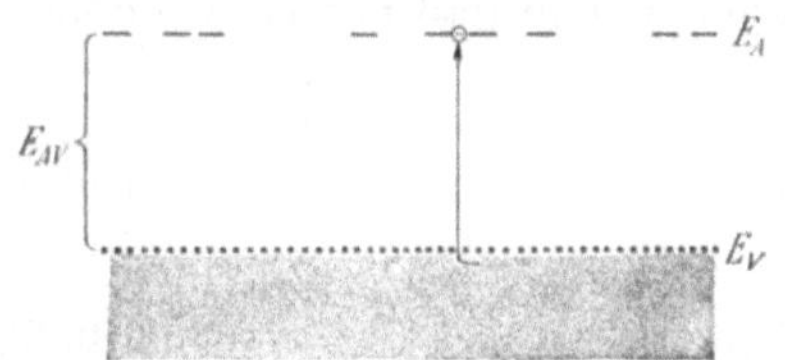

Abb. VIII 6.16 Aktivierungsenergien von Störstellen.

mit

$$E_{DV} = E_D - E_V > 0. \tag{VIII 6.27}$$

Das zugehörige Massenwirkungsgesetz

$$n_{D^\times}\, p = K_{DV}\, n_{D^+} \tag{VIII 6.28}$$

entspricht einem Defektelektronenaustausch

$$D^\times + \oplus \rightleftarrows D^+ \tag{VIII 6.29}$$

zwischen dem Donatorenniveau und dem Valenzband.

Für das Produkt der beiden Massenwirkungskonstanten K_{DC} und K_{DV} ergibt sich nach (VIII 6.21) und (VIII 6.26)

$$K_{DC} K_{DV} = \tfrac{1}{2} N_C \, e^{-\frac{1}{kT}(E_C - E_D)} \, 2\, N_V \, e^{-\frac{1}{kT}(E_D - E_V)}$$
$$= N_C \, N_V \, e^{-\frac{1}{kT}(E_C - E_V)}$$

und mit (VIII 5.23)

$$K_{DC}\, K_{DV} = n_i^2. \tag{VIII 6.30}$$

---

eines MAXWELL-Gases abgeleitete Ausdruck in diese Gleichgewichtsbedingung eingesetzt wird. Wegen der in der Thermodynamik unbestimmt bleibenden Konstante bei der Entropie bleibt aber die Konstante des Massenwirkungsgesetzes ebenfalls unbestimmt, solange nicht die Statistik herangezogen wird. Siehe hierzu W. WEIZEL: Theoretische Physik, Bd. I u. II, Berlin/Göttingen/Heidelberg: Springer 1955 u. 1958, S. 732, 733 u. 1488, bzw. mit Heranziehung der Statistik (Kap. VIII, § 6, e, S. 453).

Auch für die Akzeptoren und für die in Kap. II, § 6, und Kap. VIII, § 1, Absatz 1), besprochenen Doppeldonatoren gelten Massenwirkungsgesetze. Anknüpfend an (VIII 6.07) bzw. (VIII 1.75) bzw. (VIII 1.78) kann jeweils die entsprechende Argumentation wie eben bei den Donatoren durchgeführt werden. Sie liefert

für die Reaktion

$$A^- + \oplus \rightleftarrows A^\times \tag{VIII 6.31}$$

das Massenwirkungsgesetz

$$n_{A^-}\, p = K_{AV}\, n_{A^\times} \tag{VIII 6.32}$$

mit der Massenwirkungskonstante

$$K_{AV} = \tfrac{1}{2} N_V\, \mathrm{e}^{-\frac{1}{\mathrm{k}T}(E_A - E_V)} \tag{VIII 6.33}$$

bzw. für die Reaktion

$$D^{++}_{\text{doppel}} + \ominus \rightleftarrows D^{+}_{\text{doppel}} \tag{VIII 6.34}$$

das Massenwirkungsgesetz

$$n_{D^{++}}\, n = K_{D^{++}C}\, n_{D^+} \tag{VIII 6.35}$$

mit der Massenwirkungskonstante

$$K_{D^{++}C} = \tfrac{1}{2} N_C\, \mathrm{e}^{-\frac{1}{\mathrm{k}T}(E_C - E_{D^{++}})} \tag{VIII 6.36}$$

bzw. für die Reaktion

$$D^{+}_{\text{doppel}} + \ominus \rightleftarrows D^{\times}_{\text{doppel}} \tag{VIII 6.37}$$

das Massenwirkungsgesetz

$$n_{D^+}\, n = K_{D^+C}\, n_{D^\times} \tag{VIII 6.38}$$

mit der Massenwirkungskonstante

$$K_{D^+C} = 2 N_C\, \mathrm{e}^{-\frac{1}{\mathrm{k}T}(E_C - E_{D^+})}. \tag{VIII 6.39}$$

Die Massenwirkungskonstanten (VIII 6.21), (VIII 6.36) und (VIII 6.39) der 3 Elektronenreaktionen (VIII 6.23), (VIII 6.34) und (VIII 6.37) haben teils den Faktor $\frac{1}{2}$, teils den Faktor 2. Unter Zuhilfenahme der Abb. VIII 1.3, oben, und der Abb. VIII 1.4 und VIII 1.5 wird der Leser feststellen, daß die Reaktionen, bei denen der umpolbare Spin beim elektronenreicheren Zustand ist, den Faktor $\frac{1}{2}$ in der Massenwirkungskonstante haben; das sind die Reaktionen (VIII 6.23) und (VIII 6.34).

Umgekehrt hat die Reaktion (VIII 6.37) nach Abb. VIII 1.6 den umpolbaren Spin beim elektronenärmeren Zustand. Dazu gehört in der Massenwirkungskonstante (VIII 6.39) der Faktor 2. Bei den Defektelektronenreaktionen (VIII 6.29) und (VIII 6.31) kommt es darauf an, ob der umpolbare Spin beim *defekt*elektronenreicheren oder -ärmeren

Zustand ist. Dann führt aber wieder der Fall „reicher" auf den Faktor $\frac{1}{2}$ in der Massenwirkungskonstante und umgekehrt der Fall „ärmer" auf den Faktor 2.

Im übrigen können die Spinfaktoren $\frac{1}{2}$ und 2 in den Gln. (VIII 6.21), (VIII 6.26), (VIII 6.33), (VIII 6.36) und (VIII 6.39) wieder durch Benutzung der „effektiven" Störstellenniveaus (VIII 1.80), (VIII 1.82), (VIII 1.83) und (VIII 1.84) vermieden werden. Aus

$$K_{DV} = 2\,\boldsymbol{N}_V\, \mathrm{e}^{-\frac{1}{\mathrm{k}T}(E_V - E_D)} \tag{VIII 6.26}$$

wird z. B.

$$K_{DV} = \boldsymbol{N}_V\, \mathrm{e}^{\frac{1}{\mathrm{k}T}(E_V - E_D + \mathrm{k}T\ln 2)} \tag{VIII 6.40}$$

und mit (VIII 1.80)

$$K_{DV} = \boldsymbol{N}_V\, \mathrm{e}^{\frac{1}{\mathrm{k}T}(E_V - E_D^*)} = \boldsymbol{N}_V\, \mathrm{e}^{-\frac{1}{\mathrm{k}T}(E_D^* - E_V)}. \tag{VIII 6.41}$$

Entsprechend gilt

$$K_{DC} = \boldsymbol{N}_C\, \mathrm{e}^{-\frac{1}{\mathrm{k}T}(E_C - E_D^*)} \tag{VIII 6.42}$$

$$K_{AV} = \boldsymbol{N}_V\, \mathrm{e}^{-\frac{1}{\mathrm{k}T}(E_A^* - E_V)} \tag{VIII 6.43}$$

$$K_{D^{++}C} = \boldsymbol{N}_C\, \mathrm{e}^{-\frac{1}{\mathrm{k}T}(E_C - E_{D^{++}}^*)} \tag{VIII 6.44}$$

$$K_{D^+C} = \boldsymbol{N}_C\, \mathrm{e}^{-\frac{1}{\mathrm{k}T}(E_C - E_{D^+}^*)}. \tag{VIII 6.45}$$

An dem Beispiel des Halbleiters mit Donatoren *und* Akzeptoren wollen wir noch kurz andeuten, wie die Behandlung eines derartigen schon etwas komplizierteren Problems mit den Methoden der Reaktionskinetik[1] an Stelle eines rein statistischen Vorgehens aussieht.

Wir haben in diesem Fall die 3 Massenwirkungsgesetze

$$n_{D^+}\, n = K_{DC}\, n_{D^\times} \tag{VIII 6.22}$$

$$n_{A^-}\, p = K_{AV}\, n_{A^\times} \tag{VIII 6.32}$$

$$n\, p = n_i^2. \tag{I 3.04}$$

Dazu kommen 2 Störstellenbilanzen

$$n_{D^\times} + n_{D^+} = n_D \tag{VIII 6.46}$$

$$n_{A^\times} + n_{A^-} = n_A \tag{VIII 6.47}$$

und schließlich eine Neutralitätsbedingung

$$n_{A^-} + n = n_{D^+} + p. \tag{VIII 6.11}$$

[1] Siehe hierzu W. SCHOTTKY: Z. Elektrochem. 45 (1939) 33 und A. HOFFMANN in Bd. VI der „Halbleiterprobleme", herausgegeben von F. SAUTER, Braunschweig: Vieweg 1961, namentlich Abb. 19 von MORIN und BURTON auf S. 175.

Dies sind 6 Gleichungen für die 6 Unbekannten n, p, n_{D^+}, $n_{D^\times}$, n_{A^-} und $n_{A^\times}$, die dadurch „bestimmt", d. h. auf die Materialkonstanten K_{DC}, K_{AV}, n_i und auf die Gesamtstörstellengehalte n_D und n_A zurückgeführt werden.

e) Thermodynamische Ableitung der Massenwirkungsgesetze

Da wir von S. 398 bis 405 sowieso auf gewisse Beziehungen der Statistik zur Thermodynamik eingehen mußten, erfordert es nicht mehr allzu großen Aufwand, die Massenwirkungsgesetze — also z. B. (VIII 6.22) — von der Thermodynamik her abzuleiten. Solch eine Zurückführung auf „first principles" hat bereits an und für sich ihren Wert. Zugleich verlieren dabei aber die effektiven Niveaus E_D^*, E_A^*, ... den Charakter einer formalistischen Ausrede. Sie bekommen vielmehr als *konzentrationsunabhängiger Anteil des chemischen Potentials der betreffenden Störstellensorte* ihren tieferen Sinn, der auf weitere Verallgemeinerungen hinweist.

Die Thermodynamik liefert[1] als Gleichgewichtsbedingung für eine chemische Reaktion

$$D^+ + \ominus \rightleftarrows D^\times \tag{VIII 6.48}$$

mit den chemischen Potentialen μ die Gleichung

$$\mu_{D^+} + \mu_\ominus - \mu_{D^\times} = 0\,. \tag{VIII 6.49}$$

Für das chemische Potential $\mu_\ominus$ der Elektronen hat sich schon in Gl. (VIII 1.54) das FERMI-Niveau ergeben, das bei genügender Verdünnung

$$n \ll N_C \tag{VIII 5.19}$$

mit der Konzentration n der Elektronen gemäß (VIII 6.17) zusammenhängt, so daß wir finden:

$$\mu_\ominus = E_F = E_C + \mathrm{k}\,T \ln \frac{n}{N_C}\,. \tag{VIII 6.50}$$

Die chemischen Potentiale μ_{D^+} und $\mu_{D^\times}$ müssen wir dagegen noch berechnen, wobei wir an (VIII 1.51), (VIII 1.49) und (VIII 1.23) anknüpfen und zunächst die Anzahl W der Möglichkeiten ermitteln[2], die es für den Einbau von $N_{D^\times}$ neutralen Donatoren $D^\times$ in einem Kristall mit N_G gleichwertigen Gitterplätzen gibt.

Der Einbau des ersten Donators $D^\times$ ist auf N_G Weisen möglich. Für den Einbau des zweiten Donators stehen nur noch $N_G - 1$ Gitterplätze offen, für den Einbau des dritten nur noch $N_G - 2$ und für den Einbau des $N_{D^\times}$-ten nur noch $N_G - N_{D^\times} + 1$. Im ganzen gibt

---

[1] Siehe z. B. R. BECKER: Theorie der Wärme, Berlin/Göttingen/Heidelberg: Springer 1955, S. 56 u. 57, Gln. (20.2) u. (20.7).

[2] Wir gehen hier also doch wieder statistisch vor! Der Ausgangspunkt (VIII 6.49) der jetzigen Ableitung ist aber thermodynamischer Natur.

das $N_G(N_G-1)(N_G-2)\ldots(N_G-N_{D^\times}+1)=N_G!/(N_G-N_{D^\times})!$ Konfigurationen, von denen sich aber immer Serien von $N_{D^\times}!$ Konfigurationen nur durch Vertauschung der $D^\times$ untereinander unterscheiden. Diese sind nicht als statistisch verschieden zu betrachten, so daß sich die Zahl der Einbaumöglichkeiten für $N_{D^\times}$ Donatoren in einen Kristall mit N_G Gitterplätzen zu

$$\frac{N_G!}{(N_G-N_{D^\times})!\,N_{D^\times}!} \tag{VIII 6.51}$$

ergibt[1]. In jedem neutralen Donator sitzt nun aber noch ein umpolbarer Elektronenspin. Das erhöht die Zahl der Realisierungsmöglichkeiten um den Faktor $2^{N_{D^\times}}$, so daß wir schließlich für die Zahl der Realisierungsmöglichkeiten eines Kristalls mit N_G Gitterplätzen und $N_{D^\times}$ neutralen Donatoren

$$W=2^{N_{D^\times}}\frac{N_G!}{(N_G-N_{D^\times})!\,N_{D^\times}!} \tag{VIII 6.52}$$

erhalten.

Weiter bezeichnen wir die Arbeit zum Einbau eines neutralen Donators $D^\times$ mit $E_{D^\times}$ und setzen „genügende Verdünnung" der Donatoren im Wirtsgitter voraus, so daß sich der Einbau der $N_{D^\times}$ Donatoren nicht gegenseitig stört. Dann ergibt sich mit (VIII 1.49), (VIII 1.23) und (VIII 6.52) für die freie Energie der $N_{D^\times}$ Donatoren im Kristall

$$\begin{aligned} F=U-TS&=N_{D^\times}E_{D^\times}-\mathrm{k}T\ln\left\{2^{N_{D^\times}}\frac{N_G!}{(N_G-N_{D^\times})!\,N_{D^\times}!}\right\}\\ &=N_{D^\times}E_{D^\times}-\mathrm{k}T\,\{N_{D^\times}\ln 2+\ln N_G!-\ln(N_G-N_{D^\times})!-\ln N_{D^\times}!\}. \end{aligned} \tag{VIII 6.53}$$

Mit (VIII 1.51) und der STIRLINGschen Formel (VIII 1.16) kommt schließlich

$$\begin{aligned} \mu_{D^\times}&=\left(\frac{\partial F}{\partial N_{D^\times}}\right)_{\substack{T=\mathrm{const}\\ V=\mathrm{const}}}\\ &=E_{D^\times}-\mathrm{k}T\,\{\ln 2+0+\ln(N_G-N_{D^\times})-\ln N_{D^\times}\}. \end{aligned} \tag{VIII 6.54}$$

Wir setzen genügende Verdünnung der Donatoren $D^\times$ im Wirtsgitter voraus:

$$N_{D^\times}\ll N_G \tag{VIII 6.55}$$

und erhalten

$$\mu_{D^\times}=E_{D^\times}-\mathrm{k}T\ln 2+\mathrm{k}T\ln\frac{N_{D^\times}}{N_G}. \tag{VIII 6.56}$$

---

[1] Wir hätten uns auch auf (VIII 1.05) berufen können; dort handelt es sich um die Verteilung von N_j Elektronen auf Z_j Zellen, hier um die Verteilung von $N_{D^\times}$ neutralen Donatoren auf N_G Gitterplätze.

Erweitern wir unter dem Logarithmus mit dem reziproken Kristallvolumen V^{-1}, so kommen statt der absoluten Zahlen $N_{D^\times}$ und N_G die räumlichen Dichten $n_{D^\times}$ und n_G der neutralen Donatoren und der Gitterplätze:

$$\mu_{D^\times} = E_{D^\times} - \mathrm{k}T\ln 2 + \mathrm{k}T\ln\frac{n_{D^\times}}{n_G}. \qquad \text{(VIII 6.57)}$$

Die entsprechenden Überlegungen lassen sich nun für die dissoziierten Donatoren D^+ anstellen und ergeben

$$\mu_{D^+} = E_{D^+} + \mathrm{k}T\ln\frac{n_{D^+}}{n_G}. \qquad \text{(VIII 6.58)}$$

Ein Glied $-\mathrm{k}T\ln 2$ tritt hier nicht auf, weil an den D^+ ein umpolbarer Elektronenspin nicht vorhanden ist. Jetzt können wir mit (VIII 6.58), (VIII 6.57) und (VIII 6.50) in (VIII 6.49) eingehen und erhalten

$$E_{D^+} + \mathrm{k}T\ln\frac{n_{D^+}}{n_G} + E_C + \mathrm{k}T\ln\frac{n}{N_C} - (E_{D^\times} - \mathrm{k}T\ln 2) - \mathrm{k}T\ln\frac{n_{D^\times}}{n_G} = 0, \qquad \text{(VIII 6.59)}$$

$$\ln\frac{n_{D^+}\, n\, n_G}{n_G\, N_C\, n_{D^\times}} = \frac{1}{\mathrm{k}T}(E_{D^\times} - \mathrm{k}T\ln 2) - E_{D^+} - E_C. \qquad \text{(VIII 6.60)}$$

Hieraus folgt sofort das Massenwirkungsgesetz

$$\frac{n_{D^+}\, n}{n_{D^\times}} = N_C\, \mathrm{e}^{-\frac{1}{\mathrm{k}T}(E_C - E_D^*)}, \qquad \text{(VIII 6.61)}$$

wobei wir das „effektive" Donatorniveau

$$E_D^* = (E_{D^\times} - \mathrm{k}T\ln 2) - E_{D^+} \qquad \text{(VIII 6.62)}$$

eingeführt haben. E_D^* stellt sich also heraus als Differenz der konzentrationsunabhängigen Anteile der chemischen Potentiale (VIII 6.57) und (VIII 6.58).

Das Glied $-\mathrm{k}T\ln 2$ ist nun ein expliziter Hinweis darauf, daß eine genauere Diskussion des „Hereinbringens" eines neutralen oder geladenen Donators von „außen" in das Gitter ergeben würde, daß es sich bei $E_{D^\times}$, bei E_{D^+} und auch E_C nicht um Energien, sondern um freie Energien handelt und daß bei dem Versuch einer Berechnung entsprechende Entropieanteile TS zu berücksichtigen sind. Die einzelnen Schritte beim Hereinbringen müssen dabei zwischen thermischen Gleichgewichtszuständen vorgenommen werden, damit sie überhaupt genügend definiert sind. Zu einem solchen Gleichgewichtszustand gehört auch ein der Temperatur T entsprechender Schwingungszustand des Gitters um die Störstelle herum, der namentlich in Ionengittern vom Ladungszustand der Störstelle beeinflußt werden wird. Hierdurch entstehen auch die Unterschiede zwischen optischen Aktivierungsenergien und thermischen

Ablösearbeiten in Ionengittern, da die optischen Anregungsprozesse wegen ihrer Schnelligkeit bei fester Lage der Ionen vor sich gehen, während die thermischen Ablösearbeiten durch Differenzbildungen zwischen thermischen Gleichgewichtszuständen definiert sind[1].

Man sieht also, daß das Arbeiten mit den effektiven Niveaus E_D^*, E_A^*, $E_{D^+}^*$ und $E_{D^{++}}^*$ eigentlich das Natürlichere ist und daß die Temperaturabhängigkeit dieser Niveaus, die scheinbar als Schönheitsfehler erst durch den Übergang von den Niveaus E_D zu den effektiven Niveaus E_D^* hereingebracht wird, in Wirklichkeit der Sache untrennbar verbunden ist. Ein experimenteller Hinweis ist ja die bekannte Temperaturabhängigkeit der Bandbreite $E_C - E_V$ in Germanium oder in Silizium. Von diesem Standpunkt ist die ganze Unterscheidung zwischen den Verteilungsfunktionen f_{Don} und f_{Akz} für Donatoren und Akzeptoren und das Mitschleppen von expliziten Spinfaktoren eine überflüssige und dem Sinn der Sache nicht entsprechende Umständlichkeit. Sie wurde nur vorgenommen, um sich nicht allzu weit von der in der Literatur üblichen Betrachtungsweise zu entfernen.

Im übrigen verlangt eine von der Thermodynamik ausgehende saubere Störstellenstatistik einen erheblich größeren Aufwand an definitorischer Schärfe und Ausführlichkeit der Darstellung, als hier getrieben werden kann. Der Leser sei hierfür auf die verschiedenen Darstellungen von W. SCHOTTKY hingewiesen[2].

§ 7. Komplikationen bei großen Störstellenkonzentrationen

Wenn mit den in § 6 geschilderten Methoden die Konzentrationen n und p der beweglichen Ladungsträger ermittelt worden sind, liegt es nahe, die Temperaturgänge dieser Größen mit der entsprechenden Abhängigkeit der Leitfähigkeit σ selbst zu identifizieren. Hier ist aber eine gewisse Vorsicht am Platze, denn die Beweglichkeiten μ_n oder μ_p hängen ihrerseits auch wieder von der Temperatur T ab.

Diese Abhängigkeiten haben im allgemeinen[3] den Charakter $T^{-1,5} \ldots T^{-2,5}$; sie sind also im Vergleich zu den exponentiellen Temperaturgängen der Trägerkonzentration im Reservegebiet weniger wichtig, und so hat die erwähnte Schlußweise häufig bei Größenordnungsbetrachtungen ihre Berechtigung.

Allerdings beobachtet man bei relativ großen Störstellenkonzentrationen $10^{15} \cdots 10^{19}\,\text{cm}^{-3}$ und sehr tiefen Temperaturen $< 10\,^\circ\text{K}$

[1] Hierzu siehe auch Kap. II, § 4, Schluß, S. 48 ff.

[2] SCHOTTKY, W., H. ULICH u. C. WAGNER: Thermodynamik, Berlin: Springer 1929, S. 377—380. — SCHOTTKY, W.: Z. Elektrochem. 45 (1939) 33. — SCHOTTKY, W.: Halbleiterprobleme, Bd. I, Braunschweig: Vieweg 1954, S. 139.

[3] Für Germanium und Silizium s. z. B. E. M. CONWELL: Proc. IRE 46 (1958) 1281, besonders Tabelle II auf S. 1284.

Leitungsvorgänge, bei denen die Beweglichkeit nicht wie $T^{-1,5} \ldots T^{-2,5}$ abnimmt, sondern im Gegenteil mit der Temperatur wächst und dies sogar exponentiell. Es handelt sich bei diesen Vorgängen wahrscheinlich um folgende Mechanismen[1]:

Bei Konzentrationen 10^{15} cm^{-3} sind die einzelnen Donatoren im Mittel nur noch 10^{-5} cm $\approx$ 1000 Å $\approx$ 200 Gitterkonstanten voneinander entfernt. Wenn nicht alle Donatoren von Elektronen besetzt sind, so werden unter dem Einfluß der thermischen Gitterschwingungen die Elektronen gelegentlich zu benachbarten leeren Störstellen hinüberwechseln. Für die Häufigkeit dieser Prozesse wird man eine Temperaturabhängigkeit $\exp(-E/kT)$ erwarten, wobei der Exponent ein Maß für eine Art Aktivierungsenergie E ist. Bei diesem Hüpfen der Elektronen werden alle Richtungen statistisch gleichberechtigt sein. Ein elektrisches Feld wird in dieses unregelmäßige Gewimmel ein gemeinsames Driften hineinbringen und dadurch einen Stromtransport mit einer exponentiell mit der Temperatur steigenden Beweglichkeit erzeugen.

Elektrische Leitung nicht auf Grund eines Wanderns von freien Elektronen in einem Leitungsband, sondern auf Grund eines Hüpfens von gebundenen Elektronen von Ion zu Ion findet man sonst noch bei den sog. „Offenbandhalbleitern", also bei NiO und verwandten Materialien[2] und auch in organischen Halbleitern. Eine quantitative Beschreibung der Störstellenleitung bahnt sich in den Arbeiten von Kasuya[3], Kasuya und Koide[4], Miller und Abrahams[5] und von Pollak und Geballe[6] an sowie in den Arbeiten über die Offenbandhalbleiter[2].

Bei größeren Störstellenkonzentrationen ($3 \cdot 10^{17}$ cm^{-3}) überlappen sich die Wellenfunktionen der an die einzelnen Störstellen gebundenen Elektronen in solchem Maße, daß die diskreten Energieniveaus zu einem Band aufspalten und die Elektronenbewegung wieder als Wandern in einem „Störstellenband" beschrieben werden muß. Das Aufspalten des Störstellenbandes kann schließlich (vielleicht ab 10^{19} cm^{-3}) solches

---

[1] Siehe z. B. Fritzsche, H.: J. Phys. Chem. Solids 6 (1958) 69—80. — Fritzsche, H.: Phys. Rev. 119 (1960) 1899; 125 (1962) 1552. — Fritzsche, H., u. M. Cuevas: Proc. Int. Conf. Semiconductor Physics, Exeter 1962, S. 29.

In diesem Konferenzbericht finden sich übrigens noch weitere Arbeiten über Halbleiter mit sehr starker Dotierung:

Bonch-Bruevich, V. L.: S. 216, Wolff, P. A.: S. 220, Conwell, E. M., u. B. W. Levinger: S. 227, Kane, E. O.: S. 252.

[2] Siehe Kap. VII, § 11, S. 386 ff.

[3] Kasuya, T.: J. phys. Soc., Jap. 13 (1958) 1096.

[4] Kasuya, T., u. S. Koide: J. phys. Soc., Jap. 13 (1958) 1287.

[5] Miller, A., u. E. Abrahams: Phys. Rev. 120 (1960) 745.

[6] Pollak, M., u. T. H. Geballe: Phys. Rev. 122 (1961) 1742.

Ausmaß annehmen, daß Überlappung mit dem eigentlichen Leitungsband eintritt. Die Ablösearbeit der Donatoren geht dann nach Null[1], und in den sich überlappenden Störstellen- und Leitungsbändern bewegt sich ein FERMI-Gas mit dem FERMI-Niveau E_F über der unteren Bandkante E_C, wodurch der Halbleiter metallischen Charakter bekommt.

Durch dieses Verschwinden der Ablösearbeit der Donatoren bei großen Donatorenkonzentrationen n_D tritt auch ein ganz anomaler Gang des Besetzungsverhältnisses n_{D^+}/n_D mit n_D auf. Zu Beginn des Abschn. c) des § 6 auf S. 442 wurde ja geschildert, wie mit steigender Donatorenkonzentration n_D das FERMI-Niveau E_F steigt und am Donatorenniveau E_D vorbeigeht und wie dabei die Donatorenerschöpfung in Donatorenreserve umschlägt. Wenn aber bei einer solchen Steigerung der Dotierung n_D die Ablösearbeit E_{CD} der Donatoren durch Überlappung von Störleitungs- und Leitungsband nach Null geht, dann bleiben alle Donatoren dissoziiert, auch wenn das FERMI-Niveau E_F über das Donatorenniveau E_D gestiegen ist, weil eben das diskrete Donatorenniveau E_D für die großen Störstellendichten seine Bedeutung verloren hat. Diese Verhältnisse liegen bei den Donatoren und Akzeptoren der III. und V. Gruppe in Silizium und Germanium vor. Gerade bei diesen in den letzten 15 Jahren am meisten beachteten Störstellen kann also der von der früheren Halbleiterphysik so betonte Wechsel zwischen Störstellenreserve und -erschöpfung zwar beim *Temperaturgang* der Trägerkonzentration beobachtet werden[2], aber nicht bei der Abhängigkeit von der *Dotierungskonzentration*[1].

Bei der Anwendung der Massenwirkungsgesetze muß also erstens immer beachtet werden, daß die Konzentrationen aller beteiligten Partikelsorten unter den Entartungskonzentrationen N_C bzw. N_V bleiben. Zweitens ist zu prüfen, ob sich nicht etwa die Ablösearbeit der Störstellen infolge zu hoher Störstellendichte geändert hat. Beide Gesichtspunkte bekommen in den starkdotierten sog. Tunneldioden[3] Bedeutung. Das gleiche gilt für die GaAs-Laser-Dioden[4].

---

[1] PEARSON, G. L., u. J. BARDEEN: Phys. Rev. 75 (1949) 865, namentlich Abb. 11, S. 876.

[2] Siehe z. B. A. HOFFMANN in Bd. VI der „Halbleiterprobleme", herausgegeben von F. SAUTER, Braunschweig: Vieweg 1961, namentlich Abb. 19 von MORIN u. BURTON auf S. 175.

[3] Siehe z. B. R. GREMMELMAIER in „Festkörperprobleme I" herausgegeben von F. SAUTER, Braunschweig: Vieweg 1962, S. 20—37. Der Erfinder der Tunneldiode ist L. ESAKI: Phys. Rev. 109 (1959) 603.

[4] BERNARD, M., u. G. DURAFFOURG: Phys. Stat. Sol. 1 (1961) 699. — HALL, R. N., G. E. FENNER, J. D. KINGSLEY, T. J. SOLTYS u. R. O. CARLSON: Phys. Rev. Letters 9 (1962) 366. — NATHAN, M. I., W. P. DUMKE, G. BURNS, F. H. DILL u. G. J. LASHER: Appl. Phys. Letters 1 (1962) 62. — QUIST, T. M., R. H. REDIKER, R. J. KEYES, W. E. KRAG, B. LAX, A. L. MCWHORTER u. H. J. ZEIGER: Appl. Phys. Letters 1 (1962) 91.

Kapitel IX

Rekombinationsmechanismen in elektronischen Halbleitern

Die Elektronen- und Löcherkonzentrationen in einem elektronischen Halbleiter haben keinen statischen Charakter wie etwa das Gewicht eines Körpers oder die Ladung eines Plattenkondensators. Sie stellen sich vielmehr auf Grund eines statistischen Gegeneinanders von Neuerzeugungs- und Wiedervereinigungsprozessen ein[1], und nur im Falle des thermischen Gleichgewichts sind die Neuerzeugungs- und die Wiedervereinigungsrate für jede Teilchensorte gerade einander gleich. Dieses Gegeneinander von Neuerzeugung und Rekombination hat sich schon für den stationären Zustand eines *pn*Übergangs als wichtig erwiesen[2] und spielt natürlich erst recht für das — in diesem Buche allerdings nicht behandelte — Wechselstromverhalten eines *pn*Übergangs eine große Rolle. Es ist daher verständlich, daß die Neuerzeugungs- und Rekombinationsmechanismen intensiv untersucht worden sind.

Bei einem Rekombinationsakt fällt ein Elektron aus dem Leitungsband herunter in das Valenzband. Die frei werdende Energie kann umgesetzt werden

in elektromagnetische Strahlung,

„strahlender" Übergang = Photonenemission,
der Übergang ist entweder „direkt" mit Erhaltung der k-Zahl[3] oder „indirekt" mit zusätzlicher Emission oder Absorption eines Phonons[3],

oder

in Gitterschwingungen,

„strahlungsloser" Übergang = Phononenvielfachprozeß,
die Energie eines einzelnen Phonons ist zu gering, so daß zur Aufnahme der Energie viele Phononen gebraucht werden[4],

---

[1] Siehe auch Kap. I, § 3, S. 25 ff. u. Kap. II, § 8, S. 66 ff.
[2] Siehe Kap. IV, § 7, S. 140.
[3] Siehe hierzu S. 344 ff.
[4] Siehe hierzu S. 461, 462 oben.

oder

in kinetische Energie eines Leitungs- oder Defektelektrons,

„AUGER-Prozeß“ = Dreierstoß,
an dem Vorgang ist außer dem rekombinierenden Elektron-Loch-Paar noch ein drittes Leitungs- oder Defektelektron beteiligt.

Weiter kann der Übergang des Elektrons vom Leitungs- ins Valenzband

in einem einzigen Schritt quer über das verbotene Band

erfolgen oder

in 2 Schritten über ein Zwischenniveau, das von einer Störstelle im verbotenen Band erzeugt wird[1]

oder

in 3 Schritten über 2 Zwischenniveaus, die von einem Donator-Akzeptor-Paar im verbotenen Band erzeugt werden.

Dieser Prozeß wird meistens als das Einfangen eines Leitungselektrons durch einen Donator und eines Defektelektrons durch einen benachbarten Akzeptor beschrieben. Der dritte Schritt besteht in der gegenseitigen Vernichtung des gebundenen Leitungs- und des gebundenen Defektelektrons, wofür Voraussetzung ist, daß sich ihre Wellenfunktionen genügend überlappen. Deshalb müssen die an dem Prozeß beteiligten beiden Störstellen benachbart sein.

Hiernach ergeben sich neun verschiedene Rekombinationsmechanismen. Sie sind in realen Halbleitern und Phosphoren von recht unterschiedlicher Bedeutung, die von Stoff zu Stoff und außerdem mit der Temperatur stark wechselt. In grober Schematisierung ergibt sich folgende Tabelle mit doppeltem Eingang

[1] Zwischenniveaus können schließlich auch durch „Exzitonenzustände“ erzeugt werden. Siehe hierzu S. 34f. u. 53 (Fußnote 12) und insbesondere H. HAKEN in „Halbleiterprobleme“, Bd. IV, Braunschweig: Vieweg 1958, S. 30ff.

Rekombinationsvorgänge über Exzitonenniveaus wurden bei Ge und Si beobachtet von G. G. MACFARLANE, T. P. MCLEAN, J. E. QUARRINGTON u. V. ROBERTS: Phys. Rev. 108 (1957) 1377; Phys. Rev. 111 (1958) 1245 u. Proc. Phys. Soc. Lond. B 71 (1958) 863.

Neben dem Grundzustand und den angeregten Niveaus des freien, beweglichen Exzitons können auch die Niveaus von solchen Exzitonen ins Spiel kommen, die an einen Donator oder einen Akzeptor gebunden sind und „Komplexe“ darstellen, die eine gewisse Analogie zum Wasserstoffmolekül-Ion H_2^+ oder dem negativen Wasserstoff-Ion H^- aufweisen. Siehe hierzu:

LAMPERT, M. A.: Phys. Rev. Letters 1 (1958) 450. — HAYNES, J. R.: Phys. Rev. Letters 4 (1960) 361. — THOMAS, D. G., u. J. J. HOPFIELD: Phys. Rev. 128 (1962) 2135. — THOMAS, D. G., M. GERSHENZON u. J. J. HOPFIELD: Phys. Rev. 131 (1963) 2397. — YAFET, Y., u. D. G. THOMAS: Phys. Rev. 131 (1963) 2405.

	Übergang in einem Schritt ohne Störstellenniveau	Übergang in zwei Schritten über ein Störstellenniveau	Übergang in drei Schritten über die Störstellenniveaus eines benachbarten Donator-Akzeptor-Paares
Strahlender Übergang [Photonenemission evtl. ±1 Phonon]	„Halbleiter" schmaler Bandbreite, in denen der direkte Übergang erlaubt[1] ist. Insbesondere III-V-Verbindungen	„Phosphore" mit großer Bandbreite	„Kantenemission" in ZnS[3], SiC[4] und GaP[5]
Strahlungsloser Übergang [Phononen-Vielfach-Prozeß[2]]	Nicht beobachtet	Technische „Halbleiter" Insbesondere Ge und Si	Nicht beobachtet
AUGER-Prozeß [Dreierstoß]	Halbleiter mit schmaler Bandbreite. Hohe Temperatur. Große Trägerkonzentrationen	Spezielle Haftstellen als Rekombinationszentren[6]	Nicht beobachtet

Von all diesen Prozessen behandeln wir im folgenden nur die strahlungslosen Übergänge über Störstellenniveaus und die strahlenden Übergänge von Band zu Band. Für die anderen Prozesse verweisen wir auf die Literatur[7].

Der für technische Halbleiter bei weitem wichtigste Prozeß sind die strahlungslosen Übergänge über Störstellenniveaus. Dieser Prozeß

---

[1] Siehe S. 344.

[2] Siehe S. 461, 462 oben.

[3] WILLIAMS, F. E.: J. Phys. Chem. Solids 12 (1960) 265. — APPLE, E. F., u. F. E. WILLIAMS: J. Electrochem. Soc. 106 (1959) 224.

[4] CHOYKE, W. J., D. R. HAMILTON u. L. PATRICK: Phys. Rev. 117 (1960) 1430. — PATRICK, L.: Phys. Rev. 117 (1960) 1439.

[5] HOPFIELD, J. J., D. G. THOMAS u. M. GERSHENZON: Phys. Rev. Letters 10 (1963) 162. — THOMAS, D. G., M. GERSHENZON u. F. A. TRUMBORE: Phys. Rev. 133 A (1964) S. A 269.

[6] HORNBECK, J. A., u. J. R. HAYNES: Phys. Rev. 97 (1955) 311. — HAYNES, J. R., u. J. A. HORNBECK: Phys. Rev. 100 (1955) 606. Hier bestehen Zusammenhänge mit dem Sauerstoffgehalt im Silizium. Siehe W. KAISER, H. L. FRISCH u. H. REISS: Phys. Rev. 112 (1958) 1546, insbesondere S. 1548.

[7] Siehe z. B. J. S. BLAKEMORE: Semiconductor Statistics, Oxford/London/New York/Paris: Pergamon Press 1962, u. R. H. BUBE: Photoconductivity of Solids, New York/London: J. Wiley 1960.

wird deshalb im 1. Teil in seiner Kinetik einigermaßen[1] ausführlich besprochen. Für die Theorie des dabei zu Grunde liegenden Elementaraktes — des Einfangens eines ⊖ durch ein D^+ beispielsweise — verweisen wir auf M. LAX[2], der gezeigt hat, daß die vielen Phononen, die emittiert werden müssen, um die Energie des eingefangenen Elektrons zu dissipieren, nicht auf einmal ausgesandt werden. Das wäre auch als Vielfachstoß ein recht unwahrscheinlicher Prozeß. Das Elektron wird vielmehr erst in einer weiten Außenbahn[3] des D^+ eingefangen. Aus diesem hoch angeregten Zustand des dann schon vorliegenden $D^\times$ fällt es unter häufiger Aussendung eines Phonons über angeregte Zwischenzustände in den Grundzustand des $D^\times$, womit der Einfangprozeß beendet ist (multiphonon process).

Im 2. Teil beschäftigen wir uns mit den strahlenden Übergängen. Für die Kinetik dieses Prozesses können wir auf Kap. I, § 3, zurückgreifen, wo bereits der Ausdruck (I 3.06) für den Rekombinationsüberschuß abgeleitet wurde. Auch für den Elementarprozeß können wir — wenigstens z. T. — auf frühere Ausführungen verweisen, nämlich auf Kap. VII, § 8, wo die Übergangswahrscheinlichkeit (VII 8.41) für direkte Übergänge abgeleitet wurde. Indirekte Übergänge mit Phononenemission oder -absorption wurden von BARDEEN, BLATT und HALL behandelt[4]. In beiden Fällen ist zu einer Auswertung die Berechnung von Matrixelementen — z. B. von (VII 8.38) — notwendig. Dazu muß man aber die Eigenfunktionen $\psi_n(\mathfrak{r})$ des Kristallelektrons kennen.

Mit größerer Sicherheit kann die Häufigkeit der strahlenden Übergänge aus Absorptionsmessungen ermittelt werden, wenn nach VAN ROOSBROECK und SHOCKLEY das Prinzip des detaillierten Gleichgewichts angewendet wird[5]. Diese Überlegungen schildern wir in den §§ 7 und 8. Die Berechnung der Lebensdauer erfolgt in § 9.

Am Schluß dieser Übersicht über Kap. IX wollen wir noch einige Voraussetzungen erwähnen, die in den folgenden Ausführungen laufend benutzt werden, ohne daß das sehr deutlich in Erscheinung tritt. Die erste dieser Voraussetzungen besagt, daß die Leitungs- und die Defektelektronen und die Licht- und die Schallquanten, daß alle diese 4 Teil-

---

[1] Es muß aber außerdem nachdrücklich auf die Spezialliteratur verwiesen werden, z. B. auf J. S. BLAKEMORE: Semiconductor Statistics, Oxford/London/New York/Paris: Pergamon Press 1962.

[2] LAX, M.: Phys. Rev. 119 (1960) 1502.

[3] Siehe Kap. II, § 5, S. 51 ff.

[4] BARDEEN, J., F. J. BLATT u. L. H. HALL: Photoconductivity Conference New York/London: J. Wiley 1956, S. 146. — Siehe auch R. J. ELLIOTT: Phys. Rev. 108 (1957) 1384. — G. G. MCFARLANE, T. P. MCLEAN, J. E. QUARRINGTON u. V. ROBERTS: Phys. Rev. 108 (1957) 1377; 111 (1958) 1245; Proc. Phys. Soc. Lond. B 71 (1958) 863.

[5] VAN ROOSBROECK, W., u. W. SHOCKLEY: Phys. Rev. 94 (1954) 1558.

chengesamtheiten dieselbe Temperatur T haben[1]. Weiter wird vorausgesetzt, daß jede dieser Teilchengesamtheiten unter sich im thermischen Gleichgewicht ist. Deshalb darf für die Licht- und die Schallquanten die BOSEsche Verteilungsfunktion angesetzt werden, was wir z. B. in § 7 für das Lichtquantengas tun werden [s. (IX 7.21) und (IX 7.22)]. Deshalb darf weiter für die Leitungs- und die Defektelektronen FERMIsche Verteilung auf die einzelnen Energieniveaus vorausgesetzt werden, was z. B. in § 1 implizit geschieht, wenn die für das Gleichgewicht geltenden Werte der Wiedervereinigungskoeffizienten auch für Nichtgleichgewichtszustände als gültig angenommen werden[2]. Für die FERMIsche Verteilungsfunktion braucht man das jeweilige elektrochemische Potential $E_F^{(n)}$ oder $E_F^{(p)}$, dessen Existenz aber bei dem vorausgesetzten „internen" Gleichgewicht der Leitungs- und Defektelektronen gesichert ist.

Die Abweichung vom thermischen Gleichgewicht besteht einzig und allein darin, daß $E_F^{(n)} \neq E_F^{(p)}$ ist, daß also die Konzentrationswerte n und p nicht „zueinander passen", so daß sie das Massenwirkungsgesetz

$$n\,p = n_i^2 \tag{I 3.04}$$

nicht erfüllen. Die Situation erinnert an Kap. VIII, § 4, wo an verschiedenen Stellen x jeweils thermisches Gleichgewicht „am Orte" vorausgesetzt wurde, die Konzentrationen an verschiedenen Orten aber nicht „zueinander paßten", so daß $E_F^{(n)}(x_1) \neq E_F^{(n)}(x_2)$ war.

1. Teil. Rekombination und Neuerzeugung über Rekombinationszentren. Das Modell von HALL und von SHOCKLEY und READ[3]

In § 1 werden wir zunächst noch einmal den Elektronenaustausch zwischen einer Donatorensorte D und dem Leitungsband darstellen. Die Begriffe Wiedervereinigungskoeffizient r_D, Wirkungsquerschnitt $\sigma_n(D^+)$, Emissionskoeffizient e_D und Massenwirkungskonstante K_D werden dabei teils neu eingeführt, teils rekapituliert und vertieft, vor allem aber miteinander verknüpft.

---

[1] Damit wird der Erscheinungskomplex der „heißen Elektronen" von unseren Betrachtungen ausgeschlossen. Siehe hierzu z. B.: GUNN, J. B.: Progress in Semiconductors, Bd. 2, New York/London: J. Wiley 1957, S. 213. — SCHMIDT-TIEDEMANN, K. J.: Halbleiterprobleme, Bd. VII, Braunschweig: Vieweg 1962, S. 122

[2] Siehe hierzu J. S. BLAKEMORE: Semiconductor Statistics, Oxford/London New York/Paris: Pergamon Press 1962, namentlich S. 187—189.

[3] HALL, R. N.: Phys. Rev. 87 (1952) 387. — SHOCKLEY, W., u. W. T. READ: Phys. Rev. 87 (1952) 835.

In § 2 wird dann der Elektronenaustausch der Donatoren mit Leitungs- *und* Valenzband betrachtet.

§ 3 bringt die Einführung und Berechnung des „Rekombinationsüberschusses R“.

In § 4 zeigt ein Vergleich dieser Ergebnisse mit früheren Ausführungen die Wirkungsweise von Donatoren (aber auch von anderen Störstellen) als „Rekombinationszentren“. Es werden dann 2 Zeitgrößen τ_n und τ_p definiert und in ihrer Abhängigkeit von der Dotierung, von der Stärke der Injektion und von der Zahl und den Eigenschaften der Rekombinationszentren untersucht. Dabei zeigt es sich, daß τ_n und τ_p in vielen wichtigen Sonderfällen zusammenfallen und mit den „Lebensdauern“ identisch sind, die in der stationären Theorie der Gleichrichter und Transistoren verwendet werden. Experimentelle Ergebnisse von BURTON und Mitarbeitern zeigen[1], daß bei Germanium mit Nickel- und Kupferstörstellen das einfache Modell von HALL und von SHOCKLEY und READ zutreffende Ergebnisse liefert. Arbeiten von BEMSKI[2] und von KALASHNIKOV[3] zeigen, daß dieses Modell bei Si mit Au-Störstellen, aber auch schon bei Ge mit Cu-Störstellen dadurch erweitert werden muß, daß auf die Mehrfachnatur der als Rekombinationszentren fungierenden Störstellen Rücksicht genommen werden muß.

In § 5 wird noch kurz darauf hingewiesen, daß das Modell von HALL und von SHOCKLEY und READ neben den stationären Lebensdauern τ_n und τ_p noch 2 Relaxationszeiten τ_1 und τ_2 liefert, die bei den nichtstationären An- und Abklingvorgängen auftreten. Schließlich bringt § 6 die Übertragung des Modells von HALL und von SHOCKLEY und READ auf die Oberfläche eines Halbleiters.

§ 1. Reaktionen zwischen einer Donatorensorte D und den Leitungselektronen $\ominus$

a) Der Wiedervereinigungskoeffizient r_D und der Wirkungsquerschnitt $\sigma_n(D^+)$

Die Häufigkeit eines Rekombinationsaktes

$$D^+ + \ominus \rightarrow D$$

wird bei genügend geringen Konzentrationen, bei genügender „Verdünnung“ der beiden Reaktionspartner D^+ und $\ominus$ proportional den

---

[1] BURTON, J. A., G. W. HULL, F. J. MORIN u. J. C. SEVERIENS: J. Phys. Chem. 57 (1953) 853.

[2] BEMSKI, G.: Phys. Rev. 111 (1958) 1515.

[3] KALASHNIKOV, S. G.: J. Phys. Chem. Sol. 8 (1959) 52.

Konzentrationen n_{D^+} und n sein:

$$\frac{\text{Zahl der Assoziationsprozesse}}{(\text{Zeiteinheit}) \cdot (\text{Volumeneinheit})} = r_D\, n\, n_{D^+}. \qquad \text{(IX 1.01)}$$

Denn *eine* Vorbedingung für das Zustandekommen eines solchen Rekombinationsaktes ist ja die räumliche Begegnung beider Partner, und in genügende Nähe eines bestimmten Donators D^+ wird ein Elektron $\ominus$ um so häufiger kommen, je mehr Elektronen $\ominus$ in thermischer Wimmelbewegung begriffen sind. Deshalb ist also die Häufigkeit der Assoziationsprozesse proportional der Elektronenkonzentration n. Andererseits wird ein Elektron $\ominus$ während seiner thermischen Zickzackwege um so öfter einem geladenen Donator D^+ begegnen, je mehr derartige geladene Donatoren D^+ vorhanden sind, je größer also n_{D^+} ist. Daher die Proportionalität der Zahl der Assoziationsprozesse mit n_{D^+}.

Der Proportionalitätsfaktor in (IX 1.01) ist nun der sog. Wiedervereinigungskoeffizient r_D. Er hat die Dimension $\text{cm}^{+3}\,\text{sek}^{-1}$ und wird häufig noch aufgeteilt in die beiden Faktoren Wirkungsquerschnitt $\sigma_n(D^+)$ und mittlere thermische Geschwindigkeit v_{th} der Elektronen $\ominus$,

$$r_D = \sigma_n(D^+)\, v_{\text{th}}, \qquad \text{(IX 1.02)}$$

wobei nach (VIII 5.29)

$$v_{\text{th}} = \sqrt{\frac{3\text{k}\,T}{m_{\text{eff}}}} = 1{,}168 \cdot 10^7 \frac{\text{cm}}{\text{sek}} \sqrt{\frac{T}{300\,°\text{K}}} \sqrt{\frac{m}{m_{\text{eff}}}} \qquad \text{(VIII 5.29)}$$

ist.

Dieser Aufteilung liegt folgende Überlegung zugrunde. Man stellt sich die unbeweglichen D^+ als Kugeln vom Radius R vor, während das Elektron $\ominus$ keine räumliche Ausdehnung haben soll. Streicht nun ein solcher Elektronenpunkt in geringerem Abstand als R an dem Mittelpunkt einer Donatorkugel vorbei, so erfolgt ein Zusammenstoß (siehe aber weiter unten). Jeder der n Elektronenpunkte durchfegt also bei seinem Zickzackfluge mit der Geschwindigkeit v_{th} in der Zeiteinheit eine gezackte „Deckungsröhre“ vom Volumen $\pi R^2 v_{\text{th}}$. In diesem Volumen befinden sich $n_{D^+} \pi R^2 v_{\text{th}}$ geladene Donatoren D^+. Mit jedem einzelnen erfolgt ein Zusammenstoß (siehe aber weiter unten). Die Anzahl der Zusammenstöße *eines* Elektronenpunktes $\ominus$ ist also in der Zeiteinheit

$$n_{D^+}\, \pi\, R^2\, v_{\text{th}}$$

und die von n Elektronenpunkten

$$\pi\, R^2\, v_{\text{th}}\, n_{D^+}\, n = \sigma_{\text{Stoß}}\, v_{\text{th}}\, n_{D^+}\, n \quad \text{mit} \quad \sigma_{\text{Stoß}} = \pi\, R^2 = \text{Stoßquerschnitt}.$$

Nun braucht keineswegs jeder Zusammenstoß zur Vereinigung zu führen. Unter Umständen ist dies nur bei einem Bruchteil aller Zusammenstöße der Fall. Man berücksichtigt dies, indem man an Stelle des Querschnittes $\sigma_{\text{Stoß}}$ den

„Wirkungsquerschnitt $\sigma_n(D^+)$ für die Assoziation $D^+ + \ominus \rightarrow D^\times$“

einführt und hat dann

$$\frac{\text{Zahl der Assoziationsprozesse}}{(\text{Zeiteinheit}) \cdot (\text{Volumeneinheit})} = \sigma_n(D^+)\, v_{\text{th}}\, n_{D^+}\, n. \qquad \text{(IX 1.03)}$$

Durch Vergleich von (IX 1.01) und (IX 1.03) ergibt sich die Gl. (IX 1.02).

Der Begriff des Wirkungsquerschnittes wurde vor 100 Jahren von CLAUSIUS[1] in seiner Gastheorie geprägt. Damals lag es natürlich nahe, den Wirkungsquerschnitt mit einem „geometrischen" Querschnitt des gestoßenen Atoms zu identifizieren. Würde man dasselbe bei den oben betrachteten Donatoren machen, so käme man auf Querschnitte von etwa $(3 \cdot 10^{-8}\,\mathrm{cm})^2 \approx 10^{-15}\,\mathrm{cm}^2$. Tatsächlich liegen die experimentell bis jetzt[2] beobachteten Querschnitte zwischen $10^{-24}\,\mathrm{cm}^2$ und $10^{-12}\,\mathrm{cm}^2$. Die Berechnung eines Stoßquerschnitts in einem konkreten Einzelfall ist nur auf Grund einer gründlichen Analyse des gerade vorliegenden Stoßprozesses möglich[2].

b) Der Emissionskoeffizient e_D

Durch die Dissoziation

$$D^\times \to D^+ + \ominus$$

eines neutralen Donators $D^\times$ wird ein Leitungselektron $\ominus$ neu erzeugt

Bei nicht allzu großer Konzentration $n_{D^\times}$ beeinflussen sich dabei die einzelnen Donatoren gegenseitig nicht. Die Wahrscheinlichkeit, daß ein Donator $D^\times$ in einem bestimmten Zeitintervall dt dissoziiert, ist dann für alle $D^\times$ gleich groß, und die Häufigkeit eines solchen Prozesses wird proportional der Konzentration $n_{D^\times}$:

$$\frac{\text{Zahl der Dissoziationsprozesse}}{(\text{Zeiteinheit}) \cdot (\text{Volumeneinheit})} = e_D\, n_{D^\times}. \qquad \text{(IX 1.04)}$$

Dabei hängt der „Emissionskoeffizient e_D" sicher von der Temperatur T ab, denn solche Dissoziationsprozesse werden um so häufiger sein, je größer die auslösende thermische Energie ist. Als Charakteristikum des Donators D erwarten wir eine „Ablösearbeit E_{CD}" und einen „Wirkungsquerschnitt $\sigma_n(D^+)$ gegenüber Elektronen". Dagegen wird e_D von keiner anderen Teilchenkonzentration abhängen, da zur Dissoziation keine anderen Reaktionspartner gebraucht werden. Insbesondere wird e_D auch nicht von der Elektronenkonzentration n abhängen, solange das Elektronengas nicht entartet ist; dann stehen nämlich für das emittierte Elektron am Rande des Leitungsbandes immer genügend Plätze zur Verfügung, so daß bei der Dissoziation nur die Arbeit E_{CD} geleistet zu werden braucht und das Elektron nicht in Plätzen erheblich über der Bandkante untergebracht werden muß.

Wir können alle diese Vermutungen durch Berechnung von e_D bestätigen, indem wir die Häufigkeiten (IX 1.01) bzw. (IX 1.03) und (IX 1.04) der Assoziations- und der Dissoziationsprozesse einander gleich setzen, was ja für das thermische Gleichgewicht gelten muß:

$$r_D\, n_{D^+}\, n = \sigma_n(D^+)\, v_{\mathrm{th}}\, n_{D^+}\, n = e_D\, n_{D^\times}. \qquad \text{(IX 1.05)}$$

---

[1] CLAUSIUS, R.: Pogg. Ann. 100 (1857) 353; 105 (1858) 239.

[2] LAX, M.: Phys. Rev. 119 (1960) 1502.

Der Vergleich mit dem für das thermische Gleichgewicht geltenden Massenwirkungsgesetz

$$n_{D^+}\, n = K_D\, n_{D^\times} \qquad \text{(II 8.04) bzw. (VIII 6.22)}$$

ergibt zunächst

$$\frac{e_D}{r_D} = \frac{e_D}{\sigma_n(D^+)\, v_{\text{th}}} = K_D \qquad \text{(IX 1.06)}$$

und dann mit (VIII 6.21)

$$e_D = r_D\, K_D = \tfrac{1}{2}\, \sigma_n(D^+)\, v_{\text{th}}\, N_C\, \mathrm{e}^{-\frac{E_{CD}}{\mathrm{k}T}}\,. \qquad \text{(IX 1.07)}$$

Nach (VIII 5.04) auf S. 430 ist hierbei N_C die effektive Zustandsdichte im Leitungsband

$$N_C = 2\left(\frac{2\pi\, m_{\text{eff}}\, \mathrm{k}T}{h^2}\right)^{3/2} = 2{,}5 \cdot 10^{19}\ \text{cm}^{-3}\left(\frac{m}{m_{\text{eff}}}\right)^{3/2}\left(\frac{T}{300\ ^\circ\text{K}}\right)^{3/2}. \qquad \text{(VIII 5.04)}$$

Der Emissionskoeffizient e_D hat also tatsächlich die oben vorausgesagten Eigenschaften: Er hängt nur von E_{CD} und $\sigma_n(D^+)$, von m_{eff}, von T und von atomaren Konstanten ab, dagegen nicht von anderen Konzentrationen.

c) Verallgemeinerung des Massenwirkungsgesetzes

Bei Abweichungen vom thermischen Gleichgewicht ändern sich alle 3 Konzentrationen n, n_{D^+} und $n_{D^\times}$. Dabei wirken die unter a) besprochenen Assoziationsprozesse für die $D^\times$ als „Geburten“ und für die D^+ und $\ominus$ als „Sterbefälle“. Genau die entgegengesetzten Wirkungen haben die unter b) besprochenen Dissoziationsprozesse. Im ganzen ergeben sich also mit (IX 1.01), (IX 1.04) und (IX 1.06) folgende 3 Verallgemeinerungen des Massenwirkungsgesetzes:

$$\frac{\partial n}{\partial t} = e_D\, n_{D^\times} - r_D\, n_{D^+}\, n = r_D (K_D\, n_{D^\times} - n_{D^+}\, n)\,, \qquad \text{(IX 1.08)}$$

$$\frac{\partial n_{D^+}}{\partial t} = e_D\, n_{D^\times} - r_D\, n_{D^+}\, n = r_D (K_D\, n_{D^\times} - n_{D^+}\, n)\,, \qquad \text{(IX 1.09)}$$

$$\frac{\partial n_{D^\times}}{\partial t} = r_D\, n_{D^+}\, n - e_D\, n_{D^\times} = r_D (n_{D^+}\, n - K_D\, n_{D^\times})\,. \qquad \text{(IX 1.10)}$$

§ 2. Reaktionen zwischen einer Störstellensorte und beiden Elektronenarten $\ominus$ und $\oplus$

Im § 1 haben wir eine Donatorensorte D im Elektronenaustausch mit dem *Leitungs*band beschrieben. Bei der Neutralisierung eines dissoziierten Donators D^+ kam nämlich das dazu benötigte Elektron aus dem Leitungsband.

Im Prinzip ist es aber auch immer möglich, daß ein dissoziierter Donator D^+ ein Elektron aus dem Valenzband aufnimmt. Dadurch entsteht in der Gesamtheit der Valenzelektronen ein Loch, also ein Defektelektron, so daß der Vorgang auch als Emission eines Defektelektrons $\oplus$ aus dem positiv geladenen Donator D^+ in das Valenzband beschrieben werden kann:

$$D^+ \rightarrow D^\times + \oplus . \tag{IX 2.01}$$

Analog zu (IX 1.04) wird man für die Häufigkeit eines solchen Ergebnisses den Ansatz

$$e_{DV}\, n_{D^+} \tag{IX 2.02}$$

machen, wobei aber ab jetzt zwischen dem

Emissionskoeffizienten e_{DV} ins Valenzband

und dem

Emissionskoeffizienten e_{DC} (bisher einfach e_D) ins Leitungsband

unterschieden werden muß.

Der umgekehrte Prozeß

$$D^\times + \oplus \rightarrow D^+ \tag{IX 2.03}$$

findet mit einer Häufigkeit

$$r_{DV}\, n_{D^\times}\, p \tag{IX 2.04}$$

statt. Wieder ist der

Rekombinationskoeffizient r_{DV} für die Anlagerung eines Defektelektrons an einen neutralen Donator

von dem bisher einfach mit r_D bezeichneten

Rekombinationskoeffizienten r_{DC} für die Anlagerung eines Leitungselektrons an einen positiv geladenen Donator

zu unterscheiden.

Die Bilanz für die beiden Donatorenzustände D^+ und $D^\times$ sieht dann in Verallgemeinerung von (IX 1.09) und (IX 1.10) folgendermaßen aus:

$$\left(\frac{\partial n_{D^+}}{\partial t}\right)_{\substack{\text{Dissoziation}\\ \text{Assoziation}}} = + e_{DC}\, n_{D^\times} - r_{DC}\, n_{D^+}\, n - e_{DV}\, n_{D^+} + r_{DV}\, n_{D^\times}\, p, \tag{IX 2.05}$$

$$\left(\frac{\partial n_{D^\times}}{\partial t}\right)_{\substack{\text{Dissoziation}\\ \text{Assoziation}}} = - e_{DC}\, n_{D^\times} + r_{DC}\, n_{D^+}\, n + e_{DV}\, n_{D^+} - r_{DV}\, n_{D^\times}\, p. \tag{IX 2.06}$$

Wir haben bisher unser Augenmerk auf die beiden Donatorenzustände D^+ und $D^\times$ gerichtet. Bei den betrachteten Prozessen werden aber auch Leitungs- und Defektelektronen erzeugt und vernichtet. Die entsprechenden Bilanzgleichungen sind

$$\left(\frac{\partial n}{\partial t}\right)_{\substack{\text{Dissoziation}\\ \text{Assoziation}}} = + e_{DC}\, n_{D^\times} - r_{DC}\, n_{D^+}\, n, \tag{IX 2.07}$$

$$\left(\frac{\partial p}{\partial t}\right)_{\substack{\text{Dissoziation}\\ \text{Assoziation}}} = + e_{DV}\, n_{D^+} - r_{DV}\, n_{D^\times}\, p. \tag{IX 2.08}$$

Die Gln. (IX 2.05), (IX 2.06), (IX 2.07) und (IX 2.08) beschreiben die Rückkehr der Konzentrationen n, p, n_{D^+} und $n_{D^\times}$ aus einem gestörten Zustand in das thermische Gleichgewicht.

Wie kommt es aber überhaupt zu Abweichungen vom thermischen Gleichgewicht? Unter einer ganzen Reihe von verschiedenen möglichen Ursachen interessiert im Rahmen dieses Buches vor allem die sog. Ladungsträgerinjektion. Ein typisches Beispiel dafür ist das Versickern von Minoritätsträgern im Diffusionsschwanz eines pnÜbergangs (s. Kap. IV, § 8):

$$\left(\frac{\partial n}{\partial t}\right)_{\text{Injektion}} = -\frac{1}{(-e)}\operatorname{div} i_n = +\frac{1}{e}\operatorname{div} i_n, \qquad \text{(IX 2.09)}$$

$$\left(\frac{\partial p}{\partial t}\right)_{\text{Injektion}} = -\frac{1}{(+e)}\operatorname{div} i_p = -\frac{1}{e}\operatorname{div} i_p. \qquad \text{(IX 2.10)}$$

Eine weitere wichtige Ursache ist die Absorption von elektromagnetischer Strahlung, also von Licht. Hier kann es sich einmal darum handeln, daß Valenzelektronen durch Photonen aus ihren Valenzbindungen befreit und ins Leitungsband gehoben werden. Bei dieser „optischen Paarerzeugung“

$$\text{Photon} + \text{Grundgitter} \rightarrow \ominus + \oplus + \text{Grundgitter}$$

werden Leitungs- und Defektelektronen in gleicher Menge erzeugt und wir haben

$$\left(\frac{\partial n}{\partial t}\right)_{\text{opt. Paarerzeugung}} = \left(\frac{\partial p}{\partial t}\right)_{\text{opt. Paarerzeugung}} = G. \qquad \text{(IX 2.11)}$$

Weiter können Lichtquanten — bereits mit geringerer Energie als bei der Paarerzeugung — Elektronen aus dem Donatorenniveau ins Leitungsband heben

$$\text{Photon} + D^\times \rightarrow D^+ + \ominus.$$

Dieser Prozeß wird um so häufiger sein, je mehr neutrale Donatoren vorhanden sind, die von Photonen getroffen werden können. Das führt auf Proportionalität der Erzeugungs- und Vernichtungsraten mit $n_{D^\times}$:

$$\left(\frac{\partial n}{\partial t}\right)_{\substack{\text{Störstellen-}\\\text{absorption}}} = -\left(\frac{\partial n_{D^\times}}{\partial t}\right)_{\substack{\text{Störstellen-}\\\text{absorption}}} = +\left(\frac{\partial n_{D^+}}{\partial t}\right)_{\substack{\text{Störstellen-}\\\text{absorption}}} = g_{DC}\, n_{D^\times}. \qquad \text{(IX 2.12)}$$

Schließlich brauchen die vom Licht befreiten Valenzelektronen nicht gleich bis ins Leitungsband gehoben zu werden wie bei der Paarerzeugung, sondern können in den Donatorenniveaus untergebracht werden, wozu auch wieder Lichtquanten geringerer Energie als zur Paarerzeugung ausreichen. In der Defektelektronensprache wird man diesen Prozeß folgendermaßen darstellen:

$$\text{Photon} + D^+ \rightarrow D^\times + \oplus .$$

Die Erzeugungs- bzw. Vernichtungsraten sind in diesem Falle proportional n_{D^+}, da jetzt die D^+ die Ziele der Photonen sind:

$$\left(\frac{\partial p}{\partial t}\right)_{\substack{\text{Störstellen-}\\\text{absorption}}} = -\left(\frac{\partial n_{D^+}}{\partial t}\right)_{\substack{\text{Störstellen-}\\\text{absorption}}} = +\left(\frac{\partial n_{D^\times}}{\partial t}\right)_{\substack{\text{Störstellen-}\\\text{absorption}}} = g_{DV}\, n_{D^+}. \qquad \text{(IX 2.13)}$$

Im folgenden unterscheiden wir die beiden Prozesse (IX 2.12) und (IX 2.13) als „Störstellenabsorption C“ und „Störstellenabsorption V“.

Faßt man nun die Gln. (IX 2.05) bis (IX 2.13) zusammen

$$\frac{\partial n_{D^+}}{\partial t} = +\left(\frac{\partial n_{D^+}}{\partial t}\right)_{\substack{\text{Dissoz.}\\\text{Assoz.}}} + \left(\frac{\partial n_{D^+}}{\partial t}\right)_{\substack{\text{Störstell.}\\\text{absorpt. } C}} + \left(\frac{\partial n_{D^+}}{\partial t}\right)_{\substack{\text{Störstell.}\\\text{absorpt. } V}}, \qquad \text{(IX 2.14)}$$

$$\frac{\partial n_{D^\times}}{\partial t} = +\left(\frac{\partial n_{D^\times}}{\partial t}\right)_{\substack{\text{Dissoz.}\\\text{Assoz.}}} + \left(\frac{\partial n_{D^\times}}{\partial t}\right)_{\substack{\text{Störstell.}\\\text{absorpt. } C}} + \left(\frac{\partial n_{D^\times}}{\partial t}\right)_{\substack{\text{Störstell.}\\\text{absorpt. } V}}, \qquad \text{(IX 2.15)}$$

$$\frac{\partial n}{\partial t} = \left(\frac{\partial n}{\partial t}\right)_{\text{Injekt.}} + \left(\frac{\partial n}{\partial t}\right)_{\substack{\text{opt.}\\\text{Paarerz.}}} + \left(\frac{\partial n}{\partial t}\right)_{\substack{\text{Dissoz.}\\\text{Assoz.}}} + \left(\frac{\partial n}{\partial t}\right)_{\substack{\text{Störstell.}\\\text{absorpt. } C}}, \qquad \text{(IX 2.16)}$$

$$\frac{\partial p}{\partial t} = \left(\frac{\partial p}{\partial t}\right)_{\text{Injekt.}} + \left(\frac{\partial p}{\partial t}\right)_{\substack{\text{opt.}\\\text{Paarerz.}}} + \left(\frac{\partial p}{\partial t}\right)_{\substack{\text{Dissoz.}\\\text{Assoz.}}} + \left(\frac{\partial p}{\partial t}\right)_{\substack{\text{Störstell.}\\\text{absorpt. } V}}, \qquad \text{(IX 2.17)}$$

so erhalten wir

$$\frac{\partial n_{D^+}}{\partial t} = + e_{DC} n_{D^\times} - r_{DC} n_{D^+} n - e_{DV} n_{D^+} + r_{DV} n_{D^\times} p + g_{DC} n_{D^\times} - g_{DV} n_{D^+}, \qquad \text{(IX 2.18)}$$

$$\frac{\partial n_{D^\times}}{\partial t} = - e_{DC} n_{D^\times} + r_{DC} n_{D^+} n + e_{DV} n_{D^+} - r_{DV} n_{D^\times} p - g_{DC} n_{D^\times} + g_{DV} n_{D^+}, \qquad \text{(IX 2.19)}$$

$$\frac{\partial n}{\partial t} = + \frac{1}{e} \operatorname{div} i_n + G + e_{DC} n_{D^\times} - r_{DC} n_{D^+} n + g_{DC} n_{D^\times}, \qquad \text{(IX 2.20)}$$

$$\frac{\partial p}{\partial t} = - \frac{1}{e} \operatorname{div} i_p + G + e_{DV} n_{D^+} - r_{DV} n_{D^\times} p + g_{DV} n_{D^+}. \qquad \text{(IX 2.21)}$$

Wir addieren (IX 2.18) und (IX 2.19) und integrieren das Resultat:

$$n_{D^+} + n_{D^\times} = n_D = \text{const.} \qquad \text{(IX 2.22)}$$

Dieses Ergebnis war zu erwarten, denn die Gesamtzahl n_D der Donatoren darf sich bei den betrachteten Prozessen nicht ändern.

Weiter ergibt sich durch Addition von (IX 2.21) und (IX 2.18) und Subtraktion von (IX 2.20)

$$\frac{\partial}{\partial t}(p - n + n_{D^+}) = -\frac{1}{e}\operatorname{div}(i_n + i_p), \tag{IX 2.23}$$

was nach Multiplikation mit e auf die Kontinuitätsgleichung

$$\frac{\partial}{\partial t}\varrho = -\operatorname{div} i \tag{IX 2.24}$$

hinausläuft (ϱ = Raumladungsdichte).

§ 3. Der Rekombinationsüberschuß im stationären Zustand

Im stationären Zustand sind alle Konzentrationen zeitlich konstant:

$$\frac{\partial n_{D^+}}{\partial t} = 0; \quad \frac{\partial n_{D^\times}}{\partial t} = 0; \quad \frac{\partial n}{\partial t} = 0; \quad \frac{\partial p}{\partial t} = 0. \tag{IX 3.01}$$

Dann ist auch die Raumladung konstant:

$$\frac{\partial}{\partial t}(p - n + n_{D^+}) = \frac{\partial}{\partial t}\varrho = 0, \tag{IX 3.02}$$

und wegen (IX 2.24) muß der Gesamtstrom $i = i_n + i_p$ divergenzfrei sein:

$$\operatorname{div} i = \operatorname{div} i_n + \operatorname{div} i_p = 0. \tag{IX 3.03}$$

Hieraus folgt

$$\operatorname{div} i_n = -\operatorname{div} i_p, \tag{IX 3.04}$$

und zusammen mit (IX 2.09) und (IX 2.10) sieht man, daß die Injektion im stationären Zustand gleich viel Elektronen und Defektelektronen liefert: Die Elektronen- und die Defektelektronen-Injektion wirken im stationären Zustand zusammen wie eine reine *Paar*erzeugung. Zusammen mit der optischen Paarerzeugung G gibt das eine Gesamtpaarerzeugung

$$P = \frac{1}{e}\operatorname{div} i_n + G = -\frac{1}{e}\operatorname{div} i_p + G. \tag{IX 3.05}$$

Weiter führen wir die beiden „Rekombinationsüberschüsse“

$$R_n = r_{DC}\, n_{D^+}\, n - (e_{DC} + g_{DC})\, n_{D^\times} \tag{IX 3.06}$$

und

$$R_p = r_{DV}\, n_{D^\times}\, p - (e_{DV} + g_{DV})\, n_{D^+} \tag{IX 3.07}$$

ein. Es handelt sich jeweils um den Überschuß der Rekombination über die Summe von thermischer und optischer Neuerzeugung, soweit diese Prozesse über das Störstellenniveau E_D gehen. Die Gln. (IX 2.20) und (IX 2.21) zusammen mit (IX 3.06), (IX 3.07) und (IX 3.05) besagen dann, daß im stationären Zustand (IX 3.01) die Rekombinationsüberschüsse R_n und R_p einen gemeinsamen Wert R haben, der gleich der Paarerzeugung P sein muß:

$$\text{Stationärer Zustand} \quad R_n = R_p = R = P. \tag{IX 3.08}$$

Es ist für manche Zwecke — z. B. für die Theorie der Gleichrichter und Transistoren — notwendig, diesen stationären Rekombinationsüberschuß $R_n = R_p = R$ durch die Werte n und p der gestörten Konzentrationen auszudrücken. Zu diesem Zweck spezialisieren wir (IX 2.18) mit Hilfe von (IX 3.01) auf den stationären Zustand

$$(e_{DC} + g_{DC} + r_{DV}\, p)\, n_{D^\times} - (e_{DV} + g_{DV} + r_{DC}\, n)\, n_{D^+} = 0. \tag{IX 3.09}$$[1]

Dazu kommt die Donatorenbilanz (IX 2.22)

$$n_{D^\times} + n_{D^+} = n_D. \tag{IX 2.22}$$

Aus diesen beiden linearen Gleichungen für $n_{D^\times}$ und n_{D^+} entnehmen wir

$$n_{D^\times} = \frac{e_{DV} + g_{DV} + r_{DC}\, n}{e_{DC} + g_{DC} + r_{DV}\, p + e_{DV} + g_{DV} + r_{DC}\, n}\, n_D, \tag{IX 3.10}$$

$$n_{D^+} = \frac{e_{DC} + g_{DC} + r_{DV}\, p}{e_{DC} + g_{DC} + r_{DV}\, p + e_{DV} + g_{DV} + r_{DC}\, n}\, n_D. \tag{IX 3.11}$$

Dies wird in (IX 3.06) oder (IX 3.07) eingesetzt und ergibt beide Male

$$R_n = R_p = \frac{r_{DC}\, r_{DV}\, p\, n - (e_{DC} + g_{DC})(e_{DV} + g_{DV})}{e_{DC} + g_{DC} + r_{DV}\, p + e_{DV} + g_{DV} + r_{DC}\, n}\, n_D = R. \tag{IX 3.12}$$

Man nimmt bei derartigen Untersuchungen in der Literatur meistens an, daß in Halbleitern im Gegensatz zu Phosphoren die optische Störstellenabsorption $g_{DC}\, n_{D^\times}$ (bzw. $g_{DV}\, n_{D^+}$) völlig zu vernachlässigen ist gegenüber der thermischen Störstellenionisation $e_{DC}\, n_{D^\times}$ (bzw. $e_{DV}\, n_{D^+}$), was auf

$$g_{DC} \ll e_{DC}, \tag{IX 3.13}$$

$$g_{DV} \ll e_{DV} \tag{IX 3.14}$$

hinausläuft[2]. Berücksichtigt man dies in (IX 3.12), so kommt

$$R = \frac{r_{DC}\, r_{DV}\, p\, n - e_{DC}\, e_{DV}}{e_{DC} + r_{DV}\, p + e_{DV} + r_{DC}\, n}\, n_D. \tag{IX 3.15}$$

---

[1] Die linke Seite von (IX 3.09) ist übrigens nach (IX 3.06) und (IX 3.07) gleich $R_p - R_n$, so daß aus (IX 3.09) nochmals die Gleichheit von R_n und R_p im stationären Zustand folgt.

[2] Ob diese Annahme immer berechtigt ist, sei dahin gestellt. Auf jeden Fall gilt sie, wenn gar keine optische Einstrahlung in den Halbleiter stattfindet und wir es nur mit Trägerinjektionen zu tun haben, ein Fall, der naturgemäß in der Physik der Gleichrichter und Transistoren vornehmlich interessiert.

Hier pflegt man noch die thermischen Emissionskoeffizienten e_{DC} und e_{DV} nach (IX 1.07) einzusetzen:

$$R = \frac{r_{DC}\, r_{DV}(p\,n - K_{DC}\,K_{DV})}{r_{DC}(n + K_{DC}) + r_{DV}(p + K_{DV})}\, n_D . \qquad \text{(IX 3.16)}$$

Das Produkt $K_{DC}\,K_{DV}$ ist nach (VIII 6.30) gleich dem Quadrat der Inversionsdichte n_i. Führen wir weiter 2 Größen von der Dimension einer Zeit durch

$$\tau^{(p\,0)} = \frac{1}{r_{DV}\, n_D}\,, \qquad \text{(IX 3.17)}$$

$$\tau^{(n\,0)} = \frac{1}{r_{DC}\, n_D} \qquad \text{(IX 3.18)}$$

ein[1], so kommt schließlich für den Rekombinationsüberschuß im stationären Zustand

$$R = \frac{p\,n - n_i^2}{\tau^{(p\,0)}(n + K_{DC}) + \tau^{(n\,0)}(p + K_{DV})}\,. \qquad \text{(IX 3.19)}$$

Nach den Massenwirkungsgesetzen (VIII 6.22) und (VIII 6.28) sind K_{DC} und K_{DV} diejenigen Elektronen- bzw. Defektelektronenkonzentrationen, die sich im Leitungs- und im Valenzband einstellen, wenn

$$n_{D^\times} = n_{D^+} = \tfrac{1}{2} n_D \qquad \text{(IX 3.20)}$$

ist, wenn also die die Rekombination vermittelnden Donatoren gerade zur Hälfte besetzt und zur Hälfte unbesetzt sind. Das ist nach (VIII 1.81) gerade dann der Fall, wenn das FERMI-Niveau E_F mit dem *effektiven* Donatorenniveau E_D^* zusammenfällt.

§ 4. Die „stationären“ Lebensdauern τ_n und τ_p nach dem Modell von Hall und von Shockley und Read

Im vorigen § 3 schlossen wir mit dem Ausdruck (IX 3.19) für den Rekombinationsüberschuß R, den wir auch

$$R = \frac{n\,p}{\tau^{(p\,0)}(n + K_{DC}) + \tau^{(n\,0)}(p + K_{DV})} - \frac{n_i^2}{\tau^{(p\,0)}(n + K_{DC}) + \tau^{(n\,0)}(p + K_{DV})}$$

$$= r\,n\,p - g \qquad \text{(IX 4.01)}$$

schreiben können, wobei

$$r = \frac{1}{\tau^{(p\,0)}(n + K_{DC}) + \tau^{(n\,0)}(p + K_{DV})} \qquad \text{(IX 4.02)}$$

und

$$g = \frac{n_i^2}{\tau^{(p\,0)}(n + K_{DC}) + \tau^{(n\,0)}(p + K_{DV})} \qquad \text{(IX 4.03)}$$

[1] Die Wiedervereinigungskoeffizienten r_{DC} und r_{DV} haben nach S. 465, Gl. (IX 1.01), die Dimension $\mathrm{cm}^{+3}\,\mathrm{s}^{-1}$.

ist. Vergleichen wir dies alles mit dem Kleindruck auf S. 27 und 28, so sehen wir, daß die in § 3 betrachteten Donatoren D die Rolle der auf S. 27 erwähnten Rekombinationszentren Z übernehmen können und daß dann tatsächlich der Wiedervereinigungskoeffizient r und die Neuerzeugung g in gleicher Weise — s. (IX 4.02) und (IX 4.03) — von den Konzentrationen n und p abhängen, wie es auf S. 28 angekündigt worden war.

Die Wirkungsweise als Rekombinationszentren ist nicht auf Donatoren beschränkt. Der Ausdruck (IX 3.19) für den Rekombinationsüberschuß ist völlig symmetrisch in n und p und in C und V. Von der Unsymmetrie, die darin liegt, daß als Rekombinationszentren *Donatoren* mit den beiden Ladungszuständen $\times$ und $+$ angenommen wurden, ist in dem Ausdruck (IX 3.19) nichts übriggeblieben. Der Leser wird bestätigen[1], daß der Mechanismus mit

Akzeptorenreaktionen $A^- \rightleftarrows A^\times + \ominus$ und $A^- + \oplus \rightleftarrows A^\times$

oder beispielsweise mit

Doppelakzeptorreaktionen $A^{--} \rightleftarrows A^- + \ominus$ und $A^{--} + \oplus \rightleftarrows A^-$

genau so funktioniert und zum selben Ausdruck (IX 3.19) führt[2].

Störstellen mit Donator- oder Akzeptorcharakter hatten wir in diesem Buche bisher nur als Spender von Leitungs- oder Defektelektronen kennengelernt. In dieser Rolle sind sie für die Leitfähigkeit σ eines Halbleiterkristalls maßgebend. Jetzt stehen wir vor der neuen Erkenntnis, daß Störstellen mit Donator- oder Akzeptorcharakter auch als Rekombinationszentren wirksam sein können. In dieser Funktion beeinflussen sie die andere charakteristische Materialeigenschaft eines Halbleiterkristalls, nämlich die Lebensdauer τ.

Freilich übernehmen in der Praxis diese beiden Rollen — die Leitfähigkeits- und die Lebensdauerdotierung — nicht Störstellen ein und derselben Natur. In einem konkreten Fall ist z. B.[3] ein Germaniumkristall mit 10^{16} Indium-Atomen pro cm^3 dotiert worden, und dadurch wurde er stark $p$leitend. Außerdem sind $3{,}6 \cdot 10^{14}$ Kupfer-Atome pro cm^3 substitutionsmäßig eingebaut worden, die nach Kap. II, § 7, S. 63 und Abb. II 7.5 als Dreifach-Akzeptoren wirken können. Einen Einfluß auf die Leitfähigkeit haben diese Cu-Akzeptoren aber praktisch nicht; dazu ist ihre Konzentration von $3{,}6 \cdot 10^{14}\ cm^{-3}$ zu klein gegenüber der In-Konzentration von $1 \cdot 10^{16}\ cm^{-3}$. Dagegen ist ihr Einfluß auf die

[1] Siehe auch z. B. A. Hoffmann in „Halbleiterprobleme", Bd. II. herausgegeben von W. Schottky, Braunschweig: Vieweg 1955, S. 106.

[2] Bei mehrfachen Störstellen gilt dies nur, solange praktisch nur die Umladung zwischen 2 Ladungszuständen ins Spiel kommt. Wenn Umladungen zwischen A^{--}, A^- und $A^\times$ z. B. eine Rolle spielen, werden die Verhältnisse komplizierter. Siehe hierzu S. G. Kalashnikow: J. Phys. Chem. Solids 8 (1959) 52.

[3] Burton, J. A., G. W. Hull, F. J. Morin u. J. C. Severiens: J. Phys. Chem. 57 (1953) 853.

Lebensdauer sehr groß. Die dafür wirksame Umladung ist im vorliegenden Fall der Wechsel zwischen A^{--} und A^{-}. Umladungen der In-Störstellen brauchen dagegen nicht in Erwägung gezogen zu werden; diese Störstellen sind wegen ihrer geringen Ablösearbeit dauernd ionisiert. So sind im vorliegenden Fall die Funktionen der „Leitfähigkeitsdotierung“ und der „Lebensdauerdotierung“ auf die In- und die Cu-Störstellen aufgeteilt.

Es wird sich auf S. 481 Mitte zeigen, daß eine Störstellenart dann als Rekombinationszentrum sehr wirksam ist, wenn ihr Niveau in der Nähe der Mitte des verbotenen Bandes liegt. Solche Störstellen kommen also vornehmlich für die Lebensdauerdotierung in Frage. Für die Leitfähigkeitsdotierung sind dagegen Störstellen mit Niveaus in der Nähe der Leitungs- oder der Valenzbandkante wichtig, weil sie schon bei normalen, geschweige denn bei höheren Temperaturen immer ionisiert sind. Eine Unterscheidung der Störstellen in eigentliche Donatoren oder Akzeptoren, die für die Leitfähigkeit verantwortlich sind, und in Rekombinationszentren, die die Lebensdauer bestimmen, hat jedoch nur grob schematischen Charakter. Im konkreten Einzelfall muß stets geprüft werden, wie weit die Ladungen der Rekombinationszentren nicht doch auch die Leitfähigkeit beeinflussen.

Nach diesen Ausführungen interessiert natürlich die *quantitative* Abhängigkeit der Lebensdauer von der Zahl und den Eigenschaften der Rekombinationszentren.

Um diesen Zusammenhang zu ermitteln, müssen wir auf die Grundgleichungen (IX 3.06), (IX 3.07) und (IX 3.08) unter Verwendung von (IX 1.07) zurückgreifen, wobei wir auch wieder die Vereinfachungen (IX 3.13) und (IX 3.14) vornehmen:

$$R_n = r_{DC}(n_{D^+}\, n - K_{DC}\, n_{D^\times}) = R \qquad \text{(IX 4.04)}$$

und

$$R_p = r_{DV}(n_{D^\times}\, p - K_{DV}\, n_{D^+}) = R. \qquad \text{(IX 4.05)}$$

Im thermischen Gleichgewicht ist kein Rekombinationsüberschuß vorhanden. Für die Gleichgewichtskonzentrationen $n^{(0)}$, $p^{(0)}$, $n^{(0)}_{D^+}$ und $n^{(0)}_{D^\times}$ gelten (IX 4.04) und (IX 4.05) also mit $R = 0$:

$$n^{(0)}_{D^+}\, n^{(0)} - K_{DC}\, n^{(0)}_{D^\times} = 0, \qquad \text{(IX 4.06)}$$

$$n^{(0)}_{D^\times}\, p^{(0)} - K_{DV}\, n^{(0)}_{D^+} = 0. \qquad \text{(IX 4.07)}$$

Die Donatorenbilanz (IX 2.22) lautet für die Gleichgewichtskonzentrationen

$$n^{(0)}_{D^+} + n^{(0)}_{D^\times} = n_D. \qquad \text{(IX 4.08)}$$

Aus (IX 4.06) und (IX 4.08) bzw. (IX 4.07) und (IX 4.08) folgt

$$\frac{n_{D^+}^{(0)}}{n_D} = \frac{K_{DC}}{n^{(0)} + K_{DC}} \qquad \frac{n_{D^\times}^{(0)}}{n_D} = \frac{K_{DV}}{p^{(0)} + K_{DV}} . \tag{IX 4.09}$$

Liegen Abweichungen vom thermischen Gleichgewicht vor:

$$n = n^{(0)} + \delta n, \quad p = p^{(0)} + \delta p, \quad n_{D^+} = n_{D^+}^{(0)} + \delta n_{D^+}, \quad n_{D^\times} = n_{D^\times}^{(0)} + \delta n_{D^\times}, \tag{IX 4.10}$$

so liefern die Gln. (IX 4.04) und (IX 4.05) zusammen mit (IX 4.06) und (IX 4.07)

$$n_{D^+}^{(0)}\, \delta n + (n^{(0)} + \delta n)\, \delta n_{D^+} - K_{DC}\, \delta n_{D^\times} = \frac{1}{r_{DC}} R, \tag{IX 4.11}$$

$$n_{D^\times}^{(0)}\, \delta p + (p^{(0)} + \delta p)\, \delta n_{D^\times} - K_{DV}\, \delta n_{D^+} = \frac{1}{r_{DV}} R. \tag{IX 4.12}$$

Auf der linken Seite dieser Gleichungen benutzen wir zunächst in dem jeweils zweiten Summanden die beiden ersten Gleichungen von (IX 4.10) von rechts nach links. Dann berücksichtigen wir eine Beziehung, die durch Differenzbildung aus den beiden Donatorenbilanzen (IX 2.22) und (IX 4.08) folgt:

$$\delta n_{D^\times} = -\delta n_{D^+}. \tag{IX 4.13}$$

Schließlich muß die aus der Neutralitätsforderung für den ganzen Halbleiter resultierende Beziehung

$$\delta n_{D^+} = \delta n - \delta p \tag{IX 4.14}$$

beachtet werden. Dann kommt insgesamt

$$+(n_{D^+}^{(0)} + n + K_{DC})\, \delta n - (\qquad n + K_{DC})\, \delta p = \frac{1}{r_{DC}} R \tag{IX 4.15}$$

$$-(\qquad p + K_{DV})\, \delta n + (n_{D^\times}^{(0)} + p + K_{DV})\, \delta p = \frac{1}{r_{DV}} R. \tag{IX 4.16}$$

Wir lösen nach δn auf:

$$\frac{\delta n}{R} = \frac{\frac{1}{r_{DC}} (n_{D^\times}^{(0)} + p + K_{DV}) + \frac{1}{r_{DV}} (n + K_{DC})}{n_{D^+}^{(0)} n_{D^\times}^{(0)} + (n + K_{DC})\, n_{D^\times}^{(0)} + (p + K_{DV})\, n_{D^+}^{(0)}} . \tag{IX 4.17}$$

Benutzung von (IX 4.09), (IX 3.17) und (IX 3.18) bringt

$$\frac{\delta n}{R} = \frac{\tau^{(n0)} \left[p + K_{DV} + n_D \frac{K_{DV}}{p^{(0)} + K_{DV}}\right] + \tau^{(p0)} [n + K_{DC}]}{(n + K_{DC}) \frac{K_{DV}}{p^{(0)} + K_{DV}} + (p + K_{DV}) \frac{K_{DC}}{n^{(0)} + K_{DC}} + n_D \frac{K_{DC}}{n^{(0)} + K_{DC}} \frac{K_{DV}}{p^{(0)} + K_{DV}}} . \tag{IX 4.18}$$

$\frac{\delta n}{R}$ ist eine Größe von der Dimension einer Zeit. Wir führen hierfür die Bezeichnung τ_n ein und definieren gleich eine entsprechende Defektelektronengröße [s. auch (IV 8.18)[1]]

$$\tau_n = \frac{\delta n}{R}, \qquad \tau_p = \frac{\delta p}{R}. \tag{IX 4.19}$$

Hiermit und mit (VIII 6.30) wird aus (IX 4.18)

$$\tau_n = \frac{\tau^{(n0)}\left(p + K_{DV} + n_D \frac{K_{DV}}{p^{(0)} + K_{DV}}\right) + \tau^{(p0)}(n + K_{DC})}{\frac{n K_{DV} + n_i^2}{p^{(0)} + K_{DV}} + \frac{p K_{DC} + n_i^2}{n^{(0)} + K_{DC}} + n_D \frac{K_{DC}}{n^{(0)} + K_{DC}} \frac{K_{DV}}{p^{(0)} + K_{DV}}}. \tag{IX 4.20}$$

Für den ersten Summanden im Nenner findet man mit (I 3.04)

$$\frac{n K_{DV} + n_i^2}{p^{(0)} + K_{DV}} = \frac{n^{(0)} K_{DV} + n^{(0)} p^{(0)} + (n - n^{(0)}) K_{DV}}{K_{DV} + p^{(0)}}$$
$$= n^{(0)} + (n - n^{(0)}) \frac{K_{DV}}{p^{(0)} + K_{DV}}. \tag{IX 4.21}$$

Mit dem entsprechenden Ausdruck für den zweiten Summanden im Nenner ergibt sich schließlich aus (IX 4.20)

$$\tau_n = \frac{\tau^{(n0)}\left(p + K_{DV} + n_D \frac{K_{DV}}{p^{(0)} + K_{DV}}\right) + \tau^{(p0)}(n + K_{DC})}{n^{(0)} + p^{(0)} + (n - n^{(0)}) \frac{K_{DV}}{p^{(0)} + K_{DV}} + (p - p^{(0)}) \frac{K_{DC}}{n^{(0)} + K_{DC}} + n_D \frac{K_{DC}}{n^{(0)} + K_{DC}} \frac{K_{DV}}{p^{(0)} + K_{DV}}}. \tag{IX 4.22}$$

Eine entsprechend durchgeführte Rechnung, die mit der Auflösung von (IX 4.15) und (IX 4.16) nach δp beginnt, liefert

$$\tau_p = \frac{\tau^{(n0)}(p + K_{DV}) + \tau^{(p0)}\left(n + K_{DC} + n_D \frac{K_{DC}}{n^{(0)} + K_{DC}}\right)}{n^{(0)} + p^{(0)} + (n - n^{(0)}) \frac{K_{DV}}{p^{(0)} + K_{DV}} + (p - p^{(0)}) \frac{K_{DC}}{n^{(0)} + K_{DC}} + n_D \frac{K_{DC}}{n^{(0)} + K_{DC}} \frac{K_{DV}}{p^{(0)} + K_{DV}}}. \tag{IX 4.23}$$

a) Die Gln. (IX 4.22) und (IX 4.23) sind auf den ersten Blick etwas unübersichtlich. Um wenigstens zunächst einmal zu wesentlich einfacheren Zusammenhängen zu kommen, machen wir vorläufig einige einschränkende Voraussetzungen:

Wenige Zentren: Die Glieder mit n_D in Zähler und Nenner von (IX 4.22) und (IX 4.23) können vernachlässigt werden.

[1] τ_n und τ_p sind also mit den in der Halbleiterliteratur verwendeten „Lebensdauern" identisch.

Schwache Injektion: Die Glieder mit $n - n^{(0)}$ und $p - p^{(0)}$ im Nenner von (IX 4.22) und (IX 4.23) können vernachlässigt werden. Im Zähler darf $n = n^{(0)}$ und $p = p^{(0)}$ gesetzt werden.

Starke pDotierung: $p^{(0)} \to \infty$.

Dann ergibt sich aus (IX 4.22) und (IX 4.23)

$$\tau_n = \tau^{(n0)}, \qquad \text{(IX 4.24)}$$

$$\tau_p = \tau^{(n0)}. \qquad \text{(IX 4.25)}$$

Benutzt man diese beiden Ergebnisse in (IX 4.19) zusammen mit (IX 4.10), so erhält man[1]

$$R = \frac{n - n^{(0)}}{\tau^{(n0)}} = \frac{p - p^{(0)}}{\tau^{(n0)}}. \qquad \text{(IX 4.26)}$$

Die Defektelektronen, die Majoritätsträger also, haben die gleiche Lebensdauer $\tau^{(n0)}$ wie die Elektronen und nicht etwa die Lebensdauer $\tau^{(p0)}$. Dieser Wert ergibt sich erst, wenn wir unter Beibehaltung der anderen beiden Voraussetzungen (*wenige Zentren* und *schwache Injektion*) zum Fall der starken *n*Dotierung übergehen, wobei dann aber auch wieder für die Majoritäts- und Minoritätsträger die gleiche Lebensdauer, nämlich jetzt $\tau^{(p0)}$, herauskommt. Man sieht also, daß es leicht irreführend ist, wenn man von der Lebensdauer der Minoritätsträger spricht. Eine etwaige Minoritätsträgerstörung klingt mit der gleichen Zeitkonstante ab[2], wie die kompensierende Majoritätsträgerstörung, jedenfalls solange die Zentrendichte „klein" ist. Eine verschiedene Lebensdauer haben Leitungs- und Defektelektronen erst dann, wenn in (IX 4.22) und (IX 4.23) die Glieder mit der Konzentration n_D der Rekombinationszentren nicht mehr vernachlässigt werden können. Wir betrachten einen solchen Fall aber erst auf S. 484 unter d).

b) Zuvor untersuchen wir die Abhängigkeit der gemeinsamen Lebensdauer $\tau_n = \tau_p = \tau$ von der Leitfähigkeitsdotierung. Wir verzichten also auf die Spezialisierungen $n^{(0)} \to \infty$ oder $p^{(0)} \to \infty$, während

---

[1] Dieses Ergebnis erhält man auch aus (IX 3.19), indem man dort die beiden ersten Gleichungen aus (IX 4.10) benutzt, das Massenwirkungsgesetz (I 3.04) berücksichtigt, das quadratische Glied $\delta n\, \delta p$ im Zähler vernachlässigt und mit $p^{(0)} \to \infty$ geht. Ungeklärt bleibt bei dieser Ableitung die Größe δn_{D^+} und damit das gegenseitige Verhältnis von δn und δp. Das ist der Grund, weshalb wir diesen schnellen und bequemen Weg zur Ableitung von (IX 4.26) nicht beschritten haben.

[2] Seit dem Beginn des § 3 setzen wir den *stationären* Zustand (IX 3.01) voraus. Es ist also nicht ohne weiteres zulässig, von τ_n bzw. τ_p als den Zeitkonstanten von *Abkling*vorgängen zu sprechen. Siehe hierzu § 5, S. 488.

wir die Voraussetzungen

Wenige Zentren

und

Schwache Injektion

beibehalten.

Aus (IX 4.22) und (IX 4.23) ergibt sich dann[1]

$$\tau = \tau_n = \tau_p = \frac{\tau^{(n0)}(p^{(0)} + K_{DV}) + \tau^{(p0)}(n^{(0)} + K_{DC})}{n^{(0)} + p^{(0)}}. \qquad \text{(IX 4.27)}$$

Bei verschiedener Leitfähigkeitsdotierung variieren $n^{(0)}$ und $p^{(0)}$. Aber nicht unabhängig voneinander! Es handelt sich ja um die Gleichgewichts-

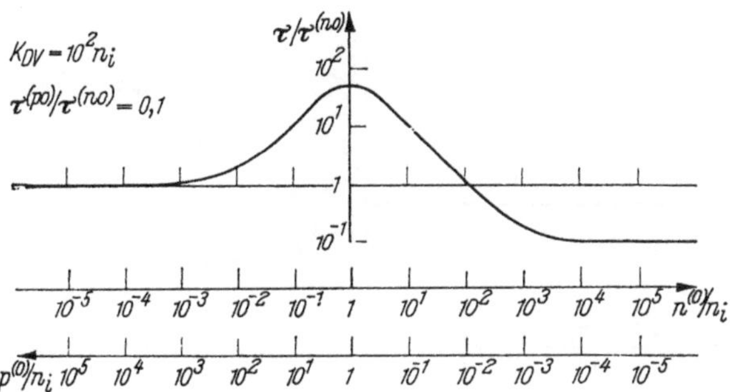

Abb. IX 4.1 Abhängigkeit der Lebensdauer von der Dotierung. Wenige Zentren. Schwache Injektion.

dichten, und diese unterliegen dem Massenwirkungsgesetz (I 3.04)

$$n^{(0)} p^{(0)} = n_i^2. \qquad \text{(I 3.04)}$$

Wir können demnach τ als Funktion von $n^{(0)}$ oder von $p^{(0)}$ auftragen; das läuft nur auf eine andere Beschriftung der Abszissenachse hinaus.

Die Abb. IX 4.1 zeigt den Fall $\frac{\tau^{(p0)}}{\tau^{(n0)}} = 0{,}1$, $K_{DV} = 10^2 n_i$ [nach (VIII 6.30) muß dann $K_{DC} = 10^{-2} n_i$ sein]. Ganz links für $p^{(0)} \to \infty$, wo also starke pLeitung vorliegt, ergibt sich $\tau = \tau^{(n0)}$: ein Ergebnis, das wir in (IX 4.24) und (IX 4.25) schon vorweg genommen haben; entsprechend erhält man ganz rechts für $n^{(0)} \to \infty$, für nLeitung also, das Resultat $\tau^{(p0)}$. Dazwischen werden erheblich größere Lebensdauern erreicht. Das hängt aber, wie wir gleich sehen werden, von den speziellen

[1] Auch dieses Ergebnis kann schnell und bequem aus (IX 3.19) mit Hilfe von [(IX 4.10), erste beiden Gleichungen], (I 3.04) und (IX 4.19) abgeleitet werden. Es muß dazu aber noch die Annahme $\delta n = \delta p$ gemacht werden bzw. δn_{D+} vernachlässigt werden, wofür die Begründungen, wenn sie stichhaltig sein sollen, mindestens einigermaßen schwerfällig werden. Wir haben daher den Weg über die allgemeinen Ausdrücke (IX 4.22) und (IX 4.23) vorgezogen.

Werten von $K_{DV} = \frac{n_i^2}{K_{DC}}$ ab. In Abb. IX 4.2 ist der Verlauf von (IX 4.27) für verschiedene K_{DV}-Werte aufgetragen. Man sieht, daß für

$$K_{DV} = n_i \sqrt{\frac{\tau^{(p0)}}{\tau^{(n0)}}} \qquad \text{(IX 4.28)}$$

die τ-Kurve am niedrigsten verläuft. Störstellen mit einer solchen Massenwirkungskonstante sind also als Rekombinationszentren am wirksamsten.

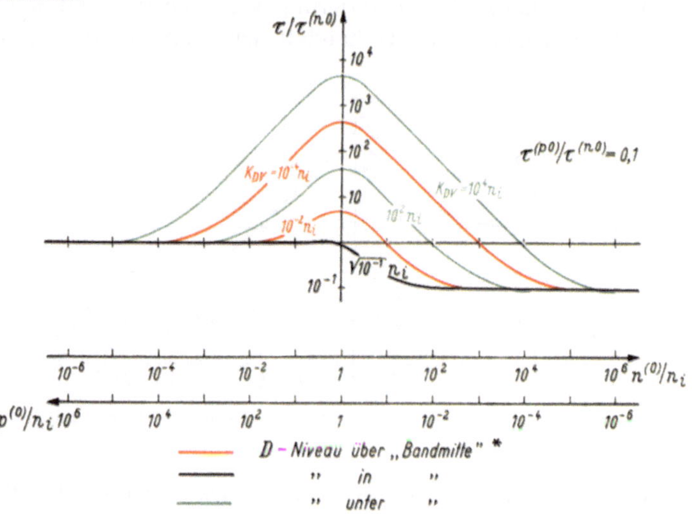

Abb. IX 4.2 Abhängigkeit der Lebensdauer von der Dotierung. Verschiedene energetische Lage des Rekombinationszentrums. Wenige Zentren. Schwache Injektion. *Siehe hierzu S. 480 u. 481.

Welche energetische Lage hat das Störstellenniveau eines derartigen Rekombinationszentrums?

Mit Benutzung von (VIII 6.41) und (VIII 5.28) folgt zunächst

$$K_{DV} = N_V \, \mathrm{e}^{+\frac{1}{\mathrm{k}T}(E_V - E_D^*)} = n_i \, \mathrm{e}^{+\frac{1}{\mathrm{k}T}(E_i - E_V)} \, \mathrm{e}^{+\frac{1}{\mathrm{k}T}(E_V - E_D^*)}$$

$$= n_i \, \mathrm{e}^{+\frac{1}{\mathrm{k}T}(E_i - E_D^*)}$$

und weiter durch Logarithmieren

$$\ln \frac{K_{DV}}{n_i} = \frac{1}{\mathrm{k}T}(E_i - E_D^*),$$

$$E_D^* = E_i - \mathrm{k}T \ln \frac{K_{DV}}{n_i}.$$

Bei den grünen Kurven der Abb. IX 4.2 liegt also das effektive Rekombinationsniveau E_D^* unter dem Inversionsniveau E_i (s. S. 437), bei den roten darüber. Für die schwarze Kurve minimaler Lebensdauer ergibt sich mit (IX 4.28) speziell

$$E_D^* = E_i - \frac{1}{2} \mathrm{k} T \ln \frac{\tau^{(p0)}}{\tau^{(n0)}} . \qquad \text{(IX 4.29)}$$

Wie groß ist der logarithmische Zusatzterm?

Aus (IX 3.17) und (IX 3.18) sowie (IX 1.02) und (VII 9.32) folgt

$$\frac{\tau^{(p0)}}{\tau^{(n0)}} = \frac{r_{DC}}{r_{DV}} = \frac{\sigma_n(D^+)}{\sigma_p(D^\times)} \sqrt{\frac{m_p}{m_n}} \approx \frac{\sigma_n(D^+)}{\sigma_p(D^\times)} . \qquad \text{(IX 4.30)}$$

Man wird zunächst geneigt sein, für die beiden hier vorkommenden Wirkungsquerschnitte gleiche Größenordnung anzunehmen. Immerhin fördert aber die Coulomb-Anziehung das Einfangen der negativen Elektronen durch die positiven D^+, so daß $\sigma_n(D^+)$ größer als $\sigma_p(D^\times)$ ist. Selbst wenn der Quotient (IX 4.30) aber gleich 100 ist, hat der logarithmische Zusatzterm in (IX 4.29) bei Zimmertemperatur nur den Wert 0,12 eVolt. Deshalb ist die Aussage im großen und ganzen richtig, daß eine Störstelle zu minimalen Lebensdauern führt, d. h. ein möglichst wirksames Rekombinationszentrum bildet, wenn ihr effektives Niveau E_D^* in der Nähe des Inversionsniveaus E_i liegt, ganz grob gesprochen: in der Mitte des verbotenen Bandes also.

c) Als nächstes behalten wir nur noch eine einschränkende Voraussetzung bei, nämlich

Wenige Zentren: Die Glieder mit n_D in Zähler und Nenner von (IX 4.22) und (IX 4.23) können vernachlässigt werden.

Dann ergibt sich aus (IX 4.22) und (IX 4.23)

$$\tau_n = \tau_p = \frac{\tau^{(n0)}(p + K_{DV}) + \tau^{(p0)}(n + K_{DC})}{n^{(0)} + p^{(0)} + (n - n^{(0)}) \dfrac{K_{DV}}{p^{(0)} + K_{DV}} + (p - p^{(0)}) \dfrac{K_{DC}}{n^{(0)} + K_{DC}}} . \qquad \text{(IX 4.31)}$$

Hier ist — wie wir sofort sehen werden — bei starker Injektion

$$n - n^{(0)} \approx p - p^{(0)} . \qquad \text{(IX 4.32)}$$

Aus der Neutralitätsbedingung (IX 4.14) zusammen mit (IX 4.10) folgt nämlich

$$[n - n^{(0)}] - [p - p^{(0)}] = n_{D^+} - n_{D^+}^{(0)} . \qquad \text{(IX 4.33)}$$

Die Umladung $n_{D^+} - n_{D^+}^{(0)}$ der Donatoren kann höchstens alle n_D Donatoren erfassen. Der Term auf der rechten Seite von (IX 4.33) kann also höchstens gleich n_D sein:

$$[n - n^{(0)}] - [p - p^{(0)}] \leqq n_D . \qquad \text{(IX 4.34)}$$

Bei genügend starker Injektion ist andererseits jeder der beiden [ ]-Terme sehr groß gegen n_D:

$$[n - n^{(0)}] \gg n_D, \quad [p - p^{(0)}] \gg n_D. \tag{IX 4.35}$$

Dann kann (IX 4.34) nur erfüllt sein, wenn die [ ]-Terme annähernd gleich sind:

$$n - n^{(0)} \approx p - p^{(0)} = \Delta \cdot n_i. \tag{IX 4.36}$$

Hierbei ist Δ ein Maß für die Stärke der Injektion.

Mit (IX 4.36) wird dann aus (IX 4.31)

$$\tau_n = \tau_p = \frac{\tau^{(n0)}(p^{(0)} + K_{DV} + \Delta \cdot n_i) + \tau^{(p0)}(n^{(0)} + K_{DC} + \Delta \cdot n_i)}{n^{(0)} + p^{(0)} + \Delta \cdot n_i \left(\dfrac{K_{DV}}{p^{(0)} + K_{DV}} + \dfrac{K_{DC}}{n^{(0)} + K_{DC}}\right)}. \tag{IX 4.37}$$

Nach (IX 4.09) und (IX 4.08) ist aber

$$\frac{K_{DV}}{p^{(0)} + K_{DV}} + \frac{K_{DC}}{n^{(0)} + K_{DC}} = \frac{n_{D\times}^{(0)}}{n_D} + \frac{n_{D+}^{(0)}}{n_D} = \frac{n_{D\times}^{(0)} + n_{D+}^{(0)}}{n_D} = 1. \tag{IX 4.38}$$

Damit wird aus (IX 4.37)

$$\tau_n = \tau_p = \frac{\tau^{(n0)}(p^{(0)} + K_{DV} + \Delta \cdot n_i) + \tau^{(p0)}(n^{(0)} + K_{DC} + \Delta \cdot n_i)}{n^{(0)} + p^{(0)} + \Delta \cdot n_i}. \tag{IX 4.39}$$

Dieses Ergebnis[1] ist in Abb. IX 4.3 für $K_{DC} = 10^{-2} n_i$, $K_{DV} = 10^{+2} n_i$ und $\Delta = 0$, $\Delta = 10^2$ und $\Delta = 10^4$ dargestellt.

Die Kurve für $\Delta = 0$ ist natürlich identisch mit der aus Abb. IX 4.1. Für sehr starke Injektionen ($\Delta = 10^4$) bekommt τ einen von der Dotierung unabhängigen Grenzwert

$$\tau \to \tau^{(n0)} + \tau^{(p0)}, \tag{IX 4.40}$$

was ja auch aus (IX 4.39) für $\Delta \to \infty$ sofort zu sehen ist. Die Kurve für $\Delta = 10^4$ zeigt aber auch, daß dieser Grenzfall (IX 4.40) nur im Intervall

$$10^{-4} n_i < n^{(0)} < 10^{+4} n_i \tag{IX 4.41}$$

erreicht wird. Jenseits dieses Intervalls werden wieder die alten Grenzwerte $\tau^{(n0)}$ bzw. $\tau^{(p0)}$ für starke p- bzw. starke nDotierung angenommen. Das alles ist gut verständlich, denn selbst mit $\Delta = 10^4$ ist die Injektion nur „stark", solange $n^{(0)}$ oder $p^{(0)}$ kleiner als $10^4 n_i$ sind. Für größere n- oder pDotierung sind auch mit $\Delta = 10^4$ die Injektionen $n - n^{(0)}$ und $p - p^{(0)}$ immer noch klein gegen die Gleichgewichtsdichten $n^{(0)}$ bzw. $p^{(0)}$ der Majoritätsträger und daher „schwach".

---

[1] Auch dieses Ergebnis kann schnell und bequem aus (IX 3.19) abgeleitet werden. Gegenüber dem in Fußnote 1 auf S. 478 angegebenen Weg fällt nur die Vernachlässigung des quadratischen Terms $\delta n\, \delta p$ weg. Die Begründung für $\delta n \approx \delta p$ könnte wie in (IX 4.32) bis (IX 4.36) gegeben werden.

Ob die Injektion „stark“ oder „schwach“ ist, dafür ist also der Gleichgewichtswert der Majoritätsträgerdichte maßgebend. Nun können aber die Injektionen „*sehr* schwach“ werden, d. h. klein gegen die Dichte n_D der Rekombinationszentren, die ja im allgemeinen sehr

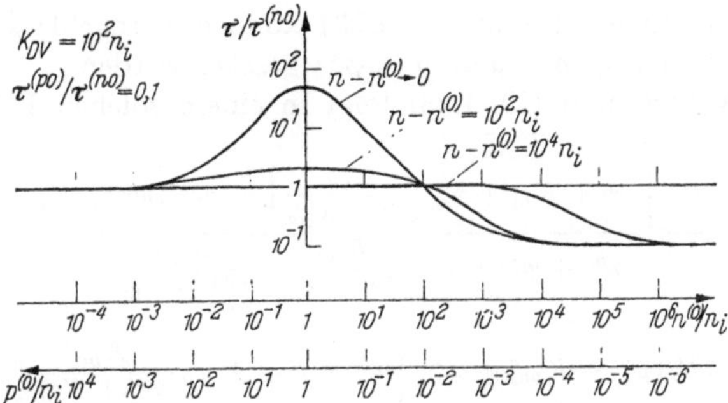

Abb. IX 4.3 Abhängigkeit der Lebensdauer von der Dotierung. Verschieden starke Injektion $n - n^{(0)}$. Wenige Zentren.

klein gegen die Majoritätsträgerdichte sein wird. Dann sind die Gln. (IX 4.35) nicht mehr erfüllt, und unter Umständen müssen in (IX 4.22) und (IX 4.23) die Glieder mit n_D beibehalten werden.

Bevor wir in Abschn. d) zu diesem Fall der endlichen Zentrenzahl übergehen, noch eine Bemerkung zum Ergebnis (IX 4.40). Kombinieren wir (IX 4.40) mit (IX 4.19) und (IX 4.10), so erhalten wir für den Rekombinationsüberschuß

$$R = \frac{n - n^{(0)}}{\tau^{(n0)} + \tau^{(p0)}} = \frac{p - p^{(0)}}{\tau^{(n0)} + \tau^{(p0)}}. \qquad \text{(IX 4.42)}$$

Das Ergebnis gilt aber nur im Fall starker Injektion, und dann sind n und p groß gegen ihre Gleichgewichtsdichte $n^{(0)}$ und $p^{(0)}$. Wir erhalten also bei starker Injektion

$$R = \frac{n}{\tau} = \frac{p}{\tau} \qquad \text{(IX 4.43)}$$

mit einer konzentrationsunabhängigen „Lebensdauer“ τ. Dieser Ansatz pflegt bei starker Injektion allgemein in der Literatur gemacht zu werden[1]. Mit *diesem* Hinweis wollen wir ähnlich wie mit dem zu (IX 4.19) gemachten Hinweis auf (IV 8.18) zeigen, daß die durch (IX 4.19)

[1] Siehe z. B.: Hall, R. N.: Proc. IRE 40 (1952) 1512. — Herlet, A.. u. E. Spenke: Z. angew. Phys. 7 (1955) 99, 149 u. 195, insbesondere S. 152. — Emeis, R., A. Herlet u. E. Spenke: Proc. IRE 46 (1958) 1220, insbesondere Gl. (5). Siehe auch Kap. IV, § 11, insbesondere Gl. (IV 11.25).

eingeführten Zeitgrößen τ_n und τ_p tatsächlich mit den in der Halbleiterliteratur verwendeten „Lebensdauern" identisch sind[1].

d) Nun aber zum Fall der *endlichen Zentrenzahlen*! Wir machen als Einschränkung die Voraussetzung

Schwache Injektion: Die Glieder mit $n - n^{(0)}$ und $p - p^{(0)}$ im Nenner von (IX 4.22) und (IX 4.23) können vernachlässigt werden. Im Zähler darf $n = n^{(0)}$ und $p = p^{(0)}$ gesetzt werden.

Aus (IX 4.22) und (IX 4.23) folgt in einem solchen Fall[2]

$$\tau_n = \frac{\tau^{(n0)}\left[p^{(0)} + K_{DV} + n_D \frac{K_{DV}}{p^{(0)} + K_{DV}}\right] + \tau^{(p0)}\left[n^{(0)} + K_{DC}\right]}{n^{(0)} + p^{(0)} + n_D \frac{K_{DC}}{n^{(0)} + K_{DC}} \frac{K_{DV}}{p^{(0)} + K_{DV}}}, \quad \text{(IX 4.44)}$$

$$\tau_p = \frac{\tau^{(n0)}\left[p^{(0)} + K_{DV}\right] + \tau^{(p0)}\left[n^{(0)} + K_{DC} + n_D \frac{K_{DC}}{n^{(0)} + K_{DC}}\right]}{n^{(0)} + p^{(0)} + n_D \frac{K_{DC}}{n^{(0)} + K_{DC}} \frac{K_{DV}}{p^{(0)} + K_{DV}}}. \quad \text{(IX 4.45)}$$

Die Lebensdauern τ_n und τ_p spalten also in diesem Fall auf. Die Werte, die sich nach (IX 4.44) und (IX 4.45) ergeben, sind für den Fall $n_D = 0$, $n_D = 10^4 n_i$, $n_D = 10^6 n_i$ und $n_D \to \infty$ in Abb. IX 4.4 in Funktion von $n^{(0)}$ bzw. $p^{(0)} = \frac{n_i^2}{n^{(0)}}$ dargestellt.

e) Das Modell von Hall[3] und von Shockley und Read[4] ist öfters experimentell geprüft worden. Es hat sich namentlich bei Germanium quantitativ bestätigen lassen. Sehr bald stellten sich aber Erweiterungen als notwendig heraus, durch die berücksichtigt wurde, daß die als Rekombinationszentren fungierenden Störstellen niemals einfache Donatoren oder einfache Akzeptoren sind, sondern immer in mehreren Ladungszuständen auftreten können und daher mehrere Energieniveaus zur Verfügung stellen.

---

[1] Siehe hierzu auch A. Hoffmann: Lebensdauerfragen und Trapmodell vom Standpunkt des Massenwirkungsgesetzes in „Halbleiterprobleme" Bd. II, herausgegeben von W. Schottky, Braunschweig: Vieweg 1955, S. 106. Auf den Unterschied zu den eigentlichen physikalischen Lebensdauern (= Lebenserwartung der Individuen einer bestimmten Teilchensorte) weist W. Schottky in seinen Vorbemerkungen zum Hoffmannschen Referat namentlich auf S. 101 hin.

[2] Diese Ergebnisse lassen sich nicht mehr allein aus (IX 3.19) ableiten. Es ist jetzt $\delta n \neq \delta p$, und δn_{D+} kann nicht mehr vernachlässigt werden. Zu seiner Ermittlung muß auf die Grundgleichungen, z. B. auf (IX 2.18) zurückgegriffen werden. Wir haben statt dessen den auch bisher schon in § 4 benutzten Weg vorgezogen.

[3] Hall, R. N.: Phys. Rev. 87 (1952) 387.

[4] Shockley, W., u. W. T. Read: Phys. Rev. 87 (1952) 835.

Als Beispiele für quantitative Bestätigungen des Modells von HALL und von SHOCKLEY und READ zeigen wir zunächst 2 Abbildungen von BURTON und Mitarbeitern[1]. In Abb. IX 4.5 handelt es sich um die Lebensdauern τ, die in verschiedenen Germaniumkristallen gemessen

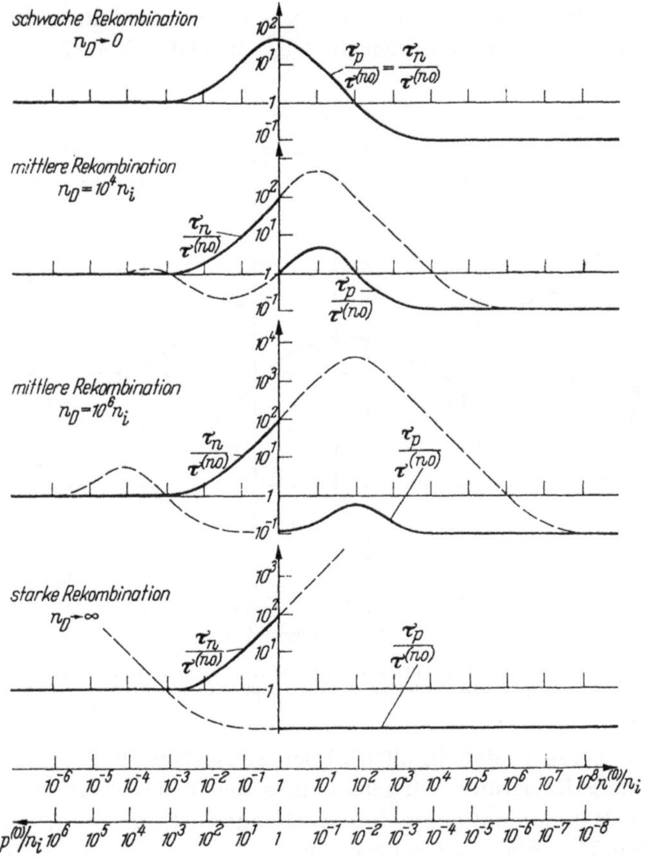

Abb. IX 4.4 **Abhängigkeit der Lebensdauern τ_n und τ_p von der Dotierung. Geringe, mittlere und große Zahl n_D der Rekombinationszentren. Injektion in allen vier Fällen schwach.**

$$K_{DV} = 10^2 n_i; \quad \frac{\tau^{(p0)}}{\tau^{(n0)}} = 0{,}1.$$

wurden, die sich durch ihre Leitfähigkeitsdotierungen und daher durch ihre Gleichgewichtskonzentration $n^{(0)}$ bzw. $p^{(0)}$ unterscheiden.

Bei einem Teil der Kristalle wurde beim Ziehen aus der Schmelze Nickel zugesetzt und damit in allen diesen Kristallen annähernd der

---

[1] BURTON, J. A., G. W. HULL, F. J. MORIN u. J. C. SEVERIENS: J. phys. Chem. 57 (1953) 853.

gleiche Ni-Gehalt von $1{,}2 \cdot 10^{13}$ cm^{-3} erzielt. Die Gleichheit des Ni-Gehalts ermöglichte es, die an diesen Kristallen gewonnenen Meßpunkte einer einzigen theoretischen Kurve mit bestimmten $\tau^{(n0)}$ und $\tau^{(p0)}$-Werten zuzuordnen (Kurve *2* in Abb. IX 4.5). Die Kurve *1* verbindet die Meßpunkte, die an Kristallen ohne bewußten Ni-Zusatz gemessen wurde. Es hat den Anschein, als ob sich auch diese Meßpunkte einer Kurve zuordnen ließen, die Gl. (IX 4.27) entspricht.

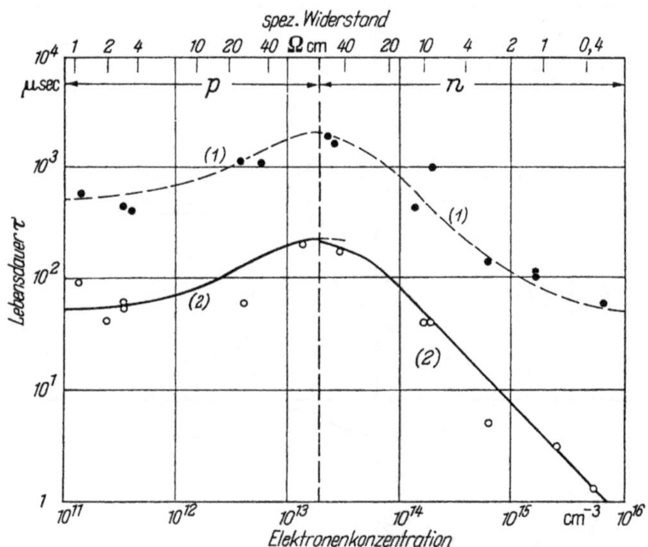

Abb. IX 4.5 Lebensdauer von Ge-Proben verschiedener Leitfähigkeit (Dotierung mit In bzw. Sb). Kurve *1* ohne absichtlichen Ni-Zusatz; Kurve *2* mit Ni-Zusatz ($1{,}2 \cdot 10^{13}$ cm^{-3}).

Das würde besagen, daß in allen diesen Kristallen auch ohne bewußte „Lebensdauer-Dotierung" ungefähr dieselbe Konzentration von unbekannten Rekombinationszentren vorhanden ist, die natürlich kleiner als bei den Kristallen der Kurve *2* ist.

In Abb. IX 4.6 ist diese Kurve *1* wiederholt und als Gegenstück einer Kurve *3* gegenübergestellt worden, bei der eine bewußte „Lebensdauerdotierung" mit $3{,}6 \cdot 10^{14}$ cm^{-3} Cu-Atomen vorgenommen worden ist. Man sieht, daß diese Konzentration so hoch ist, daß die Kurven für τ_n und τ_p aufspalten.

Ähnliche Ergebnisse von zahlreichen russischen Arbeiten findet man bei KALASHNIKOV[1] zusammengestellt. Hier wie auch schon vorher bei BEMSKI[2] wird darauf hingewiesen, daß die Ausführungen von HALL

[1] KALASHNIKOV, S. G.: J. Phys. Chem. Solids 8 (1959) 52.
[2] BEMSKI, G.: Phys. Rev. 111 (1958) 1515.

und von SHOCKLEY und READ dadurch ergänzt werden müssen, daß die Rekombinationszentren meistens nicht einfache, sondern mehrfache Donatoren oder Akzeptoren sind, also in mehr als 2 Ladungszuständen auftreten und dadurch mehr als ein Energieniveau für die Rekombination zur Verfügung stellen. In einem konkreten Beispiel — Gold in Silizium — kann das substitutionell in das Silizium eingebaute

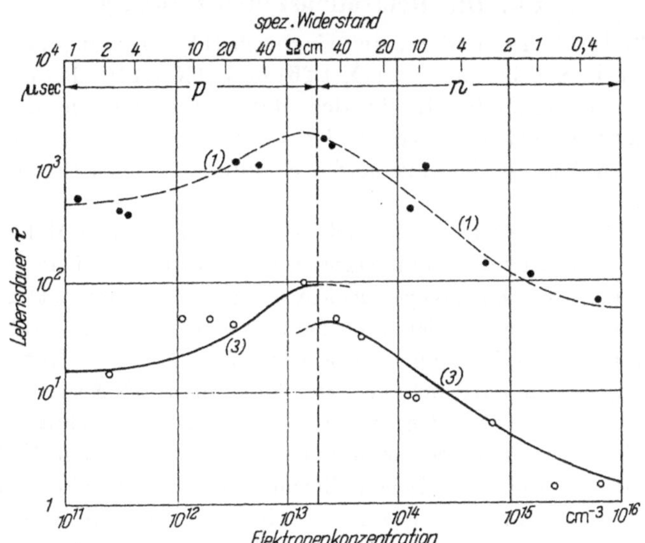

Abb. IX 4.6 Lebensdauer von Germanium verschiedener Leitfähigkeit. Kurve 1 ohne absichtlichen Cu-Zusatz. Kurve 3 mit Cu-Zusatz ($3{,}6 \cdot 10^{14}\ cm^{-3}$).

Gold — nach Kap. II, § 1, als Au ● (Si) zu bezeichnen — in den Ladungszuständen Au ●˙ (Si), Au ●ˣ (Si) und Au ●′ (Si) auftreten[1]. Es hat daher ein Donatorniveau 0,35 *e*Volt über dem Valenzband und ein Akzeptorniveau 0,54 *e*Volt unter dem Leitungsband. BEMSKI zeigt, daß für *n*dotiertes Si das Akzeptorniveau [Ladungswechsel zwischen Au ●′ (Si) und Au ●ˣ (Si)] und für *p*dotiertes Si das Donatorniveau [Ladungswechsel zwischen Au ●ˣ (Si) und Au ●˙ (Si)] wirksam ist. Wenn man mit der Leitfähigkeitsdotierung kontinuierlich von *n* nach *p* übergeht, überstreicht man natürlich Gebiete, in denen die Rekombinationszentren Au ● (Si) zwischen allen 3 Ladungszuständen Au ●˙ (Si), Au ●ˣ (Si) und Au ●′ (Si) hin- und herwechseln. Dann

[1] TAFT, E. A., u. F. H. HORN: Phys. Rev. 93 (1954) 64. — COLLINS, C. B., R. O. CARLSON u. C. J. GALLAGHER: Phys. Rev. 105 (1957) 1168. Im Germanium existieren sogar die 5 Ladungszustände Au ●˙ (Ge), Au ●ˣ (Ge), Au ●′ (Ge), Au ●″ (Ge) und Au ●‴ (Ge). Siehe hierzu Kap. II, § 6, namentlich S. 57, Abb. II 6.5 und II 6.6.

genügen nicht mehr die einfacheren Formeln von HALL und von SHOCKLEY und READ, sondern es muß die Statistik von Mehrfachstörstellen[1,2] hinzugezogen werden. KALASHNIKOV hält dies auch zur Deutung von Ergebnissen für notwendig, die von ihm und seinen Mitarbeitern an Bor-dotiertem Germanium mit Cu-Rekombinationszentren gefunden wurden[3].

§ 5. Die Relaxationszeiten τ_1 und τ_2

Die Zeitgrößen τ_n und τ_p, die wir durch (IX 4.19) eingeführt haben, haben sich in Spezialfällen [s. (IX 4.26) und (IX 4.43)] als die „Lebensdauern" herausgestellt, die in der stationären Theorie der Gleichrichter und Transistoren verwendet zu werden pflegen. Sie können daher durch Analyse der stationären Kennlinien solcher Schaltelemente ermittelt werden[4].

Diese Größen werden aber auch bei einer Reihe von Meßmethoden an homogenen Kristallen ohne *pn*Struktur ermittelt. Bei noch anderen Meßmethoden werden dagegen Abklingvorgänge beobachtet[5] und es ist fraglich, ob in solchen Fällen auch die bisher berechneten „stationären" Lebensdauern τ_n und τ_p gemessen werden. Eine genauere Untersuchung dieser Frage muß natürlich auf die Annahmen (IX 3.01) verzichten, die wir zu Beginn des § 3 gemacht haben. Um die Rechnungen nicht zu kompliziert zu machen, wird man sich auch auf den Fall *kleiner* Abweichungen vom thermischen Gleichgewicht beschränken. Man wird dann auf exponentielle An- oder Abklingvorgänge mit zwei charakteristischen Zeitkonstanten τ_1 und τ_2 geführt.

Einfache Resultate erhält man für genügend kleine Konzentration n_D der Rekombinationszentren, also für schwache Rekombination. Dann geht $\tau_2 \to 0$, während τ_1 mit der stationären Lebensdauer $\tau = \tau_n = \tau_p$ zusammenfällt. In diesem Fall bekommen ja auch die beiden stationären Lebensdauern τ_n und τ_p einen identischen Wert.

Für große Konzentration n_D der Rekombinationszentren haben aber beide Relaxationszeiten τ_1 und τ_2 endliche Werte, die nicht nur untereinander verschieden, sondern auch verschieden von τ_n und von τ_p sind. Da in diesem Fall auch die stationären Lebensdauern τ_n und τ_p nicht mehr zusammenfallen ($\tau_n \neq \tau_p$), haben wir bei starker Rekombination vier verschiedene Zeitkonstanten, die bei Lebensdauerproblemen zu beachten sind.

---

[1] BERNARD, M.: J. Electronics Control 5 (1958) 15.

[2] SAH, C. T., u. W. SHOCKLEY: Phys. Rev. 109 (1958) 1103.

[3] KALASHNIKOV, S. G.: J. Phys. Chem. Solids 8 (1959) 52.

[4] HERLET, A.: Z. angew. Phys. 9 (1957) 155. — BENDA, H.: Solid State Electronics 8 (1965) 189.

[5] HOFFMANN, A., in „Halbleiterprobleme" Bd. II, herausgegeben von W. SCHOTTKY, Braunschweig: Vieweg 1955, S. 106. Siehe namentlich S. 134, § 3.

Wir wollen auf diese Dinge nicht weiter eingehen, sondern verweisen den Leser auf die Darstellungen von MADELUNG[1] und von BLAKEMORE[2].

§ 6. Die Übertragung des Modells von Hall und von Shockley und Read auf die Oberfläche eines Halbleiters

Die Rekombinationseigenschaften von Halbleiteroberflächen sind für die Eigenschaften realer Schaltelemente von großer Bedeutung, und es ist daher verständlich, daß das Modell von HALL und von SHOCKLEY und READ vom Volumen, wo es sich jedenfalls bei Ge recht gut bewährt hat, auf die Halbleiteroberfläche übertragen worden ist[3]. Dabei wird die Besetzung der Oberfläche mit Rekombinationszentren S angenommen, und zwar mit einer Dichte n_S pro Flächeneinheit. n_S hat demnach die Dimension cm^{-2} im Gegensatz zur Dimension cm^{-3} der räumlichen Dichten n und p der Leitungs- und der Defektelektronen. Die Rekombinationszentren S mögen beispielsweise Donatorcharakter haben und können dem entsprechend in den Ladungszuständen $S^{\times}$ und S^{+} vorkommen.

Leitungselektronen, die auf die Oberfläche auftreffen, werden mit einer bestimmten Wahrscheinlichkeit mit den S^{+}-Zentren rekombinieren:

$$S^{+} + \ominus \rightarrow S^{\times}. \tag{IX 6.01}$$

Andererseits werden $S^{\times}$-Zentren mit einer gewissen Häufigkeit ein Elektron ins Leitungsband emittieren:

$$S^{\times} \rightarrow S^{+} + \ominus. \tag{IX 6.02}$$

Aus dem Gegeneinander dieser Prozesse ergibt sich ein Rekombinationsüberschuß pro Flächeneinheit

$$R_n = r_{SC}\, n_{S^+}\, n - e_{SC}\, n_{S^\times}. \tag{IX 6.03}$$

R_n hat also die Dimension $\mathrm{cm}^{-2}\,\mathrm{s}^{-1}$, und man sieht, daß r_{SC} und e_{SC} genau wie bei räumlich verteilten Störstellen die Dimension $\mathrm{cm}^{+3}\,\mathrm{s}^{-1}$ und s^{-1} haben; denn in (IX 6.03) ändert sich im Vergleich zu (IX 3.06) links die Dimension des Rekombinationsüberschusses von $\mathrm{cm}^{-3}\,\mathrm{s}^{-1}$ auf $\mathrm{cm}^{-2}\,\mathrm{s}^{-1}$, wofür aber rechts n_{S^+} und $n_{S^\times}$ die Dimension cm^{-2} im Gegensatz zur Dimension cm^{-3} von n_{D^+} und $n_{D^\times}$ haben.

---

[1] MADELUNG, O.: Halbleiter, in „Handbuch der Physik“, Bd. XX, herausgegeben von S. FLÜGGE, Berlin/Göttingen/Heidelberg: Springer 1957, S. 113.

[2] BLAKEMORE, J. S.: Semiconductor Statistics, Oxford/London/New York/Paris: Pergamon Press 1962, S. 283ff.

[3] STEVENSON, D. T., u. R. J. KEYES: Physica 20 (1954) 1041.

Der Elektronenaustausch mit dem Valenzband führt entsprechend zu einem Rekombinationsüberschuß

$$R_p = r_{SV}\, n_{S^\times}\, p - e_{SV}\, n_{S^+}. \tag{IX 6.04}$$

Im stationären Zustand müssen R_n und R_p gleich sein, und durch ganz entsprechende Rechnungen wie in § 3 erhält man für den Rekombinationsüberschuß pro Flächeneinheit

$$R = \frac{p\,n - n_i^2}{\frac{1}{r_{SV}\,n_S}(n + K_{SC}) + \frac{1}{r_{SC}\,n_S}(p + K_{SV})}, \tag{IX 6.05}$$

wobei

$$K_{SC} = e_{SC}/r_{SC} \quad \text{und} \quad K_{SV} = e_{SV}/r_{SV} \tag{IX 6.06}$$

die Massenwirkungskonstanten für die Reaktionen (IX 6.01) und (IX 6.02) und die entsprechenden Reaktionen mit dem Valenzband sind.

Die Koeffizienten in den Nennern des Nenners der rechten Seite von (IX 6.05) haben die Dimension einer Geschwindigkeit:

$$[r_{SV}]\,[n_S] = \mathrm{cm}^{+3}\,\mathrm{s}^{-1}\,\mathrm{cm}^{-2} = \mathrm{cm\,s}^{-1}.$$

Für sie werden die „Rekombinationsgeschwindigkeiten"

$$r_{SV}\,n_S = s_{SV} \quad \text{und} \quad r_{SC}\,n_S = s_{SC} \tag{IX 6.07}$$

eingeführt. Es kommt dann

$$R = \frac{p\,n - n_i^2}{\frac{1}{s_{SV}}(n + K_{SC}) + \frac{1}{s_{SC}}(p + K_{SV})}. \tag{IX 6.08}$$

Das Modell von HALL und von SHOCKLEY und READ liefert also für die Oberflächenrekombination genau dieselben Beziehungen wie für die Volumenrekombination; es sind nur die Lebensdauern $\tau^{(p0)}$ und $\tau^{(n0)}$ durch die reziproken Rekombinationsgeschwindigkeiten $\frac{1}{s_{SV}}$ und $\frac{1}{s_{SC}}$ zu ersetzen. Dementsprechend erhält man auch z. B. im Sonderfall starker pDotierung

$$p^{(0)} \to \infty \tag{IX 6.09}$$

und schwacher Injektion

$$n - n^{(0)} = \delta n = \delta p \ll p^{(0)}, \tag{IX 6.10}$$

$$p - p^{(0)} = \delta p = \delta n \ll p^{(0)}, \tag{IX 6.11}$$

aus (IX 6.08):

$$R = s_{SC}\,\delta_p = s_{SC}[p - p^{(0)}] = s_{SC}[n - n^{(0)}]. \tag{IX 6.12}$$

Der Vergleich mit (IX 4.26) zeigt, daß, wie erwartet, an die Stelle der Volumenlebensdauer $\tau^{(n0)}$ die reziproke Oberflächenrekombinationsgeschwindigkeit s_{SC} getreten ist. Gl. (IX 6.12) kann übrigens so gedeutet werden, daß die Konzentrationsabweichungen $n - n^{(0)}$ und $p - p^{(0)}$ mit der Geschwindigkeit s_{SC} auf die Oberfläche zu strömen und dort vollständig rekombinieren.

2. Teil. Rekombination und Neuerzeugung durch strahlende Übergänge

Die durch strahlende Übergänge in einem Halbleiter hervorgerufene Rekombinationsrate läßt sich nach VAN ROOSBROECK und SHOCKLEY[1] aus den optischen Absorptionsdaten des betreffenden Halbleiters berechnen.

Dem liegt folgende Überlegung zugrunde. Der Rekombinationsakt, dessen Häufigkeit ermittelt werden soll, besteht in dem Hinunterfallen eines Elektrons vom Leitungsband in ein Loch in der Elektronenbesetzung des Valenzbandes. Die dabei frei werdende Energie wird als Lichtquant emittiert. Die mikroskopische Umkehrung eines solchen unter Lichtquantenemission erfolgenden Rekombinationsaktes ist ein unter Lichtquantenabsorption erfolgender Paarzeugungsakt. Die Energie des absorbierten Lichtquants wird dabei benutzt, um ein Valenzelektron ins Leitungsband zu heben. Im thermischen Gleichgewicht müssen beide Vorgänge nach dem Prinzip des detaillierten Gleichgewichts gleich häufig sein, und es ist dann gleichgültig, für welchen der beiden Prozesse die Häufigkeitsberechnung durchgeführt wird. Eine interessante Möglichkeit ergibt sich beim Absorptionsprozeß, dessen Häufigkeit in direktem Zusammenhang mit den optischen Absorptionsdaten des Halbleiters in einem bestimmten Wellenlängengebiet stehen kann — dann nämlich, wenn der betrachtete Paarerzeugungsakt die alleinige Ursache für die optische Absorption in diesem Wellenlängengebiet ist.

Eine andere mögliche Ursache für optische Absorption kann z. B. die von den freien Ladungsträgern hervorgerufene Leitfähigkeit sein („Freie Ladungsträgerabsorption"). Optische Absorptionsprozesse können weiter an bestimmte Störstellensorten gebunden sein („Störstellenabsorption"). Schließlich zeigt auch das Kristallgitter unabhängig von

[1] VAN ROOSBROECK, W., u. W. SHOCKLEY: Phys. Rev. 94 (1954) 1558.

Störstellen und von freien Ladungsträgern Absorptionserscheinungen[1], die sog. „Gitterabsorption".

Wir setzen nun voraus, daß die freie Ladungsträgerabsorption, die Störstellenabsorption und die Gitterabsorption in einem bestimmten Wellenlängengebiet keine Rolle spielen, sondern daß dort die Paarerzeugung die einzige Ursache für die optische Absorption ist. Dann wird die Intensität der Absorption durch die Häufigkeit dieses Prozesses bedingt. Die Häufigkeit der Paarerzeugung muß sich also aus der optischen Absorptionskonstante berechnen lassen und wird damit auf eine experimentell zugängliche Größe zurückgeführt.

§ 7. Die Zahl der Lichtquanten in einem Halbleiter der Temperatur *T*

Um die Berechnung von VAN ROOSBROECK und SHOCKLEY[2] durchzuführen, müssen wir zunächst die Zahl der Lichtquanten ermitteln, die bei der Temperatur T in einem Volumen V des betrachteten Halbleiters vorhanden sind. Hierbei verläuft der Gedankengang in völliger Analogie zu der bekannten Ableitung des PLANCKschen Strahlungsgesetzes, bei der man die Verteilung der Lichtquanten $\hbar\omega$ auf die Eigenschwingungen eines evakuierten Würfels mit spiegelnden Wänden unter Verwendung der BOSE-Statistik untersucht. Entsprechend betrachten wir jetzt ein würfelförmiges Volumen des Halbleiters und berechnen zunächst die Zahl seiner Eigenschwingungen in einem bestimmten Frequenzintervall.

Die Wände des Würfels sollen ideal spiegelnd sein, so daß kein Strahlungsquant das würfelförmige Volumen verlassen kann. Eine ebene Welle

$$\mathfrak{E} = \mathfrak{e}\,\frac{A}{8\sqrt{\varepsilon}}\cos(\omega t - \mathfrak{k}\,\mathfrak{x}),$$

$$\mathfrak{H} = \mathfrak{h}\,\frac{A}{8\sqrt{\varepsilon}}\cos(\omega t - \mathfrak{k}\,\mathfrak{x})$$

mit dem Wellenvektor $\mathfrak{k} = \{\mathfrak{k}_x, \mathfrak{k}_y, \mathfrak{k}_z\}$ wird vielmehr immer wieder an den Wänden reflektiert, und auf diese Weise bildet sich eine stehende

[1] Im Gegensatz zu heteropolaren Gittern wie NaCl sind in homöopolaren Gittern wie Germanium oder Silizium keine Dipolmomente vorhanden. Es ist also zunächst nicht recht ersichtlich, wie in derartigen Gittern die Gitterschwingungen optisch aktiv werden können und wie das ideale ungestörte Gitter eine gittereigene Absorption zeigen kann. LAX und BURSTEIN haben diese Schwierigkeit durch den Hinweis behoben, daß die Elektronenschalen der Atome bei den Gitterschwingungen deformiert werden und daß dadurch Dipolmomente zweiter Ordnung (quadratisch in den Gitteramplituden) induziert werden. LAX, M., u. E. BURSTEIN: Phys. Rev. 97 (1955) 39.

[2] VAN ROOSBROECK, W., u. W. SHOCKLEY: Phys. Rev. 94 (1954) 1558.

Welle aus, für die wir folgenden Ansatz machen:

$$\mathfrak{E}_x = -\,\mathfrak{e}_x \frac{A}{\sqrt{\varepsilon}} \cos \mathfrak{k}_x x \sin \mathfrak{k}_y y \sin \mathfrak{k}_z z \cos \omega t, \tag{IX 7.01}$$

$$\mathfrak{E}_y = -\,\mathfrak{e}_y \frac{A}{\sqrt{\varepsilon}} \sin \mathfrak{k}_x x \cos \mathfrak{k}_y y \sin \mathfrak{k}_z z \cos \omega t, \tag{IX 7.02}$$

$$\mathfrak{E}_z = -\,\mathfrak{e}_z \frac{A}{\sqrt{\varepsilon}} \sin \mathfrak{k}_x x \sin \mathfrak{k}_y y \cos \mathfrak{k}_z z \cos \omega t, \tag{IX 7.03}$$

$$\mathfrak{H}_x = +\,\mathfrak{h}_x \frac{A}{\sqrt{\mu}} \sin \mathfrak{k}_x x \cos \mathfrak{k}_y y \cos \mathfrak{k}_z z \sin \omega t, \tag{IX 7.04}$$

$$\mathfrak{H}_y = +\,\mathfrak{h}_y \frac{A}{\sqrt{\mu}} \cos \mathfrak{k}_x x \sin \mathfrak{k}_y y \cos \mathfrak{k}_z z \sin \omega t, \tag{IX 7.05}$$

$$\mathfrak{H}_z = +\,\mathfrak{h}_z \frac{A}{\sqrt{\mu}} \cos \mathfrak{k}_x x \cos \mathfrak{k}_y y \sin \mathfrak{k}_z z \sin \omega t. \tag{IX 7.06}$$

Dabei sind $\mathfrak{e} = \{\mathfrak{e}_x, \mathfrak{e}_y, \mathfrak{e}_z\}$ und $\mathfrak{h} = \{\mathfrak{h}_x, \mathfrak{h}_y, \mathfrak{h}_z\}$ Einheitsvektoren, während ε die Dielektrizitätskonstante und μ die Permeabilität des betrachteten Halbleiters ist. Geht man mit diesem Ansatz (IX 7.01) bis (IX 7.06) in die MAXWELLschen Gleichungen ein, so liefern die beiden Gleichungen

$$\operatorname{div} \mathfrak{E} = 0 \quad \text{und} \quad \operatorname{div} \mathfrak{H} = 0 \tag{IX 7.07}$$

die Beziehungen

$$\mathfrak{e} \cdot \mathfrak{k} = 0 \quad \text{und} \quad \mathfrak{h} \cdot \mathfrak{k} = 0. \tag{IX 7.08}$$

Die Einheitsvektoren $\mathfrak{e}$ und $\mathfrak{h}$ stehen also beide auf dem Wellenvektor $\mathfrak{k}$ senkrecht. Daß sie untereinander auch orthogonal sein müssen, ergibt sich, wenn man mit (IX 7.01) bis (IX 7.06) in die beiden anderen MAXWELLschen Gleichungen

$$\frac{\varepsilon}{c} \frac{\partial}{\partial t} \mathfrak{E} = \operatorname{rot} \mathfrak{H} \quad \text{und} \quad -\frac{\mu}{c} \frac{\partial}{\partial t} \mathfrak{H} = \operatorname{rot} \mathfrak{E} \tag{IX 7.09}$$

eingeht. Dann folgen nämlich die beiden Beziehungen

$$\omega \frac{\sqrt{\varepsilon \mu}}{c} \mathfrak{e} = \mathfrak{h} \times \mathfrak{k} \quad \text{und} \quad -\omega \frac{\sqrt{\varepsilon \mu}}{c} \mathfrak{h} = \mathfrak{e} \times \mathfrak{k}. \tag{IX 7.10}$$

Aus jeder dieser beiden Gleichungen folgt übereinstimmend wegen der Definition des äußeren Vektorproduktes

$$\mathfrak{e} \perp \mathfrak{h}. \tag{IX 7.11}$$

Bildet man außerdem die absoluten Beträge in den Gln. (IX 7.10) und berücksichtigt dabei, daß nach (IX 7.08) $\mathfrak{e}$ und $\mathfrak{h}$ senkrecht zu $\mathfrak{k}$ sind, so folgt mit $|\mathfrak{e}| = |\mathfrak{h}| = 1$

$$|\mathfrak{k}| = k = \omega \frac{\sqrt{\varepsilon \mu}}{c} = \frac{n}{c} \omega = \frac{\omega}{v}. \tag{IX 7.12}$$

Hierbei ist mit Hilfe des Brechungsexponenten

$$n = \sqrt{\varepsilon \mu} \tag{IX 7.13}$$

die Phasengeschwindigkeit

$$v = \frac{1}{n} c = \frac{c}{\sqrt{\varepsilon \mu}} \tag{IX 7.14}$$

eingeführt worden.

Damit nun aber die Welle (IX 7.01) bis (IX 7.06) stationär in dem Würfel schwingen kann, müssen wegen der ideal spiegelnden und daher unendlich gut leitenden Wände die jeweiligen Tangentialkomponenten von $\mathfrak{E}$ auf den Wänden des Quaders verschwinden. (Beispielsweise müssen auf den Wänden $x = 0$ und $x = a$ die Komponenten $\mathfrak{E}_y$ und $\mathfrak{E}_z$ verschwinden.) Das ist aber nur möglich, wenn die Komponenten des Wellenvektors die Bedingungen

$$\mathfrak{k}_x = \frac{\varphi}{a} \pi \qquad \varphi = \text{ganzzahlig und positiv}^1, \tag{IX 7.15}$$

$$\mathfrak{k}_y = \frac{\psi}{a} \pi \qquad \psi = \text{ganzzahlig und positiv}^1, \tag{IX 7.16}$$

$$\mathfrak{k}_z = \frac{\chi}{a} \pi \qquad \chi = \text{ganzzahlig und positiv}^1 \tag{IX 7.17}$$

erfüllen. Mit (IX 7.12) folgt daraus

$$\omega = \omega_{\varphi\psi\chi} = v \frac{\pi}{a} \sqrt{\varphi^2 + \psi^2 + \chi^2}. \tag{IX 7.18}$$

Die Randbedingung der spiegelnden Wände erzwingt also ein diskretes Spektrum von Eigenfrequenzen $\omega_{\varphi\psi\chi}$.

Wenn wir jetzt nach der Zahl der Eigenfrequenzen in einem bestimmten Kreisfrequenzintervall fragen, knüpfen wir an die Gln. (IX 7.15) bis (IX 7.17) an. Dann sieht man, daß in einem Raum der Wellenzahl $\mathfrak{k}$

---

[1] Ein Vorzeichenwechsel bei $\mathfrak{k}_x$, $\mathfrak{k}_y$ oder $\mathfrak{k}_z$ oder bei mehreren dieser Größen gleichzeitig führt auf keine neue Eigenschwingung. Man sieht das durch Einsetzen der neuen $\mathfrak{k}_x$-, $\mathfrak{k}_y$-, $\mathfrak{k}_z$-Werte in (IX 7.01) bis (IX 7.06). Dabei darf allerdings nicht übersehen werden, daß Vorzeichenwechsel bei einem oder mehreren der $\mathfrak{k}_x$, $\mathfrak{k}_y$, $\mathfrak{k}_z$ auch Vorzeichenwechsel bei den Komponenten $\mathfrak{e}_x$, $\mathfrak{e}_y$, $\mathfrak{e}_z$, $\mathfrak{h}_x$, $\mathfrak{h}_y$, und $\mathfrak{h}_z$ auf Grund der Gln. (IX 7.08) und (IX 7.10) erzwingen. Vorzeichenwechsel von $\mathfrak{k}_x$ z. B. erzwingt auch Vorzeichenwechsel von $\mathfrak{e}_x$, $\mathfrak{h}_y$ und $\mathfrak{h}_z$.

Außer dieser mehr formalen Begründung kann man daran erinnern, daß der Ansatz (IX 7.01) bis (IX 7.06) durch Superposition von acht ebenen Wellen entsteht, die auseinander durch Reflexion hervorgehen. Bei der Reflexion an einer ebenen Wand ändert aber eine Komponente des Wellenzahlvektors $\mathfrak{k}$ ihr Vorzeichen (einige $\mathfrak{e}$- und $\mathfrak{h}$-Komponenten allerdings auch), so daß im Ansatz (IX 7.01) bis (IX 7.06) bereits alle Vorzeichenkombinationen der $\mathfrak{k}_x$, $\mathfrak{k}_y$, $\mathfrak{k}_z$ enthalten sind und nochmaliger Vorzeichenwechsel bei einer oder mehreren der Komponenten nur zu einer Vertauschung der Reihenfolge der acht zu superponierenden und daher zu addierenden ebenen Wellen führt.

die verschiedenen Eigenschwingungen durch ein Punktgitter mit der Gitterkonstante $\frac{\pi}{a}$ repräsentiert werden.

In diesem Raum liegen die Eigenschwingungen mit einer Kreisfrequenz zwischen ω und $\omega + d\omega$ innerhalb einer Kugelschale mit dem Radius k und der Dicke dk, die das Volumen $4\pi\, k^2\, dk$ hat. Wenn ω genügend groß ist, braucht man nur durch das Volumen $\frac{\pi^3}{a^3}$ einer Elementarzelle des erwähnten Punktgitters zu dividieren, um die Zahl $N(\omega)\, d\omega$ der Eigenschwingungen im Kreisfrequenzintervall $(\omega, \omega + d\omega)$ zu erhalten. Nach (IX 7.15) bis (IX 7.17) liefert aber bereits der Oktant mit positiven $\mathfrak{k}_x$, $\mathfrak{k}_y$, $\mathfrak{k}_z$ alle Eigenschwingungen. Infolgedessen haben wir noch einmal mit acht zu dividieren. Berücksichtigen wir schließlich die Möglichkeit, daß außer einer Eigenschwingung die zu ihr senkrecht polarisierte Schwingung vorhanden ist, so kommt schließlich

$$N(\omega)\, d\omega = 2\,\frac{1}{8}\,\frac{4\pi\, k^2\, dk}{\left(\frac{\pi}{a}\right)^3} = a^3\,\frac{1}{\pi^2}\,k^2\,\frac{dk}{d\omega}\,d\omega. \qquad \text{(IX 7.19)}$$

Die Tatsache, daß wir den Wert von $dk/d\omega$ nicht durch $1/v$ ersetzen, was ja nach (IX 7.12) möglich wäre, gibt uns die Möglichkeit, auch Fälle von Dispersion in unsere Überlegungen einzuschließen, bei denen der Brechungsexponent n von der Frequenz ω abhängig ist und bei denen dann $d\omega/dk$ nicht gleich der Phasengeschwindigkeit v, sondern gleich der Gruppengeschwindigkeit ist. Führen wir schließlich noch das Volumen $V = a^3$ des betrachteten Halbleiterwürfels ein, so erhalten wir in

$$N(\omega)\, d\omega = V\,\frac{1}{\pi^2}\,k^2\,\frac{dk}{d\omega}\,d\omega \qquad \text{(IX 7.20)}$$

ein Resultat, von dem in mathematischen Abhandlungen gezeigt wird, daß es für genügend hohe Eigenfrequenzen unabhängig von der Würfelgestalt des betrachteten Volumens ist[1].

Die Eigenschwingungen sind nun die Zustände, die die Photonen nach der Bose-Statistik gemäß der Verteilungsfunktion

$$f_{\mathrm{Bose}} = \frac{1}{\exp\left(\frac{\hbar\,\omega}{\mathrm{k}T}\right) - 1} \qquad \text{(IX 7.21)}$$

besetzen[2]. Durch Multiplikation von (IX 7.20) und (IX 7.21) bekommen wir demnach die Zahl der Photonen im Intervall $(\omega, \omega + d\omega)$ und im

[1] Courant, R., u. D. Hilbert: Methoden der mathematischen Physik, Bd. I, Berlin: Springer 1924, S. 363. Das dortige λ ist gleich dem Quadrat der Eigenkreisfrequenz: $\lambda = \omega^2$.

[2] Siehe z. B. C. Schäfer: Einführung in die theoretische Physik, Bd. III/2, Berlin: W. de Gruyter 1951, S. 27–31.

Volumen V des betrachteten Halbleiters

$$f_{\text{Bose}}\, N(\omega)\, d\omega = V \frac{1}{\pi^2} k^2 \frac{dk}{d\omega} \frac{1}{\exp\left(\frac{\hbar\omega}{\mathrm{k}T}\right) - 1}\, d\omega. \qquad \text{(IX 7.22)}$$

Mit diesem Resultat ist der erste Teil unserer Überlegungen beendet.

§ 8. Die Verlustrate der Lichtquanten durch Absorptionsprozesse

Wir wenden uns nun der Frage zu, wie viele von den Photonen (IX 7.22) im Zeitelement dt durch Absorption verlorengehen. Betrachten wir eine räumlich konstante Welle $A\, \mathrm{e}^{j(\omega t - kx)}$, so muß in einem absorbierenden Medium ihre Amplitude A mit der Zeit t exponentiell abklingen:

$$A(t) = A\, \mathrm{e}^{-\frac{t}{2\tau}}. \qquad \text{(IX 8.01)}$$

Die Zeitkonstante ist mit 2τ bezeichnet worden, weil die in dem Wellenvorgang investierte Energie proportional dem Quadrat der Amplitude $A(t)$ ist:

$$E(t) \sim A^2(t) \sim \mathrm{e}^{-\frac{t}{\tau}} \qquad \text{(IX 8.02)}$$

und weil τ das zeitliche Abklingen der *Energie* messen soll; im Zeitelement dt verschwindet also der Bruchteil

$$dE = \frac{dt}{\tau} E \qquad \text{(IX 8.03)}$$

der Gesamtenergie. Da diese Energie von den Photonen (IX 7.22) gebildet wird, verschwinden in der Zeit dt

$$V \frac{1}{\pi^2} k^2 \frac{dk}{d\omega} \frac{1}{\exp\left(\frac{\hbar\omega}{\mathrm{k}T}\right) - 1}\, d\omega \frac{dt}{\tau} \qquad \text{(IX 8.04)}$$

Photonen. Den tatsächlich an einem optischen Medium durchgeführten Absorptionsmessungen liegt allerdings meist nicht das zeitliche Abklingen einer räumlich konstanten Welle, sondern umgekehrt das räumliche Abklingen einer zeitlich konstanten Welle zugrunde. Deshalb müssen wir von der Abklingzeit τ zum räumlichen Absorptionskoeffizienten α übergehen. Dies geschieht nach Kap. XII, § 9, durch die dortige Beziehung (XII 9.10)

$$\frac{1}{\tau} = \alpha \frac{d\omega}{dk}. \qquad \text{(IX 8.05)}$$

Damit wird die Anzahl der im Volumen V und in der Zeit dt durch Absorption verlorengehenden Photonen beim Vorliegen thermischen

Gleichgewichts

$$V \frac{1}{\pi^2} k^2 \alpha \frac{1}{\exp\left(\frac{\hbar\,\omega}{\mathrm{k}T}\right) - 1} d\omega\, dt. \qquad \text{(IX 8.06)}$$

Wir führen noch den Absorptionsindex $\varkappa(\omega)$ und den Brechungsindex $n(\omega)$ nach Gl. (XII 9.14) ein und beziehen uns auf die Zeit- und Volumeneinheit; weiter integrieren wir über alle Frequenzen des fraglichen Spektralgebiets. Damit erhalten wir für die Anzahl der Absorptionsvorgänge in der Zeit- und Volumeneinheit

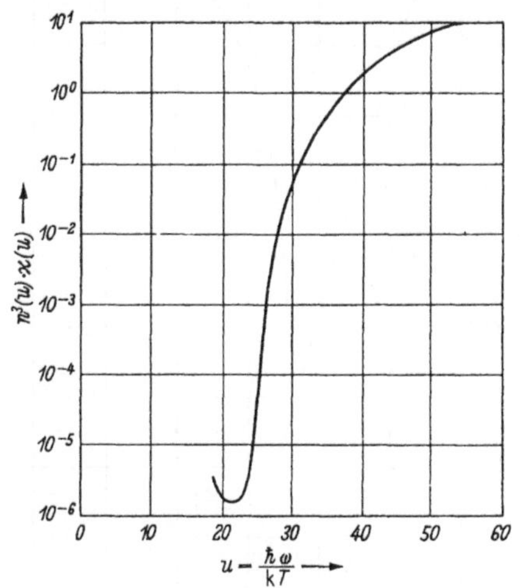

Abb. IX 8.1 Absorptionsdaten des Germaniums nach BRIGGS.

$$\frac{1}{\pi^2} \int_{\omega_1}^{\omega_2} k^2 \cdot 2\omega \frac{n(\omega)}{c} \varkappa(\omega) \times$$

$$\times \frac{1}{\exp\left(\frac{\hbar\,\omega}{\mathrm{k}T}\right) - 1} d\omega. \qquad \text{(IX 8.07)}$$

Dies ist aber nach den Ausführungen auf S. 491f. gleich der Zahl $r\, n_i^2$ der thermischen Paarerzeugungen [s. Gl. (I 3.05) auf S. 27] oder gleich der Zahl der Rekombinationsakte im thermischen Gleichgewicht; mit (IX 7.12) kommt also

$$r\, n_i^2 = \frac{2}{\pi^2} \frac{1}{c^3} \int_{\omega_1}^{\omega_2} \frac{n^3(\omega)\, \varkappa(\omega)\, \omega^3}{\exp\left(\frac{\hbar\,\omega}{\mathrm{k}T}\right) - 1} d\omega; \qquad \text{(IX 8.08)}$$

$$r\, n_i^2 = \frac{2}{\pi^2} c \left(\frac{\mathrm{k}T}{\hbar\, c}\right)^4 \int_{u = \frac{\hbar\,\omega_1}{\mathrm{k}T}}^{u = \frac{\hbar\,\omega_2}{\mathrm{k}T}} \frac{n^3(u)\, \varkappa(u)\, u^3}{e^u - 1} du. \qquad \text{(IX 8.09)}$$

Zur Auswertung dieser Gleichung haben VAN ROOSBROECK und SHOCKLEY die Absorptionsmessungen von BRIGGS[1] an Germanium herangezogen (s. Abb. IX 8.1). Den Verlauf des Integranden zeigt Abb. IX 8.2. Der scharfe Wiederanstieg des Integranden unterhalb von $u \approx 24$ wird durch Ladungsträgerabsorption verursacht und darf deshalb nach

[1] BRIGGS, H. B.: Phys. Rev. 77 (1950) 287; J. opt. Soc. Amer. 42 (1952) 686.

den Ausführungen auf S. 491 u. 492 nicht berücksichtigt werden. Der Integrand wurde daher in der gestrichelten Weise korrigiert. Die Durchführung der Integration und Auswertung von (IX 8.09) liefert für die Gleichgewichtsrekombinationsrate des Germaniums bei 300 °K

$$r\, n_i^2 = 1{,}57 \cdot 10^{13}\,\mathrm{cm}^{-3}\,\mathrm{s}^{-1}.$$

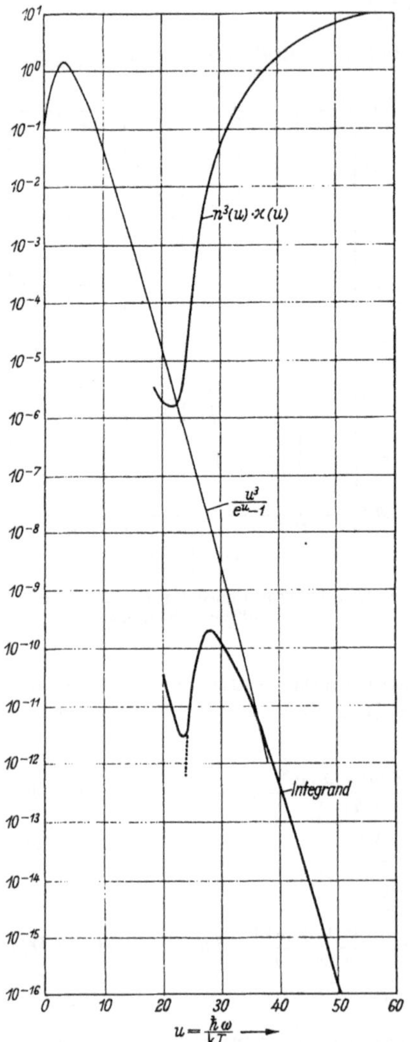

Abb. IX 8.2 Verlauf des Integranden in Gleichung (IX 8.09) bei Germanium.

Andere Autoren[1] finden unter Benutzung neuerer Absorptionsmessungen[2] 2,0 bzw. $2{,}8 \cdot 10^{13}\,\mathrm{cm}^{-3}\mathrm{s}^{-1}$.

Legen wir den Wert $2{,}0 \times \times 10^{13}\,\mathrm{cm}^{-3}\mathrm{s}^{-1}$ zugrunde, so kommt mit $n_i = 2{,}4 \cdot 10^{13}\,\mathrm{cm}^{-3}$ für den Rekombinationskoeffizienten

$$r = 3{,}5 \cdot 10^{-14}\,\mathrm{cm}^{+3}\,\mathrm{s}^{-1}. \quad \text{(IX 8.10)}$$

§ 9. Die Berechnung der Lebensdauer

Wir haben bereits auf S. 462 erwähnt, daß wir für die Kinetik der Rekombination und Paarerzeugung durch strahlende Übergänge auf Kap. I, § 3, zurückgreifen können. Für den Rekombinationsüberschuß ergab sich dort in Gl. (I. 3.06)

$$R = r(n\,p - n_i^2). \quad \text{(IX 9.01)}$$

Für die Abweichungen vom thermischen Gleichgewicht

$$\delta n = n - n^{(0)}, \quad \text{(IX 9.02)}$$

$$\delta p = p - p^{(0)} \quad \text{(IX 9.03)}$$

wird Neutralität vorausgesetzt

$$\delta n = \delta p. \quad \text{(IX 9.04)}$$

Für die Gleichgewichtsdichte $n^{(0)}$ und $p^{(0)}$ gilt das Massenwirkungs-

[1] Hall, R. N.: Proc. IEE Vol. 106 B Suppl. No. 17 (1959) p. 923. — Blakemore, J. S.: Semiconductor Statistics, Oxford/London/New York/Paris: Pergamon Press 1962, S. 199.

[2] Dash, W. C., u. R. Newman: Phys. Rev. 99 (1955) 1151. — Macfarlane, G. G., T. P. McLean, J E. Quarrington u. V. Roberts: Phys. Rev. 108 (1957) 1377.

gesetz

$$n^{(0)}\, p^{(0)} = n_i^2. \qquad \text{(I 3.04)}$$

Hiermit und mit (IX 9.04) wird aus (IX 9.01)

$$R = r\,[n^{(0)} + p^{(0)} + \delta n]\, \delta n. \qquad \text{(IX 9.05)}$$

Mit der Lebensdauerdefinition (IX 4.19)

$$\tau = \frac{\delta n}{R} \qquad \text{(IX 9.06)}$$

erhalten wir mit

$$\tau_i^{(0)} = \frac{1}{2\,r\,n_i}\,, \qquad \text{(IX 9.061)}$$

schließlich

$$\tau = \frac{1}{r\,[n^{(0)} + p^{(0)} + \delta n]} = \tau_i^{(0)} \frac{2}{\dfrac{n^{(0)}}{n_i} + \dfrac{p^{(0)}}{n_i} + \dfrac{n - n^{(0)}}{n_i}}\,. \qquad \text{(IX 9.07)}$$

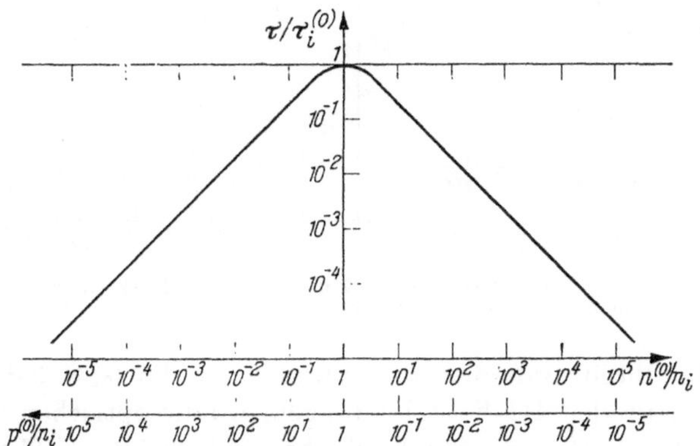

Abb. IX 9.1 **Abhängigkeit der Lebensdauer von der Dotierung. Rekombination durch strahlende Übergänge. Schwache Injektion.**

Die Abhängigkeit dieser Lebensdauer von der Dotierung und von der Injektion zeigen die Abb. IX 9.1 und IX 9.2. Sie entsprechen den Abb. IX 4.1 und IX 4.3.

Für eigenleitendes Germanium bei Zimmertemperatur ist

$$n^{(0)} = p^{(0)} = n_i = 2{,}4 \cdot 10^{13}\ \text{cm}^{-3}. \qquad \text{(IX 9.08)}$$

Hiermit, mit (IX 9.061), und mit (IX 8.10) ergibt sich

$$\tau_i^{(0)} = 6 \cdot 10^5\ \mu\text{s} = 0{,}6\ \text{s}. \qquad \text{(IX 9.09)}$$

Für stark dotiertes Germanium mit beispielsweise

$$n^{(0)} = 10^{17}\ \text{cm}^{-3} \qquad \text{(IX 9.10)}$$

folgt dagegen

$$\tau = 300\ \mu\text{s}. \qquad \text{(IX 9.11)}$$

Das sind Werte, die auch in den reinsten Germaniumproben nicht erreicht werden. Auch dort sind also die im 1. Teil besprochenen strahlungslosen Übergänge über Störstellen noch wirksamer als die strahlenden Übergänge quer über das verbotene Band. Bei Silizium mit einer

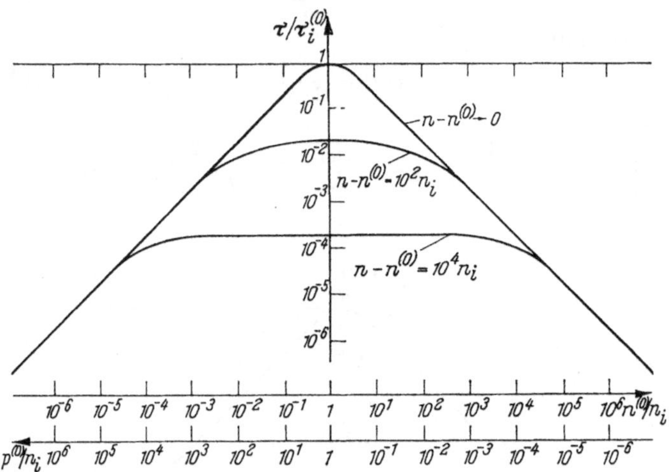

Abb. IX 9.2 Verlauf der Lebensdauer bei verschieden starker Injektion $n - n^{(0)}$. Rekombination durch strahlende Übergänge.

größeren Bandbreite gilt das in verstärktem Maße (s. S. 346. Dagegen kommt man in den III-V-Verbindungen, wo die optischen Übergänge quer über das verbotene Band erlaubt sind (s. Abb. VII 8.2), nach R. N. HALL[1] durch Benutzung der Methode von VAN ROOSBROECK und SHOCKLEY auf Lebensdauern von 0,12 bis 0,37 μs, die mit den Werten einigermaßen übereinstimmen, die an realen Proben dieser Materialien gemessen werden. In diesen Materialien scheint die Rekombination also durch strahlende Übergänge beherrscht zu werden.

[1] HALL, R. N.: Proc. I E E Vol. 106 B Suppl. No. 17 (1959) p. 923.

Kapitel X

Randschichten in Halbleitern und der Kontakt Halbleiter-Metall

§ 1. Das elektrostatische Makropotential und die Energie eines Elektrons in einem Festkörper

Wenn heutzutage vom Potential im Innern eines Festkörpers die Rede ist, so denkt man unwillkürlich sofort an das periodische Potential U der Abb. I 2.2. Die atomistische Betrachtungsweise ist uns in diesem Zusammenhange so sehr zur Gewohnheit geworden, daß wir einen mikroskopischen Maßstab gewissermaßen automatisch zugrunde legen und die Naivität eines makroskopischen Kontinuumsstandpunktes verloren haben.

Mit dieser Betrachtungsweise kommt man so lange aus, wie die Verhältnisse in dem betrachteten Festkörper makroskopisch homogen sind. Wenn wir uns aber im vorliegenden Kapitel mit den Erscheinungen an den Oberflächen und in den Grenzschichten von Halbleitern befassen wollen, so ist das Charakteristische für diese Fragen gerade die Abweichung von der makroskopischen Homogenität, wie sie im Festkörperinnern vorliegt. Wir müssen also die bisher im Rahmen der mikroskopischen Betrachtungsweise gewonnenen Ergebnisse durch makroskopische Gesichtspunkte erweitern, und zu diesem Zwecke werden wir zunächst einmal die Energie eines Elektrons im Innern eines Festkörpers ganz naiv von diesem makroskopischen Kontinuumsstandpunkt aus betrachten.

Denken Sie sich bitte einen Isolator als Dielektrikum zwischen den Platten eines geladenen Plattenkondensators (Abb. X 1.1). Dann herrschen beispielsweise auf der rechten Seite dieses Isolators hohe, auf der linken Seite niedrige Potentialwerte. Ein Elektron hat dann, (wegen seiner negativen Ladung) auf der rechten Seite eine niedrige, auf der linken Seite eine hohe elektrostatische Energie. Diese Aussage steht zunächst in einem gewissen Widerspruch zu den orts*un*abhängigen[1]

[1] Bezüglich der Ortsunabhängigkeit der Energieterme des ungestörten Gitters im Gegensatz zur Ortsgebundenheit der Donatoren- und Akzeptorenniveaus s. S. 20 u. 21.

Energiewerten der Termschemata Abb. I 3.6 und I 3.8 bis I 3.11 des I. Kapitels. Der Widerspruch entsteht dadurch, daß in der dortigen Darstellung noch nicht die Gesamtenergie eines Elektrons erfaßt wurde, obwohl ausdrücklich die Summe von kinetischer und potentieller Energie aufgetragen wurde[1]. Trotzdem wäre es falsch gewesen, diese Energiewerte als Gesamtenergien zu bezeichnen; denn es wurde ja nur die mikroskopische Seite des Problems berücksichtigt, makroskopische Kräfte wie das Kondensatorfeld im eben genannten Beispiel waren zunächst außer acht gelassen worden.

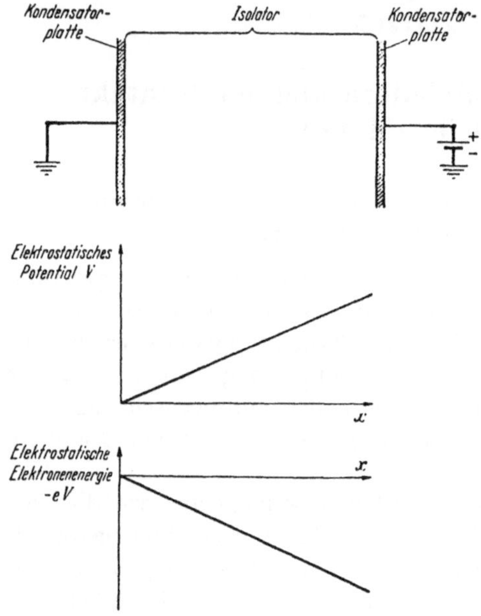

Kondensatorplatte
Isolator
Kondensatorplatte
Elektrostatisches Potential V
x
Elektrostatische Elektronenenergie $-eV$
x

Abb. X 1.1 Elektrostatische Energie eines Elektrons im Feld eines Plattenkondensators.

Wir können vielleicht den bisherigen Tatbestand auch so formulieren, daß in den Termschemata Abb. I 3.6 und I 3.8 bis I 3.11 des ersten Kapitels nur die „*Kristallenergie* E" eines Elektrons aufgetragen ist, wobei diese Kristallenergie das Resultat der vom Kristallgitter auf das Elektron ausgeübten Bindungskräfte ist[2]. Zur Erfassung der Gesamtenergie $\boldsymbol{E}$ eines Elektrons muß zu der Kristallenergie E noch ein elektrischer Energieanteil $-e\,V$ hinzugefügt werden, den das Elektron auf Grund eines Makropotentials V hat:

$$\boldsymbol{E} = E - eV. \tag{X 1.01}$$

Die Quellen des Makropotentials V sind makroskopische Flächen- oder Raumladungen, Doppelschichten usw[3].

---

[1] Siehe Fußnote 3 auf S. 6.

[2] Diese Bindungskräfte werden manchmal auch als *chemische* Bindungskräfte bezeichnet und dementsprechend die Kristallenergie als chemische Bindungsenergie. Man will mit diesen Bezeichnungen betonen, daß sich die stoffliche Eigenart des jeweils betrachteten Festkörpers gerade in diesem Energieanteil auswirkt.

[3] Ob hiernach in allen denkbaren Fällen die Aufteilung der Gesamtenergie in elektrostatische Energie und in Kristallenergie eindeutig festliegt, erscheint zum mindesten zweifelhaft. C. Herring u. M. H. Nichols definieren in Rev. of Modern Physics 21 (1949) 185—270 das elektrostatische Makropotential durch Mittel-

Über den kinetischen bzw. potentiellen Charakter[1] der Kristallenergie E und des elektrostatischen Energieanteils $-e\,V$ gibt folgendes Schema Auskunft:

$$E = E_{\text{kin}} + \overbrace{E_{\text{pot}}} \qquad \text{(X 1.02)}$$

$$= \underbrace{E_{\text{kin}} + \overbrace{E_{\text{pot}}} - eV} \qquad \text{(X 1.03)}$$

$$E = \quad \mathsf{E} \quad - eV. \qquad \text{(X 1.04)}$$

Die Kristallenergie E ist also teils kinetischer[2] und teils potentieller Natur[3]; der elektrostatische Energieanteil ist dagegen rein potentiell.

Daß die Gesamtenergie eines Elektrons nur bis auf eine additive Konstante bestimmt ist, daß man also ein Nullniveau der Elektronenenergie willkürlich festlegen muß, braucht nicht zu stören. Wichtig natürlich ist nur, daß bei der Betrachtung zweier verschiedener Körper,

---

wertbildung über das elektrostatische Mikropotential. W. SCHOTTKY hat in „Die Physik in regelmäßigen Berichten" Bd. 3 (1935) S. 17, insbesonders S. 19, Fußnote 1, ein sog. „Leerraumpotential" eingeführt, um das elektrostatische Makropotential exakt zu erfassen. Wir glauben, daß in den im folgenden behandelten Halbleiterrandschichten jedenfalls kein Zweifel bestehen kann, wie man die *elektrostatische* Energie $-e\,V$ der Halbleiterelektronen anzusetzen hat und wie groß ihre *Kristall*energie E ist.

[1] Auch in der Quantenmechanik ist die Aufteilung $\mathsf{E} = E_{\text{kin}} + E_{\text{pot}}$ möglich. Dabei müssen allerdings E_{kin} und E_{pot} als quantenmechanische Mittelwerte aufgefaßt werden. Die Operatoren der kinetischen und der potentiellen Energie sind nämlich mit dem HAMILTON-Operator $(E_{\text{kin}} + E_{\text{pot}})_{\text{Op}}$ im allgemeinen nicht vertauschbar. Eine ψ-Funktion kann also nicht gleichzeitig Eigenfunktion aller drei Operatoren sein. Gewöhnlich wird eine *stationäre* Lösung der SCHRÖDINGER-Gleichung betrachtet, also eine Eigenfunktion des HAMILTON-Operators $(E_{\text{kin}} + E_{\text{pot}})_{\text{Op}}$. Dann hat das durch eine solche ψ-Funktion repräsentierte Elektron nur eine scharf definierte Kristallenergie E. Kinetische Energie E_{kin} und potentielle Energie E_{pot} lassen sich nur als quantenmechanische Mittelwerte angeben.

[2] Das gilt auch für die untersten und obersten Terme eines jeden Bandes, obwohl dort die ψ-Funktion den Charakter einer stehenden Welle hat und man daher unzutreffenderweise das Verschwinden der kinetischen Energie in diesen Bandgrenzen anzunehmen versucht sein wird. Näheres s. S. 305, Fußnote 1.

[3] Daß eine chemische Bindungsenergie nicht rein potentieller Natur ist, sondern auch kinetische Anteile enthält, könnte auf den ersten Blick befremden. Man wird aber auch bei einem einzelnen Atom unbedenklich als Bindungsenergie eines Elektrons an den Atomrumpf die Ionisierungsenergie des betreffenden Elektrons angeben. Bei der üblichen Nullpunktfestsetzung (das abgetrennte in Ruhe befindliche Elektron hat die Energie Null) wird sie also gleich der Energie des Elektrons in dem betreffenden Atomterm und besteht deshalb im Grundzustand des H-Atoms beispielsweise aus einem potentiellen Anteil $-\frac{Z^2}{n^2}\frac{e^2}{a_0}$ und einem kinetischen Anteil $+\frac{1}{2}\frac{Z^2}{n^2}\frac{e^2}{a_0}$ [Z = Kernladungszahl = 1 beim H-Atom, n = Hauptquantenzahl = 1 im Grundzustand, a_0 = Radius der ersten BOHRschen Bahn. Siehe im übrigen: Handbuch der Physik von GEIGER/SCHEEL, Bd. XXV/1, 2. Aufl., Art. H. A. BETHE, S. 287, Gl. (3.29)]. Auch hier enthält also die chemische Bindungsenergie einen beträchtlichen kinetischen Anteil.

also beispielsweise eines Metalls und eines Halbleiters, die Gesamtenergie der Elektronen in *beiden* Körpern auf *dasselbe* Nullniveau bezogen wird. Über das Vorzeichen der durch das Makropotential verursachten elektrostatischen Energie kann naturgemäß nichts gesagt werden. Dagegen sind die Beiträge der Kristallenergie in den verschiedenen Bändern

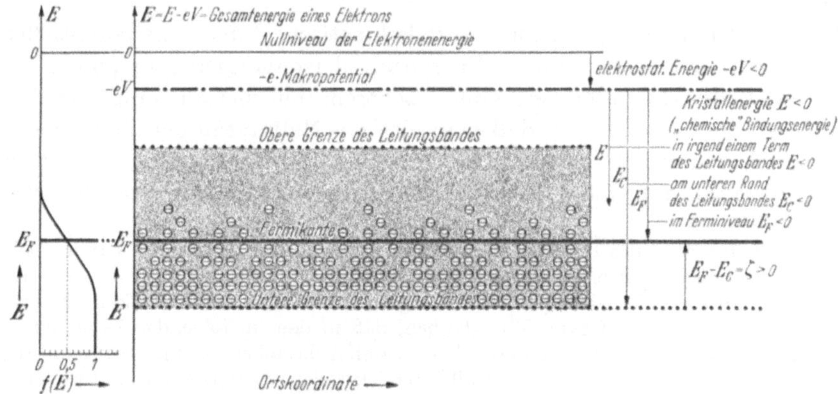

Abb. X 1.2 Bändermodell eines Metalls.
E = Gesamt-Energie eines Elektrons, zählt vom Nullniveau der Elektronenenergie ab, *E* = Kristall-Energie eines Elektrons, zählt vom Makropotential ab, $-eV$ = elektrostatische Energie eines Elektrons.

negativ, da es sich um ,,Bindungs"-Energien handelt. So ergibt sich jetzt beispielsweise für ein Metall, in dem wegen der extrem guten Leitfähigkeit überall dasselbe Makropotential V herrschen muß, das Energieschema der Abb. X 1.2[1].

In einem Halbleiter dagegen braucht das elektrostatische Makropotential V keineswegs überall denselben Wert zu haben. Beispielsweise kann in Schichten von einigen μ Stärke an der Oberfläche von Halbleitern die elektrostatische Energie sinken oder steigen[2]. Warum dies

---

[1] Die Schraffur soll in den Abbildungen dieses Kap. X nur das Vorhandensein eines Kontinuums von besetzbaren Elektronenzuständen andeuten, aber im Gegensatz zu den Abbildungen des Kap. VIII nichts über die Dichte der tatsächlichen Besetzung aussagen.

Wenn weiter in der Abb. X 1.2 eine obere Grenze des Leitungsbandes eingezeichnet worden ist, so geschieht das hauptsächlich aus pädagogischen Gründen. Die Durchführung der WIGNER-SEITZschen Zellularmethode (s. S. 287) hat bei konkreten Körpern wie Na, K usw. ergeben, daß das Leitungsband und die Bänder darüber immer einander überlappen, so daß von einer oberen Grenze des Leitungsbandes eigentlich gar nicht mehr gesprochen werden kann. In den nächsten Bildern ist deshalb eine obere Grenze des Leitungsbandes auch nicht mehr gezeichnet worden.

[2] In einem solchen Fall kann die additive Zusammensetzung der elektrostatischen Energie $-eV$ und der Kristallenergie E natürlich nur Näherungs-

sogar meistens der Fall sein wird, wird weiter unten besprochen werden (§ 6 u. 7). Hier kommt es uns zunächst einmal auf den Nachweis an, daß eine derartige Verbiegung des Potentialverlaufs das ganze übrige Termschema mit sich zieht. Die chemischen Bindungskräfte wirken nämlich — weil durch das Kristallgitter selbst bedingt — überall im Halbleiter in derselben Weise, und der Bindungsanteil E jedes einzelnen Kristallterms, beispielsweise E_C für die untere Kante des Leitungsbandes, hat überall im Halbleiter denselben Wert. Das gleiche gilt für die obere Kante des Valenzbandes und die Störstellenniveaus. Es ergibt sich also beispielsweise die Abb. X 1.3.

Im Vakuum schließlich sind gar keine Bindungskräfte wirksam:

$$E = 0. \qquad \text{(X 1.05)}$$

Außer der elektrostatischen Energie $-e\,V(x)$ als potentieller Energie und der kinetischen Energie $\frac{1}{2m}\,|\mathfrak{p}|^2$ ist kein weiterer Energieanteil zu berücksichtigen:

$$\boldsymbol{E} = \frac{1}{2m}\,|\mathfrak{p}|^2 - e\,V(x). \qquad \text{(X 1.06)}$$

Der Vergleich mit (VIII 2.01)[1] zeigt also, daß sich das Elektronengas an der Stelle x gleichsam in einem Potentialtopf der Tiefe $-e\,V(x)$ befindet und aus (VIII 2.08) ist speziell für das Fermi-Niveau

$$\boldsymbol{E}_F = \zeta\left(\frac{n(x)}{\boldsymbol{N}}\right) - e\,V(x) \qquad \text{(X 1.07)}$$

zu schließen. Eine den Abb. X 1.2 und X 1.3 entsprechende $(\boldsymbol{E}, x)$-Darstellung zeigt Abb. X 1.4, und zwar für den Fall, daß in dem betrach-

---

charakter besitzen. Denn in Wirklichkeit ist ja dann

das gesamte Potential = periodisches Gitterpotential U + Makropotential V

gar nicht mehr rein periodisch, und damit ist im Prinzip die Grundlage für die Berechnung einer besonderen Kristallenergie bereits verlassen. Bei genügend schwacher örtlicher Variation des Makropotentials V wird das geschilderte Vorgehen aber eine gute Näherung darstellen. Für eine genauere Diskussion dieser Frage verweisen wir auf B. Kockel: Z. Naturforsch. 7a (1952) 10—16.

[1] Im § 2 des Kap. VIII wird der Potentialtopf als einfachstes Modell eines Festkörpers aufgefaßt. Das dortige E_{pot} hat also den Charakter einer chemischen Bindungsenergie, und deshalb wird dort die Type E und nicht $\boldsymbol{E}$ verwendet. Wenn man in diesem einfachen Modell ein Makropotential V berücksichtigen wollte, so wäre außerhalb des Topfes die potentielle Energie der Elektronen nicht gleich Null, sondern gleich $-e\,V$ zu setzen und entsprechend innerhalb des Topfes nicht gleich E_{pot}, sondern gleich $E_{\text{pot}} - e\,V(x)$. Die Berücksichtigung eines Makropotentials $V(x)$ erfolgt aber erst jetzt im Kap. X.

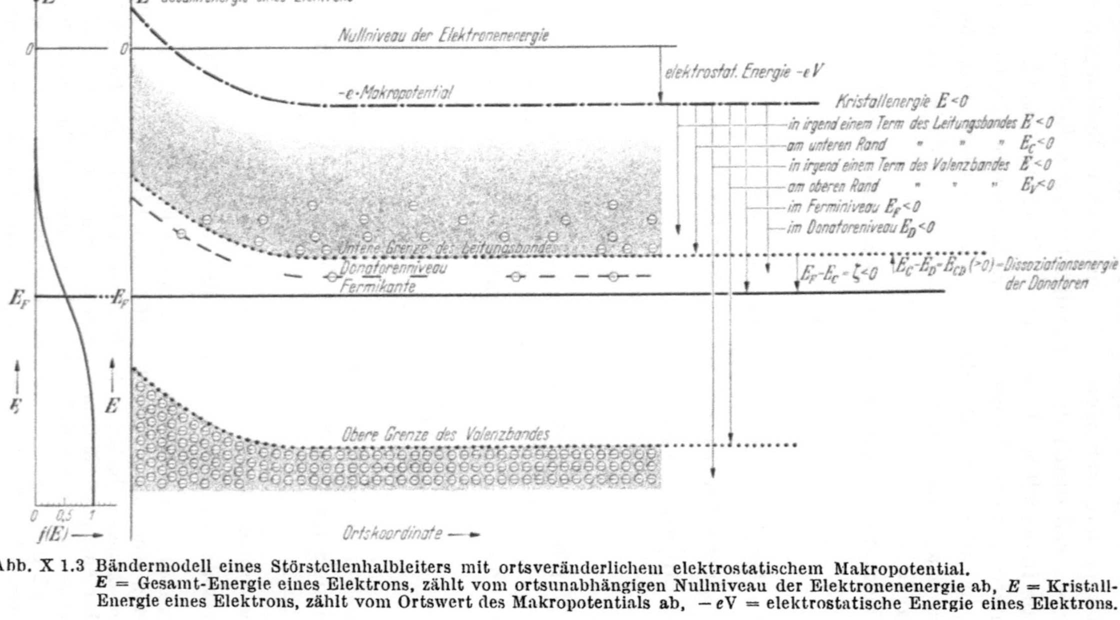

Abb. X 1.3 Bändermodell eines Störstellenhalbleiters mit ortsveränderlichem elektrostatischem Makropotential. E = Gesamt-Energie eines Elektrons, zählt vom ortsunabhängigen Nullniveau der Elektronenenergie ab, E = Kristall-Energie eines Elektrons, zählt vom Ortswert des Makropotentials ab, $-eV$ = elektrostatische Energie eines Elektrons.

teten Teil des Vakuums ein linearer Anstieg des elektrostatischen Potentials, also ein konstantes elektrisches Feld herrscht[1].

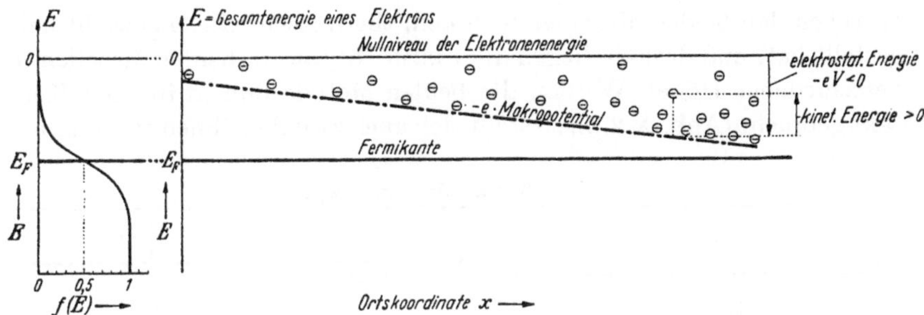

Abb X. 1.4 Energieschema im Vakuum.
Linearer Verlauf des elektrostatischen Potentials. Die Konzentration des Elektronengases soll so gering sein, daß keine merkbare Krümmung des Potentialverlaufes eintritt.

§ 2. Thermisches Gleichgewicht zwischen 2 Metallen Die Galvani-Spannung

Wenn in den Abb. X 1.2 bis X 1.4 die FERMI-Kante waagerecht durchgezeichnet wird und in allen Volumenteilen (bei dem betrachteten ebenen Problem also in allen Schichten) dieselbe Besetzungsfunktion

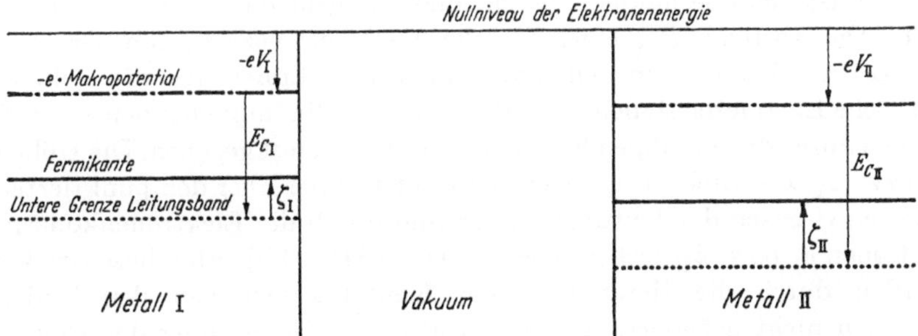

Abb. X 2.1 Zwei Metalle I und II, getrennt durch Vakuum. Jedes Metall *in sich* im Gleichgewicht. Noch kein Gleichgewicht zwischen I und II.

angesetzt wird, so ist das nur eine spezielle Anwendung des auf S. 418 bis 422 abgeleiteten Satzes über das thermische Gleichgewicht zwischen verschiedenen Phasen. Von besonderer Bedeutung wird die Anwendung dieses Satzes, wenn wir jetzt dazu übergehen, das thermische Gleichgewicht zwischen verschiedenen Körpern, also beispielsweise zwischen 2 Metallen in innigem Kontakt zu betrachten. Abb. X 2.1 zeigt die

---

[1] Eine Versuchsanordnung, in der ein linearer Potentialverlauf bei thermischem Gleichgewicht realisiert ist, zeigen die Abb. X 2.4 bzw. X 3.1.

beiden Metalle zunächst noch getrennt. Innerhalb jedes Metalls herrscht bereits thermisches Gleichgewicht. Das FERMI-Niveau verläuft also innerhalb jedes Metalls waagerecht. Wir wollen aber annehmen, daß sich zwischen den beiden Metallen noch kein thermisches Gleichgewicht hergestellt hat, und deshalb liegen die FERMI-Niveaus in beiden Metallen in verschiedener Höhe[1]. Werden die beiden Metalle nun in innigen Kontakt gebracht (Abb. X 2.2), so stellt sich auch zwischen ihnen thermisches

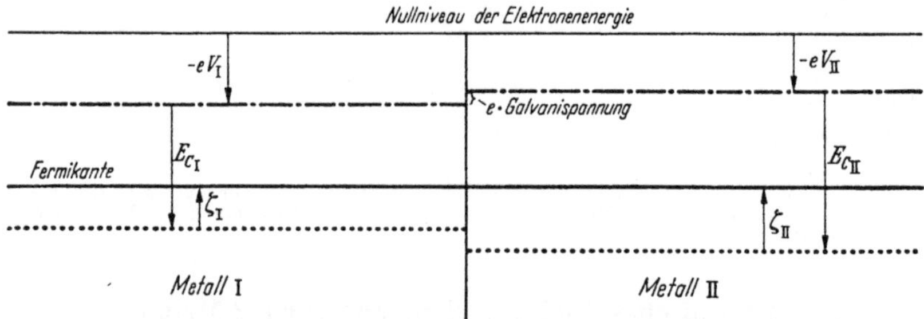

Abb. X 2.2 Zwei Metalle I und II in innigem Kontakt. Thermisches Gleichgewicht. Differenz $V_{II} - V_I$ zwischen den beiden Makropotentialen = GALVANI-Spannung.

Gleichgewicht her, und die FERMI-Niveaus in beiden Metallen müssen sich auf gleiche Höhe einstellen.

Wie ist das überhaupt möglich, und wie geht das im einzelnen vor sich? Die Abstände E_{C_I} bzw. $E_{C_{II}}$ der punktiert gezeichneten Grenzen der Leitungsbänder von den strichpunktierten Linien, die die elektrostatische Energie darstellen, sind als chemische Bindungsenergien (s. S. 502 u. 503) durch die jeweiligen Kristalleigenschaften fest gegeben. Die Höhen ζ_I bzw. ζ_{II} der dick ausgezogenen FERMI-Kanten über den punktierten unteren Grenzen der Leitungsbänder sind durch die Elektronenkonzentrationen n_I bzw. n_{II} fest gegeben [s. Gl. (VIII 5.07)]. Alle diese Größen werden durch die Herstellung des Kontakts zwischen den beiden Metallen nicht geändert. Es bleiben also zur Einpegelung der FERMI-Kanten nur die elektrostatischen Energien übrig, also die Abstände $-e\,V_I$ bzw. $-e\,V_{II}$ zwischen dem gemeinsamen Nullniveau der Elektronenenergie und den strichpunktierten Linien. Die Makropotentiale V_I und V_{II} in den beiden Metallen I und II müssen also eine ganz bestimmte Differenz gegeneinander annehmen, bis die FERMI-Kante in beiden Metallen auf die gleiche Höhe kommt. Durch welchen realen physikalischen Vorgang wird dies bewirkt, was spielt sich also bei Herstellung des Kontaktes zwischen den beiden Metallen, also beim Übergang von

[1] Als *Nicht*-Gleichgewichtszustand ist dieser Zustand natürlich weitgehend von der Vorgeschichte abhängig. Die Lage der FERMI-Niveaus in beiden Metallen gegeneinander ist also weitgehend willkürlich.

Abb. X 2.1 zu X 2.2 ab? Nun, es tritt aus der obersten Atomlage des einen Metalls eine gewisse Menge von Elektronen in die oberste Atomlage des anderen Metalls über. Die eine Metalloberfläche lädt sich dadurch positiv, die des anderen Metalls negativ auf, und die entsprechende Doppelschicht bewirkt einen Sprung zwischen den beiden Makropotentialen, versetzt also die beiden strichpunktierten Linien gegeneinander. Dieser Prozeß setzt sich so lange fort, bis der entstehende Potentialsprung ausreicht, um die FERMI-Kanten auf gleiche Höhe zu bringen,

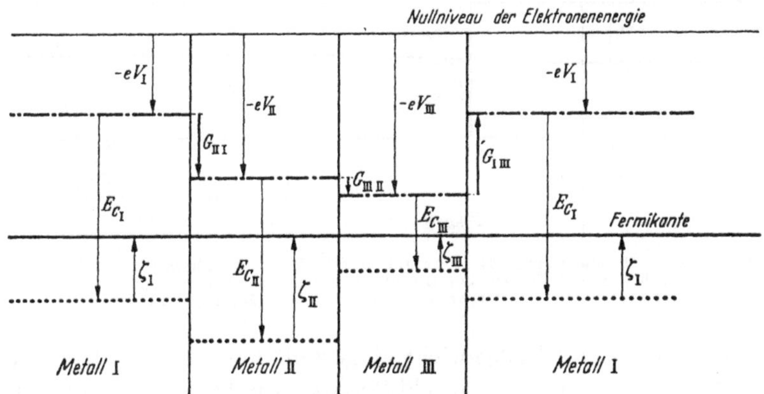

Abb. X 2.3 Die Summe der GALVANI-Spannungen einer geschlossenen Leiterkette ist Null. $G_{II\,I} + G_{III\,II} + G_{I\,III} = 0$.

bis also das thermische Gleichgewicht hergestellt ist. Die für die beiden Metalle charakteristische Potentialdifferenz zwischen den beiderseitigen Innenwerten des Makropotentials nennt man die „GALVANI-Spannung".

Werden drei oder mehr gleichtemperierte Metalle zu einem geschlossenen Leitungszug miteinander verbunden und fließt durch diese Leiterkette kein Strom, befinden sich also alle diese Metalle im thermischen Gleichgewicht (s. Abb. X 2.3), so muß das stark gezeichnete FERMI-Niveau durch alle Metalle in gleicher Höhe verlaufen. Nun sind zwar nicht die Werte der elektrostatischen Energie $-e\,V_{I}$, $-e\,V_{II}$, $-e\,V_{III}$ fest vorgegeben, wohl aber sind die Höhen $|E_{C_I}| - \zeta_I$, $|E_{C_{II}}| - \zeta_{II}$, $|E_{C_{III}}| - \zeta_{III}$ der strichpunktierten elektrostatischen Energie über dem starkgezeichneten FERMI-Niveau durch die Kristalleigenschaften bestimmt. Infolgedessen kommen wir nach Durchlaufen der Kette von links nach rechts im Metall I wieder zu derselben Lage der strichpunktierten elektrostatischen Energie, und man sieht, daß die Summe aller GALVANI-Spannungen $G_{II\,I} + G_{III\,II} + G_{I\,III}$ beim Durchlaufen einer Leiterkette gerade gleich Null sein muß. Von diesem Ergebnis werden wir weiter unten Gebrauch machen (s. S. 525 unten).

Schließlich ist bekannt, daß glühende Metalloberflächen Elektronen ins Vakuum emittieren. Wir müssen eine derartige Elektronenemission auch bei normal temperierten Metallen annehmen, wenn sie hier auch um viele Zehnerpotenzen geringer als bei glühenden Oberflächen ist. Deshalb werden auch zwischen den räumlich getrennten Metallen der Abb. X 2.1 Elektronen ausgetauscht werden, und dieser Austausch wird in der einen Richtung stärker als in der anderen erfolgen, so lange bis

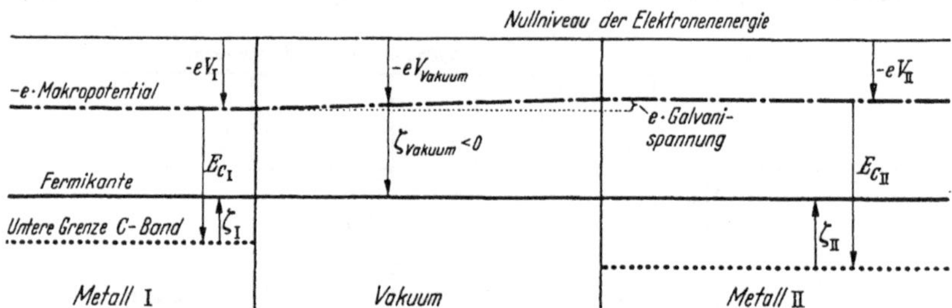

Abb. X 2.4 Zwei Metalle I und II, getrennt durch Vakuum. Thermisches Gleichgewicht zwischen I und II. An den Oberflächen keine atomaren Doppelschichten. GALVANI-Spannung = Differenz der Innenwerte des Makropotentials.

sich das thermische Gleichgewicht eingestellt hat, bis also durch Herstellung der passenden Potentialdifferenz zwischen den Makropotentialen V_{I} und V_{II} die FERMI-Kanten auf gleiche Höhe gebracht worden sind (Abb. X 2.4)[1]. Die positiv bzw. negativ aufgeladenen Metalloberflächen sind hier nicht eng benachbart, sondern spannen quer durch das Vakuum ein elektrisches Feld aus, entsprechend einem linearen Potentialverlauf quer durch das Vakuum in Abb. X 2.4.

§ 3. Oberflächendoppelschichten. Die Voltaspannung (= Kontaktpotential)

Nun entsprechen aber die in Abb. X 2.4 dargestellten Verhältnisse noch keineswegs der Wirklichkeit. An der Grenze jedes Metalls gegen das Vakuum müssen wir nämlich schon eine *spontane* Doppelschicht annehmen, für die mannigfache Ursachen vorliegen.

1. Im Innern des Metalls sind die Elektronen in einer heftigen thermischen Wimmelbewegung begriffen. Die gegen die Oberfläche des Metalls anlaufenden Elektronen werden auch dann, wenn ihre Energie nicht zum Verlassen des Metalls ausreicht, ein Stück aus dem Gitter der unbeweglichen positiven Ionen hinausschießen, bevor sie umkehren. Es bildet sich also eine dünne negative Haut über einer dünnen positiven Haut, kurz eine Doppelschicht.

[1] Bei glühenden Oberflächen wird das relativ schnell gehen, bei kalten Oberflächen dagegen außerordentlich lange dauern.

2. An der Grenze Metall/Vakuum ist ja nur auf der einen Seite ein Gitter vorhanden, auf der anderen Seite grenzt ein im wesentlichen leerer Halbraum an. Die Ionen der obersten Atomlage unterliegen daher im Vergleich zum Metallinnern nur von der einen Seite den „richtigen" Kräften eines kompletten Gitters, von der anderen Seite liefert das annähernde Vakuum so gut wie keine, also „falsche" Kräfte. Die Ionen der obersten Atomlagen nehmen also gegenüber ihrer Konfiguration im Innern des Metalls gewisse abweichende Lagen an. Da im Innern des Metalls Quasineutralität herrscht, ergeben sich an der Oberfläche des Metalls Aufladungen. Im ganzen muß aber doch wieder Neutralität herrschen, und so entsteht eine Doppelschicht.

3. Einen weiteren Beitrag zur spontanen Doppelschicht können außer den unter 2. diskutierten Ionen*verlagerungen* auch Ionendeforma-

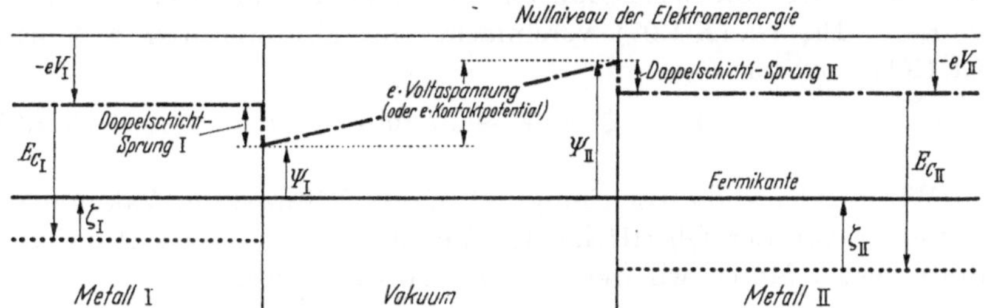

Abb. X 3.1 Zwei Metalle I und II mit atomaren Doppelschichten an den Oberflächen. Differenz der Oberflächenaußenpotentiale = VOLTA-Spannung oder Kontaktpotential. Man sieht den Satz: VOLTA-Spannung (oder Kontaktpotential) = Differenz der Vakuumaustrittsarbeiten.

tionen, also Polarisationen der Ionenrümpfe liefern, die in den obersten Atomlagen wegen der „falschen" Kräfte des Vakuums anders als im Metallinnern erfolgen.

4. Schließlich muß man auch an die bekannten Erscheinungen der Bedeckung von Metalloberflächen mit monoatomaren Fremdschichten denken. Beispielsweise sei aus diesem von der LANGMUIRschen Schule intensiv behandelten Fragenkomplex die Bedeckung des Wolframs mit Thorium oder Caesium oder anderen Elementen genannt. Die adsorbierten Fremdatome sind hier zu Dipolen auseinander gezerrt, wodurch sich einerseits ihr Haften, andererseits ihre Doppelschichtwirkung erklärt.

Wir müssen also an Stelle des stetigen Übergangs des elektrostatischen Potentials an den Metalloberflächen in Abb. X 2.4 jeweils einen Potentialsprung unbekannter Größe infolge der spontanen Doppelschichten annehmen (Abb. X 3.1). Das hat zur Folge, daß der Unterschied der Oberflächenpotentiale nicht mehr wie in Abb. X 2.4 mit der Differenz der Makropotentiale innerhalb der beiden Metalle identisch ist. Für diese von der GALVANI-Spannung im allgemeinen verschiedenen Differenz der Oberflächenpotentiale ist also eine neue Bezeichnung notwendig. Sie wird „VOLTA-Spannung" oder „Kontaktpotential" genannt[1]. Ihre unmittelbare experimentelle Bestimmung ist im Gegensatz zur GALVANI-Spannung möglich. Hier sei nur an die erforderliche Berücksichtigung des Kontaktpotentials zwischen Kathode und Gitter einer Vakuumröhre bei Bestimmung der wirksamen Gitterspannung erinnert.

§ 4. Die Austrittsarbeit und die photoelektrische Aktivierungsenergie bei Metallen

Während in den Metallen selbst als Folge der außerordentlich hohen Elektronenkonzentration ($\approx 10^{22}\,\mathrm{cm}^{-3}$) das FERMI-Gas der Elektronen entartet ist, sind die Elektronenkonzentrationen im Vakuum so gering, daß hier der MAXWELL-BOLTZMANN-Sonderfall der FERMI-Statistik vorliegt. Die Gl. (X 1.07) vereinfacht sich also wegen $n \ll \boldsymbol{N}$ nach Gl. (XII 2.02) zu

$$\boldsymbol{E_F} = \zeta - eV \approx \mathrm{k}T \ln \frac{n}{\boldsymbol{N}} - eV. \tag{X 4.01}$$

Wir wenden diese Gleichung auf die Verhältnisse im Vakuum unmittelbar vor der Oberfläche des Metalls I an. Dort ist ζ_I negativ. Statt dessen führen wir die positive „Austrittsarbeit"

$$\Psi_\mathrm{I} = -\zeta_\mathrm{I} = -(\boldsymbol{E_F} + eV)_\mathrm{I} = -eV_\mathrm{I} - \boldsymbol{E_F}$$

ein (s. Abb. X 3.1) und erhalten

$$n_{\mathrm{Vakuum}} = \boldsymbol{N}\,\mathrm{e}^{-\frac{\Psi_\mathrm{I}}{\mathrm{k}T}}. \tag{X 4.02}$$

Wir haben hierbei thermisches Gleichgewicht vorausgesetzt. Daraus folgt, daß die Menge der pro Zeiteinheit die Metalloberfläche verlassenden Elektronen genau ebenso groß ist wie die Menge der in der Zeiteinheit zur Metalloberfläche zurückkehrenden Elektronen. Eine von der Metalloberfläche weg gerichtete „einseitige thermische Strömung" wird durch eine entgegengesetzt gerichtete „einseitige thermische Strömung" gerade kompensiert.

Experimentell von ungleich größerer Bedeutung sind aber die Fälle, in denen vom thermischen Gleichgewicht in zweierlei Hinsicht abgewichen

[1] Ob die Bezeichnung „Kontaktpotential" sehr glücklich ist, darf bezweifelt werden. Erfahrungsgemäß lenkt der Bestandteil „Kontakt" dieser Bezeichnung die Aufmerksamkeit von dem Umstand ab, daß es sich um die Potentialdifferenz zwischen zwei freien, also *nicht* miteinander in Kontakt stehenden, sondern weit voneinander getrennten Oberflächen handelt. Daß die beiden Körper an anderer Stelle miteinander in innigem Kontakt stehen, dient nur zur Sicherung des thermischen Gleichgewichts zwischen ihnen und könnte im Prinzip auch bei getrennten Körpern durch genügend langes Abwarten ersetzt werden.

wird, in denen nämlich erstens die gegenüber der betrachteten Metalloberfläche stehende „Elektrode" eine sehr viel tiefere Temperatur als die betrachtete Metalloberfläche hat und daher praktisch nicht emittiert, und zweitens das zwischen den beiden Metallen ausgespannte elektrische Feld durch eine Batterie willkürlich geändert werden kann. Durch eine geeignete Polung kann jetzt gegenüber dem Fall des thermischen Gleichgewichts dafür gesorgt werden, daß weniger Elektronen aus dem Vakuum in das Metall zurückkehren als Elektronen die Metalloberfläche verlassen. Es kann also aus der heißen Metalloberfläche ein Emissionsstrom entnommen werden. Je größer nun der Betrag des richtig gepolten elektrischen Feldes gemacht wird, desto weniger Elektronen werden zur Metalloberfläche zurückkehren und desto größer wird der Emissionsstrom werden, bis schließlich von einer gewissen Feldstärke ab alle Elektronen, die das Metall verlassen haben, ins Vakuum fortgeführt werden und nicht mehr zur Metalloberfläche zurückkehren. Durch weitere Feldsteigerung kann dann zunächst einmal der Emissionsstrom nicht weiter gesteigert werden, es fließt der Sättigungsstrom.

Obwohl sich der Zustand dieser „totalen stationären Fortführung" und der Zustand des „thermischen Gleichgewichts" kraß unterscheiden und gedanklich nicht durcheinander gebracht werden dürfen, zeigt nun eine genaue Diskussion[1], daß insofern zwischen den beiden Fällen ein inniger Zusammenhang besteht, als der Sättigungsstrom im Fall der totalen stationären Fortführung genau so groß ist wie die einseitige thermische Strömung im Fall des thermischen Gleichgewichts:

$i_{\text{Sätt}}$ = einseitige thermische Stromdichte

$$= e \int\limits_{\mathfrak{v}_x=0}^{+\infty} \int\limits_{\mathfrak{v}_y=-\infty}^{+\infty} \int\limits_{\mathfrak{v}_z=-\infty}^{+\infty} \mathfrak{v}_x\, n(\mathfrak{v}_x, \mathfrak{v}_y, \mathfrak{v}_z)\, d\mathfrak{v}_x\, d\mathfrak{v}_y\, d\mathfrak{v}_z. \qquad \text{(X 4.03)}$$

Wegen $n_{\text{Vakuum}} \ll N$ ist hier für die Verteilungsfunktion $n\,(\mathfrak{v}_x\, \mathfrak{v}_y\, \mathfrak{v}_z)$ die Boltzmann-Verteilung einzusetzen. Diese folgt in der hier benötigten Form aus Gl. (VIII 2.12) durch folgende Umformungen:

$$N(E)\,dE = N \frac{2}{\sqrt{\pi}} \left(\frac{E - E_{\text{pot}}}{\mathrm{k}T}\right)^{\frac{1}{2}} \mathrm{e}^{-\frac{E - E_{\text{pot}}}{\mathrm{k}T}}\, d\left(\frac{E - E_{\text{pot}}}{\mathrm{k}T}\right),$$

$$= N\, 2\pi^{-\frac{1}{2}} \left(\frac{m}{2\mathrm{k}T}\right)^{+\frac{1}{2}} v\, \mathrm{e}^{-\frac{m v^2}{2\mathrm{k}T}}\, \frac{m}{2\mathrm{k}T}\, 2v\, dv,$$

$$N(E)\,dE = N\, \pi^{-\frac{3}{2}} \left(\frac{m}{2\mathrm{k}T}\right)^{+\frac{3}{2}} \mathrm{e}^{-\frac{m v^2}{2\mathrm{k}T}}\, 4\pi\, v^2\, dv.$$

[1] Schottky, W., u. H. Rothe: Physik der Glühelektroden, Bd. XIII, Tl. 2, des „Handbuchs der Experimentalphysik" von Wien und Harms, Leipzig: Akad. Verlagsges. 1928, namentlich S. 31—42.

Mit einer Variablen-Transformation und gleichzeitigem Übergang von den Gesamtzahlen N zu den Dichten n ergibt sich schließlich folgende Form:

$$n(\mathfrak{v}_x, \mathfrak{v}_y, \mathfrak{v}_z)\, d\mathfrak{v}_x\, d\mathfrak{v}_y\, d\mathfrak{v}_z = n\, \pi^{-\frac{3}{2}} \left(\frac{m}{2\mathrm{k}T}\right)^{+\frac{3}{2}} \mathrm{e}^{-\frac{m(\mathfrak{v}_x^2+\mathfrak{v}_y^2+\mathfrak{v}_z^2)}{2\mathrm{k}T}}\, d\mathfrak{v}_x\, d\mathfrak{v}_y\, d\mathfrak{v}_z. \quad \text{(X 4.04)}$$

Werten wir hiermit (X 4.03) aus, so kommt

$$i_{\text{Sätt}} = e\, n_{\text{Vakuum}_\text{I}}\, \pi^{-3/2} \left(\frac{2\mathrm{k}T}{m}\right)^{1/2} \int\limits_{u_x=0}^{\infty} \mathrm{e}^{-u_x^2} u_x\, du_x \int\limits_{u_y=-\infty}^{+\infty} \mathrm{e}^{-u_y^2}\, du_y \int\limits_{u_z=-\infty}^{+\infty} \mathrm{e}^{-u_z^2}\, du_z,$$

$$i_{\text{Sätt}} = e\, n_{\text{Vakuum}_\text{I}}\, \pi^{-3/2} \left(\frac{2\mathrm{k}T}{m}\right)^{1/2} \frac{1}{2} \qquad \sqrt{\pi} \qquad \sqrt{\pi}$$

und mit (X 4.02)

$$i_{\text{Sätt}} = \frac{1}{2}\, e \left(\frac{2\mathrm{k}T}{\pi\, m}\right)^{\frac{1}{2}} N\, \mathrm{e}^{-\frac{\Psi_\text{I}}{\mathrm{k}T}}. \quad \text{(X 4.05)}$$

Berücksichtigung von (VIII 2.04) liefert schließlich

$$i_{\text{Sätt}} = \frac{4\pi\, e\, m\, \mathrm{k}^2}{h^3} T^2\, \mathrm{e}^{-\frac{\Psi_\text{I}}{\mathrm{k}T}} = A\, T^2\, \mathrm{e}^{-\frac{\Psi_\text{I}}{\mathrm{k}T}} = 120\, \frac{\text{Amp}}{\text{cm}^2} \left(\frac{T}{\text{Grad K}}\right)^2 \mathrm{e}^{-\frac{\Psi_\text{I}}{\mathrm{k}T}}. \quad \text{(X 4.06)}$$

Dies ist das bekannte Gesetz von RICHARDSON für die Sättigungsstromdichte aus einer glühenden Oberfläche.

Der maßgebende Exponent Ψ im RICHARDSON-Gesetz (X 4.06) wird nun als „thermische Austrittsarbeit Metall—Vakuum" bezeichnet, und wir sehen aus Abb. X 3.1, daß diese thermische Austrittsarbeit Metall—Vakuum in einer derartigen Darstellung als Abstand der FERMI-Kante vom elektrostatischen Potential unmittelbar vor der Metalloberfläche erscheint. Wir entnehmen weiter der Abb. X 3.1 den wichtigen Satz: *Die Differenz der thermischen Austrittsarbeiten zweier Metalle ist gleich der VOLTA-Spannung dieser beiden Metalle gegeneinander.*

Schließlich vermerken wir noch für spätere Zwecke, daß gemäß Abb. X 3.1

$$\Psi = E_{C_\text{Metall}} - \zeta_\text{Metall} \pm (\text{Doppelschicht})_\text{Metall Vakuum} \quad \text{(X 4.07)}$$

ist[1].

Außer durch thermische Anregung können Elektronen auch noch mit anderen Mitteln aus dem Verbande eines Festkörpers befreit und

[1] Bei dieser Gelegenheit sei daran erinnert, daß die einzelnen Summanden in der Gl. (X 4.07) und deshalb auch die Austrittsarbeit Ψ selbst keineswegs ohne weiteres als temperaturunabhängig angesehen werden dürfen. Solange der T-Gang von Ψ nicht völlig bekannt ist, besagt (X 4.06) über die Temperaturabhängigkeit des Sättigungsstroms noch nichts Endgültiges. Siehe hierzu auch W. SCHOTTKY u. H. ROTHE: Physik der Glühelektroden, Bd. XIII, Tl. 2, des „Handbuchs der Experimentalphysik" von WIEN u. HARMS, namentlich Kap. 6.

ins Vakuum geschafft werden. Insbesondere ist hier der photoelektrische Prozeß zu nennen. Bei diesem muß das stoßende Lichtquant dem gestoßenen Elektron mindestens einen Energiezuwachs erteilen, der den Unterschied zwischen der Energie des Elektrons im Verbande des Festkörpers einerseits und der Energie des Elektrons im ruhenden Zustand im Vakuum vor der Oberfläche des Metalls andererseits deckt. Nun sind die Kristallterme oberhalb der FERMI-Kante im Vergleich zu den Zuständen unter der FERMI-Kante sehr schwach besetzt, und der geschilderte Prozeß wird daher erst dann mit großer Häufigkeit eintreten, wenn die Energie $\hbar\,\omega$ des Lichtquants ausreicht[1], um ein Elektron von der FERMI-Kante auf das elektrostatische Oberflächenpotential zu heben. Im Grenzfall $T \to 0$ wird diese „rote Grenze"[2] des Photoeffekts sogar völlig scharf, und man kann diese im Grenzfall $T \to 0$ erforderliche Mindestenergie zur Befreiung eines Elektrons durch Lichtquantenstoß schlechthin als *die* photoelektrische Aktivierungsenergie bezeichnen. Weil diese photoelektrische Aktivierungsenergie bei Metallen gleich der Differenz des elektrostatischen Oberflächenpotentials und der FERMI-Kante ist, stimmt sie bei Metallen mit der thermischen Austrittsarbeit überein.

Diese bei Metallen bestehende zufällige Übereinstimmung und die früher meistens auf Metalle beschränkte Art der Darstellung haben nun dazu geführt, die etwas abstrakte thermodynamische Definition der thermischen Austrittsarbeit als maßgebender Exponent in einem RICHARDSON-Gesetz durch die zweifellos anschaulichere Definition der photoelektrischen Aktivierungsenergie zu ersetzen. Wir werden aber im nächsten Paragraphen sehen, daß dies bei Halbleitern nicht mehr angängig ist.

§ 5. Die Austrittsarbeit und die photoelektrische Aktivierungsenergie bei Halbleitern

Betrachten wir nämlich jetzt statt zweier Metalle ein Metall und einen Halbleiter in großer Entfernung voneinander, so ergibt sich Abb. X 5.1, nachdem Gleichgewicht eingetreten ist[3].

---

[1] ω = Kreisfrequenz $= 2\pi f$; $\hbar = \frac{1}{2\pi} h = 1{,}054 \cdot 10^{-27}\,\mathrm{cm^2\,g\,sek^{-1}}$.

[2] Die Bedingung $\omega > \omega_{\min}$ begrenzt das photoelektrisch wirksame Spektrum zu tiefen Frequenzen hin, also zu langen Wellen, also zum roten Licht.

[3] Dies kann entweder durch die beiderseitige Elektronenemission in das Vakuum erfolgen und erfordert dann relativ lange Zeit. Man kann aber auch daran denken, daß das Metall und der Halbleiter ringförmig gebogen sind. An den betrachteten Oberflächenpartien sind sie weit voneinander entfernt. An anderer Stelle stehen sie dagegen mit anderen Teilen ihrer Oberfläche in direktem Kontakt. Dadurch wird dann die Einstellung des Gleichgewichts *schnell* herbeigeführt.

Es stellt sich also auch vor Halbleiteroberflächen eine Gleichgewichtskonzentration n der Elektronen ein, für die wir mittels des Abstandes Ψ_{Hbl}

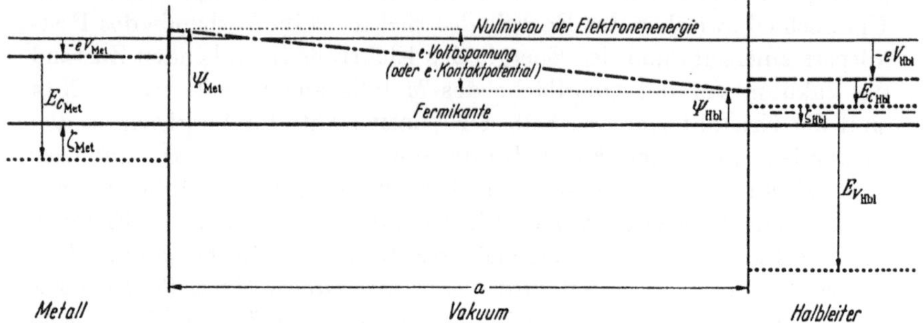

Abb. X 5.1 Metall und Halbleiter, *weit* getrennt durch Vakuum. Wieder gilt der Satz: VOLTA-Spannung (oder Kontaktpotential) = Differenz der Vakuumaustrittsarbeiten.

der FERMI-Kante vom elektrostatischen Potential genau wie oben beim Metall die der Gl. (X 4.02) entsprechende Gleichung

$$n = N\,\mathrm{e}^{-\frac{\Psi_{\mathrm{Hbl}}}{\mathrm{k}T}} \tag{X 5.01}$$

erhalten, worauf wie im vorigen § 4 der Übergang zur RICHARDSON-Gleichung

$$\begin{aligned} i_{\text{Sätt}} &= \frac{1}{2}\,e\left(\frac{2\mathrm{k}T}{\pi m}\right)^{\frac{1}{2}} N\,\mathrm{e}^{-\frac{\Psi_{\mathrm{Hbl}}}{\mathrm{k}T}} = \frac{4\pi\,e\,m\,\mathrm{k}^2}{h^3}\,T^2\,\mathrm{e}^{-\frac{\Psi_{\mathrm{Hbl}}}{\mathrm{k}T}} \\ &= 120\,\frac{\mathrm{Amp}}{\mathrm{cm}^2}\left(\frac{T}{\mathrm{Grad\,K}}\right)^2 \mathrm{e}^{-\frac{\Psi_{\mathrm{Hbl}}}{\mathrm{k}T}} \end{aligned} \tag{X 5.02}$$

vollzogen werden kann. Man sieht also, daß auch beim Halbleiter der Abstand Ψ_{Hbl} zwischen elektrostatischem Oberflächenpotential und FERMI-Niveau den maßgebenden Exponenten des RICHARDSON-Gesetzes, also die thermische Austrittsarbeit liefert.

Aus Abb. X 5.1 entnimmt man analog zu (X 4.07)

$$\Psi_{\mathrm{Hbl}} = |E_{C_{\mathrm{Hbl}}}| + |\zeta_{\mathrm{Hbl}}| \pm (\text{Doppelschicht})_{(\text{Halbleiter Vakuum})}. \tag{X 5.03}$$

Im Gegensatz zu den Metallen besteht kein Zusammenhang mehr zwischen dieser thermischen Austrittsarbeit und irgendeiner markanten photoelektrischen Aktivierungsenergie, die eine Beziehung zu irgendwelchen Grenzwellenlängen des Photoeffekts hat. Bei Metallen ist nämlich im Grenzfall $T \to 0$ die FERMI-Kante das höchste besetzte Elektronenniveau und daher der günstigste Ausgangspunkt für ein photoelektrisch zu befreiendes Elektron. Beim Halbleiter dagegen liegt (außer bei Entartung) das FERMI-Niveau im verbotenen Gebiet, wo außer den diskreten Störstellenniveaus gar keine besetzbaren Niveaus vorhanden sind. Hier kann die Photoemission von Elektronen im Grenzfall $T \to 0$

nur von dem Störstellenniveau oder dem vollbesetzten Valenzband aus erfolgen, für $T > 0$ außerdem noch von dem „MAXWELL-Schwanz" im Leitungsband. Man sieht also, das FERMI-Niveau kommt beim Halbleiter als Ausgangspunkt für eine Photoemission eines Elektrons nur in ganz bestimmten wenigen Sonderfällen[1] in Frage, und deshalb sind beim

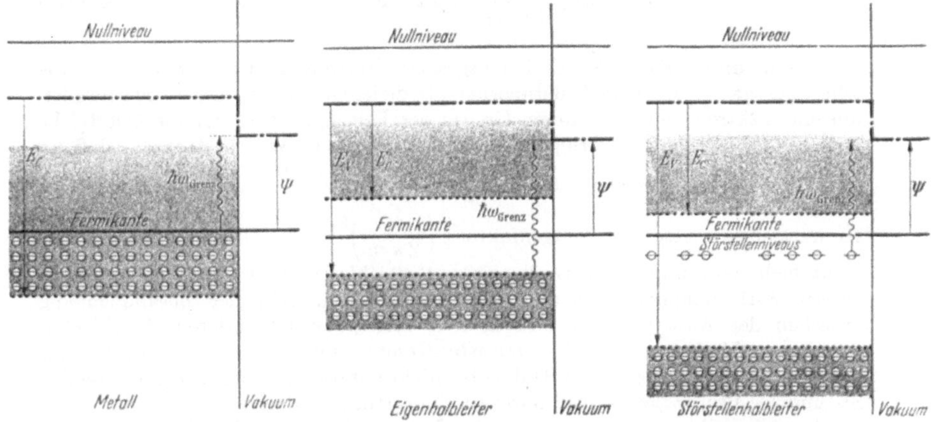

Abb. X 5.2 Photoelektrische Aktivierungsenergie $\hbar\omega_{\text{Grenz}}$ und thermische Austrittsarbeit Ψ. Grenzfall $T \to 0$.

Halbleiter glühelektrische Austrittsarbeit Ψ_{Hbl} und photoelektrische Aktivierungsenergie nicht identisch (s. auch Abb. X 5.2).

Um diese anschaulich so wertvolle Identität zu retten, könnte man versucht sein, beim Halbleiter eine anders definierte Austrittsarbeit einzuführen und dafür z. B. den Abstand zwischen dem elektrostatischen Oberflächenpotential und der unteren Grenze des Leitungsbandes

$$\Psi^*_{\text{Hbl}} = |E_{C_{\text{Hbl}}}| \pm (\text{Doppelschicht})_{\text{Halbleiter Vakuum}} \qquad \text{(X 5.04)}$$

zu wählen. Vergleich mit (X 5.03) gibt

$$\Psi_{\text{Hbl}} = \Psi^*_{\text{Hbl}} + |\zeta_{\text{Hbl}}|. \qquad \text{(X 5.05)}$$

Bei den niedrigen Elektronenkonzentrationen n_H im Halbleiter liegt im allgemeinen der Grenzfall $n_H \ll N$ vor, und wir haben nach der Gl. (XII 2.02)

$$\zeta_{\text{Hbl}} = \text{k}T \ln \frac{n_H}{N} < 0. \qquad \text{(X 5.06)}$$

[1] Bei einem sehr störstellenreichen Halbleiter kann Entartung eintreten. Das FERMI-Niveau liegt dann im unteren Teil des Leitungsbandes und ist also mit Elektronen besetzt. In einem anderen Sonderfall, nämlich beim Übergang von Erschöpfung zur Reserve fällt das FERMI-Niveau mit dem Störstellenniveau zusammen. Auch dann befinden sich Elektronen gerade auf dem Niveau der FERMI-Kante.

In beiden Fällen gibt es aber noch Elektronen mit höherer Energie, und deshalb erscheint auch in diesen Sonderfällen die vom FERMI-Niveau aus rechnende glühelektrische Austrittsarbeit Ψ_{Hbl} nicht als die photoelektrische Aktivierungsenergie mit der Beziehung zu einer langwelligen Grenze.

Macht man von (X 5.05) und (X 5.06) in dem RICHARDSONschen Gesetz (X 5.02) Gebrauch, so erhält man

$$i_{\text{Sätt}} = \frac{1}{2} e \left(\frac{2kT}{\pi m}\right)^{\frac{1}{2}} N \, e^{-\frac{\Psi^*_{\text{Hbl}}}{kT}} e^{-\ln\frac{N}{n_H}},$$

$$i_{\text{Sätt}} = e \left(\frac{k}{2\pi m}\right)^{\frac{1}{2}} n_H T^{\frac{1}{2}} e^{-\frac{\Psi^*_{\text{Hbl}}}{kT}}. \qquad \text{(X 5.07)}$$

Die in dieser Form des Emissionsgesetzes auftretende Größe Ψ^*_{Hbl} ist — wie schon gesagt — anschaulich definierbar als diejenige Arbeit, die erforderlich ist, um ein Elektron von der unteren Grenze des Leitungsbandes vor die Oberfläche in ruhenden Zustand zu bringen. Erkauft wird dieser Vorteil dadurch, daß im Gegensatz zu dem Mengenfaktor $\frac{4\pi e m k^2}{h^3} = 120 \cdot \frac{\text{Amp}}{\text{cm}^2}$ der Form (X 5.02) des RICHARDSON-Gesetzes der Mengenfaktor $e\left(\frac{k}{2\pi m}\right)^{\frac{1}{2}} n_H$ der Gl. (X 5.07) wegen n_H nicht mehr eine universelle Größe ist und gleichfalls wegen n_H in vielen Halbleitern stark temperaturabhängig sein wird. Weiter geht der Zusammenhang zwischen der Austrittsarbeit und dem Kontaktpotential verloren. Endlich ist diese ganze Umformung des RICHARDSON-Gesetzes nur auf die Fälle beschränkt. in denen das Elektronengas im Halbleiter nicht entartet ist. Bei sehr gut leitenden Si- und Ge-Proben kann aber durchaus Entartung vorliegen.

Aus allen diesen Gründen ist in der Literatur auch für Halbleiter die Form (X 5.02) des RICHARDSON-Gesetzes nebst der dazugehörigen von der FERMI-Kante aus zählenden Definition der Halbleiteraustrittsarbeit beibehalten worden.

Es ist aber zu beachten, daß bei Halbleitern die Austrittsarbeit Ψ_{Hbl} mit Sicherheit nicht temperaturunabhängig ist, und zwar wegen der Temperaturabhängigkeit des FERMI-Niveaus. Dies erfordert bei der Auswertung einer experimentellen $\left[\ln i_{\text{Sätt}} \text{ gegen } \frac{1}{T}\right]$-Kurve noch mehr Aufmerksamkeit als bei Metallen.

§ 6. Halbleiterrandschichten. Der Kontakt Metall-Halbleiter

In Abb. X 5.1 wurde ausdrücklich der Fall *weit*getrennter Metall- und Halbleiteroberflächen zugrunde gelegt. Der Sinn dieser Voraussetzung besteht darin, das elektrische Feld genügend klein zu halten, das sich auf Grund des Kontaktpotentials ausbildet. Bei starken Feldern treten ja schon bei Metalloberflächen Sondereffekte auf [Erniedrigung der Austrittsarbeit durch die Bildkraft (SCHOTTKY-Emission) und außerdem Tunneleffekt]. Bei Halbleiteroberflächen müssen wir aber noch den Umstand beachten, daß an den Enden der durch die VOLTA-Spannung ausgespannten Feldlinien Ladungen sitzen müssen. Während nun aber an der Oberfläche eines Metalls erhebliche Flächenladungen dadurch untergebracht werden können, daß die große metallische Elektronendichte in der obersten Atomschicht etwas verkleinert oder etwas vergrößert wird, erfordert[1] die Unterbringung der dem Betrage nach

[1] Siehe aber weiter unten die Ausführungen über die „Oberflächenzustände".

gleichen Oberflächenladung auf der Halbleiteroberfläche wegen der um mehrere Zehnerpotenzen kleineren Elektronendichte einschneidende Vergrößerungen oder Verkleinerungen der Elektronendichte in einer unter Umständen 1000 ⋯ 10000 Atomlagen tiefen Schicht. Es handelt sich dann also gar nicht mehr um eine eigentliche *Oberflächen*ladung, sondern

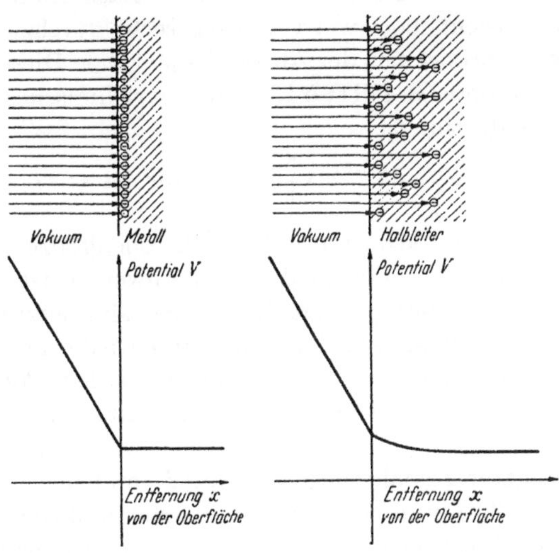

Abb. X 6.1 Das Enden eines Vakuumfeldes an einer Metalloberfläche oder einer Halbleiteroberfläche.

die Feldlinien dringen eben z. T. bis zu $10^{-5} \cdots 10^{-4}$ cm in den Halbleiter ein und enden sukzessiv an den Ladungen einer über Strecken bis zu 10^{-4} cm verteilten *Raum*ladung (s. Abb. X 6.1).

Das plötzliche Enden aller Feldlinien an einer eigentlichen Oberflächenladung (Metall) bedingt einen Knick im Potentialverlauf, das allmähliche „Versickern" des Feldes in einer räumlich ausgedehnten Raumladung (Halbleiter) hat einen streckenweise gekrümmten Potentialverlauf zur Folge. Wenn der Halbleiter genau wie das Vakuum die Dielektrizitätskonstante 1 hätte, müßte wegen des Fehlens der Oberflächenladung der Potentialverlauf die Halbleiteroberfläche mit stetiger Tangente durchsetzen. Im allgemeinen Fall $\varepsilon > 1$ muß an der Oberfläche nicht die Feldstärke $\mathfrak{E} = -\frac{dV}{dx}$, sondern die dielektrische Verschiebung $\mathfrak{D} = -\varepsilon \frac{dV}{dx}$ stetig sein, d. h., daß der gekrümmte Potentialverlauf im *Halbleiter* an der Oberfläche mit einer um den Faktor $\frac{1}{\varepsilon}$ kleineren Neigung einsetzt, als er auf der *Vakuum*seite der Oberfläche endet. Auf jeden Fall sehen wir aber, daß sich bei Annäherung von Halbleiter und Metall in einer „Randschicht" des Halbleiters eine Raumladung und damit ein gekrümmter Verlauf der elektrostatischen Elektronenenergie $-eV$ einstellen wird. An der Stärke der chemischen Bindung ändert sich aber nichts, denn sie ist durch die Kristallstruktur bedingt. Der Verlauf der punktiert gezeichneten unteren Grenze E_C des Leitungsbandes muß also die gleiche Krümmung aufweisen (Abb. X 6.2), während die dick ausgezogene FERMI-Kante E_F im thermischen Gleichgewicht nach wie vor waagerecht durchzuziehen ist. In der Randschicht variiert also der Abstand $E_C - E_F$. Dieser Abstand ist aber nach S. 447 und Gl. (VIII 6.13) ein logarithmisches Maß für die Elektronenkonzentration n:

$$E_C - E_F \approx \mathrm{k}T \ln \frac{N_C}{n} > 0 \quad \text{für} \quad n \ll N_C. \tag{X 6.01}$$

In der Randschicht variiert also die Elektronenkonzentration n, und dadurch, daß sie von ihrem Neutralwert n_H abweicht, ist wiederum das Auftreten der Raumladung bedingt. Im übrigen sind jetzt in Abb. X 6.2 sowohl auf dem Metall wie auf dem Halbleiter wieder atomare Doppelschichten berücksichtigt worden, von denen in den Potentialdarstellungen der Abb. X 6.1 der Übersichtlichkeit halber abgesehen worden war.

Bei unbegrenzter Annäherung der Metall- und der Halbleiteroberfläche (s. Abb. X 6.2) muß schließlich der strichpunktierte Verlauf des elektrostatischen Energieanteils $-eV$ so stark angehoben werden, daß der ganze vorher im Vakuum vorhandene Potentialunterschied, also die VOLTA-Spannung nunmehr innerhalb des Halbleiters abfällt. Da wir den Potentialunterschied innerhalb der Randschicht als Diffusionsspannung V_D bezeichnen (s. S. 118), kommen wir durch die geschilderte Überlegung auf den Satz, daß die Diffusionsspannung V_D in einer Halbleiterrandschicht gleich der VOLTA-Spannung zwischen dem Elektrodenmetall und dem Halbleiter sein muß:

$$|V_D = \Psi_{\text{Met Vakuum}} - \Psi_{\text{Hbl Vakuum}}. \tag{X 6.02}$$

Zu dieser Aussage sind aber mannigfache Vorbehalte zu machen. Zunächst einmal zeigt eine quantitative Diskussion des in Abb. X 6.2 nur qualitativ dargestellten Annäherungsprozesses, daß die Abweichungen der Diffusionsspannung V_D von der VOLTA-Spannung auch bei Annäherung auf atomare Abstände noch sehr erheblich sind[1] und erst bei völligem Verschwinden des Abstandes zwischen den beiden Oberflächen gleich Null werden würden. Ob aber die Annahme einer Annäherung der beiden Oberflächen auf subatomare Abstände sinnvoll ist,

---

[1] Dies gilt namentlich bei einem sehr störstellenreichen Halbleiter, bei dem schon geringe Potentialanhebungen und die damit verbundenen geringen Abweichungen von der Neutralität starke Raumladungen freisetzen.

darf bezweifelt werden. Weiter wurde in Abb. X 6.2 angenommen, daß die Potentialsprünge an den sich nähernden Oberflächen während des

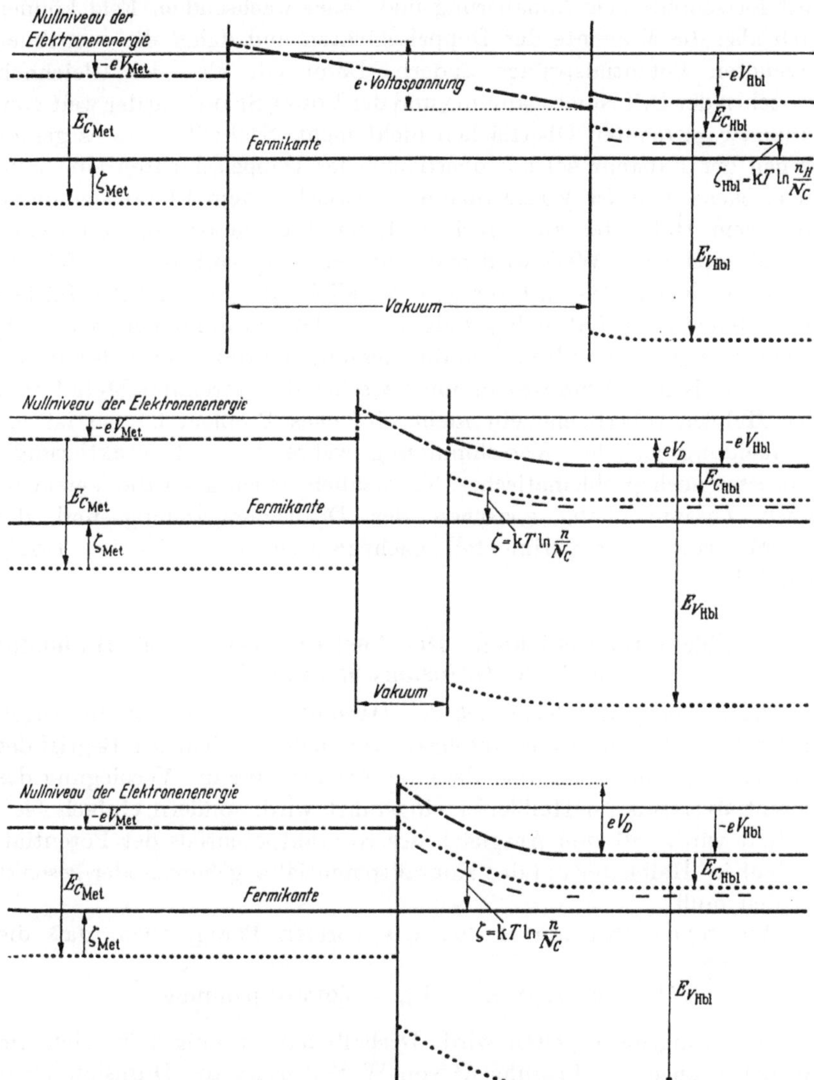

Abb. X 6.2 Annäherung einer Metall- und einer Halbleiteroberfläche. Allmähliche Verbiegung der Bänder im Halbleiter um die Diffusionsspannung V_D. Dadurch Erfüllung der Grenzbedingung des stetigen Übergangs der dielektrischen Verschiebung $\varepsilon\,\mathfrak{E}$ an der Halbleiteroberfläche. Entstehung der Raumladungsrandschicht.

Annäherungsprozesses ihre Werte unverändert beibehalten. Bei der Annäherung wächst aber das Feld zwischen den beiden Oberflächen, und eine polarisierende Wirkung dieses Feldes auf die oberflächlichen Doppelschichten kann doch nicht ohne weiteres ausgeschlossen werden. Mit fortschreitender Annäherung und daher wachsendem Feld können sich also die Momente der Doppelschichten und daher die von ihnen erzeugten Potentialsprünge ändern. Dann gilt also die Gleichheit zwischen der Diffusionsspannung und der VOLTA-Spannung der weit voneinander getrennten Oberflächen nicht mehr. Schließlich ist es gerade wegen der Existenz solcher oberflächlicher Doppelschichten eine mißliche Sache, von *der* VOLTA-Spannung zwischen dem Elektrodenmetall und dem Halbleiter zu sprechen. Einen für die beiden Materialien charakteristischen Wert wird man nur bei völlig sauberen Oberflächen erwarten dürfen. Wie schwer aber wirklich einwandfreie Oberflächen herzustellen sind, hat sich gerade in den letzten Jahren immer deutlicher gezeigt. Wenn also schon die Messung der durch Fremdschichten *nicht* verfälschten VOLTA-Spannung zwischen der getrennten Metall- und der Halbleiteroberfläche ein nicht einfaches Problem ist, so ist die Vermeidung jeglicher Verschmutzung während des Kontaktierungsprozesses noch problematischer. Tatsächlich haben auch die Versuche, einen Zusammenhang zwischen der Diffusionsspannung und der VOLTA-Spannung experimentell nachzuweisen, nur teilweise Erfolg gehabt[1].

§ 7. Halbleiterrandschichten. Die Austrittsarbeit Metall-Halbleiter und die Diffusionsspannung V_D

Die bisher geschilderte Art der Darstellung beherrscht die angelsächsische Literatur, in der infolgedessen auch gar nicht der Begriff der Diffusionsspannung als besondere Bezeichnung für die Verbiegung des Potentialverlaufs im Halbleiter eingeführt wird, sondern einfach festgestellt wird, daß zum Ausgleich des Kontaktpotentials der Potentialverlauf im Halbleiter um das Kontaktpotential angehoben oder gesenkt werden muß.

Wir sahen aber am Schluß des vorigen Paragraphen, daß die Beziehung

$$\text{Diffusionsspannung } V_D = \text{VOLTA-Spannung}$$

nur näherungsweise gelten wird. Deshalb hat es einiges für sich, im Anschluß an die Auffassungen[2] von W. SCHOTTKY die Diffusionsspan-

[1] Siehe z. B.: POGANSKI, S.: Z. Phys. 134 (1953) 469, insbesondere Abb. 3. — ARCHER, R. J., u. M. M. ATALLA: Ann. New York Acad. Science 101 (1963) Art. 3, S. 697—708.

[2] In den Publikationen SCHOTTKYS werden diese Dinge verhältnismäßig knapp behandelt. Der Verfasser ist hier in der glücklichen Lage, auf unvollendete und deshalb unveröffentlichte Manuskripte von Herrn SCHOTTKY zurückgreifen zu können.

nung V_D nach hergestelltem innigen Kontakt Metall-Halbleiter als eigenständige neue Größe zu betrachten, die weder mit der GALVANI-Spannung noch mit der VOLTA-Spannung (≡ Kontaktpotential) noch mit

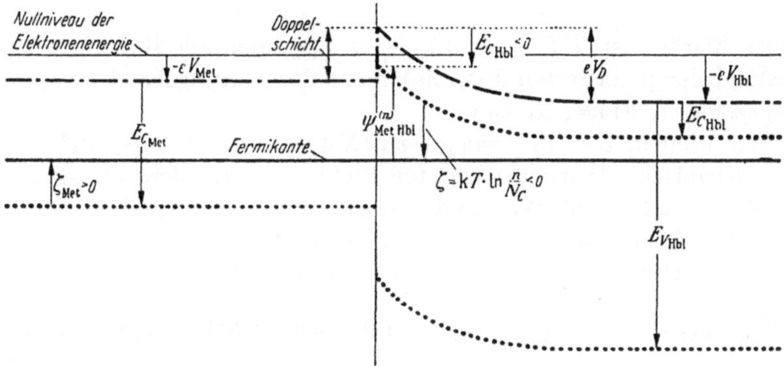

Abb. X 7.1 Metall und Überschußhalbleiter in innigem Kontakt. Definition der Austrittsarbeit $\psi^{(n)}_{Met\,Hbl}$. Beachte, daß diese Austrittsarbeit nicht identisch ist mit der Diffusionsspannung V_D. Fall der Verarmungsrandschicht.

den Vakuumaustrittsarbeiten noch mit den photoelektrischen Aktivierungsenergien identisch ist. Es fragt sich dann auch, ob es zweckmäßig ist, bei der Beschreibung des innigen Kontaktes zwischen Metall—Halbleiter überhaupt noch von dem Fall der weit voneinander getrennten

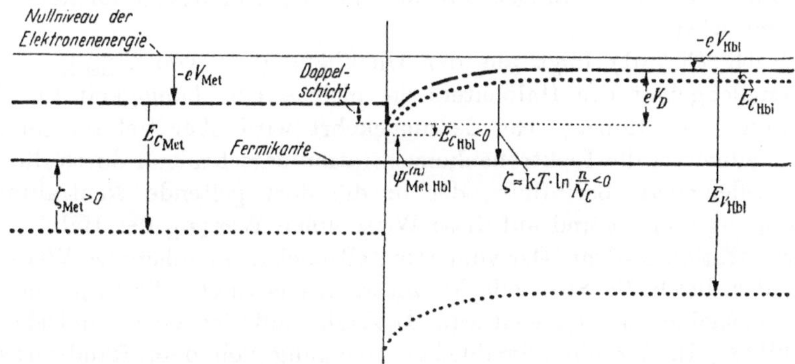

Abb. X 7.2 Metall und Überschußhalbleiter in innigem Kontakt. Fall der Anreicherungsrandschicht.

Körper auszugehen. Legen wir vielmehr sofort den Fall des innigen Kontaktes zwischen Metall und Halbleiter zugrunde, so ergibt sich beispielsweise Abb. X 7.1 oder X 7.2. Im Halbleiter bildet sich an der Grenze gegen das Metall im thermischen Gleichgewicht eine Elektronenkonzentration n_R aus[1], für die durch Anwendung von Gl. (X 6.01) auf

[1] Der Index R deutet auf den Halbleiterrand hin.

den Halbleiterrand bei Nichtentartung

$$n_R = N_C \, e^{-\frac{\Psi^{(n)}_{\text{Met Hbl}}}{kT}} \qquad \text{(X 7.01)}$$

folgt; hierbei ist $\Psi^{(n)}_{\text{Met Hbl}} = (E_C - E_F)_{\text{Rand}}$ der am Rand gemessene Abstand der punktierten unteren Grenze des Leitungsbandes vom dick ausgezogenen FERMI-Niveau.

Wir können also in Analogie zu (X 4.02) und (X 5.01) $\Psi^{(n)}_{\text{Met Hbl}}$ als eine thermische Austrittsarbeit für Elektronen aus dem Metall in den Halbleiter auffassen. Wir sind hierzu vor allem deshalb berechtigt, weil diese Größe von dem Störstellengehalt des Halbleiters unabhängig ist. Nach Abb. X 7.1 ist diese Größe nämlich gleich

$$\Psi^{(n)}_{\text{Met Hbl}} = |E_{C_{\text{Metall}}}| - \zeta_{\text{Metall}} + (\text{Doppelschicht})_{\text{Met Hbl}} - |E_{C_{\text{Hbl}}}|. \qquad \text{(X 7.02)}$$

Gegenüber der thermischen Austrittsarbeit der Elektronen ins Vakuum [s. Gl. (X 4.07)] erscheint als neuer Term nur die Bindungsenergie $E_{C_{\text{Hbl}}}$. Das ist aber eine Eigenschaft des *ungestörten* Halbleitergitters und deshalb ist $\Psi^{(n)}_{\text{Met Hbl}}$ vom Störstellengehalt des Halbleiters unabhängig. Im übrigen erkennt man in der Differenzbildung $|E_{C_{\text{Metall}}}| - |E_{C_{\text{Hbl}}}|$ in (X 7.02), daß die Austrittsarbeit $\Psi^{(n)}_{\text{Met Hbl}}$ wesentlich durch die Konkurrenz der Bindungskräfte des Metalls und des Halbleiters bestimmt wird.

Nach (X 7.01) folgt aus der Unabhängigkeit von $\Psi^{(n)}_{\text{Met Hbl}}$ vom Störstellengehalt des Halbleiters die gleiche Unabhängigkeit für die Randkonzentration n_R. Gerade umgekehrt wird aber tief im Innern des Halbleiters die Elektronenkonzentration entscheidend durch diesen Störstellengehalt beeinflußt, der in die dort geltende Neutralitätsbedingung eingeht und auf diese Weise einen Wert n_H der Halbleiterkonzentration festlegt. Der vom Störstellengehalt unabhängige Wert n_R und der durch die Störstellenkonzentration bedingte Wert n_H werden im allgemeinen nicht gleich sein. Deshalb muß sich eine Randschicht ausbilden, in der ein allmählicher Übergang von dem Randwert n_R auf den „Halbleiterwert" n_H[1] stattfindet, und zwar liegt eine Verarmungs- oder eine Anreicherungsschicht vor, je nachdem ob $n_R < n_H$ (Abb. X 7.1) oder $n_R > n_H$ (Abb. X 7.2) ist. In dieser Übergangszone, in der Randschicht also, herrschen demgemäß Elektronenkonzentrationen, die vom Neutralwert n_H abweichen. Statt der Quasi-Neutralität des Halbleiterinnern haben wir infolgedessen hier eine Raumladung mit der Dichte $\varrho(x)$. Diese aber krümmt gemäß der POISSONschen

---

[1] Der Index *H* weist auf den *H*albleiterwert hin.

Gleichung

$$\frac{d^2V}{dx^2} = -\frac{4\pi}{\varepsilon}\varrho(x) \tag{X 7.03}$$

den Verlauf der in unseren Abbildungen strichpunktiert gezeichneten elektrostatischen Energie $-e\,V$, wodurch zwischen dem Halbleiterrand und dem Halbleiterinnern die Diffusionsspannung V_D entsteht. Dieser Name erklärt sich aus der Tatsache, daß der von der Diffusionsspannung V_D erzeugte Feldstrom den durch das Konzentrationsgefälle von n_H auf n_R erzeugten *Diffusions*strom wegkompensiert, um die Stromlosigkeit des thermischen Gleichgewichts einzustellen. Das wurde ja schon auf S. 119 besprochen, ebenso wie die Verständnisschwierigkeiten, die mit der Existenz eines elektrostatischen Potentialunterschiedes innerhalb eines stromlosen Leiters verbunden sind.

Von dem inzwischen gewonnenen Standpunkt aus wollen wir auf diese Schwierigkeiten noch einmal eingehen und bemerken dabei zuerst, daß die Bedenken daher rühren, daß ein Satz von der Konstanz des „Potentials" in einem stromlosen Leiter vermutet wird. Dieser Satz ist falsch, wenn unter dem „Potential" das in unseren Abbildungen strichpunktierte elektro*statische* Potential verstanden wird. Trotzdem enthält er einen richtigen Kern. In der Thermodynamik elektrischer Systeme wird nämlich bewiesen, daß der fragliche Satz richtig wird, wenn man unter „dem Potential" das elektro*chemische* Potential versteht[1]. Das elektrochemische Potential ist die Summe von elektrostatischer Energie pro Teilchen und chemischem Potential ($\equiv$ freier Energie pro Teilchen). Die elektrostatische Energie pro Elektron ist $-e\,V$ und das chemische Potential μ nach (VIII 1.54) gleich der Energie E_F des FERMI-Niveaus. E_F wiederum ist nach (VIII 5.06) bzw. (VIII 5.16) bzw. (VIII 6.00) sowohl in Metallen wie in Halbleitern gleich $E_C + \zeta(n/N_C)$. Das elektrochemische Potential der Leitungselektronen ist also im ganzen $-e\,V + E_F = -e\,V + E_C + \zeta(n/N_C)$. Der Satz von der Konstanz des elektrochemischen Potentials in einem im thermischen Gleichgewicht, also im stromlosen Zustand befindlichen Leiter verlangt demnach die Konstanz der Summe $-e\,V + E_C + \zeta$. Dies ist aber gerade der Abstand des dick ausgezogenen FERMI-Niveaus vom Nullniveau der Elektronenenergie, und so kommen wir hier wieder von der thermodynamischen Seite zu einem Beweis von dem waagerechten Verlauf der FERMI-Kante quer durch alle Leiter und Leiterpartien hindurch, wenn thermisches Gleichgewicht herrscht.

Im übrigen ist es dieses elektrochemische Potential, was man ganz naiv, auch ohne sich jemals mit der Thermodynamik elektrischer Systeme beschäftigt zu haben, in der Alltagspraxis der üblichen Spannungsverteilungsbetrachtungen in elektrischen Stromkreisen benutzt. Um ein ganz simples Beispiel herauszugreifen, so wird man doch in dem Stromkreis von Abb. X 7.3 die eingezeichneten Potentialwerte anschreiben, ohne sich darum zu kümmern, daß die verschiedenen Leiterstücke aus verschiedenem Metall bestehen. Es handelt sich dann eben um Werte des elektrochemischen Potentials, während man bei Angabe der elektrostatischen Makropotentiale vielleicht zu Abb. X 7.4 käme. Da sich die GALVANI-Spannungssprünge beim Durchlaufen der ganzen Leiterkette gerade zu Null ergänzen (s. S. 509

---

[1] Siehe z. B. „Handbuch der Experimentalphysik" von WIEN u. HARMS, Bd. XIII, Tl. 2, Beitrag: Physik der Glühelektroden, von W. SCHOTTKY u. H. ROTHE, Kap. III, insbesondere S. 18, Gl. (5).

und Abb. X 2.3), ergibt sich auch bei dieser Betrachtung für die Klemmenspannung derselbe Wert 2 Volt wie vorher bei Verwendung des elektrochemischen Potentials[1].

Man kann also auch sagen, daß die bei der ersten Begegnung mit elektrostatischen Potentialunterschieden innerhalb eines stromlosen Halbleiters vielleicht

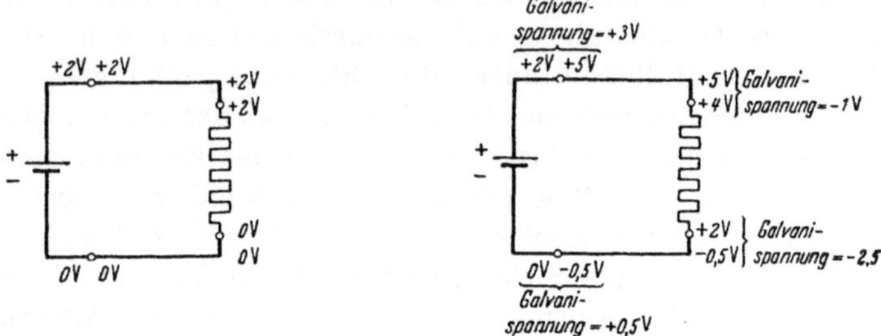

Abb. X 7.3 Stromkreis mit Werten des elektrochemischen Potentials.

Abb. X 7.4 Stromkreis mit Werten des elektrostatischen Makropotentials.

An den Kontaktstellen –○– stoßen Leiterstücke aus verschiedenem Material zusammen

zunächst auftretende gedankliche Schwierigkeit von einer Verwechslung der Klemmenspannung mit einer Differenz elektro*statischer* Potentiale herrührt, während in Wirklichkeit die im Fall der Stromlosigkeit verschwindende Klemmenspannung gleich der Differenz der elektro*chemischen* Potentiale ist, die aber in der Alltagspraxis tatsächlich auch — vielleicht ganz naiv — verwendet zu werden pflegen.

Eine Verarmungs- und eine Anreicherungsschicht in einem *Defekt*leiter zeigen die Abb. X 7.5 und X 7.6. Hier ist eine Austrittsarbeit

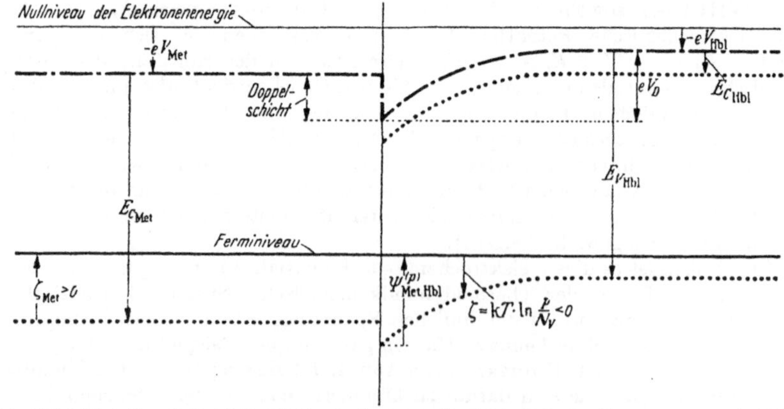

Abb. X 7.5 Metall und Defekthalbleiter in innigem Kontakt. Fall der Verarmungsrandschicht.

[1] Hier sei die Erinnerung gestattet, daß eben wegen der Existenz der VOLTA-Spannungen und der von ihnen aufgespannten Vakuumfelder bei elektrostatischer Messung einer Klemmenspannung die Vorschrift zu beobachten ist, daß die beiden Pole oder Schneiden oder Platten des elektrostatischen Instruments aus *demselben* Material bestehen müssen. Bei galvanometrischer Messung der Klemmenspannung ist diese Kautele natürlich überflüssig.

$\Psi^{(p)}_{\text{Met Hbl}}$ von Defektelektronen aus dem Metall in den Halbleiter eingezeichnet. Dieser Begriff mag auf den ersten Blick etwas befremdend wirken. Wir erinnern uns aber daran, daß wir in Kap. III gezeigt haben, daß man die Elektronengesamtheit eines Bandes immer auch als eine Gesamtheit von Defektelektronen beschreiben kann (s. S. 105 und daß man entsprechend den Übertritt einer Anzahl von Valenzelektronen in eine angrenzende Metallelektrode auch als Austritt einer Anzahl von

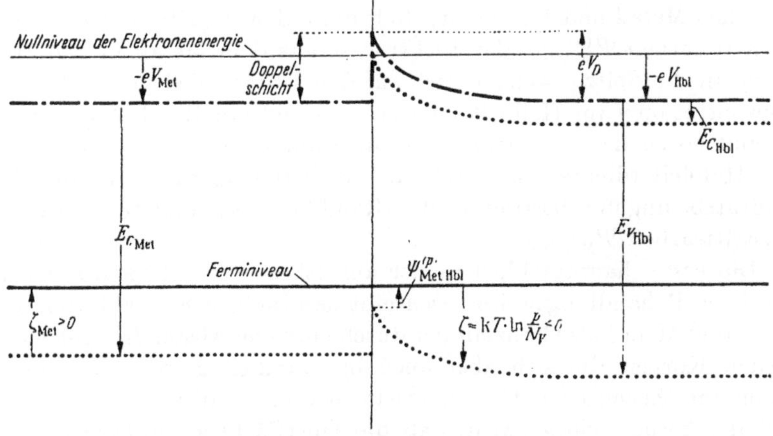

Abb. X 7.6 Metall und Defekthalbleiter in innigem Kontakt. Fall der Anreicherungsrandschicht.

Defektelektronen aus dem Metall in das Valenzband auffassen kann. Im übrigen erinnern wir daran, daß der Abstand $E_F - E_V$ der FERMI-Kante E_F vom oberen Rand E_V des Valenzbands im allgemeinen gleich $-\zeta\left(\frac{p}{N_V}\right)$ ist [s. Gl. (VIII 5.15)] und im MAXWELL-BOLTZMANN-Fall gleich $\mathrm{k}T\ln\frac{N_V}{p}$ wird [s. Gl. (VIII 6.14)], so daß dann dieser Abstand ein logarithmisches Maß für die Konzentration p der Defektelektronen ist (s. S. 447). Anwendung dieser Beziehung auf den Halbleiterrand liefert dann für die Randdichte p_R der Defektelektronen

$$p_R = N_V\,\mathrm{e}^{-\frac{\Psi^{(p)}_{\text{Met Hbl}}}{\mathrm{k}T}}. \tag{X 7.04}$$

Die Analogie zu den Gln. (X 4.02), (X 5.01) und (X 7.01) zeigt wohl die Berechtigung der Einführung einer Austrittsarbeit $\Psi^{(p)}_{\text{Met Hbl}}$ für Defektelektronen.

Da wir $(E_C - E_F)_{\text{Rand}} = \Psi^{(n)}_{\text{Met Hbl}}$ und $(E_F - E_V)_{\text{Rand}} = \Psi^{(p)}_{\text{Met Hbl}}$ definiert haben, folgt durch Addition der Satz

$$\Psi^{(n)}_{\text{Met Hbl}} + \Psi^{(p)}_{\text{Met Hbl}} = E_C - E_V. \tag{X 7.05}$$

Die Summe der Austrittsarbeiten für Elektronen und für Defektelektronen einer Metall-Halbleiter-Kombination ist vom Metall und von etwaigen Oberflächendoppelschichten unabhängig, und zwar gleich der Breite $E_C - E_V$ des verbotenen Bandes im Halbleiter.

Zusammenfassend bemerken wir: Wir haben in den beiden §§ 6 und 7 zwei verschiedene Beschreibungen für die Verhältnisse an der Grenze Metall—Halbleiter gegenübergestellt. Die zweite, von SCHOTTKY gegebene Behandlungsweise betrachtet sogleich den innigen Kontakt zwischen Metall und Halbleiter, stellt dann den Begriff der thermischen Austrittsarbeit $\Psi^{(n)}_{\text{Met Hbl}}$ der Elektronen aus dem Metall in den Halbleiter an die Spitze, weist weiter auf den Unterschied der Elektronenkonzentration n im Halbleiterinnern $[n_H]$ und am Rande $[n_R]$ hin und kommt so zu der entscheidenden Diffusionsspannung V_D. Dabei wird die Halbleiterdichte n_H durch den Störstellengehalt und die Neutralitätsbedingung bestimmt, die Randdichte n_R dagegen durch die Austrittsarbeit $\Psi^{(n)}_{\text{Met Hbl}}$.

Die erste, hauptsächlich in der angelsächsischen Literatur wiedergegebene Behandlungsweise beschreibt den innigen Kontakt von Halbleiter und Metall als Grenzfall der durch endliche Abstände a getrennten beiden Körper, die sich aber auch in räumlich getrenntem Zustand schon im thermischen Gleichgewicht befinden. Wenn in dieser Darstellung berücksichtigt wird, daß die Oberflächendoppelschichten auf dem Metall und dem Halbleiter während der Annäherung polarisiert werden können, ist auch gegen diese Darstellung nichts einzuwenden. Die aus dieser Beschreibungsweise resultierende Beziehung:

Diffusionsspannung = Kontaktpotential der weit getrennten Körper,
= Differenz der thermischen Vakuumaustrittsarbeiten

gilt aber nur, wenn sich die Oberflächendoppelschichten während des Annäherungsprozesses *nicht* ändern. Sonst hat sie nur näherungsweise Gültigkeit.

§ 8. Experimentelle Befunde über die Austrittsarbeit von Halbleitern und den Kontakt Halbleiter-Metall

In den letzten Jahren hat sich die Erkenntnis endgültig durchgesetzt, daß es sich bei den *technischen* Selengleichrichtern und bei den Spitzendetektoren nicht um Halbleiter-Metall-Kontakte, sondern um verkappte *pn*Gleichrichter handelt[1]. Vorher wurden jedoch zahlreiche Versuche

[1] POGANSKI, S.: Z. Phys. 134 (1953) 469. — HOFFMANN, A., u. F. ROSE: Z. Phys. 136 (1953) 152. — THEDIECK, R.: Phys. Verh. 3 (1952) 31; 3 (1952) 212; Z. angew. Phys. 5 (1953) 165. — VALDES, L. B.: Proc. Inst. Radio Engrs., N. Y. 40 (1952) 445.

gemacht, die von der SCHOTTKYschen Theorie geforderten Zusammenhänge an Halbleiter-Metall-Kontakten nachzuweisen. An erster Stelle ist hier wohl H. SCHWEICKERT[1] zu nennen, der Selen mit einer Reihe von verschiedenen Metallen kontaktierte und einen Zusammenhang zwischen dem Sperrwiderstand und der Austrittsarbeit des kontaktierenden Metalls fand.

Aus den Kennliniengleichungen (IV 4.23) bzw. (IV 4.24) erhält man für den Nullwiderstand[2]

$$R_0 = \frac{\mathfrak{B}}{e\,\mu_n\, n_R\, \mathfrak{E}_R} \quad \text{mit} \quad \mathfrak{B} = \frac{\mathrm{k}T}{e} = 25{,}9 \cdot \left(\frac{T}{300^\circ\,\mathrm{K}}\right) \cdot 10^{-3}\,\mathrm{Volt}$$

und weiter mit Hilfe von (X 7.01)

$$R_0 = \frac{\mathfrak{B}}{e\,\mu_n\, N_C\, \mathfrak{E}_R}\, \mathrm{e}^{+\frac{\Psi^{(n)}_{\mathrm{Met\,Hbl}}}{\mathrm{k}T}}. \tag{X 8.01}$$

Nun wurde schon oben auf S. 524 festgestellt, daß die Vakuumaustrittsarbeit $\Psi^{(n)}_{\mathrm{Met\,Vak}}$ und die Halbleiteraustrittsarbeit $\Psi^{(n)}_{\mathrm{Met\,Hbl}}$ eines Metalls eine Reihe übereinstimmender Terme enthalten. Man möchte also erwarten, daß bei Kontaktierung ein und desselben Halbleiters Selen mit verschiedenen Metallen die $\Psi^{(n)}_{\mathrm{Met\,Hbl}}$ variieren wie die $\Psi^{(n)}_{\mathrm{Met\,Vak}}$ und daß also auf Grund von (X 8.01) ein starker Gang des Widerstandes R_0 mit der Vakuumaustrittsarbeit des verwendeten Kontaktmetalls festzustellen ist. Die in Abb. X 8.1 wiedergegebenen Messungen von SCHWEICKERT zeigen nun tatsächlich einen solchen Gang. Überraschend ist vielleicht zunächst, daß der Widerstand R_0 mit wachsender Austrittsarbeit ab- und nicht zunimmt. Die Aufklärung ergibt sich sofort aus der Bemerkung, daß Selen ein Defektleiter ist und daß nicht (X 8.01), sondern

$$R_0 = \frac{\mathfrak{B}}{e\,\mu_p\, N_V\, \mathfrak{E}_R}\, \mathrm{e}^{+\frac{\Psi^{(p)}_{\mathrm{Met\,Hbl}}}{\mathrm{k}T}} \tag{X 8.02}$$

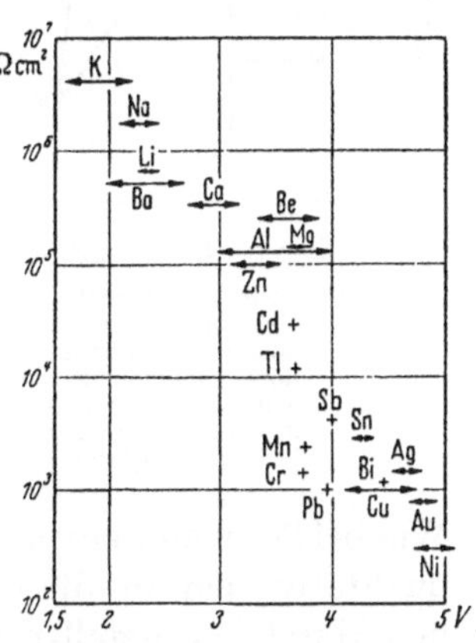

Abb. X 8.1 Austrittsarbeit und Widerstand von Selengleichrichtern. [Nach H. SCHWEICKERT, Verh. dtsch. phys. Ges. 3 (1939) S. 99.]

[1] SCHWEICKERT, H.: Verh. dtsch. phys. Ges. 3 (1939) 99. Die SCHWEICKERTschen Ergebnisse sind auch wiedergegeben bei W. SCHOTTKY: Z. techn. Phys. 21 (1940) 322.

[2] H. SCHWEICKERT trägt in diesem Diagramm die maximalen Sperrwiderstände der betreffenden Halbleiter-Metall-Kontakte auf. Der maximale Sperrwiderstand ist aber im Rahmen der Randschichttheorie nicht zu erfassen. Deshalb verwenden wir den differentiellen Widerstand bei der Vorspannung Null, den sog. Nullwiderstand, um die nach der Randschichttheorie zu erwartenden Zusammenhänge aufzuzeigen.

angesetzt werden muß, woraus mit Hilfe von (X 7.05) von S. 527

$$R_0 = \frac{\mathfrak{B}}{e\,\mu_p\,N_V\,\mathfrak{E}_R}\,\mathrm{e}^{+\frac{E_C - E_V}{\mathrm{k}T}}\,\mathrm{e}^{-\frac{\psi^{(n)}_{\mathrm{Met\,Hbl}}}{\mathrm{k}T}} \sim \mathrm{e}^{-\frac{\psi^{(n)}_{\mathrm{Met\,Hbl}}}{\mathrm{k}T}} \qquad \text{(X 8.03)}$$

folgt und damit die von SCHWEICKERT auch tatsächlich beobachtete *Ab*nahme des Kontaktwiderstands mit der Vakuumaustrittsarbeit des kontaktierenden Metalls.

Andere Autoren[1] erhalten nur z. T. ähnliche Ergebnisse wie H. SCHWEICKERT. Es hat sich immer deutlicher herausgestellt, daß es außerordentlich schwer ist, einen wirklichen Metall-Halbleiter-Kontakt ohne Reaktionszwischenschichten zu erhalten bzw. die Oberflächen vor dem Kontaktierungsprozeß genügend zu reinigen. Den saubersten Vergleich von Messungen an Metall-Selen-Kontakten mit der Randschichttheorie hat wohl S. POGANSKI[2] durchgeführt, der zu qualitativ sehr guter Übereinstimmung kommt. Quantitativ gesehen dagegen ist der Gang der Sperrfähigkeit mit der Austrittsarbeit des Elektrodenmaterials viel zu schwach (s. Abb. X 8.2).

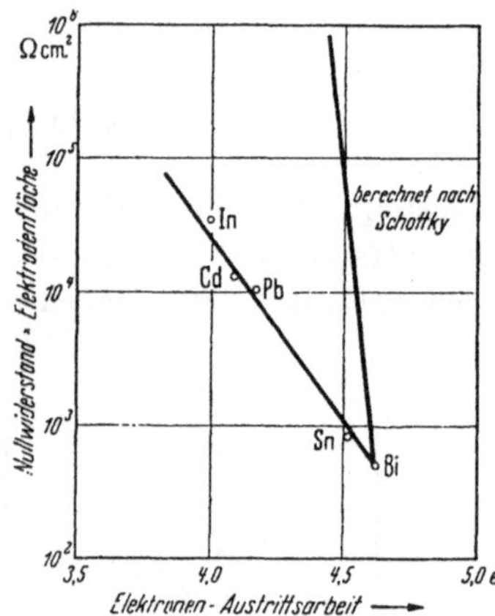

Abb. X 8.2 Zwischenschichtfreie Selengleichrichter. Abhängigkeit des Nullwiderstandes von der Elektronen-Austrittsarbeit des Sperrelektrodenmetalls. [Nach S. POGANSKI: Z. Phys. 134 (1953) S. 476.]

ARCHER und ATALLA[3] haben an atomar reinen Silizium-Metall-Kontakten gemessen, die durch Spalten von Siliziumkristallen im Dampfstrom des kontaktierenden Metalls gewonnen wurden. Wie bei SCHWEICKERT und bei POGANSKI entsprechen die Meßergebnisse qualitativ den in diesem Kap. X geschilderten Vorstellungen über den Halbleiter-Metall-Kontakt.

Im Laufe der zitierten Untersuchungen ist eine große Anzahl von VOLTA-Spannungsmessungen und von Austrittsarbeitsbestimmungen durchgeführt worden. Die dabei verwendeten Methoden sollen im folgenden noch geschildert werden, weil sie einerseits ein erhebliches Eigeninteresse beanspruchen dürften, andererseits aber auch ein aus-

---

[1] Unveröffentlichte Arbeiten von BRATTAIN u. SHIVE in den Bell Telephone Laboratories 1940, s.: BARDEEN, J.: Phys. Rev. 71 (1947) 717, namentlich S. 718. — JOFFÉ, A. F.: J. Phys. USSR 10 (1946) 49. — MEYERHOF, W. E.: Phys. Rev. 71 (1947) 727. — BENZER, S.: J. appl. Physics 20 (1949) 804.

[2] POGANSKI, S.: Z. Phys. 134 (1953) 469.

[3] ARCHER, R. J., u. M. M. ATALLA: Ann. New York Acad. Science 101 (1963) Art. 3, S. 697—708.

gezeichnetes Übungsmaterial für die Verwendung der in den §§ 1 bis 6 eingeführten Begriffe wie photoelektrische Aktivierungsenergie, GALVANI-Spannung usw. darstellen.

a) Meßmethoden für Voltaspannungen und Austrittsarbeiten

Die Versuchsanordnung zeigt zwei parallel einander gegenüberstehende ebene Oberflächen der beiden zu untersuchenden Körper (s. Abb. X 8.3). Diese befinden sich nicht im thermischen Gleichgewicht, sondern es geht ein Strom von Elektronen quer durch das Vakuum von der Oberfläche I zur Oberfläche II über. Die treibende Kraft für diesen Stromübergang ist entweder Erhitzung oder Belichtung des Körpers I. Die eingezeichnete Batterie dagegen ist als Gegenspannung gepolt und gestattet, den Strom mehr oder weniger oder auch ganz abzudrosseln[1].

Wir behandeln zunächst den Fall mit *lichtelektrischer Auslösung* der Elektronen. Dabei ist in Abb. X 8.3 vorausgesetzt, daß beide Körper I und II Metalle sind. Weiter wird zur Vereinfachung angenommen, daß beide Metalle die Temperatur $T = 0$ haben.

Wir betrachten jetzt ein Elektron auf dem Kristallenergieniveau E. Ein Lichtquant übertrage seine gesamte Energie[2] $\hbar\,\omega$ auf dieses Elektron. Wenn es dabei eine auf die Oberfläche zu gerichtete Geschwindigkeitskomponente erteilt bekommt, dann kann es bei genügender Größe von $\hbar\,\omega$ — nämlich $\hbar\,\omega > \Psi_{\mathrm{I}} + (E_F - E)$ — das Metall I verlassen. Dabei verliert es zunächst die Energie $E_F - E$ bis zur FERMI-Kante und dann die Austrittsarbeit Ψ_{I}, so daß es im Vakuum unmittelbar vor der Oberfläche I die kinetische Energie

$$E_{\mathrm{kin}} = \hbar\,\omega - \Psi_{\mathrm{I}} - (E_F - E) \qquad (\mathrm{X}\ 8.04)$$

hat. Mit dieser kinetischen Energie muß nun das Elektron die elektrostatische Potentialdifferenz $\frac{1}{e}(\Psi_{\mathrm{II}} - \Psi_{\mathrm{I}}) + U_{\mathrm{G}}$ überwinden, wenn es bis zum Metall II gelangen und so zum Strom I vom Metall I zum Metall II beitragen soll.

Dazu ist mindestens[3]

$$E_{\mathrm{kin}} = \hbar\,\omega - \Psi_{\mathrm{I}} - (E_F - E) \geqq \Psi_{\mathrm{II}} - \Psi_{\mathrm{I}} + e\,U_{\mathrm{G}} \qquad (\mathrm{X}\ 8.05)$$

[1] Bei der wirklichen Durchführung solcher Messungen werden zylindrische oder kugelsymmetrische Anordnungen wegen der geringeren Randstörungen bevorzugt.

[2] ω = Kreisfrequenz $= 2\pi f$; $\hbar = \frac{1}{2\pi} h = 1{,}054 \cdot 10^{-27}\ \mathrm{cm^2\,g\,sek^{-1}}$.

[3] Ein Teil von E_{kin} kann ja auf transversalen Geschwindigkeitskomponenten beruhen, die für die Überwindung des elektrostatischen Potentialunterschieds wertlos sind.

erforderlich. Einen Beitrag zu dem Strom I von I nach II leisten also nur die Elektronen in den Niveaus oberhalb

$$E_{\mathrm{Min}} = E_F - [\hbar\,\omega - \Psi_{\mathrm{II}} - e\,U_{\mathrm{G}}]. \qquad \text{(X 8.06)}$$

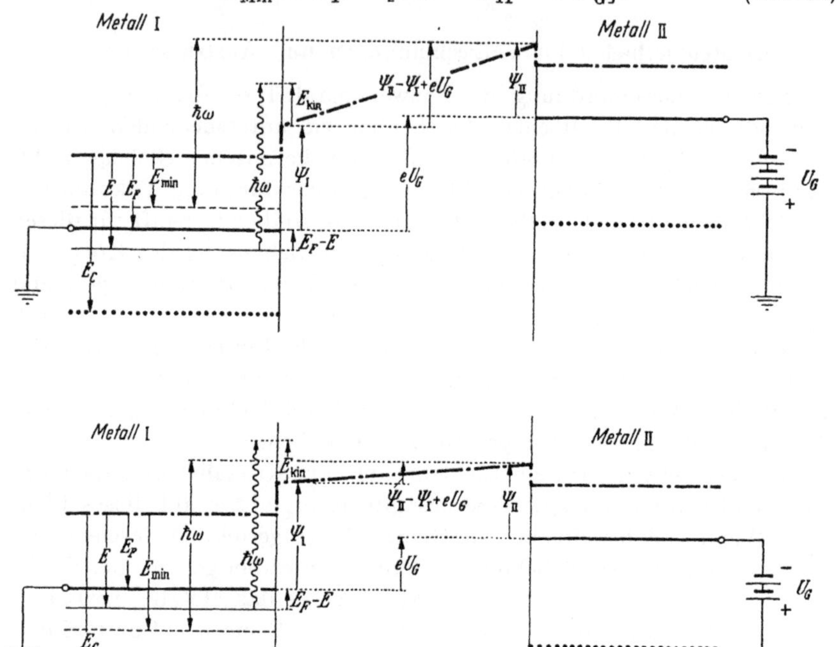

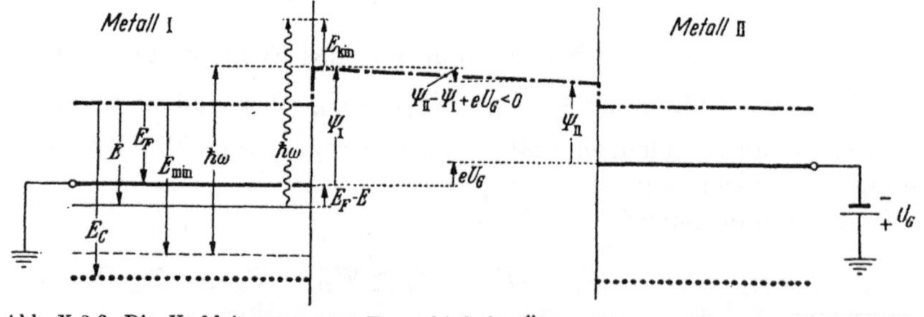

Abb. X 8.3 Die Verkleinerung von U_G senkt beim Übergang vom oberen zum mittleren und schließlich zum unteren Bild das ganze Termschema im Metall II gemeinsam ab. Innerhalb des Metalls I macht E_{min} diese Abwärtsbewegung mit (wenigstens zunächst). Im oberen Bild ($E_{\mathrm{min}} > E_F$) erreichen wegen zu großer Gegenspannung U_G noch gar keine Elektronen das Metall II ($I = 0$), während dies im mittleren Bild ($E_{\mathrm{min}} > E_F$) durchaus schon der Fall ist ($I \neq 0$: Anlaufgebiet). Dann aber bleibt beim Übergang vom mittleren zum unteren Bild das obere Ende des Doppelpfeilers $\hbar\,\omega$, durch den ja das Niveau E_{min} definiert wird, am oberen Ende der Doppelschicht des Metalls I hängen, und E_{min} macht die weitere Abwärtsbewegung nicht mehr mit. U_G geht in die Größe des Stromes I nicht mehr ein (Sättigung!).

Ist die Gegenspannung U_G zu groß, so wird der Klammerausdruck [ ] in (X 8.06) negativ, und E_{Min} liegt *über* dem FERMI-Niveau E_F. Die Niveaus über E_F sind aber bei $T=0$ nicht mit Elektronen besetzt. Die Energie $\hbar\,\omega$ der Lichtquanten reicht dann also nicht aus, überhaupt auch nur ein Elektron von I nach II zu befördern: Der Strom I ist Null (s. Abb. X 8.3, oben). Die Grenze $U_G^{(0)}$, bei der ein Elektronenübergang von I nach II im günstigsten Fall gerade möglich wird, ist durch das Nullwerden der eckigen Klammer [ ] in (X 8.06) gekennzeichnet:

$$U_G^{(0)} = \frac{1}{e}(\hbar\,\omega - \Psi_{II}). \qquad \text{(X 8.07)}$$

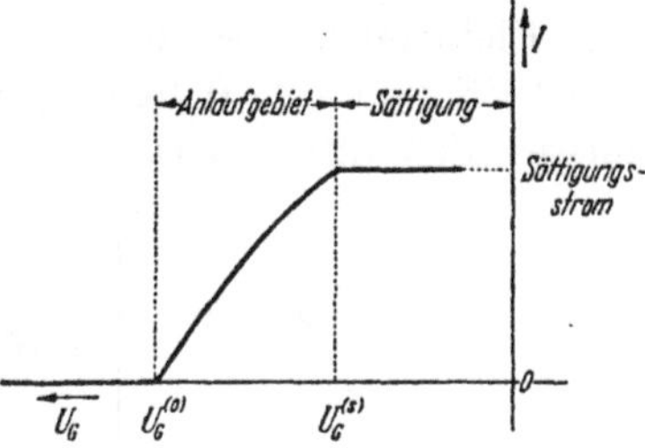

Abb. X 8.4 Verlauf von I in Abhängigkeit von U_G bei lichtelektrischer Auslösung (schematisch!).

Erstaunlicherweise ist diese Grenze nur von der Austrittsarbeit Ψ_{II} der Anode abhängig. Die Austrittsarbeit Ψ_I der Kathode, aus der doch die Elektronen ausgelöst werden, ist dabei herausgefallen. Für sinkende Gegenspannung $U_G < U_G^{(0)}$ können immer mehr Kristallenergieniveaus $E < E_F$ zum Strom I beitragen. I wächst daher (s. Abb. X 8.4).

Das Anwachsen setzt sich aber nicht unbegrenzt fort. Wenn nämlich die Gegenspannung U_G so klein geworden ist, daß im Vakuum gar nicht ein Anstieg des elektrostatischen Potentials zu überwinden ist (s. Abb. X 8.3, unten), so ist die Bedingung (X 8.05) durch die Bedingung

$$E_{\text{kin}} = \hbar\,\omega - \Psi_I - (E_F - E) \geqq 0 \qquad \text{(X 8.08)}$$

zu ersetzen. In diesem Falle tragen unabhängig von der Größe der Gegenspannung U_G nach (X 8.08) die Niveaus

von

$$E = E_F - [\hbar\,\omega - \Psi_I] \qquad \text{(X 8.09)}$$

bis

$$E = E_F$$

zum Strom I bei. Der Strom I sättigt sich also bei einer Gegenspannung U_G, für die sich aus (X 8.08) und (X 8.05)

$$U_G^{(s)} = \frac{1}{e}(\Psi_I - \Psi_{II}) \qquad \text{(X 8.10)}$$

ergibt (s. Abb. X 8.4). Die Aufnahme einer Stromspannungskennlinie mit einer Anordnung nach Abb. X 8.3 gibt also durch Beobachtung der Grenzspannung $U_G^{(0)}$ nach (X 8.07) Aufschluß über die Austrittsarbeit Ψ_{II} der Anode und durch Beobachtung der Sättigungsspannung $U_G^{(s)}$ nach (X 8.10) Aufschluß über die VOLTA-Spannung $\frac{1}{e}(\Psi_I - \Psi_{II})$

zwischen Kathode I und Anode II. $U_G^{(s)}$ und $U_G^{(0)}$ liefern also zusammen auch Aufschluß über die Austrittsarbeit Ψ_I der Kathode.

An den vorgetragenen Überlegungen ändert sich eigentlich gar nichts, wenn die Anode II nicht ein Metall, sondern ein Halbleiter ist. Anders dagegen, wenn bei der Kathode I die Substitution Metall → Halbleiter vorgenommen wird. Hier ist die in Abb. X 5.2 betonte Tatsache zu berücksichtigen, daß das FERMI-Niveau E_F eines Halbleiters gar nicht von Elektronen besetzt ist. Weiter sind hier die Verhältnisse für $T = 0$ °K und $T > 0$ °K in gewisser Weise *prinzipiell* verschieden. Wir müssen den interessierten Leser auf Spezialdarstellungen[1] verweisen, ganz wie bei der Frage, welche Schlüsse aus der Form des Stromanstiegs zwischen $U_G^{(0)}$ und $U_G^{(s)}$ in Abb. X 8.4 über die Verteilung $N(E)\,dE$ der Elektronenniveaus E unterhalb der FERMI-Kante E_F gezogen werden können.

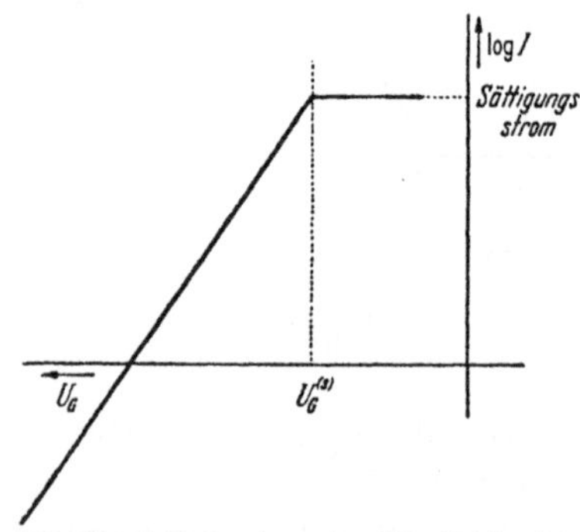

Abb. X 8.5 Verlauf von log I in Abhängigkeit von U_G bei thermischer Auslösung (schematisch!).

Bei der Besprechung der *thermischen* Auslösung des Stromes I von I nach II können wir uns jetzt vielleicht kürzer fassen. Hier braucht nur die Berechnung der Emissionsstromdichte aus § 4 modifiziert zu werden, und zwar dadurch, daß über die x-Komponente $\mathfrak{v}_x$ der Geschwindigkeit nicht von 0 bis ∞, sondern von dem zur Überwindung der elektrostatischen Potentialdifferenz $\frac{1}{e}(\Psi_{II} - \Psi_I) + U_G$ erforderlichen Wert[2] $\sqrt{\frac{2}{m}(\Psi_{II} - \Psi_I + e\,U_G)}$ bis ∞ integriert werden muß. Es ergibt sich dann ein Anlaufstromgesetz

$$i = A\,T^2\,e^{-\frac{1}{kT}(e\,U_G + \Psi_{II})}\,. \tag{X 8.11}$$

Freilich kann der Anlaufstrom nicht größer werden als der Sättigungswert (X 4.06), und so ergibt das wieder die VOLTA-Spannung

$$U_G^{(s)} = \frac{1}{e}(\Psi_I - \Psi_{II}) \tag{X 8.12}$$

als Sättigungswert der Gegenspannung U_G (s. Abb. X 8.5).

[1] APKER, L., E. TAFT u. J. DICKEY: Phys. Rev. 73 (1948) 46; 74 (1948) 1462; 76 (1949) 270. — TAFT, E., u. L. APKER: Phys. Rev. 75 (1949) 344. — Siehe auch J. A. BECKER: Electr. Engng. 68 (1949) 937. — ALLEN, F. G., u. G. W. GOBELI: Proc. Int. Conf. Semicond. Phys., Exeter 1962, S. 818–826. — VAN LAAR, J., u. J. J. SCHEER: Proc. Int. Conf. Semicond. Phys., Exeter 1962, S. 827–831, Verlag: The Institute of Phys. and the Phys. Soc. London.

[2] Er ergibt sich sofort aus (X 8.05) mit $E_{kin} = \frac{m}{2}\mathfrak{v}_x^2$.

Also auch bei thermischer Auslösung des Stromes I von I nach II kann die Austrittsarbeit Ψ_{II} der Anode durch Beobachtung des Anlaufstroms (nämlich durch den Temperaturgang von $\frac{i}{A T^2}$ bei festgehaltener Gegenspannung U_{G}) ermittelt werden[1], während der Übergang in die Sättigung die VOLTA-Spannung liefert.

Die Bedingung (X 8.10) bzw. (X 8.12) für das Eintreten der Sättigung bedeuten waagerechten Verlauf des elektrostatischen Potentials im Vakuum (s. Abb. X 8.6). Dieses Verschwinden des Vakuumfeldes zwischen den beiden Oberflächen I und II bedingt aber auch das Verschwinden von Ladungen auf den beiden Oberflächen. Die Bedingung

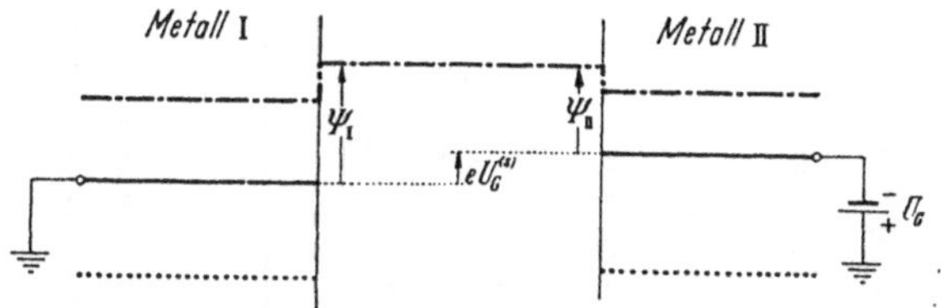

Abb. X 8.6 Eintreten der Sättigung bei waagerechtem Verlauf des elektrostatischen Potentials im Vakuum $U_G^{(s)} = \frac{1}{e}(\psi_{\text{I}} - \psi_{\text{II}})$.

„Oberflächenladung gleich Null" wiederum kann z. B. dadurch nachgeprüft werden, daß die beiden Oberflächen gegeneinander bewegt werden. Dann darf bei ungeladenen Oberflächen kein Strom durch einen die beiden Körper I und II verbindenden Draht fließen. Aus diesen Bemerkungen ergibt sich ein anderes Verfahren[2], die VOLTA-Spannung zu messen. Man reguliert die Spannung U_{G} zwischen den beiden Oberflächen so lange, bis bei einer Bewegung der Oberflächen gegeneinander kein Strom mehr durch einen Verbindungsdraht fließt (s. Abb. X 8.7).

Diese Methode hat auch WALTER E. MEYERHOF[3] benutzt, als er versuchte, die VOLTA-Spannung zwischen stark $n$dotiertem und stark $p$dotiertem Silizium zu messen. Wir erwähnen gerade dieses Beispiel, weil es wieder einmal deutlich zeigt, daß 2 Körper, die sich nur um Verunreinigungen in der Größenordnung 10^{-3} unterscheiden und daher vom landläufigen Standpunkt des Chemikers aus beide „Silizium" sind, vom Standpunkt der Halbleiterphysik aus kraß verschiedene Körper sein können. In einem stark $n$dotierten Silizium liegt die FERMI-Kante sehr dicht an der unteren Kante E_C des Leitungsbandes, in einem stark $p$dotierten Silizium dagegen dicht an der oberen Kante E_V des Valenzbandes. Zwischen den beiden Oberflächen müßte sich also nach Abb.

[1] Siehe z. B. S. SANO: Electr. J. Tokyo 5 (1941) 75, und H. BENDA: Frequenz 7 (1953) 226—232.

[2] Es ist dies das ursprüngliche Verfahren von A. VOLTA: Ann. Chim. Physique 40 (1801) 225.

[3] MEYERHOF, W. E.: Phys. Rev. 71 (1947) 727.

X 8.8 eine VOLTA-Spannung von annähernd 1,1 Volt ausbilden; denn so groß ist in Silizium die Breite des verbotenen Bandes. Allerdings wird

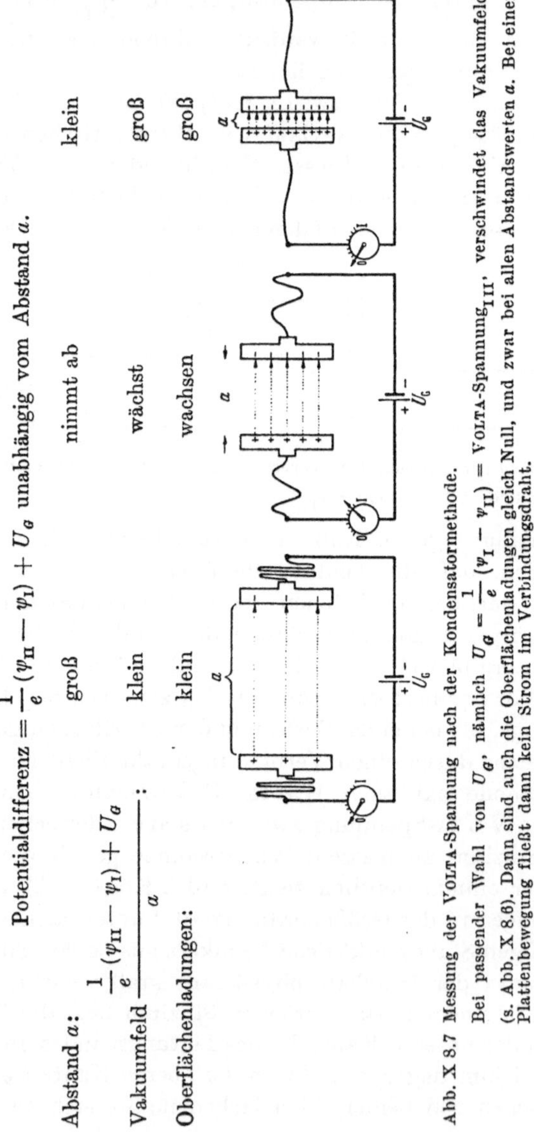

Abb. X 8.7 Messung der VOLTA-Spannung nach der Kondensatormethode. Bei passender Wahl von U_G, nämlich $U_G = \frac{1}{e}(\psi_I - \psi_{II}) =$ VOLTA-Spannung$_{III}$, verschwindet das Vakuumfeld (s. Abb. X 8.6). Dann sind auch die Oberflächenladungen gleich Null, und zwar bei allen Abstandswerten a. Bei einer Plattenbewegung fließt dann kein Strom im Verbindungsdraht.

in Abb. X 8.8 vorausgesetzt, daß die Oberflächendoppelschichten auf dem n- und dem pSilizium gleich große Sprünge erzeugen. Diese Annahme ist beim Vorliegen zufälliger Fremdschichtbedeckungen wenig wahrscheinlich, und so kann man sich kaum wundern, daß die erwartete

Potentialdifferenz 1,1 Volt ohne besondere Reinigungsmaßnahmen nicht gemessen worden ist. Die angewandten Reinigungsmethoden führen bei MEYERHOF nur zu einem Wert von 0,3 Volt und bei W. H. BRATTAIN und W. SHOCKLEY[1] auch nur zu einem Wert von 0,6 Volt.

ALLEN und GOBELI[2] haben an Oberflächen gemessen, die im Höchstvakuum durch Spaltung von Si-Kristallen frisch hergestellt wurden

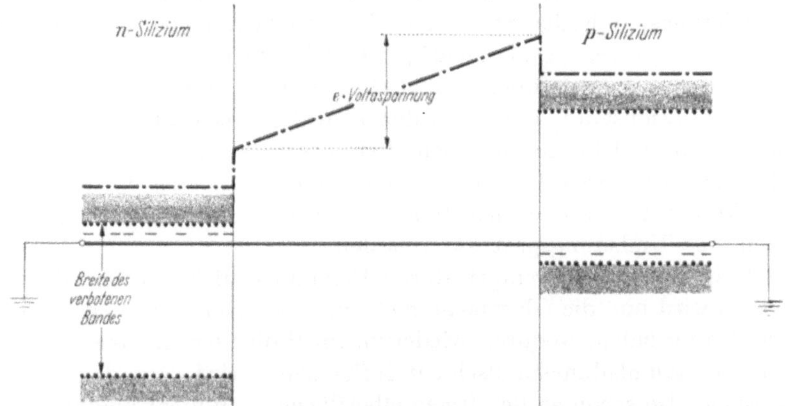

Abb. X 8.8 VOLTA-Spannung zwischen stark *n*dotiertem und stark *p*dotiertem Silizium. In diesem Falle ist die VOLTA-Spannung annähernd gleich der Breite des verbotenen Bandes, wobei allerdings vorausgesetzt wird, daß auf dem *n*- und dem *p*Silizium die *gleiche* Doppelschicht ist.

und als atomar sauber betrachtet werden können. Daß auch bei derartig sorgfältiger Oberflächenpräparation die Differenz der Austrittsarbeiten zwischen stark *p*- und stark *n*dotierten Siliziumkristallen nur 0,2 *e*Volt beträgt, ist ein Beweis dafür, daß auch an atomar sauberen Siliziumoberflächen mit Doppelschichten gerechnet werden muß. Sie entstehen infolge von sog. Oberflächenzuständen, auf die wir jetzt zu sprechen kommen.

b) Oberflächenzustände

Die auf S. 535 u. 537 zitierten Versuche von MEYERHOF und von BRATTAIN und SHOCKLEY führten JOHN BARDEEN[3] neben anderen Tatsachen dazu, das Vorhandensein und die Wirkung von sog. Oberflächenzuständen bei Halbleitern zu diskutieren. Im ungestörten periodischen Potentialfeld des Kristallinnern sind die Energiewerte zwischen dem Leitungs- und dem Valenzband stationär nicht besetzbar. An der Oberfläche des Kristalls ist nun aber das periodische Potential kraß gestört; denn die Fortsetzung ins Vakuum hinein ist ja nicht periodisch. Ob durch diese Störung zusätzliche Energiezustände in dem verbotenen

[1] BRATTAIN, W. H., u. W. SHOCKLEY: Phys. Rev. 72 (1947) 345.
[2] ALLEN, F. G., u. G. W. GOBELI: Phys. Rev. 127 (1962) 150.
[3] BARDEEN, J.: Phys. Rev. 71 (1947) 717.

Band hervorgerufen werden oder nicht, ist zunächst von I. TAMM[1] und später noch von einer ganzen Reihe anderer Bearbeiter diskutiert worden. Weiter muß man auch mit Fremdatomen und Gitterlücken an der Halbleiteroberfläche rechnen, die ähnlich wie im Kristallinnern zusätzliche lokalisierte Energieniveaus im verbotenen Band hervorrufen können.

Speziell beim Germanium und beim Silizium ist die Oberfläche in den allermeisten Fällen mit Oxydschichten bedeckt, wobei der Oxydationsgrad keineswegs eindeutig SiO oder SiO_2, sondern irgendein mehr oder weniger definiertes Zwischenstadium zu sein pflegt. Neben dem Oxydationsgrad beeinflußt der Feuchtigkeitsgehalt dieser Oxydschichten ihre elektrischen Eigenschaften sehr stark, insbesondere die Zahl, die energetische Lage und den akzeptorischen oder donatorischen Charakter der Oberflächenzustände sowie die Relaxationszeiten, mit denen ihre Umladungsprozesse ablaufen.

Durch mehr oder weniger starke Besetzung all dieser Oberflächenniveaus wird nun die Oberfläche mehr oder weniger stark negativ oder positiv aufgeladen, wodurch wiederum im Halbleiter eine positive oder negative Raumladungsrandschicht influenziert wird. Auf diese Weise entstehen also schon an den freien Oberflächen von nicht kontaktierten Halbleitern Randschichten, und das Ganze stellt ein Zwischending zwischen den bisher schon mehrfach erwähnten flächenhaften Doppelschichten an den Oberflächen von Metallen und Halbleitern und den räumlich verteilten Doppelschichten in einem *pn*Übergang dar, indem jetzt eine flächenhafte Ladung auf der Oberfläche sitzt, während die Gegenladung über eine Randschicht des Halbleiters räumlich verteilt ist.

Bei den atomar sauberen Oberflächen, die ALLEN und GOBELI[2] durch Spaltung von Siliziumkristallen im Höchstvakuum erzeugten, ist dieser Fall der auf der einen Seite flächenhaften und auf der anderen Seite räumlich ausgedehnten Doppelschicht übrigens mit größtmöglicher Annäherung verwirklicht. Die Reaktionszwischenschichten im Selengleichrichter und die oxydischen Deckschichten auf Germanium oder auf Silizium sind $10^{-5} \cdots 10^{-4}$ cm dick und somit meist noch dünn gegen die im Selen oder Germanium oder Silizium anschließenden Raumladungsschichten. Infolgedessen wird in der Theorie dieser Oberflächenschichten meist ebenfalls das Modell einer flächenhaft kon-

[1] TAMM, I.: Phys. Z. Sowjet. 1 (1932) 733. — FOWLER, R. H.: Proc. roy. Soc., Lond. A 141 (1933) 56. — RIJANOW, S.: Z. Phys. 89 (1934) 806. — MAUE, A.W.: Z. Phys. 94 (1935) 717. — GOODWIN, E. T.: Proc. Cambridge philos. Soc. 35 (1939) 205, 221 u. 232. — POLLARD, W. G.: Phys. Rev. 56 (1939) 324. — SHOCKLEY, W.: Phys. Rev. 56 (1939) 317. — STATZ, H.: Z. Naturforsch. 5a (1950) 534. — ARTMANN, K.: Z. Phys. 131 (1952) 244.

[2] ALLEN, F. G., u. G. W. GOBELI: Phys. Rev. 127 (1962) 150.

zentrierten Ladungsschicht der einen Polarität im Zusammenwirken mit einer räumlich ausgedehnten Schicht der anderen Polarität verwendet.

Die Physik und Chemie der oxydischen Deckschichten bei Germanium und Silizium und die dazugehörigen Raumladungsrandschichten im Halbleiter selbst haben eine außerordentlich große technische Bedeutung, weil die *pn*Übergänge in den Gleichrichtern und Transistoren irgendwo an die Oberfläche des Kristalls treten müssen (s. Abb. X 8.9). Bei Polung in Sperrichtung liegen an solchen *pn*Übergängen aber Spannungen von unter Umständen 1000 ··· 3000 Volt.

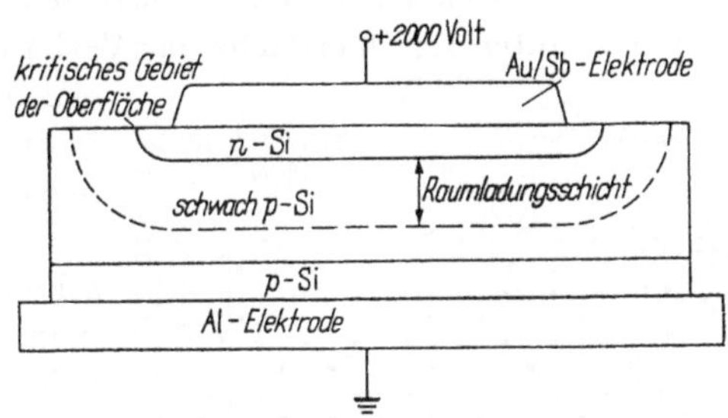

Abb. X 8.9 Gleichrichter-Struktur. Kritische Gebiete hoher Feldstärke auf der Oberfläche.

Da die zugehörigen Raumladungsschichten Dicken von der Größenordnung $10^{-2} \cdots 10^{-1}$ cm haben, entstehen Felder von $10^4 \cdots 10^5$ Volt cm^{-1}, die in den oxydischen Deckschichten Leckströme und Durchbruchserscheinungen auszulösen vermögen, die teils auf Elektronen-, teils aber auch auf Ionenleitung beruhen. Gerade im letzten Fall sind sie besonders gefährlich, weil sie dann zu irreversiblen Materialtransporten und also zu Alterungserscheinungen führen können. Die Oberflächenphysik des Germaniums und des Siliziums ist daher in den letzten Jahren sehr intensiv bearbeitet worden[1], ohne daß es gelungen wäre, einen sehr innigen Kontakt zur Empirie der Oberflächenbehandlung bei der Fabrikation technischer Gleichrichter und Transistoren herzustellen[2].

Am ehesten ist ein Zusammenhang zwischen den Eigenschaften der Schaltelemente und der Oberflächenphysik noch bei den Erscheinungen des sog. channels aufgedeckt worden[3]. Darunter ist folgendes

[1] Kingston, R. H.: Semiconductor Surface Physics, Philadelphia: University of Pennsylvania Press 1957. — Law, J. R., in N. B. Hannay: Semiconductors, New York: Reinhold 1959, S. 676—726.

[2] Ein gewisser Zusammenhang zwischen der Chemie der Oberflächenbehandlung und der Physik der Oberflächenzustände bahnt sich an der Grenze Elektrolyt-Halbleiter an. Siehe hierzu W. H. Brattain u. P. J. Boddy in Proc. Int. Conf. Semiconduct. Physics, Exeter 1962, S. 797—806. Verlag: The Institute of Phys. and the Phys. Soc. London.

[3] Jäntsch, O.: Solid-State-Electronics 5 (1962) 249. — Jäntsch, O.: Z. angew. Phys. 16 (1963) 198. — Jäntsch, O.: Z. Naturforsch. 15a (1960) 302. — Müller, S.: Z. Naturforsch. 12a (1957) 112. — Christensen, H.: Proc. IRE 42 (1954) 1371. — Kingston, R. H.: Phys. Rev. 98 (1955) 1766. — Kingston, R. H.: Phys. Rev. 93 (1954) 346. — Statz, H., G. A. de Mars, L. Davis u. A. Adams: Phys. Rev. 101 (1956) 1272. — de Mars, G. A., H. Statz u. L. Davis: Phys. Rev. 98 (1955) 539.

zu verstehen. In der *npn*Struktur eines Transistors (s. Abb. X 8.10) sei die Oberfläche mit positiven Ionen bedeckt. In der *p*Basis werden diese positiven Ionen die Defektelektronen von der Oberfläche wegstoßen und negative Leitungselektronen, die ja als Minoritätsträger auch in der *p*Basis stets vorhanden sind, zur Oberfläche hinziehen. Das kann in so starkem Maße geschehen, daß sich in einer ,,Inversionsschicht" unter der Oberfläche das Verhältnis von Defekt- und Leitungselektronenkonzentration invertieren kann, so daß in dieser Schicht die negativen Leitungselektronen die Majorität haben. Die Inversionsschicht bildet dann einen *n*leitenden Kanal oder ,,channel" zwischen dem *n*Emitter und dem *n*Collector, der die Transistorstruktur mehr oder weniger stark kurzschließt und daher schädlich ist. Bei Gleichrichterstrukturen hat sich umgekehrt ein channel als günstig für große Sperrfähigkeit erwiesen. Der Zusammenhang mit der Chemie der Oberflächenbehandlungen, mit denen die Ionenbeladung der Oberflächen und damit der channel erzeugt wird, bleibt noch aufzuklären.[1]

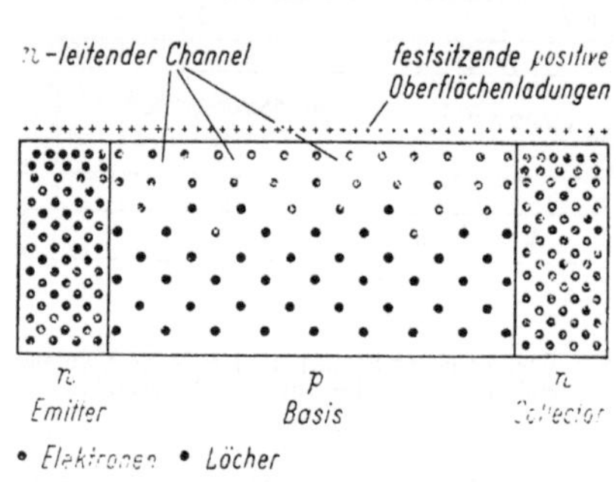

Abb. X 8.10 Channel auf einer Transistorstruktur.

§ 9. Die elektrochemischen Potentiale $E_F^{(n)}$ und $E_F^{(p)}$ der Elektronen und Defektelektronen

In den §§ 6 und 7 des vorliegenden Kap. X haben wir gezeigt, wie in der Randschicht eines Halbleiter-Metallkontaktes das gesamte Bänderschema des Halbleiters durch die Einwirkung des Metalls verbogen wird, während einzig und allein die Fermi-Kante horizontal durch die Randschicht hindurchgeht. Dies gilt aber nur im thermischen Gleichgewicht, also im stromlosen Fall. In § 4 des Kap. VIII zeigten wir jedoch, daß die Fermi-Kante wegen ihrer Identität mit dem elektrochemischen Potential auch in Nichtgleichgewichtsfällen ihre Bedeutung behält. Wir zeigen jetzt in Abb. X 9.1, welche nicht mehr horizontalen, sondern

[1] Ein gewisser Zusammenhang zwischen der Chemie der Oberflächenbehandlung und der Physik der Oberflächenzustände bahnt sich an der Grenze Elektrolyt-Halbleiter an. Siehe hierzu W. H. Brattain u. P. J. Boddy in Proc. Int. Conf. Semiconduct. Physics, Exeter 1962, S. 797—806. Verlag: The Institute of Phys. and the Phys. Soc. London.

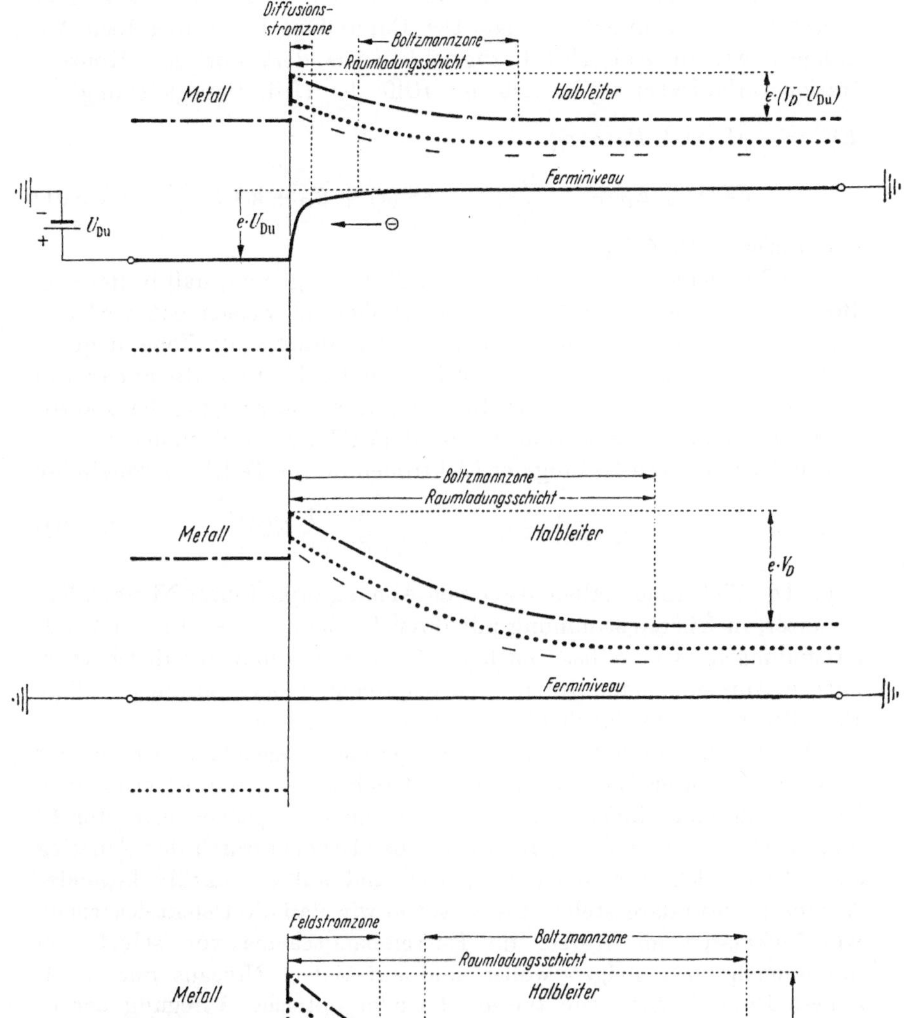

Abb. X 9.1 **Verlauf des FERMI-Niveaus in der Verarmungsrandschicht eines Überschußhalbleiters. Oben: Durchlaßfall, Stromrichtung: ←⊖, Mitte: Stromloser Fall, Unten: Sperrfall, Stromrichtung: ⊖→.**

gekrümmten Verläufe die FERMI-Kante in einer durchlaß- und in einer sperrbelasteten Randschicht hat. Der Darstellung liegen dieselben Annahmen wie in Abb. IV 5.1 zugrunde. Aus dem dortigen Konzentrationsverlauf $n(x)$ ergibt sich mit Hilfe der Definitionsgleichung[1]

$$\begin{aligned} \boldsymbol{E}_F^{(n)} &= -eV(x) + E_F(n(x)) \\ &= -eV(x) + E_C + \zeta\left(\frac{n(x)}{N_C}\right) \approx -eV(x) + E_C + \mathrm{k}T \ln \frac{n(x)}{N_C} \end{aligned} \quad \text{(X 9.01)}$$

der Verlauf von $\boldsymbol{E}_F^{(n)}(x)$.

Ein Vergleich der Abb. IV 5.1 und X 9.1 zeigt nun, daß in der sog. BOLTZMANN-Zone das FERMI-Niveau annähernd waagerecht verläuft. Das muß natürlich so sein, denn in der BOLTZMANN-Zone liegt ja annähernd Kompensation von Diffusions- und Feldstrom, also annähernd thermisches Gleichgewicht vor. Im übrigen ist die Neigung der FERMI-Kante mit dem Gesamtstrom durch Gl. (VIII 4.05) verbunden, woraus wegen der negativen Ladung der Elektronen für die Teilchenstromdichte

$$\left(\frac{1}{-e}\, i_{\text{ges}}\right) = s_n = -\mu_n\, n\, \frac{d}{dx}\left(\frac{1}{e}\, \boldsymbol{E}_F^{(n)}\right) \quad \text{(X 9.02)}$$

folgt. Die Elektronen fallen also einen Abhang ihres FERMI-Niveaus $\boldsymbol{E}_F^{(n)}$ herunter, in Übereinstimmung mit ihrer Tendenz, in den Energiebanddarstellungen „von selbst" nach unten zu fallen und nur durch thermische Anregung oder durch Lichtquantenstoß oder ähnliche äußere Eingriffe von unten nach oben gehoben zu werden.

Mit den Defektelektronen ist dies gerade umgekehrt. Denken wir z. B. an die unter Energieabgabe[2] und daher „von selbst" erfolgende Vereinigung eines Defektelektrons $\oplus$ mit einem negativen Akzeptor A^- und beachten wir, daß dies im Energiebandschema durch den Aufstieg eines Defektelektrons aus dem Valenzband auf ein darüberliegendes Akzeptorniveau dargestellt wird, so sehen wir, daß die Defektelektronen wie Luftblasen im Wasser im Energiebandschema von selbst von unten nach oben steigen wollen und auf tiefere Niveaus nur durch äußere Einwirkungen wie thermische oder optische Anregung herabgedrückt werden können. Wenn wir also jetzt daran gehen, das elektrochemische Potential oder das FERMI-Niveau $\boldsymbol{E}_F^{(p)}$ der Defektelektronen zu definieren, so werden wir erwarten, daß die Defektelektronen dieses

[1] Bezüglich der Begründung dieser Definitionsgleichung siehe Kleindruck von S. 525ff. Da sehr bald auch ein elektrochemisches Potential der Defektelektronen eingeführt werden wird, bezeichnen wir jetzt das elektrochemische Potential der negativen Elektronen mit $\boldsymbol{E}_F^{(n)}$. Im übrigen wird zur Auswertung von (X 9.01) neben der Konzentration $n(x)$ auch noch der Potentialverlauf $V(x)$ gebraucht. Siehe hierzu E. SPENKE: Z. Phys. 126 (1949) 67.

[2] Das *Defektelektron* gibt bei diesem Prozeß Energie ab, das *Gitter* (z. B.) nimmt diese Energie auf.

FERMI-Niveau herauflaufen und daß dementsprechend für die Teilchenstromdichte die Gleichung

$$s_p = + \mu_p \, p \frac{d}{dx}\left(\frac{1}{e} \boldsymbol{E}_F^{(p)}\right) \tag{X 9.03}$$

gilt. Damit dies tatsächlich der Fall ist, muß

$$\boldsymbol{E}_F^{(p)} = E_V - e\,V(x) - \zeta\left(\frac{p(x)}{\boldsymbol{N}_V}\right) \approx E_V - e\,V(x) - \mathrm{k}T \ln \frac{p(x)}{\boldsymbol{N}_V} \tag{X 9.04}$$

definiert werden. Dann ist nämlich

$$\frac{d\boldsymbol{E}_F^{(p)}}{dx} = +e\big(-V'(x)\big) - \frac{d\zeta(p)}{dp}\, p'(x) \approx +e\big(-V'(x)\big) - \mathrm{k}T \frac{1}{p}\, p'(x)$$

oder

$$+\mu_p \, p \frac{d}{dx}\left(\frac{1}{e} \boldsymbol{E}_F^{(p)}\right) = + \mu_p \, p \, \mathfrak{E}(x) + \frac{\mu_p}{e} \frac{d\zeta(p)}{d\ln p}\big(-p'(x)\big)$$

$$\approx \mu_p \, p \, \mathfrak{E}(x) + \mu_p \frac{\mathrm{k}T}{e}\big(-p'(x)\big)$$

und mit Hilfe der NERNST-TOWNSEND-EINSTEIN-Beziehung (VIII 4.10) bzw. ihrer Verallgemeinerung (VIII 4.08) tatsächlich

$$+\mu_p \, p \frac{d}{dx}\left(\frac{1}{e} \boldsymbol{E}_F^{(p)}\right) = s_{\text{Feld}} + s_{\text{Diff}} = s_p \, .$$

Mit dieser Vorzeichenwahl sind die Darstellungen der Abb. X 9.2 gezeichnet worden, in der die Verarmungsrandschicht eines Defekthalbleiters unter Durchlaß- und Sperrbelastung und im stromlosen Fall gezeigt wird. Auf weitere Einzelheiten hier einzugehen, erübrigt sich wohl. Vielmehr wollen wir darauf hinweisen, daß die bei der Definition des FERMI-Niveaus $\boldsymbol{E}_F^{(p)}$ der Defektelektronen getroffene Vorzeichenwahl nun auch den Vorteil hat, daß im Falle des thermischen Gleichgewichts

$$\boldsymbol{E}_F^{(p)} \equiv \boldsymbol{E}_F^{(n)} \equiv \boldsymbol{E}_F \tag{X 9.05}$$

wird.

Bei thermischem Gleichgewicht können wir nämlich in der Definitionsgleichung (X 9.04) das verallgemeinerte Massenwirkungsgesetz (VIII 5.18) benutzen und

$$\boldsymbol{E}_F^{(p)} = E_V - e\,V(x) - \zeta\left(\frac{p}{\boldsymbol{N}_V}\right) = E_V - e\,V(x) - \left(E_V - E_C - \zeta\left(\frac{n}{\boldsymbol{N}_C}\right)\right)$$

schreiben, woraus weiter folgt

$$\boldsymbol{E}_F^{(p)} = E_C - e\,V(x) + \zeta\left(\frac{n}{\boldsymbol{N}_C}\right)$$

und mit (X 9.01)

$$\boldsymbol{E}_F^{(p)} = \boldsymbol{E}_F^{(n)} .$$

Wir haben also durch die getroffene Definition erreicht, daß *im thermischen Gleichgewicht die elektrochemischen Potentiale* $\boldsymbol{E}_F^{(n)}$ *und* $\boldsymbol{E}_F^{(p)}$

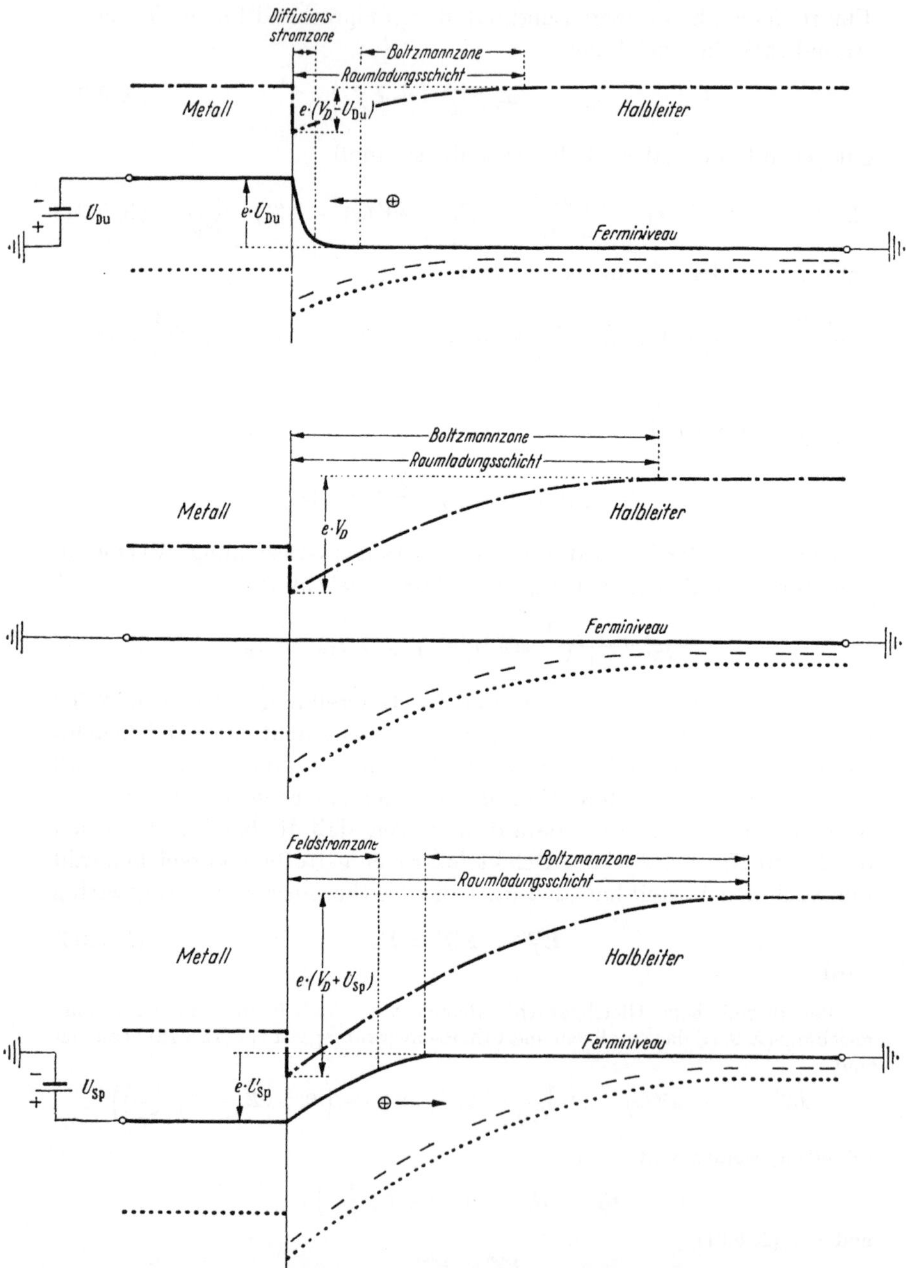

Abb. X 9.2 Verlauf des FERMI-Niveaus in der Verarmungsrandschicht eines Defekthalbleiters. Oben: Durchlaßfall, Stromrichtung: ←⊕, Mitte: Stromloser Fall, Unten: Sperrfall, Stromrichtung: ⊕→.

der Elektronen und Defektelektronen zu der waagerecht verlaufenden gemeinsamen FERMI*-Kante* E_F *zusammenfallen. In Fällen mit Stromdurchgang, in Nichtgleichgewichtsfällen also, klaffen dagegen die beiden* FERMI*-Kanten* $E_F^{(n)}$ *und* $E_F^{(p)}$ *auseinander. Sie verlaufen auch nicht mehr waagerecht, sondern stellen mit ihren Gradienten die treibenden Kräfte für die beiden Teilchenstromdichten* s_n *und* s_p *dar, die sich im übrigen gemäß* (X 9.02) *und* (X 9.03) *berechnen.* Die Elektronen fallen also „von selbst" ihre FERMI-Kante $E_F^{(n)}$ hinunter, die Defektelektronen steigen „von selbst" ihre FERMI-Kante $E_F^{(p)}$ hinauf.

Nach diesen Grundsätzen zeichnen wir nun in Abb. X 9.3 Bänderschemata eines *pn*Übergangs im Durchlaß- und im Sperrfall und im thermischen Gleichgewicht. Zugrunde gelegt ist der SHOCKLEYsche Sonderfall der geringen Rekombination. Dann herrscht in der Übergangszone noch annähernd BOLTZMANN-Gleichgewicht (s. S. 148), und deshalb müssen dort die FERMI-Niveaus annähernd horizontal gezeichnet werden. Daraus ergibt sich für das Auseinanderklaffen der $E_F^{(n)}$ und $E_F^{(p)}$ in der Übergangszone der Wert $e\,U_{\mathrm{Du}}$ bzw. $e\,U_{\mathrm{Sp}}$, woraus wiederum für die Konzentrationen am Beginn der Diffusionsschwänze die Werte $n_p\,e^{+\frac{1}{\mathfrak{V}}U_{\mathrm{Du}}}$ bzw. $n_p\,e^{-\frac{1}{\mathfrak{V}}U_{\mathrm{Sp}}}$ und $p_n\,e^{+\frac{1}{\mathfrak{V}}U_{\mathrm{Du}}}$ bzw. $p_n\,e^{-\frac{1}{\mathfrak{V}}U_{\mathrm{Sp}}}$ folgen; denn der Abstand der FERMI-Kante $E_F^{(n)}$ vom unteren Rand $-e\,V + E_C$ des Leitungsbandes, also die Größe $(-e\,V + E_C) - E_F^{(n)}$, ist ja nach Gl. (X 9.01) im MAXWELL-BOLTZMANN-Fall ein *logarithmisches* Maß für die Elektronenkonzentration n. Entsprechendes gilt nach Gl. (X 9.04) für die Defektelektronenkonzentration.

Auf S. 148 waren diese Ergebnisse mit der Kongruenz der logarithmisch aufgetragenen Konzentrationskurve mit dem Potentialverlauf $V(x)$ im Falle des exakten oder annähernden BOLTZMANN-Gleichgewichts begründet worden.

Es bleibt zum Schluß nur noch darauf hinzuweisen, daß der Fall

$$E_F^{(n)} > E_F^{(p)}$$

nach den Definitionsgleichungen (X 9.01) und (X 9.04)

$$E_C - E_V > \mathrm{k}T \ln \frac{N_C N_V}{n\,p}$$

oder mit Hilfe von (VIII 5.23)

$$n\,p > n_i^2$$

zur Folge hat und nach S. 27 Überwiegen der Rekombination über die Neuerzeugung bedeutet. Ein solches Gebiet ist nach Abb. X 9.3 oben die Übergangszone eines in Durchlaßrichtung gepolten *pn*Übergangs (s. S. 140 ff.).

Entsprechend kennzeichnet $E_F^{(n)} < E_F^{(p)}$ ein Gebiet, in dem überwiegend Neuerzeugung stattfindet. Ein Beispiel dafür ist nach Ab-

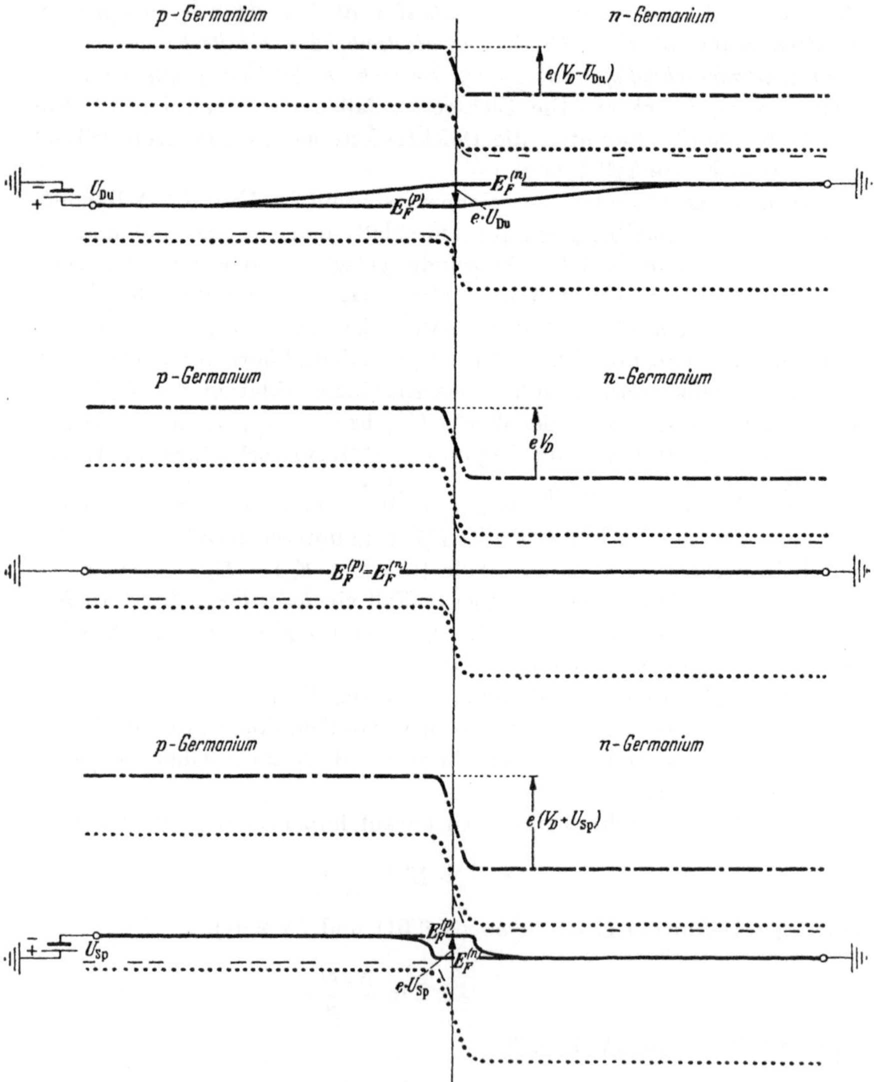

Abb. X 9.3 Verlauf der FERMI-Niveaus $E_F^{(n)}$ und $E_F^{(p)}$ in einem pnÜbergang.
Oben: Durchlaßfall, Stromrichtung: ⊕→ ←⊖. Mitte: Stromloser Fall.
Unten: Sperrfall, Stromrichtung: ←⊕ ⊖→.

bildung X 9.3 unten die Übergangszone eines in Sperrichtung gepolten pnÜbergangs.

Zum Schluß erwähnen wir noch, daß es für die Betrachtung der Verhältnisse in *pn*Übergängen und in Randschichten üblich geworden ist, außer den Definitionen (X 9.01) und (X 9.04)

$$\boldsymbol{E}_F^{(n)} = -eV(x) + E_F^{(n)} = -eV(x) + \boldsymbol{E}_C + \zeta\left(\frac{n}{N_C}\right), \quad \text{(X 9.01)}$$

$$\boldsymbol{E}_F^{(p)} = -eV(x) + E_F^{(p)} = -eV(x) + \boldsymbol{E}_V - \zeta\left(\frac{p}{N_V}\right) \quad \text{(X 9.04)}$$

auch noch die ortsabhängigen (und daher in *pn*Übergängen und Randschichten „verbogenen") Bandgrenzen

$$\boldsymbol{E}_C = -eV(x) + E_C, \quad \text{(X 9.06)}$$

$$\boldsymbol{E}_V = -eV(x) + E_V \quad \text{(X 9.07)}$$

und das ortsabhängige Inversionsniveau

$$\boldsymbol{E}_i = -eV(x) + E_i \quad \text{(X 9.08)}$$

einzuführen. Da sich die dünn und dick gedruckten Energien immer nur um $-e\,V(x)$ unterscheiden, gelten die Gln. (VIII 6.131) bis (VIII 6.16), in denen nur Energiedifferenzen auftreten, auch mit den dick gedruckten ortsabhängigen Größen

$$n = \boldsymbol{N}_C\, \mathrm{e}^{-\frac{1}{\mathrm{k}T}(\boldsymbol{E}_C - \boldsymbol{E}_F^{(n)})}, \quad \text{(X 9.09)}$$

$$p = \boldsymbol{N}_V\, \mathrm{e}^{-\frac{1}{\mathrm{k}T}(\boldsymbol{E}_F^{(p)} - \boldsymbol{E}_V)}, \quad \text{(X 9.10)}$$

$$n = n_i\, \mathrm{e}^{+\frac{1}{\mathrm{k}T}(\boldsymbol{E}_F^{(n)} - \boldsymbol{E}_i)}, \quad \text{(X 9.11)}$$

$$p = n_i\, \mathrm{e}^{-\frac{1}{\mathrm{k}T}(\boldsymbol{E}_F^{(p)} - \boldsymbol{E}_i)}. \quad \text{(X 9.12)}$$

Kapitel XI

Der einfachste Fall einer quantenmechanischen Theorie der Beweglichkeit

§ 1. Einleitung

Im § 9 des VII. Kapitels wurde nur ein stark vereinfachter Exkurs aus der klassischen Elektronentheorie der Leitfähigkeit gegeben. Im vorliegenden XI. Kapitel sollen die entsprechenden Überlegungen auf quantenmechanischer Grundlage dargestellt werden. Wir werden dabei auch mit verteilten Elektronengeschwindigkeiten rechnen und die Mittelwertbildungen durchführen, die in Kap. VII, § 9, durch die Annahme einheitlicher Geschwindigkeit und einheitlicher Stoßzeit umgangen wurden. Wir beschränken uns aber nach wie vor auf das primitive Bändermodell der Gln. (VII 4.26) und (VII 4.27) und der Abb. VII 4.3 und VII 4.4. Vollständige Isotropie wird auch für die Gitterschwingungen vorausgesetzt, die im übrigen allein für die Abbremsung der Elektronen verantwortlich gemacht werden. Die Störstellenstreuung bleibt also außer Betracht. Schließlich beschränken wir uns auf den Fall des nicht entarteten nLeiters, so daß mit dem BOLTZMANNschen Grenzfall der FERMI-Statistik gearbeitet werden darf. Alle diese Beschränkungen haben natürlich zur Folge, daß ein Vergleich der rechnerischen Resultate mit Messungen an realen Halbleitern nicht möglich ist. Das Ziel des vorliegenden Kap. XI ist also — ebenso wie das des ganzen Buches — ein vorwiegend pädagogisches: Der Leser soll mit einem möglichst geringen mathematischen Apparat den einfachsten Typenfall kennenlernen. Für weitergehende Interessen wird auf das Buch von J. M. ZIMAN, Electrons and Phonons, Oxford: Clarendon Press 1962, verwiesen. Die physikalische Deutung der an Germanium und Silizium gemessenen Beweglichkeiten hat E. M. CONWELL in Proc. IRE Vol. 46 (1958) S. 1281, ausgezeichnet dargestellt.

Im folgenden wird zunächst im § 2 die Übergangswahrscheinlichkeit $P(\mathfrak{k}_n, \mathfrak{k}_g)$ ermittelt, mit der ein Elektron aus dem Zustand $\mathfrak{k}_g$ durch die thermischen Gitterschwingungen in den Zustand $\mathfrak{k}_n$ befördert wird. Das Kernstück dieses § 2 ist natürlich eine DIRACsche Störungsrechnung, durch die diese Übergangswahrscheinlichkeit auf das Matrixelement eines durch die Gitterschwingungen hervorgerufenen Störpotentials zurückgeführt wird. Dieses Matrixelement wird in § 3 nach einer Methode von MOTT und JONES abgeschätzt. Mit dem gewonnenen Wert ist dann die Übergangswahrscheinlichkeit $P(\mathfrak{k}_n, \mathfrak{k}_s)$ bekannt. Hiermit kann in § 4 zunächst die Wirkung der Gitterstöße auf die Verteilungsfunktion $f(\mathfrak{k}_n, t)$ der Elektronen auf die einzelnen Quantenzustände $\mathfrak{k}_n$ erfaßt werden. Weiter wird in § 4 die Wirkung eines elektrischen Feldes auf diese Elektronenverteilung $f(\mathfrak{k}_n, t)$ ermittelt. Schließlich wird die gleichzeitige Wirkung der Gitterstöße und eines elektrischen Feldes betrachtet. Dabei wird der wichtige Begriff der Relaxationszeiten τ eingeführt. Die τ sind diejenige Zeiten, mit denen sich eine gestörte Elektronenverteilung f nach Aufhören der Störung in die Gleichgewichtsverteilung f_0 zurückverwandelt. Das geschieht nämlich nicht mit einer einheitlichen Abklingzeit, sondern die τ sind unter den gemachten Annahmen von der Energie E_s der betrachteten Elektronengruppe abhängig und es zeigt sich, daß energiereichere Elektronen schneller in die Gleichgewichtsverteilung zurückkehren als Elektronen nahe der Bandgrenze E_C. In § 5 wird schließlich die Beweglichkeit μ auf diese Relaxationszeiten τ bzw. auf Mittelwerte davon zurückgeführt, so daß sich mit den im § 4 berechneten τ dann auch die Beweglichkeit μ ermitteln läßt.

Die in diesem Kap. XI bereitgestellten und eingeübten Hilfsmittel werden in § 6 benutzt, um das Zusammenwirken eines Diffusionsgefälles und eines elektrischen Feldes vom statistischen Standpunkt aus zu beleuchten. Es zeigt sich, daß ein Konzentrationsgefälle und ein elektrisches Feld die Geschwindigkeitsverteilung der Elektronen in genau der gleichen Weise verzerren, so daß die mikroskopischen Bilder eines Diffusions- und eines Feldstroms ununterscheidbar sind.

§ 2. Die Übergangswahrscheinlichkeit $P(\mathfrak{k}_n, \mathfrak{k}_s)$

Infolge der thermischen Gitterschwingungen bewegt sich ein Kristallelektron nicht in einem streng periodischen Potentialfeld. Unsere erste Aufgabe wird sein, die Störung als ein Störpotential von den übrigen Krafteinwirkungen auf das Kristallelektron abzutrennen (Abschn. a). Mit diesem Störpotential wird in Abschn. b) eine DIRACsche Störungsrechnung durchgeführt, die als *ein* Ergebnis bereits den Energiesatz liefert. Die weiter von der Störungsrechnung gelieferte Übergangswahrscheinlichkeit enthält noch eine Summation über alle WIGNER-SEITZ-Zellen des betrachteten Kristallvolumens; diese Summation wird in Abschn. c) durchgeführt. Als Nebenergebnis fällt hierbei ein „Impulssatz" ab.

a) Die Ermittlung des Störungspotentials

Als Beispiel denken wir uns einen schwachdotierten Halbleiterkristall, in dem also die Zahl der Leitungselektronen und der Donatoren sehr klein gegen die Zahl der WIGNER-SEITZ-Zellen ist (s. S. 287). Es wird nun angenommen, daß das Potential, das eines dieser seltenen Leitungselektronen in irgendeiner WIGNER-SEITZ-Zelle antrifft, nur von dem Atomrumpf und von den Valenzelektronen in derselben Zelle bestimmt wird. Das Potential $U(\mathfrak{r})$, dem das Leitungselektron auf seiner Wanderung durch den Kristall unterliegt, setzt sich nach dieser stark schematisierenden Annahme aus lauter Beiträgen $V(\mathfrak{r}-\mathfrak{a}_\mathfrak{g})$ zusammen, die jeweils nur in der $\mathfrak{g}$-ten WIGNER-SEITZ-Zelle von Null verschieden sind:

$$U(\mathfrak{r}) = U_0(\mathfrak{r}) = \sum_\mathfrak{g} V(\mathfrak{r}-\mathfrak{a}_\mathfrak{g}), \qquad \text{(XI 2.01)}$$

$$\mathfrak{a}_\mathfrak{g} = g_1\,\mathfrak{a}_1 + g_2\,\mathfrak{a}_2 + g_3\,\mathfrak{a}_3 = \text{Ort des Atomrumpfes in der } \mathfrak{g}\text{-ten W.-S.-Zelle},$$

$$\mathfrak{g} = \{g_1, g_2, g_3\} = \text{„Nummer" der betrachteten W.-S.-Zelle}, \qquad \text{(XI 2.02)}$$

$$V(\mathfrak{r}-\mathfrak{a}_\mathfrak{g}) = 0 \quad \text{für } \mathfrak{r} \text{ außerhalb der } \mathfrak{g}\text{-ten Zelle.} \qquad \text{(XI 2.03)}$$

Durchläuft den Kristall eine Gitterschwingung, so werden die einzelnen Atomrümpfe von den Plätzen $\mathfrak{a}_\mathfrak{g}$ zu den Orten $\mathfrak{a}_\mathfrak{g} + \mathfrak{v}_\mathfrak{g}(t)$ verlagert. Man macht nun häufig die Hypothese des „starren" Ions und nimmt also an, daß die Valenzelektronenschalen völlig undeformiert mit dem Atomrumpf verlagert werden, so daß sich jetzt das Potential U für Leitungselektronen aus Beiträgen $V(\mathfrak{r}-\mathfrak{a}_\mathfrak{g}-\mathfrak{v}_\mathfrak{g}(t))$ zusammensetzt:

$$U(\mathfrak{r}) = \sum_\mathfrak{g} V\big(\mathfrak{r}-\mathfrak{a}_\mathfrak{g}-\mathfrak{v}_\mathfrak{g}(t)\big) = \sum_\mathfrak{g} V(\mathfrak{r}-\mathfrak{a}_\mathfrak{g}) - \sum_\mathfrak{g} \operatorname{grad} V(\mathfrak{r}-\mathfrak{a}_\mathfrak{g})\cdot\mathfrak{v}_\mathfrak{g}(t). \qquad \text{(XI 2.04)}$$

Mit (XI 2.01) wird daraus

$$U(\mathfrak{r}) = U_0(\mathfrak{r}) + U_{\text{Stör}}(\mathfrak{r}, t) = U_0(\mathfrak{r}) - \sum_\mathfrak{g} \operatorname{grad} V(\mathfrak{r}-\mathfrak{a}_\mathfrak{g})\,\mathfrak{v}_\mathfrak{g}(t). \qquad \text{(XI 2.05)}$$

Für die Gitterschwingung gilt nach (VII 9.25)

$$\mathfrak{v}_\mathfrak{g}(t) = \mathfrak{B}\cos\big(\mathfrak{K}\,\mathfrak{a}_\mathfrak{g} - \omega(\mathfrak{K})\,t\big), \qquad \text{(XI 2.06)}$$

so daß wir als Störanteil des Gitterpotentials

$$U_{\text{Stör}}(\mathfrak{r}, t) = -\sum_\mathfrak{g} \mathfrak{B}\operatorname{grad} V(\mathfrak{r}-\mathfrak{a}_\mathfrak{g})\cos\big(\mathfrak{K}\,\mathfrak{a}_\mathfrak{g} - \omega(\mathfrak{K})\,t\big)$$

$$= -\sum_\mathfrak{g} S_\mathfrak{g}(\mathfrak{r})\cos\big(\mathfrak{K}\,\mathfrak{a}_\mathfrak{g} - \omega(\mathfrak{K})\,t\big) \qquad \text{(XI 2.07)}$$

mit

$$S_\mathfrak{g}(\mathfrak{r}) = +\,\mathfrak{B}\operatorname{grad} V(\mathfrak{r}-\mathfrak{a}_\mathfrak{g}) \qquad \text{(IX 2.08)}$$

bekommen.

Die Beschränkung des Potentialbeitrags eines Atomrumpfs und der zugehörigen Valenzelektronen auf die eigene WIGNER-SEITZ-Zelle und die Annahme des starren Ions sind natürlich nur ganz grobe Annahmen, die man vielfach zu verbessern versucht hat. Der Leser sei hierfür abermals auf die Darstellung von ZIMAN[1] verwiesen.

b) Durchführung einer Diracschen Störungsrechnung und der Energiesatz

Mit (XI 2.07) lautet die SCHRÖDINGER-Gleichung

$$-\frac{\hbar^2}{2m}\Delta\psi - e\,U_0\,\psi + \sum_{\mathfrak{g}} e\,S_{\mathfrak{g}}(\mathfrak{r})\cos\big(\mathfrak{K}\,\mathfrak{a}_{\mathfrak{g}} - \omega(\mathfrak{K})\,t\big)\,\psi = j\,\hbar\frac{\partial}{\partial t}\psi. \qquad \text{(XI 2.09)}$$

Zur Lösung wird der Ansatz

$$\psi(\mathfrak{r}, t) = \sum_{\mathfrak{l}} c_{\mathfrak{l}}(t)\,\psi_{\mathfrak{l}}(\mathfrak{r}, t) = \sum_{\mathfrak{l}} c_{\mathfrak{l}}(t)\,\psi_{\mathfrak{l}}(\mathfrak{r})\,\mathrm{e}^{-\frac{j}{\hbar}E_{\mathfrak{l}}t} \qquad \text{(XI 2.10)}$$

gemacht, wobei die Funktionen $\psi_{\mathfrak{l}}(\mathfrak{r})$ den stationären ungestörten SCHRÖDINGER-Gleichungen

$$-\frac{\hbar^2}{2m}\Delta\psi_{\mathfrak{l}}(\mathfrak{r}) - e\,U_0\,\psi_{\mathfrak{l}}(\mathfrak{r}) = E_{\mathfrak{l}}\,\psi_{\mathfrak{l}}(\mathfrak{r}) \qquad \text{(XI 2.11)}$$

genügen, während die Koeffizienten $c_{\mathfrak{l}}(t)$ dadurch bestimmt werden, daß mit dem Ansatz (XI 2.10) in die zu lösende SCHRÖDINGER-Gleichung (XI 2.09) eingegangen wird:

$$\begin{aligned}&\sum_{\mathfrak{l}} c_{\mathfrak{l}}(t)\left\{-\frac{\hbar^2}{2m}\Delta\psi_{\mathfrak{l}}(\mathfrak{r}) - e\,U_0\,\psi_{\mathfrak{l}}(\mathfrak{r})\right\}\mathrm{e}^{-\frac{j}{\hbar}E_{\mathfrak{l}}t} + \\ &\qquad + \sum_{\mathfrak{l}} c_{\mathfrak{l}}(t)\sum_{\mathfrak{g}} e\,S_{\mathfrak{g}}(\mathfrak{r})\cos\big(\mathfrak{K}\,\mathfrak{a}_{\mathfrak{g}} - \omega(\mathfrak{K})\,t\big)\,\psi_{\mathfrak{l}}(\mathfrak{r})\,\mathrm{e}^{-\frac{j}{\hbar}E_{\mathfrak{l}}t} \\ &\qquad = \sum_{\mathfrak{l}} c_{\mathfrak{l}}(t)\,E_{\mathfrak{l}}\,\psi_{\mathfrak{l}}(\mathfrak{r})\,\mathrm{e}^{-\frac{j}{\hbar}E_{\mathfrak{l}}t} + j\,\hbar\sum_{\mathfrak{l}}\dot{c}_{\mathfrak{l}}(t)\,\psi_{\mathfrak{l}}(\mathfrak{r})\,\mathrm{e}^{-\frac{j}{\hbar}E_{\mathfrak{l}}t}.\end{aligned} \qquad \text{(XI 2.12)}$$

Rechts und links heben sich wegen (XI 2.11) jeweils die ersten Glieder weg, und es bleibt zur Bestimmung der Koeffizienten $c_{\mathfrak{l}}(t)$

$$\begin{aligned}&+\sum_{\mathfrak{l}} c_{\mathfrak{l}}(t)\sum_{\mathfrak{g}} e\,S_{\mathfrak{g}}(\mathfrak{r})\,\tfrac{1}{2}\left[\mathrm{e}^{j(\mathfrak{K}\mathfrak{a}_{\mathfrak{g}} - \omega(\mathfrak{K})t)} + \mathrm{e}^{-j(\mathfrak{K}\mathfrak{a}_{\mathfrak{g}} - \omega(\mathfrak{K})t)}\right]\psi_{\mathfrak{l}}(\mathfrak{r})\,\mathrm{e}^{-\frac{j}{\hbar}E_{\mathfrak{l}}t} \\ &= j\,\hbar\sum_{\mathfrak{l}}\dot{c}_{\mathfrak{l}}(t)\,\psi_{\mathfrak{l}}(\mathfrak{r})\,\mathrm{e}^{-\frac{j}{\hbar}E_{\mathfrak{l}}t}.\end{aligned} \qquad \text{(XI 2.13)}$$

Multiplikation mit $\psi^*_{\mathfrak{n}}(\mathfrak{r})\,\mathrm{e}^{+\frac{j}{\hbar}E_{\mathfrak{n}}t}$ auf beiden Seiten, Integration über das Grundgebiet V_{Grund} und Beachtung der Orthonormierung der $\psi_{\mathfrak{l}}(\mathfrak{r})$

[1] ZIMAN, J. M.: Electrons and Phonons, Oxford: Clarendon Press 1962, S. 183ff.

führt zu

$$+\frac{1}{j\hbar}\frac{e}{2}\sum_{\mathfrak{l}} c_{\mathfrak{l}}(t)\sum_{\mathfrak{g}}\int\limits_{V_{\text{Grund}}}\psi_{\mathfrak{n}}^{*}(\mathfrak{r})\,S_{\mathfrak{g}}(\mathfrak{r})\,\psi_{\mathfrak{l}}(\mathfrak{r})\,d\,V\left[e^{j(\mathfrak{K}\mathfrak{a}_{\mathfrak{g}}-\omega(\mathfrak{K})t)}+\right.$$

$$\left.+\,e^{-j(\mathfrak{K}\mathfrak{a}_{\mathfrak{g}}-\omega(\mathfrak{K})t)}\right]e^{+\frac{j}{\hbar}(E_{\mathfrak{n}}-E_{\mathfrak{l}})t}$$

$$=\sum_{\mathfrak{l}}\dot{c}_{\mathfrak{l}}(t)\,\delta_{\mathfrak{n}\mathfrak{l}}\,e^{\frac{j}{\hbar}(E_{\mathfrak{n}}-E_{\mathfrak{l}})t}=\dot{c}_{\mathfrak{n}}(t)\,. \qquad \text{(XI 2.14)}$$

Wir wollen nun den Übergang des Elektrons vom Zustand $\mathfrak{s}$ in den Zustand $\mathfrak{n}$ verfolgen. Infolgedessen haben wir vorauszusetzen, daß zur Zeit $t = 0$ kein anderer Zustand als der Zustand $\mathfrak{s}$ besetzt ist:

$$c_{\mathfrak{l}}(0)=\delta_{\mathfrak{s}\mathfrak{l}}\,. \qquad \text{(XI 2.15)}$$

Im Sinne einer Störungsrechnung dürfen wir weiter voraussetzen, daß die Besetzung aller anderen Zustände außer dem Zustand $\mathfrak{s}$ klein bleibt

$$|c_{\mathfrak{l}\neq\mathfrak{s}}(t)|\ll 1 \qquad \text{(XI 2.16)}$$

und daß sich die Besetzung des Zustandes $\mathfrak{s}$ nicht wesentlich von 1 entfernt

$$c_{\mathfrak{s}}(t)\approx 1\,. \qquad \text{(XI 2.17)}$$

Damit wird aus (XI 2.14)

$$-\frac{j}{\hbar}\frac{e}{2}\sum_{\mathfrak{g}}\int\limits_{V_{\text{Grund}}}\psi_{\mathfrak{n}}^{*}(\mathfrak{r})\,S_{\mathfrak{g}}(\mathfrak{r})\,\psi_{\mathfrak{s}}(\mathfrak{r})\,d\,V\left[e^{j(\mathfrak{K}\mathfrak{a}_{\mathfrak{g}}-\omega(\mathfrak{K})t)}+e^{-j(\mathfrak{K}\mathfrak{a}_{\mathfrak{g}}-\omega(\mathfrak{K})t)}\right]\times$$

$$\times\,e^{+\frac{j}{\hbar}(E_{\mathfrak{n}}-E_{\mathfrak{s}})t}=\dot{c}_{\mathfrak{n}}(t)\,. \qquad \text{(XI 2.18)}$$

Bei der jetzt möglich gewordenen Integration beschränken wir uns auf die Koeffizienten $c_{\mathfrak{n}\neq\mathfrak{s}}$ und beachten, daß deren Anfangswerte nach (XI 2.15) gleich Null sind:

$$c_{\mathfrak{n}}(t)=-\frac{j}{\hbar}\frac{e}{2}\sum_{\mathfrak{g}}\int\limits_{V_{\text{Grund}}}\psi_{\mathfrak{n}}^{*}(\mathfrak{r})\,S_{\mathfrak{g}}(\mathfrak{r})\,\psi_{\mathfrak{s}}(\mathfrak{r})\,d\,V\times \qquad \text{(XI 2.19)}$$

$$\times\left[e^{+j\mathfrak{K}\mathfrak{a}_{\mathfrak{g}}}\int\limits_{t'=0}^{t'=t}e^{+\frac{j}{\hbar}(E_{\mathfrak{n}}-E_{\mathfrak{s}}-\hbar\omega(\mathfrak{K}))t'}\,dt'+\right.$$

$$\left.+\,e^{-j\mathfrak{K}\mathfrak{a}_{\mathfrak{g}}}\int\limits_{t'=0}^{t'=t}e^{+\frac{j}{\hbar}(E_{\mathfrak{n}}-E_{\mathfrak{s}}+\hbar\omega(\mathfrak{K}))t'}\,dt'\right].$$

Mit

$$\omega_{\mathfrak{n}\mathfrak{s}}^{(-)}=\frac{1}{\hbar}\left[E_{\mathfrak{n}}-E_{\mathfrak{s}}-\hbar\,\omega(\mathfrak{K})\right] \qquad \text{(XI 2.20)}$$

ergibt sich für das erste Zeitintegral

$$\int\limits_{t'=0}^{t'=t} e^{+j\omega_{\mathfrak{n}\mathfrak{s}}^{(-)}t'}\,dt' = \frac{e^{j\omega_{\mathfrak{n}\mathfrak{s}}^{(-)}t}-1}{j\,\omega_{\mathfrak{n}\mathfrak{s}}^{(-)}} = 2\,\frac{e^{j\omega_{\mathfrak{n}\mathfrak{s}}^{(-)}\frac{t}{2}} - e^{-j\omega_{\mathfrak{n}\mathfrak{s}}^{(-)}\frac{t}{2}}}{2j}\,\frac{e^{j\omega_{\mathfrak{n}\mathfrak{s}}^{(-)}\frac{t}{2}}}{\omega_{\mathfrak{n}\mathfrak{s}}^{(-)}}$$

$$= 2\,\frac{\sin\omega_{\mathfrak{n}\mathfrak{s}}^{(-)}\frac{t}{2}}{\omega_{\mathfrak{n}\mathfrak{s}}^{(-)}}\,e^{j\omega_{\mathfrak{n}\mathfrak{s}}^{(-)}\frac{t}{2}}. \qquad \text{(XI 2.21)}$$

Entsprechend kommt für das zweite Integral

$$\int\limits_{t'=0}^{t'=t} e^{+j\omega_{\mathfrak{n}\mathfrak{s}}^{(+)}t'}\,dt' = 2\,\frac{\sin\omega_{\mathfrak{n}\mathfrak{s}}^{(+)}\frac{t}{2}}{\omega_{\mathfrak{n}\mathfrak{s}}^{(+)}}\,e^{j\omega_{\mathfrak{n}\mathfrak{s}}^{(+)}\frac{t}{2}}, \qquad \text{(XI 2.22)}$$

wobei

$$\omega_{\mathfrak{n}\mathfrak{s}}^{(+)} = \frac{1}{\hbar}\left[E_{\mathfrak{n}} - E_{\mathfrak{s}} + \hbar\,\omega(\mathfrak{K})\right] \qquad \text{(XI 2.23)}$$

ist. Je nachdem, ob $\omega_{\mathfrak{n}\mathfrak{s}}^{(+)}$ oder $\omega_{\mathfrak{n}\mathfrak{s}}^{(-)}$ annähernd gleich Null ist, bekommt das Zeitintegral (XI 2.21) oder (XI 2.22) betragsmäßig bedeutende Werte (s. Abb. VII 8.1) und braucht deshalb nur allein beibehalten zu werden. Wir führen die weitere Rechnung beispielsweise mit $\omega_{\mathfrak{n}\mathfrak{s}}^{(-)}$ durch, indem in (XI 2.19) nur das erste Zeitintegral beibehalten, (XI 2.21) benutzt und dann zum absoluten Betrag übergegangen wird:

$$|c_{\mathfrak{n}}(t)|^2 = \frac{1}{\hbar^2}\left(\frac{e}{2}\right)^2 \left|\sum_{\mathfrak{g}}\ \int\limits_{V_{\text{Grund}}} \psi_{\mathfrak{n}}^*(\mathfrak{r})\,S_{\mathfrak{g}}(\mathfrak{r})\,\psi_{\mathfrak{s}}(\mathfrak{r})\,d\,V\,e^{j\mathfrak{K}\mathfrak{a}_{\mathfrak{g}}}\right|^2 4\,\frac{\sin^2\omega_{\mathfrak{n}\mathfrak{s}}^{(-)}\frac{t}{2}}{(\omega_{\mathfrak{n}\mathfrak{s}}^{(-)})^2}. \qquad \text{(XI 2.24)}$$

Durch Differentiation nach der Zeit t erhalten wir die zeitliche Zunahme der Besetzungswahrscheinlichkeit des Zustandes $\mathfrak{n}$, und da zur Zeit $t = 0$ nur der Zustand $\mathfrak{s}$ besetzt war [s. (XI 2.15)], ist dies die Übergangswahrscheinlichkeit $P^{(-)}(\mathfrak{k}_{\mathfrak{n}}, \mathfrak{k}_{\mathfrak{s}})$:

$$P^{(-)}(\mathfrak{k}_{\mathfrak{n}}, \mathfrak{k}_{\mathfrak{s}}) = \frac{d}{dt}\,|c_{\mathfrak{n}}(t)|^2 = \frac{1}{\hbar^2}\,e^2 \left|\sum_{\mathfrak{g}}\ \int\limits_{V_{\text{Grund}}} \psi_{\mathfrak{n}}^*(\mathfrak{r})\,S_{\mathfrak{g}}(\mathfrak{r})\,\psi_{\mathfrak{s}}(\mathfrak{r})\,d\,V\,e^{j\mathfrak{K}\mathfrak{a}_{\mathfrak{g}}}\right|^2 \times$$

$$\times\,\frac{2\sin\omega_{\mathfrak{n}\mathfrak{s}}^{(-)}\frac{t}{2}\cdot\cos\omega_{\mathfrak{n}\mathfrak{s}}^{(-)}\frac{t}{2}\cdot\omega_{\mathfrak{n}\mathfrak{s}}^{(-)}\frac{1}{2}}{(\omega_{\mathfrak{n}\mathfrak{s}}^{(-)})^2} \qquad \text{(XI 2.25)}$$

und mit (XI 2.20)

$$P^{(-)}(\mathfrak{k}_{\mathfrak{n}}, \mathfrak{k}_{\mathfrak{z}}) = \frac{1}{2}\frac{1}{\hbar^2} e^2 \left| \sum_{\mathfrak{g}} \int_{V_{\text{Grund}}} \psi_{\mathfrak{n}}^*(\mathfrak{r})\, S_{\mathfrak{g}}(\mathfrak{r})\, \psi_{\mathfrak{z}}(\mathfrak{r})\, d\,V\, e^{j\,\mathfrak{K}\,\mathfrak{a}_{\mathfrak{g}}} \right|^2 \times$$
$$\times \frac{\sin \frac{1}{\hbar}[E_{\mathfrak{n}} - E_{\mathfrak{z}} - \hbar\,\omega(\mathfrak{K})]\,t}{\frac{1}{\hbar}[E_{\mathfrak{n}} - E_{\mathfrak{z}} - \hbar\,\omega(\mathfrak{K})]}. \qquad \text{(XI 2.26)}$$

Für den letzten Faktor in dieser Gleichung ergibt sich nach (XII 8.10) und (XII 8.18) im Fall großer t

$$\frac{\sin \frac{1}{\hbar}[\cdots]t}{\frac{1}{\hbar}[\cdots]} \to \pi\,\delta\left(\frac{1}{\hbar}[\cdots]\right) = \frac{\pi}{\frac{1}{\hbar}}\,\delta([\cdots]) = \pi\,\hbar\,\delta\big(E_{\mathfrak{n}} - E_{\mathfrak{z}} - \hbar\,\omega(\mathfrak{K})\big). \qquad \text{(XI 2.27)}$$

Hiermit wird aus (XI 2.26)

$$P^{(-)}(\mathfrak{k}_{\mathfrak{n}}, \mathfrak{k}_{\mathfrak{z}}) = \frac{\pi}{2}\frac{e^2}{\hbar} \left| \sum_{\mathfrak{g}} \int_{V_{\text{Grund}}} \psi_{\mathfrak{n}}^*(\mathfrak{r})\, S_{\mathfrak{g}}(\mathfrak{r})\, \psi_{\mathfrak{z}}(\mathfrak{r})\, d\,V\, e^{+j\,\mathfrak{K}\,\mathfrak{a}_{\mathfrak{g}}} \right|^2 \delta\big(E_{\mathfrak{n}} - E_{\mathfrak{z}} - \hbar\,\omega(\mathfrak{K})\big). \qquad \text{(XI 2.28)}$$

Aus dem Argument der Deltafunktion in (XI 2.28) geht hervor, daß für den ab (XI 2.24) behandelten Streuprozeß der Energiesatz

$$E_{\mathfrak{n}} = E_{\mathfrak{z}} + \hbar\,\omega(\mathfrak{K}) \qquad \text{(XI 2.29)}$$

gelten muß: Das Elektron hat nach dem Stoß (Zustand $\mathfrak{n}$) eine um ein „Schallquant $\hbar\,\omega(\mathfrak{K})$" vergrößerte Energie; der Streuprozeß ist unter Schallquantenabsorption erfolgt.

Eine analoge Rechnung ist für den Fall durchzuführen, daß $\omega_{\mathfrak{n}\mathfrak{z}}^{(+)} \approx 0$ ist. Es ergibt sich dann

$$P^{(+)}(\mathfrak{k}_{\mathfrak{n}}, \mathfrak{k}_{\mathfrak{z}}) = \frac{\pi}{2}\frac{e^2}{\hbar} \left| \sum_{\mathfrak{g}} \int_{V_{\text{Grund}}} \psi_{\mathfrak{n}}^*(\mathfrak{r})\, S_{\mathfrak{g}}(\mathfrak{r})\, \psi_{\mathfrak{z}}(\mathfrak{r})\, d\,V\, e^{-j\,\mathfrak{K}\,\mathfrak{a}_{\mathfrak{g}}} \right|^2 \delta\big(E_{\mathfrak{n}} - E_{\mathfrak{z}} + \hbar\omega(\mathfrak{K})\big). \qquad \text{(XI 2.30)}$$

Hier handelt es sich offensichtlich um Schallquantenemission, denn die Beiträge zur Übergangswahrscheinlichkeit $P^{(+)}(\mathfrak{k}_{\mathfrak{n}}, \mathfrak{k}_{\mathfrak{z}})$ entstehen wegen des Arguments der δ-Funktion nur, wenn nach dem Stoß die Elektronenenergie $E_{\mathfrak{n}}$ um die Schallquantenenergie $\hbar\,\omega(\mathfrak{K})$ kleiner ist als vorher im Zustand $\mathfrak{z}$:

$$E_{\mathfrak{n}} = E_{\mathfrak{z}} - \hbar\,\omega(\mathfrak{K}). \qquad \text{(XI 2.31)}$$

c) Die Durchführung der Summation über die Wigner-Seitz-Zellen $\mathfrak{g}$. Der „Impulssatz“

Das in (XI 2.28) und (XI 2.30) auftretende Integral über das Grundgebiet V_{Grund} nimmt mit (XI 2.08) und mit (VII 4.02) folgende Form an:

$$\int\limits_{V_{\text{Grund}}} \psi_{\mathfrak{n}}^{*}(\mathfrak{r})\, S_{\mathfrak{g}}(\mathfrak{r})\, \psi_{\mathfrak{s}}(\mathfrak{r})\, d\,V$$

$$= \frac{1}{G} \int\limits_{V_{\text{Grund}}} u^{*}(\mathfrak{r};\, \mathfrak{k}_{\mathfrak{n}})\, e^{-j\mathfrak{k}_{\mathfrak{n}}\mathfrak{r}}\, \mathfrak{B} \operatorname{grad} V(\mathfrak{r} - \mathfrak{a}_{\mathfrak{g}})\, u(\mathfrak{r};\, \mathfrak{k}_{\mathfrak{s}})\, e^{+j\mathfrak{k}_{\mathfrak{s}}\mathfrak{r}}\, d\,V. \qquad \text{(XI 2.32)}$$

Wegen (XI 2.03) braucht das letzte Integral nur über die $\mathfrak{g}$. Wigner-Seitz-Zelle integriert zu werden. Außerdem machen wir von der Gitterperiodizität der Modulationsfunktion $u(\mathfrak{r};\, \mathfrak{k})$ Gebrauch. Es kommt dann

$$\int\limits_{V_{\text{Grund}}} \psi_{\mathfrak{n}}^{*}(\mathfrak{r})\, S_{\mathfrak{g}}(\mathfrak{r})\, \psi_{\mathfrak{s}}(\mathfrak{r})\, d\,V = \frac{1}{G} \int\limits_{\mathfrak{g}.\text{ W.S. Zelle}} u^{*}(\mathfrak{r} - \mathfrak{a}_{\mathfrak{g}};\, \mathfrak{k}_{\mathfrak{n}})\, e^{-j\mathfrak{k}_{\mathfrak{n}}(\mathfrak{r} - \mathfrak{a}_{\mathfrak{g}})} \times$$

$$\times\, \mathfrak{B} \operatorname{grad} V(\mathfrak{r} - \mathfrak{a}_{\mathfrak{g}})\, u(\mathfrak{r} - \mathfrak{a}_{\mathfrak{g}};\, \mathfrak{k}_{\mathfrak{s}})\, e^{+j\mathfrak{k}_{\mathfrak{s}}(\mathfrak{r} - \mathfrak{a}_{\mathfrak{g}})}\, d\,V\, e^{+j(\mathfrak{k}_{\mathfrak{s}} - \mathfrak{k}_{\mathfrak{n}})\mathfrak{a}_{\mathfrak{g}}} \qquad \text{(XI 2.33)}$$

und mit einem neuen Ortsvektor

$$\mathfrak{r}' = \mathfrak{r} - \mathfrak{a}_{\mathfrak{g}}, \qquad \text{(XI 2.34)}$$

um den Mittelpunkt $\mathfrak{a}_{\mathfrak{g}}$ der Wigner-Seitz-Zelle herum und mit (VII 4.02)

$$\int\limits_{V_{\text{Grund}}} \psi_{\mathfrak{n}}^{*}(\mathfrak{r})\, S_{\mathfrak{g}}(\mathfrak{r})\, \psi_{\mathfrak{s}}(\mathfrak{r})\, dV$$

$$= \int\limits_{\mathfrak{g}.\text{ W.S. Zelle}} \psi_{\mathfrak{n}}^{*}(\mathfrak{r}')\, \mathfrak{B} \operatorname{grad} V(\mathfrak{r}')\, \psi_{\mathfrak{s}}(\mathfrak{r}')\, dV'\, e^{+j(\mathfrak{k}_{\mathfrak{s}} - \mathfrak{k}_{\mathfrak{n}})\mathfrak{a}_{\mathfrak{g}}}. \qquad \text{(XI 2.35)}$$

Auf der rechten Seite ist das Integral vor dem Exponentialfaktor unabhängig davon, über welche Wigner-Seitz-Zelle integriert wird. Die Nummer $\mathfrak{g}$ der Wigner-Seitz-Zelle kommt im Integranden ja gar nicht mehr vor. Wird jetzt die Summation in (XI 2.28) oder (XI 2.30) über alle Wigner-Seitz-Zellen vorgenommen, so kann das Integral in (XI 2.35) als gemeinsamer Faktor herausgezogen werden; es ergibt sich im Falle von (XI 2.28)

$$\left|\sum_{\mathfrak{g}} \int\limits_{V_{\text{Grund}}} \psi_{\mathfrak{n}}^{*}(\mathfrak{r})\, S_{\mathfrak{g}}(\mathfrak{r})\, \psi_{\mathfrak{s}}(\mathfrak{r})\, dV\, e^{+j\mathfrak{K}\mathfrak{a}_{\mathfrak{g}}}\right|$$

$$= \left|\int\limits_{\text{W.S. Zelle}} \psi_{\mathfrak{n}}^{*}(\mathfrak{r}')\, \mathfrak{B} \operatorname{grad} V(\mathfrak{r}')\, \psi_{\mathfrak{s}}(\mathfrak{r}')\, dV'\right| \left|\sum_{\mathfrak{g}} e^{+j(\mathfrak{k}_{\mathfrak{s}} - \mathfrak{k}_{\mathfrak{n}} + \mathfrak{K})\mathfrak{a}_{\mathfrak{g}}}\right|. \qquad \text{(XI 2.36)}$$

Da die elastischen Wellen und die Elektronenwellen periodisch im Grundgebiet sein sollen, haben nach (VII 2.08) und nach (VII 9.22) im eindimensionalen Fall ihre Wellenzahlen k_n, k_s und K die Form

$$\frac{2\pi}{a}\frac{\gamma}{G} \qquad \gamma = \text{ganzzahlig.} \tag{XI 2.37}$$

Das Gleiche gilt deshalb für den Ausdruck $k_s - k_n + K$ mit einer anderen ganzen Zahl Γ:

$$k_s - k_n + K = \frac{2\pi}{a}\frac{\Gamma}{G}. \tag{XI 2.38}$$

Für die Mittelpunkte der einzelnen WIGNER-SEITZ-Zellen gilt

$$a_g = g\,a + \frac{1}{2}a = \left(g + \frac{1}{2}\right)a \quad \text{mit} \quad -\frac{G}{2} \leqq g \leqq +\frac{G}{2} - 1; \tag{XI 2.39}$$

somit wird

$$\left|\sum_{g=-\frac{G}{2}}^{g=+\frac{G}{2}-1} e^{+j(k_s-k_n+K)\,a_g}\right| = \left|\sum_{g=-\frac{G}{2}}^{g=+\frac{G}{2}-1} e^{+j\frac{2\pi}{a}\frac{\Gamma}{G}\left(g+\frac{1}{2}\right)a}\right| \tag{XI 2.40}$$

$$= \left|e^{+j2\pi\frac{\Gamma}{G}\left(-\frac{G}{2}+\frac{1}{2}\right)}\right| \left|\sum_{g'=\frac{G}{2}+g=0}^{g'=\frac{G}{2}+g=G-1} e^{+j2\pi\frac{\Gamma}{G}g'}\right|$$

$$= 1\cdot\left|\sum_{g'=0}^{g'=G-1} e^{+j2\pi\frac{\Gamma}{G}g'}\right|. \tag{XI 2.41}$$

Mit der Summenformel für die geometrische Reihe erhält man

$$\left|\sum_{g'=0}^{g'=G-1}\left(e^{+j2\pi\frac{\Gamma}{G}}\right)^{g'}\right| = \left|\frac{1-e^{j2\pi\frac{\Gamma}{G}(G-1+1)}}{1-e^{j2\pi\frac{\Gamma}{G}}}\right| = \left|\frac{1-e^{j2\pi\Gamma}}{1-e^{j2\pi\frac{\Gamma}{G}}}\right|. \tag{XI 2.42}$$

Wir sehen also, daß die Summe verschwindet außer für $\Gamma = 0, \pm 1G, \pm 2G, \ldots$. In diesen Fällen haben alle G Glieder den Wert 1, und die Summe wird gleich G:

$$\left|\sum_{g'=0}^{g'=G-1} e^{+j2\pi\frac{\Gamma}{G}g'}\right| = \begin{cases} 0 & \text{für} \quad \Gamma \neq 0, \pm 1\,G, \pm 2\,G, \ldots, & \text{(XI 2.43)} \\ G & \text{für} \quad \Gamma = 0, \pm 1\,G, \pm 2\,G \ldots. & \text{(XI 2.44)} \end{cases}$$

Beachtet man (XI 2.38), so erhält man im eindimensionalen Fall mit (XI 2.40) bis (XI 2.44)

$$\left|\sum_{g=-\frac{G}{2}}^{g=+\frac{G}{2}-1} e^{+j(k_s-k_n+K)\,a_g}\right| = \begin{cases} 0 & \text{für} \quad k_s - k_n + K \neq \pm 2\pi h \\ G & \text{für} \quad k_s - k_n + K = \pm 2\pi h, \end{cases} \tag{XI 2.45}$$

wobei h ein ganzzahliges Vielfaches der reziproken Gitterkonstanten $1/a$ ist.

Diese Gleichung läßt sich mit Hilfe des reziproken Gitters (s. S. 271f.) auch im dreidimensionalen Fall beweisen, so daß mit (XI 2.36)

$$\left|\sum_{\mathfrak{g}} \int\limits_{V_{\text{Grund}}} \psi_{\mathfrak{n}}^*(\mathfrak{r})\, S_{\mathfrak{g}}(\mathfrak{r})\, \psi_{\mathfrak{z}}(\mathfrak{r})\, dV\, e^{+j\mathfrak{K}\mathfrak{a}_{\mathfrak{g}}}\right|$$

$$= \begin{cases} 0 & \text{für} \quad \mathfrak{k}_{\mathfrak{z}} - \mathfrak{k}_{\mathfrak{n}} + \mathfrak{K} \neq 2\pi\,\mathfrak{h} \\ G \left| \int\limits_{\text{W.S. Zelle}} \psi_{\mathfrak{n}}^*(\mathfrak{r}')\, \mathfrak{B}\, \operatorname{grad} V(\mathfrak{r}')\, \psi_{\mathfrak{z}}(\mathfrak{r}')\, dV' \right| & \text{für} \quad \mathfrak{k}_{\mathfrak{z}} - \mathfrak{k}_{\mathfrak{n}} + \mathfrak{K} = 2\pi\,\mathfrak{h} \end{cases} \qquad \text{(XI 2.46)}$$

kommt, wobei $\mathfrak{h}$ ein Vektor des reziproken Gitters ist. Diese Gl. (XI 2.46) wird in (XI 2.28) verwendet:

$$P^{(-)}(\mathfrak{k}_{\mathfrak{n}}, \mathfrak{k}_{\mathfrak{z}})$$

$$= \begin{cases} \dfrac{\pi}{2}\, \dfrac{e^2}{\hbar}\, G^2 \left| \int\limits_{\text{W.S. Zelle}} \psi_{\mathfrak{n}}^*(\mathfrak{r}')\, \mathfrak{B}\, \operatorname{grad} V(\mathfrak{r}')\, \psi_{\mathfrak{z}}(\mathfrak{r}')\, dV' \right|^2 \delta\big(E_{\mathfrak{n}} - E_{\mathfrak{z}} - \hbar\,\omega(\mathfrak{K})\big) & \\ & \text{für} \quad \mathfrak{k}_{\mathfrak{n}} = \mathfrak{k}_{\mathfrak{z}} + \mathfrak{K} - 2\pi\mathfrak{h} \\ 0 & \text{für} \quad \mathfrak{k}_{\mathfrak{n}} \neq \mathfrak{k}_{\mathfrak{z}} + \mathfrak{K} - 2\pi\mathfrak{h}. \end{cases} \qquad \text{(XI 2.47)}$$

Durch entsprechende Überlegungen folgt aus (XI 2.30)

$$P^{(+)}(\mathfrak{k}_{\mathfrak{n}}, \mathfrak{k}_{\mathfrak{z}})$$

$$= \begin{cases} \dfrac{\pi}{2}\, \dfrac{e^2}{\hbar}\, G^2 \left| \int\limits_{\text{W.S. Zelle}} \psi_{\mathfrak{n}}^*(\mathfrak{r}')\, \mathfrak{B}\, \operatorname{grad} V(\mathfrak{r}')\, \psi_{\mathfrak{z}}(\mathfrak{r}')\, dV' \right|^2 \delta\big(E_{\mathfrak{n}} - E_{\mathfrak{z}} + \hbar\,\omega(\mathfrak{K})\big) & \\ & \text{für} \quad \mathfrak{k}_{\mathfrak{n}} = \mathfrak{k}_{\mathfrak{z}} - \mathfrak{K} - 2\pi\,\mathfrak{h} \\ 0 & \text{für} \quad \mathfrak{k}_{\mathfrak{n}} \neq \mathfrak{k}_{\mathfrak{z}} - \mathfrak{K} - 2\pi\,\mathfrak{h}. \end{cases} \qquad \text{(XI 2.48)}$$

Die in (XI 2.47) und (XI 2.48) auftretende Nebenbedingung

$$\mathfrak{k}_{\mathfrak{n}} = \mathfrak{k}_{\mathfrak{z}} \pm \mathfrak{K} - 2\pi\,\mathfrak{h} \qquad \text{(XI 2.49)}$$

zeigt eine gewisse Analogie zu (VII 3.14) und entpuppt sich daher als Interferenzbedingung. Nach Multiplikation mit $\hbar$ tritt sie im Fall $\mathfrak{h} = 0$ als

$$\hbar\,\mathfrak{k}_{\mathfrak{n}} = \hbar\,\mathfrak{k}_{\mathfrak{z}} \pm \hbar\,\mathfrak{K} \qquad \text{(XI 2.50)}$$

neben den Energiesatz (XI 2.29) bzw. (XI 2.31) und legt daher eine Deutung als Satz von der Erhaltung des Kristallimpulses besonders nahe. Aber schon die Tatsache, daß der Fall $\mathfrak{h} \neq 0$ auch möglich ist, mahnt hier zu erheblicher Vorsicht[1]. Im übrigen werden wir uns in

[1] Siehe auch J. M. ZIMAN: Electrons and Phonons, Oxford: Clarendon Press 1962, S. 133, und G. LEIBFRIED in „Handbuch der Physik", Bd. VII, 1, herausgegeben von S. FLÜGGE, Springer, S. 104, namentlich S. 304.

diesem Buch auf den Fall

$$\mathfrak{h} = 0, \quad \mathfrak{k}_n = \mathfrak{k}_s \pm \mathfrak{K} \qquad \text{(XI 2.51)}$$

beschränken. Wir verzichten damit auf die Behandlung der sog. „Umklappprozesse“, auf deren Bedeutung PEIERLS schon 1930 hingewiesen hat und bezüglich deren Behandlung wir wieder auf ZIMAN[1] verweisen.

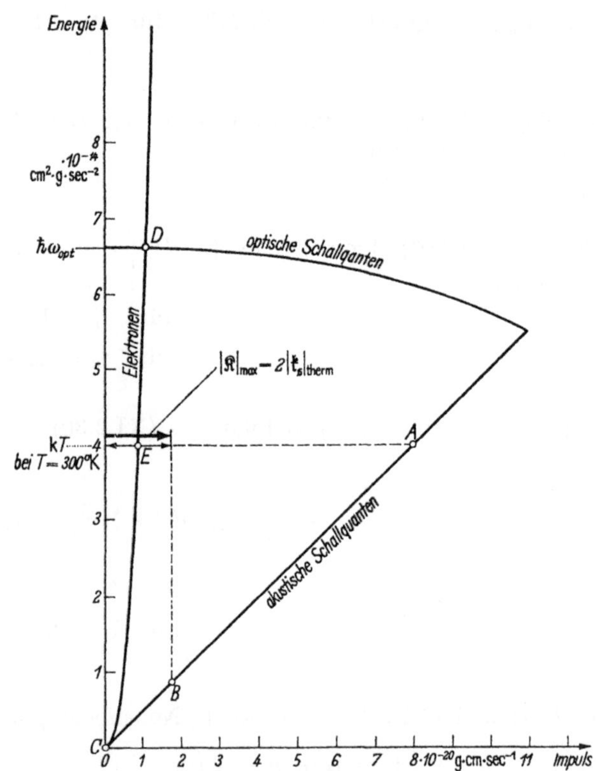

Abb. XI 2.1 Zusammenhang zwischen Energie und Impuls für Elektronen und für optische und akustische Schallquanten. In bezug auf $|\mathfrak{K}|_{max}$ siehe Abb. XI 2.2.

Ebenso beschränken wir uns auf Wechselwirkung zwischen Elektronen und *akustischen* Gitterschwingungen, für die nach (VII 9.21) näherungsweise

$$\omega = v\,|\mathfrak{K}|, \qquad \text{(XI 2.52)}$$

bzw.

$$\hbar\,\omega = v\,|\hbar\,\mathfrak{K}| \qquad \text{(XI 2.53)}$$

angesetzt werden darf mit Schallgeschwindigkeiten in der Größenordnung

$$v = 1 \cdots 10 \cdot 10^5 \text{ cm sek}^{-1}. \qquad \text{(XI 2.54)}$$

[1] ZIMAN, J. M.: Electrons and Phonons, Oxford: Clarendon Press, 1962, S. 133.

Über die Werte der in den Energiesatz (XI 2.29) oder (XI 2.31) und in die Interferenzbedingung (XI 2.50) eingehenden Größen unterrichtet Abb. XI 2.1, die zunächst nur eine Wiederholung der Abb. VII 9.8 ist, wobei allerdings beide Achsen mit $\hbar$ multipliziert sind und dann die Schallquantenenergie $\hbar\,\omega$ in Abhängigkeit vom Schallquantenimpuls $\hbar\,|\mathfrak{K}| = \hbar\,K$ zeigen. Außerdem ist aber unter Zugrundelegung des primitiven Bändermodells (VII 4.26) die Elektronenenergie $E = \frac{1}{2m_n}|\mathfrak{p}|^2$ in Abhängigkeit vom Elektronenimpuls $|\mathfrak{p}|$ aufgetragen, mit einer effektiven Elektronenmasse $m_n = m = 9 \cdot 10^{-28} g$.

Wie müßte nun ein Prozeß aussehen, bei dem ein thermisches Elektron seine ganze Energie ($\approx \mathrm{k}T$) an das Gitter, d. h. auf ein

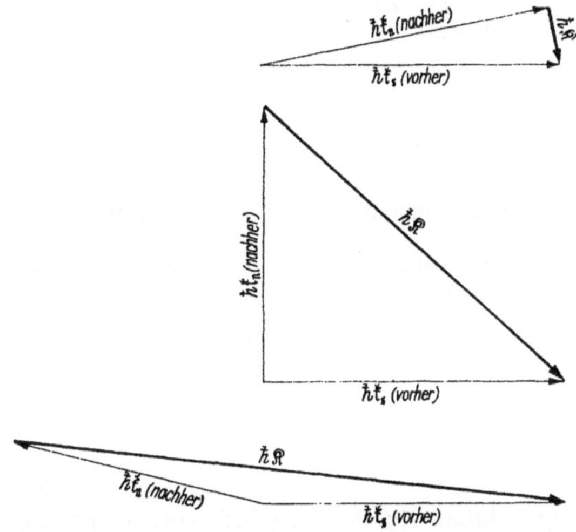

Abb. XI 2.2 *Emission akustischer Schallquanten durch ein Elektron mit thermischer Geschwindigkeit.* Die Schallquantenenergie ist viel kleiner als die Elektronenenergie. Nach der Emission hat deshalb die Elektronenenergie und infolgedessen auch der Elektronenimpuls fast den vorherigen Betrag. Der Schallquantenimpuls kann dann zwischen Null und ungefähr dem doppelten Elektronenimpuls liegen.

Schallquant überträgt? *Vor* dem Prozeß hätten wir allein das thermische Elektron E. *Nach* dem Prozeß hätten wir das Elektron C mit der Energie Null und dem Impuls Null und außerdem das emittierte Schallquant A (s. Abb. XI 2.1). Ein solcher Prozeß würde aber den Impulssatz verletzen, denn der Impuls von A ist viel größer als die Impulsdifferenz von E und C, d. h. also als der Impuls von E. Möglich sind vielmehr nur Prozesse, wie sie Abb. XI 2.2 zeigt. Das Elektron behält im wesentlichen seine Energie bei

$$E_{\mathrm{n}} \approx E_{\mathrm{s}} \gg \hbar\,\omega(\mathfrak{K}). \qquad \text{(XI 2.55)}$$

Sein Impulsvektor $|\mathfrak{p}| = \sqrt{2 m_n E}$ ist deshalb vor und nach dem Stoß ungefähr gleich lang. Der Schallquantenimpuls variiert zwischen Null und ungefähr dem doppelten Elektronenimpuls. Dazu gehören Schallquanten des Bereichs BC (Abb. XI 2.1), deren Energie tatsächlich (XI 2.55) erfüllt. Von thermischen Elektronen werden also nur akustische Phononen emittiert oder absorbiert. Wegen (XI 2.55) können wir jetzt in der δ-Funktion der Gln. (XI 2.47) und (XI 2.48) die Schallquantenenergie $\hbar\,\omega(\mathfrak{K})$ vernachlässigen. Die Übergangswahrscheinlichkeiten $P^{(-)}(\mathfrak{k}_{\mathfrak{n}}, \mathfrak{k}_{\mathfrak{z}})$ und $P^{(+)}(\mathfrak{k}_{\mathfrak{n}}, \mathfrak{k}_{\mathfrak{z}})$ für Schallquantenabsorption und -emission werden dann identisch und werden ersetzt durch eine verdoppelte Übergangswahrscheinlichkeit

$$P(\mathfrak{k}_{\mathfrak{n}}, \mathfrak{k}_{\mathfrak{z}}) = \pi \frac{e^2}{\hbar} G^2 \left| \int\limits_{\text{W.S. Zelle}} \psi_{\mathfrak{n}}^*(\mathfrak{r}')\, \mathfrak{V} \operatorname{grad} V(\mathfrak{r}')\, \psi_{\mathfrak{z}}(\mathfrak{r}')\, dV' \right|^2 \delta(E_{\mathfrak{n}} - E_{\mathfrak{z}}) \tag{XI 2.56}$$

mit

$$\mathfrak{k}_{\mathfrak{n}} - \mathfrak{k}_{\mathfrak{z}} = \pm \mathfrak{K}. \tag{XI 2.57}$$

§ 3. Die Berechnung des Matrixelements

Die Übergangswahrscheinlichkeiten sind in (XI 2.56) auf das Matrixelement des Störanteils $S_0(\mathfrak{r})$ des Gitterpotentials in der nullten Wigner-Seitz-Zelle zurückgeführt worden. Im vorliegenden § 3 handelt es sich um eine Abschätzung dieses Matrixelements

$$\int\limits_{\text{W.S. Zelle}} \psi_{\mathfrak{n}}^*(\mathfrak{r})\, \mathfrak{V} \operatorname{grad} V(\mathfrak{r})\, \psi_{\mathfrak{z}}(\mathfrak{r})\, dV. \tag{XI 3.01}$$

Wir schließen uns dabei einem Vorgehen von Mott und Jones[1] an. In der nullten Wigner-Seitz-Zelle ist nach (XI 2.01) und (XI 2.03) das Gitterpotential $U(\mathfrak{r}) = V(\mathfrak{r})$. Dort lautet also die Schrödinger-Gleichung

$$-\frac{\hbar^2}{2m} \Delta \psi_{\mathfrak{z}} - e\, V(\mathfrak{r})\, \psi_{\mathfrak{z}} = E_{\mathfrak{z}}\, \psi_{\mathfrak{z}}. \tag{XI 3.02}$$

Sie wird partiell nach z differenziert:

$$-\frac{\hbar^2}{2m} \Delta \frac{\partial}{\partial z} \psi_{\mathfrak{z}} - e \frac{\partial V}{\partial z} \psi_{\mathfrak{z}} - e\, V \frac{\partial}{\partial z} \psi_{\mathfrak{z}} = E_{\mathfrak{z}} \frac{\partial}{\partial z} \psi_{\mathfrak{z}} \tag{XI 3.03}$$

$$-e \frac{\partial V}{\partial z} \psi_{\mathfrak{z}} = + \left(\frac{\hbar^2}{2m} \Delta + E_{\mathfrak{z}} + e\, V \right) \frac{\partial}{\partial z} \psi_{\mathfrak{z}}. \tag{XI 3.04}$$

---

[1] Mott, N. F., u. H. Jones: The Theory of the Properties of Metals and Alloys, Oxford 1936, S. 252.

Aus (VII 4.02) entnehmen wir

$$\frac{\partial}{\partial z}\psi_{\mathfrak{s}} = \frac{1}{\sqrt{G}}\frac{\partial}{\partial z}\left\{u_{\mathfrak{s}}(x, y, z)\, e^{j(\mathfrak{k}_{\mathfrak{s}x}x + \mathfrak{k}_{\mathfrak{s}y}y + \mathfrak{k}_{\mathfrak{s}z}z)}\right\}$$

$$= \frac{1}{\sqrt{G}}\left\{\left(\frac{\partial}{\partial z}u_{\mathfrak{s}}\right)e^{j\mathfrak{k}_{\mathfrak{s}}\mathfrak{r}} + u_{\mathfrak{s}}\, e^{j\mathfrak{k}_{\mathfrak{s}}\mathfrak{r}}\, j\,\mathfrak{k}_{\mathfrak{s}z}\right\} \qquad \text{(XI 3.05)}$$

$$= \frac{1}{\sqrt{G}}\, e^{j\mathfrak{k}_{\mathfrak{s}}\mathfrak{r}}\frac{\partial}{\partial z}u_{\mathfrak{s}} + j\,\mathfrak{k}_{\mathfrak{s}z}\,\psi_{\mathfrak{s}}. \qquad \text{(XI 3.06)}$$

(XI 3.04) und (XI 3.06) ergeben zusammen nach Linksmultiplikation mit $\psi_{\mathfrak{n}}^*$

$$-e\,\psi_{\mathfrak{n}}^*\frac{\partial V}{\partial z}\psi_{\mathfrak{s}} = \psi_{\mathfrak{n}}^*\left(\frac{\hbar^2}{2m}\Delta + E_{\mathfrak{s}} + e\,V\right)\left(j\,\mathfrak{k}_{\mathfrak{s}z}\,\psi_{\mathfrak{s}} + e^{j\mathfrak{k}_{\mathfrak{s}}\mathfrak{r}}\frac{\partial}{\partial z}\frac{u_{\mathfrak{s}}}{\sqrt{G}}\right), \qquad \text{(XI 3.07)}$$

$$= j\,\mathfrak{k}_{\mathfrak{s}z}\,\psi_{\mathfrak{n}}^*\left(\frac{\hbar^2}{2m}\Delta + E_{\mathfrak{s}} + e\,V\right)\psi_{\mathfrak{s}} + $$

$$+ \psi_{\mathfrak{n}}^*\left(\frac{\hbar^2}{2m}\Delta + E_{\mathfrak{s}} + e\,V\right)e^{j\mathfrak{k}_{\mathfrak{s}}\mathfrak{r}}\frac{\partial}{\partial z}\frac{u_{\mathfrak{s}}}{\sqrt{G}}. \qquad \text{(XI 3.08)}$$

Wegen (XI 3.02) fällt der erste Summand auf der rechten Seite weg und es bleibt

$$-e\,\psi_{\mathfrak{n}}^*\frac{\partial V}{\partial z}\psi_{\mathfrak{s}} = \psi_{\mathfrak{n}}^*\frac{\hbar^2}{2m}\Delta\left(e^{j\mathfrak{k}_{\mathfrak{s}}\mathfrak{r}}\frac{\partial}{\partial z}\frac{u_{\mathfrak{s}}}{\sqrt{G}}\right) + \psi_{\mathfrak{n}}^*(E_{\mathfrak{s}} + e\,V)\,e^{j\mathfrak{k}_{\mathfrak{s}}\mathfrak{r}}\frac{\partial}{\partial z}\frac{u_{\mathfrak{s}}}{\sqrt{G}}. \qquad \text{(XI 3.09)}$$

Die SCHRÖDINGER-Gleichung für die konjugiert komplexe Wellenfunktion $\psi_{\mathfrak{n}}^*$ lautet

$$-\frac{\hbar^2}{2m}\Delta\psi_{\mathfrak{n}}^* - e\,V\,\psi_{\mathfrak{n}}^* = E_{\mathfrak{n}}\,\psi_{\mathfrak{n}}^*. \qquad \text{(XI 3.10)}$$

Mit (XI 2.55) ergibt sich daraus

$$\psi_{\mathfrak{n}}^*(E_{\mathfrak{n}} + e\,V) \approx \psi_{\mathfrak{n}}^*(E_{\mathfrak{s}} + e\,V) = -\frac{\hbar^2}{2m}\Delta\psi_{\mathfrak{n}}^*. \qquad \text{(XI 3.11)}$$

Dies wird im zweiten Summanden auf der rechten Seite von (XI 3.09) verwendet; außerdem wird die Abkürzung

$$\Psi_z = e^{j\mathfrak{k}_{\mathfrak{s}}\mathfrak{r}}\frac{\partial}{\partial z}\frac{u_{\mathfrak{s}}}{\sqrt{G}} \qquad \text{(XI 3.12)}$$

eingeführt:

$$-e\,\psi_{\mathfrak{n}}^*\frac{\partial V}{\partial z}\psi_{\mathfrak{s}} = \frac{\hbar^2}{2m}\{\psi_{\mathfrak{n}}^*\,\Delta\Psi_z - \Psi_z\,\Delta\psi_{\mathfrak{n}}^*\}. \qquad \text{(XI 3.13)}$$

Diese Gleichung wird über die WIGNER-SEITZ-Zelle integriert. Danach wird auf der rechten Seite der GREENsche Satz angewendet:

$$+e\int\limits_{\text{W.S. Zelle}}\psi_{\mathfrak{n}}^*\frac{\partial V}{\partial z}\psi_{\mathfrak{s}}\,dV = -\frac{\hbar^2}{2m}\int\limits_{\substack{\text{Oberfl.}\\ \text{W.S. Zelle}}}\{\psi_{\mathfrak{n}}^*\operatorname{grad}_n\Psi_z - \Psi_z\operatorname{grad}_n\psi_{\mathfrak{n}}^*\}\,dF. \qquad \text{(XI 3.14)}$$

Am unteren Rande des Leitungsbands ist bei negativem Austauschintegral $\mathfrak{k} = 0$ (s. Abb. VII 3.12). Dort wird also aus (VII 4.02)

$$\psi(\mathfrak{r})|_{\mathfrak{k}=0} = \frac{u_0(\mathfrak{r})}{\sqrt{G}}. \tag{XI 3.15}$$

In der WIGNER-SEITZ-Methode wird ein radialsymmetrisches Potential

$$V(\mathfrak{r}) = V(r) \tag{XI 3.16}$$

angenommen. Dann ist auch die Modulationsfunktion $u(\mathfrak{r})$ radial symmetrisch

$$u_0(\mathfrak{r}) = u_0(r). \tag{XI 3.17}$$

Weiter setzen MOTT und JONES bei ihrer näherungsweisen Abschätzung des Matrixelements (XI 3.01) diesen selben Modulationsfaktor $u_0(r)$ auch für Wellenfunktionen mit $\mathfrak{k} \neq 0$ an[1]:

$$\psi(\mathfrak{r}) \approx \frac{u_0(r)}{\sqrt{G}} e^{j\mathfrak{k}_{\mathfrak{z}}\mathfrak{r}}. \tag{XI 3.18}$$

Dies benutzen wir in (XI 3.12) und erhalten

$$\Psi_z = e^{j\mathfrak{k}_{\mathfrak{z}}\mathfrak{r}} \frac{\partial}{\partial z} \frac{u_0(r)}{\sqrt{G}} = e^{j\mathfrak{k}_{\mathfrak{z}}\mathfrak{r}} \frac{d}{dr} \frac{u_0(r)}{\sqrt{G}} \frac{\partial r}{\partial z} = e^{j\mathfrak{k}_{\mathfrak{z}}\mathfrak{r}} \frac{u_0'(r)}{\sqrt{G}} \frac{z}{r}. \tag{XI 3.19}$$

In der WIGNER-SEITZ-Methode wird nun die tatsächlich polyedrische Zelle durch eine Kugel ersetzt. An deren Oberfläche $r = r_0$ ist also

$$\mathrm{grad}_n = \left(\frac{\partial}{\partial r}\right)_{\substack{\Theta = \mathrm{const} \\ \Phi = \mathrm{const}}}. \tag{XI 3.20}$$

Hierbei sind Kugelkoordinaten Θ Φ eingeführt worden, deren Achse $\Theta = 0$ wir später mit der Richtung des Wellenvektors $\mathfrak{K}$ des Schallquants zusammenfallen lassen werden. Dann ist

$$\frac{z}{r} = \cos\Theta. \tag{XI 3.21}$$

(XI 3.21) benutzen wir in (XI 3.19) und wenden darauf den Operator (XI 3.20) an:

$$\begin{aligned} \mathrm{grad}_n \Psi_z &= \frac{\partial}{\partial r}\left(e^{j\mathfrak{k}_{\mathfrak{z}}\mathfrak{r}} \frac{u_0'(r)}{\sqrt{G}} \frac{z}{r}\right)_{\substack{\Theta = \mathrm{const} \\ \Phi = \mathrm{const}}} \\ &= \frac{\partial}{\partial r}\left(e^{j\mathfrak{k}_{\mathfrak{z}}\mathfrak{r}} \frac{u_0'(r)}{\sqrt{G}} \cos\Theta\right)_{\substack{\Theta = \mathrm{const} \\ \Phi = \mathrm{const}}} \\ &= \left[\frac{\partial}{\partial r}\left(e^{j\mathfrak{k}_{\mathfrak{z}}\mathfrak{r}}\right) \frac{u_0'(r)}{\sqrt{G}} + e^{j\mathfrak{k}_{\mathfrak{z}}\mathfrak{r}} \frac{u_0''(r)}{\sqrt{G}}\right] \cos\Theta. \end{aligned} \tag{XI 3.22}$$

---

[1] MOTT und JONES begründen dies mit der Tatsache, daß die Leitungselektronen, deren Verhalten ja zur Debatte steht, sich eng um den Rand des Leitungsbandes gruppieren. Dort ist aber $\mathfrak{k} = 0$. Eine erste Näherung für die Wellenfunktion wird man also gewinnen, wenn man die Tatsache $\mathfrak{k} \neq 0$ nur beim Phasenfaktor $e^{j\mathfrak{k}\mathfrak{r}}$ berücksichtigt, als Amplitude aber noch u_0 beibehält.

Dies kann nun zusammen mit (XI 3.19) und (XI 3.21) in (XI 3.14) verwendet werden

$$+e \int\limits_{\text{W.S. Zelle}} \psi_{\mathrm{n}}^* \frac{\partial V}{\partial z} \psi_{\mathfrak{z}}\, d V = -\frac{\hbar^2}{2m} \int\limits_{\substack{\text{Oberfl.}\\ r=r_0}} \left\{\psi_{\mathrm{n}}^* \left[\frac{\partial}{\partial r} \left(e^{j \mathfrak{k}_{\mathfrak{z}} \mathfrak{r}}\right) \frac{u_0'(r)}{\sqrt{G}} + e^{j \mathfrak{k}_{\mathfrak{z}} \mathfrak{r}} \frac{u_0''(r)}{\sqrt{G}}\right] - \right.$$

$$\left. - e^{j \mathfrak{k}_{\mathfrak{z}} \mathfrak{r}} \frac{u_0'}{\sqrt{G}} \left(\frac{\partial}{\partial r} \psi_{\mathrm{n}}^*\right)_{\substack{\Theta=\mathrm{const}\\ \Phi=\mathrm{const}}}\right\} \cos\Theta\, d F . \qquad \text{(XI 3.23)}$$

Bei $\mathfrak{k} = 0$ verschwindet an der Grenze zum nächsten Atom, also auf der Oberfläche $r = r_0$ der WIGNER-SEITZ-Kugel nach Abb. VII 2.5a die Ableitung der Wellenfunktion, die nach (XI 3.15) gleich $u_0'(r)/\sqrt{G}$ ist. Wir haben also

$$u_0'(r)\,|_{r=r_0} = 0 \qquad \text{(XI 3.24)}$$

und von (XI 3.23) bleibt nur übrig

$$+e \int\limits_{\text{W.S. Zelle}} \psi_{\mathrm{n}}^* \frac{\partial V}{\partial z} \psi_{\mathfrak{z}}\, d V = +\frac{1}{\sqrt{G}} \int\limits_{\substack{\text{Oberfl.}\\ r=r_0}} \psi_{\mathrm{n}}^* e^{j \mathfrak{k}_{\mathfrak{z}} \mathfrak{r}} \left(-\frac{\hbar^2}{2m} u_0''(r)\right) \cos\Theta\, d F . \qquad \text{(XI 3.25)}$$

Am Rande $E = E_C$ des Leitungsbandes wurde (XI 3.15) bis (XI 3.17) angesetzt. Die SCHRÖDINGER-Gleichung nimmt dann die Form

$$-\frac{\hbar^2}{2m} u_0''(r) - e\, V(r)\, u_0(r) = E_C\, u_0(r) \qquad \text{(XI 3.26)}$$

an. Weiter ist analog zu (XI 3.18)

$$\psi_{\mathrm{n}}^* = \frac{u_0(r)}{\sqrt{G}} e^{-j \mathfrak{k}_{\mathrm{n}} \mathfrak{r}} . \qquad \text{(XI 3.27)}$$

Beides zusammen in (XI 3.25) benutzt, liefert

$$+e \int\limits_{\text{W.S. Zelle}} \psi_{\mathrm{n}}^* \frac{\partial V}{\partial z} \psi_{\mathfrak{z}}\, dV = +\frac{1}{G} \int\limits_{\substack{\text{Oberfl.}\\ r=r_0}} u_0(r)\, e^{j(\mathfrak{k}_{\mathfrak{z}} - \mathfrak{k}_{\mathrm{n}})\mathfrak{r}} \left(E_C + e\, V(r)\right) u_0(r) \cos\Theta\, d F . \qquad \text{(XI 3.28)}$$

Weiter kommt mit (XI 2.57)

$$+e \int\limits_{\text{W.S. Zelle}} \psi_{\mathrm{n}}^* \frac{\partial V}{\partial z} \psi_{\mathfrak{z}}\, dV = +\frac{1}{G} \left(E_C + e\, V(r_0)\right) u_0^2(r_0) \int\limits_{\substack{\text{Oberfl.}\\ r=r_0}} e^{\mp j \mathfrak{K} \mathfrak{r}} \cos\Theta\, d F . \qquad \text{(XI 3.29)}$$

In einem *n*dotierten Halbleiter ist nur der untere Rand des Leitungsbandes besetzt. Dort haben die $\mathfrak{k}_\mathfrak{z}$- und $\mathfrak{k}_\mathfrak{n}$-Vektoren kleine Beträge. Daher ist auch $|\mathfrak{K}| = K$ klein, und die Exponentialfunktion im Integral von (XI 3.29) kann entwickelt werden:

$$e^{\mp j \mathfrak{K} \mathfrak{r}} \approx 1 \mp j(\mathfrak{K}\,\mathfrak{r}) = 1 \mp j\,K\,r_0 \cos\Theta. \qquad \text{(XI 3.30)}$$

Hier ist schon Gebrauch davon gemacht worden, daß wir die Achse des Polarkoordinatensystems Θ, Φ mit der Richtung von $\mathfrak{K}$ zusammenfallen haben lassen. Mit (XI 3.30) wird aus (XI 3.29)

$$\frac{e\,G}{(E_C + e\,V(r_0))\,u_0^2(r_0)} \int\limits_{\text{W.S. Zelle}} \psi_\mathfrak{n}^* \frac{\partial V}{\partial z} \psi_\mathfrak{z}\,dV = \int\limits_{\substack{\text{Oberfl.}\\ r=r_0}} (1 \mp j\,K\,r_0 \cos\Theta) \cos\Theta\,dF$$

$$= r_0^2 \int\limits_{\Theta=0}^{\Theta=\pi} \int\limits_{\Phi=0}^{\Phi=2\pi} \cos\Theta \sin\Theta\,d\Theta\,d\Phi \mp j\,K\,r_0^3 \int\limits_{\Theta=0}^{\Theta=\pi} \int\limits_{\Phi=0}^{\Phi=2\pi} \cos^2\Theta \sin\Theta\,d\Theta\,d\Phi. \qquad \text{(XI 3.31)}$$

Das erste Integral verschwindet wegen der Integration über Θ. Das zweite Integral ergibt $+\frac{4\pi}{3}$, so daß im ganzen kommt

$$\frac{e\,G}{(E_C + e\,V(r_0))\,u_0^2(r_0)} \int\limits_{\text{W.S. Zelle}} \psi_\mathfrak{n}^* \frac{\partial V}{\partial z} \psi_\mathfrak{z}\,dV = \mp \frac{4\pi}{3} r_0^3\,j\,K. \qquad \text{(XI 3.32)}$$

Wird das links stehende Integral für $\partial V/\partial x$ anstatt für $\partial V/\partial z$ berechnet, so taucht in der der Gl. (XI 3.19) entsprechenden Gleichung der Faktor x/r statt z/r und demnach ab (XI 3.22) der Faktor $\sin\Theta\cos\Phi$ statt $\cos\Theta$ auf. Alles andere, insbesondere auch (XI 3.30) bleibt ungeändert. Die Integrationen über Φ im Analogon zu (XI 3.31) betreffen dann also in beiden Integralen die Funktion $\cos\Phi$ und ergeben daher in beiden Integralen Null:

$$\frac{e\,G}{(E_C + e\,V(r_0))\,u_0^2(r_0)} \int\limits_{\text{W.S. Zelle}} \psi_\mathfrak{n}^* \frac{\partial V}{\partial x} \psi_\mathfrak{z}\,dV = 0. \qquad \text{(XI 3.33)}$$

Entsprechend findet man

$$\frac{e\,G}{(E_C + e\,V(r_0))\,u_0^2(r_0)} \int\limits_{\text{W.S. Zelle}} \psi_\mathfrak{n}^* \frac{\partial V}{\partial y} \psi_\mathfrak{z}\,dV = 0. \qquad \text{(XI 3.34)}$$

Da wir die Achse des Polarkoordinatensystems Θ, Φ und damit die z-Achse mit der Richtung von $\mathfrak{K}$ zusammenfallen haben lassen, hat $\mathfrak{K}$ die Komponenten

$$\mathfrak{K} = \{0,\, 0,\, K\}. \qquad \text{(XI 3.35)}$$

Die Gln. (XI 3.32) bis (XI 3.35) können also zusammengefaßt werden zur Vektorgleichung

$$\int\limits_{\text{W.S. Zelle}} \psi_{\mathfrak{n}}^{*} \operatorname{grad} V \, \psi_{\mathfrak{s}} \, dV = \mp j \frac{E_C + e V(r_0)}{e G} \frac{4\pi}{3} r_0^3 u_0^2(r_0) \, \mathfrak{K}. \qquad \text{(XI 3.36)}$$

Mott und Jones[1] berufen sich nun darauf, daß die nullte Eigenfunktion $u_0(r)$ in der Wigner-Seitz-Zelle nicht zu stark variieren wird und daß infolgedessen der Faktor $\frac{4\pi}{3} r_0^3 u^2(r_0)$ auf der rechten Seite von (XI 3.36) mit dem Normierungsintegral

$$\int\limits_{\text{W.S. Zelle}} \psi_0^{*}(\mathfrak{r}) \, \psi_0(\mathfrak{r}) \, dV = 1 \qquad \text{(XI 3.37)}$$

identifiziert werden kann und deshalb gleich 1 ist. Bilden wir außerdem auf beiden Seiten von (XI 3.36) das innere Produkt mit dem Amplitudenvektor $\mathfrak{V}$ der Gitterwelle, so bekommen wir für das gesuchte Matrixelement (XI 3.01) schließlich den Ausdruck

$$\int\limits_{\text{W.S. Zelle}} \psi_{\mathfrak{n}}^{*} \, \mathfrak{V} \operatorname{grad} V \, \psi_{\mathfrak{s}} \, dV = \mp j \frac{E_C + e V(r_0)}{e G} \, \mathfrak{V} \, \mathfrak{K}. \qquad \text{(XI 3.38)}$$

Verwenden wir dies in (XI 2.56), so erhalten wir für die Übergangswahrscheinlichkeit

$$P(\mathfrak{k}_{\mathfrak{n}}, \mathfrak{k}_{\mathfrak{s}}) = \pi \frac{1}{\hbar} (E_C + e V(r_0))^2 (\mathfrak{V} \, \mathfrak{K})^2 \, \delta(E_{\mathfrak{n}} - E_{\mathfrak{s}}). \qquad \text{(XI 3.39)}$$

Bei transversalen akustischen Wellen, die in festen Körpern im Gegensatz zu Gasen ja möglich sind, steht der Amplitudenvektor $\mathfrak{V}$ senkrecht auf dem Fortpflanzungsvektor $\mathfrak{K}$. Dann ist das innere Produkt

$$(\mathfrak{V} \, \mathfrak{K}) = 0. \qquad \text{(XI 3.40)}$$

Für die Wechselwirkung mit den Elektronen kommt es also nur auf die longitudinalen Wellen an[2], für die $\mathfrak{V} \parallel \mathfrak{K}$ ist und daher

$$\mathfrak{V} \, \mathfrak{K} = |\mathfrak{V}| \, K \quad \text{bzw.} \quad (\mathfrak{V} \, \mathfrak{K})^2 = |\mathfrak{V}|^2 K^2 \qquad \text{(XI 3.41)}$$

ist. Setzen wir hier noch (VII 9.30) ein, so erhalten wir

$$(\mathfrak{V} \, \mathfrak{K})^2 = \frac{2 \mathrm{k} T}{G M} \frac{K^2}{\omega^2} = \frac{2 \mathrm{k} T}{G M v_{\text{long}}^2} \qquad \text{(XI 3.42)}$$

v_{long} = longitudinale Schallgeschwindigkeit.

---

[1] Mott, N. F., u. H. Jones: The Theory of the Properties of Metals and Alloys, Oxford 1936, S. 252.

[2] Werden Umklappprozesse zugelassen, so tritt an Stelle von $\mathfrak{K}$ der Vektor $\mathfrak{K} \pm 2\pi \mathfrak{h}$, und dann sind Beiträge der Transversalwelle doch möglich. Auch bei anderen $E(\mathfrak{k})$-Beziehungen als dem primitiven Ansatz (VII 4.26) kann das eintreten. Siehe J. M. Ziman, Electrons and Phonons, Oxford 1962, S. 196. 202. 361, 369 u. 372.

Damit wird die Übergangswahrscheinlichkeit (XI 3.39)

$$P(\mathfrak{k}_{\mathfrak{n}}, \mathfrak{k}_{\mathfrak{z}}) = \frac{2\pi \mathrm{k} T}{\hbar\, G\, M\, v_{\mathrm{long}}^2} \left(E_C + e\, V(r_0)\right)^2 \delta(E_{\mathfrak{n}} - E_{\mathfrak{z}}) = L(E_{\mathfrak{n}}, \Theta_{\mathfrak{z}})\, \delta(E_{\mathfrak{n}} - E_{\mathfrak{z}}), \tag{XI 3.43}$$

wobei die sofort noch zu motivierende Abkürzung

$$L(E_{\mathfrak{n}}, \Theta_{\mathfrak{z}}) = \frac{2\pi \mathrm{k} T}{\hbar\, G\, M\, v_{\mathrm{long}}^2} \left(E_C + e\, V(r_0)\right)^2 \tag{XI 3.44}$$

eingeführt worden ist. Befremdlich ist die Bezeichnung $L(E_{\mathfrak{n}}, \Theta_{\mathfrak{z}})$ deshalb, weil der in (XI 3.44) ermittelte Wert ja gerade keine Abhängigkeit vom Streuwinkel $\Theta_{\mathfrak{z}}$ und von der Energie $E_{\mathfrak{n}}$ des gestreuten Elektrons zeigt. Würden wir aber nicht mit Streuung der Elektronen durch die Gitterschwingungen, sondern durch geladene Störstellen zu tun haben (CONWELL-WEISSKOPF-Streuung, s. S. 356), so würde sich eine Übergangswahrscheinlichkeit ergeben, die sehr wohl von der Energie $E_{\mathfrak{n}}$ des gestreuten Teilchens und vom Streuwinkel $\Theta_{\mathfrak{z}}$ abhängen würde. Um die Ausführungen in den folgenden Paragraphen nicht zu sehr zu spezialisieren, haben wir also in der Bezeichnung $L(E_{\mathfrak{n}}, \Theta_{\mathfrak{z}})$ an diesen Umstand erinnert.

§ 4. Der Zusammenhang der Relaxationszeit τ mit der Ablenkungswahrscheinlichkeit $L(E_{\mathfrak{n}}, \Theta_{\mathfrak{z}})$

a) Die Änderung der Besetzungswahrscheinlichkeit f durch die Zusammenstöße der Elektronen mit den Gitterschwingungen

Ein Zustand beansprucht nach S. 266 ein Volumen $\frac{(2\pi)^3}{V_{\mathrm{Grund}}}$ im $\mathfrak{k}$-Raum. In einem Volumenelement $d\,V_{\mathfrak{k}_{\mathfrak{n}}}$ des $\mathfrak{k}$-Raumes sind also

$$\frac{dV_{\mathfrak{k}_{\mathfrak{n}}}}{(2\pi)^3/V_{\mathrm{Grund}}} = \frac{V_{\mathrm{Grund}}}{8\pi^3}\, d\,V_{\mathfrak{k}_{\mathfrak{n}}} \tag{XI 4.01}$$

Quantenzustände vorhanden, die wegen des Spins jeweils mit 2 Elektronen besetzt werden können. Ist die Besetzungswahrscheinlichkeit zur Zeit t gleich $f(\mathfrak{k}, t)$, so sind zur Zeit t im Volumenelement $d\,V_{\mathfrak{k}_{\mathfrak{n}}}$ des $\mathfrak{k}$-Raumes

$$\frac{V_{\mathrm{Grund}}}{4\pi^3} f(\mathfrak{k}_{\mathfrak{n}}, t)\, d\,V_{\mathfrak{k}_{\mathfrak{n}}} \tag{XI 4.02}$$

Elektronen vorhanden.

Die Zahl dieser Elektronen vermehrt sich während eines Zeitelements dt dadurch, daß Elektronen mit allen möglichen Wellenvektoren $\mathfrak{k}_{\mathfrak{z}}$ durch Zusammenstöße mit Gitterschwingungen in den

Zustand $\mathfrak{k}_\mathfrak{n}$ geworfen werden:

$$\frac{V_{\text{Grund}}}{4\pi^3}\,[d f(\mathfrak{k}_\mathfrak{n}, t)]_{\text{Gewinn}}\, dV_{\mathfrak{k}_\mathfrak{n}} = \frac{V_{\text{Grund}}}{4\pi^3}\left[I_{\text{Gewinn}}\big(f(\mathfrak{k}_\mathfrak{n})\big)\, dt\right] dV_{\mathfrak{k}_\mathfrak{n}}$$

$$= \sum_{\mathfrak{z}} \text{Stöße}(\mathfrak{k}_\mathfrak{z} \to \mathfrak{k}_\mathfrak{n}) \text{ innerhalb } dt. \qquad \text{(XI 4.03)}$$

Die Zahl der Stöße ($\mathfrak{k}_\mathfrak{z} \to \mathfrak{k}_\mathfrak{n}$) in der Zeiteinheit ist gleich dem Produkt der Übergangswahrscheinlichkeit $P(\mathfrak{k}_\mathfrak{n}, \mathfrak{k}_\mathfrak{z})$ mit der Zahl der vorhandenen $\mathfrak{k}_\mathfrak{z}$-Elektronen und mit der Zahl der freien unbesetzten Plätze im Volumenelement $dV_{\mathfrak{k}_\mathfrak{n}}$ des $\mathfrak{k}$-Raumes. Als Zahl der freien Plätze darf dabei aber nur

$$\frac{V_{\text{Grund}}}{8\pi^3}\big(1 - f(\mathfrak{k}_\mathfrak{n})\big)\, dV_{\mathfrak{k}_\mathfrak{n}} \quad \text{und nicht} \quad \frac{V_{\text{Grund}}}{4\pi^3}\big(1 - f(\mathfrak{k}_\mathfrak{n})\big)\, dV_{\mathfrak{k}_\mathfrak{n}}$$

angesetzt werden, denn als Endpunkt eines Übergangs $\mathfrak{k}_\mathfrak{z} \to \mathfrak{k}_\mathfrak{n}$ kommt nur ein Zustand mit gleichem Spin wie der Ausgangszustand in Frage, da der Spin des gestoßenen Elektrons durch die Gitterwelle nicht umgepolt werden kann. Wir erhalten also

$$\frac{V_{\text{Grund}}}{4\pi^3}\, I_{\text{Gewinn}}\big(f(\mathfrak{k}_\mathfrak{n})\big)\, dt\, dV_{\mathfrak{k}_\mathfrak{n}}$$

$$= \int_{\mathfrak{z}} P(\mathfrak{k}_\mathfrak{n}, \mathfrak{k}_\mathfrak{z})\, \frac{V_{\text{Grund}}}{4\pi^3} f(\mathfrak{k}_\mathfrak{z})\, dV_{\mathfrak{k}_\mathfrak{z}}\, \frac{V_{\text{Grund}}}{8\pi^3}\big(1 - f(\mathfrak{k}_\mathfrak{n})\big)\, dV_{\mathfrak{k}_\mathfrak{n}}\, dt, \qquad \text{(XI 4.04)}$$

$$I_{\text{Gewinn}}\big(f(\mathfrak{k}_\mathfrak{n})\big)\, dt = \frac{V_{\text{Grund}}}{8\pi^3} \int_{\mathfrak{z}} P(\mathfrak{k}_\mathfrak{n}, \mathfrak{k}_\mathfrak{z})\, [f(\mathfrak{k}_\mathfrak{z}) - f(\mathfrak{k}_\mathfrak{z})\, f(\mathfrak{k}_\mathfrak{n})]\, dV_{\mathfrak{k}_\mathfrak{z}}\, dt. \qquad \text{(XI 4.05)}$$

Durch Zusammenstöße mit den Gitterschwingungen werden aber auch $\mathfrak{k}_\mathfrak{n}$-Elektronen während des Zeitelements dt in irgendwelche anderen $\mathfrak{k}_\mathfrak{z}$-Elektronen verwandelt. Das gibt einen Verlust an $\mathfrak{k}_\mathfrak{n}$-Elektronen:

$$I_{\text{Verlust}}\big(f(\mathfrak{k}_\mathfrak{n})\big)\, dt = \frac{V_{\text{Grund}}}{8\pi^3} \int_{\mathfrak{z}} P(\mathfrak{k}_\mathfrak{z}, \mathfrak{k}_\mathfrak{n})\, [f(\mathfrak{k}_\mathfrak{n}) - f(\mathfrak{k}_\mathfrak{n})\, f(\mathfrak{k}_\mathfrak{z})]\, dV_{\mathfrak{k}_\mathfrak{z}}\, dt. \qquad \text{(XI 4.06)}$$

Berücksichtigt man noch das Prinzip der mikroskopischen Reversibilität[1]

$$P(\mathfrak{k}_\mathfrak{z}, \mathfrak{k}_\mathfrak{n}) = P(\mathfrak{k}_\mathfrak{n}, \mathfrak{k}_\mathfrak{z}), \qquad \text{(XI 4.07)}$$

so erhält man als Nettobilanz der Stöße

$$(I_{\text{Gewinn}} - I_{\text{Verlust}})\, dt = I_{\text{Stöße}}\big(f(\mathfrak{k}_\mathfrak{n})\big)\, dt$$

$$= \frac{V_{\text{Grund}}}{8\pi^3} \int_{\mathfrak{z}} P(\mathfrak{k}_\mathfrak{n}, \mathfrak{k}_\mathfrak{z})\, [f(\mathfrak{k}_\mathfrak{z}) - f(\mathfrak{k}_\mathfrak{n})]\, dV_{\mathfrak{k}_\mathfrak{z}}\, dt \qquad \text{(XI 4.08)}$$

[1] Gl. (XI 3.43) ist dementsprechend auch tatsächlich symmetrisch in $\mathfrak{n}$ und $\mathfrak{z}$.

und mit (XI 3.43) und mit Polarkoordinaten Θ, Φ um die Achse $\mathfrak{k}_{\mathfrak{n}}$ herum (s. Abb. XI 4.1)[1]

$$I_{\text{Stöße}}(f(\mathfrak{k}_{\mathfrak{n}}))\,dt$$
$$= \frac{V_{\text{Grund}}}{8\pi^3} \int_{\mathfrak{s}} L(E_{\mathfrak{n}}, \Theta_{\mathfrak{s}})\, \delta(E_{\mathfrak{n}} - E_{\mathfrak{s}})\, [f(\mathfrak{k}_{\mathfrak{s}}) - f(\mathfrak{k}_{\mathfrak{n}})]\, k_{\mathfrak{s}}^2\, dk_{\mathfrak{s}} \sin\Theta_{\mathfrak{s}}\, d\Theta_{\mathfrak{s}}\, d\Phi_{\mathfrak{s}}\, dt. \quad \text{(XI 4.09)}$$

Wir beschränken uns nun auf das primitive Bändermodell (VII 4.26)

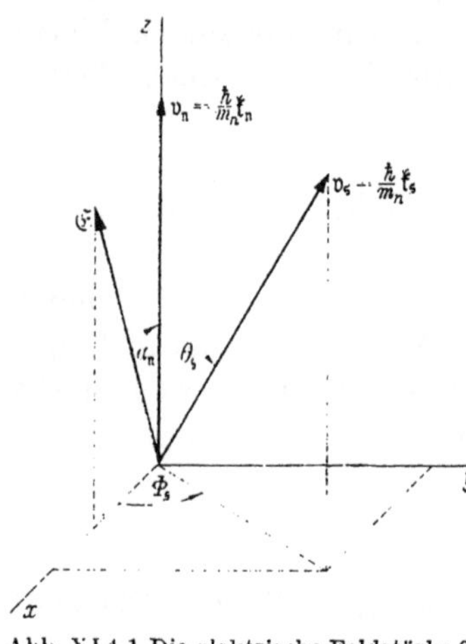

Abb. XI 4.1 Die elektrische Feldstärke $\mathfrak{E}$ und die Elektronengeschwindigkeiten $\mathfrak{v}_{\mathfrak{n}}$ und $\mathfrak{v}_{\mathfrak{s}}$.

$$\frac{\hbar^2}{2m_n} k_{\mathfrak{s}}^2 = E_{\mathfrak{s}} - E_C, \quad \text{(XI 4.10)}$$

woraus

$$dk_{\mathfrak{s}} = \frac{(2m_n)^{1/2}}{\hbar}\, d[(E_{\mathfrak{s}} - E_C)^{1/2}]$$
$$= \frac{2^{-1/2}\, m_n^{1/2}}{\hbar} (E_{\mathfrak{s}} - E_C)^{-1/2}\, dE_{\mathfrak{s}} \quad \text{(XI 4.11)}$$

folgt.

Hiermit und mit (XI 4.10) wird aus (XI 4.09)

$$I_{\text{Stöße}}(f(\mathfrak{k}_{\mathfrak{n}})) = \frac{V_{\text{Grund}}}{8\pi^3} \int_{\mathfrak{s}} L(E_{\mathfrak{n}}, \Theta_{\mathfrak{s}}) \times$$
$$\times\, \delta(E_{\mathfrak{n}} - E_{\mathfrak{s}})\, [f(\mathfrak{k}_{\mathfrak{s}}) - f(\mathfrak{k}_{\mathfrak{n}})] \times$$
$$\times \frac{2m_n}{\hbar^2} (E_{\mathfrak{s}} - E_C) \frac{2^{-1/2}\, m_n^{+1/2}}{\hbar} \times$$
$$\times (E_{\mathfrak{s}} - E_C)^{-1/2}\, dE_{\mathfrak{s}} \sin\Theta_{\mathfrak{s}}\, d\Theta_{\mathfrak{s}}\, d\Phi_{\mathfrak{s}}. \quad \text{(XI 4.12)}$$

Ausführung der Integration über $E_{\mathfrak{s}}$ ergibt wegen der Deltafunktion $\delta(E_{\mathfrak{n}} - E_{\mathfrak{s}})$ im Integranden schließlich

$$I_{\text{Stöße}}(f(\mathfrak{k}_{\mathfrak{n}})) = \frac{V_{\text{Grund}}}{8\pi^3} \frac{2^{1/2}\, m_n^{3/2}}{\hbar^3} (E_{\mathfrak{n}} - E_C)^{1/2} \times$$
$$\times \int_{\Theta_{\mathfrak{s}}=0}^{\Theta_{\mathfrak{s}}=\pi} \int_{\Phi_{\mathfrak{s}}=0}^{\Phi_{\mathfrak{s}}=2\pi} L(E_{\mathfrak{n}}, \Theta_{\mathfrak{s}})\, [f(\mathfrak{k}_{\mathfrak{s}}) - f(\mathfrak{k}_{\mathfrak{n}})]_{E_{\mathfrak{s}}=E_{\mathfrak{n}}} \sin\Theta_{\mathfrak{s}}\, d\Theta_{\mathfrak{s}}\, d\Phi_{\mathfrak{s}}. \quad \text{(XI 4.13)}$$

b) Die Elektronenverteilung f unter der Wirkung eines elektrischen Feldes

Wir betrachten jetzt den Fall, daß auf die Elektronen ein elektrisches Feld $\mathfrak{E}$ mit der Kraft $\mathfrak{F} = -e\,\mathfrak{E}$ einwirkt. Nach (VII 6.12) ändern sich dann die $\mathfrak{k}$-Vektoren der Elektronen nach dem Gesetz

$$\dot{\mathfrak{k}} = \frac{1}{\hbar}\mathfrak{F} = -\frac{e}{\hbar}\mathfrak{E}, \quad \text{(XI 4.14)}$$

---

[1] In dieser Abbildung ist bereits das primitive Bändermodell (VII 4.26) und die daraus nach (VII 5.10) resultierende Beziehung $\mathfrak{v} = \frac{\hbar}{m_n}\mathfrak{k}$ zugrunde gelegt.

so daß zu einer Zeit $t + dt$ die Elektronen, die ursprünglich (zur Zeit t) das Volumenelement $d V_{\mathfrak{k}_n}$ besetzten, dieses Volumenelement $d V_{\mathfrak{k}_n}$ verlassen haben. Statt dessen sind andere Elektronen nachgerückt, und zwar diejenigen, die zu Beginn des betrachteten Zeitintervalls, also zur Zeit t, ein gleich großes, aber um den Vektor $\mathfrak{k}_n - \dot{\mathfrak{k}}_n\,dt$ gruppiertes Volumenelement $d V_{\mathfrak{k}_n}$ besetzten. Es ist also

$$\frac{V_{\text{Grund}}}{4\pi^3} f(\mathfrak{k}_n, t + dt)\, dV_{\mathfrak{k}_n} = \frac{V_{\text{Grund}}}{4\pi^3} f(\mathfrak{k}_n - \dot{\mathfrak{k}}_n\, dt, t)\, dV_{\mathfrak{k}_n}. \qquad \text{(XI 4.15)}$$

Zusammen mit (XI 4.14) ergibt sich

$$f(\mathfrak{k}_n, t) + \frac{\partial f}{\partial t}\, dt$$

$$= f(\mathfrak{k}_n, t) + d f(\mathfrak{k}_n, t) = f(\mathfrak{k}_n, t) + \operatorname{grad}_{\mathfrak{k}_n} f(\mathfrak{k}_n, t)\,(-\dot{\mathfrak{k}}_n\, dt), \qquad \text{(XI 4.16)}$$

$$d f(\mathfrak{k}_n, t) = -\frac{1}{\hbar}\, \mathfrak{F} \operatorname{grad}_{\mathfrak{k}_n} f(\mathfrak{k}_n, t)\, dt$$

$$= + \frac{e}{\hbar}\, \mathfrak{E} \operatorname{grad}_{\mathfrak{k}_n} f(\mathfrak{k}_n, t)\, dt. \qquad \text{(XI 4.17)}$$

Wenn die Feldstärke $\mathfrak{E}$ nicht zu groß ist, wird die Abweichung der Besetzungsfunktion $f(\mathfrak{k}_n, t)$ von der Gleichgewichtsverteilung f_0 nicht sehr groß sein. Auf der rechten Seite von (XI 4.17) können wir also unter Vernachlässigung von Gliedern $\mathfrak{E}^2$, $\mathfrak{E}^3$, ... näherungsweise f durch f_0 ersetzen:

$$d f(\mathfrak{k}_n, t) = + \frac{e}{\hbar}\, \mathfrak{E} \operatorname{grad}_{\mathfrak{k}_n} f_0\, dt. \qquad \text{(XI 4.18)}$$

Die Gleichgewichtsverteilung f_0 ist aber nach (VII 10.01) zunächst eine Funktion der Elektronenenergie E und dadurch erst eine Funktion des Wellenvektors $\mathfrak{k}_n$. Zusammen mit (VII 5.10) erhalten wir

$$d f(\mathfrak{k}_n, t) = + \frac{e}{\hbar}\, \mathfrak{E} \operatorname{grad}_{\mathfrak{k}_n} f_0\big(E(\mathfrak{k}_n)\big)\, dt$$

$$= + \frac{e}{\hbar}\, \mathfrak{E} f_0'(E_n) \operatorname{grad}_{\mathfrak{k}_n} E(\mathfrak{k}_n)\, dt = + e\, f_0'(E_n)\, \mathfrak{E}\, \mathfrak{v}_n\, dt. \qquad \text{(XI 4.19)}$$

c) Die Elektronenverteilung f unter der gleichzeitigen Wirkung eines elektrischen Feldes und der Gitterschwingungen

Ein elektrisches Feld kann nun gar nicht allein auf die Teilchenbesetzung einwirken. Bei endlichen Temperaturen kommt die Wirkung der Zusammenstöße mit den Gitterschwingungen unvermeidlich hinzu.

Durch Zusammenfassung von (XI 4.13) und (XI 4.19) ergibt sich dann

$$d f(\mathfrak{k}_{\mathfrak{n}}, t) = I_{\text{Stöße}}(f(\mathfrak{k}_{\mathfrak{n}}))\, dt + e f_0'(E_{\mathfrak{n}})\, \mathfrak{E}\, \mathfrak{v}_{\mathfrak{n}}\, dt$$

$$= \frac{V_{\text{Grund}}}{8\pi^3} \frac{2^{1/2} m_n^{3/2}}{\hbar^3} (E_{\mathfrak{n}} - E_C)^{1/2} \int\limits_{\Theta_{\mathfrak{z}}=0}^{\Theta_{\mathfrak{z}}=\pi} \int\limits_{\Phi_{\mathfrak{z}}=0}^{\Phi_{\mathfrak{z}}=2\pi} L(E_{\mathfrak{n}}, \Theta_{\mathfrak{z}})\, [f(\mathfrak{k}_{\mathfrak{z}}) - f(\mathfrak{k}_{\mathfrak{n}})] \times$$

$$\times \sin\Theta_{\mathfrak{z}}\, d\Theta_{\mathfrak{z}}\, d\Phi_{\mathfrak{z}}\, dt + e f_0'(E_{\mathfrak{n}})\, \mathfrak{E}\, \mathfrak{v}_{\mathfrak{n}}\, dt. \qquad \text{(XI 4.20)}$$

Unter der Wirkung des Feldes $\mathfrak{E}$ stellt sich im Laufe der Zeit eine stationäre Verteilung $f \neq f_0$ ein. Für sie gilt

$$d f(\mathfrak{k}_{\mathfrak{n}}, t) = 0, \qquad \text{(XI 4.21)}$$

und hiermit erhalten wir aus (XI 4.20) folgende Integralgleichung[1] für $f(\mathfrak{k}_{\mathfrak{z}})$:

$$-I_{\text{Stöße}}(f(\mathfrak{k}_{\mathfrak{n}})) = \frac{V_{\text{Grund}}}{8\pi^3} \frac{2^{1/2} m_n^{3/2}}{\hbar^3} (E_{\mathfrak{n}} - E_C)^{1/2} \int\limits_{\Theta_{\mathfrak{z}}=0}^{\Theta_{\mathfrak{z}}=\pi} \int\limits_{\Phi_{\mathfrak{z}}=0}^{\Phi_{\mathfrak{z}}=2\pi} L(E_{\mathfrak{n}}, \Theta_{\mathfrak{z}}) \times$$

$$\times [f(\mathfrak{k}_{\mathfrak{n}}) - f(\mathfrak{k}_{\mathfrak{z}})] \sin\Theta_{\mathfrak{z}}\, d\Theta_{\mathfrak{z}}\, d\Phi_{\mathfrak{z}} = + e f_0'(E_{\mathfrak{n}})\, \mathfrak{E}\, \mathfrak{v}_{\mathfrak{n}}. \qquad \text{(XI 4.22)}$$

Wenn $f(\mathfrak{k}_{\mathfrak{z}})$ nicht nur von $\mathfrak{k}_{\mathfrak{z}}$, sondern auch von $\mathfrak{k}_{\mathfrak{n}}$ abhängen dürfte, gäbe es eine Reihe von formalen Lösungen, die aber physikalisch ohne Bedeutung sind. Von einer physikalisch bedeutungsvollen Lösung f müssen wir verlangen, daß die Verteilungsfunktion f nur vom Wellenvektor $\mathfrak{k}_{\mathfrak{z}}$ der betrachteten Elektronengruppe selbst abhängt, nicht dagegen auch vom $\mathfrak{k}_{\mathfrak{n}}$ einer fremden Elektronengruppe $\mathfrak{n}$ (s. Fußnote 2). Wenn wir also mit einem vorläufig unbekannten τ den Ansatz

$$f(\mathfrak{k}_{\mathfrak{z}}) = f_0(E_{\mathfrak{z}}) + e\, \tau(E_{\mathfrak{z}})\, f_0'(E_{\mathfrak{z}})\, \mathfrak{E}\, \mathfrak{v}_{\mathfrak{z}} \qquad \text{(XI 4.23)}$$

machen, so muß sich bei der Verifikation ergeben, daß das unbekannte τ tatsächlich nur vom $\mathfrak{k}_{\mathfrak{z}}$ der betrachteten Elektronengruppe abhängt, wenn (XI 4.23) physikalisch sinnvoll sein soll. Eine Abhängigkeit von $E_{\mathfrak{n}}$ stört dabei wegen $E_{\mathfrak{n}} = E_{\mathfrak{z}}$ nicht (XI 2.55).

Zur Verifikation setzen wir (XI 4.23) in (XI 4.22) ein und beachten dabei (XI 2.55), so daß sich wegen $E_{\mathfrak{n}} = E_{\mathfrak{z}}$ die Terme mit f_0 in der eckigen Klammer wegheben, ebenso rechts und links die Faktoren $e f_0'(E_{\mathfrak{z}}) = e f_0'(E_{\mathfrak{n}})$; wegen $E_{\mathfrak{n}} = E_{\mathfrak{z}}$ ist schließlich auch $\tau(E_{\mathfrak{n}}) = \tau(E_{\mathfrak{z}})$,

---

[1] Man beachte die Vorzeichenumkehr in der eckigen Klammer beim Übergang von (XI 4.20) nach (XI 4.22).

[2] Sonst wären statt (XI 4.23) auch Lösungen $f_0(E_{\mathfrak{z}}) + A(\mathfrak{E}\, \mathfrak{v}_{\mathfrak{z}})^2$ oder $f_0(E_{\mathfrak{z}}) + A(\mathfrak{E}\, \mathfrak{v}_{\mathfrak{z}})^3$ z. B. möglich.

und überhaupt schreiben wir im folgenden jetzt überall $E_{\mathfrak{z}}$ statt $E_{\mathfrak{n}}$

$$-\frac{I_{\text{Stöße}}(f(\mathfrak{k}_{\mathfrak{n}}))}{e f_0'(E_{\mathfrak{n}})} = \frac{V_{\text{Grund}}}{8\pi^3}\,\frac{2^{1/2}\, m_n^{3/2}}{\hbar^3}\,(E_{\mathfrak{z}} - E_C)^{1/2} \int\limits_{\Theta_{\mathfrak{z}}=0}^{\Theta_{\mathfrak{z}}=\pi} \int\limits_{\Phi_{\mathfrak{z}}=0}^{\Phi_{\mathfrak{z}}=2\pi} L(E_{\mathfrak{z}}, \Theta_{\mathfrak{z}}) \times$$

$$\times\, \tau(E_{\mathfrak{z}})\, \mathfrak{E}[\mathfrak{v}_{\mathfrak{n}} - \mathfrak{v}_{\mathfrak{z}}]_{E_{\mathfrak{n}} = E_{\mathfrak{z}}} \sin\Theta_{\mathfrak{z}}\, d\Theta_{\mathfrak{z}}\, d\Phi_{\mathfrak{z}} = +\,\mathfrak{E}\,\mathfrak{v}_{\mathfrak{n}}. \qquad \text{(XI 4.24)}$$

Beim primitiven Bändermodell (VII 4.26) ist nach (VII 5.10) $E = E_C + \frac{1}{2} m_n v^2$, und deshalb folgt aus $E_{\mathfrak{n}} = E_{\mathfrak{z}}$ für die Geschwindigkeiten

$$|\mathfrak{v}_{\mathfrak{n}}| = |\mathfrak{v}_{\mathfrak{z}}| = v_{\mathfrak{n}}. \qquad \text{(XI 4.25)}$$

Weiter ist nach Abb. XI 4.1 und nach (XI 4.25)

$$\mathfrak{v}_{\mathfrak{z}} = v_{\mathfrak{n}} \{\sin\Theta_{\mathfrak{z}} \cos\Phi_{\mathfrak{z}},\ \sin\Theta_{\mathfrak{z}} \sin\Phi_{\mathfrak{z}},\ \cos\Theta_{\mathfrak{z}}\}, \qquad \text{(XI 4.26)}$$

$$\mathfrak{v}_{\mathfrak{n}} = v_{\mathfrak{n}} \{\ 0,\quad 0,\quad 1\ \}, \qquad \text{(XI 4.27)}$$

$$\mathfrak{E} = |\mathfrak{E}| \{\ \sin\alpha_{\mathfrak{n}},\quad 0,\quad \cos\alpha_{\mathfrak{n}}\ \}. \qquad \text{(XI 4.28)}$$

Somit haben wir

$$\mathfrak{E}[\mathfrak{v}_{\mathfrak{n}} - \mathfrak{v}_{\mathfrak{z}}]_{E_{\mathfrak{n}} = E_{\mathfrak{z}}}$$

$$= |\mathfrak{E}|\, v_{\mathfrak{n}} [-\sin\alpha_{\mathfrak{n}} \sin\Theta_{\mathfrak{z}} \cos\Phi_{\mathfrak{z}} + 0 + \cos\alpha_{\mathfrak{n}} (1 - \cos\Theta_{\mathfrak{z}})]. \qquad \text{(XI 4.29)}$$

Dies wird in (XI 4.24) eingesetzt; außerdem kann $\tau(E_{\mathfrak{z}})$ vor das Integral gezogen werden, da nur über $\Theta_{\mathfrak{z}}$ und $\Phi_{\mathfrak{z}}$ und nicht über $E_{\mathfrak{z}}$ integriert wird:

$$-\frac{I_{\text{Stöße}}(f(\mathfrak{k}_{\mathfrak{n}}))}{e f_0'(E_{\mathfrak{n}})} = \frac{V_{\text{Grund}}}{8\pi^3}\,\frac{2^{1/2}\, m_n^{3/2}}{\hbar^3}\,(E_{\mathfrak{z}} - E_C)^{1/2}\, \tau(E_{\mathfrak{z}}) \int\limits_{\Theta_{\mathfrak{z}}=0}^{\Theta_{\mathfrak{z}}=\pi} \int\limits_{\Phi_{\mathfrak{z}}=0}^{\Phi_{\mathfrak{z}}=2\pi} L(E_{\mathfrak{z}}, \Theta_{\mathfrak{z}}) \times$$

$$\times\, |\mathfrak{E}|\, v_{\mathfrak{n}} [-\sin\alpha_{\mathfrak{n}} \sin\Theta_{\mathfrak{z}} \cos\Phi_{\mathfrak{z}} + \cos\alpha_{\mathfrak{n}} (1 - \cos\Theta_{\mathfrak{z}})] \sin\Theta_{\mathfrak{z}}\, d\Theta_{\mathfrak{z}}\, d\Phi_{\mathfrak{z}} = \mathfrak{E}\,\mathfrak{v}_{\mathfrak{n}}. \qquad \text{(XI 4.30)}$$

Ausführung der Integration über $\Phi_{\mathfrak{z}}$ bringt den ersten Term in der eckigen Klammer zum Verschwinden. Vom zweiten Term kann der Faktor $\cos\alpha_{\mathfrak{n}}$ zusammen mit $|\mathfrak{E}|\, v_{\mathfrak{n}}$ vor das Integral gezogen und dann zusammen mit $\tau(E_{\mathfrak{z}}) = \tau(E_{\mathfrak{n}})$ in den Nenner der rechten bzw. linken Seite hinunter dividiert werden:

$$-\frac{I_{\text{Stöße}}(f(\mathfrak{k}_{\mathfrak{n}}))}{e\,\tau(E_{\mathfrak{n}})\, f_0'(E_{\mathfrak{n}})\, |\mathfrak{E}|\, v_{\mathfrak{n}} \cos\alpha_{\mathfrak{n}}}$$

$$= \frac{V_{\text{Grund}}}{8\pi^3}\,\frac{2^{1/2}\, m_n^{3/2}}{\hbar^3}\,(E_{\mathfrak{z}} - E_C)^{1/2}\, 2\pi \int\limits_{\Theta_{\mathfrak{z}}=0}^{\Theta_{\mathfrak{z}}=\pi} L(E_{\mathfrak{z}}, \Theta_{\mathfrak{z}})\,(1 - \cos\Theta_{\mathfrak{z}}) \sin\Theta_{\mathfrak{z}}\, d\Theta_{\mathfrak{z}}$$

$$= \frac{\mathfrak{E}\,\mathfrak{v}_{\mathfrak{n}}}{\tau(E_{\mathfrak{z}})\, |\mathfrak{E}|\, v_{\mathfrak{n}} \cos\alpha_{\mathfrak{n}}}. \qquad \text{(XI 4.31)}$$

Nach (XI 4.27) und (XI 4.28) ist

$$\mathfrak{E}\,\mathfrak{v}_{\mathfrak{n}} = |\mathfrak{E}|\, v_{\mathfrak{n}} \cos\alpha_{\mathfrak{n}} \qquad \text{(XI 4.32)}$$

und es bleibt auf der rechten Seite von (XI 4.31) einfach $1/\tau(E_{\mathfrak{z}})$. Links berücksichtigen wir (XI 4.23), wo $\mathfrak{k}_{\mathfrak{z}}$ durch $\mathfrak{k}_{\mathfrak{n}}$ substituiert ist:

$$-\frac{I_{\text{Stöße}}(f(\mathfrak{k}_{\mathfrak{n}}))}{f(\mathfrak{k}_{\mathfrak{n}}) - f_0(\mathfrak{k}_{\mathfrak{n}})} = \frac{1}{\tau(E_{\mathfrak{z}})}$$

$$= \frac{V_{\text{Grund}}}{4\pi^2}\,\frac{2^{1/2} m_n^{3/2}}{\hbar^3}(E_{\mathfrak{z}} - E_C)^{1/2} \int\limits_{\Theta_{\mathfrak{z}}=0}^{\Theta_{\mathfrak{z}}=\pi} L(E_{\mathfrak{z}}, \Theta_{\mathfrak{z}})\,(1-\cos\Theta_{\mathfrak{z}})\sin\Theta_{\mathfrak{z}}\, d\Theta_{\mathfrak{z}}. \qquad \text{(XI 4.33)}$$

Einerseits erweist sich also der zunächst unbekannte Faktor τ in dem probeweisen Ansatz (XI 4.23) tatsächlich als unabhängig von der Richtung $\mathfrak{k}_{\mathfrak{n}}$. (XI 4.23) stellt also für beliebige Werte des „Parameters" $\mathfrak{k}_{\mathfrak{n}}$ eine Lösung der Integralgleichung (XI 4.22) dar, und zwar eine Lösung, die nur von ihrem eigenen „Argument" $\mathfrak{k}_{\mathfrak{z}}$ und nicht von einem undefinierten fremden „Parameter" $\mathfrak{k}_{\mathfrak{n}}$ abhängt, wie es aus physikalischen Gründen zu fordern ist.

Andererseits zeigt (XI 4.33) zusammen mit (XI 2.55), daß sich aus dem Ansatz (XI 4.23) eine später noch mehrfach wertvoll werdende Beziehung für die Stoßzahl ergibt:

$$I_{\text{Stöße}}(f(\mathfrak{k}_{\mathfrak{n}})) = -\frac{1}{\tau(E_{\mathfrak{n}})}\big(f(\mathfrak{k}_{\mathfrak{n}}) - f_0(\mathfrak{k}_{\mathfrak{n}})\big). \qquad \text{(XI 4.34)}$$

Für diese späteren Zwecke (S. 574 und 584) machen wir weiter die folgende Bemerkung, die sich durch eine Kontrolle des Rechnungsvorgangs von (XI 4.23) nach (XI 4.34) bestätigen läßt: Die Beziehung (XI 4.34) resultiert auch, wenn im Ansatz (XI 4.23) im zweiten Term auf der rechten Seite noch weitere Faktoren hinzugefügt werden, die allerdings die Komponenten des Wellenvektors $\mathfrak{k}_{\mathfrak{z}}$ nicht einzeln, sondern nur in der Verbindung $E_{\mathfrak{z}} = \frac{\hbar^2}{2m_{\text{eff}}}|\mathfrak{k}_{\mathfrak{z}}|^2$ enthalten dürfen, also Faktoren, die eine Funktion von $E_{\mathfrak{z}}$ sind (das wird auf S. 574 wichtig werden). Eine weitere Modifikation schadet der Ableitung von (XI 4.34) ebenfalls nicht: Der Vektor $\mathfrak{E}$ darf durch einen anderen Vektor ersetzt werden, der ebenso wie $\mathfrak{E}$ unabhängig von den Daten $\mathfrak{k}_{\mathfrak{z}}$ und $E_{\mathfrak{z}}$ der gerade betrachteten Elektronengruppe ist. (Das wird auf S. 584 wichtig werden.)

Nach diesen Zwischenbemerkungen fahren wir in der Ermittlung der Relaxationszeit τ fort. Setzen wir in (XI 4.33) den im vorigen § 3 ermittelten Wert (XI 3.44) für die Ablenkungswahrscheinlichkeit $L(E_{\mathfrak{z}}, \Theta_{\mathfrak{z}})$ ein, so kann der Wert (XI 3.44) sofort vor das Integral über $\Theta_{\mathfrak{z}}$ gezogen werden, da der aus den Zusammenstößen mit dem Gitter sich ergebende L-Wert (XI 3.44) unabhängig von $\Theta_{\mathfrak{z}}$ ist. Die

Integration über $\Theta_{\mathfrak{z}}$ ergibt den Wert 2, und man erhält

$$\frac{1}{\tau(E_{\mathfrak{z}})} = \frac{V_{\text{Grund}}}{4\pi^2} \frac{2^{1/2} m_n^{3/2}}{\hbar^3} (E_{\mathfrak{z}} - E_C)^{1/2} \frac{2\pi \mathrm{k} T}{\hbar\, G\, M\, v_{\text{long}}^2} \left(E_C + e V(r_0)\right)^2 \cdot 2. \tag{XI 4.35}$$

$G\,M$ ist die Masse der G Gitterpunkte und deshalb ist

$$\frac{G\,M}{V_{\text{Grund}}} = \varrho \tag{XI 4.36}$$

die Massendichte des Kristalls. Damit wird dann aus (XI 4.35)

$$\tau(E_{\mathfrak{z}}) = \frac{\pi\, \hbar^4\, \varrho\, v_{\text{long}}^2}{2^{1/2} (E_C + e V(r_0))^2} (m_n)^{-3/2} (\mathrm{k} T)^{-1} (E_{\mathfrak{z}} - E_C)^{-1/2}. \tag{XI 4.37}$$

Beim primitiven Bändermodell (VII 4.26), auf das wir uns ja schon in (XI 4.10) beschränkt haben, ergibt die Anwendung von (VII 5.10)

$$\mathfrak{v}_{\mathfrak{z}} = \frac{\hbar}{m_n} \mathfrak{k}_{\mathfrak{z}} \tag{XI 4.38}$$

oder für die absoluten Beträge

$$v_{\mathfrak{z}} = \frac{\hbar}{m_n} k_{\mathfrak{z}} \tag{XI 4.39}$$

und mit (XI 4.10)

$$(E_{\mathfrak{z}} - E_C)^{-1/2} = 2^{1/2}\, m_n^{-1/2}\, v_{\mathfrak{z}}^{-1}. \tag{XI 4.40}$$

Wird das in (XI 4.37) verwendet, so ergibt sich

$$v_{\mathfrak{z}}\, \tau(E_{\mathfrak{z}}) = l_{\mathfrak{z}} = \frac{\pi\, \hbar^4\, \varrho\, v_{\text{long}}^2}{(E_C + e V(r_0))^2} m_n^{-2} (\mathrm{k} T)^{-1}, \tag{XI 4.41}$$

also eine von der Wellenzahl $\mathfrak{k}$ oder von der Energie des betreffenden Elektrons unabhängige freie Weglänge l.

d) $\tau(E_{\mathfrak{z}})$ als Relaxationszeit der Besetzungswahrscheinlichkeit f nach Abschalten der „Störung $\mathfrak{E}$"

Durch ein elektrisches Feld $\mathfrak{E}$ wird die elektronische Besetzungswahrscheinlichkeit f gestört und nimmt nach genügend langer Dauer der Störung den stationären Wert (XI 4.23) an. Wird die Störung $\mathfrak{E}$ im Zeitmoment $t = 0$ wieder abgeschaltet, so verwandelt sich die gestörte Besetzung f unter dem Einfluß der Stöße allmählich wieder in die thermische Gleichgewichtsbesetzung f_0 zurück. Wir wollen nun zeigen, daß sich dieser Vorgang mit den Zeitkonstanten[1] $\tau(E_{\mathfrak{n}})$ voll-

---

[1] Da nach (XI 4.37) die Relaxationszeit τ von $E_{\mathfrak{z}}$ abhängt, heißt das, daß die Verteilungsfunktion f nicht mit einer einheitlichen Zeitkonstante abklingt, sondern daß jede durch einen einheitlichen Energiewert $E_{\mathfrak{z}}$ gekennzeichnete Elektronengruppe für sich zum Gleichgewicht kommt, und zwar energiereichere Elektronen schneller als Elektronen am Rande $E = E_C$ des Leitungsbandes, wo $\tau(E_C)$ nach (XI 4.37) sogar unendlich groß wird.

zieht. Für die Wirkung der Stöße allein folgt aus (XI 4.20) mit $\mathfrak{E} = 0$

$$\frac{\partial}{\partial t} f(\mathfrak{k}_n, t) = + I_{\text{Stöße}}\big(f(\mathfrak{k}_n, t)\big). \tag{XI 4.42}$$

Wir machen zur Lösung dieser Gleichung den Ansatz

$$f(\mathfrak{k}_n, t) = f_0(E_n) + e\,\tau(E_n)\, f_0'(E_n)\, \mathfrak{E}\, \mathfrak{v}_n\, e^{-\frac{t}{\tau(E_n)}}. \tag{XI 4.43}$$

Um diesen Ansatz durch Einsetzen in (XI 4.42) zu verifizieren, müssen wir mit ihm die Funktion $I_{\text{Stöße}}\big(f(\mathfrak{k}_n, t)\big)$ berechnen. Zu diesem Zweck bemerken wir, daß sich (XI 4.43) von (XI 4.23) nur durch den Faktor $\exp\big(-t/\tau(E_n)\big)$ unterscheidet. Das schadet aber (s. S. 572) der Ableitung der Beziehung (XI 4.34) nichts, die somit auch für den zu verifizierenden zeitabhängigen Ansatz (XI 4.43) gilt:

$$I_{\text{Stöße}} f\big((\mathfrak{k}_n, t)\big) = -\frac{1}{\tau(E_n)}\big(f(\mathfrak{k}_n, t) - f_0(\mathfrak{k}_n)\big). \tag{XI 4.44}$$

Durch das Einsetzen von (XI 4.43) nimmt also (XI 4.42) zunächst die Gestalt

$$\frac{\partial}{\partial t} f(\mathfrak{k}_n, t) = -\frac{1}{\tau(E_n)}\big(f(\mathfrak{k}_n, t) - f_0(\mathfrak{k}_n)\big), \tag{XI 4.45}$$

an. Weiteres Einsetzen von (XI 4.43) führt auf die Identität

$$-e f_0'(E_n)\, \mathfrak{E}\, \mathfrak{v}_n\, e^{-\frac{t}{\tau(E_n)}} = -e f_0'(E_n)\, \mathfrak{E}\, \mathfrak{v}_n\, e^{-\frac{t}{\tau(E_n)}},$$

womit der probeweise Ansatz (XI 4.43) verifiziert ist. Zugleich ist die Behauptung bewiesen, daß $\tau(E_n)$ die Relaxationszeit des Abklingens einer Verteilungsstörung $e\,\tau(E_n)\, f_0'(E_n)\, \mathfrak{E}\, \mathfrak{v}_n = f(\mathfrak{k}_n, 0) - f_0(\mathfrak{k}_n)$ ist.

Vorbereitend für den nächsten § 5 wollen wir vielleicht darauf hinweisen, daß wegen des inneren Produktes $\mathfrak{E}\, \mathfrak{v}_n$ in (XI 4.43) oder (XI 4.23) die gestörten Elektronenverteilungen mehr Elektronen mit Geschwindigkeiten in Richtung des Feldes als entgegengesetzt zur Richtung des Feldes $\mathfrak{E}$ liefern: Die gestörte Elektronenverteilung ist in Richtung des Feldes verzerrt im Gegensatz zur kugelsymmetrischen Gleichgewichtsverteilung $f_0(E_n)$, bei der alle Geschwindigkeitsrichtungen gleich häufig vorkommen und sich infolgedessen strommäßig gegenseitig kompensieren.

§ 5. Zusammenhang zwischen der Beweglichkeit μ und den Relaxationszeiten $\tau(E)$

Im Volumenelement $d V_{\mathfrak{k}}$ des $\mathfrak{k}$-Raumes sind nach (XI 4.02)

$$\frac{V_{\text{Grund}}}{4\pi^3} f(\mathfrak{k}, t)\, d V_{\mathfrak{k}} \tag{XI 5.01}$$

Elektronen vorhanden. Jedes einzelne dieser Elektronen erzeugt mit seiner Geschwindigkeitskomponente $\mathfrak{v}_x$ nach (VII 5.13) oder (VII 9.13) eine Stromdichtekomponente

$$\mathfrak{i}_{x\,\text{einzel}} = -\frac{e}{V_{\text{Grund}}}\,\mathfrak{v}_x. \qquad \text{(XI 5.02)}$$

Diese Beiträge addieren sich, so daß die Elektronen des Volumenelements $d\,V_{\mathfrak{k}}$ die Stromdichtekomponente

$$\mathfrak{i}_x = -\frac{e}{4\pi^3}\,f(\mathfrak{k}, t)\,\mathfrak{v}_x(\mathfrak{k})\,d\,V_{\mathfrak{k}} \qquad \text{(XI 5.03)}$$

liefern. Um alle Elektronen des Leitungsbandes zu erfassen, müßte im Prinzip über die ganze erste BRILLOUIN-Zone integriert werden; denn die (reduzierten) Wellenvektoren $\mathfrak{k}$ eines Energiebandes erfüllen ja gerade die erste BRILLOUIN-Zone bzw. den BLOCHschen Periodizitätspolyeder (s. S. 284, Mitte). Tatsächlich sind aber in einem Band nur die tiefen Energiezustände besetzt und es genügt praktisch, nur die Zustände mit

$$E < E_{\max} \qquad \text{(XI 5.04)}$$

zu erfassen, wobei über die Festlegung von $E_{\max}$ später gesprochen werden soll:

$$\mathfrak{i}_x = -\frac{e}{4\pi^3}\int\limits_{E<E_{\max}} f(\mathfrak{k}, t)\,\mathfrak{v}_x(\mathfrak{k})\,d\,V_{\mathfrak{k}}. \qquad \text{(XI 5.05)}$$

Hier verwenden wir (XI 4.23), wobei wir

$$\mathfrak{E} = \{\mathfrak{E}_x, 0, 0\} \qquad \text{(XI 5.06)}$$

setzen. Wir berücksichtigen sofort, daß die Gleichgewichtsdichte f_0 keinen Strombeitrag liefern kann[1]:

$$\mathfrak{i}_x = -\frac{e^2}{4\pi^3}\,\mathfrak{E}_x\int\limits_{E<E_{\max}} \tau(E)\,f_0'(E)\,\mathfrak{v}_x^2(\mathfrak{k})\,d\,V_{\mathfrak{k}}. \qquad \text{(XI 5.07)}$$

Wieder beschränken wir uns im folgenden auf das primitive Bändermodell (VII 4.26)

$$E = E_C + \frac{\hbar^2}{2m_n}(\mathfrak{k}_x^2 + \mathfrak{k}_y^2 + \mathfrak{k}_z^2) = E_C + \frac{\hbar^2}{2m_n}k^2, \qquad \text{(XI 5.08)}$$

woraus mit (VII 5.10)

$$\mathfrak{v}_x = \frac{\hbar}{m_n}\,\mathfrak{k}_x \qquad \text{(XI 5.09)}$$

folgt. Mit (XI 5.09) wird aus (XI 5.07)

$$\mathfrak{i}_x = -\frac{e^2}{4\pi^3}\,\mathfrak{E}_x\,\frac{\hbar^2}{m_n^2}\int\limits_{E<E_{\max}} \tau(E)\,f_0'(E)\,\mathfrak{k}_x^2\,d\,V_{\mathfrak{k}}. \qquad \text{(XI 5.10)}$$

---

[1] Siehe hierzu auch S. 368 und 369.

Die Fläche $E = E_{\max}$, die das Integrations-„Intervall" begrenzt, ist wegen (XI 5.08) eine Kugel im Raum der $\mathfrak{k}$-Vektoren:

$$k = k(E_{\max}). \tag{XI 5.11}$$

Wieder führen wir Kugelkoordinaten k, Θ, Φ im Raum der $\mathfrak{k}$-Vektoren ein:

$$\mathfrak{k}_x = k \sin\Theta \cos\Phi, \tag{XI 5.12}$$

$$d V_{\mathfrak{k}} = k \sin\Theta \, d\Phi \, k \, d\Theta \, dk = k^2 \, dk \sin\Theta \, d\Theta \, d\Phi, \tag{XI 5.13}$$

$$\mathfrak{i}_x = -\frac{e^2}{4\pi^3} \mathfrak{E}_x \frac{\hbar^2}{m_n^2} \int\limits_{k=0}^{k=k(E_{\max})} \tau(E) f_0'(E) \int\limits_{\Theta=0}^{\Theta=\pi} \int\limits_{\Phi=0}^{\Phi=2\pi} k^2 \sin^2\Theta \cos^2\Phi \times$$
$$\times k^2 \, dk \sin\Theta \, d\Theta \, d\Phi. \tag{XI 5.14}$$

Die Ausführung der Integrationen über Θ und Φ ergibt den Faktor $\frac{4}{3}\pi$. Um als Integrationsvariable E einzuführen, entnehmen wir (XI 5.08)

$$k = \frac{(2m_n)^{1/2}}{\hbar} (E - E_C)^{1/2} \tag{XI 5.15}$$

und weiter

$$dk = \frac{1}{2} \frac{(2m_n)^{1/2}}{\hbar} (E - E_C)^{-1/2} \, dE. \tag{XI 5.16}$$

Damit wird aus (XI 5.14)

$$\mathfrak{i}_x = -\frac{e^2}{4\pi^3} \mathfrak{E}_x \frac{4\pi}{3} \frac{\hbar^2}{m_n^2} \frac{(2m_n)^2}{\hbar^4} \frac{1}{2} \frac{(2m_n)^{1/2}}{\hbar} \int\limits_{E=E_C}^{E=E_{\max}} \tau(E) f_0'(E) (E - E_C)^{3/2} \, dE. \tag{XI 5.17}$$

Um mit der Beziehung (VII 9.14) vergleichen zu können und um dadurch auf die Beweglichkeit zu kommen, müssen wir die Elektronenkonzentration n einführen. Die Gesamtzahl N der Elektronen in dem betrachteten Leitungsband bekommen wir durch Integration von (XI 5.01):

$$N = \frac{V_{\text{Grund}}}{4\pi^3} \int\limits_{E<E_{\max}} f_0(E) \, d V_{\mathfrak{k}}, \tag{XI 5.18}$$

woraus für die Elektronenkonzentration N/V_{Grund} mit $d V_{\mathfrak{k}} = 4\pi k^2 \, dk$ und mit (XI 5.15) und (XI 5.16)

$$\frac{N}{V_{\text{Grund}}} = n = \frac{1}{4\pi^3} 4\pi \frac{2m_n}{\hbar^2} \frac{1}{2} \frac{(2m_n)^{1/2}}{\hbar} \int\limits_{E=E_C}^{E=E_{\max}} f_0(E)(E - E_C)^{1/2} dE \tag{XI 5.19}$$

folgt. (XI 5.17) wird durch (XI 5.19) dividiert. Das Ergebnis wird mit n multipliziert:

$$\mathfrak{i}_x = -e^2 \mathfrak{E}_x n \frac{1}{3} \frac{\hbar^2}{m_n^2} \frac{2m_n}{\hbar^2} \frac{\int\limits_{E=E_C}^{E=E_{\max}} \tau(E) f_0'(E) (E - E_C)^{3/2} \, dE}{\int\limits_{E=E_C}^{E=E_{\max}} f_0(E) (E - E_C)^{1/2} \, dE}. \tag{XI 5.20}$$

Vergleich mit der Beziehung (VII 9.14)

$$i_x = e\,\mu\,n\,\mathfrak{E}_x \tag{XI 5.21}$$

liefert schließlich

$$\mu = -\frac{e}{m_n}\,\frac{2}{3}\cdot\frac{\int\limits_{E=E_C}^{E=E_{max}} \tau(E)\,f_0'(E)\,(E-E_C)^{3/2}\,dE}{\int\limits_{E=E_C}^{E=E_{max}} f_0(E)\,(E-E_C)^{1/2}\,dE}. \tag{XI 5.22}$$

Für die Verteilungsfunktion $f_0(E)$ der Elektronen ist auf jeden Fall die FERMI-Verteilung (VII 10.01)

$$f_0(E) = \frac{1}{e^{\frac{E-E_F}{kT}}+1} \tag{XI 5.23}$$

einzusetzen. Ein Metall und ein Halbleiter unterscheiden sich nun dadurch, daß die untere Integrationsgrenze E_C beim Metall unter und beim Halbleiter über dem FERMI-Niveau E_F liegt.

Metall: $E_C < E_F$.

Zur Auswertung des Integrals im Nenner von (XI 5.22) ersetzen wir $f_0(E)$ gemäß Abb. VII 10.1 durch die Hakenfunktion

$$f_0(E) \approx \begin{cases} 1 & \text{für} \quad E < E_F \\ 0 & \text{für} \quad E > E_F, \end{cases} \tag{XI 5.24}$$

und erhalten dann

$$\int\limits_{E=E_C}^{E=E_{max}} f_0(E)\,(E-E_C)^{1/2}\,dE \approx \int\limits_{E=E_C}^{E=E_F} (E-E_C)^{1/2}\,dE, \tag{XI 5.25}$$

$$\approx \tfrac{2}{3}(E_F - E_C)^{3/2}. \tag{XI 5.26}$$

Für die Auswertung des Integrals im Zähler führen wir eine Abkürzung

$$\Phi(E) = \tau(E)\,(E-E_C)^{3/2} \tag{XI 5.27}$$

ein. Mit einer partiellen Integration kommt

$$\int\limits_{E=E_C}^{E=E_{max}} \Phi(E)\,\frac{d f_0(E)}{dE}\,dE = \Phi(E)\,f_0(E)\Big|_{E=E_C}^{E=E_{max}} - \int\limits_{E=E_C}^{E=E_{max}} \Phi'(E)\,f_0(E)\,dE \tag{XI 5.28}$$

und weiter mit (XI 5.24)

$$\int\limits_{E=E_C}^{E=E_{max}} \Phi(E)\,\frac{d f_0(E)}{dE}\,dE = \Phi(E_{max})\cdot 0 - \Phi(E_C)\cdot 1 - \int\limits_{E=E_C}^{E=E_F} \Phi'(E)\cdot 1\,dE, \tag{XI 5.29}$$

$$= \qquad - \Phi(E_C) - \Phi(E_F) + \Phi(E_C), \tag{XI 5.30}$$

$$= \qquad - \Phi(E_F). \tag{XI 5.31}$$

Mit (XI 5.26), (XI 5.27) und (XI 5.31) in (XI 5.22) kommt schließlich im Falle des Metalls

$$\mu_{\text{Metall}} = \frac{e}{m_n}\,\tau(E_F). \tag{XI 5.32}$$

Wenn man für die Leitfähigkeit eines Metalls den Ansatz (XI 5.21) macht und diesen Ansatz zur Definition der Beweglichkeit μ benutzt, so tut man so, als ob sich alle Leitungselektronen des Metalls an dem Leitungsvorgang beteiligen würden. Das δ-funktionsmäßige Verhalten von df_0/dE in der Integration (XI 5.28) bis (XI 5.31) und die Gl. (XI 5.32) für die Beweglichkeit μ zeigen aber, daß in Wirklichkeit nur die Elektronen in der Nähe der FERMI-Kante zur Leitfähigkeit beitragen. Will man freilich die Leitfähigkeit eines Metalls bei gegebener Beweglichkeit μ berechnen, so muß man wegen (XI 5.21) die Konzentration *n aller* Leitungselektronen einsetzen.

Halbleiter: $E_C > E_F$.

Für die Auswertung der Integrale in (XI 5.22) kann die Verteilungsfunktion (XI 5.23) durch ihren BOLTZMANN-Schwanz ersetzt werden:

$$f_0(E) \approx e^{-\frac{E-E_F}{kT}} = e^{\frac{E_F-E_C}{kT}}\,e^{-\frac{E-E_C}{kT}} = A\,e^{-\frac{E-E_C}{kT}}. \tag{XI 5.33}$$

Aus (XI 5.22) folgt dann

$$\mu = -\frac{e}{m_n}\,\frac{2}{3}\,\frac{-\dfrac{1}{kT}\displaystyle\int\limits_{E=E_C}^{E=E_{\max}} \tau(E)\,(E-E_C)^{3/2}\,e^{-\frac{E-E_C}{kT}}\,dE}{\displaystyle\int\limits_{E=E_C}^{E=E_{\max}} (E-E_C)^{1/2}\,e^{-\frac{E-E_C}{kT}}\,dE}. \tag{XI 5.34}$$

Wir führen im Zähler- und im Nennerintegral

$$E' = E - E_C \tag{XI 5.35}$$

als neue Integrationsvariable ein. Wegen der Exponentialfaktoren in den Integranden kann unbedenklich $E_{\max} = \infty$ gesetzt werden. Schließlich integrieren wir im Nenner partiell:

$$\int\limits_{E'=0}^{E'=\infty} E'^{\frac{1}{2}}\,e^{-\frac{E'}{kT}}\,dE'$$

$$= \frac{2}{3}\,E'^{\frac{3}{2}}\,e^{-\frac{E'}{kT}}\Bigg|_{E'=0}^{E'=\infty} - \frac{2}{3}\int\limits_{E'=0}^{E'=\infty} E'^{\frac{3}{2}}\,e^{-\frac{E'}{kT}}\,dE'\left(-\frac{1}{kT}\right)$$

$$= +\frac{2}{3}\,\frac{1}{kT}\int\limits_{E'=0}^{E'=\infty} E'^{\frac{3}{2}}\,e^{-\frac{E'}{kT}}\,dE'. \tag{XI 5.36}$$

Mit (XI 5.34) und (XI 5.35) kommt dann endlich

$$\mu_{\text{Halbleiter}} = \frac{e}{m_n} \langle \tau \rangle , \qquad \text{(XI 5.37)}$$

wobei

$$\langle \tau \rangle = \frac{\int\limits_{E'=0}^{E'=\infty} \tau(E')\, E'^{\frac{3}{2}}\, e^{-\frac{E'}{kT}}\, dE'}{\int\limits_{E'=0}^{E'=\infty} E'^{\frac{3}{2}}\, e^{-\frac{E'}{kT}}\, dE'} \qquad \text{(XI 5.38)}$$

ist. Setzen wir hier das Ergebnis (XI 4.37) des § 4 unter Berücksichtigung von (XI 5.35) in der Form

$$\tau(E') = \frac{B}{kT} E'^{-1/2} \quad \text{mit} \quad B = \frac{\pi \hbar^4 \varrho\, v_{\text{long}}^2}{2^{1/2}(E_C + e\,V(r_0))^2}\, m_n^{-3/2} \qquad \text{(XI 5.39)}$$

ein, so kommt

$$\langle \tau \rangle = \frac{B}{kT} \frac{\int\limits_{E'=0}^{E'=\infty} E'\, e^{-\frac{E'}{kT}}\, dE'}{\int\limits_{E'=0}^{E'=\infty} E'^{\frac{3}{2}}\, e^{-\frac{E'}{kT}}\, dE'} = \frac{B}{(kT)^{3/2}} \frac{\int\limits_{\eta=0}^{\eta=\infty} e^{-\eta}\, \eta^1\, d\eta}{\int\limits_{\eta=0}^{\eta=\infty} e^{-\eta}\, \eta^{3/2}\, d\eta} . \qquad \text{(XI 5.40)}$$

Die Integrale lassen sich durch die verallgemeinerte Fakultät $\Pi(x)$ bzw. die Gammafunktion $\Gamma(x+1)$ ausdrücken[1]:

$$\langle \tau \rangle = \frac{B}{(kT)^{3/2}} \frac{\Pi(1)}{\Pi(\frac{3}{2})} = \frac{B}{(kT)^{3/2}} \frac{1}{\frac{3}{4}\sqrt{\pi}} \qquad \text{(XI 5.41)}$$

und mit (XI 5.39)

$$\langle \tau \rangle = \frac{2^{3/2}\pi^{1/2}}{3} \frac{\hbar^4 \varrho\, v_{\text{long}}^2}{(E_C + e\,V(r_0))^2}\, m_n^{-3/2} (kT)^{-3/2}. \qquad \text{(XI 5.42)}$$

Für die Beweglichkeit ergibt sich schließlich aus (XI 5.37)

$$\mu = \frac{2^{3/2}\pi^{1/2}}{3} \frac{e\,\hbar^4 \varrho\, v_{\text{long}}^2}{(E_C + e\,V(r_0))^2}\, m_n^{-5/2} (kT)^{-3/2}. \qquad \text{(XI 5.43)}$$

Setzt man die Zahlenwerte für die atomaren Konstanten ein, so erhält man

$$\mu = 50 \frac{\text{cm}^2}{\text{Volt sek}} \frac{\left(\frac{\varrho}{\text{g cm}^{-3}}\right)\left(\frac{v_{\text{long}}}{\text{km sek}^{-1}}\right)^2}{\left(\frac{E_C + e\,V(r_0)}{e\text{Volt}}\right)^2} \left(\frac{m_n}{m}\right)^{-5/2} \left(\frac{T}{300\,°\text{K}}\right)^{-3/2}. \qquad \text{(XI 5.44)}$$

Bis auf $(T/300\,°\text{K})$ werden die Klammern in diesem Ausdruck bei vielen Halbleiterkristallen Werte zwischen 1 und 10 haben. Man sieht

[1] Siehe E. Jahnke u. F. Emde: Tafeln höherer Funktionen, Leipzig: Teubner 1952, S. 9, insbesondere S. 11 bzw. 1960, S. 5 u. 7.

also, daß man mit der berechneten Beweglichkeit in die richtige Größenordnung $10^2 \cdots 10^3$ cm^2/Volt sek kommt, allerdings mit einer Tendenz zu zu großen Werten. Diese letzte Bemerkung geht aber schon weit über das hinaus, was man von (XI 5.44) erwarten darf; denn das zugrunde gelegte Bändermodell ist ja viel zu primitiv und auch sonst sind im Zuge der Ableitung grobe Vereinfachungen vorgenommen worden. Für einen sehr modernen Überblick über die Theorie sei der Leser abermals auf ZIMAN[1] hingewiesen sowie auf BLATT[2], auf PEIERLS[3], auf WANNIER[4], auf SMITH[5] und auf EHRENBERG[6]. Einen ausgezeichneten kurzen Überblick hat 1958 Frau CONWELL[7] gegeben.

§ 6. Das Zusammenwirken eines Feld- und eines Diffusionsstroms vom statistischen Standpunkt aus

Die Schlußweise im Kap. VIII, § 4, läßt sich folgendermaßen kurz zusammenfassen:

1. Zerlegung des thermischen Gleichgewichts in ein Gegeneinander von Feld- und Diffusionsstrom.

2. Dadurch ergeben sich für beide Stromanteile die Ausdrücke $e\,\mu\,n\,\mathfrak{E}$ und $\mu\,n(d\zeta/dn)\,n'$.

3. Übertragung dieser beiden Ausdrücke auf den Nichtgleichgewichtsfall und Ableitung der NERNST-TOWNSEND-EINSTEIN-Beziehung.

Diese Übertragung vom Gleichgewichts- auf den Nichtgleichgewichtsfall hat etwas Unbehagliches an sich, das auch in den letzten Sätzen in Kap. VIII, § 4, zum Ausdruck kommt. Vielleicht ist daher eine Ableitung der gleichen Resultate vom statistischen Standpunkt aus erwünscht.

Da jetzt auch Nichtgleichgewichtszustände betrachtet werden, müssen wir die Betrachtungen vom Anfang des § 10 aus Kap. VII noch einmal in etwas verallgemeinerter Form wiederholen.

a) Die Verteilungsfunktion $f(\mathfrak{k})$ in Nicht-Gleichgewichtsfällen

Die Quantenzustände des Bändermodells sind durch die Wellenvektoren $\mathfrak{k}$ gekennzeichnet, deren reduzierte Werte die reduzierte Zone

---

[1] ZIMAN, J. M.: Electrons and Phonons, Oxford: Clarendon Press 1962.

[2] BLATT, F. J.: Solid State Physics, herausgegeben von F. SEITZ und D. TURNBULL, Bd. 4, New York: Academic Press 1957, S. 200.

[3] PEIERLS, R.: Quantum Theory of Solids, Oxford 1955.

[4] WANNIER, G. H.: Elements of Solid State Theory, Cambridge: University Press 1959.

[5] SMITH, R. A.: Wave Mechanics of Crystalline Solids, London: Chapman & Hall 1961.

[6] EHRENBERG, W.: Electric Conduction in Semiconductors and Metals, Oxford: Clarendon Press 1958.

[7] CONWELL, E. M.: Proc. IRE 46 (1958) 1281.

des $\mathfrak{k}$-Raumes (s. S. 284 Mitte) ausfüllen. Jeder Quantenzustand beansprucht nach S. 266 ein Volumen $8\pi^3/V_{\text{Grund}}$ des $\mathfrak{k}$-Raumes und stellt wegen des PAULI-Prinzips 2 Plätze zur Verfügung, die mit Elektronen entgegengesetzten Spins besetzt werden können. In einem Volumenelement $d\,V_{\mathfrak{k}}$ des $\mathfrak{k}$-Raumes sind also

$$2\,d\,V_{\mathfrak{k}} \Big/ \frac{8\pi^3}{V_{\text{Grund}}} = \frac{V_{\text{Grund}}}{4\pi^3}\,d\,V_{\mathfrak{k}} \tag{XI 6.01}$$

besetzbare Plätze vorhanden. Bezeichnen wir nun die Wahrscheinlichkeit, mit der ein solcher Platz besetzt ist, mit $f(\mathfrak{k})$, so ist die Zahl $d\,N$ der Elektronen mit einem $\mathfrak{k}$-Vektor in $d\,V_{\mathfrak{k}}$ gleich

$$d\,N = \frac{V_{\text{Grund}}}{4\pi^3}\,f(V_{\mathfrak{k}})\,d\,V_{\mathfrak{k}}. \tag{XI 6.02}$$

Mit Einführung der Elektronenkonzentration

$$n = \frac{N}{V_{\text{Grund}}} \tag{XI 6.03}$$

kommt

$$d\,n = \frac{1}{4\pi^3}\,f(\mathfrak{k})\,d\,V_{\mathfrak{k}}. \tag{XI 6.04}$$

Durch Integration über die reduzierte Zone erhält man für die Konzentration der Leitungselektronen

$$n = \frac{1}{4\pi^3}\int f(\mathfrak{k})\,d\,V_{\mathfrak{k}}. \tag{XI 6.05}$$

Speziell im thermischen Gleichgewicht liegt die FERMI-Verteilung vor:

$$f(\mathfrak{k}) = f_0(E(\mathfrak{k})) = \frac{1}{e^{\frac{1}{kT}[E(\mathfrak{k}) - E_F]} + 1}. \tag{XI 6.06}$$

Aus (XI 6.05) wird also im Gleichgewichtsfall

$$n = \frac{1}{4\pi^3}\int \frac{d\,V_{\mathfrak{k}}}{e^{\frac{1}{kT}[E(\mathfrak{k}) - E_F]} + 1}. \tag{XI 6.07}$$

Dies ist eine Bestimmungsgleichung, aus der die Lage des FERMI-Niveaus E_F als Funktion der Konzentration n bestimmt werden kann, was z. B. auf S. 415 für das einfache Modell „Elektronengas im Potentialtopf" geschehen ist[1] und das Ergebnis (VIII 2.08) geliefert hat:

$$E_F = E_F(n) = E_{\text{pot}} + \zeta\left(\frac{n}{N}\right). \tag{XI 6.08}$$

[1] Wird zur Ausführung der Integration in (XI 6.07) die Energie E als Integrationsvariable eingeführt, so ergibt sich (VII 10.03). Die dort auftretende Zustandsdichte $D(E)$ ist die bei der Variablentransformation $\mathfrak{k} \to E$ auftretende Ableitung $d\,V_{\mathfrak{k}}/d\,E$, wie aus der Berechnung von $D(E)$ auf S. 414f. hervorgeht. Auf S. 415 ist sofort von (VII 10.03) ausgegangen worden.

Für das „primitive" Bändermodell eines Halbleiters oder eines Metalls ergibt sich auf S. 430 bzw. 439

$$E_F = E_F(n) = E_C + \zeta\left(\frac{n}{N_C}\right). \tag{XI 6.09}$$

Im allgemeinen Nichtgleichgewichtsfall ist eine Erweiterung erforderlich: An verschiedenen Orten $\mathfrak{x}$ in dem betrachteten Kristall — z. B. rechts und links von einem pnÜbergang — können ganz verschiedene Konzentrationen von Leitungselektronen vorliegen. Dann ist in (XI 6.05) sowohl die Konzentration n wie die Besetzungswahrscheinlichkeit f eine Funktion des Ortes. Bei nichtstationären Vorgängen — z. B. das Abklingen der Konzentrationsstörung nach dem Abschalten eines Stromes — treten schließlich noch Zeitabhängigkeiten auf:

$$n(\mathfrak{x}, t) = \frac{1}{4\pi^3}\int f(\mathfrak{k}; \mathfrak{x}, t)\, d V_{\mathfrak{k}}. \tag{XI 6.10}$$

Die Ortsabhängigkeit kann aber auch — man denke an das Beispiel des pnÜbergangs — schon im thermischen Gleichgewichtsfall vorliegen. In der Gleichgewichtsverteilungsfunktion f_0 ist dann das Fermi-Niveau E_F über eine Konzentrationsabhängigkeit $E_F(n)$ eine Funktion des Ortes:

$$f_0(\mathfrak{k}; \mathfrak{x}) = \frac{1}{e^{\frac{1}{kT}[E(\mathfrak{k}) - E_F(n(\mathfrak{x}))]} + 1}. \tag{XI 6.11}$$

Freilich besagt das Vorliegen einer Verteilung (XI 6.11) zunächst nur, daß thermisches Gleichgewicht „am Orte $\mathfrak{x}$" herrscht. Ob auch zwischen den Elektronengasvolumina an zwei verschiedenen Orten $\mathfrak{x}_1$ und $\mathfrak{x}_2$ Gleichgewicht herrscht, hängt davon ab, ob die Ortsveränderlichkeit der Konzentration $n(\mathfrak{x})$ das Boltzmann-Prinzip (VIII 3.14) bzw. (VIII 3.11) befolgt.

b) Die Maxwell-Boltzmannsche Stoßgleichung

Nach (XI 6.10) sind in einem sechsdimensionalen Volumenelement $d V\, d V_{\mathfrak{k}}$ eines sechsdimensionalen $(\mathfrak{k}, \mathfrak{x})$-Raumes

$$n(\mathfrak{x}, t)\, dV = \frac{1}{4\pi^3} f(\mathfrak{k}; \mathfrak{x}, t)\, d V_{\mathfrak{k}}\, d V \tag{XI 6.12}$$

Elektronen vorhanden. Jedes dieser Elektronen hat im realen dreidimensionalen Raum die Geschwindigkeit $\dot{\mathfrak{x}}$ und im dreidimensionalen $\mathfrak{k}$-Raum die Geschwindigkeit $\dot{\mathfrak{k}}$. Deshalb haben zur Zeit $t + dt$ die Elektronen, die ursprünglich (zur Zeit t) das Volumenelement $d V_{\mathfrak{k}}\, d V$ besetzten, dieses Volumenelement $d V_{\mathfrak{k}}\, d V$ verlassen. Statt dessen sind andere Elektronen nachgerückt und zwar diejenigen, die zu Beginn des betrachteten Zeitelements, also zur Zeit t ein gleich großes, aber um den sechsdimensionalen Vektor $\{\mathfrak{k} - \dot{\mathfrak{k}}\, dt, \mathfrak{x} - \dot{\mathfrak{x}}\, dt\}$ gruppiertes Volumenelement $d V_{\mathfrak{k}}\, d V$ besetzten. Es ist also

$$\frac{1}{4\pi^3} f(\mathfrak{k}; \mathfrak{x}, t + dt)\, d V_{\mathfrak{k}}\, d V = \frac{1}{4\pi^3} f(\mathfrak{k} - \dot{\mathfrak{k}}\, dt, \mathfrak{x} - \dot{\mathfrak{x}}\, dt, t)\, d V_{\mathfrak{k}}\, d V. \tag{XI 6.13}$$

Daraus folgt

$$\frac{\partial f}{\partial t} = -\dot{\mathfrak{k}} \operatorname{grad}_{\mathfrak{k}} f - \dot{\mathfrak{x}} \operatorname{grad}_{\mathfrak{x}} f \tag{XI 6.14}$$

oder

$$\frac{\partial f}{\partial t} + \dot{\mathfrak{k}} \operatorname{grad}_{\mathfrak{k}} f + \dot{\mathfrak{x}} \operatorname{grad}_{\mathfrak{x}} f = 0. \tag{XI 6.15}$$

Hierbei ist die Wirkung von Zusammenstößen der Elektronen mit Gitterschwingungen oder mit Störstellen oder sonstigen Hindernissen nicht berücksichtigt. Ein Teil dieser Stöße befördert Elektronen, die zur Zeit t nicht in dem betrachteten Volumenelement $d V_{\mathfrak{k}}\, d V$ lagen, während des darauffolgenden Zeitintervalls dt in dieses Volumenelement. Das gibt einen Gewinn, den wir mit $I_{\text{Gewinn}}\, dt$ bezeichnen. Andere Stöße befördern Elektronen aus dem betrachteten Volumenelement heraus und führen zu einem Verlust $I_{\text{Verlust}}\, dt$. An die Stelle von (XI 6.15) muß also folgende Gleichung treten:

$$\frac{\partial f}{\partial t} + \dot{\mathfrak{k}} \operatorname{grad}_{\mathfrak{k}} f + \dot{\mathfrak{x}} \operatorname{grad}_{\mathfrak{x}} f = I_{\text{Gewinn}} - I_{\text{Verlust}}. \tag{XI 6.16}$$

Dies ist die Maxwell-Boltzmannsche Stoßgleichung, für die wir endgültig vielleicht

$$\frac{\partial f}{\partial t} + \dot{\mathfrak{k}} \operatorname{grad}_{\mathfrak{k}} f + \dot{\mathfrak{x}} \operatorname{grad}_{\mathfrak{x}} f = I_{\text{Stöße}}(f) \tag{XI 6.17}$$

schreiben. In der dabei eingeführten resultierenden Stoßzahl

$$I_{\text{Gewinn}} - I_{\text{Verlust}} = I_{\text{Stöße}}(f) \tag{XI 6.18}$$

ist die Abhängigkeit von der Verteilungsfunktion $f(\mathfrak{k}; \mathfrak{x}, t)$ besonders betont worden. Insbesondere muß die Stoßzahl im Fall des thermischen Gleichgewichts verschwinden, ganz gleich um welchen Stoßmechanismus es sich dabei handelt; denn die thermische Gleichgewichtsverteilung f_0 entsteht ja gerade dadurch, daß die Stöße die Verteilung f so lange ändern, bis ein stationärer Zustand erreicht ist, bis also

$$I_{\text{Stöße}}(f_0) = 0 \tag{XI 6.19}$$

ist. Daß f_0 dabei eventuell nur ein thermisches Gleichgewicht „am Ort" beschreibt, ist im vorliegenden Zusammenhang nicht wichtig; das thermische Gleichgewicht muß sich ja bereits durch die Stöße am Ort einstellen. Der Austausch mit Elektronen aus makroskopisch entfernten Volumenelementen darf dazu nicht erforderlich sein.

c) Das Zusammenwirken eines Potential- und eines Konzentrationsgradienten

Wirkt auf die Elektronen ein elektrisches Feld $\mathfrak{E}$, das sich als Gradient eines Potentials $V(\mathfrak{x})$ berechnet

$$\mathfrak{E} = -\operatorname{grad}_{\mathfrak{x}} V(\mathfrak{x}),$$

so ändert sich unter dem Einfluß der Kraft $(-e)\,\mathfrak{E} = +\operatorname{grad}_{\mathfrak{x}} e V(\mathfrak{x})$ der Wellenvektor $\mathfrak{k}$ nach (VII 6.12) gemäß

$$\dot{\mathfrak{k}} = \frac{1}{\hbar}(-e)\,\mathfrak{E} = \frac{1}{\hbar}\operatorname{grad}_{\mathfrak{x}} e V(\mathfrak{x}). \tag{XI 6.20}$$

Das wird in die MAXWELL-BOLTZMANNsche Stoßgleichung (XI 6.17) eingesetzt; außerdem beschränken wir uns auf stationäre Vorgänge mit $(\partial f/\partial t) = 0$:

$$\operatorname{grad}_{\mathfrak{x}} e V(\mathfrak{x})\frac{1}{\hbar}\operatorname{grad}_{\mathfrak{k}} f + \dot{\mathfrak{x}}\operatorname{grad}_{\mathfrak{x}} f = I_{\text{Stöße}}(f). \tag{XI 6.21}$$

Zur Lösung dieser Gleichung machen wir den Ansatz

$$\begin{aligned} f(\mathfrak{k};\mathfrak{x}) &= f_0(\mathfrak{k};\mathfrak{x}) + f_1(\mathfrak{k};\mathfrak{x}),\\ &= f_0\big(E(\mathfrak{k});\,E_F(n(\mathfrak{x}))\big) +\\ &\quad + \tau\big(E(\mathfrak{k})\big)\frac{\partial}{\partial E} f_0\big(E(\mathfrak{k});\,E_F(n(\mathfrak{x}))\big)\,\mathfrak{v}\operatorname{grad}_{\mathfrak{x}}\boldsymbol{E}_F^{(n)}\big(n(\mathfrak{x})\big). \end{aligned} \tag{XI 6.22}$$

Hierbei ist $\boldsymbol{E}_F^{(n)}\big(n(\mathfrak{x})\big)$ das elektrochemische Potential $-e\,V(\mathfrak{x}) + E_F\big(n(\mathfrak{x})\big)$ (s. Gl. (X 9.01) und Kleindruck auf S. 525 und 526).

Weiter machen wir die Annahme, daß die Ursache $\operatorname{grad}_{\mathfrak{x}}\boldsymbol{E}_F^{(n)}$ der Störung f_1 so klein ist, daß

$$|f_1| \ll f_0 \tag{XI 6.23}$$

bleibt. Die Bedeutung dieser Annahme werden wir erst später auf S. 586 genauer untersuchen. Wir gehen vielmehr sofort mit dem Ansatz (XI 6.22) und (XI 6.23) in die zu lösende Gl. (XI 6.21) ein. Um die rechte Seite $I_{\text{Stöße}}(f)$ zu berechnen, brauchen wir nicht auf (XI 4.13) zurückzugehen und die Integration durchzuführen. Wir vergleichen statt dessen den Ansatz (XI 6.22) mit (XI 4.23) und sehen, daß nur der Vektor $e\,\mathfrak{E}$ durch $\operatorname{grad}_{\mathfrak{x}}\boldsymbol{E}_F^{(n)}$ ersetzt worden ist. Da $\operatorname{grad}_{\mathfrak{x}}\boldsymbol{E}_F^{(n)}$ von den Daten $E(\mathfrak{k})$ und $\mathfrak{k}$ der betrachteten Elektronengruppe unabhängig ist, gilt nach S. 572 auch mit dem jetzigen Ansatz (XI 6.22) die Beziehung (XI 4.34):

$$I_{\text{Stöße}}(f) = -\frac{1}{\tau(E(\mathfrak{k}))}[f - f_0], \tag{XI 6.24}$$

$$I_{\text{Stöße}}(f) = -\frac{\partial}{\partial E} f_0\big(E(\mathfrak{k}),\,E_F(n(\mathfrak{x}))\big)\,\mathfrak{v}\operatorname{grad}_{\mathfrak{x}}\boldsymbol{E}_F^{(n)}\big(n(\mathfrak{x})\big), \tag{XI 6.25}$$

womit die rechte Seite von (XI 6.21) nach dem Einsetzen von (XI 6.22) und (XI 6.23) ermittelt ist.

Auf der linken Seite von (XI 6.21) brauchen wir wegen (XI 6.23) nur $f_0(E(\mathfrak{k}), E_F(n(\mathfrak{x})))$ einzusetzen:

$$\begin{aligned} \operatorname{grad}_{\mathfrak{x}} eV(\mathfrak{x}) \frac{1}{\hbar} \operatorname{grad}_{\mathfrak{k}} f + \dot{\mathfrak{x}} \operatorname{grad}_{\mathfrak{x}} f &\approx \operatorname{grad}_{\mathfrak{x}} eV(\mathfrak{x}) \frac{1}{\hbar} \operatorname{grad}_{\mathfrak{k}} f_0(E(\mathfrak{k}), E_F(n(\mathfrak{x}))) \\ &\quad + \dot{\mathfrak{x}} \operatorname{grad}_{\mathfrak{x}} f_0(E(\mathfrak{k}), E_F(n(\mathfrak{x}))), \qquad \text{(XI 6.26)} \\ &\approx \operatorname{grad}_{\mathfrak{x}} eV(\mathfrak{x}) \frac{\partial}{\partial E} f_0(E(\mathfrak{k}), E_F(n(\mathfrak{x}))) \frac{1}{\hbar} \operatorname{grad}_{\mathfrak{k}} E(\mathfrak{k}) \\ &\quad + \dot{\mathfrak{x}} \frac{\partial}{\partial E_F} f_0(E(\mathfrak{k}), E_F(n(\mathfrak{x}))) \operatorname{grad}_{\mathfrak{x}} E_F(n(\mathfrak{x})). \qquad \text{(XI 6.27)} \end{aligned}$$

Auf der rechten Seite benutzen wir im ersten Summanden (VII 5.10) und im zweiten Summanden erstens $\dot{\mathfrak{x}} = \mathfrak{v}$ und weiter die aus (XI 6.11) folgende Beziehung $\frac{\partial}{\partial E_F} f_0 = -\frac{\partial}{\partial E} f_0$. Hiermit erhalten wir

$$\begin{aligned} \operatorname{grad}_{\mathfrak{x}} eV(\mathfrak{x}) \frac{1}{\hbar} \operatorname{grad}_{\mathfrak{k}} f + \dot{\mathfrak{x}} \operatorname{grad}_{\mathfrak{x}} f &\approx \operatorname{grad}_{\mathfrak{x}} eV(\mathfrak{x}) \frac{\partial}{\partial E} f_0(E(\mathfrak{k}), E_F(n(\mathfrak{x}))) \, \mathfrak{v} \\ &\quad - \mathfrak{v} \frac{\partial}{\partial E} f_0(E(\mathfrak{k}), E_F(n(\mathfrak{x}))) \operatorname{grad}_{\mathfrak{x}} E_F(n(\mathfrak{x})) \qquad \text{(XI 6.28)} \end{aligned}$$

und weiter

$$\begin{aligned} &\operatorname{grad}_{\mathfrak{x}} eV(\mathfrak{x}) \frac{1}{\hbar} \operatorname{grad}_{\mathfrak{k}} f + \dot{\mathfrak{x}} \operatorname{grad}_{\mathfrak{x}} f \\ &\quad \approx -\frac{\partial}{\partial E} f_0(E(\mathfrak{k}), E_F(n(\mathfrak{x}))) \, \mathfrak{v} \operatorname{grad}_{\mathfrak{x}}(-eV(\mathfrak{x}) + E_F(n(\mathfrak{x}))) \qquad \text{(XI 6.29)} \end{aligned}$$

und schließlich mit (X 9.01)

$$\operatorname{grad}_{\mathfrak{x}} eV(\mathfrak{x}) \frac{1}{\hbar} \operatorname{grad}_{\mathfrak{k}} f + \dot{\mathfrak{x}} \operatorname{grad}_{\mathfrak{x}} f \approx -\frac{\partial}{\partial E} f_0(E(\mathfrak{k}), E_F(n(\mathfrak{x}))) \, \mathfrak{v} \operatorname{grad}_{\mathfrak{x}} \boldsymbol{E}_F^{(n)}. \qquad \text{(XI 6.30)}$$

Dies ergibt sich also, wenn mit dem Ansatz (XI 6.22) und (XI 6.23) in die linke Seite der zu lösenden Gl. (XI 6.21) eingegangen wird. Auf der rechten Seite hatte sich (XI 6.25) ergeben. Der Vergleich zeigt, daß der Ansatz (XI 6.22) und (XI 6.23) tatsächlich näherungsweise die Gl. (XI 6.21) befriedigt.

Der Vergleich der Lösung (XI 6.22) mit (XI 4.23) zeigt dann aber, daß ein Gradient des elektrochemischen Potentials $\boldsymbol{E}_F^{(n)}$ die Elektronenverteilung f_0 in genau derselben Weise stört wie ein Gradient der elektrischen potentiellen Energie $eV(\mathfrak{x})$ allein, wie also eine rein elektrische Kraft $e\mathfrak{E}$. Da sich der resultierende Strom und damit schließlich die Beweglichkeit μ aus der Störung der Elektronenverteilung zwangsläufig ergeben (s. § 5), folgt also mit der gleichen Beweglichkeit μ, wie sie in § 5 für die Feldstromdichte ermittelt wurde, jetzt auch für die Gesamtstromdichte

$$\mathfrak{i}_{\text{ges}} = +\mu\, n(\mathfrak{x})\, \text{grad}_{\mathfrak{x}}\, \boldsymbol{E}_F^{(n)}\big(n(\mathfrak{x})\big), \tag{XI 6.31}$$

$$\mathfrak{i}_{\text{ges}} = +\mu\, n(\mathfrak{x})\, \text{grad}_{\mathfrak{x}}\big(-e\, V(\mathfrak{x}) + E_F(n(\mathfrak{x}))\big), \tag{XI 6.32}$$

$$\mathfrak{i}_{\text{ges}} = \mathfrak{i}_{\text{Feld}} + \mathfrak{i}_{\text{Diff}} \tag{XI 6.33}$$

und damit

$$\mathfrak{i}_{\text{Diff}} = \mu\, n(\mathfrak{x}) \frac{d E_F}{d n}\, \text{grad}_{\mathfrak{x}}\, n(\mathfrak{x}), \tag{XI 6.34}$$

$$= \mu \frac{d E_F}{d \ln n}\, \text{grad}_{\mathfrak{x}}\, n(\mathfrak{x}).$$

Wir vergleichen mit der Definitionsgleichung für den Diffusionskoeffizienten D:

$$\mathfrak{i}_{\text{Diff}} = (-e)\, D\big(-\text{grad}_{\mathfrak{x}}\, n(\mathfrak{x})\big) \tag{XI 6.35}$$

und erhalten mit (XI 6.08) oder (XI 6.09)

$$D = +\frac{\mu}{e} \frac{d E_F}{d \ln n} = +\frac{\mu}{e} \frac{d \zeta(n)}{d \ln n}, \tag{XI 6.36}$$

was im Fall des nichtentarteten Maxwell-Gases wegen (XII 2.02) auf die Nernst-Townsend-Einstein-Beziehung

$$D = \mu \frac{\mathrm{k} T}{e} \tag{XI 6.37}$$

führt, die damit aus der Behandlung eines Nichtgleichgewichtsfalls mittels der Maxwell-Boltzmannschen Stoßgleichung (XI 6.17) abgeleitet worden ist.

Zum Schluß wollen wir noch auf die Bedingung (XI 6.23) eingehen, in die gemäß (XI 6.22) eingesetzt wird:

$$\left|\tau \frac{\partial f_0}{\partial E}\, \mathfrak{v}\, \text{grad}_{\mathfrak{x}}\, \boldsymbol{E}_F^{(n)}\right| \ll f_0. \tag{XI 6.38}$$

Aus (XI 6.11) ergibt sich

$$\frac{\partial f_0}{\partial E} = -\frac{1}{\mathrm{k}T} \frac{e^{\frac{1}{\mathrm{k}T}[E-E_F]}}{\left(e^{\frac{1}{\mathrm{k}T}[E-E_F]}+1\right)^2} = -\frac{1}{\mathrm{k}T} \frac{e^{\frac{1}{\mathrm{k}T}[E-E_F]}+1-1}{\left(e^{\frac{1}{\mathrm{k}T}[E-E_F]}+1\right)^2},$$

$$= -\frac{1}{\mathrm{k}T}\left\{\frac{1}{e^{\frac{1}{\mathrm{k}T}[E-E_F]}+1} - \frac{1}{\left(e^{\frac{1}{\mathrm{k}T}[E-E_F]}+1\right)^2}\right\} = -\frac{1}{\mathrm{k}T}\{f_0 - f_0^2\},$$

$$\frac{\partial f_0}{\partial E} = -\frac{1}{\mathrm{k}T} f_0(1-f_0). \tag{XI 6.39}$$

Damit ergibt sich aus (XI 6.38)

$$\left|\tau\, \mathfrak{v}\, \text{grad}_{\mathfrak{x}}\, \boldsymbol{E}_F^{(n)} \frac{1}{\mathrm{k}T} f_0(1-f_0)\right| \ll f_0. \tag{XI 6.40}$$

Mit Einführung der freien Weglänge $\mathfrak{l}$ aus Gl. (XI 4.41), die wir hier besser vektoriell auffassen und daher $\mathfrak{l}$ schreiben, erhalten wir

$$|\mathfrak{l}\, \mathrm{grad}_{\mathfrak{r}} \boldsymbol{E}_F^{(n)}| \ll \mathrm{k}T \frac{1}{1-f_0}. \qquad \text{(XI 6.41)}$$

Im nichtentarteten Halbleiter ist $f_0 \ll 1$, und wir haben

$$|\mathfrak{l}\, \mathrm{grad}_{\mathfrak{r}} \boldsymbol{E}_F^{(n)}| \ll \mathrm{k}T. \qquad \text{(XI 6.42)}$$

Im Metall kommt es bei den Leitungsproblemen nur auf die Elektronen in der Nähe der FERMI-Kante an, wo $f_0 \approx \frac{1}{2}$ ist (s. S. 578, anschließend an (XI 5.32)). In einem Metall muß also gefordert werden

$$|\mathfrak{l}\, \mathrm{grad}_{\mathfrak{r}} \boldsymbol{E}_F^{(n)}| \ll 2\mathrm{k}T. \qquad \text{(XI 6.43)}$$

Die Bedingung für die Gültigkeit der linearen Leitfähigkeitstheorie, also des OHMschen und des FICKschen Gesetzes und der NERNST-TOWNSEND-EINSTEIN-Formel ist demnach, daß die Änderung des elektrochemischen Potentials $\boldsymbol{E}_F^{(n)}$ auf einer freien Weglänge $\mathfrak{l}$ viel kleiner als $\mathrm{k}T$ bleibt (vgl. S. 353).

Kapitel XII

Mathematischer Anhang

§ 1. Einige Integrale über gitterperiodische Funktionen

a) Endliches Grundgebiet $-\frac{G}{2}a < x < +\frac{G}{2}a$

In dem über das Grundgebiet erstreckten Integral

$$I(k) = \int_{x=-\frac{G}{2}a}^{x=+\frac{G}{2}a} U(x)\, e^{jkx}\, dx \qquad \text{(XII 1.01)}$$

sei $U(x)$ eine gitterperiodische Funktion. Es gelte also

$$U(x - \nu a) \equiv U(x) \quad \text{für} \quad \nu = 1, 2, \ldots. \qquad \text{(XII 1.02)}$$

Die Wellenzahl k habe die mit der Periodizitätsforderung im Grundgebiet verträglichen Werte [s. Gl. (VII 2.08)]:

$$k = k_n = \frac{2\pi}{a}\frac{n}{G} \quad n = 0, \pm 1, \pm 2, \ldots, \pm\frac{G}{2} = \text{ganzzahlig}. \qquad \text{(XII 1.03)}$$

Wir behaupten dann, daß

$$I(k) = 0 \quad \text{außer für} \quad k = 0. \qquad \text{(XII 1.04)}$$

Zum Beweise führen wir die Integration abschnittsweise jeweils nur über eine Gitterzelle durch:

$$I(k) = \sum_{\nu=-\frac{G}{2}}^{\nu=+\frac{G}{2}-1} \int_{x=\nu a}^{x=(\nu+1)a} U(x)\, e^{jkx}\, dx. \qquad \text{(XII 1.05)}$$

Wir spalten jetzt im Integranden die am Beginn der ν-ten Zelle bereits vorhandene Phasendrehung $e^{jk\nu a}$ ab und lassen unter dem Integral nur das Fortschreiten der Phasendrehung $e^{jk(x-\nu a)}$ innerhalb der Zelle stehen; außerdem benutzen wir (XII 1.02):

$$I(k) = \sum_{\nu=-\frac{G}{2}}^{\nu=+\frac{G}{2}-1} e^{jk\nu a} \int_{x-\nu a=0}^{x-\nu a=a} U(x-\nu a)\, e^{jk(x-\nu a)}\, dx. \qquad \text{(XII 1.06)}$$

Durch Einführung der Integrationsvariablen $x - \nu\, a = \xi$ sieht man, daß das Integral jetzt unabhängig vom Summationsindex geworden ist. Man kann es daher vor das Summenzeichen ziehen:

$$\begin{aligned} I(k) &= \int_{\xi=0}^{\xi=a} U(\xi)\, e^{jk\xi}\, d\xi \sum_{\nu=-\frac{G}{2}}^{\nu=+\frac{G}{2}-1} e^{jk\nu a}, \\ &= \int_{\xi=0}^{\xi=a} U(\xi)\, e^{jk\xi}\, d\xi\; e^{-jka\frac{G}{2}} \sum_{\nu+\frac{G}{2}=0}^{\nu+\frac{G}{2}=G-1} e^{jka\left(\nu+\frac{G}{2}\right)}. \end{aligned} \qquad \text{(XII 1.07)}$$

Die Summe ist jetzt eine einfache geometrische Reihe $1 + q + q^2 + \cdots + q^l = \frac{1-q^{l+1}}{1-q}$ geworden, und es ergibt sich durch Aussummieren mit $q = e^{jka}$ und $l = G - 1$, also $l + 1 = G$ für das gesuchte Integral

$$I(k) = \int_{\xi=0}^{\xi=a} U(\xi)\, e^{jk\xi}\, d\xi\; e^{-jka\frac{G}{2}}\, \frac{1-e^{jkaG}}{1-e^{jka}}. \qquad \text{(XII 1.08)}$$

Nach (XII 1.03) ist $k\,a\,G = 2\pi\, n$. Deshalb wird der letzte Zähler in (XII 1.08) gleich $1 - 1 = 0$ und das Integral $I(k)$ verschwindet, wie behauptet. Die vorgeführte Schlußweise versagt nur, wenn $k = 0$ ist, dann ist nämlich jedes Glied der geometrischen Reihe in (XII 1.07) bereits gleich 1, und die Summenformel $\frac{1-q^{l+1}}{1-q}$ wird wegen gleichzeitigen Verschwindens von Zähler und Nenner unbrauchbar. Die Summation gibt vielmehr einfach G, und das Integral wird

$$I(0) = G \int_{\xi=0}^{\xi=a} U(\xi)\, d\xi, \qquad \text{(XII 1.09)}$$

während

$$I(k) = 0 \quad \text{für} \quad k \neq 0 \qquad \text{(XII 1.10)}$$

ermittelt wurde. Damit ist die Behauptung in vollem Umfang bewiesen. Wir fassen das Ergebnis unter Verwendung des Kronecker-Symbols

$$\delta_{k0} = \begin{cases} 1 & \text{für} \quad k = 0 \\ 0 & \text{für} \quad k \neq 0, \end{cases} \qquad \text{(XII 1.11)}$$

und unter Berücksichtigung der Gitterperiodizität von $U(x)$ folgendermaßen zusammen:

$$I(k) = \int_{-\frac{G}{2}a}^{+\frac{G}{2}a} U(x)\, e^{jkx} dx = \delta_{k0}\, G \int_{x=0}^{x=a} U(x)\, dx = \delta_{k0} \cdot \int_{x=-\frac{G}{2}a}^{x=+\frac{G}{2}a} U(x)\, dx. \qquad \text{(XII 1.12)}$$

Abschließend bemerken wir, daß Integrale von der betrachteten Form bei der Koeffizientenberechnung einer FOURIER-Entwicklung mit dem Grundgebiet $G\,a$ als Periode auftreten. In diesem Zusammenhang besagt der bewiesene Satz nichts anderes, als daß in einer solchen FOURIER-Entwicklung die G FOURIER-Koeffizienten

$$C_{-\frac{G}{2}};\quad C_{-\frac{G}{2}+1};\quad \ldots;\quad C_{-1};\quad C_{+1};\quad \ldots;\quad C_{+\frac{G}{2}-1};\quad C_{+\frac{G}{2}}$$

verschwinden, wenn die dargestellte Funktion in Wirklichkeit nicht die Periode $G\,a$, sondern die viel kleinere Periode a hat.

Das Verschwinden der genannten Koeffizienten ist bei dieser Betrachtungsweise eigentlich selbstverständlich. In der FOURIER-Entwicklung einer Funktion mit der Periode a tritt nämlich als größte Wellenlänge die Periode a auf. Zu den genannten Koeffizienten gehören aber die Wellenlängen $2\pi/|k|$, also nach Gl. (XII 1.03) die Wellenlängen

$$\frac{G\,a}{\frac{G}{2}};\quad \frac{G\,a}{\frac{G}{2}-1};\quad \ldots;\quad \frac{G\,a}{1};\quad \frac{G\,a}{1};\quad \ldots;\quad \frac{G\,a}{\frac{G}{2}-1};\quad \frac{G\,a}{\frac{G}{2}},$$

bzw.

$$2a;\quad \frac{1}{1-\frac{2}{G}}\,2a;\quad \ldots;\quad G\,a;\quad G\,a;\quad \ldots;\quad \frac{1}{1-\frac{2}{G}}\,2a;\quad 2a,$$

die alle größer als a sind. Damit diese Wellenlängen nicht auftreten, müssen die zugehörigen Koeffizienten verschwinden.

Wir wollen den Satz (XII 1.12) noch etwas erweitern. Die gitterperiodische Funktion $U(x)$ kann außer von der Variablen x noch von der Wellenzahl k abhängen:

$$U(x) = U(x;\,k) \tag{XII 1.13}$$

mit

$$U(x - \nu\,a;\,k) \equiv U(x;\,k) \quad \text{für} \quad \nu = 1, 2, \ldots. \tag{XII 1.14}$$

Da über x und nicht über k integriert wird, bleibt dann bei der abschnittsweisen Integration (XII 1.06) nach Abspaltung des Phasendrehfaktors $e^{jk\nu a}$ ein Integral

$$\int\limits_{x-\nu a=0}^{x-\nu a=a} U(x-\nu\,a;\,k)\,e^{jk(x-\nu a)}\,dx \tag{XII 1.15}$$

übrig, das auch wieder vom Summationsindex ν unabhängig ist. Deshalb kann der obige Beweis nach wie vor durchgeführt werden und es ergibt sich

$$\begin{aligned} I(k) &= \int\limits_{-\frac{G}{2}a}^{+\frac{G}{2}a} U(x;\,k)\,e^{jkx}\,dx = \delta_{k0}\,G \int\limits_{x=0}^{x=a} U(x;\,k)\,dx \\ &= \delta_{k0}\cdot \int\limits_{x=-\frac{G}{2}a}^{x=+\frac{G}{2}a} U(x;\,k)\,dx. \end{aligned} \tag{XII 1.16}$$

Schließlich ist eine letzte Erweiterung wohl offensichtlich. Die gitterperiodische Funktion U soll jetzt 2 Wellenzahlen als Parameter enthalten:

$$U(x) = U(x;\, k, k') \tag{XII 1.17}$$

mit

$$U(x - \nu a;\, k, k') \equiv U(x;\, k, k') \quad \text{für} \quad \nu = 1, 2, \ldots . \tag{XII 1.18}$$

Es gilt dann

$$I(k, k') = \int\limits_{x=-\frac{G}{2}a}^{x=+\frac{G}{2}a} U(x;\, k, k')\, e^{j(k-k')x}\, dx = \delta_{kk'}\, G \int\limits_{x=0}^{x=a} U(x;\, k, k')\, dx,$$

$$= \delta_{kk'} \cdot \int\limits_{x=-\frac{G}{2}a}^{x=+\frac{G}{2}a} U(x;\, k, k')\, dx. \tag{XII 1.19}$$

Für die Differenz

$$k - k' = K \tag{XII 1.20}$$

gilt nämlich nach (XII 1.03)

$$k - k' = K = \frac{2\pi}{a}\, \frac{n - n'}{G} = \frac{2\pi}{a}\, \frac{N}{G} \tag{XII 1.21}$$

mit

$$N = 0, \pm 1, \pm 2, \pm 3 \ldots \pm G = \text{ganzzahlig}. \tag{XII 1.22}$$

Mit dieser Bemerkung ist (XII 1.19) im wesentlichen auf (XII 1.16) zurückgeführt.

b) Unendliches Grundgebiet $-\infty < x < +\infty$

Das Ergebnis (XII 1.19) zeigt, daß die — vorläufig allerdings nur für die diskreten Werte (XII 1.03) definierte — Funktion $I(k_n, k_m)$ sehr ähnliche Eigenschaften wie die DIRACsche δ-Funktion hat. Um dies näher zu untersuchen, bilden wir mit einer willkürlichen Funktion $f(k)$ den Ausdruck

$$\sum_{n=-\frac{G}{2}}^{n=+\frac{G}{2}-1} f(k_n)\, I(k_n, k_m)\, (k_{n+1} - k_n). \tag{XII 1.23}$$

Unter Verwendung von (XII 1.03) und (XII 1.19) erhalten wir dafür

$$\sum_{k_n=-\frac{\pi}{a}}^{k_n=+\frac{\pi}{a}-\frac{2\pi}{a}\frac{1}{G}} f(k_n)\, I(k_n, k_m)\, \Delta k_n$$

$$= \sum_{n=-\frac{G}{2}}^{n=+\frac{G}{2}-1} f(k_n)\, \delta_{k_n k_m}\, G \int\limits_{x=0}^{x=a} U(x;\, k_n, k_m)\, dx\, \frac{2\pi}{a}\, \frac{1}{G}. \tag{XII 1.24}$$

Links führen wir den Grenzübergang $G \to \infty$ durch. Die rechte Seite ist sowieso unabhängig von G. Es ergibt sich also mit $k_n = k$ und $k_m = k'$

$$\int_{k=-\frac{\pi}{a}}^{k=+\frac{\pi}{a}} f(k)\, I(k, k')\, dk = f(k_m) \frac{2\pi}{a} \int_{x=0}^{x=a} U\,(x;\, k_m,\, k_m)\, dx$$

$$= f(k') \frac{2\pi}{a} \int_{x=0}^{x=a} U(x;\, k',\, k')\, dx. \qquad \text{(XII 1.25)}$$

Durch den Vergleich mit der Definitionsgleichung der δ-Funktion

$$\int_{-\infty}^{+\infty} f(k)\, \delta(k - k')\, dk = \int_{k=-\frac{\pi}{a}}^{k=+\frac{\pi}{a}} f(k)\, \delta(k - k')\, dk = f(k') \qquad \text{(XII 1.26)}$$

finden wir

$$I(k, k') = \delta(k - k') \frac{2\pi}{a} \int_{x=0}^{x=a} U(x;\, k',\, k')\, dx. \qquad \text{(XII 1.27)}$$

Neben das Ergebnis (XII 1.19) tritt also für unendliches Grundgebiet die Gleichung

$$I(k, k') = \int_{x=-\infty}^{x=+\infty} U\,(x;\, k,\, k')\, \mathrm{e}^{j(k-k')x}\, dx$$

$$= \delta(k - k') \frac{2\pi}{a} \int_{x=0}^{x=a} U(x;\, k',\, k')\, dx. \qquad \text{(XII 1.28)}$$

Dabei wurde $U(x;\, k,\, k')$ als gitterperiodisch vorausgesetzt:

$$U(x - \nu\, a;\, k,\, k') \equiv U(x;\, k,\, k') \qquad \nu = 0,\, \pm 1,\, +2,\, \ldots . \qquad \text{(XII 1.29)}$$

§ 2. Die Funktion $\zeta\left(\frac{n}{N}\right)$

Wir definieren eine Funktion $\zeta\left(\frac{n}{N}\right)$ durch die Gleichung

$$\frac{2}{\sqrt{\pi}} \int_{\eta=0}^{\eta=\infty} \frac{1}{\mathrm{e}^{\eta - \frac{\zeta}{kT}} + 1} \sqrt{\eta}\, d\eta = \frac{n}{N}. \qquad \text{(XII 2.01)}$$

Es ist die Abhängigkeit der Größe ζ von n/N zu ermitteln.

Da die Definition (XII 2.01) nach der unabhängigen Variablen n/N aufgelöst ist, ermitteln wir zunächst die inverse Funktion n/N in

Abhängigkeit von ζ. Hierbei werden wir ausführlicher nur auf die beiden Grenzfälle: „ζ stark negativ“ und „ζ stark positiv“ eingehen.

1. $\zeta \to -\infty$.

In diesem Fall ist im Nenner des Integranden der Exponentialterm sehr groß gegen 1. Es kann also näherungsweise gesetzt werden

$$\frac{2}{\sqrt{\pi}} \int\limits_{\eta=0}^{\eta=\infty} e^{-\eta+\frac{\zeta}{kT}} \sqrt{\eta}\, d\eta \approx \frac{n}{N},$$

$$e^{+\frac{\zeta}{kT}} \frac{2}{\sqrt{\pi}} \int\limits_{\eta=0}^{\eta=\infty} e^{-\eta} \sqrt{\eta}\, d\eta = e^{\frac{\zeta}{kT}}\, 1 \approx \frac{n}{N}.$$

Da für die Ermittlung dieser Näherung die Größe ζ als stark negativ vorausgesetzt wurde, ergibt sich

$$\frac{n}{N} \ll 1 \quad \text{oder} \quad n \ll N.$$

Indem wir die abgeleitete Näherungsbeziehung $e^{\frac{\zeta}{kT}} \approx n/N$ nach ζ auflösen, erhalten wir als die gesuchte Abhängigkeit $\zeta(n/N)$ in dem

$$\left.\begin{array}{c}\text{Grenzfall } n \ll N: \\ \hline \zeta \approx kT \ln \dfrac{n}{N}. \\ \hline \end{array}\right\} \qquad \text{(XII 2.02)}$$

2. $\zeta \to +\infty$.

In diesem Falle ist im Nenner des Integranden der Exponentialterm sehr klein gegen 1, solange $\eta < \zeta/kT$ ist. Sobald $\eta > \zeta/kT$ wird, überwiegt der Exponentialterm sehr schnell den Summanden 1 und setzt die Werte des Integranden sehr stark herab. Wir erhalten also eine Näherung, wenn wir für den Integrationsbereich $0 < \eta < \zeta/kT$ den Nenner gleich 1 und für den Integrationsbereich $\zeta/kT < \eta < \infty$ den Nenner gleich ∞ setzen. Auf diese Weise kommen wir zu der Näherungsbeziehung

$$\frac{2}{\sqrt{\pi}} \int\limits_{\eta=0}^{\eta=\frac{\zeta}{kT}} \sqrt{\eta}\, d\eta \approx \frac{n}{N},$$

$$\frac{2}{\sqrt{\pi}} \frac{2}{3} \left(\frac{\zeta}{kT}\right)^{3/2} \approx \frac{n}{N}.$$

Für die Ermittlung dieser Näherung wurde die Größe ζ als stark positiv vorausgesetzt. Es ergibt sich jetzt also

$$\frac{n}{N} \gg 1 \quad \text{oder} \quad n \gg N.$$

Indem wir $\frac{2}{\sqrt{\pi}} \frac{2}{3} \left(\frac{\zeta}{\mathrm{k}T}\right)^{3/2} \approx \frac{n}{N}$ nach ζ auflösen, wird die gesuchte Abhängigkeit $\zeta(n/N)$ in dem

$$\left.\begin{array}{c}\underline{\text{Grenzfall } n \gg N:} \\ \underline{\zeta \approx \mathrm{k}T\left(\frac{3}{4}\right)^{2/3} \pi^{1/3}\left(\frac{n}{N}\right)^{2/3}.}\end{array}\right\} \qquad \text{(XII 2.03)}$$

Genauere Auswertungen des Integrals (XII 2.01), die über diese beiden Grenzfälle hinausgehen, arbeiten mit Reihenentwicklungen[1].

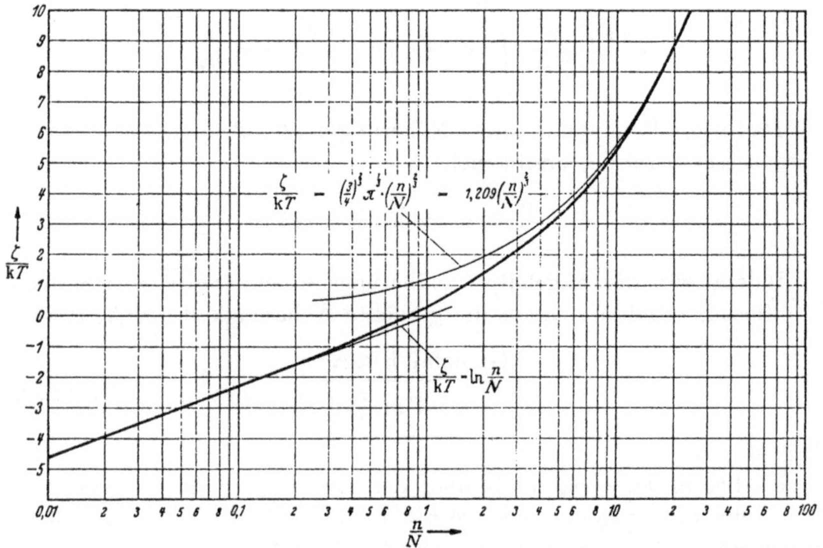

Abb. XII 2.1 Die Funktion $\frac{\zeta}{\mathrm{k}T}$.

Abb. XII 2.1 zeigt $\zeta/\mathrm{k}T$ in Abhängigkeit von n/N. Man sieht, daß die Grenzgesetze (XII 2.02) und (XII 2.03) verhältnismäßig bald mit großer Genauigkeit gelten, sobald die Grenze, die ungefähr bei $n \approx N$ liegt, nach der einen oder der anderen Seite überschritten wird.

§ 3. Maxima und Minima mit Nebenbedingungen. Die Methode der Lagrange-Faktoren

Gesucht sind die Extremwerte einer Funktion $f(x, y, z)$, wobei aber zwischen den drei Argumenten x, y, z zwei „Nebenbedingungen"

$$g(x, y, z) = 0, \qquad \text{(XII 3.01)}$$

$$h(x, y, z) = 0 \qquad \text{(XII 3.02)}$$

bestehen sollen.

[1] Siehe z. B. W. Weizel: Lehrbuch der theoretischen Physik, Bd. II, 2. Auflage, Berlin/Göttingen/Heidelberg: Springer 1958, S. 1708 u. 1709.

Wegen dieser Nebenbedingungen (XII 3.01) und (XII 3.02) sind x, y, z nicht unabhängig voneinander, sondern y und z sind vielmehr Funktionen von x:

$$y = y(x), \tag{XII 3.03}$$

$$z = z(x). \tag{XII 3.04}$$

Die gesuchten „bedingten" Extremwerte von $f(x, y, z)$ sind infolgedessen identisch mit den Extremwerten der Funktion

$$F(x) = f\bigl(x, y(x), z(x)\bigr). \tag{XII 3.05}$$

Die Bedingungsgleichung für das Eintreten eines Extremums

$$F'(x) = \frac{\partial f}{\partial x} + \frac{\partial f}{\partial y} y' + \frac{\partial f}{\partial z} z' = 0 \tag{XII 3.06}$$

enthält noch die beiden unbekannten Ableitungen y' und z'. Zu ihrer Ermittlung werden die Nebenbedingungen (XII 3.01) und (XII 3.02) mit (XII 3.03) und (XII 3.04) kombiniert und dann differenziert:

$$\frac{\partial g}{\partial x} + \frac{\partial g}{\partial y} y' + \frac{\partial g}{\partial z} z' = 0, \tag{XII 3.07}$$

$$\frac{\partial h}{\partial x} + \frac{\partial h}{\partial y} y' + \frac{\partial h}{\partial z} z' = 0. \tag{XII 3.08}$$

Zur Elimination von y' und z' werden diese Gln. (XII 3.07) und (XII 3.08) mit zwei zunächst unbekannten „LAGRANGE-Faktoren" λ bzw. μ multipliziert und zu (XII 3.06) addiert:

$$\left.\begin{aligned} &\left(\frac{\partial f}{\partial x} + \lambda\frac{\partial g}{\partial x} + \mu\frac{\partial h}{\partial x}\right) \\ &\qquad + \left(\frac{\partial f}{\partial y} + \lambda\frac{\partial g}{\partial y} + \mu\frac{\partial h}{\partial y}\right) y' \\ &\qquad\qquad + \left(\frac{\partial f}{\partial z} + \lambda\frac{\partial g}{\partial z} + \mu\frac{\partial h}{\partial z}\right) z' \end{aligned}\right\} = 0. \tag{XII 3.09}$$

Jetzt sieht man, daß die Elimination nur wirksam wird, wenn λ und μ so bestimmt werden, daß

$$\frac{\partial f}{\partial y} + \lambda\frac{\partial g}{\partial y} + \mu\frac{\partial h}{\partial y} = 0 \tag{XII 3.10}$$

und

$$\frac{\partial f}{\partial z} + \lambda\frac{\partial g}{\partial z} + \mu\frac{\partial h}{\partial z} = 0 \tag{XII 3.11}$$

wird. Von der Bedingungsgleichung (XII 3.09) für das Extremum bleibt dann

$$\frac{\partial f}{\partial x} + \lambda\frac{\partial g}{\partial x} + \mu\frac{\partial h}{\partial x} = 0 \tag{XII 3.12}$$

übrig. Diese 3 Gleichungen (XII 3.10) bis (XII 3.12) sind zusammen mit den beiden Bedingungsgleichungen (XII 3.01) und (XII 3.02) im ganzen 5 Gleichungen für die 5 Unbekannten x, y, z, λ und μ, so daß mit der Aufstellung der 3 Gleichungen (XII 3.10) bis (XII 3.12) die gestellte Aufgabe im Prinzip gelöst ist.

Die gefundene Lösung läßt sich nun in eine sehr einprägsame und verallgemeinerungsfähige Form bringen: Statt nach den Extremwerten von $f(x, y, z)$ unter den Nebenbedingungen $g(x, y, z) = 0$, $h(x, y, z) = 0$ zu fragen, untersucht man die Extremwerte der Funktion

$$\Phi(x, y, z, \lambda, \mu) = f(x, y, z) + \lambda\, g(x, y, z) + \mu\, h(x, y, z). \qquad \text{(XII 3.13)}$$

Ihre 5 Argumente x, y, z, λ und μ betrachtete man dabei als *unabhängig* voneinander! Dann lauten die Bedingungen für einen Extremwert

$$\frac{\partial \Phi}{\partial x} = 0, \quad \frac{\partial \Phi}{\partial y} = 0, \quad \frac{\partial \Phi}{\partial z} = 0, \quad \frac{\partial \Phi}{\partial \lambda} = 0, \quad \frac{\partial \Phi}{\partial \mu} = 0. \qquad \text{(XII 3.14)}$$

Die ersten 3 Bedingungen ergeben (XII 3.10) bis (XII 3.12), die letzten beiden Bedingungen liefern (XII 3.01) und (XII 3.02).

Das Ersatzproblem

$$\Phi = f + \lambda\, g + \mu\, h = \text{Extr} \quad \text{ohne Nebenbedingungen}$$

führt also auf genau dieselben Bedingungsgleichungen wie das ursprüngliche Problem

$$f = \text{Extr} \quad \text{unter den Nebenbedingungen} \quad g = 0 \quad \text{und} \quad h = 0.$$

§ 4. Äquivalenz der Schrödinger-Gleichung mit einem Variationsproblem

Der Zustand eines Elektrons in einem periodischen Potentialfeld sei durch eine SCHRÖDINGER-Funktion $\varphi(x)$ gekennzeichnet, die in einem Grundgebiet Gr normiert sei. Dann berechnet sich der quantenmechanische Mittelwert der Energie als das Integral

$$\int_{\text{Gr}} \varphi^*(x)\, H_{\text{Op}}\, \varphi(x)\, dx. \qquad \text{(XII 4.01)}$$

Hierbei ist H_{Op} der HAMILTON-Operator

$$H_{\text{Op}} = -\frac{\hbar^2}{2m} \frac{d^2}{dx^2} + (-e)\, U(x). \qquad \text{(XII 4.02)}$$

Der Wert des Integrals (XII 4.01) hängt vom Verlauf der Funktion $\varphi(x)$ ab, das Integral ist also eine „Funktionenfunktion" von $\varphi(x)$[1]. Die mannigfachen Minimalprinzipe der Mechanik legen es nun nahe, nach dem Minimum dieses (die Energie des Elektrons darstellenden) Integrals zu fragen.

Derjenige Verlauf $\psi(x)$ von $\varphi(x)$, der (XII 4.01) zum Minimum oder allgemeiner zum Extremum[2] macht, heißt Extremale. Die Ermittlung der Extremalen $\psi(x)$ ist eine Aufgabe der Variationsrechnung. Dort wird gezeigt, daß sich das Problem auf eine Aufgabe der gewöhnlichen Differentialrechnung zurückführen läßt. Man muß dazu eine „Nachbarschaft"

$$\varphi(x) = \psi(x) + \delta\,\psi(x) = \psi(x) + \varepsilon\, f(x) + \eta\, g(x) \qquad \text{(XII 4.03)}$$

der Extremalen $\psi(x)$ betrachten. Hierbei sind $f(x)$ und $g(x)$ willkürliche Funktionen, die nur gewisse Integrabilitäts- und Differenzierbarkeitsbedingungen erfüllen müssen und an den Grenzen des Grundgebiets Gr samt ihren Ableitungen f' und g' verschwinden sollen.

Geht man mit (XII 4.03) in das Integral (XII 4.01) ein, so wird sein Wert eine Funktion der beiden Parameter ε und η:

$$F(\varepsilon,\eta) = \begin{cases} \int\limits_{\mathrm{Gr}} \psi^* H_{\mathrm{Op}}\, \psi\, dx + \\ + \varepsilon \left[\int\limits_{\mathrm{Gr}} f^* H_{\mathrm{Op}}\, \psi\, dx + \int\limits_{\mathrm{Gr}} \psi^* H_{\mathrm{Op}}\, f\, dx \right] + \\ + \eta \left[\int\limits_{\mathrm{Gr}} g^* H_{\mathrm{Op}}\, \psi\, dx + \int \psi^* H_{\mathrm{Op}}\, g\, dx \right] + \\ + \varepsilon^2 \int\limits_{\mathrm{Gr}} f^* H_{\mathrm{Op}} f\, dx + \varepsilon\eta \left[\int\limits_{\mathrm{Gr}} f^* H_{\mathrm{Op}} g\, dx + \int\limits_{\mathrm{Gr}} g^* H_{\mathrm{Op}} f\, dx \right] + \\ + \eta^2 \int\limits_{\mathrm{Gr}} g^* H_{\mathrm{Op}}\, g\, dx. \end{cases} \qquad \text{(XII 4.04)}$$

Die Aufgabe ist nun zunächst, das Extremum von F in Abhängigkeit von ε und η aufzusuchen. Dabei ist aber eine Nebenbedingung zu beachten. Die SCHRÖDINGER-Funktionen $\varphi(x)$ müssen ja im Grundgebiet Gr normiert sein:

$$\int\limits_{\mathrm{Gr}} \varphi^* \varphi\, dx = 1. \qquad \text{(XII 4.05)}$$

---

[1] Siehe z. B. R. COURANT u. D. HILBERT: Methoden der mathematischen Physik, Bd. I, Berlin: Springer 1930, Kap. IV, § 1.2, S. 142.

[2] Oder noch allgemeiner, der dem Integral (XII 4.01) einen *stationären* Wert verleiht.

Hieraus wird mit (XII 4.03)

$$G(\varepsilon, \eta) = \left\{ \begin{array}{l} \int\limits_{\mathrm{Gr}} \psi^* \psi \, dx + \\ + \varepsilon \left[\int\limits_{\mathrm{Gr}} f^* \psi \, dx + \int\limits_{\mathrm{Gr}} \psi^* f \, dx \right] + \\ + \eta \left[\int\limits_{\mathrm{Gr}} g^* \psi \, dx + \int \psi^* g \, dx \right] + \\ + \varepsilon^2 \int\limits_{\mathrm{Gr}} f^* f \, dx + \varepsilon \eta \left[\int\limits_{\mathrm{Gr}} f^* g \, dx + \int\limits_{\mathrm{Gr}} g^* f \, dx \right] + \\ + \eta^2 \int\limits_{\mathrm{Gr}} g^* g \, dx \end{array} \right\} = 1. \tag{XII 4.06}$$

Bei der Ermittlung des Extremums von $F(\varepsilon, \eta)$ sind also ε und η nicht unabhängig voneinander, sondern durch die Nebenbedingung (XII 4.06) aneinander gebunden. Nach den Ausführungen in Kap. XII, § 3, ist eine Extremalaufgabe

$$F(\varepsilon, \eta) = \mathrm{Extr} \tag{XII 4.07}$$

mit der Nebenbedingung

$$G(\varepsilon, \eta) - 1 = 0 \tag{XII 4.08}$$

dadurch zu lösen, daß man mit einem LAGRANGE-Faktor E die Funktion

$$\Phi(\varepsilon, \eta, E) = F(\varepsilon, \eta) - E[G(\varepsilon, \eta) - 1] \tag{XII 4.09}$$

bildet und Φ zum Extremum zu machen sucht, wobei man ε, η und E als unabhängige Variable betrachtet. Die Extremalbedingungen lauten dann

$$\begin{aligned} \frac{\partial \Phi}{\partial \varepsilon} &= \Phi_\varepsilon(\varepsilon, \eta, E) = 0, \\ \frac{\partial \Phi}{\partial \eta} &= \Phi_\eta(\varepsilon, \eta, E) = 0, \\ \frac{\partial \Phi}{\partial E} &= \Phi_E(\varepsilon, \eta, E) = 0. \end{aligned} \tag{XII 4.10}$$

Nun soll sich aber als Extremale die Funktion $\psi(x)$ herausstellen. Das heißt nach (XII 4.03), daß das Extremum von Φ für $\varepsilon = 0$ und $\eta = 0$ angenommen werden soll; dann muß also gelten

$$\Phi_\varepsilon(0, 0, E) = 0, \qquad \Phi_\eta(0, 0, E) = 0, \qquad \Phi_E(0, 0, E) = 0. \tag{XII 4.11}$$

Um diese Bedingungen auszuschreiben, bilden wir zunächst mit Hilfe von (XII 4.09), (XII 4.04) und (XII 4.06) die partiellen Ableitungen

$$\frac{\partial \Phi}{\partial \varepsilon} = \Phi_\varepsilon(\varepsilon, \eta, E), \qquad \frac{\partial \Phi}{\partial \eta} = \Phi_\eta(\varepsilon, \eta, E), \qquad \frac{\partial \Phi}{\partial E} = \Phi_E(\varepsilon, \eta, E) \tag{XII 4.12}$$

und setzen dann $\varepsilon = 0$ und $\eta = 0$. Auf diese Weise ergeben die 3 Extremalbedingungen (XII 4.11) nacheinander

$$\int_{\mathrm{Gr}} f^* H_{\mathrm{Op}}\, \psi\, dx + \int_{\mathrm{Gr}} \psi^* H_{\mathrm{Op}}\, f\, dx - E\left[\int_{\mathrm{Gr}} f^* \psi\, dx + \int \psi^* f\, dx\right] = 0, \tag{XII 4.13}$$

$$\int_{\mathrm{Gr}} g^* H_{\mathrm{Op}}\, \psi\, dx + \int_{\mathrm{Gr}} \psi^* H_{\mathrm{Op}}\, g\, dx - E\left[\int_{\mathrm{Gr}} g^* \psi\, dx + \int \psi^* g\, dx\right] = 0, \tag{XII 4.14}$$

$$-\left[\int_{\mathrm{Gr}} \psi^* \psi\, dx - 1\right] = 0. \tag{XII 4.15}$$

Zunächst stellen wir fest, daß die dritte Bedingung (XII 4.15) einfach auf die Normierung hinausläuft.

Weiter ist der HAMILTON-Operator H_{Op} HERMITEisch und reell. Auch sollte $f'(x)$ und $g'(x)$ an den Grenzen des Grundgebiets Gr verschwinden. Daraus folgt[1]

$$\int_{\mathrm{Gr}} \psi^* H_{\mathrm{Op}}\, f\, dx = \int_{\mathrm{Gr}} f\, H_{\mathrm{Op}}\, \psi^*\, dx \tag{XII 4.16}$$

und entsprechend

$$\int_{\mathrm{Gr}} \psi^* H_{\mathrm{Op}}\, g\, dx = \int_{\mathrm{Gr}} g\, H_{\mathrm{Op}}\, \psi^*\, dx. \tag{XII 4.17}$$

Dies benutzen wir in den jeweils zweiten Summanden der beiden Gln. (XII 4.13) und (XII 4.14)

$$\int_{\mathrm{Gr}} f^* [H_{\mathrm{Op}} - E]\, \psi\, dx + \int_{\mathrm{Gr}} f [H_{\mathrm{Op}} - E]\, \psi^*\, dx = 0, \tag{XII 4.18}$$

$$\int_{\mathrm{Gr}} g^* [H_{\mathrm{Op}} - E]\, \psi\, dx + \int_{\mathrm{Gr}} g [H_{\mathrm{Op}} - E]\, \psi^*\, dx = 0. \tag{XII 4.19}$$

Nun besagt das Fundamentallemma der Variationsrechnung[2], daß aus diesen Gleichungen das Verschwinden der Faktoren der willkürlichen Funktionen $f(x)$, $f^*(x)$, $g(x)$ und $g^*(x)$ folgt:

$$(H_{\mathrm{Op}} - E)\, \psi = 0, \qquad (H_{\mathrm{Op}} - E)\, \psi^* = 0. \tag{XII 4.20}$$

In mathematisch vielleicht nicht ganz strenger Weise wird man (XII 4.20) auch ableiten können, indem man in (XII 4.18) und (XII 4.19) als willkürliche

---

[1] Siehe hierzu vielleicht auch S. 303, Fußnote 1.

[2] Siehe R. COURANT u. D. HILBERT: Methoden der mathematischen Physik, Bd. I, Berlin: Springer 1930, Kap. IV, § 3.1, S. 159.

Funktionen

$$f(x) = \delta(x - x') = f^*(x) \quad \text{(XII 4.21)}$$

und

$$g(x) = j\,\delta(x - x') = -g^*(x) \quad \text{(XII 4.22)}$$

einsetzt. Man erhält dann aus (XII 4.18)

$$(H_{\text{Op}} - E)\,\psi + (H_{\text{Op}} - E)\,\psi^* = 0 \quad \text{(XII 4.23)}$$

und aus (XII 4.19)

$$-(H_{\text{Op}} - E)\,\psi + (H_{\text{Op}} - E)\,\psi^* = 0. \quad \text{(XII 4.24)}$$

Subtraktion beider Gleichungen liefert wieder (XII 4.20).

(XII 4.20) ist aber die SCHRÖDINGER-Gleichung für einen stationären Zustand $\psi(x)$ des Elektrons im periodischen Potential $U(x)$.

Multiplizieren wir (XII 4.20) mit ψ^*, integrieren wir weiter über das Grundgebiet Gr und beachten wir schließlich die Normierung (XII 4.15), so erhalten wir

$$\int_{\text{Gr}} \psi^* H_{\text{Op}}\, \psi\, dx = E. \quad \text{(XII 4.25)}$$

Der von der Extremalen $\psi(x)$ gelieferte Extremwert des Integrals (XII 4.01) ist also zufällig gleich dem LAGRANGE-Faktor E.

Zusammenfassend stellen wir fest:

Das Variationsproblem

Quantenmechanischer Mittelwert der Energie

$$= \int_{\text{Gr}} \psi^* H_{\text{Op}}\, \psi\, dx = \text{Extr}. \quad \text{(XII 4.26)}$$

mit der Nebenbedingung

$$\int_{\text{Gr}} \psi^* \psi\, dx = 1 \quad \text{(XII 4.27)}$$

liefert als Minimum die Energie E_0 des Grundzustands und als Extremale die zugehörige Eigenfunktion $\psi_0(x)$ der SCHRÖDINGER-Gleichung (XII 4.20).

Das Variationsproblem (XII 4.26) und (XII 4.27) und die SCHRÖDINGER-Gleichung sind also in bezug auf den Grundzustand *äquivalent*: Der stationäre Grundzustand zeichnet sich dadurch aus, daß seine Energie gegenüber der Energie benachbarter nichtstationärer Zustände ein Minimum ist.

Auch die Energie des ersten angeregten Zustandes zeichnet sich durch eine extremale Eigenschaft aus. Wieder wird nach dem Minimum des quantenmechanischen Mittelwerts (XII 4.01) gefragt, der Kreis der zur Konkurrenz zugelassenen Funktionen wird aber außer durch (XII 4.27) durch eine zweite Nebenbedingung eingeengt. Da die Orthogonalität aller Eigenfunktionen eines HERMITEschen Operators untereinander bekannt ist, wird es nicht überraschen, daß als diese zweite Nebenbedingung die Orthogonalität der gesuchten Extremalen $\psi_1(x)$ auf der Eigenfunktion $\psi_0(x)$ des Grundzustands zu fordern ist.

$$\int_{\mathrm{Gr}} \psi_0^*(x)\, \psi_{\mathrm{Extr}}(x)\, dx = \int_{\mathrm{Gr}} \psi_0^*(x)\, \psi_1(x)\, dx = 0\,. \qquad \text{(XII 4.28)}$$

Daß trotz dieser zusätzlichen Nebenbedingung das Variationsproblem doch wieder auf die SCHRÖDINGER-Gleichung führt, soll im folgenden gezeigt werden.

Da jetzt 2 Nebenbedingungen [(XII 4.27) und (XII 4.28)] zu erfüllen sind, müssen im Ansatz für die zur Konkurrenz zugelassenen Funktionen drei freie Parameter ε, η und $\varkappa$ vorgesehen werden, der Ansatz (XII 4.03) muß also auf

$$\psi(x) = \psi_1(x) + \varepsilon f(x) + \eta\, g(x) + \varkappa\, h(x) \qquad \text{(XII 4.29)}$$

erweitert werden. Durch Einsetzen in (XII 4.26), (XII 4.27) und (XII 4.28) erhalten wir das gewöhnliche Minimalproblem

$$\begin{aligned} F(\varepsilon, \eta, \varkappa) = & \int_{\mathrm{Gr}} \psi_1^*\, H_{\mathrm{Op}}\, \psi_1\, dx \\ & + \varepsilon \left[\int_{\mathrm{Gr}} f^*\, H_{\mathrm{Op}}\, \psi_1\, dx + \int_{\mathrm{Gr}} \psi_1^*\, H_{\mathrm{Op}}\, f\, dx \right] + \\ & + \eta \left[\int_{\mathrm{Gr}} g^* \ldots \right] + \varkappa \left[\int_{\mathrm{Gr}} h^* \ldots \right] \\ & + \varepsilon^2 \ldots + \eta^2 \ldots + \varkappa^2 \ldots + \varepsilon\eta \ldots + \eta\varkappa \ldots + \varkappa\varepsilon \ldots = \mathrm{Min} \end{aligned} \qquad \text{(XII 4.30)}$$

mit den Nebenbedingungen

$$\begin{aligned} G(\varepsilon, \eta, \varkappa) = & \int_{\mathrm{Gr}} \psi_1^*\, \psi_1\, dx \\ & + \varepsilon \left[\int_{\mathrm{Gr}} f^*\, \psi_1\, dx + \int_{\mathrm{Gr}} \psi_1^*\, f\, dx \right] + \eta \left[\int_{\mathrm{Gr}} g^* \ldots \right] + \varkappa \left[\int_{\mathrm{Gr}} h^* \ldots \right] \\ & + \varepsilon^2 \ldots + \eta^2 \ldots + \varkappa^2 \ldots + \varepsilon\eta \ldots + \eta\varkappa \ldots + \varkappa\varepsilon \ldots = 1 \end{aligned} \qquad \text{(XII 4.31)}$$

und

$$\begin{aligned} H(\varepsilon, \eta, \varkappa) = & \int_{\mathrm{Gr}} \psi_0^*(x)\, \psi_1(x)\, dx \\ & + \varepsilon \int_{\mathrm{Gr}} \psi_0^*(x)\, f(x)\, dx + \eta \int_{\mathrm{Gr}} \psi_0^*(x)\, g(x)\, dx + \\ & + \varkappa \int_{\mathrm{Gr}} \psi_0^*(x)\, h(x)\, dx = 0\,. \end{aligned} \qquad \text{(XII 4.32)}$$

Nach § 3 ist jetzt mit Einführung der LAGRANGE-Faktoren E und λ das Minimum der Funktion

$$\Phi(\varepsilon, \eta, \lambda, E) = F(\varepsilon, \eta, \varkappa) - E[G(\varepsilon, \eta, \varkappa) - 1] - \lambda[H(\varepsilon, \eta, \varkappa) - 0] \tag{XII 4.33}$$

zu suchen. Das gibt die 5 Bedingungsgleichungen

$$\left.\begin{aligned} \frac{\partial \Phi}{\partial \varepsilon} &= \Phi_\varepsilon(\varepsilon, \eta, \varkappa, E, \lambda) = 0, \\ \frac{\partial \Phi}{\partial \eta} &= \Phi_\eta(\varepsilon, \eta, \varkappa, E, \lambda) = 0, \\ \frac{\partial \Phi}{\partial \varkappa} &= \Phi_\varkappa(\varepsilon, \eta, \varkappa, E, \lambda) = 0, \\ \frac{\partial \Phi}{\partial E} &= \Phi_E(\varepsilon, \eta, \varkappa, E, \lambda) = 0, \\ \frac{\partial \Phi}{\partial \lambda} &= \Phi_\lambda(\varepsilon, \eta, \varkappa, E, \lambda) = 0. \end{aligned}\right\} \tag{XII 4.34}$$

Da sich als Extremale die Funktion $\psi_1(x)$ herausstellen soll, muß wegen (XII 4.29) das Minimum bei $\varepsilon = 0$, $\eta = 0$, $\varkappa = 0$ angenommen werden. Das gibt für $\psi_1(x)$ die Bestimmungsgleichungen

$$\left.\begin{aligned} \Phi_\varepsilon(0, 0, 0, E, \lambda) &= 0, \\ \Phi_\eta(0, 0, 0, E, \lambda) &= 0, \\ \Phi_\varkappa(0, 0, 0, E, \lambda) &= 0, \\ \Phi_E(0, 0, 0, E, \lambda) &= 0, \\ \Phi_\lambda(0, 0, 0, E, \lambda) &= 0. \end{aligned}\right\} \tag{XII 4.35}$$

Die letzten beiden dieser 5 Gleichungen reproduzieren einfach die beiden Nebenbedingungen (XII 4.27) und (XII 4.28), wie man mit Hilfe von (XII 4.31) bis (XII 4.33) erkennt. Aus den ersten 3 der 5 Gln. (XII 4.35) wird

$$\begin{aligned} &\int\limits_{\mathrm{Gr}} f^* H_{\mathrm{Op}}\, \psi_1\, dx + \int\limits_{\mathrm{Gr}} \psi_1^* H_{\mathrm{Op}}\, f\, dx - \\ &\qquad - E\left[\int\limits_{\mathrm{Gr}} f^* \psi_1\, dx + \int\limits_{\mathrm{Gr}} \psi_1^* f\, dx\right] - \lambda \int\limits_{\mathrm{Gr}} \psi_0^* f\, dx = 0, \end{aligned} \tag{XII 4.36}$$

$$\begin{aligned} &\int\limits_{\mathrm{Gr}} g^* H_{\mathrm{Op}}\, \psi_1\, dx + \int\limits_{\mathrm{Gr}} \psi_1^* H_{\mathrm{Op}}\, g\, dx - \\ &\qquad - E\left[\int\limits_{\mathrm{Gr}} g^* \psi_1\, dx + \int\limits_{\mathrm{Gr}} \psi_1^* g\, dx\right] - \lambda \int\limits_{\mathrm{Gr}} \psi_0^* g\, dx = 0 \end{aligned} \tag{XII 4.37}$$

und eine entsprechende dritte Gleichung mit h an Stelle von f oder von g, von der wir aber keinen Gebrauch machen werden. Da H_{Op} reell und HERMITEisch ist, folgt hieraus

$$\int_{\mathrm{Gr}} f^*[(H_{\mathrm{Op}} - E)\,\psi_1]\,dx + \int_{\mathrm{Gr}} f[(H_{\mathrm{Op}} - E)\,\psi_1^* - \lambda\,\psi_0^*]\,dx = 0 \qquad \text{(XII 4.38)}$$

und

$$\int_{\mathrm{Gr}} g^*[(H_{\mathrm{Op}} - E)\,\psi_1]\,dx + \int_{\mathrm{Gr}} g[(H_{\mathrm{Op}} - E)\,\psi_1^* - \lambda\,\psi_0^*]\,dx = 0. \qquad \text{(XII 4.39)}$$

Die Funktionen f und g sind weitgehend willkürlich. Setzen wir f als rein reell und g als rein imaginär an, so erhalten wir

$$\int_{\mathrm{Gr}} f^*[(H_{\mathrm{Op}} - E)\,(\psi_1 + \psi_1^*) - \lambda\,\psi_0^*]\,dx = 0 \qquad \text{(XII 4.40)}$$

und

$$\int_{\mathrm{Gr}} g^*[(H_{\mathrm{Op}} - E)\,(\psi_1 - \psi_1^*) + \lambda\,\psi_0^*]\,dx = 0. \qquad \text{(XII 4.41)}$$

Hieraus folgt nach dem Fundamentallemma[1] der Variationsrechnung wegen der Willkür der Funktionen f und g

$$(H_{\mathrm{Op}} - E)\,(\psi_1 + \psi_1^*) - \lambda\,\psi_0^* = 0, \qquad \text{(XII 4.42)}$$

$$(H_{\mathrm{Op}} - E)\,(\psi_1 - \psi_1^*) + \lambda\,\psi_0^* = 0 \qquad \text{(XII 4.43)}$$

und weiter durch Addition

$$(H_{\mathrm{Op}} - E)\,\psi_1 = 0. \qquad \text{(XII 4.44)}$$

Dies ist aber die SCHRÖDINGER-Gleichung für den ersten angeregten Zustand ψ_1. Aus (XII 4.44) ist weiter ersichtlich, daß der LAGRANGE-Faktor E als Eigenwert E_1 zu ψ_1 gehört:

$$E = E_1. \qquad \text{(XII 4.45)}$$

Die SCHRÖDINGER-Gleichung ist also äquivalent mit einem Variationsproblem

$$\int_{\mathrm{Gr}} \varphi^*\, H_{\mathrm{Op}}\, \varphi\, dx = \mathrm{Min}, \qquad \text{(XII 4.46)}$$

mit den Nebenbedingungen

$$\int_{\mathrm{Gr}} \varphi^*\, \varphi\, dx = 1, \qquad \text{(XII 4.47)}$$

$$\int_{\mathrm{Gr}} \psi_0^*\, \varphi\, dx = 0. \qquad \text{(XII 4.48)}$$

---

[1] Siehe R. COURANT u. D. HILBERT: Methoden der mathematischen Physik, Bd. I, Berlin: Springer 1930, Kap. IV, § 3.1, S. 159.

Durch Linksmultiplikation von (XII 4.44) mit ψ_1^*, Integration über das Grundgebiet und Benutzung der Normierung ergibt sich

$$\int\limits_{\mathrm{Gr}} \psi_1^* H_{\mathrm{Op}} \psi_1 \, dx = E_1 . \qquad \text{(XII 4.49)}$$

Der Eigenwert E_1 ist also das unter den Nebenbedingungen (XII 4.47) und (XII 4.48) angenommene Minimum des quantenmechanischen Mittelwerts der Energie.

Die höheren angeregten Zustände werden entsprechend durch Hinzufügung immer weiterer Orthogonalitätsbedingungen (XII 4.48) sukzessive gewonnen, so daß jede Eigenfunktion auf allen Eigenfunktionen der vorhergehenden Zustände orthogonal ist.

§ 5. Anwendung des Verfahrens von Ritz auf das Variationsproblem der Wellenmechanik

Die SCHRÖDINGER-Gleichung ist nur in den allereinfachsten Fällen streng zu lösen. Meist ist man auf Näherungsverfahren angewiesen. Das im vorigen § 4 entwickelte Variationsproblem bietet hierfür einen sehr einleuchtenden Ausgangspunkt. Wenn man nämlich den Umfang der zur Konkurrenz bei dem Extremalproblem (XII 4.26) und (XII 4.27) zugelassenen Funktionen $\psi(x)$ einschränkt, so wird man nicht mit Sicherheit den wirklichen Wert des Extremums erreichen. Wenn man aber die Auswahl der zur Konkurrenz zugelassenen Funktionen nach irgendwelchen — vom jeweiligen konkreten Einzelfall abhängenden — plausiblen Gesichtspunkten einigermaßen glücklich trifft, so kann man erwarten, eine brauchbare Näherung für das wirkliche Extremum zu erhalten. Häufig wird sich ein Reihenansatz

$$\psi(x) = \sum_k c_k \, u_k(x) \qquad \text{(XII 5.01)}$$

empfehlen, bei dem die Funktionen $u_k(x)$ bekannt sind und nur die Koeffizienten c_k durch das Extremalproblem (XII 4.26) und (XII 4.27) bestimmt werden sollen. Einsetzen von (XII 5.01) in (XII 4.26) und (XII 4.27) ergibt

$$\sum_j \sum_k c_j^* \, c_k \int\limits_{\mathrm{Gr}} u_j^* \, H_{\mathrm{Op}} \, u_k \, dx = \mathrm{Extr} \qquad \text{(XII 5.02)}$$

mit der Nebenbedingung

$$\sum_j \sum_k c_j^* \, c_k \int\limits_{\mathrm{Gr}} u_j^* \, u_k \, dx - 1 = 0 . \qquad \text{(XII 5.03)}$$

Nach den Vorschriften des § 3 bilden wir mit einem LAGRANGE-Faktor E die Funktion

$$\Phi(c_1, \ldots, c_k, \ldots, c_1^*, \ldots, c_j^*, \ldots, E) = \sum_j \sum_k c_j^* c_k \left\{ \int_{Gr} u_j^* H_{Op} u_k \, dx - E \int_{Gr} u_j^* u_k \, dx \right\} + E. \quad \text{(XII 5.04)}$$

Die Bedingungen für das Extremum lauten dann

$$\frac{\partial \Phi}{\partial c_i^*} = \sum_k c_k \left\{ \int_{Gr} u_i^* H_{Op} u_k \, dx - E \int_{Gr} u_i^* u_k \, dx \right\} = 0 \qquad i = 1, 2, \ldots \quad \text{(XII 5.05)}$$

oder mit

$$\int_{Gr} u_i^* H_{Op} u_k \, dx = H_{ik} \quad \text{(XII 5.06)}$$

und

$$\int_{Gr} u_i^* u_k \, dx = d_{ik}, \quad \text{(XII 5.07)}$$

$$\sum_k c_k \{H_{ik} - E\, d_{ik}\} = 0 \quad \text{für} \quad i = 1, 2, \ldots. \quad \text{(XII 5.08)}$$

Das sind dann beispielsweise n Gleichungen für die n Unbekannten $c_1 \ldots c_k \ldots c_n$. Da die Gleichungen linear und homogen sind, haben sie nur dann nicht identisch verschwindende Lösungen (Lösungen $\neq 0, 0, 0 \ldots, 0$), wenn ihre Determinante verschwindet:

$$\begin{vmatrix} H_{11} - E\, d_{11} & H_{12} - E\, d_{12} \ldots \\ H_{21} - E\, d_{21} & H_{22} - E\, d_{22} \ldots \\ \vdots & \vdots \end{vmatrix} = |H_{ik} - E\, d_{ik}| = 0. \quad \text{(XII 5.09)}$$

Aus dieser Gleichung kann der LAGRANGE-Faktor E bestimmt werden. Wegen der Homogenität der Gln. (XII 5.08) ist die dazugehörige Wertereihe der $c_1 \ldots c_k \ldots c_n$ nur bis auf einen gemeinsamen Faktor bestimmt; diese Unbestimmtheit wird aber durch die Normierungsbedingung beseitigt, die sich aus der letzten Extremumsbedingung ergibt:

$$\frac{\partial \Phi}{\partial E} = \sum_j \sum_k c_j^* c_k \left\{ 0 - \int_{Gr} u_j^* u_k \, dx \right\} + 1 = 0. \quad \text{(XII 5.10)}$$

Hieraus wird mit (XII 5.07)

$$\sum_j \sum_k c_j^* c_k d_{jk} = 1. \quad \text{(XII 5.11)}$$

Wenn man übrigens (XII 5.08) mit c_i^* multipliziert, dann über i summiert und schließlich (XII 5.11) berücksichtigt:

$$\sum_i \sum_k c_i^* c_k H_{ik} = E, \quad \text{(XII 5.12)}$$

so sieht man, daß ähnlich wie in § 4 der LAGRANGE-Faktor E gleich dem Wert des gesuchten Extremums (XII 5.02) wird. Da zu dem Extremalproblem (XII 5.02) aber nur die beschränkte Funktionsklasse (XII 5.01) zugelassen worden ist, stellt jetzt E nicht die wirkliche Energie des gesuchten stationären Zustandes dar, sondern nur die bei Beschränkung auf die Funktionen (XII 5.01) bestmögliche Approximation.

Abschließend sei bemerkt, daß bei der tatsächlichen Durchführung eines Näherungsverfahrens nach dem in diesem § 5 dargestellten Schema gar nicht mehr die Rede von einem Variationsproblem zu sein braucht. Tatsächlich wird in der Praxis auch häufig folgendermaßen vorgegangen:

In die näherungsweise zu lösende SCHRÖDINGER-Gleichung

$$(H_{\mathrm{Op}} - E)\,\psi = 0 \tag{XII 5.13}$$

wird mit dem Näherungsansatz

$$\psi = \sum_{k=1}^{n} c_k\, u_k(x) \tag{XII 5.14}$$

eingegangen:

$$\sum_{k=1}^{n} c_k (H_{\mathrm{Op}} - E)\, u_k(x) = 0. \tag{XII 5.15}$$

Diese Gleichung ist im Prinzip falsch, denn sie soll ja an jeder Stelle x des Grundgebiets Gr gelten. Sie stellt also die Zusammenfassung von ∞ vielen Gleichungen dar. Ihre Befriedigung mit den n Unbekannten c_k ist also allgemein — außer in Sonderfällen — nicht möglich.

An all das kehrt man sich in der Praxis aber nicht. Man multipliziert (XII 5.15) links mit $u_i^*(x)$ und integriert über das Grundgebiet:

$$\sum_{k=1}^{n} c_k \left(\int_{\mathrm{Gr}} u_i^*\, H_{\mathrm{Op}}\, u_k\, dx - E \int u_i^*\, u_k\, dx \right) = 0 \tag{XII 5.16}$$

oder mit (XII 5.06) und (XII 5.07)

$$\sum_{k=1}^{n} c_k (H_{ik} - E\, d_{ik}) = 0. \tag{XII 5.17}$$

Auf diese Weise gelangt man für die c_k also zu denselben Bestimmungsgleichungen (XII 5.08), die wir oben korrekter mit dem Variationsprinzip begründet haben.

Als Übungsbeispiel wollen wir noch zeigen, wie die bekannte SCHRÖDINGERsche Störungstheorie aus dem dargestellten Schema folgt. In der SCHRÖDINGERschen Störungstheorie wird angenommen, daß der

HAMILTON-Operator in einen Summanden nullter Ordnung und in einen mit einem „Störungsparameter λ" versehenen Summanden zerfällt:

$$H_{\mathrm{Op}} = H_{\mathrm{Op}}^{(0)} + \lambda\, H_{\mathrm{Op}}^{(1)}. \tag{XII 5.18}$$

λ ist z. B. eine elektrische Feldstärke und $H_{\mathrm{Op}}^{(0)}$ z. B. der HAMILTON-Operator des Wasserstoffproblems. Die Störungstheorie würde dann den STARK-Effekt des Wasserstoffatoms beschreiben.

Als die Funktionen $u_k(x)$ des Ansatzes (XII 5.01) wählen wir nun die Eigenfunktionen $\psi_k^{(0)}(x)$ des ungestörten HAMILTON-Operators $H_{\mathrm{Op}}^{(0)}$:

$$H_{\mathrm{Op}}^{(0)}\, \psi_k^{(0)}(x) = E_k^{(0)}\, \psi_k^{(0)}(x). \tag{XII 5.19}$$

Wir gehen also in die gestörte SCHRÖDINGER-Gleichung

$$(H_{\mathrm{Op}} - E)\,\psi = (H_{\mathrm{Op}}^{(0)} + \lambda\, H_{\mathrm{Op}}^{(1)} - E)\,\psi = 0 \tag{XII 5.20}$$

mit dem Ansatz

$$\psi = \sum_k c_k\, \psi_k^{(0)}(x) \tag{XII 5.21}$$

ein:

$$\sum_k c_k (H_{\mathrm{Op}}^{(0)} + \lambda\, H_{\mathrm{Op}}^{(1)} - E)\, \psi_k^{(0)}(x) = 0. \tag{XII 5.22}$$

Anwendung von (XII 5.19) gibt weiter

$$\sum_k c_k (E_k^{(0)} + \lambda\, H_{\mathrm{Op}}^{(1)} - E)\, \psi_k^{(0)}(x) = 0. \tag{XII 5.23}$$

Linksmultiplikation mit $\psi_i^{(0)*}(x)$ und Integration über das Grundgebiet Gr gibt:

$$\sum_k c_k \left(E_k^{(0)}\, \delta_{ik} + \lambda \int_{\mathrm{Gr}} \psi_i^{(0)*}(x)\, H_{\mathrm{Op}}^{(1)}\, \psi_k^{(0)}(x)\, dx - E\, \delta_{ik} \right) = 0. \tag{XII 5.24}$$

Mit

$$\int_{\mathrm{Gr}} \psi_i^{(0)*}(x)\, H_{\mathrm{Op}}^{(1)}\, \psi_k^{(0)}(x)\, dx = H_{ik}^{(1)} \tag{XII 5.25}$$

erhalten wir

$$\sum_k c_k (E_k^{(0)}\, \delta_{ik} + \lambda\, H_{ik}^{(1)} - E\, \delta_{ik}) = 0. \tag{XII 5.26}$$

Hiermit haben wir aus unserem Schema eine Gleichung abgeleitet, die in der Literatur[1] als Ausgangsgleichung für alle weiteren Betrachtungen der SCHRÖDINGERschen Störungstheorie dient.

---

[1] Siehe z. B. D. I. BLOCHINZEW: Grundlagen der Quantenmechanik, Berlin 1953, Deutscher Verlag der Wissenschaften, S. 233, Gl. (65.11).

§ 6. Die Zweibändertheorie von Kane

Eine sehr nützliche Anwendung der im § 5 beschriebenen Störungsrechnung stellt das sog. Zwei-Bändermodell von E. O. KANE[1] dar, der dabei an W. SHOCKLEY[2] anknüpft. KANE will die Verhältnisse an der oberen Grenze des Valenzbands und an der unteren Grenze des Leitungsbands analytisch etwas in die Hand bekommen, ohne mathematisch allzu viel Aufwand treiben zu müssen. Er setzt dabei voraus, daß das Maximum des Valenzbands und das Minimum des Leitungsbands beide zur gleichen Wellenzahl, und zwar zu $k = 0$ gehören (s. Abbildung VII 4.3).

Bei $k = 0$ wird in der Eigenfunktion[3] $\sqrt{\frac{a}{2\pi}}\, u(x;\, k)\, e^{jkx}$ der Fortpflanzungsfaktor $e^{jkx} \equiv 1$. Die Eigenfunktionen an den Rändern des Valenz- und des Leitungsbands sind also stehende Wellen, die gitterperiodisch moduliert sind:

$$\psi_C(x;\, 0) = \sqrt{\frac{a}{2\pi}}\, u_C(x;\, 0), \qquad \text{(XII 6.01)}$$

$$\psi_V(x;\, 0) = \sqrt{\frac{a}{2\pi}}\, u_V(x;\, 0). \qquad \text{(XII 6.02)}$$

Ihre SCHRÖDINGER-Gleichungen lauten

$$H_{\text{Op}}\, u_C = -\frac{\hbar^2}{2m}\frac{d^2}{dx^2} u_C(x;\, 0) - e\, U(x)\, u_C(x;\, 0) = E_C\, u_C(x;\, 0) \qquad \text{(XII 6.03)}$$

bzw.

$$H_{\text{Op}}\, u_V = -\frac{\hbar^2}{2m}\frac{d^2}{dx^2} u_V(x;\, 0) - e\, U(x)\, u_V(x;\, 0) = E_V\, u_V(x;\, 0). \qquad \text{(XII 6.04)}$$

Zur Vorbereitung notieren wir einige Integralbeziehungen. Die gitterperiodischen Modulationsfaktoren $u(x;\, k)$ sind nach (XII 7.09) in der Gitterzelle orthonormiert. Es gilt also

$$\int_{x=0}^{x=a} u_C^*(x;\, 0)\, u_V(x;\, 0)\, dx = 0, \qquad \text{(XII 6.05)}$$

$$\int_{x=0}^{x=a} u_C^*(x;\, 0)\, u_C(x;\, 0)\, dx = 1, \qquad \text{(XII 6.06)}$$

$$\int_{x=0}^{x=a} u_V^*(x;\, 0)\, u_V(x;\, 0)\, dx = 1. \qquad \text{(XII 6.07)}$$

---

[1] KANE, E. O.: J. Phys. Chem. Solids 1 (1956) 82, insbesondere S. 83; 12 (1959) 181, insbesondere S. 184 u. 185.

[2] SHOCKLEY, W.: Phys. Rev. 78 (1950) 173.

[3] Wir benutzen die uneigentliche Normierung (XII 7.12) im unendlich großen Grundgebiet $-\infty < x < +\infty$. Damit die gitterperiodischen Modulationsfaktoren $u(x;\, k)$ wieder in der Gitterzelle $0 < x < a$ normiert sind, muß der Faktor $\sqrt{a/2\pi}$ in die Definition der Eigenfunktion aufgenommen werden (s. S. 615f.).

Mit (XII 7.20) folgt weiter aus Abb. VII 4.3 mit $k = 0$ und $N = C$

$$\int\limits_{x=0}^{x=a} u_C^*(x;0)\frac{d}{dx}u_C(x;0)\,dx = j\frac{m}{\hbar^2}\left.\frac{dE}{dk}\right|_{\substack{k=0\\ \text{Leit.-Band}}} = 0 \qquad \text{(XII 6.08)}$$

und entsprechend

$$\int\limits_{x=0}^{x=a} u_V^*(x;0)\frac{d}{dx}u_V(x;0)\,dx = 0. \qquad \text{(XII 6.09)}$$

Für das Matrixelement des Impulsoperators $\frac{\hbar}{j}\frac{d}{dx}$ führen wir die Bezeichnung p ein:

$$\int\limits_{x=0}^{x=a} u_C^*(x;0)\frac{d}{dx}u_V(x;0)\,dx = +\frac{j}{\hbar}p. \qquad \text{(XII 6.10)}$$

Partielle Integration, Beachtung der Gitterperiodizität von u_C^* und u_V und Übergang zu den komplex konjugierten Werten liefert schließlich

$$\int\limits_{x=0}^{x=a} u_V^*(x;0)\frac{d}{dx}u_C(x;0)\,dx = +\frac{j}{\hbar}p^*. \qquad \text{(XII 6.11)}$$

Nun sind Eigenfunktionen ganz allgemein und daher auch $u_C(x;0)$ und $u_V(x;0)$ nur bis auf einen Phasenfaktor $e^{j\alpha}$ vom Betrage 1 bestimmt. Wir können also die Annahme machen, daß u_C und u_V so festgelegt sind, daß das aus u_C und u_V gemäß (XII 6.10) oder (XII 6.11) resultierende p reell und positiv ist. Dann brauchen wir in Zukunft nicht mehr p, p^* und $|p|$ zu unterscheiden.

Wenn man sich nur für die Ränder des Leitungs- und des Valenzbands interessiert, so liegt die Überlegung nahe, daß für den gitterperiodischen Anteil $u(x;k)$ die Funktionen $u_C(x;0)$ bzw. $u_V(x;0)$ schon ganz gute Näherungen sein müssen; denn die Ränder des Leitungs- und des Valenzbands gruppieren sich ja unter den gemachten Voraussetzungen um $k = 0$. Im Sinne einer Näherungsrechnung nach dem Muster von Kap. XII, § 5, liegt also ein linearer Ansatz

$$\psi(x;k) = \sqrt{\frac{a}{2\pi}}\,u(x;k)\,e^{jkx} = \sqrt{\frac{a}{2\pi}}\,[a_C\,u_C(x;0) + a_V\,u_V(x;0)]\,e^{jkx} \qquad \text{(XII 6.12)}$$

nahe, mit dem in die SCHRÖDINGER-Gleichung

$$(H_{\text{Op}} - E)\,\psi = \left(-\frac{\hbar^2}{2m}\frac{d^2}{dx^2} - e\,U(x) - E\right)\psi = 0 \qquad \text{(XII 6.13)}$$

eingegangen wird.

Zweimalige Produktdifferentiation und Anwendung von (XII 6.03) bzw. (XII 6.04) liefert folgende Beziehung

$$H_{\mathrm{Op}}(u_C\,e^{jkx}) = -\frac{\hbar^2}{2m}\frac{d^2}{dx^2}(u_C(x;0)\,e^{jkx}) - e\,U(x)\,u_C(x;0)\,e^{jkx},$$

$$= \left\{H_{\mathrm{Op}}\,u_C - j\,k\frac{\hbar^2}{m}\frac{d}{dx}u_C + \frac{\hbar^2}{2m}k^2 u_C\right\}e^{jkx},$$

$$= \left\{E_C\,u_C - j\,k\frac{\hbar^2}{m}\frac{d}{dx}u_C + \frac{\hbar^2}{2m}k^2 u_C\right\}e^{jkx}. \qquad \text{(XII 6.14)}$$

Entsprechend ist

$$H_{\mathrm{Op}}(u_V\,e^{jkx}) = \left\{E_V\,u_V - j\,k\frac{\hbar^2}{m}\frac{d}{dx}u_V + \frac{\hbar^2}{2m}k^2 u_V\right\}e^{jkx}. \qquad \text{(XII 6.15)}$$

Das Einsetzen von (XII 6.12) in (XII 6.13) ergibt mit (XII 6.14) und (XII 6.15)

$$a_C\left\{\frac{\hbar^2}{2m}k^2 u_C - j\,k\frac{\hbar^2}{m}\frac{d}{dx}u_C + (E_C - E)\,u_C\right\}e^{jkx} +$$
$$+ a_V\left\{\frac{\hbar^2}{2m}k^2 u_V - j\,k\frac{\hbar^2}{m}\frac{d}{dx}u_V + (E_V - E)\,u_V\right\}e^{jkx} = 0. \qquad \text{(XII 6.16)}$$

Im Sinne des Störungsverfahrens aus Kap. XII, § 5, wird nun links mit $u_C^*\,e^{-jkx}$ multipliziert und über die Gitterzelle integriert. Beachtung von (XII 6.05) bis (XII 6.11) liefert dann

$$a_C\left\{\frac{1}{2m}\hbar^2 k^2 + E_C - E\right\} + a_V\frac{p}{m}\hbar\,k = 0. \qquad \text{(XII 6.17)}$$

Multiplikation mit $u_V^*\,e^{-jkx}$ und Integration über x von 0 bis a ergibt entsprechend

$$a_C\frac{p}{m}\hbar\,k + a_V\left\{\frac{1}{2m}\hbar^2 k^2 + E_V - E\right\} = 0. \qquad \text{(XII 6.18)}$$

(XII 6.17) und (XII 6.18) sind zwei homogene Gleichungen für die beiden Unbekannten a_C und a_V. Damit außer der Triviallösung $a_C = 0$, $a_V = 0$ noch eine nicht identisch verschwindende Lösung existiert, muß die Säkulardeterminante verschwinden:

$$\begin{vmatrix} \frac{1}{2m}(\hbar\,k)^2 + E_C - E & \frac{p}{m}\hbar\,k \\ \frac{p}{m}\hbar\,k & \frac{1}{2m}(\hbar\,k)^2 + E_V - E \end{vmatrix} = 0. \qquad \text{(XII 6.19)}$$

Diese quadratische Gleichung für die Energie E hat — wie man durch elementare Rechnungen feststellt — folgende beiden Lösungen

$$E - E_V = \frac{1}{2}E_{CV} + \frac{1}{2m}(\hbar\,k)^2 \pm \frac{1}{2}\eta(k). \qquad \text{(XII 6.20)}$$

Hierbei ist

$$\eta(k) = \sqrt{E_{CV}^2 + 4\frac{p^2}{m^2}(\hbar k)^2} \tag{XII 6.21}$$

und

$$E_{CV} = E_C - E_V. \tag{XII 6.22}$$

E_{CV} ist also der Abstand zwischen dem Minimum E_C des Leitungsbands und dem Maximum E_V des Valenzbands, also die Breite des *verbotenen* Bandes.

Wenn k genügend klein ist, ergibt sich für die Lösung mit dem +-Zeichen vor der Wurzel, also für das Leitungsband,

$$E - E_V = E_C(k) - E_V \approx E_{CV} + \frac{1}{2}\frac{1}{m}\left(2\frac{p^2}{m E_{CV}} + 1\right)(\hbar k)^2. \tag{XII 6.23}$$

Entsprechend kommt für die Lösung mit dem —-Zeichen vor der Wurzel, also für das Valenzband,

$$E - E_V = E_V(k) - E_V \approx -\frac{1}{2}\frac{1}{m}\left(2\frac{p^2}{m E_{CV}} - 1\right)(\hbar k)^2. \tag{XII 6.24}$$

Auf diese beiden Gln. (XII 6.23) und (XII 6.24) wenden wir die Beziehungen der Abb. III 3.1 von S. 102 an und erhalten für die effektive Masse m_n der Elektronen im Leitungsband

$$\frac{1}{m_n} = \frac{1}{m}\left(2\frac{p^2}{m E_{CV}} + 1\right) \tag{XII 6.25}$$

und für die effektive Masse m_p der Defektelektronen im Valenzband

$$\frac{1}{m_p} = \frac{1}{m}\left(2\frac{p^2}{m E_{CV}} - 1\right). \tag{XII 6.26}$$

Wir benutzen diese beiden Gleichungen, um den durch (XII 6.10) definierten, aber etwas unanschaulichen Parameter p aus den Gleichungen zu entfernen. Addition von (XII 6.25) und (XII 6.26) und Einführung einer resultierenden Masse

$$\frac{1}{m_r} = \frac{1}{m_p} + \frac{1}{m_n} = \frac{4}{m^2 E_{CV}}p^2 \tag{XII 6.27}$$

liefert

$$p = \frac{m}{2}\sqrt{\frac{E_{CV}}{m_r}}. \tag{XII 6.28}$$

Dies wird zunächst in (XII 6.25) und (XII 6.26) benutzt und ergibt

$$\frac{1}{m_n} = \frac{1}{2}\frac{1}{m_r} + \frac{1}{m}, \tag{XII 6.29}$$

$$\frac{1}{m_p} = \frac{1}{2}\frac{1}{m_r} - \frac{1}{m}. \tag{XII 6.30}$$

Weiter wird (XII 6.25) in (XII 6.23) und (XII 6.26) in (XII 6.24) benutzt und ergibt

$$E_C(k) - E_V \approx E_{CV} + \frac{1}{2m_n}(\hbar k)^2, \tag{XII 6.31}$$

$$E_V(k) - E_V \approx \quad -\frac{1}{2m_p}(\hbar k)^2. \tag{XII 6.32}$$

Schließlich liefert (XII 6.28) in (XII 6.21)

$$\eta(k) = \sqrt{E_{CV}^2 + \frac{1}{m_r} E_{CV} (\hbar k)^2} = E_{CV} \sqrt{1 + \frac{\frac{1}{m_r}(\hbar k)^2}{E_{CV}}}. \qquad \text{(XII 6.33)}$$

Von den beiden Lösungen (XII 6.20) der Säkulargleichung (XII 6.19) setzen wir jetzt die für das Leitungsband geltende Lösung

$$E = E_V + \frac{1}{2} E_{CV} + \frac{1}{2m} (\hbar k)^2 + \frac{1}{2} \eta(k) \qquad \text{(XII 6.34)}$$

in die beiden Gln. (XII 6.17) und (XII 6.18) für a_C und a_V ein:

$$a_C \left\{\frac{1}{2} E_{CV} - \frac{1}{2} \eta(k)\right\} + a_V \frac{p}{m} \hbar k = 0, \qquad \text{(XII 6.35)}$$

$$a_C \frac{p}{m} \hbar k + a_V \left\{-\frac{1}{2} E_{CV} - \frac{1}{2} \eta(k)\right\} = 0. \qquad \text{(XII 6.36)}$$

Nun geht aus (XII 6.21) hervor, daß

$$\frac{p}{m} \hbar k = \frac{1}{2} \sqrt{\eta^2(k) - E_{CV}^2} = \frac{1}{2} \sqrt{(\eta(k) - E_{CV})(\eta(k) + E_{CV})} \qquad \text{(XII 6.37)}$$

ist. Benutzen wir dies in (XII 6.35) und (XII 6.36), so ergibt sich aus (XII 6.35):

$$\frac{a_V}{a_C} = \frac{\frac{1}{2}(\eta(k) - E_{CV})}{\frac{1}{2}\sqrt{(\eta(k) - E_{CV})(\eta(k) + E_{CV})}} = \sqrt{\frac{\eta(k) - E_{CV}}{\eta(k) + E_{CV}}} \qquad \text{(XII 6.38)}$$

und aus (XII 6.36):

$$\frac{a_V}{a_C} = \frac{\frac{1}{2}\sqrt{(\eta(k) - E_{CV})(\eta(k) + E_{CV})}}{\frac{1}{2}(\eta(k) + E_{CV})} = \sqrt{\frac{\eta(k) - E_{CV}}{\eta(k) + E_{CV}}}, \qquad \text{(XII 6.39)}$$

also der gleiche Wert[1].

Aus (XII 6.12) erhält man dann für die Eigenfunktionen im Leitungsband

$$\psi_C(x; k) = \sqrt{\frac{a}{2\pi}} \left[\frac{u_C(x; 0)}{\sqrt{\eta(k) - E_{CV}}} + \frac{u_V(x; 0)}{\sqrt{\eta(k) + E_{CV}}}\right] e^{jkx}. \qquad \text{(XII 6.40)}$$

Normierung des gitterperiodischen Modulationsfaktors $u(x; k) = [\ldots]$ in der Gitterzelle ergibt unter Berücksichtigung der Orthonormalität (XII 6.05) bis (XII 6.07) der $u_C(x; 0)$ und $u_V(x; 0)$ schließlich

$$\psi_C(x; k) = \sqrt{\frac{a}{2\pi}} \left[\frac{1}{\sqrt{2}} \sqrt{1 + \frac{E_{CV}}{\eta(k)}}\, u_C(x; 0) + \frac{1}{\sqrt{2}} \sqrt{1 - \frac{E_{CV}}{\eta(k)}}\, u_V(x; 0)\right] e^{jkx}.$$

(XII 6.41)

[1] Das ist natürlich kein Zufall, sondern E wurde durch das Ansetzen und Lösen der Säkulargleichung (XII 6.19) ja gerade so bestimmt, daß die beiden homogenen Gln. (XII 6.17) und (XII 6.18) miteinander kompatibel werden, d. h. eine gleiche Lösung zulassen.

Die entsprechende Rechnung ergibt für die Eigenfunktionen des Valenzbands

$$\psi_V(x;\,k) = \sqrt{\frac{a}{2\pi}}\left[-\frac{1}{\sqrt{2}}\sqrt{1-\frac{E_{CV}}{\eta(k)}}\,u_C(x;\,0)+\frac{1}{\sqrt{2}}\sqrt{1+\frac{E_{CV}}{\eta(k)}}\,u_V(x;\,0)\right]e^{jkx}. \tag{XII 6.42}$$

Der Bequemlichkeit halber stellen wir weiter zusammen:

Die Energiewerte für das Leitungsband nach (XII 6.20) und (XII 6.31)

$$E_C(k) = E_V + \frac{1}{2}E_{CV} + \frac{1}{2m}(\hbar k)^2 + \frac{1}{2}\eta(k) \approx E_C + \frac{1}{2m_n}(\hbar k)^2 \tag{XII 6.43}$$

und die Energiewerte für das Valenzband nach (XII 6.20) und (XII 6.32)

$$E_V(k) = E_V + \frac{1}{2}E_{CV} + \frac{1}{2m}(\hbar k)^2 - \frac{1}{2}\eta(k) \approx E_V - \frac{1}{2m_p}(\hbar k)^2. \tag{XII 6.44}$$

In diesen Formeln hat $\eta(k)$ nach (XII 6.33) die Bedeutung

$$\eta(k) = \sqrt{E_{CV}^2 + \frac{1}{m_r}(\hbar k)^2 E_{CV}} = E_{CV}\sqrt{1+\frac{\frac{1}{m_r}(\hbar k)^2}{E_{CV}}}. \tag{XII 6.45}$$

Dabei ist m_r eine resultierende Masse, die nach (XII 6.27) durch

$$\frac{1}{m_r} = \frac{4}{m^2 E_{CV}}\,p^2 \tag{XII 6.46}$$

definiert ist.

Der Parameter p ist dabei [nach (XII 6.10)] das Matrixelement des Impulsoperators $\frac{\hbar}{j}\frac{d}{dx}$, gebildet mit den Eigenfunktionen $u_C(x;\,0)$ und $u_V(x;\,0)$ an den Bandgrenzen:

$$p = \frac{\hbar}{j}\int\limits_{x=0}^{x=a} u_C^*(x;\,0)\,\frac{d}{dx}\,u_V(x;\,0)\,dx. \tag{XII 6.47}$$

Die effektiven Massen m_n und m_p hängen mit der resultierenden Masse m_r nach (XII 6.29) und (XII 6.30) folgendermaßen zusammen:

$$\frac{1}{m_n} = \frac{1}{2}\,\frac{1}{m_r} + \frac{1}{m}, \tag{XII 6.48}$$

$$\frac{1}{m_p} = \frac{1}{2}\,\frac{1}{m_r} - \frac{1}{m}. \tag{XII 6.49}$$

Damit sind in diesem Zweibändermodell alle interessierenden Größen im wesentlichen auf die 2 Parameter

„Matrix-Element p des Impulses"

und

„Breite E_{CV} des verbotenen Bandes"

und auf die

gitterperiodischen Modulationsfaktoren $u_C(x; 0)$ und $u_V(x; 0)$

an den Bandgrenzen zurückgeführt.

§ 7. Die Normierung der Eigenfunktion im Grundgebiet

a) Endliches Grundgebiet $-\frac{1}{2}Ga < x < +\frac{1}{2}Ga$

In den einleitenden Paragraphen des Kap. VII haben wir ein endliches Grundgebiet $-\frac{1}{2}Ga < x < +\frac{1}{2}Ga$ zugrunde gelegt und bekamen für die Eigenfunktionen gitterperiodisch modulierte Wellen (VII 2.05)

$$\psi_N(x; k) = \frac{1}{\sqrt{G}} u_N(x; k)\, e^{jkx}. \tag{XII 7.01}$$

Dabei numeriert der ganzzahlige Index N die einzelnen Bänder. Die Wellenzahl k durchläuft nach (VII 2.08) die *diskreten* Werte

$$k = \frac{2\pi}{a}\frac{n}{G} \quad \text{mit} \quad n = 0, \pm 1, \pm 2, \ldots, \pm \frac{G}{2}. \tag{XII 7.02}$$

Die Orthogonalitätsrelation und die Normierungsbedingung lassen sich zusammenfassen in die Gleichung

$$\int\limits_{x=-\frac{G}{2}a}^{x=+\frac{G}{2}a} \psi_{N'}^*(x; k')\, \psi_N(x; k)\, dx = \delta_{NN'}\, \delta_{kk'}. \tag{XII 7.03}$$

Setzen wir hier (XII 7.01) ein, so ergibt sich

$$\frac{1}{G} \int\limits_{x=-\frac{G}{2}a}^{x=+\frac{G}{2}a} u_{N'}^*(x; k')\, u_N(x; k)\, e^{j(k-k')x}\, dx = \delta_{NN'}\, \delta_{kk'}. \tag{XII 7.04}$$

Nach (XII 1.19) folgt

$$\frac{1}{G}\delta_{kk'}\, G \int\limits_{x=0}^{x=+a} u_{N'}^*(x; k')\, u_N(x; k)\, dx = \delta_{NN'}\, \delta_{kk'}. \tag{XII 7.05}$$

Für $k = k'$ wird $\delta_{k k'} = 1$ und es folgt

$$\int\limits_{x=0}^{x=+a} u_{N'}^{*}(x;\, k)\, u_N(x;\, k)\, dx = \delta_{N N'}. \qquad \text{(XII 7.06)}$$

Die gitterperiodischen Modulationsfaktoren $u_N(x;\, k)$ sind also in der Gitterzelle normiert.

b) Unendliches Grundgebiet $-\infty < x < \infty$

Es wird sich in diesem Fall als zweckmäßig erweisen, für die Eigenfunktionen $\psi_N(x;\, k)$ nicht den Ansatz (XII 7.01) zu machen, sondern statt des Faktors $1/\sqrt{G}$ mit $\sqrt{a/2\pi}$ zu multiplizieren:

$$\psi_N(x;\, k) = \sqrt{\frac{a}{2\pi}}\, u_N(x;\, k)\, \mathrm{e}^{jkx}. \qquad \text{(XII 7.07)}$$

Das ganzzahlige N indiziert wieder die verschiedenen Bänder. Im Gegensatz zu (XII 7.02) ist jetzt aber k eine *kontinuierliche* Größe, für die nach (VII 2.11) die Ungleichung

$$-\frac{\pi}{a} < k < +\frac{\pi}{a} \qquad \text{(XII 7.08)}$$

gilt. Wir normieren[1] die gitterperiodischen Modulationsfaktoren $u_N(x;\, k)$ wieder in nur *einer* Gitterzelle:

$$\int\limits_{x=0}^{x=a} u_{N'}^{*}(x;\, k)\, u_N(x;\, k)\, dx = \delta_{N N'}. \qquad \text{(XII 7.09)}$$

Bilden wir jetzt mit den Eigenfunktionen (XII 7.07) das Orthogonalitäts- bzw. Normierungsintegral

$$\int\limits_{x=-\infty}^{x=+\infty} \psi_{N'}^{*}(x;\, k')\, \psi_N(x;\, k)\, dx$$

$$= \int\limits_{x=-\infty}^{x=+\infty} \sqrt{\frac{a}{2\pi}}^{\,2}\, u_{N'}^{*}(x;\, k')\, u_N(x;\, k)\, \mathrm{e}^{j(k-k')x}\, dx, \qquad \text{(XII 7.10)}$$

---

[1] Tatsächlich geht (XII 7.09) über die willkürlich festsetzbare Normierung hinaus; denn für $N' \neq N$ behauptet diese Gleichung (XII 7.09) die Orthogonalität der $u_N(x;\, k)$, die aber bis jetzt nur für den Fall des *endlichen* Grundgebietes bewiesen ist [s. (XII 7.06)]. Trotzdem muß (XII 7.09) auch für $N' \neq N$ angesetzt werden. Man sieht dies folgendermaßen ein: $\psi_{N'}(x;\, k)$ und $\psi_N(x;\, k)$ gehören trotz gleicher Wellenzahl k zu verschiedenen Quantenzahlen N' und N und müssen deshalb orthogonal zueinander sein. Deshalb muß (XII 7.12) für $k' = k$ und $N' \neq N$ den Wert Null liefern und deshalb wird in (XII 7.12) der Faktor $\delta_{N' N}$ gebraucht. Er erscheint dort aber nur, wenn (XII 7.09) auch für $N' \neq N$ angesetzt wird.

so ergibt (XII 1.28)

$$\int\limits_{x=-\infty}^{x=+\infty} \psi_{N'}^*(x;\,k')\,\psi_N(x;\,k)\,dx$$

$$= \frac{a}{2\pi}\,\delta(k-k')\,\frac{2\pi}{a}\int\limits_{x=0}^{x=a} u_{N'}^*(x;\,k')\,u_N(x;\,k')\,dx \qquad \text{(XII 7.11)}$$

und weiter mit (XII 7.09)

$$\int\limits_{x=-\infty}^{x=+\infty} \psi_{N'}^*(x;\,k')\,\psi_N(x;\,k)\,dx = \delta(k-k')\,\delta_{NN'}. \qquad \text{(XII 7.12)}$$

Diese uneigentliche Normierung tritt bei unendlichem Grundgebiet an die Stelle der echten Normierung (XII 7.03).

Werden die Eigenfunktionen (XII 7.07) zur Berechnung von Matrixelementen eines Operators benutzt, so ergibt sich nicht unmittelbar der quantenmechanische Mittelwert dieses Operators, weil eben die Funktionen (XII 7.07) nicht auf 1 normiert sind. Ihr Normierungsintegral, das sich aus (XII 7.12) für $N' = N$ und $k' \to k$ ergibt, ist im Gegenteil unendlich groß.

Berechnen wir trotzdem einmal die Matrixelemente des Impulsoperators $\frac{\hbar}{j}\,\frac{\partial}{\partial x}$ mit diesen nicht normierten Eigenfunktionen (XII 7.07):

$$p_{k'kN'N} = \int\limits_{x=-\infty}^{x=+\infty} \psi_{N'}^*(x;\,k')\,\frac{\hbar}{j}\,\frac{\partial}{\partial x}\,\psi_N(x;\,k)\,dx$$

$$= \frac{\hbar}{j}\,\frac{a}{2\pi}\int\limits_{x=-\infty}^{x=+\infty} u_{N'}^*(x;\,k')\,\mathrm{e}^{-jk'x}\,\frac{\partial}{\partial x}\left(u_N(x;\,k)\,\mathrm{e}^{+jkx}\right)dx \qquad \text{(XII 7.13)}$$

$$p_{k'kN'N} = \frac{\hbar}{j}\,\frac{a}{2\pi}\left\{\int\limits_{x=-\infty}^{x=+\infty} u_{N'}^*(x;\,k')\,\frac{\partial}{\partial x}\,u_N(x;\,k)\cdot\mathrm{e}^{+j(k-k')x}\,dx + \right.$$

$$\left. + jk\int\limits_{x=-\infty}^{x=+\infty} u_{N'}^*(x;\,k')\,u_N(x;\,k)\,\mathrm{e}^{j(k-k')x}\,dx\right\} \qquad \text{(XII 7.14)}$$

und weiter mit Hilfe von (XII 1.28)

$$p_{k'kN'N} = \frac{\hbar}{j}\,\delta(k-k')\left\{\int\limits_{x=0}^{x=a} u_{N'}^*(x;\,k)\,\frac{\partial}{\partial x}\,u_N(x;\,k)\,dx + \right.$$

$$\left. + jk\int\limits_{x=0}^{x=a} u_{N'}^*(x;\,k)\,u_N(x;\,k)\,dx\right\} \qquad \text{(XII 7.15)}$$

bzw. wegen (XII 7.09)

$$p_{k'kN'N} = \delta(k-k')\left\{\frac{\hbar}{j}\int\limits_{x=0}^{x=a} u_{N'}^*(x;k)\frac{\partial}{\partial x}u_N(x;k)\,dx + \hbar k\,\delta_{N'N}\right\}. \quad \text{(XII 7.16)}$$

Andererseits kann in den Rechnungen von S. 302 bis S. 304 das endliche Grundgebiet mit den Eigenfunktionen (XII 7.01) durch ein unendliches Grundgebiet mit den Eigenfunktionen (XII 7.07) ersetzt werden. In dem Ergebnis (VII 5.08) dieser Rechnung ändert sich dann nichts, außer daß an die Stelle der KRONECKER-Symbole $\delta_{k'k}$ die DIRAC-Funktion $\delta(k-k')$ tritt. Mit (XII 7.16) kommt dann also

$$\begin{aligned} &-\frac{dE_N}{dk}\,\delta(k-k')\,\delta_{N'N} + \\ &+\frac{\hbar}{m}\,\delta(k-k')\left\{\frac{\hbar}{j}\int\limits_{x=0}^{x=a} u_{N'}^*(x;k)\frac{\partial}{\partial x}u_N(x;k)\,dx + \hbar k\,\delta_{N'N}\right\} + \\ &+\delta(k-k')\,[E_{N'}(k') - E_N(k)]\int\limits_{x=0}^{x=a} u_{N'}^*(x;k)\frac{\partial}{\partial k}u_N(x;k)\,dx \\ &\qquad = 0. \quad \text{(XII 7.17)}\end{aligned}$$

Wir integrieren jetzt über k' von $-\frac{\pi}{a}$ bis $+\frac{\pi}{a}$. Als Wirkung der DIRAC-Funktion, die in allen drei Summanden als Faktor auftritt, ist dann überall k', soweit es noch auftritt, durch k zu ersetzen:

$$\begin{aligned} &-\frac{dE_N}{dk}\,\delta_{N'N} + \frac{\hbar}{m}\left\{\frac{\hbar}{j}\int\limits_{x=0}^{x=a} u_{N'}^*(x;k)\frac{\partial}{\partial x}u_N(x;k)\,dx + \hbar k\,\delta_{N'N}\right\} + \\ &\qquad + [E_{N'}(k) - E_N(k)]\int\limits_{x=0}^{x=a} u_{N'}^*(x;k)\frac{\partial}{\partial k}u_N(x;k)\,dx = 0. \quad \text{(XII 7.18)}\end{aligned}$$

Für $N' \neq N$ folgt hieraus

$$\begin{aligned} &\frac{\hbar}{j}\int\limits_{x=0}^{x=a} u_{N'}^*(x;k)\frac{\partial}{\partial x}u_N(x;k)\,dx \\ &\qquad = -\frac{m}{\hbar}[E_{N'}(k) - E_N(k)]\int\limits_{x=0}^{x=a} u_{N'}^*(x;k)\frac{\partial}{\partial k}u_N(x;k)\,dx \quad \text{(XII 7.19)}\end{aligned}$$

und für $N' = N$

$$\frac{\hbar}{j}\int\limits_{x=0}^{x=a} u_N^*(x;k)\frac{\partial}{\partial x}u_N(x;k)\,dx + \hbar k = \frac{m}{\hbar}\frac{d}{dk}E_N(k). \quad \text{(XII 7.20)}$$

(XII 7.19) und (XII 7.20) geben also auch eine Art von Matrixelementen des Impulsoperators wieder. Diese Matrixelemente werden aber nicht mit den vollen Eigenfunktionen $\psi = u \exp(jkx)$, sondern nur mit den gitterperiodischen Modulationsfaktoren u gebildet. Weiter wird dabei nicht über das ganze Grundgebiet $-\infty < x < +\infty$, sondern nur über eine Zelle $0 < x < a$ integriert.

Im Gegensatz zu den üblichen Matrixelementen (XII 7.16), die für $k' = k$ unendlich werden, haben die über eine Gitterzelle mit den Modulationsfaktoren $u_N(x; k)$ berechneten Matrixelemente endliche Werte. Auf die gleichen Elemente (XII 7.19) und (XII 7.20) würde man übrigens auch kommen, wenn man in (VII 5.082) und (VII 5.083) die dort auf der linken Seite stehenden üblichen Matrixelemente $p_{kkN'N}$ und p_{kkNN} mit den normierten Eigenfunktionen (XII 7.01) eines endlichen Grundgebietes ausrechnet.

§ 8. Einige Eigenschaften der Diracschen Deltafunktion[1]

a) Bei der Behandlung der Wechselwirkung von Elektronen mit Photonen (Kap. VII, § 8) oder mit Phononen (Kap. XI, § 2) brauchen wir die Beziehung

$$\frac{\sin \omega t}{\omega} = \pi\, \delta(\omega) \quad \text{für} \quad t \to \infty. \tag{XII 8.01}$$

Zunächst wird diese Gleichung veranschaulicht in Abb. XII 8.1. Zum weiteren Beweis[2] betrachten wir mit einer zunächst willkürlichen Funktion $f(\omega')$ das Integral

$$\int\limits_{\omega'=-a}^{\omega'=+a} f(\omega')\, \frac{\sin \omega' t}{\omega'}\, d\omega' = \int\limits_{\omega' t=-at}^{\omega' t=+at} f\left(\frac{\omega' t}{t}\right) \frac{\sin \omega' t}{\omega' t}\, d\omega' t$$

$$= \int\limits_{x=-at}^{x=+at} f\left(\frac{x}{t}\right) \frac{\sin x}{x}\, dx. \tag{XII 8.02}$$

Wir vollziehen jetzt links und rechts den Grenzübergang $t \to \infty$:

$$\int\limits_{\omega'=-a}^{\omega'=+a} f(\omega') \left[\lim_{t\to\infty} \frac{\sin \omega' t}{\omega'}\right] d\omega' = \int\limits_{x=-\infty}^{x=+\infty} f(0)\, \frac{\sin x}{x}\, dx = f(0) \int\limits_{x=-\infty}^{x=+\infty} \frac{\sin x}{x}\, dx, \tag{XII 8.03}$$

[1] Siehe z. B. W. Weizel: Lehrbuch der theoretischen Physik, Bd. II, Berlin/Göttingen/Heidelberg: Springer 1958, S. 1176.

[2] Der Tatbestand, der bewiesen werden soll, ist identisch mit dem sog. Dirichletschen Integral, dessen Wert abgeleitet wird z. B. in Ph. Frank u. R. v. Mises: Die Differential- und Integralgleichungen der Mechanik und Physik, Bd. I, Mathematischer Teil, Braunschweig: Vieweg 1961, S. 206.

was mit der Beziehung[1]

$$\int_{x=-\infty}^{x=+\infty} \frac{\sin x}{x}\, dx = \pi \tag{XII 8.04}$$

schließlich

$$\int_{\omega'=-a}^{\omega'=+a} f(\omega') \left[\lim_{t\to\infty} \frac{\sin \omega' t}{\omega'}\right] d\omega' = \pi f(0) \tag{XII 8.05}$$

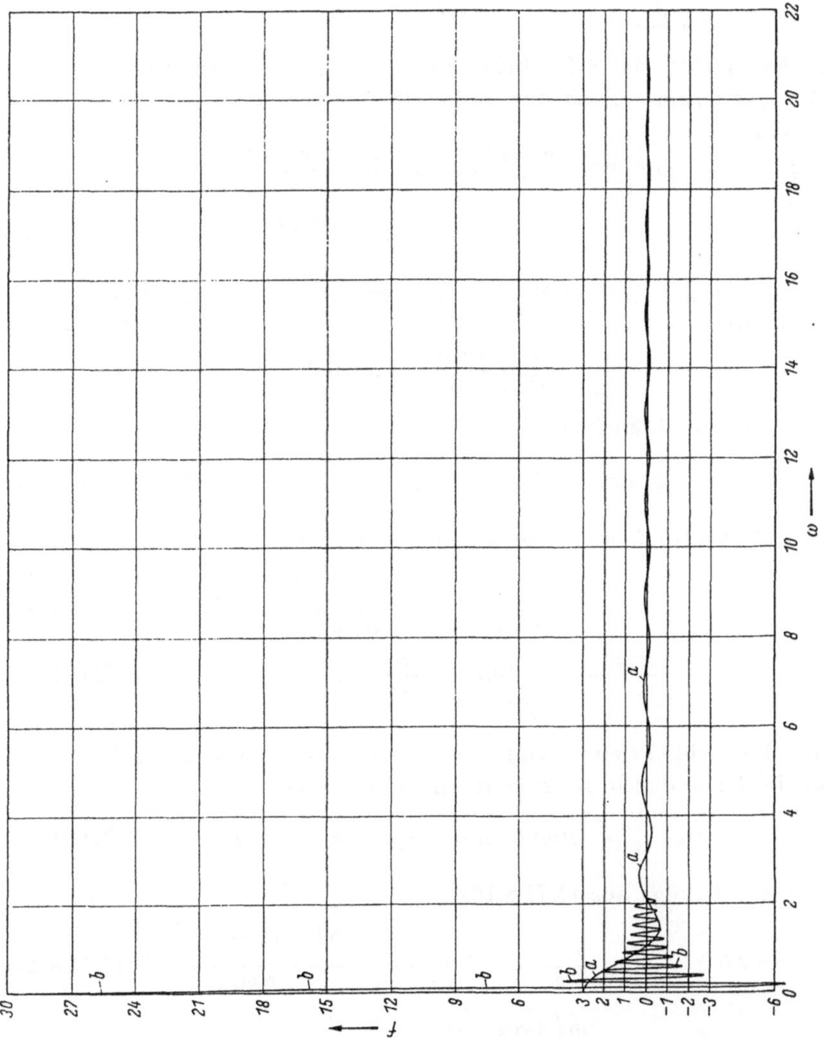

Abb. XII 8.1 Die Funktion $\frac{\sin \omega t}{\omega}$ als Beispiel für die DIRACsche δ-Funktion. Die Fälle $t = 3$ (Kurve a) und $t = 30$ (Kurve b)

[1] Siehe z. B. W. GRÖBNER u. N. HOFREITER: Integraltafel, zweiter Teil: Bestimmte Integrale, 2. Aufl., Wien: Springer 1958, S. 119, Gl. (14a) für $\mu = 1$.

ergibt. Speziell für

$$f(\omega') = \delta(\omega - \omega') \qquad \text{(XII 8.06)}$$

und deshalb

$$f(0) = \delta(\omega - 0) = \delta(\omega) \qquad \text{(XII 8.07)}$$

erhalten wir aus (XII 8.05)

$$\int\limits_{\omega'=-a}^{\omega'=+a} \delta(\omega - \omega') \left[\lim_{t\to\infty} \frac{\sin\omega' t}{\omega'}\right] d\omega' = \pi\,\delta(\omega). \qquad \text{(XII 8.08)}$$

Links „pickt" die δ-Funktion $\delta(\omega - \omega')$ gemäß ihrer Definition den Wert von [lim . . .] an der Stelle $\omega' = \omega$ heraus:

$$\int\limits_{\omega'=-a}^{\omega'=+a} \delta(\omega - \omega') \left[\lim_{t\to\infty} \frac{\sin\omega' t}{\omega'}\right] d\omega' = \left[\lim_{t\to\infty} \frac{\sin\omega' t}{\omega'}\right]_{\omega'=\omega}$$

$$= \lim_{t\to\infty} \frac{\sin\omega t}{\omega}. \qquad \text{(XII 8.09)}$$

(XII 8.08) und (XII 8.09) zusammen ergeben das gewünschte Resultat (XII 8.01):

$$\lim_{t\to\infty} \frac{\sin\omega t}{\omega} = \pi\,\delta(\omega). \qquad \text{(XII 8.10)}$$

b) Weiter brauchen wir die Beziehung

$$\delta(\alpha x) = \frac{1}{|\alpha|}\,\delta(x) \qquad \alpha = \text{reell}, \quad x = \text{reell}. \qquad \text{(XII 8.11)}$$

Aus (XII 8.10) folgt zunächst für $\alpha > 0$

$$\pi\,\delta(\omega) = \lim_{t\to\infty} \frac{\sin\omega t}{\omega} = \lim_{t\to\infty} \alpha \frac{\sin\alpha\omega\dfrac{t}{\alpha}}{\alpha\omega}, \qquad \text{(XII 8.12)}$$

$$\frac{\pi}{\alpha}\,\delta(\omega) = \lim_{\frac{t}{\alpha}=t'\to\infty} \frac{\sin\alpha\omega t'}{\alpha\omega}. \qquad \text{(XII 8.13)}$$

Auf der rechten Seite wenden wir nochmals die Gleichung (XII 8.10) an, in der ω durch $\alpha\omega$ substituiert worden ist:

$$\frac{\pi}{\alpha}\,\delta(\omega) = \pi\,\delta(\alpha\omega) \quad \text{für} \quad \alpha > 0. \qquad \text{(XII 8.14)}$$

Für $\alpha < 0$ folgt aus (XII 8.10)

$$\pi\,\delta(\omega) = \lim_{t\to+\infty} \frac{\sin\omega t}{\omega} = \lim_{t\to+\infty} +\alpha \frac{\sin\left(-\alpha\omega\dfrac{t}{-\alpha}\right)}{+\alpha\omega}, \qquad \text{(XII 8.15)}$$

$$\pi\,\delta(\omega) = \lim_{t\to+\infty} \alpha \frac{-\sin\left(+\alpha\omega\dfrac{t}{|\alpha|}\right)}{+\alpha\omega} = |\alpha| \lim_{\frac{t}{|\alpha|}=t'\to+\infty} \frac{\sin(\alpha\omega t')}{\alpha\omega}. \qquad \text{(XII 8.16)}$$

Nochmalige Verwendung von (XII 8.10) mit der Substitution $\omega \mid \alpha\,\omega$ ergibt

$$\frac{\pi}{|\alpha|}\,\delta(\omega) = \pi\,\delta(\alpha\,\omega) \quad \text{für} \quad \alpha < 0. \qquad \text{(XII 8.17)}$$

(XII 8.14) und (XII 8.19) können zusammengefaßt werden zu

$$\delta(\alpha\,\omega) = \frac{1}{|\alpha|}\,\delta(\omega). \qquad \text{(XII 8.18)}$$

§ 9. Eine Beziehung zwischen dem räumlichen und dem zeitlichen Abklingen einer Welle in einem absorbierenden Medium

In einer ebenen Welle

$$e^{j[\omega t - k x]} = e^{j\omega\left[t - \frac{n}{c}x\right]} \qquad \text{(XII 9.01)}$$

sind die Wellenzahl k, die Frequenz ω, der Brechungsindex n und die Lichtgeschwindigkeit c miteinander durch die Beziehung

$$k = \frac{\omega\,n}{c}$$

bzw.

$$\omega = \frac{c}{n}\,k \qquad \text{(XII 9.02)}$$

verknüpft. Beim Vorliegen von Dispersion tritt an die Stelle dieser einfachen Proportionalität eine allgemeine Beziehung

$$\omega = \omega(k), \qquad \text{(XII 9.03)}$$

die in einem absorbierenden Medium sogar komplexen Charakter hat.

Es sind dann 2 Spezialfälle besonders interessant; beim ersten hat die Wellenzahl einen reellen Wert

$$k = k_1 \qquad \text{(XII 9.04)}$$

und die Kreisfrequenz ist komplex:

$$\omega(k_1) = \omega_1 + j\,\frac{1}{2\tau}. \qquad \text{(XII 9.05)}$$

Aus (XII 9.01) wird hiermit

$$e^{j[\omega(k_1)t - k_1 x]} = e^{j[\omega_1 t - k_1 x]}\,e^{-\frac{1}{2\tau}t}. \qquad \text{(XII 9.06)}$$

Beim ersten Spezialfall handelt es sich also um eine rein zeitlich abklingende Welle; die von ihr transportierte Energie — die ja von der Amplitude quadratisch abhängt — nimmt mit der „Relaxationszeit τ" ab.

Beim zweiten Spezialfall machen wir den Realteil von k ebenfalls gleich k_1, fügen aber außerdem noch einen kleinen imaginären Anteil $-j\,\frac{\alpha}{2}$ hinzu, wobei α zunächst frei bleibt:

$$k_2 = k_1 - j\,\frac{\alpha}{2}. \qquad \text{(XII 9.07)}$$

Eingesetzt in (XII 9.03) liefert dieser k-Wert

$$\omega(k_2) = \omega\left(k_1 - j\frac{\alpha}{2}\right),$$

$$\approx \omega(k_1) - j\frac{\alpha}{2}\frac{d\omega}{dk} \qquad \text{(XII 9.08)}$$

und weiter mit (XII 9.05)

$$\omega(k_2) \approx \omega_1 + j\left[\frac{1}{2\tau} - \frac{\alpha}{2}\frac{d\omega}{dk}\right]. \qquad \text{(XII 9.09)}$$

Legen wir nun das bisher unbestimmte α durch die Beziehung

$$\frac{1}{\tau} = \alpha\frac{d\omega}{dk} \qquad \text{(XII 9.10)}$$

fest, so ist nach (XII 9.09)

$$\omega(k_2) = \omega_1 = \text{reell}. \qquad \text{(XII 9.11)}$$

Mit (XII 9.07) und (XII 9.11) wird aus (XII 9.01)

$$e^{j[\omega(k_2)t - k_2 x]} = e^{j[\omega_1 t - k_1 x]}\, e^{-\frac{\alpha}{2}x}. \qquad \text{(XII 9.12)}$$

Der zweite Spezialfall ist also der einer rein räumlich abklingenden Welle; die von ihr transportierte Energie ist dem Quadrat der Amplitude proportional und nimmt deshalb nach (XII 9.12) gemäß dem „Absorptionskoeffizienten α“ beim räumlichen Fortschreiten ab.

Den gewünschten Zusammenhang zwischen α und τ liefert die Gl. (XII 9.10). Sie ist im übrigen anschaulich recht gut verständlich. Die in einer Welle investierte Energie wandert mit der Gruppengeschwindigkeit $\frac{d\omega}{dk}$ und legt deshalb in der Zeit den Weg $\frac{d\omega}{dk}dt$ zurück. Auf diesem Wege nimmt sie aber gemäß dem Absorptionskoeffizienten α ab, also um $\alpha\frac{d\omega}{dk}dt$. Andererseits nimmt nach der Definition der zeitlichen Abklingkonstante die Energie der Welle in der Zeit dt um $\frac{1}{\tau}dt$ ab. Vergleich beider Ausdrücke ergibt (XII 9.10).

Statt des „Absorptionskoeffizienten α“ wird häufig der sog. „Absorptionsindex $\varkappa$“ verwendet. Er wird rein formal dadurch eingeführt, daß der Brechungsindex n komplex angesetzt wird:

$$n \to n(1 - j\varkappa). \qquad \text{(XII 9.13)}$$

Wir gehen hiermit in (XII 9.01) ein und vergleichen mit (XII 9.12):

$$e^{j\omega\left[t - \frac{n}{c}(1 - j\varkappa)x\right]} = e^{j[\omega t - kx]}\, e^{-\frac{\alpha}{2}x}.$$

Hieraus folgt

$$\alpha = 2\omega\frac{n}{c}\varkappa. \qquad \text{(XII 9.14)}$$

Das Produkt $n\varkappa$ wird als „Extinktionskoeffizient“ bezeichnet.

Tabellen

Tabelle 1. *Periodensystem der Elemente.*
Die schraffierten Elemente zeigen Unregelmäßigkeiten im Schalenaufbau (s. Tab. 2).

Schalen	Perioden		Hauptgruppenelemente								Nebengruppenelemente										Elemente der Seltenen Erden													
			s Elektronen		p Elektronen						d Elektronen										f Elektronen													
			1	2	1	2	3	4	5	6	1	2	3	4	5	6	7	8	9	10	1	2	3	4	5	6	7	8	9	10	11	12	13	14
K	1	1s	1 H 1,00797	2 He 4,0026																														
L	2	2s	3 Li 6,939	4 Be 9,0122																														
		2p			5 B 10,811	6 C 12,01115	7 N 14,0067	8 O 15,9994	9 F 18,9984	10 Ne 20,183																								
M	3	3s	11 Na 22,9898	12 Mg 24,312																														
		3p			13 Al 26,9815	14 Si 28,086	15 P 30,9738	16 S 32,064	17 Cl 35,453	18 Ar 39,948																								
N	4	4s, 3d	19 K 39,102	20 Ca 40,08							21 Sc 44,956	22 Ti 47,90	23 V 50,942	24 Cr 51,996	25 Mn 54,9381	26 Fe 55,847	27 Co 58,9332	28 Ni 58,71	29 Cu 63,54	30 Zn 65,37														
		4p			31 Ga 69,72	32 Ge 72,59	33 As 74,9216	34 Se 78,96	35 Br 79,909	36 Kr 83,80																								
O	5	5s, 4d	37 Rb 85,47	38 Sr 87,62							39 Y 88,905	40 Zr 91,22	41 Nb 92,906	42 Mo 95,94	43 Tc [99]	44 Ru 101,07	45 Rh 102,905	46 Pd 106,4	47 Ag 107,870	48 Cd 112,40														
		5p			49 In 114,82	50 Sn 118,69	51 Sb 121,75	52 Te 127,60	53 J 126,9044	54 Xe 131,30											Lanthaniden													
P	6	6s, 5d, 4f	55 Cs 132,905	56 Ba 137,34							57 La 138,91										58 Ce 140,12	59 Pr 140,907	60 Nd 144,24	61 Pm [147]	62 Sm 150,35	63 Eu 151,96	64 Gd 157,25	65 Tb 158,924	66 Dy 162,50	67 Ho 164,930	68 Er 167,26	69 Tm 168,934	70 Yb 173,04	71 Lu 174,97
		5d										72 Hf 178,49	73 Ta 180,948	74 W 183,85	75 Re 186,2	76 Os 190,2	77 Ir 192,2	78 Pt 195,09	79 Au 196,967	80 Hg 200,59														
		6p			81 Tl 204,37	82 Pb 207,19	83 Bi 208,98	84 Po [210]	85 At [210]	86 Rn [222]											Actiniden													
Q	7	7s, 6d, 5f	87 Fr [223]	88 Ra [226]							89 Ac [227]										90 Th 232,038	91 Pa [231]	92 U 238,03	93 Np [237]	94 Pu [242]	95 Am [243]	96 Cm [247]	97 Bk [249]	98 Cf [251]	99 Es [254]	100 Fm [255]	101 Md [256]	102 No [254]	103 Lw [257]
Gruppen			I a	II a	III a	IV a	V a	VI a	VII a	0	III b	IV b	V b	VI b	VII b	VIII b			I b	II b	IV c	V c	VI c	VII c	VIII c							I c	II c	III c

Z			K 1s	L 2s 2p	M 3s 3p 3d	N 4s 4p 4d 4f	O 5s 5p 5d	P 6s 6p 6d	7
1	H	$^2S_{1/2}$	1						
2	He	$^1S_0$	2						
3	Li	$^2S_{1/2}$	2	1					
4	Be	$^1S_0$	2	2					
5	B	$^2P_{1/2}$	2	2 1					
6	C	$^3P_0$	2	2 2					
7	N	$^4S_{3/2}$	2	2 3					
8	O	$^3P_2$	2	2 4					
9	F	$^2P_{3/2}$	2	2 5					
10	Ne	$^1S_0$	2	2 6					
11	Na	$^2S_{1/2}$	2	2 6	1				
12	Mg	$^1S_0$	2	2 6	2				
13	Al	$^2P_{1/2}$	2	2 6	2 1				
14	Si	$^3P_0$	2	2 6	2 2				
15	P	$^4S_{3/2}$	2	2 6	2 3				
16	S	$^3P_2$	2	2 6	2 4				
17	Cl	$^2P_{3/2}$	2	2 6	2 5				
18	Ar	$^1S_0$	2	2 6	2 6				
19	K	$^2S_{1/2}$	2	2 6	2 6	1			
20	Ca	$^1S_0$	2	2 6	2 6	2			
21	Sc	$^2D_{3/2}$	2	2 6	2 6 1	2			
22	Ti	$^3F_2$	2	2 6	2 6 2	2			
23	V	$^4F_{3/2}$	2	2 6	2 6 3	2			
24	Cr	$^7S_3$	2	2 6	2 6 5	1			
25	Mn	$^6S_{3/2}$	2	2 6	2 6 5	2			
26	Fe	$^5D_4$	2	2 6	2 6 6	2			
27	Co	$^4F_{1/2}$	2	2 6	2 6 7	2			
28	Ni	$^3F_4$	2	2 6	2 6 8	2			
29	Cu	$^2S_{1/2}$	2	2 6	2 6 10	1			
30	Zn	$^1S_0$	2	2 6	2 6 10	2			
31	Ga	$^2P_{1/2}$	2	2 6	2 6 10	2 1			
32	Ge	$^3P_0$	2	2 6	2 6 10	2 2			
33	As	$^4S_{3/2}$	2	2 6	2 6 10	2 3			
34	Se	$^3P_2$	2	2 6	2 6 10	2 4			
35	Br	$^2P_{3/2}$	2	2 6	2 6 10	2 5			
36	Kr	$^1S_0$	2	2 6	2 6 10	2 6			
37	Rb	$^2S_{1/2}$	2	2 6	2 6 10	2 6	1		
38	Sr	$^1S_0$	2	2 6	2 6 10	2 6	2		
39	Y	$^2D_{3/2}$	2	2 6	2 6 10	2 6 1	2		
40	Zr	$^3F_2$	2	2 6	2 6 10	2 6 2	2		
41	Nb	$^6D_{1/2}$	2	2 6	2 6 10	2 6 4	1		
42	Mo	$^7S_3$	2	2 6	2 6 10	2 6 5	1		
43	Tc	$^6S_{5/2}$	2	2 6	2 6 10	2 6 5	2		
44	Ru	$^5F_5$	2	2 6	2 6 10	2 6 7	1		
45	Rh	$^4F_{3/2}$	2	2 6	2 6 10	2 6 8	1		
46	Pd	$^1S_0$	2	2 6	2 6 10	2 6 10			
47	Ag	$^2S_{1/2}$	2	2 6	2 6 10	2 6 10	1		
48	Cd	$^1S_0$	2	2 6	2 6 10	2 6 10	2		
49	In	$^2P_{1/2}$	2	2 6	2 6 10	2 6 10	2 1		
50	Sn	$^3P_0$	2	2 6	2 6 10	2 6 10	2 2		
51	Sb	$^4S_{3/2}$	2	2 6	2 6 10	2 6 10	2 3		
52	Te	$^3P_2$	2	2 6	2 6 10	2 6 10	2 4		
53	J	$^2P_{3/2}$	2	2 6	2 6 10	2 6 10	2 5		
54	Xe	$^1S_0$	2	2 6	2 6 10	2 6 10	2 6		

Tabelle 2 (Fortsetzung)

Z			K 1s	L 2s 2p	M 3s 3p 3d	N 4s 4p 4d 4f	O 5s 5p 5d 5f	P 6s 6p 6d	Q 7s
55	Cs	$^2S_{1/2}$	2	2 6	2 6 10	2 6 10	2 6	1	
56	Ba	$^1S_0$	2	2 6	2 6 10	2 6 10	2 6	2	
57	La	$^2D_{3/2}$	2	2 6	2 6 10	2 6 10	2 6 1	2	
58	Ce	$^3H_4$	2	2 6	2 6 10	2 6 10 1	2 6 1	2	
59	Pr	$^4I_{9/2}$	2	2 6	2 6 10	2 6 10 3	2 6	2	
60	Nd	$^5I_4$	2	2 6	2 6 10	2 6 10 4	2 6	2	
61	Pm	—	2	2 6	2 6 10	2 6 10 5	2 6	2 ?	
62	Sm	$^7F_0$	2	2 6	2 6 10	2 6 10 6	2 6	2	
63	Eu	$^8S_{7/2}$	2	2 6	2 6 10	2 6 10 7	2 6	2	
64	Gd	^9D	2	2 6	2 6 10	2 6 10 7	2 6 1	2	
65	Tb	—	2	2 6	2 6 10	2 6 10 9	2 6	2	
66	Dy	$^5I_8$	2	2 6	2 6 10	2 6 10 10	2 6	2	
67	Ho	$^4I_{15/2}$	2	2 6	2 6 10	2 6 10 11	2 6	2	
68	Er	$^3H_6$	2	2 6	2 6 10	2 6 10 12	2 6	2	
69	Tm	$^2F_{7/2}$	2	2 6	2 6 10	2 6 10 13	2 6	2	
70	Yb	$^1S_0$	2	2 6	2 6 10	2 6 10 14	2 6	2	
71	Lu	$^2D_{3/2}$	2	2 6	2 6 10	2 6 10 14	2 6 1	2	
72	Hf	$^3F_2$	2	2 6	2 6 10	2 6 10 14	2 6 2	2	
73	Ta	$^4F_{3/2}$	2	2 6	2 6 10	2 6 10 14	2 6 3	2	
74	W	$^5D_0$	2	2 6	2 6 10	2 6 10 14	2 6 4	2	
75	Re	$^6S_{5/2}$	2	2 6	2 6 10	2 6 10 14	2 6 5	2	
76	Os	$^5D_4$	2	2 6	2 6 10	2 6 10 14	2 6 6	2	
77	Ir	^4F	2	2 6	2 6 10	2 6 10 14	2 6 7	2	
78	Pt	(^3D)	2	2 6	2 6 10	2 6 10 14	2 6 9	1 ?	
79	Au	$^2S_{1/2}$	2	2 6	2 6 10	2 6 10 14	2 6 10	1	
80	Hg	$^1S_0$	2	2 6	2 6 10	2 6 10 14	2 6 10	2	
81	Tl	$^2P_{1/2}$	2	2 6	2 6 10	2 6 10 14	2 6 10	2 1	
82	Pb	$^3P_0$	2	2 6	2 6 10	2 6 10 14	2 6 10	2 2	
83	Bi	$^4S_{3/2}$	2	2 6	2 6 10	2 6 10 14	2 6 10	2 3	
84	Po	$^3P_2$	2	2 6	2 6 10	2 6 10 14	2 6 10	2 4	
85	At	$^2P_{3/2}$	2	2 6	2 6 10	2 6 10 14	2 6 10	2 5	
86	Rn	$^1S_0$	2	2 6	2 6 10	2 6 10 14	2 6 10	2 6	
87	Fr	$^2S_{1/2}$	2	2 6	2 6 10	2 6 10 14	2 6 10	2 6	1
88	Ra	$^1S_0$	2	2 6	2 6 10	2 6 10 14	2 6 10	2 6	2
89	Ac	$(^2D_{3/2})$	2	2 6	2 6 10	2 6 10 14	2 6 10	2 6 1	2 ?
90	Th	$(^3F_2)$	2	2 6	2 6 10	2 6 10 14	2 6 10	2 6 2	2 ?
91	Pa		2	2 6	2 6 10	2 6 10 14	2 6 10 2	2 6 1	2 ?
92	U		2	2 6	2 6 10	2 6 10 14	2 6 10 3	2 6 1	2
93	Np	?	2	2 6	2 6 10	2 6 10 14	2 6 10 4	2 6 1	2 ?
94	Pu	?	2	2 6	2 6 10	2 6 10 14	2 6 10 6	2 6	2 ?
95	Am	?	2	2 6	2 6 10	2 6 10 14	2 6 10 7	2 6	2
96	Cm	?	2	2 6	2 6 10	2 6 10 14	2 6 10 7	2 6 1	2 ?
97	Bk	?	2	2 6	2 6 10	2 6 10 14	2 6 10 9	2 6	2 ?
98	Cf	?	2	2 6	2 6 10	2 6 10 14	2 6 10 10	2 6	2 ?
99	Es	?	2	2 6	2 6 10	2 6 10 14	2 6 10 11	2 6	2 ?
100	Fm	?	2	2 6	2 6 10	2 6 10 14	2 6 10 12	2 6	2 ?
101	Md	?	2	2 6	2 6 10	2 6 10 14	2 6 10 13	2 6	2 ?
102	No	?	2	2 6	2 6 10	2 6 10 14	2 6 10 14	2 6	2 ?
103	Lw	?	2	2 6	2 6 10	2 6 10 14	2 6 10 14	2 6 1	2 ?

[1] Nach W. Finkelnburg: Einführung in die Atomphysik, 9. u. 10. Aufl., Berlin/Göttingen/Heidelberg: Springer 1964, S. 140 u. 141.

Der Autor dankt Herrn Finkelnburg und dem Springer-Verlag für die Erlaubnis zur Wiedergabe der obigen Tabelle.

 Tabelle 3. *Die Ordnungszahlen und Atomgewichte der chemischen Elemente, alphabetisch geordnet nach den Symbolen*

Symbol	Element (deutscher und englischer Name)	Ordnungszahl	Atomgewicht[1]
Ac	Actinium	89	(227)
Ag	Silber = Silver	47	107.870
Al	Aluminium = Aluminum	13	26.9815
Am	Americium	95	(243)
Ar	Argon	18	39.948
As	Arsen = Arsenic	33	74.9216
At	Astatin = Astatine	85	(210)
Au	Gold	79	196.967
B	Bor = Boron	5	10.811
Ba	Barium	56	137.34
Be	Beryllium	4	9.0122
Bi	Wismut = Bismuth	83	208.980
Bk	Berkelium	97	(249)
Br	Brom = Bromine	35	79.909
C	Kohlenstoff = Carbon	6	12.01115
Ca	Calcium	20	40.08
Cd	Cadmium	48	112.40
Ce	Cer = Cerium	58	140.12
Cf	Californium	98	(251)
Cl	Chlor = Chlorine	17	35.453
Cm	Curium	96	(247)
Co	Kobalt = Cobalt	27	58.9332
Cr	Chrom = Chromium	24	51.996
Cs	Caesium = Cesium	55	132.905
Cu	Kupfer = Copper	29	63.54
Dy	Dysprosium	66	162.50
Er	Erbium	68	167.26
Es	Einsteinium	99	(254)
Eu	Europium	63	151.96
F	Fluor = Fluorine	9	18.9984
Fe	Eisen = Iron	26	55.847
Fm	Fermium	100	(255)
Fr	Francium	87	(223)
Ga	Gallium	31	69.72
Gd	Gadolinium	64	157.25
Ge	Germanium	32	72.59
H	Wasserstoff = Hydrogen	1	1.00797
He	Helium	2	4.0026
Hf	Hafnium	72	178.49
Hg	Quecksilber = Mercury	80	200.59
Ho	Holmium	67	164.930
In	Indium	49	114.82
Ir	Iridium	77	192.2
J	Jod = Iodine	53	126.9044
K	Kalium = Potassium	19	39.102
Kr	Krypton	36	83.80
La	Lanthan = Lanthanum	57	138.91
Li	Lithium	3	6.939
Lu	Lutetium	71	174.97
Lw	Lawrencium	103	(257)
Md	Mendelevium	101	(256)
Mg	Magnesium	12	24.312

[1] Ein Wert in Klammern bezieht sich auf die Massenzahl des stabilsten Isotops. Die Atomgewichte sind bezogen auf den Wert 12 für die relative Atom-Masse des Kohlenstoffisotops ^{12}C.

Symbol	Element (deutscher und englischer Name)	Ordnungszahl	Atomgewicht[1]
Mn	Mangan = Manganese	25	54.9381
Mo	Molybdän = Molybdenum	42	95.94
N	Stickstoff = Nitrogen	7	14.0067
Na	Natrium = Sodium	11	22.9898
Nb	Niob = Niobium	41	92.906
Nd	Neodym = Neodymium	60	144.24
Ne	Neon	10	20.183
Ni	Nickel	28	58.71
No	Nobelium	102	(254)
Np	Neptunium	93	(237)
O	Sauerstoff = Oxygen	8	15.9994
Os	Osmium	76	190.2
P	Phosphor = Phosphorus	15	30.9738
Pa	Protactinium	91	(231)
Pb	Blei = Lead	82	207.19
Pd	Palladium	46	106.4
Pm	Promethium	61	(147)
Po	Polonium	84	(210)
Pt	Platin = Platinum	78	195.09
Pu	Plutonium	94	(242)
Pr	Praseodym = Praseodymium	59	140.907
Ra	Radium	88	(226)
Rb	Rubidium	37	85.47
Re	Rhenium	75	186.2
Rh	Rhodium	45	102.905
Rn	Radon	86	(222)
Ru	Ruthenium	44	101.07
S	Schwefel = Sulfur	16	32.064
Sb	Antimon = Antimony	51	121.75
Sc	Scandium	21	44.956
Se	Selen = Selenium	34	78.96
Si	Silizium = Silicon	14	28.086
Sm	Samarium	62	150.35
Sn	Zinn = Tin	50	118.69
Sr	Strontium	38	87.62
Ta	Tantal = Tantalum	73	180.948
Tb	Terbium	65	158.924
Tc	Technetium	43	(99)
Te	Tellur = Tellurium	52	127.60
Th	Thorium	90	232.038
Ti	Titan = Titanium	22	47.90
Tl	Thallium	81	204.37
Tm	Thulium	69	168.934
U	Uran = Uranium	92	238.03
V	Vanadin = Vanadium	23	50.942
W	Wolfram = Tungsten	74	183.85
Xe	Xenon	54	131.30
Y	Yttrium	39	88.905
Yb	Ytterbium	70	173.04
Zn	Zink = Zinc	30	65.37
Zr	Zirkon = Zirconium	40	91.22

[1] Ein Wert in Klammern bezieht sich auf die Massenzahl des stabilsten Isotops. Die Atomgewichte sind bezogen auf den Wert 12 für die relative Atom-Masse des Kohlenstoffisotops ^{12}C.

 Tabelle 4. *Die Ordnungszahlen und Atomgewichte der chemischen Elemente, alphabetisch geordnet nach den deutschen und englischen Namen*

Element	Symbol	Ordnungszahl	Atomgewicht[1]
Actinium	Ac	89	(227)
Aluminium = Aluminum	Al	13	26.9815
Americium	Am	95	(243)
Antimon = Antimony	Sb	51	121.75
Argon	Ar	18	39.948
Arsen = Arsenic	As	33	74.9216
Astatin = Astatine	At	85	(210)
Barium	Ba	56	137.34
Berkelium	Bk	97	(249)
Beryllium	Be	4	9.0122
Bismuth = Wismut	Bi	83	208.980
Blei = Lead	Pb	82	207.19
Bor = Boron	B	5	10.811
Brom = Bromine	Br	35	79.909
Cadmium	Cd	48	112.40
Caesium = Cesium	Cs	55	132.905
Calcium	Ca	20	40.08
Californium	Cf	98	(251)
Carbon = Kohlenstoff	C	6	12.01115
Cer = Cerium	Ce	58	140.12
Cesium = Caesium	Cs	55	132.905
Chlor = Chlorine	Cl	17	35.453
Chrom = Chromium	Cr	24	51.996
Cobalt = Kobalt	Co	27	58.9332
Copper = Kupfer	Cu	29	63.54
Curium	Cm	96	(247)
Dysprosium	Dy	66	162.50
Einsteinium	Es	99	(254)
Eisen = Iron	Fe	26	55.847
Erbium	Er	68	167.26
Europium	Eu	63	151.96
Fermium	Fm	100	(255)
Fluor = Fluorine	F	9	18.9984
Francium	Fr	87	(223)
Gadolinium	Gd	64	157.25
Gallium	Ga	31	69.72
Germanium	Ge	32	72.59
Gold	Au	79	196.967
Hafnium	Hf	72	178.49
Helium	He	2	4.0026
Holmium	Ho	67	164.930
Hydrogen = Wasserstoff	H	1	1.00797
Indium	In	49	114.82
Iodine = Jod	J	53	126.9044
Iridium	Ir	77	192.2
Iron = Eisen	Fe	26	55.847
Jod = Iodine	J	53	126.9044
Kalium = Potassium	K	19	39.102
Kobalt = Cobalt	Co	27	58.9332
Kohlenstoff = Carbon	C	6	12.01115
Krypton	Kr	36	83.80
Kupfer = Copper	Cu	29	63.54

[1] Ein Wert in Klammern bezieht sich auf die Massenzahl des stabilsten Isotops. Die Atomgewichte sind bezogen auf den Wert 12 für die relative Atom-Masse des Kohlenstoffisotops ^{12}C.

Element	Symbol	Ordnungszahl	Atomgewicht[1]
Lanthanum = Lanthan	La	57	138.91
Lawrencium	Lw	103	(257)
Lead = Blei	Pb	82	207.19
Lithium	Li	3	6.939
Lutetium	Lu	71	174.97
Magnesium	Mg	12	24.312
Mangan = Manganese	Mn	25	54.9381
Mendelevium	Md	101	(256)
Mercury = Quecksilber	Hg	80	200.59
Molybdän = Molybdenum	Mo	42	95.94
Natrium = Sodium	Na	11	22.9898
Neodym = Neodymium	Nd	60	144.24
Neon	Ne	10	20.183
Neptunium	Np	93	(237)
Nickel	Ni	28	58.71
Niobium = Niob	Nb	41	92.906
Nitrogen = Stickstoff	N	7	14.0067
Nobelium	No	102	(254)
Osmium	Os	76	190.2
Oxygen = Sauerstoff	O	8	15.9994
Palladium	Pd	46	106.4
Phosphor = Phosphorus	P	15	30.9738
Platin = Platinum	Pt	78	195.09
Plutonium	Pu	94	(242)
Polonium	Po	84	(210)
Potassium = Kalium	K	19	39.102
Praseodym = Praseodymium	Pr	59	140.907
Promethium	Pm	61	(147)
Protactinium	Pa	91	(231)
Quecksilber = Mercury	Hg	80	200.59
Radium	Ra	88	(226)
Radon	Rn	86	(222)
Rhenium	Re	75	186.2
Rhodium	Rh	45	102.905
Rubidium	Rb	37	85.47
Ruthenium	Ru	44	101.07
Samarium	Sm	62	150.35
Sauerstoff = Oxygen	O	8	15.9994
Scandium	Sc	21	44.956
Schwefel = Sulfur	S	16	32.064
Selen = Selenium	Se	34	78.96
Silizium = Silicon	Si	14	28.086
Silber = Silver	Ag	47	107.870
Sodium = Natrium	Na	11	22.9898
Stickstoff = Nitrogen	N	7	14.0067
Strontium	Sr	38	87.62
Sulfur = Schwefel	S	16	32.064
Tantal = Tantalum	Ta	73	180.948
Technetium	Tc	43	(99)
Tellur = Tellurium	Te	52	127.60
Terbium	Tb	65	158.924
Thallium	Tl	81	204.37
Thorium	Th	90	232.038
Thulium	Tm	69	168.934

[1] Ein Wert in Klammern bezieht sich auf die Massenzahl des stabilsten Isotops. Die Atomgewichte sind bezogen auf den Wert 12 für die relative Atom-Masse des Kohlenstoffisotops ^{12}C.

Element	Symbol	Ordnungszahl	Atomgewicht[1]
Tin = Zinn	Sn	50	118.69
Titan = Titanium	Ti	22	47.90
Tungsten = Wolfram	W	74	183.85
Uran = Uranium	U	92	238.03
Vanadin = Vanadium	V	23	50.942
Wasserstoff = Hydrogen	H	1	1.00797
Wismut = Bismuth	Bi	83	208.980
Wolfram = Tungsten	W	74	183.85
Xenon	Xe	54	131.30
Ytterbium	Yb	70	173.04
Yttrium	Y	39	88.905
Zinc = Zink	Zn	30	65.37
Zink = Zinc	Zn	30	65.37
Zinn = Tin	Sn	50	118.69
Zirconium = Zirkon	Zr	40	91.22

[1] Ein Wert in Klammern bezieht sich auf die Massenzahl des stabilsten Isotops. Die Atomgewichte sind bezogen auf den Wert 12 für die relative Atom-Masse des Kohlenstoffisotops ^{12}C.

Autorenverzeichnis

Aalberts, J. H. 60
Abrahams, E. 457
Adams, A. ~~540~~ 539
Adrian, F. J. 46
Akimchencko, I. P. 60
Albers, W. 44
Aldrich, R. W. 181
Allen, F. G. 534, 537, 538
Apker, L. 534
Apple, E. F. 461
Archer, R. J. 114, 522, 530
Argyres, P. N. 325
Armstrong, J. A. 56, 408
Armstrong, L. D. 205
Artmann, K. 538
Atalla, M. M. 114, 115, 522, 530
Austin, B. J. 292
Averbach, B. L. 90

Bäuerlein, R. 44
Baraff, G. A. 175
Bardeen, J. 190, 364, 458, 461, 530, 537
Bardsley, W. 90
Barnett, S. J. 107
Batdorf, R. L. 175
Becker, J. A. 534
Becker, R. 119, 405, 419, 453
Bemski, G. 464, 486, 487
Benda, H. 27, 488, 535
Bentivegna, M. 205
Benzer, S. 530
Bernard, M. 176, 300, 458, 488
Bethe, H. A. 33, 34, 239, 243, 245, 262, 266, 267, 293, 308, 322, 383, 503
Bilby, B. A. 80
Billington, D. S. 42
Blakemore, J. S. 426, 438, 461, 462, 463, 489, 498
Blank, K. 44
Blatt, F. J. 461, 580
Bloch, F. 7, 15, 250—266, 258, 283—284, 308, 355
Blochinzew, D. J. 607
Block, J. 39
Boddy, P. J. 539
Bonch-Bruevich, V. L. 457
Born, M. 358
Bose, S. N. 13
Bragg, W. L. 83, 84, 98, 276—278
Brattain, W. H. 190, 530, 537, 539
Brauer, P. 65
Braun, F. 112
Bravais, A. 377
Brenkmann, J. A. 44
Briggs, H. B. 497
Brillouin, L. 7, 9, 267 bis 284, 275
Broudy, R. M. 93
Brown, S. 107
Brown, W. L. 44, 59
Bube, R. H. 54, 346, 461
Burgers, J. M. 81, 83, 84
Burgers, W. G. 83, 84
Burns, G. 300, 458
Burstein, E. 52, 53, 492
Burton, J. A. 63, 71, 452, 458, 464, 474, 485

Callaway, J. 290, 293, 300
Carlson, C. D. 205
Carlson, R. O. 60, 300, 458, 487
Champness, C. H. 408
Choyke, W. J. 461
Christensen, H. 540
Chynoweth, A. G. 174, 175
Clarke, E. N. 44
Clausius, R. 466
Cohen, M. H. 292
Collins, C. B. 487
Colson, I. D. 175
Condon, E. U. 51
Conwell, E. M. 27, 29, 70, 187, 192, 356, 456, 457, 548, 580
Coolidge, A. S. 237
Corey, H. E. 83, 84
Cottrell, A. H. 31, 77, 80
Coulson, C. A. 42
Courant, R. 495, 597, 599, 603
Crawford, J. H. 42, 392
Cuevas, M. 457

Dacey, G. C. 230
Dahlberg, R. 229
d'Ans, J. 243, 377, 386
Darwin, C. G. 107, 308, 335
D'Asaro, L. A. 115
Dash, W. C. 77, 85, 86, 88, 91, 498
Davis, L. 540
Davydov, B. 111, 113
de Boer, J. H. 45, 387
de Broglie, L. 7, 323
Debye, P. 13, 14, 122
Dehlinger, U. 31
de Mars, G. A. 540
Deutschmann, W. 113
Dickey, J. 534
Dill, F. H. 300, 458
Dirac, P. 14
Ditzenberger, J. A. 43, 63
Doucette, E. L. 231
Dressnandt, H. 387
Drude, P. 348, 375
Dumke, W. P. 300, 458
Dunlap, W. C. 123, 153, 175

du Pré, F. K. 65, 446
Duraffourg, G. 300, 458

Early, J. M. 204, 210, 220, 222, 227, 228, 231
Ehrenberg, W. 580
Ehrenfest, P. 318
Eilenberger, G. 325
Einstein, A. 13, 14, 96, 424
Elliott, R. J. 462
Ellis, V. C. 43
Emde, F. 579
Emeis, R. 175, 225, 483
Esaki, L. 44, 334, 458
Ewald, P. P. 267, 268, 276, 277, 377, 378, 383

Fan, H. Y. 43, 59
Fein, A. E. 42, 46
Fenner, G. E. 300, 458
Fermi, E. 392ff., 421
Fick 119, 130, 587
Finkelnburg, W. 625
Finn, G. 44
Fletcher, R. C. 44, 59
Floquet, G. 285
Flügge, S. 262
Folberth, O. G. 38, 390
Fowler, R. H. 538
Franck, J. 51
Frank, F. C. 81, 86, 88
Frank, P. 618
Franz, W. 334
Frenkel, J. 92
Frisch, H. L. 461
Fritzsche, H. 457
Fröhlich, H. 308
Fues, E. 301, 306
Fuller, C. S. 43, 44, 55, 58, 63, 73, 74

Gallagher, C. J. 43, 487
Geballe, T. H. 457
Geist, D. 44
Gershenzon, M. 460, 461
Giacoletto, L. J. 203
Glarum, S. H. 5, 388
Gobeli, G. W. 534, 537, 538
Göppert-Mayer, M. 358
Goldberg, C. 44
Goldey, J. M. 181
Goodwin, E. T. 538
Gordon, W. 357
Gourary, B. S. 42, 46
Gravel, C. L. 60
Greene, R. F. 175
Greig, W. J. 60
Greiner, E. S. 43
Gremmelmaier, R. 299, 390, 458
Gröbner, W. 619
Grohndahl, L. O. 112
Grunewald, H. 39
Guggenheim, E. A. 392
Gunn, J. B. 463
Gurney, R. W. 33, 45, 46, 54, 322, 392

Haas, C. 60
Haasen, P. 31, 90
Haaymann, P. W. 39, 40
Haken, H. 53, 460
Hall, L. H. 462
Hall, R. N. 60, 153, 175, 176, 177, 300, 346, 458, 463, 464, 473ff., 483, 484, 489, 490, 498, 500
Hamilton, D. R. 461
Hannay, N. B. 63, 539
Harrison, W. A. 247
Hartree, D. R. 248
Haynes, J. R. 460, 461
Hauffe, K. 37, 39, 40
Hauri, E. R. 207
Haussühl, S. 45
Heiland, G. 39, 47
Heine, V. 291, 292
Heisenberg, W. 97, 234
Heitler, W. 4, 238, 242 bis 246
Henvis, B. 52, 53
Herlet, A. 27, 150, 162, 163, 168, 175, 176, 177, 178, 205, 222, 225, 483, 488
Herman, F. 290, 293, 432
Herring, C. 287, 293, 425, 502
Hilbert, D. 495, 597, 599, 603
Hill, A. G. 287, 293
Hoffmann, A. 27, 71, 113, 178, 452, 458, 474, 484, 488, 528
Hofreiter, H. 619
Holmes, D. K. 392
Holonyak, N. 181
Holstein, T. 388
Hopfield, J. J. 460, 461
Hopkins, R. L. 44
Horiuchi, S. 60
Horn, F. H. 487
Hornbeck, J. A. 461
Houston, W. V. 302, 308, 325, 335, 355
Howard, B. T. 60
Hrostowski, H. J. 52
Huang, K. 46
Hückel, E. 122
Hull, G. W. 464, 474, 485
Hund, F. 4, 5, 239–243, 243–246, 381, 382, 383, 386, 428
Hutner, R. A. 65, 446
Hylleraas, E. A. 234, 237

Jackson, W. H. 231
Jäntsch, O. ~~540~~ 535
Jahnke, E. 579
James, H. M. 42, 237
Joffé, A. F. 349, 388, 530
Johnson, V. A. 17
Jones, H. 308, 384, 549, 560, 562, 565
Jonscher, A. K. 181
Joos, G. 437
Jost, W. 65, 76

Kahng, D. 115
Kaiser, R. H. 52
Kaiser, W. 461
Kalashnikov, S. G. 464, 474, 486, 488
Kamke, E. 327
Kane, E. O. 267, 329, 457, 608
Kasuya, T. 457
Kaufmann, P. 229
Kearsley, M. J. 42
Keller, K. 44
Kelting, H. 39
Kennedy, J. K. 60
Kessler, J. O. 44

Keyes, R. J. 300, 458, 489
Kingsley, J. D. 300, 458
Kingston, R. H. 539, ~~540~~
Kleimack, J. J. 175
Klein, A. 322, 324
Kleiner, W. H. 53
Kleinknecht, H. 176, 177
Kleinman, L. 292, 293, 381
Knott, R. D. 175
Koch, E. 39, 388
Koch, W. 113
Kockel, B. 505
Kohn, W. 34, 53, 55, 322, 324
Koide, S. 457
Kolb, E. D. 44
Koster, G. F. 34, 53, 55
Krag, W. E. 300, 458
Kramers, H. A. 286, 301
Kröger, F. A. 389
Krömer, H. 229
Kronig, R. de L. 248
Kulin, S. A. 90
Kurosawa, T. 5, 237, 388
Kurtz, A. D. 60, 90

LaChapelle, T. J. 60
Lacombe, P. 84
Lamm, U. 113
Lampert, M. A. 460
Landsberg, P. T. 392, 408
Landshoff, R. 234
Langmuir, I. 511
Lark-Horovitz, K. 17, 42, 43, 59
LaRocque, A. 60
Last, J. T. 408
Lasher, G. J. 300, 458
Law, J. R. 539
Lax, B. 300, 458
Lax, E. 243, 377, 386
Lax, M. 462, 466, 492
Lee, C. A. 175, 231
Leibfried, G. 557
Letaw, H. 44, 59
Levinger, B. W. 457
Littleton, M. J. 65
Löwdin, P. 293
Logan, R. A. 44, 60, 175
Loman, G. T. 231
London, F. 4, 238, 242 bis 246
Long, D. 247, 294
Lorentz, H. A. 348, 375
Lüty, F. 46, 54
Luttinger, L. M. 53

MacFarlane, G. G. 460, 462, 498
Mackintosh, I. M. 60, 181
Madelung, O. 37, 346, 489
Maita, J. P. 63
Marschall, H. 262
Matsamura, K. 60
Matz, A. W. 206
Maue, A. W. 538
Mayburg, S. 44
McAfee, K. B. 109, 174, 176, 334
McKay, K. G. 109, 174, 176
McKelvey, J. P. 90
McLean, T. P. 460, 462, 498
McWhorter, A. L. 300, 458
Meyer, H. J. G. 46
Meyerhof, W. E. 530, 535, 537
Miller, A. 457
Miller, S. L. 174, 225
Moerder, C. 229
Moll, J. L. 181
Mollwo, E. 47, 50
Morin, F. J. 43, 55, 58, 63, 71, 73, 74, 386, 390, 452, 458, 464, 474, 485
Morse, P. M. 248
Mott, N. F. 33, 45, 46, 54, 65, 308, 322, 357, 384, 392, 549, 560, 562, 565
Mrowka, B. 381, 382, 383
Müller, S. ~~540~~ 539
Müser, H. 114, 446
Mulliken, R. S. 4, 5, 239 bis 243, 243—246
Muss, D. R. 175

Nathan, M. J. 300, 458
Nernst, W. 424
Newman, R. 174, 498
Newman, R. C. 60
Newton, I. 323
Nichols, M. H. 425, 502
Nordheim, L. 14, 370, 394
Noyce, R. N. 176, 177, 204
Nyquist, H. 370

Ogino, Y. 60
Ohm, G. S. 119, 130, 587
Okada, J. 90
Orowan, E. 31

Patalong, H. 175
Patrick, L. 461
Pauli, W. 10, 355, 394
Pauling, L. 382
Pearson, G. L. 43, 90, 92, 175, 176, 230, 458
Peierls, R. 267, 308, 388, 558, 580
Pekar, S. I. 46, 54
Pell, E. M. 60, 73
Penney, W. G. 248
Penning, P. 44, 64, 74
Peters, A. J. 60
Pfann, W. G. 83, 84
Pfirsch, D. 99, 308, 318, 331, 335
Phillips, J. C. 292, 293, 381
Pick, H. 39
Pickering, N. E. 60
Picus, G. 52, 53
Pincherle, L. 293
Planck, M. 13, 14
Poganski, S. 113, 114, 522, 528, 530
Pohl, R. W. 45, 46
Polanyi, M. 31
Pollak, M. 457
Pollard, W. G. 538
Portnoy, W. M. 44, 59
Prandtl, L. 31
Presser, E. 112
Prim, R. C. 223
Prince, M. B. 29

Quade, A. 60
Quarrington, J. E. 460, 462, 498
Queisser, H. J. 90
Quist, T. M. 300, 458

Ramasastry, C. 44, 59
Read, W. T. 31, 43, 77, 83, 84, 85, 86, 88, 92, 177, 463, 464, 473ff., 484, 489, 490
Rediker, R. H. 300, 458
Reiss, H. 58, 73, 74, 461
Reuschel, K. 27, 178
Rhys, A. 46
Riecke, E. 348, 375
Rijanow, S. 538
Rittner, E. S. 65, 446
Roberts, V. 460, 462, 498
Rohan, J. J. 60
Romeyn, F. C. 39, 40
Rose, F. 113, 230, 231, 528
Ross, I. M. 230
Rothe, H. 424, 513, 514, 525
Rotondi, L. 44
Rupprecht, H. 27, 178
Ryder, E. J. 174, 334, 353

Sah, C. T. 176, 177, 204, 488
Sano, S. 535
Sarace, J. C. 60
Sawyer, B. 176
Scaff, J. H. 44
Schäfer, C. 495
Schechter, D. 53
Scheer, J. J. 534
Schenkel, H. 223
Schilling, H. 114
Schillmann, E. 38
Schmidt-Tiedemann, K. J. 463
Schön, M. 48
Scholz, A. 277
Schottky, W. 37, 40, 45, 47, 65, 113, 114, 115, 121, 122, 126, 132, 387, 424, 425, 438, 452, 456, 484, 503, 513, 514, 522, 525, 528, 529
Schrödinger, E. 14
Schweickert, H. 3, 529, 530
Seeger, A. 31, 90
Seiler, K. 44, 176, 177, 446
Seitz, F. 286, 287, 293, 308, 352, 353
Severiens, J. C. 464, 474, 485
Sewell, G. L. 388
Sham, L. J. 292
Shaskov, Y. M. 60
Shields, J. 176
Shive, J. N. 530
Shockley, W. 29, 84, 111, 143, 153, 174, 176, 177, 191, 204, 223, 230, 293, 306, 308, 334, 335, 353, 364, 392, 408, 425, 446, 449, 462, 463, 464, 473ff., 484, 488, 489, 490, 491, 492, 497, 500, 537, 538, 608
Shotow, A. P. 175
Shulman, R. S. 53, 63
Slater, J. C. 34, 53, 55, 238, 249, 287, 293, 308, 322, 394
Slichter, W. P. 44
Slifkin, L. 44, 59
Smith, R. A. 358, 580
Smits, F. M. 60
Soltys, T. J. 300, 458
Sommerfeld, A. 306, 331, 355, 383, 418, 422
Soshea, R. W. 115
Sparks, M. 174, 191, 334
Spenke, E. 99, 132, 133, 162, 163, 176, 222, 225, 230, 231, 308, 318, 335, 483, 542
Stasiw, O. 37, 39
Statz, H. 223, 538, 540
Stern, F. 300
Stevenson, D. T. 489
Stöckmann, F. 47, 48, 234, 246
Störmer, R. 126
Stone, H. A. 231
Streitwolf, H. W. 293
Struthers, J. D. 44
Strutt, M. J. O. 248
Stuke, J. 17
Suchet, J. P. 390

Taft, E. 487, 534
Tamm, I. 538
Tanenbaum, M. 181
Tannenbaum, E. 60
Taylor, G. I. 31
Teal, G. K. 191
Teltow, J. 37, 39, 58
Temple, S. 357
Thedieck, R. 114, 528
Theuerer, H. C. 44
Thomas, D. G. 460, 461
Thomas, E. E. 83, 84
Thomas, L. H. 421
Tolman, R. C. 104, 107, 394
Tomura, M. 113
Torrey, H. C. 33
Townsend, J. S. 424
Toyozawa, Y. 388
Trumbore, F. A. 461
Tweet, A. G. 43, 77
Tyler, W. W. 44, 55, 56, 57, 86, 91, 408

Ulich, H. 456

Valdes, L. B. 114, 528
Valenta, M. W. 44, 59
van der Maesen, P. 44
van der Waerden, B. L. 277
van Doorn, C. Z. 46, 54
van Laar, J. 534
van Oosterhout, F. W. 39, 40
van Roosbroeck, W. 44, 462, 491, 492, 497, 500
van Wieringen, A. 44
v. Baumbach, H. H. 73
Verheijke, M. L. 60
Verma, A. R. 89
Verwey, E. J. W. 39, 40, 65, 387, 389
Vierk, A. L. 39, 40
Vink, H. J. 58, 389
v. Mises, R. 618
Vogel, F. L. 83, 84
Volta, A. 535
von der Lage, F. C. 293
Vul, B. M. 175

Wagner, C. 39, 73, 129, 149, 388, 425, 456
Waite, T. R. 44, 59
Wakefield, J. 60
Waldkötter, E. 230

Wallis, R. 53
Wallmark, J. T. 231
Wang, S. C. 237
Wannier, G. H. 33, 53, 322, 382, 387, 580
Warner, R. M. 231
Watters, R. L. 123
Webb, M. B. 247
Webster, W. M. 206, 207
Weisskopf, V. F. 356
Weiß, H. 38, 231, 299, 390
Weizel, W. 34, 52, 258, 394, 450, 594, 618
Welker, H. 38, 231, 299, 390
Wertheim, G. K. 90
Whitmer, C. A. 33
Wiegmann, W. 175
Wigner, E. 286, 287, 293
Wilcox, W. R. 60
Williams, E. L. 60
Williams, F. E. 461
Wilson, A. H. 14, 16, 17, 308
Winkler, H. G. F. 347
Wolff, P. A. 174, 457
Woodbury, H. H. 44, 55, 56, 57, 408
Woodruff, T. O. 293

Yafet, Y. 460
Yamaguchi, J. 60
Yamashita, J. 5, 237, 388, 389
Yatsko, R. 60
Yee, R. 60
Young, M. R. P. 175

Zeiger, H. J. 300, 458
Zener, C. 308, 325, 332, 334, 364, 388
Ziman, J. M. 266, 298, 383, 404, 548, 551, 557, 558, 565. 580

Sachverzeichnis

(Fett gedruckte Seitenzahlen geben die wichtigeren Stellen an)

Abklingzeit, siehe Relaxationszeit
Ablösearbeit, thermische, von Störstellen (auch Ionisierungsarbeit, Dissoziationsarbeit) **20**, **34**, 41, 46, **50**, 52, 55, **63**, 67, 71, 115, 408, **449**, **456**, 458, 466, 503
Absorption einer Welle 621
Absorptionsindex 497, 622
Absorptionskante **345**
Absorptionskoeffizient, Absorptionskonstante 492, 496, 622
Absorptionsprozeß (Lichtquant) 49, **342**, 344, 492, 496, 531
Absorptionsprozeß (Schallquant) 345, 361, 462, 554
Abzählungsvorschriften **394**
Ätzgruben 84
äußere Kraft 308, 312
Ag Silber 112, 529
—, Diffusionskoeffizient in Ge 61
Aktivierungsenergie, optische, von Störstellen, 50, 455
—, photoelektrische 512, 515
—, thermische, von Störstellen, siehe Ablösearbeit
akustische Schwingungen 358, 558
Akzeptor **22**, **36**, 41, 405, 441, 442
—, Doppel- 55
Alkalien 355
Alkalihalogenide 2, 39, 45f., 48, 54, 236
Aluminium Al 37, 38, 40, 53, 65, 84, 112, 529
—, Bänderstruktur 291
—, Diffusionskoeffizient in Si 62
Aluminiumantimonid AlSb, Bänderstruktur 300
Aluminiumoxyd Al_2O_3 40, 65
angeregter Zustand von Störstellen 46, **51**, 56
— — des Wasserstoffmoleküls 241, 245
Anlaufstromgesetz 534
Anreicherungsrandschicht **117**, 155, 523, 527
Antimon Sb 37, 38, 39, 52, 529
—, Diffusionskoeffizient in Ge 61
—, Diffusionskoeffizient in Si 60, 62
—, Donator in Ge 136, 192f.
Argon Ar 376
Arsen As 37, 52, 185
—, Diffusionskoeffizient in Ge und Si 61, 62
—, Störstelle in Ge 18ff., 33ff., 38, 47, 406
Assoziation Ladungsträger–Störstelle 66, **465**, 468
Atomband 380
Atomgitter 250, 378
atomistisches Bild **4**, 236, **246**, 247, 388
Au, siehe Gold
Aufenthaltswahrscheinlichkeit 5, 8, 101, 253, 324, 328
Aufspalten der Bänder 7, 264
AUGER-Prozeß 460, 461
Austauschintegral **243**, 256, 260, 262, 283, 429
Austrittsarbeit, thermische, Halbleiter-Vakuum 516
— —, Messungen 528
— —, Metall-Halbleiter 116, 155, **522**
— —, Metall-Vakuum 514

B, siehe Bor
Ba Barium 376, 529
Bänder, erlaubte und verbotene 7, 10, 16, **264**, **280**, **285**, 325, 372, 380, 427
Bändermodell 5, 16, 236, 246, **247**, 264, 280, 294, 295, 299, 365, 375, 389, 427, 504ff.
Bänderspektrum 264
Bänderstruktur, Berechnung 287

Bänderstruktur, III-V-Verbindungen 299
—, Germanium 299
—, primitives Modell 294
—, Silizium 295
Bänderüberlappung 266, 281, **286**, 386
Bahnfeldstärke 144
Bahngebiet 155
Bahnspannung 168, 170
Bahnwiderstand 124, 165, 170, 175
Band, siehe Bänder
Bandabstand, „Bandbreite" 25, 286, **321**, 332, 344, 432, 528, 611, 614
Bandgrenzen 256, 265, 286, 305, 318, 322, 331, 434, 547
Bandmitte 305, 432, 475
Barium Ba 376, 529
Barometerformel 120, 419
Basis eines Gitters 266, 377
— im Transistor 189, 190, **194**
Basisbreite, wirksame 220
Basisschaltung 200
Basiswiderstand, innerer 226
Baufehler 58, 151, 347
Beryllium Be 376, 529
Besetzungswahrscheinlichkeit, FERMI- 103, 365, 392
— von Störstellen 393
Beugung einer Welle 267
Beweglichkeit 15, 70, 363, **365**, 372
— bei starker Dotierung 457
— in Übergangsmetallen 386
—, klassische Ableitung 348
—, Werte in Germanium 29
Bi Wismut 529, 530
—, Diffusionskoeffizient in Si 62
Bildkraft 518
Bindung, Einfluß auf Bänder 9, 262, 284, 286, 322
Bindungskräfte 502, 524
Bindungsverhältnisse 390
Blei Pb 95, 529, 530
BLOCHsche Näherung **250**, 283, 383
BLOCHscher Periodizitätspolyeder 284, 383
BOHRscher Radius 34, 45, 240, 503
BOLTZMANN-Gas (auch MAXWELL-Gas, MAXWELL-BOLTZMANN-Gas) 120, 127, 348, 417, 418, 437
BOLTZMANN-Gleichgewicht 121, 133, 136, 140, **148**, 150, 153, 160, 168, 419, 513, 545, 548
BOLTZMANN-Konstante 399
BOLTZMANN-Prinzip 140, 193, 422, 582
BOLTZMANNsche Beziehung 399
BOLTZMANN-Schwanz (auch MAXWELL-Schwanz) 417, 517, 578
BOLTZMANN-Verteilung siehe BOLTZMANN-Gleichgewicht
BOLTZMANN-Zone 153, 154, 542
Bor B 38, 53
—, Akzeptor in Si 73f.
—, Diffusionskoeffizient in Ge und Si 60, 61, 62
Bornitrid 293
BOSE-Statistik 14, 362, 369 (Fußnote), 463, 492, 495
BRAGGsche Reflexion 7, 9, 98, **276**, 322, 383
BRAVAISsches Gitter 377
breakdown-Spannung 172, 216, 227
Brechungsindex (auch Brechungsexponent) 340, 494, 497, 621
Breite des verbotenen Bandes, siehe Bandabstand
BRILLOUINsche Näherung **267**, 383
BRILLOUIN-Zonen 271, 280, **314**, 383
BROGLIE-Wellenlänge 99, 323, 355
BURGERS-Vektor 81

C Kohlenstoff, siehe Kohlenstoff
Cadmium Cd 95, 112f., 529, 530
—, Störstelle in Ge 55
Cadmiumselenid CdSe 111ff., 136
Caesium Cs 376
Calcium Ca 376, 529
channel 540
chemische Bindungsenergie 502, 524
chemisches (GIBBSsches) Potential **405**, **424**, 453, 525, 547
Chlor Cl 2, 45f., 48, 75
Chrom Cr 40, 65, 529
Chromoxyd Cr_2O_3 40, 65, 389
Cobaltoxyd CoO 386, 389
Collector **154**, 189, 191, 194
Collectorschaltung 201
CONWELL-WEISSKOPF-Streuung (Störstellenstreuung) 356, 566
CoO Cobaltoxyd 386, 389
COULOMBsche Energie 259, 260, 383
Cr Chrom 40, 65, 529
Cr_2O_3 Chromoxyd 40, 65, 389
Cu Kupfer, siehe Kupfer

DARWIN-HOUSTONsche Lösung 335
DEBYE-Länge 122, 148, 151, 163, 225
DEBYEsche Streuung 355
Defektelektron (auch Loch) 16, 22, 35, **94**, 433
—, Beweglichkeit in Germanium 29
—, effektive Masse 102
—, Gas 437
—, Kristall- 102
—, leichtes und schweres 299
—, quasifreies 102, 437
Defektleitung (auch *p*Leitung) 24, 73, 106, 126, **441**, 443
Deformationspotentiale 364
Dekorationstechnik 85, 91
Deltafunktion 618
detailliertes Gleichgewicht 25, 367, 419, 462, 491, 497, 567
Diamant, Bänderstruktur 381 ff.
Diamantgitter 17, 32, 41, 61, 92, 290, 293, 379
Dielektrizitätskonstante 4, 20, 22, 34, 46, 121, 324, 493
— von Ionenkristallen 46, 47, 48
— von Silizium und Germanium 123
diffundierter Übergang 229
Diffusion von Fremdatomen 60, 92
— von Gitterlücken 44
— von Ladungsträgern 119, 130, 145, 153, 194, 423, 525, 580
Diffusionskoeffizient (Diffusionskonstante) von Fremdatomen 60
— von Ladungsträgern 119, 130, **424**
— von Ladungsträgern, ambipolarer 162
Diffusionslänge der Ladungsträger 147, 156, 194
— — —, ambipolare 163, 205
Diffusionsschwanz 147, 150, 153, 177, 195, 469
Diffusionsspannung 118, 140, 152, 165, 520, 522
Diffusionsstrom, siehe Diffusion von Ladungsträgern
Diffusionstheorie des Metall-Halbleiter-Kontaktes 130
Diodentheorie des Metall-Halbleiter-Kontaktes 127
DIRACsche Deltafunktion 618
DIRACsche Störungsrechnung 551
direkte Übergänge 27, 297, 300, **345**, 459
DIRICHLETsches Integral 618
Dispersion 621
Dispersion, elektromagnetische Welle 495
—, Elektronenwelle 306
Dissoziationsarbeit, siehe Ablösearbeit
Dissoziation von Störstellen 20, **34**, **66**, 466
Donator **20**, **33**, 41, 45, 56, 58, 66, 392, 395, 403, 438, 453, 464, 467
—, Doppel- 56, 407, 451
Donator-Akzeptor-Paar 460
Doppelschicht, Metall-Halbleiter-Kontakt 117, 518
—, Oberfläche 510, 538
—, *pn*Übergang 139, 152, 539
Dotierung, Einfluß auf Leitfähigkeit und Lebensdauer 474
Dreierstoß 460
III-V-Verbindungen 38, 231, **299**, 346, 461, 500
Driftgeschwindigkeit 15, 189, 307, **351**, 363
Drifttransistor 229
DRUDEsche Elektronentheorie 348, 355, 375
Durchbruchspannung siehe breakdown-Spannung
Durchgriff 203
Durchlaßkennlinie 112, 124, 129, 170, 172, 177, 181, siehe auch Kennliniengleichungen
Durchlaßrichtung 125, 133, 140, 143
Durchschlag 171, 334
Durchschlagfeldstärke 98, 171, 334
Dynistor 182

EARLY-Effekt 123, 220
ebene Elektronenwelle 267, 278, 285, 306, 309
ebenen Elektronenwellen, Methode der erweiterten 293
— —, Methode der orthogonalisierten 287
effektive Masse 9, 97, 294, 297, 299, **318**, 322, 329, 386, 429, 435, 613
— —, Defektelektron 102
— —, negative 97, 320
— —, resultierende 329, 613
— —, unendliche 321
effektiven Masse, Näherungsmethode der 322
effektives Störstellenniveau 412, 452, 453, **455**, **456**, 473, 481

effektive Zustandsdichte 67, 116, 415, **430**, **435**, **449**, 467
EHRENFESTsches Theorem 318
Eigenfunktionen (auch SCHRÖDINGER-Funktionen) des Elektrons 8, 20, 52, 98, 238, 250, 255, 278, 301, 394, 565, 596
Eigenhalbleiter, Eigenleitung 18, **24**, 162, 426, 432, 446
Eigenleitungsdichte (auch Inversionsdichte) 26, 28, 138, 178, 436
— von Silizium und Germanium 27
Einelektronennäherung, Einelektronenproblem 6, 246, 247, 263, 379 (Fußnote), 426
Einfangfaktor (auch Transportfaktor) 198, 205, 209
EINSTEINsche Beziehung (Beweglichkeit), siehe NERNST-TOWNSEND-EINSTEIN-Beziehung
EINSTEINsche Beziehung (Ruheenergie) 96
Eisen Fe 112
—, Diffusionskoeffizient in Ge und Si 61, 62
elastische Schwingungen 13, 555
elektrochemisches Potential **424**, 463, 525, 540, **584**
Elektroden, ideale 155
Elektron, freies 99, 278, 306, 308, 318, **323**, 324
—, heißes 463
—, Kristall- **6** (Fußnote 1), 8, 14, 98, 257, 280, 306, 308, 312, 318, **323**, 324, 334, 347, 356, 358, 549
—, quasifreies 98, 105, 267
—, schwach gebundenes 278
—, stark gebundenes 250, 284
—, thermisches 559
Elektronenbeweglichkeit siehe Beweglichkeit
Elektronenemission 510, 513
Elektronenenergie 6, 97, 101, 250, 262, 278, 319, 333, 335, 343, 380, 383, 392, **502**, 554, 559
Elektronengas 351, 417, **421**, **425**, 431, 437
Elektronengeschwindigkeit, siehe Geschwindigkeit
Elektronenhüpfen 237, 388, 457
Elektronenimpuls **301**, **323**, 339, 343, 361, 557, 613
Elektronenleitung, siehe nLeitung
Elektronenspin 10, 32, 96, 239 (Fußnote 2), 365, 392, 407, 412, 451, 566, 581
Elektronentheorie, klassische **348**, 355
Elektronenwechselwirkung 6, 108, 247, 324
Elektronenwelle 237, 255, 265, siehe auch ebene Elektronenwelle, stehende Elektronenwelle
elektrostatische Energie 503
elektrostatisches Potential 525
Emissionsfähigkeit, siehe Emitterwirkungsgrad
Emissionsgesetz (RICHARDSON) 418, 516
Emissionskoeffizient von Störstellen 66, 466, 468
Emissionsprozeß (Lichtquant) 49, 343, 461, 491
— (Schallquant) 345, 361, 462, 554
Emission von Elektronen 418, 510, 513, 516
Emitter **154**, 158, 189, 190, 194
Emitterschaltung 201
Emitterwirkungsgrad **154**, 164, 181, 190, 198, 204
Energieband, siehe Bänder
Energie der Elektronen, siehe Elektronenenergie
— — —, kinetische 305 (Fußnote), 503
— — —, potentielle 278 (Fußnote 1), 503
Energiesatz, strahlende Übergänge 339, 343
—, strahlungslose Übergänge 361, 554
Energietermschema 6, 264, 281
Entartung 26, **417**, 431, 448, 458, 516
Entropie 77 (Fußnote), 398, 449 (Fußnote 2), 455
erlaubte Bänder 7, 10, 16, **264**, 281, 284, 331, 370, 380, 426
Erschöpfungsfall 25, 52, **68**, 115, 403, 440, 442, 445, 458
extrinsic (störleitend) 18, 24
Exziton 34, 53 (Fußnote 12), 460 (Fußnote)

Fadentransistor 188
Fangstelle, siehe Rekombinationszentren
Farbzentren 45, 48
Fe Eisen 112

Fe, Diffusionskoeffizient in Ge und Si 61, 62
Fehlordnung 41, 59, **74**, 77, 347
Feldeffekttransistor (auch Unipolartransistor) 185, **229**
Feldstärke, kritische, siehe breakdown-Spannung, Durchschlagfeldstärke, ZENER-Effekt
Feldstärke, kritische (für OHMsches Gesetz) 353
Feldstrom 119, 130, 133, 144, 161, 423
FERMI-Gas 12, 15, 100, 417, 512
FERMI-Kante (FERMI-Niveau) 10, 363, **366**, 402, 417, 418ff., 473, 504ff., 578
— —, Temperaturabhängigkeit 446
FERMI-Statistik (auch FERMI-DIRAC-Statistik), FERMI-Verteilung 6, 10, 103, 355, **366**, 369 (Fußnote), **391**ff., 463, 548
Ferromagnetismus 235
FICKsches Gesetz 119, 130, 587
Flächen konstanter Energie 294ff.
Flächentransistor 191
Flugzeit, freie 12, **348**, **357**, 375, 386
Formierung 114
Fototransistor 189
FRANCK-CONDON-Prinzip 51
FRANK-READ-Mechanismus 86
FRANK-READ-Quelle 88 (Fußnote)
freie Energie, Donatoren 454
— —, Elektronengas 405, 525
— —, Versetzungen 77 (Fußnote 2)
freie Flugzeit 12, **348**, **357**, 375, 386
freier Wellenvektor 283
freies Elektron, siehe Elektron
freie Weglänge 12, 70, **348**, 363, 364, 573, 587
Fremdatom, siehe Störstelle
Fremdschicht 511
FRENKEL-Fehlordnung 92
F-Zentren 45, 48

Gallium Ga 37, 38, 53
—, Diffusionskoeffizient in Ge und Si 60, 61, 62
Galliumantimonid GaSb 38, 39
—, Bänderstruktur 300
Galliumarsenid GaAs 458
—, Bänderstruktur 300
Galliumphosphid GaP 461
—, Bänderstruktur 300
GALVANI-Spannung 118, **507**, 523, 525
Gehaltsfaktor (auch Emitterwirkungsgrad **154**, 164, 181, 190, 198, 204
Germanium Ge, Absorptionsspektrum 346
—, Atomkonzentration 29
—, Bänderstruktur 299, 376
—, Dielektrizitätskonstante 20, 22, 34, 41, 123
—, Diffusion in 61
—, Fehlordnung 41, 44
—, Feldeffekttransistor 231
—, Gitter 17, 32, 41
—, Gleichrichter 111, 136, 174
—, Inversionsdichte 27, 138
—, Korngrenze in 83
—, Leitungsmechanismus 17, 376
—, Mustersubstanz 4
—, Richtleiter 112
—, Störstelle in InP, GaSb 38/39
—, Stromverstärkungsfaktor 205, 209
—, Thyristor 181
—, Trägerbeweglichkeiten 29
—, Trägerlebensdauern 90, 346, 500
—, Transistor 192, 205, 209
Geschwindigkeit der Elektronen, Drift- (auch konvektive) 15, 189, 307, **351**, 363
— — —, Gruppen- 306, 323
— — —, mittlere **305**, 322, 323, 344, 432
— — —, thermische, mittlere 12, 127, 352, 363, **431**, **437**, 465
gesteuerte Gleichrichter 178
GIBBSsches (chemisches) Potential 402, **404**, **424**, 453, 525
Gitter, Atom- 250, 378
—, BRAVAISsches 377
—, Diamant-, siehe Diamantgitter
—, ideales 347
—, Ionen- 45, 246, 358, 376
—, kubisches 274, 383
—, kubisch-flächenzentriertes 265, 275, 284, 378, 383
—, kubisch-raumzentriertes 284, 378, 383
—, Molekül- 266, 377
—, reales 347
—, reziprokes 271 (Fußnote), 273, 275, 279 (Fußnote), 285
—, Translations- 266, 271, 377
—, Wurtzit- 47
—, Zinkblende- 300
Gitterabsorption 344, 492

Gitterauflockerung 91
Gitterionisation 109, 229
Gitterkonstante 80, 250, 274, 280, 295, 325, 352, 379
Gitterkräfte 6 (Fußnote 1), 9, 100, 105, 321, 505
Gitterlücke 41, 59, 75, 347
gitterperiodische Funktionen 588
Gitterpotential 98, 108, siehe auch Gitterkräfte und periodisches Potential
—, periodisches 6, 14, 247, 256, 280, 285, 324, 347, 360, 501, 504 (Fußnote 2)
Gitterrückwirkung 335
Gitterschwingungen 13, 347, 355, **358**, 388, 548, 549, 558
Gitterwelle 360, 565
Gitterzelle, primitivste 381
Gleichgewicht, thermisches, siehe thermisches Gleichgewicht
Gleichgewichtskonzentration, Metallrand 116
—, Neutralgebiet 69, 138
—, pnÜbergang 140
Gleichgewichtsverteilung 549
Gleichrichter, 111, 136, 334
—, gesteuerte 178
Gleichverteilungssatz 127 (Fußnote 2), 362, 437 (Fußnote 2)
Gleiten, 80, 86
Gleitfläche 81
Gold Au 464, 529
—, Diffusionskoeffizient in Ge und Si 60, 61, 62
—, Störstelle in Ge 57
—, Störstelle in Si 487
Graphit 112
Grenzfrequenz 201, 230
Grenzkontinuum 52
große Injektion 158, 205, 207, 223, 481
Grundgebiet 248, 253, 302, 341, 362, 413, 614
Grundgitterabsorption 344, 492
Grundzustand, Ionenkristall 246
—, Störstelle 52
—, Wasserstoffmolekül 241
Gruppengeschwindigkeit, elektromagnetische Welle 495
—, Elektron 306, 323

H Wasserstoff 52
—, Bänderstruktur 379
—, Molekülgitter 377

Hafniumborid 1
Hafniumkarbid 1
Hafniumnitrid 1
Halbleiter 1, 289
Halbleiter–Metall-Kontakt 115, 518, 528
HALL-Effekt 17, 94, 106, 126
HALL-SHOCKLEY-READ-Modell 176, 463, 473
HARTREEsche Methode 248
HARTREE-Tabellen 287
Hauptsatz, zweiter 400
heiße Elektronen 463 (Fußnote 1)
Heißleiter 1
HEITLER-LONDON-Näherung 234, 242, 260 (Fußnote 1)
Helium He 56
—, Diffusionskoeffizient in Si 62
Helium-Modell 55, 408
HERMITEizität 303
heteropolarer Zustand 244
Hochfrequenzverhalten 201, 230, 235
hohe Injektion, siehe große Injektion
homöopolare Bindung 17
homöopolarer Zustand 244
Hüpfen der Elektronen 237, 388, 457
HUND-MULLIKEN-Näherung 236, 239, 247, 260 (Fußnote), 379 (Fußnote)
Hysterese, elastische 31

Ideales Gitter 347
Impuls, Elektron **301**, **323**, 339, 343, 345, 361, 557, 613
—, Lichtquant 343
—, Schallquant 361, 557
Impulssatz 339, 343, 361, 557
imrefs 424 (Fußnote 2), siehe auch elektrochemisches Potential
indirekte Übergänge 345, 459, 462
Indium In 37, 38, 111ff., 136, 192f., 205, 474, 475, 486, 530
—, Absorptionsspektrum 53
—, Diffusionskoeffizient in Ge und Si 61, 62
—, Störstelle in Ge 21ff., 35, 406
Indiumantimonid InSb, Bänderstruktur 300
—, Beweglichkeit μ_n in 38
Indiumarsenid InAs, Bänderstruktur 300
—, Wirtsgitter 38
Indiumphosphid InP, Bänderstruktur 300
—, Wirtsgitter 38

Influenzladung 350
Injektion 184, 188, 189, 191, 469
—, schwache 147, 155
—, starke 158, 205, 207, 223, 481
Injektor 191, siehe auch Emitter
inneres Potential 118, 509
Instabilität (Vierpol) 233
Interferenzbedingung 268, 559
Interferenzkegel 269
intrinsic 18, 29, siehe auch Eigenleitung
Inversion 28
Inversionsdichte 26, 28, 138, 178, 187, 436
— von Germanium und Silizium 27
Inversionsniveau 437, 448, 481, 547
Inversionsschicht 540
Ionenkristall 5, 39, 44, 54, 234, 236, 246, 358, 376
Ionisierungsarbeit, Atome 41, 52
—, Störstellen, siehe Ablösearbeit, Aktivierungsenergie
Isolatoren 11, 16, 234, **253**, 334, 353, 375, **385**, 426, 427
Isolatorlücke 382

JONES-Zone 266 (Fußnote 1), 383 (Fußnote 1)
junction 111, 153 (Fußnote), siehe auch Übergang
junction-Spannung 163, 168
junction-Transistor 191

Kalium K 46, 529
—, Bänderstruktur 376, 504
Kaliumchlorid KCl 45f.
Kaltleiter 1
Kanal (Unipolartransistor) 230
KANEsches Zweibändermodell 329, **608**
Kantenemission 461
Kantenversetzung 79
Kathodenstrahlen, Kristallbeschießung mit 267
Kennliniengleichungen (siehe auch Durchlaßkennlinie, Sperrkennlinie), Flächentransistor 200
—, Metall-Halbleiter-Kontakt 129, 132
—, SHOCKLEY-Gleichrichter 149, 156
Kernabstand 244
kinetische Energie der Elektronen 305 (Fußnote), 503
klassische Elektronentheorie **348**, 355, 375
kleine Injektion 147, 155
Kleinwinkelkorngrenze 31, 84
Klemmenspannung 526
Kohäsionskräfte 234, 235
Kohlenstoff C 38
— als Diamant, siehe Diamant und Diamantgitter
— als Graphit 112
—, Diffusionskoeffizient in Si 60, 62
Kontakt Halbleiter-Metall 115, 518
Kontakt, OHMscher 117, 155
Kontaktpotential (auch VOLTA-Spannung) 118, **510**, 514, 518, 522, 531
Kontinuitätsgleichung 186, 306, 471
Konzentrationsverteilung im Diffusionsschwanz 147, 156, 194
— im *pn*Übergang 140, 148, 152
— in Randschicht 120, 131, 133
— bei sehr starker Injektion 166
— in Transistorbasis, kleine Injektion 196
— in Transistorbasis, spezielle Fälle 213, 214
Konzentrationsverwehung 114, 125
Korngrenze (auch Kristallitgrenze) 84, 347
𝔣-Raum 271, 281, 286, 295, 368, 383
Kristall 4, 234, 245, 347, 426
Kristalldefektelektron 102, siehe auch quasifreies Defektelektron
Kristalldetektor 112
Kristallelektron 6 (Fußnote 1), 8, 14, 98, 257, 280, 306, 308, 312, 318, **323**, 324, 334, 347, 356, 358, 549, siehe auch Elektron, schwach gebundenes, und quasifreies
Kristallenergie 333, **502**
Kristallgleichrichter 111
Kristallimpuls 323, 335 (Fußnote 1), 343, 557
Kristallphosphore 236
Kristallpotential 292, siehe auch Gitterpotential
Kristallversetzungen 31, 43, 77, 151, 347
Kristallwachstum 87
kritische Feldstärke, siehe breakdown-Spannung, Durchschlag-Feldstärke, ZENER-Effekt
— — für OHMsches Gesetz 353
Krypton Kr 376
kubisches Gitter 274, 383
kubisch-flächenzentriertes Gitter 265, 275, 284, 378, 383

kubisch-raumzentriertes Gitter 284, 378, 383
Kugelpackung, dichteste 377
kugelsymmetrisches Atomrumpfpotential 287
Kugelwelle 267
Kupfer Cu **44**, 45, 85, 91, 92, 112, 529
—, Diffusionskoeffizient in Ge und Si 61, 62
—, Rekombinationszentrum 475, 486, 487, 488
—, Störstelle in Ge 62f., 74, 464, 474
Kupferjodid 2
Kupferoxyd 2
Kupferoxydul Cu_2O 44, 45, 46
—, Gleichrichter 112
—, HALL-Effekt in 95, 96
Kupfersulfid 1
𝔣-Werte 254, 256, 285
—, reduzierte 255

Ladungsträgerabsorption 491, 497
LAGRANGE-Faktoren 397, **594**, 603
Laserdiode 300, 458
LAUEsche Interferenzbedingung 268
Lawinendurchbruch 109, 216
Lebensdauer von Ladungsträgern 27, 90, 147, **188**, **346**, 473, 488, 498
— — — bei starker Injektion 483
— — — im Eigenleiter 163
— — —, Vergleich von Si oder Ge mit III-V-Verbindungen 231, 346, 500
Lebensdauerdotierung 486
Leckströme (Oberfläche) 539
Leerraumpotential 502 (Fußnote 3)
legierter *pn*Übergang 229
Leistungsverstärkung 201, 232
Leitfähigkeit 10, 29, 69, 73, 286, **351**, 367, **370**, 373, 375, 443, 456, 479
—, Prognose 375
— und Relaxationszeit 186
Leitfähigkeitsdotierung 479
Leitungsband 11, 16, 20, 96, 296, 300, 324, 325, 333, 345, **427** ff., 459, **466** ff., 504 ff.
Leitungsbänder in III-V-Verbindungen 300
— in Silizium 296
—, Übergang in 331, 333, 345
Leitungselektron 11, 20, 236, 288, 430
Leitwerte (Transistor) 198
Leuchtelektron 42, 250
Leuchtstoffe 235, 460
lichtelektrische Auslösung 515, 531
Lichtquanten, Gas 13
—, Wechselwirkung mit Elektronen 49, 335 ff., 361, 491 ff., 515, 531
—, Zahl in Halbleitervolumen 492
lineares Gitter 250, 264, 280
Lithium Li 40, 65, 86, 91, 529
—, Bänderstruktur 376
—, Diffusionskoeffizient in Ge und Si 60, 61, 62
—, Donator in Si 73f.
—, Zwischengitterplatz in Ge 62f.
Lithiumoxyd Li_2O 40, 65
Loch, siehe Defektelektron
Löcherleitung 24, 73, 106, 126, 441, 443
LORENTZ-Kraft 94, 103
Lückenbildung 64

Magnesium Mg 529
—, Bänderstruktur 376
Majoritätsträger (auch Mehrheitsträger) 167, **188**, 230
Makropotential 117, 421 (Fußnote), **502**
Mangan Mn 529
Manganoxyd 389
Mangelleitung, siehe Löcherleitung
Masse, effektive, siehe effektive Masse
—, longitudinale und transversale 297, 299
Massenwirkungsgesetze 26, **66**, 138, **436**, **448**, 451, 467
Massenwirkungskonstanten 67, 449, 451, 467
Materialwanderung 58, 539
MAXWELL-BOLTZMANNsche Stoßgleichung 582
MAXWELL-BOLTZMANN-Statistik 105, 355
MAXWELL-Gas (auch MAXWELL-BOLTZMANN-Gas, BOLTZMANN-Gas) 120, 127, 348, 417, 418, 437
MAXWELLsche Gleichungen 493
MAXWELL-Schwanz (auch BOLTZMANN-Schwanz) 417, 517, 578
Mehrelektronenproblem 5, 237, 249, 365
Mehrfach-Rekombinationszentren 464, 487
Mehrfach-Störstellen 54, 407, 451
Mehrheitsträger 167, **188**, 230
Membran-Eigenfunktionen 238
mesa-Transistor 231
Metall-Chalkogenide 39

Metalle 11, 288, 348, 363, 426, 431, 504, 577
Metall-Halbleiter-Kontakt 115, 518, 528
Metallische Bindung 246
Metalloxyde 236
Methode der erweiterten ebenen Wellen 293
— der orthogonalisierten ebenen Wellen 287
— des Repulsionspotentials 291
—, Quantendefekt- 293
—, Streumatrix- 293
Mg Magnesium 529
—, Bänderstruktur 376
Mikropotential 502 (Fußnote 3)
Mikroskopische Reversibilität 25, 367, 419, 462, 491, 497, 567
MILLERsche Ebenen 277
MILLERsche Indizes 276
Minderheitsträger, Minoritätsträger 153, 167, **188**, 190, 191, 217
Mitte des verbotenen Bandes 305, 432
mittlere Geschwindigkeit, siehe Geschwindigkeit
mittlere Stoßzeit 12, **348**, **357**, 375, 386
Mn Mangan 529
Modulation des Bahnwiderstandes 165, 170
Modulationsfaktor oder ortsabhängige Amplitude 256, 278, 285, 315, 562, 612
Molekülbänder 381
Molekülgitter 266, 377
Molybdän Mo, HALL-Effekt in 95
Mosaikstruktur 347
multiphonon process 462
Multiplikationsfaktor 217

N Stickstoff 38
Natrium Na 75, 529
—, Bänderstruktur 376, 504
Natriumchlorid NaCl 48, 75, 236, 246, 358, 428, 492
—, Bänderstruktur 376
—, Gitter 378, 379
Neon Ne, Bänderstruktur 376
NERNST-TOWNSEND-EINSTEIN-Beziehung 119, 130, 145, 166, 197, 208, 211, **424**, 543, **586**
Netzebene 276
Neuerzeugung von Ladungsträgern, thermische 16, 25, 66, 138, 141, 176, 196, 459, 466, 497, 546
Neutralitätsbedingung 71, 116, 145, 152, 159, **186**, 207, 440, 442, 445, 452, 476
Nichtgleichgewichtszustände 140, 373, **422**, 463, 508, **540**, **580**
Nickel Ni 40, 47, 63, 64f., 74, 464, 486, 529
—, Diffusionskoeffizient in Ge und Si 60, 61, 62
—, HALL-Effekt in 95
Nickeloxyd NiO 41, 47, 64f., 73, 457
—, Beweglichkeit μ_p in 387
—, Gitter 386
niedrige Injektion 147, 155
Niobhydrid 1
Niobnitrid 1
*n*Leitung (auch Überschußleitung, Elektronenleitung) 24, 73, 106, 126, **438**, 442
Normierung, eigentliche und uneigentliche 252, 314, **614**
*npin*Transistor 229
*npn*Transistor 191
Nullwiderstand 142, 529 (Fußnote 2)

O, siehe Sauerstoff
Oberfläche 510, 518, 537
Oberflächenbehandlung 530, 537, 539
Oberflächendoppelschicht, Oberflächenladung 510, 538
Oberflächendurchbruch 539
Oberflächenpotential 118, 511
Oberflächenrekombination 489
Oberflächenzustände 537
Offenbandhalbleiter 237, 389, 457
OHMscher (sperrfreier) Kontakt 117, 155
OHMsches Gesetz 15, 119, 130, 352, **587**
— —, Abweichung 353
optische Anregung 335, 456
optische Schwingungen (Gitter) 358
OPW method (Methode der orthogonalisierten ebenen Wellen) 287
Oxydationshalbleiter 73
Oxyde der Übergangsmetalle 237, 389
Oxydschicht 538

P, siehe Phosphor
Paarbindungsbrücken 17, 300
Paarerzeugung, thermische 16, 25, 138, **497**

Paramagnetismus 355 (Fußnote 5)
PAULI-Prinzip 6, 10, 96, 239 (Fußnote 2), 365, 381, 392, **394**, 581
Pb Blei 95, 529, 530
PEIERLSsche Umklappprozesse 558
Pendeln der Elektronen 331, 364, 373
periodisches Potential 6, 14, 247, 256, 280, 284, 303, 324, 347, 360, 501, 504 (Fußnote 2)
Periodizitätsforderung 248, 253
Periodizitätsintervall **255**, 262, 265
Periodizitätspolyeder 265, 284, 383
Permeabilität 324, 493
Phononen **13**, 345, 361, 459, 461, 554
—, Absorption und Emission 345, 361, 462, 554
—, akustische 558
—, Energie und Impuls 345, 361, 554, 559
—, optische 558
Phosphor P 37, 38, 52
—, Diffusionskoeffizient in Ge und Si 60, 61, 62
Phosphore 235, 460
Photoeffekt, äußerer 515, 531
—, innerer 154
Photonen, Gas 13
—, Wechselwirkung mit Elektronen 49, 335ff., 361, 491ff., 515, 535
—, Zahl in Halbleitervolumen 492
Phototransistor 189
*pi*Übergang 159
PLANCKsche Konstante 416
PLANCKsches Strahlungsgesetz 13, 492
plastische Verformung 43
Platzwechselvorgänge 76
*p*Leitung (auch Defektleitung) 24, 73, 106, 126, **441**, 443
*pn*Gleichrichter 111, 136, 334
*pn*Grenze 111
*pn*Übergang 111, 136
POISSON-Gleichung 121, 139, 162, 173, 186, 421 (Fußnote), 524
polare Zustände 243
Potential, chemisches (GIBBSsches) **405**, **424**, 453, 525, 547
—, elektrochemisches **424**, 463, 525, 540, **584**
—, inneres 118, 509
—, Gitter- 98, 108, siehe auch Gitterkräfte und periodisches Potential
Potential, Kontakt- (auch VOLTA-Spannung) 118, **510**, 514, 518, 522, 531
—, Oberflächen- 118, 511
—, periodisches 6, 14, 247, 256, 280, 284, 303, 324, 347, 360, 501, 504 (Fußnote 2)
Potentialtopf 413
Potentialverbiegung 505
Potentialverlauf im Halbleiterbauelement: Abb. auf Seiten 122, 124, 125, 139, 141, 142, 144, 173, 176, 193, 194, 221, 224
potentielle Energie der Elektronen 278 (Fußnote 1), 503
Prognose der Leitfähigkeit 375
Pseudopotential, Pseudowellenfunktion 292
*psn*Gleichrichter 175
punch through 220
Punktgitter, flächenhaftes 269, 282
—, lineares 267
—, räumliches 270

Quantendefektmethode 293
Quantenzustände, Dichte 367
—, Platz im $\mathfrak{k}$-Raum 266
quasi FERMI levels 424 (Fußnote 2), siehe auch elektrochemisches Potential
quasifreies Defektelektron 102, 437
quasifreies Elektron 98, 105, 267, siehe auch Elektron, schwach gebundenes und —, Kristall-

Randkonzentration 116, 524
Randschichten 115, 501, siehe auch Anreicherungsrandschicht, Verarmungsrandschicht
Randschichttheorie, SCHOTTKYsche 115
Raumladungsschicht siehe Doppelschicht
Raumladungsrekombination 176, 204
Rauschen 369
Reaktionsgleichungen 30, 38—48, 55 bis 58, 64—75
realer Kristall, reales Gitter 347
Reduktionshalbleiter 73
reduzierter Wellenvektor **254**, 262, 283, 335
reduzierte Zone 266, 284, 296, 383
Reibung, innere 31, 44

Rekombination von Ladungsträgern, allgemein 25, 91, 138, 141, 143, 148, 187, 196, 204, 458, 545
— — — an Metallkontakt 156
— — —, direkte 300, 346, 459
— — — in Raumladungszone 176, 204
— — —, Rekombinationsgeschwindigkeit (Oberfläche) 490
— — —, Rekombinationskoeffizient 26, 148, 188, 474
— — —, Rekombinationsmechanismen 459, 491
— — —, Rekombinationstheorie von HALL-SHOCKLEY-READ 463, 473
— — —, Rekombinationsüberschuß 27, 471
— — —, Rekombinationszentren (auch Zwischenniveaus) 27, 460, 464, 474
Rekombination Ladungsträger–Störstelle 66, 464, 467
Rekristallisation 31
Relaxationszeit bei Wellenabsorption 621
—, dielektrische 186
— eines Stromes 357
— in Geschwindigkeitsverteilung 354, 357, 361, 549, 574
— in Konzentrationsverteilung 488 und siehe Lebensdauer
— von Oberflächenzuständen 538
Repulsionspotential 291
Reservefall 25, 68, 403, 441, 442, 446, 456, 458, 517 (Fußnote)
resultierende effektive Masse 329, 613
reziprokes Gitter 271 (Fußnote), 273, 275, 279 (Fußnote), 285
RICHARDSON-Gesetz 418, 516
Richtleiter 112
RITZsches Variationsverfahren 604
RÖNTGEN-Strahlen 5, 267, 344 (Fußnote 1)
RÖNTGEN-Strukturuntersuchung 236
Rubidium Rb, Bänderstruktur 376
Rückkopplung (Vierpol) 233
Rückwärtsrichtung, siehe Sperrichtung
Rückwirkung des Gitters 335
Rumpfeigenfunktionen 292
RUTHERFORD-Streuung 356
Sättigung der junction-Spannung 165, 169
Sättigungsstrom, Metall-Halbleiter-Kontakt 128, 132
—, SHOCKLEY-Gleichrichter 149
—, thermische Emission 514
SAH-NOYCE-SHOCKLEY-Rekombination 176, 204
Sauerstoff O 48, 64f., 72f., 73
—, Diffusionskoeffizient in Si 60, 62
Sb, siehe Antimon
Schallgeschwindigkeit 359, 558, 565
Schallquanten **13**, 345, 361, 459, 461, 554
—, Absorption und Emission 345, 361, 462, 554
—, akustische 558
—, Energie und Impuls 345, 361, 554, 559
—, optische 558
Scherung 124, 168
Schichttransistor (Flächentransistor) 191
SCHOTTKY-Emission 518
SCHOTTKYsche Parabelnäherung 121, 224
SCHOTTKYsche Randschichttheorie 115
SCHOTTKYsche Störstellensymbolik 37, 47
Schraubenversetzungen 81, 89
SCHRÖDINGER-Funktionen (Eigenfunktionen) 8, 20, 52, 98, 238, 250, 255, 278, 301, 394, 565, 596
SCHRÖDINGER-Gleichung, zeitabhängig 101, 308
— —, zeitunabhängig 248, 368, 503 (Fußnote 1), 596
SCHRÖDINGERsches Störungsverfahren 237 (Fußnote 4), 606
schwache Injektion 147, 155
Schwefel S 38
—, Diffusionskoeffizient in Si 60, 62
Selbstdiffusion 44, 61
Selen Se 2, 96, 111, 136
—, Gleichrichter 111, 112, 529
—, HALL-Effekt in 95
self consistent field-Methode 248
self consistent-Gitterpotential 109, 291, 393 (Fußnote)
SHOCKLEY-READ-Rekombinationsmodell 176, 463, **473**
SHOCKLEYscher *pn*Übergang 143

SHOCKLEYsche Transistortheorie 191
Silber Ag 112, 529
—, Diffusionskoeffizient in Ge 61
Silberhalogenide 39
Silizium, Bänderstruktur 295, 376
—, breakdown 225
—, Dielektrizitätskonstante 123
—, Diffusion in 60 62
—, Emitterwirkungsgrad 177
—, Feldeffekttransistor 231
—, Gitter 38
—, Gleichrichter 172, 174, 176, 178
—, Inversionsdichte 27, 178
—, Oberfläche 538
—, Richtleiter 112
—, Störstellen in 53, 91
—, Stromverstärkungsfaktor 204, 209
—, Thyristor 181
—, Trägerlebensdauern 346, 500
—, Transistor 204, 209
—, Versetzungen in 85
—, VOLTA-Spannung 535
Siliziumkarbid SiC 89, 461
SLATER-Determinanten 249, 369 (Fußnote), 394
SLATERsche Störungsrechnung 237 (Fußnote 4), 245, **604**
Sn, siehe Zinn
Spannungsverstärkung 200, 232
Sperrfähigkeit 173
sperrfreie Kontaktierung 117, 155
Sperrichtung 125, 133, 143
Sperrkennlinie 112, 172, 176, 181, 210, siehe auch Kennliniengleichungen
Sperrschicht 113
Sperrschichtblende 230
spezifischer Widerstand 225 und siehe Leitfähigkeit
spezifische Wärme des Elektronengases 431 (Fußnote 1)
Spin 10, 32, 96, 239 (Fußnote 2), 365, 392, 407, 412, 451, 566, 581
Spinfaktoren 412
Spinfunktionen, Spinvariable 239 (Fußnote 2)
Spitzendetektor 112, 528
Spitzentransistor 190
$s_p n$Übergang 175
STARK-Effekt 607
starke Injektion 158, 205, 207, 223, 481
starres Ion 550
stationärer Zustand, Rekombination 471
statistisches Kraftfeld, Wirkung auf Kristallelektron 325
Steilheit 203
stehende Elektronenwelle 98, 256, 264, 279, 305, 503 (Fußnote 2)
Stickstoff N 38
STIRLINGsche Formel 397, 454
Störbandleitung 457
Störstelle 15, 18, 27, 347, siehe auch Akzeptor, Donator
—, mehrfach ionisierbare 54, 407, 451
Störstellenabsorption 47, 51, 491
Störstellenerschöpfung 25, 52, **68**, 115, 403, 440, 442, 445, 458
Störstellengehalt 25
Störstellenleitung 18, 24
— bei großen Konzentrationen 456
Störstellenniveau, effektives 412, 452, 453, **455**, **456**, 473, 481
Störstellenreaktionen 57
Störstellenreserve 25, **68**, 403, 441, 442, 446, 456, 458, 517 (Fußnote)
Störstellenstreuung (CONWELL-WEISSKOPF-Streuung) 356, 566
Störstellensymbolik, SCHOTTKYsche 37, 47
Störterm 20
Störungsparameter 607
Störungspotential 14, 360, 549, 560
Störungsverfahren 237, 245, 257, 266, 281, 606
Stoßprozesse, Elektron klassisch 348
—, Elektron–Lichtquant 49, 335 ff., 361, 491 ff., 515, 531
—, Elektron–Schallquant 345, 361, 462, 554, 559
—, Elektron–Störstelle 356, 566
—, ionisierende 109, 171, 174, 334
—, Gitterbausteine 76
Stoßquerschnitt (auch Wirkungsquerschnitt) 355 (Fußnote 2), 465
Stoßzeit, mittlere 12, **348**, **357**, 375, 386
strahlende Übergänge **339**, 459, 461, 491, 500
Strahlungsgesetz von PLANCK 13, 492
strahlungslose Übergänge 459, 461, 463

Streumatrixmethode 293
Streuung der Kristallelektronen durch Gitterschwingungen 358
— — — durch Störstellen 356
Stromdichte eines Kristallelektrons 306, 368, 370
—, einseitige thermische 127, 353, 513
—, klassisch 351
Stromspannungsgleichungen, Flächentransistor 200
—, Metall–Halbleiter-Kontakt 129, 132
—, SHOCKLEY-Gleichrichter 149, 156
—, Vierpol 231
Stromverstärkung(sfaktor) 200, 203, 212, 231
Strontium Sr, Bänderstruktur 376
Substitutionsstörstelle 18, 32, 63

Täler 297
Tantalborid 1
Tantalkarbid 1
Tantalnitrid 1
Teilgitter 246
Tellur Te 411
—, Doppeldonator in Ge 56, 407
Temperaturanregung 16, 22, 46, siehe auch Neuerzeugung
Temperatur der Elektronen 400, 404, 463
Temperaturspannung (auch Voltäquivalent der Temperatur) 119
Tensorcharakter der effektiven Masse 320
Termschema 264, 365, 427, 504, siehe auch Bänder
Tetrajodmethan CJ_4, Molekülgitter 377
Thallium Tl 529
—, Diffusionskoeffizient in Si 62
thermische Geschwindigkeit 12, 127, 352, 363, **431**, **437**, 465
thermische Gitterschwingungen 15, 347
thermisches Elektron 559
thermisches Gleichgewicht der Ladungsträger 15, 25, 116, 138, 192, 367, **368**, 373, 391, 399, **418**, **423**, 426, 456, 459, 467, 469, 475, 491, 497, **507**, 525, 540, 543, 573, **580**
— — des Kristallgitters 76, 91
— — von Störstellen 50
thermisches Rauschen 369
Thermodynamik 77 (Fußnote 2), 398, 400, 449 (Fußnote 2), 453
Thermospannung 17, 126
THOMAS-FERMI-Differentialgleichung 421 (Fußnote)
Thyratron 178
Thyristor 178
Titanborid 1
Titankarbid 1
Titannitrid 1
TOLMAN-Versuch 104, 107
Trägerbeweglichkeit, siehe Beweglichkeit
Trägerinjektion, siehe Injektion
Trägervervielfachung 215, siehe auch Stoßprozesse, ionisierende
Trägheitskraft 104
Transistor 184
Translationsachsen 271, 378
Translationsgitter 266, 271, 377
Transportfaktor (auch Einfangfaktor) 198, 205, 209
trap-Modell, siehe HALL-SHOCKLEY-READ-Modell
trapping 40, 444
Tunneldiode 334, 458
Tunneleffekt 250, 267, 333, 334, 518
— der Kristallelektronen 333, 334

Übergänge in anderes Band, direkte 27, 297, 300, **345**, 459
— — — —, indirekte 345, 459, 462
— — — — mit optischem Wechselfeld (strahlende) **339**, 459, 461, 491, 500
— — — — mit Schallquanten 345, 361, 462
— — — —, ZENERsche 318, **325**, 334
Übergang, *pn*- 111, 136
Übergangsfrequenz 329
Übergangsmetalle 237, 386
Übergangswahrscheinlichkeit in anderes Band durch periodische Kraft 338
— — — — mit Lichtabsorption 342
— — — — mit Lichtemission 343
— — — —, ZENERsche 331
Übergangswahrscheinlichkeit zu anderer Geschwindigkeit durch geladene Störstelle 356
— — — — durch Schallquanten 361, **566**

Überlappung von Bändern 266, 281, 283, 386
Überschußleitung (auch nLeitung) 24, 73, 106, 126, **438**, 442
Umklappprozesse, PEIERLSsche 558
Unipolartransistor (auch Feldeffekttransistor) 185, **229**

Vakuumröhren-Analogie 202
Valenzband 17, 24, 96, 100, **296**, 324, 325, 333, 345, **427**ff., 459
Valenzbänder in Silizium 296
Valenzbindung 246
Valenzeigenfunktionen 292
Valenzelektron 16, 22, 32, 97, 299, 427
valleys 297
Vanadiumborid 1
Vanadiumkarbid 1
Vanadiumnitrid 1
Variationsproblem 596, 604
Variationsverfahren von RITZ 604
Vektorpotential 324, 340
Verarmungsrandschicht **117**, 124, 155, 523, 541
Verbindungen, III-V- 38, 231, **299**, 346, 461, 500
verbotene Bänder 7, 16, 25, 264, 279, 286, 331, 344, 432 und siehe Bandabstand
Verfestigung 31
Verformung, elastische 77 (Fußnote 2)
—, plastische 31, 77, **86**, 88
Vergiftung 40, 65, **442**
Versetzungen 31, 43, **77**, 151, 347
Versetzungsdichte 63, 90
Versetzungslinie 81, 92
Verstärkung 200, 231
Vertauschungsregel 303
Verteilungsfunktion im $\mathfrak{k}$-Raum 549
Vielelektronenproblem 5, 237, 249, 365
Vielfachprozeß, Phononen- 462
Vielkörperproblem 324
Vierpol 231
Vierschichtanordnung 180
Voltäquivalent der Temperatur 119
VOLTA-Spannung 118, **510**
— —, Messung 531
Vorwärtsrichtung, siehe Durchlaßrichtung

Wachstumserscheinungen 31, 78
Wärmebewegung des Gitters 13, 59
WAGNERsche Kennlinienformel 129, 149, 168, 169, 171
Wahrscheinlichkeitsamplitude 8, 101, 326, 328
Wahrscheinlichkeitsdichte 306
Wahrscheinlichkeitsstromdichte 306
Wandern von Versetzungen 86
Wasserstoff H 52
—, Bänderstruktur 379
—, Molekülgitter 377
Wasserstoffatom 240, 242, 377
Wasserstoff-Modell 20, 22, 34, 46, 51, 52, 460 (Fußnote), 503 (Fußnote 3)
Wasserstoffmolekül 237
Wasserstoffmolekül-Ion 239
Wechselfeld, optisches 334
Wechselwirkung der Elektronen 6, 108, 247, 324
Weglänge, freie 12, 70, **348**, 363, 364, 573, 587
Welle, ebene 267, 278, 285, 306, 309
—, Elektronen- 237, 255, 265
—, gittermodulierte 285, 306
—, stehende 98, 256, 264, 279, 305, 503 (Fußnote 2)
Wellenfaktor 368
Wellenfunktion, BLOCHsche 156
Wellennatur des Elektrons 7
Wellenpaket 8, 306, 308, 358
Wellenvektor, Wellenzahl 256, 262, 278, **283**, 301, 309, **323**, 343, 368, 414
—, elektromagnetische Welle 342
—, frei und reduziert **254**, 262, 283, 335
Wiedervereinigungskoeffizient 26, 148, 188, 474 und siehe Rekombination Ladungsträger–Störstelle
WIGNER-SEITZsche Zelle(nmethode) **287**, 504 (Fußnote 1), 549
wirksame Basisbreite 220
Wirkungsquerschnitt 355 (Fußnote 2), 465
Wismut Bi 529, 530
—, Diffusionskoeffizient in Si 62
Wurtzitgitter 47

Xenon Xe, Bänderstruktur 376

Zeitkonstante, siehe Relaxationszeit
Zellularmethode von WIGNER-SEITZ **287**, 504 (Fußnote 1), 549

ZENER-Effekt, ZENERscher Übergang 154, 171, 174, 332, 334
ZENERsches Pendeln 331, 364, 373
ζ-Funktion 415, 422, 430, 434, **592**
Zink Zn 38, 40, 47f., 64, 72f., 529
—, Diffusionskoeffizient in Ge und Si 61, 62
—, HALL-Effekt in 95
—, Störstelle in Ge 55
Zinkblendegitter 300
Zinkoxyd ZnO 36, 64f., 72f.
—, Wirtsgitter 40f., 46ff.
Zinksulfid ZnS 461
—, Gitter 379
Zinn Sn 73f., 112f., 427, 529, 530
—, Gitter 38
Zirkonborid 1
Zirkonkarbid 1
Zirkonnitrid 1
Zonen, BRILLOUINsche 271, 280, 314, 383
Zustand, bindender und lockernder 241 (Fußnote 1), 380 (Abb.)
Zustandsdichte $D(E)$ 392, 413, 428, 433
Zustandsdichte N, effektive 67, 116, 415, **429**, **434**, **449** (Fußnote 1), 467
Zweibändermodell von KANE 329, **608**
Zweielektronenproblem 237
Zwischengitterplatzbesetzung 41, 59, 63, 75, 92
Zwischenniveau 460

721/11/65 – III/18/203

Berichtigung

S. XXII, Zeile 13 von unten: Statt $\mu_\ominus$ **lies** μ_n

Zeile 8 von unten: Statt μ_n **lies** $\mu_\ominus$

S. 34, Zeile 21 von oben:

Statt $13{,}59 \frac{1}{259{,}2}\, e\text{Volt} = 0{,}052\, e\text{Volt}$

lies $13{,}59 \frac{1}{256}\, e\text{Volt} = 0{,}053\, e\text{Volt}$

S. 453, Zeile 6 von oben:

Statt S. 498 bis 405 **lies** S. 398 bis 405

S. 497, Unterschrift zu Abb. IX 8.1:

Statt ... nach BRIGGS. **lies** ... nach BRIGGS (s. Fußnote 1).

S. 525, Zeilen 23 und 21 von unten:

Statt $\zeta(n/N_\sigma)$ **lies** $\zeta(n/N_0)$

S. 640, linke Spalte, Zeile 1 von oben:

Statt ... in Ge und S **lies** ... in Ge und Si

Im Autorenverzeichnis (S. 631—635) bei den Namen ADAMS, CHRISTENSEN, DAVIS, DE MARS, JÄNTSCH, KINGSTON, MÜLLER, STATZ:

Statt S. 540 **lies** S. 539